U0945917

危险化学品使用手册

美国国立职业安全卫生研究所　编
中国疾病预防控制中心
职业卫生与中毒控制所　组织编译

中国科学技术出版社
·北　京·

图书在版编目(CIP)数据

危险化学品使用手册/美国国立职业安全卫生研究所编;中国疾病预防控制中心职业卫生与中毒控制所组织编译.—北京:中国科学技术出版社,2013

ISBN 978-7-5046-4492-3

Ⅰ.危…　Ⅱ.①美…　②中…　Ⅲ.化学品-危险物品管理—手册　Ⅳ.TQ086.5-62

中国版本图书馆 CIP 数据核字(2006)第 118538 号

著作权登记号:01-2006-3063

中国科学技术出版社出版

北京市海淀区中关村南大街 16 号　邮政编码:100081

电话:010－62103210　传真:010－62183872

http://www.kjpbooks.com.cn

科学普及出版社发行部发行

鸿博昊天科技有限公司印刷

*

开本:787 毫米×1092 毫米　1/12　印张:76.5 字数:1150 千字

2013 年 6 月第 2 版　2013 年 6 月第 1 次印刷

印数:1—5000 册　定价:238.00 元

ISBN 978-7-5046-4492-3/Q・17

内 容 提 要

《危险化学品使用手册》是由美国国立职业安全卫生研究所(National Institute for Occupational Safety and Health,NIOSH)出版,为劳动者、用人单位和职业卫生专业人员提供的简明、通用的工业卫生信息手册。手册的最大特点是以简表的形式提供了作业环境中常见的677种(或类)化学物质的关键信息和数据。手册涵盖了NIOSH已有的推荐性接触限值(RELs)和美国职业安全卫生管理局(Occupational Safety and Health Administration,OSHA)在《职业安全卫生标准(29 CFR 1910.1000~1052)》中颁布的容许接触限值(PELs)的所有化学物质,提供的信息包括化学物质的化学名、异名和商品名、结构/分子式、化学文摘号(CAS No.)、化学物质毒性作用登记号(RTECS No.)、立即威胁生命或健康的浓度(IDLH)、美国运输部识别号(DOT ID)和应急救援指南号、理化性质、不相容性和反应性、接触途径、症状和靶器官、接触限值、浓度换算系数、测量方法、个人防护和卫生设施、呼吸器的选择建议以及急救方面的关键信息,以帮助读者识别和控制化学物质的职业危害。

手册还介绍了NIOSH认定的潜在职业性致癌物、OSHA依法管理的13种致癌物、补充接触限值、未制定RELs的物质、OSHA对一些化学物质的呼吸器选择要求、其他注释、1989年废止的OSHA PELs等几个资料性附录。

本手册可作为危险化学品危害防护的指导用书和资料性用书,可供生产、经营、储存、运输、使用危险化学品和处置废弃危险化学品的单位的职业卫生管理人员、劳动者、职业卫生专业人员、救援人员使用。本书旨在指导使用危险化学品的人员掌握危险化学品危害的相关知识,同时也可指导职业卫生专业人员对危险化学品的危害进行识别、评估、控制、防护和救援。

《危险化学品使用手册》编委会名单

策划编辑　肖　叶

责任编辑　金　蓉

封面设计　阳　光

责任校对　张林娜

责任印制　安利平

法律顾问　宋润君

译者序

美国国立职业安全卫生研究所(NIOSH)出版的《危险化学品使用手册》以简表的形式提供了作业环境中常见的677种(或类)化学物质的关键信息和数据，旨在为劳动者、用人单位和职业卫生专业人员提供简明、通用的工业卫生信息来源，是在职业卫生领域广泛使用的重要文献之一，翻译此书是我国职业卫生标准委员会多年的夙愿。从2005年到2007年，经过老、中、青三代学者两年多的共同努力，此书终于得以问世。

1974年，NIOSH和美国职业安全卫生管理局(OSHA)共同进行了"标准完善项目(Standards Completion Program，SCP)"，对1971年OSHA通过的380余种化学物质的工作场所的接触标准制定了补充要求。对其中的每一种物质编制了标准草案及其支持文件，包括技术资料和颁布新的职业卫生法规所需的建议。1978年最早版本的《危险化学品使用手册》所收集的信息是NIOSH和美国劳动部在实施SCP中共同努力的结果。手册是在综合了NIOSH/OSHA的《危险化学品职业卫生指南》、NIOSH基准文件、当前信息通报(Current Intellingence Bulletins，CIBs)，以及在工业卫生、职业医学、毒理学和分析化学领域公认的参考资料中的所有信息后，对原手册在版式、索引、附录等方面进行了修订。手册的突出特点是以表格的形式介绍了作业环境中常见的677种(或类)化学物质的化学名、异名和商品名、结构/分子式、化学文摘号(CAS No.)、"化学物质毒性作用登记"号(RTECS No.)、立即威胁生命或健康的浓度(IDLH)、美国运输部识别号(DOT ID)和应急救援指南号、浓度换算系数、理化性质、不相容性和反应性、接触途径、接触限值、测量方法、症状和靶器官、个人防护和卫生设施、呼吸器的选择建议以及急救方面的关键信息，以帮助读者识别和控制化学物质的职业危害。

2002年我国职业病防治法的颁布实施有力地推动了职业卫生标准的发展，但是与发达国定相比还有很大差距，表现在职业卫生标准的结构、数量、质量都还十分不足，还远远不能适应国家经济发展和保护劳动者的需要，特别是随着经济全球化和一体化，大量外资企业涌入中国市场，我国一批企业走向国际市场，如何适应职业卫生标准的全球一致化趋势，在短时间内为专业人员、用人单位和劳动者提供可供参考的有价值的文献，成为急需解决的问题。为适应职业病防治工作的新需求，卫生部职业卫生标准专业委员会组织有关专家对NIOSH《危险化学品使用手册》进行了翻译。在完成此项工作的过程中不仅得到了卫生部和中国疾病预防控制中心的大力支持，也得到了美国NIOSH和世界卫生组织的大力支持。为了满足国内外华人的需求，中译本问世后，将在中国疾病预防控制中心职业卫生与中毒控制所和NIOSH网站上同时发布。中国疾病预防控制中心职业卫生与中毒控制所还拟将中译本免费发放到县级以上职业病防治机构。

为了方便读者查找和使用，本译本在化学物质英文名索引、CAS No.索引和DOT ID索引的基础上，增加了中文索引，其中包含化学物质的化学名称和异名、商品名。

本手册可作为危险化学品危害防护的指导用书和资料性用书，可供生产、经营、储存、运输、使用危险化学品和处置废弃危险化学品的单位职业卫生管理人员、劳动者、职业卫生专业人员、救援人员使用。相信本书的问世，也会为职业卫生标准的制定工作提供参考。

由于时间仓促，本书在编译过程中可能还有不足，敬请批评指正。

译者

2007年3月

目　录

前　言

NIOSH(National Institute for Occupational Safety and Health,美国国立职业安全卫生研究所)的《危险化学品使用手册》中列述了NIOSH/OSHA(Occupational Safety and Health Administration,美国职业安全卫生管理局)的《危险化学品职业卫生指南》、NIOSH基准文件、当前信息通报(Current Intelligence Bulletins,CIBs),以及在工业卫生、职业医学、毒理学和分析化学领域公认的参考资料中的所有信息。本手册以表格形式提供了在工业卫生实践中通用的快速、便利的信息来源。该手册包括化学品的结构式和化学式、识别号(ID号)、异名和商品名、接触限值、理化特性、不相容性和反应性、测量方法、呼吸防护器的选择、中毒症状和体征以及急救措施。

1978年最早版本的《危险化学品使用手册》所收集的信息是NIOSH和劳动部(Department of Labor)在实施"标准完善项目(Standards Completion Program,SCP)"中共同努力的结果。该项目对1971年OSHA通过的工作场所约380种化学物质的接触标准制定了补充要求。

该版本所作的修改如下:

- 对化学物质的信息采用了新的排列方式,每种化学物质用一个表格。
- 防颗粒物呼吸器的选择建议按"Part 84"的术语进行了修订,取消了"Part 11"的术语。这些更改的详情见"呼吸器选择建议"。
- 在"异名和商品名索引"中增加了677种化学物质的化学名,该索引改称"化学名、异名和商品名索引"。
- 某些化学物质的DOT ID号和指南号根据美国运输部《应急救援指南2004》更改(http://hazmat.dot.gov/pubs/erg/gydebook.htm)。
- 本版本的其他主要改变是对附录E的修订。现在附录E包括OSHA《呼吸器防护标准(29 CFR 1910.134)》前言中确定的28种化学物质或危险物质的OSHA呼吸器要求。
- 还对2004年2月版本做了微小的技术改变。欲知最新的信息,请查阅NIOSH网站http://www.cdc.gov/niosh/npg/npg.html最新的电子版本。

简　　介

NIOSH《危险化学品使用手册》为劳动者、用人单位和职业卫生专业人员提供了简明、通用的工业卫生信息来源。本手册以简表的形式提供了作业环境中常见的677种(或类)化学物质(如锰化合物、碲化合物、无机锡化合物等)的关键信息和数据。这些信息旨在帮助读者识别和控制化学物质的职业危害。本修订手册涵盖了NIOSH已有的推荐性接触限值(recommended exposure limits,RELs)和OSHA的《职业安全卫生标准(29 CFR 1910.1000～1052)》中颁布的容许接触限值(permissible exposure limits,PELs)的所有化学物质。

背景

NIOSH(负责制定推荐性卫生和安全标准)和OSHA(负责颁布、实施强制性职业安全卫生标准)于1974年,共同对已有PELs的化学物质制定了一系列职业卫生标准。该联合行动被称为"标准完善项目",涉及NIOSH和OSHA内多部门和多专业人员的合作努力。该项目对380种化学物质的每一种编制了标准草案及其支持文件,包括技术资料和颁布新的职业卫生法规所需的建议。本手册更便于劳动者、用人单位和职业卫生专业人员得到那些标准草案中的技术资料,并且将定期更新来反映各种物质的毒性资料以及关于接触标准或建议的任何改变。欲知最新信息,请查阅NIOSH网址(http://www.cdc.gov/niosh/npg/npg.html)上的电子版本。

资料的收集与应用

本次修订的数据来自各种渠道,主要有NIOSH的政策文件,如基准文本和当前信息通报(CIBs),以及在工业卫生、职业医学、毒理学和分析化学等领域公认的参考文献。

NIOSH 的建议

为了贯彻联邦《职业安全与卫生法》(1970)(the Occupational Safety and Health Act)(1970)(29 USC 第 15 章)和《矿山安全与卫生法》(1977)(the Federal Mine Safety and Health Act)(1977)(30 USC 第 22 章),NIOSH 制定并定期修订了工作场所有害因素或作业环境推荐性接触限值(RELs)。为减少或消除这些化学物质的职业安全健康危害,NIOSH 还推荐了适宜的预防措施。为了制定这些推荐性接触限值和预防措施,NIOSH 评估了所有与危害有关的已知的、可获得的医学、生物学、工程学、化学、贸易和其他信息。然后出版了这些推荐性文件,并递送给 OSHA 和矿山安全与卫生局(The Mine Safety and Health Administration,MSHA),用于颁布法定标准。

NIOSH 的建议以多种文件出版。为了降低或消除不良健康影响和意外伤害,NIOSH 在基准文件中推荐了工作场所职业接触限值和适宜的预防措施。

NIOSH 出版 CIBs 以介绍职业危害的最新科学信息。CIBs 可提醒人们注意以前未识别的职业危害,报道已知有害因素的新数据,提供职业危害控制信息。

《警示》、《特殊危害评论》、《职业危害评价》及《技术指南》这些出版物支持和完善了 NIOSH 其他标准的制定工作。其目的是评估特定职业危害因素的职业安全卫生问题(如潜在的损害或致癌、致突变、致畸作用),并推荐合适的控制及监测方法。尽管制定这些文件的目的不是为了替代更全面的基准文本,但是编写这些文件是为了帮助 OSHA 和 MSHA 制订法规。

除了这些出版物外,NIOSH 还定期为国会各个委员会以及 OSHA 和 MSHA 的法规制定提供听证。

1992 年以前,NIOSH 的建议可以在名为《NIOSH 职业安全与卫生建议:政策文件与声明的概要》(NIOSH Recommendations for Occupational Safety and Health: Compendium of Policy Documents and Statements)的单行本[DHHS(NIOSH)出版号:92－100(http://www.cdc.gov/niosh/92－100.html)]中查到。更新的建议可从 NIOSH 的网站(http://www.cdc.gov/niosh)上查到。这些概要的单行本可从 NIOSH 的出版办公室订购(电话号码:800-356-4674)。

如何使用本手册

本手册旨在提供每种化学物质的资料，以补充工业卫生的一般知识，每种化学物质的具体数据见化学物质清单。为了在有限的版面提供最多的信息，手册使用了大量的缩写和代码。为了便于经常使用者快速理解，对这些化学物质表格中下述各栏的缩写和代码予以说明。

化学名

化学物质的化学名均来自于 OSHA《工业空气污染物通用标准(29 CFR1910.1000)》。该化学名是指“化学名、异名和商品名索引”中的“首名”。

结构/分子式

同时提供了化学物质的结构式/分子式，必要时用—C=C—表示碳—碳双键，—C≡C—表示碳—碳三键。

CAS No.(化学文摘号)

指的是化学文摘服务(Chemical Abstract Service)登记号，其格式为 xxx-xx-x。每一种化学物质都有其唯一的 CAS 号，可从计算机数据库中高效查找。在手册后部列有各种化学物质 CAS 号的页码索引，以帮助读者找到每种物质所在的页次。

RTECS No.(“化学物质毒性作用登记”号)

指的是 NIOSH“化学物质毒性作用登记”(Registry of Toxic Effects of Chemical Substances)号，格式为 ABxxxxxxx，RTECS 对获取各种化学物质的更多毒理学资料可能有帮助。

RTECS 是从公开的科学文献中摘录资料的概要。2001 年 1 月 18 日美国疾病预防控制中心技术转让办公室(CDC's Technology Transfer Office)代表 NIOSH 完成了 RTECS“PHS 商标注册协定(PHS Trademark Licensing Agreement)”的谈判。该非专有的注册协定为将 RETCS 的数据库和它的商标(RETCS)的继续研制和转让给 MDL 信息系统公司(MDL Information System, Inc.)提供了依据，该公司是(Elsevier Science, Inc.)的一个拥有全部主权的子公司，它负责 RTECS 的更新、注册、销售和分发。欲知更多信息请登录 MDL 网站(http://www.mdli.com)。

本手册所列的化学物质的 RTECS 条目可在 NIOSH 的网站(http://www.cdc.gov/niosh/npg/npg.html)或本手册的 CD-ROM 版本上浏览。

IDLH

1994 年 6 月出版本手册时，对立即威胁生命或健康的浓度(immediately dangerous to life or health concentrations, IDLHs)做了评述，还对很多 IDLHs 值做了修订。随着 IDLH 的变化，对这些化学物质的防护呼吸器的选用建议也做了相应修改。评价原有的 IDLH 是否合适是由标准完善项目所使用的基准和 NIOSH 研制的更新的方法共同决定的。这些“临时性”的基准，为更新 IDLH 值形成了一套分级方法(a tiered approach)：优先使用人的急性毒性资料，其次使用动物急性吸入毒性资料，最后使用动物急性经口染毒资料。当相关的急性毒性资料不足或缺乏时，应考虑使用慢性毒性资料或类似化学物质的资料。NIOSH 将初步的 IDLH 值与下述标准比较来修订 IDLH 值：10%的爆炸下限(LEL)、动物急性呼吸刺激数据(RD_{50})、其他的短时间接触毒性资料和呼吸器选择规则(NIOSH Respirator Selection Logic)[DHHS(NIOSH)出版号2005-100，http://www.cdc.gov/niosh/docs/2005-100]。无论是最初制定还是修订的 IDLH,其制订基准和资料来源都包含在《立即威胁生命或健康的浓度(IDLHs)文本(NTIS 出版号:PB-94-195047)》(http://www.cdc.gov/niosh/idlh/idlh-1.html)中。当前,NIOSH 正在评价 IDLH 的不同用途、以及最初用于制定 IDLH 的基准是否可靠、是否还有其他信息或基准资料可以利用。

在"标准完善项目"中制定 IDLH 值的目的是,当呼吸防护用品失效时,确保劳动者在不发生伤害或不可逆健康损害的情况下,从 IDLH 接触环境中安全逃离。IDLH 是最高浓度,高于 IDLH 环境中,劳动者只有佩戴最安全可靠的呼吸防护器具,才容许接触。NIOSH 在制订 IDLH 值时,考虑劳动者在无生命危险或不可逆健康影响下的逃生能力,以及阻碍逃跑的严重眼和呼吸刺激、定向障碍和协调能力下降等暂时性效应。IDLH 作为安全界限,是根据 30 min 接触所能产生的效应制定的。然而,30 min 并不意味劳动者可以在 IDLH 环境中做任何不必要的逗留;在实际中,应想尽一切办法,尽快撤离。

在 NIOSH 呼吸器选择规则中将 IDLH 接触条件定义为"直接对生命或健康产生威胁的环境,或大量接触可能导致立即威胁的污染物的环境,如可能对健康产生不良累积效应或迟发效应的放射性物质"。制定 IDLH 接触浓度的目的是"确保劳动者一旦在呼吸防护器具失效时从某一污染环境中逃离"。NIOSH 呼吸器选择规则将 IDLH 值作为各种呼吸器选择的主要基准之一。根据 NIOSH 呼吸器选择规则,灭火、接触致癌物、进入缺氧环境、紧急抢险、进入化学物质浓度超过 NIOSH 的 REL 或 OSHA 的 PEL 2000 倍以上的环境以及进入 IDLH 环境中,应该选择最具保护性的呼吸器(如,压力需气式或正压携气式全面罩呼吸器)。本手册中列有 380 多种物质的 IDLH 值。

在 IDLH 栏中,符号"**Ca**"表示 NIOSH 认为这些化学物质都是潜在职业性致癌物。但是,最初标准完善项目时制定的或后来修订的 IDLH 值列在"**Ca**"后边的括号内。对于具有爆炸性的物质,尽管这些物质的毒理学资料表明其不可逆的健康损害或妨碍逃生的浓度值要更高,但从安全角度考虑,IDLH 值依据爆炸下限的 10%制定,用"**10%LEL**"表示。"**N.D.**"表示对该物质迄今没有制定 IDLH。附录 F 包含对四种氯萘化合物"有效的"IDLH 的解释。

浓度换算系数

对以 ppm 表示接触限值的化学物质,都提供了 25℃,1 个大气压下 ppm 换算成 mg/m³ 的换算系数。

DOT ID(美国运输部识别号)和应急救援指南号

提供了化学物质的美国运输部(Department of Transportation,DOT)识别号及其相应的应急救援指南号,格式为 xxxx yyy。识别号(Identification,ID)的"xxxx"表示该化学物质受 DOT 管理。应急救援指南号的"yyy"是指紧急情况下应采取的控制措施(见《应急救援指南(2004)》)。为了便于查找,本手册后面提供了各种化学物质的 DOT ID 页码索引,帮助读者确定每种化学物质的页次,但需要注意的是同一种化学物质 DOT 号并不是唯一的。

异名和商品名

提供了每一种化学物质的常见异名和商品名。

接触限值

在接触限值栏中,最先列出的是 NIOSH 的推荐性接触限值(**RELs**)。对于 NIOSH 的 RELs,"**TWA**"表示每周工作 40 h、每天工作不超过 10 h 的时间加权平均(time-weighted average,TWA)浓度。短时间接触限值(short-term exposure limit,STEL)用"**ST**"表示,除另有说明外,所有的 STEL 均是指一个工作日中任何时间都不应该超过的 15 min 的 TWA 浓度。数值前加"**C**"代表 REL 的上限值(ceiling value),除另有说明外,所有的上限值均是指任何时间都不应该超过的限值。标有"**Ca**"的化学物质是 NIOSH 认定的潜在职业性致癌物(有关潜在职业性致癌物的简介参见附录 A)。

所列的 OSHA 的容许接触限值(permissible exposure limits,**PELs**)是 OSHA 现行标准,来自 1993 年 7 月 1 日 OSHA 颁布生效的《工业空气污染物通用标准》的表 Z-1,Z-2 和 Z-3。

[*注:1992 年 7 月联邦上诉法院第十一巡回审判庭对美国劳工联合会-产业工会联合会(AFL-CLO)对 OSHA 965F. 2d 962 的诉讼案作出判决,废止了 OSHA 在 1989 年颁布的 212 种物质的更具保护性的 PELs,并重新使用 1971 年制定的 PELs。上诉法院还废止了既往没有纳入管理的 164 种物质新的 PELs。法院的判决于 1993 年 6 月 30 日生效。虽然 OSHA 正在实施的、列在 CFR1910. 1000 中表 Z-1,Z-2 和 Z-3 的接触限值,是在 1989 年以前生效的,但是如果劳动者的接触水平超过了 1989 年制定的既往没有纳入管理的 164 种物质的 PELs,就认为用人单位违反了《职业安全与卫生法(Occupational Safety and Health Act)》第 5 部分(a)(1)中的"一般责任条款(general duty clause)"。OSHA PELs 于 1993 年 6 月 30 日废止的物质,本书在其 OSHA PELs 之后标注了"†",废止的 PELs 值见附件 G。]

OSHA **PELs** 的 TWA 浓度是 40 h 工作周中任何一个 8 h 工作班都不能超过的浓度。数值前加"**ST**"表示 STEL,除另有说明外,STEL 均指 15 min 的测定浓度。数值前加"**C**"表示 OSHA 的上限浓度(ceiling concentration),是指在一个工作日的任何时间都不容许超过的浓度,如果无法进行瞬时监测,必须按 15 minTWA 接触浓度来估算。另外,在表 Z-2 中除了具有特指的超限值(excursion levels)的物质(如铍、二溴乙烷等)外,其他物质的浓度均不得超过其 PEL 的上限值(ceiling value)。例如,"任何 2 h 内 5 min 的最大峰值(maximum peak)"是指 8 h 工作日中的任何 2 h 内,超过上限值可以接触 5 min,但接触浓度绝不能超过最大峰值。OSHA 管理的致癌物简介见附录 B。

所有浓度均以 ppm,mg/m^3,mppcf (millions of particles per cubic foot of air as determined from counting an impinger sample)或 f/cm^3(fibers per cubic centimeter)表示。mppcf 是指计数撞击式采样器所测得的每立方英尺空气中被测物的百万颗粒数,f/cm^3 是指每立方厘米中的纤维根数。"皮"标记表示该化学物质可通过皮肤吸收,因此在职业活动中要执行规范的操作规程和采取戴手套、穿连衣裤工作服、戴护目镜等防护措施,避免皮肤接触。"总颗粒物"标记表示该化学物质的 REL 或 PEL 是空气中的总颗粒物,而"呼吸性颗粒物"标记表示的是空气颗粒物中的呼吸性颗粒物。

附录 C 对部分化学物质的接触限值进行了详细的讨论,其中包括某些低分子量的醛类(low-molecular-weight aldehydes)、石棉(asbestos)、各种染料[联苯胺类(benzidine)、邻-联甲苯胺类(o-tolidine-)和邻联茴香胺类(o-dianisidine-based)]、碳黑(carbon black)、氯乙烷(chloroethanes)、各种铬化合物(铬酸、铬酸盐、二价和三价铬化合物以及金属铬)、煤焦油沥青逸散物(coal tar pitch volatiles)、焦炉逸散物(coke oven emissions)、棉尘、矿物尘、铅、NIAX®催化剂 ESN、三氯乙烯和碳化钨(烧结的)[tungsten carbide (cemented)]。附录 D 对本手册涉及但当前尚无 RELs 的化学物质进行了简介。附录 F 是关于苯的 OSHA PELs 以及四种氯萘化合物的 IDLH 值的信息。附录 G 列出了于 1993 年 6 月 30 日废止的 OSHA PELs。

测量方法

本部分提供了接触化学物质的检测方法的来源(NIOSH 或 OSHA 的方法)和相应的方法号。这些检测方法用于测定化学物质或其他物质的接触。除另有说明外,NIOSH 所有的方法均来自第四版《NIOSH 分析方法手册》[DHHS (NIOSH),出版号:94-113, http://www. cdc. gov/niosh/nmam]和附刊。如果引自该手册的其他版本,则说明其版本号、适用范围和卷号〔如 Ⅱ-4 为第二版第四卷〕。OSHA 方法来自 OSHA 网站(网址为:http://www. osha-slc. gov/dst/sltc/methods)。"NA"表示 NIOSH 和 OSHA 还没有检测方法。表 1 列出了《NIOSH 分析方法手册》的版次、卷数和附刊。

所列出的每种方法是分析相关化合物的推荐分析方法。但是，这种方法可能不是很完善，还不能满足特定采样条件。注意，某些方法仅做了部分评估，只在有限的采样条件下使用过。为了适应特殊情况，要对方法的细节进行评述，并对进行这种分析的实验室，就方法的适用性及是否需要进一步修改进行商榷。

理化特性

本栏目对化学物质的理化性质进行了简要描述，并注明该化学物质能否作为液化压缩气运输，是否主要用作杀虫剂。

下文的缩写符号代表每一种化学物质的理化特性。“NA”表示该性质对该化学物质不适用。“?”表示该特性未知。下文就每一种缩写符号作简单的说明。

MW —— 分子量。

BP —— 1个大气压下的沸点，单位是华氏温度(°F)。

Sol —— 68 °F* 下水中的溶解度，按重量百分比(%)计(例：g/100ml)。

FI. P —— 闪点，单位是°F。[译者注：指在规定的条件下，一种液体表面上方释放的可燃蒸气与空气完全混合后，可以被火焰或火花点燃的最低温度，用开杯或闭杯表示。]标注“oc”表示开杯，其余均指闭杯闪点。闪点是表明可燃性液体发生爆炸或火灾的危险程度的重要参数。

IP —— 电离电位，单位是电子伏特(eV)，电离电位是某些直读式仪器中光电离检测器光源的选择依据。

Sp. Gr —— 比重，即某物质在 68 °F*(其他温度则注明)下的密度与 39.2 °F(4 ℃)下的水的密度的比值。

RGasD —— 相对密度，以空气密度=1作为参照(表示在同样温度下，该气体比空气重多少倍)。[译者注：指在与敞口空气相接触的液体和固体上方存在的蒸气与空气混合物相对于周围纯空气的密度。用来表示相同温度下，比空气重多少倍。当密度值≥1.1时，该混合物可能沿着地面流动，并可能在低洼处积累。当其数值为0.9～1.1时，能与周围空气快速混合。]

VP —— 68 °F* 下的蒸气压，单位是 mmHg；“approx”表示大约为。[译者注：饱和蒸气压的简称。指化学物质在一定温度下与其液体或固体相互平衡时的饱和压力。]

FRZ —— 液体和气体的凝固点，°F。

MLT —— 固体的熔点，°F。

UEL —— 空气中的爆炸(可燃)上限，以体积%表示(室温*)。[译者注：爆炸极限是指可燃气体或蒸气和空气混合物着火或引燃爆炸的浓度范围。一般用在室温下，可燃气体或蒸气在混合物中的体积百分数表示。空气中含有可燃气体(如氢、一氧化碳、甲烷等)或蒸气(如乙醇蒸气、苯蒸气)时，在一定范围内，遇到火花发生爆炸。易燃和可燃气体、液体蒸气、固体粉尘与空气形成混合物，遇火源即能发生燃烧爆炸的最高浓度，称为该气体、蒸气或粉尘的爆炸上限。]

LEL —— 空气中的爆炸(可燃)下限，以体积%表示(室温*)。[译者注：易燃和可燃气体、液体蒸气、固体粉尘与空气形成混合物，遇火源即能发生燃烧爆炸的最低浓度，称为该气体、蒸气或粉尘的爆炸下限。]

MEC —— 最低爆炸浓度，g/m^3。

(注 *：如在其他温度下的值，进行特殊标注。)

可能的话，并列在比重之后列出物质的可燃性/易燃性。OSHA 的下列基准(29 CFR 1910.106)用于对可燃和易燃液体的分类，其分类标准如下：

ⅠA 类易燃液体——闪点低于 73 °F，沸点低于 100 °F。

ⅠB 类易燃液体——闪点低于 73 °F,沸点等于或高于 100 °F。

ⅠC 类易燃液体——闪点等于或高于 73 °F 且低于 100 °F。

Ⅱ类可燃液体 ——闪点等于或高于 100 °F 且低于 140 °F。

ⅢA 类可燃液体——闪点等于或高于 140 °F 且低于 200 °F。

ⅢB 类可燃液体——闪点等于或高于 200 °F。

个人防护和卫生设施

该栏对每种毒物的防护措施都提供了概要性建议,是对一般操作规程(例如在使用化学品的工作场所禁食、禁水和禁烟等)的补充,并在使用所有可行的工艺、设备以及专项控制后,如果需要其他的控制措施,就要遵守这些建议。表 2 是对各种代号的解释,分别描述如下。

SKIN(皮肤):建议需要使用个人防护服。

EYES(眼睛):建议需要眼部防护。

WASH SKIN(清洗皮肤):当劳动者身体部位受到化学物质污染时,除一般的清洗(如饭前)外,建议清洗污染的皮肤。

REMOVE(脱除):当工人的衣服受到意外弄湿或明显污染时,建议脱除并妥善处置。

CHANGE(更换):建议是否需要定期更换衣服。

PROVIDE(配备):建议需要提供眼部冲洗设备和/或其他快速冲洗设备。

选择呼吸器的建议

本部分提供了一个简表,用于已具有 IDLH 化学物质容许使用的呼吸器,或 NIOSH 以前对某些化学物质提供的呼吸器建议(如:标准文件或现行的职业卫生信息通报)。然而,本使用手册还包含了尚未制定 IDLH 值的 186 种化学物质。由于 IDLH 值对于特定化学物质的呼吸器选择规则来说是至关重要的参数,故本手册对没有 IDLH 值的 186 种化学物质未提供呼吸防护的建议。随着 IDLH 值的制定和修订,NIOSH 将提供相应呼吸器建议(更新的信息可从以下网址获得:http://www.cdc.gov/niosh/npg/npg.html)并写入以后的版本中。[附录 F 包含对四种氯萘化合物使用的"有效的"IDLH 数值的解释。]

1995 年,NIOSH 在 42 CFR 84(也被称为"Part 84")中制定了一整套新的法规,用于测试和认证自吸过滤式防颗粒物的呼吸器。在新的"Part 84"中的呼吸器,其认证测试要求比 30 CFR 11(被称为"Part 11")认证的旧呼吸器(如,防粉尘,防粉尘和雾,防粉尘、烟和雾,防喷漆,防农药等防护呼吸器)更为严格。根据 Part 84 对自吸过滤式防颗粒物的呼吸器的选择建议,在本版已更新,不再使用 Part 11 的术语。表 4 提供了选择 N-,R-或 P-系列(Part 84)防颗粒物呼吸器的信息。

1998 年 1 月,OSHA 修订了呼吸防护的标准(29 CFR 1910.134)。在修订标准中,当使用空气过滤式防毒呼吸器用于气体和蒸气的防护时,要求滤毒罐和滤毒盒配置失效指示器(ESLI,end-of-service-life indicator)或制定更换的时间表[29 CFR 1910.134(d)(3)(ⅲ)](注:所有含"**Ccr**"或"**Ov**"的呼吸器都应满足此项要求)。本手册中用于防护气体和蒸气的空气过滤呼吸器(没有失效指示器的)只推荐用于有可靠警示性的化学物质,但是现行规定在选择呼吸器时,可不考虑化学物质的警示性。然而,在本版使用手册中关于空气过滤防毒呼吸器的建议,没有按照 OSHA 关于失效指示器或更换时间表的规定进行修订。

附录 A 列出了 NIOSH 的致癌物政策。本使用手册对于致癌物选择呼吸器的建议并未按新政策进行修订,将在以后的版本中进行修订。

在该栏的第一条是表示选择呼吸器的建议是根据 NIOSH 或 OSHA 的接触限值来定。一般使用 NIOSH REL 和 OSHA PEL 中更具保护性的限值,“NIOSH/OSHA”表示它们的限值是相等的。

接下来排列的是最大使用浓度(maximum use concentration,MUC),随后是在该最大使用浓度下可采用的呼吸器种类。各种呼吸器分类代码和指定防护因数(APFs)见表 3。每类呼吸器依次列出,在使用时可以选择防护级别更高的呼吸器。后面标有符号“§”的呼吸器可用于应急抢险,或准备进入浓度未知环境,或进入 IDLH 环境。标有“逃生(Escape)”的呼吸器只能用于逃生。对应于每个 MUC 或条件下所列出的呼吸器种类,已满足《NIOSH 呼吸器选择规则(NIOSH Respirator Selection Logic)》规定的 APF 和其他限制条件。

选用的所有呼吸器都必须根据 42 CFR 84 的要求通过 NIOSH 认证。现行 NIOSH/MSHA 认证过的呼吸器清单可以从 NIOSH 认证设备名录中查到(网址:http://www.cdc.gov/niosh/npptl/topics/respirators/cel)。

用人单位应当执行完整的呼吸保护计划,该计划应当满足 29 CFR 1910.134 的所有要求。呼吸保护计划应当包括书面的标准操作规程,该规程应当包括定期培训、适合性检验、佩戴气密性检查、定期的环境监测、维护、医学监测、监督检查、清洁、储存和对计划的定期评估。在建议的某个类别的呼吸器中,根据实际情况,由专业人员选择某种呼吸器。**切记**:空气过滤式呼吸器在缺氧的环境下没有保护作用,也不能用于 IDLH 环境。救火只建议使用配全面罩的压力需气式或正压携气式呼吸器。有关呼吸器选择和使用的其他信息参见《NIOSH 呼吸器选择规则》[美国 DHHS(卫生和人类服务部)[NIOSH]出版号 2005-100]和 NIOSH 的《工业性呼吸防护指南》(DHHS[NIOSH] 出版号 87-116),在题目为呼吸器的网页中查找(网址:http://www.cdc.gov/niosh/npptl/topics/respiratator)。

不相容性和反应性

列出了每种化学物质重要的有害的不相容性或反应性。

接触途径,症状和靶器官

“接触途径”栏列出了每种化学物质毒理学上进入人体的重要途径(entry routes,**ER**)和眼睛、皮肤的直接接触是否有潜在危害。“症状”栏列出接触后可能产生的健康损害症状(symptoms of exposure,**SY**)和 NIOSH 是否认定该化学物质为潜在职业性致癌物,若是则用([**carc**])标注。“靶器官”栏列出该化学物质损害的靶器官(target organ,**TO**)(对于致癌物,用括号注明所致肿瘤类型)。如无说明,本部分所列的所有资料均为人类的资料。各种缩写符号的含义见表 5。

急救

列出了眼睛或皮肤接触、吸入或摄入毒物的急救措施,各种缩写符号的含义见表 6。

表 1　NIOSH 分析方法手册

版　本　号	卷　号	附　刊	出　版　号
2	1		77-157-A
2	2	—	77-157-B
2	3	—	77-157-C
2	4	—	78-175
2	5	—	79-141
2	6	—	80-125
2	7	—	82-100
3	—	—	84-100
3	—	1	85-117
3	—	2	87-117
3	—	3	89-127
3	—	4	90-121
4	—	—	94-113
4	—	1	96-135
4	—	2	98-119
4	—	3	2003-154

注：更多信息详见测量方法部分。《NIOSH 分析方法手册》可在 NIOSH 网站上查阅（网址：http://www.cdc.gov/niosh/nmam）。

表 2　个人防护用品和卫生设施代码

代　码			含　义
皮肤(Skin)	Prevent skin contact	防止皮肤直接接触	穿戴合适的个人防护服，防止皮肤直接接触
	Frostbite	防止冻伤	压缩气体快速膨胀时可产生低温。泄漏和使用能快速膨胀的压缩气体，可产生冻伤危害。穿戴合适的个人防护服，防止皮肤冻伤
	N. R.	无建议	对于个体皮肤防护装备的需要没有特殊建议
眼睛(Eyes)	Prevent eye contact	防止眼睛直接接触	佩戴合适的眼部防护用品，防止眼睛直接接触
	Frostbite	防止冻伤	佩戴合适的眼部防护用品，防止眼睛直接接触液体后因低温引起灼伤或组织损伤
	N. R.	无建议	对眼部防护的需要没有特殊建议
清洗皮肤(Wash skin)	When contam	当受到污染时	当皮肤受到污染时，应立即清洗污染的皮肤
	Daily	每日	每天工作班结束后，进食、吸烟、喝水前都应该清洗可能受到污染的皮肤
	N. R.	无建议	对于清洗皮肤上的污染物没有其他特殊的建议(包括立即清洗和班后清洗)
脱除(Remove)	When wet or contam	当工作服弄湿或被污染时	如果工作服被弄湿或受到了明显的污染，应该立即脱除并妥善处置
	When wet (flamm)	当工作服被易燃物质浸湿	如果工作服被可燃性物质(即闪点低于 100 ℉的液体)浸湿，应当立即脱除并妥善处置，以防着火
	N. R.	无建议	对于脱除被污染或被弄湿的工作服的需要没有特殊建议
更换(Change)	Daily	每日	在离开工作场所前应当将可能受到污染的工作服更换成无污染的衣服
	N. R.	无建议	对于班后的衣服的更换需要没有特殊建议

续表 2

代　　码			含　　义
配备（Provide）	Eyewash	眼冲洗设备	在劳动者可能接触化学物质的作业场所，无论是否需要使用眼部防护用品，都应配备眼冲洗设备
	Quick drench	快速冲淋设备	在紧靠有可能接触化学物质的工作场所，应配备快速冲淋身体的设备以应急使用[注：这些设备应能够提供足量水或流动水，以将可能接触的身体任何部位上的该化学物质除去。实际配备适宜的快速冲淋设备取决于工作场所的具体条件。在某些情况下，必须及时进行大流量淋浴，而其他情况下只需要用一个水槽或软管供水就足够了]
	Frostbite wash	防冻伤设备	在紧靠有可能接触极低温液体或迅速蒸发的液体的工作场所，应配备快速冲淋洗浴设备和/或眼冲洗设备，以应急使用
其他代码（Other codes）	Liq	液体	液体
	Molt	熔融物	熔融物
	Sol	固体	固体
	Soln	含有污染物的溶液	含有污染物的溶液
	Vap	蒸气	蒸气

表 3 呼吸器选择时的符号、代码组分和代码解释

符　号	描　述
¥	高于 NIOSH REL 的浓度;或当没有 REL 时,任何可以检测到的浓度
§	应急抢险,或准备进入浓度未知环境,或进入 IDLH 环境
*	据报道可以引起眼睛刺激或损伤的化学物质;可能需要眼部防护
£	化学物质引起眼睛刺激或损伤;需要眼部防护
¿	只容许使用非氧化型吸附剂(非活性炭)
†	要求配置失效指示器(ESLI)
APF	指定防护因数
代码要素	**描　述**
95	效率为 95%的防颗粒物呼吸器或过滤元件。按表 4 选择 N95、R95 或 P95
99	效率为 99%的防颗粒物呼吸器或过滤元件。按表 4 选择 N99、R99 或 P99
100	效率为 99.97%的防颗粒物呼吸器或过滤元件。按表 4 选择 N100、R100 或 P100
Ccr	化学滤毒盒呼吸器
F	全面罩
GmF	自吸过滤式全面罩呼吸器(防毒面具),配下颌置、前置或后置式滤毒罐
Papr	动力送风空气过滤式呼吸器
Sa	供气式呼吸器
Scba	携气式呼吸器
Ag	酸性气体滤毒盒或滤毒罐
Cf	连续供气式
Hie	高效颗粒物过滤元件
Ov	有机蒸气滤毒盒或滤毒罐
Pd,Pp	压力需气式或其他正压式
Qm	四分之一面罩呼吸器
S	防护该化学物质的滤毒盒或滤毒罐
T	密合型面罩
XQ	四分之一面罩呼吸器除外
代　码	**描　述**
95F (APF=10)	任何空气过滤式全面罩呼吸器,配有 N95、R95 或 P95 过滤元件。也可使用以下过滤元件:N99、R99、P99、N100、R100、P100。指定防护因数=10。选择 N、R 或 P 过滤元件的信息见表 4

续表 3

代码要素	描　述
95XQ (APF=10)	任何除四分之一面罩之外的防颗粒物呼吸器，配有 N95、R95 或 P95 过滤元件（包括 N95、R95 或 P95 随弃式面罩）。也可使用以下过滤元件：N99、R99、P99、N100、R100、P100。指定防护因数=10。选择 N、R 或 P 过滤元件的信息见表 4
100F (APF=50)	任何空气过滤式全面罩呼吸器，配有 N100、R100 或 P100 过滤元件。指定防护因数=50。选择 N、R 或 P 过滤元件的信息见表 4
100XQ (APF=10)	任何除四分之一面罩之外的防颗粒物呼吸器，配有 N100、R100 或 P100 过滤元件（包括 N100、R100 或 P100 随弃式面罩）。指定防护因数=10。选择 N、R 或 P 过滤元件的信息见表 4
CcrFAg100 (APF=50)	任何全面罩的防毒呼吸器，配酸性气体滤毒盒和 N100、R100 或 P100 的综合防护过滤元件。指定防护因数=50。选择 N、R 或 P 过滤元件的信息见表 4
CcrFOv (APF—50)	任何空气过滤式全面罩呼吸器，配有机蒸气滤毒盒。指定防护因数=50
CcrFOv95 (APF=10)	任何空气过滤式全面罩呼吸器，配有机蒸气滤毒盒和 N95、R95 或 P95 的综合防护过滤元件。也可使用以下过滤元件：N99、R99、P99、N100，R100、P100。指定防护因数=10。选择 N、R 或 P 过滤元件的信息见表 4
CcrFOv100 (APF=50)	任何空气过滤式全面罩呼吸器，配有机蒸气滤毒盒和 N100、R100 或 P100 的综合防护过滤元件。指定防护因数=50。选择 N、R 或 P 过滤元件的信息见表 4
CcrFS (APF=50)	任何空气过滤式全面罩呼吸器，配防该化学物质的滤毒盒。指定防护因数=50
CcrFS100 (APF=50)	任何空气过滤式全面罩呼吸器，配防该化学物质的滤毒盒及 N100、R100 或 P100 的过滤元件。指定防护因数=50。选择 N、R 或 P 过滤元件的信息见表 4
CcrOv (APF=10)	任何空气过滤式半面罩呼吸器，配防有机蒸气的滤毒盒。指定防护因数=10
CcrOv95 (APF=10)	任何空气过滤式半面罩呼吸器，配有机蒸气滤毒盒和 N95、R95 或 P95 的综合防护过滤元件。也可使用以下过滤元件：N99、R99、P99、N100，R100，P100。指定防护因数=10。选择 N、R 或 P 过滤元件的信息见表 4
CcrOv100 (APF=10)	任何空气过滤式半面罩呼吸器，配有机蒸气滤毒盒和 N100、R100 或 P100 的综合防护过滤元件。指定防护因数=10。选择 N、R 或 P 过滤元件的信息见表 4
CcrOvAg (APF=10)	任何空气过滤式半面罩呼吸器，配有机蒸气和酸性气体滤毒盒。指定防护因数=10

续表 3

代　　码	描　　述
CcrS (APF=10)	任何空气过滤式半面罩呼吸器,配防该化学物质的滤毒盒。指定防护因数=10
GmFAg (APF=50)	任何空气过滤式全面罩呼吸器(防毒面具),配下颌式、前置式或背置式酸性气体滤毒罐。指定防护因数=50
GmFAg100 (APF=50)	任何空气过滤式全面罩呼吸器(防毒面具),配下颌式、前置式或背置式酸性气体滤毒罐和 N100、R100 或 P100 的综合防护过滤元件。指定防护因数=50
GmFOv (APF=50)	任何空气过滤式全面罩呼吸器(防毒面具),配下颌式、前置式或背置式有机蒸气滤毒罐。指定防护因数=50
GmFOv95 (APF=10)	任何空气过滤式全面罩呼吸器(防毒面具),配下颌式、前置式或背置式有机蒸气滤毒罐和 N95、R95 或 P95 的综合防护过滤元件。指定防护因数=10。也可使用以下过滤元件:N99、R99、P99、N100、R100、P100。选择 N、R 或 P 过滤元件的信息见表 4
GmFOv100 (APF=50)	任何空气过滤式全面罩呼吸器(防毒面具),配下颌式、前置式或背置式有机蒸气滤毒罐和 N100、R100 或 P100 的综合防护过滤元件。指定防护因数=50。选择 N、R 或 P 过滤元件的信息见表 4
GmFOvAg (APF=50)	任何空气过滤式全面罩呼吸器(防毒面具),配下颌式、前置式或背置式有机蒸气和酸性气体滤毒罐。指定防护因数=50
GmFOvAg100 (APF=50)	任何空气过滤式全面罩呼吸器(防毒面具),配下颌式、前置式或背置式有机蒸气和酸性气体滤毒罐和 N100、R100 或 P100 的综合防护过滤元件。指定防护因数=50。选择 N、R 或 P 过滤元件的信息见表 4
GmFS (APF=50)	任何空气过滤式全面罩呼吸器(防毒面具),配下颌式、前置式或背置式防该化学物质的滤毒罐。指定防护因数=50
GmFS100 (APF=50)	任何空气过滤式全面罩呼吸器(防毒面具),配下颌式、前置式或背置式防该化学物质的滤毒罐和 N100、R100 或 P100 的综合防护过滤元件。指定防护因数=50。选择 N、R 或 P 过滤元件的信息见表 4
PaprAg (APF=25)	任何动力送风空气过滤式呼吸器,配酸性气体滤毒盒。指定防护因数=25
PaprAgHie (APF=25)	任何动力送风空气过滤式呼吸器,配酸性气体滤毒盒和高效颗粒物过滤元件。指定防护因数=25

续表 3

代　　码	描　　述
PaprHie (APF=25)	任何动力送风空气过滤式呼吸器,配有高效颗粒物过滤元件。指定防护因数=25
PaprOv (APF=25)	任何动力送风空气过滤式呼吸器,配有机蒸气滤毒盒。指定防护因数=25
PaprOvAg (APF=25)	任何动力送风空气过滤式呼吸器,配有机蒸气和酸性气体滤毒盒。指定防护因数=25
PaprOvHie (APF=50)	任何动力送风空气过滤式呼吸器,配有机蒸气和高效颗粒滤毒盒的综合防护过滤元件。指定防护因数=50
PaprS (APF=25)	任何动力送风空气过滤式呼吸器,配有防该化学物质的滤毒盒。指定防护因数=25
PaprTHie (APF=50)	任何动力送风空气过滤式呼吸器,配密合型面罩和高效颗粒物过滤元件。指定防护因数=50
PaprTOv (APF=50)	任何动力送风空气过滤式呼吸器,配密合型面罩和有机蒸气滤毒盒。指定防护因数=50
PaprTOvHie (APF=50)	任何动力送风空气过滤式呼吸器,配密合型面罩及有机蒸气和高效颗粒滤毒盒的综合防护过滤元件。指定防护因数=50
PaprTS (APF=50)	任何动力送风空气过滤式呼吸器,配密合型面罩和防该化学物质的滤毒盒。指定防护因数一50
Qm (APF=5)	任何四分之一面罩呼吸器,选择 N、R 或 P 过滤元件的信息见表 4。指定防护因数=5
Sa (APF=10)	任何供气式呼吸器。指定防护因数=10
Sa：Cf (APF=25)	任何连续供气式呼吸器。指定防护因数=25
Sa：Pd,Pp (APF=1 000)	任何压力需气式或正压供气式呼吸器。指定防护因数=1 000
SaF (APF=50)	任何供气式呼吸器,配全面罩。指定防护因数=50
SaF：Pd,Pp (APF=2 000)	任何压力需气式或正压供气式呼吸器,配全面罩。指定防护因数=2 000

续表 3

代　码	描　述
SaF：Pd,Pp：AScba (APF=10 000)	任何压力需气式或正压供气式呼吸器，配全面罩，配压力需气式或正压携气式辅助呼吸器。指定防护因数=10 000
SaT：Cf (APF=50)	任何连续供气式呼吸器，配密合型面罩。指定防护因数=50
ScbaE	任何适合逃生的携气式呼吸器
ScbaF (APF=50)	任何携气式呼吸器，配全面罩。指定防护因数=50
ScbaF：Pd，Pp (APF=10 000)	任何压力需气式或正压携气式呼吸器，配全面罩。指定防护因数=10 000

表 4　N-，R-，P-系列防颗粒物呼吸器的选择

1.	根据是否存在油性颗粒物，选择 N-，R-和 P-系列过滤元件，方法如下：
●	如果工作环境不存在油性颗粒物，使用任何系列的过滤元件(即：N-、R-和 P-系列)。
●	如果存在油性颗粒物(例如：润滑油、切削液、甘油)，使用 R-或 P-系列过滤元件。不得使用 N-系列过滤元件
●	如果存在油性颗粒物且过滤元件使用时间将超过一个工作班，只能使用 P-系列过滤元件
2.	根据可接受的从过滤元件泄漏量的多少来选择过滤元件的效率(即：95%，99%或 99.7%)。过滤效率越高，表示过滤元件的泄漏量越低
3.	根据需要的防护水平选择面罩——即需要的指定防护因数(APF)

注：各类呼吸器指定防护因数的选择见表 3，欲了解更多的信息见呼吸器选择建议。

表 5 接触后靶器官和中毒症状的缩写

代码	释义	代码	释义
abdom	腹部的	depres	抑郁/抑制
abnor	异常的/异常	derm	皮炎
abs	皮肤吸收	diarr	腹泻
album	蛋白尿	dist	紊乱,失调
anes	麻木,知觉缺失	dizz	眩晕
anor	食欲减退,厌食	drow	嗜睡,倦怠
anos	嗅觉缺失	dysp	呼吸困难
anxi	焦虑	emphy	肺气肿
arrhy	心律不齐	eosin	嗜酸性粒细胞减少
aspir	吸气	epilep	癫痫发作
asphy	窒息	epis	鼻出血
BP	血压	equi	平衡
breath	呼吸	eryt	红斑(皮肤红斑)
bron	支气管炎	euph	欣快感
BUN	血尿素氮	fail	故障,缺乏
[carc]	潜在职业性致癌物	fasc	自发收缩
card	心脏病	FEV	最大呼气量
chol	胆碱酯酶	fib	纤维化
cirr	肝硬化	ftg	疲劳
CNS	中枢神经系统	func	功能
conc	浓度	GI	胃肠道
con	皮肤和/或眼睛直接接触	halu	幻觉
conf	意识模糊	head	头痛
conj	结膜炎	hema	血尿
constip	便秘	hemato	造血的
convuls	惊厥	hemorr	出血
corn	角膜	hyperpig	色素沉着
CVS	心血管系统	hypox	低血氧
cyan	紫绀	inco	协调能力下降
decr	降低的,减少的	incr	增高的,增加的

续表 5

代　　码	释　　义	代　　码	释　　义
inebri	醉酒	para	瘫痪，麻痹
inflamm	炎症	pares	感觉异常，异样感
ing	摄入	perf	穿刺
inh	吸入	peri neur	周围神经病
inj	损伤	periorb	眶周的
insom	失眠	phar	咽的
irreg	不规律，不规则	photo	畏光
irrit	刺激	pneu	肺炎
irrity	应激性、兴奋性	polyneur	多发性神经病
jaun	黄疸	prot	蛋白尿
kera	角膜炎	pulm	肺的
lac	流泪	RBC	红细胞
lar	喉	repro	生殖的
lass	乏力，倦怠	resp	呼吸的
leucyt	白细胞增多	restless	烦躁，不安
leupen	白细胞减少	retster	胸骨后的
liq	液体	rhin	鼻漏
local	局部的	salv	流涎
low-wgt	体重降低	sens	致敏
mal	不适	short	缺少
malnut	营养不良	sneez	打喷嚏
methemo	高铁血红蛋白血症	sol	固体
muc memb	黏膜	soln	溶液
musc	肌肉	subs	胸骨下的
narco	麻醉	sweat	出汗
nau	恶心	swell	肿胀
nec	坏死	sys	系统
neph	肾炎	tacar	心动过速
numb	麻木	tend	触痛
opac	混浊，不透明	terato	致畸的
palp	心悸	throb	悸动的

续表 5

代码	释义	代码	释义
tight	紧的,牢固的	vis	视觉的,视力的
twitch	颤搐	vomit	呕吐
uncon	意识丧失,无意识	weak	虚弱,无力
vap	蒸气	wheez	喘气的,喘息的
vesic	起泡		

表 6 急救代码解释

英文代码	含　　义
关于眼睛	
Irr immed	如眼睛直接接触了化学物质，要立即用大量水冲洗（灌洗）眼睛，冲洗时，不时翻开上下眼睑。并立即就医
Irr prompt	如眼睛直接接触了化学物质，要迅速用大量水冲洗（灌洗）眼睛，冲洗时，不时翻开上下眼睑。如果仍有不适，应就医
Frostbite	如果眼组织冻伤，要立即就医。如果眼组织没有冻伤，要立即用大量水彻底冲洗至少15 min，并不时翻开上下眼睑。如果眼睛刺激、疼痛、肿胀、流泪和畏光持续存在，应尽快就医
Medical attention	就医
关于皮肤	
Blot/brush away	如果感到刺激，轻轻地吸取或擦除皮肤上留存的化学物质
Dust off solid; water flush	如果该固态化学物质直接接触皮肤，要立即清除，并用水冲洗污染的皮肤。如果化学物质或含该化学物质的液体浸透进衣服，尽快脱掉衣服，用水冲洗皮肤，并立即就医
Frostbite	如果发生冻伤，要立即就医，不要揉擦或用水冲洗冻伤部位；为防止组织进一步受损，不要试图将冻结的衣服从冻伤部位脱除。如未发生冻伤，立即用肥皂和水彻底清洗污染皮肤
Molten flush immed/sol-liq soap wash prompt	如果皮肤直接接触了熔融态化学物质，要立即用大量水冲洗污染的皮肤，并立即就医。如果皮肤接触化学物质或含该化学物质的液体，要立即用肥皂和水清洗皮肤。如果该化学物质或含有该化学物质的液体渗透到衣服，要立即脱除污染的衣服，并用肥皂和水清洗污染的皮肤。如果清洗后刺激持续存在，应就医
Soap flush immed	如果该化学物质直接接触皮肤，要立即用肥皂和水冲洗污染的皮肤。如果该化学物渗透进衣服，立即将衣服脱除，并用水清洗皮肤。如果清洗后刺激持续存在，应就医
Soap flush prompt	如果该化学物质直接接触皮肤，要迅速用肥皂和水冲洗污染的皮肤。如果该化学物渗透进衣服，立即将衣服脱除，并用水清洗皮肤。如果清洗后刺激持续存在，应就医
Soap prompt/molten flush immed	如果固体化学物质或含有该化学物的溶液直接接触皮肤，迅速用肥皂和水清洗污染的皮肤。如清洗后刺激持续存在，应就医。若该熔融状态的化学物质直接接触皮肤或不透水的衣服，应立即用大量水冲洗受影响的部位以降温，并立即就医

续表 6

英文代码	含　义
关于皮肤(续)	
Soap wash	如果化学物质直接接触皮肤,用肥皂和水冲洗污染的皮肤
Soap wash immed	如果该化学物质直接接触皮肤,立即用肥皂和水冲洗污染的皮肤。若该化学物渗透进衣服,要立即将衣服脱除,用肥皂和水清洗皮肤,并迅速就医
Soap wash prompt	如果该化学物质直接接触皮肤,迅速用肥皂和水冲洗污的染皮肤。若该化学物渗透进衣服,要迅速将衣服脱除,用肥皂和水清洗皮肤,并迅速就医
Water flush	如果该化学物质直接接触皮肤,用水冲洗污染的皮肤。如存在皮肤刺激症状,应就医
Water flush immed	如果该化学物质直接接触皮肤,立即用水冲洗污染的皮肤。如果该化学物渗透进衣服,要迅速将衣服脱除,用水冲洗污染的皮肤,并迅速就医
Water flush prompt	如果该化学物质直接接触皮肤,迅速用水冲洗污染的皮肤。如果该化学物渗透进衣服,要立即将衣服脱除,迅速用水冲洗污染的皮肤,若冲洗后刺激症状持续存在,应就医
Water wash	如果该化学物质直接接触皮肤,用水冲洗污染的皮肤
Water wash immed	如果该化学物质直接接触皮肤,立即用水冲洗污染的皮肤。如果该化学物渗透进衣服,立即将衣服脱除,用水冲洗皮肤。若清洗后出现症状,要立即就医
Water wash prompt	如果该化学物质直接接触皮肤,立即用水冲洗污染的皮肤。如果该化学物渗透进衣服,迅速将衣服脱除,用水冲洗皮肤。若清洗后症状持续存在,应就医
关于呼吸	
Resp support	如果接触者吸入大量该化学物质,立即将接触者移至新鲜空气处。如果呼吸停止,要进行人工呼吸。注意保暖和休息,尽快就医
Fresh air	如果接触者吸入大量该化学物质,立即将接触者移至新鲜空气处。通常不需要采取其他措施
Fresh air;100%O_2	如果接触者吸入大量该化学物质,立即将接触者移至新鲜空气处。如果呼吸停止,要进行人工呼吸。如果呼吸困难,由训练有素人员帮助接触者吸入100%氧气。注意保暖和休息,尽快就医
关于吞入	
Medical attention immed	如果吞入该化学物质,应立即就医

乙醛(Acetaldehyde)

CH_3CHO

CAS No.:75-07-0

RTECS No.:AB1925000

异名和商品名:醋醛,Acetic aldehyde,Ethanal,Ethyl aldehyde

DOT ID 和指南号:1089 129

接触限值:NIOSH REL:Ca、附录 A、附录 C(醛)

OSHA PEL †:TWA 200 ppm (360 mg/m³)

IDLH: Ca[2000 ppm] **浓度换算系数:**1 ppm=1.80 mg/m³

理化性质:无色液体或气体(温度高于 69 ℉),具有刺激性的水果气味。

分子量:44.1　沸点:69 ℉

凝固点:−190 ℉　溶解度:与水互溶

蒸气压:740 mmHg　电离电位:10.22 eV

比重:0.79　闪点:−36 ℉

爆炸上限:60%　爆炸下限:4.0%

ⅠA 类易燃液体——闪点低于 73 ℉,沸点低于 100 ℉。

不相容性和反应性:强氧化剂,酸,碱,醇,氨和胺,苯酚,酮,氰化氢,硫化氢。[注:长时间暴露于空气中可以形成过氧化物,引起爆炸和容器的燃烧而聚合。]

测量方法: NIOSH 2018,2538,3507;OSHA 68

个人防护和卫生设施:

- 皮肤:穿戴合适的个人防护服,防止皮肤直接接触。
- 眼睛:佩戴合适的眼部防护用品,防止眼睛直接接触。
- 清洗皮肤:当皮肤受到污染时,应立即清洗污染的皮肤。
- 脱除:如果工作服被可燃性物质(即闪点低于 100 ℉的液体)浸湿,应当立即脱除并妥善处置,以防着火。
- 更换:对于班后的衣服的更换需要没有特殊建议。
- 配备:在劳动者可能接触该化学物质的作业场所,无论是否需要使用眼部防护用品,都应配备眼冲洗设备。在紧靠有可能接触该化学物质的工作场所,应配备快速冲淋身体的设备以应急使用。[注:这些设备应能够提供足量水或流动水,以将可能接触的身体任何部位上的该化学物质除去。实际配备适宜的快速冲淋设备取决于工作场所的具体条件。在某些情况下,必须及时进行大流量淋浴,而其他情况下只需要用一个水槽或软管供水就足够了。]

急救:

- 眼睛:如眼睛直接接触了该化学物质,要立即用大量水冲洗(灌洗)眼睛,冲洗时,不时翻开上下眼睑,并立即就医。
- 皮肤:如果该化学物质直接接触皮肤,迅速用水冲洗污染的皮肤。如果该化学物质渗透进衣服,要立即将衣服脱除,迅速用水冲洗污染的皮肤,若冲洗后刺激症状持续存在,应立即就医。
- 呼吸:如果接触者吸入大量该化学物质,立即将接触者移至新鲜空气处。如果呼吸停止,要进行人工呼吸,注意保暖和休息。尽快就医。
- 吞入:如果吞入该化学物质,应立即就医。

对呼吸器选择的建议:NIOSH

¥:高于 NIOSH REL 的浓度;或当没有 REL 时,任何可以检测到的浓度:

- ScbaF:Pd,Pp:任何压力需气式或正压携气式呼吸器,配全面罩。指定防护因数=10 000。
- SaF:Pd,Pp:AScba:任何压力需气式或正压供气式呼吸器,配全面罩,配压力需气式或正压携气式辅助呼吸器。指定防护因数=10 000。

逃生:

- GmFOv:任何空气过滤式全面罩呼吸器(防毒面具),配下颌式、前置式或背置式有机蒸气滤毒罐。指定防护因数=50。
- ScbaE:任何适合逃生的携气式呼吸器。

有关呼吸器选择的其他重要信息参见相关标准。

接触途径:呼吸道,胃肠道,皮肤和/或眼睛直接接触。

症状:眼睛、鼻、咽喉刺激;眼睛、皮肤灼伤;皮炎;结膜炎;咳嗽;中枢神经系统抑制;迟发性肺水肿;动物:有肾毒性和生殖毒性,有致畸作用[潜在职业性致癌物]。	靶器官:眼睛,皮肤,呼吸系统,肾,中枢神经系统,生殖系统。 致癌部位 [动物:鼻癌]。

乙酸(Acetic acid)

CH_3COOH

CAS No.:64-19-7

RTECS No.:AF1225000

异名和商品名:醋酸(液态),冰醋酸(纯的化合物),Acetic acid (aqueous),Ethanoic acid,Glacial acetic acid (purt compound),Methanecarboxylic acid[注:醋中乙酸的含量为5%~8%。]

DOT ID 和指南号:
2790 153 (10%~80%的酸);
2789 132 (>80%的酸)

接触限值:NIOSH REL:TWA 10 ppm (25 mg/m³)
ST 15 ppm (37 mg/m³)
OSHA PEL:TWA 10 ppm (25 mg/m³)

IDLH:50 ppm **浓度换算系数:**1 ppm = 2.46 mg/m³

理化性质:无色液体或晶体,具有醋的酸味。[注:在低于62 ℉下,纯品为固体,常用的是水溶液。]

分子量:60.1
沸点:244 ℉
凝固点:62 ℉
溶解度:与水互溶
蒸气压:11 mmHg
电离电位:10.66 eV
比重:1.05
闪点:103 ℉
爆炸上限(200 ℉):19.9%
爆炸下限:4.0%

Ⅱ类可燃液体——闪点等于或高于100 ℉且低于140 ℉。

不相容性和反应性:强氧化剂(尤其是铬酸、过氧化钠和硝酸),强腐蚀性物质。[注:对金属具有腐蚀性。]

测量方法: NIOSH 1603;OSHA ID186SG

个人防护和卫生设施:

- 皮肤:穿戴合适的个人防护服,防止皮肤直接接触。(>10%)
- 眼睛:佩戴合适的眼部防护用品,防止眼睛直接接触。
- 清洗皮肤:当皮肤受到污染时,应立即清洗污染的皮肤。(>10%)
- 脱除:如果工作服被弄湿或受到了明显的污染,应该立即脱除并妥善处置。(>10%)
- 更换:对于班后的衣服的更换需要没有特殊建议。
- 配备:在劳动者可能接触该化学物质的作业场所,无论是否需要使用眼部防护用品,都应配备眼冲洗设备。(>5%)在紧靠有可能接触该化学物质的工作场所,应配备快速冲淋身体的设备以应急使用。[注:这些设备应能够提供足量水或流动水,以将可能接触的身体任何部位上的该化学物质除去。实际配备适宜的快速冲淋设备取决于工作场所的具体条件。在某些情况下,必须及时进行大流量淋浴,而其他情况下只需要用一个水槽或软管供水就足够了。](>50%)

急救:

- 眼睛:如眼睛直接接触了该化学物质,要立即用大量水冲洗(灌洗)眼睛,冲洗时,不时翻开上下眼睑,并立即就医。
- 皮肤:如果该化学物质直接接触皮肤,立即用水冲洗污染的皮肤。如果该化学物质渗透进衣服,要迅速将衣服脱除,用水冲洗污染的皮肤,并迅速就医。
- 呼吸:如果接触者吸入大量该化学物质,立即将接触者移至新鲜空气处。如果呼吸停止,要进行人工呼吸,注意保暖和休息。尽快就医。
- 吞入:如果吞入该化学物质,应立即就医。

对呼吸器选择的建议:NIOSH/OSHA

～50 ppm:

- Sa：Cf:任何连续供气式呼吸器。指定防护因数=25。£
- PaprOv:任何动力送风空气过滤式呼吸器,配有机蒸气滤毒盒。指定防护因数=25。£
- CcrFOv:任何空气过滤式全面罩呼吸器,配有机蒸气滤毒盒。指定防护因数=50。
- GmFOv:任何空气过滤式全面罩呼吸器(防毒面具),配下颌式、前置式或背置式有机蒸气滤毒罐。指定防护因数=50。
- ScbaF:任何携气式呼吸器,配全面罩。指定防护因数=50。
- SaF:任何供气式呼吸器,配全面罩。指定防护因数=50。

§:应急抢险,或准备进入浓度未知环境,或进入 IDLH 环境:

- ScbaF：Pd,Pp:任何压力需气式或正压携气式呼吸器,配全面罩。指定防护因数=10 000。
- SaF：Pd,Pp：AScba:任何压力需气式或正压供气式呼吸器,配全面罩,配压力需气式或正压携气式辅助呼吸器。指定防护因数=10 000。

逃生:

- GmFOv:任何空气过滤式全面罩呼吸器(防毒面具),配下颌式、前置式或背置式有机蒸气滤毒罐。指定防护因数=50。
- ScbaE:任何适合逃生的携气式呼吸器。

有关呼吸器选择的其他重要信息参见相关标准。

接触途径:呼吸道,皮肤和/或眼睛直接接触。

症状:眼睛、皮肤、鼻、咽喉刺激;眼睛、皮肤灼伤;皮肤致敏;牙腐蚀症;黑皮病,角化性皮肤病;结膜炎,流泪;咽水肿,慢性支气管炎。

靶器官:眼睛,皮肤,呼吸系统,牙齿。

乙酸酐(Acetic anhydride)

$(CH_3CO)_2O$

CAS No.:108-24-7

RTECS No.:AK1925000

异名和商品名:醋酸酐,Acetic acid anhydride,Acetic oxide,Acetyl oxide,Ethanoic anhydride

DOT ID 和指南号:1715 137

接触限值:NIOSH REL:C 5 ppm (20 mg/m^3)

OSHA PEL †:TWA 5 ppm (20 mg/m^3)

IDLH:200 ppm **浓度换算系数:**1 ppm = 4.18 mg/m^3

理化性质:无色液体,具有强烈的醋样的刺激性气味。

分子量:102.1　沸点:282 ℉

凝固点:－99 ℉　溶解度:12%

蒸气压:4 mmHg　电离电位:10.00 eV

比重:1.08　闪点:120 ℉

爆炸上限:10.3%　爆炸下限:2.7%

Ⅱ类可燃液体——闪点等于或高于 100 ℉且点低于 140 ℉。

不相容性和反应性:水,醇,强氧化剂(尤其是铬酸),胺,强腐蚀性物质。[注:对铁、钢及其他金属具有腐蚀性,与水反应生成乙酸。]

测量方法:NIOSH 3506;OSHA 82,102

个人防护和卫生设施:

- 皮肤:穿戴合适的个人防护服,防止皮肤直接接触。
- 眼睛:佩戴合适的眼部防护用品,防止眼睛直接接触。

A

- 清洗皮肤：当皮肤受到污染时，应立即清洗污染的皮肤。
- 脱除：如果工作服被弄湿或受到了明显的污染，应该立即脱除并妥善处置。
- 更换：对于班后的衣服的更换需要没有特殊建议。
- 配备：在劳动者可能接触该化学物质的作业场所，无论是否需要使用眼部防护用品，都应配备眼冲洗设备。在紧靠有可能接触该化学物质的工作场所，应配备快速冲淋身体的设备以应急使用。[注：这些设备应能够提供足量水或流动水，以将可能接触的身体任何部位上的该化学物质除去。实际配备适宜的快速冲淋设备取决于工作场所的具体条件。在某些情况下，必须及时进行大流量淋浴，而其他情况下只需要用一个水槽或软管供水就足够了。]

急救：

- 眼睛：如眼睛直接接触了该化学物质，要立即用大量水冲洗(灌洗)眼睛，冲洗时，不时翻开上下眼睑，并立即就医。
- 皮肤：如果该化学物质直接接触的皮肤，立即用水冲洗污染的皮肤。如果该化学物质渗透进衣服，要迅速将衣服脱除，用水冲洗污染的皮肤，并迅速就医。
- 呼吸：如果接触者吸入大量该化学物质，立即将接触者移至新鲜空气处。如果呼吸停止，要进行人工呼吸，注意保暖和休息。尽快就医。
- 吞入：如果吞入该化学物质，应立即就医。

对呼吸器选择的建议：NIOSH/OSHA

～125 ppm：

- Sa：Cf：任何连续供气式呼吸器。指定防护因数＝25。£
- PaprOv：任何动力送风空气过滤式呼吸器，配有机蒸气滤毒盒。指定防护因数＝25。£

～200 ppm：

- CcrFOv：任何空气过滤式全面罩呼吸器，配有机蒸气滤毒盒。指定防护因数＝50。
- GmFOv：任何空气过滤式全面罩呼吸器(防毒面具)，配下颌式、前置式或背置式有机蒸气滤毒罐。指定防护因数＝50。
- PaprTOv：任何动力送风空气过滤式呼吸器，配密合型面罩和有机蒸气滤毒盒。指定防护因数＝50。£
- ScbaF：任何携气式呼吸器，配全面罩。指定防护因数＝50。
- SaF：任何供气式呼吸器，配全面罩。指定防护因数＝50。

§：应急抢险，或准备进入浓度未知环境，或进入 IDLH 环境：

- ScbaF：Pd，Pp：任何压力需气式或正压携气式呼吸器，配全面罩。指定防护因数＝10 000。
- SaF：Pd，Pp：AScba：任何压力需气式或正压供气式呼吸器，配全面罩，配压力需气式或正压携气式辅助呼吸器。指定防护因数＝10 000。

逃生：

- GmFOv：任何空气过滤式全面罩呼吸器(防毒面具)，配下颌式、前置式或背置式有机蒸气滤毒罐。指定防护因数＝50。
- ScbaE：任何适合逃生的携气式呼吸器。

有关呼吸器选择的其他重要信息参见相关标准。

接触途径：呼吸道，胃肠道，皮肤和/或眼睛直接接触。

症状：结膜炎，流泪，角膜水肿，混浊，畏光；鼻、咽部刺激；咳嗽，呼吸困难，支气管炎；皮肤灼伤，起泡，过敏性皮炎。

靶器官：眼睛，皮肤，呼吸系统。

丙酮(Acetone)

$(CH_3)_2CO$

异名和商品名:二甲基酮,2-丙酮,Dimethyl ketone,Ketone propane,2-Propanone

CAS No.:67-64-1

RTECS No.:AL3150000

DOT ID 和指南号:1090 127

A

接触限值:NIOSH REL :TWA 250 ppm (590 mg/m^3)

OSHA PEL †:TWA 1000 ppm (2400 mg/m^3)

IDLH:2500 ppm[10%爆炸下限]**浓度换算系数:**1 ppm =2.38 mg/m^3

理化性质:无色液体,具有薄荷样的芳香气味。

分子量:58.1	沸点:133 ℉
凝固点:−140 ℉	溶解度:与水互溶
蒸气压:180 mmHg	电离电位:9.69 eV
比重:0.79	闪点:0 ℉
爆炸上限:12.8%	爆炸下限:2.5%

ⅠB类易燃液体——闪点低于 73 ℉,沸点等于或高于100℉。

不相容性和反应性:氧化剂,酸。

测量方法: NIOSH 1300,2555,3800;OSHA 69

个人防护和卫生设施:

- 皮肤:穿戴合适的个人防护服,防止皮肤直接接触。
- 眼睛:佩戴合适的眼部防护用品,防止眼睛直接接触。
- 清洗皮肤:当皮肤受到污染时,应立即清洗污染的皮肤。
- 脱除:如果工作服被可燃性物质(即闪点低于 100 ℉的液体)浸湿,应当立即脱除并妥善处置,以防着火。
- 更换:对于班后的衣服的更换需要没有特殊建议。

急救:

- 眼睛:如眼睛直接接触了该化学物质,要立即用大量水冲洗(灌洗)眼睛,冲洗时,不时翻开上下眼睑,并立即就医。
- 皮肤:如果该化学物质直接接触皮肤,立即用肥皂和水冲洗污染的皮肤。若该化学物质渗透进衣服,要立即将衣服脱除,用肥皂和水清洗皮肤,并迅速就医。
- 呼吸:如果接触者吸入大量该化学物质,立即将接触者移至新鲜空气处。如果呼吸停止,要进行人工呼吸,注意保暖和休息。尽快就医。
- 吞入:如果吞入该化学物质,应立即就医。

对呼吸器选择的建议:NIOSH

~2 500 ppm:

- CcrOv:任何空气过滤式半面罩呼吸器,配防有机蒸气的滤毒盒。指定防护因数=10。*
- PaprOv:任何动力送风空气过滤式呼吸器,配有机蒸气滤毒盒。指定防护因数=25。*
- GmFOv:任何空气过滤式全面罩呼吸器(防毒面具),配下颌式、前置式或背置式有机蒸气滤毒罐。指定防护因数=50。
- Sa:任何供气式呼吸器。指定防护因数=10。*
- ScbaF:任何携气式呼吸器,配全面罩。指定防护因数=50。

§:应急抢险,或准备进入浓度未知环境,或进入 IDLH 环境:

- ScbaF:Pd,Pp:任何压力需气式或正压携气式呼吸器,配全面罩。指定防护因数=10 000。
- SaF:Pd,Pp:AScba:任何压力需气式或正压供气式呼吸器,配全面罩,配压力需气式或正压携气式辅助呼吸器。指定防护因数=10 000。

逃生:

- GmFOv:任何空气过滤式全面罩呼吸器(防毒面具),配下颌式、前置式或背置式有机蒸气滤毒罐。指定防护因数=50。
- ScbaE:任何适合逃生的携气式呼吸器。

有关呼吸器选择的其他重要信息参见相关标准。

接触途径:呼吸道,胃肠道,皮肤和/或眼睛直接接触。

症状:眼睛、鼻、咽喉刺激;头痛,眩晕,中枢神经系统抑制;皮炎。

靶器官:眼睛,皮肤,呼吸系统,中枢神经系统。

丙酮氰醇(Acetone cyanohydrin)

$CH_3C(OH)CNCH_3$

异名和商品名:丙酮合氰化氢,氰醇-2-丙酮,2-Cyano-2-propanol,Cyanohydrin-2-propanone,α-Hydroxyisobutyronitrile,2-Hydroxy-2-methyl-propionitrile,2-Methyllactonitrile

CAS No.:75-86-5

RTECS No.:OD9275000

DOT ID 和指南号:1541 155 (稳定的)

接触限值:NIOSH REL:C 1 ppm (4 mg/m³) [15min]
OSHA PEL:无

IDLH:N. D.　　**浓度换算系数:**1 ppm = 3.48 mg/m³

理化性质:无色液体,具有轻微的苦杏仁的气味。[注:在体内可以形成氰化物。]

分子量:85.1	沸点:203 ℉
凝固点:−4 ℉	溶解度:与水互溶
蒸气压:0.8 mmHg	电离电位:未知
比重(77 ℉):0.93	闪点:165 ℉
爆炸上限:12.0%	爆炸下限:2.2%

ⅢA 类可燃液体——闪点等于或高于 140 ℉且低于 200 ℉。

不相容性和反应性:硫酸,腐蚀性物质。[注:室温下缓慢分解成丙酮和氰化氢,提高 pH,温度或水含量可以促进分解。]

测量方法: NIOSH 2506

个人防护和卫生设施:

- 皮肤:穿戴合适的个人防护服,防止皮肤直接接触。
- 眼睛:佩戴合适的眼部防护用品,防止眼睛直接接触。
- 清洗皮肤:当皮肤受到污染时,应立即清洗污染的皮肤。
- 脱除:如果工作服被弄湿或受到了明显的污染,应该立即脱除并妥善处置。
- 更换:对于班后的衣服的更换需要没有特殊建议。
- 配备:在劳动者可能接触化该学物质的作业场所,无论是否需要使用眼部防护用品,都应配备眼冲洗设备。在紧靠有可能接触该化学物质的工作场所,应配备快速冲淋身体的设备以应急使用。[注:这些设备应能够提供足量水或流动水,以将可能接触的身体任何部位上的该化学物质除去。实际配备适宜的快速冲淋设备取决于工作场所的具体条件。在某些情况下,必须及时进行大流量淋浴,而其他情况下只需要用一个水槽或软管供水就足够了。]

急救:

- 眼睛:如眼睛直接接触了该化学物质,要立即用大量水冲洗(灌洗)眼睛,冲洗时,不时翻开上下眼睑,并立即就医。
- 皮肤:如果该化学物质直接接触皮肤,立即用水冲洗污染的皮肤。如果该化学物质渗透进衣服,要迅速将衣服脱除,用水冲洗污染的皮肤,并迅速就医。
- 呼吸:如果接触者吸入大量该化学物质,立即将接触者移至新鲜空气处。如果呼吸停止,要进行人工呼吸,注意保暖和休息。尽快就医。
- 吞入:如果吞入该化学物质,应立即就医。

对呼吸器选择的建议:NIOSH

~10 ppm:

- Sa:任何供气式呼吸器。指定防护因数=10。

~25 ppm:

- Sa∶Cf:任何连续供气式呼吸器。指定防护因数=25。

~50 ppm：

- ScbaF：任何携气式呼吸器，配全面罩。指定防护因数=50。
- SaF：任何供气式呼吸器，配全面罩。指定防护因数=50。

~250 ppm：

- SaF：Pd，Pp：任何压力需气式或正压供气式呼吸器，配全面罩。指定防护因数=2 000。

§：应急抢险，或准备进入浓度未知环境，或进入 IDLH 环境：

- Sa：Pd，Pp：任何压力需气式或正压供气式呼吸器。指定防护因数=1 000。
- SaF：Pd，Pp：AScba：任何压力需气式或正压供气式呼吸器，配全面罩，配压力需气式或正压携气式辅助呼吸器。指定防护因数=10 000。

逃生：

- GmFOv：任何空气过滤式全面罩呼吸器（防毒面具），配下颌式、前置式或背置式有机蒸气滤毒罐。指定防护因数=50。
- ScbaE：任何适合逃生的携气式呼吸器。

有关呼吸器选择的其他重要信息参见相关标准。

接触途径：呼吸道，皮肤吸收，胃肠道，皮肤和/或眼睛直接接触。

症状：眼睛、皮肤、呼吸系统刺激；眩晕，乏力，头痛，意识模糊，惊厥；肝、肾损伤；肺水肿，窒息。

靶器官：眼睛，皮肤，呼吸系统，中枢神经系统，心血管系统，肝，肾，胃肠道。

乙腈（Acetonitrile）

CH_3CN

异名和商品名：氰化甲烷，Cyanomethane，Ethyl nitrile，Methyl cyanide

［注：可在体内形成氰化物。］

CAS No.：75-05-8

RTECS No.：AL7700000

DOT ID 和指南号：1648 127

接触限值：NIOSH REL：TWA 20 ppm（34 mg/m^3）

OSHA PEL †：TWA 40 ppm（70 mg/m^3）

IDLH：500 ppm　**浓度换算系数：**1 ppm = 1.68 mg/m^3

理化性质：无色液体，具有芳香气味。

分子量：41.1　沸点：179 ℉

凝固点：-49 ℉　溶解度：与水互溶

蒸气压：73 mmHg　电离电位：12.20 eV

比重：0.78　闪点（开杯）：42 ℉

爆炸上限：16.0%　爆炸下限：3.0%

ⅠB 类易燃液体——闪点低于 73 ℉，沸点等于或高于 100 ℉。

不相容性和反应性：强氧化剂。

测量方法：NIOSH 1606

个人防护和卫生设施：

- 皮肤：穿戴合适的个人防护服，防止皮肤直接接触。
- 眼睛：佩戴合适的眼部防护用品，防止眼睛直接接触。
- 清洗皮肤：当皮肤受到污染时，应立即清洗污染的皮肤。
- 脱除：如果工作服被可燃性物质（即闪点低于 100 ℉的液体）浸湿，应当立即脱除并妥善处置，以防着火。
- 更换：对于班后的衣服的更换需要没有特殊建议。
- 配备：在紧靠有可能接触该化学物质的工作场所，应配备快速冲淋身体的设备以应急使用。［注：这些设备应能够提供足量水或流动水，以将可能接触的身体任何部位上的该化学物质除去。实际配备适宜的快速冲淋设备取决于工作场所的具体条件。在某些情况下，必须及时进行大流量淋浴，而其他情况下只需要用一个水槽或软管供水就足够了。］

急救:

- 眼睛:如眼睛直接接触了该化学物质,要立即用大量水冲洗(灌洗)眼睛,冲洗时,不时翻开上下眼睑。并立即就医。
- 皮肤:如果该化学物质直接接触皮肤,立即用水冲洗污染的皮肤。如果该化学物质渗透进衣服,要迅速将衣服脱除,用水冲洗污染的皮肤,并迅速就医。
- 呼吸:如果接触者吸入大量该化学物质,立即将接触者移至新鲜空气处。如果呼吸停止,要进行人工呼吸,注意保暖和休息。尽快就医。
- 吞入:如果吞入该化学物质,应立即就医。

对呼吸器选择的建议:NIOSH

~200 ppm:

- CcrOv:任何空气过滤式半面罩呼吸器,配防有机蒸气的滤毒盒。指定防护因数=10。
- Sa:任何供气式呼吸器。指定防护因数=10。

~500 ppm:

- Sa:Cf:任何连续供气式呼吸器。指定防护因数=25。
- PaprOv:任何动力送风空气过滤式呼吸器,配有机蒸气滤毒盒。指定防护因数=25。
- CcrFOv:任何空气过滤式全面罩呼吸器,配有机蒸气滤毒盒。指定防护因数=50。
- GmFOv:任何空气过滤式全面罩呼吸器(防毒面具),配下颌式、前置式或背置式有机蒸气滤毒罐。指定防护因数=50。
- ScbaF:任何携气式呼吸器,配全面罩。指定防护因数=50。
- SaF:任何供气式呼吸器,配全面罩。指定防护因数=50。

§:应急抢险,或准备进入浓度未知环境,或进入 IDLH 环境:

- ScbaF:Pd,Pp:任何压力需气式或正压携气式呼吸器,配全面罩。指定防护因数=10 000。
- SaF:Pd,Pp:AScba:任何压力需气式或正压供气式呼吸器,配全面罩,配压力需气式或正压携气式辅助呼吸器。指定防护因数=10 000。

逃生:

- GmFOv:任何空气过滤式全面罩呼吸器(防毒面具),配下颌式、前置式或背置式有机蒸气滤毒罐。指定防护因数=50。
- ScbaE:任何适合逃生的携气式呼吸器。

有关呼吸器选择的其他重要信息参见相关标准。

接触途径:呼吸道,皮肤吸收,胃肠道,皮肤和/或眼睛直接接触。

症状:鼻、咽喉部刺激;窒息;恶心,呕吐;胸痛;乏力;昏迷,惊厥;动物:肝、肾损害。

靶器官:呼吸系统,心血管系统,中枢神经系统,肝,肾。

2-乙酰氨基芴(2-Acetylaminofluorene)

$C_{15}H_{13}NO$

CAS No.:53-96-3

RTECS No.:AB9450000

异名和商品名:2-乙酰氨基芴,AAF,2-AAF,2-Acetaminofluorene,N-Acetyl-2-aminofluorene,FAA,2-FAA,2-Fluorenylacetamide

DOT ID 和指南号:

接触限值:NIOSH REL:Ca 见附录 A
OSHA PEL:[1910.1014] 见附录 B

IDLH: Ca [N.D.]　**浓度换算系数:**

理化性质:棕褐色晶体粉末。

分子量:223.3　沸点:未知
熔点:381 ℉　溶解度:不溶
蒸气压:未知　电离电位:未知
比重:未知　闪点:未知
爆炸上限:未知　爆炸下限:未知
可燃固体。
不相容性和反应性:未见报道。

测量方法: 无。

个人防护和卫生设施:

- 皮肤:穿戴合适的个人防护服,防止皮肤直接接触。
- 眼睛:佩戴合适的眼部防护用品,防止眼睛直接接触。
- 清洗皮肤:当皮肤受到污染时,应立即清洗污染的皮肤。/每天工作班结束后,进食、吸烟、喝水前都应该清洗可能受到污染的皮肤。
- 脱除:如果工作服被弄湿或受到了明显的污染,应该立即脱除并妥善处置。
- 更换:在离开工作场所前应当将可能受到污染的工作服更换成无污染的衣服。
- 配备:在劳动者可能接触该化学物质的作业场所,无论是否需要使用眼部防护用品,都应配备眼冲洗设备。在紧靠有可能接触该化学物质的工作场所,应配备快速冲淋身体的设备以应急使用。[注:这些设备应能够提供足量水或流动水,以将可能接触的身体任何部位上的该化学物质除去。实际配备适宜的快速冲淋设备取决于工作场所的具体条件。在某些情况下,必须及时进行大流量淋浴,而其他情况下只需要用一个水槽或软管供水就足够了。]

急救:

- 眼睛:如眼睛直接接触了该化学物质,要立即用大量水冲洗(灌洗)眼睛,冲洗时,不时翻开上下眼睑。并立即就医。
- 皮肤:如果该化学物质直接接触皮肤,立即用肥皂和水冲洗污染的皮肤。若该化学物质渗透进衣服,要立即将衣服脱除,用肥皂和水清洗皮肤,并迅速就医。
- 呼吸:如果接触者吸入大量该化学物质,立即将接触者移至新鲜空气处。如果呼吸停止,要进行人工呼吸,注意保暖和休息。尽快就医。
- 吞入:如果吞入该化学物质,应立即就医。

对呼吸器选择的建议:NIOSH

¥:高于 NIOSH REL 的浓度;或当没有 REL 时,任何可以检测到的浓度:

- ScbaF:Pd,Pp:任何压力需气式或正压携气式呼吸器,配全面罩。指定防护因数=10 000。
- SaF:Pd,Pp:AScba:任何压力需气式或正压供气式呼吸器,配全面罩,配压力需气式或正压携气式辅助呼吸器。指定防护因数=10 000。

逃生:

- 100F:任何空气过滤式全面罩呼吸器,配有 N100、R100 或 P100 过滤元件。指定防护因数=50。选择 N、R 或 P 过滤元件的信息见表 4。
- ScbaE:任何适合逃生的携气式呼吸器。

(见附录 E)

有关呼吸器选择的其他重要信息参见相关标准。

接触途径:呼吸道,皮肤吸收,胃肠道,皮肤和/或眼睛直接接触。

症状:肝、肾、膀胱、胰腺功能下降;[潜在职业性致癌物]。

靶器官:肝,膀胱,肾,胰腺,皮肤。

致癌部位:[动物:肝、膀胱、肺、皮肤及胰腺肿瘤]。

乙炔(Acetylene)

C_2H_2

异名和商品名:电石气,Ethine,Ethyne [注:压缩气用于金属焊接和切割。]

CAS No.:74-86-2

RTECS No.:AO9600000

DOT ID 和指南号:1001 116

接触限值:NIOSH REL:C 2500 ppm (2662 mg/m^3)
OSHA PEL:无

IDLH:N.D. **浓度换算系数:**1 ppm = 1.06 mg/m^3

理化性质:无色气体,具有轻微的乙醚样气味。[注:商业等级的乙炔具有大蒜样气味,压力下溶于丙酮中进行运输。]

分子量:26.0
沸点:升华
凝固点:−119 ℉(升华)
溶解度:2%
蒸气压:44.2 大气压
电离电位:11.40 eV
相对密度:0.91
闪点:不适用(气体)
爆炸上限:100%
爆炸下限:2.5%
易燃气体。

不相容性和反应性:锌,氧及其他氧化剂(如卤素)。[注:与铜、汞、银及含铜量超过66%的铜制品可形成爆炸性乙炔化物。]

测量方法: NIOSH Acetylene Crit. Doc.

个人防护和卫生设施:

- 皮肤:压缩气体快速膨胀时可产生低温。泄漏和使用能快速膨胀的压缩气体,可产生冻伤危害。穿戴合适的个人防护服,防止皮肤冻伤。
- 眼睛:佩戴合适的眼部防护用品,防止眼睛直接接触液体后因低温引起灼伤或组织损伤。
- 清洗皮肤:对于清洗皮肤上的污染物没有其他特殊的建议(包括立即清洗和班后清洗)。
- 脱除:如果工作服被可燃性物质(即闪点低于100 ℉的液体)浸湿,应当立即脱除并妥善处置,以防着火。
- 更换:对于班后的衣服的更换需要没有特殊建议。
- 配备:在紧靠有可能接触极低温液体或迅速蒸发的液体的工作场所,应配备快速冲淋洗浴设备和/或眼冲洗设备,以应急使用。

急救:

- 眼睛:如果眼组织冻伤,要立即就医。如果眼组织没有冻伤,要立即用大量水彻底冲洗至少15 min,并不时翻开上下眼睑。如果眼睛刺激、疼痛、肿胀、流泪和畏光持续存在,应尽快就医。
- 皮肤:如果发生冻伤,要立即就医,不要揉擦或用水冲洗冻伤部位;为防止组织进一步受损,不要试图将冻结的衣服从冻伤部位脱除。如未发生冻伤,立即用肥皂和水彻底清洗污染的皮肤。
- 呼吸:如果接触者吸入大量该化学物质,立即将接触者移至新鲜空气处。通常不需要采取其他措施。

对呼吸器选择的建议:无。
有关呼吸器选择的其他重要信息参见相关标准。

接触途径: 呼吸道,皮肤和/或眼睛直接接触(液体)。

症状: 头痛,眩晕;窒息;冻伤(液体)。

靶器官: 中枢神经系统,呼吸系统。

四溴乙烷(Acetylene tetrabromide)　CAS No.:79-27-6

$CHBr_2CHBr_2$　RTECS No.:KI8225000

异名和商品名: 四溴化乙炔;对称性四溴乙炔;1,1,2,2-四溴乙烷;Symmetrical tetrabromoethane;TBE;Tetrabromoacetylene;Tetrabromoethane;1,1,2,2-Tetrabromoethane　DOT ID 和指南号:2504 159

接触限值: NIOSH REL:见附录 D
OSHA PEL:TWA 1 ppm (14 mg/m^3)

IDLH: 8 ppm　**浓度换算系数:** 1 ppm = 14.14 mg/m^3

理化性质: 淡黄色液体,具有樟脑或碘仿样的刺激性气味。[注:在 32 ℉下是固体。]

分子量:345.7　沸点:474 ℉ (分解)
凝固点:32 ℉　溶解度:0.07%
蒸气压:0.02 mmHg　电离电位:未知
比重:2.97　闪点:不适用
爆炸上限:不适用　爆炸下限:不适用
不可燃液体。
不相容性和反应性:强腐蚀剂,热的铁,还原性金属如铝、镁及锌。

测量方法: NIOSH 2003

个人防护和卫生设施:
- 皮肤:穿戴合适的个人防护服,防止皮肤直接接触。
- 眼睛:佩戴合适的眼部防护用品,防止眼睛直接接触。
- 清洗皮肤:当皮肤受到污染时,应立即清洗污染的皮肤。
- 脱除:如果工作服被弄湿或受到了明显的污染,应该立即脱除并妥善处置。
- 更换:对于班后的衣服的更换需要没有特殊建议。

急救:
- 眼睛:如眼睛直接接触了该化学物质,要立即用大量水冲洗(灌洗)眼睛,冲洗时,不时翻开上下眼睑。并立即就医。
- 皮肤:如果该化学物质直接接触皮肤,迅速用水冲洗污染的皮肤。如果该化学物质渗透进衣服,要立即将衣服脱除,迅速用水冲洗污染的皮肤,若冲洗后刺激症状持续存在,应就医。
- 呼吸:如果接触者吸入大量该化学物质,立即将接触者移至新鲜空气处。如果呼吸停止,要进行人工呼吸,注意保暖和休息。尽快就医。
- 吞入:如果吞入该化学物质,应立即就医。

对呼吸器选择的建议: OSHA

~8ppm:
- Sa:任何供气式呼吸器。指定防护因数=10。
- ScbaF:任何携气式呼吸器,配全面罩。指定防护因数=50。

§:应急抢险,或准备进入浓度未知环境,或进入 IDLH 环境:
- ScbaF:Pd,Pp:任何压力需气式或正压携气式呼吸器,配全面罩。指定防护因数=10 000。
- SaF:Pd,Pp:AScba:任何压力需气式或正压供气式呼吸器,配全面罩,配压力需气式或正压携气式辅助呼吸器。指定防护因数=10 000。

逃生:
- GmFOv:任何空气过滤式全面罩呼吸器(防毒面具),配下颌式、前置式或背置式有机蒸气滤毒罐。指定防护因数=50。
- ScbaE:任何适合逃生的携气式呼吸器。

有关呼吸器选择的其他重要信息参见相关标准。

接触途径: 呼吸道,胃肠道,皮肤和/或眼睛直接接触。

症状: 眼睛、鼻部刺激;厌食,恶心;头痛;腹痛;黄疸;白细胞增多;中枢神经系统抑制。

靶器官: 眼睛,呼吸系统,肝,中枢神经系统。

乙酰水杨酸(Acetylsalicylic acid)　　CAS No.:50-78-2

$CH_3COOC_6H_4COOH$　　RTECS No.:VO0700000

异名和商品名:阿司匹林,o-Acetoxybenzoic acid,2-Acetoxybenzoic acid,Aspirin　　**DOT ID 和指南号:**

接触限值: NIOSH REL:TWA 5 mg/m^3

OSHA PEL †:无

IDLH:N.D.　　**浓度换算系数:**

理化性质:无色至白色,无气味,晶体粉末[阿司匹林]。[注:遇湿气可产生醋样气味。]

分子量:180.2　　沸点:284 ℉(分解)

熔点:275 ℉　　溶解度(77 ℉):0.3%

蒸气压:0 mmHg(约)　　电离电位:不适用

比重:1.35　　闪点:不适用

爆炸上限:不适用　　爆炸下限:不适用

最低爆炸浓度:40 g/m^3

可燃粉末,分散在空气中有爆炸的危险。

不相容性和反应性:苛性碱或碳酸盐溶液,强氧化剂,湿气。[注:在潮湿空气中可水解成水杨酸和乙酸。]

测量方法: NIOSH 0500

个人防护和卫生设施:

- 皮肤:穿戴合适的个人防护服,防止皮肤直接接触。
- 眼睛:佩戴合适的眼部防护用品,防止眼睛直接接触。
- 清洗皮肤:当皮肤受到污染时,应立即清洗污染的皮肤。
- 脱除:对于脱除被污染或被弄湿的工作服的需要没有特殊建议。
- 更换:在离开工作场所前应当将可能受到污染的工作服更换成无污染的衣服。
- 配备:在劳动者可能接触该化学物质的作业场所,无论是否需要使用眼部防护用品,都应配备眼冲洗设备。在紧靠有可能接触该化学物质的工作场所,应配备快速冲淋身体的设备以应急使用。[注:这些设备应能够提供足量水或流动水,以将可能接触的身体任何部位上的该化学物质除去。实际配备适宜的快速冲淋设备取决于工作场所的具体条件。在某些情况下,必须及时进行大流量淋浴,而其他情况下只需要用一个水槽或软管供水就足够了。]

急救:

- 眼睛:如眼睛直接接触了该化学物质,要立即用大量水冲洗(灌洗)眼睛,冲洗时,不时翻开上下眼睑。并立即就医。
- 皮肤:如果该化学物质直接接触皮肤,用肥皂和水冲洗污染的皮肤。
- 呼吸:如果接触者吸入大量该化学物质,立即将接触者移至新鲜空气处。如果呼吸停止,要进行人工呼吸,注意保暖和休息。尽快就医。
- 吞入:如果吞入该化学物质,应立即就医。

对呼吸器选择的建议:无。

有关呼吸器选择的其他重要信息参见相关标准。

接触途径:呼吸道,胃肠道,皮肤和/或眼睛直接接触。

症状:眼睛、皮肤、上呼吸道刺激;凝血时间延长;恶心,呕吐;肝、肾损伤。

靶器官:眼睛,皮肤,呼吸系统,血液系统,肝,肾。

丙烯醛(Acrolein)

CH_2=CHCHO

异名和商品名:Acraldehyde,Acrylaldehyde,Acrylic aldehyde,Allyl aldehyde,Propenal,2-Propenal

CAS No.:107-02-8

RTECS No.:AS1050000

DOT ID 和指南号:1092 131P (抗聚合)

接触限值:NIOSH REL:TWA 0.1 ppm (0.25 mg/m^3)
ST 0.3 ppm (0.8 mg/m^3) 见附录 C (醛类)
OSHA PEL †:TWA 0.1 ppm (0.25 mg/m^3)

IDLH:2 ppm　**浓度换算系数**:1 ppm = 2.29 mg/m^3

理化性质:无色或黄色液体,具有强烈刺激性的难闻的气味。

分子量:56.1	沸点:127 ℉
凝固点:−126 ℉	溶解度:40%
蒸气压:210 mmHg	电离电位:10.13 eV
比重:0.84	闪点:−15 ℉
爆炸上限:31%	爆炸下限:2.8%

ⅠB 类易燃液体——闪点低于 73 ℉,沸点等于或高于 100 ℉。

不相容性和反应性:氧化剂,酸,碱,氨和胺。[注:若不添加抑制剂(通常是氢醌)易聚合,一段时间后可形成对震动敏感的过氧化物。]

测量方法:NIOSH 2501;OSHA 52

个人防护和卫生设施:

- 皮肤:穿戴合适的个人防护服,防止皮肤直接接触。
- 眼睛:佩戴合适的眼部防护用品,防止眼睛直接接触。
- 清洗皮肤:当皮肤受到污染时,应立即清洗污染的皮肤。
- 脱除:如果工作服被可燃性物质(即闪点低于 100 ℉的液体)浸湿,应当立即脱除并妥善处置,以防着火。
- 更换:对于班后的衣服的更换需要没有特殊建议。
- 配备:在劳动者可能接触该化学物质的作业场所,无论是否需要使用眼部防护用品,都应配备眼冲洗设备。在紧靠有可能接触该化学物质的工作场所,应配备快速冲淋身体的设备以应急使用。[注:这些设备应能够提供足量水或流动水,以将可能接触的身体任何部位上的该化学物质除去。实际配备适宜的快速冲淋设备取决于工作场所的具体条件。在某些情况下,必须及时进行大流量淋浴,而其他情况下只需要用一个水槽或软管供水就足够了。]

急救:

- 眼睛:如眼睛直接接触了该化学物质,要立即用大量水冲洗(灌洗)眼睛,冲洗时,不时翻开上下眼睑。并立即就医。
- 皮肤:如果该化学物质直接接触皮肤,立即用水冲洗污染的皮肤。如果该化学物质渗透进衣服,要迅速将衣服脱除,用水冲洗污染的皮肤,并迅速就医。
- 呼吸:如果接触者吸入大量该化学物质,立即将接触者移至新鲜空气处。如果呼吸停止,要进行人工呼吸,注意保暖和休息。尽快就医。
- 吞入:如果吞入该化学物质,应立即就医。

对呼吸器选择的建议:NIOSH/OSHA

~2 ppm:

- Sa∶Cf:任何连续供气式呼吸器。指定防护因数=25。*
- PaprOv:任何动力送风空气过滤式呼吸器,配有机蒸气滤毒盒。指定防护因数=25。*
- CcrFOv:任何空气过滤式全面罩呼吸器,配有机蒸气滤毒盒。指定防护因数=50。

- GmFOv:任何空气过滤式全面罩呼吸器(防毒面具),配下颌式、前置式或背置式有机蒸气滤毒罐。指定防护因数=50。
- ScbaF:任何携气式呼吸器,配全面罩。指定防护因数=50。
- SaF:任何供气式呼吸器,配全面罩。指定防护因数=50。

§:应急抢险,或准备进入浓度未知环境,或进入 IDLH 环境:

- ScbaF:Pd,Pp:任何压力需气式或正压携气式呼吸器,配全面罩。指定防护因数=10 000。
- SaF:Pd,Pp:AScba:任何压力需气式或正压供气式呼吸器,配全面罩,配压力需气式或正压携气式辅助呼吸器。指定防护因数=10 000。

逃生:

- GmFOv:任何空气过滤式全面罩呼吸器(防毒面具),配下颌式、前置式或背置式有机蒸气滤毒罐。指定防护因数=50。
- ScbaE:任何适合逃生的携气式呼吸器。

有关呼吸器选择的其他重要信息参见相关标准。

接触途径:呼吸道,胃肠道,皮肤和/或眼睛直接接触。

症状:眼睛、皮肤、黏膜刺激;肺功能降低;迟发性肺水肿;慢性呼吸性疾病。

靶器官:眼睛,皮肤,呼吸系统,心脏。

丙烯酰胺(Acrylamide)

$CH_2=CHCONH_2$

异名和商品名:丙烯酰胺单体,Acrylamide monomer,Acrylic amide,Propenamide,2-Propenamide

CAS No.:79-06-1

RTECS No.:AS3325000

DOT ID 和指南号:2074 153P

接触限值:NIOSH REL:Ca TWA 0.03 mg/m³[皮] 见附录 A

OSHA PEL †:TWA 0.3 mg/m³[皮]

IDLH: Ca [60 mg/m³]　　**浓度换算系数:**

理化性质:白色无味晶体。

分子量:71.1	沸点:347～572 ℉(分解)
熔点:184 ℉	溶解度(86 ℉):216%
蒸气压:0.007 mmHg	电离电位:9.50 eV
比重:1.12	闪点:280 ℉
爆炸上限:未知	爆炸下限:未知

可燃固体(可溶解于可燃液体)。

不相容性和反应性:强氧化剂。[注:熔融状态可以发生剧烈的聚合反应。]

测量方法:OSHA 21,PV2004

个人防护和卫生设施:

- 皮肤:穿戴合适的个人防护服,防止皮肤直接接触。
- 眼睛:佩戴合适的眼部防护用品,防止眼睛直接接触。
- 清洗皮肤:当皮肤受到污染时,应立即清洗污染的皮肤。/每天工作班结束后,进食、吸烟、喝水前都应该清洗可能受到污染的皮肤。
- 脱除:如果工作服被弄湿或受到了明显的污染,应该立即脱除并妥善处置。
- 更换:在离开工作场所前应当将可能受到污染的工作服更换成无污染的衣服。
- 配备:在劳动者可能接触该化学物质的作业场所,无论是否需要使用眼部防护用品,都应配备眼冲洗设备。在紧靠有可能接触该化学物质的工作场所,应配备快速冲淋身体的设备以应急使用。[注:这些设备应能够提供足量水或流动水,以将可能接触的身体任何部位上的该化学物质除去。实际配备适宜的快速冲淋设备取决于工作场所的具体条件。在某些情况下,必须及时进行大流量淋浴,而其他情况下只需要用一个水槽或软管供水就足够了。]

急救：

- 眼睛：如眼睛直接接触了该化学物质，要立即用大量水冲洗(灌洗)眼睛，冲洗时，不时翻开上下眼睑。并立即就医。
- 皮肤：如果该化学物质直接接触皮肤，立即用水冲洗污染的皮肤。如果该化学物质渗透进衣服，要迅速将衣服脱除，用水冲洗污染的皮肤，并迅速就医。
- 呼吸：如果接触者吸入大量该化学物质，立即将接触者移至新鲜空气处。如果呼吸停止，要进行人工呼吸，注意保暖和休息。尽快就医。
- 吞入：如果吞入该化学物质，应立即就医。

对呼吸器选择的建议：NIOSH

¥：高于 NIOSH REL 的浓度；或当没有 REL 时，任何可以检测到的浓度：

- ScbaF：Pd，Pp：任何压力需气式或正压携气式呼吸器，配全面罩。指定防护因数＝10 000。
- SaF：Pd，Pp：AScba：任何压力需气式或正压供气式呼吸器，配全面罩，配压力需气式或正压携气式辅助呼吸器。指定防护因数＝10 000。

逃生：

- GmFOv：任何空气过滤式全面罩呼吸器(防毒面具)，配下颌式、前置式或背置式有机蒸气滤毒罐。指定防护因数＝50。
- ScbaE：任何适合逃生的携气式呼吸器。

有关呼吸器选择的其他重要信息参见相关标准。

接触途径：呼吸道，皮肤吸收，胃肠道，皮肤和/或眼睛直接接触。

症状：眼睛、皮肤刺激；共济失调，肢体麻木，异样感；肌无力；深部腱反射消失；手掌多汗；乏力，嗜睡；生殖效应；[潜在职业性致癌物]。

靶器官：眼睛，皮肤，中枢神经系统，周围神经系统，生殖系统。

致癌部位：[动物：肺、睾丸、甲状腺及肾上腺肿瘤]。

丙烯酸(Acrylic acid)

CH_2＝CHCOOH

异名和商品名：Acroleic acid，Aqueous acrylic acid (技术级为 94%)，Ethylenecarboxylic acid，Glacial acrylic acid (98%水溶液)，2-Propenoic acid

CAS No.：79-10-7

RTECS No.：AS4375000

DOT ID 和指南号：2218 132P (抗聚合)

接触限值：NIOSH REL：TWA 2 ppm (6 mg/m^3) [皮]

OSHA PEL †：无

IDLH：N. D.　**浓度换算系数：**1 ppm ＝ 2.95 mg/m^3

理化性质：无色液体或固体(低于 55 ℉)，具有特异的辛辣气味。[注：因易聚合，运输时要加入抑制剂(如氢醌)。]

分子量：72.1	沸点：286 ℉
凝固点：55 ℉	溶解度：与水互溶
蒸气压：3 mmHg	电离电位：未知
比重：1.05	闪点：121 ℉
爆炸上限：8.02%	爆炸下限：2.4%

Ⅱ类可燃液体——闪点等于或高于 100 ℉且低于 140 ℉。

不相容性和反应性：氧化剂，胺，碱，氢氧化铵，氯磺酸，发烟硫酸，乙二胺，乙撑亚胺，2-氨基乙醇。[注：对多种金属有腐蚀性。]

测量方法：OSHA 28，PV2005

个人防护和卫生设施：

- 皮肤：穿戴合适的个人防护服，防止皮肤直接接触。
- 眼睛：佩戴合适的眼部防护用品，防止眼睛直接接触。
- 清洗皮肤：当皮肤受到污染时，应立即清洗污染的皮肤。

- 脱除：如果工作服被弄湿或受到了明显的污染，应该立即脱除并妥善处置。
- 更换：对于班后的衣服的更换需要没有特殊建议。
- 配备：在劳动者可能接触该化学物质的作业场所，无论是否需要使用眼部防护用品，都应配备眼冲洗设备。在紧靠有可能接触该化学物质的工作场所，应配备快速冲淋身体的设备以应急使用。[注：这些设备应能够提供足量水或流动水，以将可能接触的身体任何部位上的该化学物质除去。实际配备适宜的快速冲淋设备取决于工作场所的具体条件。在某些情况下，必须及时进行大流量淋浴，而其他情况下只需要用一个水槽或软管供水就足够了。]

急救：

- 眼睛：如眼睛直接接触了该化学物质，要立即用大量水冲洗(灌洗)眼睛，冲洗时，不时翻开上下眼睑。并立即就医。
- 皮肤：如果该化学物质直接接触皮肤，立即用水冲洗污染的皮肤。如果该化学物质渗透进衣服，要迅速将衣服脱除，用水冲洗污染的皮肤，并迅速就医。
- 呼吸：如果接触者吸入大量该化学物质，立即将接触者移至新鲜空气处。如果呼吸停止，要进行人工呼吸，注意保暖和休息。尽快就医。
- 吞入：如果吞入该化学物质，应立即就医。

对呼吸器选择的建议：无。

有关呼吸器选择的其他重要信息参见相关标准。

接触途径：呼吸道，皮肤吸收，胃肠道，皮肤和/或眼睛直接接触。

症状：眼睛、皮肤、呼吸系统刺激；眼睛、皮肤灼伤；皮肤致敏；动物：肺、肝、肾损伤。

靶器官：眼睛，皮肤，呼吸系统。

丙烯腈(Acrylonitrile)

$CH_2=CHCN$

CAS No.：107-13-1

RTECS No.：AT5250000

DOT ID 和指南号：1093 131P 抗聚合

异名和商品名：丙烯腈单体，乙烯基氰，2-丙烯腈，Acrylonitrile monomer，AN，Cyanoethylene，Propenenitrile，2-Propenenitrile，VCN，Vinyl cyanide

接触限值：NIOSH REL：Ca TWA 1 ppm C 10 ppm [15min] [皮] 见附录 A
OSHA PEL：[1910.1045] TWA 2 ppm C 10 ppm [15min] [皮]

IDLH：Ca [85 ppm]　**浓度换算系数：**1 ppm = 2.17 mg/m³

理化性质：无色至淡黄色液体，具有难闻的气味。[注：只有在浓度高于 PEL 时才能闻到。]

分子量：53.1	沸点：171 ℉
凝固点：−116 ℉	溶解度：7%
蒸气压：83 mmHg	电离电位：10.91 eV
比重：0.81	闪点：30 ℉
爆炸上限：17%	爆炸下限：3.0%

ⅠB 类易燃液体——闪点低于 73 ℉，沸点等于或高于 100 ℉。

不相容性和反应性：强氧化剂，强酸和强碱，溴，胺。[注：如果不加抑制剂(通常是甲基氢醌)，可以自发地发生聚合，在加热或强碱存在时聚合反应会加速。可与铜发生反应。]

测量方法：NIOSH 1604；OSHA 37

个人防护和卫生设施：

- 皮肤：穿戴合适的个人防护服，防止皮肤直接接触。
- 眼睛：佩戴合适的眼部防护用品，防止眼睛直接接触。
- 清洗皮肤：当皮肤受到污染时，应立即清洗污染的皮肤。

- 脱除:如果工作服被可燃性物质(即闪点低于 100 ℉的液体)浸湿,应当立即脱除并妥善处置,以防着火。
- 更换:对于班后的衣服的更换需要没有特殊建议。
- 配备:在劳动者可能接触该化学物质的作业场所,无论是否需要使用眼部防护用品,都应配备眼冲洗设备。在紧靠有可能接触该化学物质的工作场所,应配备快速冲淋身体的设备以应急使用。[注:这些设备应能够提供足量水或流动水,以将可能接触的身体任何部位上的该化学物质除去。实际配备适宜的快速冲淋设备取决于工作场所的具体条件。在某些情况下,必须及时进行大流量淋浴,而其他情况下只需要用一个水槽或软管供水就足够了。]

急救:

- 眼睛:如眼睛直接接触了该化学物质,要立即用大量水冲洗(灌洗)眼睛,冲洗时,不时翻开上下眼睑。并立即就医。
- 皮肤:如果该化学物质直接接触皮肤,立即用水冲洗污染的皮肤。如果该化学物质渗透进衣服,立即将衣服脱除,用水冲洗皮肤。若清洗后出现症状,要立即就医。
- 呼吸:如果接触者吸入大量该化学物质,立即将接触者移至新鲜空气处。如果呼吸停止,要进行人工呼吸,注意保暖和休息。尽快就医。
- 吞入:如果吞入该化学物质,应立即就医。

对呼吸器选择的建议:NIOSH

¥:高于 NIOSH REL 的浓度;或当没有 REL 时,任何可以检测到的浓度:

- ScbaF:Pd,Pp:任何压力需气式或正压携气式呼吸器,配全面罩。指定防护因数=10 000。
- SaF:Pd,Pp:AScba:任何压力需气式或正压供气式呼吸器,配全面罩,配压力需气式或正压携气式辅助呼吸器。指定防护因数=10 000。

逃生:

- GmFOv:任何空气过滤式全面罩呼吸器(防毒面具),配下颌式、前置式或背置式有机蒸气滤毒罐。指定防护因数=50。
- ScbaE:任何适合逃生的携气式呼吸器。

(见附录 E)

有关呼吸器选择的其他重要信息参见相关标准。

接触途径:呼吸道,皮肤吸收,胃肠道,皮肤和/或眼睛直接接触。

症状:眼睛、皮肤刺激;窒息;头痛;打喷嚏;恶心,呕吐;乏力,眩晕;皮肤起泡;剥脱性皮炎;[潜在职业性致癌物]。

靶器官:眼睛,皮肤,心血管系统,肝,肾,中枢神经系统。

致癌部位:[脑瘤,肺癌及肠癌。]

己二腈(Adiponitrile)

$NC(CH_2)_4CN$

异名和商品名:1,4-Dicyanobutane;Hexanedinitrile;Tetramethylene cyanide

CAS No.:111-69-3

RTECS No.:AV2625000

DOT ID 和指南号:2205 153

接触限值:NIOSH REL:TWA 4 ppm (18 mg/m³)

OSHA PEL:无

IDLH:N. D.

浓度换算系数:1 ppm = 4.43 mg/m³

A

理化性质:水白色几乎无味的油状液体。[注:低于34 ℉是固体,在体内可形成氰化物。]

分子量:108.2	沸点:563 ℉
凝固点:34 ℉	溶解度:4.5%
蒸气压:0.002 mmHg	电离电位:未知
比重:0.97	闪点(开杯):199 ℉
爆炸上限:5.0%	爆炸下限:1.7%

ⅢA类可燃液体——闪点等于或高于140 ℉且低于200 ℉。

不相容性和反应性:氧化剂(如高氯酸盐、硝酸盐),强酸(如硫酸)。[注:在194 ℉以上,会分解生成氰化氢。]

测量方法:NIOSH Nitriles Crit. Doc.

个人防护和卫生设施:

- 皮肤:穿戴合适的个人防护服,防止皮肤直接接触。
- 眼睛:佩戴合适的眼部防护用品,防止眼睛直接接触。
- 清洗皮肤:皮肤受到污染时,应立即清洗污染的皮肤。
- 脱除:如果工作服被弄湿或受到了明显的污染,应该立即脱除并妥善处置。
- 更换:在离开工作场所前应当将可能受到污染的工作服更换成无污染的衣服。

急救:

- 眼睛:如眼睛直接接触了该化学物质,要立即用大量水冲洗(灌洗)眼睛,冲洗时,不时翻开上下眼睑。并立即就医。
- 皮肤:如果该化学物质直接接触皮肤,立即用肥皂和水冲洗污染的皮肤。若该化学物质渗透进衣服,要立即将衣服脱除,用肥皂和水清洗皮肤,并迅速就医。
- 呼吸:如果接触者吸入大量该化学物质,立即将接触者移至新鲜空气处。如果呼吸停止,要进行人工呼吸,注意保暖和休息。尽快就医。
- 吞入:如果吞入该化学物质,应立即就医。

对呼吸器选择的建议:NIOSH

～40ppm:

- Sa:任何供气式呼吸器。指定防护因数=10。

～100ppm:

- Sa:Cf:任何连续供气式呼吸器。指定防护因数=25。

～200ppm:

- ScbaF:任何携气式呼吸器,配全面罩。指定防护因数=50。
- SaF:任何供气式呼吸器,配全面罩。指定防护因数=50。

～250ppm:

- SaF:Pd,Pp:任何压力需气式或正压供气式呼吸器,配全面罩。指定防护因数=2 000。

§:应急抢险,或准备进入浓度未知环境,或进入IDLH环境:

- ScbaF:Pd,Pp:任何压力需气式或正压携气式呼吸器,配全面罩。指定防护因数=10 000。
- SaF:Pd,Pp:AScba:任何压力需气式或正压供气式呼吸器,配全面罩,配压力需气式或正压携气式辅助呼吸器。指定防护因数=10 000。

逃生:

- GmFOv:任何空气过滤式全面罩呼吸器(防毒面具),配下颌式、前置式或背置式有机蒸气滤毒罐。指定防护因数=50。
- ScbaE:任何适合逃生的携气式呼吸器。

有关呼吸器选择的其他重要信息参见相关标准。

接触途径:呼吸道,皮肤吸收,胃肠道,皮肤和/或眼睛直接接触。

症状:眼睛、皮肤、呼吸系统刺激;头痛,眩晕,乏力,意识模糊,惊厥;视力障碍;呼吸困难;腹痛,恶心,呕吐。

靶器官:眼睛,皮肤,呼吸系统,中枢神经系统,心血管系统。

艾氏剂(Aldrin)

$C_{12}H_8Cl_6$

异名和商品名:氯甲桥萘;化合物118;爱尔德林;HHDN;1,2,3,4,10,10-Hexachloro-1,4,4a,5,8,8a-hexahydro-endo-1,4-exo-5,8-dimethanonaphthalene;Octalene

CAS No.:309-00-2

RTECS No.:IO2100000

DOT ID 和指南号:2761 151

接触限值:NIOSH REL:Ca TWA 0.25 mg/m³[皮] 见附录A
OSHA PEL:TWA 0.25 mg/m³[皮]

IDLH:Ca [25 mg/m³]　　**浓度换算系数**:

理化性质:无色或棕褐色晶体,具一定的化学气味。[注:只能用作杀虫剂。]

分子量:364.9	沸点:分解
熔点:219 ℉	溶解度:0.003%
蒸气压:0.000 08 mmHg	电离电位:未知
比重:1.60	闪点:不适用
爆炸上限:不适用	爆炸下限:不适用

不可燃固体,但可溶解于易燃液体中。

不相容性和反应性:浓无机酸,化学性质活泼的金属,酸性催化剂,酸性氧化剂,苯酚。

测量方法:NIOSH 5502

个人防护和卫生设施:

- 皮肤:穿戴合适的个人防护服,防止皮肤直接接触。
- 眼睛:佩戴合适的眼部防护用品,防止眼睛直接接触。
- 清洗皮肤:当皮肤受到污染时,应立即清洗污染的皮肤。/每天工作班结束后,进食、吸烟、喝水前都应该清洗可能受到污染的皮肤。
- 脱除:如果工作服被弄湿或受到了明显的污染,应该立即脱除并妥善处置。
- 更换:在离开工作场所前应当将可能受到污染的工作服更换成无污染的衣服。
- 配备:在劳动者可能接触该化学物质的作业场所,无论是否需要使用眼部防护用品,都应配备眼冲洗设备。在紧靠有可能接触该化学物质的工作场所,应配备快速冲淋身体的设备以应急使用。[注:这些设备应能够提供足量水或流动水,以将可能接触的身体任何部位上的该化学物质除去。实际配备适宜的快速冲淋设备取决于工作场所的具体条件。在某些情况下,必须及时进行大流量淋浴,而其他情况下只需要用一个水槽或软管供水就足够了。]

急救:

- 眼睛:如眼睛直接接触了该化学物质,要立即用大量水冲洗(灌洗)眼睛,冲洗时,不时翻开上下眼睑。并立即就医。
- 皮肤:如果该化学物质直接接触皮肤,立即用肥皂和水冲洗污染的皮肤。若该化学物质渗透进衣服,要立即将衣服脱除,用肥皂和水清洗皮肤,并迅速就医。
- 呼吸:如果接触者吸入大量该化学物质,立即将接触者移至新鲜空气处。如果呼吸停止,要进行人工呼吸,注意保暖和休息。尽快就医。
- 吞入:如果吞入该化学物质,应立即就医。

对呼吸器选择的建议:NIOSH

¥:高于 NIOSH REL 的浓度;或当没有 REL 时,任何可以检测到的浓度:

- ScbaF:Pd,Pp:任何压力需气式或正压携气式呼吸器,配全面罩。指定防护因数=10 000。
- SaF:Pd,Pp:AScba:任何压力需气式或正压供气式呼吸器,配全面罩,配压力需气式或正压携气式辅助呼吸器。指定防护因数=10 000。

逃生:

- GmFOv100:任何空气过滤式全面罩呼吸器(防毒面具),配下颌式、前置式或背置式有机蒸气滤毒罐和N100、R100或P100的综合防护过滤元件。指定防护因数=50。选择N、R或P过滤元件的信息见表4。
- ScbaE:任何适合逃生的携气式呼吸器。

有关呼吸器选择的其他重要信息参见相关标准。

接触途径:呼吸道,皮肤吸收,胃肠道,皮肤和/或眼睛直接接触。

症状:头痛,眩晕;恶心,呕吐,不适;肢体肌肉阵挛性抽搐,强直性抽搐;昏迷;血尿,氮质血症;[潜在职业性致癌物]。

靶器官:中枢神经系统,肝,肾,皮肤。

致癌部位:[动物:肺、肝、甲状腺及肾上腺肿瘤。]

烯丙醇(Allyl alcohol)　　CAS No.:107-18-6

$CH_2=CHCH_2OH$　　RTECS No.:BA5075000

异名和商品名:AA;Allylic alcohol;Propenol;1-Propen-3-ol;2-Propenol;Vinyl carbinol　　**DOT ID 和指南号:**1098 131

接触限值:NIOSH REL:TWA 2 ppm (5 mg/m³)
ST 4 ppm (10 mg/m³)[皮]
OSHA PEL †:TWA 2 ppm (5 mg/m³) [皮]

IDLH:20 ppm　　**浓度换算系数:**1 ppm = 2.38 mg/m³

理化性质:无色液体,具有刺激性芥末样气味。

分子量:58.1　　沸点:205 ℉
凝固点:−200 ℉　　溶解度:与水互溶
蒸气压:17 mmHg　　电离电位:9.63 eV
比重:0.85　　闪点:70 ℉
爆炸上限:18.0%　　爆炸下限:2.5%
ⅠB类易燃液体——闪点低于73 ℉,沸点等于或高于100 ℉。

不相容性和反应性:强氧化剂,酸,四氯化碳。[注:遇高温、氧化剂或过氧化物可发生聚合反应。]

测量方法:NIOSH 1402,1405

个人防护和卫生设施:

- 皮肤:穿戴合适的个人防护服,防止皮肤直接接触。
- 眼睛:佩戴合适的眼部防护用品,防止眼睛直接接触。
- 清洗皮肤:当皮肤受到污染时,应立即清洗污染的皮肤。
- 脱除:如果工作服被可燃性物质(即闪点低于100 ℉的液体)浸湿,应当立即脱除并妥善处置,以防着火。
- 更换:对于班后的衣服的更换需要没有特殊建议。
- 配备:在紧靠有可能接触该化学物质的工作场所,应配备快速冲淋身体的设备以应急使用。[注:这些设备应能够提供足量水或流动水,以将可能接触的身体任何部位上的该化学物质除去。实际配备适宜的快速冲淋设备取决于工作场所的具体条件。在某些情况下,必须及时进行大流量淋浴,而其他情况下只需要用一个水槽或软管供水就足够了。]

急救:

- 眼睛:如眼睛直接接触了该化学物质,要立即用大量水冲洗(灌洗)眼睛,冲洗时,不时翻开上下眼睑。并立即就医。
- 皮肤:如果该化学物质直接接触皮肤,立即用水冲洗污染的皮肤。如果该化学物质渗透进衣服,要迅速将衣服脱除,用水冲洗污染的皮肤,并迅速就医。
- 呼吸:如果接触者吸入大量该化学物质,立即将接触者移至新鲜空气处。如果呼吸停止,要进行人工呼吸,注意保暖和休息。尽快就医。
- 吞入:如果吞入该化学物质,应立即就医。

对呼吸器选择的建议:NIOSH/OSHA

~20 ppm:

- Sa:Cf:任何连续供气式呼吸器。指定防护因数=25。*
- PaprOv:任何动力送风空气过滤式呼吸器,配有机蒸气滤毒盒。指定防护因数=25。*
- CcrFOv:任何空气过滤式全面罩呼吸器,配有机蒸气滤毒盒。指定防护因数=50。
- GmFOv:任何空气过滤式全面罩呼吸器(防毒面具),配下颌式、前置式或背置式有机蒸气滤毒罐。指定防护因数=50。
- ScbaF:任何携气式呼吸器,配全面罩。指定防护因数=50。
- SaF:任何供气式呼吸器,配全面罩。指定防护因数=50。

§:应急抢险,或准备进入浓度未知环境,或进入 IDLH 环境:

- ScbaF:Pd,Pp:任何压力需气式或正压携气式呼吸器,配全面罩。指定防护因数=10 000。
- SaF:Pd,Pp:AScba:任何压力需气式或正压供气式呼吸器,配全面罩,配压力需气式或正压携气式辅助呼吸器。指定防护因数=10 000。

逃生:

- GmFOv:任何空气过滤式全面罩呼吸器(防毒面具),配下颌式、前置式或背置式有机蒸气滤毒罐。指定防护因数=50。
- ScbaE:任何适合逃生的携气式呼吸器。

有关呼吸器选择的其他重要信息参见相关标准。

接触途径:呼吸道,皮肤吸收,胃肠道,皮肤和/或眼睛直接接触。

症状:眼睛刺激,组织损伤;上呼吸道、皮肤刺激;肺水肿。

靶器官:眼睛,皮肤,呼吸系统。

烯丙基氯(Allyl chloride)

$CH_2=CHCH_2Cl$

CAS No.:107-05-1

RTECS No.:UC7350000

DOT ID 和指南号:1100 131

异名和商品名:3-氯丙烯,1-氯-2-丙烯,3-Chloropropene,1-Chloro-2-propene,3-Chloropropylene

接触限值:NIOSH REL:TWA 1 ppm (3 mg/m^3)
ST 2 ppm (6 mg/m^3)
OSHA PEL †:TWA 1 ppm (3 mg/m^3)

IDLH:250 ppm **浓度换算系数:**1 ppm = 3.13 mg/m^3

理化性质:无色、棕色、黄色或紫色液体,具有刺激性难闻的气味。

分子量	76.5	沸点	113 ℉
熔点	−210 ℉	溶解度	0.4%
蒸气压	295 mmHg	电离电位	10.05 eV
比重	0.94	闪点	−25 ℉
爆炸上限	11.1%	爆炸下限	2.9%

ⅠB类易燃液体——闪点低于 73 ℉,沸点等于或高于 100 ℉。

不相容性和反应性:强氧化剂,酸,胺,氯化铁,氯化铝,镁,锌。

测量方法:NIOSH 1000;OSHA 7

个人防护和卫生设施:

- 皮肤:穿戴合适的个人防护服,防止皮肤直接接触。
- 眼睛:佩戴合适的眼部防护用品,防止眼睛直接接触。
- 清洗皮肤:当皮肤受到污染时,应立即清洗污染的皮肤。
- 脱除:如果工作服被可燃性物质(即闪点低于 100 ℉的液体)浸湿,应当立即脱除并妥善处置,以防着火。
- 更换:对于班后的衣服的更换需要没有特殊建议。

A

● 配备:在紧靠有可能接触该化学物质的工作场所,应配备快速冲淋身体的设备以应急使用。[注:这些设备应能够提供足量水或流动水,以将可能接触的身体任何部位上的该化学物质除去。实际配备适宜的快速冲淋设备取决于工作场所的具体条件。在某些情况下,必须及时进行大流量淋浴,而其他情况下只需要用一个水槽或软管供水就足够了。]

急救:

● 眼睛:如眼睛直接接触了该化学物质,要立即用大量水冲洗(灌洗)眼睛,冲洗时,不时翻开上下眼睑。并立即就医。

● 皮肤:如果该化学物质直接接触皮肤,立即用肥皂和水冲洗污染的皮肤。若该化学物质渗透进衣服,要立即将衣服脱除,用肥皂和水清洗皮肤,并迅速就医。

● 呼吸:如果接触者吸入大量该化学物质,立即将接触者移至新鲜空气处。如果呼吸停止,要进行人工呼吸,注意保暖和休息。尽快就医。

● 吞入:如果吞入该化学物质,应立即就医。

对呼吸器选择的建议:NIOSH/OSHA

~25ppm:

● Sa:Cf:任何连续供气式呼吸器。指定防护因数=25。*

~50 ppm:

● ScbaF:任何携气式呼吸器,配全面罩。指定防护因数=50。

● SaF:任何供气式呼吸器,配全面罩。指定防护因数=50。

~250 ppm:

● SaF:Pd,Pp:任何压力需气式或正压供气式呼吸器,配全面罩。指定防护因数=2 000。

§:应急抢险,或准备进入浓度未知环境,或进入 IDLH 环境:

● ScbaF:Pd,Pp:任何压力需气式或正压携气式呼吸器,配全面罩。指定防护因数=10 000。

● SaF:Pd,Pp:AScba:任何压力需气式或正压供气式呼吸器,配全面罩,配压力需气式或正压携气式辅助呼吸器。指定防护因数=10 000。

逃生:

● GmFOv:任何空气过滤式全面罩呼吸器(防毒面具),配下颌式、前置式或背置式有机蒸气滤毒罐。指定防护因数=50。

● ScbaE:任何适合逃生的携气式呼吸器。

有关呼吸器选择的其他重要信息参见相关标准。

接触途径:呼吸道,皮肤吸收,胃肠道,皮肤和/或眼睛直接接触。

症状:眼睛、皮肤、鼻、黏膜刺激;肺水肿;动物:肝、肾损伤。

靶器官:眼睛,皮肤,呼吸系统,肝,肾。

烯丙基缩水甘油醚(Allyl glycidyl ether)

$C_6H_{10}O_2$

CAS No.:106-92-3

RTECS No.:RR0875000

DOT ID 和指南号:2219 129

异名和商品名:AGE;1-Allyloxy-2,3-epoxypropane;Glycidyl allyl ether;[(2-Propenyloxy)methyl] oxirane

接触限值:NIOSH REL:TWA 5 ppm (22 mg/m^3)
ST 10 ppm (44 mg/m^3) [皮]
OSHA PEL †:C 10 ppm (45 mg/m^3)

IDLH:50 ppm **浓度换算系数:**1 ppm = 4.67 mg/m^3

理化性质:无色液体,具有令人愉快的气味。

分子量:114.2 沸 点:309 ℉

凝固点:-148 ℉ [形成玻璃样固体] 溶解度:14%

蒸气压:2 mmHg 电离电位:未知

比　　重：0.97　　闪　　点：135 ℉

爆炸上限：未知　　爆炸下限：未知

Ⅱ类可燃液体——闪点等于或高于 100 ℉且低于140 ℉。

不相容性和反应性：强氧化剂。

测量方法：NIOSH 2545

个人防护和卫生设施：

- 皮肤：穿戴合适的个人防护服，防止皮肤直接接触。
- 眼睛：佩戴合适的眼部防护用品，防止眼睛直接接触。
- 清洗皮肤：当皮肤受到污染时，应立即清洗污染的皮肤。
- 脱除：如果工作服被弄湿或受到了明显的污染，应该立即脱除并妥善处置。
- 更换：对于班后的衣服的更换需要没有特殊建议。
- 配备：在劳动者可能接触该化学物质的作业场所，无论是否需要使用眼部防护用品，都应配备眼冲洗设备。

急救：

- 眼睛：如眼睛直接接触了该化学物质，要立即用大量水冲洗（灌洗）眼睛，冲洗时，不时翻开上下眼睑。并立即就医。
- 皮肤：如果该化学物质直接接触皮肤，迅速用水冲洗污染的皮肤。如果该化学物质渗透进衣服，要立即将衣服脱除，迅速用水冲洗污染的皮肤，若冲洗后刺激症状持续存在，应就医。
- 呼吸：如果接触者吸入大量该化学物质，立即将接触者移至新鲜空气处。如果呼吸停止，要进行人工呼吸，注意保暖和休息。尽快就医。
- 吞入：如果吞入该化学物质，应立即就医。

对呼吸器选择的建议：NIOSH

～50 ppm：

- CcrOv：任何空气过滤式半面罩呼吸器，配防有机蒸气的滤毒盒。指定防护因数＝10。
- PaprOv：任何动力送风空气过滤式呼吸器，配有机蒸气滤毒盒。指定防护因数＝25。
- GmFOv：任何空气过滤式全面罩呼吸器（防毒面具），配下颌式、前置式或背置式有机蒸气滤毒罐。指定防护因数＝50。
- Sa：任何供气式呼吸器。指定防护因数＝10。
- ScbaF：任何携气式呼吸器，配全面罩。指定防护因数＝50。

§：应急抢险，或准备进入浓度未知环境，或进入 IDLH 环境：

- ScbaF：Pd，Pp：任何压力需气式或正压携气式呼吸器，配全面罩。指定防护因数＝10 000。
- SaF：Pd，Pp：AScba：任何压力需气式或正压供气式呼吸器，配全面罩，配压力需气式或正压携气式辅助呼吸器。指定防护因数＝10 000。

逃生：

- GmFOv：任何空气过滤式全面罩呼吸器（防毒面具），配下颌式、前置式或背置式有机蒸气滤毒罐。指定防护因数＝50。
- ScbaE：任何适合逃生的携气式呼吸器。

有关呼吸器选择的其他重要信息参见相关标准。

接触途径：呼吸道，皮肤吸收，胃肠道，皮肤和/或眼睛直接接触。

症状：眼睛、皮肤、鼻、呼吸系统刺激；皮炎；肺水肿；昏迷；可能的造血、生殖效应。

靶器官：眼睛，皮肤，呼吸系统，血液，生殖系统。

A

烯丙基丙基二硫醚(Allyl propyl disulfide)

$H_2C=CHCH_2S_2CH_2CH_2CH_3$

CAS No.:2179-59-1

RTECS No.:JO0350000

DOT ID 和指南号:

异名和商品名:洋葱精油;二硫化丙基丙烯;4,5-Dithia-1-octene;Onion oil;2-Propenyl propyl disulfide;Propyl allyl disulfide

接触限值:NIOSH REL:TWA 2 ppm (12 mg/m^3)

ST 3 ppm (18 mg/m^3)

OSHA PEL †:TWA 2 ppm (12 mg/m^3)

IDLH:N.D.　　**浓度换算系数**:1 ppm = 6.07 mg/m^3

理化性质:淡黄色液体,具有强烈刺激性的洋葱样气味。[注:洋葱精油的主要挥发性成分。]

分子量:148.3　　沸点:未知

凝固点:5 ℉　　溶解度:不溶

蒸气压:未知　　电离电位:未知

比重(59 ℉):0.93　　闪点:未知

爆炸上限:未知　　爆炸下限:未知

可燃液体。

不相容性和反应性:氧化剂。

测量方法:OSHA PV2086

个人防护和卫生设施:

- 皮肤:对于个体皮肤防护装备的需要没有特殊建议。
- 眼睛:佩戴合适的眼部防护用品,防止眼睛直接接触。
- 清洗皮肤:对于清洗皮肤上的污染物没有其他特殊的建议(包括立即清洗和班后清洗)。
- 脱除:如果工作服被弄湿或受到了明显的污染,应该立即脱除并妥善处置。
- 更换:对于班后的衣服的更换需要没有特殊建议。

急救:

- 眼睛:如眼睛直接接触了该化学物质,要立即用大量水冲洗(灌洗)眼睛,冲洗时,不时翻开上下眼睑。并立即就医。
- 皮肤:如果该化学物质直接接触皮肤,立即用肥皂和水冲洗污染的皮肤。若该化学物质渗透进衣服,要立即将衣服脱除,用肥皂和水清洗皮肤,并迅速就医。
- 呼吸:如果接触者吸入大量该化学物质,立即将接触者移至新鲜空气处。如果呼吸停止,要进行人工呼吸,注意保暖和休息。尽快就医。
- 吞入:如果吞入该化学物质,应立即就医。

对呼吸器选择的建议:无。

有关呼吸器选择的其他重要信息参见相关标准。

接触途径:呼吸道,胃肠道,皮肤和/或眼睛直接接触。

症状:眼睛、鼻、呼吸系统刺激;流泪。

靶器官:眼睛,呼吸系统。

α-氧化铝(α-Alumina)

Al_2O_3

CAS No.:1344-28-1

RTECS No.:BD1200000

DOT ID 和指南号:

异名和商品名:氧化铝,三氧化铝[注:α-氧化铝是技术级氧化铝的主要成分。刚玉是天然的氧化铝,金刚砂是各种 Al_2O_3 不纯的结晶体。]

接触限值:NIOSH REL:见附录 D

OSHA PEL †:TWA 15 mg/m^3(总颗粒物)

TWA 5 mg/m^3(呼吸性颗粒物)

IDLH:N.D.　　**浓度换算系数**:

理化性质：白色无味晶体粉末。

分子量	101.9	沸点	5 396 °F
熔点	3 632 °F	溶解度	不溶
蒸气压	0 mmHg(约)	电离电位	不适用
比重	4.0	闪点	不适用
爆炸上限	不适用	爆炸下限	不适用

不可燃固体，但是粉尘与空气混合可以形成爆炸性混合物。

不相容性和反应性：三氟化氯，热的氯化橡胶，酸，氧化剂。[注：在破碎和磨粉过程中，细碎的铁粉接触湿气可以生成氢气。]

测量方法：NIOSH 0500，0600；OSHA ID109SG，ID198SG

- 更换：对于班后的衣服的更换需要没有特殊建议。

急救：

- 眼睛：如眼睛直接接触了该化学物质，要立即用大量水冲洗(灌洗)眼睛，冲洗时，不时翻开上下眼睑。并立即就医。
- 皮肤：如果感到刺激，轻轻地吸取或擦除皮肤上留存的该化学物质。
- 呼吸：如果接触者吸入大量该化学物质，立即将接触者移至新鲜空气处。通常不需要采取其他措施。
- 吞入：如果吞入该化学物质，应立即就医。

个人防护和卫生设施：

- 皮肤：对于个体皮肤防护装备的需要没有特殊建议。
- 眼睛：对眼部防护的需要没有特殊建议。
- 清洗皮肤：对于清洗皮肤上的污染物没有其他特殊的建议(包括立即清洗和班后清洗)。
- 脱除：对于脱除被污染或被弄湿的工作服的需要没有特殊建议。

对呼吸器选择的建议：无。

有关呼吸器选择的其他重要信息参见相关标准。

接触途径：呼吸道，胃肠道，皮肤和/或眼睛直接接触。

症状：眼睛、皮肤、呼吸系统刺激。

靶器官：眼睛，皮肤，呼吸系统。

铝(Aluminum)

Al

异名和商品名：铝金属，铝粉，Aluminium，Aluminum metal，Aluminum powder，Elemental aluminum

CAS No.：7429-90-5

RTECS No.：BD0330000

DOT ID 和指南号：1309 170 (粉末，涂层)；
1396 138 (粉末，无涂层)；
9260 169 (熔融物)

接触限值：NIOSH REL：TWA 10 mg/m^3(总颗粒物)
TWA 5 mg/m^3(呼吸性颗粒物)
OSHA PEL：TWA 15 mg/m^3(总颗粒物)
TWA 5 mg/m^3(呼吸性颗粒物)

IDLH：N. D.　　**浓度换算系数：**

理化性质：银白色具有延展性的无气味金属。

分子量	27.0	沸点	4 221 °F
熔点	1 220 °F	溶解度	不溶
蒸气压	0 mmHg(约)	电离电位	不适用
比重	2.70	闪点	不适用
爆炸上限	不适用	爆炸下限	不适用

A

可燃固体，细颗粒铝尘易被点燃，可引起爆炸。 不相容性和反应性：强氧化剂，强酸，卤代烃。[注：接触酸或其他金属时会发生腐蚀。铝粉与卤素、二硫化碳或氯甲烷混合时可以被点燃。]	**急救：** ● 眼睛：如眼睛直接接触了该化学物质，要立即用大量水冲洗（灌洗）眼睛，冲洗时，不时翻开上下眼睑。并立即就医。 ● 呼吸：如果接触者吸入大量该化学物质，立即将接触者移至新鲜空气处。通常不需要采取其他措施。
测量方法：NIOSH 7013，7300，7301，7303；OSHA ID121	
个人防护和卫生设施： ● 皮肤：对于个体皮肤防护装备的需要没有特殊建议。 ● 眼睛：对眼部防护的需要没有特殊建议。 ● 清洗皮肤：对于清洗皮肤上的污染物没有其他特殊的建议（包括立即清洗和班后清洗）。 ● 脱除：对于脱除被污染或被弄湿的工作服的需要没有特殊建议。 ● 更换：对于班后的衣服的更换需要没有特殊建议。	**对呼吸器选择的建议：**无。 **有关呼吸器选择的其他重要信息参见相关标准。** **接触途径：**呼吸道，皮肤和/或眼睛直接接触。 **症状：**眼睛、皮肤、呼吸系统刺激。 **靶器官：**眼睛，皮肤，呼吸系统。

铝（热解铝粉和焊接烟，按铝计）[Alumiunum (pyro powders and welding fumes，as Al)] **异名和商品名：**名称随铝化合物不同而不同。	**CAS No.：** **RTECS No.：** **DOT ID 和指南号：**1383 135（粉末，发火金属）
接触限值：NIOSH REL：TWA 5 mg/m³ OSHA PEL †：无	**急救：** ● 眼睛：如眼睛直接接触了该化学物质，要立即用大量水冲洗（灌洗）眼睛，冲洗时，不时翻开上下眼睑。并立即就医。 ● 皮肤：如果该化学物质直接接触皮肤，立即用水冲洗污染的皮肤。如果该化学物质渗透进衣服，要迅速将衣服脱除，用水冲洗污染的皮肤，并迅速就医。 ● 呼吸：如果接触者吸入大量该化学物质，立即将接触者移至新鲜空气处。如果呼吸停止，要进行人工呼吸，注意保暖和休息。尽快就医。 ● 吞入：如果吞入该化学物质，应立即就医。
IDLH：N. D. **浓度换算系数：**	
理化性质：随化合物的不同而不同。	
不相容性和反应性：随化合物的不同而不同。	
测量方法：NIOSH 7300，7301，7303	
个人防护和卫生设施： ● 皮肤：对于个体皮肤防护装备的需要没有特殊建议。 ● 眼睛：对眼部防护的需要没有特殊建议。 ● 清洗皮肤：对于清洗皮肤上的污染物没有其他特殊的建议（包括立即清洗和班后清洗）。 ● 脱除：对于脱除被污染或被弄湿的工作服的需要没有特殊建议。 ● 更换：对于班后的衣服的更换需要没有特殊建议。	**对呼吸器选择的建议：**无。 **有关呼吸器选择的其他重要信息参见相关标准。** **接触途径：**呼吸道，胃肠道，皮肤和/或眼睛直接接触。 **症状：**皮肤、呼吸系统刺激；肺纤维化。 **靶器官：**皮肤，呼吸系统。

铝(可溶性盐及烷基铝合物,按铝计)[Aluminum (soluble salts and alkyls,as Al)]

CAS No.:

RTECS No.:

DOT ID 和指南号:3051 135(烃基铝)

异名和商品名:名称随铝化合物不同而不同。

接触限值:NIOSH REL:TWA 2 mg/m^3

OSHA PEL †:无

IDLH:N. D.　　**浓度换算系数:**

理化性质:随化合物的不同而不同。

不相容性和反应性:随化合物的不同而不同。

测量方法:NIOSH 7013,7300,7301,7303;OSHA ID121

个人防护和卫生设施:

- 皮肤:穿戴合适的个人防护服,防止皮肤直接接触。
- 眼睛:佩戴合适的眼部防护用品,防止眼睛直接接触。
- 清洗皮肤:当皮肤受到污染时,应立即清洗污染的皮肤。
- 脱除:如果工作服被弄湿或受到了明显的污染,应该立即脱除并妥善处置。
- 更换:在离开工作场所前应当将可能受到污染的工作服更换成无污染的衣服。

急救:

- 眼睛:如眼睛直接接触了该化学物质,要立即用大量水冲洗(灌洗)眼睛,冲洗时,不时翻开上下眼睑。并立即就医。
- 皮肤:如果该化学物质直接接触皮肤,立即用水冲洗污染的皮肤。如果该化学物质渗透进衣服,要迅速将衣服脱除,用水冲洗污染的皮肤,并迅速就医。
- 呼吸:如果接触者吸入大量该化学物质,立即将接触者移至新鲜空气处。如果呼吸停止,要进行人工呼吸,注意保暖和休息。尽快就医。
- 吞入:如果吞入该化学物质,应立即就医。

对呼吸器选择的建议:无。

有关呼吸器选择的其他重要信息参见相关标准。

接触途径:呼吸道,胃肠道,皮肤和/或眼睛直接接触。

症状:皮肤、呼吸系统刺激;皮肤灼伤。

靶器官:皮肤,呼吸系统。

4-氨基联苯(4-Aminodiphenyl)

$C_6H_5C_6H_4NH_2$

CAS No.:92-67-1

RTECS No.:DU8925000

DOT ID 和指南号:

异名和商品名:对氨基联苯,4-Aminobiphenyl,p-Aminobiphenyl,p-Aminodiphenyl,4-Phenylaniline

接触限值:NIOSH REL:Ca 见附录 A

OSHA PEL:[1910.1011] 见附录 B

IDLH: Ca [N. D.]　　**浓度换算系数:**

理化性质:无色晶体,具有芳香气味。[注:接触空气后变成紫色。]

分子量:169.2　　沸点:576 ℉

熔点:127 ℉　　溶解度:微溶

蒸气压(227 ℉):1 mmHg　　电离电位:未知

比重:1.16　　闪点:未知

爆炸上限:未知　　爆炸下限:未知

可燃固体,点燃前必须加热。

不相容性和反应性:被空气氧化。

测量方法:NIOSH P&CAM269(Ⅱ-4);OSHA 93

个人防护和卫生设施：

- 皮肤：穿戴合适的个人防护服，防止皮肤直接接触。
- 眼睛：佩戴合适的眼部防护用品，防止眼睛直接接触。
- 清洗皮肤：当皮肤受到污染时，应立即清洗污染的皮肤。/每天工作班结束后，进食、吸烟、喝水前都应该清洗可能受到污染的皮肤。
- 脱除：如果工作服被弄湿或受到了明显的污染，应该立即脱除并妥善处置。
- 更换：在离开工作场所前应当将可能受到污染的工作服更换成无污染的衣服。
- 配备：在劳动者可能接触该化学物质的作业场所，无论是否需要使用眼部防护用品，都应配备眼冲洗设备。在紧靠有可能接触该化学物质的工作场所，应配备快速冲淋身体的设备以应急使用。[注：这些设备应能够提供足量水或流动水，以将可能接触的身体任何部位上的该化学物质除去。实际配备适宜的快速冲淋设备取决于工作场所的具体条件。在某些情况下，必须及时进行大流量淋浴，而其他情况下只需要用一个水槽或软管供水就足够了。]

急救：

- 眼睛：如眼睛直接接触了该化学物质，要立即用大量水冲洗(灌洗)眼睛，冲洗时，不时翻开上下眼睑。并立即就医。
- 皮肤：如果该化学物质直接接触皮肤，立即用肥皂和水冲洗污染的皮肤。若该化学物质渗透进衣服，要立即将衣服脱除，用肥皂和水清洗皮肤，并迅速就医。
- 呼吸：如果接触者吸入大量该化学物质，立即将接触者移至新鲜空气处。如果呼吸停止，要进行人工呼吸，注意保暖和休息。尽快就医。
- 吞入：如果吞入该化学物质，应立即就医。

对呼吸器选择的建议：NIOSH

¥：高于 NIOSH REL 的浓度；或当没有 REL 时，任何可以检测到的浓度：

- ScbaF：Pd，Pp：任何压力需气式或正压携气式呼吸器，配全面罩。指定防护因数＝10 000。
- SaF：Pd，Pp：AScba：任何压力需气式或正压供气式呼吸器，配全面罩，配压力需气式或正压携气式辅助呼吸器。指定防护因数＝10 000。

逃生：

- 100F：任何空气过滤式全面罩呼吸器，配有 N100、R100 或 P100 过滤元件。指定防护因数＝50。选择 N、R 或 P 过滤元件的信息见表 4。
- ScbaE：任何适合逃生的携气式呼吸器。

(见附录 E)

有关呼吸器选择的其他重要信息参见相关标准。

接触途径：呼吸道，皮肤吸收，胃肠道，皮肤和/或眼睛直接接触。

症状：头痛，眩晕；嗜睡，呼吸困难；共济失调，乏力；高铁血红蛋白血症；尿痛；急性出血性膀胱炎；[潜在职业性致癌物]。

靶器官：膀胱，皮肤。

致癌部位：[膀胱癌]。

2-氨基吡啶(2-Aminopyridine)

$NH_2C_5H_4N$

异名和商品名：α-氨基吡啶，α-Aminopyridine，α-Pyridylamine

CAS No.：504-29-0

RTECS No.：US1575000

DOT ID 和指南号：2671 153

接触限值：NIOSH REL：TWA 0.5 ppm (2 mg/m^3)
OSHA PEL：TWA 0.5 ppm (2 mg/m^3)

IDLH：5ppm

浓度换算系数：ppm ＝ 3.85 mg/m^3

理化性质：白色粉末、小叶或晶体，具有独特的气味。

分子量：94.1　沸点：411 ℉

熔点：137 ℉　溶解度：>100%

蒸气压（77 ℉）：0.8 mmHg　电离电位：8.00 eV

比重：未知　闪点：154 ℉

爆炸上限：未知　爆炸下限：未知

可燃固体。

不相容性和反应性：强氧化剂。

测量方法：NIOSH S158（Ⅱ-4）

个人防护和卫生设施：

- 皮肤：穿戴合适的个人防护服，防止皮肤直接接触。
- 眼睛：佩戴合适的眼部防护用品，防止眼睛直接接触。
- 清洗皮肤：当皮肤受到污染时，应立即清洗污染的皮肤。
- 脱除：如果工作服被弄湿或受到了明显的污染，应该立即脱除并妥善处置。
- 更换：在离开工作场所前应当将可能受到污染的工作服更换成无污染的衣服。
- 配备：在紧靠有可能接触该化学物质的工作场所，应配备快速冲淋身体的设备以应急使用。[注：这些设备应能够提供足量水或流动水，以将可能接触的身体任何部位上的该化学物质除去。实际配备适宜的快速冲淋设备取决于工作场所的具体条件。在某些情况下，必须及时进行大流量淋浴，而其他情况下只需要用一个水槽或软管供水就足够了。]

急救：

- 眼睛：如眼睛直接接触了该化学物质，要立即用大量水冲洗（灌洗）眼睛，冲洗时，不时翻开上下眼睑。并立即就医。
- 皮肤：如果该化学物质直接接触皮肤，立即用水冲洗污染的皮肤。如果该化学物质渗透进衣服，要迅速将衣服脱除，用水冲洗污染的皮肤，并迅速就医。
- 呼吸：如果接触者吸入大量该化学物质，要立即将接触者移至新鲜空气处。如果呼吸停止，要进行人工呼吸，注意保暖和休息。尽快就医。
- 吞入：如果吞入该化学物质，应立即就医。

对呼吸器选择的建议：NIOSH/OSHA

~5 ppm：

- Sa：任何供气式呼吸器。指定防护因数=10。*
- ScbaF：任何携气式呼吸器，配全面罩。指定防护因数=50。

§：应急抢险，或准备进入浓度未知环境，或进入 IDLH 环境：

- ScbaF：Pd，Pp：任何压力需气式或正压携气式呼吸器，配全面罩。指定防护因数=10 000。
- SaF：Pd，Pp：AScba：任何压力需气式或正压供气式呼吸器，配全面罩，配压力需气式或正压携气式辅助呼吸器。指定防护因数=10 000。

逃生：

- GmFOv100：任何空气过滤式全面罩呼吸器（防毒面具），配下颌式、前置式或背置式有机蒸气滤毒罐和 N100、R100 或 P100 的综合防护过滤元件。指定防护因数=50。选择 N、R 或 P 过滤元件的信息见表 4。
- ScbaE：任何适合逃生的携气式呼吸器。

有关呼吸器选择的其他重要信息参见相关标准。

接触途径：呼吸道，皮肤吸收，胃肠道，皮肤和/或眼睛直接接触。

症状：眼睛、鼻、咽喉刺激；头痛，眩晕；兴奋；恶心；高血压；呼吸困难；乏力；惊厥；昏迷。

靶器官：中枢神经系统，呼吸系统。

氨基三唑(Amitrole)

$C_2H_4N_4$

异名和商品名:杀草强;2-氨基-1,3,4-三唑;3-氨基-1,2,4-三唑;Aminotriazole;3-Aminotriazole;2-Amino-1,3,4-triazole;3-Amino-1,2,4-triazole

CAS No.:61-82-5

RTECS No.:XZ3850000

DOT ID 和指南号:

接触限值:NIOSH REL:Ca TWA 0.2 mg/m^3 见附录 A
OSHA PEL †:无

IDLH:Ca [N.D.]　　**浓度换算系数**:

理化性质:无色至白色的晶体粉末。[除草剂][注:纯品无气味。]

分子量:84.1	沸点:未知
熔点:318 ℉	溶解度(77 ℉):28%
蒸气压:<0.000 008 mmHg	电离电位:未知
比重:1.14	闪点:不适用
爆炸上限:不适用	爆炸下限:不适用

不可燃固体,但可溶于易燃液体中。

不相容性和反应性:光(引起分解),强氧化剂。[注:对铁、铝和铜具有腐蚀性。]

测量方法:NIOSH 0500;OSHA PV2006

个人防护和卫生设施:

- 皮肤:穿戴合适的个人防护服,防止皮肤直接接触。
- 眼睛:佩戴合适的眼部防护用品,防止眼睛直接接触。
- 清洗皮肤:每天工作班结束后,进食、吸烟、喝水前都应该清洗可能受到污染的皮肤。
- 脱除:如果工作服被弄湿或受到了明显的污染,应该立即脱除并妥善处置。
- 更换:在离开工作场所前应当将可能受到污染的工作服更换成无污染的衣服。
- 配备:在劳动者可能接触该化学物质的作业场所,无论是否需要使用眼部防护用品,都应配备眼冲洗设备。在紧靠有可能接触该化学物质的工作场所,应配备快速冲淋身体的设备以应急使用。[注:这些设备应能够提供足量水或流动水,以将可能接触的身体任何部位上的该化学物质除去。实际配备适宜的快速冲淋设备取决于工作场所的具体条件。在某些情况下,必须及时进行大流量淋浴,而其他情况下只需要用一个水槽或软管供水就足够了。]

急救:

- 眼睛:如眼睛直接接触了该化学物质,要立即用大量水冲洗(灌洗)眼睛,冲洗时,不时翻开上下眼睑。并立即就医。
- 皮肤:如果该化学物质直接接触皮肤,立即用水冲洗污染的皮肤。如果该化学物质渗透进衣服,立即将衣服脱除,用水冲洗皮肤。若清洗后出现症状,要立即就医。
- 呼吸:如果接触者吸入大量该化学物质,立即将接触者移至新鲜空气处。如果呼吸停止,要进行人工呼吸,注意保暖和休息。尽快就医。
- 吞入:如果吞入该化学物质,应立即就医。

对呼吸器选择的建议:NIOSH

¥:高于 NIOSH REL 的浓度;或当没有 REL 时,任何可以检测到的浓度:

- ScbaF:Pd,Pp:任何压力需气式或正压携气式呼吸器,配全面罩。指定防护因数=10 000。
- SaF:Pd,Pp:AScba:任何压力需气式或正压供气式呼吸器,配全面罩,配压力需气式或正压携气式辅助呼吸器。指定防护因数=10 000。

逃生:

- GmFOv100:任何空气过滤式全面罩呼吸器(防毒面具),配下颌式、前置式或背置式有机蒸气滤毒罐和 N100、R100 或 P100 的综合防护过滤元件。指定防护因数=50。选择 N、R 或 P 过滤元件的信息见表 4。

● ScbaE：任何适合逃生的携气式呼吸器。

有关呼吸器选择的其他重要信息参见相关标准。

接触途径：呼吸道，胃肠道，皮肤和/或眼睛直接接触。

症状：眼睛、皮肤刺激；呼吸困难；肌痉挛；共济失调；厌食；流涎；体温升高；乏力；皮肤干燥；抑郁（甲状腺功能降低）。

靶器官：眼睛，皮肤，甲状腺。

致癌部位：［动物：肝、甲状腺及垂体腺瘤］。

氨（Ammonia）

NH_3

异名和商品名：氨水，无水氨，Anhydrous ammonia，Aqua ammonia，Aqueous ammonia［注：通常使用水溶液。］

CAS No.：7664-41-7

RTECS No.：BO0875000

DOT ID 和指南号：

1005 125（无水）；

2672 154（10%～35% 溶液）；

2073 125（>35%～50% 溶液）；

1005 125（>50% 溶液）

接触限值：NIOSH REL：TWA 25 ppm（18 mg/m³）

ST 35 ppm（27 mg/m³）

OSHA PEL †：TWA 50 ppm（35 mg/m³）

IDLH：300 ppm　**浓度换算系数：**1 ppm ＝ 0.70 mg/m³

理化性质：无色气体，具有辛辣的令人窒息的气味。［注：以压缩液化气运输。压力下易液化。］

分子量：17.0　沸点：－28 ℉

凝固点：－108 ℉　溶解度：34%

蒸气压：8.5 大气压　电离电位：10.18 eV

相对密度：0.60　闪点：不适用（气体）

爆炸上限：28%　爆炸下限：15%

［注：虽然 NH_3 不是 DOT（用作标示）定义的易燃气体，但是应当按照易燃气体对待。］

不相容性和反应性：强氧化剂，酸，卤素，银盐，锌盐。［注：对铜和金属电镀表面具有腐蚀性。］

测量方法：NIOSH 3800，6015，6016；OSHA ID188

个人防护和卫生设施：

● 皮肤：穿戴合适的个人防护服，防止皮肤直接接触。

● 眼睛：佩戴合适的眼部防护用品，防止眼睛直接接触。

● 清洗皮肤：当皮肤受到污染时，应立即清洗污染的皮肤。（溶液）

● 脱除：如果工作服被弄湿或受到了明显的污染，应该立即脱除并妥善处置。（溶液）

● 更换：对于班后的衣服的更换需要没有特殊建议。

● 配备：在劳动者可能接触该化学物质的作业场所，无论是否需要使用眼部防护用品，都应配备眼冲洗设备。（>10%）在紧靠有可能接触该化学物质的工作场所，应配置快速冲淋身体的设备以应急使用。［注：这些设备要能够提供足够水或流动水，以将可能接触的身体任何部位上的该化学物质除去。实际配备适宜的快速冲淋设备取决于工作场所的具体条件。在某些情况下，必须及时进行大流量淋浴，而其他情况只需要用一个水槽或软管供水就足够了］（>10%）

急救：

● 眼睛：如眼睛直接接触了该化学物质，要立即用大量水冲洗（灌洗）眼睛，冲洗时，不时翻开上下眼睑。并立即就医。（溶液/液体）

● 皮肤：如果该化学物质直接接触皮肤，立即用水冲洗污染的皮肤。如果该化学物质渗透进衣服，要迅速将衣服脱除，用水冲洗污染的皮肤，并迅速就医。（溶液/液体）

- 呼吸:如果接触者吸入大量该化学物质,立即将接触者移至新鲜空气处。如果呼吸停止,要进行人工呼吸,注意保暖和休息。尽快就医。
- 吞入:如果吞入该化学物质,应立即就医。(溶液)

对呼吸器选择的建议:NIOSH

~250 ppm:

- CcrS:任何空气过滤式半面罩呼吸器,配防该化学物质的滤毒盒。指定防护因数=10。*
- Sa:任何供气式呼吸器。指定防护因数=10。*

~300 ppm:

- Sa:Cf:任何连续供气式呼吸器。指定防护因数=25。*
- PaprS:任何动力送风空气过滤式呼吸器,配有防该化学物质的滤毒盒。指定防护因数=25。*
- CcrFS:任何空气过滤式全面罩呼吸器,配防该化学物质的滤毒盒。指定防护因数=50。
- GmFS:任何空气过滤式全面罩呼吸器(防毒面具),配下颌式、前置式或背置式防该化学物质的滤毒罐。指定防护因数=50。
- ScbaF:任何携气式呼吸器,配全面罩。指定防护因数=50。
- SaF:任何供气式呼吸器,配全面罩。指定防护因数=50。

§:应急抢险,或准备进入浓度未知环境,或进入 IDLH 环境:

- ScbaF:Pd,Pp:任何压力需气式或正压携气式呼吸器,配全面罩。指定防护因数=10 000。
- SaF:Pd,Pp:AScba:任何压力需气式或正压供气式呼吸器,配全面罩,配压力需气式或正压携气式辅助呼吸器。指定防护因数=10 000。

逃生:

- GmFS:任何空气过滤式全面罩呼吸器(防毒面具),配下颌式、前置式或背置式防该化学物质的滤毒罐。指定防护因数=50。
- ScbaE:任何适合逃生的携气式呼吸器。

有关呼吸器选择的其他重要信息参见相关标准。

接触途径:呼吸道,胃肠道(溶液),皮肤和/或眼睛直接接触(溶液/液体)。

症状:眼睛、鼻、咽喉刺激;呼吸困难,喘鸣,胸痛;肺水肿;粉红色泡沫痰;皮肤灼伤,起泡;冻伤(液体)。

靶器官:眼睛,皮肤,呼吸系统。

氯化铵烟(Ammonium chloride fume)

NH_4Cl

CAS No.:12125-02-9

RTECS No.:BP4550000

异名和商品名:氯化铵,Ammonium chloride,Ammonium muriate fume,Sal ammoniac fume

DOT ID 和指南号:

接触限值:NIOSH REL:TWA 10 mg/m³ ST 20 mg/m³
OSHA PEL †:无

IDLH:N. D. **浓度换算系数:**

理化性质:白色无气味细颗粒。

分子量:53.5　沸点:升华
熔点:662 ℉(升华)　溶解度:37%
蒸气压(321 ℉):1 mmHg　电离电位:不适用

比重:1.53　闪点:不适用
爆炸上限:不适用　爆炸下限:不适用
不可燃固体。
不相容性和反应性:碱金属及其碳酸盐,铅盐,银盐,强氧化剂,硝酸铵,氯酸钾,三氟化溴。[注:在高温下(如着火)对大多数金属都有腐蚀性。]

测量方法:OSHA ID188

个人防护和卫生设施：

- 皮肤：穿戴合适的个人防护服，防止皮肤直接接触。
- 眼睛：佩戴合适的眼部防护用品，防止眼睛直接接触。
- 清洗皮肤：当皮肤受到污染时，应立即清洗污染的皮肤。
- 脱除：如果工作服被弄湿或受到了明显的污染，应该立即脱除并妥善处置。
- 更换：在离开工作场所前应当将可能受到污染的工作服更换成无污染的衣服。
- 配备：在劳动者可能接触该化学物质的作业场所，无论是否需要使用眼部防护用品，都应配备眼冲洗设备。在紧靠有可能接触该化学物质的工作场所，应配备快速冲淋身体的设备以应急使用。［注：这些设备应能够提供足量水或流动水，以将可能接触的身体任何部位上的该化学物质除去。实际配备适宜的快速冲淋设备取决于工作场所的具体条件。在某些情况下，必须及时进行大流量淋浴，而其他情况下只需要用一个水槽或软管供水就足够了。］

急救：

- 眼睛：如眼睛直接接触了该化学物质，要立即用大量水冲洗（灌洗）眼睛，冲洗时，不时翻开上下眼睑。并立即就医。
- 皮肤：如果该化学物质直接接触皮肤，立即用肥皂和水冲洗污染的皮肤。若该化学物质渗透进衣服，要立即将衣服脱除，用肥皂和水清洗皮肤，并迅速就医。
- 呼吸：如果接触者吸入大量该化学物质，立即将接触者移至新鲜空气处。如果呼吸停止，要进行人工呼吸，注意保暖和休息。尽快就医。

对呼吸器选择的建议：无。

有关呼吸器选择的其他重要信息参见相关标准。

接触途径：呼吸道，皮肤和/或眼睛直接接触。

症状：眼睛、皮肤、呼吸系统刺激；咳嗽，呼吸困难，肺致敏。

靶器官：眼睛，皮肤，呼吸系统。

氨基磺酸铵（Ammonium sulfamate）

$NH_4OSO_2NH_2$

CAS No.：7773-06-0

RTECS No.：WO6125000

DOT ID 和指南号：

异名和商品名：氨基磺酸铵除草剂，Ammate herbicide，Ammonium amidosulfonate，AMS，Monoammonium salt of sulfamic acid，Sulfamate

接触限值：NIOSH REL：TWA 10 mg/m³（总颗粒物）
TWA 5 mg/m³（呼吸性颗粒物）
OSHA PEL †：TWA 15 mg/m³（总颗粒物）
TWA 5 mg/m³（呼吸性颗粒物）

IDLH：1 500 mg/m³　　**浓度换算系数：**

理化性质：无色至白色，无气味的白色晶体。［除草剂］

分子量：114.1　　沸点：320 ℉（分解）

熔点：268 ℉　　溶解度：200%

蒸气压：0 mmHg（约）　　电离电位：未知

比重：1.77　　闪点：不适用

爆炸上限：不适用　　爆炸下限：不适用

不可燃固体。

不相容性和反应性：酸，热水。［注：高温下可以和水发生剧烈的放热反应。］

测量方法：NIOSH S348（II-5）

个人防护和卫生设施：

- 皮肤：对于个体皮肤防护装备的需要没有特殊建议。
- 眼睛：对眼部防护的需要没有特殊建议。
- 清洗皮肤：对于清洗皮肤上的污染物没有其他特殊的建议(包括立即清洗和班后清洗)。
- 脱除：对于脱除被污染或被弄湿的工作服的需要没有特殊建议。
- 更换：对于班后的衣服的更换需要没有特殊建议。

急救：

- 眼睛：如眼睛直接接触了该化学物质，要立即用大量水冲洗(灌洗)眼睛，冲洗时，不时翻开上下眼睑。并立即就医。
- 皮肤：如果该化学物质直接接触皮肤，迅速用肥皂和水冲洗污染的皮肤。若该化学物质渗透进衣服，要迅速将衣服脱除，用肥皂和水清洗皮肤，并迅速就医。
- 呼吸：如果接触者吸入大量该化学物质，立即将接触者移至新鲜空气处。如果呼吸停止，要进行人工呼吸，注意保暖和休息。尽快就医。
- 吞入：如果吞入该化学物质，应立即就医。

对呼吸器选择的建议：NIOSH

～50 mg/m³：

- Qm：任何四分之一面罩呼吸器，选择 N、R 或 P 过滤元件的信息见表 4。指定防护因数＝5。

～100 mg/m³：

- 95XQ：任何除四分之一面罩之外的防颗粒物呼吸器，配有 N95、R95 或 P95 过滤元件(包括 N95、R95 或 P95 随弃式面罩)。也可使用以下过滤元件：N99、R99、P99、N100、R100、P100。指定防护因数＝10。选择 N、R 或 P 过滤元件的信息见表 4。
- Sa：任何供气式呼吸器。指定防护因数＝10。

～250 mg/m³：

- Sa：Cf：任何连续供气式呼吸器。指定防护因数＝25。
- PaprHie：任何动力送风空气过滤式呼吸器，配有高效颗粒物过滤元件。指定防护因数＝25。

～500 mg/m³：

- SaT：Cf：任何连续供气式呼吸器，配密合型面罩。指定防护因数＝50。
- PaprTHie：任何动力送风空气过滤式呼吸器，配密合型面罩和高效颗粒物过滤元件。指定防护因数＝50。
- 100F：任何空气过滤式全面罩呼吸器，配有 N100、R100 或 P100 过滤元件。指定防护因数＝50。选择 N、R 或 P 过滤元件的信息见表 4。
- ScbaF：任何携气式呼吸器，配全面罩。指定防护因数＝50。
- SaF：任何供气式呼吸器，配全面罩。指定防护因数＝50。

～1 500 mg/m³：

- Sa：Pd，Pp：任何压力需气式或正压供气式呼吸器。指定防护因数＝1 000。

§：应急抢险，或准备进入浓度未知环境，或进入 IDLH 环境：

- ScbaF：Pd，Pp：任何压力需气式或正压携气式呼吸器，配全面罩。指定防护因数＝10 000。
- SaF：Pd，Pp：AScba：任何压力需气式或正压供气式呼吸器，配全面罩，配压力需气式或正压携气式辅助呼吸器。指定防护因数＝10 000。

逃生：

- 100F：任何空气过滤式全面罩呼吸器，配有 N100、R100 或 P100 过滤元件。指定防护因数＝50。选择 N、R 或 P 过滤元件的信息见表 4。
- ScbaE：任何适合逃生的携气式呼吸器。

有关呼吸器选择的其他重要信息参见相关标准。

接触途径：呼吸道，皮肤和/或眼睛直接接触。

症状：眼睛、鼻、咽喉刺激；咳嗽，呼吸困难。

靶器官：眼睛，呼吸系统。

乙酸正戊酯(n-Amyl acetate)

$CH_3COO[CH_2]_4CH_3$

CAS No.:628-63-7

RTECS No.:AJ9250000

DOT ID 和指南号:1104 129

异名和商品名: Amyl acetic ester, Amyl acetic ether, 1-Pentanol acetate, Pentyl ester of acetic acid, Primary amyl acetate

接触限值: NIOSH REL: TWA 100 ppm (525 mg/m^3)
OSHA PEL: TWA 100 ppm (525 mg/m^3)

IDLH: 1 000 ppm **浓度换算系数:** 1 ppm = 5.33 mg/m^3

理化性质: 无色液体,具有持久的香蕉样气味。

分子量:	130.2	沸点:	301 ℉
凝固点:	−95 ℉	溶解度:	0.2%
蒸气压:	4 mmHg	电离电位:	未知
比重:	0.88	闪点:	77 ℉
爆炸上限:	7.5%	爆炸下限:	1.1%

IC 类易燃液体——闪点等于或高于 73 ℉且低于 100 ℉。

不相容性和反应性:硝酸盐,强氧化剂,强酸和强碱。

测量方法: NIOSH 1450,2549;OSHA 7

个人防护和卫生设施:

- 皮肤:穿戴合适的个人防护服,防止皮肤直接接触。
- 眼睛:佩戴合适的眼部防护用品,防止眼睛直接接触。
- 清洗皮肤:当皮肤受到污染时,应立即清洗污染的皮肤。
- 脱除:如果工作服被可燃性物质(即闪点低于 100 ℉的液体)浸湿,应当立即脱除并妥善处置,以防着火。
- 更换:对于班后的衣服的更换需要没有特殊建议。

急救:

- 眼睛:如眼睛直接接触了该化学物质,要立即用大量水冲洗(灌洗)眼睛,冲洗时,不时翻开上下眼睑。并立即就医。
- 皮肤:如果该化学物质直接接触皮肤,迅速用水冲洗污染的皮肤。如果该化学物质渗透进衣服,要立即将衣服脱除,迅速用水冲洗污染的皮肤,若冲洗后刺激症状持续存在,应就医。
- 呼吸:如果接触者吸入大量该化学物质,立即将接触者移至新鲜空气处。如果呼吸停止,要进行人工呼吸,注意保暖和休息。尽快就医。
- 吞入:如果吞入该化学物质,应立即就医。

对呼吸器选择的建议: NIOSH/OSHA

~1 000ppm:

- CcrOv:任何空气过滤式半面罩呼吸器,配防有机蒸气的滤毒盒。指定防护因数=10。*
- GmFOv:任何空气过滤式全面罩呼吸器(防毒面具),配下颌式、前置式或背置式有机蒸气滤毒罐。指定防护因数=50。
- PaprOv:任何动力送风空气过滤式呼吸器,配有机蒸气滤毒盒。指定防护因数=25。*
- Sa:任何供气式呼吸器。指定防护因数=10。
- ScbaF:任何携气式呼吸器,配全面罩。指定防护因数=50。

§:应急抢险,或准备进入浓度未知环境,或进入 IDLH 环境:

- ScbaF:Pd,Pp:任何压力需气式或正压携气式呼吸器,配全面罩。指定防护因数=10 000。
- SaF:Pd,Pp:AScba:任何压力需气式或正压供气式呼吸器,配全面罩,配压力需气式或正压携气式辅助呼吸器。指定防护因数=10 000。

逃生:

- GmFOv:任何空气过滤式全面罩呼吸器(防毒面具),配下颌式、前置式或背置式有机蒸气滤毒罐。指定防护因数=50。
- ScbaE:任何适合逃生的携气式呼吸器。

有关呼吸器选择的其他重要信息参见相关标准。

接触途径: 呼吸道,胃肠道,皮肤和/或眼睛直接接触。

症状: 眼睛、鼻刺激;皮炎;可能的中枢神经系统抑制,昏迷。

靶器官: 眼睛,皮肤,呼吸系统,中枢神经系统。

仲乙酸戊酯(sec-Amyl acetate)

$CH_3COOCH(CH_3)C_3H_7$

CAS No.:626-38-0

RTECS No.:AJ2100000

DOT ID 和指南号:1104 129

异名和商品名:仲醋酸戊酯,1-Methylbutyl acetate,2-Pentanol acetate,2-Pentyl ester of acetic acid

接触限值:NIOSH REL:TWA 125 ppm (650 mg/m³)
OSHA PEL:TWA 125 ppm (650 mg/m³)

IDLH:1 000 ppm **浓度换算系数**:1 ppm = 5.33 mg/m³

理化性质:无色液体,具一定的气味。

分子量:130.2	沸点:249 ℉
凝固点:-109 ℉	溶解度:微溶
蒸气压:7 mmHg	电离电位:未知
比重:0.87	闪点:89 ℉
爆炸上限:7.5%	爆炸下限:1%

ⅠC类易燃液体——闪点等于或高于 73 ℉且低于 100 ℉。

不相容性和反应性:硝酸盐,强氧化剂,强酸和强碱。

测量方法:NIOSH 1450,2549;OSHA 7

个人防护和卫生设施:

- 皮肤:穿戴合适的个人防护服,防止皮肤直接接触。
- 眼睛:佩戴合适的眼部防护用品,防止眼睛直接接触。
- 清洗皮肤:当皮肤受到污染时,应立即清洗污染的皮肤。
- 脱除:如果工作服被可燃性物质(即闪点低于 100 ℉的液体)浸湿,应当立即脱除并妥善处置,以防着火。
- 更换:对于班后的衣服的更换需要没有特殊建议。

急救:

- 眼睛:如眼睛直接接触了该化学物质,要立即用大量水冲洗(灌洗)眼睛,冲洗时,不时翻开上下眼睑。并立即就医。
- 皮肤:如果该化学物质直接接触皮肤,迅速用水冲洗污染的皮肤。如果该化学物质渗透进衣服,要立即将衣服脱除,迅速用水冲洗污染的皮肤,若冲洗后刺激症状持续存在,应就医。
- 呼吸:如果接触者吸入大量该化学物质,立即将接触者移至新鲜空气处。如果呼吸停止,要进行人工呼吸,注意保暖和休息。尽快就医。
- 吞入:如果吞入该化学物质,应立即就医。

对呼吸器选择的建议:NIOSH/OSHA

~1 000ppm:

- CcrOv:任何空气过滤式半面罩呼吸器,配防有机蒸气的滤毒盒。指定防护因数=10。*
- GmFOv:任何空气过滤式全面罩呼吸器(防毒面具),配下颌式、前置式或背置式有机蒸气滤毒罐。指定防护因数=50。
- PaprOv:任何动力送风空气过滤式呼吸器,配有机蒸气滤毒盒。指定防护因数=25。*
- Sa:任何供气式呼吸器。指定防护因数=10。*
- ScbaF:任何携气式呼吸器,配全面罩。指定防护因数=50。

§:应急抢险,或准备进入浓度未知环境,或进入 IDLH 环境:

- ScbaF:Pd,Pp:任何压力需气式或正压携气式呼吸器,配全面罩。指定防护因数=10 000。
- SaF:Pd,Pp:AScba:任何压力需气式或正压供气式呼吸器,配全面罩,配压力需气式或正压携气式辅助呼吸器。指定防护因数=10 000。

逃生:

- GmFOv:任何空气过滤式全面罩呼吸器(防毒面具),配下颌式、前置式或背置式有机蒸气滤毒罐。指定防护因数=50。
- ScbaE:任何适合逃生的携气式呼吸器。

有关呼吸器选择的其他重要信息参见相关标准。

接触途径:呼吸道,胃肠道,皮肤和/或眼睛直接接触。

症状:眼睛、皮肤、鼻刺激;昏迷;皮炎;可能的肾、肝损伤;可能的中枢神经系统抑制。

靶器官:眼睛,皮肤,呼吸系统,肾,肝,中枢神经系统。

苯胺及其同系物[Aniline (and homologs)]

$C_6H_5NH_2$

CAS No.:62-53-3

RTECS No.:BW6650000

异名和商品名:氨基苯,苯胺油,Aminobenzene,Aniline oil,Benzenamine,Phenylamine

DOT ID 和指南号:1547 153

接触限值:NIOSH REL:Ca 见附录 A

OSHA PEL †:TWA 5 ppm (19 mg/m^3) [皮]

IDLH:Ca [100 ppm] **浓度换算系数**:1 ppm = 3.81 mg/m^3

理化性质:无色至棕色油状液体,具有芳香胺的气味。[注:21 ℉下为固体。]

分子量:93.1　沸点:363 ℉
凝固点:21 ℉　溶解度:4%
蒸气压:0.6 mmHg　电离电位:7.70 eV
比重:1.02　闪点:158 ℉
爆炸上限:11%　爆炸下限:1.3%
ⅢA 类可燃液体——闪点等于或高于 140 ℉且低于 200 ℉。
不相容性和反应性:强氧化剂,强酸,甲苯二异氰酸酯,碱。

测量方法:NIOSH 2002,2017,8317;OSHA PV2079

个人防护和卫生设施:

- 皮肤:穿戴合适的个人防护服,防止皮肤直接接触。
- 眼睛:佩戴合适的眼部防护用品,防止眼睛直接接触。
- 清洗皮肤:当皮肤受到污染时,应立即清洗污染的皮肤。
- 脱除:如果工作服被弄湿或受到了明显的污染,应该立即脱除并妥善处置。
- 更换:对于班后的衣服的更换需要没有特殊建议。
- 配备:在紧靠有可能接触该化学物质的工作场所,应配备快速冲淋身体的设备以应急使用。[注:这些设备应能够提供足量水或流动水,以将可能接触的身体任何部位上的该化学物质除去。实际配备适宜的快速冲淋设备取决于工作场所的具体条件。在某些情况下,必须及时进行大流量淋浴,而其他情况下只需要用一个水槽或软管供水就足够了。]

急救:

- 眼睛:如眼睛直接接触了该化学物质,要立即用大量水冲洗(灌洗)眼睛,冲洗时,不时翻开上下眼睑。并立即就医。
- 皮肤:如果该化学物质直接接触皮肤,迅速用肥皂和水冲洗污染的皮肤。若该化学物质渗透进衣服,要迅速将衣服脱除,用肥皂和水清洗皮肤,并迅速就医。
- 呼吸:如果接触者吸入大量该化学物质,立即将接触者移至新鲜空气处。如果呼吸停止,要进行人工呼吸,注意保暖和休息。尽快就医。
- 吞入:如果吞入该化学物质,应立即就医。

对呼吸器选择的建议: NIOSH

¥:高于 NIOSH REL 的浓度;或当没有 REL 时,任何可以检测到的浓度:

- ScbaF:Pd,Pp:任何压力需气式或正压携气式呼吸器,配全面罩。指定防护因数=10 000。

- SaF：Pd,Pp：AScba:任何压力需气式或正压供气式呼吸器,配全面罩,配压力需气式或正压携气式辅助呼吸器。指定防护因数＝10 000。

逃生:

- GmFOv:任何空气过滤式全面罩呼吸器(防毒面具),配下颌式、前置式或背置式有机蒸气滤毒罐。指定防护因数＝50。
- ScbaE:任何适合逃生的携气式呼吸器。

有关呼吸器选择的其他重要信息参见相关标准。

接触途径:呼吸道,皮肤吸收,胃肠道,皮肤和/或眼睛直接接触。

症状:头痛,乏力,眩晕;紫绀;共济失调;呼吸困难;心动过速;眼睛刺激;高铁血红蛋白血症;肝硬化;[潜在职业性致癌物]。

靶器官:血液,心血管系统,眼睛,肝,肾,呼吸系统。

致癌部位:[膀胱癌]。

邻氨基苯甲醚(o-Anisidine)

$NH_2C_6H_4OCH_3$

CAS No.:90-04-0

RTECS No.:BZ5410000

异名和商品名:邻氨基茴香醚,ortho-Aminoanisole,2-Anisidine,o-Methoxyaniline

DOT ID 和指南号:2431 153

[注:邻氨基苯甲醚被用作多种染料的原料。]

接触限值:NIOSH REL:Ca 0.5 mg/m³[皮] 见附录 A
OSHA PEL:TWA 0.5 mg/m³[皮]

IDLH: Ca [50 mg/m³]　　**浓度换算系数:**

理化性质:红色或黄色油状液体,有胺样气味 [注:41 ℉下为固体]。

分子量:123.2	沸点:437 ℉
凝固点:41 ℉	溶解度(77 ℉):1%
蒸气压:<0.1 mmHg	电离电位:7.44 eV
比重:1.10	闪点(开杯):244 ℉
爆炸上限:未知	爆炸下限:未知

ⅢB类可燃液体——闪点等于或高于 200 ℉。

不相容性和反应性:强氧化剂。

测量方法:NIOSH 2514

个人防护和卫生设施:

- 皮肤:穿戴合适的个人防护服,防止皮肤直接接触。
- 眼睛:佩戴合适的眼部防护用品,防止眼睛直接接触。
- 清洗皮肤:当皮肤受到污染时,应立即清洗污染的皮肤。
- 脱除:如果工作服被弄湿或受到了明显的污染,应该立即脱除并妥善处置。
- 更换:在离开工作场所前应当将可能受到污染的工作服更换成无污染的衣服。
- 配备:在劳动者可能接触该化学物质的作业场所,无论是否需要使用眼部防护用品,都应配备眼冲洗设备。在紧靠有可能接触该化学物质的工作场所,应配备快速冲淋身体的设备以应急使用。[注:这些设备应能够提供足量水或流动水,以将可能接触的身体任何部位上的该化学物质除去。实际配备适宜的快速冲淋设备取决于工作场所的具体条件。在某些情况下,必须及时进行大流量淋浴,而其他情况下只需要用一个水槽或软管供水就足够了。]

急救:

- 眼睛:如眼睛直接接触了该化学物质,要立即用大量水冲洗(灌洗)眼睛,冲洗时,不时翻开上下眼睑。并立即就医。
- 皮肤:如果该化学物质直接接触皮肤,立即用肥皂和水冲洗污染的皮肤。若该化学物质渗透进衣服,要立即将衣服脱除,用肥皂和水清洗皮肤,并迅速就医。

● 呼吸:如果接触者吸入大量该化学物质,立即将接触者移至新鲜空气处。如果呼吸停止,要进行人工呼吸,注意保暖和休息。尽快就医。

● 吞入:如果吞入该化学物质,应立即就医。

对呼吸器选择的建议:NIOSH

¥:高于 NIOSH REL 的浓度;或当没有 REL 时,任何可以检测到的浓度:

● ScbaF:Pd,Pp:任何压力需气式或正压携气式呼吸器,配全面罩。指定防护因数=10 000。

● SaF:Pd,Pp:AScba:任何压力需气式或正压供气式呼吸器,配全面罩,配压力需气式或正压携气式辅助呼吸器。指定防护因数=10 000。

逃生:

● GmFOv:任何空气过滤式全面罩呼吸器(防毒面具),配下颌式、前置式或背置式有机蒸气滤毒罐。指定防护因数=50。

● ScbaE:任何适合逃生的携气式呼吸器。

有关呼吸器选择的其他重要信息参见相关标准。

接触途径:呼吸道,皮肤吸收,胃肠道,皮肤和/或眼睛直接接触。

症状:头痛,眩晕;紫绀;红细胞出现 Heinz 小体;[潜在职业性致癌物]。

靶器官:血液,肾,肝,心血管系统,中枢神经系统。

致癌部位:[动物:甲状腺癌,膀胱癌及肾癌]。

对氨基苯甲醚(p-Anisidine)

$NH_2C_6H_4OCH_3$

CAS No.:104-94-9

RTECS No.:BZ5450000

异名和商品名:对氨基茴香醚,para-Aminoanisole,4-Anisidine,p-Methoxyaniline

DOT ID 和指南号:2431 153

接触限值:NIOSH REL:TWA 0.5 mg/m³[皮]
OSHA PEL:TWA 0.5 mg/m³[皮]

IDLH:50 mg/m³　　**浓度换算系数:**

理化性质:黄色至棕色晶体,具有胺样气味。

分子量:123.2	沸点:475 ℉
熔点:135 ℉	溶解度:中
蒸气压(77 ℉):0.006 mmHg	电离电位:7.44 eV
比重:1.07	闪点:未知
爆炸上限:未知	爆炸下限:未知

可燃固体。

不相容性和反应性:强氧化剂。

测量方法:NIOSH 2514

个人防护和卫生设施:

● 皮肤:穿戴合适的个人防护服,防止皮肤直接接触。

● 眼睛:佩戴合适的眼部防护用品,防止眼睛直接接触。

● 清洗皮肤:当皮肤受到污染时,应立即清洗污染的皮肤。

● 脱除:如果工作服被弄湿或受到了明显的污染,应该立即脱除并妥善处置。

● 更换:在离开工作场所前应当将可能受到污染的工作服更换成无污染的衣服。

● 配备:在紧靠有可能接触该化学物质的工作场所,应配备快速冲淋身体的设备以应急使用。[注:这些设备应能够提供足量水或流动水,以将可能接触的身体任何部位上的该化学物质除去。实际配备适宜的快速冲淋设备取决于工作场所的具体条件。在某些情况下,必须及时进行大流量淋浴,而其他情况下只需要用一个水槽或软管供水就足够了。]

急救:

● 眼睛:如眼睛直接接触了该化学物质,要立即用大量水冲洗(灌洗)眼睛,冲洗时,不时翻开上下眼睑。并立即就医。

● 皮肤:如果该化学物质直接接触皮肤,立即用肥皂和水冲洗污染的皮肤。若该化学物质渗透进衣服,要立即将衣服脱除,用肥皂和水清洗皮肤,并迅速就医。

- 呼吸：如果接触者吸入大量该化学物质，立即将接触者移至新鲜空气处。如果呼吸停止，要进行人工呼吸，注意保暖和休息。尽快就医。
- 吞入：如果吞入该化学物质，应立即就医。

对呼吸器选择的建议：NIOSH/OSHA

~5 mg/m³：

- 95XQ：任何除四分之一面罩之外的防颗粒物呼吸器，配有 N95、R95 或 P95 过滤元件（包括 N95、R95 或 P95 随弃式面罩）。也可使用以下过滤元件：N99、R99、P99、N100、R100、P100。指定防护因数＝10。选择 N、R 或 P 过滤元件的信息见表 4。
- Sa：任何供气式呼吸器。指定防护因数＝10。

~12.5 mg/m³：

- Sa：Cf：任何连续供气式呼吸器。指定防护因数＝25。
- PaprHie：任何动力送风空气过滤式呼吸器，配有高效颗粒物过滤元件。指定防护因数＝25。

~25 mg/m³：

- 100F：任何空气过滤式全面罩呼吸器，配有 N100、R100 或 P100 过滤元件。指定防护因数＝50。选择 N、R 或 P 过滤元件的信息见表 4。
- PaprTHie：任何动力送风空气过滤式呼吸器，配密合型面罩和高效颗粒物过滤元件。指定防护因数＝50。*
- ScbaF：任何携气式呼吸器，配全面罩。指定防护因数＝50。
- SaF：任何供气式呼吸器，配全面罩。指定防护因数＝50。

~50 mg/m³：

- Sa：Pd，Pp：任何压力需气式或正压供气式呼吸器。指定防护因数＝1 000。*

§：应急抢险，或准备进入浓度未知环境，或进入 IDLH 环境：

- ScbaF：Pd，Pp：任何压力需气式或正压携气式呼吸器，配全面罩。指定防护因数＝10 000。
- SaF：Pd，Pp：AScba：任何压力需气式或正压供气式呼吸器，配全面罩，配压力需气式或正压携气式辅助呼吸器。指定防护因数＝10 000。

逃生：

- 100F：任何空气过滤式全面罩呼吸器，配有 N100、R100 或 P100 过滤元件。指定防护因数＝50。选择 N、R 或 P 过滤元件的信息见表 4。
- ScbaE：任何适合逃生的携气式呼吸器。

有关呼吸器选择的其他重要信息参见相关标准。

接触途径：呼吸道，皮肤吸收，胃肠道，皮肤和/或眼睛直接接触。

症状：头痛，眩晕；紫绀；红细胞 Heinz 小体。

靶器官：血液，肾，肝，心血管系统，中枢神经系统。

锑（Antimony）

Sb

异名和商品名：锑金属，锑粉，Antimony metal，Antimony powder，Stibium

CAS No.：7440-36-0

RTECS No.：CC4025000

DOT ID 和指南号：

1549 157（无机化合物，未作说明）；

2871 170（粉末）；

3141 157（无机液体化合物，未作说明）

接触限值：NIOSH REL*：TWA 0.5 mg/m³［*注：REL 同样适用于其他锑化物。］

OSHA PEL*：TWA 0.5 mg/m³［*注：REL 同样适用于其他锑化物。］

IDLH：50 mg/m³（按锑计）　**浓度换算系数**：

理化性质：银白色有光泽坚硬易碎固体、鳞片状晶体或灰黑色有光泽粉末。

分 子 量:121.8　　沸　　点:2 975 ℉
熔　　点:1 166 ℉　　溶 解 度:不溶
蒸 气 压:0 mmHg(约)　　电离电位:不适用
比　　重:6.69　　闪　　点:不适用
爆炸上限:不适用　　爆炸下限:不适用

以大块存在时为不可燃固体,但当以粉末存在时暴露于火源具有一定的爆炸危险。

不相容性和反应性:强氧化剂,酸,卤代酸。[注:当锑遇新生态氢气时可生成锑化氢。]

测量方法: NIOSH 7301,7303,P&CAM261 (II-4);OSHA ID121,ID125G,ID206

个人防护和卫生设施:

- 皮肤:穿戴合适的个人防护服,防止皮肤直接接触。
- 眼睛:佩戴合适的眼部防护用品,防止眼睛直接接触。
- 清洗皮肤:当皮肤受到污染时,应立即清洗污染的皮肤。
- 脱除:如果工作服被弄湿或受到了明显的污染,应该立即脱除并妥善处置。
- 更换:在离开工作场所前应当将可能受到污染的工作服更换成无污染的衣服。

急救:

- 眼睛:如眼睛直接接触了该化学物质,要立即用大量水冲洗(灌洗)眼睛,冲洗时,不时翻开上下眼睑。并立即就医。
- 皮肤:如果该化学物质直接接触皮肤,立即用肥皂和水冲洗污染的皮肤。若该化学物质渗透进衣服,要立即将衣服脱除,用肥皂和水清洗皮肤,并迅速就医。
- 呼吸:如果接触者吸入大量该化学物质,立即将接触者移至新鲜空气处。如果呼吸停止,要进行人工呼吸,注意保暖和休息。尽快就医。
- 吞入:如果吞入该化学物质,应立即就医。

对呼吸器选择的建议:NIOSH/OSHA

~5 mg/m³:

- 95XQ:任何除四分之一面罩之外的防颗粒物呼吸器,配有N95、R95或P95过滤元件(包括N95、R95或P95随弃式面罩)。也可使用以下过滤元件:N99、R99、P99、N100、R100、P100。指定防护因数=10。选择N、R或P过滤元件的信息见表4。
- Sa:任何供气式呼吸器。指定防护因数=10。

~12.5 mg/m³:

- Sa:Cf:任何连续供气式呼吸器。指定防护因数=25。
- PaprHie:任何动力送风空气过滤式呼吸器,配有高效颗粒物过滤元件。指定防护因数=25。

~25 mg/m³:

- 100F:任何空气过滤式全面罩呼吸器,配有N100、R100或P100过滤元件。指定防护因数=50。选择N、R或P过滤元件的信息见表4。
- SaT:Cf:任何连续供气式呼吸器,配密合型面罩。指定防护因数=50。
- PaprTHie:任何动力送风空气过滤式呼吸器,配密合型面罩和高效颗粒物过滤元件。指定防护因数=50。
- ScbaF:任何携气式呼吸器,配全面罩。指定防护因数=50。
- SaF:任何供气式呼吸器,配全面罩。指定防护因数=50。

~50 mg/m³:

- Sa:Pd,Pp:任何压力需气式或正压供气式呼吸器。指定防护因数=1 000。

§:应急抢险,或准备进入浓度未知环境,或进入IDLH环境:

- ScbaF:Pd,Pp:任何压力需气式或正压携气式呼吸器,配全面罩。指定防护因数=10 000。
- SaF:Pd,Pp:AScba:任何压力需气式或正压供气式呼吸器,配全面罩,配压力需气式或正压携气式辅助呼吸器。指定防护因数=10 000。

逃生：

- 100F：任何空气过滤式全面罩呼吸器，配有 N100、R100 或 P100 过滤元件。指定防护因数＝50。选择 N、R 或 P 过滤元件的信息见表 4。
- ScbaE：任何适合逃生的携气式呼吸器。

有关呼吸器选择的其他重要信息参见相关标准。

接触途径：呼吸道，胃肠道，皮肤和/或眼睛直接接触。

症状：眼睛、皮肤、鼻、咽喉、口腔刺激；咳嗽；眩晕；头痛；恶心，呕吐，腹泻；胃痉挛；失眠；厌食；嗅觉丧失。

靶器官：眼睛，皮肤，呼吸系统，心血管系统。

α-萘硫脲(ANTU)

$C_{10}H_7NHC(NH_2)S$

CAS No.：86-88-4

RTECS No.：YT9275000

DOT ID 和指南号：1651 153

异名和商品名：安妥，α-Naphthyl thiocarbamide，1-Naphthyl thiourea，α-Naphthyl thiourea

接触限值：NIOSH REL：TWA 0.3 mg/m^3

OSHA PEL：TWA 0.3 mg/m^3

IDLH：100 mg/m^3　　**浓度换算系数：**

理化性质：白色晶体或灰色无气味粉末。［灭鼠剂］

分 子 量：202.3	沸　　点：分解
熔　　点：388 ℉	溶 解 度：0.06%
蒸 气 压：低	电离电位：未知
比　　重：未知	闪　　点：不适用
爆炸上限：不适用	爆炸下限：不适用

不可燃固体。

不相容性和反应性：强氧化剂，硝酸银。

测量方法：NIOSH S276（Ⅱ-5）

个人防护和卫生设施：

- 皮肤：对于个体皮肤防护装备的需要没有特殊建议。
- 眼睛：对眼部防护的需要没有特殊建议。
- 清洗皮肤：对于清洗皮肤上的污染物没有其他特殊的建议(包括立即清洗和班后清洗)。
- 脱除：对于脱除被污染或被弄湿的工作服的需要没有特殊建议。
- 更换：在离开工作场所前应当将可能受到污染的工作服更换成无污染的衣服。

急救：

- 眼睛：如眼睛直接接触了该化学物质，要立即用大量水冲洗(灌洗)眼睛，冲洗时，不时翻开上下眼睑。并立即就医。
- 皮肤：如果该化学物质直接接触皮肤，迅速用肥皂和水冲洗污染的皮肤。若该化学物质渗透进衣服，要迅速将衣服脱除，用肥皂和水清洗皮肤，并迅速就医。
- 呼吸：如果接触者吸入大量该化学物质，立即将接触者移至新鲜空气处。如果呼吸停止，要进行人工呼吸，注意保暖和休息。尽快就医。
- 吞入：如果吞入该化学物质，应立即就医。

对呼吸器选择的建议：NIOSH/OSHA

～3 mg/m^3：

- CcrOv95：任何空气过滤式半面罩呼吸器，配有机蒸气滤毒盒和 N95、R95 或 P95 的综合防护过滤元件。也可使用以下过滤元件：N99、R99、P99、N100、R100、P100。指定防护因数＝10。选择 N、R 或 P 过滤元件的信息见表 4。
- Sa：任何供气式呼吸器。指定防护因数＝10。

～7.5 mg/m^3：

- Sa：Cf：任何连续供气式呼吸器。指定防护因数＝25。

- PaprOvHie：任何动力送风空气过滤式呼吸器，配有机蒸气和高效颗粒滤毒盒的综合防护过滤元件。指定防护因数＝50。

～15 mg/m³：

- CcrFOv100：任何空气过滤式全面罩呼吸器，配有机蒸气滤毒盒和N100、R100或P100的综合防护过滤元件。指定防护因数＝50。选择N、R或P过滤元件的信息见表4。
- GmFOv100：任何空气过滤式全面罩呼吸器（防毒面具），配下颌式、前置式或背置式有机蒸气滤毒罐和N100、R100或P100的综合防护过滤元件。指定防护因数＝50。选择N、R或P过滤元件的信息见表4。
- PaprTOvHie：任何动力送风空气过滤式呼吸器，配密合型面罩和有机蒸气和高效颗粒滤毒盒的综合防护过滤元件。指定防护因数＝50。
- SaT：Cf：任何连续供气式呼吸器，配密合型面罩。指定防护因数＝50。
- ScbaF：任何携气式呼吸器，配全面罩。指定防护因数＝50。
- SaF：任何供气式呼吸器，配全面罩。指定防护因数＝50。

～100 mg/m³：

- Sa：Pd，Pp：任何压力需气式或正压供气式呼吸器。指定防护因数＝1 000。

§：应急抢险，或准备进入浓度未知环境，或进入IDLH环境：

- ScbaF：Pd，Pp：任何压力需气式或正压携气式呼吸器，配全面罩。指定防护因数＝10 000。
- SaF：Pd，Pp：AScba：任何压力需气式或正压供气式呼吸器，配全面罩，配压力需气式或正压携气式辅助呼吸器。指定防护因数＝10 000。

逃生：

- GmFOv100：任何空气过滤式全面罩呼吸器（防毒面具），配下颌式、前置式或背置式有机蒸气滤毒罐和N100、R100或P100的综合防护过滤元件。指定防护因数＝50。选择N、R或P过滤元件的信息见表4。
- ScbaE：任何适合逃生的携气式呼吸器。

有关呼吸器选择的其他重要信息参见相关标准。

接触途径：呼吸道，胃肠道。

症状：大剂量摄入后：呕吐；呼吸困难；紫绀；肺粗湿啰音；肝损伤。

靶器官：呼吸系统，血液，肝。

砷（无机化合物，按砷计）［Arsenic (inorganic compounds，as As)］
As（金属）

CAS No.：7440-38-2（金属）
RTECS No.：CG0525000（金属）
DOT ID和指南号：
1558 152（金属）；
1562 152（粉尘）

异名和商品名：砒霜，砷金属，Arsenic metal，其他异名由各个砷化合物而定。［注：OSHA所指的无机砷化合物是指乙酰亚砷酸铜和其他含砷的无机化合物，胂除外。］

接触限值：NIOSH REL：Ca C 0.002 mg/m³［15min］
见附录A
OSHA PEL：［1910.1018］TWA 0.010 mg/m³

IDLH：Ca［5 mg/m³ 按砷计］

浓度换算系数：

理化性质: 金属:银灰色或锡白色,质脆,无气味固体。

分子量:74.9　　沸点:升华
熔点:1 135 ℉(升华)　　溶解度:不溶
蒸气压:0 mmHg(约)　　电离电位:不适用
比重:5.73(金属)　　闪点:不适用
爆炸上限:不适用　　爆炸下限:不适用

金属:以大块固体存在时为不可燃固体,但以粉尘暴露于火源时具有轻度的爆炸危害。

不相容性和反应性:强氧化剂,叠氮化溴。[注:氢气可与无机砷反应生成高毒气体砷化氢。]

测量方法: NIOSH 7300,7301,7303,7900,9102;
OSHA ID105

个人防护和卫生设施:

- 皮肤:穿戴合适的个人防护服,防止皮肤直接接触。
- 眼睛:佩戴合适的眼部防护用品,防止眼睛直接接触。
- 清洗皮肤:当皮肤受到污染时,应立即清洗污染的皮肤。/每天工作班结束后,进食、吸烟、喝水前都应该清洗可能受到污染的皮肤。
- 脱除:如果工作服被弄湿或受到了明显的污染,应该立即脱除并妥善处置。
- 更换:在离开工作场所前应当将可能受到污染的工作服更换成无污染的衣服。
- 配备:在劳动者可能接触该化学物质的作业场所,无论是否需要使用眼部防护用品,都应配备眼冲洗设备。在紧靠有可能接触该化学物质的工作场所,应配备快速冲淋身体的设备以应急使用。[注:这些设备应能够提供足量水或流动水,以将可能接触的身体任何部位上的该化学物质除去。实际配备适宜的快速冲淋设备取决于工作场所的具体条件。在某些情况下,必须及时进行大流量淋浴,而其他情况下只需要用一个水槽或软管供水就足够了。]

急救:

- 眼睛:如眼睛直接接触了该化学物质,要立即用大量水冲洗(灌洗)眼睛,冲洗时,不时翻开上下眼睑。并立即就医。
- 皮肤:如果该化学物质直接接触皮肤,立即用肥皂和水冲洗污染的皮肤。若该化学物质渗透进衣服,要立即将衣服脱除,用肥皂和水清洗皮肤,并迅速就医。
- 呼吸:如果接触者吸入大量该化学物质,立即将接触者移至新鲜空气处。如果呼吸停止,要进行人工呼吸,注意保暖和休息。尽快就医。
- 吞入:如果吞入该化学物质,应立即就医。

对呼吸器选择的建议: NIOSH

¥:高于 NIOSH REL 的浓度;或当没有 REL 时,任何可以检测到的浓度:

- ScbaF:Pd,Pp:任何压力需气式或正压携气式呼吸器,配全面罩。指定防护因数=10 000。
- SaF:Pd,Pp:AScba:任何压力需气式或正压供气式呼吸器,配全面罩,配压力需气式或正压携气式辅助呼吸器。指定防护因数=10 000。

逃生:

- GmFAg100:任何空气过滤式全面罩呼吸器(防毒面具),配下颌式、前置式或背置式酸性气体滤毒罐和N100、R100或P100的综合防护过滤元件。指定防护因数=50。
- ScbaE:任何适合逃生的携气式呼吸器。

(见附录 E)

有关呼吸器选择的其他重要信息参见相关标准。

接触途径: 呼吸道,皮肤吸收,皮肤和/或眼睛直接接触,胃肠道。

症状: 鼻中隔溃疡;皮炎;胃肠功能紊乱;周围神经病;呼吸刺激;皮肤色素沉着;[潜在职业性致癌物]。

靶器官: 肝,肾,皮肤,肺,淋巴系统。

致癌部位: [肺癌及淋巴癌。]

砷的有机化合物(按砷计)[Arsenic (organic compounds as As)]

CAS No.:

RTECS No.:

异名和商品名:异名依赖于特定的有机砷化合物。

DOT ID 和指南号:

接触限值:NIOSH REL:无

OSHA PEL:TWA 0.5 mg/m³

IDLH:N.D. **浓度换算系数:**

理化性质:随不同的有机砷化合物的不同而不同。

不相容性和反应性:随化合物的不同而不同。

测量方法:NIOSH 5022

个人防护和卫生设施:

- 防护服的建议依具体化合物而定。

急救:

- 眼睛:如眼睛直接接触了该化学物质,要立即用大量水冲洗(灌洗)眼睛,冲洗时,不时翻开上下眼睑。并立即就医。
- 皮肤:如果该化学物质直接接触皮肤,立即用肥皂和水冲洗污染的皮肤。若该化学物质渗透进衣服,要立即将衣服脱除,用肥皂和水清洗皮肤,并迅速就医。
- 呼吸:如果接触者吸入大量该化学物质,立即将接触者移至新鲜空气处。如果呼吸停止,要进行人工呼吸,注意保暖和休息。尽快就医。
- 吞入:如果吞入该化学物质,应立即就医。

对呼吸器选择的建议:无。

有关呼吸器选择的其他重要信息参见相关标准。

接触途径:呼吸道,胃肠道,皮肤和/或眼睛直接接触。

症状:动物:皮肤刺激,可能的皮炎;呼吸困难;腹泻;肾损伤;肌震颤,惊厥;可能的胃肠道、生殖效应;可能的肝损伤。

靶器官:皮肤,呼吸系统,肾,中枢神经系统,肝,胃肠道,生殖系统。

砷化氢(Arsine)

AsH_3

CAS No.:7784-42-1

RTECS No.:CG6475000

异名和商品名:胂,三氢化砷,Arsenic hydride,Arsenic trihydride,Arseniuretted hydrogen,Arsenous hydride,Hydrogen arsenide

DOT ID 和指南号:2188 119

接触限值:NIOSH REL:Ca C 0.002 mg/m³[15 min]

见附录 A

OSHA PEL:TWA 0.05 ppm (0.2 mg/m³)

IDLH: Ca [3 ppm]

浓度换算系数:1 ppm = 3.19 mg/m³

理化性质:无色气体,具有一定大蒜样气味。[注:以压缩液化气进行运输。]

分子量:78.0　　沸　点:−81 ℉

凝 固 点:−179 ℉　　溶 解 度:20%

蒸气压(70 ℉):14.9 大气压　　电离电位:9.89 eV

相对密度:2.69　　闪　点:不适用(气体)

爆炸上限:78%　　爆炸下限:5.1%

易燃气体。

不相容性和反应性:强氧化剂,氯,硝酸。[注:在 446 ℉以上分解。当无机砷遇新生态氢时极易生成砷化氢。]

测量方法:NIOSH 6001;OSHA ID105

个人防护和卫生设施：

- 皮肤：压缩气体快速膨胀时可产生低温。泄漏和使用能快速膨胀的压缩气体，可产生冻伤危害。穿戴合适的个人防护服，防止皮肤冻伤。
- 眼睛：佩戴合适的眼部防护用品，防止眼睛直接接触液体后因低温引起灼伤或组织损伤。
- 清洗皮肤：对于清洗皮肤上的污染物没有其他特殊的建议（包括立即清洗和班后清洗）。
- 脱除：如果工作服被可燃性物质（即闪点低于 100 ℉的液体）浸湿，应当立即脱除并妥善处置，以防着火。
- 更换：对于班后的衣服的更换需要没有特殊建议。
- 配备：在紧靠有可能接触极低温液体或迅速蒸发的液体的工作场所，应配备快速冲淋洗浴设备和/或眼冲洗设备，以应急使用。

急救：

- 眼睛：如果眼组织冻伤，要立即就医。如果眼组织没有冻伤，要立即用大量水彻底冲洗至少 15 min，并不时翻开上下眼睑。如果眼睛刺激、疼痛、肿胀、流泪和畏光持续存在，应尽快就医。
- 皮肤：如果发生冻伤，要立即就医，不要揉擦或用水冲洗冻伤部位；为防止组织进一步受损，不要试图将冻结的衣服从冻伤部位脱除。如未发生冻伤，立即用肥皂和水彻底清洗污染的皮肤。
- 呼吸：如果接触者吸入大量该化学物质，立即将接触者移至新鲜空气处。如果呼吸停止，要进行人工呼吸，注意保暖和休息。尽快就医。

对呼吸器选择的建议：NIOSH

¥：高于 NIOSH REL 的浓度；或当没有 REL 时，任何可以检测到的浓度：

- ScbaF：Pd，Pp：任何压力需气式或正压携气式呼吸器，配全面罩。指定防护因数＝10 000。
- SaF：Pd，Pp：AScba：任何压力需气式或正压供气式呼吸器，配全面罩，配压力需气式或正压携气式辅助呼吸器。指定防护因数＝10 000。

逃生：

- GmFS：任何空气过滤式全面罩呼吸器（防毒面具），配下颌式、前置式或背置式防该化学物质的滤毒罐。指定防护因数＝50。
- ScbaE：任何适合逃生的携气式呼吸器。

有关呼吸器选择的其他重要信息参见相关标准。

接触途径：呼吸道，皮肤和/或眼睛直接接触（液体）。

症状：头痛，不适，乏力，眩晕；呼吸困难；腹痛，背痛；恶心，呕吐；皮肤发青；血尿；黄疸；周围神经病；液体：冻伤；［潜在职业性致癌物］。

靶器官：血液，肾，肝。

致癌部位：［肺癌及淋巴癌］。

石棉（Asbestos）

Hydrated mineral silicates

异名和商品名：阳起石，闪石棉，镁铁闪石，直闪石，温石棉，青石棉，钠闪石，透闪石，Actinolite，Actinolite asbestos，Amosite（cummingtonite-grunerite），Anthophyllite，Anthophyllite asbestos，Chrysotile，Crocidolite（Riebeckite），Tremolite，Tremolite asbestos

CAS No.：1332-21-4

RTECS No.：CI6475000

DOT ID 和指南号：2212 171（蓝，棕）；2590 171（白）

接触限值：NIOSH REL：Ca 见附录 A 见附录 C

OSHA PEL：［1910.1001］［1926.1101］见附录 C

IDLH：Ca［N.D.］

浓度换算系数：

理化性质：白色或淡绿色（温石棉）、蓝色（青石棉）或灰绿色（铁石棉）纤维状无气味固体。

分子量：不同	沸点：分解
熔点：1 112 ℉（分解）	溶解度：不溶
蒸气压：0 mmHg（约）	电离电位：不适用
比重：未知	闪点：不适用
爆炸上限：不适用	爆炸下限：不适用

不可燃固体。

不相容性和反应性：未见报道。

测量方法：NIOSH 7400，7402；OSHA ID160，ID191

个人防护和卫生设施：

- 皮肤：穿戴合适的个人防护服，防止皮肤直接接触。
- 眼睛：佩戴合适的眼部防护用品，防止眼睛直接接触。
- 清洗皮肤：每天工作班结束后，进食、吸烟、喝水前都应该清洗可能受到污染的皮肤。
- 脱除：对于脱除被污染或被弄湿的工作服的需要没有特殊建议。
- 更换：在离开工作场所前应当将可能受到污染的工作服更换成无污染的衣服。

急救：

- 眼睛：如眼睛直接接触了该化学物质，要立即用大量水冲洗（灌洗）眼睛，冲洗时，不时翻开上下眼睑。并立即就医。
- 呼吸：如果接触者吸入大量该化学物质，立即将接触者移至新鲜空气处。通常不需要采取其他措施。

对呼吸器选择的建议：NIOSH

¥：高于 NIOSH REL 的浓度；或当没有 REL 时，任何可以检测到的浓度：

- ScbaF：Pd，Pp：任何压力需气式或正压携气式呼吸器，配全面罩。指定防护因数＝10 000。
- SaF：Pd，Pp：AScba：任何压力需气式或正压供气式呼吸器，配全面罩，配压力需气式或正压携气式辅助呼吸器。指定防护因数＝10 000。

逃生：

- 100F：任何空气过滤式全面罩呼吸器，配有 N100、R100 或 P100 过滤元件。指定防护因数＝50。选择 N、R 或 P 过滤元件的信息见表 4。
- ScbaE：任何适合逃生的携气式呼吸器。

（见附录 E）

有关呼吸器选择的其他重要信息参见相关标准。

接触途径：呼吸道，胃肠道，皮肤和/或眼睛直接接触。

症状：石棉沉滞症（慢性接触）：呼吸困难，间质纤维化，肺功能受限，杵状指；眼睛刺激；[潜在职业性致癌物]。

靶器官：呼吸系统，眼睛。

致癌部位：[肺癌]。

沥青烟（Asphalt fumes）

异名和商品名：沥青，地沥青，石油沥青，柏油，Asphalt：Asphaltum，Bitumen（European term），Petroleum asphalt，Petroleum bitumen，Road asphalt，Roofing asphalt

CAS No.：8052-42-4

RTECS No.：CI9900000

DOT ID 和指南号：1999 130（沥青）

接触限值：NIOSH REL：Ca C 5 mg/m^3[15 min] 见附录 A
OSHA PEL：无

IDLH：Ca [N. D.]

浓度换算系数：

理化性质:在生产或使用沥青时会产生烟。(沥青是在真空蒸馏原油过程中生成的棕黑色至黑色胶结物。)

性质随沥青的比例和混合状态而不同。
沥青:可燃固体。
不相容性和反应性:未见报道。[注:高于 200 ℉时,沥青可以熔化。]

测量方法:NIOSH 5042

个人防护和卫生设施:
- 皮肤:穿戴合适的个人防护服,防止皮肤直接接触。
- 眼睛:佩戴合适的眼部防护用品,防止眼睛直接接触。
- 清洗皮肤:每天工作班结束后,进食、吸烟、喝水前都应该清洗可能受到污染的皮肤。
- 脱除:对于脱除被污染或被弄湿的工作服的需要没有特殊建议。
- 更换:在离开工作场所前应当将可能受到污染的工作服更换成无污染的衣服。

急救:
- 眼睛:如眼睛直接接触了该化学物质,要立即用大量水冲洗(灌洗)眼睛,冲洗时,不时翻开上下眼睑。并立即就医。
- 呼吸:如果接触者吸入大量该化学物质,立即将接触者移至新鲜空气处。如果呼吸停止,要进行人工呼吸,注意保暖和休息。尽快就医。

对呼吸器选择的建议:NIOSH

¥:高于 NIOSH REL 的浓度;或当没有 REL 时,任何可以检测到的浓度:
- ScbaF:Pd,Pp:任何压力需气式或正压携气式呼吸器,配全面罩。指定防护因数=10 000。
- SaF:Pd,Pp:AScba:任何压力需气式或正压供气式呼吸器,配全面罩,配压力需气式或正压携气式辅助呼吸器。指定防护因数=10 000。

逃生:
- GmFOv100:任何空气过滤式全面罩呼吸器(防毒面具),配下颌式、前置式或背置式有机蒸气滤毒罐和N100、R100 或 P100 的综合防护过滤元件。指定防护因数=50。选择 N、R 或 P 过滤元件的信息见表 4。
- ScbaE:任何适合逃生的携气式呼吸器。

有关呼吸器选择的其他重要信息参见相关标准。

接触途径:呼吸道,皮肤吸收,皮肤和/或眼睛直接接触。

症状:眼睛、呼吸系统刺激;[潜在职业性致癌物]。

靶器官:眼睛,呼吸系统。
致癌部位:[动物:皮肤肿瘤]。

阿特拉津(Atrazine)

$C_8H_{14}ClN_5$

CAS No.:1912-24-9
RTECS No.:XY5600000
DOT ID 和指南号:2763 151(三嗪杀虫剂)

异名和商品名:莠去津;2-Chloro-4-ethylamino-6-isopropylamino-s-triazine;6-Chloro-N-ethyl-N′-(1-methylethyl)-1,3,5-triazine-2,4-diamine

接触限值:NIOSH REL:TWA 5 mg/m^3
OSHA PEL †:无

IDLH:N. D. **浓度换算系数**:

理化性质:无色或白色无气味晶体粉末。[除草剂]

分子量:215.7 沸 点:分解

熔 点:340 ℉ 溶 解 度:0.003%
蒸 气 压:0.000 000 3 mmHg 电离电位:不适用
比 重:1.19 闪 点:不适用
爆炸上限:不适用 爆炸下限:不适用
不可燃固体,但可与易燃液体混合。
不相容性和反应性:强酸,强碱。

测量方法:NIOSH 5602,8315

个人防护和卫生设施:

- 皮肤:穿戴合适的个人防护服,防止皮肤直接接触。
- 眼睛:佩戴合适的眼部防护用品,防止眼睛直接接触。
- 清洗皮肤:当皮肤受到污染时,应立即清洗污染的皮肤。
- 脱除:如果工作服被弄湿或受到了明显的污染,应该立即脱除并妥善处置。
- 更换:在离开工作场所前应当将可能受到污染的工作服更换成无污染的衣服。
- 配备:在劳动者可能接触该化学物质的作业场所,无论是否需要使用眼部防护用品,都应配备眼冲洗设备。在紧靠有可能接触该化学物质的工作场所,应配备快速冲淋身体的设备以应急使用。[注:这些设备应能够提供足量水或流动水,以将可能接触的身体任何部位上的该化学物质除去。实际配备适宜的快速冲淋设备取决于工作场所的具体条件。在某些情况下,必须及时进行大流量淋浴,而其他情况下只需要用一个水槽或软管供水就足够了。]

急救:

- 眼睛:如眼睛直接接触了该化学物质,要立即用大量水冲洗(灌洗)眼睛,冲洗时,不时翻开上下眼睑,并立即就医。
- 皮肤:如果该化学物质直接接触皮肤,立即用肥皂和水冲洗污染的皮肤。若该化学物质渗透进衣服,要立即将衣服脱除,用肥皂和水清洗皮肤,并迅速就医。
- 呼吸:如果接触者吸入大量该化学物质,立即将接触者移至新鲜空气处。如果呼吸停止,要进行人工呼吸,注意保暖和休息。尽快就医。
- 吞入:如果吞入该化学物质,应立即就医。

对呼吸器选择的建议:无。

有关呼吸器选择的其他重要信息参见相关标准。

接触途径:呼吸道,胃肠道,皮肤和/或眼睛直接接触。

症状:眼睛、皮肤刺激;皮炎,皮肤过敏;呼吸困难;乏力;协调能力下降;流涎;体温过低;肝损伤。

靶器官:眼睛,皮肤,呼吸系统,中枢神经系统,肝。

谷硫磷(Azinphos-methyl)

$C_{10}H_{12}O_3PS_2N_3[(CH_3O)_2P(S)SCH_2(N_3C_7H_4O)]$

异名和商品名:O,O-Dimethyl-S-4-oxo-1,2,3-benzotriazin-3(4H)-ylmethyl phosphorodithioate;Guthion®;Methyl azinphos

CAS No.:86-50-0

RTECS No.:TE1925000

DOT ID 和指南号:2783 152(有机磷杀虫剂,固体,有毒)

接触限值:NIOSH REL:TWA 0.2 mg/m^3[皮]
OSHA PEL:TWA 0.2 mg/m^3[皮]

IDLH:10 mg/m^3 **浓度换算系数:**

理化性质:无色晶体或棕色蜡状固体。[杀虫剂]

分子量:317.3	沸点:分解
熔点:163 ℉	溶解度:0.003%
蒸气压:8×10^{-9} mmHg	电离电位:未知
比重:1.44	闪点:不适用

爆炸上限:不适用 爆炸下限:不适用

不可燃固体。

不相容性和反应性:强氧化剂,酸。

测量方法:NIOSH 5600;OSHA PV2087

个人防护和卫生设施:

- 皮肤:穿戴合适的个人防护服,防止皮肤直接接触。
- 眼睛:佩戴合适的眼部防护用品,防止眼睛直接接触。
- 清洗皮肤:当皮肤受到污染时,应立即清洗污染的皮肤。

- 脱除：如果工作服被弄湿或受到了明显的污染，应该立即脱除并妥善处置。
- 更换：在离开工作场所前应当将可能受到污染的工作服更换成无污染的衣服。
- 配备：在紧靠有可能接触该化学物质的工作场所，应配备快速冲淋身体的设备以应急使用。[注：这些设备应能够提供足量水或流动水，以将可能接触的身体任何部位上的该化学物质除去。实际配备适宜的快速冲淋设备取决于工作场所的具体条件。在某些情况下，必须及时进行大流量淋浴，而其他情况下只需要用一个水槽或软管供水就足够了。]

急救：

- 眼睛：如眼睛直接接触了该化学物质，要立即用大量水冲洗（灌洗）眼睛，冲洗时，不时翻开上下眼睑。并立即就医。
- 皮肤：如果该化学物质直接接触皮肤，立即用肥皂和水冲洗污染的皮肤。若该化学物质渗透进衣服，要立即将衣服脱除，用肥皂和水清洗皮肤，并迅速就医。
- 呼吸：如果接触者吸入大量该化学物质，立即将接触者移至新鲜空气处。如果呼吸停止，要进行人工呼吸，注意保暖和休息。尽快就医。
- 吞入：如果吞入该化学物质，应立即就医。

对呼吸器选择的建议：NIOSH/OSHA

~2 mg/m³：

- CcrOv95：任何空气过滤式半面罩呼吸器，配有机蒸气滤毒盒和N95、R95或P95的综合防护过滤元件。也可使用以下过滤元件：N99、R99、P99、N100、R100、P100。指定防护因数=10。选择N、R或P过滤元件的信息见表4。
- Sa：任何供气式呼吸器。指定防护因数=10。

~5 mg/m³：

- Sa：Cf：任何连续供气式呼吸器。指定防护因数=25。
- PaprOvHie：任何动力送风空气过滤式呼吸器，配有机蒸气和高效颗粒滤毒盒的综合防护过滤元件。指定防护因数=50。

~10 mg/m³：

- CcrFOv100：任何空气过滤式全面罩呼吸器，配有机蒸气滤毒盒和N100、R100或P100的综合防护过滤元件。指定防护因数=50。选择N、R或P过滤元件的信息见表4。
- GmFOv100：任何空气过滤式全面罩呼吸器（防毒面具），配下颌式、前置式或背置式有机蒸气滤毒罐和N100、R100或P100的综合防护过滤元件。指定防护因数=50。选择N、R或P过滤元件的信息见表4。
- PaprTOvHie：任何动力送风空气过滤式呼吸器，配密合型面罩和有机蒸气和高效颗粒滤毒盒的综合防护过滤元件。指定防护因数=50。
- SaT：Cf：任何连续供气式呼吸器，配密合型面罩。指定防护因数=50。
- ScbaF：任何携气式呼吸器，配全面罩。指定防护因数=50。
- SaF：任何供气式呼吸器，配全面罩。指定防护因数=50。

§：应急抢险，或准备进入浓度未知环境，或进入IDLH环境：

- ScbaF：Pd，Pp：任何压力需气式或正压携气式呼吸器，配全面罩。指定防护因数=10 000。
- SaF：Pd，Pp：AScba：任何压力需气式或正压供气式呼吸器，配全面罩，配压力需气式或正压携气式辅助呼吸器。指定防护因数=10 000。

逃生：

- GmFOv100：任何空气过滤式全面罩呼吸器（防毒面具），配下颌式、前置式或背置式有机蒸气滤毒罐和N100、R100或P100的综合防护过滤元件。指定防护因数=50。选择N、R或P过滤元件的信息见表4。

● ScbaE:任何适合逃生的携气式呼吸器。 **有关呼吸器选择的其他重要信息参见相关标准。**	**症状:**瞳孔缩小;眼睛疼痛;视力障碍,流泪,鼻漏;头痛;胸部紧迫感,喘鸣,喉痉挛;流涎;紫绀;厌食;恶心,呕吐,腹泻;出汗;颤搐,麻痹,惊厥;低血压,心律不齐。
接触途径:呼吸道,皮肤吸收,胃肠道,皮肤和/或眼睛直接接触。	**靶器官:**呼吸系统,中枢神经系统,心血管系统,血胆碱脂酶。

氯化钡(按钡计)[Barium chloride(as Ba)]
$BaCl_2$
异名和商品名:二氯化钡,Barium dichloride

CAS No.:10361-37-2
RTECS No.:CQ8750000
DOT ID 和指南号:1564 154
(钡化物,未作说明)

接触限值:NIOSH REL*:TWA 0.5 mg/m³[*注:REL也适用于除了钡的硫酸盐以外的其他可溶性钡化合物。]
OSHA PEL*:TWA 0.5 mg/m³[*注:PEL也适用于除了钡的硫酸盐以外的其他可溶性钡化合物。]

IDLH:50 mg/m³(按钡计) **浓度换算系数:**

理化性质:白色,无气味固体。

分子量:	208.2	沸点:	2 840 ℉
熔点:	1 765 ℉	溶解度:	38%
蒸气压:	低	电离电位:	未知
比重:	3.86	闪点:	不适用
爆炸上限:	不适用	爆炸下限:	不适用

不可燃固体。
不相容性和反应性:酸,氧化剂。

测量方法:NIOSH 7056,7303;OSHA ID121

个人防护和卫生设施:
- 皮肤:穿戴合适的个人防护服,防止皮肤直接接触。
- 眼睛:佩戴合适的眼部防护用品,防止眼睛直接接触。
- 清洗皮肤:当皮肤受到污染时,应立即清洗污染的皮肤。
- 脱除:如果工作服被弄湿或受到了明显的污染,应该立即脱除并妥善处置。
- 更换:在离开工作场所前应当将可能受到污染的工作服更换成无污染的衣服。

急救:
- 眼睛:如眼睛直接接触了该化学物质,要立即用大量水冲洗(灌洗)眼睛,冲洗时,不时翻开上下眼睑,并立即就医。
- 皮肤:如果该化学物质直接接触皮肤,立即用水冲洗污染的皮肤。如果该化学物质渗透进衣服,要迅速将衣服脱除,用水冲洗污染的皮肤,并迅速就医。
- 呼吸:如果接触者吸入大量该化学物质,立即将接触者移至新鲜空气处。如果呼吸停止,要进行人工呼吸,注意保暖和休息。尽快就医。
- 吞入:如果吞入该化学物质,应立即就医。

对呼吸器选择的建议:NIOSH/OSHA
~5 mg/m³:
- 95XQ:任何除四分之一面罩之外的防颗粒物呼吸器,配有 N95、R95 或 P95 过滤元件(包括 N95、R95 或 P95 随弃式面罩)。也可使用以下过滤元件:N99、R99、P99、N100、R100、P100。指定防护因数=10。选择 N、R 或 P 过滤元件的信息见表 4。
- Sa:任何供气式呼吸器。指定防护因数=10。

~12.5 mg/m³:
- Sa:Cf:任何连续供气式呼吸器。指定防护因数=25。
- PaprHie:任何动力送风空气过滤式呼吸器,配有高效颗粒物过滤元件。指定防护因数=25。

~25 mg/m³:
- 100F:任何空气过滤式全面罩呼吸器,配有 N100、R100 或 P100 过滤元件。指定防护因数=50。选择 N、R 或 P 过滤元件的信息见表 4。
- SaT:Cf:任何连续供气式呼吸器,配密合型面罩。指定防护因数=50。
- PaprTHie:任何动力送风空气过滤式呼吸器,配密合型面罩和高效颗粒物过滤元件。指定防护因数=50。

- ScbaF:任何携气式呼吸器,配全面罩。指定防护因数=50。
- SaF:任何供气式呼吸器,配全面罩。指定防护因数=50。

~50 mg/m^3:

- SaF:Pd,Pp:任何压力需气式或正压供气式呼吸器,配全面罩。指定防护因数=2 000。

§:应急抢险,或准备进入浓度未知环境,或进入 IDLH 环境:

- ScbaF:Pd,Pp:任何压力需气式或正压携气式呼吸器,配全面罩。指定防护因数=10 000。
- SaF:Pd,Pp:AScba:任何压力需气式或正压供气式呼吸器,配全面罩,配压力需气式或正压携气式辅助呼吸器。指定防护因数=10 000。

逃生:

- 100F:任何空气过滤式全面罩呼吸器,配有 N100、R100 或 P100 过滤元件。指定防护因数=50。选择 N、R 或 P 过滤元件的信息见表 4。
- ScbaE:任何适合逃生的携气式呼吸器。

有关呼吸器选择的其他重要信息参见相关标准。

接触途径:呼吸道,胃肠道,皮肤和/或眼睛直接接触。

症状:眼睛、皮肤、上呼吸道刺激;皮肤灼伤;胃肠炎;肌肉痉挛;脉搏减弱,期外扩张;低钾血症。

靶器官:眼睛,皮肤,呼吸系统,心脏,中枢神经系统。

硝酸钡(按钡计)[Barium nitrate(as Ba)]

$Ba(NO_3)_2$

异名和商品名: Barium dinitrate,Barium(Ⅱ)nitrate(1:2),Barium salt of nitric acid

CAS No.:10022-31-8

RTECS No.:CQ9625000

DOT ID 和指南号:1446 141

接触限值:NIOSH REL*:TWA 0.5 mg/m^3[*注:REL 也适用于除了钡的硫酸盐以外的其他可溶性钡化合物。]

OSHA PEL*:TWA 0.5 mg/m^3[*注:PEL 也适用于除了钡的硫酸盐以外的其他可溶性钡化合物。]

IDLH:50 mg/m^3(按钡计)　　**浓度换算系数:**

理化性质:白色,无气味固体。

分子量:	261.4	沸点:	分解
熔点:	1 094 ℉	溶解度:	9%
蒸气压:	低	电离电位:	未知
比重:	3.24	闪点:	不适用
爆炸上限:	不适用	爆炸下限:	不适用

不可燃固体,但可助燃。

不相容性和反应性:酸,氧化剂,铝镁合金(二氧化钡和锌)。[注:接触可燃物质可引起燃烧。]

测量方法:NIOSH 7056;OSHA ID121

个人防护和卫生设施:

- 皮肤:穿戴合适的个人防护服,防止皮肤直接接触。
- 眼睛:佩戴合适的眼部防护用品,防止眼睛直接接触。
- 清洗皮肤:当皮肤受到污染时,应立即清洗污染的皮肤。
- 脱除:如果工作服被弄湿或受到了明显的污染,应该立即脱除并妥善处置。
- 更换:在离开工作场所前应当将可能受到污染的工作服更换成无污染的衣服。

急救：

- 眼睛：如眼睛直接接触了该化学物质，要立即用大量水冲洗（灌洗）眼睛，冲洗时，不时翻开上下眼睑，并立即就医。
- 皮肤：如果该化学物质直接接触皮肤，立即用水冲洗污染的皮肤。如果该化学物质渗透进衣服，要迅速将衣服脱除，用水冲洗污染的皮肤，并迅速就医。
- 呼吸：如果接触者吸入大量该化学物质，立即将接触者移至新鲜空气处。如果呼吸停止，要进行人工呼吸，注意保暖和休息。尽快就医。
- 吞入：如果吞入该化学物质，应立即就医。

对呼吸器选择的建议：NIOSH/OSHA

～5 mg/m³：

- 95XQ：任何除四分之一面罩之外的防颗粒物呼吸器，配有 N95、R95 或 P95 过滤元件（包括 N95、R95 或 P95 随弃式面罩）。也可使用以下过滤元件：N99、R99、P99、N100、R100、P100。指定防护因数＝10。选择 N、R 或 P 过滤元件的信息见表 4。
- Sa：任何供气式呼吸器。指定防护因数＝10。

～12.5 mg/m³：

- Sa：Cf：任何连续供气式呼吸器。指定防护因数＝25。
- PaprHie：任何动力送风空气过滤式呼吸器，配有高效颗粒物过滤元件。指定防护因数＝25。

～25 mg/m³：

- 100F：任何空气过滤式全面罩呼吸器，配有 N100、R100 或 P100 过滤元件。指定防护因数＝50。选择 N、R 或 P 过滤元件的信息见表 4。
- SaT：Cf：任何连续供气式呼吸器，配密合型面罩。指定防护因数＝50。
- PaprTHie：任何动力送风空气过滤式呼吸器，配密合型面罩和高效颗粒物过滤元件。指定防护因数＝50。
- ScbaF：任何携气式呼吸器，配全面罩。指定防护因数＝50。
- SaF：任何供气式呼吸器，配全面罩。指定防护因数＝50。

～50 mg/m³：

- SaF：Pd，Pp：任何压力需气式或正压供气式呼吸器，配全面罩。指定防护因数＝2 000。

§：应急抢险，或准备进入浓度未知环境，或进入 IDLH 环境：

- ScbaF：Pd，Pp：任何压力需气式或正压携气式呼吸器，配全面罩。指定防护因数＝10 000。
- SaF：Pd，Pp：AScba：任何压力需气式或正压供气式呼吸器，配全面罩，配压力需气式或正压携气式辅助呼吸器。指定防护因数＝10 000。

逃生：

- 100F：任何空气过滤式全面罩呼吸器，配有 N100、R100 或 P100 过滤元件。指定防护因数＝50。选择 N、R 或 P 过滤元件的信息见表 4。
- ScbaE：任何适合逃生的携气式呼吸器。

有关呼吸器选择的其他重要信息参见相关标准。

接触途径：呼吸道，胃肠道，皮肤和/或眼睛直接接触。

症状：眼睛、皮肤、上呼吸道刺激；皮肤灼伤；胃肠炎；肌肉痉挛；脉搏减弱，期外扩张；低钾血症。

靶器官：眼睛，皮肤，呼吸系统、心脏、中枢神经系统。

硫酸钡(Barium sulfate)　　　　CAS No.:7727-43-7

$BaSO_4$　　　　RTECS No.:CR0600000

异名和商品名:重晶石,人造重晶石,Artificial barite,Barite,Barium salt of sulfuric acid,Barytes(natural)

DOT ID 和指南号:1564 154(钡化合物,未作说明)

接触限值:NIOSH REL:TWA 10 mg/m^3(总颗粒物)
TWA 5 mg/m^3(呼吸性颗粒物)
OSHA PEL †:TWA 15 mg/m^3(总颗粒物)
TWA 5 mg/m^3(呼吸性颗粒物)

IDLH:N.D.　　**浓度换算系数:**

理化性质:白色或淡黄色,无气味粉末。

分子量:233.4　　沸点:2 912 ℉(分解)
熔点:2 876 ℉　　溶解度(64 ℉):0.000 2%
蒸气压:0 mmHg(约)　　电离电位:不适用
比重:4.25～4.5　　闪点:不适用
爆炸上限:不适用　　爆炸下限:不适用
不可燃固体。
不相容性和反应性:磷,铝。[注:铝在高温状态可发生爆炸。]

测量方法:NIOSH 0500,0600

个人防护和卫生设施:

- 皮肤:穿戴合适的个人防护服,防止皮肤直接接触。
- 眼睛:佩戴合适的眼部防护用品,防止眼睛直接接触。
- 清洗皮肤:每天工作班结束后,进食、吸烟、喝水前都应该清洗可能受到污染的皮肤。
- 脱除:对于脱除被污染或被弄湿的工作服的需要没有特殊建议。
- 更换:对于班后的衣服的更换需要没有特殊建议。
- 配备:在劳动者可能接触该化学物质的作业场所,无论是否需要使用眼部防护用品,都应配备眼冲洗设备。在紧靠有可能接触该化学物质的工作场所,应配备快速冲淋身体的设备以应急使用。[注:这些设备应能够提供足量水或流动水,以将可能接触的身体任何部位上的该化学物质除去。实际配备适宜的快速冲淋设备取决于工作场所的具体条件。在某些情况下,必须及时进行大流量淋浴,而其他情况下只需要用一个水槽或软管供水就足够了。]

急救:

- 眼睛:如眼睛直接接触了该化学物质,要立即用大量水冲洗(灌洗)眼睛,冲洗时,不时翻开上下眼睑,并立即就医。
- 皮肤:如果该化学物质直接接触皮肤,立即用肥皂和水冲洗污染的皮肤。
- 呼吸:如果接触者吸入大量该化学物质,立即将接触者移至新鲜空气处。如果呼吸停止,要进行人工呼吸,注意保暖和休息。尽快就医。
- 吞入:如果吞入该化学物质,应立即就医。

对呼吸器选择的建议:无。
有关呼吸器选择的其他重要信息参见相关标准。

接触途径:呼吸道,皮肤和/或眼睛直接接触。

症状:眼睛、鼻、上呼吸道刺激;良性尘肺(钡尘肺)。

靶器官:眼睛,呼吸系统。

B

苯菌灵(Benomyl)　　CAS No.:17804-35-2

$C_{14}H_{18}N_4O_3$　　RTECS No.:DD6475000

异名和商品名:苯来特,Methyl-1-(butylcarbamoyl)-2-benzimidazolecarbamate　　DOT ID 和指南号:2757 151

(氨基甲酸酯类杀虫剂,固体)

接触限值:NIOSH REL:见附录 D

OSHA PEL †:TWA 15 mg/m³(总颗粒物)

TWA 5 mg/m³(呼吸性颗粒物)

IDLH:N.D.　　**浓度换算系数:**

理化性质:白色晶体,具有淡淡的辛辣气味。[杀真菌剂]

[注:572 ℉以上分解而不熔化。]

分 子 量:290.4　　沸　　点:分解

熔　　点:>572 ℉(分解)　　溶 解 度:0.000 4%

蒸 气 压:<0.000 01 mmHg　　电离电位:不适用

比　　重:未知　　闪　　点:不适用

爆炸上限:不适用　　爆炸下限:不适用

不可燃固体。

不相容性和反应性:热,强酸,强碱。

测量方法:NIOSH 0500,0600;OSHA PV2107

个人防护和卫生设施:

- 皮肤:穿戴合适的个人防护服,防止皮肤直接接触。
- 眼睛:佩戴合适的眼部防护用品,防止眼睛直接接触。
- 清洗皮肤:当皮肤受到污染时,应立即清洗污染的皮肤。
- 脱除:如果工作服被弄湿或受到了明显的污染,应该立即脱除并妥善处置。
- 更换:在离开工作场所前应当将可能受到污染的工作服更换成无污染的衣服。
- 配备:在劳动者可能接触该化学物质的作业场所,无论是否需要使用眼部防护用品,都应配备眼冲洗设备。在紧靠有可能接触该化学物质的工作场所,应配备快速冲淋身体的设备以应急使用。[注:这些设备应能够提供足量水或流动水,以将可能接触的身体任何部位上的该化学物质除去。实际配备适宜的快速冲淋设备取决于工作场所的具体条件。在某些情况下,必须及时进行大流量淋浴,而其他情况下只需要用一个水槽或软管供水就足够了。]

急救:

- 眼睛:如眼睛直接接触了该化学物质,要立即用大量水冲洗(灌洗)眼睛,冲洗时,不时翻开上下眼睑,并立即就医。
- 皮肤:如果该化学物质直接接触皮肤,立即用肥皂和水冲洗污染的皮肤。若该化学物质渗透进衣服,要立即将衣服脱除,用肥皂和水清洗皮肤,并迅速就医。
- 呼吸:如果接触者吸入大量该化学物质,立即将接触者移至新鲜空气处。如果呼吸停止,要进行人工呼吸,注意保暖和休息。尽快就医。
- 吞入:如果吞入该化学物质,应立即就医。

对呼吸器选择的建议:无。

有关呼吸器选择的其他重要信息参见相关标准。

接触途径:呼吸道,胃肠道,皮肤和/或眼睛直接接触。

症状:眼睛、皮肤、上呼吸道刺激;皮肤过敏;可能的生殖毒性,致畸效应。

靶器官:眼睛,皮肤,呼吸系统,生殖系统。

苯(Benzene)

C_6H_6

异名和商品名: Benzol,Phenyl hydride

CAS No.:71-43-2

RTECS No.:CY1400000

DOT ID 和指南号:1114 130

接触限值:NIOSH REL:Ca TWA 0.1 ppm

ST 1 ppm 见附录 A

OSHA PEL:[1910.1028] TWA 1 ppm

ST 5 ppm 见附录 F

IDLH: Ca [500 ppm] **浓度换算系数:**1 ppm=3.19 mg/m^3

理化性质:无色至浅黄色液体,具有芳香气味。[注:42 ℉以下为固体。]

分子量:78.1 沸点:176 ℉

凝固点:42 ℉ 溶解度:0.07%

蒸气压:75 mmHg 电离电位:9.24 eV

比重:0.88 闪点:12 ℉

爆炸上限:7.8% 爆炸下限:1.2%

ⅠB 类易燃液体——闪点低于 73 ℉,沸点等于或高于 100 ℉。

不相容性和反应性:强氧化剂,多种氟化物和高氯酸盐,硝酸。

测量方法:NIOSH 1500,1501,3700,3800;

OSHA 12,1005

个人防护和卫生设施:

- 皮肤:穿戴合适的个人防护服,防止皮肤直接接触。
- 眼睛:佩戴合适的眼部防护用品,防止眼睛直接接触。
- 清洗皮肤:当皮肤受到污染时,应立即清洗污染的皮肤。
- 脱除:如果工作服被可燃性物质(即闪点低于 100 ℉的液体)浸湿,应当立即脱除并妥善处置,以防着火。
- 更换:对于班后的衣服的更换需要没有特殊建议。
- 配备:在劳动者可能接触该化学物质的作业场所,无论是否需要使用眼部防护用品,都应配备眼冲洗设备。在紧靠有可能接触该化学物质的工作场所,应配备快速冲淋身体的设备以应急使用。[注:这些设备应能够提供足量水或流动水,以将可能接触的身体任何部位上的该化学物质除去。实际配备适宜的快速冲淋设备取决于工作场所的具体条件。在某些情况下,必须及时进行大流量淋浴,而其他情况下只需要用一个水槽或软管供水就足够了。]

急救:

- 眼睛:如眼睛直接接触了该化学物质,要立即用大量水冲洗(灌洗)眼睛,冲洗时,不时翻开上下眼睑,并立即就医。
- 皮肤:如果该化学物质直接接触皮肤,立即用肥皂和水冲洗污染的皮肤。若该化学物质渗透进衣服,要立即将衣服脱除,用肥皂和水清洗皮肤,并迅速就医。
- 呼吸:如果接触者吸入大量该化学物质,立即将接触者移至新鲜空气处。如果呼吸停止,要进行人工呼吸,注意保暖和休息。尽快就医。
- 吞入:如果吞入该化学物质,应立即就医。

对呼吸器选择的建议:NIOSH

¥:高于 NIOSH REL 的浓度;或当没有 REL 时,任何可以检测到的浓度:

- ScbaF:Pd,Pp:任何压力需气式或正压携气式呼吸器,配全面罩。指定防护因数=10 000。
- SaF:Pd,Pp:AScba:任何压力需气式或正压供气式呼吸器,配全面罩,配压力需气式或正压携气式辅助呼吸器。指定防护因数=10 000。

逃生：

- GmFOv：任何空气过滤式全面罩呼吸器（防毒面具），配下颌式、前置式或背置式有机蒸气滤毒罐。指定防护因数＝50。
- ScbaE：任何适合逃生的携气式呼吸器。

（见附录 E）

有关呼吸器选择的其他重要信息参见相关标准。

接触途径：呼吸道，皮肤吸收，胃肠道，皮肤和/或眼睛直接接触。

症状：眼睛、鼻、皮肤、呼吸系统刺激；眩晕；头痛，恶心，绞痛；厌食，乏力；皮炎；骨髓抑制；[潜在职业性致癌物]。

靶器官：眼睛，皮肤，呼吸系统，血液，中枢神经系统，骨髓。

致癌部位：[白血病]。

苯（基）硫醇（Benzenethiol）　　CAS No.：108-98-5

C_6H_5SH　　RTECS No.：DC0525000

异名和商品名：硫代苯酚，巯基苯，Mercaptobenzene，Phenylmercaptan，Thiophenol　　**DOT ID 和指南号：**2337 131

接触限值：NIOSH REL：C 0.1 ppm（0.5 mg/m³）[15min]

OSHA PEL †：无

IDLH：N. D.　　**浓度换算系数：**1 ppm＝4.51 mg/m³

理化性质：水白色液体，具有令人作呕的大蒜样气味。[注：5 ℉以下为固体。]

分子量：110.2　　沸点：336 ℉

凝固点：5 ℉　　溶解度（77 ℉）：0.08%

蒸气压（65 ℉）：1 mmHg　　电离电位：8.33 eV

比重：1.08　　闪点：132 ℉

爆炸上限：未知　　爆炸下限：未知

Ⅱ类可燃液体——闪点等于或高于 100 ℉且低于 140 ℉。

不相容性和反应性：强酸，强碱，次氯酸钙，碱金属。[注：暴露于空气中可被氧化。]

测量方法：OSHA PV2075

个人防护和卫生设施：

- 皮肤：穿戴合适的个人防护服，防止皮肤直接接触。
- 眼睛：佩戴合适的眼部防护用品，防止眼睛直接接触。
- 清洗皮肤：当皮肤受到污染时，应立即清洗污染的皮肤。
- 脱除：如果工作服被弄湿或受到了明显的污染，应该立即脱除并妥善处置。
- 更换：对于班后的衣服的更换需要没有特殊建议。
- 配备：在劳动者可能接触该化学物质的作业场所，无论是否需要使用眼部防护用品，都应配备眼冲洗设备。在紧靠有可能接触该化学物质的工作场所，应配备快速冲淋身体的设备以应急使用。[注：这些设备应能够提供足量水或流动水，以将可能接触的身体任何部位上的该化学物质除去。实际配备适宜的快速冲淋设备取决于工作场所的具体条件。在某些情况下，必须及时进行大流量淋浴，而其他情况下只需要用一个水槽或软管供水就足够了。]

急救：

- 眼睛：如眼睛直接接触了该化学物质，要立即用大量水冲洗（灌洗）眼睛，冲洗时，不时翻开上下眼睑，并立即就医。
- 皮肤：如果该化学物质直接接触皮肤，立即用肥皂和水冲洗污染的皮肤。若该化学物质渗透进衣服，要立即将衣服脱除，用肥皂和水清洗皮肤，并迅速就医。
- 呼吸：如果接触者吸入大量该化学物质，立即将接触者移至新鲜空气处。如果呼吸停止，要进行人工呼吸，注意保暖和休息。尽快就医。
- 吞入：如果吞入该化学物质，应立即就医。

对呼吸器选择的建议: NIOSH

~1 ppm:

- CcrOv:任何空气过滤式半面罩呼吸器,配防有机蒸气的滤毒盒。指定防护因数=10。
- Sa:任何供气式呼吸器。指定防护因数=10。

~2.5 ppm:

- Sa:Cf:任何连续供气式呼吸器。指定防护因数=25。
- PaprOv:任何动力送风空气过滤式呼吸器,配有机蒸气滤毒盒。指定防护因数=25。

~5 ppm:

- CcrFOv:任何空气过滤式全面罩呼吸器,配有机蒸气滤毒盒。指定防护因数=50。
- GmFOv:任何空气过滤式全面罩呼吸器(防毒面具),配下颌式、前置式或背置式有机蒸气滤毒罐。指定防护因数=50。
- PaprTOv:任何动力送风空气过滤式呼吸器,配密合型面罩和有机蒸气滤毒盒。指定防护因数=50。
- ScbaF:任何携气式呼吸器,配全面罩。指定防护因数=50。
- SaF:任何供气式呼吸器,配全面罩。指定防护因数=50。

§:应急抢险,或准备进入浓度未知环境,或进入 IDLH 环境:

- ScbaF:Pd,Pp:任何压力需气式或正压携气式呼吸器,配全面罩。指定防护因数=10 000。
- SaF:Pd,Pp:AScba:任何压力需气式或正压供气式呼吸器,配全面罩,配压力需气式或正压携气式辅助呼吸器。指定防护因数=10 000。

逃生:

- GmFOv:任何空气过滤式全面罩呼吸器(防毒面具),配下颌式、前置式或背置式有机蒸气滤毒罐。指定防护因数=50。
- ScbaE:任何适合逃生的携气式呼吸器。

有关呼吸器选择的其他重要信息参见相关标准。

接触途径: 呼吸道,皮肤吸收,胃肠道,皮肤和/或眼睛直接接触。

症状: 眼睛、皮肤、呼吸系统刺激;皮炎;发绀;咳嗽,气喘,呼吸困难,肺水肿,肺炎;头痛,眩晕,中枢神经系统抑制;恶心,呕吐;肾、肝、脾损害。

靶器官: 眼睛,皮肤,呼吸系统,中枢神经系统,肾,肝,脾。

联苯胺(Benzidine)

$NH_2C_6H_4C_6H_4NH_2$

CAS No.:92-87-5

RTECS No.:DC9625000

DOT ID 和指南号:1885 153

异名和商品名: 对二氨基联苯;联苯胺染料;Benzidine-based dyes;4,4′-Bianiline;4,4′-Biphenyldiamine;1,1′-Biphenyl-4,4′-diamine;4,4′-Diaminobiphenyl;p-Diaminodiphenyl[注:联苯胺用作多种染料的原料。]

接触限值: NIOSH REL:Ca 见附录 A、附录 C

OSHA PEL:[1910.1010]见附录 B、附录 C

IDLH: Ca[N.D.]　　**浓度换算系数:**

理化性质: 浅灰黄色、浅红灰色或白色晶体状粉末。

[注:接触空气和日光变黑。]

分子量:184.3　　沸点:752 ℉

熔点:239 ℉　　溶解度(54 ℉):0.04%

蒸气压:低　　电离电位:未知

比重:1.25　　闪点:未知

爆炸上限:未知　　爆炸下限:未知

可燃固体,但燃烧困难。

不相容性和反应性:红色发烟硝酸。

测量方法: NIOSH 5509;OSHA 65

B

个人防护和卫生设施：

- 皮肤：穿戴合适的个人防护服，防止皮肤直接接触。
- 眼睛：佩戴合适的眼部防护用品，防止眼睛直接接触。
- 清洗皮肤：当皮肤受到污染时，应立即清洗污染物。每天工作班结束后，进食、吸烟、喝水前都应该清洗可能受到污染的皮肤。
- 脱除：如果工作服被弄湿或受到了明显的污染，应该立即脱除并妥善处置。
- 更换：在离开工作场所前应当将可能受到污染的工作服更换成无污染的衣服。
- 配备：在劳动者可能接触该化学物质的作业场所，无论是否需要使用眼部防护用品，都应配备眼冲洗设备。在紧靠有可能接触该化学物质的工作场所，应配备快速冲淋身体的设备以应急使用。[注：这些设备应能够提供足量水或流动水，以将可能接触的身体任何部位上的该化学物质除去。实际配备适宜的快速冲淋设备取决于工作场所的具体条件。在某些情况下，必须及时进行大流量淋浴，而其他情况下只需要用一个水槽或软管供水就足够了。]

急救：

- 眼睛：如眼睛直接接触了该化学物质，要立即用大量水冲洗（灌洗）眼睛，冲洗时，不时翻开上下眼睑，并立即就医。
- 皮肤：如果该化学物质直接接触皮肤，立即用肥皂和水冲洗污染的皮肤。若该化学物质渗透进衣服，要立即将衣服脱除，用肥皂和水清洗皮肤，并迅速就医。
- 呼吸：如果接触者吸入大量该化学物质，立即将接触者移至新鲜空气处。如果呼吸停止，要进行人工呼吸，注意保暖和休息。尽快就医。
- 吞入：如果吞入该化学物质，应立即就医。

对呼吸器选择的建议：NIOSH

¥：高于 NIOSH REL 的浓度；或当没有 REL 时，任何可以检测到的浓度：

- ScbaF：Pd，Pp：任何压力需气式或正压携气式呼吸器，配全面罩。指定防护因数＝10 000。
- SaF：Pd，Pp：AScba：任何压力需气式或正压供气式呼吸器，配全面罩，配压力需气式或正压携气式辅助呼吸器。指定防护因数＝10 000。

逃生：

- 100F：任何空气过滤式全面罩呼吸器，配有 N100、R100 或 P100 过滤元件。指定防护因数＝50。选择 N、R 或 P 过滤元件的信息见表 4。
- ScbaE：任何适合逃生的携气式呼吸器。

（见附录 E）

有关呼吸器选择的其他重要信息参见相关标准。

接触途径：呼吸道，皮肤吸收，胃肠道，皮肤和/或眼睛直接接触。

症状：血尿；溶血性中度贫血；急性膀胱炎；急性肝炎；皮炎；疼痛，小便失禁；[潜在职业性致癌物]。

靶器官：膀胱，皮肤，肾，肝，血液。

致癌部位：[肝癌，肾癌和膀胱癌]。

过氧化苯甲酰（Benzoyl peroxide）

$(C_6H_5CO)_2O_2$

异名和商品名：过氧化二苯甲酰，Benzoperoxide，Dibenzoyl peroxide

CAS No.：94-36-0

RTECS No.：DM8575000

DOT ID 和指南号：

接触限值：NIOSH REL：TWA 5 mg/m^3

OSHA PEL：TWA 5 mg/m^3

IDLH：1 500 mg/m^3　**浓度换算系数：**

理化性质:无色至白色晶体或颗粒状粉末,具有淡淡的苯甲醛样气味。

分子量:242.2　　沸点:爆炸性分解
熔点:217 ℉　　溶解度:<1%
蒸气压:<1 mmHg　　电离电位:未知
比重:1.33　　闪点:176 ℉
爆炸上限:未知　　爆炸下限:未知

可燃固体(容易点燃和快速燃烧)。

不相容性和反应性:可燃物质(木材,纸张等),酸,碱,醇,胺,醚。[注:加热后,可使容器爆炸。受到震动、加热和磨擦都极易发生爆炸。]

测量方法:NIOSH 5009

个人防护和卫生设施:

- 皮肤:穿戴合适的个人防护服,防止皮肤直接接触。
- 眼睛:佩戴合适的眼部防护用品,防止眼睛直接接触。
- 清洗皮肤:当皮肤受到污染时,应立即清洗污染的皮肤。
- 脱除:如果工作服被弄湿或受到了明显的污染,应该立即脱除并妥善处置。
- 更换:在离开工作场所前应当将可能受到污染的工作服更换成无污染的衣服。

急救:

- 眼睛:如眼睛直接接触了该化学物质,要立即用大量水冲洗(灌洗)眼睛,冲洗时,不时翻开上下眼睑,并立即就医。
- 皮肤:如果该化学物质直接接触皮肤,迅速用肥皂和水冲洗污染的皮肤。若该化学物质渗透进衣服,要迅速将衣服脱除,用肥皂和水清洗皮肤,并迅速就医。
- 呼吸:如果接触者吸入大量该化学物质,立即将接触者移至新鲜空气处。如果呼吸停止,要进行人工呼吸,注意保暖和休息。尽快就医。
- 吞入:如果吞入该化学物质,应立即就医。

对呼吸器选择的建议:NIOSH/OSHA

~50 mg/m³:

- 95XQ:任何除四分之一面罩之外的防颗粒物呼吸器,配有N95、R95或P95过滤元件(包括N95、R95或P95随弃式面罩)。也可使用以下过滤元件:N99、R99、P99、N100、R100、P100。指定防护因数=10。选择N、R或P过滤元件的信息见表4。*
- Sa:任何供气式呼吸器。指定防护因数=10。*

~125 mg/m³:

- Sa:Cf:任何连续供气式呼吸器。指定防护因数=25。*
- PaprHie:任何动力送风空气过滤式呼吸器,配有高效颗粒物过滤元件。指定防护因数=25。*

~250 mg/m³:

- 100F:任何空气过滤式全面罩呼吸器,配有N100、R100或P100过滤元件。指定防护因数=50。选择N、R或P过滤元件的信息见表4。
- PaprTHie:任何动力送风空气过滤式呼吸器,配密合型面罩和高效颗粒物过滤元件。指定防护因数=50。*
- ScbaF:任何携气式呼吸器,配全面罩。指定防护因数=50。
- SaF:任何供气式呼吸器,配全面罩。指定防护因数=50。

~1 500 mg/m³:

- SaF:Pd,Pp:任何压力需气式或正压供气式呼吸器,配全面罩。指定防护因数=2 000。

§:应急抢险,或准备进入浓度未知环境,或进入IDLH环境:

- ScbaF:Pd,Pp:任何压力需气式或正压携气式呼吸器,配全面罩。指定防护因数=10 000。
- SaF:Pd,Pp:AScba:任何压力需气式或正压供气式呼吸器,配全面罩,配压力需气式或正压携气式辅助呼吸器。指定防护因数=10 000。

逃生:

- 100F:任何空气过滤式全面罩呼吸器,配有 N100、R100 或 P100 过滤元件。指定防护因数=50。选择 N、R 或 P 过滤元件的信息见表 4。
- ScbaE:任何适合逃生的携气式呼吸器。

有关呼吸器选择的其他重要信息参见相关标准。

接触途径:呼吸道,胃肠道,皮肤和/或眼睛直接接触。

症状:眼睛、黏膜、皮肤刺激;皮肤致敏。

靶器官:眼睛,皮肤,呼吸系统。

氯苄(Benzyl chloride)

$C_6H_5CH_2Cl$

异名和商品名:苄基氯,氯甲苯,α-氯甲苯,Chloromethylbenzene,α -Chlorotoluene

CAS No.:100-44-7

RTECS No.:XS8925000

DOT ID 和指南号:1738 156

接触限值:NIOSH REL:C 1 ppm(5 mg/m³)[15min]
OSHA PEL:TWA 1 ppm(5 mg/m³)

IDLH:10 ppm　**浓度换算系数:**1 ppm=5.18 mg/m³

理化性质:无色至浅黄色液体,具有强烈的芳香气味。

分子量:126.6	沸点:354 ℉
凝固点:-38 ℉	溶解度:0.05%
蒸气压:1 mmHg	电离电位:未知
比重:1.10	闪点:153 ℉
爆炸上限:未知	爆炸下限:1.1%

ⅢA 类可燃液体——闪点等于或高于 140 ℉且低于 200 ℉。

不相容性和反应性:氧化剂,酸,铜,铝,镁,铁,锌,锡。[注:接触所有金属(镍和铅除外),会发生聚合反应。遇水水解成苯苄。]

测量方法:NIOSH 1003;OSHA 7

个人防护和卫生设施:

- 皮肤:穿戴合适的个人防护服,防止皮肤直接接触。
- 眼睛:佩戴合适的眼部防护用品,防止眼睛直接接触。
- 清洗皮肤:当皮肤受到污染时,应立即清洗污染的皮肤。
- 脱除:如果工作服被弄湿或受到了明显的污染,应该立即脱除并妥善处置。
- 更换:对于班后的衣服的更换需要没有特殊建议。
- 配备:在劳动者可能接触该化学物质的作业场所,无论是否需要使用眼部防护用品,都应配备眼冲洗设备。在紧靠有可能接触该化学物质的工作场所,应配备快速冲淋身体的设备以应急使用。[注:这些设备应能够提供足量水或流动水,以将可能接触的身体任何部位上的该化学物质除去。实际配备适宜的快速冲淋设备取决于工作场所的具体条件。在某些情况下,必须及时进行大流量淋浴,而其他情况下只需要用一个水槽或软管供水就足够了。]

急救:

- 眼睛:如眼睛直接接触了该化学物质,要立即用大量水冲洗(灌洗)眼睛,冲洗时,不时翻开上下眼睑,并立即就医。
- 皮肤:如果该化学物质直接接触皮肤,立即用肥皂和水冲洗污染的皮肤。若该化学物质渗透进衣服,要立即将衣服脱除,用肥皂和水清洗皮肤,并迅速就医。
- 呼吸:如果接触者吸入大量该化学物质,立即将接触者移至新鲜空气处。如果呼吸停止,要进行人工呼吸,注意保暖和休息。尽快就医。
- 吞入:如果吞入该化学物质,应立即就医。

对呼吸器选择的建议:NIOSH/OSHA

～10 ppm:

- CcrOvAg:任何空气过滤式半面罩呼吸器,配有机蒸气和酸性气体滤毒盒。指定防护因数=10。*
- GmFOvAg:任何空气过滤式全面罩呼吸器(防毒面具),配下颌式、前置式或背置式有机蒸气和酸性气体滤毒罐。指定防护因数=50。
- PaprOvAg:任何动力送风空气过滤式呼吸器,配有机蒸气和酸性气体滤毒盒。指定防护因数=25。*
- Sa:任何供气式呼吸器。指定防护因数=10。*
- ScbaF:任何携气式呼吸器,配全面罩。指定防护因数=50。

§:应急抢险,或准备进入浓度未知环境,或进入 IDLH 环境:

- ScbaF:Pd,Pp:任何压力需气式或正压携气式呼吸器,配全面罩。指定防护因数=10 000。
- SaF:Pd,Pp:AScba:任何压力需气式或正压供气式呼吸器,配全面罩,配压力需气式或正压携气式辅助呼吸器。指定防护因数=10 000。

逃生:

- GmFOvAg:任何空气过滤式全面罩呼吸器(防毒面具),配下颌式、前置式或背置式有机蒸气和酸性气体滤毒罐。指定防护因数=50。
- ScbaE:任何适合逃生的携气式呼吸器。

有关呼吸器选择的其他重要信息参见相关标准。

接触途径:呼吸道,胃肠道,皮肤和/或眼睛直接接触。

症状:眼睛、鼻、皮肤刺激;乏力;易怒;头痛;皮肤出疹;肺水肿。

靶器官:眼睛,皮肤,呼吸系统,中枢神经系统。

B

铍及其化合物(按铍计)[Beryllium&beryllium compounds(as Be)]

Be(金属)

异名和商品名:铍金属,Beryllium metal,其他名称依赖于化合物的种类。

CAS No.:7440-41-7(金属)

RTECS No.:DS1750000(金属)

DOT ID 和指南号:1566 154(化合物);1567 134(粉末)

接触限值:NIOSH REL:Ca ≤0.000 5 mg/m^{3}见附录 A

OSHA PEL:TWA 0.002 mg/m^3

C 0.005 mg/m^3

0.025 mg/m^3[30min 最大峰值]

IDLH: Ca[4 mg/m^3(按钡计)]　**浓度换算系数:**

理化性质:金属:质硬,易碎,灰白色固体。

分子量:	9.0	沸点:	4 532 ℉
熔点:	2 349 ℉	溶解度:	不溶
蒸气压:	0 mmHg(约)	电离电位:	不适用
比重:	1.85(金属)	闪点:	不适用
爆炸上限:	不适用	爆炸下限:	不适用

金属:块状为不可燃固体,但粉末或粉尘可以发生轻微的爆炸。

不相容性和反应性:酸,腐蚀剂,氯化烃,氧化剂,熔融状锂。

测量方法:NIOSH 7102,7300,7301,7303,9102;OSHA ID125G,ID206

个人防护和卫生设施:

- 皮肤:穿戴合适的个人防护服,防止皮肤直接接触。
- 眼睛:佩戴合适的眼部防护用品,防止眼睛直接接触。
- 清洗皮肤:每天工作班结束后,进食、吸烟、喝水前都应该清洗可能受到污染的皮肤。

B

- 脱除：如果工作服被弄湿或受到了明显的污染，应该立即脱除并妥善处置。
- 更换：在离开工作场所前应当将可能受到污染的工作服更换成无污染的衣服。
- 配备：在劳动者可能接触该化学物质的作业场所，无论是否需要使用眼部防护用品，都应配备眼冲洗设备。

急救：

- 眼睛：如眼睛直接接触了该化学物质，要立即用大量水冲洗（灌洗）眼睛，冲洗时，不时翻开上下眼睑，并立即就医。
- 呼吸：如果接触者吸入大量该化学物质，立即将接触者移至新鲜空气处。通常不需要采取其他措施。

对呼吸器选择的建议：NIOSH

¥：高于 NIOSH REL 的浓度；或当没有 REL 时，任何可以检测到的浓度：

- ScbaF：Pd，Pp：任何压力需气式或正压携气式呼吸器，配全面罩。指定防护因数＝10 000。
- SaF：Pd，Pp：AScba：任何压力需气式或正压供气式呼吸器，配全面罩，配压力需气式或正压携气式辅助呼吸器。指定防护因数＝10 000。

逃生：

- 100F：任何空气过滤式全面罩呼吸器，配有 N100、R100 或 P100 过滤元件。指定防护因数＝50。选择 N、R 或 P 过滤元件的信息见表 4。
- ScbaE：任何适合逃生的携气式呼吸器。

有关呼吸器选择的其他重要信息参见相关标准。

接触途径：呼吸道，皮肤和/或眼睛直接接触。

症状：铍中毒（慢性接触）：厌食，体重减轻；乏力；胸痛；咳嗽；杵状指；发绀；肺动脉瓣关闭不全；眼睛刺激；皮炎；[潜在职业性致癌物]。

靶器官：眼睛，皮肤，呼吸系统。

致癌部位：[肺癌]。

碲化铋，混有硫化硒（按 Bi_2Te_3 计）[Bismuth telluride, doped with Selenium sulfide (as Bi_2Te_3)]

异名和商品名：Doped bismuth sesquitelluride, Doped bismuth telluride, Doped bismuth tritelluride, Doped tellurobismuthite[注：混有硫化硒。商品混合物含有 80%Bi_2Te_3，20%碲化亚锡，混有碲。]

CAS No.：

RTECS No.：

DOT ID 和指南号：

接触限值：NIOSH REL ：TWA 5 mg/m^3
OSHA PEL †：无

IDLH：N. D.　　**浓度换算系数：**

理化性质：灰色晶体，颜色随硫化硒的含量增加而加深。[注：半导体的传导性也随之改变。]

性质基本上与不含硫化硒的碲化铋相似。

比重：未知

不可燃固体。

不相容性和反应性：强氧化剂，湿气。

测量方法：NIOSH 0500；OSHA ID121

个人防护和卫生设施：

- 皮肤：穿戴合适的个人防护服，防止皮肤直接接触。
- 眼睛：佩戴合适的眼部防护用品，防止眼睛直接接触。
- 清洗皮肤：当皮肤受到污染时，应立即清洗污染的皮肤。
- 脱除：如果工作服被弄湿或受到了明显的污染，应该立即脱除并妥善处置。
- 更换：对于班后的衣服的更换需要没有特殊建议。

● 配备:在劳动者可能接触该化学物质的作业场所,无论是否需要使用眼部防护用品,都应配备眼冲洗设备。在紧靠有可能接触该化学物质的工作场所,应配备快速冲淋身体的设备以应急使用。[注:这些设备应能够提供足量水或流动水,以将可能接触的身体任何部位上的该化学物质除去。实际配备适宜的快速冲淋设备取决于工作场所的具体条件。在某些情况下,必须及时进行大流量淋浴,而其他情况下只需要用一个水槽或软管供水就足够了。]

急救:

● 眼睛:如眼睛直接接触了该化学物质,要立即用大量水冲洗(灌洗)眼睛,冲洗时,不时翻开上下眼睑,并立即就医。

● 皮肤:如果该化学物质直接接触皮肤,立即用肥皂和水冲洗污染的皮肤。若该化学物质渗透进衣服,要立即将衣服脱除,用肥皂和水清洗皮肤,并迅速就医。

● 呼吸:如果接触者吸入大量该化学物质,立即将接触者移至新鲜空气处。如果呼吸停止,要进行人工呼吸,注意保暖和休息。尽快就医。

● 吞入:如果吞入该化学物质,应立即就医。

对呼吸器选择的建议:无。

有关呼吸器选择的其他重要信息参见相关标准。

接触途径:呼吸道,皮肤和/或眼睛直接接触。

症状:眼睛、皮肤、上呼吸道刺激;大蒜气味;动物:肺损害。

靶器官:眼睛,皮肤,呼吸系统。

碲化铋,不含杂质(Bismuth telluride,undoped)

Bi_2Te_3

CAS No.:1304-82-1

RTECS No.:EB3110000

DOT ID 和指南号:

异名和商品名:三碲化铋,Bismuth sesquitelluride,Bismuth telluride,Bismuth tritelluride,Tellurobismuthite

接触限值:NIOSH REL:TWA 10 mg/m^3(总颗粒物)
TWA 5 mg/m^3(呼吸性颗粒物)
OSHA PEL:TWA 15 mg/m^3(总颗粒物)
TWA 5 mg/m^3(呼吸性颗粒物)

IDLH:N. D. **浓度换算系数:**

理化性质:灰色晶体。

分子量:800.8	沸点:未知
熔点:1 063 ℉	溶解度:不溶
蒸气压:0 mmHg(约)	电离电位:不适用
比重:7.7	闪点:不适用
爆炸上限:不适用	爆炸下限:不适用

不可燃固体。

不相容性和反应性:强氧化剂(如溴、氯或氟),湿气,硝酸(分解)。

测量方法: NIOSH 0500,0600; OSHA ID121

个人防护和卫生设施:

● 皮肤:穿戴合适的个人防护服,防止皮肤直接接触。

● 眼睛:佩戴合适的眼部防护用品,防止眼睛直接接触。

● 清洗皮肤:当皮肤受到污染时,应立即清洗污染的皮肤。

● 脱除:如果工作服被弄湿或受到了明显的污染,应该立即脱除并妥善处置。

● 更换:对于班后的衣服的更换需要没有特殊建议。

● 配备:在劳动者可能接触该化学物质的作业场所,无论是否需要使用眼部防护用品,都应配备眼冲洗设备。在紧靠有可能接触该化学物质的工作场所,应配备快速冲淋身体的设备以应急使用。[注:这些设备应能够提供足量水或流动水,以将可能接触的身体任何部位上的该化学物质除去。实际配备适宜的快速冲淋设备取决于工作场所的具体条件。在某些情况下,必须及时进行大流量淋浴,而其他情况下只需要用一个水槽或软管供水就足够了。]

急救：

- 眼睛：如眼睛直接接触了该化学物质，要立即用大量水冲洗（灌洗）眼睛，冲洗时，不时翻开上下眼睑，并立即就医。
- 皮肤：如果该化学物质直接接触皮肤，立即用肥皂和水冲洗污染的皮肤。若该化学物质渗透进衣服，要立即将衣服脱除，用肥皂和水清洗皮肤，并迅速就医。
- 呼吸：如果接触者吸入大量该化学物质，立即将接触者移至新鲜空气处。如果呼吸停止，要进行人工呼吸，注意保暖和休息。尽快就医。
- 吞入：如果吞入该化学物质，应立即就医。

对呼吸器选择的建议：无。

有关呼吸器选择的其他重要信息参见相关标准。

接触途径：呼吸道，皮肤和/或眼睛直接接触。

症状：眼睛、皮肤、上呼吸道刺激；大蒜气味。

靶器官：眼睛，皮肤，呼吸系统。

四硼酸钠（无水）［Borates，tetra，sodium salts（Anhydrous）］

$Na_2B_4O_7$

CAS No.：1330-43-4

RTECS No.：ED4588000

DOT ID 和指南号：

异名和商品名：焦硼酸钠，无水硼砂，Anhydrous borax，Borax dehydrated，Disodium salt of boric acid，Disodium tetrabromate，Fused borax，Sodium borate（anhydrous），Sodium tetraborate

接触限值：NIOSH REL：TWA 1 mg/m^3

OSHA PEL †：无

IDLH：N. D.　　**浓度换算系数：**

理化性质：白色至灰色无气味粉末。［除草剂］［注：在空气中变为不透明。］

分子量：201.2	沸点：2 867 ℉（分解）
熔点：1 366 ℉	溶解度：4%
蒸气压：0 mmHg（约）	电离电位：不适用
比重：2.37	闪点：不适用
爆炸上限：不适用	爆炸下限：不适用

不可燃固体。

不相容性和反应性：湿气。［注：在潮湿空气中可以形成水化物。］

测量方法：NIOSH 0500；OSHA ID125G

个人防护和卫生设施：

- 皮肤：对于个体皮肤防护装备的需要没有特殊建议。
- 眼睛：对眼部防护的需要没有特殊建议。
- 清洗皮肤：每天工作班结束后，进食、吸烟、喝水前都应该清洗可能受到污染的皮肤。
- 脱除：对于脱除被污染或被弄湿的工作服的需要没有特殊建议。
- 更换：在离开工作场所前应当将可能受到污染的工作服更换成无污染的衣服。

急救：

- 眼睛：如眼睛直接接触了该化学物质，要立即用大量水冲洗（灌洗）眼睛，冲洗时，不时翻开上下眼睑，并立即就医。
- 皮肤：如果该化学物质直接接触皮肤，立即用肥皂和水冲洗污染的皮肤。
- 呼吸：如果接触者吸入大量该化学物质，立即将接触者移至新鲜空气处。如果呼吸停止，要进行人工呼吸，注意保暖和休息。尽快就医。
- 吞入：如果吞入该化学物质，应立即就医。

对呼吸器选择的建议:无。 **有关呼吸器选择的其他重要信息参见相关标准。**	**症状**:眼睛、皮肤、上呼吸道系统刺激;皮炎;鼻出血;咳嗽,呼吸困难。
接触途径:呼吸道,胃肠道,皮肤和/或眼睛直接接触。	**靶器官**:眼睛,皮肤,呼吸系统。

十水四硼酸钠[Borates,tetra,sodium salts(Decahydrate)]
$Na_2B_4O_7 \cdot 10H_2O$

CAS No.:1303-96-4
RTECS No.:VZ2275000
DOT ID 和指南号:

异名和商品名:硼砂,十水硼砂,Borax,Borax decahydrate,Sodium borate decahydrate,Sodium tetraborate decahydrate

接触限值:NIOSH REL:TWA 5 mg/m^3
OSHA PEL †:无

IDLH:N.D. **浓度换算系数**:

理化性质:白色无气味晶体。[除草剂][注:608 ℉以上变为无水。]

分子量:381.4 沸点:608 ℉
熔点:167 ℉ 溶解度:6%
蒸气压:0 mmHg(约) 电离电位:不适用
比重:1.73 闪点:不适用
爆炸上限:不适用 爆炸下限:不适用
不可燃固体(天然的灭火剂)。
不相容性和反应性:锆,强酸,金属盐。

测量方法:NIOSH 0500;OSHA ID125G

个人防护和卫生设施:
- 皮肤:对于个体皮肤防护装备的需要没有特殊建议。
- 眼睛:对眼部防护的需要没有特殊建议。
- 清洗皮肤:每天工作班结束后,进食、吸烟、喝水前都应该清洗可能受到污染的皮肤。
- 脱除:对于脱除被污染或被弄湿的工作服的需要没有特殊建议。
- 更换:在离开工作场所前应当将可能受到污染的工作服更换成无污染的衣服。

急救:
- 眼睛:如眼睛直接接触了该化学物质,要立即用大量水冲洗(灌洗)眼睛,冲洗时,不时翻开上下眼睑,并立即就医。
- 皮肤:如果该化学物质直接接触皮肤,立即用肥皂和水冲洗污染的皮肤。
- 呼吸:如果接触者吸入大量该化学物质,立即将接触者移至新鲜空气处。如果呼吸停止,要进行人工呼吸,注意保暖和休息。尽快就医。
- 吞入:如果吞入该化学物质,应立即就医。

对呼吸器选择的建议:无。
有关呼吸器选择的其他重要信息参见相关标准。

接触途径:呼吸道,胃肠道,皮肤和/或眼睛直接接触。

症状:眼睛、皮肤、上呼吸道刺激;皮炎;鼻出血;咳嗽,呼吸困难。

靶器官:眼睛,皮肤,呼吸系统。

B

五水四硼酸钠[Borates, tetra, sodium salts(Pentahydrate)]

$Na_2B_4O_7 \cdot 5H_2O$

CAS No.:12179-04-3

RTECS No.:VZ2540000

DOT ID 和指南号:

异名和商品名:五水硼砂,Borax pentahydrate,Sodium borate pentahydrate,Sodium tetraborate pentahydrate

接触限值:NIOSH REL:TWA 1 mg/m³
OSHA PEL †:无

IDLH:N. D.　　**浓度换算系数:**

理化性质:无色或白色,无气味晶体或粉末。[除草剂]
[注:在 252 ℉时结晶水开始失去。]

分子量:	291.4	沸点:	未知
熔点:	392 ℉	溶解度:	3%
蒸气压:	0 mmHg(约)	电离电位:	不适用
比重:	1.82	闪点:	不适用
爆炸上限:	不适用	爆炸下限:	不适用

不可燃固体。

不相容性和反应性:未见报道。(可参考十水硼酸盐)

测量方法:NIOSH 0500;OSHA ID125G

个人防护和卫生设施:

- 皮肤:对于个体皮肤防护装备的需要没有特殊建议。
- 眼睛:对眼部防护的需要没有特殊建议。
- 清洗皮肤:每天工作班结束后,进食、吸烟、喝水前都应该清洗可能受到污染的皮肤。
- 脱除:对于脱除被污染或被弄湿的工作服的需要没有特殊建议。
- 更换:在离开工作场所前应当将可能受到污染的工作服更换成无污染的衣服。

急救:

- 眼睛:如眼睛直接接触了该化学物质,要立即用大量水冲洗(灌洗)眼睛,冲洗时,不时翻开上下眼睑,并立即就医。
- 皮肤:如果该化学物质直接接触皮肤,立即用肥皂和水冲洗污染的皮肤。
- 呼吸:如果接触者吸入大量该化学物质,立即将接触者移至新鲜空气处。如果呼吸停止,要进行人工呼吸,注意保暖和休息。尽快就医。
- 吞入:如果吞入该化学物质,应立即就医。

对呼吸器选择的建议:无。
有关呼吸器选择的其他重要信息参见相关标准。

接触途径:呼吸道,胃肠道,皮肤和/或眼睛直接接触。

症状:眼睛、皮肤、上呼吸道刺激;皮炎;鼻出血;咳嗽,呼吸困难。

靶器官:眼睛,皮肤,呼吸系统。

氧化硼(Boron oxide)

B_2O_3

CAS No.:1303-86-2

RTECS No.:ED7900000

DOT ID 和指南号:

异名和商品名:三氧化二硼,硼酸酐,Boric anhydride,Boric oxide,boron trioxide

接触限值:NIOSH REL:TWA 10 mg/m³
OSHA PEL †:TWA 15 mg/m³

IDLH:2 000 mg/m³　　**浓度换算系数:**

理化性质:无色半透明的块状物或质硬、白色无气味晶体。

分子量:	69.6	沸点:	3 380 ℉
熔点:	842 ℉	溶解度:	3%

蒸 气 压:0 mmHg(约)　　电离电位:13.50 eV
比　　重:2.46　　闪　　点:不适用
爆炸上限:不适用　　爆炸下限:不适用
不可燃固体。
不相容性和反应性:水。[注:与水缓慢反应生成硼酸。]

测量方法: NIOSH 0500

个人防护和卫生设施:
- 皮肤:穿戴合适的个人防护服,防止皮肤直接接触。
- 眼睛:佩戴合适的眼部防护用品,防止眼睛直接接触。
- 清洗皮肤:当皮肤受到污染时,应立即清洗污染的皮肤。
- 脱除:如果工作服被弄湿或受到了明显的污染,应该立即脱除并妥善处置。
- 更换:对于班后的衣服的更换需要没有特殊建议。

急救:
- 眼睛:如眼睛直接接触了该化学物质,要立即用大量水冲洗(灌洗)眼睛,冲洗时,不时翻开上下眼睑,并立即就医。
- 皮肤:如果该化学物质直接接触皮肤,迅速用水冲洗污染的皮肤。如果该化学物质渗透进衣服,要立即将衣服脱除,迅速用水冲洗污染的皮肤。若冲洗后刺激症状持续存在,应立即就医。
- 呼吸:如果接触者吸入大量该化学物质,立即将接触者移至新鲜空气处。通常不需要采取其他措施。
- 吞入:如果吞入该化学物质,应立即就医。

对呼吸器选择的建议: NIOSH

～50 mg/m³:
- Qm:任何四分之一面罩呼吸器,选择 N、R 或 P 过滤元件的信息见表 4。指定防护因数=5。*

～100 mg/m³:
- 95XQ:任何除四分之一面罩之外的防颗粒物呼吸器,配有 N95、R95 或 P95 过滤元件(包括 N95、R95 或 P95 随弃式面罩)。也可使用以下过滤元件:N99、R99、P99、N100、R100、P100。指定防护因数=10。选择 N、R 或 P 过滤元件的信息见表 4。*
- Sa:任何供气式呼吸器。指定防护因数=10。*

～250 mg/m³:
- Sa∶Cf:任何连续供气式呼吸器。指定防护因数=25。*
- PaprHie:任何动力送风空气过滤式呼吸器,配有高效颗粒物过滤元件。指定防护因数=25。*

～500 mg/m³:
- 100F:任何空气过滤式全面罩呼吸器,配有 N100、R100 或 P100 过滤元件。指定防护因数=50。选择 N、R 或 P 过滤元件的信息见表 4。
- PaprTHie:任何动力送风空气过滤式呼吸器,配密合型面罩和高效颗粒物过滤元件。指定防护因数=50。*
- ScbaF:任何携气式呼吸器,配全面罩。指定防护因数=50。
- SaF:任何供气式呼吸器,配全面罩。指定防护因数=50。

～2 000 mg/m³:
- SaF∶Pd,Pp:任何压力需气式或正压供气式呼吸器,配全面罩。指定防护因数=2 000。

§:应急抢险,或准备进入浓度未知环境,或进入 IDLH 环境:
- ScbaF∶Pd,Pp:任何压力需气式或正压携气式呼吸器,配全面罩。指定防护因数=10 000。
- SaF∶Pd,Pp∶AScba:任何压力需气式或正压供气式呼吸器,配全面罩,配压力需气式或正压携气式辅助呼吸器。指定防护因数=10 000。

逃生:
- 100F:任何空气过滤式全面罩呼吸器,配有 N100、R100 或 P100 过滤元件。指定防护因数=50。选择 N、R 或 P 过滤元件的信息见表 4。
- ScbaE:任何适合逃生的携气式呼吸器。

有关呼吸器选择的其他重要信息参见相关标准。

接触途径: 呼吸道,胃肠道,皮肤和/或眼睛直接接触。

症状: 眼睛、皮肤、呼吸系统刺激;咳嗽;结膜炎;皮肤红斑。

靶器官: 眼睛,皮肤,呼吸系统。

B

三溴化硼(Boron tribromide)

BBr_3

异名和商品名:溴化硼,Boron bromide,Tribromoborane

CAS No.:10294-33-4

RTECS No.:ED7400000

DOT ID 和指南号:2692 157

接触限值:NIOSH REL :C 1 ppm(10 mg/m³)

OSHA PEL †:无

IDLH:N.D. **浓度换算系数:**1 ppm=10.25 mg/m³

理化性质:无色发烟液体,具有强烈的刺激性气味。

分子量:250.5	沸点:194 ℉
凝固点:-51 ℉	溶解度:分解
蒸气压(57 ℉):40 mmHg	电离电位:9.70 eV
比重(65 ℉):2.64	闪点:不适用
爆炸上限:不适用	爆炸下限:不适用

不可燃液体。

不相容性和反应性:湿气,水,热,钾,钠,醇。[注:侵蚀金属、木材和橡胶,与水反应生成硼酸和溴化氢]。

测量方法:无。

个人防护和卫生设施:

- 皮肤:穿戴合适的个人防护服,防止皮肤直接接触。
- 眼睛:佩戴合适的眼部防护用品,防止眼睛直接接触。
- 清洗皮肤:当皮肤受到污染时,应立即清洗污染的皮肤。
- 脱除:如果工作服被弄湿或受到了明显的污染,应该立即脱除并妥善处置。
- 更换:对于班后的衣服的更换需要没有特殊建议。
- 配备:在劳动者可能接触该化学物质的作业场所,无论是否需要使用眼部防护用品,都应配备眼冲洗设备。在紧靠有可能接触该化学物质的工作场所,应配备快速冲淋身体的设备以应急使用。[注:这些设备应能够提供足量水或流动水,以将可能接触的身体任何部位上的该化学物质除去。实际配备适宜的快速冲淋设备取决于工作场所的具体条件。在某些情况下,必须及时进行大流量淋浴,而其他情况下只需要用一个水槽或软管供水就足够了。]

急救:

- 眼睛:如眼睛直接接触了该化学物质,要立即用大量水冲洗(灌洗)眼睛,冲洗时,不时翻开上下眼睑,并立即就医。
- 皮肤:如果该化学物质直接接触皮肤,立即用水冲洗污染的皮肤。如果该化学物质渗透进衣服,要迅速将衣服脱除,用水冲洗污染的皮肤,并迅速就医。
- 呼吸:如果接触者吸入大量该化学物质,立即将接触者移至新鲜空气处。如果呼吸停止,要进行人工呼吸,注意保暖和休息。尽快就医。
- 吞入:如果吞入该化学物质,应立即就医。

对呼吸器选择的建议:无。

有关呼吸器选择的其他重要信息参见相关标准。

接触途径:呼吸道,胃肠道,皮肤和/或眼睛直接接触。

症状:眼睛、皮肤、呼吸系统刺激;眼睛、皮肤灼伤;呼吸困难,肺水肿。

靶器官:眼睛,皮肤,呼吸系统。

三氟化硼(Boron trifluoride)

BF_3

异名和商品名:氟化硼,Boron fluoride,Trifluoroborane

CAS No.:7637-07-2

RTECS No.:ED2275000

DOT ID 和指南号:1008 125

B

接触限值:NIOSH REL:C 1 ppm(3 mg/m^3)

OSHA PEL:C 1 ppm(3 mg/m^3)

IDLH:25 ppm　　**浓度换算系数:**1 ppm=2.77 mg/m^3

理化性质:无色气体,具有强烈的令人窒息的气味。[注:在湿气中形成白色浓烟。以非液化的压缩气运输。]

分 子 量:67.8　　沸　　点:−148 ℉

凝 固 点:−196 ℉　　溶 解 度:106%(冷水中)

蒸 气 压:>50 大气压　　电离电位:15.50 eV

相对密度:2.38　　闪　　点:不适用

爆炸上限:不适用　　爆炸下限:不适用

不易燃气体。

不相容性和反应性:碱金属,氧化钙。[注:在湿气或热水中水解生成硼酸、氟化氢和氟硼酸。]

测量方法:无。

个人防护和卫生设施:

- 皮肤:对于个体皮肤防护装备的需要没有特殊建议。
- 眼睛:对眼部防护的需要没有特殊建议。
- 清洗皮肤:对于清洗皮肤上的污染物没有其他特殊的建议(包括立即清洗和班后清洗)。
- 脱除:对于脱除被污染或被弄湿的工作服的需要没有特殊建议。
- 更换:对于班后的衣服的更换需要没有特殊建议。

急救:

- 眼睛:如眼睛直接接触了该化学物质,要立即用大量水冲洗(灌洗)眼睛,冲洗时,不时翻开上下眼睑,并立即就医。
- 皮肤:如果该化学物质直接接触皮肤,立即用水冲洗污染的皮肤。如果该化学物质渗透进衣服,要迅速将衣服脱除,用水冲洗污染的皮肤,并迅速就医。
- 呼吸:如果接触者吸入大量该化学物质,立即将接触者移至新鲜空气处。如果呼吸停止,要进行人工呼吸,注意保暖和休息。尽快就医。

对呼吸器选择的建议:NIOSH/OSHA

~10 ppm:

- Sa:任何供气式呼吸器。指定防护因数=10。*

~25 ppm:

- Sa:Cf:任何连续供气式呼吸器。指定防护因数=25。*
- ScbaF:任何携气式呼吸器,配全面罩。指定防护因数=50。
- SaF:任何供气式呼吸器,配全面罩。指定防护因数=50。

§:应急抢险,或准备进入浓度未知环境,或进入 IDLH 环境:

- ScbaF:Pd,Pp:任何压力需气式或正压携气式呼吸器,配全面罩。指定防护因数=10 000。
- SaF:Pd,Pp:AScba:任何压力需气式或正压供气式呼吸器,配全面罩,配压力需气式或正压携气式辅助呼吸器。指定防护因数=10 000。

逃生:

- GmFS:任何空气过滤式全面罩呼吸器(防毒面具),配下颌式、前置式或背置式防该化学物质的滤毒罐。指定防护因数=50。
- ScbaE:任何适合逃生的携气式呼吸器。

有关呼吸器选择的其他重要信息参见相关标准。

接触途径:呼吸道,皮肤和/或眼睛直接接触。

症状:眼睛、鼻、皮肤、呼吸系统刺激;鼻出血;眼睛、皮肤灼伤;动物:肺炎,肾损害。

靶器官:眼睛,皮肤,呼吸系统,肾。

B

除草定(Bromacil)

$C_9H_{13}BrN_2O_2$

CAS No.:314-40-9

RTECS No.:YQ9100000

异名和商品名:5-溴-3-仲丁基-6-甲基脲嘧啶,5-Bromo-3-sec-butyl-6-methyluracil,5-Bromo-6-methyl-3-(1-methylpropyl)uracil

DOT ID 和指南号:

接触限值:NIOSH REL :TWA 1 ppm(10 mg/m³)
OSHA PEL †:无

IDLH:N.D. **浓度换算系数**:1 ppm=10.68 mg/m³

理化性质:无色至白色无气味晶体。[除草剂][注:商品为可湿性粉或乳剂。]

分 子 量:261.2　沸　点:升华
熔　点:317 ℉(升华)　溶解度(77 ℉):0.08%
蒸气压(212 ℉):0.000 8 mmHg　电离电位:未知
比　重:1.55　闪　点:不适用
爆炸上限:不适用　爆炸下限:不适用
不可燃固体,但可溶于易燃液体。
不相容性和反应性:强酸(缓慢分解),氧化剂,热,火花,明火。

测量方法:NIOSH 0500

个人防护和卫生设施:
- 皮肤:穿戴合适的个人防护服,防止皮肤直接接触。
- 眼睛:佩戴合适的眼部防护用品,防止眼睛直接接触。
- 清洗皮肤:当皮肤受到污染时,应立即清洗污染的皮肤。
- 脱除:如果工作服被弄湿或受到了明显的污染,应该立即脱除并妥善处置。
- 更换:在离开工作场所前应当将可能受到污染的工作服更换成无污染的衣服。
- 配备:在劳动者可能接触该化学物质的作业场所,无论是否需要使用眼部防护用品,都应配备眼冲洗设备。在紧靠有可能接触该化学物质的工作场所,应配备快速冲淋身体的设备以应急使用。[注:这些设备应能够提供足量水或流动水,以将可能接触的身体任何部位上的该化学物质除去。实际配备适宜的快速冲淋设备取决于工作场所的具体条件。在某些情况下,必须及时进行大流量淋浴,而其他情况下只需要用一个水槽或软管供水就足够了。]

急救:
- 眼睛:如眼睛直接接触了该化学物质,要立即用大量水冲洗(灌洗)眼睛,冲洗时,不时翻开上下眼睑,并立即就医。
- 皮肤:如果该化学物质直接接触皮肤,立即用肥皂和水冲洗污染的皮肤。若该化学物质渗透进衣服,要立即将衣服脱除,用肥皂和水清洗皮肤,并迅速就医。
- 呼吸:如果接触者吸入大量该化学物质,立即将接触者移至新鲜空气处。如果呼吸停止,要进行人工呼吸,注意保暖和休息。尽快就医。
- 吞入:如果吞入该化学物质,应立即就医。

对呼吸器选择的建议:无。
有关呼吸器选择的其他重要信息参见相关标准。

接触途径:呼吸道,胃肠道,皮肤和/或眼睛直接接触。

症状:眼睛、皮肤、上呼吸道系统刺激;动物:甲状腺损害。

靶器官:眼睛,皮肤,呼吸系统,甲状腺。

溴(Bromine)

Br_2

异名和商品名:分子溴,Molecular bromine

CAS No.:7726-95-6

RTECS No.:EF9100000

DOT ID 和指南号:1744 154

B

接触限值:NIOSH REL:TWA 0.1 ppm(0.7 mg/m³)

ST 0.3 ppm(2 mg/m³)

OSHA PEL †:TWA 0.1 ppm(0.7 mg/m³)

IDLH:3 ppm　　**浓度换算系数:**1 ppm=6.54 mg/m³

理化性质:暗红棕色发烟液体,具有令人作呕的刺激性烟。

分子量:	159.8	沸点:	139 ℉
凝固点:	19 ℉	溶解度:	4%
蒸气压:	172 mmHg	电离电位:	10.55 eV
比重:	3.12	闪点:	不适用
爆炸上限:	不适用	爆炸下限:	不适用

不可燃液体,但可助燃。

不相容性和反应性:可燃有机物(锯末、木材、棉花、麦秆等),铝,易氧化物质,氨,氢气,乙炔,磷,钾,钠。[注:腐蚀铁、普通钢、不锈钢和铜。]

测量方法:NIOSH 6011;OSHA ID108

个人防护和卫生设施:

- 皮肤:穿戴合适的个人防护服,防止皮肤直接接触。
- 眼睛:佩戴合适的眼部防护用品,防止眼睛直接接触。
- 清洗皮肤:当皮肤受到污染时,应立即清洗污染的皮肤。
- 脱除:如果工作服被弄湿或受到了明显的污染,应该立即脱除并妥善处置。
- 更换:对于班后的衣服的更换需要没有特殊建议。
- 配备:在劳动者可能接触该化学物质的作业场所,无论是否需要使用眼部防护用品,都应配备眼冲洗设备。在紧靠有可能接触该化学物质的工作场所,应配备快速冲淋身体的设备以应急使用。[注:这些设备应能够提供足量水或流动水,以将可能接触的身体任何部位上的该化学物质除去。实际配备适宜的快速冲淋设备取决于工作场所的具体条件。在某些情况下,必须及时进行大流量淋浴,而其他情况下只需要用一个水槽或软管供水就足够了。]

急救:

- 眼睛:如眼睛直接接触了该化学物质,要立即用大量水冲洗(灌洗)眼睛,冲洗时,不时翻开上下眼睑,并立即就医。
- 皮肤:如果该化学物质直接接触皮肤,立即用肥皂和水冲洗污染的皮肤。若该化学物质渗透进衣服,要立即将衣服脱除,用肥皂和水清洗皮肤,并迅速就医。
- 呼吸:如果接触者吸入大量该化学物质,立即将接触者移至新鲜空气处。如果呼吸停止,要进行人工呼吸,注意保暖和休息。尽快就医。
- 吞入:如果吞入该化学物质,应立即就医。

对呼吸器选择的建议:NIOSH/OSHA

~2.5 ppm:

- Sa:Cf:任何连续供气式呼吸器。指定防护因数=25。£
- PaprS:任何动力送风空气过滤式呼吸器,配有防该化学物质的滤毒盒。指定防护因数=25。¿£

~3 ppm:

- CcrFS:任何空气过滤式全面罩呼吸器,配防该化学物质的滤毒盒。指定防护因数=50。¿

B

- GmFS:任何空气过滤式全面罩呼吸器(防毒面具),配下颌式、前置式或背置式防该化学物质的滤毒罐。指定防护因数=50。¿
- PaprTS:任何动力送风空气过滤式呼吸器,配密合型面罩和防该化学物质的滤毒盒。指定防护因数=50。¿£
- ScbaF:任何携气式呼吸器,配全面罩。指定防护因数=50。
- SaF:任何供气式呼吸器,配全面罩。指定防护因数=50。

§:应急抢险,或准备进入浓度未知环境,或进入 IDLH 环境:

- ScbaF:Pd,Pp:任何压力需气式或正压携气式呼吸器,配全面罩。指定防护因数=10 000。
- SaF:Pd,Pp:AScba:任何压力需气式或正压供气式呼吸器,配全面罩,配压力需气式或正压携气式辅助呼吸器。指定防护因数=10 000。

逃生:

- GmFS:任何空气过滤式全面罩呼吸器(防毒面具),配下颌式、前置式或背置式防该化学物质的滤毒罐。指定防护因数=50。¿
- ScbaE:任何适合逃生的携气式呼吸器。

有关呼吸器选择的其他重要信息参见相关标准。

接触途径:呼吸道,胃肠道,皮肤和/或眼睛直接接触。

症状:眩晕,头痛;流泪;鼻出血;咳嗽;情绪压抑;肺水肿,肺炎;腹痛,腹泻;水痘样出疹;眼睛、皮肤灼伤。

靶器官:呼吸系统,眼睛,中枢神经系统,皮肤。

五氟化溴(Bromine pentafluoride)

BrF_5

异名和商品名:氟化溴,Bromine fluoride

CAS No.:7789-30-2

RTECS No.:EF9350000

DOT ID 和指南号:1745 144

接触限值:NIOSH REL:TWA 0.1 ppm(0.7 mg/m^3)
OSHA PEL †:无

IDLH:N.D.　**浓度换算系数:**1 ppm=7.15 mg/m^3

理化性质:无色至浅黄色发烟液体,具有强烈的气味。[注:105 ℉以上为无色气体。以压缩气体运输。]

分子量:174.9	沸点:105 ℉
凝固点:-77 ℉	溶解度:与水强烈反应
蒸气压:328 mmHg	电离电位:未知
比重:2.48	闪点:不适用
爆炸上限:不适用	爆炸下限:不适用

不可燃液体,而是一种极强的氧化剂。

不相容性和反应性:酸,卤素,砷,硒,硫磺,玻璃,有机材料,水。[注:可与除惰性气体、氮和氧外的所有元素发生反应。]

测量方法:无。

个人防护和卫生设施:

- 皮肤:穿戴合适的个人防护服,防止皮肤直接接触。
- 眼睛:佩戴合适的眼部防护用品,防止眼睛直接接触。
- 清洗皮肤:当皮肤受到污染时,应立即清洗污染的皮肤。
- 脱除:如果工作服被弄湿或受到了明显的污染,应该立即脱除并妥善处置。
- 更换:对于班后的衣服的更换需要没有特殊建议。
- 配备:在劳动者可能接触该化学物质的作业场所,无论是否需要使用眼部防护用品,都应配备眼冲洗设备。在紧靠有可能接触该化学物质的工作场所,应配备快速冲淋身体的设备以应急使用。[注:这些设备应能够提供足量水或流动水,以将可能接触的身体任何部位上的该化学物质除去。实际配备适宜的快速冲淋设备取决于工作场所的具体条件。在某些情况下,必须及时进行大流量淋浴,而其他情况下只需要用一个水槽或软管供水就足够了。]

急救:

- 眼睛:如眼睛直接接触了该化学物质,要立即用大量水冲洗(灌洗)眼睛,冲洗时,不时翻开上下眼睑,并立即就医。
- 皮肤:如果该化学物质直接接触皮肤,立即用水冲洗污染的皮肤。如果该化学物质渗透进衣服,要迅速将衣服脱除,用水冲洗污染的皮肤,并迅速就医。
- 呼吸:如果接触者吸入大量该化学物质,立即将接触者移至新鲜空气处。如果呼吸停止,要进行人工呼吸,注意保暖和休息。尽快就医。
- 吞入:如果吞入该化学物质,应立即就医。

对呼吸器选择的建议:无。

有关呼吸器选择的其他重要信息参见相关标准。

接触途径:呼吸道,胃肠道,皮肤和/或眼睛直接接触。

症状:眼睛、皮肤、呼吸系统刺激;角膜坏死;皮肤灼伤;咳嗽,呼吸困难,肺水肿;肝、肾损害。

靶器官:眼睛,皮肤,呼吸系统,肝,肾。

溴仿(Bromoform)

$CHBr_3$

异名和商品名:三溴甲烷,Methyl tribromide,Tribromomethane

CAS No.:75-25-2

RTECS No.:PB5600000

DOT ID 和指南号:2515 159

接触限值:NIOSH REL:TWA 0.5 ppm(5 mg/m³)[皮]

OSHA PEL:TWA 0.5 ppm(5 mg/m³)[皮]

IDLH:850 ppm **浓度换算系数:**1 ppm=10.34 mg/m³

理化性质:无色至黄色液体,具有氯仿样气味。[注:47 ℉以下为固体。]

分 子 量:252.8　　沸 点:301 ℉

凝 固 点:47 ℉　　溶 解 度:0.1%

蒸 气 压:5 mmHg　　电离电位:10.48eV

比 重:2.89　　闪 点:不适用

爆炸上限:不适用　　爆炸下限:不适用

不可燃液体。

不相容性和反应性:锂,钠,钾,钙,铝,锌,镁,强腐蚀剂,丙酮。[注:缓慢分解,变成黄色,空气和光可以加速分解。]

测量方法:NIOSH 1003;OSHA 7

个人防护和卫生设施:

- 皮肤:穿戴合适的个人防护服,防止皮肤直接接触。
- 眼睛:佩戴合适的眼部防护用品,防止眼睛直接接触。
- 清洗皮肤:当皮肤受到污染时,应立即清洗污染的皮肤。
- 脱除:如果工作服被弄湿或受到了明显的污染,应该立即脱除并妥善处置。
- 更换:对于班后的衣服的更换需要没有特殊建议。

急救:

- 眼睛:如眼睛直接接触了该化学物质,要立即用大量水冲洗(灌洗)眼睛,冲洗时,不时翻开上下眼睑,并立即就医。
- 皮肤:如果该化学物质直接接触皮肤,迅速用肥皂和水冲洗污染的皮肤。若该化学物质渗透进衣服,要迅速将衣服脱除,用肥皂和水清洗皮肤,并迅速就医。
- 呼吸:如果接触者吸入大量该化学物质,立即将接触者移至新鲜空气处。如果呼吸停止,要进行人工呼吸,注意保暖和休息。尽快就医。
- 吞入:如果吞入该化学物质,应立即就医。

对呼吸器选择的建议:NIOSH/OSHA

~12.5 ppm:

- Sa:Cf:任何连续供气式呼吸器。指定防护因数=25。£
- PaprOv:任何动力送风空气过滤式呼吸器,配有机蒸气滤毒盒。指定防护因数=25。£

~25 ppm：

- CcrFOv：任何空气过滤式全面罩呼吸器，配有机蒸气滤毒盒。指定防护因数＝50。
- GmFOv：任何空气过滤式全面罩呼吸器（防毒面具），配下颌式、前置式或背置式有机蒸气滤毒罐。指定防护因数＝50。
- PaprTOv：任何动力送风空气过滤式呼吸器，配密合型面罩和有机蒸气滤毒盒。指定防护因数＝50。£
- ScbaF：任何携气式呼吸器，配全面罩。指定防护因数＝50。
- SaF：任何供气式呼吸器，配全面罩。指定防护因数＝50。

~850 ppm：

- SaF：Pd，Pp：任何压力需气式或正压供气式呼吸器，配全面罩。指定防护因数＝2 000。

§：应急抢险，或准备进入浓度未知环境，或进入 IDLH 环境：

- ScbaF：Pd，Pp：任何压力需气式或正压携气式呼吸器，配全面罩。指定防护因数＝10 000。
- SaF：Pd，Pp：AScba：任何压力需气式或正压供气式呼吸器，配全面罩，配压力需气式或正压携气式辅助呼吸器。指定防护因数＝10 000。

逃生：

- GmFOv：任何空气过滤式全面罩呼吸器（防毒面具），配下颌式、前置式或背置式有机蒸气滤毒罐。指定防护因数＝50。
- ScbaE：任何适合逃生的携气式呼吸器。

有关呼吸器选择的其他重要信息参见相关标准。

接触途径：呼吸道；皮肤吸收；胃肠道；皮肤和/或眼睛直接接触。

症状：眼睛、皮肤、呼吸系统刺激；中枢神经系统抑制；肝、肾损害。

靶器官：眼睛，皮肤，呼吸系统、中枢神经系统，肝，肾。

1,3-丁二烯（1,3-Butadiene）

$CH_2=CHCH=CH_2$

CAS No.：106-99-0

RTECS No.：EI9275000

异名和商品名：联乙烯，丁（间）二烯，Biethylene，Bivinyl，Butadiene，Divinyl，Erythrene，Vinylethylene

DOT ID 和指南号：1010 116P（抗聚合）

接触限值：NIOSH REL：Ca 见附录 A

OSHA PEL：［1910.1051］TWA 1 ppm

ST 5 ppm

IDLH：Ca［2 000 ppm］［10%爆炸下限］

浓度换算系数：1 ppm＝2.21 mg/m^3

理化性质：无色气体，具有淡淡的芳香或汽油样气味。［注：24 ℉以下为液体。以压缩液化气运输。］

分子量：54.1	沸点：24 ℉
凝固点：－164 ℉	溶解度：不溶
蒸气压：2.4 大气压	电离电位：9.07 eV
相对密度：1.88	比重：0.65（24 ℉）
闪点：不适用（气体）－105 ℉（液体）	爆炸上限：12.0%
	爆炸下限：2.0%

易燃气体。

不相容性和反应性：苯酚，二氧化氯，铜，2-丁烯醛。［注：需加入抑制剂（如三丁基邻苯二酚）防止聚合反应。接触空气可形成具有爆炸性的过氧化物。］

测量方法：NIOSH 1024；OSHA 56

个人防护和卫生设施：

- 皮肤：压缩气体快速膨胀时可产生低温。泄漏和使用能快速膨胀的压缩气体，可产生冻伤危害。穿戴合适的个人防护服，防止皮肤冻伤。
- 眼睛：佩戴合适的眼部防护用品，防止眼睛直接接触液体后因低温引起灼伤或组织损伤。
- 清洗皮肤：对于清洗皮肤上的污染物没有其他特殊的建议(包括立即清洗和班后清洗)。
- 脱除：如果工作服被可燃性物质(即闪点低于 100 ℉的液体)浸湿，应当立即脱除并妥善处置，以防着火。
- 更换：对于班后的衣服的更换需要没有特殊建议。
- 配备：在紧靠有可能接触极低温液体或迅速蒸发的液体的工作场所，应配备快速冲淋洗浴设备和/或眼冲洗设备，以应急使用。

急救：

- 眼睛：如果眼组织冻伤，要立即就医。如果眼组织没有冻伤，要立即用大量水彻底冲洗至少 15 min，并不时翻开上下眼睑，如果眼睛刺激、疼痛、肿胀、流泪和畏光持续存在，应尽快就医。
- 皮肤：如果发生冻伤，要立即就医，不要揉擦或用水冲洗冻伤部位；为防止组织进一步受损，不要试图将冻结的衣服从冻伤部位脱除。如未发生冻伤，立即用肥皂和水彻底清洗污染的皮肤。
- 呼吸：如果接触者吸入大量该化学物质，立即将接触者移至新鲜空气处。如果呼吸停止，要进行人工呼吸，注意保暖和休息。尽快就医。

对呼吸器选择的建议：NIOSH

¥：高于 NIOSH REL 的浓度；或当没有 REL 时，任何可以检测到的浓度：

- ScbaF：Pd，Pp：任何压力需气式或正压携气式呼吸器，配全面罩。指定防护因数＝10 000。
- SaF：Pd，Pp：AScba：任何压力需气式或正压供气式呼吸器，配全面罩，配压力需气式或正压携气式辅助呼吸器。指定防护因数＝10 000。

逃生：

- GmFS：任何空气过滤式全面罩呼吸器(防毒面具)，配下颌式、前置式或背置式防该化学物质的滤毒罐。指定防护因数＝50。
- ScbaE：任何适合逃生的携气式呼吸器。

(见附录 E)

有关呼吸器选择的其他重要信息参见相关标准。

接触途径：呼吸道，皮肤和/或眼睛直接接触(液体)。

症状：眼睛、咽喉、鼻刺激；嗜睡，眩晕；冻伤(液体)；致畸、生殖效应；[潜在职业性致癌物]。

靶器官：眼睛，呼吸系统，中枢神经系统，生殖系统。

致癌部位：[血癌]。

正丁烷(n-Butane)

$CH_3CH_2CH_2CH_3$

异名和商品名：normal-Butane，Butyl hydride，Diethyl，Methylethylmethane

CAS No.：106-97-8

RTECS No.：EJ4200000

DOT ID 和指南号：1011 115；1075 115

[注：可参见异丁烷的列表。]

接触限值：NIOSH REL：TWA 800 ppm(1900 mg/m³)

OSHA PEL †：无

IDLH：N. D.　　**浓度换算系数：**1 ppm＝2.38 mg/m³

B

理化性质:无色气体,汽油样或天然气味。[注:以压缩液化气运输。31 ℉以下为液体]

分 子 量:58.1　　沸　　点:31 ℉
凝 固 点:−217 ℉　　溶 解 度:微溶
蒸 气 压:2.05 大气压　　电离电位:10.63eV
相对密度:2.11　　比　　重:0.6(31 ℉液体)
闪　　点:不适用(气体)　　爆炸上限:8.4%
爆炸下限:1.6%
易燃气体。
不相容性和反应性:强氧化剂(如硝酸盐和高氯酸盐),氯,氟,(羰基镍+氧)。

测量方法:OSHA 56

个人防护和卫生设施:

- 皮肤:压缩气体快速膨胀时可产生低温。泄漏和使用能快速膨胀的压缩气体,可产生冻伤危害。穿戴合适的个人防护服,防止皮肤冻伤。
- 眼睛:佩戴合适的眼部防护用品,防止眼睛直接接触液体后因低温引起灼伤或组织损伤。
- 清洗皮肤:对于清洗皮肤上的污染物没有其他特殊的建议(包括立即清洗和班后清洗)。
- 脱除:如果工作服被可燃性物质(即闪点低于 100 ℉的液体)浸湿,应当立即脱除并妥善处置,以防着火。
- 更换:对于班后的衣服的更换需要没有特殊建议。
- 配备:在紧靠有可能接触极低温液体或迅速蒸发的液体的工作场所,应配备快速冲淋洗浴设备和/或眼冲洗设备,以应急使用。

急救:

- 眼睛:如果眼组织冻伤,要立即就医。如果眼组织没有冻伤,要立即用大量水彻底冲洗至少 15 min,并不时翻开上下眼睑,如果眼睛刺激、疼痛、肿胀、流泪和畏光持续存在,应尽快就医。
- 皮肤:如果发生冻伤,要立即就医,不要揉擦或用水冲洗冻伤部位;为防止组织进一步受损,不要试图将冻结的衣服从冻伤部位脱除。如未发生冻伤,立即用肥皂和水彻底清洗污染的皮肤。
- 呼吸:如果接触者吸入大量该化学物质,立即将接触者移至新鲜空气处。如果呼吸停止,要进行人工呼吸,注意保暖和休息。尽快就医。

对呼吸器选择的建议:无。
有关呼吸器选择的其他重要信息参见相关标准。

接触途径:呼吸道,皮肤和/或眼睛直接接触(液体)。

症状:嗜睡,昏迷,晕厥;冻伤(液体)。

靶器官:中枢神经系统。

2-丁酮(2-Butanone)

$CH_3COCH_2CH_3$

CAS No.:78-93-3
RTECS No.:EL6475000
DOT ID 和指南号:1193 127

异名和商品名:乙基甲基酮,甲基乙基酮,甲基丙酮,Ethyl methyl ketone,MEK,Methyl acetone,Methyl ethyl ketone

接触限值:NIOSH REL:TWA 200 ppm(590 mg/m^3)
ST 300 ppm(885 mg/m^3)
OSHA PEL †:TWA 200 ppm(590 mg/m^3)

IDLH:3 000 ppm　**浓度换算系数**:1 ppm=2.95 mg/m^3

理化性质:无色液体,具有较强的芳香的、薄荷或丙酮气味。

分 子 量:72.1　　沸　　点:175 ℉
凝 固 点:−123 ℉　　溶 解 度:28%

蒸 气 压:78 mmHg　　电离电位:9.54eV
比　重:0.81　　闪　点:16 ℉
爆炸上限(200 ℉):11.4%　　爆炸下限(200 ℉):1.4%
ⅠB 类易燃液体——闪点低于 73 ℉,沸点等于或高于 100 ℉。

不相容性和反应性:强氧化剂,胺,氨,无机酸,腐蚀性物质,异氰酸盐,吡啶。

测量方法:NIOSH 2500,2555,3800;OSHA 16,84,1004

个人防护和卫生设施:

- 皮肤:穿戴合适的个人防护服,防止皮肤直接接触。
- 眼睛:佩戴合适的眼部防护用品,防止眼睛直接接触。
- 清洗皮肤:当皮肤受到污染时,应立即清洗污染的皮肤。
- 脱除:如果工作服被可燃性物质(即闪点低于 100 ℉的液体)浸湿,应当立即脱除并妥善处置,以防着火。
- 更换:对于班后的衣服的更换需要没有特殊建议。
- 配备:在劳动者可能接触该化学物质的作业场所,无论是否需要使用眼部防护用品,都应配备眼冲洗设备。

急救:

- 眼睛:如眼睛直接接触了该化学物质,要立即用大量水冲洗(灌洗)眼睛,冲洗时,不时翻开上下眼睑,并立即就医。
- 皮肤:如果该化学物质直接接触皮肤,立即用水冲洗污染的皮肤。如果该化学物质渗透进衣服,立即将衣服脱除,用水冲洗皮肤。若清洗后出现症状,要立即就医。
- 呼吸:如果接触者吸入大量该化学物质,立即将接触者移至新鲜空气处。通常不需要采取其他措施。
- 吞入:如果吞入该化学物质,应立即就医。

对呼吸器选择的建议:NIOSH/OSHA

～3 000 ppm:

- Sa:Cf:任何连续供气式呼吸器。指定防护因数=25。£
- PaprOv:任何动力送风空气过滤式呼吸器,配有机蒸气滤毒盒。指定防护因数=25。£
- CcrFOv:任何空气过滤式全面罩呼吸器,配有机蒸气滤毒盒。指定防护因数=50。
- GmFOv:任何空气过滤式全面罩呼吸器(防毒面具),配下颌式、前置式或背置式有机蒸气滤毒罐。指定防护因数=50。
- ScbaF:任何携气式呼吸器,配全面罩。指定防护因数=50。
- SaF:任何供气式呼吸器,配全面罩。指定防护因数=50。

§:应急抢险,或准备进入浓度未知环境,或进入 IDLH 环境:

- ScbaF:Pd,Pp:任何压力需气式或正压携气式呼吸器,配全面罩。指定防护因数=10 000。
- SaF:Pd,Pp:AScba:任何压力需气式或正压供气式呼吸器,配全面罩,配压力需气式或正压携气式辅助呼吸器。指定防护因数=10 000。

逃生:

- GmFOv:任何空气过滤式全面罩呼吸器(防毒面具),配下颌式、前置式或背置式有机蒸气滤毒罐。指定防护因数=50。
- ScbaE:任何适合逃生的携气式呼吸器。

有关呼吸器选择的其他重要信息参见相关标准。

接触途径:呼吸道,胃肠道,皮肤和/或眼睛直接接触。

症状:眼睛、鼻、皮肤刺激;头痛;眩晕;呕吐;皮炎。

靶器官:眼睛,皮肤,呼吸系统,中枢神经系统。

2-丁氧乙醇(2-Butoxyethanol)

$C_4H_9OCH_2CH_2OH$

CAS No.:111-76-2

RTECS No.:KJ8575000

异名和商品名: Butyl Cellosolve®,Butyl oxitol,Dowanol® EB,EGBE,Ektasolve EB®,Ethylene glycol monobutyl ether,Jeffersol EB

DOT ID 和指南号:2369 152

接触限值:NIOSH REL:TWA 5 ppm(24 mg/m³)[皮]
OSHA PEL †:TWA 50 ppm(240 mg/m³)[皮]

IDLH:700 ppm　**浓度换算系数:**1 ppm=4.83 mg/m³

理化性质:无色液体,具有淡淡的乙醚气味。

分子量:118.2　沸点:339 ℉
凝固点:−107 ℉　溶解度:与水互溶
蒸气压:0.8 mmHg　电离电位:10.00 eV
比重:0.90　闪点:143 ℉
爆炸上限(275 ℉):12.7%　爆炸下限(200 ℉):1.1%
ⅢA 类可燃液体——闪点等于或高于 140 ℉且低于 200 ℉。
不相容性和反应性:强氧化剂,强腐蚀剂。

测量方法:NIOSH 1403;OSHA 83

个人防护和卫生设施:

- 皮肤:穿戴合适的个人防护服,防止皮肤直接接触。
- 眼睛:佩戴合适的眼部防护用品,防止眼睛直接接触。
- 清洗皮肤:当皮肤受到污染时,应立即清洗污染的皮肤。
- 脱除:如果工作服被弄湿或受到了明显的污染,应该立即脱除并妥善处置。
- 更换:对于班后的衣服的更换需要没有特殊建议。
- 配备:在紧靠有可能接触该化学物质的工作场所,应配备快速冲淋身体的设备以应急使用。[注:这些设备应能够提供足量水或流动水,以将可能接触的身体任何部位上的该化学物质除去。实际配备适宜的快速冲淋设备取决于工作场所的具体条件。在某些情况下,必须及时进行大流量淋浴,而其他情况下只需要用一个水槽或软管供水就足够了。]

急救:

- 眼睛:如眼睛直接接触了该化学物质,要立即用大量水冲洗(灌洗)眼睛,冲洗时,不时翻开上下眼睑,并立即就医。
- 皮肤:如果该化学物质直接接触皮肤,迅速用肥皂和水冲洗污染的皮肤。若该化学物质渗透进衣服,要迅速将衣服脱除,用肥皂和水清洗皮肤,并迅速就医。
- 呼吸:如果接触者吸入大量该化学物质,立即将接触者移至新鲜空气处。如果呼吸停止,要进行人工呼吸,注意保暖和休息。尽快就医。
- 吞入:如果吞入该化学物质,应立即就医。

对呼吸器选择的建议:NIOSH

~50 ppm:

- CcrOv:任何空气过滤式半面罩呼吸器,配防有机蒸气的滤毒盒。指定防护因数=10。*
- Sa:任何供气式呼吸器。指定防护因数=10。*

~125 ppm:

- Sa:Cf:任何连续供气式呼吸器。指定防护因数=25。*
- PaprOv:任何动力送风空气过滤式呼吸器,配有机蒸气滤毒盒。指定防护因数=25。*

~250 ppm:

- CcrFOv:任何空气过滤式全面罩呼吸器,配有机蒸气滤毒盒。指定防护因数=50。
- GmFOv:任何空气过滤式全面罩呼吸器(防毒面具),配下颌式、前置式或背置式有机蒸气滤毒罐。指定防护因数=50。
- PaprTOv:任何动力送风空气过滤式呼吸器,配密合型面罩和有机蒸气滤毒盒。指定防护因数=50。*

● ScbaF:任何携气式呼吸器,配全面罩。指定防护因数=50。
● SaF:任何供气式呼吸器,配全面罩。指定防护因数=50。
~700 ppm:
● SaF:Pd,Pp:任何压力需气式或正压供气式呼吸器,配全面罩。指定防护因数=2 000。
§:应急抢险,或准备进入浓度未知环境,或进入 IDLH 环境:
● ScbaF:Pd,Pp:任何压力需气式或正压携气式呼吸器,配全面罩。指定防护因数=10 000。
● SaF:Pd,Pp:AScba:任何压力需气式或正压供气式呼吸器,配全面罩,配压力需气式或正压携气式辅助呼吸器。指定防护因数=10 000。

逃生:
● GmFOv:任何空气过滤式全面罩呼吸器(防毒面具),配下颌式、前置式或背置式有机蒸气滤毒罐。指定防护因数=50。
● ScbaE:任何适合逃生的携气式呼吸器。
有关呼吸器选择的其他重要信息参见相关标准。

接触途径:呼吸道,皮肤吸收,胃肠道,皮肤和/或眼睛直接接触。

症状:眼睛、鼻、皮肤、咽喉刺激;溶血,血尿症;中枢神经系统抑制,头痛;呕吐。

靶器官:眼睛,皮肤,呼吸系统,中枢神经系统,造血系统,血液,肾,肝,淋巴系统。

2-丁氧基乙醇乙酯(2-Butoxyethanol acetate)

$C_4H_9O(CH_2)_2OCOCH_3$

CAS No.:112-07-2
RTECS No.:KJ8925000
DOT ID 和指南号:

异名和商品名:2-Butoxyethyl acetate,Butyl Cellosolve ®acetate,Butyl glycol acetate,EGBEA,Ektasolve EB®acetate,Ethylene glycol monobuty lether acetate

接触限值:NIOSH REL:TWA 5 ppm(33 mg/m^3)
OSHA PEL:无

IDLH:N. D.　　**浓度换算系数:**1 ppm=6.55 mg/m^3

理化性质:无色液体,具有甜水果气味。

分子量:160.2　　沸点:378 ℉
凝固点:-82 ℉　　溶解度:1.5%
蒸气压:0.3 mmHg　　电离电位:未知
比重:0.94　　闪点:160 ℉
爆炸上限(275 ℉):8.54%　　爆炸下限(200 ℉):0.88%
ⅢA 类可燃液体——闪点等于或高于 140 ℉且低于 200 ℉。
不相容性和反应性:氧化剂。

测量方法:OSHA 83

个人防护和卫生设施:
● 皮肤:穿戴合适的个人防护服,防止皮肤直接接触。
● 眼睛:佩戴合适的眼部防护用品,防止眼睛直接接触。
● 清洗皮肤:当皮肤受到污染时,应立即清洗污染的皮肤。
● 脱除:如果工作服被可燃性物质(即闪点低于 100 ℉的液体)浸湿,应当立即脱除并妥善处置,以防着火。
● 更换:对于班后的衣服的更换需要没有特殊建议。

急救:
● 眼睛:如眼睛直接接触了该化学物质,要立即用大量水冲洗(灌洗)眼睛,冲洗时,不时翻开上下眼睑,并立即就医。
● 皮肤:如果该化学物质直接接触皮肤,迅速用肥皂和水冲洗污染的皮肤。若该化学物质渗透进衣服,要迅速将衣服脱除,用肥皂和水清洗皮肤,并迅速就医。

● 呼吸：如果接触者吸入大量该化学物质，立即将接触者移至新鲜空气处。如果呼吸停止，要进行人工呼吸，注意保暖和休息。尽快就医。
● 吞入：如果吞入该化学物质，应立即就医。

对呼吸器选择的建议：NIOSH
~50 ppm：
● CcrOv：任何空气过滤式半面罩呼吸器，配防有机蒸气的滤毒盒。指定防护因数=10。*
● Sa：任何供气式呼吸器。指定防护因数=10。*
~125 ppm：
● Sa：Cf：任何连续供气式呼吸器。指定防护因数=25。*
● PaprOv：任何动力送风空气过滤式呼吸器，配有机蒸气滤毒盒。指定防护因数=25。*
~250 ppm：
● CcrFOv：任何空气过滤式全面罩呼吸器，配有机蒸气滤毒盒。指定防护因数=50。
● GmFOv：任何空气过滤式全面罩呼吸器(防毒面具)，配下颌式、前置式或背置式有机蒸气滤毒罐。指定防护因数=50。
● PaprTOv：任何动力送风空气过滤式呼吸器，配密合型面罩和有机蒸气滤毒盒。指定防护因数=50。*
● ScbaF：任何携气式呼吸器，配全面罩。指定防护因数=50。
● SaF：任何供气式呼吸器，配全面罩。指定防护因数=50。
~700 ppm：
● SaF：Pd，Pp：任何压力需气式或正压供气式呼吸器，配全面罩。指定防护因数=2 000。
§：应急抢险，或准备进入浓度未知环境，或进入 IDLH 环境：
● ScbaF：Pd，Pp：任何压力需气式或正压携气式呼吸器，配全面罩。指定防护因数=10 000。
● SaF：Pd，Pp：AScba：任何压力需气式或正压供气式呼吸器，配全面罩，配压力需气式或正压携气式辅助呼吸器。指定防护因数=10 000。
逃生：
● GmFOv：任何空气过滤式全面罩呼吸器(防毒面具)，配下颌式、前置式或背置式有机蒸气滤毒罐。指定防护因数=50。
● ScbaE：任何适合逃生的携气式呼吸器。
有关呼吸器选择的其他重要信息参见相关标准。

接触途径：呼吸道，皮肤吸收，胃肠道，皮肤和/或眼睛直接接触。

症状：眼睛、鼻、皮肤、咽喉刺激；溶血，血尿症；中枢神经系统抑制，头痛；呕吐。

靶器官：眼睛，皮肤，呼吸系统，中枢神经系统，造血系统，血液，肾，肝，淋巴系统。

乙酸正丁酯(n-Butyl acetate)

$CH_3COO(CH_2)_3CH_3$

CAS No.：123-86-4
RTECS No.：AF7350000
异名和商品名：乙酸丁酯，Butyl acetate，n-Buty ester of acetic acid，Butyl ethanoate
DOT ID 和指南号：1123 129

接触限值：NIOSH REL：TWA 150 ppm(710 mg/m³)
ST 200 ppm(950 mg/m³)
OSHA PEL †：TWA 150 ppm(710 mg/m³)

IDLH：1700 ppm[10%爆炸下限]　**浓度换算系数：**1 ppm=4.75 mg/m³

理化性质：无色液体，具有水果味。

分子量	116.2	沸点	258 ℉
凝固点	−107 ℉	溶解度	1%
蒸气压	10 mmHg	电离电位	10.00 eV
比重	0.88	闪点	72 ℉

爆炸上限:7.6%　　　　　　爆炸下限:1.7%

ⅠB 类易燃液体——闪点低于 73 ℉,沸点等于或高于 100 ℉。

不相容性和反应性:硝酸盐,强氧化剂,强酸和强碱。

测量方法:NIOSH 1450;OSHA 7

个人防护和卫生设施:

- 皮肤:穿戴合适的个人防护服,防止皮肤直接接触。
- 眼睛:佩戴合适的眼部防护用品,防止眼睛直接接触。
- 清洗皮肤:当皮肤受到污染时,应立即清洗污染的皮肤。
- 脱除:如果工作服被可燃性物质(即闪点低于 100 ℉的液体)浸湿,应当立即脱除并妥善处置,以防着火。
- 更换:对于班后的衣服的更换需要没有特殊建议。

急救:

- 眼睛:如眼睛直接接触了该化学物质,要立即用大量水冲洗(灌洗)眼睛,冲洗时,不时翻开上下眼睑,并立即就医。
- 皮肤:如果该化学物质直接接触皮肤,迅速用水冲洗污染的皮肤。如果该化学物质渗透进衣服,要立即将衣服脱除,迅速用水冲洗污染的皮肤。若冲洗后刺激症状持续存在,应立即就医。
- 呼吸:如果接触者吸入大量该化学物质,立即将接触者移至新鲜空气处。如果呼吸停止,要进行人工呼吸,注意保暖和休息。尽快就医。
- 吞入:如果吞入该化学物质,应立即就医。

对呼吸器选择的建议:NIOSH/OSHA

~1 500 ppm:

- CcrOv:任何空气过滤式半面罩呼吸器,配防有机蒸气的滤毒盒。指定防护因数=10。*
- Sa:任何供气式呼吸器。指定防护因数=10。*

~1 700 ppm:

- Sa∶Cf:任何连续供气式呼吸器。指定防护因数=25。*
- PaprOv:任何动力送风空气过滤式呼吸器,配有机蒸气滤毒盒。指定防护因数=25。*
- CcrFOv:任何空气过滤式全面罩呼吸器,配有机蒸气滤毒盒。指定防护因数=50。
- GmFOv:任何空气过滤式全面罩呼吸器(防毒面具),配下颌式、前置式或背置式有机蒸气滤毒罐。指定防护因数=50。
- ScbaF:任何携气式呼吸器,配全面罩。指定防护因数=50。
- SaF:任何供气式呼吸器,配全面罩。指定防护因数=50。

§:应急抢险,或准备进入浓度未知环境,或进入 IDLH 环境:

- ScbaF∶Pd,Pp:任何压力需气式或正压携气式呼吸器,配全面罩。指定防护因数=10 000。
- SaF∶Pd,Pp∶AScba:任何压力需气式或正压供气式呼吸器,配全面罩,配压力需气式或正压携气式辅助呼吸器。指定防护因数=10 000。

逃生:

- GmFOv:任何空气过滤式全面罩呼吸器(防毒面具),配下颌式、前置式或背置式有机蒸气滤毒罐。指定防护因数=50。
- ScbaE:任何适合逃生的携气式呼吸器。

有关呼吸器选择的其他重要信息参见相关标准。

接触途径:呼吸道,胃肠道,皮肤和/或眼睛直接接触。

症状:眼睛、皮肤、上呼吸道刺激;头痛,嗜睡,昏迷。

靶器官:眼睛,皮肤,呼吸系统,中枢神经系统。

乙酸仲丁酯(sec-Butyl acetate)

$CH_3COOCH(CH_3)CH_2CH_3$

异名和商品名:醋酸仲丁酯,sec-Butyl ester of acetic acid,1-Methylpropyl acetate

CAS No.:105-46-4

RTECS No.:AF7380000

DOT ID 和指南号:1123 129

接触限值:NIOSH REL:TWA 200 ppm(950 mg/m^3)

OSHA PEL:TWA 200 ppm(950 mg/m^3)

IDLH:1 700 ppm[10%爆炸下限]

浓度换算系数:1 ppm=4.75 mg/m^3

理化性质:无色液体,具有令人愉快的水果气味。

分子量:	116.2	沸点:	234 ℉
凝固点:	−100 ℉	溶解度:	0.8%
蒸气压:	10 mmHg	电离电位:	9.91 eV
比重:	0.86	闪点:	62 ℉
爆炸上限:	9.8%	爆炸下限:	1.7%

ⅠB类易燃液体——闪点低于 73 ℉,沸点等于或高于 100 ℉。

不相容性和反应性:硝酸盐,强氧化剂,强酸和强碱。

测量方法:NIOSH 1450;OSHA 7

个人防护和卫生设施:

- 皮肤:穿戴合适的个人防护服,防止皮肤直接接触。
- 眼睛:佩戴合适的眼部防护用品,防止眼睛直接接触。
- 清洗皮肤:当皮肤受到污染时,应立即清洗污染的皮肤。
- 脱除:如果工作服被可燃性物质(即闪点低于 100 ℉的液体)浸湿,应当立即脱除并妥善处置,以防着火。
- 更换:对于班后的衣服的更换需要没有特殊建议。

急救:

- 眼睛:如眼睛直接接触了该化学物质,要立即用大量水冲洗(灌洗)眼睛,冲洗时,不时翻开上下眼睑,并立即就医。
- 皮肤:如果该化学物质直接接触皮肤,迅速用水冲洗污染的皮肤。如果该化学物质渗透进衣服,要立即将衣服脱除,迅速用水冲洗污染的皮肤。若冲洗后刺激症状持续存在,应立即就医。
- 呼吸:如果接触者吸入大量该化学物质,立即将接触者移至新鲜空气处。如果呼吸停止,要进行人工呼吸,注意保暖和休息。尽快就医。
- 吞入:如果吞入该化学物质,应立即就医。

对呼吸器选择的建议:NIOSH/OSHA

~1 700 ppm:

- Sa:Cf:任何连续供气式呼吸器。指定防护因数=25。£
- PaprOv:任何动力送风空气过滤式呼吸器,配有机蒸气滤毒盒。指定防护因数=25。£
- CcrFOv:任何空气过滤式全面罩呼吸器,配有机蒸气滤毒盒。指定防护因数=50。
- GmFOv:任何空气过滤式全面罩呼吸器(防毒面具),配下颌式、前置式或背置式有机蒸气滤毒罐。指定防护因数=50。
- ScbaF:任何携气式呼吸器,配全面罩。指定防护因数=50。
- SaF:任何供气式呼吸器,配全面罩。指定防护因数=50。

§:应急抢险,或准备进入浓度未知环境,或进入 IDLH 环境:

- ScbaF:Pd,Pp:任何压力需气式或正压携气式呼吸器,配全面罩。指定防护因数=10 000。
- SaF:Pd,Pp:AScba:任何压力需气式或正压供气式呼吸器,配全面罩,配压力需气式或正压携气式辅助呼吸器。指定防护因数=10 000。

逃生:

- GmFOv:任何空气过滤式全面罩呼吸器(防毒面具),配下颌式、前置式或背置式有机蒸气滤毒罐。指定防护因数=50。
- ScbaE:任何适合逃生的携气式呼吸器。

有关呼吸器选择的其他重要信息参见相关标准。

接触途径:呼吸道,胃肠道,皮肤和/或眼睛直接接触。

症状:眼睛刺激;头痛;嗜睡;上呼吸道刺激;皮肤干燥;昏迷。

靶器官:眼睛,皮肤,呼吸系统,中枢神经系统。

乙酸叔丁酯(tert-Butyl acetate)

$CH_3COOC(CH_3)_3$

异名和商品名:醋酸叔丁酯,tert-Butyl ester of acetic acid

CAS No.:540-88-5

RTECS No.:AF7400000

DOT ID 和指南号:1123 129

接触限值:NIOSH REL:TWA 200 ppm(950 mg/m^3)

OSHA PEL:TWA 200 ppm(950 mg/m^3)

IDLH:1500 ppm[10%爆炸下限] **浓度换算系数:**1 ppm =4.75 mg/m^3

理化性质:无色液体,具有水果气味。

分子量:116.2	沸点:208 ℉
凝固点:未知	溶解度:不溶
蒸气压:未知	电离电位:未知
比重:0.87	闪点:72 ℉
爆炸上限:未知	爆炸下限:1.5%

ⅠB类易燃液体——闪点低于 73 ℉,沸点等于或高于 100 ℉。

不相容性和反应性:硝酸盐,强氧化剂,强酸和强碱。

测量方法:NIOSH 1450;OSHA 7

个人防护和卫生设施:

- 皮肤:穿戴合适的个人防护服,防止皮肤直接接触。
- 眼睛:佩戴合适的眼部防护用品,防止眼睛直接接触。
- 清洗皮肤:当皮肤受到污染时,应立即清洗污染的皮肤。
- 脱除:如果工作服被可燃性物质(即闪点低于 100 ℉的液体)浸湿,应当立即脱除并妥善处置,以防着火。
- 更换:对于班后的衣服的更换需要没有特殊建议。

急救:

- 眼睛:如眼睛直接接触了该化学物质,要立即用大量水冲洗(灌洗)眼睛,冲洗时,不时翻开上下眼睑,并立即就医。
- 皮肤:如果该化学物质直接接触皮肤,迅速用水冲洗污染的皮肤。如果该化学物质渗透进衣服,要立即将衣服脱除,迅速用水冲洗污染的皮肤。若冲洗后刺激症状持续存在,应立即就医。
- 呼吸:如果接触者吸入大量该化学物质,立即将接触者移至新鲜空气处。如果呼吸停止,要进行人工呼吸,注意保暖和休息。尽快就医。
- 吞入:如果吞入该化学物质,应立即就医。

对呼吸器选择的建议:NIOSH/OSHA

~1 500 ppm:

- Sa:Cf:任何连续供气式呼吸器。指定防护因数=25。£
- PaprOv:任何动力送风空气过滤式呼吸器,配有机蒸气滤毒盒。指定防护因数=25。£
- CcrFOv:任何空气过滤式全面罩呼吸器,配有机蒸气滤毒盒。指定防护因数=50。
- GmFOv:任何空气过滤式全面罩呼吸器(防毒面具),配下颌式、前置式或背置式有机蒸气滤毒罐。指定防护因数=50。
- ScbaF:任何携气式呼吸器,配全面罩。指定防护因数=50。
- SaF:任何供气式呼吸器,配全面罩。指定防护因数=50。

§:应急抢险,或准备进入浓度未知环境,或进入 IDLH 环境:

- ScbaF:Pd,Pp:任何压力需气式或正压携气式呼吸器,配全面罩。指定防护因数=10 000。
- SaF:Pd,Pp:AScba:任何压力需气式或正压供气式呼吸器,配全面罩,配压力需气式或正压携气式辅助呼吸器。指定防护因数=10 000。

逃生:

- GmFOv:任何空气过滤式全面罩呼吸器(防毒面具),配下颌式、前置式或背置式有机蒸气滤毒罐。指定防护因数=50。
- ScbaE:任何适合逃生的携气式呼吸器。

有关呼吸器选择的其他重要信息参见相关标准。

接触途径:呼吸道,胃肠道,皮肤和/或眼睛直接接触。

症状:瘙痒,眼部炎症;上呼吸道刺激;头痛;昏迷;皮炎。

靶器官:呼吸系统,眼睛,皮肤,中枢神经系统。

B

丙烯酸丁酯(Butyl acrylate)

$CH_2=CHCOOC_4H_9$

异名和商品名:丙烯酸正丁酯,n-Butyl acrylate,Butyl ester of acrylic acid,Butyl-2-propenoate

CAS No.:141-32-2

RTECS No.:UD3150000

DOT ID 和指南号:2348 130P

接触限值:NIOSH REL:TWA 10 ppm(55 mg/m^3)
OSHA PEL †:无

IDLH:N. D.　　**浓度换算系数:**1 ppm=5.24 mg/m^3

理化性质:清亮的无色液体,具有强烈的水果气味。[注:反应性高,可能含有抑制剂防止其自然聚合。]

分子量:128.2　　沸点:293 ℉
凝固点:−83 ℉　　溶解度:0.1%
蒸气压:4 mmHg　　电离电位:未知
比重:0.89　　闪点:103 ℉
爆炸上限:9.9%　　爆炸下限:1.5%

Ⅱ类可燃液体——闪点等于或高于 100 ℉且低于 140 ℉。

不相容性和反应性:强酸,强碱,胺,卤素,氢化物,氧化剂,热,火,日光。[注:加热易发生聚合]。

测量方法:OSHA PV2011

个人防护和卫生设施:

- 皮肤:穿戴合适的个人防护服,防止皮肤直接接触。
- 眼睛:佩戴合适的眼部防护用品,防止眼睛直接接触。
- 清洗皮肤:当皮肤受到污染时,应立即清洗污染的皮肤。
- 脱除:如果工作服被弄湿或受到了明显的污染,应该立即脱除并妥善处置。
- 更换:对于班后的衣服的更换需要没有特殊建议。
- 配备:在劳动者可能接触该化学物质的作业场所,无论是否需要使用眼部防护用品,都应配备眼冲洗设备。在紧靠有可能接触该化学物质的工作场所,应配备快速冲淋身体的设备以应急使用。[注:这些设备应能够提供足量水或流动水,以将可能接触的身体任何部位上的该化学物质除去。实际配备适宜的快速冲淋设备取决于工作场所的具体条件。在某些情况下,必须及时进行大流量淋浴,而其他情况下只需要用一个水槽或软管供水就足够了。]

急救:

- 眼睛:如眼睛直接接触了该化学物质,要立即用大量水冲洗(灌洗)眼睛,冲洗时,不时翻开上下眼睑,并立即就医。
- 皮肤:如果该化学物质直接接触皮肤,立即用肥皂和水冲洗污染的皮肤。若该化学物质渗透进衣服,要立即将衣服脱除,用肥皂和水清洗皮肤,并迅速就医。
- 呼吸:如果接触者吸入大量该化学物质,立即将接触者移至新鲜空气处。如果呼吸停止,要进行人工呼吸,注意保暖和休息。尽快就医。
- 吞入:如果吞入该化学物质,应立即就医。

对呼吸器选择的建议:无。

有关呼吸器选择的其他重要信息参见相关标准。

接触途径:呼吸道,皮肤吸收,胃肠道,皮肤和/或眼睛直接接触。

症状:眼睛、皮肤、上呼吸道刺激;皮肤致敏;呼吸困难。

靶器官:眼睛,皮肤,呼吸系统。

正丁醇(n-Butyl alcohol)

$CH_3CH_2CH_2CH_2OH$

异名和商品名:1-丁醇,1-Butanol,n-Butanol,Butyl alcohol,1-Hydroxybutane,n-Propyl carbinol

CAS No.:71-36-3

RTECS No.:EO1400000

DOT ID 和指南号:1120 129

接触限值:NIOSH REL:C 50 ppm(150 mg/m³)[皮]
OSHA PEL †:TWA 100 ppm(300 mg/m³)

IDLH:1400 ppm[10%爆炸下限]

浓度换算系数:1 ppm=3.03 mg/m³

理化性质:无色液体,具有强烈的醇的气味。

分子量:	74.1	沸点:	243 ℉
凝固点:	−129 ℉	溶解度:	9%
蒸气压:	6 mmHg	电离电位:	10.04 eV
比重:	0.81	闪点:	84 ℉
爆炸上限:	11.2%	爆炸下限:	1.4%

ⅠC类易燃液体——闪点等于或高于 73 ℉且低于 100 ℉。

不相容性和反应性:强氧化剂,强无机酸,碱金属,卤素。

测量方法:NIOSH 1401,1405;OSHA 7

个人防护和卫生设施:

- 皮肤:穿戴合适的个人防护服,防止皮肤直接接触。
- 眼睛:佩戴合适的眼部防护用品,防止眼睛直接接触。
- 清洗皮肤:当皮肤受到污染时,应立即清洗污染的皮肤。
- 脱除:如果工作服被可燃性物质(即闪点低于 100 ℉的液体)浸湿,应当立即脱除并妥善处置,以防着火。
- 更换:对于班后的衣服的更换需要没有特殊建议。

急救:

- 眼睛:如眼睛直接接触了该化学物质,要立即用大量水冲洗(灌洗)眼睛,冲洗时,不时翻开上下眼睑,并立即就医。
- 皮肤:如果该化学物质直接接触皮肤,迅速用水冲洗污染的皮肤。如果该化学物质渗透进衣服,要立即将衣服脱除,迅速用水冲洗污染的皮肤。若冲洗后刺激症状持续存在,应立即就医。
- 呼吸:如果接触者吸入大量该化学物质,立即将接触者移至新鲜空气处。如果呼吸停止,要进行人工呼吸,注意保暖和休息。尽快就医。
- 吞入:如果吞入该化学物质,应立即就医。

对呼吸器选择的建议:NIOSH

~1 250 ppm:

- Sa:Cf:任何连续供气式呼吸器。指定防护因数=25。£
- PaprOv:任何动力送风空气过滤式呼吸器,配有机蒸气滤毒盒。指定防护因数=25。£

~1 400 ppm:

- CcrFOv:任何空气过滤式全面罩呼吸器,配有机蒸气滤毒盒。指定防护因数=50。
- GmFOv:任何空气过滤式全面罩呼吸器(防毒面具),配下颌式、前置式或背置式有机蒸气滤毒罐。指定防护因数=50。
- PaprTOv:任何动力送风空气过滤式呼吸器,配密合型面罩和有机蒸气滤毒盒。指定防护因数=50。£
- ScbaF:任何携气式呼吸器,配全面罩。指定防护因数=50。
- SaF:任何供气式呼吸器,配全面罩。指定防护因数=50。

§:应急抢险,或准备进入浓度未知环境,或进入 IDLH 环境:

- ScbaF:Pd,Pp:任何压力需气式或正压携气式呼吸器,配全面罩。指定防护因数=10 000。
- SaF:Pd,Pp:AScba:任何压力需气式或正压供气式呼吸器,配全面罩,配压力需气式或正压携气式辅助呼吸器。指定防护因数=10 000。

B

逃生:

- GmFOv:任何空气过滤式全面罩呼吸器(防毒面具),配下颌式、前置式或背置式有机蒸气滤毒罐。指定防护因数=50。
- ScbaE:任何适合逃生的携气式呼吸器。

有关呼吸器选择的其他重要信息参见相关标准。

接触途径:呼吸道,皮肤吸收,胃肠道,皮肤和/或眼睛直接接触。

症状:眼睛、鼻、咽喉刺激;头痛,眩晕,嗜睡;角膜炎,视物模糊,流泪,畏光;皮炎;可能的听觉神经损害,听力丧失;中枢神经系统抑制。

靶器官:眼睛,皮肤,呼吸系统,中枢神经系统。

仲丁醇(sec-Butyl alcohol)

$CH_3CH(OH)CH_2CH_3$

异名和商品名:2-丁醇,2-Butanol,Butylene hydrate,2-Hydroxybutane,Methyl ethyl carbinol

CAS No.:78-92-2

RTECS No.:EO1750000

DOT ID 和指南号:1120 129

接触限值:NIOSH REL:TWA 100 ppm(305 mg/m^3)

ST 150 ppm(455 mg/m^3)

OSHA PEL †:TWA 150 ppm(450 mg/m^3)

IDLH:2 000 ppm　**浓度换算系数:**1 ppm=3.03 mg/m^3

理化性质:无色液体,具有强烈的令人愉快的气味。

分子量:74.1	沸点:211 ℉
凝固点:-175 ℉	溶解度:16%
蒸气压:12 mmHg	电离电位:10.10eV
比重:0.81	闪点:75 ℉
爆炸上限(212 ℉):9.8%	爆炸下限(212 ℉):1.7%

ⅠC类易燃液体——闪点等于或高于 73 ℉且低于 100 ℉。

不相容性和反应性:强氧化剂,有机过氧化物,高氯酸,过一硫酸。

测量方法:NIOSH 1401,1405;OSHA 7

个人防护和卫生设施:

- 皮肤:穿戴合适的个人防护服,防止皮肤直接接触。
- 眼睛:佩戴合适的眼部防护用品,防止眼睛直接接触。
- 清洗皮肤:当皮肤受到污染时,应立即清洗污染的皮肤。
- 脱除:如果工作服被可燃性物质(即闪点低于 100 ℉的液体)浸湿,应当立即脱除并妥善处置,以防着火。
- 更换:对于班后的衣服的更换需要没有特殊建议。

急救:

- 眼睛:如眼睛直接接触了该化学物质,要立即用大量水冲洗(灌洗)眼睛,冲洗时,不时翻开上下眼睑,并立即就医。
- 皮肤:如果该化学物质直接接触皮肤,迅速用水冲洗污染的皮肤。如果该化学物质渗透进衣服,要立即将衣服脱除,迅速用水冲洗污染的皮肤。若冲洗后刺激症状持续存在,应立即就医。
- 呼吸:如果接触者吸入大量该化学物质,立即将接触者移至新鲜空气处。如果呼吸停止,要进行人工呼吸,注意保暖和休息。尽快就医。
- 吞入:如果吞入该化学物质,应立即就医。

对呼吸器选择的建议:NIOSH

~1 000 ppm:

- CcrOv:任何空气过滤式半面罩呼吸器,配防有机蒸气的滤毒盒。指定防护因数=10。*
- Sa:任何供气式呼吸器。指定防护因数=10。*

～2 000 ppm：

- Sa：Cf：任何连续供气式呼吸器。指定防护因数＝25。*
- PaprOv：任何动力送风空气过滤式呼吸器，配有机蒸气滤毒盒。指定防护因数＝25。*
- CcrFOv：任何空气过滤式全面罩呼吸器，配有机蒸气滤毒盒。指定防护因数＝50。
- GmFOv：任何空气过滤式全面罩呼吸器(防毒面具)，配下颌式、前置式或背置式有机蒸气滤毒罐。指定防护因数＝50。
- ScbaF：任何携气式呼吸器，配全面罩。指定防护因数＝50。
- SaF：任何供气式呼吸器，配全面罩。指定防护因数＝50。

§：应急抢险，或准备进入浓度未知环境，或进入 IDLH 环境：

- ScbaF：Pd，Pp：任何压力需气式或正压携气式呼吸器，配全面罩。指定防护因数＝10 000。
- SaF：Pd，Pp：AScba：任何压力需气式或正压供气式呼吸器，配全面罩，配压力需气式或正压携气式辅助呼吸器。指定防护因数＝10 000。

逃生：

- GmFOv：任何空气过滤式全面罩呼吸器(防毒面具)，配下颌式、前置式或背置式有机蒸气滤毒罐。指定防护因数＝50。
- ScbaE：任何适合逃生的携气式呼吸器。

有关呼吸器选择的其他重要信息参见相关标准。

接触途径：呼吸道，胃肠道，皮肤和/或眼睛直接接触。

症状：眼睛、鼻、皮肤、咽刺激；昏迷。

靶器官：眼睛，皮肤，呼吸系统，中枢神经系统。

叔丁醇(tert-Butyl alcohol)

$(CH_3)_3COH$

异名和商品名：特丁醇，2-甲基-2-丙醇，三甲基甲醇，2-Methyl-2-propanol，Trimethyl carbinol

CAS No.：75-65-0

RTECS No.：EO1925000

DOT ID 和指南号：1120 129

接触限值：NIOSH REL：TWA 100 ppm(300 mg/m^3)
ST 150 ppm(450 mg/m^3)
OSHA PEL †：TWA 100 ppm(300 mg/m^3)

IDLH：1 600 ppm　**浓度换算系数：**1 ppm＝3.03 mg/m^3

理化性质：无色固体或液体(77 ℉以上)，具樟脑气味。[注：常用水溶液。]

分子量：74.1	沸点：180 ℉
凝固点：78 ℉	溶解度：与水互溶
蒸气压(77 ℉)：42 mmHg	电离电位：9.70eV
比重：0.79(固体)	闪点：52 ℉
爆炸上限：8.0%	爆炸下限：2.4%

可燃固体。

ⅠB类易燃液体——闪点低于 73 ℉，沸点等于或高于 100 ℉。

不相容性和反应性：强无机酸，浓盐酸，氧化剂。

测量方法：NIOSH 1400，OSHA 7

个人防护和卫生设施：

- 皮肤：穿戴合适的个人防护服，防止皮肤直接接触。
- 眼睛：佩戴合适的眼部防护用品，防止眼睛直接接触。
- 清洗皮肤：当皮肤受到污染时，应立即清洗污染的皮肤。
- 脱除：如果工作服被可燃性物质(即闪点低于 100 ℉的液体)浸湿，应当立即脱除并妥善处置，以防着火。
- 更换：对于班后的衣服的更换需要没有特殊建议。

B

急救：

- 眼睛：如眼睛直接接触了该化学物质，要立即用大量水冲洗(灌洗)眼睛，冲洗时，不时翻开上下眼睑，并立即就医。
- 皮肤：如果该化学物质直接接触皮肤，迅速用水冲洗污染的皮肤。如果该化学物质渗透进衣服，要立即将衣服脱除，迅速用水冲洗污染的皮肤，若冲洗后刺激症状持续存在，应就医。
- 呼吸：如果接触者吸入大量该化学物质，立即将接触者移至新鲜空气处。如果呼吸停止，要进行人工呼吸，注意保暖和休息。尽快就医。
- 吞入：如果吞入该化学物质，应立即就医。

对呼吸器选择的建议：NIOSH/OSHA

～1 600 ppm：

- Sa：Cf：任何连续供气式呼吸器。指定防护因数＝25。£
- PaprOv：任何动力送风空气过滤式呼吸器，配有机蒸气滤毒盒。指定防护因数＝25。£
- CcrFOv：任何空气过滤式全面罩呼吸器，配有机蒸气滤毒盒。指定防护因数＝50。
- GmFOv：任何空气过滤式全面罩呼吸器(防毒面具)，配下颌式、前置式或背置式有机蒸气滤毒罐。指定防护因数＝50。
- ScbaF：任何携气式呼吸器，配全面罩。指定防护因数＝50。
- SaF：任何供气式呼吸器，配全面罩。指定防护因数＝50。

§：应急抢险，或准备进入浓度未知环境，或进入 IDLH 环境：

- ScbaF：Pd，Pp：任何压力需气式或正压携气式呼吸器，配全面罩。指定防护因数＝10 000。
- SaF：Pd，Pp：AScba：任何压力需气式或正压供气式呼吸器，配全面罩，配压力需气式或正压携气式辅助呼吸器。指定防护因数＝10 000。

逃生：

- GmFOv：任何空气过滤式全面罩呼吸器(防毒面具)，配下颌式、前置式或背置式有机蒸气滤毒罐。指定防护因数＝50。
- ScbaE：任何适合逃生的携气式呼吸器。

有关呼吸器选择的其他重要信息参见相关标准。

接触途径：呼吸道，胃肠道，皮肤和/或眼睛直接接触。

症状：眼睛、鼻、皮肤、咽刺激；嗜睡，昏迷。

靶器官：眼睛，皮肤，呼吸系统，中枢神经系统。

正丁胺(n-Butylamine)

$CH_3CH_2CH_2CH_2NH_2$

异名和商品名：丁胺，1-氨基丁胺，1-Aminobutane，Butylamine

CAS No.：109-73-9

RTECS No.：EO2975000

DOT ID 和指南号：1125 132

接触限值：NIOSH REL：C 5 ppm(15 mg/m^3)[皮]

OSHA PEL：C 5 ppm(15 mg/m^3)[皮]

IDLH：300 ppm　**浓度换算系数：**1 ppm＝2.99 mg/m^3

理化性质：无色液体，具有鱼腥氨味。

分子量：73.2	沸点：172 ℉
凝固点：－58 ℉	溶解度：与水互溶
蒸气压：82 mmHg	电离电位：8.71 eV
比重：0.74	闪点：10 ℉
爆炸上限：9.8%	爆炸下限：1.7%

ⅠB 类易燃液体——闪点低于 73 ℉，沸点等于或高于 100 ℉。

不相容性和反应性：强氧化剂，强酸。[注：在有水的情况下对某些金属具有腐蚀性。]

测量方法：NIOSH 2012

个人防护和卫生设施：

- 皮肤：穿戴合适的个人防护服，防止皮肤直接接触。
- 眼睛：佩戴合适的眼部防护用品，防止眼睛直接接触。
- 清洗皮肤：当皮肤受到污染时，应立即清洗污染的皮肤。
- 脱除：如果工作服被可燃性物质（即闪点低于 100 ℉的液体）浸湿，应当立即脱除并妥善处置，以防着火。
- 更换：对于班后的衣服的更换需要没有特殊建议。
- 配备：在劳动者可能接触该化学物质的作业场所，无论是否需要使用眼部防护用品，都应配备眼冲洗设备。在紧靠有可能接触该化学物质的工作场所，应配备快速冲淋身体的设备以应急使用。[注：这些设备应能够提供足量水或流动水，以将可能接触的身体任何部位上的该化学物质除去。实际配备适宜的快速冲淋设备取决于工作场所的具体条件。在某些情况下，必须及时进行大流量淋浴，而其他情况下只需要用一个水槽或软管供水就足够了。]

急救：

- 眼睛：如眼睛直接接触了该化学物质，要立即用大量水冲洗（灌洗）眼睛，冲洗时，不时翻开上下眼睑，并立即就医。
- 皮肤：如果该化学物质直接接触皮肤，立即用水冲洗污染的皮肤。如果该化学物质渗透进衣服，要迅速将衣服脱除，用水冲洗污染的皮肤，并迅速就医。
- 呼吸：如果接触者吸入大量该化学物质，立即将接触者移至新鲜空气处。如果呼吸停止，要进行人工呼吸，注意保暖和休息。尽快就医。
- 吞入：如果吞入该化学物质，应立即就医。

对呼吸器选择的建议：NIOSH/OSHA

～50 ppm：

- CcrS：任何空气过滤式半面罩呼吸器，配防该化学物质的滤毒盒。指定防护因数＝10。*
- Sa：任何供气式呼吸器。指定防护因数＝10。*

～125 ppm：

- Sa：Cf：任何连续供气式呼吸器。指定防护因数＝25。*
- PaprS：任何动力送风空气过滤式呼吸器，配有防该化学物质的滤毒盒。指定防护因数＝25。*

～250 ppm：

- CcrFS：任何空气过滤式全面罩呼吸器，配防该化学物质的滤毒盒。指定防护因数＝50。
- GmFS：任何空气过滤式全面罩呼吸器（防毒面具），配下颌式、前置式或背置式防该化学物质的滤毒罐。指定防护因数＝50。
- PaprTS：任何动力送风空气过滤式呼吸器，配密合型面罩和防该化学物质的滤毒盒。指定防护因数＝50。*
- ScbaF：任何携气式呼吸器，配全面罩。指定防护因数＝50。
- SaF：任何供气式呼吸器，配全面罩。指定防护因数＝50。

～300 ppm：

- SaF：Pd，Pp：任何压力需气式或正压供气式呼吸器，配全面罩。指定防护因数＝2 000。

§：应急抢险，或准备进入浓度未知环境，或进入 IDLH 环境：

- ScbaF：Pd，Pp：任何压力需气式或正压携气式呼吸器，配全面罩。指定防护因数＝10 000。
- SaF：Pd，Pp：AScba：任何压力需气式或正压供气式呼吸器，配全面罩，配压力需气式或正压携气式辅助呼吸器。指定防护因数＝10 000。

逃生：

- GmFS：任何空气过滤式全面罩呼吸器（防毒面具），配下颌式、前置式或背置式防该化学物质的滤毒罐。指定防护因数＝50。
- ScbaE：任何适合逃生的携气式呼吸器。

有关呼吸器选择的其他重要信息参见相关标准。

接触途径：呼吸道，皮肤吸收，胃肠道，皮肤和/或眼睛直接接触。

症状：眼睛、鼻、皮肤、咽喉刺激；头痛；皮肤潮红，皮肤灼伤。

靶器官：眼睛，皮肤，呼吸系统。

叔丁基铬酸酯(tert-Butyl chromate)

$[(CH_3)_3CO]_2CrO_2$

异名和商品名:铬酸叔丁酯,di-tert-Butyl ester of chromic acid

CAS No.:1189-85-1

RTECS No.:GB2900000

DOT ID 和指南号:

接触限值:NIOSH REL:Ca TWA 0.001 mgCr(Ⅵ)/m^3 见附录 A、附录 C

OSHA PEL:C 0.1 $mgCrO_3/m^3$[皮] 见附录 C

IDLH: Ca [15 mg/m^3{按铬(Ⅵ)计}]　　**浓度换算系数:**

理化性质:液体。[注:在 32～23 ℉可凝固。]

分子量:	230.3	沸点:	未知
凝固点:	32～23 ℉	溶解度:	未知
蒸气压:	未知	电离电位:	未知
比重:	未知	闪点:	未知
爆炸上限:	未知	爆炸下限:	未知

不相容性和反应性:还原剂,湿气,酸,醇,肼,可燃物。

测量方法:NIOSH 7604;OSHA ID103,ID215

个人防护和卫生设施:

- 皮肤:穿戴合适的个人防护服,防止皮肤直接接触。
- 眼睛:佩戴合适的眼部防护用品,防止眼睛直接接触。
- 清洗皮肤:当皮肤受到污染时,应立即清洗污染物。每天工作班结束后,进食、吸烟、喝水前都应该清洗可能受到污染的皮肤。
- 脱除:如果工作服被弄湿或受到了明显的污染,应该立即脱除并妥善处置。
- 更换:对于班后的衣服的更换需要没有特殊建议。
- 配备:在劳动者可能接触该化学物质的作业场所,无论是否需要使用眼部防护用品,都应配备眼冲洗设备。在紧靠有可能接触该化学物质的工作场所,应配备快速冲淋身体的设备以应急使用。[注:这些设备应能够提供足量水或流动水,以将可能接触的身体任何部位上的该化学物质除去。实际配备适宜的快速冲淋设备取决于工作场所的具体条件。在某些情况下,必须及时进行大流量淋浴,而其他情况下只需要用一个水槽或软管供水就足够了。]

急救:

- 眼睛:如眼睛直接接触了该化学物质,要立即用大量水冲洗(灌洗)眼睛,冲洗时,不时翻开上下眼睑,并立即就医。
- 皮肤:如果该化学物质直接接触皮肤,立即用肥皂和水冲洗污染的皮肤。若该化学物质渗透进衣服,要立即将衣服脱除,用肥皂和水清洗皮肤,并迅速就医。
- 呼吸:如果接触者吸入大量该化学物质,立即将接触者移至新鲜空气处。如果呼吸停止,要进行人工呼吸,注意保暖和休息。尽快就医。
- 吞入:如果吞入该化学物质,应立即就医。

对呼吸器选择的建议:NIOSH

¥:高于 NIOSH REL 的浓度;或当没有 REL 时,任何可以检测到的浓度:

- ScbaF:Pd,Pp:任何压力需气式或正压携气式呼吸器,配全面罩。指定防护因数=10 000。
- SaF:Pd,Pp:AScba:任何压力需气式或正压供气式呼吸器,配全面罩,配压力需气式或正压携气式辅助呼吸器。指定防护因数=10 000。

逃生:

- GmFOv100:任何空气过滤式全面罩呼吸器(防毒面具),配下颌式、前置式或背置式有机蒸气滤毒罐和 N100、R100 或 P100 的综合防护过滤元件。指定防护因数=50。选择 N、R 或 P 过滤元件的信息见表 4。
- ScbaE:任何适合逃生的携气式呼吸器。

有关呼吸器选择的其他重要信息参见相关标准。

接触途径:呼吸道,皮肤吸收,胃肠道,皮肤和/或眼睛直接接触。

症状：眼睛、皮肤、呼吸系统刺激；眼睛、皮肤灼伤；嗜睡；肌无力；皮肤溃疡；肺病变；[潜在职业性致癌物]。

靶器官：眼睛，皮肤，呼吸系统，中枢神经系统。

致癌部位：[肺癌]。

正丁基缩水甘油醚(n-Butyl glycidyl ether)

$C_7H_{14}O_2$

异名和商品名：BGE；1，2-Epoxy-3-butoxypropane

CAS No.：2426-08-6

RTECS No.：TX4200000

DOT ID 和指南号：

接触限值：NIOSH REL：C 5.6 ppm(30 mg/m³)[15min]
OSHA PEL †：TWA 50 ppm(270 mg/m³)

IDLH：250 ppm　　**浓度换算系数：**1 ppm＝5.33 mg/m³

理化性质：无色液体，具有刺激性气味。

分子量：130.2　　沸点：327 ℉
凝固点：未知　　溶解度：2%
蒸气压(77 ℉)：3 mmHg　　电离电位：未知
比重：0.91　　闪点：130 ℉
爆炸上限：未知　　爆炸下限：未知
II类可燃液体——闪点等于或高于 100 ℉且低于 140 ℉。
不相容性和反应性：强氧化剂，强腐蚀剂。

测量方法：NIOSH 1616；OSHA 7

个人防护和卫生设施：
- 皮肤：穿戴合适的个人防护服，防止皮肤直接接触。
- 眼睛：佩戴合适的眼部防护用品，防止眼睛直接接触。
- 清洗皮肤：当皮肤受到污染时，应立即清洗污染的皮肤。
- 脱除：如果工作服被弄湿或受到了明显的污染，应该立即脱除并妥善处置。
- 更换：对于班后的衣服的更换需要没有特殊建议。

急救：
- 眼睛：如眼睛直接接触了该化学物质，要立即用大量水冲洗(灌洗)眼睛，冲洗时，不时翻开上下眼睑，并立即就医。
- 皮肤：如果该化学物质直接接触皮肤，立即用肥皂和水冲洗污染的皮肤。若该化学物质渗透进衣服，要立即将衣服脱除，用肥皂和水清洗皮肤，并迅速就医。
- 呼吸：如果接触者吸入大量该化学物质，立即将接触者移至新鲜空气处。如果呼吸停止，要进行人工呼吸，注意保暖和休息。尽快就医。
- 吞入：如果吞入该化学物质，应立即就医。

对呼吸器选择的建议：NIOSH

～56 ppm：
- CcrOv：任何空气过滤式半面罩呼吸器，配防有机蒸气的滤毒盒。指定防护因数＝10。*
- Sa：任何供气式呼吸器。指定防护因数－10。*

～140 ppm：
- Sa：Cf：任何连续供气式呼吸器。指定防护因数＝25。*
- PaprOv：任何动力送风空气过滤式呼吸器，配有机蒸气滤毒盒。指定防护因数＝25。*

～250 ppm：
- CcrFOv：任何空气过滤式全面罩呼吸器，配有机蒸气滤毒盒。指定防护因数＝50。
- GmFOv：任何空气过滤式全面罩呼吸器(防毒面具)，配下颌式、前置式或背置式有机蒸气滤毒罐。指定防护因数＝50。
- PaprTOv：任何动力送风空气过滤式呼吸器，配密合型面罩和有机蒸气滤毒盒。指定防护因数＝50。*
- ScbaF：任何携气式呼吸器，配全面罩。指定防护因数＝50。
- SaF：任何供气式呼吸器，配全面罩。指定防护因数＝50。

§:应急抢险,或准备进入浓度未知环境,或进入 IDLH 环境:

- ScbaF:Pd,Pp:任何压力需气式或正压携气式呼吸器,配全面罩。指定防护因数=10 000。
- SaF:Pd,Pp:AScba:任何压力需气式或正压供气式呼吸器,配全面罩,配压力需气式或正压携气式辅助呼吸器。指定防护因数=10 000。

逃生:

- GmFOv:任何空气过滤式全面罩呼吸器(防毒面具),配下颌式、前置式或背置式有机蒸气滤毒罐。指定防护因数=50。
- ScbaE:任何适合逃生的携气式呼吸器。

有关呼吸器选择的其他重要信息参见相关标准。

接触途径:呼吸道,胃肠道,皮肤和/或眼睛直接接触。

症状:眼睛、鼻、皮肤刺激;皮肤过敏;昏迷;可能的造血机能影响;中枢神经系统抑制。

靶器官:眼睛,皮肤,呼吸系统,中枢神经系统,血液。

乳酸正丁酯(n-Butyl lactate)

$CH_3CH(OH)COOC_4H_9$

异名和商品名:醋酸正丁酯,Butyl ester of 2-hydroxypropanoic acid,Butyl ester of lactic acid,Butyl lactate

CAS No.:138-22-7

RTECS No.:OD4025000

DOT ID 和指南号:1993 128(可燃液体,未作说明)

接触限值:NIOSH REL:TWA 5 ppm(25 mg/m^3)
OSHA PEL †:无

IDLH:N.D.　**浓度换算系数**:1 ppm=5.98 mg/m^3

理化性质:清亮的无色至白色液体,略有气味。

分子量:146.2	沸点:370 ℉
凝固点:−45 ℉	溶解度:微溶
蒸气压:0.4 mmHg	电离电位:未知
比重:0.98	闪点:160 ℉
爆炸上限:未知	爆炸下限:1.15%

ⅢA 类可燃液体——闪点等于或高于 140 ℉且低于 200 ℉。

不相容性和反应性:强酸,强碱,强氧化剂,热,火花,明火。

测量方法:无。

个人防护和卫生设施:

- 皮肤:穿戴合适的个人防护服,防止皮肤直接接触。
- 眼睛:佩戴合适的眼部防护用品,防止眼睛直接接触。
- 清洗皮肤:当皮肤受到污染时,应立即清洗污染的皮肤。
- 脱除:如果工作服被弄湿或受到了明显的污染,应该立即脱除并妥善处置。
- 更换:对于班后的衣服的更换需要没有特殊建议。
- 配备:在劳动者可能接触该化学物质的作业场所,无论是否需要使用眼部防护用品,都应配备眼冲洗设备。在紧靠有可能接触该化学物质的工作场所,应配备快速冲淋身体的设备以应急使用。[注:这些设备应能够提供足量水或流动水,以将可能接触的身体任何部位上的该化学物质除去。实际配备适宜的快速冲淋设备取决于工作场所的具体条件。在某些情况下,必须及时进行大流量淋浴,而其他情况下只需要用一个水槽或软管供水就足够了。]

急救:

- 眼睛:如眼睛直接接触了该化学物质,要立即用大量水冲洗(灌洗)眼睛,冲洗时,不时翻开上下眼睑,并立即就医。

- 皮肤：如果该化学物质直接接触皮肤，立即用肥皂和水冲洗污染的皮肤。若该化学物质渗透进衣服，要立即将衣服脱除，用肥皂和水清洗皮肤，并迅速就医。
- 呼吸：如果接触者吸入大量该化学物质，立即将接触者移至新鲜空气处。如果呼吸停止，要进行人工呼吸，注意保暖和休息。尽快就医。
- 吞入：如果吞入该化学物质，应立即就医。

对呼吸器选择的建议：无。

有关呼吸器选择的其他重要信息参见相关标准。

接触途径：呼吸道，胃肠道，皮肤和/或眼睛直接接触。

症状：眼睛、鼻、皮肤、咽喉刺激；嗜睡，头痛，中枢神经系统抑制；恶心，呕吐。

靶器官：眼睛，皮肤，呼吸系统，中枢神经系统。

正丁基硫醇(n-Butyl mercaptan)

$CH_3CH_2CH_2CH_2SH$

CAS No.：109-79-5

RTECS No.：EK6300000

DOT ID 和指南号：2347 130

异名和商品名：硫代丁醇，1-硫代丁醇，Butanethiol，1-Butanethiol，n-Butanethiol，1-Mercaptobutane

接触限值：NIOSH REL：C 0.5 ppm(1.8 mg/m^3)[15 min]

OSHA PEL †：TWA 10 ppm(35 mg/m^3)

IDLH：500 ppm　**浓度换算系数：**1 ppm＝3.69 mg/m^3

理化性质：无色液体，具有强烈的大蒜、甘蓝、臭鼬样气味。

分子量：90.2	沸点：209 ℉
凝固点：－176 ℉	溶解度：0.06％
蒸气压：35 mmHg	电离电位：9.15eV
比重：0.83	闪点：35 ℉
爆炸上限：未知	爆炸下限：未知

ⅠB类易燃液体——闪点低于 73 ℉，沸点等于或高于 100 ℉。

不相容性和反应性：强氧化剂(如干燥的漂白剂)，酸。

测量方法：NIOSH 2525，2542

个人防护和卫生设施：

- 皮肤：穿戴合适的个人防护服，防止皮肤直接接触。
- 眼睛：佩戴合适的眼部防护用品，防止眼睛直接接触。
- 清洗皮肤：当皮肤受到污染时，应立即清洗污染的皮肤。
- 脱除：如果工作服被可燃性物质(即闪点低于 100 ℉的液体)浸湿，应当立即脱除并妥善处置，以防着火。
- 更换：对于班后的衣服的更换需要没有特殊建议。

急救：

- 眼睛：如眼睛直接接触了该化学物质，要立即用大量水冲洗(灌洗)眼睛，冲洗时，不时翻开上下眼睑，并立即就医。
- 皮肤：如果该化学物质直接接触皮肤，迅速用肥皂和水冲洗污染的皮肤。若该化学物质渗透进衣服，要迅速将衣服脱除，用肥皂和水清洗皮肤，并迅速就医。
- 呼吸：如果接触者吸入大量该化学物质，立即将接触者移至新鲜空气处。如果呼吸停止，要进行人工呼吸，注意保暖和休息。尽快就医。
- 吞入：如果吞入该化学物质，应立即就医。

对呼吸器选择的建议：NIOSH

～5 ppm：

- CcrOv：任何空气过滤式半面罩呼吸器，配防有机蒸气的滤毒盒。指定防护因数＝10。
- Sa：任何供气式呼吸器。指定防护因数＝10。

～12.5 ppm：

- Sa：Cf：任何连续供气式呼吸器。指定防护因数＝25。
- PaprOv：任何动力送风空气过滤式呼吸器，配有机蒸气滤毒盒。指定防护因数＝25。

～25 ppm：
- CcrFOv：任何空气过滤式全面罩呼吸器，配有机蒸气滤毒盒。指定防护因数＝50。
- GmFOv：任何空气过滤式全面罩呼吸器（防毒面具），配下颌式、前置式或背置式有机蒸气滤毒罐。指定防护因数＝50。
- PaprTOv：任何动力送风空气过滤式呼吸器，配密合型面罩和有机蒸气滤毒盒。指定防护因数＝50。
- ScbaF：任何携气式呼吸器，配全面罩。指定防护因数＝50。
- SaF：任何供气式呼吸器，配全面罩。指定防护因数＝50。

～500 ppm：
- Sa：Pd，Pp：任何压力需气式或正压供气式呼吸器。指定防护因数＝1 000。*

§：应急抢险，或准备进入浓度未知环境，或进入 IDLH 环境：
- ScbaF：Pd，Pp：任何压力需气式或正压携气式呼吸器，配全面罩。指定防护因数＝10 000。
- SaF：Pd，Pp：AScba：任何压力需气式或正压供气式呼吸器，配全面罩，配压力需气式或正压携气式辅助呼吸器。指定防护因数＝10 000。

逃生：
- GmFOv：任何空气过滤式全面罩呼吸器（防毒面具），配下颌式、前置式或背置式有机蒸气滤毒罐。指定防护因数＝50。
- ScbaE：任何适合逃生的携气式呼吸器。

有关呼吸器选择的其他重要信息参见相关标准。

接触途径：呼吸道，胃肠道，皮肤和/或眼睛直接接触。

症状：眼睛、皮肤刺激；肌无力，感觉不适，出汗，恶心，呕吐，头痛，意识错乱；动物：昏迷，协调能力下降，乏力；发绀，肺刺激；肝、肾损害。

靶器官：眼睛，皮肤，呼吸系统，中枢神经系统，肝，肾。

邻仲丁基苯酚（o-sec-Butylphenol）

$CH_3CH_2CH(CH_3)C_6H_4OH$

CAS No.：89-72-5

RTECS No.：SJ8920000

异名和商品名：2-仲丁基苯酚，2-sec-Butylphenol，2-(1-Methylpropyl)phenol

DOT ID 和指南号：

接触限值：NIOSH REL：TWA 5 ppm（30 mg/m³）［皮］
OSHA PEL †：无

IDLH：N. D.　　**浓度换算系数：**1ppm＝6.14 mg/m³

理化性质：无色液体或固体（61 ℉以下）。

分子量：150.2　　沸点：227 ℉
凝固点：61 ℉　　溶解度：不溶
蒸气压：低　　电离电位：未知
比重：0.89　　闪点：225 ℉
爆炸上限：未知　　爆炸下限：未知
ⅢB 类可燃液体——闪点等于或高于 200 ℉。

可燃固体。
不相容性和反应性：未见报道。

测量方法：无。

个人防护和卫生设施：
- 皮肤：穿戴合适的个人防护服，防止皮肤直接接触。
- 眼睛：佩戴合适的眼部防护用品，防止眼睛直接接触。
- 清洗皮肤：当皮肤受到污染时，应立即清洗污染的皮肤。
- 脱除：如果工作服被弄湿或受到了明显的污染，应该立即脱除并妥善处置。
- 更换：对于班后的衣服的更换需要没有特殊建议。

- 配备：在劳动者可能接触该化学物质的作业场所，无论是否需要使用眼部防护用品，都应配备眼冲洗设备。在紧靠有可能接触该化学物质的工作场所，应配备快速冲淋身体的设备以应急使用。[注：这些设备应能够提供足量水或流动水，以将可能接触的身体任何部位上的该化学物质除去。实际配备适宜的快速冲淋设备取决于工作场所的具体条件。在某些情况下，必须及时进行大流量淋浴，而其他情况下只需要用一个水槽或软管供水就足够了。]

急救：

- 眼睛：如眼睛直接接触了该化学物质，要立即用大量水冲洗(灌洗)眼睛，冲洗时，不时翻开上下眼睑，并立即就医。
- 皮肤：如果该化学物质直接接触皮肤，要立即用肥皂和水冲洗污染的皮肤。如果该化学物质渗透进衣服，立即将衣服脱除，并用水清洗皮肤。如果清洗后刺激持续存在，应尽快就医。
- 呼吸：如果接触者吸入大量该化学物质，立即将接触者移至新鲜空气处。如果呼吸停止，要进行人工呼吸，注意保暖和休息。尽快就医。
- 吞入：如果吞入该化学物质，应立即就医。

对呼吸器选择的建议：无。

有关呼吸器选择的其他重要信息参见相关标准。

接触途径：呼吸道，皮肤吸收，胃肠道，皮肤和/或眼睛直接接触。

症状：眼睛、皮肤、呼吸系统刺激；皮肤灼伤。

靶器官：眼睛，皮肤，呼吸系统。

对叔丁基甲苯(p-tert-Butyltoluene)

$(CH_3)_3CC_6H_4CH_3$

CAS No.：98-51-1

RTECS No.：XS8400000

DOT ID 和指南号：2667 152

异名和商品名：4-对叔丁基甲苯，1-甲基-4-叔丁基苯，4-tert-Butyltoluene，1-Methyl-4-tert-butylbenzene

接触限值：NIOSH REL：TWA 10 ppm(60 mg/m^3)
ST 20 ppm(120 mg/m^3)
OSHA PEL †：TWA 10 ppm(60 mg/m^3)

IDLH：100 ppm　**浓度换算系数：**1 ppm＝6.07 mg/m^3

理化性质：无色液体，具有独特的芳香气味，像汽油味。

分子量：148.3	沸点：379 ℉
凝固点：−62 ℉	溶解度：不溶
蒸气压(77 ℉)：0.7 mmHg	电离电位：8.28 eV
比重：0.86	闪点：155 ℉
爆炸上限：未知	爆炸下限：未知

ⅢA 类可燃液体——闪点等于或高于 140 ℉且低于 200 ℉。

不相容性和反应性：氧化剂。

测量方法：NIOSH 1501；OSHA 7

个人防护和卫生设施：

- 皮肤：穿戴合适的个人防护服，防止皮肤直接接触。
- 眼睛：佩戴合适的眼部防护用品，防止眼睛直接接触。
- 清洗皮肤：当皮肤受到污染时，应立即清洗污染的皮肤。
- 脱除：如果工作服被弄湿或受到了明显的污染，应该立即脱除并妥善处置。
- 更换：对于班后的衣服的更换需要没有特殊建议。

急救：

- 眼睛：如眼睛直接接触了该化学物质，要立即用大量水冲洗(灌洗)眼睛，冲洗时，不时翻开上下眼睑，并立即就医。
- 皮肤：如果该化学物质直接接触皮肤，迅速用水冲洗污染的皮肤。如果该化学物质渗透进衣服，要立即将衣服脱除，迅速用水冲洗污染的皮肤，若冲洗后刺激症状持续存在，应立即就医。

- 呼吸:如果接触者吸入大量该化学物质,立即将接触者移至新鲜空气处。如果呼吸停止,要进行人工呼吸,注意保暖和休息。尽快就医。
- 吞入:如果吞入该化学物质,应立即就医。

对呼吸器选择的建议:NIOSH/OSHA

~100 ppm:

- Sa:Cf:任何连续供气式呼吸器。指定防护因数=25。£
- PaprOv:任何动力送风空气过滤式呼吸器,配有机蒸气滤毒盒。指定防护因数=25。£
- CcrFOv:任何空气过滤式全面罩呼吸器,配有机蒸气滤毒盒。指定防护因数=50。
- GmFOv:任何空气过滤式全面罩呼吸器(防毒面具),配下颌式、前置式或背置式有机蒸气滤毒罐。指定防护因数=50。
- ScbaF:任何携气式呼吸器,配全面罩。指定防护因数=50。
- SaF:任何供气式呼吸器,配全面罩。指定防护因数=50。

§:应急抢险,或准备进入浓度未知环境,或进入 IDLH 环境:

- ScbaF:Pd,Pp:任何压力需气式或正压携气式呼吸器,配全面罩。指定防护因数=10 000。
- SaF:Pd,Pp:AScba:任何压力需气式或正压供气式呼吸器,配全面罩,配压力需气式或正压携气式辅助呼吸器。指定防护因数=10 000。

逃生:

- GmFOv:任何空气过滤式全面罩呼吸器(防毒面具),配下颌式、前置式或背置式有机蒸气滤毒罐。指定防护因数=50。
- ScbaE:任何适合逃生的携气式呼吸器。

有关呼吸器选择的其他重要信息参见相关标准。

接触途径:呼吸道,胃肠道,皮肤和/或眼睛直接接触。

症状:眼睛、皮肤刺激;鼻、咽喉干燥;头痛;低血压,心动过速,心血管系统异常紧张;中枢神经系统、造血抑制;金属味;肝、肾损害。

靶器官:眼睛,皮肤,呼吸系统,心血管系统,中枢神经系统,骨髓,肝,肾。

正丁腈(n-Butyronitrile)

$CH_3CH_2CH_2CN$

异名和商品名:丁腈,Butanenitrile,Butyronitrile,1-Cyanopropane,Propyl cyanide,n-Propyl cyanide

CAS No.:109-74-0

RTECS No.:ET8750000

DOT ID 和指南号:2411 131

接触限值:NIOSH REL:TWA 8 ppm(22 mg/m^3)
OSHA PEL:无

IDLH:N. D.　　**浓度换算系数:**1 ppm=2.83 mg/m^3

理化性质:无色液体,具有强烈的令人窒息的气味。
[注:在体内形成氰化物。]

分子量:69.1　　沸点:244 ℉
凝固点:-170 ℉　　溶解度(77 ℉):3%
蒸气压:14 mmHg　　电离电位:11.67 eV

比重:0.81　　闪点:62 ℉
爆炸上限:未知　　爆炸下限:1.65%
ⅠB类易燃液体——闪点低于 73 ℉,沸点等于或高于 100 ℉。
不相容性和反应性:强氧化剂,强还原剂,强酸、强碱。

测量方法:NIOSH 1606(适用)

个人防护和卫生设施:

- 皮肤:穿戴合适的个人防护服,防止皮肤直接接触。

- 眼睛：佩戴合适的眼部防护用品，防止眼睛直接接触。
- 清洗皮肤：当皮肤受到污染时，应立即清洗污染的皮肤。
- 脱除：如果工作服被可燃性物质（即闪点低于 100 ℉的液体）浸湿，应当立即脱除并妥善处置，以防着火。
- 更换：对于班后的衣服的更换需要没有特殊建议。
- 配备：在紧靠有可能接触该化学物质的工作场所，应配备快速冲淋身体的设备以应急使用。[注：这些设备应能够提供足量水或流动水，以将可能接触的身体任何部位上的该化学物质除去。实际配备适宜的快速冲淋设备取决于工作场所的具体条件。在某些情况下，必须及时进行大流量淋浴，而其他情况下只需要用一个水槽或软管供水就足够了。]

急救：

- 眼睛：如眼睛直接接触了该化学物质，要立即用大量水冲洗（灌洗）眼睛，冲洗时，不时翻开上下眼睑，并立即就医。
- 皮肤：如果该化学物质直接接触皮肤，立即用肥皂和水冲洗污染的皮肤。若该化学物质渗透进衣服，要立即将衣服脱除，用肥皂和水清洗皮肤，并迅速就医。
- 呼吸：如果接触者吸入大量该化学物质，立即将接触者移至新鲜空气处。如果呼吸停止，要进行人工呼吸，注意保暖和休息。尽快就医。
- 吞入：如果吞入该化学物质，应立即就医。

对呼吸器选择的建议：NIOSH

～80 ppm：

- CcrOv：任何空气过滤式半面罩呼吸器，配防有机蒸气的滤毒盒。指定防护因数＝10。
- Sa：任何供气式呼吸器。指定防护因数＝10。

～200 ppm：

- Sa：Cf：任何连续供气式呼吸器。指定防护因数＝25。
- PaprOv：任何动力送风空气过滤式呼吸器，配有机蒸气滤毒盒。指定防护因数＝25。

～400 ppm：

- CcrFOv：任何空气过滤式全面罩呼吸器，配有机蒸气滤毒盒。指定防护因数＝50。
- GmFOv：任何空气过滤式全面罩呼吸器（防毒面具），配下颌式、前置式或背置式有机蒸气滤毒罐。指定防护因数＝50。
- PaprTOv：任何动力送风空气过滤式呼吸器，配密合型面罩和有机蒸气滤毒盒。指定防护因数＝50。
- ScbaF：任何携气式呼吸器，配全面罩。指定防护因数＝50。
- SaF：任何供气式呼吸器，配全面罩。指定防护因数＝50。

～1 000 ppm：

- SaF：Pd，Pp：任何压力需气式或正压供气式呼吸器，配全面罩。指定防护因数＝2 000。

§：应急抢险，或准备进入浓度未知环境，或进入 IDLH 环境：

- ScbaF：Pd，Pp：任何压力需气式或正压携气式呼吸器，配全面罩。指定防护因数＝10 000。
- SaF：Pd，Pp：ΛScba：任何压力需气式或正压供气式呼吸器，配全面罩，配压力需气式或正压携气式辅助呼吸器。指定防护因数＝10 000。

逃生：

- GmFOv：任何空气过滤式全面罩呼吸器（防毒面具），配下颌式、前置式或背置式有机蒸气滤毒罐。指定防护因数＝50。
- ScbaE：任何适合逃生的携气式呼吸器。

有关呼吸器选择的其他重要信息参见相关标准。

接触途径：呼吸道，皮肤吸收，胃肠道，皮肤和/或眼睛直接接触。

症状：眼睛、皮肤、呼吸系统刺激；头痛，眩晕，乏力，意识错乱，抽搐；呼吸困难；腹痛，恶心，呕吐。

靶器官：眼睛，皮肤，呼吸系统，中枢神经系统，心血管系统。

C

镉尘(按镉计)[Cadmium dust (as Cd)]
Cd (金属)

CAS No.:7440-43-9 (金属)
RTECS No.:EU9800000 (金属)
DOT ID 和指南号:2570 154 (镉化物)

异名和商品名:镉金属:镉,Cadmium metal:Cadmium,其他别名则依赖于特异的镉化合物。

接触限值:NIOSH REL*:Ca 见附录 A[*注:REL 适用于所有镉化物(按镉计)。]
OSHA PEL*:[1910.1027] TWA 0.005 mg/m^3 [*注:PEL 适用于所有镉化物(按镉计)。]

IDLH:Ca [9 mg/m^3(按镉计)]　　**浓度换算系数**:

理化性质:金属:银白色,淡蓝色光泽,无气味固体。

分子量:112.4　　沸点:1 409 ℉
熔点:610 ℉　　溶解度:不溶
蒸气压:0 mmHg(约)　　电离电位:不适用
比重:8.65(金属)　　闪点:不适用
爆炸上限:不适用　　爆炸下限:不适用
金属:块状为不可燃固体,但粉末状可燃烧。
不相容性和反应性:强氧化剂,硫元素,硒元素和碲元素。

测量方法:NIOSH 7048,7300,7301,7303,9102;
OSHA ID121,ID125G,ID189,ID206

个人防护和卫生设施:
- 皮肤:对于个体皮肤防护装备的需要没有特殊建议。
- 眼睛:对眼部防护的需要没有特殊建议。
- 清洗皮肤:每天工作班结束后,进食、吸烟、喝水前都应该清洗可能受到污染的皮肤。
- 脱除:对于脱除被污染或被弄湿的工作服的需要没有特殊建议。
- 更换:在离开工作场所前应当将可能受到污染的工作服更换成无污染的衣服。

急救:
- 眼睛:如眼睛直接接触了该化学物质,要立即用大量水冲洗(灌洗)眼睛,冲洗时,不时翻开上下眼睑,并立即就医。
- 皮肤:如果该化学物质直接接触皮肤,用肥皂和水冲洗污染的皮肤。
- 呼吸:如果接触者吸入大量该化学物质,立即将接触者移至新鲜空气处。如果呼吸停止,要进行人工呼吸,注意保暖和休息。尽快就医。
- 吞入:如果吞入该化学物质,应立即就医。

对呼吸器选择的建议:NIOSH
¥:高于 NIOSH REL 的浓度;或当没有 REL 时,任何可以检测到的浓度:
- ScbaF:Pd,Pp:任何压力需气式或正压携气式呼吸器,配全面罩。指定防护因数=10 000。
- SaF:Pd,Pp:AScba:任何压力需气式或正压供气式呼吸器,配全面罩,配压力需气式或正压携气式辅助呼吸器。指定防护因数=10 000。

逃生:
- 100F:任何空气过滤式全面罩呼吸器,配有 N100、R100 或 P100 过滤元件。指定防护因数=50。选择 N、R 或 P 过滤元件的信息见表 4。
- ScbaE:任何适合逃生的携气式呼吸器。

(见附录 E)
有关呼吸器选择的其他重要信息参见相关标准。

接触途径:呼吸道,胃肠道。

症状:肺水肿,呼吸困难,咳嗽,胸部紧迫感,胸骨下痛;头痛;寒战,肌痛;恶心,呕吐,腹泻;嗅觉丧失;肺气肿;蛋白尿;轻度贫血;[潜在职业性致癌物]。

靶器官:呼吸系统,肾,前列腺,血液。
致癌部位:[前列腺癌及肺癌]。

镉烟(按镉计)[Cadmium fume (as Cd)]
CdO/Cd
异名和商品名:氧化镉,氧化镉烟

CAS No.:1306-19-0(氧化镉)
RTECS No.:EV1930000(氧化镉)
DOT ID 和指南号:

C

接触限值:NIOSH REL * :Ca 见附录 A [* 注:REL 适用于所有镉化物(按镉计)。]
OSHA PEL * :⌊1910.1027⌋ TWA 0.005 mg/m^3[* 注:PEL 适用于所有镉化物(按镉计)。]

IDLH: Ca [9 mg/m^3(按镉计)] **浓度换算系数:**

理化性质:无气味,棕黄色,分散在空气中的微小颗粒物。[注:参见镉尘的理化性质。]

分子量:128.4　　沸点:分解
熔点:2 599 ℉　　溶解度:不溶
蒸气压:0 mmHg(约)　　电离电位:不适用
比重:8.15(结晶型)/6.95(非结晶型)　　闪点:不适用
爆炸上限:不适用　　爆炸下限:不适用
不可燃固体。
不相容性和反应性:无。

测量方法:NIOSH 7048,7300,7301,7303;
OSHA ID121,ID125G,ID189,ID206

个人防护和卫生设施:
- 皮肤:对于个体皮肤防护装备的需要没有特殊建议。
- 眼睛:对眼部防护的需要没有特殊建议。
- 清洗皮肤:每天工作班结束后,进食、吸烟、喝水前都应该清洗可能受到污染的皮肤。
- 脱除:对于脱除被污染或被弄湿的工作服的需要没有特殊建议。
- 更换:在离开工作场所前应当将可能受到污染的工作服更换成无污染的衣服。

急救:
- 呼吸:如果接触者吸入大量该化学物质,立即将接触者移至新鲜空气处。如果呼吸停止,要进行人工呼吸,注意保暖和休息。尽快就医。

对呼吸器选择的建议:NIOSH
¥:高于 NIOSH REL 的浓度;或当没有 REL 时,任何可以检测到的浓度:
- ScbaF:Pd,Pp:任何压力需气式或正压携气式呼吸器,配全面罩。指定防护因数=10 000。
- SaF:Pd,Pp:AScba:任何压力需气式或正压供气式呼吸器,配全面罩,配压力需气式或正压携气式辅助呼吸器。指定防护因数=10 000。

逃生:
- 100F:任何空气过滤式全面罩呼吸器,配有 N100、R100 或 P100 过滤元件。指定防护因数=50。选择 N、R 或 P 过滤元件的信息见表 4。
- ScbaE:任何适合逃生的携气式呼吸器。

(见附录 E)
有关呼吸器选择的其他重要信息参见相关标准。

接触途径:呼吸道。

症状:肺水肿,呼吸困难,咳嗽,胸部紧迫感,胸骨下痛;头痛;寒战,肌痛;恶心,呕吐,腹泻;肺气肿;蛋白尿;嗅觉丧失;轻度贫血;[潜在职业性致癌物]。

靶器官:呼吸系统,肾,血液。
致癌部位:[前列腺癌及肺癌]。

C

砷酸钙(按砷计)[Calcium arsenate (as As)]

$Ca_3(AsO_4)_2$

异名和商品名:黄瓜尘,砷酸三钙,Calcium salt (2∶3) of arsenic acid,Cucumber dust,Tricalcium arsenate,Tricalcium ortho-arsenate[注:参见砷(无机化合物,按砷计)。]

CAS No.:7778-44-1

RTECS No.:CG0830000

DOT ID 和指南号:1573 151

接触限值:NIOSH REL:Ca C 0.002 mg/m³[15min] 见附录 A
OSHA PEL:[1910.1018] TWA 0.010 mg/m³

IDLH: Ca [5 mg/m³(按砷计)]　**浓度换算系数:**

理化性质:无色至白色,无气味固体。[杀虫剂/除草剂]

分子量:398.1　沸点:分解
熔点:未知　溶解度(77 ℉):0.01%
蒸气压:0 mmHg (约)　电离电位:不适用
比重:3.62　闪点:不适用
爆炸上限:不适用　爆炸下限:不适用
不可燃固体。
不相容性和反应性:未见报道。[注:当加热分解时可以产生有毒的砷烟。]

测量方法:NIOSH 7900;OSHA ID105

个人防护和卫生设施:

- 皮肤:穿戴合适的个人防护服,防止皮肤直接接触。
- 眼睛:佩戴合适的眼部防护用品,防止眼睛直接接触。
- 清洗皮肤:当皮肤受到污染时,应立即清洗污染的皮肤。/每天工作班结束后,进食、吸烟、喝水前都应该清洗可能受到污染的皮肤。
- 脱除:如果工作服被弄湿或受到了明显的污染,应该立即脱除并妥善处置。
- 更换:在离开工作场所前应当将可能受到污染的工作服更换成无污染的衣服。
- 配备:在劳动者可能接触该化学物质的作业场所,无论是否需要使用眼部防护用品,都应配备眼冲洗设备。在紧靠有可能接触该化学物质的工作场所,应配备快速冲淋身体的设备以应急使用。[注:这些设备应能够提供足量水或流动水,以将可能接触的身体任何部位上的化学物质除去。实际配备适宜的快速冲淋设备取决于工作场所的具体条件。在某些情况下,必须及时进行大流量淋浴,而其他情况下只需要用一个水槽或软管供水就足够了。]

急救:

- 眼睛:如眼睛直接接触了该化学物质,要立即用大量水冲洗(灌洗)眼睛,冲洗时,不时翻开上下眼睑,并立即就医。
- 皮肤:如果该化学物质直接接触皮肤,迅速用肥皂和水冲洗污染的皮肤。若该化学物质渗透进衣服,要迅速将衣服脱除,用肥皂和水清洗皮肤,并迅速就医。
- 呼吸:如果接触者吸入大量该化学物质,立即将接触者移至新鲜空气处。如果呼吸停止,要进行人工呼吸,注意保暖和休息。尽快就医。
- 吞入:如果吞入该化学物质,应立即就医。

对呼吸器选择的建议:NIOSH

¥:高于 NIOSH REL 的浓度;或当没有 REL 时,任何可以检测到的浓度:

- ScbaF∶Pd,Pp:任何压力需气式或正压携气式呼吸器,配全面罩。指定防护因数=10 000。
- SaF∶Pd,Pp∶AScba:任何压力需气式或正压供气式呼吸器,配全面罩,配压力需气式或正压携气式辅助呼吸器。指定防护因数=10 000。

逃生:

- 100F:任何空气过滤式全面罩呼吸器,配有 N100、R100 或 P100 过滤元件。指定防护因数=50。选择 N、R 或 P

过滤元件的信息见表 4。

● ScbaE：任何适合逃生的携气式呼吸器。

有关呼吸器选择的其他重要信息参见相关标准。

接触途径：呼吸道，皮肤吸收，胃肠道，皮肤和/或眼睛直接接触。

症状：倦怠（虚弱，虚脱）；胃肠道紊乱；周围神经病变；皮肤色素沉着，手掌过度角化；皮炎；[潜在职业性致癌物]；动物：肝损害。

靶器官：眼睛，呼吸系统，肝，皮肤，中枢神经系统，淋巴系统。

致癌部位：[淋巴癌及肺癌]。

C

碳酸钙(Calcium carbonate)

$CaCO_3$

异名和商品名：Calcium salt of carbonic acid [注：在自然状态下以石灰石，白垩，大理石，白云石，文石，方解石和牡蛎壳状态存在。]

CAS No.：1317-65-3

RTECS No.：EV9580000

DOT ID 和指南号：

接触限值：NIOSH REL：TWA 10 mg/m³(总颗粒物)
TWA 5 mg/m³(呼吸性颗粒物)
OSHA PEL：TWA 15 mg/m³(总颗粒物)
TWA 5 mg/m³(呼吸性颗粒物)

IDLH：N. D.　　**浓度换算系数：**

理化性质：白色，无气味粉末或无色晶体。

分 子 量：100.1　　沸　　点：分解

熔　　点：1 517～2 442 ℉（分解）　　溶 解 度：0.001%

蒸 气 压：0 mmHg（约）　　电离电位：不适用

比　　重：2.7～2.95　　闪　　点：不适用

爆炸上限：不适用　　爆炸下限：不适用

不可燃固体。

不相容性和反应性：酸，明矾，铵盐，氟，镁，汞和氢。

测量方法：NIOSH 7020，7303；OSHA ID121

个人防护和卫生设施：

● 皮肤：对于个体皮肤防护装备的需要没有特殊建议。

● 眼睛：对眼部防护的需要没有特殊建议。

● 清洗皮肤：对于个体皮肤防护装备的需要没有特殊建议。

● 脱除：对于脱除被污染或被弄湿的工作服的需要没有特殊建议。

● 更换：对于班后的衣服的更换需要没有特殊建议。

急救：

● 眼睛：如眼睛直接接触了该化学物质，要立即用大量水冲洗（灌洗）眼睛，冲洗时，不时翻开上下眼睑，并立即就医。

● 皮肤：如果该化学物质直接接触皮肤，用肥皂和水冲洗污染的皮肤。

● 呼吸：如果接触者吸入大量该化学物质，立即将接触者移至新鲜空气处。通常不需要采取其他措施。

对呼吸器选择的建议：无。

有关呼吸器选择的其他重要信息参见相关标准。

接触途径：呼吸道，皮肤和/或眼睛直接接触。

症状：眼睛、皮肤、呼吸系统刺激；咳嗽。

靶器官：眼睛，皮肤，呼吸系统。

氰氨化钙(Calcium cyanamide)

$CaCN_2$

CAS No.:156-62-7

RTECS No.:GS6000000

异名和商品名:石灰氮,Calcium carbimide,Cyanamide,Lime nitrogen,Nitrogen lime

[注:Cyanamide 也是 Hydrogen cyanamide 的简写。]

DOT ID 和指南号:1403 138

(碳化钙>0.1%)

接触限值:NIOSH REL:TWA 0.5 mg/m^3

OSHA PEL †:无

IDLH:N.D.　　**浓度换算系数:**

理化性质:无色,灰色或黑色晶体或粉末。[肥料]

[注:商品级可含碳化钙。]

分子量:80.1　　沸点:升华

熔点:2444 ℉　　溶解度:不溶

蒸气压:0 mmHg (约)　　电离电位:不适用

比重:2.29　　闪点:不适用

爆炸上限:不适用　　爆炸下限:不适用

不可燃固体,如含有碳化钙就有着火的危险。

不相容性和反应性:水。[注:在水或碱溶液中可以发生聚合生成二氰氨。在水中可以分解生成乙炔和氨。]

测量方法:NIOSH 0500

个人防护和卫生设施:

- 皮肤:穿戴合适的个人防护服,防止皮肤直接接触。
- 眼睛:佩戴合适的眼部防护用品,防止眼睛直接接触。
- 清洗皮肤:当皮肤受到污染时,应立即清洗污染的皮肤。
- 脱除:如果工作服被弄湿或受到了明显的污染,应该立即脱除并妥善处置。
- 更换:在离开工作场所前应当将可能受到污染的工作服更换成无污染的衣服。
- 配备:在劳动者可能接触该化学物质的作业场所,无论是否需要使用眼部防护用品,都应配备眼冲洗设备。在紧靠有可能接触该化学物质的工作场所,应配备快速冲淋身体的设备以应急使用。[注:这些设备应能够提供足量水或流动水,以将可能接触的身体任何部位上的化学物质除去。实际配备适宜的快速冲淋设备取决于工作场所的具体条件。在某些情况下,必须及时进行大流量淋浴,而其他情况下只需要用一个水槽或软管供水就足够了。]

急救:

- 眼睛:如眼睛直接接触了该化学物质,要立即用大量水冲洗(灌洗)眼睛,冲洗时,不时翻开上下眼睑,并立即就医。
- 皮肤:如果该化学物质直接接触皮肤,要立即用肥皂和水冲洗污染的皮肤。如果该化学物质渗透进衣服,立即将衣服脱除,并用水清洗皮肤。如果清洗后刺激症状持续存在,应就医。
- 呼吸:如果接触者吸入大量该化学物质,立即将接触者移至新鲜空气处。如果呼吸停止,要进行人工呼吸,注意保暖和休息。尽快就医。
- 吞入:如果吞入该化学物质,应立即就医。

对呼吸器选择的建议:无。

有关呼吸器选择的其他重要信息参见相关标准。

接触途径:呼吸道,胃肠道,皮肤和/或眼睛直接接触。

症状:眼睛、皮肤、呼吸系统刺激;头痛,眩晕;呼吸急促;血压降低;恶心,呕吐;皮肤灼伤,致敏;咳嗽;安塔布司样效应。

靶器官:眼睛,皮肤,呼吸系统,心血管系统。

氢氧化钙(Calcium hydroxide)

$Ca(OH)_2$

异名和商品名: 碱石灰,熟石灰,水硬石灰,Calcium hydrate,Caustic lime,Hydrated lime,Slaked lime

CAS No.: 1305-62-0

RTECS No.: EW2800000

DOT ID 和指南号:

C

接触限值: NIOSH REL:TWA 5 mg/m^3

OSHA PEL:TWA 15 mg/m^3(总颗粒物)

TWA 5 mg/m^3(呼吸性颗粒物)

IDLH: N.D. **浓度换算系数:**

理化性质: 白色,无气味粉末。[注:易吸收空气中的 CO_2 形成碳酸钙。]

分子量:74.1 沸点:分解

熔点:1 076 ℉(分解)(失水) 溶解度(32 ℉):0.2%

蒸气压:0 mmHg(约) 电离电位:不适用

比重:2.24 闪点:不适用

爆炸上限:不适用 爆炸下限:不适用

不可燃固体。

不相容性和反应性:顺丁烯二酸酐,磷,硝基甲烷,硝基石蜡,硝基乙烷,硝基丙烷[注:可腐蚀某些金属]。

测量方法: NIOSH 7020;OSHA ID121

个人防护和卫生设施:

- 皮肤:穿戴合适的个人防护服,防止皮肤直接接触。
- 眼睛:佩戴合适的眼部防护用品,防止眼睛直接接触。
- 清洗皮肤:当皮肤受到污染时,应立即清洗污染的皮肤。/每天工作班结束后,进食、吸烟、喝水前都应该清洗可能受到污染的皮肤。
- 脱除:如果工作服被弄湿或受到了明显的污染,应该立即脱除并妥善处置。
- 更换:在离开工作场所前应当将可能受到污染的工作服更换成无污染的衣服。
- 配备:在劳动者可能接触该化学物质的作业场所,无论是否需要使用眼部防护用品,都应配备眼冲洗设备。在紧靠有可能接触该化学物质的工作场所,应配备快速冲淋身体的设备以应急使用。[注:这些设备应能够提供足量水或流动水,以将可能接触的身体任何部位上的化学物质除去。实际配备适宜的快速冲淋设备取决于工作场所的具体条件。在某些情况下,必须及时进行大流量淋浴,而其他情况下只需要用一个水槽或软管供水就足够了。]

急救:

- 眼睛:如眼睛直接接触了该化学物质,要立即用大量水冲洗(灌洗)眼睛,冲洗时,不时翻开上下眼睑,并立即就医。
- 皮肤:如果该化学物质直接接触皮肤,要立即用肥皂和水冲洗污染的皮肤。如果该化学物质渗透进衣服,立即将衣服脱除,并用水清洗皮肤。如果清洗后刺激症状持续存在,应就医。
- 呼吸:如果接触者吸入大量该化学物质,立即将接触者移至新鲜空气处。如果呼吸停止,要进行人工呼吸,注意保暖和休息。尽快就医。
- 吞入:如果吞入该化学物质,应立即就医。

对呼吸器选择的建议: 无。

有关呼吸器选择的其他重要信息参见相关标准。

接触途径: 呼吸道,胃肠道,皮肤和/或眼睛直接接触。

症状: 眼睛、皮肤、上呼吸道刺激;眼睛、皮肤灼伤;皮肤囊肿;咳嗽,支气管炎,肺炎。

靶器官: 眼睛,皮肤,呼吸系统。

C

氧化钙(Calcium oxide)

CaO

异名和商品名: Burned lime, Burnt lime, Lime, Pebble lime, Quick lime, Unslaked lime

CAS No.:1305-78-8

RTECS No.:EW3100000

DOT ID 和指南号:1910 157

接触限值: NIOSH REL: TWA 2 mg/m³
OSHA PEL: TWA 5 mg/m³

IDLH: 25 mg/m³　　**浓度换算系数:**

理化性质: 白色或灰色,无气味块状或颗粒状粉末。

分子量:56.1	沸点:5 162 ℉
熔点:4 662 ℉	溶解度:与水反应
蒸气压:0 mmHg (约)	电离电位:不适用
比重:3.34	闪点:不适用
爆炸上限:不适用	爆炸下限:不适用

不可燃固体,但释放氧气助燃。

不相容性和反应性:水(放热),氟,乙醇。[注:与水反应生成氢氧化钙。]

测量方法: NIOSH 7020,7303;OSHA ID121

个人防护和卫生设施:

- 皮肤:穿戴合适的个人防护服,防止皮肤直接接触。
- 眼睛:佩戴合适的眼部防护用品,防止眼睛直接接触。
- 清洗皮肤:当皮肤受到污染时,应立即清洗污染的皮肤。每天工作班结束后,进食、吸烟、喝水前都应该清洗可能受到污染的皮肤。
- 脱除:如果工作服被弄湿或受到了明显的污染,应该立即脱除并妥善处置。
- 更换:在离开工作场所前应当将可能受到污染的工作服更换成无污染的衣服。
- 配备:在劳动者可能接触该化学物质的作业场所,无论是否需要使用眼部防护用品,都应配备眼冲洗设备。在紧靠有可能接触该化学物质的工作场所,应配备快速冲淋身体的设备以应急使用。[注:这些设备应能够提供足量水或流动水,以将可能接触的身体任何部位上的化学物质除去。实际配备适宜的快速冲淋设备取决于工作场所的具体条件。在某些情况下,必须及时进行大流量淋浴,而其他情况下只需要用一个水槽或软管供水就足够了。]

急救:

- 眼睛:如眼睛直接接触了该化学物质,要立即用大量水冲洗(灌洗)眼睛,冲洗时,不时翻开上下眼睑,并立即就医。
- 皮肤:如果该化学物质直接接触皮肤,立即用水冲洗污染的皮肤。如果该化学物质渗透进衣服,要迅速将衣服脱除,用水冲洗污染的皮肤,并迅速就医。
- 呼吸:如果接触者吸入大量该化学物质,立即将接触者移至新鲜空气处。如果呼吸停止,要进行人工呼吸,注意保暖和休息。尽快就医。
- 吞入:如果吞入该化学物质,应立即就医。

对呼吸器选择的建议: NIOSH

~10 mg/m³:

- Qm:任何四分之一面罩呼吸器,选择 N、R 或 P 过滤元件的信息见表 4。指定防护因数=5。

~20 mg/m³:

- 95XQ:任何除四分之一面罩之外的防颗粒物呼吸器,配有 N95、R95 或 P95 过滤元件(包括 N95、R95 或 P95 随弃式面罩)。也可使用以下过滤元件:N99、R99、P99、N100、R100、P100。指定防护因数=10。选择 N、R 或 P 过滤元件的信息见表 4。
- Sa:任何供气式呼吸器。指定防护因数=10。

~25 mg/m^3：

- Sa：Cf：任何连续供气式呼吸器。指定防护因数＝25。
- PaprHie：任何动力送风空气过滤式呼吸器，配有高效颗粒物过滤元件。指定防护因数＝25。
- 100F：任何空气过滤式全面罩呼吸器，配有N100、R100或P100过滤元件。指定防护因数＝50。选择N、R或P过滤元件的信息见表4。
- ScbaF：任何携气式呼吸器，配全面罩。指定防护因数＝50。
- SaF：任何供气式呼吸器，配全面罩。指定防护因数＝50。

§：应急抢险，或准备进入浓度未知环境，或进入IDLH环境：

- ScbaF：Pd，Pp：任何压力需气式或正压携气式呼吸器，配全面罩。指定防护因数＝10 000。
- SaF：Pd，Pp：AScba：任何压力需气式或正压供气式呼吸器，配全面罩，配压力需气式或正压携气式辅助呼吸器。指定防护因数＝10 000。

逃生：

- 100F：任何空气过滤式全面罩呼吸器，配有N100、R100或P100过滤元件。指定防护因数＝50。选择N、R或P过滤元件的信息见表4。
- ScbaE：任何适合逃生的携气式呼吸器。

有关呼吸器选择的其他重要信息参见相关标准。

接触途径：呼吸道，胃肠道，皮肤和/或眼睛直接接触。

症状：眼睛、皮肤、上呼吸道刺激；溃疡；鼻中隔穿孔；肺炎；皮炎。

靶器官：眼睛，皮肤，呼吸系统。

硅酸钙(Calcium silicate)

$CaSiO_3$

CAS No.：1344-95-2

RTECS No.：VV9150000

DOT ID和指南号：

异名和商品名：偏硅酸钙，硅石灰，钙硅石，Calcium hydrosilicate，Calcium metasilicate，Calcium monosilicate，Calcium salt of silicic acid，Wollastonite (mineral)

接触限值：NIOSH REL：TWA 10 mg/m^3(总颗粒物)
TWA 5 mg/m^3(呼吸性颗粒物)
OSHA PEL：TWA 15 mg/m^3(总颗粒物)
TWA 5 mg/m^3(呼吸性颗粒物)

IDLH：N. D.　　**浓度换算系数：**

理化性质：白色或乳白色粉末。[注：商品是由硅藻土和石灰制备。]

分子量：116.2	沸点：未知
熔点：2 804 ℉	溶解度：0.01%
蒸气压：0 mmHg (约)	电离电位：不适用
比重：2.9	闪点：不适用
爆炸上限：不适用	爆炸下限：不适用

不可燃固体。

不相容性和反应性：未见报道。[注：长时间与水接触，溶液可变成可溶的钙盐和无定型硅。]

测量方法：NIOSH 7020；OSHA ID121

个人防护和卫生设施：

- 皮肤：对于个体皮肤防护装备的需要没有特殊建议。
- 眼睛：对眼部防护的需要没有特殊建议。
- 清洗皮肤：对于清洗皮肤上的污染物没有其他特殊的建议(包括立即清洗和班后清洗)。
- 脱除：对于脱除被污染或被弄湿的工作服的需要没有特殊建议。
- 更换：对于班后的衣服的更换需要没有特殊建议。

急救：

● 眼睛:如眼睛直接接触了该化学物质,要立即用大量水冲洗(灌洗)眼睛,冲洗时,不时翻开上下眼睑,并立即就医。 ● 皮肤:如果该化学物质直接接触皮肤,用肥皂和水冲洗污染的皮肤。 ● 呼吸:如果接触者吸入大量该化学物质,立即将接触者移至新鲜空气处。通常不需要采取其他措施。	**对呼吸器选择的建议:**无。 **有关呼吸器选择的其他重要信息参见相关标准。** **接触途径:**呼吸道,皮肤和/或眼睛直接接触。 **症状:**眼睛、皮肤、上呼吸道刺激。 **靶器官:**眼睛,皮肤,呼吸系统。

硫酸钙(Calcium sulfate)　　CAS No.:7778-18-9

$CaSO_4$　　RTECS No.:WS6920000

异名和商品名:无水硫酸钙,无水石膏,无水石灰石[注:石膏是硫酸钙的二水化合物,熟石膏是半氢氧化合物形态。]　　**DOT ID 和指南号:**

接触限值:NIOSH REL:TWA 10 mg/m³(总颗粒物) TWA 5mg/m³(呼吸性颗粒物) OSHA PEL:TWA 15 mg/m³(总颗粒物) TWA 5 mg/m³(呼吸性颗粒物)	● 清洗皮肤:对于清洗皮肤上的污染物没有其他特殊的建议(包括立即清洗和班后清洗)。 ● 脱除:对于脱除被污染或被弄湿的工作服的需要没有特殊建议。 ● 更换:对于班后的衣服的更换需要没有特殊建议。
IDLH:N.D.　　**浓度换算系数:**	
理化性质:无气味,白色粉末或无色晶体。[注:可能掺有少许蓝色、灰色或淡红色。]	**急救:** ● 眼睛:如眼睛直接接触了该化学物质,要立即用大量水冲洗(灌洗)眼睛,冲洗时,不时翻开上下眼睑,并立即就医。 ● 皮肤:如果该化学物质直接接触皮肤,用肥皂和水冲洗污染的皮肤。 ● 呼吸:如果接触者吸入大量该化学物质,立即将接触者移至新鲜空气处。通常不需要采取其他措施。
分子量:136.1　　沸点:分解 熔点:2 840 ℉(分解)　　溶解度:0.3% 蒸气压:0 mmHg(约)　　电离电位:不适用 比重:2.96　　闪点:不适用 爆炸上限:不适用　　爆炸下限:不适用 不可燃固体。 不相容性和反应性:重氮甲烷,铝,磷,水。[注:具有吸水性。可以与水反应生成石膏和熟石膏。]	**对呼吸器选择的建议:**无。 **有关呼吸器选择的其他重要信息参见相关标准。**
测量方法: NIOSH 0500,0600	**接触途径:**呼吸道,皮肤和/或眼睛直接接触。
个人防护和卫生设施: ● 皮肤:对于个体皮肤防护装备的需要没有特殊建议。 ● 眼睛:对眼部防护的需要没有特殊建议。	**症状:**眼睛、皮肤、上呼吸道刺激;结膜炎;鼻炎,鼻出血。 **靶器官:**眼睛,皮肤,呼吸系统。

樟脑(合成)[Camphor (synthetic)]

$C_{10}H_{16}O$

异名和商品名:2-莰烷酮,2-Camphonone,Gum camphor,Laurel camphor,Synthetic camphor

CAS No.:76-22-2

RTECS No.:EX1225000

DOT ID 和指南号:2717 133

C

接触限值:NIOSH REL:TWA 2 mg/m³

OSHA PEL:TWA 2 mg/m³

IDLH:200 mg/m³　　**浓度换算系数:**

理化性质:无色或白色晶体,具有芳香气味。

分子量:152.3　　沸点:399 ℉

熔点:345 ℉　　溶解度:不溶

蒸气压:0.2 mmHg　　电离电位:8.76 eV

比重:0.99　　闪点:150 ℉

爆炸上限:3.5%　　爆炸下限:0.6%

可燃固体。

不相容性和反应性:强氧化剂(尤其是铬酸酐和高锰酸钾)。

测量方法:NIOSH 1301,2553;OSHA 7

个人防护和卫生设施:

- 皮肤:穿戴合适的个人防护服,防止皮肤直接接触。
- 眼睛:佩戴合适的眼部防护用品,防止眼睛直接接触。
- 清洗皮肤:当皮肤受到污染时,应立即清洗污染的皮肤。
- 脱除:如果工作服被弄湿或受到了明显的污染,应该立即脱除并妥善处置。
- 更换:在离开工作场所前应当将可能受到污染的工作服更换成无污染的衣服。

急救:

- 眼睛:如眼睛直接接触了该化学物质,要立即用大量水冲洗(灌洗)眼睛,冲洗时,不时翻开上下眼睑,并立即就医。
- 皮肤:如果该化学物质直接接触皮肤,立即用肥皂和水冲洗污染的皮肤。若该化学物质渗透进衣服,要立即将衣服脱除,用肥皂和水清洗皮肤,并迅速就医。
- 呼吸:如果接触者吸入大量该化学物质,立即将接触者移至新鲜空气处。如果呼吸停止,要进行人工呼吸,注意保暖和休息。尽快就医。
- 吞入:如果吞入该化学物质,应立即就医。

对呼吸器选择的建议:NIOSH/OSHA

~50 mg/m³:

- Sa:Cf:任何连续供气式呼吸器。指定防护因数=25。£
- PaprOvHie:任何动力送风空气过滤式呼吸器,配有机蒸气和高效颗粒滤毒盒的综合防护过滤元件。指定防护因数=50。£

~100 mg/m³:

- CcrFOv100:任何空气过滤式全面罩呼吸器,配有机蒸气滤毒盒和 N100、R100 或 P100 的综合防护过滤元件。指定防护因数=50。选择 N、R 或 P 过滤元件的信息见表 4。
- GmFOv100:任何空气过滤式全面罩呼吸器(防毒面具),配下颌式、前置式或背置式有机蒸气滤毒罐和 N100、R100 或 P100 的综合防护过滤元件。指定防护因数=50。选择 N、R 或 P 过滤元件的信息见表 4。指定防护因数=50。
- PaprTOvHie:任何动力送风空气过滤式呼吸器,配密合型面罩和有机蒸气和高效颗粒滤毒盒的综合防护过滤元件。指定防护因数=50。£
- ScbaF:任何携气式呼吸器,配全面罩。指定防护因数=50。

C

- SaF:任何供气式呼吸器,配全面罩。指定防护因数=50。

~200 mg/m³:

- SaF:Pd,Pp:任何压力需气式或正压供气式呼吸器,配全面罩。指定防护因数=2 000。

§:应急抢险,或准备进入浓度未知环境,或进入 IDLH 环境:

- ScbaF:Pd,Pp:任何压力需气式或正压携气式呼吸器,配全面罩。指定防护因数=10 000。
- SaF:Pd,Pp:AScba:任何压力需气式或正压供气式呼吸器,配全面罩,配压力需气式或正压携气式辅助呼吸器。指定防护因数=10 000。

逃生:

- GmFOv100:任何空气过滤式全面罩呼吸器(防毒面具),配下颌式、前置式或背置式有机蒸气滤毒罐和 N100、R100 或 P100 的综合防护过滤元件。指定防护因数=50。选择 N、R 或 P 过滤元件的信息见表 4。指定防护因数=50。
- ScbaE:任何适合逃生的携气式呼吸器。

有关呼吸器选择的其他重要信息参见相关标准。

接触途径:呼吸道,皮肤吸收,胃肠道,皮肤和/或眼睛直接接触。

症状:眼睛、皮肤、黏膜刺激;恶心,呕吐,腹泻;头痛,眩晕,兴奋,癫痫发作,惊厥。

靶器官:眼睛,皮肤,呼吸系统,中枢神经系统。

己内酰胺(Caprolactam)

$C_6H_{11}NO$

CAS No.:105-60-2

RTECS No.:CM3675000

DOT ID 和指南号:

异名和商品名: Aminocaproic lactam,epsilon-Caprolactam,Hexahydro-2H-azepin-2-one,2-Oxohexamethyleneimine

接触限值:NIOSH REL:粉尘:TWA 1 mg/m³ ST 3 mg/m³
蒸气:TWA 0.22 ppm (1 mg/m³)
ST 0.66 ppm (3 mg/m³)
OSHA PEL †:无

IDLH:N.D.　　**浓度换算系数:**1 ppm = 4.63 mg/m³

理化性质:白色,晶体或薄片,具有令人不愉快的气味。[注:仅在气温升高时有明显的蒸气浓度。]

分子量:113.2	沸点:515 ℉
熔点:156 ℉	溶解度:53%
蒸气压:0.000 000 08 mmHg	电离电位:未知
比重:1.01	闪点:282 ℉
爆炸上限:8.0%	爆炸下限:1.4%

可燃固体。

不相容性和反应性:强氧化剂(乙酸和三氧化二氮)。

测量方法:OSHA PV2012

个人防护和卫生设施:

- 皮肤:穿戴合适的个人防护服,防止皮肤直接接触。
- 眼睛:佩戴合适的眼部防护用品,防止眼睛直接接触。
- 清洗皮肤:当皮肤受到污染时,应立即清洗污染的皮肤。
- 脱除:如果工作服被弄湿或受到了明显的污染,应该立即脱除并妥善处置。
- 更换:在离开工作场所前应当将可能受到污染的工作服更换成无污染的衣服。

急救:

- 眼睛:如眼睛直接接触了该化学物质,要立即用大量水冲洗(灌洗)眼睛,冲洗时,不时翻开上下眼睑,并立即就医。
- 皮肤:如果该化学物质直接接触皮肤,立即用水冲洗污染的皮肤。如果该化学物质渗透进衣服,立即将衣服脱除,用水冲洗皮肤。若清洗后出现症状,要立即就医。
- 呼吸:如果接触者吸入大量该化学物质,立即将接触者移至新鲜空气处。如果呼吸停止,要进行人工呼吸,注意保暖和休息。尽快就医。
- 吞入:如果吞入该化学物质,应立即就医。

对呼吸器选择的建议:无。

有关呼吸器选择的其他重要信息参见相关标准。

接触途径:呼吸道,胃肠道,皮肤和/或眼睛直接接触。

症状:皮肤、眼睛、呼吸系统刺激;鼻出血;皮炎,皮肤致敏;气喘;应激性,意识模糊,眩晕,头痛;腹绞痛,腹泻,恶心,呕吐;肝、肾损伤。

靶器官:眼睛,皮肤,呼吸系统,中枢神经系统,心血管系统,肝,肾。

C

敌菌丹(Captafol)

$C_{10}H_9Cl_{14}NO_2S$

异名和商品名:四氯丹;大富丹;Captofol;Difolatan®;N-[(1,1,2,2-Tetrachloroethyl)thio]-4-cyclohexene-1,2-dicarboximide

CAS No.:2425-06-1

RTECS No.:GW4900000

DOT ID 和指南号:

接触限值:NIOSH REL:Ca TWA 0.1 mg/m³[皮] 见附录 A
OSHA PEL †:无

IDLH: Ca [N. D.]　　**浓度换算系数:**

理化性质:白色晶体,具有轻微特有的气味。[杀真菌剂][注:商品为湿粉末或液体。]

分子量:349.1	沸点:分解
熔点:321 ℉(分解)	溶解度:0.000 1%
蒸气压:0.000 008 mmHg	电离电位:不适用
比重:未知	闪点:不适用
爆炸上限:不适用	爆炸下限:不适用

不可燃固体,但可溶于易燃液体。

不相容性和反应性:酸,酸蒸气,强氧化剂。

测量方法:NIOSH 0500

个人防护和卫生设施:

- 皮肤:穿戴合适的个人防护服,防止皮肤直接接触。
- 眼睛:佩戴合适的眼部防护用品,防止眼睛直接接触。
- 清洗皮服:当皮肤受到污染时,应立即清洗污染的皮肤。/每天工作班结束后,进食、吸烟、喝水前都应该清洗可能受到污染的皮肤。
- 脱除:如果工作服被弄湿或受到了明显的污染,应该立即脱除并妥善处置。
- 更换:在离开工作场所前应当将可能受到污染的工作服更换成无污染的衣服。
- 配备:在劳动者可能接触该化学物质的作业场所,无论是否需要使用眼部防护用品,都应配备眼冲洗设备。在紧靠有可能接触该化学物质的工作场所,应配备快速冲淋身体的设备以应急使用。[注:这些设备应能够提供足量水或流动水,以将可能接触的身体任何部位上的化学物质除去。实际配备适宜的快速冲淋设备取决于工作场所的具体条件。在某些情况下,必须及时进行大流量淋浴,而其他情况下只需要用一个水槽或软管供水就足够了。]

急救:

- 眼睛:如眼睛直接接触了该化学物质,要立即用大量水冲洗(灌洗)眼睛,冲洗时,不时翻开上下眼睑,并立即就医。

C

- 皮肤：如果该化学物质直接接触皮肤，立即用肥皂和水冲洗污染的皮肤。若该化学物质渗透进衣服，要立即将衣服脱除，用肥皂和水清洗皮肤，并迅速就医。
- 呼吸：如果接触者吸入大量该化学物质，立即将接触者移至新鲜空气处。如果呼吸停止，要进行人工呼吸，注意保暖和休息。尽快就医。
- 吞入：如果吞入该化学物质，应立即就医。

对呼吸器选择的建议：NIOSH

¥：高于 NIOSH REL 的浓度；或当没有 REL 时，任何可以检测到的浓度：

- ScbaF：Pd，Pp：任何压力需气式或正压携气式呼吸器，配全面罩。指定防护因数＝10 000。
- SaF：Pd，Pp：AScba：任何压力需气式或正压供气式呼吸器，配全面罩，配压力需气式或正压携气式辅助呼吸器。指定防护因数＝10 000。

逃生：

- GmFOv：任何空气过滤式全面罩呼吸器（防毒面具），配下颌式、前置式或背置式有机蒸气滤毒罐。指定防护因数＝50。
- ScbaE：任何适合逃生的携气式呼吸器。

有关呼吸器选择的其他重要信息参见相关标准。

接触途径：呼吸道，皮肤吸收，胃肠道，皮肤和/或眼睛直接接触。

症状：眼睛、皮肤、呼吸系统刺激；皮炎，皮肤致敏；结膜炎；支气管炎，喘鸣；腹泻，呕吐；肝、肾损伤；血压升高；动物：致畸效应；[潜在职业性致癌物]。

靶器官：眼睛，皮肤，呼吸系统，中枢神经系统，肝，肾，心血管系统。

致癌部位：[动物：多部位肿瘤]。

克菌丹（Captan）

$C_9H_8Cl_3NO_2S$

CAS No.：133-06-2

RTECS No.：GW5075000

DOT ID 和指南号：

异名和商品名：Captane；N-Trichloromethylmercapto-4-cyclohexene-1，2-dicarboximide

接触限值：NIOSH REL：Ca TWA 5 mg/m³ 见附录 A
OSHA PEL †：无

IDLH：Ca [N. D.]　　**浓度换算系数：**

理化性质：无气味，白色晶体状粉末。[杀真菌剂] [注：商品是具有浓烈气味的黄色粉末。]

分子量：300.6	沸点：分解
熔点：352 ℉（分解）	溶解度（77 ℉）：0.000 3%
蒸气压：0 mmHg（约）	电离电位：不适用
比重：1.74	闪点：未知
爆炸上限：未知	爆炸下限：未知

可燃固体；可溶于易燃液体。

不相容性和反应性：强碱类物质（如石灰水）。[注：对金属具有腐蚀性。]

测量方法：NIOSH 5601，9202，9205

个人防护和卫生设施：

- 皮肤：穿戴合适的个人防护服，防止皮肤直接接触。
- 眼睛：佩戴合适的眼部防护用品，防止眼睛直接接触。
- 清洗皮肤：当皮肤受到污染时，应立即清洗污染的皮肤。/每天工作班结束后，进食、吸烟、喝水前都应该清洗可能受到污染的皮肤。
- 脱除：如果工作服被弄湿或受到了明显的污染，应该立即脱除并妥善处置。

● 更换：在离开工作场所前应当将可能受到污染的工作服更换成无污染的衣服。
● 配备：在劳动者可能接触该化学物质的作业场所，无论是否需要使用眼部防护用品，都应配备眼冲洗设备。在紧靠有可能接触该化学物质的工作场所，应配备快速冲淋身体的设备以应急使用。[注：这些设备应能够提供足量水或流动水，以将可能接触的身体任何部位上的化学物质除去。实际配备适宜的快速冲淋设备取决于工作场所的具体条件。在某些情况下，必须及时进行大流量淋浴，而其他情况下只需要用一个水槽或软管供水就足够了。]

急救：

● 眼睛：如眼睛直接接触了该化学物质，要立即用大量水冲洗(灌洗)眼睛，冲洗时，不时翻开上下眼睑，并立即就医。
● 皮肤：如果该化学物质直接接触皮肤，立即用肥皂和水冲洗污染的皮肤。若该化学物质渗透进衣服，要立即将衣服脱除，用肥皂和水清洗皮肤，并迅速就医。
● 呼吸：如果接触者吸入大量该化学物质，立即将接触者移至新鲜空气处。如果呼吸停止，要进行人工呼吸，注意保暖和休息。尽快就医。
● 吞入：如果吞入该化学物质，应立即就医。

对呼吸器选择的建议：NIOSH

¥：高于 NIOSH REL 的浓度；或当没有 REL 时，任何可以检测到的浓度：

● ScbaF：Pd，Pp：任何压力需气式或正压携气式呼吸器，配全面罩。指定防护因数=10 000。
● SaF：Pd，Pp：AScba：任何压力需气式或正压供气式呼吸器，配全面罩，配压力需气式或正压携气式辅助呼吸器。指定防护因数=10 000。

逃生：

● GmFOv：任何空气过滤式全面罩呼吸器(防毒面具)，配下颌式、前置式或背置式有机蒸气滤毒罐。指定防护因数=50。
● ScbaE：任何适合逃生的携气式呼吸器。

有关呼吸器选择的其他重要信息参见相关标准。

接触途径：呼吸道，皮肤吸收，胃肠道，皮肤和/或眼睛直接接触。

症状：眼睛、皮肤、上呼吸道刺激；视物模糊；皮炎，皮肤致敏；呼吸困难；腹泻，呕吐；[潜在职业性致癌物]。

靶器官：眼睛，皮肤，呼吸系统，肝，肾。

致癌部位：[动物：十二指肠肿瘤]。

西维因(Carbaryl)

$CH_3NHCOOC_{10}H_7$

异名和商品名：胺甲萘，甲萘威，α-Naphthyl N-methyl-carbamate，1-Naphthyl N-Methyl-carbamate，Sevin®

CAS No.：63-25-2

RTECS No.：FC5950000

DOT ID 和指南号：2757 151

接触限值：NIOSH REL：TWA 5 mg/m³

OSHA PEL：TWA 5 mg/m³

IDLH：100 mg/m³　　**浓度换算系数：**

理化性质：白色或灰色，无气味固体。[农药]

分子量：201.2	沸点：分解
熔点：293 ℉	溶解度：0.01%
蒸气压(77 ℉)：<0.000 04 mmHg	电离电位：未知

C

比　　重:1.23　　　　闪　　点:不适用
爆炸上限:不适用　　　爆炸下限:不适用
不可燃固体,但可溶于易燃液体。
不相容性和反应性:强氧化剂,强碱类杀虫剂。

测量方法:NIOSH 5006,5601;OSHA 63

个人防护和卫生设施:

- 皮肤:穿戴合适的个人防护服,防止皮肤直接接触。
- 眼睛:佩戴合适的眼部防护用品,防止眼睛直接接触。
- 清洗皮肤:当皮肤受到污染时,应立即清洗污染的皮肤。
- 脱除:如果工作服被弄湿或受到了明显的污染,应该立即脱除并妥善处置。
- 更换:在离开工作场所前应当将可能受到污染的工作服更换成无污染的衣服。

急救:

- 眼睛:如眼睛直接接触了该化学物质,要立即用大量水冲洗(灌洗)眼睛,冲洗时,不时翻开上下眼睑,并立即就医。
- 皮肤:如果该化学物质直接接触皮肤,迅速用肥皂和水冲洗污染的皮肤。若该化学物质渗透进衣服,要迅速将衣服脱除,用肥皂和水清洗皮肤,并迅速就医。
- 呼吸:如果接触者吸入大量该化学物质,立即将接触者移至新鲜空气处。如果呼吸停止,要进行人工呼吸,注意保暖和休息。尽快就医。
- 吞入:如果吞入该化学物质,应立即就医。

对呼吸器选择的建议:NIOSH/OSHA

～50 mg/m³:

- Sa:任何供气式呼吸器。指定防护因数=10。*

～100 mg/m³:

- Sa:Cf:任何连续供气式呼吸器。指定防护因数=25。*
- ScbaF:任何携气式呼吸器,配全面罩。指定防护因数=50。
- SaF:任何供气式呼吸器,配全面罩。指定防护因数=50。

§:应急抢险,或准备进入浓度未知环境,或进入 IDLH 环境:

- ScbaF:Pd,Pp:任何压力需气式或正压携气式呼吸器,配全面罩。指定防护因数=10 000。
- SaF:Pd,Pp:AScba:任何压力需气式或正压供气式呼吸器,配全面罩,配压力需气式或正压携气式辅助呼吸器。指定防护因数=10 000。

逃生:

- GmFOv100:任何空气过滤式全面罩呼吸器(防毒面具),配下颌式、前置式或背置式有机蒸气滤毒罐和N100、R100或P100的综合防护过滤元件。指定防护因数=50。选择N、R或P过滤元件的信息见表4。指定防护因数=50。
- ScbaE:任何适合逃生的携气式呼吸器。

有关呼吸器选择的其他重要信息参见相关标准。

接触途径:呼吸道,皮肤吸收,胃肠道,皮肤和/或眼睛直接接触。

症状:瞳孔缩小,视物模糊,流泪;鼻漏,流涎;出汗;腹绞痛,恶心,呕吐,腹泻;震颤;发绀;惊厥;皮肤刺激;可能的生殖效应。

靶器官:呼吸系统,中枢神经系统,心血管系统,皮肤,血胆碱酯酶,生殖系统。

克百威(Carbofuran)

$C_{12}H_{15}NO_3$

CAS No.:1563-66-2

RTECS No.:FB9450000

DOT ID 和指南号:2757 151

异名和商品名:呋喃丹;卡巴呋喃;2,3-二氢-2,2-二甲基-7-苯并呋喃基-N-甲基氨基甲酸酯;2,3-Dihydro-2,2-dimethyl-7-benzofuranyl methylcarbamate;Furacarb®;Furadan®

C

接触限值:NIOSH REL:TWA 0.1 mg/m³

OSHA PEL †:无

IDLH:N.D. **浓度换算系数**:

理化性质:无气味,白色或浅灰色晶体。[杀虫剂]

[注:可能溶解于载液。]

分子量:221.3 沸点:未知

熔点:304 ℉ 溶解度(77 ℉):0.07%

蒸气压(77 ℉):0.000 003 mmHg 电离电位:不适用

比重:1.18 闪点:不适用

爆炸上限:不适用 爆炸下限:不适用

不可燃固体。

不相容性和反应性:碱性物质,酸,强氧化剂(如高氯酸盐、过氧化物、氯酸盐、硝酸盐、高锰酸盐)。

测量方法:NIOSH 5601

个人防护和卫生设施:

- 皮肤:穿戴合适的个人防护服,防止皮肤直接接触。
- 眼睛:佩戴合适的眼部防护用品,防止眼睛直接接触。
- 清洗皮肤:当皮肤受到污染时,应立即清洗污染的皮肤。
- 脱除:如果工作服被弄湿或受到了明显的污染,应该立即脱除并妥善处置。
- 更换:在离开工作场所前应当将可能受到污染的工作服更换成无污染的衣服。
- 配备:在劳动者可能接触该化学物质的作业场所,无论是否需要使用眼部防护用品,都应配备眼冲洗设备。在紧靠有可能接触该化学物质的工作场所,应配备快速冲淋身体的设备以应急使用。[注:这些设备应能够提供足量水或流动水,以将可能接触的身体任何部位上的化学物质除去。实际配备适宜的快速冲淋设备取决于工作场所的具体条件。在某些情况下,必须及时进行大流量淋浴,而其他情况下只需要用一个水槽或软管供水就足够了。]

急救:

- 眼睛:如眼睛直接接触了该化学物质,要立即用大量水冲洗(灌洗)眼睛,冲洗时,不时翻开上下眼睑,并立即就医。
- 皮肤:如果该化学物质直接接触皮肤,要立即用肥皂和水冲洗污染的皮肤。如果该化学物质渗透进衣服,立即将衣服脱除,并用水清洗皮肤。如果清洗后刺激症状持续存在,应就医。
- 呼吸:如果接触者吸入大量该化学物质,立即将接触者移至新鲜空气处。通常不需要采取其他措施。
- 吞入:如果吞入该化学物质,应立即就医。

对呼吸器选择的建议:无。

有关呼吸器选择的其他重要信息参见相关标准。

接触途径:呼吸道,皮肤吸收,胃肠道,皮肤和/或眼睛直接接触。

症状:瞳孔缩小,视物模糊;出汗,流涎;腹绞痛,腹泻;头痛;恶心,呕吐;倦怠(虚弱,虚脱);肌肉颤搐,协调能力下降;惊厥。

靶器官:中枢神经系统,周围神经系统,血胆碱酯酶。

C

碳黑(Carbon black)

C

CAS No.:1333-86-4

RTECS No.:FF5800000

DOT ID 和指南号:

异名和商品名:乙炔黑,槽黑,炉黑,灯黑,热解黑,Acetylene black,Channel black,Furnace black,Lamp black,Thermal black

接触限值:NIOSH REL:TWA 3.5 mg/m^3

Ca TWA 0.1 mg PAHs/m^3[多环芳烃(PAHs)存在于碳黑上。]见附录A、附录C

OSHA PEL:TWA 3.5 mg/m^3

IDLH:1 750 mg/m^3　　**浓度换算系数**:

理化性质:黑色,无气味固体。

分子量:12.0　　沸点:升华

熔点:升华　　溶解度:不溶

蒸气压:0 mmHg(约)　　电离电位:不适用

比重:1.8~2.1　　闪点:不适用

爆炸上限:不适用　　爆炸下限:不适用

可燃固体,含有易燃的烃。

不相容性和反应性:强氧化剂,如氯酸盐、溴酸盐和硝酸盐。

测量方法:NIOSH 5000;OSHA ID196

个人防护和卫生设施:

- 皮肤:对于个体皮肤防护装备的需要没有特殊建议。
- 眼睛:佩戴合适的眼部防护用品,防止眼睛直接接触。
- 清洗皮肤:每天工作班结束后,进食、吸烟、喝水前都应该清洗可能受到污染的皮肤。
- 脱除:对于脱除被污染或被弄湿的工作服的需要没有特殊建议。
- 更换:对于班后的衣服的更换需要没有特殊建议。

急救:

- 眼睛:如眼睛直接接触了该化学物质,要迅速用大量水冲洗(灌洗)眼睛,冲洗时,不时翻开上下眼睑,如果仍有不适,应就医。
- 呼吸:如果接触者吸入大量该化学物质,立即将接触者移至新鲜空气处。通常不需要采取其他措施。

对呼吸器选择的建议:NIOSH/OSHA

~17.5 mg/m^3:

- Qm:任何四分之一面罩呼吸器,选择N、R或P过滤元件的信息见表4。指定防护因数=5。

~35 mg/m^3:

- 95XQ:任何除四分之一面罩之外的防颗粒物呼吸器,配有N95、R95或P95过滤元件(包括N95、R95或P95随弃式面罩)。也可使用以下过滤元件:N99、R99、P99、N100、R100、P100。指定防护因数=10。选择N、R或P过滤元件的信息见表4。
- Sa:任何供气式呼吸器。指定防护因数=10。

~87.5 mg/m^3:

- Sa:Cf:任何连续供气式呼吸器。指定防护因数=25。
- PaprHie:任何动力送风空气过滤式呼吸器,配有高效颗粒物过滤元件。指定防护因数=25。

~175 mg/m^3:

- 100F:任何空气过滤式全面罩呼吸器,配有N100、R100或P100过滤元件。指定防护因数=50。选择N、R或P过滤元件的信息见表4。
- PaprTHie:任何动力送风空气过滤式呼吸器,配密合型面罩和高效颗粒物过滤元件。指定防护因数=50。
- ScbaF:任何携气式呼吸器,配全面罩。指定防护因数=50。
- SaF:任何供气式呼吸器,配全面罩。指定防护因数=50。

~1 750 mg/m^3:

- Sa:Pd,Pp:任何压力需气式或正压供气式呼吸器。指定防护因数=1 000。

§:应急抢险,或准备进入浓度未知环境,或进入 IDLH 环境:

- ScbaF:Pd,Pp:任何压力需气式或正压携气式呼吸器,配全面罩。指定防护因数=10 000。
- SaF:Pd,Pp:AScba:任何压力需气式或正压供气式呼吸器,配全面罩,配压力需气式或正压携气式辅助呼吸器。指定防护因数=10 000。

逃生:

- 100F:任何空气过滤式全面罩呼吸器,配有 N100、R100 或 P100 过滤元件。指定防护因数=50。选择 N、R 或 P 过滤元件的信息见表 4。
- ScbaE:任何适合逃生的携气式呼吸器。

多环芳烃存在时:NIOSH

¥:高于 NIOSH REL 的浓度;或当没有 REL 时,任何可以检测到的浓度:

- ScbaF:Pd,Pp:任何压力需气式或正压携气式呼吸器,配全面罩。指定防护因数=10 000。
- SaF:Pd,Pp:AScba:任何压力需气式或正压供气式呼吸器,配全面罩,配压力需气式或正压携气式辅助呼吸器。指定防护因数=10 000。

逃生:

- 100F:任何空气过滤式全面罩呼吸器,配有 N100、R100 或 P100 过滤元件。指定防护因数=50。选择 N、R 或 P 过滤元件的信息见表 4。
- ScbaE:任何适合逃生的携气式呼吸器。

有关呼吸器选择的其他重要信息参见相关标准。

接触途径:呼吸道,皮肤和/或眼睛直接接触。

症状:咳嗽;眼睛刺激;存在多环芳烃:[潜在职业性致癌物]。

靶器官:呼吸系统,眼睛。

致癌部位:[淋巴癌(存在多环芳烃)]。

二氧化碳(Carbon dioxide)

CO_2

异名和商品名:碳酸气,干冰,Carbonic acid gas,Dry ice [注:空气的正常构成成分(高于 300 ppm)。]

CAS No.:124-38-9

RTECS No.:FF6400000

DOT ID 和指南号:1013 120;1845 120(干冰);2187 120(液体)

接触限值:NIOSH REL:TWA 5 000 ppm (9 000 mg/m³)
ST 30 000 ppm (54 000 mg/m³)
OSHA PEL †:TWA 5 000 ppm (9 000 mg/m³)

IDLH:40 000 ppm　　**浓度换算系数:**1 ppm = 1.80mg/m³

理化性质:无色无味气体。[注:以压缩液化气运输。固态即为干冰。]

分子量:44.0　　沸点:升华
熔点:-109 ℉(升华)　　溶解度(77 ℉):0.2%
蒸气压:56.5 大气压　　电离电位:13.77 eV
相对密度:1.53　　闪点:不适用
爆炸上限:不适用　　爆炸下限:不适用
不易燃气体。

不相容性和反应性:各种金属尘,如镁、锆、钛、铝、铬和锰,若悬浮于二氧化碳中易被点燃并发生爆炸。在水中形成碳酸。

C

测量方法:NIOSH 6603;OSHA ID172

个人防护和卫生设施:

- 皮肤:压缩气体快速膨胀时可产生低温。泄漏和使用能快速膨胀的压缩气体,可产生冻伤危害。穿戴合适的个人防护服,防止皮肤冻伤。
- 眼睛:佩戴合适的眼部防护用品,防止眼睛直接接触液体后因低温引起灼伤或组织损伤。
- 清洗皮肤:对于清洗皮肤上的污染物没有其他特殊的建议(包括立即清洗和班后清洗)。
- 脱除:对于脱除被污染或被弄湿的工作服的需要没有特殊建议。
- 更换:对于班后的衣服的更换需要没有特殊建议。
- 配备:在紧靠有可能接触极低温液体或迅速蒸发的液体的工作场所,应配备快速冲淋洗浴设备和/或眼冲洗设备,以应急使用。

急救:

- 眼睛:如果眼组织冻伤,要立即就医。如果眼组织没有冻伤,要立即用大量水彻底冲洗至少 15 min,并不时翻开上下眼睑,如果眼睛刺激、疼痛、肿胀、流泪和畏光持续存在,应尽快就医。
- 皮肤:如果发生冻伤,要立即就医,不要揉擦或用水冲洗冻伤部位;为防止组织进一步受损,不要试图将冻结的衣服从冻伤部位脱除。如未发生冻伤,立即用肥皂和水彻底清洗污染的皮肤。
- 呼吸:如果接触者吸入大量该化学物质,立即将接触者移至新鲜空气处。如果呼吸停止,要进行人工呼吸,注意保暖和休息。尽快就医。

对呼吸器选择的建议:NIOSH/OSHA

~40 000 ppm:

- Sa:任何供气式呼吸器。指定防护因数=10。
- ScbaF:任何携气式呼吸器,配全面罩。指定防护因数=50。

§:应急抢险,或准备进入浓度未知环境,或进入 IDLH 环境:

- ScbaF:Pd,Pp:任何压力需气式或正压携气式呼吸器,配全面罩。指定防护因数=10 000。
- SaF:Pd,Pp:AScba:任何压力需气式或正压供气式呼吸器,配全面罩,配压力需气式或正压携气式辅助呼吸器。指定防护因数=10 000。

逃生:

- ScbaE:任何适合逃生的携气式呼吸器。

有关呼吸器选择的其他重要信息参见相关标准。

接触途径:呼吸道,皮肤和/或眼睛直接接触(液体/固体)。

症状:头痛,眩晕,烦躁不安,感觉异常;呼吸困难;出汗,不适;心率加快,心输出量增加,血压升高;昏迷;窒息;惊厥;冻伤(液体,干冰)。

靶器官:呼吸系统,心血管系统。

二硫化碳(Carbon disulfide)

CS_2

异名和商品名:Carbon bisulfide

CAS No.:75-15-0

RTECS No.:FF6650000

DOT ID 和指南号:1131 131

接触限值:NIOSH REL:TWA 1 ppm (3 mg/m^3)

ST 10 ppm (30 mg/m^3) [皮]

OSHA PEL †:
- TWA 20 ppm
- C 30 ppm
- 100 ppm(30min 最大峰值)

IDLH:500 ppm　　**浓度换算系数**:1 ppm = 3.11 mg/m^3

理化性质:无色至淡黄色液体,具有乙醚样气味。

[注:试剂级具有臭味。]

分子量:76.1　沸点:116 ℉
凝固点:−169 ℉　溶解度:0.3%
蒸气压:297 mmHg　电离电位:10.08 eV
比重:1.26　闪点:−22 ℉
爆炸上限:50.0%　爆炸下限:1.3%

ⅠB类易燃液体——闪点低于73 ℉,沸点等于或高于100 ℉。

不相容性和反应性:强氧化剂,化学性质活泼的金属如钠、钾、锌,叠氮化物,铁锈,卤素,胺。[注:蒸气能被灯泡点燃。]

测量方法:NIOSH 1600,3800

个人防护和卫生设施:

- 皮肤:穿戴合适的个人防护服,防止皮肤直接接触。
- 眼睛:佩戴合适的眼部防护用品,防止眼睛直接接触。
- 清洗皮肤:当皮肤受到污染时,应立即清洗污染的皮肤。
- 脱除:如果工作服被可燃性物质(即闪点低于100 ℉的液体)浸湿,应当立即脱除并妥善处置,以防着火。
- 更换:对于班后的衣服的更换需要没有特殊建议。

急救:

- 眼睛:如眼睛直接接触了该化学物质,要立即用大量水冲洗(灌洗)眼睛,冲洗时,不时翻开上下眼睑,并立即就医。
- 皮肤:如果该化学物质直接接触皮肤,立即用肥皂和水冲洗污染的皮肤。若该化学物质渗透进衣服,要立即将衣服脱除,用肥皂和水清洗皮肤,并迅速就医。
- 呼吸:如果接触者吸入大量该化学物质,立即将接触者移至新鲜空气处。如果呼吸停止,要进行人工呼吸,注意保暖和休息。尽快就医。
- 吞入:如果吞入该化学物质,应立即就医。

对呼吸器选择的建议:NIOSH

~10 ppm:

- CcrOv:任何空气过滤式半面罩呼吸器,配防有机蒸气的滤毒盒。指定防护因数=10。
- Sa:任何供气式呼吸器。指定防护因数=10。

~25 ppm:

- Sa∶Cf:任何连续供气式呼吸器。指定防护因数=25。
- PaprOv:任何动力送风空气过滤式呼吸器,配有机蒸气滤毒盒。指定防护因数=25。

~50 ppm:

- CcrFOv:任何空气过滤式全面罩呼吸器,配有机蒸气滤毒盒。指定防护因数=50。
- GmFOv:任何空气过滤式全面罩呼吸器(防毒面具),配下颌式、前置式或背置式有机蒸气滤毒罐。指定防护因数=50。
- PaprTOv:任何动力送风空气过滤式呼吸器,配密合型面罩和有机蒸气滤毒盒。指定防护因数=50。
- ScbaF:任何携气式呼吸器,配全面罩。指定防护因数=50。
- SaF:任何供气式呼吸器,配全面罩。指定防护因数=50。

~500 ppm:

- Sa∶Pd,Pp:任何压力需气式或正压供气式呼吸器。指定防护因数=1 000。

§:应急抢险,或准备进入浓度未知环境,或进入IDLH环境:

- ScbaF∶Pd,Pp:任何压力需气式或正压携气式呼吸器,配全面罩。指定防护因数=10 000。
- SaF∶Pd,Pp∶AScba:任何压力需气式或正压供气式呼吸器,配全面罩,配压力需气式或正压携气式辅助呼吸器。指定防护因数=10 000。

逃生:

- GmFOv:任何空气过滤式全面罩呼吸器(防毒面具),配下颌式、前置式或背置式有机蒸气滤毒罐。指定防护因数=50。
- ScbaE:任何适合逃生的携气式呼吸器。

有关呼吸器选择的其他重要信息参见相关标准。

C

接触途径:呼吸道,皮肤吸收,胃肠道,皮肤和/或眼睛直接接触。	视觉改变;冠心病;胃炎;肝、肾损伤;眼睛、皮肤灼伤;皮炎;生殖效应。
症状:眩晕,头痛,失眠,倦怠(虚弱,虚脱),焦虑,厌食,体重减轻;精神异常;多发性神经病;帕金森综合征;	**靶器官**:中枢神经系统,周围神经系统,心血管系统,眼睛,肾,肝,皮肤,生殖系统。

一氧化碳(Carbon monoxide)

CO

异名和商品名:烟道气,Carbon oxide,Flue gas,Monoxide

CAS No.:630-08-0

RTECS No.:FG3500000

DOT ID 和指南号:1016 119;9202 168(低温液体)

接触限值:NIOSH REL:TWA 35 ppm(40 mg/m³)

C 200 ppm(229 mg/m³)

OSHA PEL †:TWA 50 ppm(55 mg/m³)

IDLH:1 200 ppm **浓度换算系数**:1 ppm = 1.15 mg/m³

理化性质:无色无味气体。[注:以非液化或压缩液化气运输。]

分子量:28.0	沸点:−313 ℉
熔点:−337 ℉	溶解度:2%
蒸气压:>35 大气压	电离电位:14.01 eV
相对密度:0.97	闪点:不适用(气体)
爆炸上限:74%	爆炸下限:12.5%

易燃气体。

不相容性和反应性:强氧化剂,三氟化溴,三氟化氯,锂。

测量方法:NIOSH 6604;OSHA ID209,ID210

个人防护和卫生设施:

- 皮肤:压缩气体快速膨胀时可产生低温。泄漏和使用能快速膨胀的压缩气体,可产生冻伤危害。穿戴合适的个人防护服,防止皮肤冻伤。
- 眼睛:佩戴合适的眼部防护用品,防止眼睛直接接触液体后因低温引起灼伤或组织损伤。
- 清洗皮肤:对于清洗皮肤上的污染物没有其他特殊的建议(包括立即清洗和班后清洗)。
- 脱除:如果工作服被可燃性物质(即闪点低于 100 ℉的液体)浸湿,应当立即脱除并妥善处置,以防着火。
- 更换:对于班后的衣服的更换需要没有特殊建议。
- 配备:在紧靠有可能接触极低温液体或迅速蒸发的液体的工作场所,应配备快速冲淋洗浴设备和/或眼冲洗设备,以应急使用。

急救:

- 眼睛:如果眼组织冻伤,要立即就医。如果眼组织没有冻伤,要立即用大量水彻底冲洗至少 15 min,并不时翻开上下眼睑,如果眼睛刺激、疼痛、肿胀、流泪和畏光持续存在,应尽快就医。
- 皮肤:如果发生冻伤,要立即就医,不要揉擦或用水冲洗冻伤部位;为防止组织进一步受损,不要试图将冻结的衣服从冻伤部位脱除。如未发生冻伤,立即用肥皂和水彻底清洗污染的皮肤。
- 呼吸:如果接触者吸入大量该化学物质,立即将接触者移至新鲜空气处。如果呼吸停止,要进行人工呼吸,注意保暖和休息。尽快就医。

对呼吸器选择的建议:NIOSH

~350 ppm:

- Sa:任何供气式呼吸器。指定防护因数=10。

~875 ppm:

- Sa：Cf：任何连续供气式呼吸器。指定防护因数＝25。

～1 200 ppm：

- GmFS：任何空气过滤式全面罩呼吸器(防毒面具)，配下颌式、前置式或背置式防该化学物质的滤毒罐。指定防护因数＝50。†
- ScbaF：任何携气式呼吸器，配全面罩。指定防护因数＝50。
- SaF：任何供气式呼吸器，配全面罩。指定防护因数＝50。

§：应急抢险，或准备进入浓度未知环境，或进入 IDLH 环境：

- ScbaF：Pd，Pp：任何压力需气式或正压携气式呼吸器，配全面罩。指定防护因数＝10 000。
- SaF：Pd，Pp：AScba：任何压力需气式或正压供气式呼吸器，配全面罩，配压力需气式或正压携气式辅助呼吸器。指定防护因数＝10 000。

逃生：

- GmFs：任何空气过滤式全面罩呼吸器(防毒面具)，配下颌式、前置式或背置式防该化学物质的滤毒罐。指定防护因数＝50。†
- ScbaE：任何适合逃生的携气式呼吸器。

有关呼吸器选择的其他重要信息参见相关标准。

接触途径：呼吸道，皮肤和/或眼睛直接接触(液体)。

症状：头痛；呼吸急促；恶心；倦怠(虚弱，虚脱)；眩晕，意识模糊，幻觉；发绀；心电图 S-T 段下移，心绞痛；晕厥。

靶器官：心血管系统，肺，血液，中枢神经系统。

C

四溴化碳(Carbon tetrabromide)

CBr_4

异名和商品名：溴化碳，四溴甲烷，Carbon bromide，Methane tetrabromide，Tetrabromomethane

CAS No.：558-13-4

RTECS No.：FG4725000

DOT ID 和指南号：2516 151

接触限值：NIOSH REL：TWA 0.1 ppm (1.4 mg/m³)

ST 0.3 ppm (4 mg/m³)

OSHA PEL †：无

IDLH：N.D.　**浓度换算系数：**1 ppm ＝ 13.57 mg/m³

理化性质：无色至棕黄色略带气味晶体。

分子量：331.7	沸点：374 ℉
熔点：194 ℉	溶解度：0.02%
蒸气压(205 ℉)：40 mmHg	电离电位：10.31 eV
比重：3.42	闪点：不适用
爆炸上限：不适用	爆炸下限：不适用

不可燃固体。

不相容性和反应性：强氧化剂，锂，己环己基二铅。

测量方法：无。

个人防护和卫生设施：

- 皮肤：对于个体皮肤防护装备的需要没有特殊建议。
- 眼睛：佩戴合适的眼部防护用品，防止眼睛直接接触。
- 清洗皮肤：每天工作班结束后，进食、吸烟、喝水前都应该清洗可能受到污染的皮肤。
- 脱除：对于脱除被污染或被弄湿的工作服的需要没有特殊建议。
- 更换：在离开工作场所前应当将可能受到污染的工作服更换成无污染的衣服。
- 配备：在劳动者可能接触该化学物质的作业场所，无论是否需要使用眼部防护用品，都应配备眼冲洗设备。

急救：

- 眼睛：如眼睛直接接触了该化学物质，要立即用大量水冲洗(灌洗)眼睛，冲洗时，不时翻开上下眼睑，并立即就医。

- 皮肤：如果该化学物质直接接触皮肤，迅速用肥皂和水冲洗污染的皮肤。若该化学物质渗透进衣服，要迅速将衣服脱除，用肥皂和水清洗皮肤，并迅速就医。
- 呼吸：如果接触者吸入大量该化学物质，立即将接触者移至新鲜空气处。如果呼吸停止，要进行人工呼吸，注意保暖和休息。尽快就医。
- 吞入：如果吞入该化学物质，应立即就医。

对呼吸器选择的建议：无。

有关呼吸器选择的其他重要信息参见相关标准。

接触途径：呼吸道，胃肠道，皮肤和/或眼睛直接接触。

症状：眼睛、皮肤、呼吸系统刺激；流泪；肺、肝、肾损伤；动物：角膜损伤。

靶器官：眼睛，皮肤，呼吸系统，肝，肾。

四氯化碳(Carbon tetrachloride)

CCl_4

CAS No.：56-23-5

RTECS No.：FG4900000

DOT ID 和指南号：1846 151

异名和商品名：氯化碳，氟利昂，Carbon chloride，Carbon tet，Freon®10，Halon®104，Tetrachloromethane

接触限值：NIOSH REL：Ca ST 2 ppm (12.6 mg/m³) [60min]

见附录 A

OSHA PEL †：TWA 10 ppm C 25 ppm

200 ppm(任何 4 h 内 5 min 最大峰值)

IDLH：Ca [200 ppm]

浓度换算系数：1 ppm = 6.29 mg/m³

理化性质：无色液体，具有特有的乙醚样气味。

分子量：153.8　　沸点：170 ℉

凝固点：−9 ℉　　溶解度：0.05%

蒸气压：91 mmHg　　电离电位：11.47 eV

比重：1.59　　闪点：不适用

爆炸上限：不适用　　爆炸下限：不适用

不可燃液体。

不相容性和反应性：化学性质活泼的金属(如钠、钾、镁)，氟，铝。[注：当遇火焰或焊接弧时可生成高毒的光气。]

测量方法：NIOSH 1003；OSHA 7

个人防护和卫生设施：

- 皮肤：穿戴合适的个人防护服，防止皮肤直接接触。
- 眼睛：佩戴合适的眼部防护用品，防止眼睛直接接触。
- 清洗皮肤：当皮肤受到污染时，应立即清洗污染的皮肤。
- 脱除：如果工作服被弄湿或受到了明显的污染，应该立即脱除并妥善处置。
- 更换：对于班后的衣服的更换需要没有特殊建议。
- 配备：在劳动者可能接触该化学物质的作业场所，无论是否需要使用眼部防护用品，都应配备眼冲洗设备。在紧靠有可能接触该化学物质的工作场所，应配备快速冲淋身体的设备以应急使用。[注：这些设备应能够提供足量水或流动水，以将可能接触的身体任何部位上的化学物质除去。实际配备适宜的快速冲淋设备取决于工作场所的具体条件。在某些情况下，必须及时进行大流量淋浴，而其他情况下只需要用一个水槽或软管供水就足够了。]

急救：

- 眼睛：如眼睛直接接触了该化学物质，要立即用大量水冲洗(灌洗)眼睛，冲洗时，不时翻开上下眼睑，并立即就医。
- 皮肤：如果该化学物质直接接触皮肤，立即用肥皂和水冲洗污染的皮肤。若该化学物质渗透进衣服，要立即将衣服脱除，用肥皂和水清洗皮肤，并迅速就医。

● 呼吸：如果接触者吸入大量该化学物质，立即将接触者移至新鲜空气处。如果呼吸停止，要进行人工呼吸，注意保暖和休息。尽快就医。

● 吞入：如果吞入该化学物质，应立即就医。

对呼吸器选择的建议：NIOSH

¥：高于 NIOSH REL 的浓度；或当没有 REL 时，任何可以检测到的浓度：

● ScbaF：Pd，Pp：任何压力需气式或正压携气式呼吸器，配全面罩。指定防护因数＝10 000。

● SaF：Pd，Pp：AScba：任何压力需气式或正压供气式呼吸器，配全面罩，配压力需气式或正压携气式辅助呼吸器。指定防护因数＝10 000。

逃生：

● GmFOv：任何空气过滤式全面罩呼吸器(防毒面具)，配下颌式、前置式或背置式有机蒸气滤毒罐。指定防护因数＝50。

● ScbaE：任何适合逃生的携气式呼吸器。

有关呼吸器选择的其他重要信息参见相关标准。

接触途径：呼吸道，皮肤吸收，胃肠道，皮肤和/或眼睛直接接触。

症状：眼睛、皮肤刺激；中枢神经系统抑制；恶心，呕吐；肝、肾损伤；嗜睡，眩晕，协调能力下降；[潜在职业性致癌物]。

靶器官：中枢神经系统，眼睛，肺，肝，肾，皮肤。

致癌部位：[动物：肝癌]。

羰基氟(Carbonyl fluoride)

COF_2

CAS No.：353-50-4

RTECS No.：FG6125000

DOT ID 和指南号：2417 125

异名和商品名：氟化碳酰，氟氧化碳，羰基二氟，Carbon difluoride oxide，Carbon fluoride oxide，Carbon oxyfluoride，Carbonyl difluoride，Fluoroformyl fluoride，Fluorophosgene

接触限值：NIOSH REL：TWA 2 ppm (5 mg/m³)
ST 5 ppm (15 mg/m³)
OSHA PEL †：无

IDLH：N.D.　**浓度换算系数：**1 ppm ＝ 2.70 mg/m³

理化性质：无色气体，具有浓烈刺激气味。[注：以压缩液化气运输。]

分子量：66.0　沸点：－118 ℉
凝固点：－173 ℉　溶解度：与水反应
蒸气压：55.4 大气压　电离电位：13.02 eV
相对密度：2.29　闪点：不适用
爆炸上限：不适用　爆炸下限：不适用
不易燃气体。

不相容性和反应性：热，湿气，六氟异丙基-缩氨基锂。[注：与水反应生成氟化氢和二氧化碳。]

测量方法：无。

个人防护和卫生设施：

● 皮肤：压缩气体快速膨胀时可产生低温。泄漏和使用能快速膨胀的压缩气体，可产生冻伤危害。穿戴合适的个人防护服，防止皮肤冻伤。

● 眼睛：佩戴合适的眼部防护用品，防止眼睛直接接触液体后因低温引起灼伤或组织损伤。

● 清洗皮肤：对于清洗皮肤上的污染物没有其他特殊的建议(包括立即清洗和班后清洗)。

● 脱除：对于脱除被污染或被弄湿的工作服的需要没有特殊建议。

● 更换：对于班后的衣服的更换需要没有特殊建议。

● 配备：在紧靠有可能接触极低温液体或迅速蒸发的液体的工作场所，应配备快速冲淋洗浴设备和/或眼冲洗设备，以应急使用。

急救：

- 眼睛：如果眼组织冻伤，要立即就医。如果眼组织没有冻伤，要立即用大量水彻底冲洗至少 15 min，并不时翻开上下眼睑，如果眼睛刺激、疼痛、肿胀、流泪和畏光持续存在，应尽快就医。
- 皮肤：如果发生冻伤，要立即就医，不要揉擦或用水冲洗冻伤部位；为防止组织进一步受损，不要试图将冻结的衣服从冻伤部位脱除。如未发生冻伤，立即用肥皂和水彻底清洗污染的皮肤。
- 呼吸：如果接触者吸入大量该化学物质，立即将接触者移至新鲜空气处。如果呼吸停止，要进行人工呼吸，注意保暖和休息。尽快就医。

对呼吸器选择的建议：无。

有关呼吸器选择的其他重要信息参见相关标准。

接触途径：呼吸道，皮肤和/或眼睛直接接触。

症状：眼睛、皮肤、黏膜、呼吸系统刺激；眼睛、皮肤灼伤；流泪；咳嗽，肺水肿，呼吸困难；胃肠疼痛（慢性接触）；肌肉纤维化；骨骼中毒；冻伤（液体）。

靶器官：眼睛，皮肤，呼吸系统，骨骼。

儿茶酚（Catechol）

$C_6H_4(OH)_2$

异名和商品名：1，2-苯二酚；邻苯二酚；1，2-Benzenediol；o-Benzenediol；1，2-Dihydroxybenzene；o-Dihydroxybenzene；2-Hydroxyphenol；Pyrocatechol

CAS No.：120-80-9

RTECS No.：UX1050000

DOT ID 和指南号：

接触限值：NIOSH REL：TWA 5 ppm (20 mg/m^3)［皮］

OSHA PEL †：无

IDLH：N. D.　**浓度换算系数：**1 ppm ＝ 4.50 mg/m^3

理化性质：无色，略带气味晶体。［注：在空气和日光下变为棕色。］

分子量：110.1	沸点：474 ℉
熔点：221 ℉	溶解度：44％
蒸气压(244 ℉)：10 mmHg	电离电位：未知
比重：1.34	闪点：261 ℉
爆炸上限：未知	爆炸下限：1.4％

可燃固体。

不相容性和反应性：强氧化剂，硝酸。

测量方法：OSHA PV2014

个人防护和卫生设施：

- 皮肤：穿戴合适的个人防护服，防止皮肤直接接触。
- 眼睛：佩戴合适的眼部防护用品，防止眼睛直接接触。
- 清洗皮肤：当皮肤受到污染时，应立即清洗污染的皮肤。
- 脱除：如果工作服被弄湿或受到了明显的污染，应该立即脱除并妥善处置。
- 更换：在离开工作场所前应当将可能受到污染的工作服更换成无污染的衣服。
- 配备：在劳动者可能接触该化学物质的作业场所，无论是否需要使用眼部防护用品，都应配备眼冲洗设备。

急救：

- 眼睛：如眼睛直接接触了该化学物质，要立即用大量水冲洗（灌洗）眼睛，冲洗时，不时翻开上下眼睑，并立即就医。
- 皮肤：如果该化学物质直接接触皮肤，立即用水冲洗污染的皮肤。如果该化学物质渗透进衣服，立即将衣服脱除，用水冲洗皮肤。若清洗后出现症状，要立即就医。

● 呼吸：如果接触者吸入大量该化学物质，立即将接触者移至新鲜空气处。如果呼吸停止，要进行人工呼吸，注意保暖和休息。尽快就医。
● 吞入：如果吞入该化学物质，应立即就医。

对呼吸器选择的建议：无。
有关呼吸器选择的其他重要信息参见相关标准。

接触途径：呼吸道，皮肤吸收，胃肠道，皮肤和/或眼睛直接接触。

症状：眼睛、皮肤、呼吸系统刺激；皮肤致敏，皮炎；流泪，眼灼伤；惊厥；血压升高；肾损伤。

靶器官：眼睛，皮肤，呼吸系统，中枢神经系统，肾。

纤维素(Cellulose)
$(C_6H_{10}O_5)_n$
异名和商品名：Hydroxycellulose，Pyrocellulose

CAS No.：9004-34-6
RTECS No.：FJ5691460
DOT ID 和指南号：

接触限值：NIOSH REL：TWA 10 mg/m³(总颗粒物)
TWA 5 mg/m³(呼吸性颗粒物)
OSHA PEL：TWA 15 mg/m³(总颗粒物)
TWA 5 mg/m³(呼吸性颗粒物)

IDLH：N.D.　　**浓度换算系数：**

理化性质：无气味，白色物质。[注：植物组织(木材、棉花、亚麻、草等)的主要纤维细胞壁。]

分子量：160 000～560 000　　沸点：分解
熔点：500～518 ℉(分解)　　溶解度：不溶
蒸气压：0 mmHg(约)　　电离电位：不适用
比重：1.27～1.61　　闪点：不适用
爆炸上限：不适用　　爆炸下限：不适用
可燃固体。
不相容性和反应性：水，五氟化溴，硝酸钠，氟，强氧化剂。

测量方法：NIOSH 0500，0600，7404

个人防护和卫生设施：
● 皮肤：对于个体皮肤防护装备的需要没有特殊建议。
● 眼睛：对眼部防护的需要没有特殊建议。
● 清洗皮肤：对于清洗皮肤上的污染物没有其他特殊的建议(包括立即清洗和班后清洗)。
● 脱除：对于脱除被污染或被弄湿的工作服的需要没有特殊建议。
● 更换：对于班后的衣服的更换需要没有特殊建议。

急救：
● 眼睛：如眼睛直接接触了该化学物质，要立即用大量水冲洗(灌洗)眼睛，冲洗时，不时翻开上下眼睑，并立即就医。
● 皮肤：如果该化学物质直接接触皮肤，用肥皂和水冲洗污染的皮肤。
● 呼吸：如果接触者吸入大量该化学物质，立即将接触者移至新鲜空气处。通常不需要采取其他措施。

对呼吸器选择的建议：无。
有关呼吸器选择的其他重要信息参见相关标准。

接触途径：呼吸道，皮肤和/或眼睛直接接触。

症状：眼睛、皮肤、黏膜刺激。

靶器官：眼睛，皮肤，呼吸系统。

C

氢氧化铯(Cesium hydroxide)
CsOH
异名和商品名:氢氧化铯二聚体,Cesium hydrate,Cesium hydroxide dimer

CAS No.:21351-79-1
RTECS No.:FK9800000
DOT ID 和指南号:2682 157;2681 154(溶液)

接触限值:NIOSH REL:TWA 2 mg/m³
OSHA PEL †:无

IDLH:N. D. **浓度换算系数:**

理化性质:无色或淡黄色晶体。[注:吸湿的。]

分子量:149.9	沸点:未知
熔点:522 ℉	溶解度(59 ℉):395%
蒸气压:0 mmHg (约)	电离电位:不适用
比重:3.68	闪点:不适用
爆炸上限:不适用	爆炸下限:不适用

不可燃固体。
不相容性和反应性:水,酸,二氧化碳,金属(如铝、铅、锡、锌),氧。[注:氢氧化铯是强碱,遇水或湿气时可放出大量热。]

测量方法:无。

个人防护和卫生设施:
- 皮肤:穿戴合适的个人防护服,防止皮肤直接接触。
- 眼睛:佩戴合适的眼部防护用品,防止眼睛直接接触。
- 清洗皮肤:当皮肤受到污染时,应立即清洗污染的皮肤。
- 脱除:如果工作服被弄湿或受到了明显的污染,应该立即脱除并妥善处置。
- 更换:在离开工作场所前应当将可能受到污染的工作服更换成无污染的衣服。
- 配备:在劳动者可能接触该化学物质的作业场所,无论是否需要使用眼部防护用品,都应配备眼冲洗设备。在紧靠有可能接触该化学物质的工作场所,应配备快速冲淋身体的设备以应急使用。[注:这些设备应能够提供足量水或流动水,以将可能接触的身体任何部位上的化学物质除去。实际配备适宜的快速冲淋设备取决于工作场所的具体条件。在某些情况下,必须及时进行大流量淋浴,而其他情况下只需要用一个水槽或软管供水就足够了。]

急救:
- 眼睛:如眼睛直接接触了该化学物质,要立即用大量水冲洗(灌洗)眼睛,冲洗时,不时翻开上下眼睑,并立即就医。
- 皮肤:如果该化学物质直接接触皮肤,立即用水冲洗污染的皮肤。如果该化学物质渗透进衣服,要迅速将衣服脱除,用水冲洗污染的皮肤,并迅速就医。
- 呼吸:如果接触者吸入大量该化学物质,立即将接触者移至新鲜空气处。如果呼吸停止,要进行人工呼吸,注意保暖和休息。尽快就医。
- 吞入:如果吞入该化学物质,应立即就医。

对呼吸器选择的建议:无。
有关呼吸器选择的其他重要信息参见相关标准。

接触途径:呼吸道,胃肠道,皮肤和/或眼睛直接接触。

症状:眼睛、皮肤、上呼吸道刺激;眼睛、皮肤灼伤。

靶器官:眼睛,皮肤,呼吸系统。

氯丹(Chlordane)
$C_{10}H_6Cl_8$

CAS No.:57-74-9
RTECS No.:PB9800000
DOT ID 和指南号:2996 151

异名和商品名: Chlordan;Chlordano;1,2,4,5,6,7,8,8-Octachloro-3a,4,7,7a-tetrahydro-4,7-methanoindane

C

接触限值: NIOSH REL:Ca TWA 0.5 mg/m³[皮] 见附录 A
OSHA PEL:TWA 0.5 mg/m³[皮]

IDLH: Ca [100 mg/m³] **浓度换算系数:**

理化性质: 琥珀色,具有浓烈的氯气样气味的黏稠液体。[杀虫剂]

分 子 量:409.8 沸 点:分解
凝 固 点:217～228 ℉ 溶 解 度:0.000 1%
蒸 气 压:0.000 01 mmHg 电离电位:未知
比重(77 ℉):1.6 闪 点:不适用
爆炸上限:不适用 爆炸下限:不适用
不可燃液体,但可在易燃溶液中使用。
不相容性和反应性:强氧化剂,碱性试剂。

测量方法: NIOSH 5510;OSHA 67

个人防护和卫生设施:
- 皮肤:穿戴合适的个人防护服,防止皮肤直接接触。
- 眼睛:佩戴合适的眼部防护用品,防止眼睛直接接触。
- 清洗皮肤:当皮肤受到污染时,应立即清洗污染的皮肤。
- 脱除:如果工作服被弄湿或受到了明显的污染,应该立即脱除并妥善处置。
- 更换:在离开工作场所前应当将可能受到污染的工作服更换成无污染的衣服。
- 配备:在劳动者可能接触该化学物质的作业场所,无论是否需要使用眼部防护用品,都应配备眼冲洗设备。在紧靠有可能接触该化学物质的工作场所,应配备快速冲淋身体的设备以应急使用。[注:这些设备应能够提供足量水或流动水,以将可能接触的身体任何部位上的化学物质除去。实际配备适宜的快速冲淋设备取决于工作场所的具体条件。在某些情况下,必须及时进行大流量淋浴,而其他情况下只需要用一个水槽或软管供水就足够了。]

急救:
- 眼睛:如眼睛直接接触了该化学物质,要立即用大量水冲洗(灌洗)眼睛,冲洗时,不时翻开上下眼睑,并立即就医。
- 皮肤:如果该化学物质直接接触皮肤,立即用肥皂和水冲洗污染的皮肤。若该化学物质渗透进衣服,要立即将衣服脱除,用肥皂和水清洗皮肤,并迅速就医。
- 呼吸:如果接触者吸入大量该化学物质,立即将接触者移至新鲜空气处。如果呼吸停止,要进行人工呼吸,注意保暖和休息。尽快就医。
- 吞入:如果吞入该化学物质,应立即就医。

对呼吸器选择的建议: NIOSH
¥:高于 NIOSH REL 的浓度;或当没有 REL 时,任何可以检测到的浓度:
- ScbaF:Pd,Pp:任何压力需气式或正压携气式呼吸器,配全面罩。指定防护因数=10 000。
- SaF:Pd,Pp:AScba:任何压力需气式或正压供气式呼吸器,配全面罩,配压力需气式或正压携气式辅助呼吸器。指定防护因数=10 000。

C

- **逃生：**

GmFOv100：任何空气过滤式全面罩呼吸器(防毒面具)，配下颌式、前置式或背置式有机蒸气滤毒罐和 N100、R100 或 P100 的综合防护过滤元件。指定防护因数＝50。选择 N、R 或 P 过滤元件的信息见表 4。指定防护因数＝50。

- ScbaE：任何适合逃生的携气式呼吸器。

有关呼吸器选择的其他重要信息参见相关标准。

接触途径：呼吸道，皮肤吸收，胃肠道，皮肤和/或眼睛直接接触。

症状：视物模糊；意识模糊；共济失调，谵妄；咳嗽；腹痛，恶心，呕吐，腹泻；应激性，震颤，惊厥；无尿症；动物：肺、肝、肾损害；[潜在职业性致癌物]。

靶器官：中枢神经系统，眼睛，肺，肝，肾。

致癌部位：[动物：肝癌]。

氯化莰(Chlorinated camphene)

$C_{10}H_{10}Cl_8$

异名和商品名：毒杀芬，氯化茨烯，八氯茨烯，氯代莰烯，3956，多氯莰烯，Chlorocamphene，Octachlorocamphene，Polychlorocamphene，Toxaphene

CAS No.：8001-35-2

RTECS No.：XW5250000

DOT ID 和指南号：2761 151

接触限值：NIOSH REL：Ca [皮] 见附录 A

OSHA PEL †：TWA 0.5 mg/m^3[皮]

IDLH：Ca [200 mg/m^3]　**浓度换算系数：**

理化性质：琥珀色蜡样固体，具有轻微的松脂样的、氯和樟脑样气味。[杀虫剂]

分子量：413.8	沸点：分解
熔点：149～194 ℉	溶解度：0.000 3%
蒸气压(77 ℉)：0.4 mmHg	电离电位：未知
比重：1.65	闪点：不适用
爆炸上限：不适用	爆炸下限：不适用

不可燃固体，但可溶于易燃液体。

不相容性和反应性：强氧化剂。[注：在潮湿的环境下，对金属具有轻微的腐蚀性。]

测量方法：NIOSH 5039

个人防护和卫生设施：

- 皮肤：穿戴合适的个人防护服，防止皮肤直接接触。
- 眼睛：佩戴合适的眼部防护用品，防止眼睛直接接触。
- 清洗皮肤：当皮肤受到污染时，应立即清洗污染的皮肤。/每天工作班结束后，进食、吸烟、喝水前都应该清洗可能受到污染的皮肤。
- 脱除：如果工作服被弄湿或受到了明显的污染，应该立即脱除并妥善处置。
- 更换：在离开工作场所前应当将可能受到污染的工作服更换成无污染的衣服。
- 配备：在劳动者可能接触该化学物质的作业场所，无论是否需要使用眼部防护用品，都应配备眼冲洗设备。在紧靠有可能接触该化学物质的工作场所，应配备快速冲淋身体的设备以应急使用。[注：这些设备应能够提供足量水或流动水，以将可能接触的身体任何部位上的化学物质除去。实际配备适宜的快速冲淋设备取决于工作场所的具体条件。在某些情况下，必须及时进行大流量淋浴，而其他情况下只需要用一个水槽或软管供水就足够了。]

急救：

- 眼睛：如眼睛直接接触了该化学物质，要立即用大量水冲洗(灌洗)眼睛，冲洗时，不时翻开上下眼睑，并立即就医。

- 皮肤：如果该化学物质直接接触皮肤，迅速用肥皂和水冲洗污染的皮肤。若该化学物质渗透进衣服，要迅速将衣服脱除，用肥皂和水清洗皮肤，并迅速就医。
- 呼吸：如果接触者吸入大量该化学物质，立即将接触者移至新鲜空气处。如果呼吸停止，要进行人工呼吸，注意保暖和休息。尽快就医。
- 吞入：如果吞入该化学物质，应立即就医。

对呼吸器选择的建议：NIOSH

¥：高于 NIOSH REL 的浓度；或当没有 REL 时，任何可以检测到的浓度：

- ScbaF：Pd，Pp：任何压力需气式或正压携气式呼吸器，配全面罩。指定防护因数＝10 000。
- SaF：Pd，Pp：AScba：任何压力需气式或正压供气式呼吸器，配全面罩，配压力需气式或正压携气式辅助呼吸器。指定防护因数＝10 000。

逃生：

- GmFOv100：任何空气过滤式全面罩呼吸器（防毒面具），配下颌式、前置式或背置式有机蒸气滤毒罐和N100、R100 或 P100 的综合防护过滤元件。指定防护因数＝50。选择 N、R 或 P 过滤元件的信息见表 4。指定防护因数＝50。
- ScbaE：任何适合逃生的携气式呼吸器。

有关呼吸器选择的其他重要信息参见相关标准。

接触途径：呼吸道，皮肤吸收，胃肠道，皮肤和/或眼睛直接接触。

症状：恶心，意识模糊，兴奋，震颤，惊厥，无意识；皮肤干红；[潜在职业性致癌物]。

靶器官：中枢神经系统，皮肤。

致癌部位：[动物：肝癌]。

氯化二苯基氧化物（Chlorinated diphenyl oxide）

$C_{12}H_{10-n}Cl_nO$

异名和商品名：名称依赖于二苯氧的氯化程度，从一氯二苯氧化物到十氯二苯氧化物。

CAS No.：

RTECS No.：

DOT ID 和指南号：

接触限值：NIOSH REL：TWA 0.5 mg/m^3
OSHA PEL：TWA 0.5 mg/m^3

IDLH：5 mg/m^3　　**浓度换算系数：**

理化性质：不同的化合物不同。

不相容性和反应性：强氧化剂。

测量方法：NIOSH 5025

个人防护和卫生设施：

- 皮肤：穿戴合适的个人防护服，防止皮肤直接接触。
- 眼睛：佩戴合适的眼部防护用品，防止眼睛直接接触。
- 清洗皮肤：当皮肤受到污染时，应立即清洗污染的皮肤。
- 脱除：如果工作服被弄湿或受到了明显的污染，应该立即脱除并妥善处置。
- 更换：在离开工作场所前应当将可能受到污染的工作服更换成无污染的衣服。

急救：

- 眼睛：如眼睛直接接触了该化学物质，要立即用大量水冲洗(灌洗)眼睛，冲洗时，不时翻开上下眼睑，并立即就医。
- 皮肤：如果该化学物质直接接触皮肤，迅速用肥皂和水冲洗污染的皮肤。若该化学物质渗透进衣服，要迅速将衣服脱除，用肥皂和水清洗皮肤，并迅速就医。
- 呼吸：如果接触者吸入大量该化学物质，立即将接触者移至新鲜空气处。如果呼吸停止，要进行人工呼吸，注意保暖和休息。尽快就医。
- 吞入：如果吞入该化学物质，应立即就医。

对呼吸器选择的建议：NIOSH/OSHA

～5 mg/m^3：

- Sa：任何供气式呼吸器。指定防护因数＝10。
- ScbaF：任何携气式呼吸器，配全面罩。指定防护因数＝50。

§：应急抢险，或准备进入浓度未知环境，或进入 IDLH 环境：

- ScbaF：Pd，Pp：任何压力需气式或正压携气式呼吸器，配全面罩。指定防护因数＝10 000。
- SaF：Pd，Pp：AScba：任何压力需气式或正压供气式呼吸器，配全面罩，配压力需气式或正压携气式辅助呼吸器。指定防护因数＝10 000。

逃生：

- GmFOvAg100：任何空气过滤式全面罩呼吸器(防毒面具)，配下颌式、前置式或背置式有机蒸气和酸性气体滤毒罐和 N100、R100 或 P100 的综合防护过滤元件。指定防护因数＝50。选择 N、R 或 P 过滤元件的信息见表 4。
- ScbaE：任何适合逃生的携气式呼吸器。

有关呼吸器选择的其他重要信息参见相关标准。

接触途径：呼吸道，胃肠道，皮肤和/或眼睛直接接触。

症状：痤疮性皮炎，肝损害。

靶器官：皮肤，肝。

氯(Chlorine)

Cl_2

异名和商品名：氯气，分子氯，Molecular chlorine

CAS No.：7782-50-5

RTECS No.：FO2100000

DOT ID 和指南号：1017 124

接触限值：NIOSH REL：C 0.5 ppm (1.45 mg/m^3) [15min]

OSHA PEL †：C 1 ppm (3 mg/m^3)

IDLH：10 ppm　　**浓度换算系数**：1 ppm ＝ 2.90 mg/m^3

理化性质：黄绿色气体，具有浓烈刺激气味。[注：以压缩液化气运输。]

分子量：70.9	沸点：－29 ℉
凝固点：－150 ℉	溶解度：0.7%
蒸气压：6.8 大气压	电离电位：11.48 eV
相对密度：2.47	闪点：不适用
爆炸上限：不适用	爆炸下限：不适用

不易燃气体，而是强氧化剂。

不相容性和反应性：可与多种常见的物质(如乙炔、醚、松节油、氨、燃气油、氢和金属粉末等)发生爆炸性的反应或形成具有爆炸性的产物。

测量方法：NIOSH 6011；OSHA ID101，ID126SGX

个人防护和卫生设施：

- 皮肤：压缩气体快速膨胀时可产生低温。泄漏和使用能快速膨胀的压缩气体，可产生冻伤危害。穿戴合适的个人防护服，防止皮肤冻伤。
- 眼睛：佩戴合适的眼部防护用品，防止眼睛直接接触液体后因低温引起灼伤或组织损伤。

- 清洗皮肤：对于清洗皮肤上的污染物没有其他特殊的建议(包括立即清洗和班后清洗)。
- 脱除：对于脱除被污染或被弄湿的工作服的需要没有特殊建议。
- 更换：对于班后的衣服的更换需要没有特殊建议。
- 配备：在紧靠有可能接触极低温液体或迅速蒸发的液体的工作场所，应配备快速冲淋洗浴设备和/或眼冲洗设备，以应急使用。

急救：

- 眼睛：如果眼组织冻伤，要立即就医。如果眼组织没有冻伤，要立即用大量水彻底冲洗至少 15 min，并不时翻开上下眼睑，如果眼睛刺激、疼痛、肿胀、流泪和畏光持续存在，应尽快就医。
- 皮肤：如果发生冻伤，要立即就医，不要揉擦或用水冲洗冻伤部位；为防止组织进一步受损，不要试图将冻结的衣服从冻伤部位脱除。如未发生冻伤，立即用肥皂和水彻底清洗污染的皮肤。
- 呼吸：如果接触者吸入大量该化学物质，立即将接触者移至新鲜空气处。如果呼吸停止，要进行人工呼吸，注意保暖和休息。尽快就医。

对呼吸器选择的建议：NIOSH

～5 ppm：

- CcrS：任何空气过滤式半面罩呼吸器，配防该化学物质的滤毒盒。指定防护因数＝10。*
- Sa：任何供气式呼吸器。指定防护因数＝10。*

～10 ppm：

- Sa：Cf：任何连续供气式呼吸器。指定防护因数＝25。*
- PaprS：任何动力送风空气过滤式呼吸器，配有防该化学物质的滤毒盒。指定防护因数＝25。*
- CcrFS：任何空气过滤式全面罩呼吸器，配防该化学物质的滤毒盒。指定防护因数＝50。
- GmFS：任何空气过滤式全面罩呼吸器(防毒面具)，配下颌式、前置式或背置式防该化学物质的滤毒罐。指定防护因数＝50。
- ScbaF：任何携气式呼吸器，配全面罩。指定防护因数＝50。
- SaF：任何供气式呼吸器，配全面罩。指定防护因数＝50。

§：应急抢险，或准备进入浓度未知环境，或进入 IDLH 环境：

- ScbaF：Pd，Pp：任何压力需气式或正压携气式呼吸器，配全面罩。指定防护因数—10 000。
- SaF：Pd，Pp：AScba：任何压力需气式或正压供气式呼吸器，配全面罩，配压力需气式或正压携气式辅助呼吸器。指定防护因数＝10 000。

逃生：

- GmFS：任何空气过滤式全面罩呼吸器(防毒面具)，配下颌式、前置式或背置式防该化学物质的滤毒罐。指定防护因数＝50。
- ScbaE：任何适合逃生的携气式呼吸器。

有关呼吸器选择的其他重要信息参见相关标准。

接触途径：呼吸道，皮肤和/或眼睛直接接触。

症状：眼睛、鼻、嘴烧伤；流泪，鼻漏；咳嗽，气哽，胸骨下痛；恶心，呕吐；头痛，眩晕；晕厥；肺水肿；肺炎；低氧血症；皮炎；冻伤(液体)。

靶器官：眼睛，皮肤，呼吸系统。

C

二氧化氯(Chlorine dioxide)

ClO_2

异名和商品名:氧化氯,过氧化氯,Chlorine oxide,Chlorine peroxide

CAS No.:10049-04-4

RTECS No.:FO3000000

DOT ID 和指南号:9191 143(氢氧化物,冻结的)

接触限值:NIOSH REL:TWA 0.1 ppm (0.3 mg/m³)
ST 0.3 ppm (0.9 mg/m³)
OSHA PEL †:TWA 0.1 ppm (0.3 mg/m³)

IDLH:5 ppm **浓度换算系数:**1 ppm = 2.76 mg/m³

理化性质:黄色至红色气体或红棕色液体(52 ℉以下),具有难闻的似氯和硝酸的气味。

分子量:67.5	沸点:52 ℉
凝固点:-74 ℉	溶解度(77 ℉):0.3%
蒸气压:>1 大气压	电离电位:10.36 eV
相对密度:2.33	比重:1.6(32 ℉液体)
闪点:不适用(气体) 未知(液体)	爆炸上限:未知 爆炸下限:未知

易燃气体,可燃液体。

不相容性和反应性:有机物,热,磷,氢氧化钾,硫,汞,一氧化碳。[注:遇光不稳定,强氧化剂。]

测量方法:OSHA ID126SGX,ID202

个人防护和卫生设施:

- 皮肤:穿戴合适的个人防护服,防止皮肤直接接触。(液体)
- 眼睛:佩戴合适的眼部防护用品,防止眼睛直接接触。(液体)
- 清洗皮肤:当皮肤受到污染时,应立即清洗污染的皮肤。(液体)
- 脱除:如果工作服被可燃性物质(即闪点低于 100 ℉的液体)浸湿,应当立即脱除并妥善处置,以防着火。
- 更换:对于班后的衣服的更换需要没有特殊建议。
- 配备:在劳动者可能接触该化学物质的作业场所,无论是否需要使用眼部防护用品,都应配备眼冲洗设备。(液体)在紧靠有可能接触该化学物质的工作场所,应配备快速冲淋身体的设备以应急使用。[注:这些设备应能够提供足量水或流动水,以将可能接触的身体任何部位上的化学物质除去。实际配备适宜的快速冲淋设备取决于工作场所的具体条件。在某些情况下,必须及时进行大流量淋浴,而其他情况下只需要用一个水槽或软管供水就足够了。](液体)

急救:

- 眼睛:如眼睛直接接触了该化学物质,要立即用大量水冲洗(灌洗)眼睛,冲洗时,不时翻开上下眼睑,并立即就医。(液体)
- 皮肤:如果该化学物质直接接触皮肤,立即用肥皂和水冲洗污染的皮肤。若该化学物质渗透进衣服,要立即将衣服脱除,用肥皂和水清洗皮肤,并迅速就医。(液体)
- 呼吸:如果接触者吸入大量该化学物质,立即将接触者移至新鲜空气处。如果呼吸停止,要进行人工呼吸,注意保暖和休息。尽快就医。
- 吞入:如果吞入该化学物质,应立即就医。(液体)

对呼吸器选择的建议:NIOSH/OSHA

~1 ppm:

- CcrS:任何空气过滤式半面罩呼吸器,配防该化学物质的滤毒盒。指定防护因数=10。
- Sa:任何供气式呼吸器。指定防护因数=10。

~2.5 ppm:

- Sa:Cf:任何连续供气式呼吸器。指定防护因数=25。£

● PaprS:任何动力送风空气过滤式呼吸器,配有防该化学物质的滤毒盒。指定防护因数=25。£

~5 ppm:

● CcrFS:任何空气过滤式全面罩呼吸器,配防该化学物质的滤毒盒。指定防护因数=50。

● GmFS:任何空气过滤式全面罩呼吸器(防毒面具),配下颌式、前置式或背置式防该化学物质的滤毒罐。指定防护因数=50。

● ScbaF:任何携气式呼吸器,配全面罩。指定防护因数=50。

● SaF:任何供气式呼吸器,配全面罩。指定防护因数=50。

§:应急抢险,或准备进入浓度未知环境,或进入 IDLH 环境:

● ScbaF:Pd,Pp:任何压力需气式或正压携气式呼吸器,配全面罩。指定防护因数=10 000。

● SaF:Pd,Pp:AScba:任何压力需气式或正压供气式呼吸器,配全面罩,配压力需气式或正压携气式辅助呼吸器。指定防护因数=10 000。

逃生:

● GmFS:任何空气过滤式全面罩呼吸器(防毒面具),配下颌式、前置式或背置式防该化学物质的滤毒罐。指定防护因数=50。¿

● ScbaE:任何适合逃生的携气式呼吸器。

有关呼吸器选择的其他重要信息参见相关标准。

接触途径:呼吸道,胃肠道(液体),皮肤和/或眼睛直接接触。

症状:眼睛、鼻、咽喉刺激;咳嗽,喘鸣,支气管炎,肺水肿;慢性支气管炎。

靶器官:眼睛,呼吸系统。

三氟化氯(Chlorine trifluoride)

ClF_3

异名和商品名:氟化氯,Chlorine fluoride,Chlorotrifluoride

CAS No.:7790-91-2

RTECS No.:FO2800000

DOT ID 和指南号:1749 124

接触限值:NIOSH REL:C 0.1 ppm (0.4 mg/m³)

OSHA PEL:C 0.1 ppm (0.4 mg/m³)

IDLH:20 ppm　**浓度换算系数:**1 ppm = 3.78 mg/m³

理化性质:无色气体或黄绿色液体(53 ℉以下),略带甜的令人窒息的气味。[注:以压缩液化气运输。]

分子量:92.5　沸点:53 ℉

凝固点:-105 ℉　溶解度:与水反应

蒸气压:1.4 大气压　电离电位:13.00 eV

相对密度:3.21　比重:1.77 (53 ℉液体)

闪点:不适用　爆炸上限:不适用

爆炸下限:不适用

不易燃气体。

不可燃液体,但接触有机材料可能导致自燃。

不相容性和反应性:氧化剂,水,酸,可燃物质,沙子,玻璃,金属(腐蚀性)。[注:与水反应生成氯酸和氢氟酸。]

测量方法:无。

个人防护和卫生设施:

● 皮肤:穿戴合适的个人防护服,防止皮肤直接接触。

● 眼睛:佩戴合适的眼部防护用品,防止眼睛直接接触。

● 清洗皮肤:当皮肤受到污染时,应立即清洗污染的皮肤。(液体)

- 脱除：如果工作服被弄湿或受到了明显的污染，应该立即脱除并妥善处置。（液体）
- 更换：对于班后的衣服的更换需要没有特殊建议。
- 配备：在劳动者可能接触该化学物质的作业场所，无论是否需要使用眼部防护用品，都应配备眼冲洗设备。（液体）在紧靠有可能接触该化学物质的工作场所，应配备快速冲淋身体的设备以应急使用。[注：这些设备应能够提供足量水或流动水，以将可能接触的身体任何部位上的化学物质除去。实际配备适宜的快速冲淋设备取决于工作场所的具体条件。在某些情况下，必须及时进行大流量淋浴，而其他情况下只需要用一个水槽或软管供水就足够了。]（液体）

急救：

- 眼睛：如眼睛直接接触了该化学物质，要立即用大量水冲洗（灌洗）眼睛，冲洗时，不时翻开上下眼睑，并立即就医。
- 皮肤：如果该化学物质直接接触皮肤，立即用水冲洗污染的皮肤。如果该化学物质渗透进衣服，要迅速将衣服脱除，用水冲洗污染的皮肤，并迅速就医。
- 呼吸：如果接触者吸入大量该化学物质，立即将接触者移至新鲜空气处。如果呼吸停止，要进行人工呼吸，注意保暖和休息。尽快就医。
- 吞入：如果吞入该化学物质，应立即就医。（液体）

对呼吸器选择的建议：NIOSH/OSHA

～2.5 ppm：

- Sa：Cf：任何连续供气式呼吸器。指定防护因数＝25。£

～5 ppm：

- ScbaF：任何携气式呼吸器，配全面罩。指定防护因数＝50。
- SaF：任何供气式呼吸器，配全面罩。指定防护因数＝50。

～20 ppm：

- SaF：Pd，Pp：任何压力需气式或正压供气式呼吸器，配全面罩。指定防护因数＝2 000。

§：应急抢险，或准备进入浓度未知环境，或进入 IDLH 环境：

- ScbaF：Pd，Pp：任何压力需气式或正压携气式呼吸器，配全面罩。指定防护因数＝10 000。
- SaF：Pd，Pp：AScba：任何压力需气式或正压供气式呼吸器，配全面罩，配压力需气式或正压携气式辅助呼吸器。指定防护因数＝10 000。

逃生：

- GmFS：任何空气过滤式全面罩呼吸器（防毒面具），配下颌式、前置式或背置式防该化学物质的滤毒罐。指定防护因数＝50。
- ScbaE：任何适合逃生的携气式呼吸器。

有关呼吸器选择的其他重要信息参见相关标准。

接触途径：呼吸道，胃肠道（液体），皮肤和/或眼睛直接接触。

症状：眼睛、皮肤灼伤（接触液体或高浓度蒸气）；呼吸刺激；动物：流泪，角膜溃疡；肺水肿。

靶器官：皮肤，眼睛，呼吸系统。

氯乙醛（Chloroacetaldehyde）

$ClCH_2CHO$

CAS No.：107-20-0

RTECS No.：AB2450000

DOT ID 和指南号：2232 153

异名和商品名：氯乙醛（40％溶液），Chloroacetaldehyde (40% aqueous solution)，2-Chloroacetaldehyde，2-Chloroethanal

接触限值：NIOSH REL：C 1 ppm (3 mg/m^3)
OSHA PEL：C 1 ppm (3 mg/m^3)

IDLH：45 ppm　**浓度换算系数：**1 ppm ＝ 3.21 mg/m^3

理化性质:无色液体,具有刺鼻气味。[注:常见的是 40% 水溶液。]

分子量:78.5		沸点:186 ℉	
凝固点:−3 ℉ (40% 溶液)		溶解度:与水互溶	
蒸气压:100 mmHg		电离电位:10.61 eV	
比重:1.19 (40% 溶液)		闪点:190 ℉ (40% 溶液)	
爆炸上限:未知		爆炸下限:未知	

ⅢA 类可燃液体——闪点等于或高于 140 ℉且低于 200 ℉。

不相容性和反应性:氧化剂,酸。

测量方法:NIOSH 2015;OSHA 76

个人防护和卫生设施:

- 皮肤:穿戴合适的个人防护服,防止皮肤直接接触。
- 眼睛:佩戴合适的眼部防护用品,防止眼睛直接接触。
- 清洗皮肤:当皮肤受到污染时,应立即清洗污染的皮肤。
- 脱除:如果工作服被弄湿或受到了明显的污染,应该立即脱除并妥善处置。
- 更换:对于班后的衣服的更换需要没有特殊建议。
- 配备:在劳动者可能接触该化学物质的作业场所,无论是否需要使用眼部防护用品,都应配备眼冲洗设备。在紧靠有可能接触该化学物质的工作场所,应配备快速冲淋身体的设备以应急使用。[注:这些设备应能够提供足量水或流动水,以将可能接触的身体任何部位上的化学物质除去。实际配备适宜的快速冲淋设备取决于工作场所的具体条件。在某些情况下,必须及时进行大流量淋浴,而其他情况下只需要用一个水槽或软管供水就足够了。]

急救:

- 眼睛:如眼睛直接接触了该化学物质,要立即用大量水冲洗(灌洗)眼睛,冲洗时,不时翻开上下眼睑,并立即就医。
- 皮肤:如果该化学物质直接接触了皮肤,立即用水冲洗污染的皮肤。如果该化学物质渗透进衣服,要迅速将衣服脱除,用水冲洗污染的皮肤,并迅速就医。
- 呼吸:如果接触者吸入大量该化学物质,立即将接触者移至新鲜空气处。如果呼吸停止,要进行人工呼吸,注意保暖和休息。尽快就医。
- 吞入:如果吞入该化学物质,应立即就医。

对呼吸器选择的建议:NIOSH/OSHA

~10 ppm:

- CcrOv:任何空气过滤式半面罩呼吸器,配防有机蒸气的滤毒盒。指定防护因数=10。*
- Sa:任何供气式呼吸器。指定防护因数=10。*

~25 ppm:

- Sa:Cf:任何连续供气式呼吸器。指定防护因数=25。*
- PaprOv:任何动力送风空气过滤式呼吸器,配有机蒸气滤毒盒。指定防护因数=25。*

~45 ppm:

- CcrFOv:任何空气过滤式全面罩呼吸器,配有机蒸气滤毒盒。指定防护因数=50。
- GmFOv:任何空气过滤式全面罩呼吸器(防毒面具),配下颌式、前置式或背置式有机蒸气滤毒罐。指定防护因数=50。
- PaprTOv:任何动力送风空气过滤式呼吸器,配密合型面罩和有机蒸气滤毒盒。指定防护因数=50。*
- ScbaF:任何携气式呼吸器,配全面罩。指定防护因数=50。
- SaF:任何供气式呼吸器,配全面罩。指定防护因数=50。

§:应急抢险,或准备进入浓度未知环境,或进入 IDLH 环境:

- ScbaF:Pd,Pp:任何压力需气式或正压携气式呼吸器,配全面罩。指定防护因数=10 000。
- SaF:Pd,Pp:AScba:任何压力需气式或正压供气式呼吸器,配全面罩,配压力需气式或正压携气式辅助呼吸器。指定防护因数=10 000。

逃生：

- GmFOv：任何空气过滤式全面罩呼吸器（防毒面具），配下颌式、前置式或背置式有机蒸气滤毒罐。指定防护因数＝50。
- ScbaE：任何适合逃生的携气式呼吸器。

有关呼吸器选择的其他重要信息参见相关标准。

接触途径：呼吸道，皮肤吸收，胃肠道，皮肤和/或眼睛直接接触。

症状：皮肤、眼睛、黏膜刺激；皮肤灼伤；眼损害；肺水肿；皮肤、呼吸系统致敏。

靶器官：眼睛，皮肤，呼吸系统。

α-氯苯乙酮（α-Chloroacetophenone）

$C_6H_5COCH_2Cl$

CAS No.：532-27-4

RTECS No.：AM6300000

DOT ID 和指南号：1697 153

异名和商品名：2-氯苯乙酮，催泪气，2-Chloroacetophenone，Chloromethyl phenyl ketone，Mace®，Phenacyl chloride，Phenyl chloromethyl ketone，Tear gas

接触限值：NIOSH REL：TWA 0.3 mg/m^3（0.05 ppm）
OSHA PEL：TWA 0.3 mg/m^3（0.05 ppm）

IDLH：15 mg/m^3 **浓度换算系数：**1 ppm = 6.32 mg/m^3

理化性质：无色至灰色晶体，具有强烈刺激气味。

分子量：154.6	沸点：472 ℉
熔点：134 ℉	溶解度：不溶
蒸气压：0.005 mmHg	电离电位：9.44 eV
比重：1.32	闪点：244 ℉
爆炸上限：未知	爆炸下限：未知

可燃固体。

不相容性和反应性：水，蒸气，强氧化剂。[注：缓慢腐蚀金属。]

测量方法：NIOSH P&CAM291（Ⅱ-5）

个人防护和卫生设施：

- 皮肤：穿戴合适的个人防护服，防止皮肤直接接触。
- 眼睛：佩戴合适的眼部防护用品，防止眼睛直接接触。
- 清洗皮肤：当皮肤受到污染时，应立即清洗污染的皮肤。
- 脱除：如果工作服被弄湿或受到了明显的污染，应该立即脱除并妥善处置。
- 更换：在离开工作场所前应当将可能受到污染的工作服更换成无污染的衣服。
- 配备：在劳动者可能接触该化学物质的作业场所，无论是否需要使用眼部防护用品，都应配备眼冲洗设备。

急救：

- 眼睛：如眼睛直接接触了该化学物质，要立即用大量水冲洗（灌洗）眼睛，冲洗时，不时翻开上下眼睑，并立即就医。
- 皮肤：如果该化学物质直接接触皮肤，立即用肥皂和水冲洗污染的皮肤。若该化学物质渗透进衣服，要立即将衣服脱除，用肥皂和水清洗皮肤，并迅速就医。
- 呼吸：如果接触者吸入大量该化学物质，立即将接触者移至新鲜空气处。如果呼吸停止，要进行人工呼吸，注意保暖和休息。尽快就医。
- 吞入：如果吞入该化学物质，应立即就医。

对呼吸器选择的建议：NIOSH/OSHA

~3 mg/m^3：

- CcrOv95：任何空气过滤式半面罩呼吸器，配有机蒸气滤毒盒和 N95、R95 或 P95 的综合防护过滤元件。也可使用以下过滤元件：N99、R99、P99、N100、R100、P100。指定防护因数＝10。选择 N、R 或 P 过滤元件的信息见表 4。
- Sa：任何供气式呼吸器。指定防护因数＝10。

~7.5 mg/m³：

- Sa：Cf：任何连续供气式呼吸器。指定防护因数=25。£
- PaprOvHie：任何动力送风空气过滤式呼吸器，配有机蒸气和高效颗粒滤毒盒的综合防护过滤元件。指定防护因数=50。£

~15 mg/m³：

- CcrFOv100：任何空气过滤式全面罩呼吸器，配有机蒸气滤毒盒和 N100、R100 或 P100 的综合防护过滤元件。指定防护因数=50。选择 N、R 或 P 过滤元件的信息见表 4。
- GmFS100：任何空气过滤式全面罩呼吸器（防毒面具），配下颌式、前置式或背置式防该化学物质的滤毒罐和 N100、R100 或 P100 的综合防护过滤元件。指定防护因数=50。选择 N、R 或 P 过滤元件的信息见表 4。
- ScbaF：任何携气式呼吸器，配全面罩。指定防护因数=50。
- SaF：任何供气式呼吸器，配全面罩。指定防护因数=50。

§：应急抢险，或准备进入浓度未知环境，或进入 IDLH 环境：

- ScbaF：Pd，Pp：任何压力需气式或正压携气式呼吸器，配全面罩。指定防护因数=10 000。
- SaF：Pd，Pp：AScba：任何压力需气式或正压供气式呼吸器，配全面罩，配压力需气式或正压携气式辅助呼吸器。指定防护因数=10 000。

逃生：

- GmFS100：任何空气过滤式全面罩呼吸器（防毒面具），配下颌式、前置式或背置式防该化学物质的滤毒罐和 N100、R100 或 P100 的综合防护过滤元件。指定防护因数=50。选择 N、R 或 P 过滤元件的信息见表 4。
- ScbaE：任何适合逃生的携气式呼吸器。

有关呼吸器选择的其他重要信息参见相关标准。

接触途径：呼吸道，胃肠道，皮肤和/或眼睛直接接触。

症状：眼睛、皮肤、呼吸系统刺激；肺水肿。

靶器官：眼睛，皮肤，呼吸系统。

氯乙酰氯（Chloroacetyl chloride）

$ClCH_2COCl$

CAS No.：79-04-9

RTECS No.：AO6475000

DOT ID 和指南号：1752 156

异名和商品名：氯化氯乙酰，一氯乙酰氯，Chloroacetic acid chloride，Chloroacetic chloride，Monochloroacetyl chloride

接触限值：NIOSH REL：TWA 0.05 ppm（0.2 mg/m³）
OSHA PEL †：无

IDLH：N.D.　**浓度换算系数：**1 ppm = 4.62 mg/m³

理化性质：无色至淡黄色液体，具有浓烈气味。

分子量：112.9　沸点：223 ℉
凝固点：−7 ℉　溶解度：分解
蒸气压：19 mmHg　电离电位：10.30 eV
比重：1.42　闪点：不适用

爆炸上限：不适用　爆炸下限：不适用
不可燃液体。
不相容性和反应性：水，醇，碱，金属（腐蚀性），胺。[注：在水中分解生成氯乙酸和氯化氢气体。]

测量方法：无。

个人防护和卫生设施：

- 皮肤：穿戴合适的个人防护服，防止皮肤直接接触。
- 眼睛：佩戴合适的眼部防护用品，防止眼睛直接接触。
- 清洗皮肤：当皮肤受到污染时，应立即清洗污染的皮肤。

- 脱除:如果工作服被弄湿或受到了明显的污染,应该立即脱除并妥善处置。
- 更换:对于班后的衣服的更换需要没有特殊建议。
- 配备:在劳动者可能接触该化学物质的作业场所,无论是否需要使用眼部防护用品,都应配备眼冲洗设备。在紧靠有可能接触该化学物质的工作场所,应配备快速冲淋身体的设备以应急使用。[注:这些设备应能够提供足量水或流动水,以将可能接触的身体任何部位上的化学物质除去。实际配备适宜的快速冲淋设备取决于工作场所的具体条件。在某些情况下,必须及时进行大流量淋浴,而其他情况下只需要用一个水槽或软管供水就足够了。]

急救:

- 眼睛:如眼睛直接接触了该化学物质,要立即用大量水冲洗(灌洗)眼睛,冲洗时,不时翻开上下眼睑,并立即就医。
- 皮肤:如果该化学物质直接接触皮肤,立即用水冲洗污染的皮肤。如果该化学物质渗透进衣服,要迅速将衣服脱除,用水冲洗污染的皮肤,并迅速就医。
- 呼吸:如果接触者吸入大量该化学物质,立即将接触者移至新鲜空气处。如果呼吸停止,要进行人工呼吸,注意保暖和休息。尽快就医。
- 吞入:如果吞入该化学物质,应立即就医。

对呼吸器选择的建议:无。

有关呼吸器选择的其他重要信息参见相关标准。

接触途径:呼吸道,皮肤吸收,胃肠道,皮肤和/或眼睛直接接触。

症状:眼睛、皮肤、呼吸系统刺激;眼睛、皮肤灼伤;咳嗽,喘鸣,呼吸困难;流泪。

靶器官:眼睛,皮肤,呼吸系统。

氯苯(Chlorobenzene)

C_6H_5Cl

CAS No.:108-90-7

RTECS No.:CZ0175000

DOT ID 和指南号:1134 130

异名和商品名:一氯苯,苯基氯,Benzene chloride,Chlorobenzol,MCB,Monochlorobenzene,Phenyl chloride

接触限值:NIOSH REL:见附录 D

OSHA PEL:TWA 75 ppm (350 mg/m^3)

IDLH:1 000 ppm　**浓度换算系数:**1 ppm = 4.61 mg/m^3

理化性质:无色液体,具有苦杏仁味。

分子量:112.6　沸点:270 ℉

凝固点:−50 ℉　溶解度:0.05%

蒸气压:9 mmHg　电离电位:9.07 eV

比重:1.11　闪点:82 ℉

爆炸上限:9.6%　爆炸下限:1.3%

IC 类易燃液体——闪点等于或高于 73 ℉且低于 100 ℉。

不相容性和反应性:强氧化剂。

测量方法:NIOSH 1003;OSHA 7

个人防护和卫生设施:

- 皮肤:穿戴合适的个人防护服,防止皮肤直接接触。
- 眼睛:佩戴合适的眼部防护用品,防止眼睛直接接触。
- 清洗皮肤:当皮肤受到污染时,应立即清洗污染的皮肤。
- 脱除:如果工作服被可燃性物质(即闪点低于 100 ℉的液体)浸湿,应当立即脱除并妥善处置,以防着火。
- 更换:对于班后的衣服的更换需要没有特殊建议。

急救:

- 眼睛:如眼睛直接接触了该化学物质,要立即用大量水冲洗(灌洗)眼睛,冲洗时,不时翻开上下眼睑,并立即就医。

- 皮肤：如果该化学物质直接接触皮肤，迅速用肥皂和水冲洗污染的皮肤。若该化学物质渗透进衣服，要迅速将衣服脱除，用肥皂和水清洗皮肤，并迅速就医。
- 呼吸：如果接触者吸入大量该化学物质，立即将接触者移至新鲜空气处。如果呼吸停止，要进行人工呼吸，注意保暖和休息。尽快就医。
- 吞入：如果吞入该化学物质，应立即就医。

对呼吸器选择的建议：OSHA

~1 000 ppm：

- Sa：Cf：任何连续供气式呼吸器。指定防护因数=25。£
- PaprOv：任何动力送风空气过滤式呼吸器，配有机蒸气滤毒盒。指定防护因数=25。£
- CcrFOv：任何空气过滤式全面罩呼吸器，配有机蒸气滤毒盒。指定防护因数=50。
- GmFOv：任何空气过滤式全面罩呼吸器（防毒面具），配下颌式、前置式或背置式有机蒸气滤毒罐。指定防护因数=50。
- ScbaF：任何携气式呼吸器，配全面罩。指定防护因数=50。
- SaF：任何供气式呼吸器，配全面罩。指定防护因数=50。

§：应急抢险，或准备进入浓度未知环境，或进入 IDLH 环境：

- ScbaF：Pd，Pp：任何压力需气式或正压携气式呼吸器，配全面罩。指定防护因数=10 000。
- SaF：Pd，Pp：AScba：任何压力需气式或正压供气式呼吸器，配全面罩，配压力需气式或正压携气式辅助呼吸器。指定防护因数=10 000。

逃生：

- GmFOv：任何空气过滤式全面罩呼吸器（防毒面具），配下颌式、前置式或背置式有机蒸气滤毒罐。指定防护因数=50。
- ScbaE：任何适合逃生的携气式呼吸器。

有关呼吸器选择的其他重要信息参见相关标准。

接触途径：呼吸道，胃肠道，皮肤和/或眼睛直接接触。

症状：眼睛、皮肤、鼻刺激；嗜睡，协调能力下降；中枢神经系统障碍；动物：肝、肺、肾损伤。

靶器官：眼睛，皮肤，呼吸系统，中枢神经系统，肝。

邻氯苄叉丙二腈(o-Chlorobenzylidene malononitrile)

$ClC_6H_4CH=C(CN)_2$

异名和商品名：2-Chlorobenzalmalonitrile，CS，OCBM

CAS No.：2698-41-1

RTECS No.：OO3675000

DOT ID 和指南号：2810 153

接触限值：NIOSH REL：C 0.05 ppm (0.4 mg/m³) [皮]

OSHA PEL †：TWA 0.05 ppm (0.4 mg/m³)

IDLH：2 mg/m³ **浓度换算系数：**1 ppm = 7.71 mg/m³

理化性质：白色晶体，具有胡椒味。

分子量：188.6	沸点：590～599 ℉
熔点：203～205 ℉	溶解度：不溶
蒸气压：0.000 03 mmHg	电离电位：未知
比重：未知	闪点：未知

爆炸上限：未知　　爆炸下限：未知

最低爆炸浓度：25 g/m³

可燃固体。

不相容性和反应性：强氧化剂。

测量方法：NIOSH P&CAM304 (Ⅱ-5)

个人防护和卫生设施：

- 皮肤：穿戴合适的个人防护服，防止皮肤直接接触。
- 眼睛：佩戴合适的眼部防护用品，防止眼睛直接接触。

C

- 清洗皮肤：当皮肤受到污染时，应立即清洗污染的皮肤。/每天工作班结束后，进食、吸烟、喝水前都应该清洗可能受到污染的皮肤。
- 脱除：如果工作服被弄湿或受到了明显的污染，应该立即脱除并妥善处置。
- 更换：在离开工作场所前应当将可能受到污染的工作服更换成无污染的衣服。

急救：

- 眼睛：如眼睛直接接触了该化学物质，要立即用大量水冲洗(灌洗)眼睛，冲洗时，不时翻开上下眼睑，并立即就医。
- 皮肤：如果该化学物质直接接触皮肤，立即用肥皂和水冲洗污染的皮肤。若该化学物质渗透进衣服，要立即将衣服脱除，用肥皂和水清洗皮肤，并迅速就医。
- 呼吸：如果接触者吸入大量该化学物质，立即将接触者移至新鲜空气处。如果呼吸停止，要进行人工呼吸，注意保暖和休息。尽快就医。
- 吞入：如果吞入该化学物质，应立即就医。

对呼吸器选择的建议：NIOSH/OSHA

~2 mg/m^3：

- Sa：Cf：任何连续供气式呼吸器。指定防护因数=25。£
- GmFS100：任何空气过滤式全面罩呼吸器(防毒面具)，配下颌式、前置式或背置式防该化学物质的滤毒罐和N100、R100或P100的综合防护过滤元件。指定防护因数=50。选择N、R或P过滤元件的信息见表4。
- ScbaF：任何携气式呼吸器，配全面罩。指定防护因数=50。
- SaF：任何供气式呼吸器，配全面罩。指定防护因数=50。

§：应急抢险，或准备进入浓度未知环境，或进入IDLH环境：

- ScbaF：Pd，Pp：任何压力需气式或正压携气式呼吸器，配全面罩。指定防护因数=10 000。
- SaF：Pd，Pp：AScba：任何压力需气式或正压供气式呼吸器，配全面罩，配压力需气式或正压携气式辅助呼吸器。指定防护因数=10 000。

逃生：

- GmFS100：任何空气过滤式全面罩呼吸器(防毒面具)，配下颌式、前置式或背置式防该化学物质的滤毒罐和N100、R100或P100的综合防护过滤元件。指定防护因数=50。选择N、R或P过滤元件的信息见表4。
- ScbaE：任何适合逃生的携气式呼吸器。

有关呼吸器选择的其他重要信息参见相关标准。

接触途径：呼吸道，皮肤吸收，胃肠道，皮肤和/或眼睛直接接触。

症状：眼睛疼痛，灼伤，流泪，结膜炎；眼睑红斑，睑痉挛；咽喉刺激，咳嗽，胸部紧迫感；头痛；红斑，皮肤囊肿。

靶器官：眼睛，皮肤，呼吸系统。

氯溴甲烷(Chlorobromomethane)

CH_2BrCl

CAS No.：74-97-5

RTECS No.：PA5250000

DOT ID 和指南号：1887 160

异名和商品名：碳氟 1011，Bromochloromethane，CB，CBM，Fluorocarbon 1011，Halon® 1011，Methyl chlorobromide

接触限值：NIOSH REL：TWA 200 ppm (1 050 mg/m^3)
OSHA PEL：TWA 200 ppm (1 050 mg/m^3)

IDLH：2 000 ppm

浓度换算系数：1 ppm = 5.29 mg/m^3

理化性质:无色至淡黄色液体,具有氯仿样气味。[注:可用作灭火剂。]

分 子 量:129.4　　沸　　点:155 ℉
凝 固 点:−124 ℉　　溶 解 度:不溶
蒸 气 压:115 mmHg　　电离电位:10.77 eV
比　　重:1.93　　闪　　点:不适用
爆炸上限:不适用　　爆炸下限:不适用
不可燃液体。
不相容性和反应性:化学性质活泼金属、如钙、粉状铝、锌和镁。

测量方法:NIOSH 1003

个人防护和卫生设施:

- 皮肤:穿戴合适的个人防护服,防止皮肤直接接触。
- 眼睛:佩戴合适的眼部防护用品,防止眼睛直接接触。
- 清洗皮肤:当皮肤受到污染时,应立即清洗污染的皮肤。
- 脱除:如果工作服被弄湿或受到了明显的污染,应该立即脱除并妥善处置。
- 更换:对于班后的衣服的更换需要没有特殊建议。

急救:

- 眼睛:如眼睛直接接触了该化学物质,要立即用大量水冲洗(灌洗)眼睛,冲洗时,不时翻开上下眼睑,并立即就医。
- 皮肤:如果该化学物质直接接触皮肤,迅速用肥皂和水冲洗污染的皮肤。若该化学物质渗透进衣服,要迅速将衣服脱除,用肥皂和水清洗皮肤,并迅速就医。
- 呼吸:如果接触者吸入大量该化学物质,立即将接触者移至新鲜空气处。如果呼吸停止,要进行人工呼吸,注意保暖和休息。尽快就医。
- 吞入:如果吞入该化学物质,应立即就医。

对呼吸器选择的建议:NIOSH/OSHA

~2 000 ppm:

- Sa:Cf:任何连续供气式呼吸器。指定防护因数=25。£
- PaprOv:任何动力送风空气过滤式呼吸器,配有机蒸气滤毒盒。指定防护因数=25。£
- CcrFOv:任何空气过滤式全面罩呼吸器,配有机蒸气滤毒盒。指定防护因数=50。
- GmFOv:任何空气过滤式全面罩呼吸器(防毒面具),配下颌式、前置式或背置式有机蒸气滤毒罐。指定防护因数=50。
- ScbaF:任何携气式呼吸器,配全面罩。指定防护因数=50。
- SaF:任何供气式呼吸器,配全面罩。指定防护因数=50。

§:应急抢险,或准备进入浓度未知环境,或进入 IDLH 环境:

- ScbaF:Pd,Pp:任何压力需气式或正压携气式呼吸器,配全面罩。指定防护因数=10 000。
- SaF:Pd,Pp:AScba:任何压力需气式或正压供气式呼吸器,配全面罩,配压力需气式或正压携气式辅助呼吸器。指定防护因数=10 000。

逃生:

- GmFOv:任何空气过滤式全面罩呼吸器(防毒面具),配下颌式、前置式或背置式有机蒸气滤毒罐。指定防护因数=50。
- ScbaE:任何适合逃生的携气式呼吸器。

有关呼吸器选择的其他重要信息参见相关标准。

接触途径:呼吸道,胃肠道,皮肤和/或眼睛直接接触。

症状:眼睛、皮肤、咽喉刺激;意识模糊,眩晕,中枢神经系统抑制;肺水肿。

靶器官:眼睛,皮肤,呼吸系统,肝,肾,中枢神经系统。

C

一氯二氟甲烷(Chlorodifluoromethane)

$CHClF_2$

CAS No.:75-45-6

RTECS No.:PA6390000

DOT ID 和指南号:1018 126

异名和商品名:氟里昂 22,制冷剂 22,Difluorochloromethane,Fluorocarbon-22,Freon® 22,Genetron® 22,Monochlorodifluoromethane,Refrigerant 22

接触限值:NIOSH REL:TWA 1 000 ppm (3 500 mg/m^3)
ST 1 250 ppm (4 375 mg/m^3)
OSHA PEL †:无

IDLH:N.D. **浓度换算系数**:1 ppm = 3.54 mg/m^3

理化性质:无色气体具淡甜味。[注:以压缩液化气运输。]

分子量:86.5	沸点:−41 ℉
凝固点:−231 ℉	溶解度(77 ℉):0.3%
蒸气压:9.4 大气压	电离电位:12.45 eV
相对密度:3.11	闪点:不适用
爆炸上限:不适用	爆炸下限:不适用

不易燃气体。

不相容性和反应性:碱,碱土金属(如铝粉、钠、钾、锌)。

测量方法:NIOSH 1018

个人防护和卫生设施:

- 皮肤:压缩气体快速膨胀时可产生低温。泄漏和使用能快速膨胀的压缩气体,可产生冻伤危害。穿戴合适的个人防护服,防止皮肤冻伤。
- 眼睛:佩戴合适的眼部防护用品,防止眼睛直接接触液体后因低温引起灼伤或组织损伤。
- 清洗皮肤:对于清洗皮肤上的污染物没有其他特殊的建议(包括立即清洗和班后清洗)。
- 脱除:对于脱除被污染或被弄湿的工作服的需要没有特殊建议。
- 更换:对于班后的衣服的更换需要没有特殊建议。
- 配备:在紧靠有可能接触极低温液体或迅速蒸发的液体的工作场所,应配备快速冲淋洗浴设备和/或眼冲洗设备,以应急使用。

急救:

- 眼睛:如果眼组织冻伤,要立即就医。如果眼组织没有冻伤,要立即用大量水彻底冲洗至少 15 min,并不时翻开上下眼睑,如果眼睛刺激、疼痛、肿胀、流泪和畏光持续存在,应尽快就医。
- 皮肤:如果发生冻伤,要立即就医,不要揉擦或用水冲洗冻伤部位;为防止组织进一步受损,不要试图将冻结的衣服从冻伤部位脱除。如未发生冻伤,立即用肥皂和水彻底清洗污染的皮肤。
- 呼吸:如果接触者吸入大量该化学物质,立即将接触者移至新鲜空气处。如果呼吸停止,要进行人工呼吸,注意保暖和休息。尽快就医。

对呼吸器选择的建议:无。

有关呼吸器选择的其他重要信息参见相关标准。

接触途径:呼吸道,皮肤和/或眼睛直接接触(液体)。

症状:呼吸系统刺激;意识模糊,嗜睡,耳鸣;心悸,心律不齐;窒息;肝、肾、脾损伤;液体:冻伤。

靶器官:呼吸系统,心血管系统,中枢神经系统,肝,肾,脾。

多氯联苯(含氯 42%)[Chlorodiphenyl (42% chlorine)]

$C_6H_4ClC_6H_3Cl_2$(约)

异名和商品名:氯化联苯,Aroclor® 1242,PCB,Polychlorinated biphenyl

CAS No.:53469-21-9

RTECS No.:TQ1356000

DOT ID 和指南号:2315 171

C

接触限值:NIOSH REL * :Ca TWA 0.001 mg/m³ 见附录 A [* 注:REL 也适用于其他 PCBs。]

OSHA PEL:TWA 1 mg/m³[皮]

IDLH: Ca [5 mg/m³]　**浓度换算系数:**

理化性质:无色至淡色黏稠液体,略有烃类气味。

分子量:258(约)	沸点:617～691 ℉
凝固点:−2 ℉	溶解度:不溶
蒸气压:0.001 mmHg	电离电位:未知
比重(77 ℉):1.39	闪点:不适用
爆炸上限:不适用	爆炸下限:不适用

不易燃液体,但遇火可形成含有 PCBs、多氯氧芴和氯化二苯对二氧喔星的黑煤烟。

不相容性和反应性:强氧化剂。

测量方法:NIOSH 5503;OSHA PV2089

个人防护和卫生设施:

- 皮肤:穿戴合适的个人防护服,防止皮肤直接接触。
- 眼睛:佩戴合适的眼部防护用品,防止眼睛直接接触。
- 清洗皮肤:当皮肤受到污染时,应立即清洗污染的皮肤。
- 脱除:如果工作服被弄湿或受到了明显的污染,应该立即脱除并妥善处置。
- 更换:在离开工作场所前应当将可能受到污染的工作服更换成无污染的衣服。
- 配备:在劳动者可能接触该化学物质的作业场所,无论是否需要使用眼部防护用品,都应配备眼冲洗设备。在紧靠有可能接触该化学物质的工作场所,应配备快速冲淋身体的设备以应急使用。[注:这些设备应能够提供足量水或流动水,以将可能接触的身体任何部位上的化学物质除去。实际配备适宜的快速冲淋设备取决于工作场所的具体条件。在某些情况下,必须及时进行大流量淋浴,而其他情况下只需要用一个水槽或软管供水就足够了。]

急救:

- 眼睛:如眼睛直接接触了该化学物质,要立即用大量水冲洗(灌洗)眼睛,冲洗时,不时翻开上下眼睑,并立即就医。
- 皮肤:如果该化学物质直接接触皮肤,立即用肥皂和水冲洗污染的皮肤。若该化学物质渗透进衣服,要立即将衣服脱除,用肥皂和水清洗皮肤,并迅速就医。
- 呼吸:如果接触者吸入大量该化学物质,立即将接触者移至新鲜空气处。如果呼吸停止,要进行人工呼吸,注意保暖和休息。尽快就医。
- 吞入:如果吞入该化学物质,应立即就医。

对呼吸器选择的建议:NIOSH

¥:高于 NIOSH REL 的浓度;或当没有 REL 时,任何可以检测到的浓度:

- ScbaF:Pd,Pp:任何压力需气式或正压携气式呼吸器,配全面罩。指定防护因数=10 000。
- SaF:Pd,Pp:AScba:任何压力需气式或正压供气式呼吸器,配全面罩,配压力需气式或正压携气式辅助呼吸器。指定防护因数=10 000。

逃生:

- GmFOv100:任何空气过滤式全面罩呼吸器(防毒面具),配下颌式、前置式或背置式有机蒸气滤毒罐和 N100、R100 或 P100 的综合防护过滤元件。指定防护因数=50。选择 N、R 或 P 过滤元件的信息见表 4。指定防护因数=50。

● ScbaE:任何适合逃生的携气式呼吸器。 **有关呼吸器选择的其他重要信息参见相关标准。**	**症状:**眼睛刺激;痤疮;肝损害;生殖效应;[潜在职业性致癌物]。
接触途径:呼吸道,皮肤吸收,胃肠道,皮肤和/或眼睛直接接触。	**靶器官:**皮肤,眼睛,肝,生殖系统。 **致癌部位:**[动物:脑下垂体前叶肿瘤,肝肿瘤,白血病]。

多氯联苯(含氯 54%)[Chlorodiphenyl (54% chlorine)]

$C_6H_3Cl_2C_6H_2Cl_3$(约)

异名和商品名: Aroclor® 1254,PCB,Polychlorinated biphenyl

CAS No.:11097-69-1

RTECS No.:TQ1360000

DOT ID 和指南号:2315 171

接触限值:NIOSH REL*:Ca TWA 0.001 mg/m³ 见附录 A [*注:REL 也适用于其他 PCBs。]

OSHA PEL:TWA 0.5 mg/m³[皮]

IDLH: Ca [5 mg/m³]　　**浓度换算系数:**

理化性质:无色至淡黄色,黏稠液体或固体(50 ℉以下),略有烃类气味。

分子量:326(约)	沸点:689~734 ℉
凝固点:50 ℉	溶解度:不溶
蒸气压:0.000 06 mmHg	电离电位:未知
比重(77 ℉):1.38	闪点:不适用
爆炸上限:不适用	爆炸下限:不适用

不易燃液体,但遇火可形成含有 PCBs、多氯氧芴和氯化二苯对二氧喔星的黑煤烟。

不相容性和反应性:强氧化剂。

测量方法:NIOSH 5503;OSHA PV2088

个人防护和卫生设施:

- 皮肤:穿戴合适的个人防护服,防止皮肤直接接触。
- 眼睛:佩戴合适的眼部防护用品,防止眼睛直接接触。
- 清洗皮肤:当皮肤受到污染时,应立即清洗污染的皮肤。
- 脱除:如果工作服被弄湿或受到了明显的污染,应该立即脱除并妥善处置。
- 更换:在离开工作场所前应当将可能受到污染的工作服更换成无污染的衣服。
- 配备:在劳动者可能接触该化学物质的作业场所,无论是否需要使用眼部防护用品,都应配备眼冲洗设备。在紧靠有可能接触该化学物质的工作场所,应配备快速冲淋身体的设备以应急使用。[注:这些设备应能够提供足量水或流动水,以将可能接触的身体任何部位上的化学物质除去。实际配备适宜的快速冲淋设备取决于工作场所的具体条件。在某些情况下,必须及时进行大流量淋浴,而其他情况下只需要用一个水槽或软管供水就足够了。]

急救:

- 眼睛:如眼睛直接接触了该化学物质,要立即用大量水冲洗(灌洗)眼睛,冲洗时,不时翻开上下眼睑,并立即就医。
- 皮肤:如果该化学物质直接接触皮肤,立即用肥皂和水冲洗污染的皮肤。若该化学物质渗透进衣服,要立即将衣服脱除,用肥皂和水清洗皮肤,并迅速就医。
- 呼吸:如果接触者吸入大量该化学物质,立即将接触者移至新鲜空气处。如果呼吸停止,要进行人工呼吸,注意保暖和休息。尽快就医。
- 吞入:如果吞入该化学物质,应立即就医。

对呼吸器选择的建议:NIOSH

¥:高于 NIOSH REL 的浓度;或当没有 REL 时,任何可以检测到的浓度:

- ScbaF:Pd,Pp:任何压力需气式或正压携气式呼吸器,配全面罩。指定防护因数=10 000。
- SaF:Pd,Pp:AScba:任何压力需气式或正压供气式呼吸器,配全面罩,配压力需气式或正压携气式辅助呼吸器。指定防护因数=10 000。

逃生:

- GmFOv100:任何空气过滤式全面罩呼吸器(防毒面具),配下颌式、前置式或背置式有机蒸气滤毒罐和N100、R100 或 P100 的综合防护过滤元件。指定防护因数=50。选择 N、R 或 P 过滤元件的信息见表 4。指定防护因数=50。
- ScbaE:任何适合逃生的携气式呼吸器。

有关呼吸器选择的其他重要信息参见相关标准。

接触途径:呼吸道,皮肤吸收,胃肠道,皮肤和/或眼睛直接接触。

症状:眼睛刺激,痤疮;肝损害;生殖效应;[潜在职业性致癌物]。

靶器官:皮肤,眼睛,肝,生殖系统。

致癌部位:[动物:脑下垂体前叶肿瘤,肝肿瘤,白血病]。

氯仿(Chloroform)

$CHCl_3$

异名和商品名:三氯甲烷,Methane trichloride,Trichloromethane

CAS No.:67-66-3

RTECS No.:FS9100000

DOT ID 和指南号:1888 151

接触限值:NIOSH REL:Ca ST 2 ppm (9.78 mg/m³) [60 min] 见附录 A

OSHA PEL †:C 50 ppm (240 mg/m³)

IDLH: Ca [500 ppm]

浓度换算系数:1 ppm = 4.88 mg/m³

理化性质:无色液体,具有愉悦的气味。

分子量:119.4	沸点:143 ℉
凝固点:-82 ℉	溶解度(77 ℉):0.5%
蒸气压:160 mmHg	电离电位:11.42 eV
比重:1.48	闪点:不适用
爆炸上限:不适用	爆炸下限:不适用

不可燃液体。

不相容性和反应性:强腐蚀剂,化学性质活泼的金属(如铝粉、镁粉、钠、钾),强氧化剂。[注:加热分解,可生成光气。]

测量方法:NIOSH 1003

个人防护和卫生设施:

- 皮肤:穿戴合适的个人防护服,防止皮肤直接接触。
- 眼睛:佩戴合适的眼部防护用品,防止眼睛直接接触。
- 清洗皮肤:当皮肤受到污染时,应立即清洗污染的皮肤。
- 脱除:如果工作服被弄湿或受到了明显的污染,应该立即脱除并妥善处置。
- 更换:对于班后的衣服的更换需要没有特殊建议。
- 配备:在劳动者可能接触该化学物质的作业场所,无论是否需要使用眼部防护用品,都应配备眼冲洗设备。在紧靠有可能接触该化学物质的工作场所,应配备快速冲淋身体的设备以应急使用。[注:这些设备应能够提供足量水或流动水,以将可能接触的身体任何部位上的化学物质除去。实际配备适宜的快速冲淋设备取决于工作场所的具体条件。在某些情况下,必须及时进行大流量淋浴,而其他情况下只需要用一个水槽或软管供水就足够了。]

C

急救：

- 眼睛：如眼睛直接接触了该化学物质，要立即用大量水冲洗（灌洗）眼睛，冲洗时，不时翻开上下眼睑，并立即就医。
- 皮肤：如果该化学物质直接接触皮肤，迅速用肥皂和水冲洗污染的皮肤。若该化学物质渗透进衣服，要迅速将衣服脱除，用肥皂和水清洗皮肤，并迅速就医。
- 呼吸：如果接触者吸入大量该化学物质，立即将接触者移至新鲜空气处。如果呼吸停止，要进行人工呼吸，注意保暖和休息。尽快就医。
- 吞入：如果吞入该化学物质，应立即就医。

对呼吸器选择的建议：NIOSH

¥：高于 NIOSH REL 的浓度；或当没有 REL 时，任何可以检测到的浓度：

- ScbaF：Pd，Pp：任何压力需气式或正压携气式呼吸器，配全面罩。指定防护因数＝10 000。
- SaF：Pd，Pp：AScba：任何压力需气式或正压供气式呼吸器，配全面罩，配压力需气式或正压携气式辅助呼吸器。指定防护因数＝10 000。

逃生：

- GmFOv：任何空气过滤式全面罩呼吸器（防毒面具），配下颌式、前置式或背置式有机蒸气滤毒罐。指定防护因数＝50。
- ScbaE：任何适合逃生的携气式呼吸器。

有关呼吸器选择的其他重要信息参见相关标准。

接触途径：呼吸道，皮肤吸收，胃肠道，皮肤和/或眼睛直接接触。

症状：眼睛、皮肤刺激；眩晕，精神迟钝，恶心，意识模糊；头痛，倦怠（虚弱，虚脱）；麻木；肝大；[潜在职业性致癌物]。

靶器官：肝，肾，心脏，眼睛，皮肤，中枢神经系统。

致癌部位：[动物：肝癌及肾癌]。

二氯甲醚（bis-Chloromethyl ether）

$(CH_2Cl)_2O$

异名和商品名：双氯甲醚，BCME，bis-CME，Chloromethyl ether，Dichlorodimethyl ether，Dichloromethyl ether，Oxybis（chloromethane）

CAS No.：542-88-1

RTECS No.：KN1575000

DOT ID 和指南号：2249 131

接触限值：NIOSH REL：Ca 见附录 A

OSHA PEL：[1910.1008] 见附录 B

IDLH：Ca [N.D.]　　**浓度换算系数：**

理化性质：无色液体，具有令人窒息的气味。

分子量：115.0	沸点：223 ℉
凝固点：－43 ℉	溶解度：与水反应
蒸气压（72 ℉）：30 mmHg	电离电位：未知
比重：1.32	闪点：<66 ℉
爆炸上限：未知	爆炸下限：未知

IB 类易燃液体——闪点低于 73 ℉，沸点等于或高于 100 ℉。

不相容性和反应性：酸，水。[注：与水反应生成盐酸和甲醛。]

测量方法：OSHA 10

个人防护和卫生设施：

- 皮肤：穿戴合适的个人防护服，防止皮肤直接接触。
- 眼睛：佩戴合适的眼部防护用品，防止眼睛直接接触。
- 清洗皮肤：当皮肤受到污染时，应立即清洗污染的皮肤。/每天工作班结束后，进食、吸烟、喝水前都应该清洗可能受到污染的皮肤。
- 脱除：如果工作服被可燃性物质（即闪点低于 100 ℉ 的液体）浸湿，应当立即脱除并妥善处置，以防着火。

- 更换：在离开工作场所前应当将可能受到污染的工作服更换成无污染的衣服。
- 配备：在劳动者可能接触该化学物质的作业场所，无论是否需要使用眼部防护用品，都应配备眼冲洗设备。在紧靠有可能接触该化学物质的工作场所，应配备快速冲淋身体的设备以应急使用。[注：这些设备应能够提供足量水或流动水，以将可能接触的身体任何部位上的化学物质除去。实际配备适宜的快速冲淋设备取决于工作场所的具体条件。在某些情况下，必须及时进行大流量淋浴，而其他情况下只需要用一个水槽或软管供水就足够了。]

急救：

- 眼睛：如眼睛直接接触了该化学物质，要立即用大量水冲洗(灌洗)眼睛，冲洗时，不时翻开上下眼睑，并立即就医。
- 皮肤：如果该化学物质直接接触皮肤，立即用肥皂和水冲洗污染的皮肤。若该化学物质渗透进衣服，要立即将衣服脱除，用肥皂和水清洗皮肤，并迅速就医。
- 呼吸：如果接触者吸入大量该化学物质，立即将接触者移至新鲜空气处。如果呼吸停止，要进行人工呼吸，注意保暖和休息。尽快就医。
- 吞入：如果吞入该化学物质，应立即就医。

对呼吸器选择的建议：NIOSH

¥：高于 NIOSH REL 的浓度；或当没有 REL 时，任何可以检测到的浓度：

- ScbaF：Pd，Pp：任何压力需气式或正压携气式呼吸器，配全面罩。指定防护因数=10 000。
- SaF：Pd，Pp：AScba：任何压力需气式或正压供气式呼吸器，配全面罩，配压力需气式或正压携气式辅助呼吸器。指定防护因数=10 000。

逃生：

- GmFOv：任何空气过滤式全面罩呼吸器(防毒面具)，配下颌式、前置式或背置式有机蒸气滤毒罐。指定防护因数=50。
- ScbaE：任何适合逃生的携气式呼吸器。

(见附录 E)

有关呼吸器选择的其他重要信息参见相关标准。

接触途径：呼吸道，皮肤吸收，胃肠道，皮肤和/或眼睛直接接触。

症状：眼睛、皮肤、黏膜、呼吸系统刺激；肺淤血，肺水肿；角膜损伤、坏死；肺功能降低，咳嗽，呼吸困难，喘鸣；咳血，咳痰；[潜在职业性致癌物]。

靶器官：眼睛，皮肤，呼吸系统。

致癌部位：[肺癌]。

氯甲甲醚(Chloromethyl methyl ether)

CH_3OCH_2Cl

CAS No.：107-30-2

RTECS No.：KN6650000

DOT ID 和指南号：1239 131

异名和商品名：氯二甲醚，Chlorodimethyl ether，Chloromethoxymethane，CMME，Dimethylchloroether，Methylchloromethyl ether

接触限值：NIOSH REL：Ca 见附录 A

OSHA PEL：[1910.1006] 见附录 B

IDLH：Ca [N.D.]　　**浓度换算系数：**

理化性质：无色液体，具有刺激气味。

分子量：80.5　　沸点：138 ℉

凝固点：−154 ℉　　溶解度：与水反应

蒸气压(70 ℉)：192 mmHg　　电离电位：10.25 eV

比重：1.06　　闪点(开杯)：32 ℉

爆炸上限：未知　　爆炸下限：未知

ⅠB类易燃液体——闪点低于 73 ℉，沸点等于或高于 100 ℉。

不相容性和反应性：水。[注：与水反应生成盐酸和甲醛。]

C

测量方法:NIOSH P&CAM220 (Ⅱ-1);OSHA 10

个人防护和卫生设施:

- 皮肤:穿戴合适的个人防护服,防止皮肤直接接触。
- 眼睛:佩戴合适的眼部防护用品,防止眼睛直接接触。
- 清洗皮肤:当皮肤受到污染时,应立即清洗污染的皮肤。/每天工作班结束后,进食、吸烟、喝水前都应该清洗可能受到污染的皮肤。
- 脱除:如果工作服被可燃性物质(即闪点低于 100 ℉的液体)浸湿,应当立即脱除并妥善处置,以防着火。
- 更换:在离开工作场所前应当将可能受到污染的工作服更换成无污染的衣服。
- 配备:在劳动者可能接触该化学物质的作业场所,无论是否需要使用眼部防护用品,都应配备眼冲洗设备。在紧靠有可能接触该化学物质的工作场所,应配备快速冲淋身体的设备以应急使用。[注:这些设备应能够提供足量水或流动水,以将可能接触的身体任何部位上的该化学物质除去。实际配备适宜的快速冲淋设备取决于工作场所的具体条件。在某些情况下,必须及时进行大流量淋浴,而其他情况下只需要用一个水槽或软管供水就足够了。]

急救:

- 眼睛:如眼睛直接接触了该化学物质,要立即用大量水冲洗(灌洗)眼睛,冲洗时,不时翻开上下眼睑,并立即就医。
- 皮肤:如果该化学物质直接接触皮肤,立即用肥皂和水冲洗污染的皮肤。若该化学物质渗透进衣服,要立即将衣服脱除,用肥皂和水清洗皮肤,并迅速就医。
- 呼吸:如果接触者吸入大量该化学物质,立即将接触者移至新鲜空气处。如果呼吸停止,要进行人工呼吸,注意保暖和休息。尽快就医。
- 吞入:如果吞入该化学物质,应立即就医。

对呼吸器选择的建议:NIOSH

¥:高于 NIOSH REL 的浓度;或当没有 REL 时,任何可以检测到的浓度:

- ScbaF:Pd,Pp:任何压力需气式或正压携气式呼吸器,配全面罩。指定防护因数=10 000。
- SaF:Pd,Pp:AScba:任何压力需气式或正压供气式呼吸器,配全面罩,配压力需气式或正压携气式辅助呼吸器。指定防护因数=10 000。

逃生:

- GmFOv:任何空气过滤式全面罩呼吸器(防毒面具),配下颌式、前置式或背置式有机蒸气滤毒罐。指定防护因数=50。
- ScbaE:任何适合逃生的携气式呼吸器。

(见附录 E)

有关呼吸器选择的其他重要信息参见相关标准。

接触途径:呼吸道,皮肤吸收,胃肠道,皮肤和/或眼睛直接接触。

症状:眼睛、皮肤、黏膜刺激;肺水肿,肺淤血,肺炎;皮肤灼伤、坏死;咳嗽,喘鸣,肺淤血;血色痰;体重减轻;咳痰;[潜在职业性致癌物]。

靶器官:眼睛,皮肤,呼吸系统。

致癌部位:[动物:皮肤癌及肺癌]。

1-氯-1-硝基丙烷(1-Chloro-1-nitropropane)

$CH_3CH_2CHClNO_2$

异名和商品名: Korax®, Lanstan®

CAS No.:600-25-9

RTECS No.:TX5075000

DOT ID 和指南号:

接触限值: NIOSH REL:TWA 2 ppm (10 mg/m^3)

OSHA PEL †:TWA 20 ppm (100 mg/m^3)

IDLH: 100 ppm　**浓度换算系数:** 1 ppm = 5.06 mg/m^3

理化性质: 无色液体,具有难闻的气味。[杀真菌剂]

分子量:123.6	沸点:289 ℉
凝固点:未知	溶解度:0.5%
蒸气压(77 ℉):6 mmHg	电离电位:9.90 eV
比重:1.21	闪点(开杯):144 ℉
爆炸上限:未知	爆炸下限:未知

ⅢA 类可燃液体——闪点等于或高于 140 ℉且低于 200 ℉。

不相容性和反应性:强氧化剂,酸。

测量方法: NIOSH S211 (Ⅱ-5)

个人防护和卫生设施:

- 皮肤:穿戴合适的个人防护服,防止皮肤直接接触。
- 眼睛:佩戴合适的眼部防护用品,防止眼睛直接接触。
- 清洗皮肤:当皮肤受到污染时,应立即清洗污染的皮肤。
- 脱除:如果工作服被弄湿或受到了明显的污染,应该立即脱除并妥善处置。
- 更换:对于班后的衣服的更换需要没有特殊建议。

急救:

- 眼睛:如眼睛直接接触了该化学物质,要立即用大量水冲洗(灌洗)眼睛,冲洗时,不时翻开上下眼睑,并立即就医。
- 皮肤:如果该化学物质直接接触皮肤,用肥皂和水冲洗污染的皮肤。
- 呼吸:如果接触者吸入大量该化学物质,立即将接触者移至新鲜空气处。如果呼吸停止,要进行人工呼吸,注意保暖和休息。尽快就医。
- 吞入:如果吞入该化学物质,应立即就医。

对呼吸器选择的建议: NIOSH

～20 ppm:

- Sa:任何供气式呼吸器。指定防护因数=10。*

～50 ppm:

- Sa:Cf:任何连续供气式呼吸器。指定防护因数=25。*
- PaprOv:任何动力送风空气过滤式呼吸器,配有机蒸气滤毒盒。指定防护因数=25。*

～100 ppm:

- CcrFOv:任何空气过滤式全面罩呼吸器,配有机蒸气滤毒盒。指定防护因数=50。
- GmFOv:任何空气过滤式全面罩呼吸器(防毒面具),配下颌式、前置式或背置式有机蒸气滤毒罐。指定防护因数=50。
- PaprTOv:任何动力送风空气过滤式呼吸器,配密合型面罩和有机蒸气滤毒盒。指定防护因数=50。*
- ScbaF:任何携气式呼吸器,配全面罩。指定防护因数=50。
- SaF:任何供气式呼吸器,配全面罩。指定防护因数=50。

§:应急抢险,或准备进入浓度未知环境,或进入 IDLH 环境:

- ScbaF:Pd,Pp:任何压力需气式或正压携气式呼吸器,配全面罩。指定防护因数=10 000。
- SaF:Pd,Pp:AScba:任何压力需气式或正压供气式呼吸器,配全面罩,配压力需气式或正压携气式辅助呼吸器。指定防护因数=10 000。

C

逃生:

- GmFOv:任何空气过滤式全面罩呼吸器(防毒面具),配下颌式、前置式或背置式有机蒸气滤毒罐。指定防护因数=50。
- ScbaE:任何适合逃生的携气式呼吸器。

有关呼吸器选择的其他重要信息参见相关标准。

接触途径:呼吸道,胃肠道,皮肤和/或眼睛直接接触。

症状:动物:眼睛刺激;肺水肿;肝、肾、心脏损害。

靶器官:呼吸系统,肝,肾,心血管系统,眼睛。

一氯五氟乙烷(Chloropentafluoroethane)

$CClF_2CF_3$

CAS No.:76-15-3

RTECS No.:KH7877500

异名和商品名:氟利昂 115,Fluorocarbon-115,Freon® 115,Genetron® 115,Halocarbon 115,Monochloropentafluoroethane

DOT ID 和指南号:1020 126

接触限值:NIOSH REL:TWA 1000 ppm (6320 mg/m^3)
OSHA PEL †:无

IDLH:N. D.　**浓度换算系数:**1 ppm = 6.32 mg/m^3

理化性质:无色气体,稍具乙醚味。[注:以压缩液化气运输。]

分 子 量:154.5　沸　点:−38 ℉
凝 固 点:−223 ℉　溶解度(77 ℉):0.006%
蒸气压(70 ℉):7.9 大气压　电离电位:12.96 eV
相对密度:5.55　闪　点:不适用
爆炸上限:不适用　爆炸下限:不适用
不易燃气体。
不相容性和反应性:碱,碱土金属(如铝粉、钠、钾、锌)。

测量方法:无。

个人防护和卫生设施:

- 皮肤:压缩气体快速膨胀时可产生低温。泄漏和使用能快速膨胀的压缩气体,可产生冻伤危害。穿戴合适的个人防护服,防止皮肤冻伤。
- 眼睛:佩戴合适的眼部防护用品,防止眼睛直接接触液体后因低温引起灼伤或组织损伤。
- 清洗皮肤:对于清洗皮肤上的污染物没有其他特殊的建议(包括立即清洗和班后清洗)。
- 脱除:对于脱除被污染或被弄湿的工作服的需要没有特殊建议。
- 更换:对于班后的衣服的更换需要没有特殊建议。
- 配备:在紧靠有可能接触极低温液体或迅速蒸发的液体的工作场所,应配备快速冲淋洗浴设备和/或眼冲洗设备,以应急使用。

急救:

- 眼睛:如果眼组织冻伤,要立即就医。如果眼组织没有冻伤,要立即用大量水彻底冲洗至少 15 min,并不时翻开上下眼睑,如果眼睛刺激、疼痛、肿胀、流泪和畏光持续存在,应尽快就医。
- 皮肤:如果发生冻伤,要立即就医,不要揉擦或用水冲洗冻伤部位;为防止组织进一步受损,不要试图将冻结的衣服从冻伤部位脱除。如未发生冻伤,立即用肥皂和水彻底清洗污染的皮肤。
- 呼吸:如果接触者吸入大量该化学物质,立即将接触者移至新鲜空气处。如果呼吸停止,要进行人工呼吸,注意保暖和休息。尽快就医。

对呼吸器选择的建议:无。

有关呼吸器选择的其他重要信息参见相关标准。	症状：呼吸困难；眩晕，协调能力下降，麻醉；恶心，呕吐；心悸，心律不齐，窒息；液体：冻疮，皮炎。
接触途径：呼吸道，皮肤和/或眼睛直接接触（液体）。	靶器官：皮肤，中枢神经系统，心血管系统。

三氯硝基甲烷(Chloropicrin)

CCl_3NO_2

CAS No.：76-06-2

RTECS No.：PB6300000

异名和商品名：氯化苦，Nitrochloroform，Nitrotrichloromethane，Trichloronitromethane

DOT ID 和指南号：1580 154；1583 154（混合物，未作说明）

接触限值：NIOSH REL：TWA 0.1 ppm (0.7 mg/m³)
OSHA PEL：TWA 0.1 ppm (0.7 mg/m³)

IDLH：2 ppm　**浓度换算系数**：1 ppm = 6.72 mg/m³

理化性质：无色至淡黄色油状液体，具有强烈的刺激气味。[农药]

分子量：164.4	沸点：234 ℉
凝固点：−93 ℉	溶解度：0.2%
蒸气压：18 mmHg	电离电位：未知
比重：1.66	闪点：不适用
爆炸上限：不适用	爆炸下限：不适用

不可燃液体。

不相容性和反应性：强氧化剂。[注：当在密闭空间中加热，该物质可发生爆炸。]

测量方法：无。

个人防护和卫生设施：
- 皮肤：穿戴合适的个人防护服，防止皮肤直接接触。
- 眼睛：佩戴合适的眼部防护用品，防止眼睛直接接触。
- 清洗皮肤：当皮肤受到污染时，应立即清洗污染的皮肤。
- 脱除：如果工作服被弄湿或受到了明显的污染，应该立即脱除并妥善处置。
- 更换：对于班后的衣服的更换需要没有特殊建议。
- 配备：在劳动者可能接触该化学物质的作业场所，无论是否需要使用眼部防护用品，都应配备眼冲洗设备。在紧靠有可能接触该化学物质的工作场所，应配备快速冲淋身体的设备以应急使用。[注：这些设备应能够提供足量水或流动水，以将可能接触的身体任何部位上的该化学物质除去。实际配备适宜的快速冲淋设备取决于工作场所的具体条件。在某些情况下，必须及时进行大流量淋浴，而其他情况下只需要用一个水槽或软管供水就足够了。]

急救：
- 眼睛：如眼睛直接接触了该化学物质，要立即用大量水冲洗（灌洗）眼睛，冲洗时，不时翻开上下眼睑，并立即就医。
- 皮肤：如果该化学物质直接接触皮肤，立即用肥皂和水冲洗污染的皮肤。若该化学物质渗透进衣服，要立即将衣服脱除，用肥皂和水清洗皮肤，并迅速就医。
- 呼吸：如果接触者吸入大量该化学物质，立即将接触者移至新鲜空气处。如果呼吸停止，要进行人工呼吸，注意保暖和休息。尽快就医。
- 吞入：如果吞入该化学物质，应立即就医。

对呼吸器选择的建议：NIOSH/OSHA

～2 ppm：
- Sa：Cf：任何连续供气式呼吸器。指定防护因数＝25。£

● PaprOv:任何动力送风空气过滤式呼吸器,配有机蒸气滤毒盒。指定防护因数=25。£
● CcrFOv:任何空气过滤式全面罩呼吸器,配有机蒸气滤毒盒。指定防护因数=50。
● GmFOv:任何空气过滤式全面罩呼吸器(防毒面具),配下颌式、前置式或背置式有机蒸气滤毒罐。指定防护因数=50。
● ScbaF:任何携气式呼吸器,配全面罩。指定防护因数=50。
● SaF:任何供气式呼吸器,配全面罩。指定防护因数=50。

§:应急抢险,或准备进入浓度未知环境,或进入 IDLH 环境:

● ScbaF:Pd,Pp:任何压力需气式或正压携气式呼吸器,配全面罩。指定防护因数=10 000。
● SaF:Pd,Pp:AScba:任何压力需气式或正压供气式呼吸器,配全面罩,配压力需气式或正压携气式辅助呼吸器。指定防护因数=10 000。

逃生:

● GmFOv:任何空气过滤式全面罩呼吸器(防毒面具),配下颌式、前置式或背置式有机蒸气滤毒罐。指定防护因数=50。
● ScbaE:任何适合逃生的携气式呼吸器。

有关呼吸器选择的其他重要信息参见相关标准。

接触途径:呼吸道,胃肠道,皮肤和/或眼睛直接接触。

症状:眼睛、皮肤、呼吸系统刺激;流泪;咳嗽,肺水肿;恶心,呕吐。

靶器官:眼睛,皮肤,呼吸系统。

β-氯丁二烯(β-Chloroprene)

$CH_2=CClCH=CH_2$

异名和商品名:2-Chloro-1,3-butadiene;Chlorobutadiene;Chloroprene

CAS No.:126-99-8

RTECS No.:EI9625000

DOT ID 和指南号:1991 131P(抗聚合)

接触限值:NIOSH REL:Ca C 1 ppm (3.6 mg/m³)[15min] 见附录 A

OSHA PEL †:TWA 25 ppm (90 mg/m³)[皮]

IDLH: Ca [300 ppm]　**浓度换算系数:**1 ppm = 3.62 mg/m³

理化性质:无色液体具有浓烈的乙醚样气味。

分子量:88.5	沸点:139 ℉
凝固点:−153 ℉	溶解度:微溶
蒸气压:188 mmHg	电离电位:8.79 eV
比重:0.96	闪点:−4 ℉
爆炸上限:11.3%	爆炸下限:1.9%

ⅠB类易燃液体——闪点低于 73 ℉,沸点等于或高于 100 ℉。

不相容性和反应性:过氧化物和其他氧化剂。[注:若不加入抗氧化剂,在室温下可发生聚合。]

测量方法:NIOSH 1002;OSHA 112

个人防护和卫生设施:

● 皮肤:穿戴合适的个人防护服,防止皮肤直接接触。
● 眼睛:佩戴合适的眼部防护用品,防止眼睛直接接触。
● 清洗皮肤:当皮肤受到污染时,应立即清洗污染的皮肤。
● 脱除:如果工作服被可燃性物质(即闪点低于 100 ℉的液体)浸湿,应当立即脱除并妥善处置,以防着火。

- 更换：对于班后的衣服的更换需要没有特殊建议。
- 配备：在劳动者可能接触该化学物质的作业场所，无论是否需要使用眼部防护用品，都应配备眼冲洗设备。在紧靠有可能接触该化学物质的工作场所，应配备快速冲淋身体的设备以应急使用。[注：这些设备应能够提供足量水或流动水，以将可能接触的身体任何部位上的该化学物质除去。实际配备适宜的快速冲淋设备取决于工作场所的具体条件。在某些情况下，必须及时进行大流量淋浴，而其他情况下只需要用一个水槽或软管供水就足够了。]

急救：

- 眼睛：如眼睛直接接触了该化学物质，要立即用大量水冲洗(灌洗)眼睛，冲洗时，不时翻开上下眼睑，并立即就医。
- 皮肤：如果该化学物质直接接触皮肤，立即用肥皂和水冲洗污染的皮肤。若该化学物质渗透进衣服，要立即将衣服脱除，用肥皂和水清洗皮肤，并迅速就医。
- 呼吸：如果接触者吸入大量该化学物质，立即将接触者移至新鲜空气处。如果呼吸停止，要进行人工呼吸，注意保暖和休息。尽快就医。
- 吞入：如果吞入该化学物质，应立即就医。

对呼吸器选择的建议：NIOSH

¥：高于 NIOSH REL 的浓度；或当没有 REL 时，任何可以检测到的浓度：

- ScbaF：Pd,Pp：任何压力需气式或正压携气式呼吸器，配全面罩。指定防护因数=10 000。
- SaF：Pd,Pp：AScba：任何压力需气式或正压供气式呼吸器，配全面罩，配压力需气式或正压携气式辅助呼吸器。指定防护因数=10 000。

逃生：

- GmFOv：任何空气过滤式全面罩呼吸器(防毒面具)，配下颌式、前置式或背置式有机蒸气滤毒罐。指定防护因数=50。
- ScbaE：任何适合逃生的携气式呼吸器。

有关呼吸器选择的其他重要信息参见相关标准。

接触途径：呼吸道，皮肤吸收，胃肠道，皮肤和/或眼睛直接接触。

症状：眼睛、皮肤、呼吸系统刺激；焦虑，应激性；皮炎；脱发；生殖效应；[潜在职业性致癌物]。

靶器官：眼睛，皮肤，呼吸系统，生殖系统。

致癌部位：[肺癌及皮肤癌]。

邻氯苯乙烯(o-Chlorostyrene)

$ClC_6H_4CH=CH_2$

CAS No.：2039-87-4

RTECS No.：WL4160000

DOT ID 和指南号：

异名和商品名：1-氯-2-苯乙烯，2-Chlorostyrene，ortho-Chlorostyrene，1-Chloro-2-ethenylbenzene

接触限值：NIOSH REL：TWA 50 ppm (285 mg/m³)
ST 75 ppm (428 mg/m³)
OSHA PEL †：无

IDLH：N. D.　**浓度换算系数：**1 ppm = 5.67 mg/m³

理化性质：无色液体。

分子量：138.6　沸点：372 ℉

凝固点：−82 ℉　溶解度：不溶

蒸气压(77 ℉)：0.96 mmHg　电离电位：未知

比重：1.10　闪点：138 ℉

爆炸上限：未知　爆炸下限：未知

Ⅱ类可燃液体——闪点等于或高于 100 ℉且低于 140 ℉。

不相容性和反应性：未见报道。

C

测量方法:无。

个人防护和卫生设施:
- 皮肤:穿戴合适的个人防护服,防止皮肤直接接触。
- 眼睛:佩戴合适的眼部防护用品,防止眼睛直接接触。
- 清洗皮肤:当皮肤受到污染时,应立即清洗污染的皮肤。
- 脱除:如果工作服被弄湿或受到了明显的污染,应该立即脱除并妥善处置。
- 更换:对于班后的衣服的更换需要没有特殊建议。

急救:
- 眼睛:如眼睛直接接触了该化学物质,要立即用大量水冲洗(灌洗)眼睛,冲洗时,不时翻开上下眼睑,并立即就医。
- 皮肤:如果该化学物质直接接触皮肤,用肥皂和水冲洗污染的皮肤。
- 呼吸:如果接触者吸入大量该化学物质,立即将接触者移至新鲜空气处。如果呼吸停止,要进行人工呼吸,注意保暖和休息。尽快就医。
- 吞入:如果吞入该化学物质,应立即就医。

对呼吸器选择的建议:无。

有关呼吸器选择的其他重要信息参见相关标准。

接触途径:呼吸道,胃肠道,皮肤和/或眼睛直接接触。

症状:动物:眼睛、皮肤刺激;血尿症,蛋白尿,酸中毒;肝大,黄疸。

靶器官:眼睛,皮肤,肝,肾,中枢神经系统,周围神经系统。

邻氯甲苯(o-Chlorotoluene)

$ClC_6H_4CH_3$

CAS No.:95-49-8

RTECS No.:XS9000000

DOT ID 和指南号:2238 129

异名和商品名:1-氯-2-甲基苯,1-Chloro-2-methylbenzene,2-Chloro-1-methylbenzene,2-Chlorotoluene,o-Tolyl chloride

接触限值:NIOSH REL:TWA 50 ppm (250 mg/m^3)
ST 75 ppm (375 mg/m^3)
OSHA PEL †:无

IDLH:N. D.　　**浓度换算系数**:1 ppm = 5.18 mg/m^3

理化性质:无色液体,具有芳香气味。

分子量:126.6　　沸点:320 ℉
凝固点:−31 ℉　　溶解度(77 ℉):0.009%
蒸气压(77℉):4 mmHg　　电离电位:8.83 eV
比重:1.08　　闪点:96 ℉
爆炸上限:未知　　爆炸下限:未知

IC 类易燃液体——闪点等于或高于 73 ℉且低于 100 ℉。

不相容性和反应性:酸,碱,氧化剂,还原性物质,水。

测量方法:无。

个人防护和卫生设施:
- 皮肤:穿戴合适的个人防护服,防止皮肤直接接触。
- 眼睛:佩戴合适的眼部防护用品,防止眼睛直接接触。
- 清洗皮肤:当皮肤受到污染时,应立即清洗污染的皮肤。
- 脱除:如果工作服被可燃性物质(即闪点低于 100 ℉的液体)浸湿,应当立即脱除并妥善处置,以防着火。
- 更换:对于班后的衣服的更换需要没有特殊建议。
- 配备:在劳动者可能接触该化学物质的作业场所,无论是否需要使用眼部防护用品,都应配备眼冲洗设备。

急救:
- 眼睛:如眼睛直接接触了该化学物质,要立即用大量水冲洗(灌洗)眼睛,冲洗时,不时翻开上下眼睑,并立即就医。

- 皮肤：如果该化学物质直接接触皮肤，立即用肥皂和水冲洗污染的皮肤。若该化学物质渗透进衣服，要立即将衣服脱除，用肥皂和水清洗皮肤，并迅速就医。
- 呼吸：如果接触者吸入大量该化学物质，立即将接触者移至新鲜空气处。如果呼吸停止，要进行人工呼吸，注意保暖和休息。尽快就医。
- 吞入：如果吞入该化学物质，应立即就医。

对呼吸器选择的建议：无。

有关呼吸器选择的其他重要信息参见相关标准。

接触途径：呼吸道，皮肤吸收，胃肠道，皮肤和/或眼睛直接接触。

症状：眼睛、皮肤、黏膜刺激；皮炎；嗜睡，协调能力下降，麻木；咳嗽；肝、肾损伤。

靶器官：眼睛，皮肤，呼吸系统，中枢神经系统，肝，肾。

C

2-氯-6-三氯甲基吡啶(2-Chloro-6-trichloromethyl pyridine)

$ClC_5H_3NCCl_3$

CAS No.：1929-82-4

RTECS No.：US7525000

DOT ID 和指南号：

异名和商品名：2-Chloro-6-(trichloro-methyl) pyridine; Nitrapyrin; N-serve®; 2,2,2,6-Tetrachloro-2-picoline

接触限值：NIOSH REL：TWA 10 mg/m^3(总颗粒物)
ST 20 mg/m^3(总颗粒物)
TWA 5 mg/m^3(呼吸性颗粒物)
OSHA PEL：TWA 15 mg/m^3(总颗粒物)
TWA 5 mg/m^3(呼吸性颗粒物)

IDLH：N. D.　　**浓度换算系数：**

理化性质：无色或白色晶体，具有淡淡的甜味。

分子量：230.9	沸点：未知
熔点：145 ℉	溶解度：不溶
蒸气压(73 ℉)：0.003 mmHg	电离电位：未知
比重：未知	闪点：未知
爆炸上限：未知	爆炸下限：未知

可燃固体［爆炸物］。

不相容性和反应性：铝，镁。［注：加热分解时可释放氮氧化物和氯离子。］

测量方法：无。

个人防护和卫生设施：

- 皮肤：穿戴合适的个人防护服，防止皮肤直接接触。
- 眼睛：佩戴合适的眼部防护用品，防止眼睛直接接触。
- 清洗皮肤：当皮肤受到污染时，应立即清洗污染的皮肤。
- 脱除：如果工作服被弄湿或受到了明显的污染，应该立即脱除并妥善处置。
- 更换：在离开工作场所前应当将可能受到污染的工作服更换成无污染的衣服。

急救：

- 眼睛：如眼睛直接接触了该化学物质，要立即用大量水冲洗(灌洗)眼睛，冲洗时，不时翻开上下眼睑，并立即就医。
- 皮肤：如果该化学物质直接接触皮肤，立即用肥皂和水冲洗污染的皮肤。若该化学物质渗透进衣服，要立即将衣服脱除，用肥皂和水清洗皮肤，并迅速就医。
- 呼吸：如果接触者吸入大量该化学物质，立即将接触者移至新鲜空气处。如果呼吸停止，要进行人工呼吸，注意保暖和休息。尽快就医。
- 吞入：如果吞入该化学物质，应立即就医。

对呼吸器选择的建议:无。
有关呼吸器选择的其他重要信息参见相关标准。

接触途径:呼吸道,皮肤吸收,胃肠道,皮肤和/或眼睛直接接触。

症状:在动物胃肠道研究中无不良反应。

靶器官:眼睛,皮肤。

毒死蜱(Chlorpyrifos)

$C_9H_{11}Cl_3NO_3PS$

异名和商品名:Chlorpyrifos-ethyl; O, O-Diethyl O-3,5,6-trichloro-2-pyridyl phosphorothioate; Dursban®

CAS No.:2921-88-2

RTECS No.:TF6300000

DOT ID 和指南号:2783 152

接触限值:NIOSH REL:TWA 0.2 mg/m^3
ST 0.6 mg/m^3[皮]
OSHA PEL †:无

IDLH:N. D.　　**浓度换算系数**:

理化性质:无色至白色晶体,具有淡淡的硫醇气味。[农药][注:商品可能用可燃液体配制。]

分子量:350.6　　沸点:320 ℉(分解)
熔点:108 ℉　　溶解度:0.000 2%
蒸气压:0.000 02 mmHg　　电离电位:未知
比重:1.40(110 ℉液体)　　闪点:未知
爆炸上限:未知　　爆炸下限:未知
可燃固体。
不相容性和反应性:强酸,腐蚀剂,胺。[注:对铜及其合金具有腐蚀性。]

测量方法:NIOSH 5600;OSHA 62

个人防护和卫生设施:
- 皮肤:穿戴合适的个人防护服,防止皮肤直接接触。
- 眼睛:佩戴合适的眼部防护用品,防止眼睛直接接触。
- 清洗皮肤:当皮肤受到污染时,应立即清洗污染的皮肤。
- 脱除:如果工作服被弄湿或受到了明显的污染,应该立即脱除并妥善处置。
- 更换:在离开工作场所前应当将可能受到污染的工作服更换成无污染的衣服。

急救:
- 眼睛:如眼睛直接接触了该化学物质,要立即用大量水冲洗(灌洗)眼睛,冲洗时,不时翻开上下眼睑,并立即就医。
- 皮肤:如果该化学物质直接接触皮肤,立即用肥皂和水冲洗污染的皮肤。若该化学物质渗透进衣服,要立即将衣服脱除,用肥皂和水清洗皮肤,并迅速就医。
- 呼吸:如果接触者吸入大量该化学物质,立即将接触者移至新鲜空气处。如果呼吸停止,要进行人工呼吸,注意保暖和休息。尽快就医。
- 吞入:如果吞入该化学物质,应立即就医。

对呼吸器选择的建议:无。
有关呼吸器选择的其他重要信息参见相关标准。

接触途径:呼吸道,皮肤吸收,胃肠道,皮肤和/或眼睛直接接触。

症状:喘鸣,喉痉挛,流涎;口唇、皮肤青紫;瞳孔缩小,视物模糊;恶心,呕吐,腹绞痛,腹泻。

靶器官:呼吸系统,中枢神经系统,周围神经系统,血浆胆碱酯酶。

铬酸及铬酸盐(Chromic acid and chromates)
CrO_3(acid)

CAS No.:1333-82-0 (CrO_3)
RTECS No.:GB6650000 (CrO_3)

异名和商品名:铬酸酐,氧化铬,三氧化铬,Chromic acid (CrO_3):Chromic anhydride,Chromic oxide,Chromium(Ⅵ) oxide (1∶3),Chromium trioxide,铬酸盐的其他特异的名称则依赖于不同的的铬化合物,如铬酸锌。

DOT ID 和指南号:
1755 154 (酸溶液);
1463 141 (酸,固体)

接触限值:NIOSH REL (按铬计):Ca TWA 0.001 mg/m³见附录 A 、附录 C
OSHA PEL (按三氧化铬计):C 0.1 mg/m³见附录 C

IDLH: Ca [15 mg/m³{按铬(Ⅵ)}计]　　**浓度换算系数:**

理化性质:CrO_3:暗红色,无气味薄片或粉末。[注:常用水溶液 (H_2CrO_4)。]

分子量:100.0　　沸点:482 ℉ (分解)
熔点:387 ℉ (分解)　　溶解度:63%
蒸气压:非常低　　电离电位:不适用
比重:2.70 (CrO_3)　　闪点:不适用
爆炸上限:不适用　　爆炸下限:不适用

CrO_3:不可燃固体,但可加速可燃物的燃烧。

不相容性和反应性:可燃物质,有机物,或其他易氧化物质(如纸张,木材,硫,铝,塑料等),对金属具有腐蚀性。

测量方法:NIOSH 7600,7604,7605;
OSHA ID103,ID215,W4001

个人防护和卫生设施:

- 皮肤:穿戴合适的个人防护服,防止皮肤直接接触。
- 眼睛:佩戴合适的眼部防护用品,防止眼睛直接接触。
- 清洗皮肤:当皮肤受到污染时,应立即清洗污染的皮肤。
- 脱除:如果工作服被弄湿或受到了明显的污染,应该立即脱除并妥善处置。
- 更换:在离开工作场所前应当将可能受到污染的工作服更换成无污染的衣服。
- 配备:在劳动者可能接触该化学物质的作业场所,无论是否需要使用眼部防护用品,都应配备眼冲洗设备。在紧靠有可能接触该化学物质的工作场所,应配备快速冲淋身体的设备以应急使用。[注:这些设备应能够提供足量水或流动水,以将可能接触的身体任何部位上的该化学物质除去。实际配备适宜的快速冲淋设备取决于工作场所的具体条件。在某些情况下,必须及时进行大流量淋浴,而其他情况下只需要用一个水槽或软管供水就足够了。]

急救:

- 眼睛:如眼睛直接接触了该化学物质,要立即用大量水冲洗(灌洗)眼睛,冲洗时,不时翻开上下眼睑,并立即就医。
- 皮肤:如果该化学物质直接接触皮肤,要立即用肥皂和水冲洗污染的皮肤。如果该化学物质渗透进衣服,立即将衣服脱除,并用水清洗皮肤。如果清洗后刺激持续存在,应就医。
- 呼吸:如果接触者吸入大量该化学物质,立即将接触者移至新鲜空气处。如果呼吸停止,要进行人工呼吸,注意保暖和休息。尽快就医。
- 吞入:如果吞入该化学物质,应立即就医。

对呼吸器选择的建议:NIOSH

¥:高于 NIOSH REL 的浓度;或当没有 REL 时,任何可以检测到的浓度:

- ScbaF:Pd,Pp:任何压力需气式或正压携气式呼吸器,配全面罩。指定防护因数=10 000。

C

● SaF：Pd,Pp：AScba：任何压力需气式或正压供气式呼吸器，配全面罩，配压力需气式或正压携气式辅助呼吸器。指定防护因数＝10 000。

逃生：

● 100F：任何空气过滤式全面罩呼吸器，配有 N100、R100 或 P100 过滤元件。指定防护因数＝50。选择 N、R 或 P 过滤元件的信息见表 4。

● ScbaE：任何适合逃生的携气式呼吸器。

有关呼吸器选择的其他重要信息参见相关标准。

接触途径：呼吸道，胃肠道，皮肤和/或眼睛直接接触。

症状：呼吸系统刺激；鼻中隔穿孔；肝、肾损害；白细胞增多或减少，嗜酸粒细胞增多；眼损伤，结膜炎；皮肤溃疡，过敏性皮炎；[潜在职业性致癌物]。

靶器官：血液，呼吸系统，肝，肾，眼睛，皮肤。

致癌部位：[肺癌]。

铬化合物（Ⅱ，按铬计）[Chromium(Ⅱ) compounds (as Cr)]

CAS No.：

RTECS No.：

异名和商品名：其他名称依赖于不同的铬化合物[注：包括可溶性Ⅱ价铬盐]

DOT ID 和指南号：

接触限值：NIOSH REL：TWA 0.5 mg/m^3 见附录 C
OSHA PEL：TWA 0.5 mg/m^3 见附录 C

IDLH：250 mg/m^3[按铬(Ⅱ)计]　**浓度换算系数：**

理化性质：不同化合物不同。

不相容性和反应性：不同化合物不同。

测量方法：NIOSH 7024,7300,7301,7303,9102；
OSHA ID121,ID125G

个人防护和卫生设施：

● 皮肤：穿戴合适的个人防护服，防止皮肤直接接触。

● 眼睛：佩戴合适的眼部防护用品，防止眼睛直接接触。

● 清洗皮肤：当皮肤受到污染时，应立即清洗污染的皮肤。

● 脱除：如果工作服被弄湿或受到了明显的污染，应该立即脱除并妥善处置。

● 更换：对于班后的衣服的更换需要没有特殊建议。

急救：

● 眼睛：如眼睛直接接触了该化学物质，要立即用大量水冲洗（灌洗）眼睛，冲洗时，不时翻开上下眼睑，并立即就医。

● 皮肤：如果该化学物质直接接触皮肤，迅速用水冲洗污染的皮肤。如果该化学物质渗透进衣服，要立即将衣服脱除，迅速用水冲洗污染的皮肤，若冲洗后刺激症状持续存在，应就医。

● 呼吸：如果接触者吸入大量该化学物质，立即将接触者移至新鲜空气处。如果呼吸停止，要进行人工呼吸，注意保暖和休息。尽快就医。

● 吞入：如果吞入该化学物质，应立即就医。

对呼吸器选择的建议：NIOSH/OSHA

~2.5 mg/m^3：

● Qm：任何四分之一面罩呼吸器，选择 N、R 或 P 过滤元件的信息见表 4。指定防护因数＝5。*

~5 mg/m^3：

● 95XQ：任何除四分之一面罩之外的防颗粒物呼吸器，配有 N95、R95 或 P95 过滤元件（包括 N95、R95 或 P95 随弃式面罩）。也可使用以下过滤元件：N99、R99、P99、N100、R100、P100。指定防护因数＝10。选择 N、R 或 P 过滤元件的信息见表 4。*

● Sa：任何供气式呼吸器。指定防护因数＝10。*

~12.5 mg/m^3：

- Sa：Cf：任何连续供气式呼吸器。指定防护因数=25。*
- PaprHie：任何动力送风空气过滤式呼吸器，配有高效颗粒物过滤元件。指定防护因数=25。*

~25 mg/m³：

- 100F：任何空气过滤式全面罩呼吸器，配有 N100、R100 或 P100 过滤元件。指定防护因数=50。选择 N、R 或 P 过滤元件的信息见表 4。
- PaprTHie：任何动力送风空气过滤式呼吸器，配密合型面罩和高效颗粒物过滤元件。指定防护因数=50。*
- ScbaF：任何携气式呼吸器，配全面罩。指定防护因数=50。
- SaF：任何供气式呼吸器，配全面罩。指定防护因数=50。

~250 mg/m³：

- SaF：Pd，Pp：任何压力需气式或正压供气式呼吸器，配全面罩。指定防护因数=2 000。

§：应急抢险，或准备进入浓度未知环境，或进入 IDLH 环境：

- ScbaF：Pd，Pp：任何压力需气式或正压携气式呼吸器，配全面罩。指定防护因数=10 000。
- SaF：Pd，Pp：AScba：任何压力需气式或正压供气式呼吸器，配全面罩，配压力需气式或正压携气式辅助呼吸器。指定防护因数=10 000。

逃生：

- 100F：任何空气过滤式全面罩呼吸器，配有 N100、R100 或 P100 过滤元件。指定防护因数=50。选择 N、R 或 P 过滤元件的信息见表 4。
- ScbaE：任何适合逃生的携气式呼吸器。

有关呼吸器选择的其他重要信息参见相关标准。

接触途径：呼吸道，胃肠道，皮肤和/或眼睛直接接触。

症状：眼睛刺激；过敏性皮炎。

靶器官：眼睛，皮肤。

铬化合物（Ⅲ，按铬计）[Chromium（Ⅲ）compounds (as Cr)]

CAS No.：

RTECS No.：

异名和商品名：其他名称依赖于不同的铬化合物。[注：包括可溶性Ⅲ价铬盐。]

DOT ID 和指南号：

接触限值：NIOSH REL：TWA 0.5 mg/m³ 见附录 C
OSHA PEL：TWA 0.5 mg/m³ 见附录 C

IDLH：25 mg/m³[按铬（Ⅲ）计]　　**浓度换算系数：**

理化性质：不同化合物不同。

不相容性和反应性：不同化合物不同。

测量方法：NIOSH 7024，7300，7301，7303，9102；
OSHA ID121，ID125G

个人防护和卫生设施：

- 皮肤：穿戴合适的个人防护服，防止皮肤直接接触。
- 眼睛：佩戴合适的眼部防护用品，防止眼睛直接接触。
- 清洗皮肤：当皮肤受到污染时，应立即清洗污染的皮肤。
- 脱除：如果工作服被弄湿或受到了明显的污染，应该立即脱除并妥善处置。
- 更换：对于班后的衣服的更换需要没有特殊建议。

急救：

- 眼睛：如眼睛直接接触了该化学物质，要立即用大量水冲洗（灌洗）眼睛，冲洗时，不时翻开上下眼睑，并立即就医。
- 皮肤：如果该化学物质直接接触皮肤，迅速用水冲洗污染的皮肤。如果该化学物质渗透进衣服，要立即将衣服脱除，迅速用水冲洗污染的皮肤，若冲洗后刺激症状持续存在，应就医。

C

- 呼吸:如果接触者吸入大量该化学物质,立即将接触者移至新鲜空气处。如果呼吸停止,要进行人工呼吸,注意保暖和休息。尽快就医。
- 吞入:如果吞入该化学物质,应立即就医。

对呼吸器选择的建议:NIOSH/OSHA

~2.5 mg/m³:

- Qm:任何四分之一面罩呼吸器,选择N、R或P过滤元件的信息见表4。指定防护因数=5。*

~5 mg/m³:

- 95XQ:任何除四分之一面罩之外的防颗粒物呼吸器,配有N95、R95或P95过滤元件(包括N95、R95或P95随弃式面罩)。也可使用以下过滤元件:N99、R99、P99、N100、R100、P100。指定防护因数=10。选择N、R或P过滤元件的信息见表4。*
- Sa:任何供气式呼吸器。指定防护因数=10。*

~12.5 mg/m³:

- Sa:Cf:任何连续供气式呼吸器。指定防护因数=25。*
- PaprHie:任何动力送风空气过滤式呼吸器,配有高效颗粒物过滤元件。指定防护因数=25。*

~25 mg/m³:

- 100F:任何空气过滤式全面罩呼吸器,配有N100、R100或P100过滤元件。指定防护因数=50。选择N、R或P过滤元件的信息见表4。
- PaprTHie:任何动力送风空气过滤式呼吸器,配密合型面罩和高效颗粒物过滤元件。指定防护因数=50。*
- ScbaF:任何携气式呼吸器,配全面罩。指定防护因数=50。
- SaF:任何供气式呼吸器,配全面罩。指定防护因数=50。

§:应急抢险,或准备进入浓度未知环境,或进入IDLH环境:

- ScbaF:Pd,Pp:任何压力需气式或正压携气式呼吸器,配全面罩。指定防护因数=10 000。
- SaF:Pd,Pp:AScba:任何压力需气式或正压供气式呼吸器,配全面罩,配压力需气式或正压携气式辅助呼吸器。指定防护因数=10 000。

逃生:

- 100F:任何空气过滤式全面罩呼吸器,配有N100、R100或P100过滤元件。指定防护因数=50。选择N、R或P过滤元件的信息见表4。
- ScbaE:任何适合逃生的携气式呼吸器。

有关呼吸器选择的其他重要信息参见相关标准。

接触途径:呼吸道,胃肠道,皮肤和/或眼睛直接接触。

症状:眼睛刺激;过敏性皮炎。

靶器官:眼睛,皮肤。

铬金属(Chromium metal)

Cr

CAS No.:7440-47-3

RTECS No.:GB4200000

异名和商品名: Chrome,Chromium

DOT ID 和指南号:

接触限值:NIOSH REL:TWA 0.5 mg/m³见附录C

OSHA PEL*:TWA 1 mg/m³见附录C[*注:PEL也适用于不可溶铬盐。]

IDLH:250 mg/m³(按铬计)　**浓度换算系数:**

理化性质:蓝白色至青灰色,有光泽的,易碎,坚硬,无气味固体。

分子量:52.0	沸点:4 788 ℉
熔点:3 452 ℉	溶解度:不溶
蒸气压:0 mmHg(约)	电离电位:不适用

比　　重:7.14　　　　闪　　点:不适用

爆炸上限:不适用　　　爆炸下限:不适用

块状为不可燃固体,但粉尘若在火中加热可迅速燃烧。

不相容性和反应性:强氧化剂(如过氧化氢),碱。

测量方法:NIOSH 7024,7300,7301,7303,9102;
OSHA ID121,ID125G

个人防护和卫生设施:

- 皮肤:对于个体皮肤防护装备的需要没有特殊建议。
- 眼睛:对眼部防护的需要没有特殊建议。
- 清洗皮肤:对于清洗皮肤上的污染物没有其他特殊的建议(包括立即清洗和班后清洗)。
- 脱除:对于脱除被污染或被弄湿的工作服的需要没有特殊建议。
- 更换:对于班后的衣服的更换需要没有特殊建议。

急救:

- 眼睛:如眼睛直接接触了该化学物质,要立即用大量水冲洗(灌洗)眼睛,冲洗时,不时翻开上下眼睑,并立即就医。
- 皮肤:如果该化学物质直接接触皮肤,用肥皂和水冲洗污染的皮肤。
- 呼吸:如果接触者吸入大量该化学物质,立即将接触者移至新鲜空气处。如果呼吸停止,要进行人工呼吸,注意保暖和休息。尽快就医。
- 吞入:如果吞入该化学物质,应立即就医。

对呼吸器选择的建议:NIOSH

~2.5 mg/m³:

- Qm:任何四分之一面罩呼吸器,选择 N、R 或 P 过滤元件的信息见表 4。指定防护因数=5。*

~5 mg/m³:

- 95XQ:任何除四分之一面罩之外的防颗粒物呼吸器,配有 N95、R95 或 P95 过滤元件(包括 N95、R95 或 P95 随弃式面罩)。也可使用以下过滤元件:N99、R99、P99、N100、R100、P100。指定防护因数=10。选择 N、R 或 P 过滤元件的信息见表 4。*
- Sa:任何供气式呼吸器。指定防护因数=10。*

~12.5 mg/m³:

- Sa:Cf:任何连续供气式呼吸器。指定防护因数=25。*
- PaprHie:任何动力送风空气过滤式呼吸器,配有高效颗粒物过滤元件。指定防护因数=25。*

~25 mg/m³:

- 100F:任何空气过滤式全面罩呼吸器,配有 N100、R100 或 P100 过滤元件。指定防护因数=50。选择 N、R 或 P 过滤元件的信息见表 4。
- PaprTHie:任何动力送风空气过滤式呼吸器,配密合型面罩和高效颗粒物过滤元件。指定防护因数=50。*
- ScbaF:任何携气式呼吸器,配全面罩。指定防护因数=50。
- SaF:任何供气式呼吸器,配全面罩。指定防护因数=50。

~250 mg/m³:

- SaF:Pd,Pp:任何压力需气式或正压供气式呼吸器,配全面罩。指定防护因数=2 000。

§:应急抢险,或准备进入浓度未知环境,或进入 IDLH 环境:

- ScbaF:Pd,Pp:任何压力需气式或正压携气式呼吸器,配全面罩。指定防护因数=10 000。
- SaF:Pd,Pp:AScba:任何压力需气式或正压供气式呼吸器,配全面罩,配压力需气式或正压携气式辅助呼吸器。指定防护因数=10 000。

逃生:

- 100F:任何空气过滤式全面罩呼吸器,配有 N100、R100 或 P100 过滤元件。指定防护因数=50。选择 N、R 或 P 过滤元件的信息见表 4。
- ScbaE:任何适合逃生的携气式呼吸器。

有关呼吸器选择的其他重要信息参见相关标准。

接触途径:呼吸道,胃肠道,皮肤和/或眼睛直接接触。

症状:眼睛、皮肤刺激;肺纤维化(组织学)。

靶器官:眼睛,皮肤,呼吸系统。

C

氧氯化铬(Chromyl chloride)

Cr(OCl)$_2$

异名和商品名:氯化铬酰,铬酰氯,次氯酸铬,Chlorochromic anhydride,Chromic oxychloride,Chromium chloride oxide,Chromium dichloride dioxide,Chromium dioxide dichloride,Chromium dioxychloride,Chromium oxychloride,Dichlorodioxochromium

CAS No.:14977-61-8

RTECS No.:GB5775000

DOT ID 和指南号:1758 137

接触限值:NIOSH REL:Ca 0.001 mg Cr(VI)/m^3 见附录 A、附录 C

OSHA PEL:无

IDLH: Ca [N.D.]　　**浓度换算系数:**

理化性质:深红色液体,具有浓的霉味。[注:潮湿空气中发烟。]

分子量:154.9　　沸点:243 ℉

凝固点:−142 ℉　　溶解度:与水反应

蒸气压:20 mmHg　　电离电位:12.60 eV

比重(77 ℉):1.91　　闪点:不适用

爆炸上限:不适用　　爆炸下限:不适用

不可燃液体,但是强氧化剂。

不相容性和反应性:水,可燃物质,卤化物,磷,松节油[注:与水发生剧烈反应,生成铬酸,氯化铬,盐酸及氯气。对一般金属都具有腐蚀性。]

测量方法:无。

个人防护和卫生设施:

- 皮肤:穿戴合适的个人防护服,防止皮肤直接接触。
- 眼睛:佩戴合适的眼部防护用品,防止眼睛直接接触。
- 清洗皮肤:当皮肤受到污染时,应立即清洗污染的皮肤。
- 脱除:如果工作服被弄湿或受到了明显的污染,应该立即脱除并妥善处置。
- 更换:对于班后的衣服的更换需要没有特殊建议。
- 配备:在劳动者可能接触该化学物质的作业场所,无论是否需要使用眼部防护用品,都应配备眼冲洗设备。在紧靠有可能接触该化学物质的工作场所,应配备快速冲淋身体的设备以应急使用。[注:这些设备应能够提供足量水或流动水,以将可能接触的身体任何部位上的化学物质除去。实际配备适宜的快速冲淋设备取决于工作场所的具体条件。在某些情况下,必须及时进行大流量淋浴,而其他情况下只需要用一个水槽或软管供水就足够了。]

急救:

- 眼睛:如眼睛直接接触了该化学物质,要立即用大量水冲洗(灌洗)眼睛,冲洗时,不时翻开上下眼睑,并立即就医。
- 皮肤:如果该化学物质直接接触皮肤,立即用水冲洗污染的皮肤。如果该化学物质渗透进衣服,要迅速将衣服脱除,用水冲洗污染的皮肤,并迅速就医。
- 呼吸:如果接触者吸入大量该化学物质,立即将接触者移至新鲜空气处。如果呼吸停止,要进行人工呼吸,注意保暖和休息。尽快就医。
- 吞入:如果吞入该化学物质,应立即就医。

对呼吸器选择的建议:NIOSH

¥:高于 NIOSH REL 的浓度;或当没有 REL 时,任何可以检测到的浓度:

- ScbaF:Pd,Pp:任何压力需气式或正压携气式呼吸器,配全面罩。指定防护因数=10 000。

- SaF：Pd,Pp：AScba:任何压力需气式或正压供气式呼吸器,配全面罩,配压力需气式或正压携气式辅助呼吸器。指定防护因数=10 000。

逃生:

- GmFOv:任何空气过滤式全面罩呼吸器(防毒面具),配下颌式、前置式或背置式有机蒸气滤毒罐。指定防护因数=50。
- ScbaE:任何适合逃生的携气式呼吸器。

有关呼吸器选择的其他重要信息参见相关标准。

接触途径:呼吸道,皮肤吸收,胃肠道,皮肤和/或眼睛直接接触。

症状:眼睛、皮肤、上呼吸道刺激;眼睛、皮肤灼伤;[潜在职业性致癌物]。

靶器官:眼睛,皮肤,呼吸系统。

致癌部位:[肺癌]。

C

3,5-二氯-2,6-二甲基-4-羟基吡啶(Clopidol)

$C_7H_7Cl_2NO$

CAS No.:2971-90-6

RTECS No.:UU7711500

异名和商品名:氯羟吡啶;Coyden®;3,5-Dichloro-2,6-dimethyl-4-pyridinol

DOT ID 和指南号:

接触限值:NIOSH REL:TWA 10 mg/m³(总颗粒物)

ST 20 mg/m³(总颗粒物)

TWA 5 mg/m³(呼吸性颗粒物)

OSHA PEL:TWA 15 mg/m³(总颗粒物)

TWA 5 mg/m³(呼吸性颗粒物)

IDLH:N.D. **浓度换算系数:**

理化性质:白色至浅棕色晶体。

分子量:192.1	沸点:未知
熔点:>608 ℉	溶解度:不溶
蒸气压:未知	电离电位:未知
比重:未知	闪点:不适用
爆炸上限:不适用	爆炸下限:不适用

不可燃固体,云雾状态的粉尘可爆炸。

不相容性和反应性:未见报道。

测量方法:NIOSH 0500,0600

个人防护和卫生设施:

- 皮肤:对于个体皮肤防护装备的需要没有特殊建议。
- 眼睛:对眼部防护的需要没有特殊建议。
- 清洗皮肤:对于清洗皮肤上的污染物没有其他特殊的建议(包括立即清洗和班后清洗)。
- 脱除:对于脱除被污染或被弄湿的工作服的需要没有特殊建议。
- 更换:对于班后的衣服的更换需要没有特殊建议。

急救:

- 眼睛:如眼睛直接接触了该化学物质,要立即用大量水冲洗(灌洗)眼睛,冲洗时,不时翻开上下眼睑,并立即就医。
- 皮肤:如果该化学物质直接接触皮肤,用肥皂和水冲洗污染的皮肤。
- 呼吸:如果接触者吸入大量该化学物质,立即将接触者移至新鲜空气处。通常不需要采取其他措施。

对呼吸器选择的建议:无。

有关呼吸器选择的其他重要信息参见相关标准。

接触途径:呼吸道,皮肤和/或眼睛直接接触。

症状:眼睛、鼻、咽喉、皮肤刺激;咳嗽。

靶器官:眼睛,皮肤,呼吸系统。

煤尘(Coal dust)

CAS No.:

RTECS No.:GF8281000

DOT ID 和指南号:1361 133

异名和商品名:无烟煤尘,褐煤尘,Anthracite coal dust,Bituminous coal dust,Lignite coal dust

接触限值:NIOSH REL:见附录 D

OSHA PEL †:TWA 2.4 mg/m^3[呼吸性,<5% SiO_2]

TWA 10 mg/m^3/(%SiO_2+2)[呼吸性,≥5% SiO_2]

见附录 C (矿物尘)

IDLH:N. D.　　**浓度换算系数:**

理化性质:暗棕色至黑色固体分散于空气中。

性质依煤型而改变。

可燃固体,遇火可发生轻微爆炸。

不相容性和反应性:未见报道。

测量方法:NIOSH 0600,7500

个人防护和卫生设施:

- 皮肤:对于个体皮肤防护装备的需要没有特殊建议。
- 眼睛:对眼部防护的需要没有特殊建议。
- 清洗皮肤:对于清洗皮肤上的污染物没有其他特殊的建议(包括立即清洗和班后清洗)。
- 脱除:对于脱除被污染或被弄湿的工作服的需要没有特殊建议。
- 更换:对于班后的衣服的更换需要没有特殊建议。

急救:

- 呼吸:如果接触者吸入大量该化学物质,立即将接触者移至新鲜空气处。通常不需要采取其他措施。

对呼吸器选择的建议:无。

有关呼吸器选择的其他重要信息参见相关标准。

接触途径:呼吸道。

症状:慢性支气管炎,肺功能降低,肺气肿。

靶器官:呼吸系统。

煤焦油沥青挥发物(Coal tar pitch volatiles)

CAS No.:65996-93-2

RTECS No.:GF8655000

DOT ID 和指南号:2713 153 (吖啶)

异名和商品名:依赖于不同的化合物(如:芘、菲、吖啶、屈、蒽、苯并芘)[注:NIOSH 把煤焦油、煤焦油沥青及杂酚油均看做煤焦油产物。]

接触限值:NIOSH REL:Ca TWA 0.1 mg/m^3(环已烷提取物百分数)见附录 A 、附录 C

OSHA PEL:TWA 0.2 mg/m^3(可溶性苯百分数)[1910.1002] 见附录 C

IDLH: Ca [80 mg/m^3]　　**浓度换算系数:**

理化性质:黑色至暗棕色无定型残渣。

性质依不同化合物而异。

可燃固体。

不相容性和反应性:强氧化剂。

测量方法:OSHA 58

个人防护和卫生设施：

- 皮肤：穿戴合适的个人防护服，防止皮肤直接接触。
- 眼睛：佩戴合适的眼部防护用品，防止眼睛直接接触。
- 清洗皮肤：每天工作班结束后，进食、吸烟、喝水前都应该清洗可能受到污染的皮肤。
- 脱除：对于脱除被污染或被弄湿的工作服的需要没有特殊建议。
- 更换：在离开工作场所前应当将可能受到污染的工作服更换成无污染的衣服。

急救：

- 眼睛：如眼睛直接接触了该化学物质，要立即用大量水冲洗（灌洗）眼睛，冲洗时，不时翻开上下眼睑，并立即就医。
- 皮肤：如果该化学物质直接接触皮肤，立即用肥皂和水冲洗污染的皮肤。若该化学物质渗透进衣服，要立即将衣服脱除，用肥皂和水清洗皮肤，并迅速就医。
- 呼吸：如果接触者吸入大量该化学物质，立即将接触者移至新鲜空气处。如果呼吸停止，要进行人工呼吸，注意保暖和休息。尽快就医。
- 吞入：如果吞入该化学物质，应立即就医。

对呼吸器选择的建议：NIOSH

¥：高于 NIOSH REL 的浓度；或当没有 REL 时，任何可以检测到的浓度：

- ScbaF：Pd，Pp：任何压力需气式或正压携气式呼吸器，配全面罩。指定防护因数＝10 000。
- SaF：Pd，Pp：AScba：任何压力需气式或正压供气式呼吸器，配全面罩，配压力需气式或正压携气式辅助呼吸器。指定防护因数＝10 000。

逃生：

- GmFOv100：任何空气过滤式全面罩呼吸器（防毒面具），配下颌式、前置式或背置式有机蒸气滤毒罐和N100、R100 或 P100 的综合防护过滤元件。指定防护因数＝50。选择 N、R 或 P 过滤元件的信息见表 4。指定防护因数＝50。
- ScbaE：任何适合逃生的携气式呼吸器。

有关呼吸器选择的其他重要信息参见相关标准。

接触途径：呼吸道，皮肤和/或眼睛直接接触。

症状：皮炎，支气管炎；[潜在职业性致癌物]。

靶器官：呼吸系统，皮肤，膀胱，肾。

致癌部位：[肺癌、肾癌及皮肤癌]。

羰基钴（按钴计）[Cobalt carbonyl (as Co)]

$C_8Co_2O_8$

CAS No.：10210-68-1

RTECS No.：GG0300000

DOT ID 和指南号：

异名和商品名：八羰基钴，四羰基钴二聚体，羰基二钴，di-mu-Carbonylhexacarbonyldicobalt，Cobalt octacarbonyl，Cobalt tetracarbonyl dimer，Dicobalt carbonyl，Dicobalt Octacarbonyl，Octacarbonyldicobalt

接触限值：NIOSH REL：TWA 0.1 mg/m³

OSHA PEL †：无

IDLH：N. D.　　**浓度换算系数：**

理化性质：橙色至暗棕色晶体。[注：纯品为白色。]

分子量：341.9	沸点：126 ℉（分解）
熔点：124 ℉	溶解度：不溶
蒸气压：0.7 mmHg	电离电位：未知
比重：1.87	闪点：不适用
爆炸上限：不适用	爆炸下限：不适用

C

不可燃固体,但分解时释放易燃的一氧化碳。

不相容性和反应性:空气。[注:遇空气或热可以分解,在空气和一氧化碳中稳定。]

测量方法:无。

个人防护和卫生设施:

- 皮肤:穿戴合适的个人防护服,防止皮肤直接接触。
- 眼睛:佩戴合适的眼部防护用品,防止眼睛直接接触。
- 清洗皮肤:当皮肤受到污染时,应立即清洗污染的皮肤。
- 脱除:如果工作服被弄湿或受到了明显的污染,应该立即脱除并妥善处置。
- 更换:在离开工作场所前应当将可能受到污染的工作服更换成无污染的衣服。

急救:

- 眼睛:如眼睛直接接触了该化学物质,要立即用大量水冲洗(灌洗)眼睛,冲洗时,不时翻开上下眼睑,并立即就医。
- 皮肤:如果该化学物质直接接触皮肤,用肥皂和水冲洗污染的皮肤。
- 呼吸:如果接触者吸入大量该化学物质,立即将接触者移至新鲜空气处。如果呼吸停止,要进行人工呼吸,注意保暖和休息。尽快就医。
- 吞入:如果吞入该化学物质,应立即就医。

对呼吸器选择的建议:无。

有关呼吸器选择的其他重要信息参见相关标准。

接触途径:呼吸道,皮肤吸收,胃肠道,皮肤和/或眼睛直接接触。

症状:眼睛、皮肤、黏膜刺激;咳嗽,肺功能降低,喘鸣,呼吸困难;动物:肝、肾损伤,肺水肿。

靶器官:眼睛,皮肤,呼吸系统,血液,中枢神经系统。

羰基氢钴(按钴计)[Cobalt hydrocarbonyl (as Co)]

$HCo(CO)_4$

CAS No.:16842-03-8

RTECS No.:GG0900000

DOT ID 和指南号:

异名和商品名: Hydrocobalt tetracarbonyl,Tetracarbonylhydridocobalt,Tetracarbonylhydrocobalt

接触限值:NIOSH REL:TWA 0.1 mg/m^3

OSHA PEL †:无

IDLH:N.D. **浓度换算系数:**

理化性质:气体,具有令人作呕的气味。

分子量:172.0　沸点:未知

凝固点:−15 ℉　溶解度:0.05%

蒸气压:>1 大气压　电离电位:未知

相对密度:5.93　闪点:不适用(气体)

爆炸上限:未知　爆炸下限:未知

易燃气体。

不相容性和反应性:空气。[注:不稳定气体,在室温下空气中可以很快分解,生成羰基钴和氢气。]

测量方法:无。

个人防护和卫生设施:

- 皮肤:穿戴合适的个人防护服,防止皮肤直接接触。
- 眼睛:佩戴合适的眼部防护用品,防止眼睛直接接触。
- 清洗皮肤:当皮肤受到污染时,应立即清洗污染的皮肤。
- 脱除:如果工作服被弄湿或受到了明显的污染,应该立即脱除并妥善处置。
- 更换:在离开工作场所前应当将可能受到污染的工作服更换成无污染的衣服。

急救:

- 眼睛:如眼睛直接接触了该化学物质,要立即用大量水冲洗(灌洗)眼睛,冲洗时,不时翻开上下眼睑,并立即就医。

● 皮肤：如果该化学物质直接接触皮肤，用肥皂和水冲洗污染的皮肤。 ● 呼吸：如果接触者吸入大量该化学物质，立即将接触者移至新鲜空气处。如果呼吸停止，要进行人工呼吸，注意保暖和休息。尽快就医。	**有关呼吸器选择的其他重要信息参见相关标准。** **接触途径**：呼吸道，皮肤和/或眼睛直接接触。 **症状**：动物：呼吸系统刺激；呼吸困难，咳嗽，肺功能降低，肺水肿。
对呼吸器选择的建议：无。	**靶器官**：眼睛，皮肤，呼吸系统。

C

钴金属烟和尘(按钴计)[Cobalt metal dust and fume (as Co)]
Co
异名和商品名：Cobalt metal dust，Cobalt metal fume

CAS No.：7440-48-4
RTECS No.：GF8750000
DOT ID 和指南号：

接触限值：NIOSH REL：TWA 0.05 mg/m³
OSHA PEL †：TWA 0.1 mg/m³

IDLH：20 mg/m³(按钴计)　　**浓度换算系数**：

理化性质：无气味，银灰色至黑色固体。

分子量：58.9	沸点：5 612 ℉
熔点：2 719 ℉	溶解度：不溶
蒸气压：0 mmHg (约)	电离电位：不适用
比重：8.92	闪点：不适用
爆炸上限：不适用	爆炸下限：不适用

块状为不可燃固体，但是微小粉尘在高温下可燃烧。
不相容性和反应性：强氧化剂，硝酸胺。

测量方法：NIOSH 7027，7300，7301，7303，9102；
OSHA ID121，ID125G，ID213

个人防护和卫生设施：
- 皮肤：穿戴合适的个人防护服，防止皮肤直接接触。
- 眼睛：对眼部防护的需要没有特殊建议。
- 清洗皮肤：当皮肤受到污染时，应立即清洗污染的皮肤。
- 脱除：如果工作服被弄湿或受到了明显的污染，应该立即脱除并妥善处置。
- 更换：在离开工作场所前应当将可能受到污染的工作服更换成无污染的衣服。

急救：
- 眼睛：如眼睛直接接触了该化学物质，要立即用大量水冲洗(灌洗)眼睛，冲洗时，不时翻开上下眼睑，并立即就医。
- 皮肤：如果该化学物质直接接触皮肤，用肥皂和水冲洗污染的皮肤。
- 呼吸：如果接触者吸入大量该化学物质，立即将接触者移至新鲜空气处。如果呼吸停止，要进行人工呼吸，注意保暖和休息。尽快就医。
- 吞入：如果吞入该化学物质，应立即就医。

对呼吸器选择的建议：NIOSH
~0.25 mg/m³：
- Qm：任何四分之一面罩呼吸器，选择 N、R 或 P 过滤元件的信息见表 4。指定防护因数=5。

~0.5 mg/m³：
- 95XQ：任何除四分之一面罩之外的防颗粒物呼吸器，配有 N95、R95 或 P95 过滤元件(包括 N95、R95 或 P95 随弃式面罩)。也可使用以下过滤元件：N99、R99、P99、N100、R100、P100。指定防护因数=10。选择 N、R 或 P 过滤元件的信息见表 4。*
- Sa：任何供气式呼吸器。指定防护因数=10。*

C

~1.25 mg/m³：

- Sa：Cf:任何连续供气式呼吸器。指定防护因数=25。*
- PaprHie:任何动力送风空气过滤式呼吸器,配有高效颗粒物过滤元件。指定防护因数=25。*

~2.5 mg/m³：

- 100F:任何空气过滤式全面罩呼吸器,配有 N100、R100 或 P100 过滤元件。指定防护因数=50。选择 N、R 或 P 过滤元件的信息见表 4。
- ScbaF:任何携气式呼吸器,配全面罩。指定防护因数=50。
- SaF:任何供气式呼吸器,配全面罩。指定防护因数=50。

~20 mg/m³：

- SaF：Pd,Pp:任何压力需气式或正压供气式呼吸器,配全面罩。指定防护因数=2 000。

§:应急抢险,或准备进入浓度未知环境,或进入 IDLH 环境:

- ScbaF：Pd,Pp:任何压力需气式或正压携气式呼吸器,配全面罩。指定防护因数=10 000。
- SaF：Pd,Pp：AScba:任何压力需气式或正压供气式呼吸器,配全面罩,配压力需气式或正压携气式辅助呼吸器。指定防护因数=10 000。

逃生:

- 100F:任何空气过滤式全面罩呼吸器,配有 N100、R100 或 P100 过滤元件。指定防护因数=50。选择 N、R 或 P 过滤元件的信息见表 4。
- ScbaE:任何适合逃生的携气式呼吸器。

有关呼吸器选择的其他重要信息参见相关标准。

接触途径:呼吸道,胃肠道,皮肤和/或眼睛直接接触。

症状:咳嗽,呼吸困难,喘鸣,肺功能降低;体重减轻;皮炎;弥漫性结节纤维化;呼吸器官超敏反应,气喘。

靶器官:皮肤,呼吸系统。

焦炉逸散物(Coke oven emissions)

CAS No.：

RTECS No.：GH0346000

异名和商品名:异名依成分而不同。

DOT ID 和指南号:

接触限值:NIOSH REL:Ca TWA 0.2 mg/m³(可溶性苯的百分数) 见附录 A 、附录 C

OSHA PEL:[1910.1029] TWA 0.150 mg/m³(可溶性苯的百分数)

IDLH: Ca [N.D.]　　**浓度换算系数:**

理化性质:焦炭生产时,在沥青煤碳化物时释放出的逸散物。[注:更多信息见附录 C。]

性质依成分而不同。

不相容性和反应性:未见报道。

测量方法:OSHA 58

个人防护和卫生设施:

- 皮肤:穿戴合适的个人防护服,防止皮肤直接接触。
- 眼睛:佩戴合适的眼部防护用品,防止眼睛直接接触。
- 清洗皮肤:每天工作班结束后,进食、吸烟、喝水前都应该清洗可能受到污染的皮肤。
- 脱除:对于脱除被污染或被弄湿的工作服的需要没有特殊建议。
- 更换:在离开工作场所前应当将可能受到污染的工作服更换成无污染的衣服。

急救:

- 眼睛:如眼睛直接接触了该化学物质,要立即用大量水冲洗(灌洗)眼睛,冲洗时,不时翻开上下眼睑,并立即就医。

- 呼吸：如果接触者吸入大量该化学物质，立即将接触者移至新鲜空气处。如果呼吸停止，要进行人工呼吸，注意保暖和休息。尽快就医。

对呼吸器选择的建议：NIOSH

¥：高于 NIOSH REL 的浓度；或当没有 REL 时，任何可以检测到的浓度：

- ScbaF：Pd，Pp：任何压力需气式或正压携气式呼吸器，配全面罩。指定防护因数＝10 000。
- SaF：Pd，Pp：AScba：任何压力需气式或正压供气式呼吸器，配全面罩，配压力需气式或正压携气式辅助呼吸器。指定防护因数＝10 000。

逃生：

- GmFOv100：任何空气过滤式全面罩呼吸器（防毒面具），配下颌式、前置式或背置式有机蒸气滤毒罐和N100、R100 或 P100 的综合防护过滤元件。指定防护因数＝50。选择 N、R 或 P 过滤元件的信息见表 4。指定防护因数＝50。
- ScbaE：任何适合逃生的携气式呼吸器。

（见附录 E）

有关呼吸器选择的其他重要信息参见相关标准。

接触途径：呼吸道，皮肤和/或眼睛直接接触。

症状：眼睛、呼吸系统刺激；咳嗽，呼吸困难，喘鸣；[潜在职业性致癌物]。

靶器官：皮肤，呼吸系统，泌尿系统。

致癌部位：[皮肤癌、肺癌、肾癌及膀胱癌]。

铜（尘和雾，按铜计）[Copper (dusts and mists，as Cu)]

Cu

异名和商品名：Copper metal dusts，Copper metal fumes

CAS No.：7440-50-8

RTECS No.：GL5325000

DOT ID 和指南号：

接触限值：NIOSH REL＊：TWA 1 mg/m³[＊注：REL 也适用于其他铜化合物（按铜计），除铜烟外。]

OSHA PEL＊：TWA 1 mg/m³[＊注：PEL 也适用于其他铜化合物（按铜计），除铜烟外。]

IDLH：100 mg/m³（按铜计）　**浓度换算系数：**

理化性质：淡红色有光泽的具延展性的无气味固体。

分子量：63.5	沸点：4 703 ℉
熔点：1 981 ℉	溶解度：不溶
蒸气压：0 mmHg（约）	电离电位：不适用
比重：8.94	闪点：不适用
爆炸上限：不适用	爆炸下限：不适用

块状为不可燃固体，但粉末状可以引燃。

不相容性和反应性：氧化剂，碱，叠氮化钠，乙炔。

测量方法：NIOSH 7029，7300，7301，7303，9102；OSHA ID121，ID125G

个人防护和卫生设施：

- 皮肤：穿戴合适的个人防护服，防止皮肤直接接触。
- 眼睛：佩戴合适的眼部防护用品，防止眼睛直接接触。
- 清洗皮肤：当皮肤受到污染时，应立即清洗污染的皮肤。
- 脱除：如果工作服被弄湿或受到了明显的污染，应该立即脱除并妥善处置。
- 更换：在离开工作场所前应当将可能受到污染的工作服更换成无污染的衣服。

急救：

- 眼睛：如眼睛直接接触了该化学物质，要立即用大量水冲洗（灌洗）眼睛，冲洗时，不时翻开上下眼睑，并立即就医。
- 皮肤：如果该化学物质直接接触皮肤，迅速用肥皂和水冲洗污染的皮肤。若该化学物质渗透进衣服，要迅速将衣服脱除，用肥皂和水清洗皮肤，并迅速就医。

C

- 呼吸：如果接触者吸入大量该化学物质，立即将接触者移至新鲜空气处。如果呼吸停止，要进行人工呼吸，注意保暖和休息。尽快就医。
- 吞入：如果吞入该化学物质，应立即就医。

对呼吸器选择的建议：NIOSH/OSHA

～5 mg/m³：

- Qm：任何四分之一面罩呼吸器，选择N、R或P过滤元件的信息见表4。指定防护因数＝5。*

～10 mg/m³：

- 95XQ：任何除四分之一面罩之外的防颗粒物呼吸器，配有N95、R95或P95过滤元件（包括N95、R95或P95随弃式面罩）。也可使用以下过滤元件：N99、R99、P99、N100、R100、P100。指定防护因数＝10。选择N、R或P过滤元件的信息见表4。*
- Sa：任何供气式呼吸器。指定防护因数＝10。*

～25 mg/m³：

- Sa：Cf：任何连续供气式呼吸器。指定防护因数＝25。*
- PaprHie：任何动力送风空气过滤式呼吸器，配有高效颗粒物过滤元件。指定防护因数＝25。*

～50 mg/m³：

- 100F：任何空气过滤式全面罩呼吸器，配有N100、R100或P100过滤元件。指定防护因数＝50。选择N、R或P过滤元件的信息见表4。
- PaprTHie：任何动力送风空气过滤式呼吸器，配密合型面罩和高效颗粒物过滤元件。指定防护因数＝50。*
- ScbaF：任何携气式呼吸器，配全面罩。指定防护因数＝50。
- SaF：任何供气式呼吸器，配全面罩。指定防护因数＝50。

～100 mg/m³：

- SaF：Pd，Pp：任何压力需气式或正压供气式呼吸器，配全面罩。指定防护因数＝2 000。

§：应急抢险，或准备进入浓度未知环境，或进入IDLH环境：

- ScbaF：Pd，Pp：任何压力需气式或正压携气式呼吸器，配全面罩。指定防护因数＝10 000。
- SaF：Pd，Pp：AScba：任何压力需气式或正压供气式呼吸器，配全面罩，配压力需气式或正压携气式辅助呼吸器。指定防护因数＝10 000。

逃生：

- 100F：任何空气过滤式全面罩呼吸器，配有N100、R100或P100过滤元件。指定防护因数＝50。选择N、R或P过滤元件的信息见表4。
- ScbaE：任何适合逃生的携气式呼吸器。

有关呼吸器选择的其他重要信息参见相关标准。

接触途径：呼吸道，胃肠道，皮肤和/或眼睛直接接触。

症状：眼睛、呼吸系统刺激；咳嗽，呼吸困难，喘鸣；[潜在职业性致癌物]。

靶器官：眼睛，皮肤，呼吸系统，肝，肾（增加肝豆核变性的危险）。

铜烟（按铜计）[Copper fume (as Cu)]

CuO/Cu

CAS No.：1317-38-0（氧化铜）

RTECS No.：GL7900000（氧化铜）

DOT ID 和指南号：

异名和商品名：氧化铜，Cu：Copper fume，CuO：black copper oxide fume，Copper monoxide fume，Copper(Ⅱ) oxide fume，Cupric oxide fume[注：可参考铜（尘和雾）列表。]

接触限值：NIOSH REL：TWA 0.1 mg/m³

OSHA PEL：TWA 0.1 mg/m³

IDLH：100 mg/m³（按铜计）　**浓度换算系数**：

理化性质:分散在空气中的微小黑色颗粒物。[注:在铜和黄铜车间以及铜合金焊接时可接触。]

分子量:	79.5	沸点:	分解
熔点:	1 879 ℉(分解)	溶解度:	不溶
蒸气压:	0 mmHg(约)	电离电位:	不适用
比重:	6.4(氧化铜)	闪点:	不适用
爆炸上限:	不适用	爆炸下限:	不适用

CuO:不可燃固体。

不相容性和反应性:氧化铜:乙炔,锆。[注:见铜烟和铜雾中的金属铜的特性]。

测量方法:NIOSH 7029,7300,7301,7303;
OSHA ID121,ID125G,ID206

个人防护和卫生设施:

- 皮肤:对于个体皮肤防护装备的需要没有特殊建议。
- 眼睛:对眼部防护的需要没有特殊建议。
- 清洗皮肤:对于清洗皮肤上的污染物没有其他特殊的建议(包括立即清洗和班后清洗)。
- 脱除:对于脱除被污染或被弄湿的工作服的需要没有特殊建议。
- 更换:对于班后的衣服的更换需要没有特殊建议。

急救:

- 呼吸:如果接触者吸入大量该化学物质,立即将接触者移至新鲜空气处。如果呼吸停止,要进行人工呼吸,注意保暖和休息。尽快就医。

对呼吸器选择的建议:NIOSH/OSHA

~1 mg/m^3:

- 95XQ:任何除四分之一面罩之外的防颗粒物呼吸器,配有N95、R95或P95过滤元件(包括N95、R95或P95随弃式面罩)。也可使用以下过滤元件:N99、R99、P99、N100、R100、P100。指定防护因数=10。选择N、R或P过滤元件的信息见表4。
- Sa:任何供气式呼吸器。指定防护因数=10。

~2.5 mg/m^3:

- Sa:Cf:任何连续供气式呼吸器。指定防护因数=25。
- PaprHie:任何动力送风空气过滤式呼吸器,配有高效颗粒物过滤元件。指定防护因数=25。

~5 mg/m^3:

- 100F:任何空气过滤式全面罩呼吸器,配有N100、R100或P100过滤元件。指定防护因数=50。选择N、R或P过滤元件的信息见表4。
- SaT:Cf:任何连续供气式呼吸器,配密合型面罩。指定防护因数=50。
- PaprTHie:任何动力送风空气过滤式呼吸器,配密合型面罩和高效颗粒物过滤元件。指定防护因数=50。
- ScbaF:任何携气式呼吸器,配全面罩。指定防护因数=50。
- SaF:任何供气式呼吸器,配全面罩。指定防护因数=50。

~100 mg/m^3:

- SaF:Pd,Pp:任何压力需气式或正压供气式呼吸器,配全面罩。指定防护因数=2 000。

§:应急抢险,或准备进入浓度未知环境,或进入IDLH环境:

- ScbaF:Pd,Pp:任何压力需气式或正压携气式呼吸器,配全面罩。指定防护因数=10 000。
- SaF:Pd,Pp:AScba:任何压力需气式或正压供气式呼吸器,配全面罩,配压力需气式或正压携气式辅助呼吸器。指定防护因数=10 000。

逃生:

- 100F:任何空气过滤式全面罩呼吸器,配有N100、R100或P100过滤元件。指定防护因数=50。选择N、R或P过滤元件的信息见表4。
- ScbaE:任何适合逃生的携气式呼吸器。

有关呼吸器选择的其他重要信息参见相关标准。

接触途径:呼吸道,皮肤和/或眼睛直接接触。

症状:眼睛、上呼吸道刺激;金属烟热:寒战,肌痛,恶心,发热,咽喉干燥,咳嗽,倦怠(虚弱,虚脱);金属味或甜味感;皮肤、毛发脱色。

靶器官:眼睛,皮肤,呼吸系统(增加肝豆核变性的危险)。

C

原棉尘［Cotton dust (raw)］

异名和商品名:Raw cotton dust

CAS No.:

RTECS No.:GN2275000

DOT ID 和指南号:1365 133 (棉)

接触限值:NIOSH REL:TWA <0.200 mg/m^3 见附录C

OSHA PEL:［Z-1-A & 1910.1043］见附录C

IDLH:100 mg/m^3　　**浓度换算系数**:

理化性质:无色,无气味固体。

分子量:未知　　沸点:分解

熔点:分解　　溶解度:不溶

蒸气压:0 mmHg (约)　　电离电位:不适用

比重:未知　　闪点:不适用

爆炸上限:不适用　　爆炸下限:不适用

可燃固体。

不相容性和反应性:强氧化剂。

测量方法:OSHA［1910.1043］

个人防护和卫生设施:

- 皮肤:对于个体皮肤防护装备的需要没有特殊建议。
- 眼睛:对眼部防护的需要没有特殊建议。
- 清洗皮肤:对于清洗皮肤上的污染物没有其他特殊的建议(包括立即清洗和班后清洗)。
- 脱除:对于脱除被污染或被弄湿的工作服的需要没有特殊建议。
- 更换:对于班后的衣服的更换需要没有特殊建议。

急救:

- 呼吸:如果接触者吸入大量该化学物质,立即将接触者移至新鲜空气处。通常不需要采取其他措施。

对呼吸器选择的建议:NIOSH

~1 mg/m^3:

- Qm:任何四分之一面罩呼吸器,选择N、R或P过滤元件的信息见表4。指定防护因数=5。

~2 mg/m^3:

- 95XQ:任何除四分之一面罩之外的防颗粒物呼吸器,配有N95、R95或P95过滤元件(包括N95、R95或P95随弃式面罩)。也可使用以下过滤元件:N99、R99、P99、N100、R100、P100。指定防护因数=10。选择N、R或P过滤元件的信息见表4。
- Sa:任何供气式呼吸器。指定防护因数=10。

~5 mg/m^3:

- Sa:Cf:任何连续供气式呼吸器。指定防护因数=25。
- PaprHie:任何动力送风空气过滤式呼吸器,配有高效颗粒物过滤元件。指定防护因数=25。

~10 mg/m^3:

- 100F:任何空气过滤式全面罩呼吸器,配有N100、R100或P100过滤元件。指定防护因数=50。选择N、R或P过滤元件的信息见表4。
- SaT:Cf:任何连续供气式呼吸器,配密合型面罩。指定防护因数=50。
- PaprTHie:任何动力送风空气过滤式呼吸器,配密合型面罩和高效颗粒物过滤元件。指定防护因数=50。
- ScbaF:任何携气式呼吸器,配全面罩。指定防护因数=50。
- SaF:任何供气式呼吸器,配全面罩。指定防护因数=50。

~100 mg/m^3:

- Sa:Pd,Pp:任何压力需气式或正压供气式呼吸器。指定防护因数=1 000。

§:应急抢险,或准备进入浓度未知环境,或进入IDLH环境:

- ScbaF:Pd,Pp:任何压力需气式或正压携气式呼吸器,配全面罩。指定防护因数=10 000。

● SaF：Pd,Pp：AScba:任何压力需气式或正压供气式呼吸器,配全面罩,配压力需气式或正压携气式辅助呼吸器。指定防护因数＝10 000。

逃生：

● 100F:任何空气过滤式全面罩呼吸器,配有 N100、R100 或 P100 过滤元件。指定防护因数＝50。选择 N、R 或 P 过滤元件的信息见表 4。

● ScbaE:任何适合逃生的携气式呼吸器。

(见附录 E)

有关呼吸器选择的其他重要信息参见相关标准。

接触途径:呼吸道。

症状:棉尘肺:胸部紧迫感,咳嗽,喘鸣,呼吸困难;被动呼气量减小;支气管炎;不适;发热,寒战,初期接触后上呼吸道症状。

靶器官:心血管系统,呼吸系统 。

C

Crag®除草剂[Crag® herbicide]　　CAS No.:136-78-7

$C_6H_3Cl_2OCH_2CH_2OSO_3Na$　　RTECS No.:KK4900000

异名和商品名: Crag® herbicide No. 1;2-(2,4-Dichlorophenoxy)ethyl sodium sulfate;Sesone　　**DOT ID 和指南号:**

接触限值:NIOSH REL:TWA 10 mg/m³(总颗粒物)
TWA 5 mg/m³(呼吸性颗粒物)
OSHA PEL †:TWA 15 mg/m³(总颗粒物)
TWA 5 mg/m³(呼吸性颗粒物)

IDLH:500 mg/m³　　**浓度换算系数:**

理化性质:无色至白色晶体,无气味固体。[除草剂]

分子量:309.1	沸　点:分解
熔　点:473 ℉(分解)	溶解度(77 ℉):26%
蒸气压:0.1 mmHg	电离电位:未知
比　重:1.70	闪　点:不适用
爆炸上限:不适用	爆炸下限:不适用

不可燃固体。

不相容性和反应性:强氧化剂,酸。

测量方法:NIOSH S356 (Ⅱ-5)

个人防护和卫生设施:

● 皮肤:穿戴合适的个人防护服,防止皮肤直接接触。

● 眼睛:佩戴合适的眼部防护用品,防止眼睛直接接触。

● 清洗皮肤:当皮肤受到污染时,应立即清洗污染的皮肤。

● 脱除:如果工作服被弄湿或受到了明显的污染,应该立即脱除并妥善处置。

● 更换:在离开工作场所前应当将可能受到污染的工作服更换成无污染的衣服。

急救:

● 眼睛:如眼睛直接接触了该化学物质,要立即用大量水冲洗(灌洗)眼睛,冲洗时,不时翻开上下眼睑,并立即就医。

● 皮肤:如果该化学物质直接接触皮肤,立即用水冲洗污染的皮肤。如果该化学物质渗透进衣服,迅速将衣服脱除,用水冲洗皮肤。若清洗后症状持续存在,应立即就医。

● 呼吸:如果接触者吸入大量该化学物质,立即将接触者移至新鲜空气处。如果呼吸停止,要进行人工呼吸,注意保暖和休息。尽快就医。

● 吞入:如果吞入该化学物质,应立即就医。

对呼吸器选择的建议:NIOSH

～50 mg/m³:

● Qm:任何四分之一面罩呼吸器,选择 N、R 或 P 过滤元件的信息见表 4。指定防护因数＝5。

～100 mg/m³:

C

- 95XQ:任何除四分之一面罩之外的防颗粒物呼吸器,配有 N95、R95 或 P95 过滤元件(包括 N95、R95 或 P95 随弃式面罩)。也可使用以下过滤元件:N99、R99、P99、N100、R100、P100。指定防护因数=10。选择 N、R 或 P 过滤元件的信息见表 4。
- Sa:任何供气式呼吸器。指定防护因数=10。

~250 mg/m³:

- Sa:Cf:任何连续供气式呼吸器。指定防护因数=25。
- PaprHie:任何动力送风空气过滤式呼吸器,配有高效颗粒物过滤元件。指定防护因数=25。

~500 mg/m³:

- 100F:任何空气过滤式全面罩呼吸器,配有 N100、R100 或 P100 过滤元件。指定防护因数=50。选择 N、R 或 P 过滤元件的信息见表 4。
- PaprTHie:任何动力送风空气过滤式呼吸器,配密合型面罩和高效颗粒物过滤元件。指定防护因数=50。*
- SaT:Cf:任何连续供气式呼吸器,配密合型面罩。指定防护因数=50。*
- ScbaF:任何携气式呼吸器,配全面罩。指定防护因数=50。
- SaF:任何供气式呼吸器,配全面罩。指定防护因数=50。

§:应急抢险,或准备进入浓度未知环境,或进入 IDLH 环境:

- ScbaF:Pd,Pp:任何压力需气式或正压携气式呼吸器,配全面罩。指定防护因数=10 000。
- SaF:Pd,Pp:AScba:任何压力需气式或正压供气式呼吸器,配全面罩,配压力需气式或正压携气式辅助呼吸器。指定防护因数=10 000。

逃生:

- 100F:任何空气过滤式全面罩呼吸器,配有 N100、R100 或 P100 过滤元件。指定防护因数=50。选择 N、R 或 P 过滤元件的信息见表 4。
- ScbaE:任何适合逃生的携气式呼吸器。

有关呼吸器选择的其他重要信息参见相关标准。

接触途径:呼吸道,胃肠道,皮肤和/或眼睛直接接触。

症状:眼睛、皮肤刺激;肝、肾损害;动物:中枢神经系统作用,惊厥。

靶器官:眼睛,皮肤,中枢神经系统,肝,肾。

间苯酚(m-Cresol)

$CH_3C_6H_4OH$

CAS No.:108-39-4

RTECS No.:GO6125000

DOT ID 和指南号:2076 153

异名和商品名:间甲苯酚,3-甲基苯酚,3-羟基甲苯,1-羟基-3-甲基苯,meta-Cresol,3-Cresol,m-Cresylic acid,1-Hydroxy-3-methylbenzene,3-Hydroxytoluene,3-Methyl phenol

接触限值:NIOSH REL:TWA 2.3 ppm (10 mg/m³)
OSHA PEL:TWA 5 ppm (22 mg/m³) [皮]

IDLH:250 ppm　　**浓度换算系数:**1 ppm = 4.43 mg/m³

理化性质:无色至淡黄色液体,具有甜的焦油气味。
[注:54 ℉以下为固体。]

分子量:108.2	沸点:397 ℉
凝固点:54 ℉	溶解度:2%
蒸气压(77 ℉):0.14 mmHg	电离电位:8.98 eV
比重:1.03	闪点:187 ℉
爆炸上限:未知	爆炸下限(300 ℉):1.1%

ⅢA 类可燃液体——闪点等于或高于 140 ℉且低于 200 ℉。

不相容性和反应性:强氧化剂,酸。

测量方法:NIOSH 2546;OSHA 32

个人防护和卫生设施:

- 皮肤:穿戴合适的个人防护服,防止皮肤直接接触。
- 眼睛:佩戴合适的眼部防护用品,防止眼睛直接接触。
- 清洗皮肤:当皮肤受到污染时,应立即清洗污染的皮肤。
- 脱除:如果工作服被弄湿或受到了明显的污染,应该立即脱除并妥善处置。
- 更换:在离开工作场所前应当将可能受到污染的工作服更换成无污染的衣服。
- 配备:在劳动者可能接触该化学物质的作业场所,无论是否需要使用眼部防护用品,都应配备眼冲洗设备。在紧靠有可能接触该化学物质的工作场所,应配备快速冲淋身体的设备以应急使用。[注:这些设备应能够提供足量水或流动水,以将可能接触的身体任何部位上的化学物质除去。实际配备适宜的快速冲淋设备取决于工作场所的具体条件。在某些情况下,必须及时进行大流量淋浴,而其他情况下只需要用一个水槽或软管供水就足够了。]

急救:

- 眼睛:如眼睛直接接触了该化学物质,要立即用大量水冲洗(灌洗)眼睛,冲洗时,不时翻开上下眼睑,并立即就医。
- 皮肤:如果该化学物质直接接触皮肤,立即用肥皂和水冲洗污染的皮肤。若该化学物质渗透进衣服,要立即将衣服脱除,用肥皂和水清洗皮肤,并迅速就医。
- 呼吸:如果接触者吸入大量该化学物质,立即将接触者移至新鲜空气处。如果呼吸停止,要进行人工呼吸,注意保暖和休息。尽快就医。
- 吞入:如果吞入该化学物质,应立即就医。

对呼吸器选择的建议:NIOSH

~23 ppm:

- CcrOv95:任何空气过滤式半面罩呼吸器,配有机蒸气滤毒盒和N95、R95或P95的综合防护过滤元件。也可使用以下过滤元件:N99、R99、P99、N100、R100、P100。指定防护因数=10。选择N、R或P过滤元件的信息见表4。
- Sa:任何供气式呼吸器。指定防护因数=10。

~57.5 ppm:

- Sa:Cf:任何连续供气式呼吸器。指定防护因数=25。
- PaprOvHie:任何动力送风空气过滤式呼吸器,配有机蒸气和高效颗粒滤毒盒的综合防护过滤元件。指定防护因数=50。

~115 ppm:

- CcrFOv100:任何空气过滤式全面罩呼吸器,配有机蒸气滤毒盒和N100、R100或P100的综合防护过滤元件。指定防护因数=50。选择N、R或P过滤元件的信息见表4。
- GmFOv100:任何空气过滤式全面罩呼吸器(防毒面具),配下颌式、前置式或背置式有机蒸气滤毒罐和N100、R100或P100的综合防护过滤元件。指定防护因数=50。选择N、R或P过滤元件的信息见表4。指定防护因数=50。
- PaprTOvHie:任何动力送风空气过滤式呼吸器,配密合型面罩和有机蒸气和高效颗粒滤毒盒的综合防护过滤元件。指定防护因数=50。*
- SaT:Cf:任何连续供气式呼吸器,配密合型面罩。指定防护因数=50。*
- ScbaF:任何携气式呼吸器,配全面罩。指定防护因数=50。
- SaF:任何供气式呼吸器,配全面罩。指定防护因数=50。

~250 ppm:

- SaF:Pd,Pp:任何压力需气式或正压供气式呼吸器,配全面罩。指定防护因数=2 000。

§:应急抢险,或准备进入浓度未知环境,或进入IDLH环境:

- ScbaF:Pd,Pp:任何压力需气式或正压携气式呼吸器,配全面罩。指定防护因数=10 000。

- SaF：Pd,Pp：AScba:任何压力需气式或正压供气式呼吸器,配全面罩,配压力需气式或正压携气式辅助呼吸器。指定防护因数=10 000。

逃生:

- GmFOv100:任何空气过滤式全面罩呼吸器(防毒面具),配下颌式、前置式或背置式有机蒸气滤毒罐和N100、R100或P100的综合防护过滤元件。指定防护因数=50。选择N、R或P过滤元件的信息见表4。指定防护因数=50。
- ScbaE:任何适合逃生的携气式呼吸器。

有关呼吸器选择的其他重要信息参见相关标准。

接触途径:呼吸道,皮肤吸收,胃肠道,皮肤和/或眼睛直接接触。

症状:眼睛、皮肤、黏膜刺激;中枢神经系统作用:意识模糊,抑郁,呼吸衰竭;呼吸困难,不规则急促呼吸,脉弱;眼睛、皮肤灼伤;皮炎;肺、肝、肾、胰腺损害。

靶器官:眼睛,皮肤,呼吸系统,中枢神经系统,肝,肾,胰腺,心血管系统。

邻甲酚(o-Cresol)

$CH_3C_6H_4OH$

CAS No.:95-48-7

RTECS No.:GO6300000

DOT ID 和指南号:2076 153

异名和商品名:2-甲酚,2-羟基甲苯,1-羟基-2-甲基苯,ortho-Cresol,2-Cresol,o-Cresylic acid,1-Hydroxy-2-methylbenzene,2-Hydroxytoluene,2-Methyl phenol

接触限值:NIOSH REL:TWA 2.3 ppm (10 mg/m^3)
OSHA PEL:TWA 5 ppm (22 mg/m^3) [皮]

IDLH:250 ppm　**浓度换算系数:**1 ppm = 4.43 mg/m^3

理化性质:白色晶体,具有甜的焦油气味。[注:88 ℉以上为液体。]

分子量:108.2　　沸点:376 ℉
熔点:88 ℉　　溶解度:2%
蒸气压(77 ℉):0.29 mmHg　　电离电位:8.93 eV
比重:1.05　　闪点:178 ℉
爆炸上限:未知　　爆炸下限(300 ℉):1.4%
可燃固体。
ⅢA类可燃液体——闪点等于或高于140 ℉且低于200 ℉。
不相容性和反应性:强氧化剂,酸。

测量方法:NIOSH 2546;OSHA 32

个人防护和卫生设施:

- 皮肤:穿戴合适的个人防护服,防止皮肤直接接触。
- 眼睛:佩戴合适的眼部防护用品,防止眼睛直接接触。
- 清洗皮肤:当皮肤受到污染时,应立即清洗污染的皮肤。
- 脱除:如果工作服被弄湿或受到了明显的污染,应该立即脱除并妥善处置。
- 更换:在离开工作场所前应当将可能受到污染的工作服更换成无污染的衣服。
- 配备:在劳动者可能接触该化学物质的作业场所,无论是否需要使用眼部防护用品,都应配备眼冲洗设备。在紧靠有可能接触该化学物质的工作场所,应配备快速冲淋身体的设备以应急使用。[注:这些设备应能够提供足量水或流动水,以将可能接触的身体任何部位上的化学物质除去。实际配备适宜的快速冲淋设备取决于工作场所的具体条件。在某些情况下,必须及时进行大流量淋浴,而其他情况下只需要用一个水槽或软管供水就足够了。]

急救：

- 眼睛：如眼睛直接接触了该化学物质，要立即用大量水冲洗（灌洗）眼睛，冲洗时，不时翻开上下眼睑，并立即就医。
- 皮肤：如果该化学物质直接接触皮肤，立即用肥皂和水冲洗污染的皮肤。若该化学物质渗透进衣服，要立即将衣服脱除，用肥皂和水清洗皮肤，并迅速就医。
- 呼吸：如果接触者吸入大量该化学物质，立即将接触者移至新鲜空气处。如果呼吸停止，要进行人工呼吸，注意保暖和休息。尽快就医。
- 吞入：如果吞入该化学物质，应立即就医。

对呼吸器选择的建议：NIOSH

～23 ppm：

- CcrOv95：任何空气过滤式半面罩呼吸器，配有机蒸气滤毒盒和 N95、R95 或 P95 的综合防护过滤元件。也可使用以下过滤元件：N99、R99、P99、N100、R100、P100。指定防护因数＝10。选择 N、R 或 P 过滤元件的信息见表 4。
- Sa：任何供气式呼吸器。指定防护因数＝10。

～57.5 ppm：

- Sa：Cf：任何连续供气式呼吸器。指定防护因数＝25。
- PaprOvHie：任何动力送风空气过滤式呼吸器，配有机蒸气和高效颗粒滤毒盒的综合防护过滤元件。指定防护因数＝50。

～115 ppm：

- CcrFOv100：任何空气过滤式全面罩呼吸器，配有机蒸气滤毒盒和 N100、R100 或 P100 的综合防护过滤元件。指定防护因数＝50。选择 N、R 或 P 过滤元件的信息见表 4。
- GmFOv100：任何空气过滤式全面罩呼吸器（防毒面具），配下颌式、前置式或背置式有机蒸气滤毒罐和 N100、R100 或 P100 的综合防护过滤元件。指定防护因数＝50。选择 N、R 或 P 过滤元件的信息见表 4。指定防护因数＝50。
- PaprTOvHie：任何动力送风空气过滤式呼吸器，配密合型面罩和有机蒸气和高效颗粒滤毒盒的综合防护过滤元件。指定防护因数＝50。*
- SaT：Cf：任何连续供气式呼吸器，配密合型面罩。指定防护因数＝50。*
- ScbaF：任何携气式呼吸器，配全面罩。指定防护因数＝50。
- SaF：任何供气式呼吸器，配全面罩。指定防护因数＝50。

～250 ppm：

- SaF：Pd，Pp：任何压力需气式或正压供气式呼吸器，配全面罩。指定防护因数＝2 000。

§：应急抢险，或准备进入浓度未知环境，或进入 IDLH 环境：

- ScbaF：Pd，Pp：任何压力需气式或正压携气式呼吸器，配全面罩。指定防护因数＝10 000。
- SaF：Pd，Pp：AScba：任何压力需气式或正压供气式呼吸器，配全面罩，配压力需气式或正压携气式辅助呼吸器。指定防护因数＝10 000。

逃生：

- GmFOv100：任何空气过滤式全面罩呼吸器（防毒面具），配下颌式、前置式或背置式有机蒸气滤毒罐和 N100、R100 或 P100 的综合防护过滤元件。指定防护因数＝50。选择 N、R 或 P 过滤元件的信息见表 4。指定防护因数＝50。
- ScbaE：任何适合逃生的携气式呼吸器。

有关呼吸器选择的其他重要信息参见相关标准。

接触途径：呼吸道，皮肤吸收，胃肠道，皮肤和/或眼睛直接接触。

症状：眼睛、皮肤、黏膜刺激；中枢神经系统作用：意识模糊，抑郁，呼吸衰竭；呼吸困难，不规则急促呼吸，脉弱；眼睛、皮肤灼伤；皮炎；肺、肝、肾、胰腺损害。

靶器官：眼睛，皮肤，呼吸系统，中枢神经系统，肝，肾，胰腺，心血管系统。

C

对甲酚(p-Cresol)

$CH_3C_6H_4OH$

异名和商品名:对甲苯酚;4-甲基苯酚,4-羟基甲苯,1-羟基-4-甲基苯,para-Cresol,4-Cresol,p-Cresylic acid,1-Hydroxy-4-methylbenzene,4-Hydroxytoluene,4-Methyl phenol

CAS No.:106-44-5

RTECS No.:GO6475000

DOT ID 和指南号:2076 153

接触限值:NIOSH REL:TWA 2.3 ppm ($10\ mg/m^3$)

OSHA PEL:TWA 5 ppm ($22\ mg/m^3$)[皮]

IDLH:250 ppm　　**浓度换算系数:**1 ppm = $4.43\ mg/m^3$

理化性质:晶体,具有甜的焦油气味。[注:95 ℉以上为液体。]

分子量:108.2	沸点:396 ℉
熔点:95 ℉	溶解度:2%
蒸气压(77 ℉):0.11 mmHg	电离电位:8.97 eV
比重:1.04	闪点:187 ℉
爆炸上限:未知	爆炸下限(300 ℉):1.1%

可燃固体。

ⅢA 类可燃液体——闪点等于或高于 140 ℉且低于 200 ℉。

不相容性和反应性:强氧化剂,酸。

测量方法:NIOSH 2546;OSHA 32

个人防护和卫生设施:

- 皮肤:穿戴合适的个人防护服,防止皮肤直接接触。
- 眼睛:佩戴合适的眼部防护用品,防止眼睛直接接触。
- 清洗皮肤:当皮肤受到污染时,应立即清洗污染的皮肤。
- 脱除:如果工作服被弄湿或受到了明显的污染,应该立即脱除并妥善处置。
- 更换:在离开工作场所前应当将可能受到污染的工作服更换成无污染的衣服。
- 配备:在劳动者可能接触该化学物质的作业场所,无论是否需要使用眼部防护用品,都应配备眼冲洗设备。在紧靠有可能接触该化学物质的工作场所,应配备快速冲淋身体的设备以备应急使用。[注:这些设备应能够提供足量水或流动水,以将可能接触的身体任何部位上的该化学物质除去。实际配备适宜的快速冲淋设备取决于工作场所的具体条件。在某些情况下,必须及时进行大流量淋浴,而其他情况下只需要用一个水槽或软管供水就足够了。]

急救:

- 眼睛:如眼睛直接接触了该化学物质,要立即用大量水冲洗(灌洗)眼睛,冲洗时,不时翻开上下眼睑,并立即就医。
- 皮肤:如果该化学物质直接接触皮肤,立即用肥皂和水冲洗污染的皮肤。若该化学物质渗透进衣服,要立即将衣服脱除,用肥皂和水清洗皮肤,并迅速就医。
- 呼吸:如果接触者吸入大量该化学物质,立即将接触者移至新鲜空气处。如果呼吸停止,要进行人工呼吸,注意保暖和休息。尽快就医。
- 吞入:如果吞入该化学物质,应立即就医。

对呼吸器选择的建议:NIOSH

~23 ppm:

- CcrOv95:任何空气过滤式半面罩呼吸器,配有机蒸气滤毒盒和 N95、R95 或 P95 的综合防护过滤元件。也可使用以下过滤元件:N99、R99、P99、N100、R100、P100。指定防护因数=10。选择 N、R 或 P 过滤元件的信息见表 4。
- Sa:任何供气式呼吸器。指定防护因数=10。

~57.5 ppm:

- Sa∶Cf:任何连续供气式呼吸器。指定防护因数=25。

- PaprOvHie：任何动力送风空气过滤式呼吸器，配有机蒸气和高效颗粒滤毒盒的综合防护过滤元件。指定防护因数＝50。

~115 ppm：

- CcrFOv100：任何空气过滤式全面罩呼吸器，配有机蒸气滤毒盒和 N100、R100 或 P100 的综合防护过滤元件。指定防护因数＝50。选择 N、R 或 P 过滤元件的信息见表 4。
- GmFOv100：任何空气过滤式全面罩呼吸器（防毒面具），配下颌式、前置式或背置式有机蒸气滤毒罐和 N100、R100 或 P100 的综合防护过滤元件。指定防护因数＝50。选择 N、R 或 P 过滤元件的信息见表 4。指定防护因数＝50。
- PaprTOvHie：任何动力送风空气过滤式呼吸器，配密合型面罩和有机蒸气和高效颗粒滤毒盒的综合防护过滤元件。指定防护因数＝50。*
- SaT：Cf：任何连续供气式呼吸器，配密合型面罩。指定防护因数＝50。*
- ScbaF：任何携气式呼吸器，配全面罩。指定防护因数＝50。
- SaF：任何供气式呼吸器，配全面罩。指定防护因数＝50。

~250 ppm：

SaF：Pd，Pp：任何压力需气式或正压供气式呼吸器，配全面罩。指定防护因数＝2 000。

§：应急抢险，或准备进入浓度未知环境，或进入 IDLH 环境：

- ScbaF：Pd，Pp：任何压力需气式或正压携气式呼吸器，配全面罩。指定防护因数＝10 000。
- SaF：Pd，Pp：AScba：任何压力需气式或正压供气式呼吸器，配全面罩，配压力需气式或正压携气式辅助呼吸器。指定防护因数＝10 000。

逃生：

- GmFOv100：任何空气过滤式全面罩呼吸器（防毒面具），配下颌式、前置式或背置式有机蒸气滤毒罐和 N100、R100 或 P100 的综合防护过滤元件。指定防护因数＝50。选择 N、R 或 P 过滤元件的信息见表 4。指定防护因数＝50。
- ScbaE：任何适合逃生的携气式呼吸器。

有关呼吸器选择的其他重要信息参见相关标准。

接触途径：呼吸道，皮肤吸收，胃肠道，皮肤和/或眼睛直接接触。

症状：眼睛、皮肤、黏膜刺激；中枢神经系统作用：意识模糊，抑郁，呼吸衰竭；呼吸困难，不规则急促呼吸，脉弱；眼睛、皮肤灼伤；皮炎；肺、肝、肾、胰腺损害。

靶器官：眼睛，皮肤，呼吸系统，中枢神经系统，肝，肾，胰腺，心血管系统。

2-丁烯醛（Crotonaldehyde）

$CH_3CH=CHCHO$

异名和商品名：巴豆醛，乙丁烯醛，2-Butenal，β-Methyl acrolein，Propylene aldehyde

CAS No.：4170-30-3

RTECS No.：GP9499000

DOT ID 和指南号：1143 131P（抗聚合）

接触限值：NIOSH REL：TWA 2 ppm（6 mg/m^3）见附录 C（醛）
OSHA PEL：TWA 2 ppm（6 mg/m^3）

IDLH：50 ppm　**浓度换算系数：**1 ppm ＝ 2.87 mg/m^3

理化性质：水白色液体，具有令人窒息的气味。［注：接触空气变为淡黄色。］

C

分子量：70.1　沸点：219 ℉
凝固点：−101 ℉　溶解度：18%
蒸气压：19 mmHg　电离电位：9.73 eV
比重：0.87　闪点：45 ℉
爆炸上限：15.5%　爆炸下限：2.1%

IB类易燃液体——闪点低于73 ℉，沸点等于或高于100 ℉。

不相容性和反应性：腐蚀剂，氨，强氧化剂，硝酸，胺。[注：升高温度可以发生聚合，如遇火。]

测量方法：NIOSH 3516；OSHA 81

个人防护和卫生设施：

- 皮肤：穿戴合适的个人防护服，防止皮肤直接接触。
- 眼睛：佩戴合适的眼部防护用品，防止眼睛直接接触。
- 清洗皮肤：当皮肤受到污染时，应立即清洗污染的皮肤。
- 脱除：如果工作服被可燃性物质(即闪点低于100 ℉的液体)浸湿，应当立即脱除并妥善处置，以防着火。
- 更换：对于班后的衣服的更换需要没有特殊建议。
- 配备：在劳动者可能接触该化学物质的作业场所，无论是否需要使用眼部防护用品，都应配备眼冲洗设备。在紧靠有可能接触该化学物质的工作场所，应配备快速冲淋身体的设备以应急使用。[注：这些设备应能够提供足量水或流动水，以将可能接触的身体任何部位上的该化学物质除去。实际配备适宜的快速冲淋设备取决于工作场所的具体条件。在某些情况下，必须及时进行大流量淋浴，而其他情况下只需要用一个水槽或软管供水就足够了。]

急救：

- 眼睛：如眼睛直接接触了该化学物质，要立即用大量水冲洗(灌洗)眼睛，冲洗时，不时翻开上下眼睑，并立即就医。
- 皮肤：如果该化学物质直接接触皮肤，立即用水冲洗污染的皮肤。如果该化学物质渗透进衣服，要迅速将衣服脱除，用水冲洗污染的皮肤，并迅速就医。
- 呼吸：如果接触者吸入大量该化学物质，立即将接触者移至新鲜空气处。如果呼吸停止，要进行人工呼吸，注意保暖和休息。尽快就医。
- 吞入：如果吞入该化学物质，应立即就医。

对呼吸器选择的建议：NIOSH/OSHA

~20 ppm：

- CcrOv：任何空气过滤式半面罩呼吸器，配防有机蒸气的滤毒盒。指定防护因数=10。*
- Sa：任何供气式呼吸器。指定防护因数=10。*

~50 ppm：

- Sa：Cf：任何连续供气式呼吸器。指定防护因数=25。*
- PaprOv：任何动力送风空气过滤式呼吸器，配有机蒸气滤毒盒。指定防护因数=25。*
- CcrFOv：任何空气过滤式全面罩呼吸器，配有机蒸气滤毒盒。指定防护因数=50。
- GmFOv：任何空气过滤式全面罩呼吸器(防毒面具)，配下颌式、前置式或背置式有机蒸气滤毒罐。指定防护因数=50。
- ScbaF：任何携气式呼吸器，配全面罩。指定防护因数=50。
- SaF：任何供气式呼吸器，配全面罩。指定防护因数=50。

§：应急抢险，或准备进入浓度未知环境，或进入IDLH环境：

- ScbaF：Pd，Pp：任何压力需气式或正压携气式呼吸器，配全面罩。指定防护因数=10 000。
- SaF：Pd，Pp：AScba：任何压力需气式或正压供气式呼吸器，配全面罩，配压力需气式或正压携气式辅助呼吸器。指定防护因数=10 000。

逃生：

- GmFOv：任何空气过滤式全面罩呼吸器(防毒面具)，配下颌式、前置式或背置式有机蒸气滤毒罐。指定防护因数=50。
- ScbaE：任何适合逃生的携气式呼吸器。

有关呼吸器选择的其他重要信息参见相关标准。

接触途径：呼吸道，胃肠道，皮肤和/或眼睛直接接触。

症状：眼睛、呼吸系统刺激；动物：呼吸困难，肺水肿，皮肤刺激。

靶器官：眼睛，皮肤，呼吸系统。

育畜磷(Crufomate)　　CAS No.：299-86-5

$C_{12}H_{19}ClNO_3P$　　RTECS No.：TB3850000

异名和商品名：育畜胺磷，4-t-Butyl-2-chlorophenylmethyl methylphosphoramidate，Dowco® 132，Ruelene®

DOT ID 和指南号：

接触限值：NIOSH REL：TWA 5 mg/m^3　ST 20 mg/m^3
OSHA PEL †：无

IDLH：N. D.　　**浓度换算系数**：

理化性质：纯品为白色晶体。[农药][注：商品为黄色油状物。]

分子量：291.7	沸点：分解
熔点：140 ℉	溶解度：不溶
蒸气压(243 ℉)：0.01 mmHg	电离电位：未知
比重：1.16	闪点：未知
爆炸上限：未知	爆炸下限：未知

可燃固体。

不相容性和反应性：强酸和强碱介质。[注：水制剂长时间保存或在 140 ℉以上不稳定。]

测量方法：NIOSH 0500；OSHA PV2015

个人防护和卫生设施：
- 皮肤：穿戴合适的个人防护服，防止皮肤直接接触。
- 眼睛：佩戴合适的眼部防护用品，防止眼睛直接接触。
- 清洗皮肤：当皮肤受到污染时，应立即清洗污染的皮肤。
- 脱除：如果工作服被弄湿或受到了明显的污染，应该立即脱除并妥善处置。
- 更换：在离开工作场所前应当将可能受到污染的工作服更换成无污染的衣服。

急救：
- 眼睛：如眼睛直接接触了该化学物质，要立即用大量水冲洗(灌洗)眼睛，冲洗时，不时翻开上下眼睑，并立即就医。
- 皮肤：如果该化学物质直接接触皮肤，立即用肥皂和水冲洗污染的皮肤。若该化学物质渗透进衣服，要立即将衣服脱除，用肥皂和水清洗皮肤，并迅速就医。
- 呼吸：如果接触者吸入大量该化学物质，立即将接触者移至新鲜空气处。如果呼吸停止，要进行人工呼吸，注意保暖和休息。尽快就医。
- 吞入：如果吞入该化学物质，应立即就医。

对呼吸器选择的建议：无。
有关呼吸器选择的其他重要信息参见相关标准。

接触途径：呼吸道，皮肤吸收，胃肠道，皮肤和/或眼睛直接接触。

症状：眼睛、皮肤、呼吸系统刺激；喘鸣，呼吸困难；视物模糊，流泪；出汗；腹绞痛，腹泻，恶心，厌食。

靶器官：眼睛，皮肤，呼吸系统，血胆碱酯酶。

C

异丙基苯(Cumene)

$C_6H_5CH(CH_3)_2$

异名和商品名:枯烯,Cumol,Isopropyl benzene,2-Phenyl propane

CAS No.:98-82-8

RTECS No.:GR8575000

DOT ID 和指南号:1918 130

接触限值:NIOSH REL:TWA 50 ppm (245 mg/m³) [皮]
OSHA PEL:TWA 50 ppm (245 mg/m³) [皮]

IDLH:900 ppm [10%爆炸下限]　**浓度换算系数:**1 ppm = 4.92 mg/m³

理化性质:无色液体,具有强烈、刺鼻的芳香气味。

分子量:120.2	沸点:306 ℉
凝固点:−141 ℉	溶解度:不溶
蒸气压:8 mmHg	电离电位:8.75 eV
比重:0.86	闪点:96 ℉
爆炸上限:6.5%	爆炸下限:0.9%

IC 类易燃液体——闪点等于或高于 73 ℉且低于 100 ℉。

不相容性和反应性:氧化剂,硝酸,硫酸。[注:长时间暴露于空气可以形成过氧化氢异丙基苯。]

测量方法:NIOSH 1501

个人防护和卫生设施:

- 皮肤:穿戴合适的个人防护服,防止皮肤直接接触。
- 眼睛:佩戴合适的眼部防护用品,防止眼睛直接接触。
- 清洗皮肤:当皮肤受到污染时,应立即清洗污染的皮肤。
- 脱除:如果工作服被可燃性物质(即闪点低于 100 ℉的液体)浸湿,应当立即脱除并妥善处置,以防着火。
- 更换:对于班后的衣服的更换需要没有特殊建议。

急救:

- 眼睛:如眼睛直接接触了该化学物质,要立即用大量水冲洗(灌洗)眼睛,冲洗时,不时翻开上下眼睑,并立即就医。
- 皮肤:如果该化学物质直接接触皮肤,迅速用水冲洗污染的皮肤。如果该化学物质渗透进衣服,要立即将衣服脱除,迅速用水冲洗污染的皮肤,若冲洗后刺激症状持续存在,应就医。
- 呼吸:如果接触者吸入大量该化学物质,立即将接触者移至新鲜空气处。如果呼吸停止,要进行人工呼吸,注意保暖和休息。尽快就医。
- 吞入:如果吞入该化学物质,应立即就医。

对呼吸器选择的建议:NIOSH/OSHA

~500 ppm:

- CcrOv:任何空气过滤式半面罩呼吸器,配防有机蒸气的滤毒盒。指定防护因数=10。*
- Sa:任何供气式呼吸器。指定防护因数=10。*

~900 ppm:

- Sa:Cf:任何连续供气式呼吸器。指定防护因数=25。*
- PaprOv:任何动力送风空气过滤式呼吸器,配有机蒸气滤毒盒。指定防护因数=25。*
- CcrFOv:任何空气过滤式全面罩呼吸器,配有机蒸气滤毒盒。指定防护因数=50。
- GmFOv:任何空气过滤式全面罩呼吸器(防毒面具),配下颌式、前置式或背置式有机蒸气滤毒罐。指定防护因数=50。
- ScbaF:任何携气式呼吸器,配全面罩。指定防护因数=50。
- SaF:任何供气式呼吸器,配全面罩。指定防护因数=50。

§:应急抢险,或准备进入浓度未知环境,或进入 IDLH 环境:

- ScbaF:Pd,Pp:任何压力需气式或正压携气式呼吸器,配全面罩。指定防护因数=10 000。

- SaF：Pd,Pp：AScba:任何压力需气式或正压供气式呼吸器,配全面罩,配压力需气式或正压携气式辅助呼吸器。指定防护因数=10 000。

逃生:

- GmFOv:任何空气过滤式全面罩呼吸器(防毒面具),配下颌式、前置式或背置式有机蒸气滤毒罐。指定防护因数=50。
- ScbaE:任何适合逃生的携气式呼吸器。

有关呼吸器选择的其他重要信息参见相关标准。

接触途径:呼吸道,皮肤吸收,胃肠道,皮肤和/或眼睛直接接触。

症状:眼睛、皮肤、黏膜刺激;皮炎;头痛,麻醉,昏迷。

靶器官:眼睛,皮肤,呼吸系统,中枢神经系统。

C

氨基腈(Cyanamide)

NH_2CN

CAS No.:420-04-2

RTECS No.:GS5950000

DOT ID 和指南号:

异名和商品名:氨,Amidocyanogen,Carbimide,Carbodiimide,Cyanogen nitride,Hydrogen cyanamide [注:氨腈也是氨腈钙的别名。]

接触限值:NIOSH REL:TWA 2 mg/m^3
OSHA PEL †:无

IDLH:N.D.　　**浓度换算系数:**

理化性质:晶体。

分子量:42.1	沸点:500 ℉(分解)
熔点:113 ℉	溶解度(59 ℉):78%
蒸气压:未知	电离电位:10.65 eV
比重:1.28	闪点:286 ℉
爆炸上限:未知	爆炸下限:未知

可燃固体。

不相容性和反应性:高于 104 ℉:湿气、酸或碱;1,2-苯二胺盐。[注:水溶液蒸发时可发生聚合反应。]

测量方法:NIOSH 0500

个人防护和卫生设施:

- 皮肤:穿戴合适的个人防护服,防止皮肤直接接触。
- 眼睛:佩戴合适的眼部防护用品,防止眼睛直接接触。
- 清洗皮肤:当皮肤受到污染时,应立即清洗污染的皮肤。
- 脱除:如果工作服被弄湿或受到了明显的污染,应该立即脱除并妥善处置。
- 更换:在离开工作场所前应当将可能受到污染的工作服更换成无污染的衣服。
- 配备:在劳动者可能接触该化学物质的作业场所,无论是否需要使用眼部防护用品,都应配备眼冲洗设备。在紧靠有可能接触该化学物质的工作场所,应配备快速冲淋身体的设备以应急使用。[注:这些设备应能够提供足量水或流动水,以将可能接触的身体任何部位上的该化学物质除去。实际配备适宜的快速冲淋设备取决于工作场所的具体条件。在某些情况下,必须及时进行大流量淋浴,而其他情况下只需要用一个水槽或软管供水就足够了。]

急救:

- 眼睛:如眼睛直接接触了该化学物质,要立即用大量水冲洗(灌洗)眼睛,冲洗时,不时翻开上下眼睑,并立即就医。
- 皮肤:如果该化学物质直接接触皮肤,立即用水冲洗污染的皮肤。如果该化学物质渗透进衣服,要迅速将衣服脱除,用水冲洗污染的皮肤,并迅速就医。
- 呼吸:如果接触者吸入大量该化学物质,立即将接触者移至新鲜空气处。如果呼吸停止,要进行人工呼吸,注意保暖和休息。尽快就医。
- 吞入:如果吞入该化学物质,应立即就医。

对呼吸器选择的建议：无。 有关呼吸器选择的其他重要信息参见相关标准。	症状：眼睛、皮肤、呼吸系统刺激；眼睛、皮肤灼伤；瞳孔缩小，流涎，流泪，颤搐；安塔布司样效应。
接触途径：呼吸道，皮肤吸收，胃肠道，皮肤和/或眼睛直接接触。	靶器官：眼睛，皮肤，呼吸系统，中枢神经系统。

氰(Cyanogen)

NCCN

异名和商品名： 氮化碳，双氰，二硝酸乙烷，Carbon nitride，Dicyan，Dicyanogen，Ethanedinitrile，Oxalonitrile

CAS No.：460-19-5

RTECS No.：GT1925000

DOT ID 和指南号：1026 119

接触限值： NIOSH REL：TWA 10 ppm (20 mg/m^3)
OSHA PEL †：无

IDLH： N.D.　　**浓度换算系数：** 1 ppm = 2.13 mg/m^3

理化性质： 无色气体，具有浓烈的苦杏仁味。[注：以压缩液化气运输。在体内形成氰化物。]

分子量：52.0	沸点：−6 ℉
凝固点：−18 ℉	溶解度：1%
蒸气压(70 ℉)：5.1 大气压	电离电位：13.57 eV
相对密度：1.82	比重：0.95(−6 ℉液体)
闪点：不适用（气体）	爆炸上限：32%
爆炸下限：6.6%	

易燃气体。

不相容性和反应性：酸，水，强氧化剂(如：氧化二氯、氟)。[注：在水中可缓慢水解生成氢氰酸，草酸或氨。]

测量方法： OSHA PV2104

个人防护和卫生设施：

- 皮肤：压缩气体快速膨胀时可产生低温。泄漏和使用能快速膨胀的压缩气体，可产生冻伤危害。穿戴合适的个人防护服，防止皮肤冻伤。
- 眼睛：佩戴合适的眼部防护用品，防止眼睛直接接触。/佩戴合适的眼部防护用品，防止眼睛直接接触液体后因低温引起灼伤或组织损伤。
- 清洗皮肤：对于清洗皮肤上的污染物没有其他特殊的建议(包括立即清洗和班后清洗)。
- 脱除：如果工作服被可燃性物质(即闪点低于 100 ℉的液体)浸湿，应当立即脱除并妥善处置，以防着火。
- 更换：对于班后的衣服的更换需要没有特殊建议。
- 配备：在紧靠有可能接触极低温的液体或迅速蒸发的液体的工作场所，应配备快速冲淋洗浴设备和/或眼冲洗设备，以应急使用。

急救：

- 眼睛：如果眼组织冻伤，要立即就医。如果眼组织没有冻伤，要立即用大量水彻底冲洗至少 15 min，并不时翻开上下眼睑，如果眼睛刺激、疼痛、肿胀、流泪和畏光持续存在，应尽快就医。
- 皮肤：如果发生冻伤，要立即就医，不要揉擦或用水冲洗冻伤部位；为防止组织进一步受损，不要试图将冻结的衣服从冻伤部位脱除。如未发生冻伤，立即用肥皂和水彻底清洗污染的皮肤。
- 呼吸：如果接触者吸入大量该化学物质，立即将接触者移至新鲜空气处。如果呼吸停止，要进行人工呼吸，注意保暖和休息。尽快就医。

对呼吸器选择的建议： 无。

有关呼吸器选择的其他重要信息参见相关标准。

接触途径:呼吸道,皮肤和/或眼睛直接接触。

症状:眼睛、鼻、上呼吸道刺激;流泪;樱桃红唇,呼吸急促,呼吸深快,心动过缓;头痛,惊厥;眩晕,食欲降低,体重减轻;液体:冻伤。

靶器官:眼睛,呼吸系统,中枢神经系统,心血管系统。

氯化氰(Cyanogen chloride)

ClCN

异名和商品名: Chlorcyan,Chlorine cyanide,Chlorocyanide,Chlorocyanogen

CAS No.:506-77-4

RTECS No.:GT2275000

DOT ID 和指南号:1589 125 (抗聚合)

接触限值:NIOSH REL:C 0.3 ppm (0.6 mg/m^3)
OSHA PEL †:无

IDLH:N.D.　**浓度换算系数:**1 ppm = 2.52 mg/m^3

理化性质:无色气体或液体(55 ℉以下),具有刺激气味。[注:以液化气运输。20 ℉以下为固体。在体内形成氰化物。]

分子量:61.5　沸点:55 ℉
凝固点:20 ℉　溶解度:7%
蒸气压:1 010 mmHg　电离电位:12.49 eV
相对密度:2.16　比重:1.22(32 ℉液体)
闪点:不适用　爆炸上限:不适用
爆炸下限:不适用
不易燃气体。
不相容性和反应性:水,酸,碱,氨,醇。[注:可与水很缓慢反应生成氢氰酸。为防止聚合可加稳定剂。]

测量方法:无。

个人防护和卫生设施:

- 皮肤:穿戴合适的个人防护服,防止皮肤直接接触。(液体)
- 眼睛:佩戴合适的眼部防护用品,防止眼睛直接接触。(液体)
- 清洗皮肤:当皮肤受到污染时,应立即清洗污染的皮肤。(液体)
- 脱除:如果工作服被弄湿或受到了明显的污染,应该立即脱除并妥善处置。(液体)
- 更换:对于班后的衣服的更换需要没有特殊建议。
- 配备:在劳动者可能接触该化学物质的作业场所,无论是否需要使用眼部防护用品,都应配备眼冲洗设备。(液体)在紧靠有可能接触该化学物质的工作场所,应配备快速冲淋身体的设备以应急使用。[注:这些设备应能够提供足量水或流动水,以将可能接触的身体任何部位上的化学物质除去。实际配备适宜的快速冲淋设备取决于工作场所的具体条件。在某些情况下,必须及时进行大流量淋浴,而其他情况下只需要用一个水槽或软管供水就足够了。](液体)

急救:

- 眼睛:如眼睛直接接触了该化学物质,要立即用大量水冲洗(灌洗)眼睛,冲洗时,不时翻开上下眼睑,并立即就医。
- 皮肤:如果该化学物质直接接触皮肤,立即用水冲洗污染的皮肤。如果该化学物质渗透进衣服,立即将衣服脱除,用水冲洗污染的皮肤。若清洗后出现症状,要立即就医。(液体)
- 呼吸:如果接触者吸入大量该化学物质,立即将接触者移至新鲜空气处。如果呼吸停止,要进行人工呼吸,注意保暖和休息。尽快就医。
- 吞入:如果吞入该化学物质,应立即就医。(液体)

C

对呼吸器选择的建议：无。

有关呼吸器选择的其他重要信息参见相关标准。

接触途径：呼吸道，皮肤吸收（液体），胃肠道（液体），皮肤和/或眼睛直接接触（液体）。

症状：眼睛、上呼吸道刺激；咳嗽，迟发性肺水肿；倦怠（虚弱，虚脱），头痛，眩晕，意识模糊；恶心，呕吐；心跳不规则；皮肤刺激（液体）。

靶器官：眼睛，皮肤，呼吸系统，中枢神经系统，心血管系统。

环己烷（Cyclohexane）

C_6H_{12}

异名和商品名：Benzene hexahydride，Hexahydrobenzene，Hexamethylene，Hexanaphthene

CAS No.：110-82-7

RTECS No.：GU6300000

DOT ID 和指南号：1145 128

接触限值：NIOSH REL：TWA 300 ppm (1 050 mg/m^3)

OSHA PEL：TWA 300 ppm (1 050 mg/m^3)

IDLH：1 300 ppm ［10%爆炸下限］

浓度换算系数：1 ppm ＝ 3.44 mg/m^3

理化性质：无色液体，具有甜的氯仿气味。［注：44 ℉以下为固体。］

分子量：84.2	沸点：177 ℉
凝固点：44 ℉	溶解度：不溶
蒸气压：78 mmHg	电离电位：9.88 eV
比重：0.78	闪点：0 ℉
爆炸上限：8%	爆炸下限：1.3%

ⅠB类易燃液体——闪点低于73 ℉，沸点等于或高于100 ℉。

不相容性和反应性：氧化剂。

测量方法：NIOSH 1500；OSHA 7

个人防护和卫生设施：

- 皮肤：穿戴合适的个人防护服，防止皮肤直接接触。
- 眼睛：佩戴合适的眼部防护用品，防止眼睛直接接触。
- 清洗皮肤：当皮肤受到污染时，应立即清洗污染的皮肤。
- 脱除：如果工作服被可燃性物质（即闪点低于100 ℉的液体）浸湿，应当立即脱除并妥善处置，以防着火。
- 更换：对于班后的衣服的更换需要没有特殊建议。

急救：

- 眼睛：如眼睛直接接触了该化学物质，要立即用大量水冲洗（灌洗）眼睛，冲洗时，不时翻开上下眼睑，并立即就医。
- 皮肤：如果该化学物质直接接触皮肤，迅速用水冲洗污染的皮肤。如果该化学物质渗透进衣服，要立即将衣服脱除，迅速用水冲洗污染的皮肤，若冲洗后刺激症状持续存在，应就医。
- 呼吸：如果接触者吸入大量该化学物质，立即将接触者移至新鲜空气处。如果呼吸停止，要进行人工呼吸，注意保暖和休息。尽快就医。
- 吞入：如果吞入该化学物质，应立即就医。

对呼吸器选择的建议：NIOSH/OSHA

～1 300 ppm：

- Sa：Cf：任何连续供气式呼吸器。指定防护因数＝25。£
- PaprOv：任何动力送风空气过滤式呼吸器，配有机蒸气滤毒盒。指定防护因数＝25。£
- CcrFOv：任何空气过滤式全面罩呼吸器，配有机蒸气滤毒盒。指定防护因数＝50。
- GmFOv：任何空气过滤式全面罩呼吸器（防毒面具），配下颌式、前置式或背置式有机蒸气滤毒罐。指定防护因数＝50。

- ScbaF:任何携气式呼吸器,配全面罩。指定防护因数=50。
- SaF:任何供气式呼吸器,配全面罩。指定防护因数=50。

§:应急抢险,或准备进入浓度未知环境,或进入 IDLH 环境:

- ScbaF:Pd,Pp:任何压力需气式或正压携气式呼吸器,配全面罩。指定防护因数=10 000。
- SaF:Pd,Pp:AScba:任何压力需气式或正压供气式呼吸器,配全面罩,配压力需气式或正压携气式辅助呼吸器。指定防护因数=10 000。

逃生:

- GmFOv:任何空气过滤式全面罩呼吸器(防毒面具),配下颌式、前置式或背置式有机蒸气滤毒罐。指定防护因数=50。
- ScbaE:任何适合逃生的携气式呼吸器。

有关呼吸器选择的其他重要信息参见相关标准。

接触途径:呼吸道,胃肠道,皮肤和/或眼睛直接接触。

症状:眼睛、皮肤、呼吸系统刺激;嗜睡;皮炎;麻醉,昏迷。

靶器官:眼睛,皮肤,呼吸系统,中枢神经系统。

C

环己硫醇(Cyclohexanethiol)

$C_6H_{11}SH$

异名和商品名: Cyclohexylmercaptan,Cyclohexylthiol

CAS No.:1569-69-3

RTECS No.:GV7525000

DOT ID 和指南号:3054 129

接触限值:NIOSH REL:C 0.5 ppm (2.4 mg/m³) [15 min]

OSHA PEL:无

IDLH:N.D. **浓度换算系数:**1 ppm = 4.75 mg/m³

理化性质:无色液体,具有强烈的令人作呕的气味。

分子量:116.2	沸点:316 ℉
凝固点:-181 ℉	溶解度:不溶
蒸气压:10 mmHg	电离电位:未知
比重:0.98	闪点:110 ℉
爆炸上限:未知	爆炸下限:未知

Ⅱ类可燃液体——闪点等于或高于 100 ℉且低于140 ℉。

不相容性和反应性:氧化剂,还原剂,强酸,碱金属。

测量方法:无。

个人防护和卫生设施:

- 皮肤:穿戴合适的个人防护服,防止皮肤直接接触。
- 眼睛:佩戴合适的眼部防护用品,防止眼睛直接接触。
- 清洗皮肤:当皮肤受到污染时,应立即清洗污染的皮肤。
- 脱除:如果工作服被弄湿或受到了明显的污染,应该立即脱除并妥善处置。
- 更换:对于班后的衣服的更换需要没有特殊建议。
- 配备:在劳动者可能接触该化学物质的作业场所,无论是否需要使用眼部防护用品,都应配备眼冲洗设备。在紧靠有可能接触该化学物质的工作场所,应配备快速冲淋身体的设备以应急使用。[注:这些设备应能够提供足量水或流动水,以将可能接触的身体任何部位上的化学物质除去。实际配备适宜的快速冲淋设备取决于工作场所的具体条件。在某些情况下,必须及时进行大流量淋浴,而其他情况下只需要用一个水槽或软管供水就足够了。]

急救:

- 眼睛:如眼睛直接接触了该化学物质,要立即用大量水冲洗(灌洗)眼睛,冲洗时,不时翻开上下眼睑,并立即就医。

- 皮肤：如果该化学物质直接接触皮肤，要立即用肥皂和水冲洗污染的皮肤。如果该化学物质渗透进衣服，立即将衣服脱除，并用水清洗皮肤。如果清洗后刺激持续存在，应就医。
- 呼吸：如果接触者吸入大量该化学物质，立即将接触者移至新鲜空气处。如果呼吸停止，要进行人工呼吸，注意保暖和休息。尽快就医。
- 吞入：如果吞入该化学物质，应立即就医。

对呼吸器选择的建议：NIOSH

～5 ppm：

- CcrOv：任何空气过滤式半面罩呼吸器，配防有机蒸气的滤毒盒。指定防护因数＝10。
- Sa：任何供气式呼吸器。指定防护因数＝10。

～12.5 ppm：

- Sa：Cf：任何连续供气式呼吸器。指定防护因数＝25。
- PaprOv：任何动力送风空气过滤式呼吸器，配有机蒸气滤毒盒。指定防护因数＝25。

～25 ppm：

- CcrFOv：任何空气过滤式全面罩呼吸器，配有机蒸气滤毒盒。指定防护因数＝50。
- GmFOv：任何空气过滤式全面罩呼吸器（防毒面具），配下颌式、前置式或背置式有机蒸气滤毒罐。指定防护因数＝50。
- PaprTOv：任何动力送风空气过滤式呼吸器，配密合型面罩和有机蒸气滤毒盒。指定防护因数＝50。
- ScbaF：任何携气式呼吸器，配全面罩。指定防护因数＝50。
- SaF：任何供气式呼吸器，配全面罩。指定防护因数＝50。

§：应急抢险，或准备进入浓度未知环境，或进入 IDLH 环境：

- ScbaF：Pd，Pp：任何压力需气式或正压携气式呼吸器，配全面罩。指定防护因数＝10 000。
- SaF：Pd，Pp：AScba：任何压力需气式或正压供气式呼吸器，配全面罩，配压力需气式或正压携气式辅助呼吸器。指定防护因数＝10 000。

逃生：

- GmFOv：任何空气过滤式全面罩呼吸器（防毒面具），配下颌式、前置式或背置式有机蒸气滤毒罐。指定防护因数＝50。
- ScbaE：任何适合逃生的携气式呼吸器。

有关呼吸器选择的其他重要信息参见相关标准。

接触途径：呼吸道，皮肤吸收，胃肠道，皮肤和/或眼睛直接接触。

症状：眼睛、皮肤、呼吸系统刺激；头痛，眩晕，倦怠（虚弱，虚脱），恶心，呕吐，惊厥；咳嗽，喘鸣，喉炎，呼吸困难。

靶器官：眼睛，皮肤，呼吸系统，中枢神经系统。

环己醇（Cyclohexanol）

$C_6H_{11}OH$

异名和商品名：Anol，Cyclohexyl alcohol，Hexahydrophenol，Hexalin，Hydralin，Hydroxycyclohexane

CAS No.：108-93-0

RTECS No.：GV7875000

DOT ID 和指南号：1993 128（可燃液体，未作说明）

接触限值：NIOSH REL：TWA 50 ppm（200 mg/m³）［皮］

OSHA PEL †：TWA 50 ppm（200 mg/m³）

IDLH：400 ppm　**浓度换算系数**：1 ppm ＝ 4.10 mg/m³

理化性质: 黏稠固体或无色至淡黄色液体（77 ℉以上），具有樟脑样气味。

分子量:100.2	沸点:322 ℉
熔点:77 ℉	溶解度:4%
蒸气压:1 mmHg	电离电位:10.00 eV
比重:0.96	闪点:154 ℉
爆炸上限:未知	爆炸下限:未知

ⅢA 类可燃液体——闪点等于或高于 140 ℉且低于 200 ℉。

不相容性和反应性:强氧化剂（如过氧化氢，硝酸）。

测量方法: NIOSH 1402,1405;OSHA 7

个人防护和卫生设施:

- 皮肤:穿戴合适的个人防护服,防止皮肤直接接触。
- 眼睛:佩戴合适的眼部防护用品,防止眼睛直接接触。
- 清洗皮肤:当皮肤受到污染时,应立即清洗污染的皮肤。
- 脱除:如果工作服被弄湿或受到了明显的污染,应该立即脱除并妥善处置。
- 更换:在离开工作场所前应当将可能受到污染的工作服更换成无污染的衣服。

急救:

- 眼睛:如眼睛直接接触了该化学物质,要立即用大量水冲洗(灌洗)眼睛,冲洗时,不时翻开上下眼睑,并立即就医。
- 皮肤:如果该化学物质直接接触皮肤,立即用水冲洗污染的皮肤。如果该化学物质渗透进衣服,迅速将衣服脱除,用水冲洗皮肤。若清洗后症状持续存在,应就医。
- 呼吸:如果接触者吸入大量该化学物质,立即将接触者移至新鲜空气处。如果呼吸停止,要进行人工呼吸,注意保暖和休息。尽快就医。
- 吞入:如果吞入该化学物质,应立即就医。

对呼吸器选择的建议: NIOSH/OSHA

～400 ppm:

- CcrOv:任何空气过滤式半面罩呼吸器,配防有机蒸气的滤毒盒。指定防护因数＝10。*
- PaprOv:任何动力送风空气过滤式呼吸器,配有机蒸气滤毒盒。指定防护因数＝25。*
- GmFOv:任何空气过滤式全面罩呼吸器(防毒面具),配下颌式、前置式或背置式有机蒸气滤毒罐。指定防护因数＝50。
- Sa:任何供气式呼吸器。指定防护因数＝10。*
- ScbaF:任何携气式呼吸器,配全面罩。指定防护因数＝50。

§:应急抢险,或准备进入浓度未知环境,或进入 IDLH 环境:

- ScbaF:Pd,Pp:任何压力需气式或正压携气式呼吸器,配全面罩。指定防护因数＝10 000。
- SaF:Pd,Pp:AScba:任何压力需气式或正压供气式呼吸器,配全面罩,配压力需气式或正压携气式辅助呼吸器。指定防护因数＝10 000。

逃生:

- GmFOv:任何空气过滤式全面罩呼吸器(防毒面具),配下颌式、前置式或背置式有机蒸气滤毒罐。指定防护因数＝50。
- ScbaE:任何适合逃生的携气式呼吸器。

有关呼吸器选择的其他重要信息参见相关标准。

接触途径: 呼吸道,皮肤吸收,胃肠道,皮肤和/或眼睛直接接触。

症状: 眼睛、鼻、咽喉、皮肤刺激;麻醉。

靶器官: 眼睛,皮肤,呼吸系统。

C

环己酮(Cyclohexanone)

$C_6H_{10}O$

异名和商品名:Anone,Cyclohexyl ketone,Pimelic ketone

CAS No.:108-94-1

RTECS No.:GW1050000

DOT ID 和指南号:1915 127

接触限值:NIOSH REL:TWA 25 ppm (100 mg/m³) [皮]

OSHA PEL †:TWA 50 ppm (200 mg/m³)

IDLH:700 ppm　　**浓度换算系数**:1 ppm = 4.02 mg/m³

理化性质:水白色至淡黄色液体,具有胡椒或丙酮样气味。

分子量:98.2　　沸点:312 ℉

凝固点:-49 ℉　　溶解度:15%

蒸气压:5 mmHg　　电离电位:9.14 eV

比重:0.95　　闪点:146 ℉

爆炸上限:9.4%　　爆炸下限(212 ℉):1.1%

ⅢA 类可燃液体——闪点等于或高于 140 ℉且低于 200 ℉。

不相容性和反应性:氧化剂,硝酸。

测量方法:NIOSH 1300,2555;OSHA 1

个人防护和卫生设施:

- 皮肤:穿戴合适的个人防护服,防止皮肤直接接触。
- 眼睛:佩戴合适的眼部防护用品,防止眼睛直接接触。
- 清洗皮肤:当皮肤受到污染时,应立即清洗污染的皮肤。
- 脱除:如果工作服被弄湿或受到了明显的污染,应该立即脱除并妥善处置。
- 更换:对于班后的衣服的更换需要没有特殊建议。

急救:

- 眼睛:如眼睛直接接触了该化学物质,要立即用大量水冲洗(灌洗)眼睛,冲洗时,不时翻开上下眼睑,并立即就医。
- 皮肤:如果该化学物质直接接触皮肤,迅速用水冲洗污染的皮肤。如果该化学物质渗透进衣服,要立即将衣服脱除,迅速用水冲洗污染的皮肤,若冲洗后刺激症状持续存在,应就医。
- 呼吸:如果接触者吸入大量该化学物质,立即将接触者移至新鲜空气处。如果呼吸停止,要进行人工呼吸,注意保暖和休息。尽快就医。
- 吞入:如果吞入该化学物质,应立即就医。

对呼吸器选择的建议:NIOSH

~625 ppm:

- Sa:Cf:任何连续供气式呼吸器。指定防护因数=25。£
- PaprOv:任何动力送风空气过滤式呼吸器,配有机蒸气滤毒盒。指定防护因数=25。£

~700 ppm:

- CcrFOv:任何空气过滤式全面罩呼吸器,配有机蒸气滤毒盒。指定防护因数=50。
- GmFOv:任何空气过滤式全面罩呼吸器(防毒面具),配下颌式、前置式或背置式有机蒸气滤毒罐。指定防护因数=50。
- PaprTOv:任何动力送风空气过滤式呼吸器,配密合型面罩和有机蒸气滤毒盒。指定防护因数=50。£
- ScbaF:任何携气式呼吸器,配全面罩。指定防护因数=50。
- SaF:任何供气式呼吸器,配全面罩。指定防护因数=50。

§:应急抢险,或准备进入浓度未知环境,或进入 IDLH 环境:

- ScbaF:Pd,Pp:任何压力需气式或正压携气式呼吸器,配全面罩。指定防护因数=10 000。

- SaF：Pd,Pp：AScba:任何压力需气式或正压供气式呼吸器,配全面罩,配压力需气式或正压携气式辅助呼吸器。指定防护因数=10 000。

逃生:

- GmFOv:任何空气过滤式全面罩呼吸器(防毒面具),配下颌式、前置式或背置式有机蒸气滤毒罐。指定防护因数=50。
- ScbaE:任何适合逃生的携气式呼吸器。

有关呼吸器选择的其他重要信息参见相关标准。

接触途径:呼吸道,皮肤吸收,胃肠道,皮肤和/或眼睛直接接触。

症状:眼睛、皮肤、黏膜刺激;头痛;麻醉,昏迷;皮炎;动物:肝、肾损害。

靶器官:眼睛,皮肤,呼吸系统,中枢神经系统,肝,肾。

C

环己烯(Cyclohexene)

C_6H_{10}

异名和商品名:四氢苯,四氢化苯,Benzene tetrahydride,Tetrahydrobenzene

CAS No.:110-83-8

RTECS No.:GW2500000

DOT ID 和指南号:2256 130

接触限值:NIOSH REL:TWA 300 ppm (1 015 mg/m³)
OSHA PEL:TWA 300 ppm (1 015 mg/m³)

IDLH:2 000 ppm　　**浓度换算系数:**1 ppm = 3.36 mg/m³

理化性质:无色液体,具有甜味。

分子量:82.2	沸点:181 ℉
凝固点:−154 ℉	溶解度:不溶
蒸气压:67 mmHg	电离电位:8.95 eV
比重:0.81	闪点:11 ℉
爆炸上限:未知	爆炸下限:未知

ⅠB类易燃液体——闪点低于 73 ℉,沸点等于或高于 100 ℉。

不相容性和反应性:强氧化剂。[注:在贮存时可与氧气生成爆炸性过氧化物。]

测量方法:NIOSH 1500;OSHA 7

个人防护和卫生设施:

- 皮肤:穿戴合适的个人防护服,防止皮肤直接接触。
- 眼睛:佩戴合适的眼部防护用品,防止眼睛直接接触。
- 清洗皮肤:当皮肤受到污染时,应立即清洗污染的皮肤。
- 脱除:如果工作服被可燃性物质(即闪点低于 100℉的液体)浸湿,应当立即脱除并妥善处置,以防着火。
- 更换:对于班后的衣服的更换需要没有特殊建议。

急救:

- 眼睛:如眼睛直接接触了该化学物质,要立即用大量水冲洗(灌洗)眼睛,冲洗时,不时翻开上下眼睑,并立即就医。
- 皮肤:如果该化学物质直接接触皮肤,迅速用肥皂和水冲洗污染的皮肤。若该化学物质渗透进衣服,要迅速将衣服脱除,用肥皂和水清洗皮肤,并迅速就医。
- 呼吸:如果接触者吸入大量该化学物质,立即将接触者移至新鲜空气处。如果呼吸停止,要进行人工呼吸,注意保暖和休息。尽快就医。
- 吞入:如果吞入该化学物质,应立即就医。

对呼吸器选择的建议:NIOSH/OSHA

~2 000 ppm:

- Sa：Cf:任何连续供气式呼吸器。指定防护因数=25。£
- PaprOv:任何动力送风空气过滤式呼吸器,配有机蒸气滤毒盒。指定防护因数=25。£

- CcrFOv：任何空气过滤式全面罩呼吸器，配有机蒸气滤毒盒。指定防护因数＝50。
- GmFOv：任何空气过滤式全面罩呼吸器（防毒面具），配下颌式、前置式或背置式有机蒸气滤毒罐。指定防护因数＝50。
- ScbaF：任何携气式呼吸器，配全面罩。指定防护因数＝50。
- SaF：任何供气式呼吸器，配全面罩。指定防护因数＝50。

§：应急抢险，或准备进入浓度未知环境，或进入 IDLH 环境：

- ScbaF：Pd，Pp：任何压力需气式或正压携气式呼吸器，配全面罩。指定防护因数＝10 000。
- SaF：Pd，Pp：AScba：任何压力需气式或正压供气式呼吸器，配全面罩，配压力需气式或正压携气式辅助呼吸器。指定防护因数＝10 000。

逃生：

- GmFOv：任何空气过滤式全面罩呼吸器（防毒面具），配下颌式、前置式或背置式有机蒸气滤毒罐。指定防护因数＝50。
- ScbaE：任何适合逃生的携气式呼吸器。

有关呼吸器选择的其他重要信息参见相关标准。

接触途径：呼吸道，胃肠道，皮肤和/或眼睛直接接触。

症状：眼睛、皮肤、呼吸系统刺激；嗜睡。

靶器官：眼睛，皮肤，呼吸系统，中枢神经系统。

环己胺（Cyclohexylamine）

$C_6H_{11}NH_2$

CAS No.：108-91-8

RTECS No.：GX0700000

DOT ID 和指南号：2357 132

异名和商品名：氨基环己烷，六氢苯胺，Aminocyclohexane，Aminohexahydrobenzene，Hexahydroaniline，Hexahydrobenzenamine

接触限值：NIOSH REL：TWA 10 ppm（40 mg/m^3）
OSHA PEL †：无

IDLH：N. D.　　**浓度换算系数：**1 ppm ＝ 4.06 mg/m^3

理化性质：无色或黄色液体，具有强烈的鱼腥胺味。

分子量：99.2	沸点：274 ℉
凝固点：0 ℉	溶解度：与水互溶
蒸气压：11 mmHg	电离电位：8.37 eV
比重：0.87	闪点：88 ℉
爆炸上限：9.4％	爆炸下限：1.5％

ⅠC类易燃液体——闪点等于或高于 73 ℉且低于 100 ℉。

不相容性和反应性：氧化剂，有机化合物，酸酐，酸性氯化物，酸铅。［注：对铜、铝、锌和镀钢具有腐蚀性。］

测量方法：NIOSH 2010；OSHA PV2016

个人防护和卫生设施：

- 皮肤：穿戴合适的个人防护服，防止皮肤直接接触。
- 眼睛：佩戴合适的眼部防护用品，防止眼睛直接接触。
- 清洗皮肤：当皮肤受到污染时，应立即清洗污染的皮肤。
- 脱除：如果工作服被可燃性物质（即闪点低于 100 ℉的液体）浸湿，应当立即脱除并妥善处置，以防着火。
- 更换：对于班后的衣服的更换需要没有特殊建议。
- 配备：在劳动者可能接触该化学物质的作业场所，无论是否需要使用眼部防护用品，都应配备眼冲洗设备。在紧靠有可能接触该化学物质的工作场所，应配备快速冲淋身体的设备以应急使用。［注：这些设备应能够提供足量水或流动水，以将可能接触的身体任何部位上的化学物质除去。实际配备适宜的快速冲淋设备取决于工作场所的具体条件。在某些情况下,必须及时进行大流量淋浴,而其他情况下只需要用一个水槽或软管供水就足够了。]

急救:

- 眼睛:如眼睛直接接触了该化学物质,要立即用大量水冲洗(灌洗)眼睛,冲洗时,不时翻开上下眼睑,并立即就医。
- 皮肤:如果该化学物质直接接触皮肤,立即用水冲洗污染的皮肤。如果该化学物质渗透进衣服,要迅速将衣服脱除,用水冲洗污染的皮肤,并迅速就医。
- 呼吸:如果接触者吸入大量该化学物质,立即将接触者移至新鲜空气处。如果呼吸停止,要进行人工呼吸,注意保暖和休息。尽快就医。
- 吞入:如果吞入该化学物质,应立即就医。

对呼吸器选择的建议:无。

有关呼吸器选择的其他重要信息参见相关标准。

接触途径:呼吸道,皮肤吸收,胃肠道,皮肤和/或眼睛直接接触。

症状:眼睛、皮肤、黏膜、呼吸系统刺激;眼睛、皮肤灼伤;皮肤致敏;咳嗽,肺水肿;嗜睡,眩晕;腹泻,恶心,呕吐。

靶器官:眼睛,皮肤,呼吸系统,中枢神经系统。

C

三次甲基三硝基胺(Cyclonite)

$C_3H_6N_6O_6$

CAS No.:121-82-4

RTECS No.:XY9450000

DOT ID 和指南号:

异名和商品名:旋风炸药;Cyclotrimethylenetrinitramine;RDX;Hexahydro-1,3,5-trinitro-s-triazine;Trimethylenetrinitramine;1,3,5-Trinitro-1,3,5-triazacyclohexane

接触限值:NIOSH REL:TWA 1.5 mg/m^3

ST 3 mg/m^3[皮]

OSHA PEL †:无

IDLH:N.D.　　**浓度换算系数:**

理化性质:白色,晶体状粉末。[注:烈性炸药。]

分子量:222.2	沸点:未知
熔点:401 ℉	溶解度:不溶
蒸气压(230 ℉):0.000 4 mmHg	电离电位:未知
比重:1.82	闪点:爆炸
爆炸上限:未知	爆炸下限:未知

可燃固体。[爆炸物!]

不相容性和反应性:强氧化剂,可燃物质,热。[注:接触雷汞可爆炸。]

测量方法:NIOSH 0500

个人防护和卫生设施:

- 皮肤:穿戴合适的个人防护服,防止皮肤直接接触。
- 眼睛:佩戴合适的眼部防护用品,防止眼睛直接接触。
- 清洗皮肤:当皮肤受到污染时,应立即清洗污染的皮肤。/每天工作班结束后,进食、吸烟、喝水前都应该清洗可能受到污染的皮肤。
- 脱除:如果工作服被弄湿或受到了明显的污染,应该立即脱除并妥善处置。
- 更换:在离开工作场所前应当将可能受到污染的工作服更换成无污染的衣服。
- 配备:在劳动者可能接触该化学物质的作业场所,无论是否需要使用眼部防护用品,都应配备眼冲洗设备。在紧靠有可能接触该化学物质的工作场所,应配备快速冲淋身体的设备以应急使用。[注:这些设备应能够提供足量水或流动水,以将可能接触的身体任何部位上的化学物质除去。实际配备适宜的快速冲淋设备取决于工作场所的具体条件。在某些情况下,必须及时进行大流量淋浴,而其他情况下只需要用一个水槽或软管供水就足够了。]

急救：

- 眼睛：如眼睛直接接触了该化学物质，要立即用大量水冲洗（灌洗）眼睛，冲洗时，不时翻开上下眼睑，并立即就医。
- 皮肤：如果该化学物质直接接触皮肤，要立即用肥皂和水冲洗污染的皮肤。如果该化学物质渗透衣服，立即将衣服脱除，并用水清洗皮肤。如果清洗后刺激持续存在，应就医。
- 呼吸：如果接触者吸入大量该化学物质，立即将接触者移至新鲜空气处。如果呼吸停止，要进行人工呼吸，注意保暖和休息。尽快就医。
- 吞入：如果吞入该化学物质，应立即就医。

对呼吸器选择的建议：无。

有关呼吸器选择的其他重要信息参见相关标准。

接触途径：呼吸道，皮肤吸收，胃肠道，皮肤和/或眼睛直接接触。

症状：眼睛、皮肤刺激；头痛，应激性，倦怠（虚弱，虚脱），震颤，恶心，眩晕，呕吐，失眠，惊厥。

靶器官：眼睛，皮肤，中枢神经系统。

环戊二烯（Cyclopentadiene）

C_5H_6

异名和商品名：1，3-环戊二烯；1，3-Cyclopentadiene

CAS No.：542-92-7

RTECS No.：GY1000000

DOT ID 和指南号：

接触限值：NIOSH REL：TWA 75 ppm（200 mg/m³）
OSHA PEL：TWA 75 ppm（200 mg/m³）

IDLH：750 ppm　　**浓度换算系数：**1 ppm = 2.70 mg/m³

理化性质：无色液体，具有刺激性气味。

分子量：66.1　　沸点：107 ℉
凝固点：－121 ℉　　溶解度：不溶
蒸气压：400 mmHg　　电离电位：8.56 eV
比重：0.80　　闪点（开杯）：77 ℉
爆炸上限：未知　　爆炸下限：未知

ⅠC 类易燃液体——闪点等于或高于 73 ℉且低于 100 ℉。

不相容性和反应性：强氧化剂，发烟硝酸，硫酸。[注：放置可生成二聚物。]

测量方法：NIOSH 2523

个人防护和卫生设施：

- 皮肤：穿戴合适的个人防护服，防止皮肤直接接触。
- 眼睛：佩戴合适的眼部防护用品，防止眼睛直接接触。
- 清洗皮肤：当皮肤受到污染时，应立即清洗污染的皮肤。
- 脱除：如果工作服被可燃性物质（即闪点低于 100 ℉的液体）浸湿，应当立即脱除并妥善处置，以防着火。
- 更换：对于班后的衣服的更换需要没有特殊建议。

急救：

- 眼睛：如眼睛直接接触了该化学物质，要立即用大量水冲洗（灌洗）眼睛，冲洗时，不时翻开上下眼睑，并立即就医。
- 皮肤：如果该化学物质直接接触皮肤，迅速用肥皂和水冲洗污染的皮肤。若该化学物质渗透进衣服，要迅速将衣服脱除，用肥皂和水清洗皮肤，并迅速就医。
- 呼吸：如果接触者吸入大量该化学物质，立即将接触者移至新鲜空气处。如果呼吸停止，要进行人工呼吸，注意保暖和休息。尽快就医。
- 吞入：如果吞入该化学物质，应立即就医。

对呼吸器选择的建议:NIOSH/OSHA

~750 ppm:

- CcrOv:任何空气过滤式半面罩呼吸器,配防有机蒸气的滤毒盒。指定防护因数=10。
- GmFOv:任何空气过滤式全面罩呼吸器(防毒面具),配下颌式、前置式或背置式有机蒸气滤毒罐。指定防护因数=50。
- PaprOv:任何动力送风空气过滤式呼吸器,配有机蒸气滤毒盒。指定防护因数=25。
- Sa:任何供气式呼吸器。指定防护因数=10。
- ScbaF:任何携气式呼吸器,配全面罩。指定防护因数=50。

§:应急抢险,或准备进入浓度未知环境,或进入 IDLH 环境:

- ScbaF:Pd,Pp:任何压力需气式或正压携气式呼吸器,配全面罩。指定防护因数=10 000。
- SaF:Pd,Pp:AScba:任何压力需气式或正压供气式呼吸器,配全面罩,配压力需气式或正压携气式辅助呼吸器。指定防护因数=10 000。

逃生:

- GmFOv:任何空气过滤式全面罩呼吸器(防毒面具),配下颌式、前置式或背置式有机蒸气滤毒罐。指定防护因数=50。
- ScbaE:任何适合逃生的携气式呼吸器。

有关呼吸器选择的其他重要信息参见相关标准。

接触途径:呼吸道,胃肠道,皮肤和/或眼睛直接接触。

症状:眼、鼻刺激。

靶器官:眼睛,呼吸系统。

C

环戊烷(Cyclopentane)

C_5H_{10}

异名和商品名:Pentamethylene

CAS No.:287-92-3

RTECS No.:GY2390000

DOT ID 和指南号:1146 128

接触限值:NIOSH REL:TWA 600 ppm (1 720 mg/m³)

OSHA PEL †:无

IDLH:N. D.　　**浓度换算系数**:1 ppm = 2.87 mg/m³

理化性质:无色液体,具有淡甜味。

分子量:70.2	沸点:121 ℉
凝固点:-137 ℉	溶解度:不溶
蒸气压(88 ℉):400 mmHg	电离电位:10.52 eV
比重:0.75	闪点:-35 ℉
爆炸上限:8.7%	爆炸下限:1.1%

IB类易燃液体——闪点低于 73 ℉,沸点等于或高于 100 ℉。

不相容性和反应性:强氧化剂(如氯、溴、氟)。

测量方法:无。

个人防护和卫生设施:

- 皮肤:穿戴合适的个人防护服,防止皮肤直接接触。
- 眼睛:佩戴合适的眼部防护用品,防止眼睛直接接触。
- 清洗皮肤:每天工作班结束后,进食、吸烟、喝水前都应该清洗可能受到污染的皮肤。
- 脱除:如果工作服被可燃性物质(即闪点低于 100 ℉的液体)浸湿,应当立即脱除并妥善处置,以防着火。
- 更换:对于班后的衣服的更换需要没有特殊建议。

急救:

- 眼睛:如眼睛直接接触了该化学物质,要立即用大量水冲洗(灌洗)眼睛,冲洗时,不时翻开上下眼睑,并立即就医。
- 皮肤:如果该化学物质直接接触皮肤,用肥皂和水冲洗污染的皮肤。

● 呼吸:如果接触者吸入大量该化学物质,立即将接触者移至新鲜空气处。如果呼吸停止,要进行人工呼吸,注意保暖和休息。尽快就医。
● 吞入:如果吞入该化学物质,应立即就医。

对呼吸器选择的建议:无。

有关呼吸器选择的其他重要信息参见相关标准。

接触途径:呼吸道,胃肠道,皮肤和/或眼睛直接接触。

症状:眼睛、鼻、咽喉、皮肤刺激;眩晕,欣快感,共济失调,恶心,呕吐,木僵;皮肤干裂。

靶器官:眼睛,皮肤,呼吸系统,中枢神经系统。

环己锡(Cyhexatin)

$(C_6H_{11})_3SnOH$

CAS No.:13121-70-5

RTECS No.:WH8750000

DOT ID 和指南号:

异名和商品名:三环锡,普特丹,TCHH,Tricyclohexylhydroxystannane,Tricyclohexylhydroxytin,Tricyclohexylstannium hydroxide,Tricyclohexyltin hydroxide

接触限值:NIOSH REL:TWA 5 mg/m³
OSHA PEL †:TWA 0.32 mg/m³
[0.1 mg/m³(按锡计)]

IDLH:80 mg/m³[25 mg/m³(按锡计)] **浓度换算系数**:

理化性质:无色至白色,几乎无气味,晶体状粉末。[杀虫剂]

分子量:385.2	沸点:442 ℉(分解)
熔点:383 ℉	溶解度:不溶
蒸气压:0 mmHg(约)	电离电位:不适用
比重:未知	闪点:不适用
爆炸上限:不适用	爆炸下限:不适用

不相容性和反应性:强氧化剂,紫外线。

测量方法:NIOSH 5504

个人防护和卫生设施:
● 皮肤:穿戴合适的个人防护服,防止皮肤直接接触。
● 眼睛:对眼部防护的需要没有特殊建议。
● 清洗皮肤:当皮肤受到污染时,应立即清洗污染的皮肤。
● 脱除:如果工作服被弄湿或受到了明显的污染,应该立即脱除并妥善处置。
● 更换:在离开工作场所前应当将可能受到污染的工作服更换成无污染的衣服。

急救:
● 眼睛:如眼睛直接接触了该化学物质,要立即用大量水冲洗(灌洗)眼睛,冲洗时,不时翻开上下眼睑,并立即就医。
● 皮肤:如果该化学物质直接接触皮肤,立即用肥皂和水冲洗污染的皮肤。若该化学物质渗透进衣服,要立即将衣服脱除,用肥皂和水清洗皮肤,并迅速就医。
● 呼吸:如果接触者吸入大量该化学物质,立即将接触者移至新鲜空气处。如果呼吸停止,要进行人工呼吸,注意保暖和休息。尽快就医。
● 吞入:如果吞入该化学物质,应立即就医。

对呼吸器选择的建议:OSHA

~3.2 mg/m³:
● CcrOv95:任何空气过滤式半面罩呼吸器,配有机蒸气过滤盒和 N95、R95 或 P95 的综合防护过滤元件。也可使用以下过滤元件:N99、R99、P99、N100、R100、P100。指定防护因数=10。选择 N、R 或 P 过滤元件的信息见表 4。
● Sa:任何供气式呼吸器。指定防护因数=10。

～8 mg/m³：

- Sa：Cf：任何连续供气式呼吸器。指定防护因数＝25。
- PaprOvHie：任何动力送风空气过滤式呼吸器，配有机蒸气和高效颗粒滤毒盒的综合防护过滤元件。指定防护因数＝50。

～16 mg/m³：

- CcrFOv100：任何空气过滤式全面罩呼吸器，配有机蒸气过滤盒和 N100、R100 或 P100 的综合防护过滤元件。指定防护因数＝50。选择 N、R 或 P 过滤元件的信息见表 4。
- GmFOv100：任何空气过滤式全面罩呼吸器（防毒面具），配下颌式、前置式或背置式有机蒸气滤毒罐和 N100、R100 或 P100 的综合防护过滤元件。指定防护因数＝50。选择 N、R 或 P 过滤元件的信息见表 4。指定防护因数＝50。
- PaprTOvHie：任何动力送风空气过滤式呼吸器，配密合型面罩和有机蒸气和高效颗粒滤毒盒的综合防护过滤元件。指定防护因数＝50。
- SaT：Cf：任何连续供气式呼吸器，配密合型面罩。指定防护因数＝50。
- ScbaF：任何携气式呼吸器，配全面罩。指定防护因数＝50。
- SaF：任何供气式呼吸器，配全面罩。指定防护因数＝50。

～80 mg/m³：

- SaF：Pd，Pp：任何压力需气式或正压供气式呼吸器，配全面罩。指定防护因数＝2 000。

§：应急抢险，或准备进入浓度未知环境，或进入 IDLH 环境：

- ScbaF：Pd，Pp：任何压力需气式或正压携气式呼吸器，配全面罩。指定防护因数＝10 000。
- SaF：Pd，Pp：AScba：任何压力需气式或正压供气式呼吸器，配全面罩，配压力需气式或正压携气式辅助呼吸器。指定防护因数＝10 000。

逃生：

- GmFOv100：任何空气过滤式全面罩呼吸器（防毒面具），配下颌式、前置式或背置式有机蒸气滤毒罐和 N100、R100 或 P100 的综合防护过滤元件。指定防护因数＝50。选择 N、R 或 P 过滤元件的信息见表 4。指定防护因数＝50。
- ScbaE：任何适合逃生的携气式呼吸器。

有关呼吸器选择的其他重要信息参见相关标准。

接触途径：呼吸道，皮肤吸收，胃肠道，皮肤和/或眼睛直接接触。

症状：眼睛、皮肤、呼吸系统刺激；头痛，眩晕；咽喉痛，咳嗽；腹痛，呕吐；皮肤灼伤，瘙痒症；动物：肝、肾损害。

靶器官：眼睛，皮肤，呼吸系统，肝，肾。

D

2,4-滴(2,4-D)

$Cl_2C_6H_3OCH_2COOH$

异名和商品名:二氯苯氧基乙酸;2,4-二氯苯氧基乙酸;Dichlorophenoxyacetic acid;2,4-Dichlorophenoxyacetic acid

CAS No.:94-75-7

RTECS No.:AG6825000

DOT ID 和指南号:2765 152

接触限值:NIOSH REL:TWA 10 mg/m³

OSHA PEL:TWA 10 mg/m³

IDLH:100 mg/m³ **浓度换算系数:**

理化性质:白色至黄色晶体,无气味粉状。[除草剂]

分子量:221.0	沸点:分解
熔点:280 ℉	溶解度:0.05%
蒸气压(320 ℉):0.4 mmHg	电离电位:未知
比重:1.57	闪点:不适用
爆炸上限:不适用	爆炸下限:不适用

不可燃固体,但可溶于易燃液体。

不相容性和反应性:强氧化剂。

测量方法:NIOSH 5001

个人防护和卫生设施:

- 皮肤:穿戴合适的个人防护服,防止皮肤直接接触。
- 眼睛:佩戴合适的眼部防护用品,防止眼睛直接接触。
- 清洗皮肤:当皮肤受到污染时,应立即清洗污染的皮肤。
- 脱除:如果工作服被弄湿或受到了明显的污染,应该立即脱除并妥善处置。
- 更换:在离开工作场所前应当将可能受到污染的工作服更换成无污染的衣服。

急救:

- 眼睛:如眼睛直接接触了该化学物质,要立即用大量水冲洗(灌洗)眼睛,冲洗时,不时翻开上下眼睑,并立即就医。
- 皮肤:如果该化学物质直接接触皮肤,迅速用肥皂和水冲洗污染的皮肤。若该化学物质渗透进衣服,要迅速将衣服脱除,用肥皂和水清洗皮肤,并迅速就医。
- 呼吸:如果接触者吸入大量该化学物质,立即将接触者移至新鲜空气处。如果呼吸停止,要进行人工呼吸,注意保暖和休息。尽快就医。
- 吞入:如果吞入该化学物质,应立即就医。

对呼吸器选择的建议:NIOSH/OSHA

~100 mg/m³

- CcrOv 95:任何空气过滤式半面罩呼吸器,配有机蒸气滤毒盒和 N95、R95 或 P95 的综合防护过滤元件。也可使用以下过滤元件:N99、R99、P99、N100、R100、P100。指定防护因数=10。选择 N、R 或 P 过滤元件的信息见表 4。
- GmFOv100:任何空气过滤式全面罩呼吸器(防毒面具),配下颌式,前置式或背置式有机蒸气滤毒罐和 N100、R100 或 P100 的综合防护过滤元件。指定防护因数=50。选择 N、R 或 P 过滤元件的信息见表 4。
- PaprOvHie:任何动力送风空气过滤式呼吸器,配有机蒸气和高效颗粒滤毒盒的综合防护过滤元件。指定防护因数=50。
- Sa:任何供气式呼吸器。指定防护因数=10。
- ScbaF:任何携气式呼吸器,配全面罩。指定防护因数=50。

§:应急抢险,或准备进入浓度未知环境,或进入 IDLH 环境:

- ScbaF:Pd,Pp:任何压力需气式或正压携气式呼吸器,配全面罩。指定防护因数=10 000。
- SaF:Pd,Pp:AScba:任何压力需气式或正压供气式呼吸器,配全面罩,配压力需气式或正压携气式辅助呼吸器。指定防护因数=10 000。

逃生:

- GmFOv100:任何空气过滤式全面罩呼吸器(防毒面具),配下颌式、前置式或背置式有机蒸气滤毒罐和 N100、R100 或 P100 的综合防护过滤元件。指定防护因数=50。选择 N、R 或 P 过滤元件的信息见表 4。
- ScbaE:任何适合逃生的携气式呼吸器。

有关呼吸器选择的其他重要信息参见相关标准。

接触途径:呼吸道,皮肤吸收,皮肤和/或眼睛直接接触。

症状:乏力、昏迷、反射减弱、肌肉颤搐;惊厥;皮炎;动物:肝、肾损伤。

靶器官:皮肤,中枢神经系统,肝,肾。

滴滴涕(DDT)

$(C_6H_4Cl)_2CHCCl_3$

异名和商品名:二氯二苯基三氯乙烷;二二三;1,1,1-三氯-2,2-双(对-氯苯基)乙烷,p,p′-DDT;Dichlorodiphenyltrichloroethane;1,1,1-Trichloro-2,2-bis(p-chlorophenyl)ethane

CAS No.:50-29-3

RTECS No.:KJ3325000

DOT ID 和指南号:2761 151

D

接触限值:NIOSH REL:Ca

TWA 0.5 mg/m³

见附录 A

OSHA PEL:TWA 1mg/m³[皮]

IDLH: Ca[500mg/m³]　**浓度换算系数:**

理化性质:无色晶体或白色粉状,具轻微芳香气味。[杀虫剂]

分 子 量:354.5　沸　点:230 ℉(分解)

熔　点:227 ℉　溶 解 度:不溶

蒸 气 压:0.000 000 2 mmHg　电离电位:未知

比　重:0.99　爆炸上限:未知

爆炸下限:未知

可燃固体。

不相容性和反应性:强氧化剂,碱。

测量方法:NIOSH S274(Ⅱ-3)

个人防护和卫生设施:

- 皮肤:穿戴合适的个人防护服,防止皮肤直接接触。
- 眼睛:佩戴合适的眼部防护用品,防止眼睛直接接触。
- 清洗皮肤:当皮肤受到污染时,应立即清洗污染的皮肤。/每天工作班结束后,进食、吸烟、喝水前都应该清洗可能受到污染的皮肤。
- 脱除:如果工作服被弄湿或受到了明显的污染,应该立即脱除并妥善处置。
- 更换:在离开工作场所前应当将可能受到污染的工作服更换成无污染的衣服。
- 配备:在劳动者可能接触该化学物质的作业场所,无论是否需要使用眼部防护用品,都应配备眼冲洗设备。在紧靠有可能接触该化学物质的工作场所,应配备快速冲淋身体的设备以应急使用。[注:这些设备应能够提供足量水或流动水,以将可能接触的身体任何部位上的该化学物质除去。实际配备适宜的快速冲淋设备取决于工作场所的具体条件。在某些情况下,必须及时进行大流量淋浴,而其他情况下只需要用一个水槽或软管供水就足够了。]

急救:

- 眼睛:如眼睛直接接触了该化学物质,要立即用大量水冲洗(灌洗)眼睛,冲洗时,不时翻开上下眼睑,并立即就医。
- 皮肤:如果该化学物质直接接触皮肤,迅速用肥皂和水冲洗污染的皮肤。若该化学物质渗透进衣服,要迅速将衣服脱除,用肥皂和水清洗皮肤,并迅速就医。
- 呼吸:如果接触者吸入大量该化学物质,立即将接触者移至新鲜空气处。如果呼吸停止,要进行人工呼吸,注意保暖和休息。尽快就医。
- 吞入:如果吞入该化学物质,应立即就医。

对呼吸器选择的建议:NIOSH

¥:高于 NIOSH REL 的浓度;或当没有 REL 时,任何可以检测到的浓度:

- ScbaF:Pd,Pp:任何压力需气式或正压携气式呼吸器,配全面罩。指定防护因数=10 000。
- SaF:Pd,Pp:AScba:任何压力需气式或正压供气式呼吸器,配全面罩,配压力需气式或正压携气式辅助呼吸器。指定防护因数=10 000。

逃生:

- GmFOv100:任何空气过滤式全面罩呼吸器(防毒面具),配下颌式、前置式或背置式有机蒸气滤毒罐和 N100、R100 或 P100 的综合防护过滤元件。指定防护因数=50。选择 N、R 或 P 过滤元件的信息见表 4。

● ScbaE:任何适合逃生的携气式呼吸器。

有关呼吸器选择的其他重要信息参见相关标准。

接触途径:呼吸道,皮肤吸收,胃肠道,皮肤和/或眼睛直接接触。

症状:眼睛、皮肤刺激;舌、唇、面部麻痹;震颤;焦虑,头晕,意识模糊,不适,头痛,乏力;惊厥;手异样感;恶心;[潜在职业性致癌物]。

靶器官:眼睛,皮肤,中枢神经系统,肾,肝,周围神经系统。

致癌部位:[动物:肝、肺及淋巴肿瘤]。

十硼烷(Decaborane)

$B_{10}H_{14}$

CAS No.:17702-41-9

RTECS No.:HD1400000

异名和商品名:癸硼烷,十硼氢,Decaboron tetradecahydride

DOT ID 和指南号:1868 134

接触限值:NIOSH REL: TWA 0.3 mg/m³(0.05 ppm)[皮]
ST 0.9 mg/m³(0.15 ppm)
OSHA PEL †: TWA 0.3 mg/m³(0.05 ppm)[皮]

IDLH:15 mg/m³ **浓度换算系数:**1 ppm = 5.00 mg/m³

理化性质:无色至白色晶体,具较浓的苦巧克力味。

分子量:122.2　沸点:415 ℉
熔点:211 ℉　溶解度:微溶
蒸气压:0.2 mmHg　电离电位:9.88 eV
比重:0.94　闪点:176 ℉
爆炸下限:未知　爆炸上限:未知

可燃固体。

不相容性和反应性:氧化剂,水,含卤化合物(特别是四氯化碳)。[注:遇空气可立即燃烧,在热水中可缓慢分解。]

测量方法:无。

个人防护和卫生设施:

● 皮肤:穿戴合适的个人防护服,防止皮肤直接接触。
● 眼睛:佩戴合适的眼部防护用品,防止眼睛直接接触。
● 清洗皮肤:当皮肤受到污染时,应立即清洗污染的皮肤。/每天工作班结束后,进食、吸烟、喝水前都应该清洗可能受到污染的皮肤。
● 脱除:如果工作服被弄湿或受到了明显的污染,应该立即脱除并妥善处置。
● 更换:在离开工作场所前应当将可能受到污染的工作服更换成无污染的衣服。
● 配备:在劳动者可能接触该化学物质的作业场所,无论是否需要使用眼部防护用品,都应配备眼冲洗设备。在紧靠有可能接触该化学物质的工作场所,应配备快速冲淋身体的设备以应急使用。[注:这些设备应能够提供足量水或流动水,以将可能接触的身体任何部位上的该化学物质除去。实际配备适宜的快速冲淋设备取决于工作场所的具体条件。在某些情况下,必须及时进行大流量淋浴,而其他情况下只需要用一个水槽或软管供水就足够了。]

急救:

● 眼睛:如眼睛直接接触了该化学物质,要立即用大量水冲洗(灌洗)眼睛,冲洗时,不时翻开上下眼睑,并立即就医。
● 皮肤:如果该化学物质直接接触皮肤,立即用肥皂和水冲洗污染的皮肤。若该化学物质渗透进衣服,要立即将衣服脱除,用肥皂和水清洗皮肤,并迅速就医。
● 呼吸:如果接触者吸入大量该化学物质,立即将接触者移至新鲜空气处。如果呼吸停止,要进行人工呼吸,注意保暖和休息。尽快就医。
● 吞入:如果吞入该化学物质,应立即就医。

对呼吸器选择的建议:NIOSH/OSHA

~3mg/m³
● Sa:任何供气式呼吸器,指定防护因数=10。

~7.5 mg/m³
● Sa:cf:任何连续供气式呼吸器。指定防护因数=25。

~15 mg/m³
● SaT:cf:任何连续供气式呼吸器,配密合型面罩。指定防护因数=50。
● ScbaF:任何携气式呼吸器,配全面罩。指定防护因数=50。
● SaF:任何供气式呼吸器,配全面罩。指定防护因数=50。

§:应急抢险,或准备进入浓度未知环境,或进入 IDLH 环境:

● ScbaF:Pd,Pp:任何压力需气式或正压携气式呼吸器,配全面罩。指定防护因数=10 000。

- SaF：Pd,Pp：AScba：任何压力需气式或正压供气式呼吸器，配全面罩，配压力需气式或正压携气式辅助呼吸器。指定防护因数=10 000。

逃生：

- GmFOv100：任何空气过滤式全面罩呼吸器(防毒面具)，配下颌式、前置式或背置式有机蒸气滤毒罐和 N100、R100 或 P100 的综合防护过滤元件。指定防护因数=50。选择 N、R 或 P 过滤元件的信息见表 4。
- ScbaE：任何适合逃生的携气式呼吸器。

有关呼吸器选择的其他重要信息参见相关标准。

接触途径：呼吸道，皮肤吸收，胃肠道，皮肤和/或眼睛直接接触。

症状：头晕，头痛，恶心，嗜睡；协调能力下降，局部肌肉痉挛，震颤，惊厥；乏力；动物：呼吸困难；乏力；肝、肾损害。

靶器官：中枢神经系统，肝，肾。

D

1-癸硫醇(1-Decanethiol)

$CH_3(CH_2)_9SH$

CAS No.：143-10-2

RTECS No.：

DOT ID 和指南号：1228 131

异名和商品名：Decylmercaptan，*n*-Decylmercaptan，1-Mercaptodecane

接触限值：NIOSH REL：C 0.5 ppm(3.6 mg/m^3)[15 min]

OSHA PEL：无

IDLH：N. D.　　**浓度换算系数：**1 ppm = 7.13 mg/m^3

理化性质：无色液体，具浓烈气味。

分子量：174.4　　凝固点：−15 ℉

沸点：465 ℉　　蒸气压：未知

溶解度：不溶　　比重：0.84

电离电位：未知　　爆炸上限：未知

闪点：209 ℉

爆炸下限：未知

ⅢB 类可燃液体——闪点等于或高于 200 ℉。

不相容性和反应性：强氧化剂、强酸和强碱，碱金属，硝酸。

测量方法：无。

个人防护和卫生设施：

- 皮肤：穿戴合适的个人防护服，防止皮肤直接接触。
- 眼睛：佩戴合适的眼部防护用品，防止眼睛直接接触。
- 清洗皮肤：当皮肤受到污染时，应立即清洗污染的皮肤。
- 脱除：如果工作服被弄湿或受到了明显的污染，应该立即脱除并妥善处置。
- 更换：对于班后的衣服的更换需要没有特殊建议。

急救：

- 眼睛：如眼睛直接接触了该化学物质，要立即用大量水冲洗(灌洗)眼睛，冲洗时，不时翻开上下眼睑，并立即就医。
- 皮肤：如果该化学物质直接接触皮肤，用肥皂和水冲洗污染的皮肤。
- 呼吸：如果接触者吸入大量该化学物质，立即将接触者移至新鲜空气处。如果呼吸停止，要进行人工呼吸，注意保暖和休息。尽快就医。
- 吞入：如果吞入该化学物质，应立即就医。

对呼吸器选择的建议：NIOSH

～5 ppm：

- CcrOv：任何空气过滤式半面罩呼吸器，配防有机蒸气的滤毒盒。指定防护因数=10。
- Sa：任何供气式呼吸器。指定防护因数=10。

～12.5 ppm：

- Sa：Cf：任何连续供气式呼吸器。指定防护因数=25。
- PaprOv：任何动力送风空气过滤式呼吸器，配有机蒸气滤毒盒。指定防护因数=25。

~25 ppm：

- CcrFOv：任何空气过滤式全面罩呼吸器，配有机蒸气滤毒盒。指定防护因数=50。
- GmFOv：任何空气过滤式全面罩呼吸器（防毒面具），配下颌式、前置式或背置式有机蒸气滤毒罐。指定防护因数=50。
- PaprTOv：任何动力送风空气过滤式呼吸器，配密合型面罩和有机蒸气滤毒盒。指定防护因数=50。
- ScbaF：任何携气式呼吸器，配全面罩。指定防护因数=50。
- SaF：任何供气式呼吸器，配全面罩。指定防护因数=50。

§：应急抢险，或准备进入浓度未知环境，或进入 IDLH 环境：

- ScbaF：Pd，Pp：任何压力需气式或正压携气式呼吸器，配全面罩。指定防护因数=10 000。
- SaF：Pd，Pp：AScba：任何压力需气式或正压供气式呼吸器，配全面罩，配压力需气式或正压携气式辅助呼吸器。指定防护因数=10 000。

逃生：

- GmFOv：任何空气过滤式全面罩呼吸器（防毒面具），配下颌式、前置式或背置式有机蒸气滤毒罐。指定防护因数=50。
- ScbaE：任何适合逃生的携气式呼吸器。

有关呼吸器选择的其他重要信息参见相关标准。

接触途径： 呼吸道，皮肤吸收，胃肠道，皮肤和/或眼睛直接接触。

症状： 眼睛、皮肤、呼吸系统刺激；意识模糊，头晕，头痛，嗜睡，恶心，呕吐，乏力，惊厥。

靶器官： 眼睛，皮肤，呼吸系统，中枢神经系统。

内吸磷（Demeton）

$(C_2H_5O)_2PSOC_2H_4SC_2H_5$

CAS No.：8065-48-3

RTECS No.：TF3150000

DOT ID 和指南号：

异名和商品名： 一〇五九；杀虱多；O，O-二甲基-O-[2-（乙硫基）乙基]硫逐磷酸酯；O-O-Diethyl-O(and S)-2-(ethylthio)ethyl phosphorothioate mixture；Systox®

接触限值： NIOSH REL：TWA 0.1 mg/m³[皮]

OSHA PEL：TWA 0.1 mg/m³[皮]

IDLH： 10 mg/m³　　**浓度换算系数：**

理化性质： 琥珀色油状液体，具硫磺味。[杀虫剂]

分子量：258.3	沸点：分解
溶解度：0.01%	凝固点：<−13 ℉
电离电位：未知	蒸气压：0.000 3 mmHg
闪点：113 ℉	比重：1.12
爆炸下限：未知	

Ⅱ类可燃液体——闪点等于或高于 100 ℉且低于 140 ℉。

不相容性和反应性：强氧化剂，碱，水。

测量方法： NIOSH 5514

个人防护和卫生设施：

- 皮肤：穿戴合适的个人防护服，防止皮肤直接接触。
- 眼睛：佩戴合适的眼部防护用品，防止眼睛直接接触。
- 清洗皮肤：当皮肤受到污染时，应立即清洗污染的皮肤。
- 脱除：如果工作服被弄湿或受到了明显的污染，应该立即脱除并妥善处置。
- 更换：在离开工作场所前应当将可能受到污染的工作服更换成无污染的衣服。
- 配备：在劳动者可能接触该化学物质的作业场所，无论是否需要使用眼部防护用品，都应配备眼冲洗设备。在紧靠有可能接触该化学物质的工作场所，应配备快速冲淋身体的设备以应急使用。[注：这些设备应能够提供足量水或流动水，以将可能接触的身体任何部位上的该化学物质除去。实际配备适宜的快速冲淋设备取决于工作场所的具体条件。在某些情况下，必须及时进行大流量淋浴，而其他情况下只需要用一个水槽或软管供水就足够了。]

急救：

- 眼睛：如眼睛直接接触了该化学物质，要立即用大量水冲洗(灌洗)眼睛，冲洗时，不时翻开上下眼睑，并立即就医。
- 皮肤：如果该化学物质直接接触皮肤，立即用肥皂和水冲洗污染的皮肤。若该化学物质渗透进衣服，要立即将衣服脱除，用肥皂和水清洗皮肤，并迅速就医。
- 呼吸：如果接触者吸入大量该化学物质，立即将接触者移至新鲜空气处。如果呼吸停止，要进行人工呼吸，注意保暖和休息。尽快就医。
- 吞入：如果吞入该化学物质，应立即就医。

对呼吸器选择的建议：NIOSH/OSHA

～lmg/m³

- Sa：任何供气式呼吸器。指定防护因数＝10。

～2.5 mg/m³

- Sa：cf：任何连续供气式呼吸器，指定防护因数＝25。

～5 mg/m³

- SaT：cf：任何连续供气式呼吸器，配密合型面罩。指定防护因数＝50。
- ScbaF：任何携气式呼吸器，配全面罩。指定防护因数＝50。
- SaF：任何供气式呼吸器，配全面罩。指定防护因数＝50。

～10 mg/m³

- Sa：Pd，Pp：任何压力需气式或正压供式气式呼吸器。指定防护因数＝1000。

§：应急抢险，或准备进入浓度未知环境，或进入 IDLH 环境：

- ScbaF：Pd，Pp：任何压力需气式或正压携气式呼吸器，配全面罩。指定防护因数＝10 000。
- SaF：Pd，Pp：AScba：任何压力需气式或正压供气式呼吸器，配全面罩，配压力需气式或正压携气式辅助呼吸器。指定防护因数＝10 000。

逃生：

- GmFOv100：任何空气过滤式全面罩呼吸器(防毒面具)，配下颌式、前置式或背置式有机蒸气滤毒罐和 N100、R100 或 P100 的综合防护过滤元件。指定防护因数＝50。选择 N、R 或 P 过滤元件的信息见表 4。
- ScbaE：任何适合逃生的携气式呼吸器。

有关呼吸器选择的其他重要信息参见相关标准。

接触途径：呼吸道，皮肤吸收，胃肠道，皮肤和/或眼睛直接接触。

症状：眼睛、皮肤刺激；眼睛疼痛，鼻漏，头痛；胸部紧缩感，喘鸣，喉痉挛。

靶器官：眼睛，皮肤，呼吸系统，心血管系统，中枢神经系统，血胆碱酯酶。

二丙酮醇(Diacetone alcohol)

$CH_3COCH_2C(CH_3)_2OH$

CAS No.：123-42-2

RTECS No.：SA9100000

DOT ID 和指南号：1148 129

异名和商品名：双丙酮醇，4-羟基-4-甲基-2-戊酮，Diacetone，4-Hydroxy-4-methyl-2-pentanone，2-Methyl-2-pentanol-4-one

接触限值：NIOSH REL：TWA 50 ppm (240 mg/m³)
OSHA PEL：TWA 50 ppm (240 mg/m³)

IDLH：1 800 ppm [10%爆炸下限]

浓度换算系数：1 ppm ＝ 4.75 mg/m³

理化性质：无色液体，具有淡的薄荷气味。

分子量：116.2　沸点：334 ℉

凝固点：－47 ℉　溶解度：与水互溶

蒸气压：1 mmHg　电离电位：未知

比重：0.94　闪点：125 ℉

爆炸上限：6.9%　爆炸下限：1.8%

Ⅱ类可燃液体——闪点等于或高于 100 ℉且低于140 ℉。

不相容性和反应性：强氧化剂，强碱。

测量方法：NIOSH 1402，1405；OSHA 7

D

个人防护和卫生设施:
- 皮肤:穿戴合适的个人防护服,防止皮肤直接接触。
- 眼睛:佩戴合适的眼部防护用品,防止眼睛直接接触。
- 清洗皮肤:当皮肤受到污染时,应立即清洗污染的皮肤。
- 脱除:如果工作服被弄湿或受到了明显的污染,应该立即脱除并妥善处置。
- 更换:对于班后衣服的更换需要没有特殊建议。

急救:
- 眼睛:如眼睛直接接触了该化学物质,要立即用大量水冲洗(灌洗)眼睛,冲洗时,不时翻开上下眼睑,并立即就医。
- 皮肤:如果该化学物质直接接触皮肤,迅速用水冲洗污染的皮肤。如果该化学物质渗透进衣服,要立即将衣服脱除,迅速用水冲洗污染的皮肤,若冲洗后刺激症状持续存在,应就医。
- 呼吸:如果接触者吸入大量该化学物质,立即将接触者移至新鲜空气处。如果呼吸停止,要进行人工呼吸,注意保暖和休息。尽快就医。
- 吞入:如果吞入该化学物质,应立即就医。

对呼吸器选择的建议: NIOSH/OSHA

~1 250 ppm:
- Sa∶Cf:任何连续供气式呼吸器。指定防护因数=25。£
- PaprOv:任何动力送风空气过滤式呼吸器,配有机蒸气滤毒盒。指定防护因数=25。£

~1 800 ppm:
- CcrFOv:任何空气过滤式全面罩呼吸器,配有机蒸气滤毒盒。指定防护因数=50。
- GmFOv:任何空气过滤式全面罩呼吸器(防毒面具),配下颌式、前置式或背置式有机蒸气滤毒罐。指定防护因数=50。
- PaprTOv:任何动力送风空气过滤式呼吸器,配密合型面罩和有机蒸气滤毒盒。指定防护因数=50。£
- ScbaF:任何携气式呼吸器,配全面罩。指定防护因数=50。
- SaF:任何供气式呼吸器,配全面罩。指定防护因数=50。

§:应急抢险,或准备进入浓度未知环境,或进入 IDLH 环境:
- ScbaF∶Pd,Pp:任何压力需气式或正压携气式呼吸器,配全面罩。指定防护因数=10 000。
- SaF∶Pd,Pp∶AScba:任何压力需气式或正压供气式呼吸器,配全面罩,配压力需气式或正压携气式辅助呼吸器。指定防护因数=10 000。

逃生:
- GmFOv:任何空气过滤式全面罩呼吸器(防毒面具),配下颌式、前置式或背置式有机蒸气滤毒罐。指定防护因数=50。
- ScbaE:任何适合逃生的携气式呼吸器。

有关呼吸器选择的其他重要信息参见相关标准。

接触途径:呼吸道,胃肠道,皮肤和/或眼睛直接接触。

症状:眼睛、皮肤、鼻、咽喉刺激;角膜损害;动物:麻醉,肝损害。

靶器官:眼睛,皮肤,呼吸系统,中枢神经系统,肝。

2,4-二氨基苯甲醚(及其盐)[2,4-Diaminoanisole (and its salts)]

$(NH_2)_2C_6H_3OCH_3$

CAS No.:615-05-4

RTECS No.:BZ8580500

DOT ID 和指南号:

异名和商品名:1,3-二氨基-4-甲氧基苯;4-甲氧基-1,3-苯-二胺;1,3-Diamino-4-methoxybenzene;4-Methoxy-1,3-benzene-diamine;4-Methoxy-m-phenylene-diamine;2,4-二氨基苯甲醚盐的别名根据其盐的种类而不同。

D

接触限值:NIOSH REL:Ca 最小职业接触(尤其皮肤接触)见附录 A

OSHA PEL:无

IDLH: Ca [N. D.]　　**浓度换算系数:**

理化性质:无色固体(针状)。[注:主要用途(包括其盐,如2,4-二氨基苯甲醚硫酸盐)是毛发和皮毛染料配方的组分。]

分子量:138.2	沸点:未知
熔点:153 ℉	溶解度:未知
蒸气压:未知	电离电位:未知
比重:未知	闪点:未知
爆炸上限:未知	爆炸下限:未知

可燃固体。

不相容性和反应性:强氧化剂。

测量方法:无。

个人防护和卫生设施:

- 皮肤:穿戴合适的个人防护服,防止皮肤直接接触。
- 眼睛:佩戴合适的眼部防护用品,防止眼睛直接接触。
- 清洗皮肤:当皮肤受到污染时,应立即清洗污染的皮肤。/每天工作班结束后,进食、吸烟、喝水前都应该清洗可能受到污染的皮肤。
- 脱除:如果工作服被弄湿或受到了明显的污染,应该立即脱除并妥善处置。
- 更换:在离开工作场所前应当将可能受到污染的工作服更换成无污染的衣服。
- 配备:在劳动者可能接触该化学物质的作业场所,无论是否需要使用眼部防护用品,都应配备眼冲洗设备。在紧靠有可能接触该化学物质的工作场所,应配备快速冲淋身体的设备以应急使用。[注:这些设备应能够提供足量水或流动水,以将可能接触的身体任何部位上的该化学物质除去。实际配备适宜的快速冲淋设备取决于工作场所的具体条件。在某些情况下,必须及时进行大流量淋浴,而其他情况下只需要用一个水槽或软管供水就足够了。]

急救:

- 眼睛:如眼睛直接接触了该化学物质,要立即用大量水冲洗(灌洗)眼睛,冲洗时,不时翻开上下眼睑,并立即就医。
- 皮肤:如果该化学物质直接接触皮肤,立即用肥皂和水冲洗污染的皮肤。若该化学物质渗透进衣服,要立即将衣服脱除,用肥皂和水清洗皮肤,并迅速就医。
- 呼吸:如果接触者吸入大量该化学物质,立即将接触者移至新鲜空气处。如果呼吸停止,要进行人工呼吸,注意保暖和休息。尽快就医。
- 吞入:如果吞入该化学物质,应立即就医。

对呼吸器选择的建议:NIOSH

¥:高于 NIOSH REL 的浓度;或当没有 REL 时,任何可以检测到的浓度:

- ScbaF:Pd,Pp:任何压力需气式或正压携气式呼吸器,配全面罩。指定防护因数=10 000。
- SaF:Pd,Pp:AScba:任何压力需气式或正压供气式呼吸器,配全面罩,配压力需气式或正压携气式辅助呼吸器。指定防护因数=10 000。

D

逃生：

- GmFOv100：任何空气过滤式全面罩呼吸器（防毒面具），配下颌式、前置式或背置式有机蒸气滤毒罐和N100、R100或P100的综合防护过滤元件。指定防护因数=50。选择N、R或P过滤元件的信息见表4。
- ScbaE：任何适合逃生的携气式呼吸器。

有关呼吸器选择的其他重要信息参见相关标准。

接触途径：呼吸道，皮肤吸收，胃肠道，皮肤和/或眼睛直接接触。

症状：动物：皮肤刺激；甲状腺、肝变性；致畸效应；[潜在职业性致癌物]。

靶器官：皮肤，甲状腺，肝，生殖系统。

致癌部位：[动物：甲状腺肿瘤，肝肿瘤，皮肤肿瘤及淋巴肿瘤]。

邻联茴香胺（o-Dianisidine）

$(NH_2C_6H_3OCH_3)_2$

CAS No.：119-90-4

RTECS No.：DD0875000

异名和商品名：联茴香胺；3，3′-二茴香胺；3，3′-二甲氧基联苯胺；Dianisidine；3，3′-Dianisidine；3，3′-Dimethoxybenzidine

DOT ID 和指南号：

接触限值：NIOSH REL：Ca 见附录A、附录C

OSHA PEL：见附录C

IDLH：Ca [N. D.]　　**浓度换算系数：**

理化性质：无色晶体，放置可变为紫色。[注：许多染料的主要成分。]

分子量：244.3	沸点：未知
熔点：279 ℉	溶解度：不溶
蒸气压：未知	电离电位：未知
比重：未知	闪点：403 ℉
爆炸上限：未知	爆炸下限：未知

可燃固体。

不相容性和反应性：氧化剂。

测量方法：NIOSH 5013；OSHA 71

个人防护和卫生设施：

- 皮肤：穿戴合适的个人防护服，防止皮肤直接接触。
- 眼睛：佩戴合适的眼部防护用品，防止眼睛直接接触。
- 清洗皮肤：当皮肤受到污染时，应立即清洗污染的皮肤。/每天工作班结束后，进食、吸烟、喝水前都应该清洗可能受到污染的皮肤。
- 脱除：如果工作服被弄湿或受到了明显的污染，应该立即脱除并妥善处置。
- 更换：在离开工作场所前应当将可能受到污染的工作服更换成无污染的衣服。
- 配备：在劳动者可能接触该化学物质的作业场所，无论是否需要使用眼部防护用品，都应配备眼冲洗设备。在紧靠有可能接触该化学物质的工作场所，应配备快速冲淋身体的设备以应急使用。[注：这些设备应能够提供足量水或流动水，以将可能接触的身体任何部位上的该化学物质除去。实际配备适宜的快速冲淋设备取决于工作场所的具体条件。在某些情况下，必须及时进行大流量淋浴，而其他情况下只需要用一个水槽或软管供水就足够了。]

急救：

- 眼睛：如眼睛直接接触了该化学物质，要立即用大量水冲洗（灌洗）眼睛，冲洗时，不时翻开上下眼睑，并立即就医。

- 皮肤：如果该化学物质直接接触皮肤，立即用肥皂和水冲洗污染的皮肤。若该化学物质渗透进衣服，要立即将衣服脱除，用肥皂和水清洗皮肤，并迅速就医。
- 呼吸：如果接触者吸入大量该化学物质，立即将接触者移至新鲜空气处。如果呼吸停止，要进行人工呼吸，注意保暖和休息。尽快就医。
- 吞入：如果吞入该化学物质，应立即就医。

对呼吸器选择的建议：NIOSH

¥：高于 NIOSH REL 的浓度；或当没有 REL 时，任何可以检测到的浓度：

- ScbaF：Pd，Pp：任何压力需气式或正压携气式呼吸器，配全面罩。指定防护因数=10 000。
- SaF：Pd，Pp：AScba：任何压力需气式或正压供气式呼吸器，配全面罩，配压力需气式或正压携气式辅助呼吸器。指定防护因数=10 000。

逃生：

- GmFOv100：任何空气过滤式全面罩呼吸器（防毒面具），配下颌式、前置式或背置式有机蒸气滤毒罐和N100、R100 或 P100 的综合防护过滤元件。指定防护因数=50。选择 N、R 或 P 过滤元件的信息见表 4。
- ScbaE：任何适合逃生的携气式呼吸器。

有关呼吸器选择的其他重要信息参见相关标准。

接触途径：呼吸道，皮肤吸收，胃肠道，皮肤和/或眼睛直接接触。

症状：皮肤刺激；动物：肾、肝损害；甲状腺、脾变性；[潜在职业性致癌物]。

靶器官：皮肤，肾，肝，甲状腺。

致癌部位：[动物：膀胱肿瘤，肝肿瘤，胃肿瘤及乳腺肿瘤]。

二嗪农（Diazinon®）

$C_{12}H_{21}N_2O_3PS$

CAS No.：333-41-5

RTECS No.：TF3325000

DOT ID 和指南号：2783 152

异名和商品名：地亚农；二嗪磷；O，O-二乙基-O-（2-异丙基-4-甲基嘧啶-6-基）硫逐磷酸酯；Basudin®；Diazide®；O，O-Diethyl-O-2-isopropyl-4-methyl-6-pyrimidinyl-phosphorothioate；Spectracide®

接触限值：NIOSH REL：TWA 0.1 mg/m³[皮]
OSHA PEL †：无

IDLH：N.D.　　**浓度换算系数：**

理化性质：无色液体，具有轻微的酯味。[杀虫剂][注：技术级为淡棕至暗棕色。]

分子量：304.4	沸点：分解
凝固点：未知	溶解度：0.004%
蒸气压：0.000 1 mmHg	电离电位：未知
比重：1.12	闪点：180 ℉
爆炸上限：未知	爆炸下限：未知

ⅢA 类可燃液体——闪点等于或高于 140 ℉且低于 200 ℉。

不相容性和反应性：强酸，强碱，含铜化合物。[注：在水和稀酸中缓慢水解。]

测量方法：NIOSH 5600；OSHA 62

个人防护和卫生设施：

- 皮肤：穿戴合适的个人防护服，防止皮肤直接接触。
- 眼睛：佩戴合适的眼部防护用品，防止眼睛直接接触。
- 清洗皮肤：当皮肤受到污染时，应立即清洗污染的皮肤。

D

- 脱除：如果工作服被弄湿或受到了明显的污染，应该立即脱除并妥善处置。
- 更换：在离开工作场所前应当将可能受到污染的工作服更换成无污染的衣服。
- 配备：在劳动者可能接触该化学物质的作业场所，无论是否需要使用眼部防护用品，都应配备眼冲洗设备。在紧靠有可能接触该化学物质的工作场所，应配备快速冲淋身体的设备以应急使用。[注：这些设备应能够提供足量水或流动水，以将可能接触的身体任何部位上的该化学物质除去。实际配备适宜的快速冲淋设备取决于工作场所的具体条件。在某些情况下，必须及时进行大流量淋浴，而其他情况下只需要用一个水槽或软管供水就足够了。]

急救：

- 眼睛：如眼睛直接接触了该化学物质，要立即用大量水冲洗(灌洗)眼睛，冲洗时，不时翻开上下眼睑，并立即就医。
- 皮肤：如果该化学物质直接接触皮肤，立即用肥皂和水冲洗污染的皮肤。若该化学物质渗透进衣服，要立即将衣服脱除，用肥皂和水清洗皮肤，并迅速就医。
- 呼吸：如果接触者吸入大量该化学物质，立即将接触者移至新鲜空气处。如果呼吸停止，要进行人工呼吸，注意保暖和休息。尽快就医。
- 吞入：如果吞入该化学物质，应立即就医。

对呼吸器选择的建议：无。

有关呼吸器选择的其他重要信息参见相关标准。

接触途径：呼吸道，皮肤吸收，胃肠道，皮肤和/或眼睛直接接触。

症状：眼睛刺激；瞳孔缩小，视物模糊；眩晕，意识模糊，乏力，惊厥；呼吸困难；流涎，腹绞痛，恶心，呕吐。

靶器官：眼睛，呼吸系统，中枢神经系统，心血管系统，血胆碱酯酶。

重氮甲烷(Diazomethane)

CH_2N_2

异名和商品名：Azimethylene，Azomethylene，Diazirine

CAS No.：334-88-3

RTECS No.：PA7000000

DOT ID 和指南号：

接触限值：NIOSH REL：TWA 0.2 ppm (0.4 mg/m^3)
OSHA PEL：TWA 0.2 ppm (0.4 mg/m^3)

IDLH：2 ppm　**浓度换算系数：**1 ppm = 1.72 mg/m^3

理化性质：黄色气体，具有霉味。[注：以压缩液化气运输。]

分子量：42.1
沸点：−9 ℉
凝固点：−229 ℉
溶解度：与水反应
蒸气压：>1 大气压
电离电位：9.00 eV
相对密度：1.45
闪点：不适用(气体)
爆炸上限：未知
爆炸下限：未知
易燃气体。[爆炸物!]

不相容性和反应性：碱金属，水，干燥剂如砷酸钙。[注：当加热、遇日光、接触粗糙的界面如毛玻璃，可以发生剧烈的爆炸。]

测量方法：NIOSH 2515

个人防护和卫生设施：

- 皮肤：压缩气体快速膨胀时可产生低温。泄漏和使用能快速膨胀的压缩气体，可产生冻伤危害。穿戴合适的个人防护服，防止皮肤冻伤。
- 眼睛：佩戴合适的眼部防护用品，防止眼睛直接接触液体后因低温引起冻伤或组织损伤。

- 清洗皮肤：对于清洗皮肤上的污染物没有其他特殊的建议(包括立即清洗和班后清洗)。
- 脱除：如果工作服被可燃性物质(即闪点低于 100 ℉的液体)浸湿，应当立即脱除并妥善处置，以防着火。
- 更换：对于班后的衣服的更换需要没有特殊建议。
- 配备：在紧靠有可能接触极低温液体或迅速蒸发的液体的工作场所，应配备快速冲淋洗浴设备和/或眼冲洗设备，以应急使用。

急救：

- 眼睛：如果眼组织冻伤，要立即就医。如果眼组织没有冻伤，要立即用大量水彻底冲洗至少 15 min，并不时翻开上下眼睑，如果眼睛刺激、疼痛、肿胀、流泪和畏光持续存在，应尽快就医。
- 皮肤：如果发生冻伤，要立即就医，不要揉擦或用水冲洗冻伤部位；为防止组织进一步受损，不要试图将冻结的衣服从冻伤部位脱除。如未发生冻伤，立即用肥皂和水彻底清洗污染的皮肤。
- 呼吸：如果接触者吸入大量该化学物质，立即将接触者移至新鲜空气处。如果呼吸停止，要进行人工呼吸，注意保暖和休息。尽快就医。

对呼吸器选择的建议： NIOSH/OSHA

～2 ppm：

- Sa：任何供气式呼吸器。指定防护因数＝10。*
- ScbaF：任何携气式呼吸器，配全面罩。指定防护因数＝50。

§：应急抢险，或准备进入浓度未知环境，或进入 IDLH 环境：

- ScbaF：Pd，Pp：任何压力需气式或正压携气式呼吸器，配全面罩。指定防护因数＝10 000。
- SaF：Pd，Pp：AScba：任何压力需气式或正压供气式呼吸器，配全面罩，配压力需气式或正压携气式辅助呼吸器。指定防护因数＝10 000。

逃生：

- GmFOv：任何空气过滤式全面罩呼吸器(防毒面具)，配下颌式、前置式或背置式有机蒸气滤毒罐。指定防护因数＝50。
- ScbaE：任何适合逃生的携气式呼吸器。

有关呼吸器选择的其他重要信息参见相关标准。

接触途径：呼吸道，皮肤和/或眼睛直接接触(液体)。

症状：眼睛刺激；咳嗽，呼吸短促；头痛，乏力；皮肤潮红，发热；胸痛，肺水肿，肺炎；哮喘；液体：冻伤。

靶器官：眼睛，呼吸系统。

乙硼烷(Diborane)

B_2H_6

异名和商品名：二硼烷，氢化硼，Boroethane，Boron hydride，Diboron hexahydride

CAS No.：19287-45-7

RTECS No.：HQ9275000

DOT ID 和指南号：1911 119

接触限值：NIOSH REL：TWA 0.1 ppm (0.1 mg/m³)
OSHA PEL：TWA 0.1 ppm (0.1 mg/m³)

IDLH：15 ppm　**浓度换算系数：**1 ppm ＝ 1.13 mg/m³

理化性质：无色气体，具有难闻甜味。[注：通常用氢、氩、氮或氦稀释后用高压罐运输。]

分子量：27.7　沸点：－135 ℉
凝固点：－265 ℉　溶解度：与水反应

D

蒸气压(62 ℉):39.5 大气压　电离电位:11.38 eV
相对密度:0.97　闪　点:不适用(气体)
爆炸上限:88%　爆炸下限:0.8%
易燃气体。
不相容性和反应性:水,卤代化合物,铝,锂,氧化表层,酸。[注:室温下在潮湿的空气中可自燃。与水反应生成氢气和硼酸。]

测量方法:NIOSH 6006

个人防护和卫生设施:
- 皮肤:对于个体皮肤防护装备的需要没有特殊建议。
- 眼睛:对眼部防护的需要没有特殊建议。
- 清洗皮肤:对于清洗皮肤上的污染物没有其他特殊的建议(包括立即清洗和班后清洗)。
- 脱除:对于脱除被污染或被弄湿的工作服的需要没有特殊建议。
- 更换:对于班后的衣服的更换需要没有特殊建议。

急救:
- 呼吸:如果接触者吸入大量该化学物质,立即将接触者移至新鲜空气处。如果呼吸停止,要进行人工呼吸,注意保暖和休息。尽快就医。

对呼吸器选择的建议:NIOSH/OSHA
~1 ppm:
- Sa:任何供气式呼吸器。指定防护因数=10。

~2.5 ppm:
- Sa:Cf:任何连续供气式呼吸器。指定防护因数=25。

~5 ppm:
- SaT:Cf:任何连续供气式呼吸器,配密合型面罩。指定防护因数=50。
- ScbaF:任何携气式呼吸器,配全面罩。指定防护因数=50。
- SaF:任何供气式呼吸器,配全面罩。指定防护因数=50。

~15 ppm:
- Sa:Pd,Pp:任何压力需气式或正压供气式呼吸器。指定防护因数=1 000。

§:应急抢险,或准备进入浓度未知环境,或进入 IDLH 环境:
- ScbaF:Pd,Pp:任何压力需气式或正压携气式呼吸器,配全面罩。指定防护因数=10 000。
- SaF:Pd,Pp:AScba:任何压力需气式或正压供气式呼吸器,配全面罩,配压力需气式或正压携气式辅助呼吸器。指定防护因数=10 000。

逃生:
- GmFS:任何空气过滤式全面罩呼吸器(防毒面具),配下颌式、前置式或背置式防该化学物质的滤毒罐。指定防护因数=50。
- ScbaE:任何适合逃生的携气式呼吸器。

有关呼吸器选择的其他重要信息参见相关标准。

接触途径:呼吸道。

症状:胸部紧迫感,心前区疼痛,呼吸短促,干咳,恶心;头痛,眩晕,寒战,发热,乏力,震颤,肌颤;动物:肝、肾损害;肺水肿;出血。

靶器官:呼吸系统,中枢神经系统,肝,肾。

1,2-二溴-3-氯丙烷(1,2-Dibromo-3-chloropropane)

$CH_2BrCHBrCH_2Cl$

CAS No.:96-12-8
RTECS No.:TX8750000
异名和商品名:1-氯-2,3-二溴丙烷;二溴氯丙烷;1-Chloro-2,3-dibromopropane;DBCP;Dibromochloropropane
DOT ID 和指南号:2872 159

接触限值:NIOSH REL:Ca 见附录 A
OSHA PEL:[1910.1044] TWA 0.001 ppm

IDLH: Ca [N.D.]　**浓度换算系数:**1 ppm = 9.67 mg/m³

理化性质:深黄色或琥珀色液体,高浓度具有浓烈的气味。[农药][注:43 ℉以下为固体。]

分子量:236.4　　沸点:384 ℉
凝固点:43 ℉　　溶解度:0.1%
蒸气压:0.8 mmHg　　电离电位:未知
比重:2.05　　闪点(开杯):170 ℉
爆炸上限:未知　　爆炸下限:未知
ⅢA类可燃液体——闪点等于或高于140 ℉且低于200 ℉。

不相容性和反应性:化学性质活泼的金属,如铝、镁和锡合金。[注:对金属具有腐蚀性。]

测量方法:无。

个人防护和卫生设施:

- 皮肤:穿戴合适的个人防护服,防止皮肤直接接触。
- 眼睛:佩戴合适的眼部防护用品,防止眼睛直接接触。
- 清洗皮肤:当皮肤受到污染时,应立即清洗污染的皮肤。/每天工作班结束后,进食、吸烟、喝水前都应该清洗可能受到污染的皮肤。
- 脱除:如果工作服被弄湿或受到了明显的污染,应该立即脱除并妥善处置。
- 更换:在离开工作场所前应当将可能受到污染的工作服更换成无污染的衣服。
- 配备:在劳动者可能接触该化学物质的作业场所,无论是否需要使用眼部防护用品,都应配备眼冲洗设备。在紧靠有可能接触该化学物质的工作场所,应配备快速冲淋身体的设备以应急使用。[注:这些设备应能够提供足量水或流动水,以将可能接触的身体任何部位上的该化学物质除去。实际配备适宜的快速冲淋设备取决于工作场所的具体条件。在某些情况下,必须及时进行大流量淋浴,而其他情况下只需要用一个水槽或软管供水就足够了。]

急救:

- 眼睛:如眼睛直接接触了该化学物质,要立即用大量水冲洗(灌洗)眼睛,冲洗时,不时翻开上下眼睑,并立即就医。
- 皮肤:如果该化学物质直接接触皮肤,立即用肥皂和水冲洗污染的皮肤。若该化学物质渗透进衣服,要立即将衣服脱除,用肥皂和水清洗皮肤,并迅速就医。
- 呼吸:如果接触者吸入大量该化学物质,立即将接触者移至新鲜空气处。如果呼吸停止,要进行人工呼吸,注意保暖和休息。尽快就医。
- 吞入:如果吞入该化学物质,应立即就医。

对呼吸器选择的建议: NIOSH

¥:高于 NIOSH REL 的浓度;或当没有 REL 时,任何可以检测到的浓度:

- ScbaF:Pd,Pp:任何压力需气式或正压携气式呼吸器,配全面罩。指定防护因数=10 000。
- SaF:Pd,Pp:AScba:任何压力需气式或正压供气式呼吸器,配全面罩,配压力需气式或正压携气式辅助呼吸器。指定防护因数=10 000。

逃生:

- GmFOv100:任何空气过滤式全面罩呼吸器(防毒面具),配下颌式、前置式或背置式有机蒸气滤毒罐和N100、R100或P100的综合防护过滤元件。指定防护因数=50。选择N、R或P过滤元件的信息见表4。
- ScbaE:任何适合逃生的携气式呼吸器。

(见附录E)

有关呼吸器选择的其他重要信息参见相关标准。

接触途径:呼吸道,皮肤吸收,胃肠道,皮肤和/或眼睛直接接触。

症状:眼睛、皮肤、鼻、咽喉刺激;嗜睡;恶心,呕吐;肺水肿;肝、肾损害;不孕不育;[潜在职业性致癌物]。

D

靶器官:眼睛,皮肤,呼吸系统,中枢神经系统,肝,肾,脾,生殖系统,消化系统。

致癌部位:[动物:鼻癌,舌癌,咽癌,肺癌,胃癌,肾上腺癌及乳腺癌]。

2-N-二丁氨基乙醇(2-N-Dibutylaminoethanol)

$(C_4H_9)_2NCH_2CH_2OH$

异名和商品名:二丁氨基乙醇;Dibutylaminoethanol;2-Dibutylaminoethanol;2-Di-N-butylaminoethanol;2-Di-N-butylaminoethyl alcohol;N,N-Dibutylethanolamine

CAS No.:102-81-8

RTECS No.:KK3850000

DOT ID 和指南号:2873 153

接触限值:NIOSH REL:TWA 2 ppm (14 mg/m^3) [皮]

OSHA PEL †:无

IDLH:N.D.　　**浓度换算系数**:1 ppm = 7.09 mg/m^3

理化性质:无色液体,具有淡胺味。

分子量:173.3　　沸点:446 ℉

凝固点:未知　　溶解度:0.4%

蒸气压:0.1 mmHg　　电离电位:未知

比重:0.86　　闪点:195 ℉

爆炸上限:未知　　爆炸下限:未知

ⅢA 类可燃液体——闪点等于或高于 140 ℉且低于 200 ℉。

不相容性和反应性:氧化剂。

测量方法:NIOSH 2007

个人防护和卫生设施:

- 皮肤:穿戴合适的个人防护服,防止皮肤直接接触。
- 眼睛:佩戴合适的眼部防护用品,防止眼睛直接接触。
- 清洗皮肤:当皮肤受到污染时,应立即清洗污染的皮肤。
- 脱除:如果工作服被弄湿或受到了明显的污染,应该立即脱除并妥善处置。
- 更换:对于班后的衣服的更换需要没有特殊建议。
- 配备:在劳动者可能接触该化学物质的作业场所,无论是否需要使用眼部防护用品,都应配备眼冲洗设备。在紧靠有可能接触该化学物质的工作场所,应配备快速冲淋身体的设备以应急使用。[注:这些设备应能够提供足量水或流动水,以将可能接触的身体任何部位上的该化学物质除去。实际配备适宜的快速冲淋设备取决于工作场所的具体条件。在某些情况下,必须及时进行大流量淋浴,而其他情况下只需要用一个水槽或软管供水就足够了。]

急救:

- 眼睛:如眼睛直接接触了该化学物质,要立即用大量水冲洗(灌洗)眼睛,冲洗时,不时翻开上下眼睑,并立即就医。
- 皮肤:如果该化学物质直接接触皮肤,要立即用肥皂和水冲洗污染的皮肤。如果该化学物质渗透衣服,立即将衣服脱除,并用水清洗皮肤。如果清洗后刺激持续存在,应就医。
- 呼吸:如果接触者吸入大量该化学物质,立即将接触者移至新鲜空气处。如果呼吸停止,要进行人工呼吸,注意保暖和休息。尽快就医。
- 吞入:如果吞入该化学物质,应立即就医。

对呼吸器选择的建议:无。

有关呼吸器选择的其他重要信息参见相关标准。

接触途径:呼吸道,皮肤吸收,胃肠道,皮肤和/或眼睛直接接触。

症状:动物:眼睛、皮肤、鼻刺激;皮炎;皮肤、角膜坏死;体重减轻。

靶器官:眼睛,皮肤,呼吸系统。

2,6-二叔丁基对甲酚(2,6-Di-tert-butyl-p-cresol)

$[C(CH_3)_3]_2CH_3C_6H_2OH$

CAS No.:128-37-0

RTECS No.:GO7875000

异名和商品名:BHT;Butylated hydroxytoluene;Dibutylated hydroxytoluene;4-Methyl-2,6-di-tert-butyl phenol

DOT ID 和指南号:

D

接触限值:NIOSH REL:TWA 10 mg/m³
OSHA PEL †:无

IDLH:N.D. **浓度换算系数:**

理化性质:白色至淡黄色晶体,具有淡淡的酚味。[食物防腐剂]

分子量:220.4 沸点:509 ℉
熔点:158 ℉ 溶解度:0.000 04%
蒸气压:0.01 mmHg 电离电位:未知
比重:1.05 闪点:261 ℉
爆炸上限:未知 爆炸下限:未知
ⅢB类可燃液体——闪点等于或高于 200 ℉。
不相容性和反应性:氧化剂。

测量方法:NIOSH P&CAM226 (Ⅱ-1);OSHA PV2108

个人防护和卫生设施:

- 皮肤:穿戴合适的个人防护服,防止皮肤直接接触。
- 眼睛:佩戴合适的眼部防护用品,防止眼睛直接接触。
- 清洗皮肤:当皮肤受到污染时,应立即清洗污染的皮肤。
- 脱除:如果工作服被弄湿或受到了明显的污染,应该立即脱除并妥善处置。
- 更换:在离开工作场所前应当将可能受到污染的工作服更换成无污染的衣服。

急救:

- 眼睛:如眼睛直接接触了该化学物质,要立即用大量水冲洗(灌洗)眼睛,冲洗时,不时翻开上下眼睑,并立即就医。
- 皮肤:如果该化学物质直接接触皮肤,用肥皂和水冲洗污染的皮肤。
- 呼吸:如果接触者吸入大量该化学物质,立即将接触者移至新鲜空气处。通常不需要采取其他措施。
- 吞入:如果吞入该化学物质,应立即就医。

对呼吸器选择的建议:无。
有关呼吸器选择的其他重要信息参见相关标准。

接触途径:呼吸道,胃肠道,皮肤和/或眼睛直接接触。

症状:眼睛、皮肤刺激;动物:生长率降低,肝增重。

靶器官:眼睛,皮肤。

磷酸二丁酯(Dibutyl phosphate)

$(C_4H_9O)_2(OH)PO$

CAS No.:107-66-4

RTECS No.:TB9605000

异名和商品名: Dibutyl acid o-phosphate,Di-n-butyl hydrogen phosphate,Dibutyl phosphoric acid

DOT ID 和指南号:

接触限值:NIOSH REL:TWA 1 ppm (5 mg/m³)
ST 2 ppm (10 mg/m³)
OSHA PEL †:TWA 1 ppm (5 mg/m³)

IDLH:30 ppm **浓度换算系数:**1 ppm = 8.60 mg/m³

理化性质:淡琥珀色,无气味液体。

分子量:210.2 沸点:212 ℉ (分解)
凝固点:未知 溶解度:不溶
蒸气压:1 mmHg (约) 电离电位:未知

比　　重：1.06　　闪　　点：未知

爆炸上限：未知　　爆炸下限：未知

可燃液体。

不相容性和反应性：强氧化剂。

测量方法：NIOSH 5017

个人防护和卫生设施：

- 皮肤：穿戴合适的个人防护服，防止皮肤直接接触。
- 眼睛：佩戴合适的眼部防护用品，防止眼睛直接接触。
- 清洗皮肤：当皮肤受到污染时，应立即清洗污染的皮肤。
- 脱除：如果工作服被弄湿或受到了明显的污染，应该立即脱除并妥善处置。
- 更换：对于班后的衣服的更换需要没有特殊建议。
- 配备：在紧靠有可能接触该化学物质的工作场所，应配备快速冲淋身体的设备以应急使用。[注：这些设备应能够提供足量水或流动水，以将可能接触的身体任何部位上的该化学物质除去。实际配备适宜的快速冲淋设备取决于工作场所的具体条件。在某些情况下，必须及时进行大流量淋浴，而其他情况下只需要用一个水槽或软管供水就足够了。]

急救：

- 眼睛：如眼睛直接接触了该化学物质，要立即用大量水冲洗（灌洗）眼睛，冲洗时，不时翻开上下眼睑，并立即就医。
- 皮肤：如果该化学物质直接接触皮肤，迅速用肥皂和水冲洗污染的皮肤。若该化学物质渗透进衣服，要迅速将衣服脱除，用肥皂和水清洗皮肤，并迅速就医。
- 呼吸：如果接触者吸入大量该化学物质，立即将接触者移至新鲜空气处。如果呼吸停止，要进行人工呼吸，注意保暖和休息。尽快就医。
- 吞入：如果吞入该化学物质，应立即就医。

对呼吸器选择的建议：NIOSH/OSHA

～10 ppm：

- Sa：任何供气式呼吸器。指定防护因数＝10。

～25 ppm：

- Sa：Cf：任何连续供气式呼吸器。指定防护因数＝25。

～30 ppm：

- SaT：Cf：任何连续供气式呼吸器，配密合型面罩。指定防护因数＝50。
- ScbaF：任何携气式呼吸器，配全面罩。指定防护因数＝50。
- SaF：任何供气式呼吸器，配全面罩。指定防护因数＝50。

§：应急抢险，或准备进入浓度未知环境，或进入IDLH环境：

- ScbaF：Pd，Pp：任何压力需气式或正压携气式呼吸器，配全面罩。指定防护因数＝10 000。
- SaF：Pd，Pp：AScba：任何压力需气式或正压供气式呼吸器，配全面罩，配压力需气式或正压携气式辅助呼吸器。指定防护因数＝10 000。

逃生：

- GmFOv100：任何空气过滤式全面罩呼吸器（防毒面具），配下颌式、前置式或背置式有机蒸气滤毒罐和N100、R100或P100的综合防护过滤元件。指定防护因数＝50。选择N、R或P过滤元件的信息见表4。
- ScbaE：任何适合逃生的携气式呼吸器。

有关呼吸器选择的其他重要信息参见相关标准。

接触途径：呼吸道，胃肠道，皮肤和/或眼睛直接接触。

症状：眼睛、皮肤、呼吸系统刺激；头痛。

靶器官：眼睛，皮肤，呼吸系统。

酞酸二丁酯(Dibutyl phthalate)

$C_6H_4(COOC_4H_9)_2$

异名和商品名:邻酞酸二丁酯;邻苯二甲酸二丁酯;DBP;Dibutyl-1,2-benzene-dicarboxylate;Di-n-butyl phthalate

CAS No.:84-74-2

RTECS No.:TI0875000

DOT ID 和指南号:

D

接触限值:NIOSH REL:TWA 5 mg/m^3
OSHA PEL:TWA 5 mg/m^3

IDLH:4 000 mg/m^3 **浓度换算系数:**1 ppm = 11.57 mg/m^3

理化性质:无色至淡黄色,油状液体,具有轻微芳香气味。

分子量:278.3	沸点:644 ℉
凝固点:-31 ℉	溶解度(77 ℉):0.001%
蒸气压:0.000 07 mmHg	电离电位:未知
比重:1.05	闪点:315 ℉
爆炸上限:未知	爆炸下限(456 ℉):0.5%

ⅢB 类可燃液体——闪点等于或高于 200 ℉。

不相容性和反应性:硝酸盐,强氧化剂、强酸和强碱,液氯。

测量方法:NIOSH 5020;OSHA 104

个人防护和卫生设施:

- 皮肤:对于个体皮肤防护装备的需要没有特殊建议。
- 眼睛:佩戴合适的眼部防护用品,防止眼睛直接接触。
- 清洗皮肤:对于清洗皮肤上的污染物没有其他特殊的建议(包括立即清洗和班后清洗)。
- 脱除:对于脱除被污染或被弄湿的工作服的需要没有特殊建议。
- 更换:对于班后的衣服的更换需要没有特殊建议。

急救:

- 眼睛:如眼睛直接接触了该化学物质,要立即用大量水冲洗(灌洗)眼睛,冲洗时,不时翻开上下眼睑,并立即就医。
- 皮肤:定期清洗。
- 呼吸:如果接触者吸入大量该化学物质,立即将接触者移至新鲜空气处。如果呼吸停止,要进行人工呼吸,注意保暖和休息。尽快就医。
- 吞入:如果吞入该化学物质,应立即就医。

对呼吸器选择的建议:NIOSH/OSHA

~50 mg/m^3:

- 95F:任何空气过滤式全面罩呼吸器,配有 N95、R95 或 P95 过滤元件。也可使用以下过滤元件:N99、R99、P99、N100、R100、P100。指定防护因数=10。选择 N、R 或 P 过滤元件的信息见表 4。

~125 mg/m^3:

- Sa:Cf:任何连续供气式呼吸器。指定防护因数=25。£
- PaprHie:任何动力送风空气过滤式呼吸器,配有高效颗粒物过滤元件。指定防护因数=25。£

~250 mg/m^3:

- 100F:任何空气过滤式全面罩呼吸器,配有 N100、R100 或 P100 过滤元件。指定防护因数=50。选择 N、R 或 P 过滤元件的信息见表 4。
- ScbaF:任何携气式呼吸器,配全面罩。指定防护因数=50。
- SaF:任何供气式呼吸器,配全面罩。指定防护因数=50。

~4 000 mg/m^3:

- SaF:Pd,Pp:任何压力需气式或正压供气式呼吸器,配全面罩。指定防护因数=2 000。

§:应急抢险,或准备进入浓度未知环境,或进入 IDLH 环境:

- ScbaF:Pd,Pp:任何压力需气式或正压携气式呼吸器,配全面罩。指定防护因数=10 000。
- SaF:Pd,Pp:AScba:任何压力需气式或正压供气式呼吸器,配全面罩,配压力需气式或正压携气式辅助呼吸器。指定防护因数=10 000。

逃生：

- 100F：任何空气过滤式全面罩呼吸器，配有 N100、R100 或 P100 过滤元件。指定防护因数＝50。选择 N、R 或 P 过滤元件的信息见表 4。
- ScbaE：任何适合逃生的携气式呼吸器。

有关呼吸器选择的其他重要信息参见相关标准。

接触途径：呼吸道，胃肠道，皮肤和/或眼睛直接接触。

症状：眼睛、上呼吸道、胃刺激。

靶器官：眼睛，呼吸系统，胃肠道。

二氯代乙炔(Dichloroacetylene)

C_2Cl_2

CAS No.：7572-29-4

RTECS No.：AP1080000

异名和商品名：DCA，Dichloroethyne［注：DCA 可能是三氯乙烯或三氯乙烷的分解产物。］

DOT ID 和指南号：

接触限值：NIOSH REL：Ca C 0.1 ppm (0.4 mg/m^3) 见附录 A
OSHA PEL †：无

IDLH：Ca［N.D.］ **浓度换算系数：**1 ppm = 3.88 mg/m^3

理化性质：挥发性油，具有难闻的微甜气味。［注：90 ℉以上为气体。没有 DCA 商品。］

分子量：94.9　　沸点：90 ℉（爆炸）
凝固点：−58～−87 ℉　　溶解度：未知
蒸气压：未知　　电离电位：未知
比重：1.26　　闪点：未知
爆炸上限：未知　　爆炸下限：未知
可燃液体。
不相容性和反应性：氧化剂，热，震动。

测量方法：无。

个人防护和卫生设施：

- 皮肤：穿戴合适的个人防护服，防止皮肤直接接触。
- 眼睛：佩戴合适的眼部防护用品，防止眼睛直接接触。
- 清洗皮肤：当皮肤受到污染时，应立即清洗污染的皮肤。
- 脱除：如果工作服被可燃性物质（即闪点低于 100 ℉的液体）浸湿，应当立即脱除并妥善处置，以防着火。
- 更换：对于班后的衣服的更换需要没有特殊建议。
- 配备：在劳动者可能接触该化学物质的作业场所，无论是否需要使用眼部防护用品，都应配备眼冲洗设备。在紧靠有可能接触该化学物质的工作场所，应配备快速冲淋身体的设备以应急使用。［注：这些设备应能够提供足量水或流动水，以将可能接触的身体任何部位上的该化学物质除去。实际配备适宜的快速冲淋设备取决于工作场所的具体条件。在某些情况下，必须及时进行大流量淋浴，而其他情况下只需要用一个水槽或软管供水就足够了。］

急救：

- 眼睛：如眼睛直接接触了该化学物质，要立即用大量水冲洗（灌洗）眼睛，冲洗时，不时翻开上下眼睑，并立即就医。
- 皮肤：如果该化学物质直接接触皮肤，要立即用肥皂和水冲洗污染的皮肤。如果该化学物质渗透衣服，立即将衣服脱除，并用水清洗皮肤。如果清洗后刺激持续存在，应就医。
- 呼吸：如果接触者吸入大量该化学物质，立即将接触者移至新鲜空气处。如果呼吸停止，要进行人工呼吸，注意保暖和休息。尽快就医。
- 吞入：如果吞入该化学物质，应立即就医。

对呼吸器选择的建议: NIOSH

¥:高于 NIOSH REL 的浓度;或当没有 REL 时,任何可以检测到的浓度:

- ScbaF:Pd,Pp:任何压力需气式或正压携气式呼吸器,配全面罩。指定防护因数=10 000。
- SaF:Pd,Pp:AScba:任何压力需气式或正压供气式呼吸器,配全面罩,配压力需气式或正压携气式辅助呼吸器。指定防护因数=10 000。

逃生:

- GmFOv:任何空气过滤式全面罩呼吸器(防毒面具),配下颌式、前置式或背置式有机蒸气滤毒罐。指定防护因数=50。
- ScbaE:任何适合逃生的携气式呼吸器。

有关呼吸器选择的其他重要信息参见相关标准。

接触途径:呼吸道,皮肤吸收,胃肠道,皮肤和/或眼睛直接接触。

症状:头痛,厌食,恶心,呕吐,强烈的颌疼痛,颅神经麻痹;动物:肾、肝、脑损伤;体重减轻;[潜在职业致癌物]。

靶器官:中枢神经系统。

致癌部位:[动物:肾肿瘤]。

D

邻二氯苯(o-Dichlorobenzene)

$C_6H_4Cl_2$

CAS No.:95-50-1

RTECS No.:CZ4500000

DOT ID 和指南号:1591 152

异名和商品名:1,2-二氯苯;o-DCB;1,2-Dichlorobenzene;ortho-Dichlorobenzene;o-Dichlorobenzol

接触限值:NIOSH REL:C 50 ppm (300 mg/m^3)
OSHA PEL:C 50 ppm (300 mg/m^3)

IDLH:200 ppm　**浓度换算系数:**1 ppm = 6.01 mg/m^3

理化性质:无色至淡黄色液体,具有令人愉悦的芳香气味。[除草剂]

分子量:147.0	沸点:357 ℉
凝固点:1 ℉	溶解度:0.01%
蒸气压:1 mmHg	电离电位:9.06 eV
比重:1.30	闪点:151 ℉
爆炸上限:9.2%	爆炸下限:2.2%

ⅢA 类可燃液体——闪点等于或高于 140 ℉且低于 200 ℉。

不相容性和反应性:强氧化剂,铝,氯化物,酸,酸性烟。

测量方法:NIOSH 1003;OSHA 7

个人防护和卫生设施:

- 皮肤:穿戴合适的个人防护服,防止皮肤直接接触。
- 眼睛:佩戴合适的眼部防护用品,防止眼睛直接接触。
- 清洗皮肤:当皮肤受到污染时,应立即清洗污染的皮肤。
- 脱除:如果工作服被弄湿或受到了明显的污染,应该立即脱除并妥善处置。
- 更换:对于班后的衣服的更换需要没有特殊建议。

急救:

- 眼睛:如眼睛直接接触了该化学物质,要立即用大量水冲洗(灌洗)眼睛,冲洗时,不时翻开上下眼睑,并立即就医。
- 皮肤:如果该化学物质直接接触皮肤,迅速用肥皂和水冲洗污染的皮肤。若该化学物质渗透进衣服,要迅速将衣服脱除,用肥皂和水清洗皮肤,并迅速就医。

- 呼吸：如果接触者吸入大量该化学物质，立即将接触者移至新鲜空气处。如果呼吸停止，要进行人工呼吸，注意保暖和休息。尽快就医。
- 吞入：如果吞入该化学物质，应立即就医。

对呼吸器选择的建议： NIOSH/OSHA

～200 ppm：

- CcrFOv：任何空气过滤式全面罩呼吸器，配有机蒸气滤毒盒。指定防护因数＝50。
- PaprOv：任何动力送风空气过滤式呼吸器，配有机蒸气滤毒盒。指定防护因数＝25。£
- ScbaF：任何携气式呼吸器，配全面罩。指定防护因数＝50。
- SaF：任何供气式呼吸器，配全面罩。指定防护因数＝50。

§：应急抢险，或准备进入浓度未知环境，或进入 IDLH 环境：

- ScbaF：Pd，Pp：任何压力需气式或正压携气式呼吸器，配全面罩。指定防护因数＝10 000。
- SaF：Pd，Pp：AScba：任何压力需气式或正压供气式呼吸器，配全面罩，配压力需气式或正压携气式辅助呼吸器。指定防护因数＝10 000。

逃生：

- GmFOv：任何空气过滤式全面罩呼吸器（防毒面具），配下颌式、前置式或背置式有机蒸气滤毒罐。指定防护因数＝50。
- ScbaE：任何适合逃生的携气式呼吸器。

有关呼吸器选择的其他重要信息参见相关标准。

接触途径： 呼吸道，皮肤吸收，胃肠道，皮肤和/或眼睛直接接触。

症状： 眼睛、鼻刺激；肝、肾损害；皮肤水泡。

靶器官： 眼睛，皮肤，呼吸系统，肝，肾。

对二氯苯（p-Dichlorobenzene）

$C_6H_4Cl_2$

CAS No.：106-46-7

RTECS No.：CZ4550000

异名和商品名： 1，4-二氯苯；p-DCB；1，4-Dichlorobenzene；para-Dichlorobenzene；Dichlorocide

DOT ID 和指南号：

接触限值： NIOSH REL：Ca 见附录 A

OSHA PEL †：TWA 75 ppm (450 mg/m^3)

IDLH： Ca [150 ppm]　**浓度换算系数：** 1 ppm ＝ 6.01 mg/m^3

理化性质： 无色至白色晶体，具有樟脑气味。[杀虫剂]

分子量：147.0	沸点：345 ℉
熔点：128 ℉	溶解度：0.008%
蒸气压：1.3 mmHg	电离电位：8.98 eV
比重：1.25	闪点：150 ℉
爆炸上限：未知	爆炸下限：2.5%

可燃固体，但点燃困难。

不相容性和反应性：强氧化剂（如氯或高锰酸盐）。

测量方法： NIOSH 1003；OSHA 7

个人防护和卫生设施：

- 皮肤：穿戴合适的个人防护服，防止皮肤直接接触。
- 眼睛：佩戴合适的眼部防护用品，防止眼睛直接接触。
- 清洗皮肤：当皮肤受到污染时，应立即清洗污染的皮肤。/每天工作班结束后，进食、吸烟、喝水前都应该清洗可能受到污染的皮肤。
- 脱除：如果工作服被弄湿或受到了明显的污染，应该立即脱除并妥善处置。
- 更换：在离开工作场所前应当将可能受到污染的工作服更换成无污染的衣服。

● 配备:在劳动者可能接触该化学物质的作业场所,无论是否需要使用眼部防护用品,都应配备眼冲洗设备。在紧靠有可能接触该化学物质的工作场所,应配备快速冲淋身体的设备以应急使用。[注:这些设备应能够提供足量水或流动水,以将可能接触的身体任何部位上的该化学物质除去。实际配备适宜的快速冲淋设备取决于工作场所的具体条件。在某些情况下,必须及时进行大流量淋浴,而其他情况下只需要用一个水槽或软管供水就足够了。]

急救:

● 眼睛:如眼睛直接接触了该化学物质,要立即用大量水冲洗(灌洗)眼睛,冲洗时,不时翻开上下眼睑,并立即就医。

● 皮肤:如果该化学物质直接接触皮肤,用肥皂和水冲洗污染的皮肤。

● 呼吸:如果接触者吸入大量该化学物质,立即将接触者移至新鲜空气处。如果呼吸停止,要进行人工呼吸,注意保暖和休息。尽快就医。

● 吞入:如果吞入该化学物质,应立即就医。

对呼吸器选择的建议: NIOSH

¥:高于 NIOSH REL 的浓度;或当没有 REL 时,任何可以检测到的浓度:

● ScbaF:Pd,Pp:任何压力需气式或正压携气式呼吸器,配全面罩。指定防护因数=10 000。

● SaF:Pd,Pp:AScba:任何压力需气式或正压供气式呼吸器,配全面罩,配压力需气式或正压携气式辅助呼吸器。指定防护因数=10 000。

逃生:

● GmFOv:任何空气过滤式全面罩呼吸器(防毒面具),配下颌式、前置式或背置式有机蒸气滤毒罐。指定防护因数=50。

● ScbaE:任何适合逃生的携气式呼吸器。

有关呼吸器选择的其他重要信息参见相关标准。

接触途径:呼吸道,皮肤吸收,胃肠道,皮肤和/或眼睛直接接触。

症状:眼睛刺激,眶周肿胀;重度鼻炎;头痛,厌食,恶心,呕吐;体重减轻,黄疸,肝硬化;动物:肝、肾损害;[潜在职业性致癌物]。

靶器官:肝,呼吸系统,眼睛,肾,皮肤。

致癌部位:[动物:肝癌及肾癌]。

D

3,3′-二氯联苯胺(及其盐)[3,3′-Dichlorobenzidine (and its salts)]

$NH_2ClC_6H_3C_6H_3ClNH_2$

CAS No.:91-94-1

RTECS No.:DD0525000

DOT ID 和指南号:

异名和商品名:4,4′-Diamino-3,3′-dichlorobiphenyl; Dichlorobenzidine base; o,o′-Dichlorobenzidine; 3,3′-Dichlorobiphenyl-4,4′-diamine; 3,3′-Dichloro-4,4′-biphenyldiamine; 3,3′-Dichloro-4,4′-diaminobiphenyl

接触限值:NIOSH REL:Ca 见附录 A
OSHA PEL:[1910.1007] 见附录 B

IDLH: Ca [N.D.]　　**浓度换算系数:**

理化性质:灰色至紫色晶体。

分 子 量:253.1　　沸　　点:788 ℉

熔　　点:271 ℉　　溶解度(59 ℉):0.07%

蒸 气 压:未知　　电离电位:未知

比　　重:未知　　闪　　点:未知

爆炸上限:未知　　爆炸下限:未知

不相容性和反应性:未见报道。

D

测量方法:NIOSH 5509;OSHA 65

个人防护和卫生设施:

- 皮肤:穿戴合适的个人防护服,防止皮肤直接接触。
- 眼睛:佩戴合适的眼部防护用品,防止眼睛直接接触。
- 清洗皮肤:当皮肤受到污染时,应立即清洗污染的皮肤。/每天工作班结束后,进食、吸烟、喝水前都应该清洗可能受到污染的皮肤。
- 脱除:如果工作服被弄湿或受到了明显的污染,应该立即脱除并妥善处置。
- 更换:在离开工作场所前应当将可能受到污染的工作服更换成无污染的衣服。
- 配备:在劳动者可能接触该化学物质的作业场所,无论是否需要使用眼部防护用品,都应配备眼冲洗设备。在紧靠有可能接触该化学物质的工作场所,应配备快速冲淋身体的设备以应急使用。[注:这些设备应能够提供足量水或流动水,以将可能接触的身体任何部位上的该化学物质除去。实际配备适宜的快速冲淋设备取决于工作场所的具体条件。在某些情况下,必须及时进行大流量淋浴,而其他情况下只需要用一个水槽或软管供水就足够了。]

急救:

- 眼睛:如眼睛直接接触了该化学物质,要立即用大量水冲洗(灌洗)眼睛,冲洗时,不时翻开上下眼睑,并立即就医。
- 皮肤:如果该化学物质直接接触皮肤,立即用肥皂和水冲洗污染的皮肤。若该化学物质渗透进衣服,要立即将衣服脱除,用肥皂和水清洗皮肤,并迅速就医。
- 呼吸:如果接触者吸入大量该化学物质,立即将接触者移至新鲜空气处。如果呼吸停止,要进行人工呼吸,注意保暖和休息。尽快就医。
- 吞入:如果吞入该化学物质,应立即就医。

对呼吸器选择的建议:NIOSH

¥:高于 NIOSH REL 的浓度;或当没有 REL 时,任何可以检测到的浓度:

- ScbaF:Pd,Pp:任何压力需气式或正压携气式呼吸器,配全面罩。指定防护因数=10 000。
- SaF:Pd,Pp:AScba:任何压力需气式或正压供气式呼吸器,配全面罩,配压力需气式或正压携气式辅助呼吸器。指定防护因数=10 000。

逃生:

- 100F:任何空气过滤式全面罩呼吸器,配有 N100、R100 或 P100 过滤元件。指定防护因数=50。选择 N、R 或 P 过滤元件的信息见表 4。
- ScbaE:任何适合逃生的携气式呼吸器。

(见附录 E)

有关呼吸器选择的其他重要信息参见相关标准。

接触途径:呼吸道,皮肤吸收,胃肠道,皮肤和/或眼睛直接接触。

症状:皮肤过敏,皮炎;头痛,眩晕;腐蚀灼伤;尿频,排尿困难;血尿;胃肠道紊乱;上呼吸道感染;[潜在职业性致癌物]。

靶器官:膀胱,肝,肺,皮肤,胃肠道。

致癌部位:[动物:肝癌及膀胱癌]。

二氯二氟甲烷(Dichlorodifluoromethane)

CCl_2F_2

CAS No.:75-71-8

RTECS No.:PA8200000

DOT ID 和指南号:1028 126

异名和商品名:制冷剂 12,Difluorodichloromethane,Fluorocarbon 12,Freon® 12,Genetron® 12,Halon® 122,Propellant 12,Refrigerant 12

接触限值:NIOSH REL:TWA 1 000 ppm (4 950 mg/m³)　　OSHA PEL:TWA 1 000 ppm (4 950 mg/m³)

IDLH:15 000 ppm　**浓度换算系数**:1 ppm=4.95 mg/m^3

理化性质:无色气体,在极高浓度下具有乙醚样气味。[注:以压缩液化气运输。]

分子量:120.9　沸点:−22 ℉
凝固点:−252 ℉　溶解度(77 ℉):0.03%
蒸气压:5.7 大气压　电离电位:11.75 eV
相对密度:4.2　闪点:不适用
爆炸上限:不适用　爆炸下限:不适用
不易燃气体。
不相容性和反应性:化学性质活泼的金属,如钠、钾、钙、粉状铝、锌及镁。

测量方法:NIOSH 1018

个人防护和卫生设施:
- 皮肤:压缩气体快速膨胀时可产生低温。泄漏和使用能快速膨胀的压缩气体,可产生冻伤危害。穿戴合适的个人防护服,防止皮肤冻伤。
- 眼睛:佩戴合适的眼部防护用品,防止眼睛直接接触液体后因低温引起灼伤或组织损伤。
- 清洗皮肤:对于清洗皮肤上的污染物没有其他特殊的建议(包括立即清洗和班后清洗)。
- 脱除:对于脱除被污染或被弄湿的工作服的需要没有特殊建议。
- 更换:对于班后的衣服的更换需要没有特殊建议。
- 配备:在紧靠有可能接触极低温液体或迅速蒸发的液体的工作场所,应配备快速冲淋洗浴设备和/或眼冲洗设备,以应急使用。

急救:
- 眼睛:如果眼组织冻伤,要立即就医。如果眼组织没有冻伤,要立即用大量水彻底冲洗至少 15 min,并不时翻开上下眼睑,如果眼睛刺激、疼痛、肿胀、流泪和畏光持续存在,应尽快就医。
- 皮肤:如果发生冻伤,要立即就医,不要揉擦或用水冲洗冻伤部位;为防止组织进一步受损,不要试图将冻结的衣服从冻伤部位脱除。如未发生冻伤,立即用肥皂和水彻底清洗污染的皮肤。
- 呼吸:如果接触者吸入大量该化学物质,立即将接触者移至新鲜空气处。如果呼吸停止,要进行人工呼吸,注意保暖和休息。尽快就医。

对呼吸器选择的建议:NIOSH/OSHA

~10 000 ppm:
- Sa:任何供气式呼吸器。指定防护因数=10。

~15 000 ppm:
- Sa:Cf:任何连续供气式呼吸器。指定防护因数=25。
- ScbaF:任何携气式呼吸器,配全面罩。指定防护因数=50。
- SaF:任何供气式呼吸器,配全面罩。指定防护因数=50。

§:应急抢险,或准备进入浓度未知环境,或进入 IDLH 环境:
- ScbaF:Pd,Pp:任何压力需气式或正压携气式呼吸器,配全面罩。指定防护因数=10 000。
- SaF:Pd,Pp:AScba:任何压力需气式或正压供气式呼吸器,配全面罩,配压力需气式或正压携气式辅助呼吸器。指定防护因数=10 000。

逃生:
- GmFOv:任何空气过滤式全面罩呼吸器(防毒面具),配下颌式、前置式或背置式有机蒸气滤毒罐。指定防护因数=50。
- ScbaE:任何适合逃生的携气式呼吸器。

有关呼吸器选择的其他重要信息参见相关标准。

接触途径:呼吸道,皮肤和/或眼睛直接接触(液体)。

症状:眩晕,震颤,窒息,意识丧失,心律不齐,心跳停止;冻伤(液体)。

靶器官:心血管系统,周围神经系统。

D

1,3-二氯-5,5-二甲基乙内酰脲(1,3-Dichloro-5,5-dimethylhydantoin)

$C_5H_6Cl_2N_2O_2$

CAS No.:118-52-5

RTECS No.:MU0700000

异名和商品名: Dactin,DDH,Halane

DOT ID 和指南号:

接触限值:NIOSH REL:TWA 0.2 mg/m^3

ST 0.4 mg/m^3

OSHA PEL †:TWA 0.2 mg/m^3

IDLH:5 mg/m^3　　**浓度换算系数:**

理化性质:白色粉末,具有氯味。

分子量:197.0	沸点:未知
熔点:270 ℉	溶解度:0.2%
蒸气压:未知	电离电位:未知
比重:1.5	闪点:346 ℉
爆炸上限:未知	爆炸下限:未知

可燃固体。

不相容性和反应性:水,强酸,易氧化物质如铵盐和硫化物。

测量方法:无。

个人防护和卫生设施:

- 皮肤:穿戴合适的个人防护服,防止皮肤直接接触。
- 眼睛:佩戴合适的眼部防护用品,防止眼睛直接接触。
- 清洗皮肤:当皮肤受到污染时,应立即清洗污染的皮肤。
- 脱除:如果工作服被弄湿或受到了明显的污染,应该立即脱除并妥善处置。
- 更换:在离开工作场所前应当将可能受到污染的工作服更换成无污染的衣服。
- 配备:在劳动者可能接触该化学物质的作业场所,无论是否需要使用眼部防护用品,都应配备眼冲洗设备。

急救:

- 眼睛:如眼睛直接接触了该化学物质,要立即用大量水冲洗(灌洗)眼睛,冲洗时,不时翻开上下眼睑,并立即就医。
- 皮肤:如果该化学物质直接接触皮肤,迅速用肥皂和水冲洗污染的皮肤。若该化学物质渗透进衣服,要迅速将衣服脱除,用肥皂和水清洗皮肤,并迅速就医。
- 呼吸:如果接触者吸入大量该化学物质,立即将接触者移至新鲜空气处。如果呼吸停止,要进行人工呼吸,注意保暖和休息。尽快就医。
- 吞入:如果吞入该化学物质,应立即就医。

对呼吸器选择的建议:NIOSH/OSHA

~2 mg/m^3:

- Sa:任何供气式呼吸器。指定防护因数=10。

~5 mg/m^3:

- Sa:Cf:任何连续供气式呼吸器。指定防护因数=25。
- ScbaF:任何携气式呼吸器,配全面罩。指定防护因数=50。
- SaF:任何供气式呼吸器,配全面罩。指定防护因数=50。

§:应急抢险,或准备进入浓度未知环境,或进入 IDLH 环境:

- ScbaF:Pd,Pp:任何压力需气式或正压携气式呼吸器,配全面罩。指定防护因数=10 000。
- SaF:Pd,Pp:AScba:任何压力需气式或正压供气式呼吸器,配全面罩,配压力需气式或正压携气式辅助呼吸器。指定防护因数=10 000。

逃生:

- GmFS100:任何空气过滤式全面罩呼吸器(防毒面具),配下颌式、前置式或背置式防该化学物质的滤毒罐和N100、R100 或 P100 的综合防护过滤元件。指定防护因数=50。选择 N、R 或 P 过滤元件的信息见表 4。
- ScbaE:任何适合逃生的携气式呼吸器。

有关呼吸器选择的其他重要信息参见相关标准。

接触途径:呼吸道,胃肠道,皮肤和/或眼睛直接接触。

症状:眼睛、黏膜、呼吸系统刺激。

靶器官:眼睛,呼吸系统。

1,1-二氯乙烷(1,1-Dichloroethane)

$CHCl_2CH_3$

异名和商品名:乙叉二氯;不对称二氯乙烷;亚乙基二氯;Asymmetrical dichloroethane;Ethylidene chloride;1,1-Ethylidene dichloride

CAS No.:75-34-3

RTECS No.:KI0175000

DOT ID 和指南号:2362 130

D

接触限值:NIOSH REL:TWA 100 ppm (400 mg/m³)
见附录 C (氯乙烷)
OSHA PEL:TWA 100 ppm (400 mg/m³)

IDLH:3 000 ppm **浓度换算系数:**1 ppm = 4.05 mg/m³

理化性质:无色,油状液体,具有氯仿样气味。

分 子 量:99.0 沸 点:135 ℉
凝 固 点:−143 ℉ 溶 解 度:0.6%
蒸 气 压:182 mmHg 电离电位:11.06 eV
比 重:1.18 闪 点:2 ℉
爆炸上限:11.4% 爆炸下限:5.4%
ⅠB 类易燃液体——闪点低于 73 ℉,沸点等于或高于 100 ℉。
不相容性和反应性:强氧化剂,强腐蚀剂。

测量方法:NIOSH 1003;OSHA 7

个人防护和卫生设施:

- 皮肤:穿戴合适的个人防护服,防止皮肤直接接触。
- 眼睛:佩戴合适的眼部防护用品,防止眼睛直接接触。
- 清洗皮肤:当皮肤受到污染时,应立即清洗污染的皮肤。
- 脱除:如果工作服被可燃性物质(即闪点低于 100 ℉的液体)浸湿,应当立即脱除并妥善处置,以防着火。
- 更换:对于班后的衣服的更换需要没有特殊建议。

急救:

- 眼睛:如眼睛直接接触了该化学物质,要立即用大量水冲洗(灌洗)眼睛,冲洗时,不时翻开上下眼睑,并立即就医。
- 皮肤:如果该化学物质直接接触皮肤,要迅速用肥皂和水冲洗污染的皮肤。如果该化学物质渗透衣服,立即将衣服脱除,并用水清洗皮肤。如果清洗后刺激持续存在,应就医。
- 呼吸:如果接触者吸入大量该化学物质,立即将接触者移至新鲜空气处。如果呼吸停止,要进行人工呼吸,注意保暖和休息。尽快就医。
- 吞入:如果吞入该化学物质,应立即就医。

对呼吸器选择的建议:NIOSH/OSHA

~1 000 ppm:

- Sa:任何供气式呼吸器。指定防护因数=10。

~2 500 ppm:

- Sa:Cf:任何连续供气式呼吸器。指定防护因数=25。

~3 000 ppm:

- ScbaF:任何携气式呼吸器,配全面罩。指定防护因数=50。
- SaF:任何供气式呼吸器,配全面罩。指定防护因数=50。

§:应急抢险,或准备进入浓度未知环境,或进入 IDLH 环境:

- ScbaF:Pd,Pp:任何压力需气式或正压携气式呼吸器,配全面罩。指定防护因数=10 000。
- SaF:Pd,Pp:AScba:任何压力需气式或正压供气式呼吸器,配全面罩,配压力需气式或正压携气式辅助呼吸器。指定防护因数=10 000。

逃生:

- GmFOv:任何空气过滤式全面罩呼吸器(防毒面具),配下颌式、前置式或背置式有机蒸气滤毒罐。指定防护因数=50。
- ScbaE:任何适合逃生的携气式呼吸器。

有关呼吸器选择的其他重要信息参见相关标准。

接触途径:呼吸道,胃肠道,皮肤和/或眼睛直接接触。

症状:皮肤刺激;中枢神经系统抑制;肝、肾、肺损害。

靶器官:皮肤,肝,肾,肺,中枢神经系统。

D

1,2-二氯乙烯(1,2-Dichloroethylene)

ClCH=CHCl

CAS No.:540-59-0

RTECS No.:KV9360000

DOT ID 和指南号:1150 130P

异名和商品名:二氯化乙炔,均二氯乙烯,顺式-二氯乙烯,反式-二氯乙烯,Acetylene dichloride,cis-Acetylene dichloride,trans-Acetylene dichloride,sym-Dichloroethylene

接触限值:NIOSH REL:TWA 200 ppm (790 mg/m^3)
OSHA PEL:TWA 200 ppm (790 mg/m^3)

IDLH:1 000 ppm　**浓度换算系数:**1 ppm = 3.97 mg/m^3

理化性质:无色液体(通常是顺反式异构体的混合物),具有轻微的氯仿样气味。

分子量:97.0　沸点:118～140 ℉
凝固点:−57 ～ −115 ℉　溶解度:0.4%
蒸气压:180～265 mmHg　电离电位:9.65 eV
比重(77 ℉):1.27　闪点:36～39 ℉
爆炸上限:12.8%　爆炸下限:5.6%

ⅠB 类易燃液体——闪点低于 73 ℉,沸点等于或高于 100 ℉。

不相容性和反应性:强氧化剂,强碱,氢氧化钾,铜。[一般都加入抑制剂抑制聚合反应。]

测量方法:NIOSH 1003;OSHA 7

个人防护和卫生设施:

- 皮肤:穿戴合适的个人防护服,防止皮肤直接接触。
- 眼睛:佩戴合适的眼部防护用品,防止眼睛直接接触。
- 清洗皮肤:当皮肤受到污染时,应立即清洗污染的皮肤。
- 脱除:如果工作服被可燃性物质(即闪点低于 100 ℉的液体)浸湿,应当立即脱除并妥善处置,以防着火。
- 更换:对于班后的衣服的更换需要没有特殊建议。

急救:

- 眼睛:如眼睛直接接触了该化学物质,要立即用大量水冲洗(灌洗)眼睛,冲洗时,不时翻开上下眼睑,并立即就医。
- 皮肤:如果该化学物质直接接触皮肤,迅速用肥皂和水冲洗污染的皮肤。若该化学物质渗透进衣服,要迅速将衣服脱除,用肥皂和水清洗皮肤,并迅速就医。
- 呼吸:如果接触者吸入大量该化学物质,立即将接触者移至新鲜空气处。如果呼吸停止,要进行人工呼吸,注意保暖和休息。尽快就医。
- 吞入:如果吞入该化学物质,应立即就医。

对呼吸器选择的建议: NIOSH/OSHA

~2 000 ppm:

- Sa:Cf:任何连续供气式呼吸器。指定防护因数=25。£
- PaprOv:任何动力送风空气过滤式呼吸器,配有机蒸气滤毒盒。指定防护因数=25。£
- CcrFOv:任何空气过滤式全面罩呼吸器,配有机蒸气滤毒盒。指定防护因数=50。
- GmFOv:任何空气过滤式全面罩呼吸器(防毒面具),配下颌式、前置式或背置式有机蒸气滤毒罐。指定防护因数=50。
- ScbaF:任何携气式呼吸器,配全面罩。指定防护因数=50。
- SaF:任何供气式呼吸器,配全面罩。指定防护因数=50。

§:应急抢险,或准备进入浓度未知环境,或进入 IDLH 环境:

- ScbaF:Pd,Pp:任何压力需气式或正压携气式呼吸器,配全面罩。指定防护因数=10 000。
- SaF:Pd,Pp:AScba:任何压力需气式或正压供气式呼吸器,配全面罩,配压力需气式或正压携气式辅助呼吸器。指定防护因数=10 000。

逃生： ● GmFOv：任何空气过滤式全面罩呼吸器(防毒面具)，配下颌式、前置式或背置式有机蒸气滤毒罐。指定防护因数=50。 ● ScbaE：任何适合逃生的携气式呼吸器。 **有关呼吸器选择的其他重要信息参见相关标准。**	**接触途径**：呼吸道，胃肠道，皮肤和/或眼睛直接接触。 **症状**：眼睛、呼吸系统刺激；中枢神经系统抑制。 **靶器官**：眼睛，呼吸系统，中枢神经系统。

D

二氯乙醚(Dichloroethyl ether)
$(ClCH_2CH_2)_2O$
异名和商品名：bis(2-Chloroethyl)ether；2,2′-Dichlorodiethyl ether；2,2′-Dichloroethyl ether

CAS No.：111-44-4
RTECS No.：KN0875000
DOT ID 和指南号：1916 152

接触限值：NIOSH REL：Ca TWA 5 ppm (30 mg/m³)
ST 10 ppm (60 mg/m³) [皮]
见附录 A
OSHA PEL †：TWA 15 ppm (90 mg/m³) [皮]

IDLH：Ca [100 ppm]　**浓度换算系数**：1 ppm = 5.85 mg/m³

理化性质：无色液体，具有含氯溶剂的气味。

分子量：143.0	沸点：352 ℉
凝固点：−58 ℉	溶解度：1%
蒸气压：0.7 mmHg	电离电位：未知
比重：1.22	闪点：131 ℉
爆炸上限：未知	爆炸下限：2.7%

Ⅱ类可燃液体——闪点等于或高于 100 ℉且低于 140 ℉。
不相容性和反应性：强氧化剂。[注：遇湿气分解成盐酸。]

测量方法：NIOSH 1004；OSHA 7

个人防护和卫生设施：
● 皮肤：穿戴合适的个人防护服，防止皮肤直接接触。
● 眼睛：佩戴合适的眼部防护用品，防止眼睛直接接触。
● 清洗皮肤：当皮肤受到污染时，应立即清洗污染的皮肤。
● 脱除：如果工作服被弄湿或受到了明显的污染，应该立即脱除并妥善处置。
● 更换：对于班后的衣服的更换需要没有特殊建议。
● 配备：在劳动者可能接触该化学物质的作业场所，无论是否需要使用眼部防护用品，都应配备眼冲洗设备。在紧靠有可能接触该化学物质的工作场所，应配备快速冲淋身体的设备以应急使用。[注：这些设备应能够提供足量水或流动水，以将可能接触的身体任何部位上的该化学物质除去。实际配备适宜的快速冲淋设备取决于工作场所的具体条件。在某些情况下，必须及时进行大流量淋浴，而其他情况下只需要用一个水槽或软管供水就足够了。]

急救：
● 眼睛：如眼睛直接接触了该化学物质，要立即用大量水冲洗(灌洗)眼睛，冲洗时，不时翻开上下眼睑，并立即就医。
● 皮肤：如果该化学物质直接接触皮肤，用肥皂和水冲洗污染的皮肤。
● 呼吸：如果接触者吸入大量该化学物质，立即将接触者移至新鲜空气处。如果呼吸停止，要进行人工呼吸，注意保暖和休息。尽快就医。
● 吞入：如果吞入该化学物质，应立即就医。

D

对呼吸器选择的建议：NIOSH

¥：高于 NIOSH REL 的浓度；或当没有 REL 时，任何可以检测到的浓度：

- ScbaF：Pd，Pp：任何压力需气式或正压携气式呼吸器，配全面罩。指定防护因数＝10 000。
- SaF：Pd，Pp：AScba：任何压力需气式或正压供气式呼吸器，配全面罩，配压力需气式或正压携气式辅助呼吸器。指定防护因数＝10 000。

逃生：

- GmFOv：任何空气过滤式全面罩呼吸器（防毒面具），配下颌式、前置式或背置式有机蒸气滤毒罐。指定防护因数＝50。
- ScbaE：任何适合逃生的携气式呼吸器。

有关呼吸器选择的其他重要信息参见相关标准。

接触途径：呼吸道，皮肤吸收，胃肠道，皮肤和/或眼睛直接接触。

症状：鼻、咽喉、呼吸系统刺激；流泪；咳嗽；恶心，呕吐；动物：肺水肿；肝损害；[潜在职业性致癌物]。

靶器官：眼睛，呼吸系统，肝。

致癌部位：[动物：肝肿瘤]。

二氯一氟甲烷(Dichloromonofluoromethane)

$CHCl_2F$

CAS No.：75-43-4

RTECS No.：PA8400000

DOT ID 和指南号：1029 126

异名和商品名：二氯氟甲烷；一氟二氯甲烷；Dichlorofluoromethane；Fluorodichloromethane；Freon® 21；Genetron® 21；Halon® 112；Refrigerant 21

接触限值：NIOSH REL：TWA 10 ppm (40 mg/m^3)

OSHA PEL †：TWA 1 000 ppm (4 200 mg/m^3)

IDLH：5 000 ppm　**浓度换算系数：**1 ppm ＝ 4.21 mg/m^3

理化性质：无色气体，具有轻微醚样气味。[注：48 ℉以下为液体。以压缩液化气运输。]

分子量：102.9	沸点：48 ℉
凝固点：−211 ℉	溶解度(86 ℉)：0.7%
蒸气压(70 ℉)：1.6 大气压	电离电位：12.39 eV
相对密度：3.57	闪点：不适用
爆炸上限：不适用	爆炸下限：不适用

不易燃气体。

不相容性和反应性：化学性质活泼的金属（如钠、钾、钙、粉末状铝、粉末状锌和粉末状镁），酸，酸性烟。

测量方法：NIOSH 2516

个人防护和卫生设施：

- 皮肤：压缩气体快速膨胀时可产生低温。泄漏和使用能快速膨胀的压缩气体，可产生冻伤危害。穿戴合适的个人防护服，防止皮肤冻伤。
- 眼睛：佩戴合适的眼部防护用品，防止眼睛直接接触液体后因低温引起灼伤或组织损伤。
- 清洗皮肤：对于清洗皮肤上的污染物没有其他特殊的建议（包括立即清洗和班后清洗）。
- 脱除：对于脱除被污染或被弄湿的工作服的需要没有特殊建议。
- 更换：对于班后的衣服的更换需要没有特殊建议。
- 配备：在紧靠有可能接触极低温液体或迅速蒸发的液体的工作场所，应配备快速冲淋洗浴设备和/或眼冲洗设备，以应急使用。

急救：

- 眼睛：如果眼组织冻伤，要立即就医。如果眼组织没有冻伤，要立即用大量水彻底冲洗至少 15 min，并不时翻开上下眼睑，如果眼睛刺激、疼痛、肿胀、流泪和畏光持续存在，应尽快就医。
- 皮肤：如果发生冻伤，要立即就医，不要揉擦或用水冲洗冻伤部位；为防止组织进一步受损，不要试图将冻结的衣服从冻伤部位脱除。如未发生冻伤，立即用肥皂和水彻底清洗污染的皮肤。
- 呼吸：如果接触者吸入大量该化学物质，立即将接触者移至新鲜空气处。如果呼吸停止，要进行人工呼吸，注意保暖和休息。尽快就医。

对呼吸器选择的建议：NIOSH

～100 ppm：

- Sa：任何供气式呼吸器。指定防护因数＝10。

～250 ppm：

- Sa：Cf：任何连续供气式呼吸器。指定防护因数＝25。

～500 ppm：

- ScbaF：任何携气式呼吸器，配全面罩。指定防护因数＝50。
- SaF：任何供气式呼吸器，配全面罩。指定防护因数＝50。

～5 000 ppm：

- Sa：Pd，Pp：任何压力需气式或正压供气式呼吸器。指定防护因数＝1 000。

§：应急抢险，或准备进入浓度未知环境，或进入 IDLH 环境：

- ScbaF：Pd，Pp：任何压力需气式或正压携气式呼吸器，配全面罩。指定防护因数＝10 000。
- SaF：Pd，Pp：AScba：任何压力需气式或正压供气式呼吸器，配全面罩，配压力需气式或正压携气式辅助呼吸器。指定防护因数＝10 000。

逃生：

- GmFOv：任何空气过滤式全面罩呼吸器（防毒面具），配下颌式、前置式或背置式有机蒸气滤毒罐。指定防护因数＝50。
- ScbaE：任何适合逃生的携气式呼吸器。

有关呼吸器选择的其他重要信息参见相关标准。

接触途径：呼吸道，皮肤和/或眼睛直接接触（液体）。

症状：窒息，心律不齐，心跳停止；冻伤（液体）。

靶器官：呼吸系统，心血管系统。

1,1-二氯-1-硝基乙烷（1,1-Dichloro-1-nitroethane）

$CH_3CCl_2NO_2$

异名和商品名：二氯硝基乙烷，Dichloronitroethane

CAS No.：594-72-9

RTECS No.：KI0500000

DOT ID 和指南号：2650 153

接触限值：NIOSH REL：TWA 2 ppm（10 mg/m³）

OSHA PEL †：C 10 ppm（60 mg/m³）

IDLH：25 ppm　**浓度换算系数：**1 ppm ＝ 5.89 mg/m³

理化性质：无色液体，具有难闻的气味。［熏蒸剂］

分子量：143.9	沸点：255 ℉
凝固点：未知	溶解度：0.3%
蒸气压：15 mmHg	电离电位：未知
比重：1.43	闪点：136 ℉
爆炸上限：未知	爆炸下限：未知

Ⅱ类可燃液体——闪点等于或高于 100 ℉且低于140 ℉。

不相容性和反应性：强氧化剂。［注：有湿气时对铁有腐蚀性。］

测量方法：NIOSH 1601；OSHA 7

个人防护和卫生设施:

- 皮肤:穿戴合适的个人防护服,防止皮肤直接接触。
- 眼睛:佩戴合适的眼部防护用品,防止眼睛直接接触。
- 清洗皮肤:当皮肤受到污染时,应立即清洗污染的皮肤。
- 脱除:如果工作服被弄湿或受到了明显的污染,应该立即脱除并妥善处置。
- 更换:对于班后的衣服的更换需要没有特殊建议。

急救:

- 眼睛:如眼睛直接接触了该化学物质,要立即用大量水冲洗(灌洗)眼睛,冲洗时,不时翻开上下眼睑,并立即就医。
- 皮肤:如果该化学物质直接接触皮肤,立即用肥皂和水冲洗污染的皮肤。若该化学物质渗透进衣服,要立即将衣服脱除,用肥皂和水清洗皮肤,并迅速就医。
- 呼吸:如果接触者吸入大量该化学物质,立即将接触者移至新鲜空气处。如果呼吸停止,要进行人工呼吸,注意保暖和休息。尽快就医。
- 吞入:如果吞入该化学物质,应立即就医。

对呼吸器选择的建议: NIOSH

~20 ppm:

- Sa:任何供气式呼吸器。指定防护因数=10。

~25 ppm:

- Sa:Cf:任何连续供气式呼吸器。指定防护因数=25。
- ScbaF:任何携气式呼吸器,配全面罩。指定防护因数=50。
- SaF:任何供气式呼吸器,配全面罩。指定防护因数=50。

§:应急抢险,或准备进入浓度未知环境,或进入 IDLH 环境:

- ScbaF:Pd,Pp:任何压力需气式或正压携气式呼吸器,配全面罩。指定防护因数=10 000。
- SaF:Pd,Pp:AScba:任何压力需气式或正压供气式呼吸器,配全面罩,配压力需气式或正压携气式辅助呼吸器。指定防护因数=10 000。

逃生:

- GmFOv:任何空气过滤式全面罩呼吸器(防毒面具),配下颌式、前置式或背置式有机蒸气滤毒罐。指定防护因数=50。
- ScbaE:任何适合逃生的携气式呼吸器。

有关呼吸器选择的其他重要信息参见相关标准。

接触途径:呼吸道,胃肠道,皮肤和/或眼睛直接接触。

症状:动物:眼睛、皮肤刺激;肝、心脏、肾损害;肺水肿,肺出血。

靶器官:眼睛,皮肤,呼吸系统,肝,肾,心血管系统。

1,3-二氯丙烯(1,3-Dichloropropene)

CAS No.:542-75-6

$ClHC{=}CHCH_2Cl$

RTECS No.:UC8310000

异名和商品名:1,3-二氯-1-丙烯;3-Chloroallyl chloride;DCP;1,3-Dichloro-1-propene;1,3-Dichloropropylene;Telone®

DOT ID 和指南号:2047 129

接触限值:NIOSH REL:Ca TWA 1 ppm (5 mg/m^3) [皮] 见附录 A

OSHA PEL †:无

IDLH: Ca [N. D.]

浓度换算系数:1 ppm = 4.54 mg/m^3

理化性质:无色至草绿色液体,具有浓的甜的刺激性氯仿样气味。[杀虫剂][注:以顺反异构体混合物存在。]

分子量:111.0	沸点:226 °F
凝固点:−119 °F	溶解度:0.2%
蒸气压:28 mmHg	电离电位:未知
比重:1.21	闪点:77 °F
爆炸上限:14.5%	爆炸下限:5.3%

ⅠC类易燃液体——闪点等于或高于73 °F且低于100 °F。

不相容性和反应性:铝,镁,卤素,氧化剂。[注:加入环氧氯丙烷作稳定剂。]

测量方法:无。

个人防护和卫生设施:

- 皮肤:穿戴合适的个人防护服,防止皮肤直接接触。
- 眼睛:佩戴合适的眼部防护用品,防止眼睛直接接触。
- 清洗皮肤:当皮肤受到污染时,应立即清洗污染的皮肤。
- 脱除:如果工作服被可燃性物质(即闪点低于100 °F的液体)浸湿,应当立即脱除并妥善处置,以防着火。
- 更换:对于班后的衣服的更换需要没有特殊建议。
- 配备:在劳动者可能接触该化学物质的作业场所,无论是否需要使用眼部防护用品,都应配备眼冲洗设备。在紧靠有可能接触该化学物质的工作场所,应配备快速冲淋身体的设备以应急使用。[注:这些设备应能够提供足量水或流动水,以将可能接触的身体任何部位上的该化学物质除去。实际配备适宜的快速冲淋设备取决于工作场所的具体条件。在某些情况下,必须及时进行大流量淋浴,而其他情况下只需要用一个水槽或软管供水就足够了。]

急救:

- 眼睛:如眼睛直接接触了该化学物质,要立即用大量水冲洗(灌洗)眼睛,冲洗时,不时翻开上下眼睑,并立即就医。
- 皮肤:如果该化学物质直接接触皮肤,要立即用肥皂和水冲洗污染的皮肤。如果该化学物质渗透衣服,立即将衣服脱除,并用水清洗皮肤。如果清洗后刺激持续存在,应就医。
- 呼吸:如果接触者吸入大量该化学物质,立即将接触者移至新鲜空气处。如果呼吸停止,要进行人工呼吸,注意保暖和休息。尽快就医。
- 吞入:如果吞入该化学物质,应立即就医。

对呼吸器选择的建议: NIOSH

¥:高于NIOSH REL的浓度;或当没有REL时,任何可以检测到的浓度:

- ScbaF:Pd,Pp:任何压力需气式或正压携气式呼吸器,配全面罩。指定防护因数=10 000。
- SaF:Pd,Pp:AScba:任何压力需气式或正压供气式呼吸器,配全面罩,配压力需气式或正压携气式辅助呼吸器。指定防护因数=10 000。

逃生:

- GmFOv:任何空气过滤式全面罩呼吸器(防毒面具),配下颌式、前置式或背置式有机蒸气滤毒罐。指定防护因数=50。
- ScbaE:任何适合逃生的携气式呼吸器。

有关呼吸器选择的其他重要信息参见相关标准。

接触途径:呼吸道,皮肤吸收,胃肠道,皮肤和/或眼睛直接接触。

症状:眼睛、皮肤、呼吸系统刺激;眼睛、皮肤灼伤;流泪;头痛,眩晕;动物:肝、肾损害;[潜在职业性致癌物]。

靶器官:眼睛,皮肤,呼吸系统,中枢神经系统,肝,肾。

致癌部位:[动物:膀胱癌,肝癌,肺癌及贲门癌]。

D

2,2-二氯丙酸(2,2-Dichloropropionic acid)　　CAS No.:75-99-0

CH_3CCl_2COOH　　RTECS No.:UF0690000

异名和商品名:茅草枯;Dalapon;2,2-Dichloropropanoic acid;α,α-Dichloropropionic acid　　**DOT ID 和指南号:**

接触限值:NIOSH REL:TWA 1 ppm (6 mg/m³)
OSHA PEL†:无

IDLH:N.D.　　**浓度换算系数:**1 ppm = 5.85 mg/m³

理化性质:无色液体,具有辛辣气味。[除草剂][注:46 ℉以下为白色至褐色粉末。通常使用白色粉状钠盐。]

分子量:143.0　　沸点:374 ℉
凝固点:46 ℉　　溶解度:50%
蒸气压:未知　　电离电位:未知
比重:1.40　　闪点:不适用
爆炸上限:不适用　　爆炸下限:不适用
不可燃液体。
不相容性和反应性:金属。[注:对铝合金和铜合金具有很强的腐蚀性。在水中缓慢生成盐酸和丙酮酸。]

测量方法:OSHA PV2017

个人防护和卫生设施:

- 皮肤:穿戴合适的个人防护服,防止皮肤直接接触。
- 眼睛:佩戴合适的眼部防护用品,防止眼睛直接接触。
- 清洗皮肤:当皮肤受到污染时,应立即清洗污染的皮肤。
- 脱除:如果工作服被弄湿或受到了明显的污染,应该立即脱除并妥善处置。
- 更换:对于班后的衣服的更换需要没有特殊建议。
- 配备:在劳动者可能接触该化学物质的作业场所,无论是否需要使用眼部防护用品,都应配备眼冲洗设备。在紧靠有可能接触该化学物质的工作场所,应配备快速冲淋身体的设备以应急使用。[注:这些设备应能够提供足量水或流动水,以将可能接触的身体任何部位上的该化学物质除去。实际配备适宜的快速冲淋设备取决于工作场所的具体条件。在某些情况下,必须及时进行大流量淋浴,而其他情况下只需要用一个水槽或软管供水就足够了。]

急救:

- 眼睛:如眼睛直接接触了该化学物质,要立即用大量水冲洗(灌洗)眼睛,冲洗时,不时翻开上下眼睑,并立即就医。
- 皮肤:如果该化学物质直接接触皮肤,立即用水冲洗污染的皮肤。如果该化学物质渗透进衣服,立即将衣服脱除,用水冲洗皮肤。若清洗后出现症状,要立即就医。
- 呼吸:如果接触者吸入大量该化学物质,立即将接触者移至新鲜空气处。如果呼吸停止,要进行人工呼吸,注意保暖和休息。尽快就医。
- 吞入:如果吞入该化学物质,应立即就医。

对呼吸器选择的建议:无。
有关呼吸器选择的其他重要信息参见相关标准。

接触途径:呼吸道,胃肠道,皮肤和/或眼睛直接接触。

症状:眼睛、皮肤、上呼吸道刺激;皮肤灼伤;乏力,厌食,腹泻,呕吐,脉缓慢;中枢神经系统抑制。

靶器官:眼睛,皮肤,呼吸系统,胃肠道,中枢神经系统。

二氯四氟乙烷(Dichlorotetrafluoroethane)

$CClF_2CClF_2$

CAS No.:76-14-2

RTECS No.:KI1101000

DOT ID 和指南号:1958 126

D

异名和商品名:1,2-二氯四氟乙烷;氟利昂 114;制冷剂 114;1,2-Dichlorotetrafluoroethane;Freon® 114;Genetron® 114;Halon® 242;Refrigerant 114

接触限值:NIOSH REL:TWA 1 000 ppm (7 000 mg/m³)

OSHA PEL:TWA 1 000 ppm (7 000 mg/m³)

IDLH:15 000 ppm **浓度换算系数:**1 ppm = 6.99 mg/m³

理化性质:无色气体,高浓度下具有轻微醚样气味。[注:38 ℉以下为液体。以压缩液化气运输。]

分 子 量:170.9

沸 点:38 ℉

凝 固 点:-137 ℉

溶 解 度:0.01%

蒸气压(70 ℉):1.9 大气压

电离电位:12.20 eV

相对密度:5.93

闪 点:不适用

爆炸上限:不适用

爆炸下限:不适用

不易燃气体。

不相容性和反应性:化学性质活泼的金属(如钠、钾、钙、粉末状铝、粉末状锌和粉末状镁),酸,酸性烟。

测量方法:NIOSH 1018

个人防护和卫生设施:

- 皮肤:压缩气体快速膨胀时可产生低温。泄漏和使用能快速膨胀的压缩气体,可产生冻伤危害。穿戴合适的个人防护服,防止皮肤冻伤。
- 眼睛:佩戴合适的眼部防护用品,防止眼睛直接接触液体后因低温引起灼伤或组织损伤。
- 清洗皮肤:对于清洗皮肤上的污染物没有其他特殊的建议(包括立即清洗和班后清洗)。
- 脱除:对于脱除被污染或被弄湿的工作服的需要没有特殊建议。
- 更换:对于班后的衣服的更换需要没有特殊建议。
- 配备:在紧靠有可能接触极低温液体或迅速蒸发的液体的工作场所,应配备快速冲淋洗浴设备和/或眼冲洗设备,以应急使用。

急救:

- 眼睛:如果眼组织冻伤,要立即就医。如果眼组织没有冻伤,要立即用大量水彻底冲洗至少 15 min,并不时翻开上下眼睑,如果眼睛刺激、疼痛、肿胀、流泪和畏光持续存在,应尽快就医。
- 皮肤:如果发生冻伤,要立即就医,不要揉擦或用水冲洗冻伤部位;为防止组织进一步受损,不要试图将冻结的衣服从冻伤部位脱除。如未发生冻伤,立即用肥皂和水彻底清洗污染的皮肤。
- 呼吸:如果接触者吸入大量该化学物质,立即将接触者移至新鲜空气处。如果呼吸停止,要进行人工呼吸,注意保暖和休息。尽快就医。

对呼吸器选择的建议: NIOSH/OSHA

~10 000 ppm:

- Sa:任何供气式呼吸器。指定防护因数=10。

~15 000 ppm:

- Sa:Cf:任何连续供气式呼吸器。指定防护因数=25。
- ScbaF:任何携气式呼吸器,配全面罩。指定防护因数=50。
- SaF:任何供气式呼吸器,配全面罩。指定防护因数=50。

§:应急抢险,或准备进入浓度未知环境,或进入 IDLH 环境:

- ScbaF:Pd,Pp:任何压力需气式或正压携气式呼吸器,配全面罩。指定防护因数=10 000。
- SaF:Pd,Pp:AScba:任何压力需气式或正压供气式呼吸器,配全面罩,配压力需气式或正压携气式辅助呼吸器。指定防护因数=10 000。

D

逃生:

- GmFOv:任何空气过滤式全面罩呼吸器(防毒面具),配下颌式、前置式或背置式有机蒸气滤毒罐。指定防护因数=50。
- ScbaE:任何适合逃生的携气式呼吸器。

有关呼吸器选择的其他重要信息参见相关标准。

接触途径:呼吸道,皮肤和/或眼睛直接接触(液体)。

症状:呼吸系统刺激;窒息;心律不齐,心跳停止;液体:冻伤。

靶器官:呼吸系统,心血管系统。

敌敌畏(Dichlorvos)

$(CH_3O)_2P(O)OCH=CCl_2$

异名和商品名:O,O-二甲基-O-(2,2-二氯)乙烯基磷酸酯;DDVP

2,2-Dichlorovinyl dimethyl phosphate

CAS No.:62-73-7

RTECS No.:TC0350000

DOT ID 和指南号:2783 152

接触限值:NIOSH REL:TWA 1 mg/m³[皮]

OSHA PEL:TWA 1 mg/m³[皮]

IDLH:100 mg/m³ **浓度换算系数:**1 ppm = 9.04 mg/m³

理化性质:无色至琥珀色液体,具有淡淡的化学品气味。[注:可吸收在干载体上的杀虫剂。]

分子量:221.0	沸点:分解
凝固点:未知	溶解度:0.5%
蒸气压:0.01 mmHg	电离电位:未知
比重(77 ℉):1.42	闪点:>175 ℉
爆炸上限:未知	爆炸下限:未知

Ⅲ类可燃液体。

不相容性和反应性:强酸,强碱。[注:对铁和软钢具有腐蚀性。]

测量方法:NIOSH P&CAM295(Ⅱ-5);OSHA 62

个人防护和卫生设施:

- 皮肤:穿戴合适的个人防护服,防止皮肤直接接触。
- 眼睛:佩戴合适的眼部防护用品,防止眼睛直接接触。
- 清洗皮肤:当皮肤受到污染时,应立即清洗污染的皮肤。
- 脱除:如果工作服被弄湿或受到了明显的污染,应该立即脱除并妥善处置。
- 更换:对于班后的衣服的更换需要没有特殊建议。

急救:

- 眼睛:如眼睛直接接触了该化学物质,要立即用大量水冲洗(灌洗)眼睛,冲洗时,不时翻开上下眼睑,并立即就医。
- 皮肤:如果该化学物质直接接触皮肤,立即用肥皂和水冲洗污染的皮肤。若该化学物质渗透进衣服,要立即将衣服脱除,用肥皂和水清洗皮肤,并迅速就医。
- 呼吸:如果接触者吸入大量该化学物质,立即将接触者移至新鲜空气处。如果呼吸停止,要进行人工呼吸,注意保暖和休息。尽快就医。
- 吞入:如果吞入该化学物质,应立即就医。

对呼吸器选择的建议: NIOSH/OSHA

~10 mg/m³:

- Sa:任何供气式呼吸器。指定防护因数=10。

~25 mg/m³:

- Sa:Cf:任何连续供气式呼吸器。指定防护因数=25。

~50 mg/m³:

- SaT:Cf:任何连续供气式呼吸器,配密合型面罩。指定防护因数=50。

- ScbaF:任何携气式呼吸器,配全面罩。指定防护因数=50。
- SaF:任何供气式呼吸器,配全面罩。指定防护因数=50。

～100 mg/m^3:

- Sa:Pd,Pp:任何压力需气式或正压供气式呼吸器。指定防护因数=1 000。

§:应急抢险,或准备进入浓度未知环境,或进入 IDLH 环境:

- ScbaF:Pd,Pp:任何压力需气式或正压携气式呼吸器,配全面罩。指定防护因数=10 000。
- SaF:Pd,Pp:AScba:任何压力需气式或正压供气式呼吸器,配全面罩,配压力需气式或正压携气式辅助呼吸器。指定防护因数=10 000。

逃生:

- GmFOv100:任何空气过滤式全面罩呼吸器(防毒面具),配下颌式、前置式或背置式有机蒸气滤毒罐和N100、R100或P100的综合防护过滤元件。指定防护因数=50。选择N、R或P过滤元件的信息见表4。
- ScbaE:任何适合逃生的携气式呼吸器。

有关呼吸器选择的其他重要信息参见相关标准。

接触途径:呼吸道,皮肤吸收,胃肠道,皮肤和/或眼睛直接接触。

症状:眼睛、皮肤刺激;瞳孔缩小,眼睛疼痛;鼻漏;头痛;胸部紧迫感,喘鸣,喉痉挛,流涎;紫绀;厌食,恶心,呕吐,腹泻;出汗;肌颤,麻痹,眩晕,共济失调;惊厥;血压低,心律不齐。

靶器官:眼睛,皮肤,呼吸系统,心血管系统,中枢神经系统,血胆碱酯酶。

D

百治磷(Dicrotophos)

$C_8H_{16}NO_5P$

CAS No.:141-66-2

RTECS No.:TC3850000

异名和商品名: Bidrin®,Carbicron®,2-Dimethyl-cis-2-dimethylcarbamoyl-1-methylvinylphosphate

DOT ID 和指南号:

接触限值:NIOSH REL:TWA 0.25 mg/m^3[皮]

OSHA PEL †:无

IDLH:N.D.　**浓度换算系数:**1 ppm = 9.70 mg/m^3

理化性质:棕黄色液体,具有淡淡的酯味。[杀虫剂]

分子量:237.2	沸点:752 ℉
凝固点:未知	溶解度:与水互溶
蒸气压:0.000 1 mmHg	电离电位:未知
比重(59 ℉):1.22	闪点:>200 ℉
爆炸上限:未知	爆炸下限:未知

ⅢB类可燃液体——闪点等于或高于200 ℉。

不相容性和反应性:金属。[注:对铸铁、软钢、黄铜和不锈钢有腐蚀性。]

测量方法:NIOSH 5600

个人防护和卫生设施:

- 皮肤:穿戴合适的个人防护服,防止皮肤直接接触。
- 眼睛:佩戴合适的眼部防护用品,防止眼睛直接接触。
- 清洗皮肤:当皮肤受到污染时,应立即清洗污染的皮肤。
- 脱除:如果工作服被弄湿或受到了明显的污染,应该立即脱除并妥善处置。
- 更换:在离开工作场所前应当将可能受到污染的工作服更换成无污染的衣服。
- 配备:在紧靠有可能接触该化学物质的工作场所,应配备快速冲淋身体的设备以应急使用。[注:这些设备应能够提供足量水或流动水,以将可能接触的身体任何部位上的该化学物质除去。实际配备适宜的快速冲淋设备取决于工作场所的具体条件。在某些情况下,必须及时进行大流量淋浴,而其他情况下只需要用一个水槽或软管供水就足够了。]

急救：

- 眼睛：如眼睛直接接触了该化学物质，要立即用大量水冲洗（灌洗）眼睛，冲洗时，不时翻开上下眼睑，并立即就医。
- 皮肤：如果该化学物质直接接触皮肤，立即用水冲洗污染的皮肤。如果该化学物质渗透进衣服，立即将衣服脱除，用水冲洗皮肤。若清洗后出现症状，要立即就医。
- 呼吸：如果接触者吸入大量该化学物质，立即将接触者移至新鲜空气处。如果呼吸停止，要进行人工呼吸，注意保暖和休息。尽快就医。
- 吞入：如果吞入该化学物质，应立即就医。

对呼吸器选择的建议：无。

有关呼吸器选择的其他重要信息参见相关标准。

接触途径：呼吸道，皮肤吸收，胃肠道，皮肤和/或眼睛直接接触。

症状：头痛，恶心，眩晕，焦虑，烦躁，肌颤搐，乏力，震颤，协调能力下降，呕吐，腹绞痛，腹泻；流涎，出汗，流泪，鼻炎；厌食，不适。

靶器官：中枢神经系统，血胆碱酯酶。

二环戊二烯(Dicyclopentadiene)

$C_{10}H_{12}$

CAS No.：77-73-6

RTECS No.：PC1050000

DOT ID 和指南号：2048 130

异名和商品名：Bicyclopentadiene；DCPD；1,3-Dicyclopentadiene dimer；3a,4,7,7a-Tetrahydro-4,7-methanoindene［注：存在两种异构体。］

接触限值：NIOSH REL：TWA 5 ppm (30 mg/m^3)

OSHA PEL †：无

IDLH：N.D.　　**浓度换算系数：**1 ppm ＝ 5.41 mg/m^3

理化性质：无色晶体，具有难闻的樟脑样气味。［注：90 ℉以上为液体。］

分子量：132.2	沸点：342 ℉
凝固点：90 ℉	溶解度：0.02%
蒸气压：1.4 mmHg	电离电位：未知
比重：0.98(95 ℉液体)	闪点（开杯）：90 ℉
爆炸上限：6.3%	爆炸下限：0.8%

IC 类易燃液体——闪点等于或高于 73 ℉且低于 100 ℉。

可燃固体。

不相容性和反应性：氧化剂。［注：在沸点可解聚成两分子的环戊二烯。为防止聚合，应加入抑制剂和在惰性气体中贮存。］

测量方法：OSHA PV2098

个人防护和卫生设施：

- 皮肤：穿戴合适的个人防护服，防止皮肤直接接触。
- 眼睛：佩戴合适的眼部防护用品，防止眼睛直接接触。
- 清洗皮肤：当皮肤受到污染时，应立即清洗污染的皮肤。
- 脱除：如果工作服被弄湿或受到了明显的污染，应该立即脱除并妥善处置。
- 更换：在离开工作场所前应当将可能受到污染的工作服更换成无污染的衣服。
- 配备：在劳动者可能接触该化学物质的作业场所，无论是否需要使用眼部防护用品，都应配备眼冲洗设备。在紧靠有可能接触该化学物质的工作场所，应配备快速冲淋身体的设备以应急使用。［注：这些设备应能够提供足量水或流动水，以将可能接触的身体任何部位上的该化学物质除去。实际配备适宜的快速冲淋设备取决于工作场所的具体条件。在某些情况下，必须及时进行大流量淋浴，而其他情况下只需要用一个水槽或软管供水就足够了。］

急救：

- 眼睛：如眼睛直接接触了该化学物质，要立即用大量水冲洗(灌洗)眼睛，冲洗时，不时翻开上下眼睑，并立即就医。
- 皮肤：如果该化学物质直接接触皮肤，要立即用肥皂和水冲洗污染的皮肤。如果该化学物质渗透衣服，立即将衣服脱除，并用水清洗皮肤。如果清洗后刺激持续存在，应就医。
- 呼吸：如果接触者吸入大量该化学物质，立即将接触者移至新鲜空气处。如果呼吸停止，要进行人工呼吸，注意保暖和休息。尽快就医。
- 吞入：如果吞入该化学物质，应立即就医。

对呼吸器选择的建议： 无。

有关呼吸器选择的其他重要信息参见相关标准。

接触途径：呼吸道，胃肠道，皮肤和/或眼睛直接接触。

症状：眼睛、皮肤、鼻、咽喉刺激；协调能力下降，头痛；打喷嚏，咳嗽；皮肤水泡；动物：肾、肺损害。

靶器官：眼睛，皮肤，呼吸系统，中枢神经系统，肾。

D

二茂铁(Dicyclopentadienyl iron)

$(C_5H_5)_2Fe$

CAS No.：102-54-5

RTECS No.：LK0700000

异名和商品名：bis(Cyclopentadienyl)iron，Ferrocene，Iron dicyclopentadienyl

DOT ID 和指南号：

接触限值：NIOSH REL：TWA 10 mg/m^3(总颗粒物)

TWA 5 mg/m^3(呼吸性颗粒物)

OSHA PEL †：TWA 15 mg/m^3(总颗粒物)

TWA 5 mg/m^3(呼吸性颗粒物)

IDLH：N. D.　　**浓度换算系数：**

理化性质：橙色晶体，具有樟脑样气味。

分子量：186.1	沸点：480 ℉
熔点：343 ℉	溶解度：不溶
蒸气压：未知	电离电位：6.88 eV
比重：未知	闪点：未知
爆炸上限：未知	爆炸下限：未知

可燃固体。

不相容性和反应性：高氯酸铵，四硝基甲烷，硝酸汞(Ⅱ)。

测量方法：OSHA ID125G

个人防护和卫生设施：

- 皮肤：对于个体皮肤防护装备的需要没有特殊建议。
- 眼睛：对眼部防护的需要没有特殊建议。
- 清洗皮肤：对于清洗皮肤上的污染物没有其他特殊的建议(包括立即清洗和班后清洗)。
- 脱除：对于脱除被污染或被弄湿的工作服的需要没有特殊建议。
- 更换：在离开工作场所前应当将可能受到污染的工作服更换成无污染的衣服。

急救：

- 眼睛：如眼睛直接接触了该化学物质，要立即用大量水冲洗(灌洗)眼睛，冲洗时，不时翻开上下眼睑，并立即就医。
- 皮肤：如果该化学物质直接接触皮肤，用肥皂和水冲洗污染的皮肤。
- 呼吸：如果接触者吸入大量该化学物质，立即将接触者移至新鲜空气处。如果呼吸停止，要进行人工呼吸，注意保暖和休息。尽快就医。
- 吞入：如果吞入该化学物质，应立即就医。

对呼吸器选择的建议：无。

有关呼吸器选择的其他重要信息参见相关标准。

接触途径：呼吸道，胃肠道，皮肤和/或眼睛直接接触。

症状：可能有眼睛、皮肤、呼吸系统刺激；动物：肝、红细胞及睾丸变性。

靶器官：眼睛，皮肤，呼吸系统，肝，血液，生殖系统。

D

狄氏剂(Dieldrin)

$C_{12}H_8Cl_6O$

CAS No.:60-57-1

RTECS No.:IO1750000

DOT ID 和指南号:2761 151

异名和商品名:氧桥氯甲桥萘;化合物 497;HEOD;1,2,3,4,10,10-Hexachloro-6,7-epoxy-1,4,4a,5,6,7,8,8a-octahydro-1,4-endo,exo-5,8-dimethanonaphthalene

接触限值:NIOSH REL:Ca TWA 0.25 mg/m³[皮] 见附录 A

OSHA PEL:TWA 0.25 mg/m³[皮]

IDLH:Ca [50 mg/m³] **浓度换算系数**:

理化性质:无色至浅褐色晶体,具有淡淡的化学品气味。[杀虫剂]

分子量:380.9 沸点:分解

熔点:349 ℉ 溶解度:0.02%

蒸气压(77 ℉):8 ×10⁻⁷ mmHg 电离电位:未知

比重:1.75 闪点:不适用

爆炸上限:不适用 爆炸下限:不适用

不可燃固体。

不相容性和反应性:强氧化剂,化学性质活泼的金属如钠、强酸、苯酚。

测量方法:NIOSH S283 (II-3)

个人防护和卫生设施:

- 皮肤:穿戴合适的个人防护服,防止皮肤直接接触。
- 眼睛:佩戴合适的眼部防护用品,防止眼睛直接接触。
- 清洗皮肤:当皮肤受到污染时,应立即清洗污染的皮肤。/每天工作班结束后,进食、吸烟、喝水前都应该清洗可能受到污染的皮肤。
- 脱除:如果工作服被弄湿或受到了明显的污染,应该立即脱除并妥善处置。
- 更换:在离开工作场所前应当将可能受到污染的工作服更换成无污染的衣服。
- 配备:在劳动者可能接触该化学物质的作业场所,无论是否需要使用眼部防护用品,都应配备眼冲洗设备。在紧靠有可能接触该化学物质的工作场所,应配备快速冲淋身体的设备以应急使用。[注:这些设备应能够提供足量水或流动水,以将可能接触的身体任何部位上的该化学物质除去。实际配备适宜的快速冲淋设备取决于工作场所的具体条件。在某些情况下,必须及时进行大流量淋浴,而其他情况下只需要用一个水槽或软管供水就足够了。]

急救:

- 眼睛:如眼睛直接接触了该化学物质,要立即用大量水冲洗(灌洗)眼睛,冲洗时,不时翻开上下眼睑,并立即就医。
- 皮肤:如果该化学物质直接接触皮肤,立即用肥皂和水冲洗污染的皮肤。若该化学物质渗透进衣服,要立即将衣服脱除,用肥皂和水清洗皮肤,并迅速就医。
- 呼吸:如果接触者吸入大量该化学物质,立即将接触者移至新鲜空气处。如果呼吸停止,要进行人工呼吸,注意保暖和休息。尽快就医。
- 吞入:如果吞入该化学物质,应立即就医。

对呼吸器选择的建议: NIOSH

¥:高于 NIOSH REL 的浓度;或当没有 REL 时,任何可以检测到的浓度:

- ScbaF:Pd,Pp:任何压力需气式或正压携气式呼吸器,配全面罩。指定防护因数=10 000。
- SaF:Pd,Pp:AScba:任何压力需气式或正压供气式呼吸器,配全面罩,配压力需气式或正压携气式辅助呼吸器。指定防护因数=10 000。

逃生: ● GmFOv100:任何空气过滤式全面罩呼吸器(防毒面具),配下颌式、前置式或背置式有机蒸气滤毒罐和N100、R100或P100的综合防护过滤元件。指定防护因数=50。选择N、R或P过滤元件的信息见表4。 ● ScbaE:任何适合逃生的携气式呼吸器。 **有关呼吸器选择的其他重要信息参见相关标准。**	**接触途径:**呼吸道,皮肤吸收,胃肠道,皮肤和/或眼睛直接接触。 **症状:**头痛,眩晕;恶心,呕吐,不适,出汗;肢体阵挛性抽搐;阵挛性、强直性惊厥;昏迷;[潜在职业性致癌物];动物:肝、肾损害。 **靶器官:**中枢神经系统,肝,肾,皮肤。 **致癌部位:**[动物:肺肿瘤、肝肿瘤、甲状腺肿瘤及肾上腺肿瘤]。

柴油机废气(Diesel exhaust) **异名和商品名:**其他名称依柴油机废气的成分不同而不同。	**CAS No.:** **RTECS No.:**HZ1755000 **DOT ID 和指南号:**
接触限值:NIOSH REL:Ca 见附录 A OSHA PEL:无 **IDLH:**Ca [N. D.] **浓度换算系数:** **理化性质:**不同废气组分不同。 不相容性和反应性:不同废气成分不同。 **测量方法:**NIOSH 2560,5040 **个人防护和卫生设施:** ● 皮肤:对于个体皮肤防护装备的需要没有特殊建议。 ● 眼睛:对眼部防护的需要没有特殊建议。 ● 清洗皮肤:对于清洗皮肤上的污染物没有其他特殊的建议(包括立即清洗和班后清洗)。 ● 脱除:对于脱除被污染或被弄湿的工作服的需要没有特殊建议。 ● 更换:对于班后的衣服的更换需要没有特殊建议。 **急救:** ● 呼吸:如果接触者吸入大量该化学物质,立即将接触者移至新鲜空气处。如果呼吸停止,要进行人工呼吸,注意保暖和休息。尽快就医。	**对呼吸器选择的建议:**NIOSH **¥:高于 NIOSH REL 的浓度;或当没有 REL 时,任何可以检测到的浓度:** ● ScbaF:Pd,Pp:任何压力需气式或正压携气式呼吸器,配全面罩。指定防护因数=10 000。 ● SaF:Pd,Pp:AScba:任何压力需气式或正压供气式呼吸器,配全面罩,配压力需气式或正压携气式辅助呼吸器。指定防护因数=10 000。 **逃生:** ● GmFOv100:任何空气过滤式全面罩呼吸器(防毒面具),配下颌式、前置式或背置式有机蒸气滤毒罐和N100、R100或P100的综合防护过滤元件。指定防护因数=50。选择N、R或P过滤元件的信息见表4。 ● ScbaE:任何适合逃生的携气式呼吸器。 **有关呼吸器选择的其他重要信息参见相关标准。** **接触途径:**呼吸道,皮肤和/或眼睛直接接触。 **症状:**眼睛刺激,肺功能改变;[潜在职业性致癌物]。 **靶器官:**眼睛,呼吸系统。 **致癌部位:**[动物:肺肿瘤]。

D

二乙醇胺(Diethanolamine)

$(HOCH_2CH_2)_2NH$

CAS No.:111-42-2

RTECS No.:KL2975000

DOT ID 和指南号:

异名和商品名:DEA;Di(2-hydroxyethyl)amine;2,2′-Dihydroxydiethyamine;Diolamine;bis(2-Hydroxyethyl)amine;2,2′-Iminodiethanol

接触限值:NIOSH REL:TWA 3 ppm (15 mg/m^3)

OSHA PEL †:无

IDLH:N.D.　**浓度换算系数**:1 ppm = 4.30 mg/m^3

理化性质:无色晶体或糖浆样白色液体(82 ℉以上),具有淡淡的氨味。

分子量:105.2	沸点:516 ℉(分解)
熔点:82 ℉	溶解度:95%
蒸气压:<0.01 mmHg	电离电位:未知
比重:1.10	闪点:279 ℉
爆炸上限:9.8%	爆炸下限:1.6%

ⅢB类可燃液体——闪点等于或高于 200 ℉。

可燃固体。

不相容性和反应性:氧化剂,强酸,酸酐,卤化物。[注:可与空气中的二氧化碳反应,具有吸湿性(可吸收空气中的水分)。对铜、锌和镀锌铁具有腐蚀性。]

测量方法:NIOSH 3509;OSHA PV2018

个人防护和卫生设施:

- 皮肤:穿戴合适的个人防护服,防止皮肤直接接触。
- 眼睛:佩戴合适的眼部防护用品,防止眼睛直接接触。
- 清洗皮肤:当皮肤受到污染时,应立即清洗污染的皮肤。
- 脱除:如果工作服被弄湿或受到了明显的污染,应该立即脱除并妥善处置。
- 更换:在离开工作场所前应当将可能受到污染的工作服更换成无污染的衣服。
- 配备:在劳动者可能接触该化学物质的作业场所,无论是否需要使用眼部防护用品,都应配备眼冲洗设备。在紧靠有可能接触该化学物质的工作场所,应配备快速冲淋身体的设备以应急使用。[注:这些设备应能够提供足量水或流动水,以将可能接触的身体任何部位上的该化学物质除去。实际配备适宜的快速冲淋设备取决于工作场所的具体条件。在某些情况下,必须及时进行大流量淋浴,而其他情况下只需要用一个水槽或软管供水就足够了。]

急救:

- 眼睛:如眼睛直接接触了该化学物质,要立即用大量水冲洗(灌洗)眼睛,冲洗时,不时翻开上下眼睑,并立即就医。
- 皮肤:如果该化学物质直接接触皮肤,立即用水冲洗污染的皮肤。如果该化学物质渗透进衣服,要迅速将衣服脱除,用水冲洗污染的皮肤,并迅速就医。
- 呼吸:如果接触者吸入大量该化学物质,立即将接触者移至新鲜空气处。如果呼吸停止,要进行人工呼吸,注意保暖和休息。尽快就医。
- 吞入:如果吞入该化学物质,应立即就医。

对呼吸器选择的建议:无。

有关呼吸器选择的其他重要信息参见相关标准。

接触途径:呼吸道,胃肠道,皮肤和/或眼睛直接接触。

症状:眼睛、皮肤、鼻、咽喉刺激;眼睛灼伤,角膜坏死;皮肤灼伤;流泪,咳嗽,打喷嚏。

靶器官:眼睛,皮肤,呼吸系统。

二乙胺(Diethylamine)　　CAS No.:109-89-7

$(C_2H_5)_2NH$　　RTECS No.:HZ8750000

异名和商品名:二乙基胺;氨基二乙胺;Diethamine;N,N-Diethylamine;N-Ethylethanamine　　**DOT ID 和指南号:**1154 132

D

接触限值:NIOSH REL:TWA 10 ppm (30 mg/m^3)
ST 25 ppm (75 mg/m^3)
OSHA PEL †:TWA 25 ppm (75 mg/m^3)

IDLH:200 ppm　**浓度换算系数:**1 ppm = 2.99 mg/m^3

理化性质:无色液体,鱼腥氨味。

分子量:73.1	沸点:132 ℉
凝固点:−58 ℉	溶解度:与水互溶
蒸气压:192 mmHg	电离电位:8.01 eV
比重:0.71	闪点:−15 ℉
爆炸上限:10.1%	爆炸下限:1.8%

ⅠB类易燃液体——闪点低于 73 ℉,沸点等于或高于 100 ℉。

不相容性和反应性:强氧化剂,强酸,硝酸纤维素。

测量方法:NIOSH 2010;OSHA 41

个人防护和卫生设施:

- 皮肤:穿戴合适的个人防护服,防止皮肤直接接触。
- 眼睛:佩戴合适的眼部防护用品,防止眼睛直接接触。
- 清洗皮肤:当皮肤受到污染时,应立即清洗污染的皮肤。
- 脱除:如果工作服被可燃性物质(即闪点低于 100 ℉的液体)浸湿,应当立即脱除并妥善处置,以防着火。
- 更换:对于班后的衣服的更换需要没有特殊建议。
- 配备:在劳动者可能接触该化学物质的作业场所,无论是否需要使用眼部防护用品,都应配备眼冲洗设备(>0.5%)。在紧靠有可能接触该化学物质的工作场所,应配备快速冲淋身体的设备以应急使用。[注:这些设备应能够提供足量水或流动水,以将可能接触的身体任何部位上的该化学物质除去。实际配备适宜的快速冲淋设备取决于工作场所的具体条件。在某些情况下,必须及时进行大流量淋浴,而其他情况下只需要用一个水槽或软管供水就足够了。](液体)

急救:

- 眼睛:如眼睛直接接触了该化学物质,要立即用大量水冲洗(灌洗)眼睛,冲洗时,不时翻开上下眼睑,并立即就医。
- 皮肤:如果该化学物质直接接触皮肤,立即用水冲洗污染的皮肤。如果该化学物质渗透进衣服,要迅速将衣服脱除,用水冲洗污染的皮肤,并迅速就医。
- 呼吸:如果接触者吸入大量该化学物质,立即将接触者移至新鲜空气处。如果呼吸停止,要进行人工呼吸,注意保暖和休息。尽快就医。
- 吞入:如果吞入该化学物质,应立即就医。

对呼吸器选择的建议: NIOSH

~200 ppm:

- Sa:Cf:任何连续供气式呼吸器。指定防护因数=25。£
- PaprS:任何动力送风空气过滤式呼吸器,配有防该化学物质的滤毒盒。指定防护因数=25。£
- CcrFS:任何空气过滤式全面罩呼吸器,配防该化学物质的滤毒盒。指定防护因数=50。
- GmFS:任何空气过滤式全面罩呼吸器(防毒面具),配下颌式、前置式或背置式防该化学物质的滤毒罐。指定防护因数=50。
- ScbaF:任何携气式呼吸器,配全面罩。指定防护因数=50。
- SaF:任何供气式呼吸器,配全面罩。指定防护因数=50。

§:应急抢险,或准备进入浓度未知环境,或进入 IDLH 环境:

- ScbaF:Pd,Pp:任何压力需气式或正压携气式呼吸器,配全面罩。指定防护因数=10 000。
- SaF:Pd,Pp:AScba:任何压力需气式或正压供气式呼吸器,配全面罩,配压力需气式或正压携气式辅助呼吸器。指定防护因数=10 000。

逃生:

- GmFS:任何空气过滤式全面罩呼吸器(防毒面具),配下颌式、前置式或背置式防该化学物质的滤毒罐。指定防护因数=50。
- ScbaE:任何适合逃生的携气式呼吸器。

有关呼吸器选择的其他重要信息参见相关标准。

接触途径: 呼吸道,皮肤吸收,胃肠道,皮肤和/或眼睛直接接触。

症状: 眼睛、皮肤、呼吸系统刺激;动物:心肌变性。

靶器官: 眼睛,皮肤,呼吸系统,心血管系统。

2-二乙氨基乙醇(2-Diethylaminoethanol)

$(C_2H_5)_2NCH_2CH_2OH$

CAS No.:100-37-8

RTECS No.:KK5075000

DOT ID 和指南号:2686 132

异名和商品名: 二乙氨基乙醇;N,N-二乙基乙醇胺;2-(二乙氨基)乙醇;Diethylaminoethanol; 2-Diethylaminoethyl alcohol; N, N-Diethylethanolamine; Diethyl-(2-hydroxyethyl)amine;2-Hydroxytriethylamine

接触限值: NIOSH REL:TWA 10 ppm (50 mg/m³) [皮]
OSHA PEL:TWA 10 ppm (50 mg/m³) [皮]

IDLH: 100 ppm　**浓度换算系数:** 1 ppm = 4.79 mg/m³

理化性质: 无色液体,具有令人恶心的氨味。

分子量:117.2　沸点:325 ℉
凝固点:−94 ℉　溶解度:与水互溶
蒸气压:1 mmHg　电离电位:未知
比重:0.89　闪点:126 ℉
爆炸上限:11.7%　爆炸下限:6.7%

Ⅱ类可燃液体——闪点等于或高于 100 ℉且低于140 ℉。

不相容性和反应性:强氧化剂,强酸。

测量方法: NIOSH 2007

个人防护和卫生设施:

- 皮肤:穿戴合适的个人防护服,防止皮肤直接接触。
- 眼睛:佩戴合适的眼部防护用品,防止眼睛直接接触。
- 清洗皮肤:当皮肤受到污染时,应立即清洗污染的皮肤。
- 脱除:如果工作服被弄湿或受到了明显的污染,应该立即脱除并妥善处置。
- 更换:对于班后的衣服的更换需要没有特殊建议。
- 配备:在劳动者可能接触该化学物质的作业场所,无论是否需要使用眼部防护用品,都应配备眼冲洗设备(>5%)。在紧靠有可能接触该化学物质的工作场所,应配备快速冲淋身体的设备以应急使用。[注:这些设备应能够提供足量水或流动水,以将可能接触的身体任何部位上的该化学物质除去。实际配备适宜的快速冲淋设备取决于工作场所的具体条件。在某些情况下,必须及时进行大流量淋浴,而其他情况下只需要用一个水槽或软管供水就足够了。]

急救:

- 眼睛:如眼睛直接接触了该化学物质,要立即用大量水冲洗(灌洗)眼睛,冲洗时,不时翻开上下眼睑,并立即就医。

- 皮肤：如果该化学物质直接接触皮肤，立即用水冲洗污染的皮肤。如果该化学物质渗透进衣服，要迅速将衣服脱除，用水冲洗污染的皮肤，并迅速就医。
- 呼吸：如果接触者吸入大量该化学物质，立即将接触者移至新鲜空气处。如果呼吸停止，要进行人工呼吸，注意保暖和休息。尽快就医。
- 吞入：如果吞入该化学物质，应立即就医。

对呼吸器选择的建议： NIOSH/OSHA

～100 ppm：

- CcrOv：任何空气过滤式半面罩呼吸器，配防有机蒸气的滤毒盒。指定防护因数＝10。*
- GmFOv：任何空气过滤式全面罩呼吸器（防毒面具），配下颌式、前置式或背置式有机蒸气滤毒罐。指定防护因数＝50。
- PaprOv：任何动力送风空气过滤式呼吸器，配有机蒸气滤毒盒。指定防护因数＝25。*
- Sa：任何供气式呼吸器。指定防护因数＝10。*
- ScbaF：任何携气式呼吸器，配全面罩。指定防护因数＝50。

§：应急抢险，或准备进入浓度未知环境，或进入 IDLH 环境：

- ScbaF：Pd，Pp：任何压力需气式或正压携气式呼吸器，配全面罩。指定防护因数＝10 000。
- SaF：Pd，Pp：AScba：任何压力需气式或正压供气式呼吸器，配全面罩，配压力需气式或正压携气式辅助呼吸器。指定防护因数＝10 000。

逃生：

- GmFOv：任何空气过滤式全面罩呼吸器（防毒面具），配下颌式、前置式或背置式有机蒸气滤毒罐。指定防护因数＝50。
- ScbaE：任何适合逃生的携气式呼吸器。

有关呼吸器选择的其他重要信息参见相关标准。

接触途径：呼吸道，皮肤吸收，胃肠道，皮肤和/或眼睛直接接触。

症状：眼睛、皮肤、呼吸系统刺激；恶心，呕吐。

靶器官：眼睛，皮肤，呼吸系统。

二乙烯三胺（Diethylenetriamine）

$(NH_2CH_2CH_2)_2NH$

CAS No.：111-40-0

RTECS No.：IE1225000

DOT ID 和指南号：2079 154

异名和商品名：二乙（撑）三胺；二亚乙基三胺；N-(2-Aminoethyl)-1,2-ethanediamine；bis(2-Aminoethyl)amine；DETA；2,2′-Diaminodiethylamine

接触限值：NIOSH REL：TWA 1 ppm（4 mg/m^3）［皮］
OSHA PEL †：无

IDLH：N. D.　**浓度换算系数：**1 ppm ＝ 4.22 mg/m^3

理化性质：无色至黄色液体，具有强烈的氨味。［注：从空气中吸收水分。］

分子量：103.2　沸点：405 ℉
凝固点：－38 ℉　溶解度：与水互溶
蒸气压：0.4 mmHg　电离电位：未知

比重：0.96　闪点：208 ℉
爆炸上限：6.7%　爆炸下限：2%
ⅢB 类可燃液体——闪点等于或高于 200 ℉。

不相容性和反应性：氧化剂，强酸，硝酸纤维素。［注：可以与银、钴或铬化合物生成爆炸性络合物。对铝、铜、黄铜和锌有腐蚀性］。

测量方法：NIOSH 2540；OSHA 60

D

个人防护和卫生设施：
- 皮肤：穿戴合适的个人防护服，防止皮肤直接接触。
- 眼睛：佩戴合适的眼部防护用品，防止眼睛直接接触。
- 清洗皮肤：当皮肤受到污染时，应立即清洗污染的皮肤。
- 脱除：如果工作服被弄湿或受到了明显的污染，应该立即脱除并妥善处置。
- 更换：对于班后的衣服的更换需要没有特殊建议。
- 配备：在劳动者可能接触该化学物质的作业场所，无论是否需要使用眼部防护用品，都应配备眼冲洗设备。在紧靠有可能接触该化学物质的工作场所，应配备快速冲淋身体的设备以应急使用。[注：这些设备应能够提供足量水或流动水，以将可能接触的身体任何部位上的该化学物质除去。实际配备适宜的快速冲淋设备取决于工作场所的具体条件。在某些情况下，必须及时进行大流量淋浴，而其他情况下只需要用一个水槽或软管供水就足够了。]

急救：
- 眼睛：如眼睛直接接触了该化学物质，要立即用大量水冲洗(灌洗)眼睛，冲洗时，不时翻开上下眼睑，并立即就医。
- 皮肤：如果该化学物质直接接触皮肤，立即用水冲洗污染的皮肤。如果该化学物质渗透进衣服，要迅速将衣服脱除，用水冲洗污染的皮肤，并迅速就医。
- 呼吸：如果接触者吸入大量该化学物质，立即将接触者移至新鲜空气处。如果呼吸停止，要进行人工呼吸，注意保暖和休息。尽快就医。
- 吞入：如果吞入该化学物质，应立即就医。

对呼吸器选择的建议：无。

有关呼吸器选择的其他重要信息参见相关标准。

接触途径：呼吸道，皮肤吸收，胃肠道，皮肤和/或眼睛直接接触。

症状：眼睛、皮肤、黏膜、上呼吸道刺激；皮炎，皮肤过敏；眼睛、皮肤坏死；咳嗽，呼吸困难，肺致敏。

靶器官：眼睛，皮肤，呼吸系统。

二乙基甲酮(Diethyl ketone)

$CH_3CH_2COCH_2CH_3$

异名和商品名：3-戊酮，二甲基丙酮，DEK，Dimethylacetone，Ethyl ketone，Metacetone，3-Pentanone，Propione

CAS No.：96-22-0

RTECS No.：SA8050000

DOT ID 和指南号：1156 127

接触限值：NIOSH REL：TWA 200 ppm (705 mg/m^3)
OSHA PEL†：无

IDLH：N. D.　**浓度换算系数：**1 ppm = 3.53 mg/m^3

理化性质：无色液体，具有丙酮味。

分子量：86.2	沸点：215 ℉
凝固点：−44 ℉	溶解度：5%
蒸气压(77 ℉)：35 mmHg	电离电位：9.32 eV
比重：0.81	闪点(开杯)：55 ℉
爆炸上限：6.4%	爆炸下限：1.6%

ⅠB类易燃液体——闪点低于73 ℉，沸点等于或高于100 ℉。

不相容性和反应性：强氧化剂，碱，无机酸(过氧化氢+硝酸)。

测量方法：无。

个人防护和卫生设施：
- 皮肤：对于个体皮肤防护装备的需要没有特殊建议。
- 眼睛：佩戴合适的眼部防护用品，防止眼睛直接接触。
- 清洗皮肤：每天工作班结束后，进食、吸烟、喝水前都应该清洗可能受到污染的皮肤。

- 脱除：如果工作服被可燃性物质（即闪点低于 100 ℉的液体）浸湿，应当立即脱除并妥善处置，以防着火。
- 更换：对于班后的衣服的更换需要没有特殊建议。

急救：

- 眼睛：如眼睛直接接触了该化学物质，要立即用大量水冲洗（灌洗）眼睛，冲洗时，不时翻开上下眼睑，并立即就医。
- 皮肤：如果该化学物质直接接触皮肤，用肥皂和水冲洗污染的皮肤。
- 呼吸：如果接触者吸入大量该化学物质，立即将接触者移至新鲜空气处。如果呼吸停止，要进行人工呼吸，注意保暖和休息。尽快就医。
- 吞入：如果吞入该化学物质，应立即就医。

对呼吸器选择的建议：无。

有关呼吸器选择的其他重要信息参见相关标准。

接触途径：呼吸道，胃肠道，皮肤和/或眼睛直接接触。

症状：眼睛、皮肤、黏膜、呼吸系统刺激；咳嗽，打喷嚏。

靶器官：眼睛，皮肤，呼吸系统。

邻苯二甲酸二乙酯(Diethyl phthalate)　　CAS No.：84-66-2

$C_6H_4(COOC_2H_5)_2$　　RTECS No.：TI1050000

异名和商品名：DEP，Diethyl ester of phthalic acid，Ethyl phthalate　　**DOT ID 和指南号：**

接触限值：NIOSH REL：TWA 5 mg/m^3

OSHA PEL †：无

IDLH：N. D.　　**浓度换算系数：**

理化性质：无色至水白色，油状液体，具有很淡的芳香气味。[农药]

分 子 量：222.3	沸　　点：563 ℉
凝 固 点：−41 ℉	溶解度(77 ℉)：0.1%
蒸气压(77 ℉)：0.002 mmHg	电离电位：未知
比　　重：1.12	闪点(开杯)：322 ℉
爆炸上限：未知	爆炸下限(368 ℉)：0.7%

ⅢB 类可燃液体——闪点等于或高于 200 ℉。但不易点燃。

不相容性和反应性：强氧化剂，强酸，硝酸，高锰酸盐，水。

测量方法：OSHA 104

个人防护和卫生设施：

- 皮肤：对于个体皮肤防护装备的需要没有特殊建议。
- 眼睛：对眼部防护的需要没有特殊建议。
- 清洗皮肤：对于清洗皮肤上的污染物没有其他特殊的建议（包括立即清洗和班后清洗）。
- 脱除：对于脱除被污染或被弄湿的工作服的需要没有特殊建议。
- 更换：对于班后的衣服的更换需要没有特殊建议。

急救：

- 眼睛：如眼睛直接接触了该化学物质，要立即用大量水冲洗（灌洗）眼睛，冲洗时，不时翻开上下眼睑，并立即就医。
- 皮肤：定期清洗。
- 呼吸：如果接触者吸入大量该化学物质，立即将接触者移至新鲜空气处。如果呼吸停止，要进行人工呼吸，注意保暖和休息。尽快就医。
- 吞入：如果吞入该化学物质，应立即就医。

对呼吸器选择的建议：无。

有关呼吸器选择的其他重要信息参见相关标准。

接触途径：呼吸道，胃肠道，皮肤和/或眼睛直接接触。

症状：眼睛、皮肤、鼻、咽喉刺激；头痛，眩晕，恶心；流泪；可能的多发性神经病，前庭功能异常；疼痛，麻木，乏力，手臂和腿部痉挛；动物：生殖效应。

靶器官：眼睛，皮肤，呼吸系统，中枢神经系统，周围神经系统，生殖系统。

D

二氟二溴甲烷(Difluorodibromomethane)

CBr_2F_2

异名和商品名:氟利昂 12B2,Dibromodifluoromethane,Freon® 12B2,Halon® 1202

CAS No.:75-61-6

RTECS No.:PA7525000

DOT ID 和指南号:1941 171

接触限值:NIOSH REL:TWA 100 ppm (860 mg/m^3)
OSHA PEL:TWA 100 ppm (860 mg/m^3)

IDLH:2 000 ppm **浓度换算系数:**1 ppm = 8.58 mg/m^3

理化性质:无色,黏稠液体或气体(76 ℉以上),具有特异气味。

分子量:209.8
沸点:76 ℉
凝固点:−231 ℉
溶解度:不溶
蒸气压:620 mmHg
电离电位:11.07 eV
比重(59 ℉):2.29
闪点:不适用
爆炸上限:不适用
爆炸下限:不适用
不可燃液体。
不易燃气体。
不相容性和反应性:化学性质活泼的金属,如钠、钾、钙、粉末状铝、粉末状锌和粉末状镁。

测量方法:NIOSH 1012;OSHA 7

个人防护和卫生设施:
- 皮肤:穿戴合适的个人防护服,防止皮肤直接接触。
- 眼睛:佩戴合适的眼部防护用品,防止眼睛直接接触。
- 清洗皮肤:对于清洗皮肤上的污染物没有其他特殊的建议(包括立即清洗和班后清洗)。
- 脱除:如果工作服被弄湿或受到了明显的污染,应该立即脱除并妥善处置。
- 更换:对于班后的衣服的更换需要没有特殊建议。

急救:
- 眼睛:如眼睛直接接触了该化学物质,要立即用大量水冲洗(灌洗)眼睛,冲洗时,不时翻开上下眼睑,并立即就医。
- 皮肤:如果该化学物质直接接触皮肤,立即用水冲洗污染的皮肤。如果该化学物质渗透进衣服,要迅速将衣服脱除,用水冲洗污染的皮肤,并迅速就医。
- 呼吸:如果接触者吸入大量该化学物质,立即将接触者移至新鲜空气处。如果呼吸停止,要进行人工呼吸,注意保暖和休息。尽快就医。
- 吞入:如果吞入该化学物质,应立即就医。

对呼吸器选择的建议: NIOSH/OSHA

~1 000 ppm:
- Sa:任何供气式呼吸器。指定防护因数=10。

~2 000 ppm:
- Sa:Cf:任何连续供气式呼吸器。指定防护因数=25。
- ScbaF:任何携气式呼吸器,配全面罩。指定防护因数=50。
- SaF:任何供气式呼吸器,配全面罩。指定防护因数=50。

§:应急抢险,或准备进入浓度未知环境,或进入 IDLH 环境:
- ScbaF:Pd,Pp:任何压力需气式或正压携气式呼吸器,配全面罩。指定防护因数=10 000。
- SaF:Pd,Pp:AScba:任何压力需气式或正压供气式呼吸器,配全面罩,配压力需气式或正压携气式辅助呼吸器。指定防护因数=10 000。

逃生:
- GmFOv:任何空气过滤式全面罩呼吸器(防毒面具),配下颌式、前置式或背置式有机蒸气滤毒罐。指定防护因数=50。
- ScbaE:任何适合逃生的携气式呼吸器。

有关呼吸器选择的其他重要信息参见相关标准。	症状:动物:呼吸系统刺激;中枢神经系统症状;肝损害。
接触途径:呼吸道,胃肠道,皮肤和/或眼睛直接接触。	靶器官:呼吸系统,中枢神经系统,肝。

二缩水甘油醚(Diglycidyl ether)

$C_6H_{10}O_3$

CAS No.:2238-07-5

RTECS No.:KN2350000

DOT ID 和指南号:

异名和商品名:二(2-环氧丙基)醚;Diallyl ether dioxide;DGE;Di(2,3-epoxypropyl) ether;2-Epoxypropyl ether;bis(2,3-Epoxypropyl) ether

接触限值:NIOSH REL:Ca TWA 0.1 ppm (0.5 mg/m^3)

见附录 A

OSHA PEL †:C 0.5 ppm (2.8 mg/m^3)

IDLH: Ca [10 ppm] **浓度换算系数:**1 ppm = 5.33 mg/m^3

理化性质:无色液体,具有强烈刺激气味。

分子量:130.2	沸点:500 ℉
凝固点:未知	溶解度:未知
蒸气压(77 ℉):0.09 mmHg	电离电位:未知
比重:1.12	闪点:147 ℉
爆炸上限:未知	爆炸下限:未知

ⅢA 类可燃液体——闪点等于或高于 140 ℉且低于 200 ℉。

不相容性和反应性:强氧化剂。

测量方法:无。

个人防护和卫生设施:

- 皮肤:穿戴合适的个人防护服,防止皮肤直接接触。
- 眼睛:佩戴合适的眼部防护用品,防止眼睛直接接触。
- 清洗皮肤:当皮肤受到污染时,应立即清洗污染的皮肤。/每天工作班结束后,进食、吸烟、喝水前都应该清洗可能受到污染的皮肤。
- 脱除:如果工作服被弄湿或受到了明显的污染,应该立即脱除并妥善处置。
- 更换:在离开工作场所前应当将可能受到污染的工作服更换成无污染的衣服。
- 配备:在劳动者可能接触该化学物质的作业场所,无论是否需要使用眼部防护用品,都应配备眼冲洗设备。在紧靠有可能接触该化学物质的工作场所,应配备快速冲淋身体的设备以应急使用。[注:这些设备应能够提供足量水或流动水,以将可能接触的身体任何部位上的该化学物质除去。实际配备适宜的快速冲淋设备取决于工作场所的具体条件。在某些情况下,必须及时进行大流量淋浴,而其他情况下只需要用一个水槽或软管供水就足够了。]

急救:

- 眼睛:如眼睛直接接触了该化学物质,要立即用大量水冲洗(灌洗)眼睛,冲洗时,不时翻开上下眼睑,并立即就医。
- 皮肤:如果该化学物质直接接触皮肤,立即用肥皂和水冲洗污染的皮肤。若该化学物质渗透进衣服,要立即将衣服脱除,用肥皂和水清洗皮肤,并迅速就医。
- 呼吸:如果接触者吸入大量该化学物质,立即将接触者移至新鲜空气处。如果呼吸停止,要进行人工呼吸,注意保暖和休息。尽快就医。
- 吞入:如果吞入该化学物质,应立即就医。

对呼吸器选择的建议:NIOSH

¥:高于 NIOSH REL 的浓度;或当没有 REL 时,任何可以检测到的浓度:

- ScbaF:Pd,Pp:任何压力需气式或正压携气式呼吸器,配全面罩。指定防护因数=10 000。

D

● SaF：Pd,Pp：AScba:任何压力需气式或正压供气式呼吸器,配全面罩,配压力需气式或正压携气式辅助呼吸器。指定防护因数=10 000。 **逃生:** ● GmFOv:任何空气过滤式全面罩呼吸器(防毒面具),配下颌式、前置式或背置式有机蒸气滤毒罐。指定防护因数=50。 ● ScbaE:任何适合逃生的携气式呼吸器。 **有关呼吸器选择的其他重要信息参见相关标准。**	**接触途径:**呼吸道,皮肤吸收,胃肠道,皮肤和/或眼睛直接接触。 **症状:**眼睛、皮肤、呼吸系统刺激;皮肤灼伤;动物:造血系统、肺、肝、肾损害;生殖效应;[潜在职业性致癌物]。 **靶器官:**眼睛,皮肤,呼吸系统,生殖系统。 **致癌部位:**[动物:皮肤肿瘤]。

二异丁基甲酮(Diisobutyl ketone)

$[(CH_3)_2CHCH_2]_2CO$

异名和商品名:DIBK;sym-Diisopropyl acetone;2,6-Dimethyl-4-heptanone;Isovalerone;Valerone

CAS No.:108-83-8

RTECS No.:MJ5775000

DOT ID 和指南号:1157 128

接触限值:NIOSH REL:TWA 25 ppm (150 mg/m³)

OSHA PEL †:TWA 50 ppm (290 mg/m³)

IDLH:500 ppm　**浓度换算系数:**1 ppm = 5.82 mg/m³

理化性质:无色液体,具有淡甜味。

分子量:142.3	沸点:334 ℉
凝固点:-43 ℉	溶解度:0.05%
蒸气压:2 mmHg	电离电位:9.04 eV
比重:0.81	闪点:120 ℉
爆炸上限(200 ℉):7.1%	爆炸下限(200 ℉):0.8%

Ⅱ类可燃液体——闪点等于或高于 100 ℉且低于140 ℉。

不相容性和反应性:强氧化剂。

测量方法:NIOSH 1300,2555;OSHA 7

个人防护和卫生设施:

● 皮肤:穿戴合适的个人防护服,防止皮肤直接接触。

● 眼睛:对眼部防护的需要没有特殊建议。

● 清洗皮肤:当皮肤受到污染时,应立即清洗污染的皮肤。

● 脱除:如果工作服被弄湿或受到了明显的污染,应该立即脱除并妥善处置。

● 更换:对于班后的衣服的更换需要没有特殊建议。

急救:

● 眼睛:如眼睛直接接触了该化学物质,要立即用大量水冲洗(灌洗)眼睛,冲洗时,不时翻开上下眼睑,并立即就医。

● 皮肤:如果该化学物质直接接触皮肤,迅速用肥皂和水冲洗污染的皮肤。若该化学物质渗透进衣服,要迅速将衣服脱除,用肥皂和水清洗皮肤,并迅速就医。

● 呼吸:如果接触者吸入大量该化学物质,立即将接触者移至新鲜空气处。如果呼吸停止,要进行人工呼吸,注意保暖和休息。尽快就医。

● 吞入:如果吞入该化学物质,应立即就医。

对呼吸器选择的建议: NIOSH

~500 ppm:

● Sa：Cf:任何连续供气式呼吸器。指定防护因数=25。£

● PaprOv:任何动力送风空气过滤式呼吸器,配有机蒸气滤毒盒。指定防护因数=25。£

- CcrFOv:任何空气过滤式全面罩呼吸器,配有机蒸气滤毒盒。指定防护因数=50。
- GmFOv:任何空气过滤式全面罩呼吸器(防毒面具),配下颌式、前置式或背置式有机蒸气滤毒罐。指定防护因数=50。
- ScbaF:任何携气式呼吸器,配全面罩。指定防护因数=50。
- SaF:任何供气式呼吸器,配全面罩。指定防护因数=50。

§:应急抢险,或准备进入浓度未知环境,或进入 IDLH 环境:

- ScbaF:Pd,Pp:任何压力需气式或正压携气式呼吸器,配全面罩。指定防护因数=10 000。
- SaF:Pd,Pp:AScba:任何压力需气式或正压供气式呼吸器,配全面罩,配压力需气式或正压携气式辅助呼吸器。指定防护因数=10 000。

逃生:

- GmFOv:任何空气过滤式全面罩呼吸器(防毒面具),配下颌式、前置式或背置式有机蒸气滤毒罐。指定防护因数=50。
- ScbaE:任何适合逃生的携气式呼吸器。

有关呼吸器选择的其他重要信息参见相关标准。

接触途径:呼吸道,胃肠道,皮肤和/或眼睛直接接触。

症状:眼睛、皮肤、鼻、咽喉刺激;头痛,眩晕;皮炎;肝、肾损害。

靶器官:眼睛,皮肤,呼吸系统,中枢神经系统,肝,肾。

二异丙胺(Diisopropylamine)

$[(CH_3)_2CH]_2NH$

异名和商品名:二乙丙胺,DIPA,N-(1-Methylethyl)-2-propanamine

CAS No.:108-18-9

RTECS No.:IM4025000

DOT ID 和指南号:1158 132

接触限值:NIOSH REL:TWA 5 ppm (20 mg/m³)[皮]
OSHA PEL:TWA 5 ppm (20 mg/m³)[皮]

IDLH:200 ppm　**浓度换算系数:**1 ppm = 4.14 mg/m³

理化性质:无色液体,具有氨味或鱼腥味。

分子量:101.2	沸点:183 ℉
凝固点:-141 ℉	溶解度:与水互溶
蒸气压:70 mmHg	电离电位:7.73 eV
比重:0.72	闪点:20 ℉
爆炸上限:7.1%	爆炸下限:1.1%

ⅠB 类易燃液体——闪点低于 73 ℉,沸点等于或高于 100 ℉。

不相容性和反应性:强氧化剂,强酸。

测量方法:NIOSH S141 (Ⅱ-4)

个人防护和卫生设施:

- 皮肤:穿戴合适的个人防护服,防止皮肤直接接触。
- 眼睛:佩戴合适的眼部防护用品,防止眼睛直接接触。(>5%)
- 清洗皮肤:当皮肤受到污染时,应立即清洗污染的皮肤。
- 脱除:如果工作服被可燃性物质(即闪点低于 100 ℉的液体)浸湿,应当立即脱除并妥善处置,以防着火。
- 更换:对于班后的衣服的更换需要没有特殊建议。
- 配备:在劳动者可能接触该化学物质的作业场所,无论是否需要使用眼部防护用品,都应配备眼冲洗设备。(>5%)

急救:

- 眼睛:如眼睛直接接触了该化学物质,要立即用大量水冲洗(灌洗)眼睛,冲洗时,不时翻开上下眼睑,并立即就医。

D

- 皮肤:如果该化学物质直接接触皮肤,立即用水冲洗污染的皮肤。如果该化学物质渗透进衣服,立即将衣服脱除,用水冲洗皮肤。若清洗后出现症状,要立即就医。
- 呼吸:如果接触者吸入大量该化学物质,立即将接触者移至新鲜空气处。如果呼吸停止,要进行人工呼吸,注意保暖和休息。尽快就医。
- 吞入:如果吞入该化学物质,应立即就医。

对呼吸器选择的建议: NIOSH/OSHA

~125 ppm:

- Sa:Cf:任何连续供气式呼吸器。指定防护因数=25。£
- PaprOv:任何动力送风空气过滤式呼吸器,配有机蒸气滤毒盒。指定防护因数=25。£

~200 ppm:

- CcrFOv:任何空气过滤式全面罩呼吸器,配有机蒸气滤毒盒。指定防护因数=50。
- GmFOv:任何空气过滤式全面罩呼吸器(防毒面具),配下颌式、前置式或背置式有机蒸气滤毒罐。指定防护因数=50。
- PaprTOv:任何动力送风空气过滤式呼吸器,配密合型面罩和有机蒸气滤毒盒。指定防护因数=50。£
- ScbaF:任何携气式呼吸器,配全面罩。指定防护因数=50。
- SaF:任何供气式呼吸器,配全面罩。指定防护因数=50。

§:应急抢险,或准备进入浓度未知环境,或进入 IDLH 环境:

- ScbaF:Pd,Pp:任何压力需气式或正压携气式呼吸器,配全面罩。指定防护因数=10 000。
- SaF:Pd,Pp:AScba:任何压力需气式或正压供气式呼吸器,配全面罩,配压力需气式或正压携气式辅助呼吸器。指定防护因数=10 000。

逃生:

- GmFOv:任何空气过滤式全面罩呼吸器(防毒面具),配下颌式、前置式或背置式有机蒸气滤毒罐。指定防护因数=50。
- ScbaE:任何适合逃生的携气式呼吸器。

有关呼吸器选择的其他重要信息参见相关标准。

接触途径:呼吸道,皮肤吸收,胃肠道,皮肤和/或眼睛直接接触。

症状:眼睛、皮肤、呼吸系统刺激;恶心,呕吐;头痛;视觉障碍。

靶器官:眼睛,皮肤,呼吸系统。

二甲基乙酰胺(Dimethyl acetamide)

$CH_3CON(CH_3)_2$

CAS No.:127-19-5

RTECS No.:AB7700000

异名和商品名:N,N-二甲基乙酰胺;N,N-Dimethyl acetamide;DMAC

DOT ID 和指南号:

接触限值:NIOSH REL:TWA 10 ppm (35 mg/m^3) [皮]
OSHA PEL:TWA 10 ppm (35 mg/m^3) [皮]

IDLH:300 ppm **浓度换算系数:**1 ppm = 3.56 mg/m^3

理化性质:无色液体,具有淡淡的氨味或鱼腥味。

分子量:87.1	沸点:329 ℉
凝固点:-4 ℉	溶解度:与水互溶
蒸气压:2 mmHg	电离电位:8.81 eV
比重:0.94	闪点(开杯):158 ℉

爆炸上限(320 ℉):11.5% 爆炸下限(212 ℉):1.8%

ⅢA 类可燃液体——闪点等于或高于 140 ℉且低于 200 ℉。

不相容性和反应性:氧化剂,当接触铁时可以和四氯化碳及其他卤素化合物反应。

测量方法:NIOSH 2004

个人防护和卫生设施:

- 皮肤:穿戴合适的个人防护服,防止皮肤直接接触。

- 眼睛:佩戴合适的眼部防护用品,防止眼睛直接接触。
- 清洗皮肤:当皮肤受到污染时,应立即清洗污染的皮肤。
- 脱除:如果工作服被弄湿或受到了明显的污染,应该立即脱除并妥善处置。
- 更换:对于班后的衣服的更换需要没有特殊建议。
- 配备:在紧靠有可能接触该化学物质的工作场所,应配备快速冲淋身体的设备以应急使用。[注:这些设备应能够提供足量水或流动水,以将可能接触的身体任何部位上的该化学物质除去。实际配备适宜的快速冲淋设备取决于工作场所的具体条件。在某些情况下,必须及时进行大流量淋浴,而其他情况下只需要用一个水槽或软管供水就足够了。]

急救:

- 眼睛:如眼睛直接接触了该化学物质,要立即用大量水冲洗(灌洗)眼睛,冲洗时,不时翻开上下眼睑,并立即就医。
- 皮肤:如果该化学物质直接接触皮肤,立即用水冲洗污染的皮肤。如果该化学物质渗透进衣服,要迅速将衣服脱除,用水冲洗污染的皮肤,并迅速就医。
- 呼吸:如果接触者吸入大量该化学物质,立即将接触者移至新鲜空气处。如果呼吸停止,要进行人工呼吸,注意保暖和休息。尽快就医。
- 吞入:如果吞入该化学物质,应立即就医。

对呼吸器选择的建议: NIOSH/OSHA

~100 ppm:

- Sa:任何供气式呼吸器。指定防护因数=10。

~250 ppm:

- Sa:Cf:任何连续供气式呼吸器。指定防护因数=25。

~300 ppm:

- ScbaF:任何携气式呼吸器,配全面罩。指定防护因数=50。
- SaF:任何供气式呼吸器,配全面罩。指定防护因数=50。

§:应急抢险,或准备进入浓度未知环境,或进入 IDLH 环境:

- ScbaF:Pd,Pp:任何压力需气式或正压携气式呼吸器,配全面罩。指定防护因数=10 000。
- SaF:Pd,Pp:AScba:任何压力需气式或正压供气式呼吸器,配全面罩,配压力需气式或正压携气式辅助呼吸器。指定防护因数=10 000。

逃生:

- GmFOv:任何空气过滤式全面罩呼吸器(防毒面具),配下颌式、前置式或背置式有机蒸气滤毒罐。指定防护因数=50。
- ScbaE:任何适合逃生的携气式呼吸器。

有关呼吸器选择的其他重要信息参见相关标准。

接触途径:呼吸道,皮肤吸收,胃肠道,皮肤和/或眼睛直接接触。

症状:皮肤刺激;黄疸,肝损害;抑郁,嗜睡,幻觉,妄想。

靶器官:皮肤,肝,中枢神经系统。

D

二甲胺(Dimethylamine)

$(CH_3)_2NH$

CAS No.:124-40-3

RTECS No.:IP8750000

异名和商品名:氨基二甲烷,N-甲基甲胺,Dimethylamine (anhydrous),N-Methylmethanamine

DOT ID 和指南号:1032 118 (无水的);1160 132(溶液)

接触限值:NIOSH REL:TWA 10 ppm (18 mg/m^3)

OSHA PEL:TWA 10 ppm (18 mg/m^3)

D

IDLH:500 ppm **浓度换算系数**:1 ppm = 1.85 mg/m^3

理化性质:无色气体,具有氨味或鱼腥味。[注:液体 44 ℉以下,以压缩液化气运输。]

分子量:45.1	沸点:44 ℉
凝固点:−134 ℉	溶解度(140 ℉):24%
蒸气压:1.7 大气压	电离电位:8.24 eV
相对密度:1.56	比重:0.67(44 ℉液体)
闪点:不适用(气体) 20 ℉(液体)	爆炸上限:14.4% 爆炸下限:2.8%

易燃气体。

不相容性和反应性:强氧化剂,氯,汞,丙烯醛,氟化物,顺丁烯二酸酐,铝,铜,锌。

测量方法:NIOSH 2010;OSHA 34

个人防护和卫生设施:

- 皮肤:穿戴合适的个人防护服,防止皮肤直接接触。(液体)/压缩气体快速膨胀时可产生低温。泄漏和使用能快速膨胀的压缩气体,可产生冻伤危害。穿戴合适的个人防护服,防止皮肤冻伤。
- 眼睛:佩戴合适的眼部防护用品,防止眼睛直接接触。(液体)/佩戴合适的眼部防护用品,防止眼睛直接接触液体后因低温引起灼伤或组织损伤。
- 清洗皮肤:当皮肤受到污染时,应立即清洗污染的皮肤。(液体)
- 脱除:如果工作服被可燃性物质(即闪点低于 100 ℉的液体)浸湿,应当立即脱除并妥善处置,以防着火。
- 更换:对于班后的衣服的更换需要没有特殊建议。
- 配备:在劳动者可能接触该化学物质的作业场所,无论是否需要使用眼部防护用品,都应配备眼冲洗设备。(液体)在紧靠有可能接触该化学物质的工作场所,应配备快速冲淋身体的设备以应急使用。[注:这些设备应能够提供足量水或流动水,以将可能接触的身体任何部位上的该化学物质除去。实际配备适宜的快速冲淋设备取决于工作场所的具体条件。在某些情况下,必须及时进行大流量淋浴,而其他情况下只需要用一个水槽或软管供水就足够了。](液体)在紧靠有可能接触极低温液体或迅速蒸发的液体的工作场所,应配备快速冲淋洗浴设备和/或眼冲洗设备,以应急使用。

急救:

- 眼睛:如眼睛直接接触了该化学物质,要立即用大量水冲洗(灌洗)眼睛,冲洗时,不时翻开上下眼睑,并立即就医。(液体)/如果眼组织冻伤,要立即就医。如果眼组织没有冻伤,要立即用大量水彻底冲洗至少 15 min,并不时翻开上下眼睑。如果眼睛刺激、疼痛、肿胀、流泪和畏光持续存在,应尽快就医。
- 皮肤:如果该化学物质直接接触皮肤,立即用水冲洗污染的皮肤。如果该化学物质渗透进衣服,要迅速将衣服脱除,用水冲洗污染的皮肤,并迅速就医。(液体)/如果发生冻伤,要立即就医,不要揉擦或用水冲洗冻伤部位;为防止组织进一步受损,不要试图将冻结的衣服从冻伤部位脱除。如未发生冻伤,立即用肥皂和水彻底清洗污染的皮肤。
- 呼吸:如果接触者吸入大量该化学物质,立即将接触者移至新鲜空气处。如果呼吸停止,要进行人工呼吸,注意保暖和休息。尽快就医。

对呼吸器选择的建议:NIOSH/OSHA

~250 ppm:

- Sa:Cf:任何连续供气式呼吸器。指定防护因数=25。£

~500 ppm:

- ScbaF:任何携气式呼吸器,配全面罩。指定防护因数=50。
- SaF:任何供气式呼吸器,配全面罩。指定防护因数=50。

§:应急抢险,或准备进入浓度未知环境,或进入 IDLH 环境:

- ScbaF:Pd,Pp:任何压力需气式或正压携气式呼吸器,配全面罩。指定防护因数=10 000。

● SaF：Pd,Pp：AScba:任何压力需气式或正压供气式呼吸器,配全面罩,配压力需气式或正压携气式辅助呼吸器。指定防护因数=10 000。

逃生:

● GmFS:任何空气过滤式全面罩呼吸器(防毒面具),配下颌式、前置式或背置式防该化学物质的滤毒罐。指定防护因数=50。

● ScbaE:任何适合逃生的携气式呼吸器。

有关呼吸器选择的其他重要信息参见相关标准。

接触途径:呼吸道,皮肤和/或眼睛直接接触(液体)。

症状:鼻、咽喉刺激;打喷嚏,咳嗽,呼吸困难;肺水肿;结膜炎;皮炎;液体:冻伤。

靶器官:眼睛,皮肤,呼吸系统。

D

4-二甲基氨偶氮苯(4-Dimethylaminoazobenzene)

$C_6H_5NNC_6H_4N(CH_3)_2$

CAS No.:60-11-7

RTECS No.:BX7350000

DOT ID 和指南号:

异名和商品名:甲基黄;Butter yellow;DAB;p-Dimethylaminoazobenzene;N,N-Dimethyl-4-aminoazobenzene;Methyl yellow

接触限值:NIOSH REL:Ca 见附录 A
OSHA PEL:[1910.1015] 见附录 B

IDLH: Ca [N.D.]　　**浓度换算系数:**

理化性质:黄色叶状晶体。

分子量:225.3	沸点:升华
熔点:237 ℉	溶解度:0.001%
蒸气压:0.000 000 3 mmHg (估测)	电离电位:未知
比重:未知	闪点:未知
爆炸上限:未知	爆炸下限:未知

不相容性和反应性:未见报道。

测量方法:NIOSH P&CAM284 (Ⅱ-4)

个人防护和卫生设施:

● 皮肤:穿戴合适的个人防护服,防止皮肤直接接触。

● 眼睛:佩戴合适的眼部防护用品,防止眼睛直接接触。

● 清洗皮肤:当皮肤受到污染时,应立即清洗污染的皮肤。/每天工作班结束后,进食、吸烟、喝水前都应该清洗可能受到污染的皮肤。

● 脱除:如果工作服被弄湿或受到了明显的污染,应该立即脱除并妥善处置。

● 更换:在离开工作场所前应当将可能受到污染的工作服更换成无污染的衣服。

● 配备:在劳动者可能接触该化学物质的作业场所,无论是否需要使用眼部防护用品,都应配备眼冲洗设备。在紧靠有可能接触该化学物质的工作场所,应配备快速冲淋身体的设备以应急使用。[注:这些设备应能够提供足量水或流动水,以将可能接触的身体任何部位上的该化学物质除去。实际配备适宜的快速冲淋设备取决于工作场所的具体条件。在某些情况下,必须及时进行大流量淋浴,而其他情况下只需要用一个水槽或软管供水就足够了。]

急救:

● 眼睛:如眼睛直接接触了该化学物质,要立即用大量水冲洗(灌洗)眼睛,冲洗时,不时翻开上下眼睑,并立即就医。

● 皮肤:如果该化学物质直接接触皮肤,立即用肥皂和水冲洗污染的皮肤。若该化学物质渗透进衣服,要立即将衣服脱除,用肥皂和水清洗皮肤,并迅速就医。

● 呼吸:如果接触者吸入大量该化学物质,立即将接触者移至新鲜空气处。如果呼吸停止,要进行人工呼吸,注意保暖和休息。尽快就医。

● 吞入:如果吞入该化学物质,应立即就医。

D

对呼吸器选择的建议:NIOSH

¥:高于 NIOSH REL 的浓度;或当没有 REL 时,任何可以检测到的浓度:

- ScbaF:Pd,Pp:任何压力需气式或正压携气式呼吸器,配全面罩。指定防护因数=10 000。
- SaF:Pd,Pp:AScba:任何压力需气式或正压供气式呼吸器,配全面罩,配压力需气式或正压携气式辅助呼吸器。指定防护因数=10 000。

逃生:

- 100F:任何空气过滤式全面罩呼吸器,配有 N100、R100 或 P100 过滤元件。指定防护因数=50。选择 N、R 或 P 过滤元件的信息见表 4。
- ScbaE:任何适合逃生的携气式呼吸器。

(见附录 E)

有关呼吸器选择的其他重要信息参见相关标准。

接触途径:呼吸道,皮肤吸收,胃肠道,皮肤和/或眼睛直接接触。

症状:肝大;肝、肾病变;接触性皮炎;咳嗽,喘鸣,呼吸困难;血痰;痰多;尿频,血尿,排尿困难;[潜在职业性致癌物]。

靶器官:皮肤,呼吸系统,肝,肾,膀胱。

致癌部位:[动物:肝肿瘤及膀胱肿瘤]。

二[2-(二甲胺基)乙基]醚[bis(2-(Dimethylamino)ethyl)ether]

$C_8H_{20}N_2O$

CAS No.:3033-62-3

RTECS No.:KR9460000

DOT ID 和指南号:

异名和商品名:催化剂 A1;NIAX® A99;NIAX®Catalyst A1;2,2′-Oxybis(N,N-dimethyl ethylamine);[注:NIAX®催化剂 ESN 含 5%本品和 95%二甲胺基丙腈。]

接触限值:NIOSH REL:见附录 C(NIAX®催化剂 ESN)

OSHA PEL:见附录 C(NIAX®催化剂 ESN)

IDLH:N. D. **浓度换算系数**:

理化性质:液体。

分子量:160.3	沸点:372 ℉
凝固点:未知	溶解度:未知
蒸气压:未知	电离电位:未知
比重:未知	闪点:未知
爆炸上限:未知	爆炸下限:未知

不相容性和反应性:未见报道。

测量方法:无。

个人防护和卫生设施:

- 皮肤:穿戴合适的个人防护服,防止皮肤直接接触。
- 眼睛:佩戴合适的眼部防护用品,防止眼睛直接接触。
- 清洗皮肤:当皮肤受到污染时,应立即清洗污染的皮肤。
- 脱除:如果工作服被弄湿或受到了明显的污染,应该立即脱除并妥善处置。
- 更换:对于班后的衣服的更换需要没有特殊建议。
- 配备:在劳动者可能接触该化学物质的作业场所,无论是否需要使用眼部防护用品,都应配备眼冲洗设备。在紧靠有可能接触该化学物质的工作场所,应配备快速冲淋身体的设备以应急使用。[注:这些设备应能够提供足量水或流动水,以将可能接触的身体任何部位上的该化学物质除去。实际配备适宜的快速冲淋设备取决于工作场所的具体条件。在某些情况下,必须及时进行大流量淋浴,而其他情况下只需要用一个水槽或软管供水就足够了。]

D

急救:

- 眼睛:如眼睛直接接触了该化学物质,要立即用大量水冲洗(灌洗)眼睛,冲洗时,不时翻开上下眼睑,并立即就医。
- 皮肤:如果该化学物质直接接触皮肤,立即用水冲洗污染的皮肤。如果该化学物质渗透进衣服,要迅速将衣服脱除,用水冲洗污染的皮肤,并迅速就医。
- 呼吸:如果接触者吸入大量该化学物质,立即将接触者移至新鲜空气处。如果呼吸停止,要进行人工呼吸,注意保暖和休息。尽快就医。
- 吞入:如果吞入该化学物质,应立即就医。

对呼吸器选择的建议:NIOSH

¥:高于 NIOSH REL 的浓度;或当没有 REL 时,任何可以检测到的浓度:

- ScbaF:Pd,Pp:任何压力需气式或正压携气式呼吸器,配全面罩。指定防护因数=10 000。
- SaF:Pd,Pp:AScba:任何压力需气式或正压供气式呼吸器,配全面罩,配压力需气式或正压携气式辅助呼吸器。指定防护因数=10 000。

逃生:

- GmFOv:任何空气过滤式全面罩呼吸器(防毒面具),配下颌式、前置式或背置式有机蒸气滤毒罐。指定防护因数=50。
- ScbaE:任何适合逃生的携气式呼吸器。

有关呼吸器选择的其他重要信息参见相关标准。

接触途径:呼吸道,皮肤吸收,胃肠道,皮肤和/或眼睛直接接触。

症状:可能的泌尿功能紊乱,神经障碍;动物:眼睛、皮肤刺激。

靶器官:眼睛,皮肤,尿道,周围神经系统。

二甲胺基丙腈(Dimethylaminopropionitrile)

$(CH_3)_2NCH_2CH_2CN$

CAS No.:1738-25-6

RTECS No.:UG1575000

DOT ID 和指南号:

异名和商品名:3-(二甲基胺)丙腈;N,N-二甲基胺-3-丙腈;3-(Dimethylamino)propionitrile;N,N-Dimethylamino-3-propionitrile[注:NIAX®催化剂 ESN 含 95%本品和 5%二[2-(甲胺基)乙基]醚。]

接触限值:NIOSH REL:见附录 C (NIAX®催化剂 ESN)
OSHA PEL:见附录 C (NIAX®催化剂 ESN)

IDLH:N.D.　　**浓度换算系数:**

理化性质:无色液体。

分子量:98.2	沸点:342 ℉
凝固点:-48 ℉	溶解度:与水互溶
蒸气压(135 ℉):10 mmHg	电离电位:未知
比重(86 ℉):0.86	闪点:147 ℉

爆炸上限:未知　　爆炸下限:未知

ⅢA 类可燃液体——闪点等于或高于 140 ℉且低于 200 ℉。

不相容性和反应性:氧化剂。[当加热分解时可以放出有毒的氮氧化物和氰化物烟。]

测量方法:无。

个人防护和卫生设施:

- 皮肤:穿戴合适的个人防护服,防止皮肤直接接触。
- 眼睛:佩戴合适的眼部防护用品,防止眼睛直接接触。
- 清洗皮肤:当皮肤受到污染时,应立即清洗污染的皮肤。

D

- 脱除：如果工作服被弄湿或受到了明显的污染，应该立即脱除并妥善处置。
- 更换：对于班后的衣服的更换需要没有特殊建议。
- 配备：在劳动者可能接触该化学物质的作业场所，无论是否需要使用眼部防护用品，都应配备眼冲洗设备。在紧靠有可能接触该化学物质的工作场所，应配备快速冲淋身体的设备以应急使用。[注：这些设备应能够提供足量水或流动水，以将可能接触的身体任何部位上的该化学物质除去。实际配备适宜的快速冲淋设备取决于工作场所的具体条件。在某些情况下，必须及时进行大流量淋浴，而其他情况下只需要用一个水槽或软管供水就足够了。]

急救：

- 眼睛：如眼睛直接接触了该化学物质，要立即用大量水冲洗(灌洗)眼睛，冲洗时，不时翻开上下眼睑，并立即就医。
- 皮肤：如果该化学物质直接接触皮肤，立即用水冲洗污染的皮肤。如果该化学物质渗透进衣服，要迅速将衣服脱除，用水冲洗污染的皮肤，并迅速就医。
- 呼吸：如果接触者吸入大量该化学物质，立即将接触者移至新鲜空气处。如果呼吸停止，要进行人工呼吸，注意保暖和休息。尽快就医。
- 吞入：如果吞入该化学物质，应立即就医。

对呼吸器选择的建议： NIOSH

¥：高于 NIOSH REL 的浓度；或当没有 REL 时，任何可以检测到的浓度：

- ScbaF：Pd，Pp：任何压力需气式或正压携气式呼吸器，配全面罩。指定防护因数=10 000。
- SaF：Pd，Pp：AScba：任何压力需气式或正压供气式呼吸器，配全面罩，配压力需气式或正压携气式辅助呼吸器。指定防护因数=10 000。

逃生：

- GmFOv：任何空气过滤式全面罩呼吸器(防毒面具)，配下颌式、前置式或背置式有机蒸气滤毒罐。指定防护因数=50。
- ScbaE：任何适合逃生的携气式呼吸器。

有关呼吸器选择的其他重要信息参见相关标准。

接触途径：呼吸道，皮肤吸收，胃肠道，皮肤和/或眼睛直接接触。

症状：眼睛、皮肤刺激；泌尿功能紊乱；神经障碍；手脚发麻；肌无力，乏力，恶心，呕吐；小腿的神经传导阻滞。

靶器官：眼睛，皮肤，中枢神经系统，尿道。

N,N-二甲基苯胺(N,N-Dimethylaniline)　　**CAS No.：**121-69-7

$C_6H_5N(CH_3)_2$　　**RTECS No.：**BX4725000

异名和商品名：二甲基苯胺；N,N-Dimethylbenzeneamine；N,N-Dimethylphenylamine　　**DOT ID 和指南号：**2253 153

接触限值：NIOSH REL：TWA 5 ppm (25 mg/m^3)
ST 10 ppm (50 mg/m^3) [皮]
OSHA PEL †：TWA 5 ppm (25 mg/m^3) [皮]

IDLH：100 ppm　**浓度换算系数：**1 ppm = 4.96 mg/m^3

理化性质：淡黄色油状液体，具有胺味。[注：36 ℉以下为固体。]

分子量：	121.2	沸点：	378 ℉
凝固点：	36 ℉	溶解度：	2%
蒸气压：	1 mmHg	电离电位：	7.14 eV
比重：	0.96	闪点：	142 ℉
爆炸上限：	未知	爆炸下限：	未知

ⅢA 类可燃液体——闪点等于或高于 140 ℉且低于 200 ℉。

不相容性和反应性:强氧化剂,强酸,过氧化苯甲酰。

测量方法:NIOSH 2002;OSHA PV2064

个人防护和卫生设施:

- 皮肤:穿戴合适的个人防护服,防止皮肤直接接触。
- 眼睛:佩戴合适的眼部防护用品,防止眼睛直接接触。
- 清洗皮肤:当皮肤受到污染时,应立即清洗污染的皮肤。
- 脱除:如果工作服被弄湿或受到了明显的污染,应该立即脱除并妥善处置。
- 更换:对于班后的衣服的更换需要没有特殊建议。
- 配备:在紧靠有可能接触该化学物质的工作场所,应配备快速冲淋身体的设备以应急使用。[注:这些设备应能够提供足量水或流动水,以将可能接触的身体任何部位上的该化学物质除去。实际配备适宜的快速冲淋设备取决于工作场所的具体条件。在某些情况下,必须及时进行大流量淋浴,而其他情况下只需要用一个水槽或软管供水就足够了。]

急救:

- 眼睛:如眼睛直接接触了该化学物质,要立即用大量水冲洗(灌洗)眼睛,冲洗时,不时翻开上下眼睑,并立即就医。
- 皮肤:如果该化学物质直接接触皮肤,立即用肥皂和水冲洗污染的皮肤。若该化学物质渗透进衣服,要立即将衣服脱除,用肥皂和水清洗皮肤,并迅速就医。
- 呼吸:如果接触者吸入大量该化学物质,立即将接触者移至新鲜空气处。如果呼吸停止,要进行人工呼吸,注意保暖和休息。尽快就医。
- 吞入:如果吞入该化学物质,应立即就医。

对呼吸器选择的建议:NIOSH

~50 ppm:

- Sa:任何供气式呼吸器。指定防护因数=10。

~100 ppm:

- Sa∶Cf:任何连续供气式呼吸器。指定防护因数=25。
- ScbaF:任何携气式呼吸器,配全面罩。指定防护因数=50。
- SaF:任何供气式呼吸器,配全面罩。指定防护因数=50。

§:应急抢险,或准备进入浓度未知环境,或进入 IDLH 环境:

- ScbaF∶Pd,Pp:任何压力需气式或正压携气式呼吸器,配全面罩。指定防护因数=10 000。
- SaF∶Pd,Pp∶AScba:任何压力需气式或正压供气式呼吸器,配全面罩,配压力需气式或正压携气式辅助呼吸器。指定防护因数=10 000。

逃生:

- GmFOv:任何空气过滤式全面罩呼吸器(防毒面具),配下颌式、前置式或背置式有机蒸气滤毒罐。指定防护因数=50。
- ScbaE:任何适合逃生的携气式呼吸器。

有关呼吸器选择的其他重要信息参见相关标准。

接触途径:呼吸道,皮肤吸收,胃肠道,皮肤和/或眼睛直接接触。

症状:缺氧症状:紫绀,乏力,眩晕,共济失调;高铁血红蛋白血症。

靶器官:血液,肾,肝,心血管系统。

D

D

二甲基甲氨酰氯(Dimethyl carbamoyl chloride)

$(CH_3)_2NCOCl$

CAS No.:79-44-7

RTECS No.:FD4200000

DOT ID 和指南号:2262 156

异名和商品名: Chloroformic acid dimethylamide;Dimethylcarbamic chloride;N,N-Dimethylcarbamoyl chloride;DMCC

接触限值:NIOSH REL:Ca 见附录 A
OSHA PEL:无

IDLH: Ca [N. D.]　　**浓度换算系数:**

理化性质:透明的无色液体。

分子量:107.6	沸点:329 ℉
凝固点:-27 ℉	溶解度:与水反应
蒸气压:未知	电离电位:未知
比重:1.17	闪点:155 ℉
爆炸上限:未知	爆炸下限:未知

ⅢA 类可燃液体——闪点等于或高于 140 ℉且低于 200 ℉。

不相容性和反应性:酸,水。[注:可以在水中快速水解生成二甲胺、二氧化碳和氯化氢。]

测量方法:无。

个人防护和卫生设施:

- 皮肤:穿戴合适的个人防护服,防止皮肤直接接触。
- 眼睛:佩戴合适的眼部防护用品,防止眼睛直接接触。
- 清洗皮肤:当皮肤受到污染时,应立即清洗污染的皮肤。
- 脱除:如果工作服被弄湿或受到了明显的污染,应该立即脱除并妥善处置。
- 更换:对于班后的衣服的更换需要没有特殊建议。
- 配备:在劳动者可能接触该化学物质的作业场所,无论是否需要使用眼部防护用品,都应配备眼冲洗设备。在紧靠有可能接触该化学物质的工作场所,应配备快速冲淋身体的设备以应急使用。[注:这些设备应能够提供足量水或流动水,以将可能接触的身体任何部位上的该化学物质除去。实际配备适宜的快速冲淋设备取决于工作场所的具体条件。在某些情况下,必须及时进行大流量淋浴,而其他情况下只需要用一个水槽或软管供水就足够了。]

急救:

- 眼睛:如眼睛直接接触了该化学物质,要立即用大量水冲洗(灌洗)眼睛,冲洗时,不时翻开上下眼睑,并立即就医。
- 皮肤:如果该化学物质直接接触皮肤,立即用水冲洗污染的皮肤。如果该化学物质渗透进衣服,要迅速将衣服脱除,用水冲洗污染的皮肤,并迅速就医。
- 呼吸:如果接触者吸入大量该化学物质,立即将接触者移至新鲜空气处。如果呼吸停止,要进行人工呼吸,注意保暖和休息。尽快就医。
- 吞入:如果吞入该化学物质,应立即就医。

对呼吸器选择的建议:NIOSH

¥:高于 NIOSH REL 的浓度;或当没有 REL 时,任何可以检测到的浓度:

- ScbaF:Pd,Pp:任何压力需气式或正压携气式呼吸器,配全面罩。指定防护因数=10 000。
- SaF:Pd,Pp:AScba:任何压力需气式或正压供气式呼吸器,配全面罩,配压力需气式或正压携气式辅助呼吸器。指定防护因数=10 000。

逃生:

- GmFOv:任何空气过滤式全面罩呼吸器(防毒面具),配下颌式、前置式或背置式有机蒸气滤毒罐。指定防护因数=50。
- ScbaE:任何适合逃生的携气式呼吸器。

有关呼吸器选择的其他重要信息参见相关标准。

接触途径:呼吸道,皮肤吸收,胃肠道,皮肤和/或眼睛直接接触。

症状：眼睛、皮肤、鼻、咽喉、呼吸系统刺激；眼睛、皮肤灼伤；咳嗽，喘鸣，喉炎，呼吸困难；头痛，恶心，呕吐；肝损伤；[潜在职业性致癌物]。

靶器官：眼睛，皮肤，呼吸系统，肝。

致癌部位：[动物：鼻癌]。

D

二甲氧基-1,2-二溴-2,2-二氯乙基磷酸酯

(Dimethyl-1,2-dibromo-2,2-dichlorethyl phosphate)

$(CH_3O)_2P(O)OCHBrCBrCl_2$

CAS No.：300-76-5

RTECS No.：TB9450000

DOT ID 和指南号：

异名和商品名：二溴磷；Dibrom®；1,2-Dibromo-2,2-dichloroethyl dimethyl phosphate；Naled

接触限值：NIOSH REL：TWA 3 mg/m³[皮]

OSHA PEL †：TWA 3 mg/m³

IDLH：200 mg/m³ **浓度换算系数：**

理化性质：无色至白色固体或草绿色液体（80 ℉以上），具有较浓的气味。[杀虫剂]

分 子 量：380.8	沸 点：分解
熔 点：80 ℉	溶 解 度：不溶
蒸 气 压：0.000 2 mmHg	电离电位：未知
比重（77 ℉）：1.96	闪 点：不适用
爆炸上限：不适用	爆炸下限：不适用

不可燃固体。

不相容性和反应性：强氧化剂，酸，日光，水。[注：对金属具有腐蚀性。遇水水解。]

测量方法：无。

个人防护和卫生设施：

- 皮肤：穿戴合适的个人防护服，防止皮肤直接接触。
- 眼睛：佩戴合适的眼部防护用品，防止眼睛直接接触。
- 清洗皮肤：当皮肤受到污染时，应立即清洗污染的皮肤。
- 脱除：如果工作服被弄湿或受到了明显的污染，应该立即脱除并妥善处置。
- 更换：在离开工作场所前应当将可能受到污染的工作服更换成无污染的衣服。
- 配备：在劳动者可能接触该化学物质的作业场所，无论是否需要使用眼部防护用品，都应配备眼冲洗设备。

急救：

- 眼睛：如眼睛直接接触了该化学物质，要立即用大量水冲洗（灌洗）眼睛，冲洗时，不时翻开上下眼睑，并立即就医。
- 皮肤：如果该化学物质直接接触皮肤，立即用肥皂和水冲洗污染的皮肤。若该化学物质渗透进衣服，要立即将衣服脱除，用肥皂和水清洗皮肤，并迅速就医。
- 呼吸：如果接触者吸入大量该化学物质，立即将接触者移至新鲜空气处。如果呼吸停止，要进行人工呼吸，注意保暖和休息。尽快就医。
- 吞入：如果吞入该化学物质，应立即就医。

对呼吸器选择的建议：NIOSH/OSHA

～30 mg/m³：

- 95XQ：任何除四分之一面罩之外的防颗粒物呼吸器，配有 N95、R95 或 P95 过滤元件（包括 N95、R95 或 P95 随弃式面罩）。也可使用以下过滤元件：N99、R99、P99、N100、R100、P100。指定防护因数＝10。选择 N、R 或 P 过滤元件的信息见表 4。
- Sa：任何供气式呼吸器。指定防护因数＝10。

～75 mg/m³：

- Sa：Cf：任何连续供气式呼吸器。指定防护因数＝25。

D

● PaprHie:任何动力送风空气过滤式呼吸器,配有高效颗粒物过滤元件。指定防护因数=25。

~150 mg/m³:

● 100F:任何空气过滤式全面罩呼吸器,配有 N100、R100 或 P100 过滤元件。指定防护因数=50。选择 N、R 或 P 过滤元件的信息见表 4。

● SaT:Cf:任何连续供气式呼吸器,配密合型面罩。指定防护因数=50。

● PaprTHie:任何动力送风空气过滤式呼吸器,配密合型面罩和高效颗粒物过滤元件。指定防护因数=50。

● ScbaF:任何携气式呼吸器,配全面罩。指定防护因数=50。

● SaF:任何供气式呼吸器,配全面罩。指定防护因数=50。

~200 mg/m³:

● Sa:Pd,Pp:任何压力需气式或正压供气式呼吸器。指定防护因数=1 000。

§:应急抢险,或准备进入浓度未知环境,或进入 IDLH 环境:

● ScbaF:Pd,Pp:任何压力需气式或正压携气式呼吸器,配全面罩。指定防护因数=10 000。

● SaF:Pd,Pp:AScba:任何压力需气式或正压供气式呼吸器,配全面罩,配压力需气式或正压携气式辅助呼吸器。指定防护因数=10 000。

逃生:

● 100F:任何空气过滤式全面罩呼吸器,配有 N100、R100 或 P100 过滤元件。指定防护因数=50。选择 N、R 或 P 过滤元件的信息见表 4。

● ScbaE:任何适合逃生的携气式呼吸器。

有关呼吸器选择的其他重要信息参见相关标准。

接触途径:呼吸道,皮肤吸收,胃肠道,皮肤和/或眼睛直接接触。

症状:眼睛、皮肤刺激;瞳孔缩小,流泪;头痛;胸部紧迫感,喘鸣,喉痉挛;流涎;紫绀;厌食,恶心,呕吐,腹绞痛,腹泻;乏力,颤搐,麻痹;眩晕,共济失调,惊厥;血压下降;心律不齐。

靶器官:眼睛,皮肤,呼吸系统,中枢神经系统,心血管系统,血胆碱酯酶。

二甲基甲酰胺(Dimethylformamide)

$HCON(CH_3)_2$

CAS No.:68-12-2

RTECS No.:LQ2100000

异名和商品名:N,N-二甲基甲酰胺;Dimethyl formamide;N,N-Dimethylformamide;DMF

DOT ID 和指南号:2265 129

接触限值:NIOSH REL:TWA 10 ppm (30 mg/m³)[皮]
OSHA PEL:TWA 10 ppm (30 mg/m³)[皮]

IDLH:500 ppm　**浓度换算系数:**1 ppm = 2.99 mg/m³

理化性质:无色至淡黄色液体,具有淡淡的胺味。

分子量:73.1	沸点:307 ℉
凝固点:−78 ℉	溶解度:与水互溶
蒸气压:3 mmHg	电离电位:9.12 eV
比重:0.95	闪点:136 ℉

爆炸上限:15.2%　爆炸下限(212 ℉):2.2%

Ⅱ类可燃液体——闪点等于或高于 100 ℉且低于140 ℉。

不相容性和反应性:强氧化剂,烷基铝,无机硝酸盐,当接触铁时可与四氯化碳和其他卤化物发生反应。

测量方法:NIOSH 2004;OSHA 66

个人防护和卫生设施:

● 皮肤:穿戴合适的个人防护服,防止皮肤直接接触。

- 眼睛:佩戴合适的眼部防护用品,防止眼睛直接接触。
- 清洗皮肤:当皮肤受到污染时,应立即清洗污染的皮肤。
- 脱除:如果工作服被弄湿或受到了明显的污染,应该立即脱除并妥善处置。
- 更换:对于班后的衣服的更换需要没有特殊建议。

急救:

- 眼睛:如眼睛直接接触了该化学物质,要立即用大量水冲洗(灌洗)眼睛,冲洗时,不时翻开上下眼睑,并立即就医。
- 皮肤:如果该化学物质直接接触皮肤,迅速用水冲洗污染的皮肤。如果该化学物质渗透进衣服,要立即将衣服脱除,迅速用水冲洗污染的皮肤,若冲洗后刺激症状持续存在,应就医。
- 呼吸:如果接触者吸入大量该化学物质,立即将接触者移至新鲜空气处。如果呼吸停止,要进行人工呼吸,注意保暖和休息。尽快就医。
- 吞入:如果吞入该化学物质,应立即就医。

对呼吸器选择的建议: NIOSH

~100 ppm:

- Sa:任何供气式呼吸器。指定防护因数=10。*

~250 ppm:

- Sa:Cf:任何连续供气式呼吸器。指定防护因数=25。*

~500 ppm:

- SaT:Cf:任何连续供气式呼吸器,配密合型面罩。指定防护因数=50。*
- ScbaF:任何携气式呼吸器,配全面罩。指定防护因数=50。
- SaF:任何供气式呼吸器,配全面罩。指定防护因数=50。

§:应急抢险,或准备进入浓度未知环境,或进入 IDLH 环境:

- ScbaF:Pd,Pp:任何压力需气式或正压携气式呼吸器,配全面罩。指定防护因数=10 000。
- SaF:Pd,Pp:AScba:任何压力需气式或正压供气式呼吸器,配全面罩,配压力需气式或正压携气式辅助呼吸器。指定防护因数=10 000。

逃生:

- GmFOv:任何空气过滤式全面罩呼吸器(防毒面具),配下颌式、前置式或背置式有机蒸气滤毒罐。指定防护因数=50。
- ScbaE:任何适合逃生的携气式呼吸器。

有关呼吸器选择的其他重要信息参见相关标准。

接触途径:呼吸道,皮肤吸收,胃肠道,皮肤和/或眼睛直接接触。

症状:眼睛、皮肤、呼吸系统刺激;恶心,呕吐,急腹痛;肝损害,肝大;血压高;面色潮红;皮炎;动物:肾、心脏损害。

靶器官:眼睛,皮肤,呼吸系统,肝,肾,心血管系统。

D

1,1-二甲基肼(1,1-Dimethylhydrazine)

$(CH_3)_2NNH_2$

异名和商品名:偏二甲基肼,Dimazine,DMH,UDMH,Unsymmetrical dimethylhydrazine

CAS No.:57-14-7

RTECS No.:MV2450000

DOT ID 和指南号:1163 131

接触限值:NIOSH REL:Ca C 0.06 ppm (0.15 mg/m³) [2h] 见附录 A

OSHA PEL:TWA 0.5 ppm (1 mg/m³) [皮]

IDLH: Ca [15 ppm]　**浓度换算系数:**1 ppm = 2.46 mg/m³

理化性质:无色液体,具有氨味或鱼腥味。

分子量:60.1		沸点:147 ℉	
凝固点:−72 ℉		溶解度:与水互溶	
蒸气压:103 mmHg		电离电位:8.05 eV	

比　　重:0.79　　闪　　点:5 ℉

爆炸上限:95%　　爆炸下限:2%

ⅠB类易燃液体——闪点低于73 ℉,沸点等于或高于100 ℉。

不相容性和反应性:氧化剂,卤素,金属汞,发烟硝酸,过氧化氢。[注:接触氧化剂可自燃。]

测量方法:NIOSH 3515

个人防护和卫生设施:

- 皮肤:穿戴合适的个人防护服,防止皮肤直接接触。
- 眼睛:佩戴合适的眼部防护用品,防止眼睛直接接触。
- 清洗皮肤:当皮肤受到污染时,应立即清洗污染的皮肤。
- 脱除:如果工作服被可燃性物质(即闪点低于100 ℉的液体)浸湿,应当立即脱除并妥善处置,以防着火。
- 更换:对于班后的衣服的更换需要没有特殊建议。
- 配备:在劳动者可能接触该化学物质的作业场所,无论是否需要使用眼部防护用品,都应配备眼冲洗设备。在紧靠有可能接触该化学物质的工作场所,应配备快速冲淋身体的设备以应急使用。[注:这些设备应能够提供足量水或流动水,以将可能接触的身体任何部位上的该化学物质除去。实际配备适宜的快速冲淋设备取决于工作场所的具体条件。在某些情况下,必须及时进行大流量淋浴,而其他情况下只需要用一个水槽或软管供水就足够了。]

急救:

- 眼睛:如眼睛直接接触了该化学物质,要立即用大量水冲洗(灌洗)眼睛,冲洗时,不时翻开上下眼睑,并立即就医。
- 皮肤:如果该化学物质直接接触皮肤,立即用水冲洗污染的皮肤。如果该化学物质渗透进衣服,要迅速将衣服脱除,用水冲洗污染的皮肤,并迅速就医。
- 呼吸:如果接触者吸入大量该化学物质,立即将接触者移至新鲜空气处。如果呼吸停止,要进行人工呼吸,注意保暖和休息。尽快就医。
- 吞入:如果吞入该化学物质,应立即就医。

对呼吸器选择的建议:NIOSH

¥:高于NIOSH REL的浓度;或当没有REL时,任何可以检测到的浓度:

- ScbaF:Pd,Pp:任何压力需气式或正压携气式呼吸器,配全面罩。指定防护因数=10 000。
- SaF:Pd,Pp:AScba:任何压力需气式或正压供气式呼吸器,配全面罩,配压力需气式或正压携气式辅助呼吸器。指定防护因数=10 000。

逃生:

- GmFS:任何空气过滤式全面罩呼吸器(防毒面具),配下颌式、前置式或背置式防该化学物质的滤毒罐。指定防护因数=50。
- ScbaE:任何适合逃生的携气式呼吸器。

有关呼吸器选择的其他重要信息参见相关标准。

接触途径:呼吸道,皮肤吸收,胃肠道,皮肤和/或眼睛直接接触。

症状:眼睛、皮肤刺激;窒息,胸痛,呼吸困难;嗜睡;恶心;缺氧;惊厥;肝损伤;[潜在职业性致癌物]。

靶器官:中枢神经系统,肝,胃肠道,血液,呼吸系统,眼睛,皮肤。

致癌部位:[动物:肺、肝、血管及肠道肿瘤]。

邻苯二甲酸二甲酯(Dimethylphthalate)　　**CAS No.:**131-11-3

$C_6H_4(COOCH_3)_2$　　**RTECS No.:**TI1575000

异名和商品名:酞酸二甲酯;Dimethyl ester of 1,2-benzenedicarboxylic acid;DMP　　**DOT ID 和指南号:**

接触限值:NIOSH REL:TWA 5 mg/m³	OSHA PEL:TWA 5 mg/m³

IDLH:2 000 mg/m³	**浓度换算系数**:

理化性质:无色油状液体,具有轻微的芳香味。[注:42 ℉以下为固体。]

分子量:194.2	沸点:543 ℉
凝固点:42 ℉	溶解度:0.4%
蒸气压:0.01 mmHg	电离电位:9.64 eV
比重:1.19	闪点:295 ℉
爆炸上限:未知	爆炸下限(358 ℉):0.9%

ⅢB类可燃液体——闪点,等于或高于200 ℉但不易点燃。

不相容性和反应性:硝酸盐,强氧化剂,强碱和强酸。

测量方法:OSHA 104

个人防护和卫生设施:

- 皮肤:对于个体皮肤防护装备的需要没有特殊建议。
- 眼睛:佩戴合适的眼部防护用品,防止眼睛直接接触。
- 清洗皮肤:对于清洗皮肤上的污染物没有其他特殊的建议(包括立即清洗和班后清洗)。
- 脱除:对于脱除被污染或被弄湿的工作服的需要没有特殊建议。
- 更换:对于班后的衣服的更换需要没有特殊建议。

急救:

- 眼睛:如眼睛直接接触了该化学物质,要迅速用大量水冲洗(灌洗)眼睛,冲洗时,不时翻开上下眼睑,如果仍有不适,应就医。
- 皮肤:定期清洗。
- 呼吸:如果接触者吸入大量该化学物质,立即将接触者移至新鲜空气处。如果呼吸停止,要进行人工呼吸,注意保暖和休息。尽快就医。
- 吞入:如果吞入该化学物质,应立即就医。

对呼吸器选择的建议:NIOSH/OSHA

~50 mg/m³:

- 95F:任何空气过滤式全面罩呼吸器,配有N95、R95或P95过滤元件。也可使用以下过滤元件:N99、R99、P99、N100、R100、P100。指定防护因数=10。选择N、R或P过滤元件的信息见表4。

~125 mg/m³:

- Sa:Cf:任何连续供气式呼吸器。指定防护因数=25。£
- PaprHie:任何动力送风空气过滤式呼吸器,配有高效颗粒物过滤元件。指定防护因数=25。£

~250 mg/m³:

- 100F:任何空气过滤式全面罩呼吸器,配有N100、R100或P100过滤元件。指定防护因数=50。选择N、R或P过滤元件的信息见表4。
- ScbaF:任何携气式呼吸器,配全面罩。指定防护因数=50。
- SaF:任何供气式呼吸器,配全面罩。指定防护因数=50。

~2 000 mg/m³:

- SaF:Pd,Pp:任何压力需气式或正压供气式呼吸器,配全面罩。指定防护因数=2 000。

§:应急抢险,或准备进入浓度未知环境,或进入IDLH环境:

- ScbaF:Pd,Pp:任何压力需气式或正压携气式呼吸器,配全面罩。指定防护因数=10 000。
- SaF:Pd,Pp:AScba:任何压力需气式或正压供气式呼吸器,配全面罩,配压力需气式或正压携气式辅助呼吸器。指定防护因数=10 000。

逃生:

- 100F:任何空气过滤式全面罩呼吸器,配有N100、R100或P100过滤元件。指定防护因数=50。选择N、R或P过滤元件的信息见表4。
- ScbaE:任何适合逃生的携气式呼吸器。

有关呼吸器选择的其他重要信息参见相关标准。

接触途径:呼吸道,胃肠道,皮肤和/或眼睛直接接触。

症状:眼睛、上呼吸道刺激;胃痛。

靶器官:眼睛,呼吸系统,胃肠道。

硫酸二甲酯(Dimethyl sulfate)

$(CH_3)_2SO_4$

CAS No.:77-78-1

RTECS No.:WS8225000

异名和商品名: Dimethyl ester of sulfuric acid,Dimethylsulfate,Methyl sulfate

DOT ID 和指南号:1595 156

D

接触限值:NIOSH REL:Ca TWA 0.1 ppm (0.5 mg/m³)[皮]见附录 A

OSHA PEL †:TWA 1 ppm (5 mg/m³)[皮]

IDLH: Ca [7 ppm] **浓度换算系数:**1 ppm = 5.16 mg/m³

理化性质:无色油状液体,具有淡淡的洋葱味。

分子量:126.1	沸点:370 ℉(分解)
凝固点:−25 ℉	溶解度(64 ℉):3%
蒸气压:0.1 mmHg	电离电位:未知
比重:1.33	闪点:182 ℉
爆炸上限:未知	爆炸下限:未知

ⅢA 类可燃液体——闪点等于或高于 140 ℉且低于 200 ℉。

不相容性和反应性:强氧化剂,氨溶液。[注:在水中分解为硫酸。对金属具有腐蚀性。]

测量方法:NIOSH 2524

个人防护和卫生设施:

- 皮肤:穿戴合适的个人防护服,防止皮肤直接接触。
- 眼睛:佩戴合适的眼部防护用品,防止眼睛直接接触。
- 清洗皮肤:当皮肤受到污染时,应立即清洗污染的皮肤。
- 脱除:如果工作服被弄湿或受到了明显的污染,应该立即脱除并妥善处置。
- 更换:对于班后的衣服的更换需要没有特殊建议。
- 配备:在劳动者可能接触该化学物质的作业场所,无论是否需要使用眼部防护用品,都应配备眼冲洗设备。在紧靠有可能接触该化学物质的工作场所,应配备快速冲淋身体的设备以应急使用。[注:这些设备应能够提供足量水或流动水,以将可能接触的身体任何部位上的该化学物质除去。实际配备适宜的快速冲淋设备取决于工作场所的具体条件。在某些情况下,必须及时进行大流量淋浴,而其他情况下只需要用一个水槽或软管供水就足够了。]

急救:

- 眼睛:如眼睛直接接触了该化学物质,要立即用大量水冲洗(灌洗)眼睛,冲洗时,不时翻开上下眼睑,并立即就医。
- 皮肤:如果该化学物质直接接触皮肤,立即用水冲洗污染的皮肤。如果该化学物质渗透进衣服,要迅速将衣服脱除,用水冲洗污染的皮肤,并迅速就医。
- 呼吸:如果接触者吸入大量该化学物质,立即将接触者移至新鲜空气处。如果呼吸停止,要进行人工呼吸,注意保暖和休息。尽快就医。
- 吞入:如果吞入该化学物质,应立即就医。

对呼吸器选择的建议: NIOSH

¥:高于 NIOSH REL 的浓度;或当没有 REL 时,任何可以检测到的浓度:

- ScbaF:Pd,Pp:任何压力需气式或正压携气式呼吸器,配全面罩。指定防护因数=10 000。
- SaF:Pd,Pp:AScba:任何压力需气式或正压供气式呼吸器,配全面罩,配压力需气式或正压携气式辅助呼吸器。指定防护因数=10 000。

逃生:

- GmFS:任何空气过滤式全面罩呼吸器(防毒面具),配下颌式、前置式或背置式防该化学物质的滤毒罐。指定防护因数=50。
- ScbaE:任何适合逃生的携气式呼吸器。

有关呼吸器选择的其他重要信息参见相关标准。

接触途径:呼吸道,皮肤吸收,胃肠道,皮肤和/或眼睛直接接触。

症状：眼睛、鼻刺激；头痛；眩晕；结膜炎；畏光；眶周水肿；发声困难，失声，吞咽困难，咳嗽；胸痛；呼吸困难，紫绀；呕吐，腹泻；排尿困难；痛觉缺失；发热；蛋白尿，血尿；眼睛、皮肤灼伤；谵妄；[潜在职业性致癌物]。	**靶器官**：眼睛，皮肤，呼吸系统，肝，肾，中枢神经系统。 **致癌部位**：[动物：鼻癌及肺癌]。

D

二硝托胺(Dinitolmide)

$(NO_2)_2C_6H_2(CH_3)CONH_2$

异名和商品名：3,5-二硝基邻甲苯酰胺；3,5-Dinitro-o-toluamide；2-Methyl-3,5-dinitrobenzamide；Zoalene

CAS No.：148-01-6

RTECS No.：XS4200000

DOT ID 和指南号：

接触限值：NIOSH REL：TWA 5 mg/m^3

OSHA PEL †：无

IDLH：N. D.　　**浓度换算系数**：

理化性质：淡黄色晶体。

分子量：225.2	沸点：未知
熔点：351 ℉	溶解度：微溶
蒸气压：未知	电离电位：未知
比重：未知	闪点：不适用
爆炸上限：不适用	爆炸下限：不适用

不可燃固体。

不相容性和反应性：未见报道。

测量方法：NIOSH 0500

个人防护和卫生设施：
- 皮肤：穿戴合适的个人防护服，防止皮肤直接接触。
- 眼睛：佩戴合适的眼部防护用品，防止眼睛直接接触。
- 清洗皮肤：当皮肤受到污染时，应立即清洗污染的皮肤。
- 脱除：如果工作服被弄湿或受到了明显的污染，应该立即脱除并妥善处置。
- 更换：在离开工作场所前应当将可能受到污染的工作服更换成无污染的衣服。

急救：
- 眼睛：如眼睛直接接触了该化学物质，要立即用大量水冲洗(灌洗)眼睛，冲洗时，不时翻开上下眼睑，并立即就医。
- 皮肤：如果该化学物质直接接触皮肤，立即用肥皂和水冲洗污染的皮肤。若该化学物质渗透进衣服，要立即将衣服脱除，用肥皂和水清洗皮肤，并迅速就医。
- 呼吸：如果接触者吸入大量该化学物质，立即将接触者移至新鲜空气处。如果呼吸停止，要进行人工呼吸，注意保暖和休息。尽快就医。
- 吞入：如果吞入该化学物质，应立即就医。

对呼吸器选择的建议：无。

有关呼吸器选择的其他重要信息参见相关标准。

接触途径：呼吸道，胃肠道，皮肤和/或眼睛直接接触。

症状：接触性湿疹；动物：高铁血红蛋白血症，肝变性。

靶器官：皮肤，肝，血液。

间-二硝基苯(m-Dinitrobenzene)

$C_6H_4(NO_2)_2$

CAS No.:99-65-0

RTECS No.:CZ7350000

异名和商品名:1,3-二硝基苯;meta-Dinitrobenzene;1,3-Dinitrobenzene

DOT ID 和指南号:1597 152

接触限值:NIOSH REL:TWA 1 mg/m³[皮]
OSHA PEL:TWA 1 mg/m³[皮]

IDLH:50 mg/m³　　**浓度换算系数:**

理化性质:白色或黄色固体。

分子量:168.1　　沸点:572 ℉
熔点:192 ℉　　溶解度:0.02%
蒸气压:未知　　电离电位:10.43 eV
比重:1.58　　闪点:302 ℉
爆炸上限:未知　　爆炸下限:未知
可燃固体。
不相容性和反应性:强氧化剂,腐蚀剂,金属如锡和锌[注:由于自身分解,长时间遇火和受热可引起爆炸。]

测量方法:NIOSH S214 (Ⅱ-4)

个人防护和卫生设施:

- 皮肤:穿戴合适的个人防护服,防止皮肤直接接触。
- 眼睛:佩戴合适的眼部防护用品,防止眼睛直接接触。
- 清洗皮肤:当皮肤受到污染时,应立即清洗污染的皮肤。
- 脱除:如果工作服被弄湿或受到了明显的污染,应该立即脱除并妥善处置。
- 更换:在离开工作场所前应当将可能受到污染的工作服更换成无污染的衣服。
- 配备:在紧靠有可能接触该化学物质的工作场所,应配备快速冲淋身体的设备以应急使用。[注:这些设备应能够提供足量水或流动水,以将可能接触的身体任何部位上的该化学物质除去。实际配备适宜的快速冲淋设备取决于工作场所的具体条件。在某些情况下,必须及时进行大流量淋浴,而其他情况下只需要用一个水槽或软管供水就足够了。]

急救:

- 眼睛:如眼睛直接接触了该化学物质,要立即用大量水冲洗(灌洗)眼睛,冲洗时,不时翻开上下眼睑,并立即就医。
- 皮肤:如果该化学物质直接接触皮肤,立即用肥皂和水冲洗污染的皮肤。若该化学物质渗透进衣服,要立即将衣服脱除,用肥皂和水清洗皮肤,并迅速就医。
- 呼吸:如果接触者吸入大量该化学物质,立即将接触者移至新鲜空气处。如果呼吸停止,要进行人工呼吸,注意保暖和休息。尽快就医。
- 吞入:如果吞入该化学物质,应立即就医。

对呼吸器选择的建议:NIOSH/OSHA

~5 mg/m³:

- Qm:任何四分之一面罩呼吸器,选择 N、R 或 P 过滤元件的信息见表 4。指定防护因数=5。

~10 mg/m³:

- 95XQ:任何除四分之一面罩之外的防颗粒物呼吸器,配有 N95、R95 或 P95 过滤元件(包括 N95、R95 或 P95 随弃式面罩)。也可使用以下过滤元件:N99、R99、P99、N100、R100、P100。指定防护因数=10。选择 N、R 或 P 过滤元件的信息见表 4。
- Sa:任何供气式呼吸器。指定防护因数=10。

~25 mg/m³:

- Sa:Cf:任何连续供气式呼吸器。指定防护因数=25。
- PaprHie:任何动力送风空气过滤式呼吸器,配有高效颗粒物过滤元件。指定防护因数=25。

~50 mg/m³:

- 100F:任何空气过滤式全面罩呼吸器,配有 N100、R100 或 P100 过滤元件。指定防护因数=50。选择 N、R 或 P 过滤元件的信息见表 4。

● SaT：Cf:任何连续供气式呼吸器,配密合型面罩。指定防护因数=50。 ● PaprTHie:任何动力送风空气过滤式呼吸器,配密合型面罩和高效颗粒物过滤元件。指定防护因数=50。 ● ScbaF:任何携气式呼吸器,配全面罩。指定防护因数=50。 ● SaF:任何供气式呼吸器,配全面罩。指定防护因数=50。 **§:应急抢险,或准备进入浓度未知环境,或进入 IDLH 环境:** ● ScbaF：Pd,Pp:任何压力需气式或正压携气式呼吸器,配全面罩。指定防护因数=10 000。 ● SaF：Pd,Pp：AScba:任何压力需气式或正压供气式呼吸器,配全面罩,配压力需气式或正压携气式辅助呼吸器。指定防护因数=10 000。	**逃生:** ● 100F:任何空气过滤式全面罩呼吸器,配有 N100、R100 或 P100 过滤元件。指定防护因数=50。选择 N、R 或 P 过滤元件的信息见表 4。 ● ScbaE:任何适合逃生的携气式呼吸器。 **有关呼吸器选择的其他重要信息参见相关标准。** **接触途径:**呼吸道,皮肤吸收,胃肠道,皮肤和/或眼睛直接接触。 **症状:**缺氧,紫绀;视觉障碍,中心盲点;味觉变坏,口烧灼感,咽喉干渴;毛发变黄,眼睛、皮肤黄染;贫血;肝损害。 **靶器官:**眼睛,皮肤,血液,肝,心血管系统,中枢神经系统。

D

邻-二硝基苯(o-Dinitrobenzene)

$C_6H_4(NO_2)_2$

CAS No.:528-29-0

RTECS No.:CZ7450000

异名和商品名:1,2-二硝基苯;ortho-Dinitrobenzene;1,2-Dinitrobenzene

DOT ID 和指南号:1597 152

接触限值:NIOSH REL:TWA 1 mg/m³[皮]

OSHA PEL:TWA 1 mg/m³[皮]

IDLH:50 mg/m³　　**浓度换算系数:**

理化性质:白色或黄色固体。

分子量:168.1	沸点:606 ℉
熔点:244 ℉	溶解度:0.05%
蒸气压:未知	电离电位:10.71 eV
比重:1.57	闪点:302 ℉
爆炸上限:未知	爆炸下限:未知

可燃固体。

不相容性和反应性:强氧化剂,腐蚀性,金属如锡和锌[注:由于自身分解,长时间遇火和受热可引起爆炸。]

测量方法:NIOSH S214 (Ⅱ-4)

个人防护和卫生设施:

- 皮肤:穿戴合适的个人防护服,防止皮肤直接接触。
- 眼睛:佩戴合适的眼部防护用品,防止眼睛直接接触。
- 清洗皮肤:当皮肤受到污染时,应立即清洗污染的皮肤。
- 脱除:如果工作服被弄湿或受到了明显的污染,应该立即脱除并妥善处置。
- 更换:在离开工作场所前应当将可能受到污染的工作服更换成无污染的衣服。
- 配备:在紧靠有可能接触该化学物质的工作场所,应配备快速冲淋身体的设备以应急使用。[注:这些设备应能够提供足量水或流动水,以将可能接触的身体任何部位上的该化学物质除去。实际配备适宜的快速冲淋设备取决于工作场所的具体条件。在某些情况下,必须及时进行大流量淋浴,而其他情况下只需要用一个水槽或软管供水就足够了。]

急救:

- 眼睛:如眼睛直接接触了该化学物质,要立即用大量水冲洗(灌洗)眼睛,冲洗时,不时翻开上下眼睑,并立即就医。

D

- 皮肤：如果该化学物质直接接触皮肤，立即用肥皂和水冲洗污染的皮肤。若该化学物质渗透进衣服，要立即将衣服脱除，用肥皂和水清洗皮肤，并迅速就医。
- 呼吸：如果接触者吸入大量该化学物质，立即将接触者移至新鲜空气处。如果呼吸停止，要进行人工呼吸，注意保暖和休息。尽快就医。
- 吞入：如果吞入该化学物质，应立即就医。

对呼吸器选择的建议：NIOSH/OSHA

~5 mg/m³：

- Qm：任何四分之一面罩呼吸器，选择N、R或P过滤元件的信息见表4。指定防护因数＝5。

~10 mg/m³：

- 95XQ：任何除四分之一面罩之外的防颗粒物呼吸器，配有N95、R95或P95过滤元件（包括N95、R95或P95随弃式面罩）。也可使用以下过滤元件：N99、R99、P99、N100、R100、P100。指定防护因数＝10。选择N、R或P过滤元件的信息见表4。
- Sa：任何供气式呼吸器。指定防护因数＝10。

~25 mg/m³：

- Sa：Cf：任何连续供气式呼吸器。指定防护因数＝25。
- PaprHie：任何动力送风空气过滤式呼吸器，配有高效颗粒物过滤元件。指定防护因数＝25。

~50 mg/m³：

- 100F：任何空气过滤式全面罩呼吸器，配有N100、R100或P100过滤元件。指定防护因数＝50。选择N、R或P过滤元件的信息见表4。
- SaT：Cf：任何连续供气式呼吸器，配密合型面罩。指定防护因数＝50。
- PaprTHie：任何动力送风空气过滤式呼吸器，配密合型面罩和高效颗粒物过滤元件。指定防护因数＝50。
- ScbaF：任何携气式呼吸器，配全面罩。指定防护因数＝50。
- SaF：任何供气式呼吸器，配全面罩。指定防护因数＝50。

§：应急抢险，或准备进入浓度未知环境，或进入IDLH环境：

- ScbaF：Pd，Pp：任何压力需气式或正压携气式呼吸器，配全面罩。指定防护因数＝10 000。
- SaF：Pd，Pp：AScba：任何压力需气式或正压供气式呼吸器，配全面罩，配压力需气式或正压携气式辅助呼吸器。指定防护因数＝10 000。

逃生：

- 100F：任何空气过滤式全面罩呼吸器，配有N100、R100或P100过滤元件。指定防护因数＝50。选择N、R或P过滤元件的信息见表4。
- ScbaE：任何适合逃生的携气式呼吸器。

有关呼吸器选择的其他重要信息参见相关标准。

接触途径：呼吸道，皮肤吸收，胃肠道，皮肤和/或眼睛直接接触。

症状：缺氧，紫绀；视觉障碍，中心盲点；味觉变坏，口烧灼感，咽喉干渴；毛发变黄，眼睛、皮肤黄染；贫血；肝损害。

靶器官：眼睛，皮肤，血液，肝，心血管系统，中枢神经系统。

对一二硝基苯（p-Dinitrobenzene）

$C_6H_4(NO_2)_2$

CAS No.：100-25-4

RTECS No.：CZ7525000

DOT ID 和指南号：1597 152

异名和商品名：1，4-二硝基苯；para-Dinitrobenzene；1，4-Dinitrobenzene

接触限值：NIOSH REL：TWA 1 mg/m³［皮］
OSHA PEL：TWA 1 mg/m³［皮］

IDLH：50 mg/m³

浓度换算系数：

理化性质：白色或黄色固体。

分 子 量：168.1	沸 点：570 ℉
熔 点：343 ℉	溶 解 度：0.01%
蒸 气 压：未知	电离电位：10.50 eV
比 重：1.63	闪 点：未知
爆炸上限：未知	爆炸下限：未知

可燃固体。

不相容性和反应性：强氧化剂，腐蚀性，金属如锡和锌。[注：由于自身分解，长时间遇火和受热可引起爆炸。]

测量方法：NIOSH S214（Ⅱ-4）

个人防护和卫生设施：

- 皮肤：穿戴合适的个人防护服，防止皮肤直接接触。
- 眼睛：佩戴合适的眼部防护用品，防止眼睛直接接触。
- 清洗皮肤：当皮肤受到污染时，应立即清洗污染的皮肤。
- 脱除：如果工作服被弄湿或受到了明显的污染，应该立即脱除并妥善处置。
- 更换：在离开工作场所前应当将可能受到污染的工作服更换成无污染的衣服。
- 配备：在紧靠有可能接触该化学物质的工作场所，应配备快速冲淋身体的设备以应急使用。[注：这些设备应能够提供足量水或流动水，以将可能接触的身体任何部位上的该化学物质除去。实际配备适宜的快速冲淋设备取决于工作场所的具体条件。在某些情况下，必须及时进行大流量淋浴，而其他情况下只需要用一个水槽或软管供水就足够了。]

急救：

- 眼睛：如眼睛直接接触了该化学物质，要立即用大量水冲洗（灌洗）眼睛，冲洗时，不时翻开上下眼睑，并立即就医。
- 皮肤：如果该化学物质直接接触皮肤，立即用肥皂和水冲洗污染的皮肤。若该化学物质渗透进衣服，要立即将衣服脱除，用肥皂和水清洗皮肤，并迅速就医。
- 呼吸：如果接触者吸入大量该化学物质，立即将接触者移至新鲜空气处。如果呼吸停止，要进行人工呼吸，注意保暖和休息。尽快就医。
- 吞入：如果吞入该化学物质，应立即就医。

对呼吸器选择的建议：NIOSH/OSHA

~5 mg/m³：

- Qm：任何四分之一面罩呼吸器，选择 N、R 或 P 过滤元件的信息见表 4。指定防护因数=5。

~10 mg/m³：

- 95XQ：任何除四分之一面罩之外的防颗粒物呼吸器，配有 N95、R95 或 P95 过滤元件（包括 N95、R95 或 P95 随弃式面罩）。也可使用以下过滤元件：N99、R99、P99、N100、R100、P100。指定防护因数=10。选择 N、R 或 P 过滤元件的信息见表 4。
- Sa：任何供气式呼吸器。指定防护因数=10。

~25 mg/m³：

- Sa：Cf：任何连续供气式呼吸器。指定防护因数=25。
- PaprHie：任何动力送风空气过滤式呼吸器，配有高效颗粒物过滤元件。指定防护因数=25。

~50 mg/m³：

- 100F：任何空气过滤式全面罩呼吸器，配有 N100、R100 或 P100 过滤元件。指定防护因数=50。选择 N、R 或 P 过滤元件的信息见表 4。
- SaT：Cf：任何连续供气式呼吸器，配密合型面罩。指定防护因数=50。
- PaprTHie：任何动力送风空气过滤式呼吸器，配密合型面罩和高效颗粒物过滤元件。指定防护因数=50。
- ScbaF：任何携气式呼吸器，配全面罩。指定防护因数=50。
- SaF：任何供气式呼吸器，配全面罩。指定防护因数=50。

§：应急抢险，或准备进入浓度未知环境，或进入 IDLH 环境：

- ScbaF：Pd，Pp：任何压力需气式或正压携气式呼吸器，配全面罩。指定防护因数=10 000。

D

● SaF：Pd,Pp：AScba:任何压力需气式或正压供气式呼吸器,配全面罩,配压力需气式或正压携气式辅助呼吸器。指定防护因数=10 000。

逃生:

● 100F:任何空气过滤式全面罩呼吸器,配有 N100、R100 或 P100 过滤元件。指定防护因数=50。选择 N、R 或 P 过滤元件的信息见表 4。

● ScbaE:任何适合逃生的携气式呼吸器。

有关呼吸器选择的其他重要信息参见相关标准。

接触途径:呼吸道,皮肤吸收,胃肠道,皮肤和/或眼睛直接接触。

症状:缺氧,紫绀;视觉障碍,中心盲点;味觉变坏,口烧灼感,咽喉干渴;毛发变黄,眼睛、皮肤黄染;贫血;肝损害。

靶器官:眼睛,皮肤,血液,肝,心血管系统,中枢神经系统。

二硝基邻甲酚(Dinitro-o-cresol)　　　　CAS No.:534-52-1

$CH_3C_6H_2OH(NO_2)_2$　　　　RTECS No.:GO9625000

异名和商品名:4,6-二硝基邻甲基苯酚;4,6-Dinitro-o-cresol;3,5-Dinitro-2-hydroxytoluene;4,6-Dinitro-2-methyl phenol;DNC;DNOC　　　　**DOT ID 和指南号:**1598 153

接触限值:NIOSH REL:TWA 0.2 mg/m³[皮]
OSHA PEL:TWA 0.2 mg/m³[皮]

IDLH:5 mg/m³　　　　**浓度换算系数:**

理化性质:黄色无气味固体。[杀虫剂]

分子量:198.1	沸点:594 ℉
熔点:190 ℉	溶解度:0.01%
蒸气压:0.000 05 mmHg	电离电位:未知
比重:1.1 (估测)	闪点:不适用
爆炸上限:不适用	爆炸下限:不适用

最低爆炸浓度:30 g/m³
不可燃固体。
不相容性和反应性:强氧化剂。

测量方法:NIOSH S166 (Ⅱ-5)

个人防护和卫生设施:

● 皮肤:穿戴合适的个人防护服,防止皮肤直接接触。

● 眼睛:佩戴合适的眼部防护用品,防止眼睛直接接触。

● 清洗皮肤:当皮肤受到污染时,应立即清洗污染的皮肤。/每天工作班结束后,进食、吸烟、喝水前都应该清洗可能受到污染的皮肤。

● 脱除:如果工作服被弄湿或受到了明显的污染,应该立即脱除并妥善处置。

● 更换:在离开工作场所前应当将可能受到污染的工作服更换成无污染的衣服。

急救:

● 眼睛:如眼睛直接接触了该化学物质,要立即用大量水冲洗(灌洗)眼睛,冲洗时,不时翻开上下眼睑,并立即就医。

● 皮肤:如果该化学物质直接接触皮肤,立即用肥皂和水冲洗污染的皮肤。若该化学物质渗透进衣服,要立即将衣服脱除,用肥皂和水清洗皮肤,并迅速就医。

● 呼吸:如果接触者吸入大量该化学物质,立即将接触者移至新鲜空气处。如果呼吸停止,要进行人工呼吸,注意保暖和休息。尽快就医。

● 吞入:如果吞入该化学物质,应立即就医。

对呼吸器选择的建议: NIOSH/OSHA

~2 mg/m³:

● 95F:任何空气过滤式全面罩呼吸器,配有 N95、R95 或 P95 过滤元件。也可使用以下过滤元件:N99、R99、P99、N100、R100、P100。指定防护因数=10。选择 N、R 或 P 过滤元件的信息见表 4。

～5 mg/m^3：

- 100F：任何空气过滤式全面罩呼吸器，配有 N100、R100 或 P100 过滤元件。指定防护因数＝50。选择 N、R 或 P 过滤元件的信息见表 4。
- Sa：Cf：任何连续供气式呼吸器。指定防护因数＝25。£
- PaprHie：任何动力送风空气过滤式呼吸器，配有高效颗粒物过滤元件。指定防护因数＝25。£
- ScbaF：任何携气式呼吸器，配全面罩。指定防护因数＝50。
- SaF：任何供气式呼吸器，配全面罩。指定防护因数＝50。

§：应急抢险，或准备进入浓度未知环境，或进入 IDLH 环境：

- ScbaF：Pd，Pp：任何压力需气式或正压携气式呼吸器，配全面罩。指定防护因数＝10 000。
- SaF：Pd，Pp：AScba：任何压力需气式或正压供气式呼吸器，配全面罩，配压力需气式或正压携气式辅助呼吸器。指定防护因数＝10 000。

逃生：

- 100F：任何空气过滤式全面罩呼吸器，配有 N100、R100 或 P100 过滤元件。指定防护因数＝50。选择 N、R 或 P 过滤元件的信息见表 4。
- ScbaE：任何适合逃生的携气式呼吸器。

有关呼吸器选择的其他重要信息参见相关标准。

接触途径：呼吸道，皮肤吸收，胃肠道，皮肤和/或眼睛直接接触。

症状：感觉良好；头痛，发热，乏力，大量出汗，强烈口渴，心动过速，呼吸增强，咳嗽，呼吸短促，昏迷。

靶器官：心血管系统，内分泌系统。

二硝基甲苯（Dinitrotoluene）

$CH_3C_6H_3(NO_2)_2$

CAS No.：25321-14-6

RTECS No.：XT1300000

异名和商品名：甲基二硝基苯，Dinitrotoluol，DNT，Methyldinitrobenzene

［注：DNT 有多种异构体存在。］

DOT ID 和指南号：1600 152（熔融物）
2038 152（固体）

接触限值：NIOSH REL：Ca TWA 1.5 mg/m^3［皮］
见附录 A
OSHA PEL：TWA 1.5 mg/m^3［皮］

IDLH：Ca［50 mg/m^3］　**浓度换算系数：**

理化性质：橙黄色晶体，具有特殊气味。［注：经常以熔融物运输。］

分子量	182.2	沸点	572 ℉
熔点	158 ℉	溶解度	不溶
蒸气压	1 mmHg	电离电位	未知
比重	1.32	闪点	404 ℉
爆炸上限	未知	爆炸下限	未知

可燃固体，但不易点燃。

不相容性和反应性：强氧化剂，腐蚀剂，金属如锡和锌。［注：商品级在 482 ℉会分解，在 536 ℉会逐渐分解。］

测量方法：OSHA 44

个人防护和卫生设施：

- 皮肤：穿戴合适的个人防护服，防止皮肤直接接触。
- 眼睛：佩戴合适的眼部防护用品，防止眼睛直接接触。
- 清洗皮肤：当皮肤受到污染时，应立即清洗污染的皮肤。/每天工作班结束后，进食、吸烟、喝水前都应该清洗可能受到污染的皮肤。
- 脱除：如果工作服被弄湿或受到了明显的污染，应该立即脱除并妥善处置。

D

● 更换：在离开工作场所前应当将可能受到污染的工作服更换成无污染的衣服。

● 配备：在紧靠有可能接触该化学物质的工作场所，应配备快速冲淋身体的设备以应急使用。[注：这些设备应能够提供足量水或流动水，以将可能接触的身体任何部位上的该化学物质除去。实际配备适宜的快速冲淋设备取决于工作场所的具体条件。在某些情况下，必须及时进行大流量淋浴，而其他情况下只需要用一个水槽或软管供水就足够了。]

急救：

● 眼睛：如眼睛直接接触了该化学物质，要立即用大量水冲洗(灌洗)眼睛，冲洗时，不时翻开上下眼睑，并立即就医。

● 皮肤：如果该化学物质直接接触皮肤，立即用肥皂和水冲洗污染的皮肤。若该化学物质渗透进衣服，要立即将衣服脱除，用肥皂和水清洗皮肤，并迅速就医。

● 呼吸：如果接触者吸入大量该化学物质，立即将接触者移至新鲜空气处。如果呼吸停止，要进行人工呼吸，注意保暖和休息。尽快就医。

● 吞入：如果吞入该化学物质，应立即就医。

对呼吸器选择的建议：NIOSH

¥：高于 NIOSH REL 的浓度；或当没有 REL 时，任何可以检测到的浓度：

● ScbaF：Pd，Pp：任何压力需气式或正压携气式呼吸器，配全面罩。指定防护因数=10 000。

● SaF：Pd，Pp：AScba：任何压力需气式或正压供气式呼吸器，配全面罩，配压力需气式或正压携气式辅助呼吸器。指定防护因数=10 000。

逃生：

● GmFOv100：任何空气过滤式全面罩呼吸器(防毒面具)，配下颌式、前置式或背置式有机蒸气滤毒罐和N100、R100 或 P100 的综合防护过滤元件。指定防护因数=50。选择 N、R 或 P 过滤元件的信息见表 4。

● ScbaE：任何适合逃生的携气式呼吸器。

有关呼吸器选择的其他重要信息参见相关标准。

接触途径：呼吸道，皮肤吸收，胃肠道，皮肤和/或眼睛直接接触。

症状：缺氧，紫绀；贫血，黄疸；生殖效应；[潜在职业性致癌物]。

靶器官：血液，肝，心血管系统，生殖系统。

致癌部位：[动物：肝、皮肤及肾肿瘤]。

邻苯二甲酸二仲辛酯(Di-sec octyl phthalate)

$C_{24}H_{38}O_4$

CAS No.：117-81-7

RTECS No.：TI0350000

异名和商品名：酞酸二-2-乙基己酯，DEHP，Di(2-ethylhexyl)phthalate，DOP，bis-(2-Ethylhexyl)phthalate，Octyl phthalate

DOT ID 和指南号：

接触限值：NIOSH REL：Ca TWA 5 mg/m³
ST 10 mg/m³ 见附录 A
OSHA PEL †：TWA 5 mg/m³

IDLH：Ca [5 000 mg/m³]　　**浓度换算系数：**

理化性质：无色油状液体，具有轻微气味。

分子量：390.5　　沸点：727 ℉

凝固点：-58 ℉　　溶解度(75 ℉)：0.000 03%

蒸气压：<0.01 mmHg　　电离电位：未知

比重：0.99　　闪点(开杯)：420 ℉

爆炸上限：未知　　爆炸下限(474 ℉)：0.3%

ⅢB 类可燃液体——闪点等于或高于 200 ℉。

不相容性和反应性：硝酸盐，强氧化剂，强酸和强碱。

测量方法:NIOSH 5020

个人防护和卫生设施:

- 皮肤:对于个体皮肤防护装备的需要没有特殊建议。
- 眼睛:对眼部防护的需要没有特殊建议。
- 清洗皮肤:对于清洗皮肤上的污染物没有其他特殊的建议(包括立即清洗和班后清洗)。
- 脱除:对于脱除被污染或被弄湿的工作服的需要没有特殊建议。
- 更换:对于班后的衣服的更换需要没有特殊建议。

急救:

- 眼睛:如眼睛直接接触了该化学物质,要立即用大量水冲洗(灌洗)眼睛,冲洗时,不时翻开上下眼睑,并立即就医。
- 呼吸:如果接触者吸入大量该化学物质,立即将接触者移至新鲜空气处。如果呼吸停止,要进行人工呼吸,注意保暖和休息。尽快就医。
- 吞入:如果吞入该化学物质,应立即就医。

对呼吸器选择的建议: NIOSH

¥:高于 NIOSH REL 的浓度;或当没有 REL 时,任何可以检测到的浓度:

- ScbaF:Pd,Pp:任何压力需气式或正压携气式呼吸器,配全面罩。指定防护因数=10 000。
- SaF:Pd,Pp:AScba:任何压力需气式或正压供气式呼吸器,配全面罩,配压力需气式或正压携气式辅助呼吸器。指定防护因数=10 000。

逃生:

- 100F:任何空气过滤式全面罩呼吸器,配有 N100、R100 或 P100 过滤元件。指定防护因数=50。选择 N、R 或 P 过滤元件的信息见表 4。
- ScbaE:任何适合逃生的携气式呼吸器。

有关呼吸器选择的其他重要信息参见相关标准。

接触途径:呼吸道,胃肠道,皮肤和/或眼睛直接接触。

症状:眼睛、黏膜刺激;动物:肝损害;致畸效应;[潜在职业性致癌物。]

靶器官:眼睛,呼吸系统,中枢神经系统,肝,生殖系统,胃肠道。

致癌部位:[动物:肝肿瘤]。

二噁烷(Dioxane)

$C_4H_8O_2$

异名和商品名: Diethylene dioxide;Diethylene ether;Dioxan;p-Dioxane;1,4-Dioxane

CAS No.:123-91-1

RTECS No.:JG8225000

DOT ID 和指南号:1165 127

接触限值:NIOSH REL:Ca C 1 ppm (3.6 mg/m³) [30min] 见附录 A

OSHA PEL†:TWA 100 ppm (360 mg/m³) [皮]

IDLH: Ca [500 ppm] **浓度换算系数:**1 ppm = 3.60 mg/m³

理化性质:无色液体或固体 (53 ℉以下),具有淡淡的乙醚味。

分子量:88.1 沸点:214 ℉

凝固点:53 ℉ 溶解度:与水互溶

蒸气压:29 mmHg 电离电位:9.13 eV

比重:1.03 闪点:55 ℉

爆炸上限:22% 爆炸下限:2.0%

ⅠB类易燃液体——闪点低于 73 ℉,沸点等于或高于 100 ℉。

不相容性和反应性:强氧化剂,癸硼烷,三乙炔铝。

测量方法:NIOSH 1602;OSHA 7

D

个人防护和卫生设施：

- 皮肤：穿戴合适的个人防护服，防止皮肤直接接触。
- 眼睛：佩戴合适的眼部防护用品，防止眼睛直接接触。
- 清洗皮肤：当皮肤受到污染时，应立即清洗污染的皮肤。
- 脱除：如果工作服被可燃性物质（即闪点低于 100 ℉的液体）浸湿，应当立即脱除并妥善处置，以防着火。
- 更换：对于班后的衣服的更换需要没有特殊建议。
- 配备：在劳动者可能接触该化学物质的作业场所，无论是否需要使用眼部防护用品，都应配备眼冲洗设备。在紧靠有可能接触该化学物质的工作场所，应配备快速冲淋身体的设备以应急使用。[注：这些设备应能够提供足量水或流动水，以将可能接触的身体任何部位上的该化学物质除去。实际配备适宜的快速冲淋设备取决于工作场所的具体条件。在某些情况下，必须及时进行大流量淋浴，而其他情况下只需要用一个水槽或软管供水就足够了。]

急救：

- 眼睛：如眼睛直接接触了该化学物质，要立即用大量水冲洗（灌洗）眼睛，冲洗时，不时翻开上下眼睑，并立即就医。
- 皮肤：如果该化学物质直接接触皮肤，立即用水冲洗污染的皮肤。如果该化学物质渗透进衣服，迅速将衣服脱除，用水冲洗皮肤。若清洗后症状持续存在，应就医。
- 呼吸：如果接触者吸入大量该化学物质，立即将接触者移至新鲜空气处。如果呼吸停止，要进行人工呼吸，注意保暖和休息。尽快就医。
- 吞入：如果吞入该化学物质，应立即就医。

对呼吸器选择的建议： NIOSH

¥：高于 NIOSH REL 的浓度；或当没有 REL 时，任何可以检测到的浓度：

- ScbaF：Pd，Pp：任何压力需气式或正压携气式呼吸器，配全面罩。指定防护因数＝10 000。
- SaF：Pd，Pp：AScba：任何压力需气式或正压供气式呼吸器，配全面罩，配压力需气式或正压携气式辅助呼吸器。指定防护因数＝10 000。

逃生：

- GmFOv：任何空气过滤式全面罩呼吸器（防毒面具），配下颌式、前置式或背置式有机蒸气滤毒罐。指定防护因数＝50。
- ScbaE：任何适合逃生的携气式呼吸器。

有关呼吸器选择的其他重要信息参见相关标准。

接触途径：呼吸道，皮肤吸收，胃肠道，皮肤和/或眼睛直接接触。

症状：眼睛、皮肤、鼻、咽喉刺激；嗜睡，头痛；恶心，呕吐；肝损害；肾衰；[潜在职业性致癌物]。

靶器官：眼睛，皮肤，呼吸系统，肝，肾。

致癌部位：[动物：肺肿瘤、肝肿瘤及鼻腔肿瘤]。

敌杀磷（Dioxathion）

$C_4H_6O_2[SPS(OC_2H_5)_2]_2$

异名和商品名：敌恶磷；虫螨敌；二恶磷；Delnav®；Dioxane phosphate；p-Dioxane-2，3-diyl ethyl phosphorodithioate；2，3-p-Dioxanethiol-S，S-bis（O，O-diethyl phosphoro-dithioate）；Navadel®

CAS No.：78-34-2

RTECS No.：TE3350000

DOT ID 和指南号：

接触限值：NIOSH REL：TWA 0.2 mg/m³[皮]
OSHA PEL †：无

理化性质：棕色、褐色或暗琥珀色黏稠液体。[杀虫剂][注：技术级为顺反异构体的混合物。]

IDLH：N. D.

浓度换算系数：

分子量：456.6

沸点：未知

凝 固 点：-4 ℉　　溶 解 度：不溶
蒸 气 压：未知　　电离电位：未知
比重(79 ℉)：1.26　　闪 点：不适用
爆炸上限：不适用　　爆炸下限：不适用
不可燃液体。
不相容性和反应性：碱，铁或锡表面，热。

测量方法：无。

个人防护和卫生设施：
- 皮肤：穿戴合适的个人防护服，防止皮肤直接接触。
- 眼睛：佩戴合适的眼部防护用品，防止眼睛直接接触。
- 清洗皮肤：当皮肤受到污染时，应立即清洗污染的皮肤。
- 脱除：如果工作服被弄湿或受到了明显的污染，应该立即脱除并妥善处置。
- 更换：对于班后的衣服的更换需要没有特殊建议。
- 配备：在劳动者可能接触该化学物质的作业场所，无论是否需要使用眼部防护用品，都应配备眼冲洗设备。在紧靠有可能接触该化学物质的工作场所，应配备快速冲淋身体的设备以应急使用。[注：这些设备应能够提供足量水或流动水，以将可能接触的身体任何部位上的该化学物质除去。实际配备适宜的快速冲淋设备取决于工作场所的具体条件。在某些情况下，必须及时进行大流量淋浴，而其他情况下只需要用一个水槽或软管供水就足够了。]

急救：
- 眼睛：如眼睛直接接触了该化学物质，要立即用大量水冲洗(灌洗)眼睛，冲洗时，不时翻开上下眼睑，并立即就医。
- 皮肤：如果该化学物质直接接触皮肤，要立即用肥皂和水冲洗污染的皮肤。如果该化学物质渗透衣服，立即将衣服脱除，并用水清洗皮肤。如果清洗后刺激持续存在，应就医。
- 呼吸：如果接触者吸入大量该化学物质，立即将接触者移至新鲜空气处。如果呼吸停止，要进行人工呼吸，注意保暖和休息。尽快就医。
- 吞入：如果吞入该化学物质，应立即就医。

对呼吸器选择的建议：无。
有关呼吸器选择的其他重要信息参见相关标准。

接触途径：呼吸道，皮肤吸收，胃肠道，皮肤和/或眼睛直接接触。

症状：眼睛、皮肤刺激；头痛，眩晕，乏力；鼻漏，胸部紧迫感；瞳孔缩小；恶心，呕吐，腹绞痛，腹泻，流涎；肌肉自发性收缩；意识模糊，嗜睡。

靶器官：眼睛，皮肤，呼吸系统，中枢神经系统，心血管系统，血胆碱酯酶。

联苯(Diphenyl)　　CAS No.：92-52-4
$C_6H_5C_6H_5$　　RTECS No.：DU8050000
异名和商品名：Biphenyl，Phenyl benzene　　DOT ID 和指南号：

接触限值：NIOSH REL：TWA 1 mg/m^3(0.2 ppm)
OSHA PEL：TWA 1 mg/m^3(0.2 ppm)

IDLH：100 mg/m^3　　**浓度换算系数**：1 ppm ＝ 6.31 mg/m^3

理化性质：无色至淡黄色固体，具有令人愉快的特异气味。[杀真菌剂]

分 子 量：154.2　　沸 点：489 ℉
熔 点：156 ℉　　溶 解 度：不溶
蒸 气 压：0.005 mmHg　　电离电位：7.95 eV
比 重：1.04　　闪 点：235 ℉
爆炸上限(311 ℉)：5.8%　　爆炸下限(232 ℉)：0.6%

D

可燃固体。

不相容性和反应性：氧化剂。

测量方法：NIOSH 2530；OSHA PV2022

个人防护和卫生设施：

- 皮肤：穿戴合适的个人防护服，防止皮肤直接接触。
- 眼睛：佩戴合适的眼部防护用品，防止眼睛直接接触。
- 清洗皮肤：当皮肤受到污染时，应立即清洗污染的皮肤。
- 脱除：如果工作服被弄湿或受到了明显的污染，应该立即脱除并妥善处置。
- 更换：在离开工作场所前应当将可能受到污染的工作服更换成无污染的衣服。
- 配备：在劳动者可能接触该化学物质的作业场所，无论是否需要使用眼部防护用品，都应配备眼冲洗设备。(熔融状态)在紧靠有可能接触该化学物质的工作场所，应配备快速冲淋身体的设备以应急使用。[注：这些设备应能够提供足量水或流动水，以将可能接触的身体任何部位上的该化学物质除去。实际配备适宜的快速冲淋设备取决于工作场所的具体条件。在某些情况下，必须及时进行大流量淋浴，而其他情况下只需要用一个水槽或软管供水就足够了。](熔融状态)

急救：

- 眼睛：如眼睛直接接触了该化学物质，要立即用大量水冲洗(灌洗)眼睛，冲洗时，不时翻开上下眼睑，并立即就医。
- 皮肤：如果该化学物质直接接触皮肤，立即用水冲洗污染的皮肤。如果该化学物质渗透进衣服，要迅速将衣服脱除，用水冲洗污染的皮肤，并迅速就医。
- 呼吸：如果接触者吸入大量该化学物质，立即将接触者移至新鲜空气处。如果呼吸停止，要进行人工呼吸，注意保暖和休息。尽快就医。
- 吞入：如果吞入该化学物质，应立即就医。

对呼吸器选择的建议：NIOSH/OSHA

~10 mg/m^3：

- CcrOv95：任何空气过滤式半面罩呼吸器，配有机蒸气滤毒盒和N95、R95或P95的综合防护过滤元件。也可使用以下过滤元件：N99、R99、P99、N100、R100、P100。指定防护因数＝10。选择N、R或P过滤元件的信息见表4。
- Sa：任何供气式呼吸器。指定防护因数＝10。

~25 mg/m^3：

- Sa：Cf：任何连续供气式呼吸器。指定防护因数＝25。*
- PaprOvHie：任何动力送风空气过滤式呼吸器，配有机蒸气和高效颗粒滤毒盒的综合防护过滤元件。指定防护因数＝50。*

~50 mg/m^3：

- CcrFOv100：任何空气过滤式全面罩呼吸器，配有机蒸气滤毒盒和N100、R100或P100的综合防护过滤元件。指定防护因数＝50。选择N、R或P过滤元件的信息见表4。
- GmFOv100：任何空气过滤式全面罩呼吸器(防毒面具)，配下颌式、前置式或背置式有机蒸气滤毒罐和N100、R100或P100的综合防护过滤元件。指定防护因数＝50。选择N、R或P过滤元件的信息见表4。
- PaprTOvHie：任何动力送风空气过滤式呼吸器，配密合型面罩和有机蒸气和高效颗粒滤毒盒的综合防护过滤元件。指定防护因数＝50。*
- ScbaF：任何携气式呼吸器，配全面罩。指定防护因数＝50。
- SaF：任何供气式呼吸器，配全面罩。指定防护因数＝50。

~100 mg/m^3：

- SaF：Pd，Pp：任何压力需气式或正压供气式呼吸器，配全面罩。指定防护因数＝2 000。

§:应急抢险,或准备进入浓度未知环境,或进入 IDLH 环境:

- ScbaF:Pd,Pp:任何压力需气式或正压携气式呼吸器,配全面罩。指定防护因数=10 000。
- SaF:Pd,Pp:AScba:任何压力需气式或正压供气式呼吸器,配全面罩,配压力需气式或正压携气式辅助呼吸器。指定防护因数=10 000。

逃生:

- GmFOv100:任何空气过滤式全面罩呼吸器(防毒面具),配下颌式、前置式或背置式有机蒸气滤毒罐和N100、R100 或 P100 的综合防护过滤元件。指定防护因数=50。选择 N、R 或 P 过滤元件的信息见表 4。
- ScbaE:任何适合逃生的携气式呼吸器。

有关呼吸器选择的其他重要信息参见相关标准。

接触途径:呼吸道,皮肤吸收,胃肠道,皮肤和/或眼睛直接接触。

症状:眼睛、咽喉刺激;头痛,恶心,乏力,四肢麻木;肝损害。

靶器官:眼睛,呼吸系统,肝,中枢神经系统。

D

二苯胺(Diphenylamine)

$(C_6H_5)_2NH$

异名和商品名:苯基苯胺,Anilinobenzene,DPA,Phenylaniline,N-Phenylaniline,N-Phenylbenzenamine [注:在不纯的产品中可能含有致癌物 4-胺基联苯杂质。]

CAS No.:122-39-4

RTECS No.:JJ7800000

DOT ID 和指南号:

接触限值:NIOSH REL:TWA 10 mg/m^3

OSHA PEL †:无

IDLH:N. D.　　**浓度换算系数:**

理化性质:无色、褐色、琥珀色或棕色晶体,具有令人愉快的花香味。[杀真菌剂]

分子量:169.2　　沸点:576 ℉

熔点:127 ℉　　溶解度:0.03%

蒸气压(227 ℉):1 mmHg　　电离电位:7.40 eV

比重:1.16　　闪点:307 ℉

爆炸上限:未知　　爆炸下限:未知

可燃固体,粉尘接触火源可发生爆炸。

不相容性和反应性:氧化剂,六氯三聚氰胺,三氯三聚氰胺。

测量方法:OSHA 22,78

个人防护和卫生设施:

- 皮肤:穿戴合适的个人防护服,防止皮肤直接接触。
- 眼睛:佩戴合适的眼部防护用品,防止眼睛直接接触。
- 清洗皮肤:每天工作班结束后,进食、吸烟、喝水前都应该清洗可能受到污染的皮肤。
- 脱除:如果工作服被弄湿或受到了明显的污染,应该立即脱除并妥善处置。
- 更换:在离开工作场所前应当将可能受到污染的工作服更换成无污染的衣服。

急救:

- 眼睛:如眼睛直接接触了该化学物质,要立即用大量水冲洗(灌洗)眼睛,冲洗时,不时翻开上下眼睑,并立即就医。
- 皮肤:如果该化学物质直接接触皮肤,迅速用肥皂和水冲洗污染的皮肤。若该化学物质渗透进衣服,要迅速将衣服脱除,用肥皂和水清洗皮肤,并迅速就医。
- 呼吸:如果接触者吸入大量该化学物质,立即将接触者移至新鲜空气处。如果呼吸停止,要进行人工呼吸,注意保暖和休息。尽快就医。
- 吞入:如果吞入该化学物质,应立即就医。

D

对呼吸器选择的建议：无。 **有关呼吸器选择的其他重要信息参见相关标准。**	**症状**：眼睛、皮肤、黏膜刺激；湿疹；心动过速，高血压；咳嗽，打喷嚏；高铁血红蛋白血症；血压升高、心率加快；蛋白尿，血尿，膀胱损伤；动物：致畸效应。
接触途径：呼吸道，皮肤吸收，胃肠道，皮肤和/或眼睛直接接触。	**靶器官**：眼睛，皮肤，呼吸系统，心血管系统，血液，膀胱，生殖系统。

二丙二醇甲醚(Dipropylene glycol methyl ether)

$CH_3OC_3H_6OC_3H_6OH$

异名和商品名：Dipropylene glycol monomethyl ether，Dowanol® 50B

CAS No.：34590-94-8

RTECS No.：JM1575000

DOT ID 和指南号：

接触限值：NIOSH REL：TWA 100 ppm (600 mg/m^3)

ST 150 ppm (900 mg/m^3) [皮]

OSHA PEL †：TWA 100 ppm (600 mg/m^3) [皮]

IDLH：600 ppm　**浓度换算系数**：1 ppm = 6.06 mg/m^3

理化性质：无色液体，具有淡淡的乙醚味。

分子量：148.2	沸点：408 ℉
凝固点：−112 ℉	溶解度：与水互溶
蒸气压：0.5 mmHg	电离电位：未知
比重：0.95	闪点：180 ℉
爆炸上限：3.0%	爆炸下限(392 ℉)：1.1%

ⅢA 类可燃液体——闪点等于或高于 140 ℉且低于 200 ℉。

不相容性和反应性：强氧化剂。

测量方法：NIOSH 2554，S69 (II-2)

个人防护和卫生设施：

- 皮肤：对于个体皮肤防护装备的需要没有特殊建议。
- 眼睛：对眼部防护的需要没有特殊建议。
- 清洗皮肤：对于清洗皮肤上的污染物没有其他特殊的建议(包括立即清洗和班后清洗)。
- 脱除：对于脱除被污染或被弄湿的工作服的需要没有特殊建议。
- 更换：对于班后的衣服的更换需要没有特殊建议。

急救：

- 眼睛：如眼睛直接接触了该化学物质，要立即用大量水冲洗(灌洗)眼睛，冲洗时，不时翻开上下眼睑，并立即就医。
- 皮肤：如果该化学物质直接接触皮肤，立即用水冲洗污染的皮肤。如果该化学物质渗透进衣服，迅速将衣服脱除，用水冲洗皮肤。若清洗后症状持续存在，应就医。
- 呼吸：如果接触者吸入大量该化学物质，立即将接触者移至新鲜空气处。如果呼吸停止，要进行人工呼吸，注意保暖和休息。尽快就医。
- 吞入：如果吞入该化学物质，应立即就医。

对呼吸器选择的建议：NIOSH/OSHA

～600 ppm：

- Sa：任何供气式呼吸器。指定防护因数=10。
- ScbaF：任何携气式呼吸器，配全面罩。指定防护因数=50。

§：应急抢险，或准备进入浓度未知环境，或进入 IDLH 环境：

- ScbaF：Pd，Pp：任何压力需气式或正压携气式呼吸器，配全面罩。指定防护因数=10 000。
- SaF：Pd，Pp：AScba：任何压力需气式或正压供气式呼吸器，配全面罩，配压力需气式或正压携气式辅助呼吸器。指定防护因数=10 000。

逃生：

- GmFOv100：任何空气过滤式全面罩呼吸器（防毒面具），配下颌式、前置式或背置式有机蒸气滤毒罐和N100、R100或P100的综合防护过滤元件。指定防护因数＝50。选择N、R或P过滤元件的信息见表4。
- ScbaE：任何适合逃生的携气式呼吸器。

有关呼吸器选择的其他重要信息参见相关标准。

接触途径：呼吸道，皮肤吸收，胃肠道，皮肤和/或眼睛直接接触。

症状：眼睛、鼻、咽喉刺激；乏力，眩晕，头痛。

靶器官：眼睛，呼吸系统，中枢神经系统。

D

二丙基甲酮（Dipropyl ketone）

$(CH_3CH_2CH_2)_2CO$

CAS No.：123-19-3

RTECS No.：MJ5600000

DOT ID 和指南号：2710 128

异名和商品名：4-庚酮，乳酮，二丙甲酮，Butyrone，DPK，4-Heptanone，Heptan-4-one，Propyl ketone

接触限值：NIOSH REL：TWA 50 ppm（235 mg/m^3）
OSHA PEL †：无

IDLH：N.D.　**浓度换算系数：**1 ppm ＝ 4.67 mg/m^3

理化性质：无色液体，具有难闻的气味。

分子量：114.2	沸点：291 ℉
凝固点：－27 ℉	溶解度：不溶
蒸气压：5 mmHg	电离电位：9.10 eV
比重：0.82	闪点：120 ℉
爆炸上限：未知	爆炸下限：未知

Ⅱ类可燃液体——闪点等于或高于100 ℉且低于140 ℉。

不相容性和反应性：氧化剂。

测量方法：OSHA 7

个人防护和卫生设施：

- 皮肤：穿戴合适的个人防护服，防止皮肤直接接触。
- 眼睛：佩戴合适的眼部防护用品，防止眼睛直接接触。
- 清洗皮肤：每天工作班结束后，进食、吸烟、喝水前都应该清洗可能受到污染的皮肤。
- 脱除：如果工作服被弄湿或受到了明显的污染，应该立即脱除并妥善处置。
- 更换：对于班后的衣服的更换需要没有特殊建议。

急救：

- 眼睛：如眼睛直接接触了该化学物质，要立即用大量水冲洗（灌洗）眼睛，冲洗时，不时翻开上下眼睑，并立即就医。
- 皮肤：如果该化学物质直接接触皮肤，用肥皂和水冲洗污染的皮肤。
- 呼吸：如果接触者吸入大量该化学物质，立即将接触者移至新鲜空气处。如果呼吸停止，要进行人工呼吸，注意保暖和休息。尽快就医。
- 吞入：如果吞入该化学物质，应立即就医。

对呼吸器选择的建议：无。

有关呼吸器选择的其他重要信息参见相关标准。

接触途径：呼吸道，胃肠道，皮肤和/或眼睛直接接触。

症状：眼睛、皮肤刺激；中枢神经系统抑制，眩晕，嗜睡，呼吸量减少；动物：肝损伤；昏迷。

靶器官：眼睛，皮肤，中枢神经系统，肝。

D

敌草快[Diquat (Diquat dibromide)]
$C_{12}H_{12}N_2Br_2$

CAS No.:85-00-7
RTECS No.:JM5690000

异名和商品名:双快;杀草快;敌草快二溴化物;Diquat dibromide;1,1′-Ethylene-2,2′-bipyridyllium dibromide[注:敌草快是一种阳离子($C_{12}H_{12}N_2^{2+}$)。商品是各种敌草快的盐。]

DOT ID 和指南号:2781 151(固体);2782 131(液体)

接触限值:NIOSH REL:TWA 0.5 mg/m³
OSHA PEL †:无

IDLH:N.D.　　**浓度换算系数**:

理化性质:二溴盐是黄色晶体。[除草剂][注:商品级可是浓缩液或溶液。]

分子量	344.1	沸点	分解
熔点	635 °F	溶解度	70%
蒸气压	<0.000 01 mmHg	电离电位	未知
比重	1.22~1.27	闪点	未知
爆炸上限	未知	爆炸下限	未知

可燃固体,但不易点燃,不易燃烧。
不相容性和反应性:碱,紫外光,碱溶液。[注:敌草快浓溶液腐蚀铝。]

测量方法:无。

个人防护和卫生设施:
- 皮肤:穿戴合适的个人防护服,防止皮肤直接接触。
- 眼睛:佩戴合适的眼部防护用品,防止眼睛直接接触。
- 清洗皮肤:当皮肤受到污染时,应立即清洗污染的皮肤。
- 脱除:如果工作服被弄湿或受到了明显的污染,应该立即脱除并妥善处置。
- 更换:在离开工作场所前应当将可能受到污染的工作服更换成无污染的衣服。
- 配备:在紧靠有可能接触该化学物质的工作场所,应配备快速冲淋身体的设备以应急使用。[注:这些设备应能够提供足量水或流动水,以将可能接触的身体任何部位上的该化学物质除去。实际配备适宜的快速冲淋设备取决于工作场所的具体条件。在某些情况下,必须及时进行大流量淋浴,而其他情况下只需要用一个水槽或软管供水就足够了。]

急救:
- 眼睛:如眼睛直接接触了该化学物质,要立即用大量水冲洗(灌洗)眼睛,冲洗时,不时翻开上下眼睑,并立即就医。
- 皮肤:如果该化学物质直接接触皮肤,立即用水冲洗污染的皮肤。如果该化学物质渗透进衣服,要迅速将衣服脱除,用水冲洗污染的皮肤,并迅速就医。
- 呼吸:如果接触者吸入大量该化学物质,立即将接触者移至新鲜空气处。如果呼吸停止,要进行人工呼吸,注意保暖和休息。尽快就医。
- 吞入:如果吞入该化学物质,应立即就医。

对呼吸器选择的建议:无。
有关呼吸器选择的其他重要信息参见相关标准。

接触途径:呼吸道,皮肤吸收,胃肠道,皮肤和/或眼睛直接接触。

症状:眼睛、皮肤、黏膜、呼吸系统刺激;鼻漏,鼻出血;皮肤灼伤;恶心,呕吐,腹泻,不适;肾、肝损伤;咳嗽,胸痛,呼吸困难,肺水肿;震颤,惊厥;伤口延期愈合。

靶器官:眼睛,皮肤,呼吸系统,肾,肝,中枢神经系统。

戒酒硫(Disulfiram)

$[(C_2H_5)_2NCS]_2S_2$

CAS No.:97-77-8

RTECS No.:JO1225000

DOT ID 和指南号:

异名和商品名: 安塔布司,二硫化四乙基秋兰姆,双(二乙基硫代氨基甲酰)二硫化物,Antabuse®,bis(Diethylthiocarbamoyl) disulfide,Ro-Sulfiram®,TETD,Tetraethylthiuram disulfide

接触限值: NIOSH REL:TWA 2 mg/m³[要采取预防措施以避免同时接触二溴化乙烯。]

OSHA PEL†:无

IDLH: N. D.　　**浓度换算系数:**

理化性质: 白色、淡黄色或浅灰色粉末,稍具气味。[杀真菌剂]

分子量:296.6	沸点:未知
熔点:158 ℉	溶解度:0.02%
蒸气压:未知	电离电位:未知
比重:1.30	闪点:不适用
爆炸上限:不适用	爆炸下限:不适用

不可燃固体。

不相容性和反应性:未见报道。

测量方法: 无。

个人防护和卫生设施:

- 皮肤:穿戴合适的个人防护服,防止皮肤直接接触。
- 眼睛:佩戴合适的眼部防护用品,防止眼睛直接接触。
- 清洗皮肤:当皮肤受到污染时,应立即清洗污染的皮肤。
- 脱除:如果工作服被弄湿或受到了明显的污染,应该立即脱除并妥善处置。
- 更换:在离开工作场所前应当将可能受到污染的工作服更换成无污染的衣服。

急救:

- 眼睛:如眼睛直接接触了该化学物质,要立即用大量水冲洗(灌洗)眼睛,冲洗时,不时翻开上下眼睑,并立即就医。
- 皮肤:如果该化学物质直接接触皮肤,立即用肥皂和水冲洗污染的皮肤。若该化学物质渗透进衣服,要立即将衣服脱除,用肥皂和水清洗皮肤,并迅速就医。
- 呼吸:如果接触者吸入大量该化学物质,立即将接触者移至新鲜空气处。如果呼吸停止,要进行人工呼吸,注意保暖和休息。尽快就医。
- 吞入:如果吞入该化学物质,应立即就医。

对呼吸器选择的建议: 无。

有关呼吸器选择的其他重要信息参见相关标准。

接触途径: 呼吸道,胃肠道,皮肤和/或眼睛直接接触。

症状: 眼睛、皮肤、呼吸系统刺激;过敏性皮炎;乏力,震颤,烦躁,头痛,眩晕;金属味;周围神经炎;肝损害。

靶器官: 眼睛,皮肤,呼吸系统,中枢神经系统,周围神经系统,肝。

乙拌磷(Disulfoton)

$C_8H_{19}O_2PS_3$

CAS No.:298-04-4

RTECS No.:TD9275000

DOT ID 和指南号:2783 152

异名和商品名: O,O-二乙基-S-(2-(乙硫基)乙基)二硫代磷酸酯;O,O-Diethyl S-2-(ethylthio)-ethyl phosphorodithioate;Di-Syston®;Thiodemeton

接触限值: NIOSH REL:TWA 0.1 mg/m³[皮]
OSHA PEL †:无

IDLH: N. D. **浓度换算系数:**

理化性质: 无色至黄色油状液体,具有特有的硫磺味。[杀虫剂][注:工业品为棕色液体。]

分子量:274.4　沸点:未知
凝固点:>−13 ℉　溶解度(73 ℉):0.003%
蒸气压:0.000 2 mmHg　电离电位:未知
比重:1.14　闪点:>180 ℉
爆炸上限:未知　爆炸下限:未知
可燃液体,但不易点燃。
不相容性和反应性:碱。

测量方法: NIOSH 5600

个人防护和卫生设施:

- 皮肤:穿戴合适的个人防护服,防止皮肤直接接触。
- 眼睛:佩戴合适的眼部防护用品,防止眼睛直接接触。
- 清洗皮肤:当皮肤受到污染时,应立即清洗污染的皮肤。
- 脱除:如果工作服被弄湿或受到了明显的污染,应该立即脱除并妥善处置。
- 更换:在离开工作场所前应当将可能受到污染的工作服更换成无污染的衣服。
- 配备:在劳动者可能接触该化学物质的作业场所,无论是否需要使用眼部防护用品,都应配备眼冲洗设备。在紧靠有可能接触该化学物质的工作场所,应配备快速冲淋身体的设备以应急使用。[注:这些设备应能够提供足量水或流动水,以将可能接触的身体任何部位上的该化学物质除去。实际配备适宜的快速冲淋设备取决于工作场所的具体条件。在某些情况下,必须及时进行大流量淋浴,而其他情况下只需要用一个水槽或软管供水就足够了。]

急救:

- 眼睛:如眼睛直接接触了该化学物质,要立即用大量水冲洗(灌洗)眼睛,冲洗时,不时翻开上下眼睑,并立即就医。
- 皮肤:如果该化学物质直接接触皮肤,要立即用肥皂和水冲洗污染的皮肤。如果该化学物质渗透衣服,立即将衣服脱除,并用水清洗皮肤。如果清洗后刺激持续存在,应就医。
- 呼吸:如果接触者吸入大量该化学物质,立即将接触者移至新鲜空气处。如果呼吸停止,要进行人工呼吸,注意保暖和休息。尽快就医。
- 吞入:如果吞入该化学物质,应立即就医。

对呼吸器选择的建议: 无。
有关呼吸器选择的其他重要信息参见相关标准。

接触途径: 呼吸道,皮肤吸收,胃肠道,皮肤和/或眼睛直接接触。

症状: 眼睛、皮肤刺激;恶心,呕吐,腹绞痛,腹泻,流涎;头痛,眩晕,乏力;鼻漏,胸部紧迫感;视力模糊,瞳孔缩小;心律不齐;肌颤;呼吸困难;眼睛、皮肤灼伤。

靶器官: 眼睛,皮肤,呼吸系统,中枢神经系统,心血管系统,血胆碱酯酶。

敌草隆(Diuron)

$C_6H_3Cl_2NHCON(CH_3)_2$

CAS No.:330-54-1

RTECS No.:YS8925000

DOT ID 和指南号:

异名和商品名:二氯苯基二甲基脲;3-(3,4-Dichlorophenyl)-1,1-dimethylurea;Direx®;Karmex®

D

接触限值:NIOSH REL:TWA 10 mg/m^3

OSHA PEL †:无

IDLH:N. D.　　**浓度换算系数:**

理化性质:白色无气味晶体。[除草剂]

分 子 量:233.1	沸　　点:356 °F (分解)
熔　　点:316 °F	溶 解 度:0.004%
蒸 气 压:0.000 000 002 mmHg	电离电位:未知
比　　重:未知	闪　　点:不适用
爆炸上限:不适用	爆炸下限:不适用

不可燃固体。

不相容性和反应性:强酸。

测量方法:NIOSH 5601;OSHA PV2097

个人防护和卫生设施:

- 皮肤:穿戴合适的个人防护服,防止皮肤直接接触。
- 眼睛:佩戴合适的眼部防护用品,防止眼睛直接接触。
- 清洗皮肤:每天工作班结束后,进食、吸烟、喝水前都应该清洗可能受到污染的皮肤。
- 脱除:对于脱除被污染或被弄湿的工作服的需要没有特殊建议。
- 更换:在离开工作场所前应当将可能受到污染的工作服更换成无污染的衣服。

急救:

- 眼睛:如眼睛直接接触了该化学物质,要立即用大量水冲洗(灌洗)眼睛,冲洗时,不时翻开上下眼睑,并立即就医。
- 皮肤:如果该化学物质直接接触皮肤,立即用水冲洗污染的皮肤。如果该化学物质渗透进衣服,要迅速将衣服脱除,用水冲洗污染的皮肤,并迅速就医。
- 呼吸:如果接触者吸入大量该化学物质,立即将接触者移至新鲜空气处。如果呼吸停止,要进行人工呼吸,注意保暖和休息。尽快就医。
- 吞入:如果吞入该化学物质,应立即就医。

对呼吸器选择的建议:无。

有关呼吸器选择的其他重要信息参见相关标准。

接触途径:呼吸道,胃肠道,皮肤和/或眼睛直接接触。

症状:眼睛、皮肤、鼻、咽喉刺激;动物:贫血,高铁血红蛋白血症。

靶器官:眼睛,皮肤,呼吸系统,血液。

二乙烯(基)苯(Divinyl benzene)

$C_6H_4(HC=CH_2)_2$

CAS No.:1321-74-0(混合的异构体)

RTECS No.:CZ9370000

DOT ID 和指南号:2049 130

异名和商品名: Diethyl benzene,DVB,Vinylstyrene [注:商品中含三种异构体,以间位异构体为主。常加入抑制剂防止聚合。]

接触限值:NIOSH REL:TWA 10 ppm (50 mg/m^3)

OSHA PEL †:无

IDLH:N. D.　　**浓度换算系数:**1 ppm = 5.33 mg/m^3

D

理化性质:浅草绿色液体。

分 子 量:130.2　　沸　点:392 ℉

凝 固 点:−88 ℉　　溶 解 度:0.005%

蒸 气 压:0.7 mmHg　　电离电位:未知

比　重:0.93　　闪点(开杯):169 ℉

爆炸上限:6.2%　　爆炸下限:1.1%

ⅢA 类可燃液体——闪点等于或高于 140 ℉且低于 200 ℉。

不相容性和反应性:未见报道。

测量方法:OSHA 89

个人防护和卫生设施:

- 皮肤:穿戴合适的个人防护服,防止皮肤直接接触。
- 眼睛:佩戴合适的眼部防护用品,防止眼睛直接接触。
- 清洗皮肤:当皮肤受到污染时,应立即清洗污染的皮肤。
- 脱除:如果工作服被弄湿或受到了明显的污染,应该立即脱除并妥善处置。
- 更换:对于班后的衣服的更换需要没有特殊建议。
- 配备:在劳动者可能接触该化学物质的作业场所,无论是否需要使用眼部防护用品,都应配备眼冲洗设备。在紧靠有可能接触该化学物质的工作场所,应配备快速冲淋身体的设备以应急使用。[注:这些设备应能够提供足量水或流动水,以将可能接触的身体任何部位上的化学物质除去。实际配备适宜的快速冲淋设备取决于工作场所的具体条件。在某些情况下,必须及时进行大流量淋浴,而其他情况下只需要用一个水槽或软管供水就足够了。]

急救:

- 眼睛:如眼睛直接接触了该化学物质,要立即用大量水冲洗(灌洗)眼睛,冲洗时,不时翻开上下眼睑,并立即就医。
- 皮肤:如果该化学物质直接接触皮肤,要立即用肥皂和水冲洗污染的皮肤。如果该化学物质渗透进衣服,立即将衣服脱除,并用水清洗皮肤。如果清洗后刺激持续存在,应就医。
- 呼吸:如果接触者吸入大量该化学物质,立即将接触者移至新鲜空气处。如果呼吸停止,要进行人工呼吸,注意保暖和休息。尽快就医。
- 吞入:如果吞入该化学物质,应立即就医。

对呼吸器选择的建议:无。

有关呼吸器选择的其他重要信息参见相关标准。

接触途径:呼吸道,胃肠道,皮肤和/或眼睛直接接触。

症状:眼睛、皮肤、呼吸系统刺激;皮肤灼伤;动物:中枢神经系统抑制。

靶器官:眼睛,皮肤,呼吸系统,中枢神经系统。

1-十二烷基硫醇(1-Dodecanethiol)

$CH_3(CH_2)_{11}SH$

CAS No.:112-55-0

RTECS No.:JR3155000

DOT ID 和指南号:1228 131

异名和商品名:月桂硫醇,叔十二烷基硫醇,正十二烷基硫醇,Dodecyl mercaptan,1-Dodecyl mercaptan,n-Dodecyl mercaptan,Lauryl mercaptan,n-Lauryl mercaptan,1-Mercaptododecane

接触限值:NIOSH REL:C 0.5 ppm (4.1 mg/m³) [15 min]
OSHA PEL:无

IDLH:N.D.　　**浓度换算系数**:1 ppm = 8.28 mg/m³

理化性质:无色、水白色或淡黄色油状液体,具有淡淡的臭鼬味。[注:15 ℉以下为固体。]

分 子 量:202.4　　沸　点:441～478 ℉

凝 固 点:15 ℉　　溶 解 度:不溶
蒸气压(77 ℉):3 mmHg　　电离电位:未知
比　重:0.85　　闪点(开杯):190 ℉
爆炸上限:未知　　爆炸下限:未知
ⅢA类可燃液体——闪点等于或高于140 ℉且低于200 ℉。
不相容性和反应性:强氧化剂和强酸,强碱,还原剂,碱金属,水,水蒸气。

测量方法:无。

个人防护和卫生设施:
- 皮肤:穿戴合适的个人防护服,防止皮肤直接接触。
- 眼睛:佩戴合适的眼部防护用品,防止眼睛直接接触。
- 清洗皮肤:当皮肤受到污染时,应立即清洗污染的皮肤。
- 脱除:如果工作服被弄湿或受到了明显的污染,应该立即脱除并妥善处置。
- 更换:对于班后的衣服的更换需要没有特殊建议。
- 配备:在劳动者可能接触该化学物质的作业场所,无论是否需要使用眼部防护用品,都应配备眼冲洗设备。

急救:
- 眼睛:如眼睛直接接触了该化学物质,要立即用大量水冲洗(灌洗)眼睛,冲洗时,不时翻开上下眼睑,并立即就医。
- 皮肤:如果该化学物质直接接触皮肤,立即用肥皂和水冲洗污染的皮肤。若该化学物质渗透进衣服,要立即将衣服脱除,用肥皂和水清洗皮肤,并迅速就医。
- 呼吸:如果接触者吸入大量该化学物质,立即将接触者移至新鲜空气处。如果呼吸停止,要进行人工呼吸,注意保暖和休息。尽快就医。
- 吞入:如果吞入该化学物质,应立即就医。

对呼吸器选择的建议: NIOSH
~5 ppm:
- CcrOv:任何空气过滤式半面罩呼吸器,配防有机蒸气的滤毒盒。指定防护因数=10。
- Sa:任何供气式呼吸器。指定防护因数=10。

~12.5 ppm:
- Sa∶Cf:任何连续供气式呼吸器。指定防护因数=25。
- PaprOv:任何动力送风空气过滤式呼吸器,配有机蒸气滤毒盒。指定防护因数=25。

~25 ppm:
- CcrFOv:任何空气过滤式全面罩呼吸器,配有机蒸气滤毒盒。指定防护因数=50。
- GmFOv:任何空气过滤式全面罩呼吸器(防毒面具),配下颌式、前置式或背置式有机蒸气滤毒罐。指定防护因数=50。
- PaprTOv:任何动力送风空气过滤式呼吸器,配密合型面罩和有机蒸气滤毒盒。指定防护因数=50。
- ScbaF:任何携气式呼吸器,配全面罩。指定防护因数=50。
- SaF:任何供气式呼吸器,配全面罩。指定防护因数=50。

§:应急抢险,或准备进入浓度未知环境,或进入IDLH环境:
- ScbaF∶Pd,Pp:任何压力需气式或正压携气式呼吸器,配全面罩。指定防护因数=10 000。
- SaF∶Pd,Pp∶AScba:任何压力需气式或正压供气式呼吸器,配全面罩,配压力需气式或正压携气式辅助呼吸器。指定防护因数=10 000。

逃生:
- GmFOv:任何空气过滤式全面罩呼吸器(防毒面具),配下颌式、前置式或背置式有机蒸气滤毒罐。指定防护因数=50。
- ScbaE:任何适合逃生的携气式呼吸器。

有关呼吸器选择的其他重要信息参见相关标准。

接触途径:呼吸道,胃肠道,皮肤和/或眼睛直接接触。

症状:眼睛、皮肤、呼吸系统刺激;咳嗽;眩晕,呼吸困难,乏力,意识模糊,紫绀;腹痛,恶心;皮肤过敏。

靶器官:眼睛,皮肤,呼吸系统,中枢神经系统,血液。

E

金刚砂(Emery)

Al_2O_3

异名和商品名:三氧化二铝,刚玉砂,Aluminum oxide,Aluminum trioxide,Corundum,Impure corundum,Natural aluminum oxide[注:金刚砂是不纯的的三氧化二铝,可含有少量铁、镁和硅杂质。刚玉是天然的三氧化二铝。]

CAS No.:1302-74-5(金刚砂)

RTECS No.:GN2310000(金刚砂)

DOT ID 和指南号:

接触限值:NIOSH REL:见附录 D

OSHA PEL †:TWA 15 mg/m³(总颗粒物)

TWA 5 mg/m³(呼吸性颗粒物)

IDLH:N.D. **浓度换算系数:**

理化性质:无气味白色结晶粉末,见氧化铝的理化性质。

不相容性和反应性:未见报道。

测量方法:NIOSH 0500,0600

个人防护和卫生设施:

- 皮肤:对于个体皮肤防护装备的需要没有特殊建议。
- 眼睛:对眼部防护的需要没有特殊建议。
- 清洗皮肤:对于清洗皮肤上的污染物没有其他特殊的建议(包括立即清洗和班后清洗)。
- 脱除:对于脱除被污染或被弄湿的工作服的需要没有特殊建议。
- 更换:对于班后的衣服的更换需要没有特殊建议。

急救:

- 眼睛:如眼睛直接接触了该化学物质,要立即用大量水冲洗(灌洗)眼睛,冲洗时,不时翻开上下眼睑,并立即就医。
- 呼吸:如果接触者吸入大量该化学物质,立即将接触者移至新鲜空气处。通常不需要采取其他措施。
- 吞入:如果吞入该化学物质,应立即就医。

对呼吸器选择的建议:无。

有关呼吸器选择的其他重要信息参见相关标准。

接触途径:呼吸道,胃肠道,皮肤和/或眼睛直接接触。

症状:眼睛、皮肤、呼吸系统刺激。

靶器官:眼睛,皮肤,呼吸系统。

硫丹(Endosulfan)

$C_9H_6Cl_6O_3S$

异名和商品名:安杀番;硫二丹;Benzoepin;Endosulphan;6,7,8,9,10-Hexachloro-1,5,5a,6,9,9a-hexachloro-6,9-methano-2,4,3-benzo-dioxathiepin-3-oxide;Thiodan®

CAS No.:115-29-7

RTECS No.:RB9275000

DOT ID 和指南号:2761 151

接触限值:NIOSH REL:TWA 0.1 mg/m³[皮]

OSHA PEL †:无

IDLH:N.D. **浓度换算系数:**

理化性质:棕色晶体,具有淡淡的二氧化硫气味。[杀虫剂][注:工业品是褐色蜡样异构体混合物。]

分子量:406.9　　沸点:分解
熔点:223 ℉　　溶解度:0.000 01%
蒸气压(77 ℉):0.000 01 mmHg　　电离电位:未知
比重:1.74　　闪点:不适用
爆炸上限:不适用　　爆炸下限:不适用
不可燃固体,但可溶于易燃液体。
不相容性和反应性:碱,酸,水。[注:对铁腐蚀。遇水慢慢水解或在碱和酸存在下分解成二氧化硫。]

测量方法:OSHA PV2023

个人防护和卫生设施:

- 皮肤:穿戴合适的个人防护服,防止皮肤直接接触。
- 眼睛:佩戴合适的眼部防护用品,防止眼睛直接接触。
- 清洗皮肤:当皮肤受到污染时,应立即清洗污染的皮肤。
- 脱除:如果工作服被弄湿或受到了明显的污染,应该立即脱除并妥善处置。
- 更换:在离开工作场所前应当将可能受到污染的工作服更换成无污染的衣服。
- 配备:在劳动者可能接触该化学物质的作业场所,无论是否需要使用眼部防护用品,都应配备眼冲洗设备。在紧靠有可能接触该化学物质的工作场所,应配备快速冲淋身体的设备以应急使用。[注:这些设备应能够提供足量水或流动水,以将可能接触的身体任何部位上的该化学物质除去。实际配备适宜的快速冲淋设备取决于工作场所的具体条件。在某些情况下,必须及时进行大流量淋浴,而其他情况下只需要用一个水槽或软管供水就足够了。]

急救:

- 眼睛:如眼睛直接接触了该化学物质,要立即用大量水冲洗(灌洗)眼睛,冲洗时,不时翻开上下眼睑,并立即就医。
- 皮肤:如果该化学物质直接接触皮肤,要立即用肥皂和水冲洗污染的皮肤。如果该化学物质渗透衣服,立即将衣服脱除,并用水清洗皮肤。如果清洗后刺激持续存在,应就医。
- 呼吸:如果接触者吸入大量该化学物质,立即将接触者移至新鲜空气处。如果呼吸停止,要进行人工呼吸,注意保暖和休息。尽快就医。
- 吞入:如果吞入该化学物质,应立即就医。

对呼吸器选择的建议:无。
有关呼吸器选择的其他重要信息参见相关标准。

接触途径:呼吸道,皮肤吸收,胃肠道,皮肤和/或眼睛直接接触。

症状:皮肤刺激;恶心,意识模糊,兴奋,脸红,口干,震颤,抽搐,头痛;动物:肝、肾损伤,睾丸萎缩。

靶器官:皮肤,中枢神经系统,肝,肾,生殖系统。

E

异狄氏剂(Endrin)　　CAS No.:72-20-8
$C_{12}H_8Cl_6O$　　RTECS No.:IO1575000
DOT ID 和指南号:2761 151
异名和商品名:1,2,3,4,10,10-六氯-6,7-环氧-1,4,4a,5,6,7,8,8a-八氢-1,4-桥-5,8-二亚甲基萘;Hexadrin®;1,2,3,4,10,10-Hexachloro-6,7-epoxy-1,4,4a,5,6,7,8,8a-octahydro-1,4-endo,endo-5,8-dimethanonaphthalene

接触限值:NIOSH REL:TWA 0.1 mg/m³[皮]
OSHA PEL:TWA 0.1 mg/m³[皮]

IDLH:2 mg/m³　　**浓度换算系数:**

理化性质：无色至褐色晶体，具有淡淡的化学品气味。[杀虫剂]

分子量：380.9　沸点：分解

熔点：392 ℉(分解)　溶解度：不溶

蒸气压：低　电离电位：未知

比重：1.70　闪点：不适用

爆炸上限：不适用　爆炸下限：不适用

不可燃固体，但可溶于易燃液体。

不相容性和反应性：强氧化剂，强酸，对硫磷。[注：当受热或燃烧时，可释放氯化氢和光气。]

测量方法：NIOSH 5519

个人防护和卫生设施：

- 皮肤：穿戴合适的个人防护服，防止皮肤直接接触。
- 眼睛：佩戴合适的眼部防护用品，防止眼睛直接接触。
- 清洗皮肤：当皮肤受到污染时，应立即清洗污染的皮肤。
- 脱除：如果工作服被弄湿或受到了明显的污染，应该立即脱除并妥善处置。
- 更换：在离开工作场所前应当将可能受到污染的工作服更换成无污染的衣服。
- 配备：在劳动者可能接触该化学物质的作业场所，无论是否需要使用眼部防护用品，都应配备眼冲洗设备。在紧靠有可能接触该化学物质的工作场所，应配备快速冲淋身体的设备以应急使用。[注：这些设备应能够提供足量水或流动水，以将可能接触的身体任何部位上的该化学物质除去。实际配备适宜的快速冲淋设备取决于工作场所的具体条件。在某些情况下，必须及时进行大流量淋浴，而其他情况下只需要用一个水槽或软管供水就足够了。]

急救：

- 眼睛：如眼睛直接接触了该化学物质，要立即用大量水冲洗(灌洗)眼睛，冲洗时，不时翻开上下眼睑，并立即就医。
- 皮肤：如果该化学物质直接接触皮肤，立即用肥皂和水冲洗污染的皮肤。若该化学物质渗透进衣服，要立即将衣服脱除，用肥皂和水清洗污染的皮肤，并迅速就医。
- 呼吸：如果接触者吸入大量该化学物质，立即将接触者移至新鲜空气处。如果呼吸停止，要进行人工呼吸，注意保暖和休息。尽快就医。
- 吞入：如果吞入该化学物质，应立即就医。

对呼吸器选择的建议：NIOSH/OSHA

～1 mg/m³：

- CcrOv95：任何空气过滤式半面罩呼吸器，配有机蒸气滤毒盒和N95、R95或P95的综合防护过滤元件。也可使用以下过滤元件：N99、R99、P99、N100、R100、P100。指定防护因数＝10。选择N、R或P过滤元件的信息见表4。
- Sa：任何供气式呼吸器。指定防护因数＝10。

～2 mg/m³：

- Sa：Cf：任何连续供气式呼吸器。指定防护因数＝25。
- PaprOvHie：任何动力送风空气过滤式呼吸器，配有机蒸气和高效颗粒滤毒盒的综合防护过滤元件。指定防护因数＝50。
- CcrFOv100：任何空气过滤式全面罩呼吸器，配有机蒸气滤毒盒和N100、R100或P100的综合防护过滤元件。指定防护因数＝50。选择N、R或P过滤元件的信息见表4。
- GmFOv100：任何空气过滤式全面罩呼吸器(防毒面具)，配下颌式、前置式或背置式有机蒸气滤毒罐和N100、R100或P100的综合防护过滤元件。指定防护因数＝50。选择N、R或P过滤元件的信息见表4。
- ScbaF：任何携气式呼吸器，配全面罩。指定防护因数＝50。

● SaF：任何供气式呼吸器，配全面罩。指定防护因数＝50。

§：应急抢险，或准备进入浓度未知环境，或进入 IDLH 环境：

● ScbaF：Pd，Pp：任何压力需气式或正压携气式呼吸器，配全面罩。指定防护因数＝10 000。

● SaF：Pd，Pp：AScba：任何压力需气式或正压供气式呼吸器，配全面罩，配压力需气式或正压携气式辅助呼吸器。指定防护因数＝10 000。

逃生：

● GmFOv100：任何空气过滤式全面罩呼吸器（防毒面具），配下颌式、前置式或背置式有机蒸气滤毒罐和 N100、R100 或 P100 的综合防护过滤元件。指定防护因数＝50。选择 N、R 或 P 过滤元件的信息见表 4。

● ScbaE：任何适合逃生的携气式呼吸器。

有关呼吸器选择的其他重要信息参见相关标准。

接触途径：呼吸道，皮肤吸收，胃肠道，皮肤和/或眼睛直接接触。

症状：癫痫样抽搐；昏迷，头痛，头晕；腹部不适，恶心，呕吐；失眠；侵袭性，意识模糊；嗜睡，乏力；厌食；动物：肝损害。

靶器官：中枢神经系统，肝。

E

安氟醚（Enflurane）

CHF_2OCF_2CHClF

CAS No.：13838-16-9

RTECS No.：KN6800000

DOT ID 和指南号：

异名和商品名：安利醚；恩氟烷；易使宁；2-氯-1，1，2-三氟乙基二氟甲基醚；2-Chloro-1-(difluoromethoxy)-1，1，2-trifluoroethane；2-Chloro-1，1，2-trifluoroethyl difluoromethyl ether；Ethrane®

接触限值：NIOSH REL*：C 2 ppm（15.1 mg/m^3）[60 min][*注：REL 适用于接触废弃的麻醉性气体。]

OSHA PEL：无

IDLH：N.D.　　**浓度换算系数：**1 ppm＝7.55 mg/m^3

理化性质：透明的无色液体，具有淡甜味。[吸入麻醉剂]

分子量：184.5　　沸点：134 ℉

凝固点：未知　　溶解度：低

蒸气压：175 mmHg　　电离电位：未知

比重（77 ℉）：1.52　　闪点：不适用

爆炸上限：不适用　　爆炸下限：不适用

不可燃液体。

不相容性和反应性：未见报道。

测量方法：OSHA 29，103

个人防护和卫生设施：

● 皮肤：对于个体皮肤防护装备的需要没有特殊建议。

● 眼睛：佩戴合适的眼部防护用品，防止眼睛直接接触。

● 清洗皮肤：对于清洗皮肤上的污染物没有其他特殊的建议（包括立即清洗和班后清洗）。

● 脱除：对于脱除被污染或被弄湿的工作服的需要没有特殊建议。

● 更换：对于班后的衣服的更换需要没有特殊建议。

急救：

● 眼睛：如眼睛直接接触了该化学物质，要立即用大量水冲洗（灌洗）眼睛，冲洗时，不时翻开上下眼睑，并立即就医。

● 皮肤：如果该化学物质直接接触皮肤，用肥皂和水冲洗污染的皮肤。

● 呼吸：如果接触者吸入大量该化学物质，立即将接触者移至新鲜空气处。如果呼吸停止，要进行人工呼吸，注意保暖和休息。尽快就医。 ● 吞入：如果吞入该化学物质，应立即就医。	**有关呼吸器选择的其他重要信息参见相关标准。** **接触途径**：呼吸道，胃肠道，皮肤和/或眼睛直接接触。 **症状**：眼睛刺激；中枢神经系统抑制，痛觉丧失，无知觉，抽搐，呼吸抑制。
对呼吸器选择的建议：无。	**靶器官**：眼睛，中枢神经系统。

环氧氯丙烷(Epichlorohydrin)

C_3H_5OCl

异名和商品名：表氯醇；1-氯-2，3-环氧丙烷；1-Chloro-2，3-epoxypropane；2-Chloropropylene oxide；γ-Chloropropylene oxide

CAS No.：106-89-8

RTECS No.：TX4900000

DOT ID 和指南号：2023 131P

接触限值：NIOSH REL：Ca 见附录 A

OSHA PEL †：TWA 5 ppm(19 mg/m³)[皮]

IDLH：Ca [75 ppm]　**浓度换算系数**：1 ppm=3.78 mg/m³

理化性质：无色液体，具有轻微刺激的氯仿样气味。

分子量：92.5	沸点：242 ℉
凝固点：−54 ℉	溶解度：7%
蒸气压：13 mmHg	电离电位：10.60 eV
比重：1.18	闪点：93 ℉
爆炸上限：21.0%	爆炸下限：3.8%

IC 类易燃液体——闪点等于或高于 73 ℉且低于 100 ℉。

不相容性和反应性：强氧化剂，强酸，某些盐类，腐蚀剂，锌，铝，水。[注：当有强酸和碱存在时，特别是加热时，可聚合。]

测量方法：NIOSH 1010；OSHA 7

个人防护和卫生设施：

● 皮肤：穿戴合适的个人防护服，防止皮肤直接接触。

● 眼睛：佩戴合适的眼部防护用品，防止眼睛直接接触。

● 清洗皮肤：当皮肤受到污染时，应立即清洗污染的皮肤。

● 脱除：如果工作服被可燃性物质（即闪点低于 100 ℉的液体）浸湿，应当立即脱除并妥善处置，以防着火。

● 更换：对于班后的衣服的更换需要没有特殊建议。

● 配备：在劳动者可能接触该化学物质的作业场所，无论是否需要使用眼部防护用品，都应配备眼冲洗设备。在紧靠有可能接触该化学物质的工作场所，应配备快速冲淋身体的设备以应急使用。[注：这些设备应能够提供足量水或流动水，以将可能接触的身体任何部位上的该化学物质除去。实际配备适宜的快速冲淋设备取决于工作场所的具体条件。在某些情况下，必须及时进行大流量淋浴，而其他情况下只需要用一个水槽或软管供水就足够了。]

急救：

● 眼睛：如眼睛直接接触了该化学物质，要立即用大量水冲洗（灌洗）眼睛，冲洗时，不时翻开上下眼睑，并立即就医。

● 皮肤：如果该化学物质直接接触皮肤，立即用肥皂和水冲洗污染的皮肤。若该化学物质渗透进衣服，要立即将衣服脱除，用肥皂和水清洗污染的皮肤，并迅速就医。

● 呼吸：如果接触者吸入大量该化学物质，立即将接触者移至新鲜空气处。如果呼吸停止，要进行人工呼吸，注意保暖和休息。尽快就医。

● 吞入：如果吞入该化学物质，应立即就医。

对呼吸器选择的建议：NIOSH

¥：高于 NIOSH REL 的浓度；或当没有 REL 时，任何可以检测到的浓度：

- ScbaF：Pd，Pp：任何压力需气式或正压携气式呼吸器，配全面罩。指定防护因数＝10 000。
- SaF：Pd，Pp：AScba：任何压力需气式或正压供气式呼吸器，配全面罩，配压力需气式或正压携气式辅助呼吸器。指定防护因数＝10 000。

逃生：

- GmFOvAg：任何空气过滤式全面罩呼吸器（防毒面具），配下颌式、前置式或背置式有机蒸气和酸性气体滤毒罐。指定防护因数＝50。
- ScbaE：任何适合逃生的携气式呼吸器。

有关呼吸器选择的其他重要信息参见相关标准。

E

接触途径：呼吸道，皮肤吸收，胃肠道，皮肤和/或眼睛直接接触。

症状：眼睛、皮肤刺激；疼痛；恶心，呕吐；腹痛；呼吸窘迫，咳嗽；紫绀，生殖效应；[潜在职业性致癌物]。

靶器官：眼睛，皮肤，呼吸系统，肾，肝，生殖系统。

致癌部位：[动物：鼻癌]。

苯硫磷（EPN）

$C_{14}H_{14}O_4NSP$

异名和商品名：伊皮恩，苯腈磷，苯腈硫磷，O-乙基-O-（4-氰苯基）-苯基硫代磷酸酯，Ethyl p-nitrophenyl benzenethionophosphonate，O-Ethyl-O-(4-nitrophenyl) phenylphosphonothioate

CAS No.：2104-64-5

RTECS No.：TB1925000

DOT ID 和指南号：

接触限值：NIOSH REL：TWA 0.5 mg/m^3[皮]
OSHA PEL：TWA 0.5 mg/m^3[皮]

IDLH：5 mg/m^3　　**浓度换算系数：**

理化性质：黄色固体，具有芳香气味。[农药][注：97 ℉以上为棕色液体。]

分子量：323.3	沸点：未知
熔点：97 ℉	溶解度：不溶
蒸气压（212 ℉）：0.000 3 mmHg	电离电位：未知
比重（77 ℉）：1.27	闪点：不适用
爆炸上限：不适用	爆炸下限：不适用

不可燃固体。

不相容性和反应性：强氧化剂。

测量方法：NIOSH 5012

个人防护和卫生设施：

- 皮肤：穿戴合适的个人防护服，防止皮肤直接接触。
- 眼睛：佩戴合适的眼部防护用品，防止眼睛直接接触。
- 清洗皮肤：当皮肤受到污染时，应立即清洗污染的皮肤。
- 脱除：如果工作服被弄湿或受到了明显的污染，应该立即脱除并妥善处置。
- 更换：在离开工作场所前应当将可能受到污染的工作服更换成无污染的衣服。
- 配备：在劳动者可能接触该化学物质的作业场所，无论是否需要使用眼部防护用品，都应配备眼冲洗设备。在紧靠有可能接触该化学物质的工作场所，应配备快速冲淋身体的设备以应急使用。[注：这些设备应能够提供足量水或流动水，以将可能接触的身体任何部位上的该化学物质除去。实际配备适宜的快速冲淋设备取决于工作场所的具体条件。在某些情况下，必须及时进行大流量淋浴，而其他情况下只需要用一个水槽或软管供水就足够了。]

急救：

- 眼睛：如眼睛直接接触了该化学物质，要立即用大量水冲洗(灌洗)眼睛，冲洗时，不时翻开上下眼睑，并立即就医。
- 皮肤：如果该化学物质直接接触皮肤，立即用肥皂和水冲洗污染的皮肤。若该化学物质渗透进衣服，要立即将衣服脱除，用肥皂和水清洗污染的皮肤，并迅速就医。
- 呼吸：如果接触者吸入大量该化学物质，立即将接触者移至新鲜空气处。如果呼吸停止，要进行人工呼吸，注意保暖和休息。尽快就医。
- 吞入：如果吞入该化学物质，应立即就医。

对呼吸器选择的建议：NIOSH/OSHA

~5 mg/m^3：

- Sa：任何供气式呼吸器。指定防护因数=10。
- ScbaF：任何携气式呼吸器，配全面罩。指定防护因数=50。

§：应急抢险，或准备进入浓度未知环境，或进入 IDLH 环境：

- ScbaF：Pd，Pp：任何压力需气式或正压携气式呼吸器，配全面罩。指定防护因数=10 000。
- SaF：Pd，Pp：AScba：任何压力需气式或正压供气式呼吸器，配全面罩，配压力需气式或正压携气式辅助呼吸器。指定防护因数=10 000。

逃生：

- GmFOv100：任何空气过滤式全面罩呼吸器(防毒面具)，配下颌式、前置式或背置式有机蒸气滤毒罐和 N100、R100 或 P100 的综合防护过滤元件。指定防护因数=50。选择 N、R 或 P 过滤元件的信息见表 4。
- ScbaE：任何适合逃生的携气式呼吸器。

有关呼吸器选择的其他重要信息参见相关标准。

接触途径：呼吸道，皮肤吸收，胃肠道，皮肤和/或眼睛直接接触。

症状：眼睛、皮肤刺激；瞳孔缩小，流泪；流涕；头痛；胸闷，喘鸣，咽痉挛；流涎；紫绀；厌食，恶心，腹绞痛，腹泻，麻痹，抽搐；低血压，心律不齐。

靶器官：眼睛，皮肤，呼吸系统，心血管系统，中枢神经系统，血胆碱酯酶。

乙醇胺(Ethanolamine)

$NH_2CH_2CH_2OH$

CAS No.：141-43-5

RTECS No.：KJ5775000

DOT ID 和指南号：2491 153

异名和商品名：2-氨基乙醇，β-氨基乙醇，胆胺，2-羟基乙胺，2-Aminoethanol，β-Aminoethyl alcohol，Ethylolamine，2-Hydroxyethylamine，Monoethanolamine

接触限值：NIOSH REL：TWA 3 ppm(8 mg/m^3)
ST 6 ppm(15 mg/m^3)
OSHA PEL †：TWA 3 ppm(6 mg/m^3)

IDLH：30 ppm　**浓度换算系数：**1 ppm=2.50 mg/m^3

理化性质：无色，黏稠液体或固体(51 ℉以下)，具有难闻的氨味。

分 子 量：61.1	沸　　点：339 ℉		
凝 固 点：51 ℉	溶 解 度：与水互溶	蒸 气 压：0.4 mmHg	电离电位：8.96 eV
比　　重：1.02	闪　　点：186 ℉	爆炸上限：23.5%	爆炸下限(284 ℉)：3.0%

ⅢA 类可燃液体——闪点等于或高于 140 ℉且低于 200 ℉。

不相容性和反应性：强氧化剂，强酸，铁。[注：可侵蚀铜、黄铜和橡胶。]

测量方法:NIOSH 2007;OSHA PV2111	～30 ppm:
个人防护和卫生设施: ● 皮肤:穿戴合适的个人防护服,防止皮肤直接接触。 ● 眼睛:佩戴合适的眼部防护用品,防止眼睛直接接触。 ● 清洗皮肤:当皮肤受到污染时,应立即清洗污染的皮肤。 ● 脱除:如果工作服被弄湿或受到了明显的污染,应该立即脱除并妥善处置。 ● 更换:在离开工作场所前应当将可能受到污染的工作服更换成无污染的衣服。 ● 配备:在劳动者可能接触该化学物质的作业场所,无论是否需要使用眼部防护用品,都应配备眼冲洗设备。 **急救:** ● 眼睛:如眼睛直接接触了该化学物质,要立即用大量水冲洗(灌洗)眼睛,冲洗时,不时翻开上下眼睑,并立即就医。 ● 皮肤:如果该化学物质直接接触皮肤,迅速用水冲洗污染的皮肤。如果该化学物质渗透进衣服,要立即将衣服脱除,迅速用水冲洗污染的皮肤,若冲洗后刺激症状持续存在,应就医。 ● 呼吸:如果接触者吸入大量该化学物质,立即将接触者移至新鲜空气处。如果呼吸停止,要进行人工呼吸,注意保暖和休息。尽快就医。 ● 吞入:如果吞入该化学物质,应立即就医。	● CcrS:任何空气过滤式半面罩呼吸器,配防该化学物质的滤毒盒。指定防护因数=10。* ● GmFS:任何空气过滤式全面罩呼吸器(防毒面具),配下颌式、前置式或背置式防该化学物质的滤毒罐。指定防护因数=50。 ● PaprS:任何动力送风空气过滤式呼吸器,配有防该化学物质的滤毒盒。指定防护因数=25。* ● Sa:任何供气式呼吸器。指定防护因数=10。* ● ScbaF:任何携气式呼吸器,配全面罩。指定防护因数=50。 **§:应急抢险,或准备进入浓度未知环境,或进入 IDLH 环境:** ● ScbaF:Pd,Pp:任何压力需气式或正压携气式呼吸器,配全面罩。指定防护因数=10 000。 ● SaF:Pd,Pp:AScba:任何压力需气式或正压供气式呼吸器,配全面罩,配压力需气式或正压携气式辅助呼吸器。指定防护因数=10 000。 **逃生:** ● GmFS:任何空气过滤式全面罩呼吸器(防毒面具),配下颌式、前置式或背置式防该化学物质的滤毒罐。指定防护因数=50。 ● ScbaE:任何适合逃生的携气式呼吸器。 **有关呼吸器选择的其他重要信息参见相关标准。**
	接触途径:呼吸道,胃肠道,皮肤和/或眼睛直接接触。
	症状:眼睛、皮肤、呼吸系统刺激;嗜睡。
对呼吸器选择的建议:NIOSH/OSHA	**靶器官:**眼睛,皮肤,呼吸系统,中枢神经系统。

乙硫磷(Ethion) $[(C_2H_5O)_2P(S)S]_2CH_2$ **异名和商品名:**O,O,O′,O′-四乙基-S,S′-亚甲基双(二硫代磷酸酯); O,O,O′,O′-Tetraethyl-S,S′-methylene di(phosphorodithioate)	CAS No.:563-12-2 RTECS No.:TE4550000 **DOT ID 和指南号:**
接触限值:NIOSH REL:0.4 mg/m^3[皮]	OSHA PEL †:无

E

IDLH:N. D. **浓度换算系数**:

理化性质:无色至琥珀色,无气味液体。[杀虫剂][注:10 ℉以下为固体。工业品具有很难闻的气味。]

分 子 量:384.5 沸 点:>302 ℉(分解)
凝 固 点:10 ℉ 溶 解 度:0.000 1%
蒸 气 压:0.000 001 5 mmHg 电离电位:未知
比 重:1.22 闪 点:349 ℉
爆炸上限:未知 爆炸下限:未知
ⅢB 类可燃液体——闪点等于或高于 200 ℉。
不相容性和反应性:酸,碱。

测量方法:NIOSH 5600

个人防护和卫生设施:

- 皮肤:穿戴合适的个人防护服,防止皮肤直接接触。
- 眼睛:佩戴合适的眼部防护用品,防止眼睛直接接触。
- 清洗皮肤:当皮肤受到污染时,应立即清洗污染的皮肤。
- 脱除:如果工作服被弄湿或受到了明显的污染,应该立即脱除并妥善处置。
- 更换:在离开工作场所前应当将可能受到污染的工作服更换成无污染的衣服。
- 配备:在劳动者可能接触该化学物质的作业场所,无论是否需要使用眼部防护用品,都应配备眼冲洗设备。在紧靠有可能接触该化学物质的工作场所,应配备快速冲淋身体的设备以应急使用。[注:这些设备应能够提供足量水或流动水,以将可能接触的身体任何部位上的该化学物质除去。实际配备适宜的快速冲淋设备取决于工作场所的具体条件。在某些情况下,必须及时进行大流量淋浴,而其他情况下只需要用一个水槽或软管供水就足够了。]

急救:

- 眼睛:如眼睛直接接触了该化学物质,要立即用大量水冲洗(灌洗)眼睛,冲洗时,不时翻开上下眼睑,并立即就医。
- 皮肤:如果该化学物质直接接触皮肤,立即用肥皂和水冲洗污染的皮肤。若该化学物质渗透进衣服,要立即将衣服脱除,用肥皂和水清洗污染的皮肤,并迅速就医。
- 呼吸:如果接触者吸入大量该化学物质,立即将接触者移至新鲜空气处。如果呼吸停止,要进行人工呼吸,注意保暖和休息。尽快就医。
- 吞入:如果吞入该化学物质,应立即就医。

对呼吸器选择的建议:无。
有关呼吸器选择的其他重要信息参见相关标准。

接触途径:呼吸道,皮肤吸收,胃肠道,皮肤和/或眼睛直接接触。

症状:眼睛、皮肤刺激;恶心,呕吐,腹绞痛,腹泻,流涎;头痛,头晕,乏力;流涕,胸闷;视物模糊,瞳孔缩小;心律不齐;肌颤;呼吸困难。

靶器官:眼睛,皮肤,呼吸系统,中枢神经系统,心血管系统,血胆碱酯酶。

2-乙氧基乙醇(2-Ethoxyethanol)

$C_2H_5OCH_2CH_2OH$

CAS No.:110-80-5
RTECS No.:KK8050000
DOT ID 和指南号:1171 127

异名和商品名:纤维素溶剂,溶纤剂,乙二醇乙醚,Cellosolve®,EGEE,Ethylene glycol monoethyl ether

接触限值:NIOSH REL:TWA 0.5 ppm(1.8 mg/m³)[皮]
OSHA PEL:TWA 200 ppm(740 mg/m³)[皮]

IDLH:500 ppm **浓度换算系数**:1 ppm=3.69 mg/m³

理化性质:无色液体,具有甜的愉悦的乙醚气味。

分子量:90.1	沸点:275 ℉
凝固点:−130 ℉	溶解度:与水互溶
蒸气压:4 mmHg	电离电位:未知
比重:0.93	闪点:110 ℉
爆炸上限(200 ℉):15.6%	爆炸下限(200 ℉):1.7%

Ⅱ类可燃液体——闪点等于或高于 100 ℉且低于 140 ℉。

不相容性和反应性:强氧化剂。

测量方法:NIOSH 1403;OSHA 53,79

个人防护和卫生设施:

- 皮肤:穿戴合适的个人防护服,防止皮肤直接接触。
- 眼睛:佩戴合适的眼部防护用品,防止眼睛直接接触。
- 清洗皮肤:当皮肤受到污染时,应立即清洗污染的皮肤。
- 脱除:如果工作服被弄湿或受到了明显的污染,应该立即脱除并妥善处置。
- 更换:对于班后的衣服的更换需要没有特殊建议。

急救:

- 眼睛:如眼睛直接接触了该化学物质,要立即用大量水冲洗(灌洗)眼睛,冲洗时,不时翻开上下眼睑,并立即就医。
- 皮肤:如果该化学物质直接接触皮肤,迅速用水冲洗污染的皮肤。如果该化学物质渗透进衣服,要立即将衣服脱除,迅速用水冲洗污染的皮肤,若冲洗后刺激症状持续存在,应就医。
- 呼吸:如果接触者吸入大量该化学物质,立即将接触者移至新鲜空气处。如果呼吸停止,要进行人工呼吸,注意保暖和休息。尽快就医。
- 吞入:如果吞入该化学物质,应立即就医。

对呼吸器选择的建议:NIOSH

~5 ppm:

- Sa:任何供气式呼吸器。指定防护因数=10。*

~12.5 ppm:

- Sa:Cf:任何连续供气式呼吸器。指定防护因数=25。*

~25 ppm:

- ScbaF:任何携气式呼吸器,配全面罩。指定防护因数=50。
- SaF:任何供气式呼吸器,配全面罩。指定防护因数=50。

~500 ppm:

- Sa:Pd,Pp:任何压力需气式或正压供气式呼吸器。指定防护因数=1 000。*

§:应急抢险,或准备进入浓度未知环境,或进入 IDLH 环境:

- ScbaF:Pd,Pp:任何压力需气式或正压携气式呼吸器,配全面罩。指定防护因数=10 000。
- SaF:Pd,Pp:AScba:任何压力需气式或正压供气式呼吸器,配全面罩,配压力需气式或正压携气式辅助呼吸器。指定防护因数=10 000。

逃生:

- GmFOv:任何空气过滤式全面罩呼吸器(防毒面具),配下颌式、前置式或背置式有机蒸气滤毒罐。指定防护因数=50。
- ScbaE:任何适合逃生的携气式呼吸器。

有关呼吸器选择的其他重要信息参见相关标准。

接触途径:呼吸道,皮肤吸收,胃肠道,皮肤和/或眼睛直接接触。

症状:动物:皮肤、呼吸系统刺激;血液改变;肝、肾、肺损害;生殖、致畸效应。

靶器官:皮肤,呼吸系统,血液,肾,肝,生殖系统,造血系统。

E

乙酸2-乙氧基乙酯(2-Ethoxyethyl acetate)

$CH_3COOCH_2CH_2OC_2H_5$

CAS No.:111-15-9

RTECS No.:KK8225000

DOT ID 和指南号:1172 129

异名和商品名:2-乙氧基醋酸乙酯,2-乙氧基乙酸乙酯,乙酸溶纤剂,Cellosolve® acetate,EGEEA,Ethylene glycol monoethylether acetate,Glycol monoethyl ether acetate

接触限值:NIOSH REL:TWA 0.5 ppm(2.7 mg/m³)[皮]
OSHA PEL:TWA 100 ppm(540 mg/m³)[皮]

IDLH:500 ppm **浓度换算系数:**1 ppm=5.41 mg/m³

理化性质:无色液体,稍具气味。

分子量:132.2　　沸点:313 ℉
凝固点:-79 ℉　　溶解度:23%
蒸气压:2 mmHg　　电离电位:未知
比重:0.98　　闪点:124 ℉
爆炸上限:未知　　爆炸下限:1.7%
Ⅱ类可燃液体——闪点等于或高于100 ℉且低于140 ℉。
不相容性和反应性:硝酸盐,强氧化剂,强碱和强酸。

测量方法:NIOSH 1450; OSHA 53

个人防护和卫生设施:

- 皮肤:穿戴合适的个人防护服,防止皮肤直接接触。
- 眼睛:佩戴合适的眼部防护用品,防止眼睛直接接触。
- 清洗皮肤:当皮肤受到污染时,应立即清洗污染的皮肤。
- 脱除:如果工作服被弄湿或受到了明显的污染,应该立即脱除并妥善处置。
- 更换:对于班后的衣服的更换需要没有特殊建议。

急救:

- 眼睛:如眼睛直接接触了该化学物质,要立即用大量水冲洗(灌洗)眼睛,冲洗时,不时翻开上下眼睑,并立即就医。
- 皮肤:如果该化学物质直接接触皮肤,迅速用水冲洗污染的皮肤。如果该化学物质渗透进衣服,要立即将衣服脱除,迅速用水冲洗污染的皮肤,若冲洗后刺激症状持续存在,应就医。
- 呼吸:如果接触者吸入大量该化学物质,立即将接触者移至新鲜空气处。如果呼吸停止,要进行人工呼吸,注意保暖和休息。尽快就医。
- 吞入:如果吞入该化学物质,应立即就医。

对呼吸器选择的建议:NIOSH

~5 ppm:

- CcrOv:任何空气过滤式半面罩呼吸器,配防有机蒸气的滤毒盒。指定防护因数=10。*
- Sa:任何供气式呼吸器。指定防护因数=10。*

~12.5 ppm:

- Sa:Cf:任何连续供气式呼吸器。指定防护因数=25。*
- PaprOv:任何动力送风空气过滤式呼吸器,配有机蒸气滤毒盒。指定防护因数=25。*

~25 ppm:

- CcrFOv:任何空气过滤式全面罩呼吸器,配有机蒸气滤毒盒。指定防护因数=50。
- GmFOv:任何空气过滤式全面罩呼吸器(防毒面具),配下颌式、前置式或背置式有机蒸气滤毒罐。指定防护因数=50。
- PaprTOv:任何动力送风空气过滤式呼吸器,配密合型面罩和有机蒸气滤毒盒。指定防护因数=50。*
- ScbaF:任何携气式呼吸器,配全面罩。指定防护因数=50。
- SaF:任何供气式呼吸器,配全面罩。指定防护因数=50。

~500 ppm:

- Sa:Pd,Pp:任何压力需气式或正压供气式呼吸器。指定防护因数=1 000。*

§:应急抢险,或准备进入浓度未知环境,或进入 IDLH 环境:

- ScbaF:Pd,Pp:任何压力需气式或正压携气式呼吸器,配全面罩。指定防护因数=10 000。
- SaF:Pd,Pp:AScba:任何压力需气式或正压供气式呼吸器,配全面罩,配压力需气式或正压携气式辅助呼吸器。指定防护因数=10 000。

逃生:

- GmFOv:任何空气过滤式全面罩呼吸器(防毒面具),配下颌式、前置式或背置式有机蒸气滤毒罐。指定防护因数=50。
- ScbaE:任何适合逃生的携气式呼吸器。

有关呼吸器选择的其他重要信息参见相关标准。

接触途径:呼吸道,皮肤吸收,胃肠道,皮肤和/或眼睛直接接触。

症状:眼睛、鼻刺激;呕吐;肾损害;麻痹;动物:生殖、致畸效应。

靶器官:皮肤,呼吸系统,胃肠道,生殖系统,造血系统。

E

乙酸乙酯(Ethyl acetate)

$CH_3COOC_2H_5$

异名和商品名:醋酸乙酯,Acetic ester,Acetic ether,Ethyl ester of acetic acid,Ethyl ethanoate

CAS No.:141-78-6
RTECS No.:AH5425000
DOT ID 和指南号:1173 129

接触限值:NIOSH REL:TWA 400 ppm(1 400 mg/m^3)
OSHA PEL:TWA 400 ppm(1 400 mg/m^3)

IDLH:2 000 ppm[10%爆炸下限]

浓度换算系数:1 ppm=3.60 mg/m^3

理化性质:无色液体,具有乙醚样的水果味。

分子量:88.1	沸点:171 ℉
凝固点:−117 ℉	溶解度(77 ℉):10%
蒸气压:73 mmHg	电离电位:10.01 eV
比重:0.90	闪点:24 ℉
爆炸上限:11.5%	爆炸下限:2.0%

IB 类易燃液体——闪点低于 73 ℉,沸点等于或高于 100 ℉。

不相容性和反应性:硝酸盐,强氧化剂,强碱和强酸。

测量方法:NIOSH 1457;OSHA 7

个人防护和卫生设施:

- 皮肤:穿戴合适的个人防护服,防止皮肤直接接触。
- 眼睛:佩戴合适的眼部防护用品,防止眼睛直接接触。
- 清洗皮肤:当皮肤受到污染时,应立即清洗污染的皮肤。
- 脱除:如果工作服被可燃性物质(即闪点低于 100 ℉的液体)浸湿,应当立即脱除并妥善处置,以防着火。
- 更换:对于班后的衣服的更换需要没有特殊建议。

急救:

- 眼睛:如眼睛直接接触了该化学物质,要立即用大量水冲洗(灌洗)眼睛,冲洗时,不时翻开上下眼睑,并立即就医。
- 皮肤:如果该化学物质直接接触皮肤,迅速用水冲洗污染的皮肤。如果该化学物质渗透进衣服,要立即将衣服脱除,迅速用水冲洗污染的皮肤,若冲洗后刺激症状持续存在,应就医。
- 呼吸:如果接触者吸入大量该化学物质,立即将接触者移至新鲜空气处。如果呼吸停止,要进行人工呼吸,注意保暖和休息。尽快就医。

● 吞入：如果吞入该化学物质，应立即就医。

对呼吸器选择的建议：NIOSH/OSHA

～2 000 ppm：

- Sa：Cf：任何连续供气式呼吸器。指定防护因数＝25。£
- PaprOv：任何动力送风空气过滤式呼吸器，配有机蒸气滤毒盒。指定防护因数＝25。£
- CcrFOv：任何空气过滤式全面罩呼吸器，配有机蒸气滤毒盒。指定防护因数＝50。
- GmFOv：任何空气过滤式全面罩呼吸器（防毒面具），配下颌式、前置式或背置式有机蒸气滤毒罐。指定防护因数＝50。
- ScbaF：任何携气式呼吸器，配全面罩。指定防护因数＝50。
- SaF：任何供气式呼吸器，配全面罩。指定防护因数＝50。

§：应急抢险，或准备进入浓度未知环境，或进入 IDLH 环境：

- ScbaF：Pd，Pp：任何压力需气式或正压携气式呼吸器，配全面罩。指定防护因数＝10 000。
- SaF：Pd，Pp：AScba：任何压力需气式或正压供气式呼吸器，配全面罩，配压力需气式或正压携气式辅助呼吸器。指定防护因数＝10 000。

逃生：

- GmFOv：任何空气过滤式全面罩呼吸器（防毒面具），配下颌式、前置式或背置式有机蒸气滤毒罐。指定防护因数＝50。
- ScbaE：任何适合逃生的携气式呼吸器。

有关呼吸器选择的其他重要信息参见相关标准。

接触途径：呼吸道，胃肠道，皮肤和/或眼睛直接接触。

症状：眼睛、皮肤、咽喉刺激；昏迷；皮炎。

靶器官：眼睛，皮肤，呼吸系统。

丙烯酸乙酯（Ethyl acrylate）

$CH_2=CHCOOC_2H_5$

异名和商品名：Ethyl acrylate(inhibited)，Ethyl ester of acrylic acid，Ethyl propenoate

CAS No.：140-88-5

RTECS No.：AT0700000

DOT ID 和指南号：1917 129P（抗聚合）

接触限值：NIOSH REL：Ca 见附录 A

OSHA PEL †：TWA 25 ppm（100 mg/m³）［皮］

IDLH：Ca［300 ppm］ **浓度换算系数**：1 ppm＝4.09 mg/m³

理化性质：无色液体，具有辛辣气味。

分子量：100.1	沸点：211 ℉
凝固点：－96 ℉	溶解度：2％
蒸气压：29 mmHg	电离电位：10.30 eV
比重：0.92	闪点：48 ℉
爆炸上限：14％	爆炸下限：1.4％

ⅠB类易燃液体——闪点低于 73 ℉，沸点等于或高于 100 ℉。

不相容性和反应性：氧化剂，过氧化物，聚合剂，强碱金属，潮湿，氯磺酸。［注：不加稳定剂如氢醌就会聚合。］

测量方法：NIOSH 14500；OSHA 92

个人防护和卫生设施：

- 皮肤：穿戴合适的个人防护服，防止皮肤直接接触。
- 眼睛：佩戴合适的眼部防护用品，防止眼睛直接接触。
- 清洗皮肤：当皮肤受到污染时，应立即清洗污染的皮肤。
- 脱除：如果工作服被可燃性物质（即闪点低于 100 ℉的液体）浸湿，应当立即脱除并妥善处置，以防着火。
- 更换：对于班后的衣服的更换需要没有特殊建议。

- 配备：在劳动者可能接触该化学物质的作业场所，无论是否需要使用眼部防护用品，都应配备眼冲洗设备。在紧靠有可能接触该化学物质的工作场所，应配备快速冲淋身体的设备以应急使用。[注：这些设备应能够提供足量水或流动水，以将可能接触的身体任何部位上的该化学物质除去。实际配备适宜的快速冲淋设备取决于工作场所的具体条件。在某些情况下，必须及时进行大流量淋浴，而其他情况下只需要用一个水槽或软管供水就足够了。]

急救：

- 眼睛：如眼睛直接接触了该化学物质，要立即用大量水冲洗（灌洗）眼睛，冲洗时，不时翻开上下眼睑，并立即就医。
- 皮肤：如果该化学物质直接接触皮肤，立即用水冲洗污染的皮肤。如果该化学物质渗透进衣服，要迅速将衣服脱除，用水冲洗污染的皮肤，并迅速就医。
- 呼吸：如果接触者吸入大量该化学物质，立即将接触者移至新鲜空气处。如果呼吸停止，要进行人工呼吸，注意保暖和休息。尽快就医。
- 吞入：如果吞入该化学物质，应立即就医。

对呼吸器选择的建议：NIOSH

¥：高于 NIOSH REL 的浓度；或当没有 REL 时，任何可以检测到的浓度：

- ScbaF：Pd，Pp：任何压力需气式或正压携气式呼吸器，配全面罩。指定防护因数＝10 000。
- SaF：Pd，Pp：AScba：任何压力需气式或正压供气式呼吸器，配全面罩，配压力需气式或正压携气式辅助呼吸器。指定防护因数＝10 000。

逃生：

- GmFOv：任何空气过滤式全面罩呼吸器（防毒面具），配下颌式、前置式或背置式有机蒸气滤毒罐。指定防护因数＝50。
- ScbaE：任何适合逃生的携气式呼吸器。

有关呼吸器选择的其他重要信息参见相关标准。

接触途径：呼吸道，皮肤吸收，胃肠道，皮肤和/或眼睛直接接触。

症状：眼睛、皮肤、呼吸系统刺激；[潜在职业性致癌物]。

靶器官：眼睛，皮肤，呼吸系统。

致癌部位：[动物：贲门窦肿瘤]。

乙醇（Ethyl alcohol）

CH_3CH_2OH

异名和商品名：酒精，Alcohol，Colognespirit，Ethanol，EtOH，Grainalcohol

CAS No.：64-17-5

RTECS No.：KQ6300000

DOT ID 和指南号：1170 127

接触限值：NIOSH REL：TWA 1 000 ppm（1 900 mg/m³）

OSHA PEL：TWA 1 000 ppm（1 900 mg/m³）

IDLH：3 300 ppm[10%爆炸下限]

浓度换算系数：1 ppm＝1.89 mg/m³

理化性质：透明无色液体，具有微弱乙醚样的葡萄酒气味。

分子量：46.1	沸点：173 ℉
凝固点：－173 ℉	溶解度：与水互溶
蒸气压：44 mmHg	电离电位：10.47 eV
比重：0.79	闪点：55 ℉
爆炸上限：19%	爆炸下限：3.3%

ⅠB 类易燃液体——闪点低于 73 ℉，沸点等于或高于 100 ℉。

不相容性和反应性：强氧化剂，二氧化钾，五氟化溴，乙酰溴，乙酰氯，铂，钠。

E

测量方法:NIOSH 1400;OSHA 100

个人防护和卫生设施:

- 皮肤:穿戴合适的个人防护服,防止皮肤直接接触。
- 眼睛:佩戴合适的眼部防护用品,防止眼睛直接接触。
- 清洗皮肤:当皮肤受到污染时,应立即清洗污染的皮肤。
- 脱除:如果工作服被可燃性物质(即闪点低于 100 ℉的液体)浸湿,应当立即脱除并妥善处置,以防着火。
- 更换:对于班后的衣服的更换需要没有特殊建议。

急救:

- 眼睛:如眼睛直接接触了该化学物质,要立即用大量水冲洗(灌洗)眼睛,冲洗时,不时翻开上下眼睑,并立即就医。
- 皮肤:如果该化学物质直接接触皮肤,迅速用水冲洗污染的皮肤。如果该化学物质渗透进衣服,要立即将衣服脱除,迅速用水冲洗污染的皮肤,若冲洗后刺激症状持续存在,应就医。
- 呼吸:如果接触者吸入大量该化学物质,立即将接触者移至新鲜空气处。通常不需要采取其他措施。
- 吞入:如果吞入该化学物质,应立即就医。

对呼吸器选择的建议:NIOSH/OSHA

~3 300 ppm:

- Sa:任何供气式呼吸器。指定防护因数=10。
- ScbaF:任何携气式呼吸器,配全面罩。指定防护因数=50。

§:应急抢险,或准备进入浓度未知环境,或进入 IDLH 环境:

- ScbaF:Pd,Pp:任何压力需气式或正压携气式呼吸器,配全面罩。指定防护因数=10 000。
- SaF:Pd,Pp:AScba:任何压力需气式或正压供气式呼吸器,配全面罩,配压力需气式或正压携气式辅助呼吸器。指定防护因数=10 000。

逃生:

- ScbaE:任何适合逃生的携气式呼吸器。

有关呼吸器选择的其他重要信息参见相关标准。

接触途径:呼吸道,胃肠道,皮肤和/或眼睛直接接触。

症状:眼睛、皮肤、鼻刺激;头痛,嗜睡,乏力,昏迷;咳嗽;肝损害;贫血;生殖、致畸效应。

靶器官:眼睛,皮肤,呼吸系统,中枢神经系统,肝,血液,生殖系统。

乙胺(Ethylamine)

$CH_3CH_2NH_2$

异名和商品名:氨基乙烷,Aminoethane,Monoethylamine,Ethylamine(anhydrous)

CAS No.:75-04-7

RTECS No.:KH2100000

DOT ID 和指南号:1036 118

接触限值:NIOSH REL:TWA 10 ppm(18 mg/m^3)

OSHA PEL:TWA 10 ppm(18 mg/m^3)

IDLH:600 ppm　**浓度换算系数**:1 ppm=1.85 mg/m^3

理化性质:无色气体或水白色液体(62 ℉以下),具有氨味。[注:以压缩液化气运输。]

分子量:45.1　沸点:62 ℉

凝固点:−114 ℉　溶解度:与水互溶

蒸气压:874 mmHg　电离电位:8.86 eV

相对密度:1.61　比重:0.69(液体)

闪点:1 ℉　爆炸上限:14.0%

爆炸下限:3.5%

易燃气体。

不相容性和反应性:强酸,强氧化剂,铜,有湿气的锡和锌,硝酸纤维素,氯,次氯酸盐。

测量方法:NIOSH S144(Ⅱ-3);OSHA 36

个人防护和卫生设施:

- 皮肤:穿戴合适的个人防护服,防止皮肤直接接触。(液体)

- 眼睛：佩戴合适的眼部防护用品，防止眼睛直接接触。（液体）
- 清洗皮肤：当皮肤受到污染时，应立即清洗污染的皮肤。（液体）
- 脱除：如果工作服被弄湿或受到了明显的污染，应该立即脱除并妥善处置。（液体）
- 更换：对于班后的衣服的更换需要没有特殊建议。
- 配备：在劳动者可能接触该化学物质的作业场所，无论是否需要使用眼部防护用品，都应配备眼冲洗设备。（液体）在紧靠有可能接触该化学物质的工作场所，应配备快速冲淋身体的设备以应急使用。[注：这些设备应能够提供足量水或流动水，以将可能接触的身体任何部位上的该化学物质除去。实际配备适宜的快速冲淋设备取决于工作场所的具体条件。在某些情况下，必须及时进行大流量淋浴，而其他情况下只需要用一个水槽或软管供水就足够了。]（液体）

急救：

- 眼睛：如眼睛直接接触了该化学物质，要立即用大量水冲洗（灌洗）眼睛，冲洗时，不时翻开上下眼睑，并立即就医。（液体）
- 皮肤：如果该化学物质直接接触皮肤，立即用水冲洗污染的皮肤。如果该化学物质渗透进衣服，要迅速将衣服脱除，用水冲洗污染的皮肤，并迅速就医。（液体）
- 呼吸：如果接触者吸入大量该化学物质，立即将接触者移至新鲜空气处。如果呼吸停止，要进行人工呼吸，注意保暖和休息。尽快就医。
- 吞入：如果吞入该化学物质，应立即就医。（液体）

对呼吸器选择的建议：NIOSH/OSHA

～250 ppm：

- Sa：Cf：任何连续供气式呼吸器。指定防护因数＝25。£
- PaprS：任何动力送风空气过滤式呼吸器，配有防该化学物质的滤毒盒。指定防护因数＝25。£

～500 ppm：

- CcrFS：任何空气过滤式全面罩呼吸器，配防该化学物质的滤毒盒。指定防护因数＝50。
- GmFS：任何空气过滤式全面罩呼吸器（防毒面具），配下颌式、前置式或背置式防该化学物质的滤毒罐。指定防护因数＝50。
- ScbaF：任何携气式呼吸器，配全面罩。指定防护因数＝50。
- SaF：任何供气式呼吸器，配全面罩。指定防护因数＝50。

～600 ppm：

- SaF：Pd，Pp：任何压力需气式或正压供气式呼吸器，配全面罩。指定防护因数＝2 000。

§：应急抢险，或准备进入浓度未知环境，或进入 IDLH 环境：

- ScbaF：Pd，Pp：任何压力需气式或正压携气式呼吸器，配全面罩。指定防护因数＝10 000。
- SaF：Pd，Pp：AScba：任何压力需气式或正压供气式呼吸器，配全面罩，配压力需气式或止压携气式辅助呼吸器。指定防护因数＝10 000。

逃生：

- GmFS：任何空气过滤式全面罩呼吸器（防毒面具），配下颌式、前置式或背置式防该化学物质的滤毒罐。指定防护因数＝50。
- ScbaE：任何适合逃生的携气式呼吸器。

有关呼吸器选择的其他重要信息参见相关标准。

接触途径：呼吸道，皮肤吸收（液体），胃肠道（液体），皮肤和/或眼睛直接接触（液体）。

症状：眼睛、皮肤、呼吸系统刺激；皮肤灼伤，皮炎。

靶器官：眼睛，皮肤，呼吸系统。

E

乙苯(Ethyl benzene)

$CH_3CH_2C_6H_5$

异名和商品名:苯乙烷,Ethylbenzol,Phenylethane

CAS No.:100-41-4

RTECS No.:DA0700000

DOT ID 和指南号:1175 130

接触限值:NIOSH REL:TWA 100 ppm(435 mg/m³)
ST 125 ppm(545 mg/m³)
OSHA PEL †:TWA 100 ppm(435 mg/m³)

IDLH:800 ppm[10%爆炸下限]

浓度换算系数:1 ppm=4.34 mg/m³

理化性质:无色液体,具有芳香气味。

分 子 量:106.2　　沸　　点:277 ℉
凝 固 点:-139 ℉　　溶 解 度:0.01%
蒸 气 压:7 mmHg　　电离电位:8.76 eV
比　　重:0.87　　闪　　点:55 ℉
爆炸上限:6.7%　　爆炸下限:0.8%

ⅠB 类易燃液体——闪点低于 73 ℉,沸点等于或高于 100 ℉。

不相容性和反应性:强氧化剂。

测量方法:NIOSH 1501;OSHA 7,1002

个人防护和卫生设施:
- 皮肤:穿戴合适的个人防护服,防止皮肤直接接触。
- 眼睛:佩戴合适的眼部防护用品,防止眼睛直接接触。
- 清洗皮肤:当皮肤受到污染时,应立即清洗污染的皮肤。
- 脱除:如果工作服被可燃性物质(即闪点低于 100 ℉的液体)浸湿,应当立即脱除并妥善处置,以防着火。
- 更换:对于班后的衣服的更换需要没有特殊建议。

急救:
- 眼睛:如眼睛直接接触了该化学物质,要立即用大量水冲洗(灌洗)眼睛,冲洗时,不时翻开上下眼睑,并立即就医。
- 皮肤:如果该化学物质直接接触皮肤,迅速用水冲洗污染的皮肤。如果该化学物质渗透进衣服,要立即将衣服脱除,迅速用水冲洗污染的皮肤,若冲洗后刺激症状持续存在,应就医。
- 呼吸:如果接触者吸入大量该化学物质,立即将接触者移至新鲜空气处。如果呼吸停止,要进行人工呼吸,注意保暖和休息。尽快就医。
- 吞入:如果吞入该化学物质,应立即就医。

对呼吸器选择的建议:NIOSH/OSHA

~800 ppm:
- CcrOv:任何空气过滤式半面罩呼吸器,配防有机蒸气的滤毒盒。指定防护因数=10。*
- GmFOv:任何空气过滤式全面罩呼吸器(防毒面具),配下颌式、前置式或背置式有机蒸气滤毒罐。指定防护因数=50。
- PaprOv:任何动力送风空气过滤式呼吸器,配有机蒸气滤毒盒。指定防护因数=25。*
- Sa:任何供气式呼吸器。指定防护因数=10。*
- ScbaF:任何携气式呼吸器,配全面罩。指定防护因数=50。

§:应急抢险,或准备进入浓度未知环境,或进入 IDLH 环境:
- ScbaF:Pd,Pp:任何压力需气式或正压携气式呼吸器,配全面罩。指定防护因数=10 000。
- SaF:Pd,Pp:AScba:任何压力需气式或正压供气式呼吸器,配全面罩,配压力需气式或正压携气式辅助呼吸器。指定防护因数=10 000。

逃生:
- GmFOv:任何空气过滤式全面罩呼吸器(防毒面具),配下颌式、前置式或背置式有机蒸气滤毒罐。指定防护因数=50。
- ScbaE:任何适合逃生的携气式呼吸器。

有关呼吸器选择的其他重要信息参见相关标准。

接触途径:呼吸道,胃肠道,皮肤和/或眼睛直接接触。

症状:眼睛、皮肤、黏膜刺激;头痛;皮炎;麻醉,昏迷。

靶器官:眼睛,皮肤,呼吸系统,中枢神经系统。

溴乙烷(Ethyl bromide)
CH_3CH_2Br
异名和商品名:乙基溴,Bromoethane,Monobromoethane

CAS No.:74-96-4
RTECS No.:KH6475000
DOT ID 和指南号:1891 131

E

接触限值:NIOSH REL:见附录 D
OSHA PEL †:TWA 200 ppm(890 mg/m³)

IDLH:2 000 ppm **浓度换算系数**:1 ppm=4.46 mg/m³

理化性质:无色至黄色液体,具有乙醚样气味。[注:101 ℉以上为气体。]

分子量:109.0	沸点:101 ℉
凝固点:−182 ℉	溶解度:0.9%
蒸气压:375 mmHg	电离电位:10.29 eV
比重:1.46	闪点:<4 ℉
爆炸上限:8.0%	爆炸下限:6.8%

ⅠB类易燃液体——闪点低于 73 ℉,沸点等于或高于 100 ℉。
不相容性和反应性:化学性质活泼的金属,如钠、钾、钙、粉末状铝、粉末状锌和粉末状镁。

测量方法:NIOSH 1011;OSHA 7

个人防护和卫生设施:
- 皮肤:穿戴合适的个人防护服,防止皮肤直接接触。
- 眼睛:佩戴合适的眼部防护用品,防止眼睛直接接触。
- 清洗皮肤:当皮肤受到污染时,应立即清洗污染的皮肤。
- 脱除:如果工作服被可燃性物质(即闪点低于 100 ℉的液体)浸湿,应当立即脱除并妥善处置,以防着火。
- 更换:对于班后的衣服的更换需要没有特殊建议。

急救:
- 眼睛:如眼睛直接接触了该化学物质,要立即用大量水冲洗(灌洗)眼睛,冲洗时,不时翻开上下眼睑,并立即就医。
- 皮肤:如果该化学物质直接接触皮肤,要迅速用肥皂和水冲洗污染的皮肤。如果该化学物质渗透进衣服,立即将衣服脱除,并用水清洗污染的皮肤。如果清洗后刺激持续存在,应就医。
- 呼吸:如果接触者吸入大量该化学物质,立即将接触者移至新鲜空气处。如果呼吸停止,要进行人工呼吸,注意保暖和休息。尽快就医。
- 吞入:如果吞入该化学物质,应立即就医。

对呼吸器选择的建议:OSHA
~2 000 ppm:
- Sa:任何供气式呼吸器。指定防护因数=10。
- ScbaF:任何携气式呼吸器,配全面罩。指定防护因数=50。

§:应急抢险,或准备进入浓度未知环境,或进入 IDLH 环境:
- ScbaF:Pd,Pp:任何压力需气式或正压携气式呼吸器,配全面罩。指定防护因数=10 000。
- SaF:Pd,Pp:AScba:任何压力需气式或正压供气式呼吸器,配全面罩,配压力需气式或正压携气式辅助呼吸器。指定防护因数=10 000。

逃生:
- GmFOv:任何空气过滤式全面罩呼吸器(防毒面具),配下颌式、前置式或背置式有机蒸气滤毒罐。指定防护因数=50。
- ScbaE:任何适合逃生的携气式呼吸器。

有关呼吸器选择的其他重要信息参见相关标准。

接触途径:呼吸道,胃肠道,皮肤和/或眼睛直接接触。

症状:眼睛、皮肤、呼吸系统刺激;中枢神经系统抑制;肺水肿;肝、肾疾病;心律不齐,心跳停止。

靶器官:眼睛,皮肤,呼吸系统,肝,肾,心血管系统,中枢神经系统。

E

乙基丁基甲酮(Ethyl butyl ketone)

$CH_3CH_2CO(CH_2)_3CH_3$

异名和商品名:乙基正丁基甲酮,3-庚酮,Butyl ethyl ketone,3-Heptanone

CAS No.:106-35-4

RTECS No.:MJ5250000

DOT ID 和指南号:1224 127

接触限值:NIOSH REL:TWA 50 ppm(230 mg/m³)
OSHA PEL:TWA 50 ppm(230 mg/m³)

IDLH:1 000 ppm **浓度换算系数**:1 ppm=4.67 mg/m³

理化性质:无色液体,具有强烈的水果气味。

分子量:114.2	沸点:298 ℉
凝固点:−38 ℉	溶解度:1%
蒸气压:4 mmHg	电离电位:9.02 eV
比重:0.82	闪点(开杯):115 ℉
爆炸上限:未知	爆炸下限:未知

Ⅱ类可燃液体——闪点等于或高于 100 ℉且低于 140 ℉。

不相容性和反应性:氧化剂,乙醛,高氯酸。

测量方法:NIOSH 1301;2553,OSHA 7

个人防护和卫生设施:
- 皮肤:穿戴合适的个人防护服,防止皮肤直接接触。
- 眼睛:佩戴合适的眼部防护用品,防止眼睛直接接触。
- 清洗皮肤:当皮肤受到污染时,应立即清洗污染的皮肤。
- 脱除:如果工作服被弄湿或受到了明显的污染,应该立即脱除并妥善处置。
- 更换:对于班后的衣服的更换需要没有特殊建议。

急救:
- 眼睛:如眼睛直接接触了该化学物质,要立即用大量水冲洗(灌洗)眼睛,冲洗时,不时翻开上下眼睑,并立即就医。
- 皮肤:如果该化学物质直接接触皮肤,用水冲洗污染的皮肤。如存在皮肤刺激症状,应就医。
- 呼吸:如果接触者吸入大量该化学物质,立即将接触者移至新鲜空气处。如果呼吸停止,要进行人工呼吸,注意保暖和休息。尽快就医。
- 吞入:如果吞入该化学物质,应立即就医。

对呼吸器选择的建议:NIOSH/OSHA

~500 ppm:
- CcrOv:任何空气过滤式半面罩呼吸器,配防有机蒸气的滤毒盒。指定防护因数=10。*
- Sa:任何供气式呼吸器。指定防护因数=10。*

~1 000 ppm:
- Sa:Cf:任何连续供气式呼吸器。指定防护因数=25。*
- PaprOv:任何动力送风空气过滤式呼吸器,配有机蒸气滤毒盒。指定防护因数=25。*
- CcrFOv:任何空气过滤式全面罩呼吸器,配有机蒸气滤毒盒。指定防护因数=50。
- GmFOv:任何空气过滤式全面罩呼吸器(防毒面具),配下颌式、前置式或背置式有机蒸气滤毒罐。指定防护因数=50。
- ScbaF:任何携气式呼吸器,配全面罩。指定防护因数=50。
- SaF:任何供气式呼吸器,配全面罩。指定防护因数=50。

§:应急抢险,或准备进入浓度未知环境,或进入 IDLH 环境:
- ScbaF:Pd,Pp:任何压力需气式或正压携气式呼吸器,配全面罩。指定防护因数=10 000。
- SaF:Pd,Pp:AScba:任何压力需气式或正压供气式呼吸器,配全面罩,配压力需气式或正压携气式辅助呼吸器。指定防护因数=10 000。

逃生:
- GmFOv:任何空气过滤式全面罩呼吸器(防毒面具),配下颌式、前置式或背置式有机蒸气滤毒罐。指定防护因数=50。
- ScbaE:任何适合逃生的携气式呼吸器。

有关呼吸器选择的其他重要信息参见相关标准。

接触途径:呼吸道,胃肠道,皮肤和/或眼睛直接接触。

症状:眼睛、皮肤、黏膜刺激;头痛,麻醉,昏迷;皮炎。

靶器官:皮肤,呼吸系统,肝,肾。

氯乙烷(Ethyl chloride) CAS No.:75-00-3

CH_3CH_2Cl RTECS No.:KH7525000

异名和商品名:乙基氯,Chloroethane,Hydrochloric ether,Monochloroethane,Muriatic ether

DOT ID 和指南号:1037 115

E

接触限值:NIOSH REL:工作场所中小心处理。见附录C(氯乙烷)

OSHA PEL:TWA 1 000 ppm(2 600 mg/m^3)

IDLH:3 800 ppm[10%爆炸下限]

浓度换算系数:1 ppm=2.64 mg/m^3

理化性质:无色气体或液体(54 ℉以下),具有浓的乙醚样气味。[注:以压缩液化气运输。]

分子量:64.5 沸点:54 ℉

凝固点:−218 ℉ 溶解度:0.6%

蒸气压:1 000 mmHg 电离电位:10.97 eV

相对密度:2.23 比重:0.92(32 ℉液体)

闪点:不适用(气体) 爆炸上限:15.4%

−58 ℉(液体) 爆炸下限:3.8%

易燃气体。

不相容性和反应性:化学性质活泼的金属(如钠、钾、钙、粉末状铝、锌和镁),氧化剂,水或水蒸气。[注:与水反应生成盐酸。]

测量方法:NIOSH 2519

个人防护和卫生设施:

- 皮肤:穿戴合适的个人防护服,防止皮肤直接接触。(液体)
- 眼睛:佩戴合适的眼部防护用品,防止眼睛直接接触。(液体)
- 清洗皮肤:对于清洗皮肤上的污染物没有其他特殊的建议(包括立即清洗和班后清洗)。
- 脱除:如果工作服被可燃性物质(即闪点低于 100 ℉的液体)浸湿,应当立即脱除并妥善处置,以防着火。
- 更换:对于班后的衣服的更换需要没有特殊建议。

急救:

- 眼睛:如眼睛直接接触了该化学物质,要立即用大量水冲洗(灌洗)眼睛,冲洗时,不时翻开上下眼睑,并立即就医。(液体)
- 皮肤:如果该化学物质直接接触皮肤,迅速用水冲洗污染的皮肤。如果该化学物质渗透进衣服,要立即将衣服脱除,迅速用水冲洗污染的皮肤,若冲洗后刺激症状持续存在,应就医。(液体)
- 呼吸:如果接触者吸入大量该化学物质,立即将接触者移至新鲜空气处。如果呼吸停止,要进行人工呼吸,注意保暖和休息。尽快就医。
- 吞入:如果吞入该化学物质,应立即就医。(液体)

对呼吸器选择的建议:OSHA

~3 800 ppm:

- Sa:任何供气式呼吸器。指定防护因数=10。*
- ScbaF:任何携气式呼吸器,配全面罩。指定防护因数=50。

§:应急抢险,或准备进入浓度未知环境,或进入 IDLH 环境:

- ScbaF:Pd,Pp:任何压力需气式或正压携气式呼吸器,配全面罩。指定防护因数=10 000。
- SaF:Pd,Pp:AScba:任何压力需气式或正压供气式呼吸器,配全面罩,配压力需气式或正压携气式辅助呼吸器。指定防护因数=10 000。

逃生:

- GmFOv:任何空气过滤式全面罩呼吸器(防毒面具),配下颌式、前置式或背置式有机蒸气滤毒罐。指定防护因数=50。
- ScbaE:任何适合逃生的携气式呼吸器。

有关呼吸器选择的其他重要信息参见相关标准。

接触途径:呼吸道,皮肤吸收(液体),胃肠道(液体),皮肤和/或眼睛直接接触。

症状:协调能力下降,酩酊;腹绞痛;心律不齐,心跳停止;肝、肾损害。

靶器官:肝,肾,呼吸系统,心血管系统,中枢神经系统。

E

氯乙醇(Ethylene chlorohydrin)

CH_2ClCH_2OH

异名和商品名:乙撑氯醇,β-氯乙醇,2-氯乙醇,2-Chloroethanol,2-Chloroethyl alcohol,Ethylene chlorhydrin

CAS No.:107-07-3

RTECS No.:KK0875000

DOT ID 和指南号:1135 131

接触限值:NIOSH REL:C 1 ppm(3 mg/m^3)[皮]
OSHA PEL †:TWA 5 ppm(16 mg/m^3)[皮]

IDLH:7 ppm　　**浓度换算系数:**1 ppm=3.29 mg/m^3

理化性质:无色液体,具有淡淡的乙醚样气味。

分子量:80.5　　沸点:262 ℉
凝固点:−90 ℉　　溶解度:与水互溶
蒸气压:5 mmHg　　电离电位:10.90 eV
比重:1.20　　闪点:140 ℉
爆炸上限:15.9%　　爆炸下限:4.9%
ⅢA 类可燃液体——闪点等于或高于 140 ℉且低于 200 ℉。
不相容性和反应性:强氧化剂,强腐蚀剂,水或水蒸气。

测量方法:NIOSH 2513;OSHA 7

个人防护和卫生设施:

- 皮肤:穿戴合适的个人防护服,防止皮肤直接接触。
- 眼睛:佩戴合适的眼部防护用品,防止眼睛直接接触。
- 清洗皮肤:当皮肤受到污染时,应立即清洗污染的皮肤。
- 脱除:如果工作服被弄湿或受到了明显的污染,应该立即脱除并妥善处置。
- 更换:对于班后的衣服的更换需要没有特殊建议。
- 配备:在劳动者可能接触该化学物质的作业场所,无论是否需要使用眼部防护用品,都应配备眼冲洗设备。在紧靠有可能接触该化学物质的工作场所,应配备快速冲淋身体的设备以应急使用。[注:这些设备应能够提供足量水或流动水,以将可能接触的身体任何部位上的该化学物质除去。实际配备适宜的快速冲淋设备取决于工作场所的具体条件。在某些情况下,必须及时进行大流量淋浴,而其他情况下只需要用一个水槽或软管供水就足够了。]

急救:

- 眼睛:如眼睛直接接触了该化学物质,要立即用大量水冲洗(灌洗)眼睛,冲洗时,不时翻开上下眼睑,并立即就医。
- 皮肤:如果该化学物质直接接触皮肤,立即用水冲洗污染的皮肤。如果该化学物质渗透进衣服,要迅速将衣服脱除,用水冲洗污染的皮肤,并迅速就医。
- 呼吸:如果接触者吸入大量该化学物质,立即将接触者移至新鲜空气处。如果呼吸停止,要进行人工呼吸,注意保暖和休息。尽快就医。
- 吞入:如果吞入该化学物质,应立即就医。

对呼吸器选择的建议:NIOSH

~7 ppm:

- Sa:任何供气式呼吸器。指定防护因数=10。*
- ScbaF:任何携气式呼吸器,配全面罩。指定防护因数=50。

§:应急抢险,或准备进入浓度未知环境,或进入 IDLH 环境:

- ScbaF:Pd,Pp:任何压力需气式或正压携气式呼吸器,配全面罩。指定防护因数=10 000。
- SaF:Pd,Pp:AScba:任何压力需气式或正压供气式呼吸器,配全面罩,配压力需气式或正压携气式辅助呼吸器。指定防护因数=10 000。

逃生:

- GmFOv:任何空气过滤式全面罩呼吸器(防毒面具),配下颌式、前置式或背置式有机蒸气滤毒罐。指定防护因数=50。
- ScbaE:任何适合逃生的携气式呼吸器。

有关呼吸器选择的其他重要信息参见相关标准。

接触途径:呼吸道,皮肤吸收,胃肠道,皮肤和/或眼睛直接接触。

症状:黏膜刺激;恶心,呕吐;头晕,协调能力下降;麻痹;视物模糊;头痛;干渴;精神混乱;低血压;虚脱,休

克，昏迷；肝、肾损害。	**靶器官：**呼吸系统，肝，肾，中枢神经系统，心血管系统，眼睛。

E

乙二胺(Ethylenediamine)

$NH_2CH_2CH_2NH_2$

异名和商品名：1,2-二氨基乙烷；1,2-Diaminoethane；1,2-Ethanediamine；Ethylenediamine(anhydrous)

CAS No.：107-15-3

RTECS No.：KH8575000

DOT ID 和指南号：1604 132

接触限值：NIOSH REL：TWA 10 ppm(25 mg/m^3)
OSHA PEL：TWA 10 ppm(25 mg/m^3)

IDLH：1 000 ppm　**浓度换算系数：**1 ppm＝2.46 mg/m^3

理化性质：无色黏稠液体，具有氨味。[杀真菌剂]
[注：47 ℉以下为固体。]

分子量：60.1　沸点：241 ℉
凝固点：47 ℉　溶解度：与水互溶
蒸气压：11 mmHg　电离电位：8.60 eV
比重：0.91　闪点：93 ℉
爆炸上限(212 ℉)：12%　爆炸下限(212 ℉)：2.5%
IC 类易燃液体——闪点等于或高于 73 ℉且低于 100 ℉。
不相容性和反应性：强酸和强氧化剂，四氯化碳和其他有机氯化物，二硫化碳。[注：对金属具有腐蚀性。]

测量方法：NIOSH 2540；OSHA 60

个人防护和卫生设施：

- 皮肤：穿戴合适的个人防护服，防止皮肤直接接触。
- 眼睛：佩戴合适的眼部防护用品，防止眼睛直接接触。
- 清洗皮肤：当皮肤受到污染时，应立即清洗污染的皮肤。/每天工作班结束后，进食、吸烟、喝水前都应该清洗可能受到污染的皮肤。
- 脱除：如果工作服被可燃性物质(即闪点低于 100 ℉的液体)浸湿，应当立即脱除并妥善处置，以防着火。
- 更换：对于班后的衣服的更换需要没有特殊建议。
- 配备：在劳动者可能接触该化学物质的作业场所，无论是否需要使用眼部防护用品，都应配备眼冲洗设备。(>5%)在紧靠有可能接触该化学物质的工作场所，应配备快速冲淋身体的设备以应急使用。[注：这些设备应能够提供足量水或流动水，以将可能接触的身体任何部位上的该化学物质除去。实际配备适宜的快速冲淋设备取决于工作场所的具体条件。在某些情况下，必须及时进行大流量淋浴，而其他情况下只需要用一个水槽或软管供水就足够了。]

急救：

- 眼睛：如眼睛直接接触了该化学物质，要立即用大量水冲洗(灌洗)眼睛，冲洗时，不时翻开上下眼睑，并立即就医。
- 皮肤：如果该化学物质直接接触皮肤，立即用水冲洗污染的皮肤。如果该化学物质渗透进衣服，要迅速将衣服脱除，用水冲洗污染的皮肤，并迅速就医。
- 呼吸：如果接触者吸入大量该化学物质，立即将接触者移至新鲜空气处。如果呼吸停止，要进行人工呼吸，注意保暖和休息。尽快就医。
- 吞入：如果吞入该化学物质，应立即就医。

对呼吸器选择的建议：NIOSH/OSHA

～250 ppm：

- Sa：Cf：任何连续供气式呼吸器。指定防护因数＝25。£
- PaprS：任何动力送风空气过滤式呼吸器，配有防该化学物质的滤毒盒。指定防护因数＝25。£

E

~500 ppm：

- CcrFS：任何空气过滤式全面罩呼吸器，配防该化学物质的滤毒盒。指定防护因数=50。
- GmFS：任何空气过滤式全面罩呼吸器(防毒面具)，配下颌式、前置式或背置式防该化学物质的滤毒罐。指定防护因数=50。
- PaprTS：任何动力送风空气过滤式呼吸器，配密合型面罩和防该化学物质的滤毒盒。指定防护因数=50。£
- ScbaF：任何携气式呼吸器，配全面罩。指定防护因数=50。
- SaF：任何供气式呼吸器，配全面罩。指定防护因数=50。

~1 000 ppm：

- SaF：Pd，Pp：任何压力需气式或正压供气式呼吸器，配全面罩。指定防护因数=2 000。

§：应急抢险，或准备进入浓度未知环境，或进入 IDLH 环境：

- ScbaF：Pd，Pp：任何压力需气式或正压携气式呼吸器，配全面罩。指定防护因数=10 000。
- SaF：Pd，Pp：AScba：任何压力需气式或正压供气式呼吸器，配全面罩，配压力需气式或正压携气式辅助呼吸器。指定防护因数=10 000。

逃生：

- GmFS：任何空气过滤式全面罩呼吸器(防毒面具)，配下颌式、前置式或背置式防该化学物质的滤毒罐。指定防护因数=50。
- ScbaE：任何适合逃生的携气式呼吸器。

有关呼吸器选择的其他重要信息参见相关标准。

接触途径：呼吸道，皮肤吸收，胃肠道，皮肤和/或眼睛直接接触。

症状：鼻、呼吸系统刺激；光敏性皮炎；哮喘；肝、肾损害。

靶器官：皮肤，呼吸系统，肝，肾。

二溴乙烷(Ethylene dibromide)

$BrCH_2CH_2Br$

异名和商品名：1，2-二溴乙烷；二溴化乙烯；1，2-Dibromoethane；Ethylene bromide；Glycol dibromide

CAS No.：106-93-4

RTECS No.：KH9275000

DOT ID 和指南号：1605 154

接触限值：NIOSH REL：Ca TWA 0.045 ppm
C 0.13 ppm[15 min] 见附录 A
OSHA PEL：TWA 20 ppm
C 30 ppm
50 ppm[5 min 最大峰值]

IDLH：Ca [100 ppm] **浓度换算系数：**1 ppm=7.69 mg/m³

理化性质：无色液体或固体(50 ℉以下)，具有甜味。[熏蒸剂]

分子量：187.9	沸点：268 ℉
凝固点：50 ℉	溶解度：0.4%
蒸气压：12 mmHg	电离电位：9.45 eV
比重：2.17	闪点：不适用

爆炸上限：不适用 爆炸下限：不适用

不可燃液体。

不相容性和反应性：化学性质活泼的金属(如钠、钾、钙、热的铝和镁)，液氨，强氧化剂。

测量方法：NIOSH 1008；OSHA 2

个人防护和卫生设施：

- 皮肤：穿戴合适的个人防护服，防止皮肤直接接触。
- 眼睛：佩戴合适的眼部防护用品，防止眼睛直接接触。
- 清洗皮肤：当皮肤受到污染时，应立即清洗污染的皮肤。
- 脱除：如果工作服被弄湿或受到了明显的污染，应该立即脱除并妥善处置。
- 更换：对于班后的衣服的更换需要没有特殊建议。

- 配备：在劳动者可能接触该化学物质的作业场所，无论是否需要使用眼部防护用品，都应配备眼冲洗设备。在紧靠有可能接触该化学物质的工作场所，应配备快速冲淋身体的设备以应急使用。[注：这些设备应能够提供足量水或流动水，以将可能接触的身体任何部位上的该化学物质除去。实际配备适宜的快速冲淋设备取决于工作场所的具体条件。在某些情况下，必须及时进行大流量淋浴，而其他情况下只需要用一个水槽或软管供水就足够了。]

急救：

- 眼睛：如眼睛直接接触了该化学物质，要立即用大量水冲洗（灌洗）眼睛，冲洗时，不时翻开上下眼睑，并立即就医。
- 皮肤：如果该化学物质直接接触皮肤，立即用肥皂和水冲洗污染的皮肤。若该化学物质渗透进衣服，要立即将衣服脱除，用肥皂和水清洗污染的皮肤，并迅速就医。
- 呼吸：如果接触者吸入大量该化学物质，立即将接触者移至新鲜空气处。如果呼吸停止，要进行人工呼吸，注意保暖和休息。尽快就医。
- 吞入：如果吞入该化学物质，应立即就医。

对呼吸器选择的建议：NIOSH

¥：高于 NIOSH REL 的浓度；或当没有 REL 时，任何可以检测到的浓度：

- ScbaF：Pd，Pp：任何压力需气式或正压携气式呼吸器，配全面罩。指定防护因数＝10 000。
- SaF：Pd，Pp：AScba：任何压力需气式或正压供气式呼吸器，配全面罩，配压力需气式或正压携气式辅助呼吸器。指定防护因数＝10 000。

逃生：

- GmFOv：任何空气过滤式全面罩呼吸器（防毒面具），配下颌式、前置式或背置式有机蒸气滤毒罐。指定防护因数＝50。
- ScbaE：任何适合逃生的携气式呼吸器。

有关呼吸器选择的其他重要信息参见相关标准。

接触途径：呼吸道，皮肤吸收，胃肠道，皮肤和/或眼睛直接接触。

症状：眼睛、皮肤、呼吸系统刺激；囊泡性皮炎；肝、心脏、脾、肾损害；生殖效应；[潜在职业性致癌物]。

靶器官：眼睛，皮肤，呼吸系统，肝，肾，生殖系统。

致癌部位：[动物：皮肤和肺肿瘤]。

二氯乙烷（Ethylene dichloride）

$ClCH_2CH_2Cl$

异名和商品名：1,2-二氯乙烷；二氯化乙烯；1,2-Dichloroethane；Ethylene chloride；Glycol dichloride

CAS No.：107-06-2

RTECS No.：KI0525000

DOT ID 和指南号：1184 131

接触限值：NIOSH REL：Ca TWA 1 ppm（4 mg/m^3）

ST 2 ppm（8 mg/m^3）见附录 A、附录 C（氯乙烷）

OSHA PEL †：TWA 50 ppm

C 100 ppm

200 ppm[任何 3 h 内 5 min 最大峰值]

IDLH：Ca [50 ppm]　**浓度换算系数：**1 ppm＝4.05 mg/m^3

理化性质：无色液体，具有令人愉悦的氯仿样气味。[注：慢慢分解为酸性，黑色。]

分子量：99.0	沸点：182 ℉
凝固点：－32 ℉	溶解度：0.9％
蒸气压：64 mmHg	电离电位：11.05 eV
比重：1.24	闪点：56 ℉

爆炸上限:16%　　　　爆炸下限:6.2%

IB类易燃液体——闪点低于73 ℉,沸点等于或高于100 ℉。

不相容性和反应性:强氧化剂和强腐蚀剂,化学性质活泼的金属(如粉末状镁或铝、钠和钾),液氨。[注:在1 112 ℉以上分解为氯乙烯和氯化氢。]

测量方法:NIOSH 1003;OSHA 3

个人防护和卫生设施:

- 皮肤:穿戴合适的个人防护服,防止皮肤直接接触。
- 眼睛:佩戴合适的眼部防护用品,防止眼睛直接接触。
- 清洗皮肤:当皮肤受到污染时,应立即清洗污染的皮肤。
- 脱除:如果工作服被可燃性物质(即闪点低于100 ℉的液体)浸湿,应当立即脱除并妥善处置,以防着火。
- 更换:对于班后的衣服的更换需要没有特殊建议。
- 配备:在劳动者可能接触该化学物质的作业场所,无论是否需要使用眼部防护用品,都应配备眼冲洗设备。在紧靠有可能接触该化学物质的工作场所,应配备快速冲淋身体的设备以应急使用。[注:这些设备应能够提供足量水或流动水,以将可能接触的身体任何部位上的该化学物质除去。实际配备适宜的快速冲淋设备取决于工作场所的具体条件。在某些情况下,必须及时进行大流量淋浴,而其他情况下只需要用一个水槽或软管供水就足够了。]

急救:

- 眼睛:如眼睛直接接触了该化学物质,要立即用大量水冲洗(灌洗)眼睛,冲洗时,不时翻开上下眼睑,并立即就医。
- 皮肤:如果该化学物质直接接触皮肤,要迅速用肥皂和水冲洗污染的皮肤。如果该化学物质渗透进衣服,要迅速将衣服脱除,用肥皂和水清洗污染的皮肤,并迅速就医。
- 呼吸:如果接触者吸入大量该化学物质,立即将接触者移至新鲜空气处。如果呼吸停止,要进行人工呼吸,注意保暖和休息。尽快就医。
- 吞入:如果吞入该化学物质,应立即就医。

对呼吸器选择的建议:NIOSH

¥:高于NIOSH REL的浓度;或当没有REL时,任何可以检测到的浓度:

- ScbaF:Pd,Pp:任何压力需气式或正压携气式呼吸器,配全面罩。指定防护因数=10 000。
- SaF:Pd,Pp:AScba:任何压力需气式或正压供气式呼吸器,配全面罩,配压力需气式或正压携气式辅助呼吸器。指定防护因数=10 000。

逃生:

- GmFOv:任何空气过滤式全面罩呼吸器(防毒面具),配下颌式、前置式或背置式有机蒸气滤毒罐。指定防护因数=50。
- ScbaE:任何适合逃生的携气式呼吸器。

有关呼吸器选择的其他重要信息参见相关标准。

接触途径:呼吸道,胃肠道,皮肤吸收,皮肤和/或眼睛直接接触。

症状:眼睛刺激,角膜混浊;中枢神经系统抑制;恶心,呕吐;皮炎;肝、肾、心血管系统损害;[潜在职业性致癌物]。

靶器官:眼睛,皮肤,肾,肝,中枢神经系统,心血管系统。

致癌部位:[动物:贲门窦癌,乳腺癌及循环系统癌症]。

乙二醇(Ethylene glycol)　　　　CAS No.:107-21-1

$HOCH_2CH_2OH$　　　　RTECS No.:KW2975000

异名和商品名:甘醇;乙撑二醇;1,2-Dihydroxyethane;1,2-Ethanediol;Glycol;Glycol alcohol;Monoethylene glycol　　　　**DOT ID和指南号:**

接触限值:NIOSH REL:见附录D	OSHA PEL †:无

IDLH:N.D. **浓度换算系数**:

理化性质:透明的无色糖浆状无气味液体。[防冻剂][注:9 ℉以下为固体。]

分子量:62.1 沸点:388 ℉
凝固点:9 ℉ 溶解度:与水互溶
蒸气压:0.06 mmHg 电离电位:未知
比重:1.11 闪点:232 ℉
爆炸上限:15.3% 爆炸下限:3.2%
ⅢB类可燃液体——闪点等于或高于200 ℉。
不相容性和反应性:强氧化剂,三氧化铬,高锰酸钾,过氧化钠。[注:吸湿的。]

测量方法:NIOSH 5523;OSHA PV2024

个人防护和卫生设施:
- 皮肤:穿戴合适的个人防护服,防止皮肤直接接触。
- 眼睛:佩戴合适的眼部防护用品,防止眼睛直接接触。
- 清洗皮肤:当皮肤受到污染时,应立即清洗污染的皮肤。
- 脱除:如果工作服被弄湿或受到了明显的污染,应该立即脱除并妥善处置。
- 更换:在离开工作场所前应当将可能受到污染的工作服更换成无污染的衣服。

急救:
- 眼睛:如眼睛直接接触了该化学物质,要立即用大量水冲洗(灌洗)眼睛,冲洗时,不时翻开上下眼睑,并立即就医。
- 皮肤:如果该化学物质直接接触皮肤,立即用水冲洗污染的皮肤。如果该化学物质渗透进衣服,立即将衣服脱除,用水冲洗污染的皮肤。若清洗后出现症状,要立即就医。
- 呼吸:如果接触者吸入大量该化学物质,立即将接触者移至新鲜空气处。如果呼吸停止,要进行人工呼吸,注意保暖和休息。尽快就医。
- 吞入:如果吞入该化学物质,应立即就医。

对呼吸器选择的建议:无。
有关呼吸器选择的其他重要信息参见相关标准。

接触途径:呼吸道,胃肠道,皮肤和/或眼睛直接接触。

症状:眼睛、皮肤、咽喉刺激;恶心,呕吐,腹痛,乏力;头晕,昏迷,抽搐,中枢神经系统抑制;皮肤致敏。

靶器官:眼睛,皮肤,呼吸系统,中枢神经系统。

乙二醇二硝酸酯(Ethylene glycol dinitrate)

$O_2NOCH_2CH_2ONO_2$

异名和商品名:硝化乙二醇;二硝酸乙二醇;EGDN;1,2-Ethanediol dinitrate;Ethylene dinitrate;Ethylene nitrate;Glycol dinitrate;Nitroglycol

CAS No.:628-96-6
RTECS No.:KW5600000
DOT ID 和指南号:

接触限值:NIOSH REL:ST 0.1 mg/m³[皮]
OSHA PEL †:C 0.2 ppm(1 mg/m³)[皮]

IDLH:75 mg/m³ **浓度换算系数**:1 ppm=6.22 mg/m³

理化性质:无色至黄色,油状,无气味液体。[注:一种炸药中含本品(60%~80%)和硝化甘油(40%~20%)。]

分子量:152.1 沸点:387 ℉
凝固点:-8 ℉ 溶解度:不溶
蒸气压:0.05 mmHg 电离电位:未知
比重:1.49 闪点:419 ℉
爆炸上限:未知 爆炸下限:未知
爆炸性液体。
不相容性和反应性:酸,碱。

测量方法:NIOSH 2507;OSHA 43

E

个人防护和卫生设施：

- 皮肤：穿戴合适的个人防护服，防止皮肤直接接触。
- 眼睛：佩戴合适的眼部防护用品，防止眼睛直接接触。
- 清洗皮肤：当皮肤受到污染时，应立即清洗污染的皮肤。
- 脱除：如果工作服被可燃性物质（即闪点低于 100 ℉的液体）浸湿，应当立即脱除并妥善处置，以防着火。
- 更换：在离开工作场所前应当将可能受到污染的工作服更换成无污染的衣服。
- 配备：在紧靠有可能接触该化学物质的工作场所，应配备快速冲淋身体的设备以应急使用。[注：这些设备应能够提供足量水或流动水，以将可能接触的身体任何部位上的该化学物质除去。实际配备适宜的快速冲淋设备取决于工作场所的具体条件。在某些情况下，必须及时进行大流量淋浴，而其他情况下只需要用一个水槽或软管供水就足够了。]

急救：

- 眼睛：如眼睛直接接触了该化学物质，要立即用大量水冲洗（灌洗）眼睛，冲洗时，不时翻开上下眼睑，并立即就医。
- 皮肤：如果该化学物质直接接触皮肤，立即用肥皂和水冲洗污染的皮肤。若该化学物质渗透进衣服，要立即将衣服脱除，用肥皂和水清洗污染的皮肤，并迅速就医。
- 呼吸：如果接触者吸入大量该化学物质，立即将接触者移至新鲜空气处。如果呼吸停止，要进行人工呼吸，注意保暖和休息。尽快就医。
- 吞入：如果吞入该化学物质，应立即就医。

对呼吸器选择的建议：NIOSH

～1 mg/m³：

- Sa：任何供气式呼吸器。指定防护因数＝10。*

～2.5 mg/m³：

- Sa：Cf：任何连续供气式呼吸器。指定防护因数＝25。*

～5 mg/m³：

- SaT：Cf：任何连续供气式呼吸器，配密合型面罩。指定防护因数＝50。*
- ScbaF：任何携气式呼吸器，配全面罩。指定防护因数＝50。
- SaF：任何供气式呼吸器，配全面罩。指定防护因数＝50。

～75 mg/m³：

- SaF：Pd，Pp：任何压力需气式或正压供气式呼吸器，配全面罩。指定防护因数＝2 000。

§：应急抢险，或准备进入浓度未知环境，或进入 IDLH 环境：

- ScbaF：Pd，Pp：任何压力需气式或正压携气式呼吸器，配全面罩。指定防护因数＝10 000。
- SaF：Pd，Pp：AScba：任何压力需气式或正压供气式呼吸器，配全面罩，配压力需气式或正压携气式辅助呼吸器。指定防护因数＝10 000。

逃生：

- GmFOv100：任何空气过滤式全面罩呼吸器（防毒面具），配下颌式、前置式或背置式有机蒸气滤毒罐和 N100、R100 或 P100 的综合防护过滤元件。指定防护因数＝50。选择 N、R 或 P 过滤元件的信息见表 4。
- ScbaE：任何适合逃生的携气式呼吸器。

有关呼吸器选择的其他重要信息参见相关标准。

接触途径：呼吸道，皮肤吸收，胃肠道，皮肤和/或眼睛直接接触。

症状：搏动性头痛；头晕；恶心，呕吐，腹痛；低血压，面红，心悸，咽峡炎；高铁血红蛋白症，谵妄，中枢神经系统抑制；皮肤刺激；动物：贫血；肝、肾损害。

靶器官：皮肤，心血管系统，血液，肝，肾。

氮杂环丙烷(Ethyleneimine)

C_2H_5N

CAS No.:151-56-4

RTECS No.:KX5075000

DOT ID 和指南号:1185 131P(抗聚合)

异名和商品名:乙(撑)亚胺,吖丙啶,氯丙啶,氮丙环,二甲亚胺,Aminoethylene,Azirane,Aziridine,Dimethyleneimine,Dimethylenimine,Ethylenimine,Ethylimine

E

接触限值:NIOSH REL:Ca 见附录 A

OSHA PEL:[1910.1012] 见附录 B

IDLH:Ca [100 ppm] **浓度换算系数**:1 ppm=1.76 mg/m^3

理化性质:无色液体,具有氨味。[注:通常含抗聚合剂。]

分子量:43.1　沸点:133 ℉

凝固点:−97 ℉　溶解度:与水互溶

蒸气压:160 mmHg　电离电位:9.20 eV

比重:0.83　闪点:12 ℉

爆炸上限:54.8%　爆炸下限:3.3%

IB 类易燃液体——闪点低于 73 ℉,沸点等于或高于 100 ℉。

不相容性和反应性:酸存在时发生爆炸性聚合。[注:可与银合金(如银焊条)形成爆炸性银衍生物。]

测量方法:NIOSH 3514

个人防护和卫生设施:

- 皮肤:穿戴合适的个人防护服,防止皮肤直接接触。
- 眼睛:佩戴合适的眼部防护用品,防止眼睛直接接触。
- 清洗皮肤:当皮肤受到污染时,应立即清洗污染的皮肤。/每天工作班结束后,进食、吸烟、喝水前都应该清洗可能受到污染的皮肤。
- 脱除:如果工作服被弄湿或受到了明显的污染,应该立即脱除并妥善处置。
- 更换:在离开工作场所前应当将可能受到污染的工作服更换成无污染的衣服。
- 配备:在劳动者可能接触该化学物质的作业场所,无论是否需要使用眼部防护用品,都应配备眼冲洗设备。在紧靠有可能接触该化学物质的工作场所,应配备快速冲淋身体的设备以应急使用。[注:这些设备应能够提供足量水或流动水,以将可能接触的身体任何部位上的该化学物质除去。实际配备适宜的快速冲淋设备取决于工作场所的具体条件。在某些情况下,必须及时进行大流量淋浴,而其他情况下只需要用一个水槽或软管供水就足够了。]

急救:

- 眼睛:如眼睛直接接触了该化学物质,要立即用大量水冲洗(灌洗)眼睛,冲洗时,不时翻开上下眼睑,并立即就医。
- 皮肤:如果该化学物质直接接触皮肤,立即用肥皂和水冲洗污染的皮肤。若该化学物质渗透进衣服,要立即将衣服脱除,用肥皂和水清洗污染的皮肤,并迅速就医。
- 呼吸:如果接触者吸入大量该化学物质,立即将接触者移至新鲜空气处。如果呼吸停止,要进行人工呼吸,注意保暖和休息。尽快就医。
- 吞入:如果吞入该化学物质,应立即就医。

对呼吸器选择的建议:NIOSH

¥:高于 NIOSH REL 的浓度;或当没有 REL 时,任何可以检测到的浓度:

- ScbaF:Pd,Pp:任何压力需气式或正压携气式呼吸器,配全面罩。指定防护因数=10 000。
- SaF:Pd,Pp:AScba:任何压力需气式或正压供气式呼吸器,配全面罩,配压力需气式或正压携气式辅助呼吸器。指定防护因数=10 000。

逃生:

- GmFOv:任何空气过滤式全面罩呼吸器(防毒面具),配下颌式、前置式或背置式有机蒸气滤毒罐。指定防护因数=50。
- ScbaE:任何适合逃生的携气式呼吸器。

(见附录 E)
有关呼吸器选择的其他重要信息参见相关标准。

接触途径:呼吸道,皮肤吸收,胃肠道,皮肤和/或眼睛直接接触。

症状:眼睛、皮肤、咽喉刺激;恶心,呕吐;头痛,头晕;肺水肿;肝、肾损害;眼睛灼伤;皮肤致敏;[潜在职业性致癌物]。

靶器官:眼睛,皮肤,呼吸系统,肝,肾。
致癌部位:[动物:肺及肝肿瘤]。

环氧乙烷(Ethylene oxide)
C_2H_4O
异名和商品名:乙撑氧;乙烯基氧;Dimethylene oxide;1,2-Epoxy ethane;Oxirane

RTECS No.:KX2450000
CAS No.:75-21-8
DOT ID 和指南号:1040 119P

接触限值:NIOSH REL:Ca TWA <0.1 ppm(0.18 mg/m^3)
C 5 ppm(9 mg/m^3)[10 min/d]
见附录 A
OSHA PEL:[1910.1047] TWA 1 ppm
5 ppm[15 min 超限值]

IDLH: Ca [800 ppm] **浓度换算系数:**1 ppm=1.80 mg/m^3

理化性质:无色气体或液体(51 ℉以下),具有乙醚样气味。

分 子 量:44.1　　沸　　点:51 ℉
凝 固 点:−171 ℉　　溶 解 度:与水互溶
蒸 气 压:1.46 大气压　　电离电位:10.56 eV
相对密度:1.49　　比　　重:0.82(50 ℉液体)
闪　　点:不适用(气体)　　爆炸上限:100%
　　　　−20 ℉(液体)　　爆炸下限:3.0%
易燃气体。
不相容性和反应性:强酸、强碱和强氧化剂,铁、铝和锡的氯化物,铁和铝的氧化物,水。

测量方法:NIOSH 1614,3800;OSHA 30,49,50

个人防护和卫生设施:
- 皮肤:穿戴合适的个人防护服,防止皮肤直接接触。(液体)
- 眼睛:佩戴合适的眼部防护用品,防止眼睛直接接触。(液体)
- 清洗皮肤:当皮肤受到污染时,应立即清洗污染的皮肤。(液体)
- 脱除:如果工作服被可燃性物质(即闪点低于 100 ℉的液体)浸湿,应当立即脱除并妥善处置,以防着火。
- 更换:对于班后的衣服的更换需要没有特殊建议。
- 配备:在紧靠有可能接触该化学物质的工作场所,应配备快速冲淋身体的设备以应急使用。[注:这些设备应能够提供足量水或流动水,以将可能接触的身体任何部位上的该化学物质除去。实际配备适宜的快速冲淋设备取决于工作场所的具体条件。在某些情况下,必须及时进行大流量淋浴,而其他情况下只需要用一个水槽或软管供水就足够了。](液体)

急救:
- 眼睛:如眼睛直接接触了该化学物质,要立即用大量水冲洗(灌洗)眼睛,冲洗时,不时翻开上下眼睑,并立即就医。
- 皮肤:如果该化学物质直接接触皮肤,立即用水冲洗污染的皮肤。如果该化学物质渗透进衣服,要迅速将衣服脱除,用水冲洗污染的皮肤,并迅速就医。
- 呼吸:如果接触者吸入大量该化学物质,立即将接触者移至新鲜空气处。如果呼吸停止,要进行人工呼吸,注意保暖和休息。尽快就医。
- 吞入:如果吞入该化学物质,应立即就医。(液体)

对呼吸器选择的建议:NIOSH

~5 ppm:

- GmFS:任何空气过滤式全面罩呼吸器(防毒面具),配下颌式、前置式或背置式防该化学物质的滤毒罐。指定防护因数=50。†
- ScbaF:任何携气式呼吸器,配全面罩。指定防护因数=50。
- SaF:任何供气式呼吸器,配全面罩。指定防护因数=50。

§:应急抢险,或准备进入浓度未知环境,或进入IDLH环境:

- ScbaF:Pd,Pp:任何压力需气式或正压携气式呼吸器,配全面罩。指定防护因数=10 000。
- SaF:Pd,Pp:AScba:任何压力需气式或正压供气式呼吸器,配全面罩,配压力需气式或正压携气式辅助呼吸器。指定防护因数=10 000。

逃生:

- GmFS:任何空气过滤式全面罩呼吸器(防毒面具),配下颌式、前置式或背置式防该化学物质的滤毒罐。指定防护因数=50。†
- ScbaE:任何适合逃生的携气式呼吸器。

(见附录E)

有关呼吸器选择的其他重要信息参见相关标准。

接触途径:呼吸道,胃肠道(液体),皮肤和/或眼睛直接接触。

症状:眼睛、皮肤、鼻、咽喉刺激;特异味;头痛,恶心,呕吐;腹泻,呼吸困难,紫绀,肺水肿;嗜睡,乏力,协调能力下降;心电图异常;眼睛、皮肤灼伤(液体或高浓度蒸气);液体:冻伤;生殖效应;[潜在职业性致癌物];动物:抽搐,肝、肾损害。

靶器官:眼睛,皮肤,呼吸系统,肝,中枢神经系统,血液,肾,生殖系统。

致癌部位:[腹膜癌,白血病]。

亚乙基硫脲(Ethylene thiourea)

$C_3H_6N_2S$

CAS No.:96-45-7

RTECS No.:NI9625000

异名和商品名:亚乙基硫脲;1,3-Ethylene-2-thiourea;N,N-Ethylenethiourea;ETU;2-Imidazolidine-2-thione

DOT ID 和指南号:

接触限值:NIOSH REL:Ca 以胶囊状态使用。见附录A
OSHA PEL:无

IDLH:Ca[N.D.]　　**浓度换算系数**:

理化性质:白色至淡绿色晶体,具有淡淡的胺味。[注:可作为聚氯丁烯橡胶和其他合成橡胶加工过程中的加速剂。]

分子量:102.2	沸点:446~595 ℉
熔点:392 ℉	溶解度(86 ℉):2%
蒸气压:16 mmHg	电离电位:8.15 eV
比重:未知	闪点:486 ℉

爆炸上限:未知　　爆炸下限:未知

可燃固体。

不相容性和反应性:丙烯醛。

测量方法:NIOSH 5011;OSHA 95

个人防护和卫生设施:

- 皮肤:穿戴合适的个人防护服,防止皮肤直接接触。
- 眼睛:佩戴合适的眼部防护用品,防止眼睛直接接触。
- 清洗皮肤:当皮肤受到污染时,应立即清洗污染的皮肤。/每天工作班结束后,进食、吸烟、喝水前都应该清洗可能受到污染的皮肤。

- 脱除：如果工作服被弄湿或受到了明显的污染，应该立即脱除并妥善处置。
- 更换：在离开工作场所前应当将可能受到污染的工作服更换成无污染的衣服。

急救：

- 眼睛：如眼睛直接接触了该化学物质，要立即用大量水冲洗（灌洗）眼睛，冲洗时，不时翻开上下眼睑，并立即就医。
- 皮肤：如果该化学物质直接接触皮肤，立即用肥皂和水冲洗污染的皮肤。若该化学物质渗透进衣服，要立即将衣服脱除，用肥皂和水清洗污染的皮肤，并迅速就医。
- 呼吸：如果接触者吸入大量该化学物质，立即将接触者移至新鲜空气处。如果呼吸停止，要进行人工呼吸，注意保暖和休息。尽快就医。
- 吞入：如果吞入该化学物质，应立即就医。

对呼吸器选择的建议：NIOSH

¥：高于 NIOSH REL 的浓度；或当没有 REL 时，任何可以检测到的浓度：

- ScbaF：Pd，Pp：任何压力需气式或正压携气式呼吸器，配全面罩。指定防护因数＝10 000。
- SaF：Pd，Pp：AScba：任何压力需气式或正压供气式呼吸器，配全面罩，配压力需气式或正压携气式辅助呼吸器。指定防护因数＝10 000。

逃生：

- GmFOv100：任何空气过滤式全面罩呼吸器（防毒面具），配下颌式、前置式或背置式有机蒸气滤毒罐和 N100、R100 或 P100 的综合防护过滤元件。指定防护因数＝50。选择 N、R 或 P 过滤元件的信息见表 4。
- ScbaE：任何适合逃生的携气式呼吸器。

有关呼吸器选择的其他重要信息参见相关标准。

接触途径：呼吸道，胃肠道，皮肤和/或眼睛直接接触。

症状：眼睛刺激；动物：皮肤增厚；甲状腺肿；致畸效应；［潜在职业性致癌物］。

靶器官：眼睛，皮肤，甲状腺，生殖系统。

致癌部位：［动物：肝、甲状腺及淋巴系统肿瘤］。

乙醚（Ethyl ether）

$C_2H_5OC_2H_5$

异名和商品名：二乙（基）醚，溶剂醚，Diethyl ether，Diethyl oxide，Ethyl oxide，Ether，Solvent ether

CAS No.：60-29-7

RTECS No.：KI5775000

DOT ID 和指南号：1155 127

接触限值：NIOSH REL：见附录 D

OSHA PEL †：TWA 400 ppm（1 200 mg/m^3）

IDLH：1 900 ppm［10％爆炸下限］

浓度换算系数：1 ppm＝3.03 mg/m^3

理化性质：无色液体，具有浓甜味。［注：94 ℉以上为气体。］

分子量：74.1　沸点：94 ℉

凝固点：－177 ℉　溶解度：8％

蒸气压：440 mmHg　电离电位：9.53 eV

比重：0.71　闪点：－49 ℉

爆炸上限：36.0％　爆炸下限：1.9％

IA 类易燃液体——闪点低于 73 ℉，沸点低于 100 ℉。

不相容性和反应性：强氧化剂，卤素，硫磺，硫化合物。［注：在空气和光的作用下，可形成爆炸性过氧化物。］

测量方法：NIOSH 1610；OSHA 7

个人防护和卫生设施：

- 皮肤：穿戴合适的个人防护服，防止皮肤直接接触。
- 眼睛：佩戴合适的眼部防护用品，防止眼睛直接接触。
- 清洗皮肤：对于清洗皮肤上的污染物没有其他特殊的建议（包括立即清洗和班后清洗）。
- 脱除：如果工作服被可燃性物质（即闪点低于 100 ℉的液体）浸湿，应当立即脱除并妥善处置，以防着火。
- 更换：对于班后的衣服的更换需要没有特殊建议。

急救：

- 眼睛：如眼睛直接接触了该化学物质，要立即用大量水冲洗（灌洗）眼睛，冲洗时，不时翻开上下眼睑，并立即就医。
- 皮肤：如果该化学物质直接接触皮肤，立即用水冲洗污染的皮肤。如果该化学物质渗透进衣服，迅速将衣服脱除，用水冲洗污染的皮肤。若清洗后症状持续存在，应就医。
- 呼吸：如果接触者吸入大量该化学物质，立即将接触者移至新鲜空气处。如果呼吸停止，要进行人工呼吸，注意保暖和休息。尽快就医。
- 吞入：如果吞入该化学物质，应立即就医。

对呼吸器选择的建议：OSHA

～1 900 ppm：

- CcrOv：任何空气过滤式半面罩呼吸器，配防有机蒸气的滤毒盒。指定防护因数＝10。*
- GmFOv：任何空气过滤式全面罩呼吸器（防毒面具），配下颌式、前置式或背置式有机蒸气滤毒罐。指定防护因数＝50。
- PaprOv：任何动力送风空气过滤式呼吸器，配有机蒸气滤毒盒。指定防护因数＝25。*
- Sa：任何供气式呼吸器。指定防护因数＝10。*
- ScbaF：任何携气式呼吸器，配全面罩。指定防护因数＝50。

§：应急抢险，或准备进入浓度未知环境，或进入 IDLH 环境：

- ScbaF：Pd，Pp：任何压力需气式或正压携气式呼吸器，配全面罩。指定防护因数＝10 000。
- SaF：Pd，Pp：AScba：任何压力需气式或正压供气式呼吸器，配全面罩，配压力需气式或正压携气式辅助呼吸器。指定防护因数＝10 000。

逃生：

- GmFOv：任何空气过滤式全面罩呼吸器（防毒面具），配下颌式、前置式或背置式有机蒸气滤毒罐。指定防护因数＝50。
- ScbaE：任何适合逃生的携气式呼吸器。

有关呼吸器选择的其他重要信息参见相关标准。

接触途径：呼吸道，胃肠道，皮肤和/或眼睛直接接触。

症状：眼睛、皮肤、上呼吸道刺激；头晕，嗜睡，头痛，兴奋，昏迷；恶心，呕吐。

靶器官：眼睛，皮肤，呼吸系统，中枢神经系统。

甲酸乙酯（Ethyl formate）

CH_3CH_2OCHO

异名和商品名：Ethyl ester of formic acid，Ethyl methanoate

CAS No.：109-94-4

RTECS No.：LQ8400000

DOT ID 和指南号：1190 129

接触限值：NIOSH REL：TWA 100 ppm（300 mg/m³）
OSHA PEL：TWA 100 ppm（300 mg/m³）

IDLH：1 500 ppm **浓度换算系数：**1 ppm＝3.03 mg/m³

理化性质：无色液体，具有水果气味。

分子量：74.1	沸点：130 ℉
凝固点：－113 ℉	溶解度（64 ℉）：9％
蒸气压：200 mmHg	电离电位：10.61 eV
比重：0.92	闪点：－4 ℉
爆炸上限：16.0％	爆炸下限：2.8％

ⅠB类易燃液体——闪点低于73 ℉,沸点等于或高于100 ℉。不相容性和反应性:硝酸盐,强氧化剂,强碱和强酸。[注:在水中缓慢分解形成乙醇和甲酸。]

E

测量方法:NIOSH 1452;OSHA 7

个人防护和卫生设施:

- 皮肤:穿戴合适的个人防护服,防止皮肤直接接触。
- 眼睛:佩戴合适的眼部防护用品,防止眼睛直接接触。
- 清洗皮肤:当皮肤受到污染时,应立即清洗污染的皮肤。
- 脱除:如果工作服被可燃性物质(即闪点低于100 ℉的液体)浸湿,应当立即脱除并妥善处置,以防着火。
- 更换:对于班后的衣服的更换需要没有特殊建议。

急救:

- 眼睛:如眼睛直接接触了该化学物质,要立即用大量水冲洗(灌洗)眼睛,冲洗时,不时翻开上下眼睑,并立即就医。
- 皮肤:如果该化学物质直接接触皮肤,立即用水冲洗污染的皮肤。如果该化学物质渗透进衣服,要迅速将衣服脱除,用水冲洗污染的皮肤,并迅速就医。
- 呼吸:如果接触者吸入大量该化学物质,立即将接触者移至新鲜空气处。如果呼吸停止,要进行人工呼吸,注意保暖和休息。尽快就医。
- 吞入:如果吞入该化学物质,应立即就医。

对呼吸器选择的建议:NIOSH/OSHA

~1 500 ppm:

- Sa∶Cf:任何连续供气式呼吸器。指定防护因数=25。£
- PaprOv:任何动力送风空气过滤式呼吸器,配有机蒸气滤毒盒。指定防护因数=25。£
- CcrFOv:任何空气过滤式全面罩呼吸器,配有机蒸气滤毒盒。指定防护因数=50。
- GmFOv:任何空气过滤式全面罩呼吸器(防毒面具),配下颌式、前置式或背置式有机蒸气滤毒罐。指定防护因数=50。
- ScbaF:任何携气式呼吸器,配全面罩。指定防护因数=50。
- SaF:任何供气式呼吸器,配全面罩。指定防护因数=50。

§:应急抢险,或准备进入浓度未知环境,或进入IDLH环境:

- ScbaF∶Pd,Pp:任何压力需气式或正压携气式呼吸器,配全面罩。指定防护因数=10 000。
- SaF∶Pd,Pp∶AScba:任何压力需气式或正压供气式呼吸器,配全面罩,配压力需气式或正压携气式辅助呼吸器。指定防护因数=10 000。

逃生:

- GmFOv:任何空气过滤式全面罩呼吸器(防毒面具),配下颌式、前置式或背置式有机蒸气滤毒罐。指定防护因数=50。
- ScbaE:任何适合逃生的携气式呼吸器。

有关呼吸器选择的其他重要信息参见相关标准。

接触途径:呼吸道,胃肠道,皮肤和/或眼睛直接接触。

症状:眼睛、上呼吸道刺激;动物:昏迷。

靶器官:眼睛,呼吸系统,中枢神经系统。

亚乙基降冰片烯(Ethylidene norbornene)

C_9H_{12}

CAS No.:16219-75-3

RTECS No.:RB9450000

DOT ID和指南号:

异名和商品名:ENB,5-Ethylidenebicyclo(2.2.1)hept-2-ene,5-Ethylidene-2-norbornene[注:由于其反应性,ENB需要加入叔丁基儿茶酚保持稳定。]

接触限值:NIOSH REL:C 5 ppm(25 mg/m³)

OSHA PEL †:无

IDLH: N. D.　　**浓度换算系数:** 1 ppm＝4.92 mg/m^3

理化性质: 无色至白色液体，具有松脂样气味。

分子量：120.2　　沸点：298 ℉
凝固点：－112 ℉　　溶解度：未知
蒸气压：4 mmHg　　电离电位：未知
比重：0.90　　闪点(开杯)：101 ℉
爆炸上限：未知　　爆炸下限：未知
Ⅱ类可燃液体——闪点等于或高于 100 ℉且低于 140 ℉。
不相容性和反应性：氧气。[注：由于 ENB 可与氧气反应，所以应储存在氮气中。]

测量方法: 无。

个人防护和卫生设施:

- 皮肤：穿戴合适的个人防护服，防止皮肤直接接触。
- 眼睛：佩戴合适的眼部防护用品，防止眼睛直接接触。
- 清洗皮肤：每天工作班结束后，进食、吸烟、喝水前都应该清洗可能受到污染的皮肤。
- 脱除：如果工作服被弄湿或受到了明显的污染，应该立即脱除并妥善处置。
- 更换：对于班后的衣服的更换需要没有特殊建议。

急救:

- 眼睛：如眼睛直接接触了该化学物质，要立即用大量水冲洗(灌洗)眼睛，冲洗时，不时翻开上下眼睑，并立即就医。
- 皮肤：如果该化学物质直接接触皮肤，立即用肥皂和水冲洗污染的皮肤。若该化学物质渗透进衣服，要立即将衣服脱除，用肥皂和水清洗污染的皮肤，并迅速就医。
- 呼吸：如果接触者吸入大量该化学物质，立即将接触者移至新鲜空气处。如果呼吸停止，要进行人工呼吸，注意保暖和休息。尽快就医。
- 吞入：如果吞入该化学物质，应立即就医。

对呼吸器选择的建议: 无。

有关呼吸器选择的其他重要信息参见相关标准。

接触途径: 呼吸道，皮肤吸收，胃肠道，皮肤和/或眼睛直接接触。

症状: 眼睛、皮肤、咽喉刺激；头痛；咳嗽，呼吸困难；恶心，呕吐；嗅觉、味觉改变；化学性肺炎(吸入液体)；动物：肝、肾、泌尿生殖器损伤；骨髓效应。

靶器官: 眼睛，皮肤，呼吸系统，中枢神经系统，肝，肾，泌尿生殖系统，骨髓。

E

乙硫醇(Ethyl mercaptan)

CH_3CH_2SH

异名和商品名: 1-巯基乙烷，Ethanethiol，Ethyl sulfhydrate，Mercaptoethane

CAS No.: 75-08-1
RTECS No.: KI9625000
DOT ID 和指南号: 2363 129

接触限值: NIOSH REL：C 0.5 ppm(1.3 mg/m^3)[15 min]
OSHA PEL †：C 10 ppm(25 mg/m^3)

IDLH: 500 ppm　　**浓度换算系数:** 1 ppm＝2.54 mg/m^3

理化性质: 无色液体，具有强烈的臭鼬样气味。[注：95 ℉以上为气体。]

分子量：62.1　　沸点：95 ℉
凝固点：－228 ℉　　溶解度：0.7%
蒸气压：442 mmHg　　电离电位：9.29 eV
比重：0.84　　闪点：－55 ℉
爆炸上限：18.0%　　爆炸下限：2.8%
ⅠA 类易燃液体——闪点低于 73 ℉，沸点低于 100 ℉。
不相容性和反应性：强氧化剂。[注：与次氯酸钙强烈反应。]

测量方法: NIOSH 2542

E

个人防护和卫生设施：

- 皮肤：穿戴合适的个人防护服，防止皮肤直接接触。
- 眼睛：佩戴合适的眼部防护用品，防止眼睛直接接触。
- 清洗皮肤：当皮肤受到污染时，应立即清洗污染的皮肤。
- 脱除：如果工作服被可燃性物质（即闪点低于 100 ℉的液体）浸湿，应当立即脱除并妥善处置，以防着火。
- 更换：对于班后的衣服的更换需要没有特殊建议。

急救：

- 眼睛：如眼睛直接接触了该化学物质，要立即用大量水冲洗（灌洗）眼睛，冲洗时，不时翻开上下眼睑，并立即就医。
- 皮肤：如果该化学物质直接接触皮肤，立即用肥皂和水冲洗污染的皮肤。若该化学物质渗透进衣服，要立即将衣服脱除，用肥皂和水清洗污染的皮肤，并迅速就医。
- 呼吸：如果接触者吸入大量该化学物质，立即将接触者移至新鲜空气处。如果呼吸停止，要进行人工呼吸，注意保暖和休息。尽快就医。
- 吞入：如果吞入该化学物质，应立即就医。

对呼吸器选择的建议：NIOSH

~5 ppm：

- CcrOv：任何空气过滤式半面罩呼吸器，配防有机蒸气的滤毒盒。指定防护因数＝10。
- Sa：任何供气式呼吸器。指定防护因数＝10。

~12.5 ppm：

- Sa：Cf：任何连续供气式呼吸器。指定防护因数＝25。
- PaprOv：任何动力送风空气过滤式呼吸器，配有机蒸气滤毒盒。指定防护因数＝25。

~25 ppm：

- CcrFOv：任何空气过滤式全面罩呼吸器，配有机蒸气滤毒盒。指定防护因数＝50。
- GmFOv：任何空气过滤式全面罩呼吸器（防毒面具），配下颌式、前置式或背置式有机蒸气滤毒罐。指定防护因数＝50。
- SaT：Cf：任何连续供气式呼吸器，配密合型面罩。指定防护因数＝50。
- PaprTOv：任何动力送风空气过滤式呼吸器，配密合型面罩和有机蒸气滤毒盒。指定防护因数＝50。
- ScbaF：任何携气式呼吸器，配全面罩。指定防护因数＝50。
- SaF：任何供气式呼吸器，配全面罩。指定防护因数＝50。

~500 ppm：

- Sa：Pd，Pp：任何压力需气式或正压供气式呼吸器。指定防护因数＝1 000。

§：应急抢险，或准备进入浓度未知环境，或进入 IDLH 环境：

- ScbaF：Pd，Pp：任何压力需气式或正压携气式呼吸器，配全面罩。指定防护因数＝10 000。
- SaF：Pd，Pp：AScba：任何压力需气式或正压供气式呼吸器，配全面罩，配压力需气式或正压携气式辅助呼吸器。指定防护因数＝10 000。

逃生：

- GmFOv：任何空气过滤式全面罩呼吸器（防毒面具），配下颌式、前置式或背置式有机蒸气滤毒罐。指定防护因数＝50。
- ScbaE：任何适合逃生的携气式呼吸器。

有关呼吸器选择的其他重要信息参见相关标准。

接触途径：呼吸道，胃肠道，皮肤和/或眼睛直接接触。

症状：黏膜刺激；头痛，恶心；动物：协调能力下降，乏力；肝、肾损害；紫绀；昏迷。

靶器官：眼睛，呼吸系统，肝，肾，血液。

N-乙基吗啡啉(N-Ethylmorpholine)

$C_4H_8ONCH_2CH_3$

异名和商品名:4-乙基吗啡啉,4-Ethylmorpholine

CAS No.:100-74-3

RTECS No.:QE4025000

DOT ID 和指南号:

E

接触限值:NIOSH REL:TWA 5 ppm(23 mg/m³)[皮]

OSHA PEL †:TWA 20 ppm(94 mg/m³)[皮]

IDLH:100 ppm　　**浓度换算系数:**1 ppm=4.71 mg/m³

理化性质:无色液体,具有氨味。

分 子 量:115.2　　沸　　点:281 ℉

凝 固 点:−81 ℉　　溶 解 度:与水互溶

蒸 气 压:6 mmHg　　电离电位:未知

比　　重:0.90　　闪点(开杯):90 ℉

爆炸上限:未知　　爆炸下限:未知

IC 类易燃液体——闪点等于或高于 73 ℉且低于 100 ℉。

不相容性和反应性:强酸,强氧化剂。

测量方法:NIOSH S146(Ⅱ-3)

个人防护和卫生设施:

- 皮肤:穿戴合适的个人防护服,防止皮肤直接接触。
- 眼睛:佩戴合适的眼部防护用品,防止眼睛直接接触。
- 清洗皮肤:当皮肤受到污染时,应立即清洗污染的皮肤。
- 脱除:如果工作服被可燃性物质(即闪点低于 100 ℉的液体)浸湿,应当立即脱除并妥善处置,以防着火。
- 更换:对于班后的衣服的更换需要没有特殊建议。
- 配备:在劳动者可能接触该化学物质的作业场所,无论是否需要使用眼部防护用品,都应配备眼冲洗设备。(>15%)在紧靠有可能接触该化学物质的工作场所,应配备快速冲淋身体的设备以应急使用。[注:这些设备应能够提供足量水或流动水,以将可能接触的身体任何部位上的该化学物质除去。实际配备适宜的快速冲淋设备取决于工作场所的具体条件。在某些情况下,必须及时进行大流量淋浴,而其他情况下只需要用一个水槽或软管供水就足够了。]

急救:

- 眼睛:如眼睛直接接触了该化学物质,要立即用大量水冲洗(灌洗)眼睛,冲洗时,不时翻开上下眼睑,并立即就医。
- 皮肤:如果该化学物质直接接触皮肤,迅速用水冲洗污染的皮肤。如果该化学物质渗透进衣服,要立即将衣服脱除,迅速用水冲洗污染的皮肤,若冲洗后刺激症状持续存在,应就医。
- 呼吸:如果接触者吸入大量该化学物质,立即将接触者移至新鲜空气处。如果呼吸停止,要进行人工呼吸,注意保暖和休息。尽快就医。
- 吞入:如果吞入该化学物质,应立即就医。

对呼吸器选择的建议:NIOSH

~50 ppm:

- CcrOv:任何空气过滤式半面罩呼吸器,配防有机蒸气的滤毒盒。指定防护因数=10。*
- Sa:任何供气式呼吸器。指定防护因数=10。*

~100 ppm:

- Sa:Cf:任何连续供气式呼吸器。指定防护因数=25。*
- PaprOv:任何动力送风空气过滤式呼吸器,配有机蒸气滤毒盒。指定防护因数=25。*
- CcrFOv:任何空气过滤式全面罩呼吸器,配有机蒸气滤毒盒。指定防护因数=50。
- GmFOv:任何空气过滤式全面罩呼吸器(防毒面具),配下颌式、前置式或背置式有机蒸气滤毒罐。指定防护因数=50。
- ScbaF:任何携气式呼吸器,配全面罩。指定防护因数=50。
- SaF:任何供气式呼吸器,配全面罩。指定防护因数=50。

§:应急抢险,或准备进入浓度未知环境,或进入 IDLH 环境:

- ScbaF:Pd,Pp:任何压力需气式或正压携气式呼吸器,配全面罩。指定防护因数=10 000。
- SaF:Pd,Pp:AScba:任何压力需气式或正压供气式呼吸器,配全面罩,配压力需气式或正压携气式辅助呼吸器。指定防护因数=10 000。

逃生:

- GmFOv:任何空气过滤式全面罩呼吸器(防毒面具),配下颌式、前置式或背置式有机蒸气滤毒罐。指定防护因数=50。
- ScbaE:任何适合逃生的携气式呼吸器。

有关呼吸器选择的其他重要信息参见相关标准。

接触途径:呼吸道,皮肤吸收,胃肠道,皮肤和/或眼睛直接接触。

症状:眼睛、鼻、咽喉刺激;视物模糊:角膜浮肿,蓝灰色幻视,色晕。

靶器官:眼睛,呼吸系统。

硅酸乙酯(Ethyl silicate)

$(C_2H_5)_4SiO_4$

CAS No.:78-10-4

RTECS No.:VV9450000

DOT ID 和指南号:1292 129

异名和商品名:硅酸四乙酯,四乙氧基硅烷,正硅酸乙酯,Ethyl orthosilicate,Ethyl silicate(condensed),Tetraethoxysilane,Tetraethyl orthosilicate,Tetraethyl silicate

接触限值:NIOSH REL:TWA 10 ppm(85 mg/m^3)
OSHA PEL †:TWA 100 ppm(850 mg/m^3)

IDLH:700 ppm **浓度换算系数:**1 ppm=8.52 mg/m^3

理化性质:无色液体,具有强烈的酒精气味。

分子量:208.3	沸点:336 ℉
凝固点:−117 ℉	溶解度:与水反应
蒸气压:1 mmHg	电离电位:9.77 eV
比重:0.93	闪点:99 ℉
爆炸上限:未知	爆炸下限:未知

IC 类易燃液体——闪点等于或高于 73 ℉且低于 100 ℉。

不相容性和反应性:强氧化剂,水。[注:与水反应生成硅酮黏合剂(乳白色物质)。]

测量方法:NIOSH S264(Ⅱ-3)

个人防护和卫生设施:

- 皮肤:穿戴合适的个人防护服,防止皮肤直接接触。
- 眼睛:佩戴合适的眼部防护用品,防止眼睛直接接触。
- 清洗皮肤:当皮肤受到污染时,应立即清洗污染的皮肤。
- 脱除:如果工作服被可燃性物质(即闪点低于 100 ℉的液体)浸湿,应当立即脱除并妥善处置,以防着火。
- 更换:对于班后的衣服的更换需要没有特殊建议。

急救:

- 眼睛:如眼睛直接接触了该化学物质,要立即用大量水冲洗(灌洗)眼睛,冲洗时,不时翻开上下眼睑,并立即就医。
- 皮肤:如果该化学物质直接接触皮肤,要迅速用肥皂和水冲洗污染的皮肤。如果该化学物质渗透进衣服,要迅速将衣服脱除,用肥皂和水清洗皮肤,并迅速就医。
- 呼吸:如果接触者吸入大量该化学物质,立即将接触者移至新鲜空气处。如果呼吸停止,要进行人工呼吸,注意保暖和休息。尽快就医。
- 吞入:如果吞入该化学物质,应立即就医。

对呼吸器选择的建议:NIOSH

~100 ppm:

- Sa:任何供气式呼吸器。指定防护因数=10。*

~250 ppm:

- Sa:Cf:任何连续供气式呼吸器。指定防护因数=25。*

~500 ppm:

- ScbaF:任何携气式呼吸器,配全面罩。指定防护因数=50。
- SaF:任何供气式呼吸器,配全面罩。指定防护因数=50。

~700 ppm:

- SaF:Pd,Pp:任何压力需气式或正压供气式呼吸器,配全面罩。指定防护因数=2 000。

§:应急抢险,或准备进入浓度未知环境,或进入 IDLH 环境:

- ScbaF:Pd,Pp:任何压力需气式或正压携气式呼吸器,配全面罩。指定防护因数=10 000。
- SaF:Pd,Pp:AScba:任何压力需气式或正压供气式呼吸器,配全面罩,配压力需气式或正压携气式辅助呼吸器。指定防护因数=10 000。

逃生:

- GmFOv:任何空气过滤式全面罩呼吸器(防毒面具),配下颌式、前置式或背置式有机蒸气滤毒罐。指定防护因数=50。
- ScbaE:任何适合逃生的携气式呼吸器。

有关呼吸器选择的其他重要信息参见相关标准。

接触途径:呼吸道,胃肠道,皮肤和/或眼睛直接接触。

症状:眼睛、鼻刺激;动物:流泪;呼吸困难,肺水肿;震颤,昏迷;肝、肾损害;贫血。

靶器官:眼睛,呼吸系统,肝,肾,血液,皮肤。

F

苯线磷(Fenamiphos)

$C_{13}H_{22}NO_3PS$

CAS No.:22224-92-6

RTECS No.:TB3675000

DOT ID 和指南号:

异名和商品名:虫胺磷,芬灭松,克线磷,Ethyl 3-methyl-4-(methylthio)phenyl-(1-methylethyl)phosphoramidate,Nemacur®,Phenamiphos

接触限值:NIOSH REL:TWA 0.1mg/m³[皮]
OSHA PEL †:无

IDLH:N.D. **浓度换算系数:**

理化性质:米黄色至褐色,蜡样固体。[杀虫剂][注:商品为5%~15%混合颗粒剂或乳化剂。]

分子量:303.4 沸点:未知
熔点:121 ℉ 溶解度:0.03%
蒸气压:0.000 05 mmHg 电离电位:未知
比重:1.14 闪点:未知
爆炸上限:未知 爆炸下限:未知

不相容性和反应性:未见报道。[注:在碱性条件下可水解。]

测量方法:NIOSH 5600

个人防护和卫生设施:

- 皮肤:穿戴合适的个人防护服,防止皮肤直接接触。
- 眼睛:佩戴合适的眼部防护用品,防止眼睛直接接触。
- 清洗皮肤:当皮肤受到污染时,应立即清洗污染的皮肤。/每天工作班结束后,进食、吸烟、喝水前都应该清洗可能受到污染的皮肤。
- 脱除:如果工作服被弄湿或受到了明显的污染,应该立即脱除并妥善处置。
- 更换:在离开工作场所前应当将可能受到污染的工作服更换成无污染的衣服。
- 配备:在紧靠有可能接触该化学物质的工作场所,应配备快速冲淋身体的设备以应急使用。[注:这些设备应能够提供足量水或流动水,以将可能接触的身体任何部位上的该化学物质除去。实际配备适宜的快速冲淋设备取决于工作场所的具体条件。在某些情况下,必须及时进行大流量淋浴,而其他情况下只需要用一个水槽或软管供水就足够了。]

急救:

- 眼睛:如眼睛直接接触了该化学物质,要立即用大量水冲洗(灌洗)眼睛,冲洗时,不时翻开上下眼睑,并立即就医。
- 皮肤:如果该化学物质直接接触皮肤,要立即用肥皂和水冲洗污染的皮肤。如果该化学物质渗透衣服,立即将衣服脱除,并用水清洗污染的皮肤。如果清洗后刺激持续存在,应就医。
- 呼吸:如果接触者吸入大量该化学物质,立即将接触者移至新鲜空气处。如果呼吸停止,要进行人工呼吸,注意保暖和休息。尽快就医。
- 吞入:如果吞入该化学物质,应立即就医。

对呼吸器选择的建议:无。
有关呼吸器选择的其他重要信息参见相关标准。

接触途径:呼吸道,皮肤吸收,胃肠道,皮肤和/或眼睛直接接触。

症状:恶心,呕吐,腹绞痛,腹泻,流涎;头痛,头晕,乏力;流涕,胸闷;视物模糊,瞳孔缩小;心律不齐;肌颤;呼吸困难。

靶器官:呼吸系统,中枢神经系统,心血管系统,血胆碱酯酶。

丰索磷(Fensulfothion)

$C_{11}H_{17}O_4PS_2$

CAS No.:115-90-2

RTECS No.:TF3850000

DOT ID 和指南号:

异名和商品名:繁福松;线虫磷;Dasanit®;O,O-Diethyl-O-(p-methylsulfinyl) phenyl-phosphorothioate;Terracur P®

F

接触限值:NIOSH REL:TWA 0.1 mg/m³

OSHA PEL †:无

IDLH:N.D.　　**浓度换算系数:**

理化性质:棕色液体或黄色油。[杀虫剂]

分子量:308.4	沸点:未知
凝固点:未知	溶解度(77 ℉):0.2%
蒸气压:未知	电离电位:未知
比重:1.20	闪点:未知
爆炸上限:未知	爆炸下限:未知

可燃液体。

不相容性和反应性:碱。

测量方法:无。

个人防护和卫生设施:

- 皮肤:穿戴合适的个人防护服,防止皮肤直接接触。
- 眼睛:佩戴合适的眼部防护用品,防止眼睛直接接触。
- 清洗皮肤:当皮肤受到污染时,应立即清洗污染的皮肤。
- 脱除:如果工作服被弄湿或受到了明显的污染,应该立即脱除并妥善处置。
- 更换:对于班后的衣服的更换需要没有特殊建议。
- 配备:在劳动者可能接触该化学物质的作业场所,无论是否需要使用眼部防护用品,都应配备眼冲洗设备。在紧靠有可能接触该化学物质的工作场所,应配备快速冲淋身体的设备以应急使用。[注:这些设备应能够提供足量水或流动水,以将可能接触的身体任何部位上的该化学物质除去。实际配备适宜的快速冲淋设备取决于工作场所的具体条件。在某些情况下,必须及时进行大流量淋浴,而其他情况下只需要用一个水槽或软管供水就足够了。]

急救:

- 眼睛:如眼睛直接接触了该化学物质,要立即用大量水冲洗(灌洗)眼睛,冲洗时,不时翻开上下眼睑,并立即就医。
- 皮肤:如果该化学物质直接接触皮肤,要立即用肥皂和水冲洗污染的皮肤。如果该化学物质渗透衣服,立即将衣服脱除,并用水清洗污染的皮肤。如果清洗后刺激持续存在,应就医。
- 呼吸:如果接触者吸入大量该化学物质,立即将接触者移至新鲜空气处。如果呼吸停止,要进行人工呼吸,注意保暖和休息。尽快就医。
- 吞入:如果吞入该化学物质,应立即就医。

对呼吸器选择的建议:无。

有关呼吸器选择的其他重要信息参见相关标准。

接触途径:呼吸道,皮肤吸收,胃肠道,皮肤和/或眼睛直接接触。

症状:皮肤刺激;恶心,呕吐,腹绞痛,腹泻,流涎;头痛,头晕,乏力;流涕,胸闷;视物模糊,瞳孔缩小;心律不齐;肌颤;呼吸困难。

靶器官:皮肤,呼吸系统,中枢神经系统,心血管系统,血胆碱酯酶。

F

倍硫磷(Fenthion)

$C_{10}H_{15}O_3PS$

CAS No.:55-38-9
RTECS No.:TF9625000
DOT ID 和指南号:

异名和商品名: 百治屠;O,O-二甲基-O-3-甲基-(4-甲硫基苯基)硫代磷酸酯;Baytex;Entex;O,O-Dimethyl-O-3-methyl-4-methylthiophenyl phosphorothioate

接触限值: NIOSH REL:见附录 D
OSHA PEL †:无

IDLH: N. D.　　**浓度换算系数:**

理化性质: 无色至棕色液体,具有轻微大蒜样气味。[杀虫剂]

分子量:278.3　　沸点:未知
凝固点:43 ℉　　溶解度:0.006%
蒸气压:0.000 3 mmHg　　电离电位:未知
比重:1.25　　闪点:不适用
爆炸上限:不适用　　爆炸下限:不适用
不可燃液体。
不相容性和反应性:氧化剂。

测量方法: 无。

个人防护和卫生设施:

- 皮肤:穿戴合适的个人防护服,防止皮肤直接接触。
- 眼睛:佩戴合适的眼部防护用品,防止眼睛直接接触。
- 清洗皮肤:当皮肤受到污染时,应立即清洗污染的皮肤。
- 脱除:如果工作服被弄湿或受到了明显的污染,应该立即脱除并妥善处置。
- 更换:在离开工作场所前应当将可能受到污染的工作服更换成无污染的衣服。

急救:

- 眼睛:如眼睛直接接触了该化学物质,要立即用大量水冲洗(灌洗)眼睛,冲洗时,不时翻开上下眼睑,并立即就医。
- 皮肤:如果该化学物质直接接触皮肤,要立即用肥皂和水冲洗污染的皮肤。如果该化学物质渗透衣服,立即将衣服脱除,并用水清洗污染的皮肤。如果清洗后刺激持续存在,应就医。
- 呼吸:如果接触者吸入大量该化学物质,立即将接触者移至新鲜空气处。如果呼吸停止,要进行人工呼吸,注意保暖和休息。尽快就医。
- 吞入:如果吞入该化学物质,应立即就医。

对呼吸器选择的建议: 无。

有关呼吸器选择的其他重要信息参见相关标准。

接触途径: 呼吸道,皮肤吸收,胃肠道,皮肤和/或眼睛直接接触。

症状: 恶心,呕吐,腹绞痛,腹泻,流涎;头痛,头晕,乏力;流涕,胸闷;视物模糊,瞳孔缩小;心律不齐;肌颤;呼吸困难。

靶器官: 呼吸系统,中枢神经系统,心血管系统,血胆碱脂酶。

福美铁(Ferbam)

$[(CH_3)_2NCS_2]_3Fe$

CAS No.:14484-64-1
RTECS No.:NO8750000
DOT ID 和指南号:

异名和商品名: 二甲胺基荒酸铁,tris(Dimethyldithiocarbamato) iron,Ferric dimethyl dithiocarbamate

接触限值: NIOSH REL:TWA 10 mg/m³　　OSHA PEL †:TWA 15 mg/m³

IDLH:800 mg/m^3　　　　**浓度换算系数**:

理化性质:暗褐色至黑色,无气味固体。[杀真菌剂]

分 子 量:416.5　　　沸　点:分解
熔　点:>356 ℉(分解)　溶 解 度:0.01%
蒸 气 压:0 mmHg(约)　电离电位:7.72 eV
比　重:未知　　　闪　点:未知
爆炸上限:未知　　　爆炸下限:未知
最低爆炸浓度:55 g/m^3
可燃固体。
不相容性和反应性:强氧化剂,湿气。

测量方法:NIOSH 0500

个人防护和卫生设施:

- 皮肤:穿戴合适的个人防护服,防止皮肤直接接触。
- 眼睛:佩戴合适的眼部防护用品,防止眼睛直接接触。
- 清洗皮肤:当皮肤受到污染时,应立即清洗污染的皮肤。
- 脱除:如果工作服被弄湿或受到了明显的污染,应该立即脱除并妥善处置。
- 更换:在离开工作场所前应当将可能受到污染的工作服更换成无污染的衣服。

急救:

- 眼睛:如眼睛直接接触了该化学物质,要立即用大量水冲洗(灌洗)眼睛,冲洗时,不时翻开上下眼睑,并立即就医。
- 皮肤:如果该化学物质直接接触皮肤,要迅速用肥皂和水冲洗污染的皮肤。如果该化学物质渗透衣服,要迅速将衣服脱除,用肥皂和水清洗皮肤,并迅速就医。
- 呼吸:如果接触者吸入大量该化学物质,立即将接触者移至新鲜空气处。如果呼吸停止,要进行人工呼吸,注意保暖和休息。尽快就医。
- 吞入:如果吞入该化学物质,应立即就医。

对呼吸器选择的建议:NIOSH

~50 mg/m^3:

- Qm:任何四分之一面罩呼吸器,选择 N、R 或 P 过滤元件的信息见表 4。指定防护因数=5。

~100 mg/m^3:

- 95XQ:任何除四分之一面罩之外的防颗粒物呼吸器,配有 N95、R95 或 P95 过滤元件(包括 N95、R95 或 P95 随弃式面罩)。也可使用以下过滤元件:N99、R99、P99、N100、R100、P100。指定防护因数=10。选择 N、R 或 P 过滤元件的信息见表 4。*
- Sa:任何供气式呼吸器。指定防护因数=10。*

~250 mg/m^3:

- Sa:Cf:任何连续供气式呼吸器。指定防护因数=25。*
- PaprHie:任何动力送风空气过滤式呼吸器,配有高效颗粒物过滤元件。指定防护因数=25。*

~500 mg/m^3:

- 100F:任何空气过滤式全面罩呼吸器,配有 N100、R100 或 P100 过滤元件。指定防护因数=50。选择 N、R 或 P 过滤元件的信息见表 4。
- SaT:Cf:任何连续供气式呼吸器,配密合型面罩。指定防护因数=50。*
- PaprTHie:任何动力送风空气过滤式呼吸器,配密合型面罩和高效颗粒物过滤元件。指定防护因数=50。*
- ScbaF:任何携气式呼吸器,配全面罩。指定防护因数=50。
- SaF:任何供气式呼吸器,配全面罩。指定防护因数=50。

~800 mg/m^3:

- SaF:Pd,Pp:任何压力需气式或正压供气式呼吸器,配全面罩。指定防护因数=2 000。

§:应急抢险,或准备进入浓度未知环境,或进入 IDLH 环境:

- ScbaF:Pd,Pp:任何压力需气式或正压携气式呼吸器,配全面罩。指定防护因数=10 000。
- SaF:Pd,Pp:AScba:任何压力需气式或正压供气式呼吸器,配全面罩,配压力需气式或正压携气式辅助呼吸器。指定防护因数=10 000。

F

逃生：

- 100F：任何空气过滤式全面罩呼吸器，配有 N100、R100 或 P100 过滤元件。指定防护因数＝50。选择 N、R 或 P 过滤元件的信息见表 4。
- ScbaE：任何适合逃生的携气式呼吸器。

有关呼吸器选择的其他重要信息参见相关标准。

接触途径：呼吸道，胃肠道，皮肤和/或眼睛直接接触。

症状：眼睛、呼吸道刺激；皮炎；胃肠道紊乱。

靶器官：眼睛，皮肤，呼吸系统，胃肠道。

钒铁尘(Ferrovanadium dust)　　CAS No.：12604-58-9

FeV　　RTECS No.：LK2900000

异名和商品名：钒铁，铁钒合金，Ferrovanadium　　DOT ID 和指南号：

接触限值：NIOSH REL*：TWA 1 mg/m³ ST 3 mg/m³

[*注：REL 也适用于钒金属和碳化钒。]

OSHA PEL †：TWA 1 mg/m³

IDLH：500 mg/m³　　**浓度换算系数：**

理化性质：分散在空气中的暗黑色无气味颗粒物。

[注：铁钒合金通常包含 50%～80%的钒。]

分子量：106.8	沸点：未知
熔点：2 696～2 768 ℉	溶解度：不溶
蒸气压：0 mmHg(约)	电离电位：不适用
比重：未知	闪点：不适用
爆炸上限：不适用	爆炸下限：不适用

最低爆炸浓度：1.3 g/m³

金属：不可燃固体，但粉尘有爆炸危险。

不相容性和反应性：强氧化剂。

测量方法：OSHA ID121，ID125G

个人防护和卫生设施：

- 皮肤：对于个体皮肤防护装备的需要没有特殊建议。
- 眼睛：对眼部防护的需要没有特殊建议。
- 清洗皮肤：对于清洗皮肤上的污染物没有其他特殊的建议(包括立即清洗和班后清洗)。
- 脱除：对于脱除被污染或被弄湿的工作服的需要没有特殊建议。
- 更换：对于班后的衣服的更换需要没有特殊建议。

急救：

- 眼睛：如眼睛直接接触了该化学物质，要立即用大量水冲洗(灌洗)眼睛，冲洗时，不时翻开上下眼睑，并立即就医。
- 呼吸：如果接触者吸入大量该化学物质，立即将接触者移至新鲜空气处。如果呼吸停止，要进行人工呼吸，注意保暖和休息。尽快就医。

对呼吸器选择的建议：NIOSH/OSHA

～5 mg/m³：

- Qm：任何四分之一面罩呼吸器，选择 N、R 或 P 过滤元件的信息见表 4。指定防护因数＝5。*

～10 mg/m³：

- 95XQ：任何除四分之一面罩之外的防颗粒物呼吸器，配有 N95、R95 或 P95 过滤元件(包括 N95、R95 或 P95 随弃式面罩)。也可使用以下过滤元件：N99、R99、P99、N100、R100、P100。指定防护因数＝10。选择 N、R 或 P 过滤元件的信息见表 4。*
- Sa：任何供气式呼吸器。指定防护因数＝10。*

～25 mg/m³：

- Sa：Cf：任何连续供气式呼吸器。指定防护因数＝25。*
- PaprHie：任何动力送风空气过滤式呼吸器，配有高效颗粒物过滤元件。指定防护因数＝25。*

～50 mg/m³：

- 100F:任何空气过滤式全面罩呼吸器,配有 N100、R100 或 P100 过滤元件。指定防护因数=50。选择 N、R 或 P 过滤元件的信息见表 4。
- SaT:Cf:任何连续供气式呼吸器,配密合型面罩。指定防护因数=50。*
- PaprTHie:任何动力送风空气过滤式呼吸器,配密合型面罩和高效颗粒物过滤元件。指定防护因数=50。*
- ScbaF:任何携气式呼吸器,配全面罩。指定防护因数=50。
- SaF:任何供气式呼吸器,配全面罩。指定防护因数=50。

~500 mg/m³:

- SaF:Pd,Pp:任何压力需气式或正压供气式呼吸器,配全面罩。指定防护因数=2 000。

§:应急抢险,或准备进入浓度未知环境,或进入 IDLH 环境:

- ScbaF:Pd,Pp:任何压力需气式或正压携气式呼吸器,配全面罩。指定防护因数=10 000。
- SaF:Pd,Pp:AScba:任何压力需气式或正压供气式呼吸器,配全面罩,配压力需气式或正压携气式辅助呼吸器。指定防护因数=10 000。

逃生:

- 100F:任何空气过滤式全面罩呼吸器,配有 N100、R100 或 P100 过滤元件。指定防护因数=50。选择 N、R 或 P 过滤元件的信息见表 4。
- ScbaE:任何适合逃生的携气式呼吸器。

有关呼吸器选择的其他重要信息参见相关标准。

接触途径:呼吸道,皮肤和/或眼睛直接接触。

症状:皮肤、呼吸系统刺激;动物:支气管炎,肺炎。

靶器官:眼睛,呼吸系统。

玻璃棉粉尘(Fibrous glass dust)

CAS No.:

RTECS No.:LK3651000

异名和商品名:玻璃纤维,Fiber glas®,Fiberglass,Glass fibers,Glass wool

DOT ID 和指南号:

[注:通常由硼硅酸盐和低碱硅酸玻璃产生。]

接触限值:NIOSH REL:TWA 3 f/cm³(纤维直径≤3.5 μm,长度≥10 μm。)
TWA 5 mg/m³(总颗粒物)
OSHA PEL:TWA 15 mg/m³(总颗粒物)
TWA 5 mg/m³(呼吸性颗粒物)

IDLH:N.D. **浓度换算系数:**

理化性质:典型的玻璃丝直径>3 μm 或者玻璃棉直径<0.05 μm 以及长度>1 μm。

分子量:不适用	沸点:不适用
熔点:未知	溶解度:不溶
蒸气压:0 mmHg(约)	电离电位:不适用
比重:2.5	闪点:不适用
爆炸上限:不适用	爆炸下限:不适用

不可燃的纤维。

不相容性和反应性:未见报道。

测量方法:NIOSH 7400

个人防护和卫生设施:

- 皮肤:穿戴合适的个人防护服,防止皮肤直接接触。
- 眼睛:佩戴合适的眼部防护用品,防止眼睛直接接触。
- 清洗皮肤:每天工作班结束后,进食、吸烟、喝水前都应该清洗可能受到污染的皮肤。
- 脱除:对于脱除被污染或被弄湿的工作服的需要没有特殊建议。
- 更换:在离开工作场所前应当将可能受到污染的工作服更换成无污染的衣服。

F

急救：

- 眼睛：如眼睛直接接触了该化学物质，要立即用大量水冲洗（灌洗）眼睛，冲洗时，不时翻开上下眼睑，并立即就医。
- 呼吸：如果接触者吸入大量该化学物质，立即将接触者移至新鲜空气处。通常不需要采取其他措施。

对呼吸器选择的建议：NIOSH

～5 倍的 REL：

- Qm：任何四分之一面罩呼吸器，选择 N、R 或 P 过滤元件的信息见表 4。指定防护因数＝5。

～10 倍的 REL：

- 95XQ：任何除四分之一面罩之外的防颗粒物呼吸器，配有 N95、R95 或 P95 过滤元件（包括 N95、R95 或 P95 随弃式面罩）。也可使用以下过滤元件：N99、R99、P99、N100、R100、P100。指定防护因数＝10。选择 N、R 或 P 过滤元件的信息见表 4。
- Sa：任何供气式呼吸器。指定防护因数＝10。

～25 倍的 REL：

- Sa：Cf：任何连续供气式呼吸器。指定防护因数＝25。
- PaprHie：任何动力送风空气过滤式呼吸器，配有高效颗粒物过滤元件。指定防护因数＝25。

～50 倍的 REL：

- 100F：任何空气过滤式全面罩呼吸器，配有 N100、R100 或 P100 过滤元件。指定防护因数＝50。选择 N、R 或 P 过滤元件的信息见表 4。
- PaprTHie：任何动力送风空气过滤式呼吸器，配密合型面罩和高效颗粒物过滤元件。指定防护因数＝50。
- ScbaF：任何携气式呼吸器，配全面罩。指定防护因数＝50。
- SaF：任何供气式呼吸器，配全面罩。指定防护因数＝50。

～1 000 倍的 REL：

- SaF：Pd，Pp：任何压力需气式或正压供气式呼吸器，配全面罩。指定防护因数＝2 000。

§：应急抢险，或准备进入浓度未知环境，或进入 IDLH 环境：

- ScbaF：Pd，Pp：任何压力需气式或正压携气式呼吸器，配全面罩。指定防护因数＝10 000。
- SaF：Pd，Pp：AScba：任何压力需气式或正压供气式呼吸器，配全面罩，配压力需气式或正压携气式辅助呼吸器。指定防护因数＝10 000。

逃生：

- 100F：任何空气过滤式全面罩呼吸器，配有 N100、R100 或 P100 过滤元件。指定防护因数＝50。选择 N、R 或 P 过滤元件的信息见表 4。
- ScbaE：任何适合逃生的携气式呼吸器。

有关呼吸器选择的其他重要信息参见相关标准。

接触途径：呼吸道，皮肤和/或眼睛直接接触。

症状：眼睛、皮肤、咽喉刺激；呼吸困难。

靶器官：眼睛，皮肤，呼吸系统。

氟（Fluorine）

F_2

异名和商品名：氟-19，Fluorine-19

CAS No.：7782-41-4

RTECS No.：LM6475000

DOT ID 和指南号：1045 124；
9192 167（制冷液）

接触限值：NIOSH REL：TWA 0.1 ppm（0.2 mg/m^3）
OSHA PEL：TWA 0.1 ppm（0.2 mg/m^3）

IDLH：25 ppm　**浓度换算系数：**1 ppm＝1.55 mg/m^3

理化性质：淡黄色至浅绿色气体，具有强烈的刺激性气味。

分子量：38.0		沸点：−307 ℉	
凝固点：−363 ℉		溶解度：与水反应	
蒸气压：>1 大气压		电离电位：15.70 eV	
相对密度：1.31		闪点：不适用	
爆炸上限：不适用		爆炸下限：不适用	

不易燃气体，但为极强的氧化剂。

不相容性和反应性：水，硝酸，氧化剂，有机化合物。[注：除了运输用的金属容器外，与所有可燃物质发生强烈的反应。和水反应生成氢氟酸。]

测量方法：无。

个人防护和卫生设施：

- 皮肤：穿戴合适的个人防护服，防止皮肤直接接触。(液体)
- 眼睛：佩戴合适的眼部防护用品，防止眼睛直接接触。(液体)
- 清洗皮肤：当皮肤受到污染时，应立即清洗污染的皮肤。(液体)
- 脱除：如果工作服被弄湿或受到了明显的污染，应该立即脱除并妥善处置。(液体)
- 更换：对于班后的衣服的更换需要没有特殊建议。
- 配备：在劳动者可能接触该化学物质的作业场所，无论是否需要使用眼部防护用品，都应配备眼冲洗设备。(液体)在紧靠有可能接触该化学物质的工作场所，应配备快速冲淋身体的设备以应急使用。[注：这些设备应能够提供足量水或流动水，以将可能接触的身体任何部位上的该化学物质除去。实际配备适宜的快速冲淋设备取决于工作场所的具体条件。在某些情况下，必须及时进行大流量淋浴，而其他情况下只需要用一个水槽或软管供水就足够了。](液体)

急救：

- 眼睛：如眼睛直接接触了该化学物质，要立即用大量水冲洗(灌洗)眼睛，冲洗时，不时翻开上下眼睑，并立即就医。
- 皮肤：如果该化学物质直接接触皮肤，立即用水冲洗污染的皮肤。如果该化学物质渗透进衣服，要迅速将衣服脱除，用水冲洗污染的皮肤，并迅速就医。
- 呼吸：如果接触者吸入大量该化学物质，立即将接触者移至新鲜空气处。如果呼吸停止，要进行人工呼吸，注意保暖和休息。尽快就医。

对呼吸器选择的建议：NIOSH/OSHA

~1 ppm：

- Sa：任何供气式呼吸器。指定防护因数=10。*

~2.5 ppm：

- Sa：Cf：任何连续供气式呼吸器。指定防护因数=25。*

~5 ppm：

- ScbaF：任何携气式呼吸器，配全面罩。指定防护因数=50。
- SaF：任何供气式呼吸器，配全面罩。指定防护因数=50。

~25 ppm：

- SaF：Pd，Pp：任何压力需气式或正压供气式呼吸器，配全面罩。指定防护因数=2 000。

§：应急抢险，或准备进入浓度未知环境，或进入 IDLH 环境：

- ScbaF：Pd，Pp：任何压力需气式或正压携气式呼吸器，配全面罩。指定防护因数=10 000。
- SaF：Pd，Pp：AScba：任何压力需气式或正压供气式呼吸器，配全面罩，配压力需气式或正压携气式辅助呼吸器。指定防护因数=10 000。

逃生：

- GmFS：任何空气过滤式全面罩呼吸器(防毒面具)，配下颌式、前置式或背置式防该化学物质的滤毒罐。指定防护因数=50。¿
- ScbaE：任何适合逃生的携气式呼吸器。

有关呼吸器选择的其他重要信息参见相关标准。

接触途径：呼吸道，皮肤和/或眼睛直接接触。

症状：眼睛、鼻、呼吸系统刺激；喉痉挛，喘鸣；肺水肿；眼睛、皮肤灼伤；动物：肝、肾损害。

靶器官：眼睛，皮肤，呼吸系统，肝，肾。

氟三氯甲烷(Fluorotrichloromethane)　　CAS No.:75-69-4

CCl_3F　　RTECS No.:PB6125000

异名和商品名:三氯氟甲烷,氟利昂 11,制冷剂 11,Freon® 11,Monofluorotrichloromethane,Refrigerant 11,Trichlorofluoromethane,Trichloromonofluoromethane　　**DOT ID 和指南号:**

F

接触限值:NIOSH REL:C 1 000 ppm(5 600 mg/m^3)
OSHA PEL†:TWA 1 000 ppm(5 600 mg/m^3)

IDLH:2 000 ppm　**浓度换算系数:**1 ppm=5.62 mg/m^3

理化性质:无色至水白色,几乎无气味的液体或气体(75 ℉以上)。

分子量:137.4　沸点:75 ℉
凝固点:-168 ℉　溶解度(75 ℉):0.1%
蒸气压:690 mmHg　电离电位:11.77 eV
相对密度:4.74　比重:1.47(75 ℉液体)
闪点:不适用　爆炸上限:不适用
爆炸下限:不适用
不可燃液体。
不易燃气体。
不相容性和反应性:化学性质活泼的金属(如钠、钾、钙、铝粉、锌粉、镁粉和锂粉),颗粒状钡。

测量方法:NIOSH 1006

个人防护和卫生设施:

- 皮肤:穿戴合适的个人防护服,防止皮肤直接接触。
- 眼睛:佩戴合适的眼部防护用品,防止眼睛直接接触。
- 清洗皮肤:对于清洗皮肤上的污染物没有其他特殊的建议(包括立即清洗和班后清洗)。
- 脱除:如果工作服被弄湿或受到了明显的污染,应该立即脱除并妥善处置。
- 更换:对于班后的衣服的更换需要没有特殊建议。
- 配备:在劳动者可能接触该化学物质的作业场所,无论是否需要使用眼部防护用品,都应配备眼冲洗设备。在紧靠有可能接触该化学物质的工作场所,应配备快速冲淋身体的设备以应急使用。[注:这些设备应能够提供足量水或流动水,以将可能接触的身体任何部位上的该化学物质除去。实际配备适宜的快速冲淋设备取决于工作场所的具体条件。在某些情况下,必须及时进行大流量淋浴,而其他情况下只需要用一个水槽或软管供水就足够了。]

急救:

- 眼睛:如眼睛直接接触了该化学物质,要立即用大量水冲洗(灌洗)眼睛,冲洗时,不时翻开上下眼睑,并立即就医。
- 皮肤:如果该化学物质直接接触皮肤,立即用水冲洗污染的皮肤。如果该化学物质渗透进衣服,要迅速将衣服脱除,用水冲洗污染的皮肤,并迅速就医。
- 呼吸:如果接触者吸入大量该化学物质,立即将接触者移至新鲜空气处。如果呼吸停止,要进行人工呼吸,注意保暖和休息。尽快就医。
- 吞入:如果吞入该化学物质,应立即就医。

对呼吸器选择的建议:NIOSH/OSHA

~2 000 ppm:

- Sa:任何供气式呼吸器。指定防护因数=10。
- ScbaF:任何携气式呼吸器,配全面罩。指定防护因数=50。

§:应急抢险,或准备进入浓度未知环境,或进入 IDLH 环境:

- ScbaF:Pd,Pp:任何压力需气式或正压携气式呼吸器,配全面罩。指定防护因数=10 000。
- SaF:Pd,Pp:AScba:任何压力需气式或正压供气式呼吸器,配全面罩,配压力需气式或正压携气式辅助呼吸器。指定防护因数=10 000。

逃生：

- GmFOv：任何空气过滤式全面罩呼吸器（防毒面具），配下颌式、前置式或背置式有机蒸气滤毒罐。指定防护因数=50。
- ScbaE：任何适合逃生的携气式呼吸器。

有关呼吸器选择的其他重要信息参见相关标准。

接触途径：呼吸道，胃肠道，皮肤和/或眼睛直接接触。

症状：协调能力下降，震颤；皮炎；心律不齐，心跳停止；晕厥；冻伤（液体）。

靶器官：皮肤，呼吸系统，心血管系统。

F

三氟乙基乙烯醚（Fluoroxene）

$CF_3CH_2OCH=CH_2$

异名和商品名：2,2,2-三氟乙氧乙烯；2,2,2-Trifluoroethoxyethene；2,2,2-Trifluoroethyl vinyl ether

CAS No.：406-90-6

RTECS No.：KO4250000

DOT ID 和指南号：

接触限值：NIOSH REL*：C 2 ppm（10.3 mg/m^3）[60 min][*注：REL 适用于接触废弃的麻醉性气体。]

OSHA PEL：无

IDLH：N.D.　　**浓度换算系数：**1 ppm=5.16 mg/m^3

理化性质：液体。[吸入麻醉剂][注：109 ℉以上为气体。]

分子量：126.1	沸点：109 ℉
凝固点：未知	溶解度：未知
蒸气压：286 mmHg	电离电位：未知
比重：1.14	闪点：未知
爆炸上限：未知	爆炸下限：未知

可燃液体。[潜在爆炸物!]

不相容性和反应性：未见报道。

测量方法：无。

个人防护和卫生设施：

- 皮肤：对于个体皮肤防护装备的需要没有特殊建议。
- 眼睛：佩戴合适的眼部防护用品，防止眼睛直接接触。
- 清洗皮肤：对于清洗皮肤上的污染物没有其他特殊的建议（包括立即清洗和班后清洗）。
- 脱除：对于脱除被污染或被弄湿的工作服的需要没有特殊建议。
- 更换：对于班后的衣服的更换需要没有特殊建议。

急救：

- 眼睛：如眼睛直接接触了该化学物质，要立即用大量水冲洗（灌洗）眼睛，冲洗时，不时翻开上下眼睑，并立即就医。
- 皮肤：如果该化学物质直接接触皮肤，用肥皂和水冲洗污染的皮肤。
- 呼吸：如果接触者吸入大量该化学物质，立即将接触者移至新鲜空气处。如果呼吸停止，要进行人工呼吸，注意保暖和休息。尽快就医。
- 吞入：如果吞入该化学物质，应立即就医。

对呼吸器选择的建议：无。

有关呼吸器选择的其他重要信息参见相关标准。

接触途径：呼吸道，胃肠道，皮肤和/或眼睛直接接触。

症状：眼睛刺激；中枢神经系统抑制，痛觉丧失，无知觉，抽搐，呼吸抑制。

靶器官：眼睛，中枢神经系统。

地虫磷(Fonofos)

$C_{10}H_{15}OPS_2$

CAS No.:944-22-9

RTECS No.:TA5950000

DOT ID 和指南号:

异名和商品名:地虫硫磷,O-乙基-S-苯乙基二硫代磷酸酯,Dyfonate®,Dyphonate,O-Ethyl-S-phenyl ethylphosphorothioate,Fonophos

F

接触限值:NIOSH REL:TWA 0.1 mg/m^3[皮]

OSHA PEL †:无

IDLH:N.D.　**浓度换算系数**:1 ppm=10.07 mg/m^3

理化性质:浅黄色液体,具有芳香气味。[杀虫剂]

分子量:246.3	沸点:未知
凝固点:未知	溶解度:0.001%
蒸气压(77 ℉):0.000 2 mmHg	电离电位:未知
比重:1.15	闪点:>201 ℉
爆炸上限:未知	爆炸下限:未知

ⅢB 类可燃液体——闪点等于或高于 200 ℉。

不相容性和反应性:未见报道。

测量方法:NIOSH 5600;OSHA PV2027

个人防护和卫生设施:

- 皮肤:穿戴合适的个人防护服,防止皮肤直接接触。
- 眼睛:佩戴合适的眼部防护用品,防止眼睛直接接触。
- 清洗皮肤:当皮肤受到污染时,应立即清洗污染的皮肤。
- 脱除:如果工作服被弄湿或受到了明显的污染,应该立即脱除并妥善处置。
- 更换:在离开工作场所前应当将可能受到污染的工作服更换成无污染的衣服。
- 配备:在劳动者可能接触该化学物质的作业场所,无论是否需要使用眼部防护用品,都应配备眼冲洗设备。在紧靠有可能接触该化学物质的工作场所,应配备快速冲淋身体的设备以应急使用。[注:这些设备应能够提供足量水或流动水,以将可能接触的身体任何部位上的该化学物质除去。实际配备适宜的快速冲淋设备取决于工作场所的具体条件。在某些情况下,必须及时进行大流量淋浴,而其他情况下只需要用一个水槽或软管供水就足够了。]

急救:

- 眼睛:如眼睛直接接触了该化学物质,要立即用大量水冲洗(灌洗)眼睛,冲洗时,不时翻开上下眼睑,并立即就医。
- 皮肤:如果该化学物质直接接触皮肤,要立即用肥皂和水冲洗污染的皮肤。如果该化学物质渗透衣服,立即将衣服脱除,并用水清洗污染的皮肤。如果清洗后刺激持续存在,应就医。
- 呼吸:如果接触者吸入大量该化学物质,立即将接触者移至新鲜空气处。如果呼吸停止,要进行人工呼吸,注意保暖和休息。尽快就医。
- 吞入:如果吞入该化学物质,应立即就医。

对呼吸器选择的建议:无。

有关呼吸器选择的其他重要信息参见相关标准。

接触途径:呼吸道,皮肤吸收,胃肠道,皮肤和/或眼睛直接接触。

症状:恶心,呕吐,腹绞痛,腹泻,流涎,头痛,头晕,乏力;流涕,胸闷;视物模糊,瞳孔缩小;心律不齐;肌颤;呼吸困难。

靶器官:呼吸系统,中枢神经系统,心血管系统,血胆碱酯酶。

甲醛(Formaldehyde)

HCHO

异名和商品名:蚁醛,Methanal,Methyl aldehyde,Methylene oxide

CAS No.:50-00-0

RTECS No.:LP8925000

DOT ID 和指南号:

F

接触限值:NIOSH REL:Ca TWA 0.016 ppm
C 0.1 ppm[15 min] 见附录 A
OSHA PEL:[1910.1048] TWA 0.75 ppm
ST 2 ppm

IDLH: Ca [20 ppm]　**浓度换算系数:**1 ppm=1.23 mg/m^3

理化性质:几乎无色的气体,具有浓烈的令人窒息的气味。[注:常用水溶液。(见福尔马林)]

分子量:30.0　沸点:-6 ℉
凝固点:-134 ℉　溶解度:与水互溶
蒸气压:>1 大气压　电离电位:10.88 eV
相对密度:1.04　闪点:不适用(气体)
爆炸上限:73%　爆炸下限:7.0%
易燃气体。

不相容性和反应性:强氧化剂,强碱和强酸,酚,尿素。[注:纯的甲醛易聚合。与氯化氢反应生成氯甲醚。]

测量方法:NIOSH 2016,2541,3500,3800;
OSHA ID205,52

个人防护和卫生设施:

- 皮肤:对于个体皮肤防护装备的需要没有特殊建议。
- 眼睛:佩戴合适的眼部防护用品,防止眼睛直接接触。
- 清洗皮肤:对于清洗皮肤上的污染物没有其他特殊的建议(包括立即清洗和班后清洗)。
- 脱除:对于脱除被污染或被弄湿的工作服的需要没有特殊建议。
- 更换:对于班后的衣服的更换需要没有特殊建议。

急救:

- 眼睛:如眼睛直接接触了该化学物质,要立即用大量水冲洗(灌洗)眼睛,冲洗时,不时翻开上下眼睑,并立即就医。
- 呼吸:如果接触者吸入大量该化学物质,立即将接触者移至新鲜空气处。如果呼吸停止,要进行人工呼吸,注意保暖和休息。尽快就医。

对呼吸器选择的建议:NIOSH

¥:高于 NIOSH REL 的浓度;或当没有 REL 时,任何可以检测到的浓度:

- ScbaF:Pd,Pp:任何压力需气式或正压携气式呼吸器,配全面罩。指定防护因数=10 000。
- SaF:Pd,Pp:AScba:任何压力需气式或正压供气式呼吸器,配全面罩,配压力需气式或正压携气式辅助呼吸器。指定防护因数=10 000。

逃生:

- GmFS:任何空气过滤式全面罩呼吸器(防毒面具),配下颌式、前置式或背置式防该化学物质的滤毒罐。指定防护因数=50。
- ScbaE:任何适合逃生的携气式呼吸器。

(见附录 E)

有关呼吸器选择的其他重要信息参见相关标准。

接触途径:呼吸道,皮肤和/或眼睛直接接触。

症状:眼睛、鼻、咽喉、呼吸系统刺激;流泪;咳嗽;喘鸣;[潜在职业性致癌物]。

靶器官:眼睛,呼吸系统。

致癌部位:[鼻癌]。

F

福尔马林(按甲醛计)[Formalin(as formaldehyde)]

异名和商品名:福尔马林溶液,Formaldehyde solution[注:福尔马林是含37%甲醛的溶液(按重量计),常含6%~12%甲醇溶液作为抑制剂。参考甲醇和甲醛的具体列表。]

CAS No.:

RTECS No.:

DOT ID 和指南号:
1198 132;2209 132

接触限值:NIOSH REL:Ca TWA 0.016 ppm
C 0.1 ppm[15 min] 见附录 A
OSHA PEL:[1910.1048] TWA 0.75 ppm
ST 2 ppm

IDLH: Ca [20 ppm]　　**浓度换算系数:**

理化性质:无色液体,具有辛辣的气味。

分 子 量:不定　　沸　　点:214 ℉
凝 固 点:未知　　溶 解 度:与水互溶
蒸 气 压:1mmHg　　电离电位:未知
比重(77 ℉):1.08　　闪　　点:185 ℉
爆炸上限:73%　　爆炸下限:7%
ⅢA 类可燃液体——闪点等于或高于 140 ℉且低于 200 ℉。
不相容性和反应性:强氧化剂,强碱和强酸,酚,尿素,氧化物,异氰酸盐,腐蚀剂,脱水剂。

测量方法: NIOSH 2016,2541,3500,3800;
OSHA ID205,52

个人防护和卫生设施:

- 皮肤:穿戴合适的个人防护服,防止皮肤直接接触。
- 眼睛:佩戴合适的眼部防护用品,防止眼睛直接接触。
- 清洗皮肤:当皮肤受到污染时,应立即清洗污染的皮肤。
- 脱除:如果工作服被弄湿或受到了明显的污染,应该立即脱除并妥善处置。
- 更换:对于班后的衣服的更换需要没有特殊建议。
- 配备:在劳动者可能接触该化学物质的作业场所,无论是否需要使用眼部防护用品,都应配备眼冲洗设备。在紧靠有可能接触该化学物质的工作场所,应配备快速冲淋身体的设备以应急使用。[注:这些设备应能够提供足量水或流动水,以将可能接触的身体任何部位上的该化学物质除去。实际配备适宜的快速冲淋设备取决于工作场所的具体条件。在某些情况下,必须及时进行大流量淋浴,而其他情况下只需要用一个水槽或软管供水就足够了。]

急救:

- 眼睛:如眼睛直接接触了该化学物质,要立即用大量水冲洗(灌洗)眼睛,冲洗时,不时翻开上下眼睑,并立即就医。
- 皮肤:如果该化学物质直接接触皮肤,迅速用水冲洗污染的皮肤。如果该化学物质渗透进衣服,要立即将衣服脱除,迅速用水冲洗污染的皮肤,若冲洗后刺激症状持续存在,应就医。
- 呼吸:如果接触者吸入大量该化学物质,立即将接触者移至新鲜空气处。如果呼吸停止,要进行人工呼吸,注意保暖和休息。尽快就医。
- 吞入:如果吞入该化学物质,应立即就医。

对呼吸器选择的建议:NIOSH

¥:高于 NIOSH REL 的浓度;或当没有 REL 时,任何可以检测到的浓度:

- ScbaF:Pd,Pp:任何压力需气式或正压携气式呼吸器,配全面罩。指定防护因数=10 000。
- SaF:Pd,Pp:AScba:任何压力需气式或正压供气式呼吸器,配全面罩,配压力需气式或正压携气式辅助呼吸器。指定防护因数=10 000。

逃生：

- GmFS：任何空气过滤式全面罩呼吸器(防毒面具)，配下颌式、前置式或背置式防该化学物质的滤毒罐。指定防护因数=50。
- ScbaE：任何适合逃生的携气式呼吸器。

(见附录 E)

有关呼吸器选择的其他重要信息参见相关标准。

接触途径：呼吸道，胃肠道，皮肤和/或眼睛直接接触。

症状：眼睛、鼻、咽喉、呼吸系统刺激；流泪；咳嗽；喘鸣，皮炎；[潜在职业性致癌物]。

靶器官：眼睛，皮肤，呼吸系统。

致癌部位：[鼻癌]。

F

甲酰胺(Formamide)

$HCONH_2$

异名和商品名：甲酸酰胺，Carbamaldehyde，Methanamide

CAS No.：75-12-7

RTECS No.：LQ0525000

DOT ID 和指南号：

接触限值：NIOSH REL：TWA 10 ppm(15 mg/m^3)[皮]

OSHA PEL †：无

IDLH：N. D.　　**浓度换算系数：**1 ppm=1.85 mg/m^3

理化性质：无色，油状液体。[注：37 ℉以下为固体。]

分子量：45.1
沸点：411 ℉(分解)
凝固点：37 ℉
溶解度：与水互溶
蒸气压(86 ℉)：0.1 mmHg
电离电位：10.20 eV
比重：1.13
闪点(开杯)：310 ℉
爆炸上限：未知
爆炸下限：未知

ⅢB 类可燃液体——闪点等于或高于 200 ℉。

不相容性和反应性：氧化剂，碘，吡啶，三氧化硫，铜，黄铜，铅[注：吸湿。]

测量方法：无。

个人防护和卫生设施：

- 皮肤：对于个体皮肤防护装备的需要没有特殊建议。
- 眼睛：佩戴合适的眼部防护用品，防止眼睛直接接触。
- 清洗皮肤：对于清洗皮肤上的污染物没有其他特殊的建议(包括立即清洗和班后清洗)。
- 脱除：对于脱除被污染或被弄湿的工作服的需要没有特殊建议。
- 更换：对于班后的衣服的更换需要没有特殊建议。

急救：

- 眼睛：如眼睛直接接触了该化学物质，要立即用大量水冲洗(灌洗)眼睛，冲洗时，不时翻开上下眼睑，并立即就医。
- 皮肤：如果该化学物质直接接触皮肤，用水冲洗污染的皮肤。
- 呼吸：如果接触者吸入大量该化学物质，立即将接触者移至新鲜空气处。如果呼吸停止，要进行人工呼吸，注意保暖和休息。尽快就医。
- 吞入：如果吞入该化学物质，应立即就医。

对呼吸器选择的建议：无。

有关呼吸器选择的其他重要信息参见相关标准。

接触途径：呼吸道，胃肠道，皮肤和/或眼睛直接接触。

症状：眼睛、皮肤、黏膜刺激；嗜睡，乏力，恶心；酸中毒；皮疹；动物：生殖效应。

靶器官：眼睛，皮肤，呼吸系统，中枢神经系统，生殖系统。

F

甲酸(Formic acid)

HCOOH

CAS No.:64-18-6

RTECS No.:LQ4900000

DOT ID 和指南号:1779 153

异名和商品名:蚁酸,Formic acid(85%~95%水溶液),Hydrogen carboxylic acid,Methanoic acid

接触限值:NIOSH REL:TWA 5 ppm(9 mg/m³)
OSHA PEL:TWA 5 ppm(9 mg/m³)

IDLH:30 ppm　**浓度换算系数:**1 ppm=1.88 mg/m³

理化性质:无色液体,具有浓烈刺鼻的气味。[注:常用水溶液。]

分子量:46.0	沸点:224 ℉(90%溶液)
凝固点:20 ℉(90%溶液)	溶解度:与水互溶
蒸气压:35 mmHg	电离电位:11.05 eV
比重:1.22(90%溶液)	闪点(开杯):122 ℉(90%溶液)
爆炸上限:57%(90%溶液)	爆炸下限:18%(90%溶液)

Ⅱ类可燃液体——闪点等于或高于 100℉且低于 140℉(90%溶液)。

不相容性和反应性:强氧化剂,强腐蚀剂,浓硫酸。
[注:对金属具有腐蚀性。]

测量方法:NIOSH 2011;OSHA ID186SG

个人防护和卫生设施:

- 皮肤:穿戴合适的个人防护服,防止皮肤直接接触。
- 眼睛:佩戴合适的眼部防护用品,防止眼睛直接接触。
- 清洗皮肤:当皮肤受到污染时,应立即清洗污染的皮肤。
- 脱除:如果工作服被弄湿或受到了明显的污染,应该立即脱除并妥善处置。
- 更换:对于班后的衣服的更换需要没有特殊建议。
- 配备:在劳动者可能接触该化学物质的作业场所,无论是否需要使用眼部防护用品,都应配备眼冲洗设备。在紧靠有可能接触该化学物质的工作场所,应配备快速冲淋身体的设备以应急使用。[注:这些设备应能够提供足量水或流动水,以将可能接触的身体任何部位上的该化学物质除去。实际配备适宜的快速冲淋设备取决于工作场所的具体条件。在某些情况下,必须及时进行大流量淋浴,而其他情况下只需要用一个水槽或软管供水就足够了。]

急救:

- 眼睛:如眼睛直接接触了该化学物质,要立即用大量水冲洗(灌洗)眼睛,冲洗时,不时翻开上下眼睑,并立即就医。
- 皮肤:如果该化学物质直接接触皮肤,立即用水冲洗污染的皮肤。如果该化学物质渗透进衣服,要迅速将衣服脱除,用水冲洗污染的皮肤,并迅速就医。
- 呼吸:如果接触者吸入大量该化学物质,立即将接触者移至新鲜空气处。如果呼吸停止,要进行人工呼吸,注意保暖和休息。尽快就医。
- 吞入:如果吞入该化学物质,应立即就医。

对呼吸器选择的建议:NIOSH/OSHA

~30 ppm:

- Sa:任何供气式呼吸器。指定防护因数=10。*
- ScbaF:任何携气式呼吸器,配全面罩。指定防护因数=50。

§:应急抢险,或准备进入浓度未知环境,或进入 IDLH 环境:

- ScbaF:Pd,Pp:任何压力需气式或正压携气式呼吸器,配全面罩。指定防护因数=10 000。
- SaF:Pd,Pp:AScba:任何压力需气式或正压供气式呼吸器,配全面罩,配压力需气式或正压携气式辅助呼吸器。指定防护因数=10 000。

逃生:

- GmFOv100:任何空气过滤式全面罩呼吸器(防毒面具),配下颌式、前置式或背置式有机蒸气滤毒罐和 N100、R100 或 P100 的综合防护过滤元件。指定防护因数=50。选择 N、R 或 P 过滤元件的信息见表 4。

● ScbaE:任何适合逃生的携气式呼吸器。 **有关呼吸器选择的其他重要信息参见相关标准。**	**症状:**眼睛、皮肤、咽喉刺激;皮肤灼伤,皮炎;流泪;流涕;咳嗽,呼吸困难;恶心。
接触途径:呼吸道,胃肠道,皮肤和/或眼睛直接接触。	**靶器官:**眼睛,皮肤,呼吸系统。

F

糠醛(Furfural)
$C_5H_4O_2$
异名和商品名:呋喃甲醛,Fural,2-Furancarboxaldehyde,Furfuraldehyde,2-Furfuraldehyde

CAS No.:98-01-1
RTECS No.:LT7000000
DOT ID 和指南号:1199 132P

接触限值:NIOSH REL:见附录 D
OSHA PEL †:TWA 5 ppm(20 mg/m³)[皮]

IDLH:100 ppm　**浓度换算系数:**1 ppm=3.93 mg/m³

理化性质:无色至琥珀色液体,具有苦杏仁味。[注:在光和空气中变黑。]

分子量:96.1	沸点:323 ℉
凝固点:−34 ℉	溶解度:8%
蒸气压:2 mmHg	电离电位:9.21 eV
比重:1.16	闪点:140 ℉
爆炸上限:19.3%	爆炸下限:2.1%

ⅢA 类可燃液体——闪点等于或高于 140 ℉且低于 200 ℉。

不相容性和反应性:强酸,氧化剂,强碱。[注:接触强酸或强碱可聚合。]

测量方法:NIOSH 2529;OSHA 72

个人防护和卫生设施:
- 皮肤:穿戴合适的个人防护服,防止皮肤直接接触。
- 眼睛:佩戴合适的眼部防护用品,防止眼睛直接接触。
- 清洗皮肤:当皮肤受到污染时,应立即清洗污染的皮肤。
- 脱除:如果工作服被弄湿或受到了明显的污染,应该立即脱除并妥善处置。
- 更换:对于班后的衣服的更换需要没有特殊建议。

急救:
- 眼睛:如眼睛直接接触了该化学物质,要立即用大量水冲洗(灌洗)眼睛,冲洗时,不时翻开上下眼睑,并立即就医。
- 皮肤:如果该化学物质直接接触皮肤,迅速用水冲洗污染的皮肤。如果该化学物质渗透进衣服,要立即将衣服脱除,迅速用水冲洗污染的皮肤,若冲洗后刺激症状持续存在,应就医。
- 呼吸:如果接触者吸入大量该化学物质,立即将接触者移至新鲜空气处。如果呼吸停止,要进行人工呼吸,注意保暖和休息。尽快就医。
- 吞入:如果吞入该化学物质,应立即就医。

对呼吸器选择的建议:OSHA
~50 ppm:
- CcrOv:任何空气过滤式半面罩呼吸器,配防有机蒸气的滤毒盒。指定防护因数=10。*
- Sa:任何供气式呼吸器。指定防护因数=10。*

~100 ppm:
- Sa:Cf:任何连续供气式呼吸器。指定防护因数=25。*
- CcrFOv:任何空气过滤式全面罩呼吸器,配有机蒸气滤毒盒。指定防护因数=50。

F

- PaprOv:任何动力送风空气过滤式呼吸器,配有机蒸气滤毒盒。指定防护因数=25。*
- GmFOv:任何空气过滤式全面罩呼吸器(防毒面具),配下颌式、前置式或背置式有机蒸气滤毒罐。指定防护因数=50。
- ScbaF:任何携气式呼吸器,配全面罩。指定防护因数=50。
- SaF:任何供气式呼吸器,配全面罩。指定防护因数=50。

§:应急抢险,或准备进入浓度未知环境,或进入 IDLH 环境:

- ScbaF:Pd,Pp:任何压力需气式或正压携气式呼吸器,配全面罩。指定防护因数=10 000。
- SaF:Pd,Pp:AScba:任何压力需气式或正压供气式呼吸器,配全面罩,配压力需气式或正压携气式辅助呼吸器。指定防护因数=10 000。

逃生:

- GmFOv:任何空气过滤式全面罩呼吸器(防毒面具),配下颌式、前置式或背置式有机蒸气滤毒罐。指定防护因数=50。
- ScbaE:任何适合逃生的携气式呼吸器。

有关呼吸器选择的其他重要信息参见相关标准。

接触途径:呼吸道,皮肤吸收,胃肠道,皮肤和/或眼睛直接接触。

症状:眼睛、皮肤、上呼吸道刺激;头痛;皮炎。

靶器官:眼睛,皮肤,呼吸系统。

糠醇(Furfuryl alcohol)

$C_5H_6O_2$

异名和商品名:呋喃甲醇,2-Furylmethanol,2-Hydroxymethylfuran

CAS No.:98-00-0

RTECS No.:LU9100000

DOT ID 和指南号:2874 153

接触限值:NIOSH REL:TWA 10 ppm(40 mg/m³)
ST 15 ppm(60 mg/m³)[皮]
OSHA PEL †:TWA 50 ppm(200 mg/m³)

IDLH:75 ppm　　**浓度换算系数:**1 ppm=4.01 mg/m³

理化性质:无色至琥珀色液体,具有淡淡的焦味。
[注:见光可变黑。]

分子量:98.1	沸点:338 ℉
凝固点:6 ℉	溶解度:与水互溶
蒸气压(77 ℉):0.6 mmHg	电离电位:未知
比重:1.13	闪点:149 ℉
爆炸上限:16.3%	爆炸下限:1.8%

ⅢA 类可燃液体——闪点等于或高于 140 ℉且低于 200 ℉。

不相容性和反应性:强氧化剂和强酸。[注:接触有机酸可聚合。]

测量方法:NIOSH 2505

个人防护和卫生设施:

- 皮肤:穿戴合适的个人防护服,防止皮肤直接接触。
- 眼睛:佩戴合适的眼部防护用品,防止眼睛直接接触。
- 清洗皮肤:当皮肤受到污染时,应立即清洗污染的皮肤。
- 脱除:如果工作服被弄湿或受到了明显的污染,应该立即脱除并妥善处置。
- 更换:对于班后的衣服的更换需要没有特殊建议。
- 配备:在紧靠有可能接触该化学物质的工作场所,应配备快速冲淋身体的设备以应急使用。[注:这些设备应能够提供足量水或流动水,以将可能接触的身体任何部位上的该化学物质除去。实际配备适宜的快速冲淋设备取决于工作场所的具体条件。在某些情况下,必须及时进行大流量淋浴,而其他情况下只需要用一个水槽或软管供水就足够了。]

急救：

- 眼睛：如眼睛直接接触了该化学物质，要立即用大量水冲洗（灌洗）眼睛，冲洗时，不时翻开上下眼睑，并立即就医。
- 皮肤：如果该化学物质直接接触皮肤，立即用水冲洗污染的皮肤。如果该化学物质渗透进衣服，要迅速将衣服脱除，用水冲洗污染的皮肤，并迅速就医。
- 呼吸：如果接触者吸入大量该化学物质，立即将接触者移至新鲜空气处。如果呼吸停止，要进行人工呼吸，注意保暖和休息。尽快就医。
- 吞入：如果吞入该化学物质，应立即就医。

对呼吸器选择的建议：NIOSH

~75 ppm：

- CcrOv：任何空气过滤式半面罩呼吸器，配防有机蒸气的滤毒盒。指定防护因数＝10。*
- GmFOv：任何空气过滤式全面罩呼吸器（防毒面具），配下颌式、前置式或背置式有机蒸气滤毒罐。指定防护因数＝50。
- PaprOv：任何动力送风空气过滤式呼吸器，配有机蒸气滤毒盒。指定防护因数＝25。*
- Sa：任何供气式呼吸器。指定防护因数＝10。*
- ScbaF：任何携气式呼吸器，配全面罩。指定防护因数＝50。

§：应急抢险，或准备进入浓度未知环境，或进入 IDLH 环境：

- ScbaF：Pd，Pp：任何压力需气式或正压携气式呼吸器，配全面罩。指定防护因数＝10 000。
- SaF：Pd，Pp：AScba：任何压力需气式或正压供气式呼吸器，配全面罩，配压力需气式或正压携气式辅助呼吸器。指定防护因数＝10 000。

逃生：

- GmFOv：任何空气过滤式全面罩呼吸器（防毒面具），配下颌式、前置式或背置式有机蒸气滤毒罐。指定防护因数＝50。
- ScbaE：任何适合逃生的携气式呼吸器。

有关呼吸器选择的其他重要信息参见相关标准。

接触途径：呼吸道，皮肤吸收，胃肠道，皮肤和/或眼睛直接接触。

症状：眼睛、黏膜刺激；头晕；恶心，腹泻；多尿；呼吸减弱，体温降低；呕吐；皮炎。

靶器官：眼睛，皮肤，呼吸系统，中枢神经系统。

G

汽油(Gasoline)

CAS No.:8006-61-9

RTECS No.:LX3300000

DOT ID 和指南号:1203 128

异名和商品名:Motor fuel, Motor spirits, Natural gasoline, Petrol[注:挥发性碳氢化合物的复杂混合物(脂烷烃、环烷烃和芳香烃)。]

接触限值:NIOSH REL:Ca 见附录 A
OSHA PEL †:无

IDLH:Ca[N. D.] **浓度换算系数**:1 ppm=4.5 mg/m³(约)

理化性质:透明的液体,具特有的气味。

分子量:110(约)　　沸点:102 ℉
凝固点:未知　　溶解度:不溶
蒸气压:38～300 mmHg　　电离电位:未知
比重(60 ℉):0.72～0.76　　闪点:-45 ℉
爆炸上限:7.6%　　爆炸下限:1.4%
IB类易燃液体——闪点低于 73 ℉,沸点等于或高于 100 ℉。

不相容性和反应性:强氧化剂(如过氧化物、硝酸和高氯酸盐)。

测量方法:OSHA PV2028

个人防护和卫生设施:

- 皮肤:穿戴合适的个人防护服,防止皮肤直接接触。
- 眼睛:佩戴合适的眼部防护用品,防止眼睛直接接触。
- 清洗皮肤:当皮肤受到污染时,应立即清洗污染的皮肤。
- 脱除:如果工作服被可燃性物质(即闪点低于 100 ℉的液体)浸湿,应当立即脱除并妥善处置,以防着火。
- 更换:对于班后的衣服的更换需要没有特殊建议。
- 配备:在劳动者可能接触该化学物质的作业场所,无论是否需要使用眼部防护用品,都应配备眼冲洗设备。在紧靠有可能接触该化学物质的工作场所,应配备快速冲淋身体的设备以应急使用。[注:这些设备应能够提供足量水或流动水,以将可能接触的身体任何部位上的该化学物质除去。实际配备适宜的快速冲淋设备取决于工作场所的具体条件。在某些情况下,必须及时进行大流量淋浴,而其他情况下只需要用一个水槽或软管供水就足够了。]

急救:

- 眼睛:如眼睛直接接触了该化学物质,要立即用大量水冲洗(灌洗)眼睛,冲洗时,不时翻开上下眼睑,并立即就医。
- 皮肤:如果该化学物质直接接触皮肤,要立即用肥皂和水冲洗污染的皮肤。如果该化学物质渗透衣服,立即将衣服脱除,并用水清洗皮肤。如果清洗后刺激持续存在,应就医。
- 呼吸:如果接触者吸入大量该化学物质,立即将接触者移至新鲜空气处。如果呼吸停止,要进行人工呼吸,注意保暖和休息。尽快就医。
- 吞入:如果吞入该化学物质,应立即就医。

对呼吸器选择的建议:NIOSH

¥:高于 NIOSH REL 的浓度;或当没有 REL 时,任何可以检测到的浓度:

- ScbaF:Pd,Pp:任何压力需气式或正压携气式呼吸器,配全面罩。指定防护因数=10 000。
- SaF:Pd,Pp:AScba:任何压力需气式或正压供气式呼吸器,配全面罩,配压力需气式或正压携气式辅助呼吸器。指定防护因数=10 000。

逃生:

- GmFOv:任何空气过滤式全面罩呼吸器(防毒面具),配下颌式、前置式或背置式有机蒸气滤毒罐。指定防护因数=50。
- ScbaE:任何适合逃生的携气式呼吸器。

有关呼吸器选择的其他重要信息参见相关标准。

接触途径:呼吸道,皮肤吸收,胃肠道,皮肤和/或眼睛直接接触。

症状:眼睛、皮肤、黏膜刺激;皮炎;头痛,乏力,视物模糊,头晕,言语模糊,混乱,抽搐;化学性肺炎(吸入液体);可能的肝、肾损害;[潜在职业性致癌物]。	**靶器官**:眼睛,皮肤,呼吸系统,中枢神经系统,肝,肾。 **致癌部位**:[动物:肝癌及肾癌]。

G

四氢化锗(Germanium tetrahydride)

GeH_4

异名和商品名:Germane,Germanium hydride,Germanomethane,Monogermane

[注:主要用于生产半导体用的高纯锗。]

CAS No.:7782-65-2

RTECS No.:LY4900000

DOT ID 和指南号:2192 119

接触限值:NIOSH REL:TWA 0.2 ppm(0.6 mg/m³) OSHA PEL †:无	● 眼睛:对眼部防护的需要没有特殊建议。 ● 清洗皮肤:对于清洗皮肤上的污染物没有其他特殊的建议(包括立即清洗和班后清洗)。 ● 脱除:对于脱除被污染或被弄湿的工作服的需要没有特殊建议。 ● 更换:对于班后的衣服的更换需要没有特殊建议。 **急救**: ● 呼吸:如果接触者吸入大量该化学物质,立即将接触者移至新鲜空气处。如果呼吸停止,要进行人工呼吸,注意保暖和休息。尽快就医。
IDLH:N.D. **浓度换算系数**:1 ppm=3.13 mg/m³	
理化性质:无色气体,具有浓烈气味。[注:以压缩气体运输。]	
分子量:76.6 沸点:−127 ℉ 凝固点:−267 ℉ 溶解度:不溶 蒸气压:>1 大气压 电离电位:11.34 eV 相对密度:2.65 闪点:不适用(气体) 爆炸上限:未知 爆炸下限:未知 易燃气体(在空气中可自燃)。 不相容性和反应性:溴。	**对呼吸器选择的建议**:无。 **有关呼吸器选择的其他重要信息参见相关标准。**
	接触途径:呼吸道。
测量方法:无。	**症状**:不适;头痛,头晕,昏厥;呼吸困难;恶心,呕吐;肾损伤;溶血效应。
个人防护和卫生设施: ● 皮肤:对于个体皮肤防护装备的需要没有特殊建议。	**靶器官**:中枢神经系统,肾,血液。

戊二醛(Glutaraldehyde)

$OCH(CH_2)_3CHO$

异名和商品名:1,5-戊二醛;Glutaric dialdehyde;1,5-Pentanedial

CAS No.:111-30-8

RTECS No.:MA2450000

DOT ID 和指南号:

接触限值:NIOSH REL:C 0.2 ppm(0.8 mg/m³) 见附录 C(乙醛) OSHA PEL †:无	**IDLH**:N.D. **浓度换算系数**:1 ppm=4.09 mg/m³

G

理化性质:无色液体,具有浓烈气味。

分 子 量:100.1　　沸　　点:212 ℉
凝 固 点:7 ℉　　溶 解 度:与水互溶
蒸 气 压:17 mmHg　　电离电位:未知
比　　重:1.10　　闪　　点:不适用
爆炸上限:不适用　　爆炸下限:不适用
不可燃液体。
不相容性和反应性:强氧化剂,强碱。[注:戊二醛碱溶液(即活化的戊二醛)和乙醇、酮、胺、肼及蛋白质反应。]

测量方法:NIOSH 2532;OSHA 64

个人防护和卫生设施:

- 皮肤:穿戴合适的个人防护服,防止皮肤直接接触。
- 眼睛:佩戴合适的眼部防护用品,防止眼睛直接接触。
- 清洗皮肤:当皮肤受到污染时,应立即清洗污染的皮肤。
- 脱除:如果工作服被弄湿或受到了明显的污染,应该立即脱除并妥善处置。
- 更换:对于班后的衣服的更换需要没有特殊建议。
- 配备:在劳动者可能接触该化学物质的作业场所,无论是否需要使用眼部防护用品,都应配备眼冲洗设备。在紧靠有可能接触该化学物质的工作场所,应配备快速冲淋身体的设备以应急使用。[注:这些设备应能够提供足量水或流动水,以将可能接触的身体任何部位上的该化学物质除去。实际配备适宜的快速冲淋设备取决于工作场所的具体条件。在某些情况下,必须及时进行大流量淋浴,而其他情况下只需要用一个水槽或软管供水就足够了。]

急救:

- 眼睛:如眼睛直接接触了该化学物质,要立即用大量水冲洗(灌洗)眼睛,冲洗时,不时翻开上下眼睑,并立即就医。
- 皮肤:如果该化学物质直接接触皮肤,立即用水冲洗污染的皮肤。如果该化学物质渗透进衣服,要迅速将衣服脱除,用水冲洗污染的皮肤,并迅速就医。
- 呼吸:如果接触者吸入大量该化学物质,立即将接触者移至新鲜空气处。如果呼吸停止,要进行人工呼吸,注意保暖和休息。尽快就医。
- 吞入:如果吞入该化学物质,应立即就医。

对呼吸器选择的建议:无。
有关呼吸器选择的其他重要信息参见相关标准。

接触途径:呼吸道,皮肤吸收,胃肠道,皮肤和/或眼睛直接接触。

症状:眼睛、皮肤、呼吸系统刺激;皮炎,皮肤致敏;咳嗽,哮喘;恶心,呕吐。

靶器官:眼睛,皮肤,呼吸系统。

丙三醇(雾)[Glycerin(mist)]
$HOCH_2CH(OH)CH_2OH$

CAS No.:56-81-5
RTECS No.:MA8050000
DOT ID 和指南号:

异名和商品名:甘油;1,2,3-丙三醇;Glycerin(anhydrous);Glycerol;Glycyl alcohol;1,2,3-Propanetriol;Trihydroxypropane

接触限值:NIOSH REL:见附录 D
OSHA PEL †:TWA 15 mg/m^3(总颗粒物)
TWA 5 mg/m^3(呼吸性颗粒物)

IDLH:N. D.　　**浓度换算系数**:

理化性质:透明的无色无气味糖浆样液体或固体(64 ℉以下)。[注:在 64 ℉以上固体变成液体,但液体变成固体时的温度要低得多。]

分子量:92.1　沸点:554 ℉(分解)
熔点:64 ℉　溶解度:与水互溶
蒸气压(122 ℉):0.003 mmHg　电离电位:未知
比重:1.26　闪点:320 ℉
爆炸上限:未知　爆炸下限:未知
ⅢB类可燃液体——闪点等于或高于200 ℉。
不相容性和反应性:强氧化剂(如三氧化铬,氯酸钾,高锰酸钾)。[注:吸湿。]

测量方法:NIOSH 0500,0600

个人防护和卫生设施:
- 皮肤:对于个体皮肤防护装备的需要没有特殊建议。
- 眼睛:对眼部防护的需要没有特殊建议。
- 清洗皮肤:对于清洗皮肤上的污染物没有其他特殊的建议(包括立即清洗和班后清洗)。
- 脱除:对于脱除被污染或被弄湿的工作服的需要没有特殊建议。
- 更换:对于班后的衣服的更换需要没有特殊建议。

急救:
- 眼睛:如眼睛直接接触了该化学物质,要立即用大量水冲洗(灌洗)眼睛,冲洗时,不时翻开上下眼睑,并立即就医。
- 皮肤:如果该化学物质直接接触皮肤,用水冲洗污染的皮肤。如存在皮肤刺激症状,应就医。
- 呼吸:如果接触者吸入大量该化学物质,立即将接触者移至新鲜空气处。通常不需要采取其他措施。

对呼吸器选择的建议:无。
有关呼吸器选择的其他重要信息参见相关标准。

接触途径:呼吸道,皮肤和/或眼睛直接接触。

症状:眼睛、皮肤、呼吸系统刺激;头痛,恶心,呕吐;肾损伤。

靶器官:眼睛,皮肤,呼吸系统,肾。

G

缩水甘油(Glycidol)　CAS No.:556-52-5
$C_3H_6O_2$　RTECS No.:UB4375000
DOT ID和指南号:
异名和商品名:环氧丙醇;2,3-环氧-1-丙醇;2,3-Epoxy-1-propanol;Epoxypropyl alcohol;Glycide;Hydroxymethyl ethylene oxide;2-Hydroxymethyl oxiran;3-Hydroxypropylene oxide

接触限值:NIOSH REL:TWA 25 ppm(75 mg/m^3)
OSHA PEL †:TWA 50 ppm(150 mg/m^3)

IDLH:150 ppm　**浓度换算系数:**1 ppm=3.03 mg/m^3

理化性质:无色液体。

分子量:74.1　沸点:320 ℉(分解)
凝固点:−49 ℉　溶解度:与水互溶
蒸气压(77 ℉):0.9 mmHg　电离电位:未知
比重:1.12　闪点:162 ℉
爆炸上限:未知　爆炸下限:未知
ⅢA类可燃液体——闪点等于或高于140 ℉且低于200 ℉。
不相容性和反应性:强氧化剂,硝酸盐。

测量方法:NIOSH 1608,OSHA 7

个人防护和卫生设施:
- 皮肤:穿戴合适的个人防护服,防止皮肤直接接触。
- 眼睛:佩戴合适的眼部防护用品,防止眼睛直接接触。
- 清洗皮肤:当皮肤受到污染时,应立即清洗污染的皮肤。
- 脱除:如果工作服被弄湿或受到了明显的污染,应该立即脱除并妥善处置。

G

- 更换：对于班后的衣服的更换需要没有特殊建议。

急救：

- 眼睛：如眼睛直接接触了该化学物质，要立即用大量水冲洗(灌洗)眼睛，冲洗时，不时翻开上下眼睑，并立即就医。
- 皮肤：如果该化学物质直接接触皮肤，立即用水冲洗污染的皮肤。如果该化学物质渗透进衣服，迅速将衣服脱除，用水冲洗皮肤。若清洗后症状持续存在，应就医。
- 呼吸：如果接触者吸入大量该化学物质，立即将接触者移至新鲜空气处。如果呼吸停止，要进行人工呼吸，注意保暖和休息。尽快就医。
- 吞入：如果吞入该化学物质，应立即就医。

对呼吸器选择的建议：NIOSH

～150 ppm：

- Sa：任何供气式呼吸器。指定防护因数＝10。*
- ScbaF：任何携气式呼吸器，配全面罩。指定防护因数＝50。

§：应急抢险，或准备进入浓度未知环境，或进入 IDLH 环境：

- ScbaF：Pd，Pp：任何压力需气式或正压携气式呼吸器，配全面罩。指定防护因数＝10 000。
- SaF：Pd，Pp：AScba：任何压力需气式或正压供气式呼吸器，配全面罩，配压力需气式或正压携气式辅助呼吸器。指定防护因数＝10 000。

逃生：

- GmFOv：任何空气过滤式全面罩呼吸器(防毒面具)，配下颌式、前置式或背置式有机蒸气滤毒罐。指定防护因数＝50。
- ScbaE：任何适合逃生的携气式呼吸器。

有关呼吸器选择的其他重要信息参见相关标准。

接触途径：呼吸道，胃肠道，皮肤和/或眼睛直接接触。

症状：眼睛、皮肤、咽喉刺激；昏迷。

靶器官：眼睛，皮肤，呼吸系统，中枢神经系统。

乙醇腈(Glycolonitrile)

$HOCH_2CN$

CAS No.：107-16-4

RTECS No.：AM0350000

DOT ID 和指南号：

异名和商品名：羟基乙腈，甲醛氰醇，氰基甲醇，Cyanomethanol，Formaldehyde cyanohydrin，Glycolic nitrile，Glyconitrile，Hydroxyacetonitrile

接触限值：NIOSH REL：C 2 ppm(5 mg/m³)[15 min]
OSHA PEL：无

IDLH：N. D.　　**浓度换算系数：**1 ppm＝2.34 mg/m³

理化性质：无色，无气味，油状液体。[注：在体内形成氰化物。]

分子量：57.1	沸点：361 ℉(分解)
凝固点：<－98 ℉	溶解度：可溶
蒸气压(145 ℉)：1 mmHg	电离电位：未知
比重(66 ℉)：1.10	闪点：未知
爆炸上限：未知	爆炸下限：未知

可燃液体。

不相容性和反应性：痕量碱(促进强烈聚合)。

测量方法：无。

个人防护和卫生设施：

- 皮肤：穿戴合适的个人防护服，防止皮肤直接接触。
- 眼睛：佩戴合适的眼部防护用品，防止眼睛直接接触。
- 清洗皮肤：当皮肤受到污染时，应立即清洗污染的皮肤。
- 脱除：如果工作服被弄湿或受到了明显的污染，应该立即脱除并妥善处置。

- 更换：在离开工作场所前应当将可能受到污染的工作服更换成无污染的衣服。
- 配备：在劳动者可能接触该化学物质的作业场所，无论是否需要使用眼部防护用品，都应配备眼冲洗设备。在紧靠有可能接触该化学物质的工作场所，应配备快速冲淋身体的设备以应急使用。[注：这些设备应能够提供足量水或流动水，以将可能接触的身体任何部位上的该化学物质除去。实际配备适宜的快速冲淋设备取决于工作场所的具体条件。在某些情况下，必须及时进行大流量淋浴，而其他情况下只需要用一个水槽或软管供水就足够了。]

急救：

- 眼睛：如眼睛直接接触了该化学物质，要立即用大量水冲洗(灌洗)眼睛，冲洗时，不时翻开上下眼睑，并立即就医。
- 皮肤：如果该化学物质直接接触皮肤，立即用水冲洗污染的皮肤。如果该化学物质渗透进衣服，立即将衣服脱除，用水冲洗皮肤。若清洗后出现症状，要立即就医。
- 呼吸：如果接触者吸入大量该化学物质，立即将接触者移至新鲜空气处。如果呼吸停止，要进行人工呼吸，注意保暖和休息。尽快就医。
- 吞入：如果吞入该化学物质，应立即就医。

对呼吸器选择的建议：NIOSH

～20 ppm：

- Sa：任何供气式呼吸器。指定防护因数＝10。

～50 ppm：

- Sa：Cf：任何连续供气式呼吸器。指定防护因数＝25。

～100 ppm：

- ScbaF：任何携气式呼吸器，配全面罩。指定防护因数＝50。
- SaF：任何供气式呼吸器，配全面罩。指定防护因数＝50。

～250 ppm：

- SaF：Pd，Pp：任何压力需气式或正压供气式呼吸器，配全面罩。指定防护因数＝2 000。

§：应急抢险，或准备进入浓度未知环境，或进入 IDLH 环境：

- ScbaF：Pd，Pp：任何压力需气式或正压携气式呼吸器，配全面罩。指定防护因数＝10 000。
- SaF：Pd，Pp：AScba：任何压力需气式或正压供气式呼吸器，配全面罩，配压力需气式或正压携气式辅助呼吸器。指定防护因数＝10 000。

逃生：

- GmFOv：任何空气过滤式全面罩呼吸器(防毒面具)，配下颌式、前置式或背置式有机蒸气滤毒罐。指定防护因数＝50。
- ScbaE：任何适合逃生的携气式呼吸器。

有关呼吸器选择的其他重要信息参见相关标准。

接触途径：呼吸道，皮肤吸收，胃肠道，皮肤和/或眼睛直接接触。

症状：眼睛、皮肤、呼吸系统刺激；头痛，头晕，乏力，意识模糊，抽搐；呼吸困难；腹痛，恶心，呕吐。

靶器官：眼睛，皮肤，呼吸系统，中枢神经系统，心血管系统。

谷物尘(燕麦、小麦、大麦)[Grain dust(oat，wheat，barley)]

CAS No.：

RTECS No.：MD7900000

异名和商品名：无。[注：谷物尘含有 60%～75%有机物质(谷粒)和 25%～40%无机物(泥土)，还含有化肥、杀虫剂和微生物。]

DOT ID 和指南号：

接触限值：NIOSH REL：TWA 4 mg/m^3

OSHA PEL：TWA 10 mg/m^3

IDLH：N. D.

浓度换算系数：

理化性质：谷物混合物以及与谷物耕作和收割有关的

其他所有物质。

不同谷物尘有不同的性质。

不相容性和反应性:未见报道。

测量方法:NIOSH 0500

个人防护和卫生设施:

- 皮肤:对于个体皮肤防护装备的需要没有特殊建议。
- 眼睛:对眼部防护的需要没有特殊建议。
- 清洗皮肤:对于清洗皮肤上的污染物没有其他特殊的建议(包括立即清洗和班后清洗)。
- 脱除:对于脱除被污染或被弄湿的工作服的需要没有特殊建议。
- 更换:在离开工作场所前应当将可能受到污染的工作服更换成无污染的衣服。

急救:

- 眼睛:如眼睛直接接触了该化学物质,要立即用大量水冲洗(灌洗)眼睛,冲洗时,不时翻开上下眼睑,并立即就医。
- 呼吸:如果接触者吸入大量该化学物质,立即将接触者移至新鲜空气处。通常不需要采取其他措施。

对呼吸器选择的建议:无。

有关呼吸器选择的其他重要信息参见相关标准。

接触途径:呼吸道,皮肤和/或眼睛直接接触。

症状:眼睛、皮肤、上呼吸道刺激;咳嗽,呼吸困难,喘鸣,哮喘,支气管炎,慢性阻塞性肺病;结膜炎,皮炎,鼻炎,谷物热。

靶器官:眼睛,皮肤,呼吸系统。

石墨(天然)[Graphite(natural)]

C

CAS No.:7782-42-5

RTECS No.:MD9659600

DOT ID 和指南号:

异名和商品名: Black lead, Mineral carbon, Plumbago, Silver graphite, Stove black[注:参考石墨(合成)的列表。]

接触限值:NIOSH REL:TWA 2.5 mg/m^3(呼吸性颗粒物)

OSHA PEL †:TWA 15 mppcf

IDLH:1 250 mg/m^3　　**浓度换算系数:**

理化性质:青灰色至黑色,具油脂感,无气味固体。

分子量:12.0	沸点:升华
熔点:6 602 ℉(升华)	溶解度:不溶
蒸气压:0 mmHg(约)	电离电位:不适用
比重:2.0~2.25	闪点:不适用
爆炸上限:不适用	爆炸下限:不适用

可燃固体。

不相容性和反应性:非常强的氧化剂如氟、三氟化氯和过氧化钾。

测量方法:NIOSH 0500,0600

个人防护和卫生设施:

- 皮肤:对于个体皮肤防护装备的需要没有特殊建议。
- 眼睛:对眼部防护的需要没有特殊建议。
- 清洗皮肤:对于清洗皮肤上的污染物没有其他特殊的建议(包括立即清洗和班后清洗)。
- 脱除:对于脱除被污染或被弄湿的工作服的需要没有特殊建议。
- 更换:对于班后的衣服的更换需要没有特殊建议。

急救:

- 眼睛:如眼睛直接接触了该化学物质,要立即用大量水冲洗(灌洗)眼睛,冲洗时,不时翻开上下眼睑,并立即就医。
- 呼吸:如果接触者吸入大量该化学物质,立即将接触者移至新鲜空气处。通常不需要采取其他措施。

对呼吸器选择的建议:NIOSH

~12.5 mg/m³:

- Qm:任何四分之一面罩呼吸器,选择 N、R 或 P 过滤元件的信息见表 4。指定防护因数=5。

~25 mg/m³:

- 95XQ:任何除四分之一面罩之外的防颗粒物呼吸器,配有 N95、R95 或 P95 过滤元件(包括 N95、R95 或 P95 随弃式面罩)。也可使用以下过滤元件:N99、R99、P99、N100、R100、P100。指定防护因数=10。选择 N、R 或 P 过滤元件的信息见表 4。
- Sa:任何供气式呼吸器。指定防护因数=10。

~62.5 mg/m³:

- PaprHie:任何动力送风空气过滤式呼吸器,配有高效颗粒物过滤元件。指定防护因数=25。
- Sa:Cf:任何连续供气式呼吸器。指定防护因数=25。

~125 mg/m³:

- 100F:任何空气过滤式全面罩呼吸器,配有 N100、R100 或 P100 过滤元件。指定防护因数=50。选择 N、R 或 P 过滤元件的信息见表 4。
- PaprTHie:任何动力送风空气过滤式呼吸器,配密合型面罩和高效颗粒物过滤元件。指定防护因数=50。
- SaT:Cf:任何连续供气式呼吸器,配密合型面罩。指定防护因数=50。
- ScbaF:任何携气式呼吸器,配全面罩。指定防护因数=50。
- SaF:任何供气式呼吸器,配全面罩。指定防护因数=50。

~1 250 mg/m³:

- SaF:Pd,Pp:任何压力需气式或正压供气式呼吸器,配全面罩。指定防护因数=2 000。

§:应急抢险,或准备进入浓度未知环境,或进入 IDLH 环境:

- ScbaF:Pd,Pp:任何压力需气式或正压携气式呼吸器,配全面罩。指定防护因数=10 000。
- SaF:Pd,Pp:AScba:任何压力需气式或正压供气式呼吸器,配全面罩,配压力需气式或正压携气式辅助呼吸器。指定防护因数=10 000。

逃生:

- 100F:任何空气过滤式全面罩呼吸器,配有 N100、R100 或 P100 过滤元件。指定防护因数=50。选择 N、R 或 P 过滤元件的信息见表 4。
- ScbaE:任何适合逃生的携气式呼吸器。

有关呼吸器选择的其他重要信息参见相关标准。

接触途径:呼吸道,皮肤和/或眼睛直接接触。

症状:咳嗽,呼吸困难,黑痰,肺功能下降,肺纤维化。

靶器官:呼吸系统,心血管系统。

石墨(合成)[Graphite(synthetic)]

C

CAS No.:7440-44-0(合成)

RTECS No.:FF5250100(合成)

DOT ID 和指南号:

异名和商品名:Acheson graphite,Artificial graphite[注:参考石墨(天然)的列表。]

接触限值:NIOSH REL:见附录 D

OSHA PEL †:TWA 15 mg/m³(总颗粒物)

TWA 5 mg/m³(呼吸性颗粒物)

IDLH:N. D.

浓度换算系数:

理化性质:青灰色至黑色,具油脂感,无气味固体。

分子量:12.0

沸点:升华

熔　　点:6 602 ℉(升华)　　溶 解 度:不溶
蒸 气 压:0 mmHg(约)　　电离电位:不适用
比　　重:1.5～1.8　　闪　　点:不适用
爆炸上限:不适用　　爆炸下限:不适用
可燃固体。

不相容性和反应性:非常强的氧化剂如氟、三氟化氯和过氧化钾。

测量方法:NIOSH 0500,0600

个人防护和卫生设施:

- 皮肤:对于个体皮肤防护装备的需要没有特殊建议。
- 眼睛:对眼部防护的需要没有特殊建议。
- 清洗皮肤:对于清洗皮肤上的污染物没有其他特殊的建议(包括立即清洗和班后清洗)。
- 脱除:对于脱除被污染或被弄湿的工作服的需要没有特殊建议。
- 更换:对于班后的衣服的更换需要没有特殊建议。

急救:

- 眼睛:如眼睛直接接触了该化学物质,要立即用大量水冲洗(灌洗)眼睛,冲洗时,不时翻开上下眼睑,并立即就医。
- 呼吸:如果接触者吸入大量该化学物质,立即将接触者移至新鲜空气处。通常不需要采取其他措施。

对呼吸器选择的建议:无。

有关呼吸器选择的其他重要信息参见相关标准。

接触途径:呼吸道,皮肤和/或眼睛直接接触。

症状:咳嗽,呼吸困难,黑痰,肺功能下降,肺纤维化。

靶器官:呼吸系统,心血管系统。

石膏(Gypsum)

$CaSO_4 \cdot 2H_2O$

CAS No.:13397-24-5
RTECS No.:MG2360000
DOT ID 和指南号:

异名和商品名:二水硫酸钙,石膏石,矿物白,Calcium(Ⅱ)sulfate dihydrate,Gypsum stone,Hydrated calcium sulfate,Mineral White[注:石膏是硫酸钙的二水化物,熟石膏是半水化合物。]

接触限值:NIOSH REL:TWA 10 mg/m^3(总颗粒物)
TWA 5 mg/m^3(呼吸性颗粒物)
OSHA PEL:TWA 15 mg/m^3(总颗粒物)
TWA 5 mg/m^3(呼吸性颗粒物)

IDLH:N.D.　　**浓度换算系数:**

理化性质:白色无气味晶体。

分 子 量:172.2　　沸　　点:未知
熔　　点:262～325 ℉(失水)　　溶解度(77 ℉):0.2%
蒸 气 压:0 mmHg(约)　　电离电位:不适用
比　　重:2.32　　闪　　点:不适用
爆炸上限:不适用　　爆炸下限:不适用
不可燃固体。

不相容性和反应性:铝(在高温下),重氮甲烷。

测量方法:NIOSH 0500,0600

个人防护和卫生设施:

- 皮肤:对于个体皮肤防护装备的需要没有特殊建议。
- 眼睛:对眼部防护的需要没有特殊建议。
- 清洗皮肤:对于清洗皮肤上的污染物没有其他特殊的建议(包括立即清洗和班后清洗)。
- 脱除:对于脱除被污染或被弄湿的工作服的需要没有特殊建议。
- 更换:对于班后的衣服的更换需要没有特殊建议。

急救:	有关呼吸器选择的其他重要信息参见相关标准。
● 眼睛:如眼睛直接接触了该化学物质,要立即用大量水冲洗(灌洗)眼睛,冲洗时,不时翻开上下眼睑,并立即就医。 ● 呼吸:如果接触者吸入大量该化学物质,立即将接触者移至新鲜空气处。通常不需要采取其他措施。	**接触途径:**呼吸道,皮肤和/或眼睛直接接触。 **症状:**眼睛、皮肤、黏膜、上呼吸道刺激;咳嗽,打喷嚏,鼻溢液。
对呼吸器选择的建议:无。	**靶器官:**眼睛,皮肤,呼吸系统。

G

H

铪(Hafnium)
Hf
异名和商品名:铪金属,Celtium,Elemental hafnium,Hafnium metal

CAS No.:7440-58-6
RTECS No.:MG4600000
DOT ID 和指南号:1326 170 (粉末,湿);2545 135 (粉末,干)

接触限值:NIOSH REL*:TWA 0.5 mg/m³[*注:REL也适用于其他铪化物(按Hf计)。]
OSHA PEL*:TWA 0.5 mg/m³[*注:PEL也适用于其他铪化物(按Hf计)。]

IDLH:50 mg/m³(按铪计)　**浓度换算系数:**

理化性质:强光泽、易延展的浅灰色固体。

分子量:178.5	沸点:8 316 ℉
熔点:4 041 ℉	溶解度:不溶
蒸气压:0 mmHg (约)	电离电位:不适用
比重:13.31	闪点:不适用
爆炸上限:不适用	爆炸下限:不适用

粉末状为爆炸物(干燥或水含量<25%);微小的粉末可以被静电引燃甚至自燃。
不相容性和反应性:强氧化剂,氯。

测量方法:NIOSH S194 (Ⅱ-5);OSHA ID121

个人防护和卫生设施:
- 皮肤:穿戴合适的个人防护服,防止皮肤直接接触。
- 眼睛:佩戴合适的眼部防护用品,防止眼睛直接接触。
- 清洗皮肤:当皮肤受到污染时,应立即清洗污染的皮肤。/每天工作班结束后,进食、吸烟、喝水前都应该清洗可能受到污染的皮肤。
- 脱除:如果工作服被弄湿或受到了明显的污染,应该立即脱除并妥善处置。
- 更换:在离开工作场所前应当将可能受到污染的工作服更换成无污染的衣服。
- 配备:在劳动者可能接触该化学物质的作业场所,无论是否需要使用眼部防护用品,都应配备眼冲洗设备。在紧靠有可能接触该化学物质的工作场所,应配备快速冲淋身体的设备以应急使用。[注:这些设备应能够提供足量水或流动水,以将可能接触的身体任何部位上的该化学物质除去。实际配备适宜的快速冲淋设备取决于工作场所的具体条件。在某些情况下,必须及时进行大流量淋浴,而其他情况下只需要用一个水槽或软管供水就足够了。]

急救:
- 眼睛:如眼睛直接接触了该化学物质,要立即用大量水冲洗(灌洗)眼睛,冲洗时,不时翻开上下眼睑,并立即就医。
- 皮肤:如果该化学物质直接接触皮肤,迅速用肥皂和水冲洗污染的皮肤。若该化学物质渗透进衣服,要迅速将衣服脱除,用肥皂和水清洗皮肤,并迅速就医。
- 呼吸:如果接触者吸入大量该化学物质,立即将接触者移至新鲜空气处。如果呼吸停止,要进行人工呼吸,注意保暖和休息。尽快就医。
- 吞入:如果吞入该化学物质,应立即就医。

对呼吸器选择的建议:NIOSH/OSHA
~2.5 mg/m³:
- Qm:任何四分之一面罩呼吸器,选择N、R或P过滤元件的信息见表4。指定防护因数=5。

~5 mg/m³:
- 95XQ:任何除四分之一面罩之外的防颗粒物呼吸器,配有N95、R95或P95过滤元件(包括N95、R95或P95随弃式面罩)。也可使用以下过滤元件:N99、R99、P99、N100、R100、P100。指定防护因数=10。选择N、R或P过滤元件的信息见表4。

- Sa:任何供气式呼吸器。指定防护因数=10。

~12.5 mg/m³:

- Sa:Cf:任何连续供气式呼吸器。指定防护因数=25。*
- PaprHie:任何动力送风空气过滤式呼吸器,配有高效颗粒物过滤元件。指定防护因数=25。*

~25 mg/m³:

- 100F:任何空气过滤式全面罩呼吸器,配有 N100、R100 或 P100 过滤元件。指定防护因数=50。选择 N、R 或 P 过滤元件的信息见表 4。
- SaT:Cf:任何连续供气式呼吸器,配密合型面罩。指定防护因数=50。*
- PaprTHie:任何动力送风空气过滤式呼吸器,配密合型面罩和高效颗粒物过滤元件。指定防护因数=50。*
- ScbaF:任何携气式呼吸器,配全面罩。指定防护因数=50。
- SaF:任何供气式呼吸器,配全面罩。指定防护因数=50。

~50 mg/m³:

- SaF:Pd,Pp:任何压力需气式或正压供气式呼吸器,配全面罩。指定防护因数=2 000。

§:应急抢险,或准备进入浓度未知环境,或进入 IDLH 环境:

- ScbaF:Pd,Pp:任何压力需气式或正压携气式呼吸器,配全面罩。指定防护因数=10 000。
- SaF:Pd,Pp:AScba:任何压力需气式或正压供气式呼吸器,配全面罩,配压力需气式或正压携气式辅助呼吸器。指定防护因数=10 000。

逃生:

- 100F:任何空气过滤式全面罩呼吸器,配有 N100、R100 或 P100 过滤元件。指定防护因数=50。选择 N、R 或 P 过滤元件的信息见表 4。
- ScbaE:任何适合逃生的携气式呼吸器。

有关呼吸器选择的其他重要信息参见相关标准。

接触途径:呼吸道,胃肠道,皮肤和/或眼睛直接接触。

症状:动物:眼睛、皮肤、黏膜刺激;肝损害。

靶器官:眼睛,皮肤,黏膜,肝。

H

三氟溴氯乙烷(Halothane)

$CF_3CHBrCl$

CAS No.:151-67-7

RTECS No.:KH6550000

DOT ID 和指南号:

异名和商品名:氟氯溴;氟罗生;福来生;1-溴-1-氯-2,2,2-三氟乙烷;2-溴-2-氯-1,1,1-三氟乙烷;1,1,1-三氟-2-溴-2-氯乙烷;2,2,2-三氟-1-溴-1-氯乙烷;1-Bromo-1-chloro-2,2,2-trifluoroethane;2-Bromo-2-chloro-1,1,1-trifluoroethane;1,1,1-Trifluoro-2-bromo-2-chloroethane;2,2,2-Trifluoro-1-bromo-1-chloroethane

接触限值:NIOSH REL*:C 2 ppm (16.2 mg/m³)[60 min][*注:REL 用于接触废弃的麻醉性气体。]

OSHA PEL:无

IDLH:N.D. **浓度换算系数:**1 ppm = 8.07 mg/m³

理化性质:透明的无色液体,具有淡甜的令人愉悦的气味。[吸入性麻醉剂]

分子量:197.4	沸点:122 ℉
凝固点:−180 ℉	溶解度:0.3%
蒸气压:243 mmHg	电离电位:未知
比重:1.87	闪点:不适用
爆炸上限:不适用	爆炸下限:不适用

不可燃液体。

不相容性和反应性:可侵蚀橡胶和一些塑料,对光敏感。

[注:见光分解。用 0.01% 麝香草酚可使其稳定。]

测量方法:OSHA 29

个人防护和卫生设施:

- 皮肤:穿戴合适的个人防护服,防止皮肤直接接触。
- 眼睛:佩戴合适的眼部防护用品,防止眼睛直接接触。
- 清洗皮肤:当皮肤受到污染时,应立即清洗污染的皮肤。
- 脱除:如果工作服被弄湿或受到了明显的污染,应该立即脱除并妥善处置。
- 更换:对于班后的衣服的更换需要没有特殊建议。
- 配备:在劳动者可能接触该化学物质的作业场所,无论是否需要使用眼部防护用品,都应配备眼冲洗设备。

急救:

- 眼睛:如眼睛直接接触了该化学物质,要立即用大量水冲洗(灌洗)眼睛,冲洗时,不时翻开上下眼睑,并立即就医。
- 皮肤:如果该化学物质直接接触皮肤,迅速用肥皂和水冲洗污染的皮肤。若该化学物质渗透进衣服,要迅速将衣服脱除,用肥皂和水清洗皮肤,并迅速就医。
- 呼吸:如果接触者吸入大量该化学物质,立即将接触者移至新鲜空气处。如果呼吸停止,要进行人工呼吸,注意保暖和休息。尽快就医。
- 吞入:如果吞入该化学物质,应立即就医。

对呼吸器选择的建议:无。

有关呼吸器选择的其他重要信息参见相关标准。

接触途径:呼吸道,皮肤吸收,胃肠道,皮肤和/或眼睛直接接触。

症状:眼睛、皮肤、呼吸系统刺激;意识模糊,嗜睡,眩晕,恶心,痛觉缺失,感觉缺失;心律不齐;肝、肾损害;视听能力降低;动物:生殖效应。

靶器官:眼睛,皮肤,呼吸系统,心血管系统,中枢神经系统,肝,肾,生殖系统。

七氯(Heptachlor)

$C_{10}H_5Cl_7$

异名和商品名:七氯-四氢-甲撑茚;1,4,5,6,7,8,8-七氯-3a,4,7,7a-四氢-4,7-甲撑茚;七氯化茚;1,4,5,6,7,8,8-Heptachloro-3a,4,7,7a-tetrahydro-4,7-methanoindene

CAS No.:76-44-8

RTECS No.:PC0700000

DOT ID 和指南号:2761 151(有机氯杀虫剂,固体)

接触限值:NIOSH REL:Ca TWA 0.5 mg/m³[皮] 见附录 A
OSHA PEL:TWA 0.5 mg/m³[皮]

IDLH: Ca [35 mg/m³]　　**浓度换算系数:**

理化性质:白色至浅褐色晶体,具有樟脑味。[杀虫剂]

分子量:373.4　　沸点:293 ℉(分解)
熔点:203 ℉　　溶解度:0.000 6%
蒸气压(77 ℉):0.000 3 mmHg　　电离电位:未知

比重:1.66　　闪点:不适用
爆炸上限:不适用　　爆炸下限:不适用
不可燃固体,但可溶于易燃液体。
不相容性和反应性:铁,铁锈。

测量方法:NIOSH S287(Ⅱ-5);OSHA PV2029

个人防护和卫生设施:

- 皮肤:穿戴合适的个人防护服,防止皮肤直接接触。
- 眼睛:佩戴合适的眼部防护用品,防止眼睛直接接触。

- 清洗皮肤：当皮肤受到污染时，应立即清洗污染的皮肤。/每天工作班结束后，进食、吸烟、喝水前都应该清洗可能受到污染的皮肤。
- 脱除：如果工作服被弄湿或受到了明显的污染，应该立即脱除并妥善处置。
- 更换：在离开工作场所前应当将可能受到污染的工作服更换成无污染的衣服。
- 配备：在劳动者可能接触该化学物质的作业场所，无论是否需要使用眼部防护用品，都应配备眼冲洗设备。在紧靠有可能接触该化学物质的工作场所，应配备快速冲淋身体的设备以应急使用。[注：这些设备应能够提供足量水或流动水，以将可能接触的身体任何部位上的该化学物质除去。实际配备适宜的快速冲淋设备取决于工作场所的具体条件。在某些情况下，必须及时进行大流量淋浴，而其他情况下只需要用一个水槽或软管供水就足够了。]

急救：

- 眼睛：如眼睛直接接触了该化学物质，要立即用大量水冲洗(灌洗)眼睛，冲洗时，不时翻开上下眼睑，并立即就医。
- 皮肤：如果该化学物质直接接触皮肤，立即用肥皂和水冲洗污染的皮肤。若该化学物质渗透进衣服，要立即将衣服脱除，用肥皂和水清洗皮肤，并迅速就医。
- 呼吸：如果接触者吸入大量该化学物质，立即将接触者移至新鲜空气处。如果呼吸停止，要进行人工呼吸，注意保暖和休息。尽快就医。
- 吞入：如果吞入该化学物质，应立即就医。

对呼吸器选择的建议：NIOSH

¥：高于 NIOSH REL 的浓度；或当没有 REL 时，任何可以检测到的浓度：

- ScbaF：Pd，Pp：任何压力需气式或正压携气式呼吸器，配全面罩。指定防护因数＝10 000。
- SaF：Pd，Pp：AScba：任何压力需气式或正压供气式呼吸器，配全面罩，配压力需气式或正压携气式辅助呼吸器。指定防护因数＝10 000。

逃生：

- GmFOv100：任何空气过滤式全面罩呼吸器(防毒面具)，配下颌式、前置式或背置式有机蒸气滤毒罐和N100、R100 或 P100 的综合防护过滤元件。指定防护因数＝50。选择 N、R 或 P 过滤元件的信息见表 4。
- ScbaE：任何适合逃生的携气式呼吸器。

有关呼吸器选择的其他重要信息参见相关标准。

接触途径：呼吸道，皮肤吸收，胃肠道，皮肤和/或眼睛直接接触。

症状：动物：震颤，惊厥；肝损害；[潜在职业性致癌物]。

靶器官：中枢神经系统，肝。

致癌部位：[动物：肝癌]。

正庚烷(n-Heptane)

$CH_3(CH_2)_5CH_3$

异名和商品名：庚烷，Heptane，normal-Heptane

CAS No.：142-82-5

RTECS No.：MI7700000

DOT ID 和指南号：1206 128

接触限值：NIOSH REL：TWA 85 ppm (350 mg/m^3)
C 440 ppm (1 800 mg/m^3)
[15 min]

OSHA PEL †：TWA 500 ppm (2 000 mg/m^3)

IDLH：750 ppm　**浓度换算系数：**1 ppm ＝ 4.10 mg/m^3

H

理化性质:无色液体,具有汽油味。

分 子 量:100.2　沸 点:209 ℉
凝 固 点:−131 ℉　溶 解 度:0.000 3%
蒸气压(72 ℉):40 mmHg　电离电位:9.90 eV
比 重:0.68　闪 点:25 ℉
爆炸上限:6.7%　爆炸下限:1.05%
ⅠB 类易燃液体——闪点低于 73 ℉,沸点等于或高于 100 ℉。
不相容性和反应性:强氧化剂。

测量方法:NIOSH 1500;OSHA 7

个人防护和卫生设施:

- 皮肤:穿戴合适的个人防护服,防止皮肤直接接触。
- 眼睛:佩戴合适的眼部防护用品,防止眼睛直接接触。
- 清洗皮肤:当皮肤受到污染时,应立即清洗污染的皮肤。
- 脱除:如果工作服被可燃性物质(即闪点低于 100 ℉的液体)浸湿,应当立即脱除并妥善处置,以防着火。
- 更换:对于班后的衣服的更换需要没有特殊建议。

急救:

- 眼睛:如眼睛直接接触了该化学物质,要立即用大量水冲洗(灌洗)眼睛,冲洗时,不时翻开上下眼睑,并立即就医。
- 皮肤:如果该化学物质直接接触皮肤,迅速用肥皂和水冲洗污染的皮肤。若该化学物质渗透进衣服,要迅速将衣服脱除,用肥皂和水清洗皮肤,并迅速就医。
- 呼吸:如果接触者吸入大量该化学物质,立即将接触者移至新鲜空气处。如果呼吸停止,要进行人工呼吸,注意保暖和休息。尽快就医。
- 吞入:如果吞入该化学物质,应立即就医。

对呼吸器选择的建议:NIOSH

~750 ppm:

- CcrOv:任何空气过滤式半面罩呼吸器,配防有机蒸气的滤毒盒。指定防护因数=10。
- GmFOv:任何空气过滤式全面罩呼吸器(防毒面具),配下颌式、前置式或背置式有机蒸气滤毒罐。指定防护因数=50。
- PaprOv:任何动力送风空气过滤式呼吸器,配有机蒸气滤毒盒。指定防护因数=25。
- Sa:任何供气式呼吸器。指定防护因数=10。
- ScbaF:任何携气式呼吸器,配全面罩。指定防护因数=50。

§:应急抢险,或准备进入浓度未知环境,或进入 IDLH 环境:

- ScbaF:Pd,Pp:任何压力需气式或正压携气式呼吸器,配全面罩。指定防护因数=10 000。
- SaF:Pd,Pp:AScba:任何压力需气式或正压供气式呼吸器,配全面罩,配压力需气式或正压携气式辅助呼吸器。指定防护因数=10 000。

逃生:

- GmFOv:任何空气过滤式全面罩呼吸器(防毒面具),配下颌式、前置式或背置式有机蒸气滤毒罐。指定防护因数=50。
- ScbaE:任何适合逃生的携气式呼吸器。

有关呼吸器选择的其他重要信息参见相关标准。

接触途径:呼吸道,胃肠道,皮肤和/或眼睛直接接触。

症状:眩晕,木僵,协调能力下降;厌食,恶心;皮炎;化学性肺炎(吸入液体);意识丧失。

靶器官:皮肤,呼吸系统,中枢神经系统。

1-庚硫醇(1-Heptanethiol)　　　　　　　　CAS No.:1639-09-4

$CH_3(CH_2)_6SH$　　　　　　　　RTECS No.:MJ1400000

异名和商品名:正庚硫醇,Heptyl mercaptan,n-Heptyl mercaptan　　　　**DOT ID 和指南号:**1228 131

接触限值:NIOSH REL:C 0.5 ppm (2.7 mg/m³)
[15 min]
OSHA PEL:无

IDLH:N.D.　**浓度换算系数:**1 ppm = 5.41 mg/m³

理化性质:无色液体,具有强烈气味。

分子量:	132.3	沸点:	351 ℉
凝固点:	−46 ℉	溶解度:	不溶
蒸气压:	未知	电离电位:	未知
比重:	0.84	闪点:	115 ℉
爆炸上限:	未知	爆炸下限:	未知

Ⅱ类可燃液体——闪点等于或高于 100 ℉且低于140 ℉。

不相容性和反应性:氧化剂,还原剂,强酸和强碱,碱金属。

测量方法:无。

个人防护和卫生设施:

- 皮肤:穿戴合适的个人防护服,防止皮肤直接接触。
- 眼睛:佩戴合适的眼部防护用品,防止眼睛直接接触。
- 清洗皮肤:当皮肤受到污染时,应立即清洗污染的皮肤。
- 脱除:如果工作服被弄湿或受到了明显的污染,应该立即脱除并妥善处置。
- 更换:对于班后的衣服的更换需要没有特殊建议。

急救:

- 眼睛:如眼睛直接接触了该化学物质,要立即用大量水冲洗(灌洗)眼睛,冲洗时,不时翻开上下眼睑,并立即就医。
- 皮肤:如果该化学物质直接接触皮肤,用肥皂和水冲洗污染的皮肤。
- 呼吸:如果接触者吸入大量该化学物质,立即将接触者移至新鲜空气处。如果呼吸停止,要进行人工呼吸,注意保暖和休息。尽快就医。
- 吞入:如果吞入该化学物质,应立即就医。

对呼吸器选择的建议:NIOSH

~5 ppm:

- CcrOv:任何空气过滤式半面罩呼吸器,配防有机蒸气的滤毒盒。指定防护因数=10。
- Sa:任何供气式呼吸器。指定防护因数=10。

~12.5 ppm:

- Sa:Cf:任何连续供气式呼吸器。指定防护因数=25。
- PaprOv:任何动力送风空气过滤式呼吸器,配有机蒸气滤毒盒。指定防护因数=25。

~25 ppm:

- CcrFOv:任何空气过滤式全面罩呼吸器,配有机蒸气滤毒盒。指定防护因数=50。
- GmFOv:任何空气过滤式全面罩呼吸器(防毒面具),配下颌式、前置式或背置式有机蒸气滤毒罐。指定防护因数=50。
- PaprTOv:任何动力送风空气过滤式呼吸器,配密合型面罩和有机蒸气滤毒盒。指定防护因数=50。
- ScbaF:任何携气式呼吸器,配全面罩。指定防护因数=50。
- SaF:任何供气式呼吸器,配全面罩。指定防护因数=50。

§:应急抢险,或准备进入浓度未知环境,或进入 IDLH 环境:

- ScbaF:Pd,Pp:任何压力需气式或正压携气式呼吸器,配全面罩。指定防护因数=10 000。
- SaF:Pd,Pp:AScba:任何压力需气式或正压供气式呼吸器,配全面罩、压力需气式或正压携气式辅助呼吸器。指定防护因数=10 000。

H

逃生:

- GmFOv:任何空气过滤式全面罩呼吸器(防毒面具),配下颌式、前置式或背置式有机蒸气滤毒罐。指定防护因数=50。
- ScbaE:任何适合逃生的携气式呼吸器。

有关呼吸器选择的其他重要信息参见相关标准。

接触途径:呼吸道,胃肠道,皮肤和/或眼睛直接接触。

症状:眼睛、皮肤、鼻、咽喉刺激;乏力,紫绀,呼吸加快,恶心,嗜睡,头痛,呕吐。

靶器官:眼睛,皮肤,呼吸系统,中枢神经系统,血液。

六氯丁二烯(Hexachlorobutadiene)

$Cl_2C=CClCCl=CCl_2$

异名和商品名:六氯-1,3-丁二烯;HCBD;Hexachloro-1,3-butadiene;1,3-Hexachlorobutadiene;Perchlorobutadiene

CAS No.:87-68-3

RTECS No.:EJ07000

DOT ID 和指南号:2279 151

接触限值:NIOSH REL:Ca TWA 0.02 ppm (0.24 mg/m^3)
[皮] 见附录 A
OSHA PEL †:无

IDLH: Ca [N.D.]　**浓度换算系数:**1 ppm = 10.66 mg/m^3

理化性质:透明的无色液体,具有淡淡的松脂样气味。

分子量:260.7	沸点:419 ℉
凝固点:-6 ℉	溶解度:不溶
蒸气压:0.2 mmHg	电离电位:未知
比重:1.55	闪点:未知
爆炸上限:未知	爆炸下限:未知

可燃液体。

不相容性和反应性:氧化剂。

测量方法:NIOSH 2543

个人防护和卫生设施:

- 皮肤:穿戴合适的个人防护服,防止皮肤直接接触。
- 眼睛:佩戴合适的眼部防护用品,防止眼睛直接接触。
- 清洗皮肤:当皮肤受到污染时,应立即清洗污染的皮肤。
- 脱除:如果工作服被弄湿或受到了明显的污染,应该立即脱除并妥善处置。
- 更换:对于班后的衣服的更换需要没有特殊建议。
- 配备:在劳动者可能接触该化学物质的作业场所,无论是否需要使用眼部防护用品,都应配备眼冲洗设备。在紧靠有可能接触该化学物质的工作场所,应配备快速冲淋身体的设备以应急使用。[注:这些设备应能够提供足量水或流动水,以将可能接触的身体任何部位上的该化学物质除去。实际配备适宜的快速冲淋设备取决于工作场所的具体条件。在某些情况下,必须及时进行大流量淋浴,而其他情况下只需要用一个水槽或软管供水就足够了。]

急救:

- 眼睛:如眼睛直接接触了该化学物质,要立即用大量水冲洗(灌洗)眼睛,冲洗时,不时翻开上下眼睑,并立即就医。
- 皮肤:如果该化学物质直接接触皮肤,立即用肥皂和水冲洗污染的皮肤。若该化学物质渗透进衣服,要立即将衣服脱除,用肥皂和水清洗皮肤,并迅速就医。
- 呼吸:如果接触者吸入大量该化学物质,立即将接触者移至新鲜空气处。如果呼吸停止,要进行人工呼吸,注意保暖和休息。尽快就医。
- 吞入:如果吞入该化学物质,应立即就医。

对呼吸器选择的建议:NIOSH

¥:高于 NIOSH REL 的浓度;或当没有 REL 时,任何可以检测到的浓度:

- ScbaF:Pd,Pp:任何压力需气式或正压携气式呼吸器,配全面罩。指定防护因数=10 000。
- SaF:Pd,Pp:AScba:任何压力需气式或正压供气式呼吸器,配全面罩,配压力需气式或正压携气式辅助呼吸器。指定防护因数=10 000。

逃生:

- GmFOv:任何空气过滤式全面罩呼吸器(防毒面具),配下颌式、前置式或背置式有机蒸气滤毒罐。指定防护因数=50。
- ScbaE:任何适合逃生的携气式呼吸器。

有关呼吸器选择的其他重要信息参见相关标准。

接触途径:呼吸道,皮肤吸收,胃肠道,皮肤和/或眼睛直接接触。

症状:动物:眼睛、皮肤、呼吸系统刺激;肾损害;[潜在职业性致癌物]。

靶器官:眼睛,皮肤,呼吸系统,肾。

致癌部位:[动物:肾肿瘤]。

H

六氯环戊二烯(Hexachlorocyclopentadiene)

C_5Cl_6

CAS No.:77-47-4

RTECS No.:GY1225000

DOT ID 和指南号:2646 151

异名和商品名:全氯环戊二烯;六氯-1,3-环戊二烯;HCCPD;Hexachloro-1,3-cyclopentadiene;1,2,3,4,5,5-Hexachloro-1,3-cyclopentadiene;Perchlorocyclopentadiene

接触限值:NIOSH REL:TWA 0.01 ppm (0.1 mg/m³)
OSHA PEL †:无

IDLH:N.D.　　**浓度换算系数:**1 ppm = 11.16 mg/m³

理化性质:浅黄色至琥珀色液体,具有浓烈的难闻气味。[注:16 ℉以下为固体。]

分子量:272.8	沸点:462 ℉
凝固点:16 ℉	溶解度(77 ℉):0.000 2% (反应)
蒸气压(77 ℉):0.08 mmHg	电离电位:未知
比重:1.71	闪点:不适用
爆炸上限:不适用	爆炸下限:不适用

不可燃液体。

不相容性和反应性:水,光。[注:与水慢慢反应生成盐酸;在潮湿环境中腐蚀铁和大多数金属;在湿气存在下,爆炸性氢气可聚集在密闭的空间中。]

测量方法:NIOSH 2518

个人防护和卫生设施:

- 皮肤:穿戴合适的个人防护服,防止皮肤直接接触。
- 眼睛:佩戴合适的眼部防护用品,防止眼睛直接接触。
- 清洗皮肤:当皮肤受到污染时,应立即清洗污染的皮肤。
- 脱除:如果工作服被弄湿或受到了明显的污染,应该立即脱除并妥善处置。
- 更换:对于班后的衣服的更换需要没有特殊建议。
- 配备:在劳动者可能接触该化学物质的作业场所,无论是否需要使用眼部防护用品,都应配备眼冲洗设备。在紧靠有可能接触该化学物质的工作场所,应配备快速冲淋身体的设备以应急使用。[注:这些设备应能够提供足量水或流动水,以将可能接触的身体任何部位上的该化学物质除去。实际配备适宜的快速冲淋设备取决于工作场所的具体条件。在某些情况下,必须及时进行大流量淋浴，而其他情况下只需要用一个水槽或软管供水就足够了。]

急救：

- 眼睛：如眼睛直接接触了该化学物质，要立即用大量水冲洗(灌洗)眼睛，冲洗时，不时翻开上下眼睑，并立即就医。
- 皮肤：如果该化学物质直接接触皮肤，要立即用肥皂和水冲洗污染的皮肤。如果该化学物质渗透进衣服，立即将衣服脱除，并用水清洗皮肤。如果清洗后刺激持续存在，应就医。
- 呼吸：如果接触者吸入大量该化学物质，立即将接触者移至新鲜空气处。如果呼吸停止，要进行人工呼吸，注意保暖和休息。尽快就医。
- 吞入：如果吞入该化学物质，应立即就医。

对呼吸器选择的建议：无。

有关呼吸器选择的其他重要信息参见相关标准。

接触途径：呼吸道，皮肤吸收，胃肠道，皮肤和/或眼睛直接接触。

症状：眼睛、皮肤、呼吸系统刺激；眼睛、皮肤灼伤；流泪；打喷嚏，咳嗽，呼吸困难，流涎，肺水肿；恶心，呕吐，腹泻；动物：肝、肾损伤。

靶器官：眼睛，皮肤，呼吸系统，肝，肾。

六氯乙烷(Hexachloroethane)

Cl_3CCCl_3

CAS No.：67-72-1

RTECS No.：KI4025000

DOT ID 和指南号：

异名和商品名：全氯乙烷，Carbon hexachloride，Ethane hexachloride，Perchloroethane

接触限值：NIOSH REL：Ca TWA 1 ppm (10 mg/m^3) [皮]
见附录 A、附录 C (氯乙烷)
OSHA PEL：TWA 1 ppm (10 mg/m^3) [皮]

IDLH：Ca [300 ppm]　**浓度换算系数：**1 ppm = 9.68 mg/m^3

理化性质：无色晶体，具有樟脑味。

分子量：236.7　沸点：升华
熔点：368 ℉ (升华)　溶解度(72 ℉)：0.005%
蒸气压：0.2 mmHg　电离电位：11.22 eV
比重：2.09　闪点：不适用
爆炸上限：不适用　爆炸下限：不适用
不可燃固体。
不相容性和反应性：碱；金属如锌、镉、铝、热的铁和汞。

测量方法：NIOSH 1003；OSHA 7

个人防护和卫生设施：

- 皮肤：穿戴合适的个人防护服，防止皮肤直接接触。
- 眼睛：佩戴合适的眼部防护用品，防止眼睛直接接触。
- 清洗皮肤：当皮肤受到污染时，应立即清洗污染的皮肤。/每天工作班结束后，进食、吸烟、喝水前都应该清洗可能受到污染的皮肤。
- 脱除：如果工作服被弄湿或受到了明显的污染，应该立即脱除并妥善处置。
- 更换：在离开工作场所前应当将可能受到污染的工作服更换成无污染的衣服。
- 配备：在劳动者可能接触该化学物质的作业场所，无论是否需要使用眼部防护用品，都应配备眼冲洗设备。在紧靠有可能接触该化学物质的工作场所，应配备快速冲淋身体的设备以应急使用。[注：这些设备应能够提供足量水或流动水，以将可能接触的身体任何部位

上的化学物质除去。实际配备适宜的快速冲淋设备取决于工作场所的具体条件。在某些情况下,必须及时进行大流量淋浴,而其他情况下只需要用一个水槽或软管供水就足够了。]

急救:

- 眼睛:如眼睛直接接触了该化学物质,要立即用大量水冲洗(灌洗)眼睛,冲洗时,不时翻开上下眼睑,并立即就医。
- 皮肤:如果该化学物质直接接触皮肤,立即用肥皂和水冲洗污染的皮肤。若该化学物质渗透进衣服,要立即将衣服脱除,用肥皂和水清洗皮肤,并迅速就医。
- 呼吸:如果接触者吸入大量该化学物质,立即将接触者移至新鲜空气处。如果呼吸停止,要进行人工呼吸,注意保暖和休息。尽快就医。
- 吞入:如果吞入该化学物质,应立即就医。

对呼吸器选择的建议:NIOSH

¥:高于 NIOSH REL 的浓度;或当没有 REL 时,任何可以检测到的浓度:

- ScbaF:Pd,Pp:任何压力需气式或正压携气式呼吸器,配全面罩。指定防护因数=10 000。
- SaF:Pd,Pp:AScba:任何压力需气式或正压供气式呼吸器,配全面罩,配压力需气式或正压携气式辅助呼吸器。指定防护因数=10 000。

逃生:

- GmFOv:任何空气过滤式全面罩呼吸器(防毒面具),配下颌式、前置式或背置式有机蒸气滤毒罐。指定防护因数=50。
- ScbaE:任何适合逃生的携气式呼吸器。

有关呼吸器选择的其他重要信息参见相关标准。

接触途径:呼吸道,皮肤吸收,胃肠道,皮肤和/或眼睛直接接触。

症状:眼睛、皮肤、黏膜刺激;动物:肾损害;[潜在职业性致癌物]。

靶器官:眼睛,皮肤,呼吸系统,肾。

致癌部位:[动物:肝癌]。

六氯萘(Hexachloronaphthalene)

$C_{10}H_2Cl_6$

异名和商品名: Halowax® 1014

CAS No.:1335-87-1

RTECS No.:QJ7350000

DOT ID 和指南号:

接触限值:NIOSH REL:TWA 0.2 mg/m³[皮]
OSHA PEL:TWA 0.2 mg/m³[皮]

IDLH:2 mg/m³ **浓度换算系数:**

理化性质:白色至浅黄色固体,具有芳香气味。

分子量:334.9	沸点:650~730 ℉
熔点:279 ℉	溶解度:不溶
蒸气压:<1 mmHg	电离电位:未知
比重:1.78	闪点:不适用
爆炸上限:不适用	爆炸下限:不适用

不可燃固体。

不相容性和反应性:强氧化剂。

测量方法:NIOSH S100(Ⅱ-2)

个人防护和卫生设施:

- 皮肤:穿戴合适的个人防护服,防止皮肤直接接触。
- 眼睛:佩戴合适的眼部防护用品,防止眼睛直接接触。
- 清洗皮肤:当皮肤受到污染时,应立即清洗污染的皮肤。/每天工作班结束后,进食、吸烟、喝水前都应该清洗可能受到污染的皮肤。

H

- 脱除：如果工作服被弄湿或受到了明显的污染，应该立即脱除并妥善处置。
- 更换：在离开工作场所前应当将可能受到污染的工作服更换成无污染的衣服。

急救：

- 眼睛：如眼睛直接接触了该化学物质，要立即用大量水冲洗（灌洗）眼睛，冲洗时，不时翻开上下眼睑，并立即就医。
- 皮肤：如果该化学物质直接接触皮肤，迅速用肥皂和水冲洗污染的皮肤。若该化学物质渗透进衣服，要迅速将衣服脱除，用肥皂和水清洗皮肤，并迅速就医。
- 呼吸：如果接触者吸入大量该化学物质，立即将接触者移至新鲜空气处。如果呼吸停止，要进行人工呼吸，注意保暖和休息。尽快就医。
- 吞入：如果吞入该化学物质，应立即就医。

对呼吸器选择的建议：NIOSH/OSHA

~2 mg/m³：

- Sa：任何供气式呼吸器。指定防护因数=10。*
- ScbaF：任何携气式呼吸器，配全面罩。指定防护因数=50。

§：应急抢险，或准备进入浓度未知环境，或进入IDLH环境：

- ScbaF：Pd，Pp：任何压力需气式或正压携气式呼吸器，配全面罩。指定防护因数=10 000。
- SaF：Pd，Pp：AScba：任何压力需气式或正压供气式呼吸器，配全面罩，配压力需气式或正压携气式辅助呼吸器。指定防护因数=10 000。

逃生：

- GmFOv：任何空气过滤式全面罩呼吸器（防毒面具），配下颌式、前置式或背置式有机蒸气滤毒罐。指定防护因数=50。
- ScbaE：任何适合逃生的携气式呼吸器。

有关呼吸器选择的其他重要信息参见相关标准。

接触途径：呼吸道，皮肤吸收，胃肠道，皮肤和/或眼睛直接接触。

症状：痤疮性皮炎，恶心，意识模糊，黄疸，昏迷。

靶器官：皮肤，肝。

十六(烷)基硫醇(1-Hexadecanethiol)

$CH_3(CH_2)_{15}SH$

CAS No.：2917-26-2

RTECS No.：

DOT ID和指南号：1228 131(液体)

异名和商品名：Cetyl mercaptan，Hexadecanethiol-1，n-Hexadecanethiol，Hexadecyl mercaptan

接触限值：NIOSH REL：C 0.5 ppm (5.3 mg/m³) [15 min]
OSHA PEL：无

IDLH：N.D.　**浓度换算系数：**1 ppm = 10.59 mg/m³

理化性质：无色液体或固体（64～68 ℉以下），具有强烈气味。

分子量：258.5　沸点：未知

凝固点：64～68 ℉　溶解度：不溶

蒸气压：0.1 mmHg　电离电位：未知

比重：0.85　闪点：215 ℉

爆炸上限：未知　爆炸下限：未知

ⅢB类可燃液体——闪点等于或高于200 ℉。

不相容性和反应性：氧化剂，强酸和强碱，碱金属，还原剂。

测量方法：无。

个人防护和卫生设施：

- 皮肤：穿戴合适的个人防护服，防止皮肤直接接触。

- 眼睛：佩戴合适的眼部防护用品，防止眼睛直接接触。
- 清洗皮肤：当皮肤受到污染时，应立即清洗污染的皮肤。
- 脱除：如果工作服被弄湿或受到了明显的污染，应该立即脱除并妥善处置。
- 更换：在离开工作场所前应当将可能受到污染的工作服更换成无污染的衣服。

急救：

- 眼睛：如眼睛直接接触了该化学物质，要立即用大量水冲洗（灌洗）眼睛，冲洗时，不时翻开上下眼睑，并立即就医。
- 皮肤：如果该化学物质直接接触皮肤，立即用肥皂和水冲洗污染的皮肤。若该化学物质渗透进衣服，要立即将衣服脱除，用肥皂和水清洗皮肤，并迅速就医。
- 呼吸：如果接触者吸入大量该化学物质，立即将接触者移至新鲜空气处。如果呼吸停止，要进行人工呼吸，注意保暖和休息。尽快就医。
- 吞入：如果吞入该化学物质，应立即就医。

对呼吸器选择的建议：NIOSH

～5 ppm：

- CcrOv：任何空气过滤式半面罩呼吸器，配防有机蒸气的滤毒盒。指定防护因数＝10。
- Sa：任何供气式呼吸器。指定防护因数＝10。

～12.5 ppm：

- Sa：Cf：任何连续供气式呼吸器。指定防护因数＝25。
- PaprOv：任何动力送风空气过滤式呼吸器，配有机蒸气滤毒盒。指定防护因数＝25。

～25 ppm：

- CcrFOv：任何空气过滤式全面罩呼吸器，配有机蒸气滤毒盒。指定防护因数＝50。
- GmFOv：任何空气过滤式全面罩呼吸器（防毒面具），配下颌式、前置式或背置式有机蒸气滤毒罐。指定防护因数＝50。
- PaprTOv：任何动力送风空气过滤式呼吸器，配密合型面罩和有机蒸气滤毒盒。指定防护因数＝50。
- ScbaF：任何携气式呼吸器，配全面罩。指定防护因数＝50。
- SaF：任何供气式呼吸器，配全面罩。指定防护因数＝50。

§：应急抢险，或准备进入浓度未知环境，或进入 IDLH 环境：

- ScbaF：Pd，Pp：任何压力需气式或正压携气式呼吸器，配全面罩。指定防护因数＝10 000。
- SaF：Pd，Pp：AScba：任何压力需气式或正压供气式呼吸器，配全面罩，配压力需气式或正压携气式辅助呼吸器。指定防护因数＝10 000。

逃生：

- GmFOv：任何空气过滤式全面罩呼吸器（防毒面具），配下颌式、前置式或背置式有机蒸气滤毒罐。指定防护因数＝50。
- ScbaE：任何适合逃生的携气式呼吸器。

有关呼吸器选择的其他重要信息参见相关标准。

接触途径：呼吸道，皮肤吸收，胃肠道，皮肤和/或眼睛直接接触。

症状：眼睛、皮肤、呼吸系统刺激；头痛，眩晕，乏力，紫绀，恶心，惊厥。

靶器官：眼睛，皮肤，呼吸系统，中枢神经系统，血液。

六氟丙酮(Hexafluoroacetone)

$(CF_3)_2CO$

异名和商品名:六氟-2-丙酮;全氟丙酮;Hexafluoro-2-propanone;1,1,1,3,3,3-Hexafluoro-2-propanone;HFA;Perfluoroacetone

CAS No.:684-16-2

RTECS No.:UC2450000

DOT ID 和指南号:2420 125

H

接触限值:NIOSH REL:TWA 0.1 ppm (0.7 mg/m^3)[皮]

OSHA PEL †:无

IDLH:N.D.

浓度换算系数:1 ppm = 6.79 mg/m^3

理化性质:无色气体,具有霉味。[注:以压缩液化气运输。]

分子量:166.0	沸点:-18 ℉
凝固点:-188 ℉	溶解度:与水反应
蒸气压:5.8 大气压	电离电位:11.81 eV
相对密度:5.76	闪点:不适用
爆炸上限:不适用	爆炸下限:不适用

不易燃气体,但与水和其他物质强烈反应,放热。

不相容性和反应性:水,酸。[注:吸湿;与湿气反应生成强酸性的倍半水化物。]

测量方法:无。

个人防护和卫生设施:

- 皮肤:穿戴合适的个人防护服,防止皮肤直接接触。—压缩气体快速膨胀时可产生低温。泄漏和使用能快速膨胀的压缩气体,可产生冻伤危害。穿戴合适的个人防护服,防止皮肤冻伤。
- 眼睛:佩戴合适的眼部防护用品,防止眼睛直接接触。/佩戴合适的眼部防护用品,防止眼睛直接接触液体后因低温引起灼伤或组织损伤。
- 清洗皮肤:对于清洗皮肤上的污染物没有其他特殊的建议(包括立即清洗和班后清洗)。
- 脱除:对于脱除被污染或被弄湿的工作服的需要没有特殊建议。
- 更换:对于班后的衣服的更换需要没有特殊建议。
- 配备:在紧靠有可能接触极低温液体或迅速蒸发的液体的工作场所,应配备快速冲淋洗浴设备和/或眼冲洗设备,以应急使用。

急救:

- 眼睛:如果眼组织冻伤,要立即就医。如果眼组织没有冻伤,要立即用大量水彻底冲洗至少 15 min,并不时翻开上下眼睑,如果眼睛刺激、疼痛、肿胀、流泪和畏光持续存在,应尽快就医。
- 皮肤:如果发生冻伤,要立即就医,不要揉擦或用水冲洗冻伤部位;为防止组织进一步受损,不要试图将冻结的衣服从冻伤部位脱除。如未发生冻伤,立即用肥皂和水彻底清洗污染的皮肤。
- 呼吸:如果接触者吸入大量该化学物质,立即将接触者移至新鲜空气处。如果呼吸停止,要进行人工呼吸,注意保暖和休息。尽快就医。

对呼吸器选择的建议:无。

有关呼吸器选择的其他重要信息参见相关标准。

接触途径:呼吸道,皮肤吸收,皮肤和/或眼睛直接接触。

症状:眼睛、皮肤、黏膜、呼吸系统刺激;肺水肿;液体:冻伤;动物:致畸、生殖效应;肾损伤。

靶器官:眼睛,皮肤,呼吸系统,肾,生殖系统。

六亚甲基二异氰酸酯(Hexamethylene diisocyanate)

$OCN(CH_2)_6NCO$

CAS No.:822-06-0

RTECS No.:MO1740000

DOT ID 和指南号:2281 156

异名和商品名:六甲撑二异氰酸酯;异氰酸六亚甲酯;1,6-Diisocyanatohexane;HDI;Hexamethylene-1,6-diisocyanate;1,6-Hexamethylene diisocyanate;HMDI

接触限值:NIOSH REL:TWA 0.005 ppm (0.035 mg/m^3)

C 0.020 ppm (0.140 mg/m^3) [10 min]

OSHA PEL:无

IDLH:N.D. **浓度换算系数:**1 ppm = 6.88 mg/m^3

理化性质:透明的无色至浅黄色液体,具有很浓的气味。

分子量:168.2　沸点:415 ℉

凝固点:−89 ℉　溶解度:低(反应)

蒸气压(77 ℉):0.5 mmHg　电离电位:未知

比重(77 ℉):1.04　闪点:284 ℉

爆炸上限:未知　爆炸下限:未知

ⅢB 类可燃液体——闪点等于或高于 200 ℉。

不相容性和反应性:水,乙醇,强碱,胺,羧酸,有机锡催化剂。[注:与水缓慢反应生成二氧化碳。加热至 392 ℉会发生聚合。]

测量方法:NIOSH 5521,5522,5525;OSHA 42

个人防护和卫生设施:

- 皮肤:穿戴合适的个人防护服,防止皮肤直接接触。
- 眼睛:佩戴合适的眼部防护用品,防止眼睛直接接触。
- 清洗皮肤:当皮肤受到污染时,应立即清洗污染的皮肤。
- 脱除:如果工作服被弄湿或受到了明显的污染,应该立即脱除并妥善处置。
- 更换:对于班后的衣服的更换需要没有特殊建议。
- 配备:在劳动者可能接触该化学物质的作业场所,无论是否需要使用眼部防护用品,都应配备眼冲洗设备。在紧靠有可能接触该化学物质的工作场所,应配备快速冲淋身体的设备以应急使用。[注:这些设备应能够提供足量水或流动水,以将可能接触的身体任何部位上的该化学物质除去。实际配备适宜的快速冲淋设备取决于工作场所的具体条件。在某些情况下,必须及时进行大流量淋浴,而其他情况下只需要用一个水槽或软管供水就足够了。]

急救:

- 眼睛:如眼睛直接接触了该化学物质,要立即用大量水冲洗(灌洗)眼睛,冲洗时,不时翻开上下眼睑,并立即就医。
- 皮肤:如果该化学物质直接接触皮肤,要立即用肥皂和水冲洗污染的皮肤。如果该化学物质渗透进衣服,立即将衣服脱除,并用水清洗皮肤。如果清洗后刺激持续存在,应就医。
- 呼吸:如果接触者吸入大量该化学物质,立即将接触者移至新鲜空气处。如果呼吸停止,要进行人工呼吸,注意保暖和休息。尽快就医。
- 吞入:如果吞入该化学物质,应立即就医。

对呼吸器选择的建议:NIOSH

~0.05 ppm:

- Sa:任何供气式呼吸器。指定防护因数=10。*

~0.125 ppm:

- Sa∶Cf:任何连续供气式呼吸器。指定防护因数=25。*

~0.25 ppm:

- ScbaF:任何携气式呼吸器,配全面罩。指定防护因数=50。
- SaF:任何供气式呼吸器,配全面罩。指定防护因数=50。

~1 ppm:

- SaF∶Pd,Pp:任何压力需气式或正压供气式呼吸器,配全面罩。指定防护因数=2 000。

§:应急抢险,或准备进入浓度未知环境,或进入 IDLH 环境:

- ScbaF∶Pd,Pp:任何压力需气式或正压携气式呼吸器,配全面罩。指定防护因数=10 000。

H

● SaF:Pd,Pp:AScba:任何压力需气式或正压供气式呼吸器,配全面罩,配压力需气式或正压携气式辅助呼吸器。指定防护因数=10 000。

逃生:

● GmFOv:任何空气过滤式全面罩呼吸器(防毒面具),配下颌式、前置式或背置式有机蒸气滤毒罐。指定防护因数=50。

● ScbaE:任何适合逃生的携气式呼吸器。

有关呼吸器选择的其他重要信息参见相关标准。

接触途径:呼吸道,胃肠道,皮肤和/或眼睛直接接触。

症状:眼睛、皮肤、呼吸系统刺激;咳嗽,呼吸困难,支气管炎,喘鸣,肺水肿,哮喘;角膜损害,皮肤水泡。

靶器官:眼睛,皮肤,呼吸系统。

H

六甲基磷酰胺(Hexamethyl phosphoramide)

$[(CH_3)_2N]_3PO$

CAS No.:680-31-9

RTECS No.:TD0875000

异名和商品名: Hexamethylphosphoric triamide, Hexamethylphosphorotriamide, HMPA, Tris(dimethylamino)phosphine oxide

DOT ID 和指南号:

接触限值:NIOSH REL:Ca 见附录 A
OSHA PEL:无

IDLH: Ca [N.D.] **浓度换算系数:**

理化性质:透明的无色液体,具有芳香的或淡淡的胺味。[注:43 ℉以下为固体。]

分子量:179.2　　沸点:451 ℉
凝固点:43 ℉　　溶解度:与水互溶
蒸气压:0.03 mmHg　　电离电位:未知
比重:1.03　　闪点:220 ℉
爆炸上限:未知　　爆炸下限:未知
ⅢB 类可燃液体——闪点等于或高于 200 ℉。
不相容性和反应性:氧化剂,强酸,化学性质活泼的金属(如钾、钠、镁、锌)。

测量方法:无。

个人防护和卫生设施:

● 皮肤:穿戴合适的个人防护服,防止皮肤直接接触。
● 眼睛:佩戴合适的眼部防护用品,防止眼睛直接接触。
● 清洗皮肤:当皮肤受到污染时,应立即清洗污染的皮肤。
● 脱除:如果工作服被弄湿或受到了明显的污染,应该立即脱除并妥善处置。
● 更换:对于班后的衣服的更换需要没有特殊建议。
● 配备:在劳动者可能接触该化学物质的作业场所,无论是否需要使用眼部防护用品,都应配备眼冲洗设备。在紧靠有可能接触该化学物质的工作场所,应配备快速冲淋身体的设备以应急使用。[注:这些设备应能够提供足量水或流动水,以将可能接触的身体任何部位上的该化学物质除去。实际配备适宜的快速冲淋设备取决于工作场所的具体条件。在某些情况下,必须及时进行大流量淋浴,而其他情况下只需要用一个水槽或软管供水就足够了。]

急救:

● 眼睛:如眼睛直接接触了该化学物质,要立即用大量水冲洗(灌洗)眼睛,冲洗时,不时翻开上下眼睑,并立即就医。
● 皮肤:如果该化学物质直接接触皮肤,立即用水冲洗污染的皮肤。如果该化学物质渗透进衣服,要迅速将衣服脱除,用水冲洗污染的皮肤,并迅速就医。

- 呼吸:如果接触者吸入大量该化学物质,立即将接触者移至新鲜空气处。如果呼吸停止,要进行人工呼吸,注意保暖和休息。尽快就医。
- 吞入:如果吞入该化学物质,应立即就医。

对呼吸器选择的建议:NIOSH

¥:高于 NIOSH REL 的浓度;或当没有 REL 时,任何可以检测到的浓度:

- ScbaF:Pd,Pp:任何压力需气式或正压携气式呼吸器,配全面罩。指定防护因数=10 000。
- SaF:Pd,Pp:AScba:任何压力需气式或正压供气式呼吸器,配全面罩,配压力需气式或正压携气式辅助呼吸器。指定防护因数=10 000。

逃生:

- GmFOv:任何空气过滤式全面罩呼吸器(防毒面具),配下颌式、前置式或背置式有机蒸气滤毒罐。指定防护因数=50。
- ScbaE:任何适合逃生的携气式呼吸器。

有关呼吸器选择的其他重要信息参见相关标准。

接触途径:呼吸道,皮肤吸收,胃肠道,皮肤和/或眼睛直接接触。

症状:眼睛、皮肤、呼吸系统刺激;呼吸困难;腹痛;[潜在职业性致癌物]。

靶器官:眼睛,皮肤,呼吸系统,中枢神经系统,胃肠道。

致癌部位:[动物:鼻腔癌]。

H

正己烷(n-Hexane)

$CH_3(CH_2)_4CH_3$

异名和商品名:己烷,Hexane,Hexyl hydride,normal-Hexane

CAS No.:110-54-3

RTECS No.:MN9275000

DOT ID 和指南号:1208 128

接触限值:NIOSH REL:TWA 50 ppm (180 mg/m³)

OSHA PEL †:TWA 500 ppm (1 800 mg/m³)

IDLH:1 100 ppm [10%爆炸下限] **浓度换算系数:**1 ppm = 3.53 mg/m³

理化性质:无色液体,具有汽油味。

分 子 量:86.2　　沸　　点:156 ℉

凝 固 点:-219 ℉　　溶 解 度:0.002%

蒸 气 压:124 mmHg　　电离电位:10.18 eV

比　　重:0.66　　闪　　点:-7 ℉

爆炸上限:7.5%　　爆炸下限:1.1%

ⅠB类易燃液体——闪点低于 73 ℉,沸点等于或高于 100 ℉。

不相容性和反应性:强氧化剂。

测量方法:NIOSH 1500,3800;OSHA 7

个人防护和卫生设施:

- 皮肤:穿戴合适的个人防护服,防止皮肤直接接触。
- 眼睛:佩戴合适的眼部防护用品,防止眼睛直接接触。
- 清洗皮肤:当皮肤受到污染时,应立即清洗污染的皮肤。
- 脱除:如果工作服被可燃性物质(即闪点低于 100 ℉的液体)浸湿,应当立即脱除并妥善处置,以防着火。
- 更换:对于班后的衣服的更换需要没有特殊建议。

急救:

- 眼睛:如眼睛直接接触了该化学物质,要立即用大量水冲洗(灌洗)眼睛,冲洗时,不时翻开上下眼睑,并立即就医。
- 皮肤:如果该化学物质直接接触皮肤,立即用肥皂和水冲洗污染的皮肤。若该化学物质渗透进衣服,要立即将衣服脱除,用肥皂和水清洗皮肤,并迅速就医。
- 呼吸:如果接触者吸入大量该化学物质,立即将接触者移至新鲜空气处。如果呼吸停止,要进行人工呼吸,注意保暖和休息。尽快就医。

● 吞入：如果吞入该化学物质，应立即就医。

对呼吸器选择的建议：NIOSH

~500 ppm：

● Sa：任何供气式呼吸器。指定防护因数=10。*

~1 100 ppm：

● Sa：Cf：任何连续供气式呼吸器。指定防护因数=25。*

● ScbaF：任何携气式呼吸器，配全面罩。指定防护因数=50。

● SaF：任何供气式呼吸器，配全面罩。指定防护因数=50。

§：应急抢险，或准备进入浓度未知环境，或进入 IDLH 环境：

● ScbaF：Pd，Pp：任何压力需气式或正压携气式呼吸器，配全面罩。指定防护因数=10 000。

● SaF：Pd，Pp：AScba：任何压力需气式或正压供气式呼吸器，配全面罩，配压力需气式或正压携气式辅助呼吸器。指定防护因数=10 000。

逃生：

● GmFOv：任何空气过滤式全面罩呼吸器(防毒面具)，配下颌式、前置式或背置式有机蒸气滤毒罐。指定防护因数=50。

● ScbaE：任何适合逃生的携气式呼吸器。

有关呼吸器选择的其他重要信息参见相关标准。

接触途径：呼吸道，胃肠道，皮肤和/或眼睛直接接触。

症状：眼睛、鼻刺激；恶心，头痛；周围神经病：四肢麻木，肌无力；皮炎；眩晕；化学性肺炎(吸入液体)。

靶器官：眼睛，皮肤，呼吸系统，中枢神经系统，周围神经系统。

己烷异构体(不包括正己烷)[Hexane isomers (excluding n-Hexane)]

C_6H_{14}

CAS No.：

RTECS No.：

DOT ID 和指南号：1208 128

异名和商品名：3-甲基戊烷；2，2-二甲基丁烷；2，3-二甲基丁烷；异己烷；2-甲基戊烷；Diethylmethylmethane；Diisopropyl；2，2-Dimethylbutane；2，3-Dimethylbutane；Isohexane；2-Methylpentane；3-Methylpentane [注：也可参考正己烷。]

接触限值：NIOSH REL：TWA 100 ppm (350 mg/m³)
C 510 ppm (1 800 mg/m³) [15 min]
OSHA PEL †：无

IDLH：N. D.　　**浓度换算系数**：1 ppm = 3.53 mg/m³

理化性质：透明的液体，具有淡淡的汽油味。[注：包括除正己烷外的所有己烷异构体。]

分子量：86.2	沸点：122~145 ℉
凝固点：-245 ~ -148 ℉	溶解度：不溶
蒸气压：未知	电离电位：未知
比重：0.65~0.66	闪点：-54~19 ℉
爆炸上限：未知	爆炸下限：未知

IB 类易燃液体——闪点低于 73℉，沸点等于或高于 100℉。

不相容性和反应性：强氧化剂。

测量方法：无。

个人防护和卫生设施：

● 皮肤：穿戴合适的个人防护服，防止皮肤直接接触。

● 眼睛：佩戴合适的眼部防护用品，防止眼睛直接接触。

● 清洗皮肤：当皮肤受到污染时，应立即清洗污染的皮肤。

● 脱除：如果工作服被可燃性物质(即闪点低于 100 ℉的液体)浸湿，应当立即脱除并妥善处置，以防着火。

● 更换：对于班后的衣服的更换需要没有特殊建议。

急救：

● 眼睛：如眼睛直接接触了该化学物质，要立即用大量水冲洗(灌洗)眼睛，冲洗时，不时翻开上下眼睑，并立即就医。

- 皮肤：如果该化学物质直接接触皮肤，立即用肥皂和水冲洗污染的皮肤。若该化学物质渗透进衣服，要立即将衣服脱除，用肥皂和水清洗皮肤，并迅速就医。
- 呼吸：如果接触者吸入大量该化学物质，立即将接触者移至新鲜空气处。如果呼吸停止，要进行人工呼吸，注意保暖和休息。尽快就医。
- 吞入：如果吞入该化学物质，应立即就医。

对呼吸器选择的建议：NIOSH

～1 000 ppm：

- Sa：任何供气式呼吸器。指定防护因数＝10。*

～2 500 ppm：

- Sa：Cf：任何连续供气式呼吸器。指定防护因数＝25。*

～5 000 ppm：

- SaT：Cf：任何连续供气式呼吸器，配密合型面罩。指定防护因数＝50。*
- ScbaF：任何携气式呼吸器，配全面罩。指定防护因数＝50。
- SaF：任何供气式呼吸器，配全面罩。指定防护因数＝50。

§：应急抢险，或准备进入浓度未知环境，或进入 IDLH 环境：

- ScbaF：Pd，Pp：任何压力需气式或正压携气式呼吸器，配全面罩。指定防护因数＝10 000。
- SaF：Pd，Pp：AScba：任何压力需气式或正压供气式呼吸器，配全面罩，配压力需气式或正压携气式辅助呼吸器。指定防护因数＝10 000。

逃生：

- GmFOv：任何空气过滤式全面罩呼吸器(防毒面具)，配下颌式、前置式或背置式有机蒸气滤毒罐。指定防护因数＝50。
- ScbaE：任何适合逃生的携气式呼吸器。

有关呼吸器选择的其他重要信息参见相关标准。

接触途径：呼吸道，胃肠道，皮肤和/或眼睛直接接触。

症状：眼睛、皮肤、呼吸系统刺激；头痛，眩晕；恶心；化学性肺炎(吸入液体)；皮炎。

靶器官：眼睛，皮肤，呼吸系统，中枢神经系统 。

正己硫醇(n-Hexanethiol)

$CH_3(CH_2)_5SH$

异名和商品名：硫代己醇，1-己硫醇，1-Hexanethiol，Hexyl mercaptan，n-Hexyl mercaptan，n-Hexylthiol

CAS No.：111-31-9

RTECS No.：MO4550000

DOT ID 和指南号：1228 131

接触限值：NIOSH REL：C 0.5 ppm (2.7 mg/m^3) [15 min]

OSHA PEL：无

IDLH：N. D. **浓度换算系数：**1 ppm ＝ 4.83 mg/m^3

理化性质：无色液体，具有难闻的气味。

分子量：118.2	沸点：304 ℉
凝固点：－113 ℉	溶解度：不溶
蒸气压：未知	电离电位：未知
比重：0.84	闪点：68 ℉
爆炸上限：未知	爆炸下限：未知

ⅠB 类易燃液体——闪点低于 73 ℉，沸点等于或高于 100 ℉。

不相容性和反应性：氧化剂，还原剂，强酸和强碱，碱金属。

测量方法：无。

个人防护和卫生设施：

- 皮肤：穿戴合适的个人防护服，防止皮肤直接接触。
- 眼睛：佩戴合适的眼部防护用品，防止眼睛直接接触。
- 清洗皮肤：当皮肤受到污染时，应立即清洗污染的皮肤。
- 脱除：如果工作服被可燃性物质(即闪点低于 100 ℉的液体)浸湿，应当立即脱除并妥善处置，以防着火。

- 更换：对于班后的衣服的更换需要没有特殊建议。

急救：

- 眼睛：如眼睛直接接触了该化学物质，要立即用大量水冲洗(灌洗)眼睛，冲洗时，不时翻开上下眼睑，并立即就医。
- 皮肤：如果该化学物质直接接触皮肤，立即用肥皂和水冲洗污染的皮肤。若该化学物质渗透进衣服，要立即将衣服脱除，用肥皂和水清洗皮肤，并迅速就医。
- 呼吸：如果接触者吸入大量该化学物质，立即将接触者移至新鲜空气处。如果呼吸停止，要进行人工呼吸，注意保暖和休息。尽快就医。
- 吞入：如果吞入该化学物质，应立即就医。

对呼吸器选择的建议：NIOSH

～5 ppm：

- CcrOv：任何空气过滤式半面罩呼吸器，配防有机蒸气的滤毒盒。指定防护因数＝10。
- Sa：任何供气式呼吸器。指定防护因数＝10。

～12.5 ppm：

- Sa：Cf：任何连续供气式呼吸器。指定防护因数＝25。
- PaprOv：任何动力送风空气过滤式呼吸器，配有机蒸气滤毒盒。指定防护因数＝25。

～25 ppm：

- CcrFOv：任何空气过滤式全面罩呼吸器，配有机蒸气滤毒盒。指定防护因数＝50。
- GmFOv：任何空气过滤式全面罩呼吸器(防毒面具)，配下颌式、前置式或背置式有机蒸气滤毒罐。指定防护因数＝50。
- PaprTOv：任何动力送风空气过滤式呼吸器，配密合型面罩和有机蒸气滤毒盒。指定防护因数＝50。
- ScbaF：任何携气式呼吸器，配全面罩。指定防护因数＝50。
- SaF：任何供气式呼吸器，配全面罩。指定防护因数＝50。

§：应急抢险，或准备进入浓度未知环境，或进入IDLH环境：

- ScbaF：Pd，Pp：任何压力需气式或正压携气式呼吸器，配全面罩。指定防护因数＝10 000。
- SaF：Pd，Pp：AScba：任何压力需气式或正压供气式呼吸器，配全面罩，配压力需气式或正压携气式辅助呼吸器。指定防护因数＝10 000。

逃生：

- GmFOv：任何空气过滤式全面罩呼吸器(防毒面具)，配下颌式、前置式或背置式有机蒸气滤毒罐。指定防护因数＝50。
- ScbaE：任何适合逃生的携气式呼吸器。

有关呼吸器选择的其他重要信息参见相关标准。

接触途径：呼吸道，胃肠道，皮肤和/或眼睛直接接触。

症状：眼睛、皮肤、鼻、咽喉刺激；乏力，紫绀，呼吸加快，恶心，嗜睡，头痛，呕吐。

靶器官：眼睛，皮肤，呼吸系统，中枢神经系统，血液。

2-己酮(2-Hexanone)

$CH_3CO(CH_2)_3CH_3$

CAS No.：591-78-6

RTECS No.：MP1400000

异名和商品名：甲基丁基甲酮，甲基正丁基甲酮，Butyl methyl ketone，MBK，Methyl butyl ketone，Methyl n-butyl ketone

DOT ID 和指南号：

接触限值：NIOSH REL：TWA 1 ppm (4 mg/m^3)
OSHA PEL †：TWA 100 ppm (410 mg/m^3)

IDLH：1 600 ppm　　**浓度换算系数：**1 ppm ＝4.10 mg/m^3

理化性质:无色液体,具有丙酮样气味。

分 子 量:100.2　　沸　　点:262 ℉
凝 固 点:−71 ℉　　溶 解 度:2%
蒸 气 压:11 mmHg　　电离电位:9.34 eV
比　　重:0.81　　闪　　点:77 ℉
爆炸上限:8%　　爆炸下限:未知
ⅠC类易燃液体——闪点等于或高于 73 ℉且点低于 100 ℉。
不相容性和反应性:强氧化剂。

测量方法:NIOSH 1300,2555;OSHA PV2031

个人防护和卫生设施:
- 皮肤:穿戴合适的个人防护服,防止皮肤直接接触。
- 眼睛:佩戴合适的眼部防护用品,防止眼睛直接接触。
- 清洗皮肤:当皮肤受到污染时,应立即清洗污染的皮肤。
- 脱除:如果工作服被可燃性物质(即闪点低于 100 ℉的液体)浸湿,应当立即脱除并妥善处置,以防着火。
- 更换:对于班后的衣服的更换需要没有特殊建议。

急救:
- 眼睛:如眼睛直接接触了该化学物质,要立即用大量水冲洗(灌洗)眼睛,冲洗时,不时翻开上下眼睑,并立即就医。
- 皮肤:如果该化学物质直接接触皮肤,立即用肥皂和水冲洗污染的皮肤。若该化学物质渗透进衣服,要立即将衣服脱除,用肥皂和水清洗皮肤,并迅速就医。
- 呼吸:如果接触者吸入大量该化学物质,立即将接触者移至新鲜空气处。如果呼吸停止,要进行人工呼吸,注意保暖和休息。尽快就医。
- 吞入:如果吞入该化学物质,应立即就医。

对呼吸器选择的建议:NIOSH
~10 ppm:
- Sa:任何供气式呼吸器。指定防护因数=10。

~25 ppm:
- Sa∶Cf:任何连续供气式呼吸器。指定防护因数=25。

~50 ppm:
- SaT∶Cf:任何连续供气式呼吸器,配密合型面罩。指定防护因数=50。
- ScbaF:任何携气式呼吸器,配全面罩。指定防护因数=50。
- SaF:任何供气式呼吸器,配全面罩。指定防护因数=50。

~1 600 ppm:
- SaF∶Pd,Pp:任何压力需气式或正压供气式呼吸器,配全面罩。指定防护因数=2 000。

§:应急抢险,或准备进入浓度未知环境,或进入 IDLH 环境:
- ScbaF∶Pd,Pp:任何压力需气式或正压携气式呼吸器,配全面罩。指定防护因数=10 000。
- SaF∶Pd,Pp∶AScba:任何压力需气式或正压供气式呼吸器,配全面罩,配压力需气式或正压携气式辅助呼吸器。指定防护因数=10 000。

逃生:
- GmFOv:任何空气过滤式全面罩呼吸器(防毒面具),配下颌式、前置式或背置式有机蒸气滤毒罐。指定防护因数=50。
- ScbaE:任何适合逃生的携气式呼吸器。

有关呼吸器选择的其他重要信息参见相关标准。

接触途径:呼吸道,皮肤吸收,胃肠道,皮肤和/或眼睛直接接触。

症状:眼睛、鼻刺激;周围神经病:乏力,感觉异常;皮炎;头痛,嗜睡。

靶器官:眼睛,皮肤,呼吸系统,中枢神经系统,周围神经系统。

H

H

异己酮(Hexone)

$CH_3COCH_2CH(CH_3)_2$

异名和商品名:甲基异丁基甲酮,Isobutyl methyl ketone,Methyl isobutyl ketone,4-Methyl-2-pentanone,MIBK

CAS No.:108-10-1

RTECS No.:SA9275000

DOT ID 和指南号:1245 127

接触限值:NIOSH REL:TWA 50 ppm (205 mg/m³)
ST 75 ppm (300 mg/m³)
OSHA PEL †:TWA 100 ppm (410 mg/m³)

IDLH:500 ppm　**浓度换算系数:**1 ppm = 4.10 mg/m³

理化性质:无色液体,具有难闻的气味。

分 子 量:100.2　沸　点:242 ℉
凝 固 点:−120 ℉　溶 解 度:2%
蒸 气 压:16 mmHg　电离电位:9.30 eV
比　重:0.80　闪　点:64 ℉
爆炸上限(200 ℉):8.0%　爆炸下限(200 ℉):1.2%
ⅠB 类易燃液体——闪点低于 73 ℉,沸点等于或高于 100 ℉。
不相容性和反应性:强氧化剂,叔丁氧钾。

测量方法:NIOSH 1300,2555;OSHA 1004

个人防护和卫生设施:

- 皮肤:穿戴合适的个人防护服,防止皮肤直接接触。
- 眼睛:佩戴合适的眼部防护用品,防止眼睛直接接触。
- 清洗皮肤:当皮肤受到污染时,应立即清洗污染的皮肤。
- 脱除:如果工作服被可燃性物质(即闪点低于 100 ℉的液体)浸湿,应当立即脱除并妥善处置,以防着火。
- 更换:对于班后的衣服的更换需要没有特殊建议。

急救:

- 眼睛:如眼睛直接接触了该化学物质,要立即用大量水冲洗(灌洗)眼睛,冲洗时,不时翻开上下眼睑,并立即就医。
- 皮肤:如果该化学物质直接接触皮肤,迅速用水冲洗污染的皮肤。如果该化学物质渗透进衣服,要立即将衣服脱除,迅速用水冲洗污染的皮肤,若冲洗后刺激症状持续存在,应就医。
- 呼吸:如果接触者吸入大量该化学物质,立即将接触者移至新鲜空气处。如果呼吸停止,要进行人工呼吸,注意保暖和休息。尽快就医。
- 吞入:如果吞入该化学物质,应立即就医。

对呼吸器选择的建议:NIOSH

～500 ppm:

- CcrOv:任何空气过滤式半面罩呼吸器,配防有机蒸气的滤毒盒。指定防护因数=10。*
- GmFOv:任何空气过滤式全面罩呼吸器(防毒面具),配下颌式、前置式或背置式有机蒸气滤毒罐。指定防护因数=50。
- PaprTOv:任何动力送风空气过滤式呼吸器,配密合型面罩和有机蒸气滤毒盒。指定防护因数=50。*
- Sa:任何供气式呼吸器。指定防护因数=10。*
- ScbaF:任何携气式呼吸器,配全面罩。指定防护因数=50。

§:应急抢险,或准备进入浓度未知环境,或进入 IDLH 环境:

- ScbaF:Pd,Pp:任何压力需气式或正压携气式呼吸器,配全面罩。指定防护因数=10 000。
- SaF:Pd,Pp:AScba:任何压力需气式或正压供气式呼吸器,配全面罩,配压力需气式或正压携气式辅助呼吸器。指定防护因数=10 000。

逃生:

- GmFOv:任何空气过滤式全面罩呼吸器(防毒面具),配下颌式、前置式或背置式有机蒸气滤毒罐。指定防护因数=50。

● ScbaE:任何适合逃生的携气式呼吸器。 **有关呼吸器选择的其他重要信息参见相关标准。**	**症状:**眼睛、皮肤、黏膜刺激;头痛,麻醉,昏迷;皮炎;动物:肝、肾损害。
接触途径:呼吸道,胃肠道,皮肤和/或眼睛直接接触。	**靶器官:**眼睛,皮肤,呼吸系统,中枢神经系统,肝,肾。

H

乙酸仲己酯(sec-Hexyl acetate)

$C_8H_{16}O_2$

CAS No.:108-84-9

RTECS No.:SA7525000

异名和商品名:2-乙酸-4-甲基戊酯;1,3-Dimethylbutyl acetate;Methylisoamyl acetate

DOT ID 和指南号:1233 130

接触限值:NIOSH REL:TWA 50 ppm (300 mg/m^3)

OSHA PEL:TWA 50 ppm (300 mg/m^3)

IDLH:500 ppm **浓度换算系数:**1 ppm = 5.90 mg/m^3

理化性质:无色液体,具有淡淡的令人愉悦的水果样气味。

分 子 量:144.2　　沸 点:297 ℉

凝 固 点:−83 ℉　　溶 解 度:0.08%

蒸 气 压:3 mmHg　　电离电位:未知

比 重:0.86　　闪 点:113 ℉

爆炸上限:未知　　爆炸下限:未知

Ⅱ类可燃液体——闪点等于或高于 100 ℉且低于 140 ℉。

不相容性和反应性:硝酸盐,强氧化剂,强碱和强酸。

测量方法:NIOSH 1450;OSHA 7

个人防护和卫生设施:

- 皮肤:穿戴合适的个人防护服,防止皮肤直接接触。
- 眼睛:佩戴合适的眼部防护用品,防止眼睛直接接触。
- 清洗皮肤:当皮肤受到污染时,应立即清洗污染的皮肤。
- 脱除:如果工作服被弄湿或受到了明显的污染,应该立即脱除并妥善处置。
- 更换:对于班后的衣服的更换需要没有特殊建议。

急救:

- 眼睛:如眼睛直接接触了该化学物质,要立即用大量水冲洗(灌洗)眼睛,冲洗时,不时翻开上下眼睑,并立即就医。
- 皮肤:如果该化学物质直接接触皮肤,迅速用水冲洗污染的皮肤。如果该化学物质渗透进衣服,要立即将衣服脱除,迅速用水冲洗污染的皮肤,若冲洗后刺激症状持续存在,应就医。
- 呼吸:如果接触者吸入大量该化学物质,立即将接触者移至新鲜空气处。如果呼吸停止,要进行人工呼吸,注意保暖和休息。尽快就医。
- 吞入:如果吞入该化学物质,应立即就医。

对呼吸器选择的建议:NIOSH/OSHA

~500 ppm:

- CcrOv:任何空气过滤式半面罩呼吸器,配防有机蒸气的滤毒盒。指定防护因数=10。*
- GmFOv:任何空气过滤式全面罩呼吸器(防毒面具),配下颌式、前置式或背置式有机蒸气滤毒罐。指定防护因数=50。
- PaprOv:任何动力送风空气过滤式呼吸器,配有机蒸气滤毒盒。指定防护因数=25。*
- Sa:任何供气式呼吸器。指定防护因数=10。*
- ScbaF:任何携气式呼吸器,配全面罩。指定防护因数=50。

§:应急抢险,或准备进入浓度未知环境,或进入 IDLH 环境:

- ScbaF：Pd,Pp:任何压力需气式或正压携气式呼吸器,配全面罩。指定防护因数=10 000。
- SaF：Pd,Pp：AScba:任何压力需气式或正压供气式呼吸器,配全面罩,配压力需气式或正压携气式辅助呼吸器。指定防护因数=10 000。

逃生:

- GmFOv:任何空气过滤式全面罩呼吸器(防毒面具),配下颌式、前置式或背置式有机蒸气滤毒罐。指定防护因数=50。
- ScbaE:任何适合逃生的携气式呼吸器。

有关呼吸器选择的其他重要信息参见相关标准。

接触途径:呼吸道,胃肠道,皮肤和/或眼睛直接接触。

症状:眼睛、皮肤、鼻、咽喉刺激;头痛;动物:昏迷。

靶器官:眼睛,皮肤,呼吸系统,中枢神经系统。

己二醇(Hexylene glycol)

$(CH_3)_2COHCH_2CHOHCH_3$

CAS No.:107-41-5

RTECS No.:SA0810000

DOT ID 和指南号:

异名和商品名:2-甲基-2,4-羟基烷;2,4-Dihydroxy-2-methylpentane;2-Methyl-2,4-pentanediol;4-Methyl-2,4-pentanediol;2-Methylpentane-2,4-diol

接触限值:NIOSH REL:C 25 ppm (125 mg/m³)
OSHA PEL †:无

IDLH:N.D.　**浓度换算系数:**1 ppm = 4.83 mg/m³

理化性质:无色液体,具有淡甜味。

分子量:118.2　沸点:388 ℉
凝固点:-58 ℉(开始呈玻璃状)　溶解度:与水互溶
蒸气压:0.05 mmHg　电离电位:未知
比重:0.92　闪点:209 ℉
爆炸上限(估测):7.4%　爆炸下限(计算值):1.3%
ⅢB类可燃液体——闪点等于或高于200 ℉。
不相容性和反应性:强氧化剂,强酸 。[注:吸湿。]

测量方法:OSHA PV2101

个人防护和卫生设施:

- 皮肤:穿戴合适的个人防护服,防止皮肤直接接触。
- 眼睛:佩戴合适的眼部防护用品,防止眼睛直接接触。
- 清洗皮肤:当皮肤受到污染时,应立即清洗污染的皮肤。
- 脱除:如果工作服被弄湿或受到了明显的污染,应该立即脱除并妥善处置。
- 更换:对于班后的衣服的更换需要没有特殊建议。
- 配备:在劳动者可能接触该化学物质的作业场所,无论是否需要使用眼部防护用品,都应配备眼冲洗设备。

急救:

- 眼睛:如眼睛直接接触了该化学物质,要立即用大量水冲洗(灌洗)眼睛,冲洗时,不时翻开上下眼睑,并立即就医。
- 皮肤:如果该化学物质直接接触皮肤,立即用水冲洗污染的皮肤。如果该化学物质渗透进衣服,立即将衣服脱除,用水冲洗皮肤。若清洗后出现症状,要立即就医。
- 呼吸:如果接触者吸入大量该化学物质,立即将接触者移至新鲜空气处。如果呼吸停止,要进行人工呼吸,注意保暖和休息。尽快就医。
- 吞入:如果吞入该化学物质,应立即就医。

对呼吸器选择的建议:无。

有关呼吸器选择的其他重要信息参见相关标准。

接触途径:呼吸道,胃肠道,皮肤和/或眼睛直接接触。

症状:眼睛、皮肤、呼吸系统刺激;头痛,眩晕,恶心,协调能力下降,中枢神经系统抑制;皮炎,皮肤过敏。

靶器官:眼睛,皮肤,呼吸系统,中枢神经系统。

肼(Hydrazine)

H_2NNH_2

异名和商品名:联胺,二胺,Diamine,Hydrazine (anhydrous),Hydrazine base

CAS No.:302-01-2

RTECS No.:MU7175000

DOT ID 和指南号:2029 132 (无水);
3293 152 (≤37% 溶液);
2030 153 (37%~64% 溶液);
2029 132 (>64% 溶液)

接触限值:NIOSH REL:Ca C 0.03 ppm (0.04 mg/m^3) [2 h]
见附录 A
OSHA PEL †:TWA 1 ppm (1.3 mg/m^3) [皮]

IDLH:Ca [50 ppm]　**浓度换算系数**:1 ppm = 1.31 mg/m^3

理化性质:无色,发烟,油状液体,具有氨味。[注:36 ℉以下为固体。]

分子量	32.1	沸点	236 ℉
凝固点	36 ℉	溶解度	与水互溶
蒸气压	10 mmHg	电离电位	8.93 eV
比重	1.01	闪点	99 ℉
爆炸上限	98%	爆炸下限	2.9%

IC 类易燃液体——闪点等于或高于 73 ℉且低于 100 ℉。

不相容性和反应性:氧化剂,过氧化氢,硝酸,金属氧化物,酸。[注:接触氧化剂或多孔材料如土、木材和布料可自燃。]

测量方法:NIOSH 3503;OSHA 20,108

个人防护和卫生设施:

- 皮肤:穿戴合适的个人防护服,防止皮肤直接接触。
- 眼睛:佩戴合适的眼部防护用品,防止眼睛直接接触。
- 清洗皮肤:当皮肤受到污染时,应立即清洗污染的皮肤。
- 脱除:如果工作服被可燃性物质(即闪点低于 100 ℉的液体)浸湿,应当立即脱除并妥善处置,以防着火。
- 更换:对于班后的衣服的更换需要没有特殊建议。
- 配备:在劳动者可能接触该化学物质的作业场所,无论是否需要使用眼部防护用品,都应配备眼冲洗设备。在紧靠有可能接触该化学物质的工作场所,应配备快速冲淋身体的设备以应急使用。[注:这些设备应能够提供足量水或流动水,以将可能接触的身体任何部位上的该化学物质除去。实际配备适宜的快速冲淋设备取决于工作场所的具体条件。在某些情况下,必须及时进行大流量淋浴,而其他情况下只需要用一个水槽或软管供水就足够了。]

急救:

- 眼睛:如眼睛直接接触了该化学物质,要立即用大量水冲洗(灌洗)眼睛,冲洗时,不时翻开上下眼睑,并立即就医。
- 皮肤:如果该化学物质直接接触皮肤,立即用水冲洗污染的皮肤。如果该化学物质渗透进衣服,要迅速将衣服脱除,用水冲洗污染的皮肤,并迅速就医。
- 呼吸:如果接触者吸入大量该化学物质,立即将接触者移至新鲜空气处。如果呼吸停止,要进行人工呼吸,注意保暖和休息。尽快就医。
- 吞入:如果吞入该化学物质,应立即就医。

对呼吸器选择的建议:NIOSH

¥:高于 NIOSH REL 的浓度;或当没有 REL 时,任何可以检测到的浓度:

- ScbaF:Pd,Pp:任何压力需气式或正压携气式呼吸器,配全面罩。指定防护因数=10 000。
- SaF:Pd,Pp:AScba:任何压力需气式或正压供气式呼吸器,配全面罩,配压力需气式或正压携气式辅助呼吸器。指定防护因数=10 000。

逃生:

- ScbaE:任何适合逃生的携气式呼吸器。

有关呼吸器选择的其他重要信息参见相关标准。

接触途径:呼吸道,皮肤吸收,胃肠道,皮肤和/或眼睛直接接触。

症状:眼睛、皮肤、鼻、咽喉刺激;一过性盲;眩晕,恶心;皮炎;眼睛、皮肤灼伤;动物:支气管炎,肺水肿;肝、肾损害;惊厥;[潜在职业性致癌物]。

靶器官:眼睛,皮肤,呼吸系统,中枢神经系统,肝,肾。

致癌部位:[动物:肺、肝、血管及肠肿瘤]。

氢化三联苯(Hydrogenated terphenyls)

$(C_6H_n)_3$

CAS No.:61788-32-7

RTECS No.:WZ6535000

DOT ID 和指南号:

异名和商品名: Hydrogenated diphenylbenzenes,Hydrogenated phenylbiphenyls,Hydrogenated triphenyls [注:部分氢化的三联苯异构体的复杂混合物]

接触限值:NIOSH REL:TWA 0.5 ppm (5 mg/m³)

OSHA PEL †:无

IDLH:N.D.　**浓度换算系数:**1 ppm = 12.19 mg/m³ (40% 氢化)

理化性质:透明的油状浅黄色液体,稍具气味。[增塑剂/传热介质]

分子量:298 (40% 氢化)　沸点:644 ℉ (40% 氢化)

凝固点:未知　溶解度:不溶

蒸气压:未知　电离电位:未知

比重(77 ℉):1.003~1.009 (40%氢化)　闪点:315 ℉ (40% 氢化)

爆炸上限:未知　爆炸下限:未知

ⅢB 类可燃液体——闪点等于或高于 200℉。

不相容性和反应性:未见报道。[注:加热时可释放刺激性蒸气。]

测量方法:无。

个人防护和卫生设施:

- 皮肤:穿戴合适的个人防护服,防止皮肤直接接触。
- 眼睛:佩戴合适的眼部防护用品,防止眼睛直接接触。
- 清洗皮肤:当皮肤受到污染时,应立即清洗污染的皮肤。
- 脱除:如果工作服被弄湿或受到了明显的污染,应该立即脱除并妥善处置。
- 更换:在离开工作场所前应当将可能受到污染的工作服更换成无污染的衣服。

急救:

- 眼睛:如眼睛直接接触了该化学物质,要立即用大量水冲洗(灌洗)眼睛,冲洗时,不时翻开上下眼睑,并立即就医。
- 皮肤:如果该化学物质直接接触皮肤,立即用肥皂和水冲洗污染的皮肤。若该化学物质渗透进衣服,要立即将衣服脱除,用肥皂和水清洗皮肤,并迅速就医。
- 呼吸:如果接触者吸入大量该化学物质,立即将接触者移至新鲜空气处。如果呼吸停止,要进行人工呼吸,注意保暖和休息。尽快就医。
- 吞入:如果吞入该化学物质,应立即就医。

对呼吸器选择的建议:无。
有关呼吸器选择的其他重要信息参见相关标准。

接触途径:呼吸道,胃肠道,皮肤和/或眼睛直接接触。

症状:眼睛、皮肤、呼吸系统刺激;肝、肾、造血系统损害。

靶器官:眼睛,皮肤,呼吸系统,肝,肾,造血系统。

H

溴化氢(Hydrogen bromide)
HBr
异名和商品名:无水溴化氢,氢溴酸,Anhydrous hydrogen bromide, Aqueous hydrogen bromide (i. e. ,Hydrobromic acid)

CAS No. :10035-10-6
RTECS No. :MW3850000
DOT ID 和指南号:1048 125 (无水);1788 154(溶液)

接触限值:NIOSH REL:C 3 ppm (10 mg/m^3)
OSHA PEL †:TWA 3 ppm (10 mg/m^3)

IDLH:30 ppm　　**浓度换算系数**:1 ppm = 3.31 mg/m^3

理化性质:无色气体,具有强烈的刺激气味。[注:以压缩液化气运输。常用水溶液。]

分子量:80.9	沸点:−88 ℉
凝固点:−124 ℉	溶解度:49%
蒸气压:20 大气压	电离电位:11.62 eV
相对密度:2.81	闪点:不适用
爆炸上限:不适用	爆炸下限:不适用

不易燃气体。
不相容性和反应性:强氧化剂,强腐蚀剂,湿气,铜,黄铜,锌。[注:氢溴酸是大多数金属的强腐蚀剂。]

测量方法:NIOSH 7903;OSHA ID165SG

个人防护和卫生设施:
- 皮肤:穿戴合适的个人防护服,防止皮肤直接接触。(溶液)/压缩气体快速膨胀时可产生低温。泄漏和使用能快速膨胀的压缩气体,可产生冻伤危害。穿戴合适的个人防护服,防止皮肤冻伤。
- 眼睛:佩戴合适的眼部防护用品,防止眼睛直接接触。(溶液)/佩戴合适的眼部防护用品,防止眼睛直接接触液体后因低温引起灼伤或组织损伤。
- 清洗皮肤:当皮肤受到污染时,应立即清洗污染的皮肤。(溶液)
- 脱除:如果工作服被弄湿或受到了明显的污染,应该立即脱除并妥善处置。(溶液)
- 更换:对于班后的衣服的更换需要没有特殊建议。
- 配备:在劳动者可能接触该化学物质的作业场所,无论是否需要使用眼部防护用品,都应配备眼冲洗设备。(液体)在紧靠有可能接触该化学物质的工作场所,应配备快速冲淋身体的设备以应急使用。[注:这些设备应能够提供足量水或流动水,以将可能接触的身体任何部位上的该化学物质除去。实际配备适宜的快速冲淋设备取决于工作场所的具体条件。在某些情况下,必须及时进行大流量淋浴,而其他情况下只需要用一个水槽或软管供水就足够了。](溶液)在紧靠有可能接触极低温液体或迅速蒸发的液体的工作场所,应配备快速冲淋洗浴设备和/或眼冲洗设备,以应急使用。

急救:
- 眼睛:如眼睛直接接触了该化学物质,要立即用大量水冲洗(灌洗)眼睛,冲洗时,不时翻开上下眼睑,并立即就医。(溶液)/如果眼组织冻伤,要立即就医。如果眼组织没有冻伤,要立即用大量水彻底冲洗至少 15 min,并不时翻开上下眼睑,如果眼睛刺激、疼痛、肿胀、流泪和畏光持续存在,应尽快就医。

H

- 皮肤：如果该化学物质直接接触皮肤，立即用水冲洗污染的皮肤。如果该化学物质渗透进衣服，要迅速将衣服脱除，用水冲洗污染的皮肤，并迅速就医。（溶液）/如果发生冻伤，要立即就医，不要揉擦或用水冲洗冻伤部位；为防止组织进一步受损，不要试图将冻结的衣服从冻伤部位脱除。如未发生冻伤，立即用肥皂和水彻底清洗污染的皮肤。
- 呼吸：如果接触者吸入大量该化学物质，立即将接触者移至新鲜空气处。如果呼吸停止，要进行人工呼吸，注意保暖和休息。尽快就医。
- 吞入：如果吞入该化学物质，应立即就医。（溶液）

对呼吸器选择的建议：NIOSH/OSHA

～30 ppm：

- Sa：Cf：任何连续供气式呼吸器。指定防护因数＝25。£
- PaprAg：任何动力送风空气过滤式呼吸器，配酸性气体滤毒盒。指定防护因数＝25。£
- GmFAg：任何空气过滤式全面罩呼吸器（防毒面具），配下颌式、前置式或背置式酸性气体滤毒罐。指定防护因数＝50。
- ScbaF：任何携气式呼吸器，配全面罩。指定防护因数＝50。
- SaF：任何供气式呼吸器，配全面罩。指定防护因数＝50。

§：应急抢险，或准备进入浓度未知环境，或进入 IDLH 环境：

- ScbaF：Pd，Pp：任何压力需气式或正压携气式呼吸器，配全面罩。指定防护因数＝10 000。
- SaF：Pd，Pp：AScba：任何压力需气式或正压供气式呼吸器，配全面罩，配压力需气式或正压携气式辅助呼吸器。指定防护因数＝10 000。

逃生：

- GmFAg：任何空气过滤式全面罩呼吸器（防毒面具），配下颌式、前置式或背置式酸性气体滤毒罐。指定防护因数＝50。
- ScbaE：任何适合逃生的携气式呼吸器。

有关呼吸器选择的其他重要信息参见相关标准。

接触途径：呼吸道，胃肠道（溶液），皮肤和/或眼睛直接接触。

症状：眼睛、皮肤、鼻、咽喉刺激；溶液：眼睛、皮肤灼伤；液体：冻伤。

靶器官：眼睛，皮肤，呼吸系统。

氯化氢（Hydrogen chloride）

HCl

CAS No.：7647-01-0

RTECS No.：MW4025000

DOT ID 和指南号：1050 125（无水）；1789 157（溶液）

异名和商品名：盐酸，Anhydrous hydrogen chloride，Aqueous hydrogen chloride（i. e.，Hydrochloric acid，Muriatic acid）［注：常用水溶液。］

接触限值：NIOSH REL：C 5 ppm（7 mg/m^3）
OSHA PEL：C 5 ppm（7 mg/m^3）

IDLH：50 ppm　**浓度换算系数：**1 ppm ＝ 1.49 mg/m^3

理化性质：无色至浅黄色气体，具有强烈的刺激性气味。［注：以压缩液化气运输。］

分子量：36.5　沸点：－121 ℉
凝固点：－174 ℉　溶解度（86 ℉）：67％
蒸气压：40.5 大气压　电离电位：12.74 eV
相对密度：1.27　闪点：不适用
爆炸上限：不适用　爆炸下限：不适用
不易燃气体。

不相容性和反应性:氢氧化物,胺,碱,铜,黄铜,锌。[注:盐酸是大多数金属的强腐蚀剂。]

测量方法:NIOSH 7903;OSHA ID174SG

个人防护和卫生设施:

- 皮肤:穿戴合适的个人防护服,防止皮肤直接接触。(溶液)/压缩气体快速膨胀时可产生低温。泄漏和使用能快速膨胀的压缩气体,可产生冻伤危害。穿戴合适的个人防护服,防止皮肤冻伤。
- 眼睛:佩戴合适的眼部防护用品,防止眼睛直接接触。/佩戴合适的眼部防护用品,防止眼睛直接接触液体后因低温引起灼伤或组织损伤。
- 清洗皮肤:当皮肤受到污染时,应立即清洗污染的皮肤。(溶液)
- 脱除:如果工作服被弄湿或受到了明显的污染,应该立即脱除并妥善处置。(溶液)
- 更换:对于班后的衣服的更换需要没有特殊建议。
- 配备:在劳动者可能接触该化学物质的作业场所,无论是否需要使用眼部防护用品,都应配备眼冲洗设备。(溶液)在紧靠有可能接触该化学物质的工作场所,应配备快速冲淋身体的设备以应急使用。[注:这些设备应能够提供足量水或流动水,以将可能接触的身体任何部位上的该化学物质除去。实际配备适宜的快速冲淋设备取决于工作场所的具体条件。在某些情况下,必须及时进行大流量淋浴,而其他情况下只需要用一个水槽或软管供水就足够了。](溶液) 在紧靠有可能接触极低温液体或迅速蒸发的液体的工作场所,应配备快速冲淋洗浴设备和/或眼冲洗设备,以应急使用。

急救:

- 眼睛:如眼睛直接接触了该化学物质,要立即用大量水冲洗(灌洗)眼睛,冲洗时,不时翻开上下眼睑,并立即就医。(溶液)/如果眼组织冻伤,要立即就医。如果眼组织没有冻伤,要立即用大量水彻底冲洗至少 15 min,并不时翻开上下眼睑,如果眼睛刺激、疼痛、肿胀、流泪和畏光持续存在,应尽快就医。
- 皮肤:如果该化学物质直接接触皮肤,立即用水冲洗污染的皮肤。如果该化学物质渗透进衣服,要迅速将衣服脱除,用水冲洗污染的皮肤,并迅速就医。(溶液)/如果发生冻伤,要立即就医,不要揉擦或用水冲洗冻伤部位;为防止组织进一步受损,不要试图将冻结的衣服从冻伤部位脱除。如未发生冻伤,立即用肥皂和水彻底清洗污染的皮肤。
- 呼吸:如果接触者吸入大量该化学物质,立即将接触者移至新鲜空气处。如果呼吸停止,要进行人工呼吸,注意保暖和休息。尽快就医。
- 吞入:如果吞入该化学物质,应立即就医。(溶液)

对呼吸器选择的建议:NIOSH/OSHA

~50 ppm:

- CcrS:任何空气过滤式半面罩呼吸器,配防该化学物质的滤毒盒。指定防护因数=10。*
- GmFS:任何空气过滤式全面罩呼吸器(防毒面具),配下颌式、前置式或背置式防该化学物质的滤毒罐。指定防护因数=50。
- PaprS:任何动力送风空气过滤式呼吸器,配有防该化学物质的滤毒盒。指定防护因数=25。*
- Sa:任何供气式呼吸器。指定防护因数=10。*
- ScbaF:任何携气式呼吸器,配全面罩。指定防护因数=50。

§:应急抢险,或准备进入浓度未知环境,或进入 IDLH 环境:

- ScbaF:Pd,Pp:任何压力需气式或正压携气式呼吸器,配全面罩。指定防护因数=10 000。
- SaF:Pd,Pp:AScba:任何压力需气式或正压供气式呼吸器,配全面罩,配压力需气式或正压携气式辅助呼吸器。指定防护因数=10 000。

逃生:

- GmFAg:任何空气过滤式全面罩呼吸器(防毒面具),配下颌式、前置式或背置式酸性气体滤毒罐。指定防护因数=50。
- ScbaE:任何适合逃生的携气式呼吸器。

有关呼吸器选择的其他重要信息参见相关标准。

接触途径:呼吸道,胃肠道(溶液),皮肤和/或眼睛直接接触。

症状:鼻、咽喉刺激;咳嗽,窒息;皮炎;溶液:眼睛、皮肤灼伤;液体:冻伤;动物:喉痉挛;肺水肿。

靶器官:眼睛,皮肤,呼吸系统。

H

氰化氢(Hydrogen cyanide)

HCN

异名和商品名:氢氰酸,Formonitrile,Hydrocyanic acid,Prussic acid

CAS No.:74-90-8

RTECS No.:MW6825000

DOT ID 和指南号:1051 117 (>20% 溶液);1051 117 (无水);1613 154 (≤20% 溶液)

接触限值:NIOSH REL:ST 4.7 ppm (5 mg/m³)[皮]
OSHA PEL †:TWA 10 ppm (11 mg/m³)[皮]

IDLH:50 ppm **浓度换算系数:**1 ppm = 1.10 mg/m³

理化性质:无色或浅蓝色液体或气体(78 ℉以上),具有苦杏仁味。[注:常用96%水溶液。]

分子量:27.0	沸点:78 ℉ (96%)
凝固点:7 ℉ (96%)	溶解度:与水互溶
蒸气压:630 mmHg	电离电位:13.60 eV
比重:0.69	闪点:0 ℉ (96%)
爆炸上限:40.0%	爆炸下限:5.6%

ⅠA 类易燃液体——闪点低于 73℉,沸点低于 100℉。

易燃气体。

不相容性和反应性:胺,氧化剂,酸,氢氧化钠,氢氧化钙,碳酸钠,腐蚀剂,氨。[注:在 122~140 ℉可聚合。]

测量方法:NIOSH 6010,6017

个人防护和卫生设施:

- 皮肤:穿戴合适的个人防护服,防止皮肤直接接触。
- 眼睛:佩戴合适的眼部防护用品,防止眼睛直接接触。
- 清洗皮肤:当皮肤受到污染时,应立即清洗污染的皮肤。
- 脱除:如果工作服被可燃性物质(即闪点低于 100 ℉的液体)浸湿,应当立即脱除并妥善处置,以防着火。
- 更换:对于班后的衣服的更换需要没有特殊建议。
- 配备:在劳动者可能接触该化学物质的作业场所,无论是否需要使用眼部防护用品,都应配备眼冲洗设备。在紧靠有可能接触该化学物质的工作场所,应配备快速冲淋身体的设备以应急使用。[注:这些设备应能够提供足量水或流动水,以将可能接触的身体任何部位上的该化学物质除去。实际配备适宜的快速冲淋设备取决于工作场所的具体条件。在某些情况下,必须及时进行大流量淋浴,而其他情况下只需要用一个水槽或软管供水就足够了。]

急救:

- 眼睛:如眼睛直接接触了该化学物质,要立即用大量水冲洗(灌洗)眼睛,冲洗时,不时翻开上下眼睑,并立即就医。
- 皮肤:如果该化学物质直接接触皮肤,立即用水冲洗污染的皮肤。如果该化学物质渗透进衣服,要迅速将衣服脱除,用水冲洗污染的皮肤,并迅速就医。
- 呼吸:如果接触者吸入大量该化学物质,立即将接触者移至新鲜空气处。如果呼吸停止,要进行人工呼吸,注意保暖和休息。尽快就医。
- 吞入:如果吞入该化学物质,应立即就医。

对呼吸器选择的建议:NIOSH

~47 ppm:

- Sa:任何供气式呼吸器。指定防护因数=10。

~50 ppm:

- Sa:Cf:任何连续供气式呼吸器。指定防护因数=25。
- ScbaF:任何携气式呼吸器,配全面罩。指定防护因数=50。
- SaF:任何供气式呼吸器,配全面罩。指定防护因数=50。

§:应急抢险,或准备进入浓度未知环境,或进入 IDLH 环境:

- ScbaF:Pd,Pp:任何压力需气式或正压携气式呼吸器,配全面罩。指定防护因数=10 000。
- SaF:Pd,Pp:AScba:任何压力需气式或正压供气式呼吸器,配全面罩,配压力需气式或正压携气式辅助呼吸器。指定防护因数=10 000。

逃生:

- GmFS:任何空气过滤式全面罩呼吸器(防毒面具),配下颌式、前置式或背置式防该化学物质的滤毒罐。指定防护因数=50。
- ScbaE:任何适合逃生的携气式呼吸器。

有关呼吸器选择的其他重要信息参见相关标准。

接触途径:呼吸道,皮肤吸收,胃肠道,皮肤和/或眼睛直接接触。

症状:窒息;乏力,头痛,意识模糊;恶心,呕吐;呼吸加深加快或者呼吸缓慢及喘息;甲状腺、血液改变。

靶器官:中枢神经系统,心血管系统,甲状腺,血液。

H

氟化氢(Hydrogen fluoride)

HF

异名和商品名:氢氟酸,Anhydrous hydrogen fluoride,Aqueous hydrogen fluoride (i. e. ,Hydrofluoric acid),HF-A

CAS No.:7664-39-3

RTECS No.:MW7875000

DOT ID 和指南号:1052 125 (无水);1790 157(溶液)

接触限值:NIOSH REL:TWA 3 ppm (2.5 mg/m^3)
C 6 ppm(5 mg/m^3) [15 min]
OSHA PEL †:TWA 3 ppm

IDLH:30 ppm **浓度换算系数:**1 ppm = 0.82 mg/m^3

理化性质:无色气体或发烟液体(67 ℉以下),具有强烈刺激气味。[注:以储罐运输。]

分子量:20.0	沸点:67 ℉
凝固点:-118 ℉	溶解度:与水互溶
蒸气压:783 mmHg	电离电位:15.98 eV
相对密度:1.86	比重:1.00(67 ℉液体)
闪点:不适用	爆炸上限:不适用
爆炸下限:不适用	
不易燃气体。	

不相容性和反应性:金属,水或水蒸气。[注:对金属具有腐蚀性。侵蚀玻璃和水泥。]

测量方法:NIOSH 3800,7902,7903,7906;OSHA ID110

个人防护和卫生设施:

- 皮肤:穿戴合适的个人防护服,防止皮肤直接接触。(液体)
- 眼睛:佩戴合适的眼部防护用品,防止眼睛直接接触。(液体)
- 清洗皮肤:当皮肤受到污染时,应立即清洗污染的皮肤。(液体)
- 脱除:如果工作服被弄湿或受到了明显的污染,应该立即脱除并妥善处置。(液体)
- 更换:对于班后的衣服的更换需要没有特殊建议。

H

- 配备：在劳动者可能接触该化学物质的作业场所，无论是否需要使用眼部防护用品，都应配备眼冲洗设备。(液体)在紧靠有可能接触该化学物质的工作场所，应配备快速冲淋身体的设备以应急使用。[注：这些设备应能够提供足量水或流动水，以将可能接触的身体任何部位上的该化学物质除去。实际配备适宜的快速冲淋设备取决于工作场所的具体条件。在某些情况下，必须及时进行大流量淋浴，而其他情况下只需要用一个水槽或软管供水就足够了。](液体)

急救：

- 眼睛：如眼睛直接接触了该化学物质，要立即用大量水冲洗(灌洗)眼睛，冲洗时，不时翻开上下眼睑，并立即就医。(溶液/液体)
- 皮肤：如果该化学物质直接接触皮肤，立即用水冲洗污染的皮肤。如果该化学物质渗透进衣服，要迅速将衣服脱除，用水冲洗污染的皮肤，并迅速就医。(溶液/液体)
- 呼吸：如果接触者吸入大量该化学物质，立即将接触者移至新鲜空气处。如果呼吸停止，要进行人工呼吸，注意保暖和休息。尽快就医。
- 吞入：如果吞入该化学物质，应立即就医。(溶液)

对呼吸器选择的建议：NIOSH/OSHA

~30 ppm：

- CcrS：任何空气过滤式半面罩呼吸器，配防该化学物质的滤毒盒。指定防护因数=10。*
- PaprS：任何动力送风空气过滤式呼吸器，配有防该化学物质的滤毒盒。指定防护因数=25。*
- GmFS：任何空气过滤式全面罩呼吸器(防毒面具)，配下颌式、前置式或背置式防该化学物质的滤毒罐。指定防护因数=50。
- Sa：任何供气式呼吸器。指定防护因数=10。*
- ScbaF：任何携气式呼吸器，配全面罩。指定防护因数=50。

§：应急抢险，或准备进入浓度未知环境，或进入 IDLH 环境：

- ScbaF：Pd，Pp：任何压力需气式或正压携气式呼吸器，配全面罩。指定防护因数=10 000。
- SaF：Pd，Pp：AScba：任何压力需气式或正压供气式呼吸器，配全面罩，配压力需气式或正压携气式辅助呼吸器。指定防护因数=10 000。

逃生：

- GmFS：任何空气过滤式全面罩呼吸器(防毒面具)，配下颌式、前置式或背置式防该化学物质的滤毒罐。指定防护因数=50。
- ScbaE：任何适合逃生的携气式呼吸器。

有关呼吸器选择的其他重要信息参见相关标准。

接触途径：呼吸道，皮肤吸收(液体)，胃肠道(溶液)，皮肤和/或眼睛直接接触。

症状：眼睛、皮肤、鼻、咽喉刺激；肺水肿；眼睛、皮肤灼伤；鼻炎；支气管炎；骨改变。

靶器官：眼睛，皮肤，呼吸系统，骨骼。

过氧化氢(Hydrogen peroxide)

H_2O_2

异名和商品名：双氧水，二氧化氢，High-strength hydrogen peroxide，Hydrogen dioxide，Hydrogen peroxide (aqueous)，Hydroperoxide，Peroxide

CAS No.：7722-84-1

RTECS No.：MX0900000

DOT ID 和指南号：2984 140 (8%~20% 溶液)；2014 140 (20%~60% 溶液)；2015 143 (>60% 溶液)

接触限值：NIOSH REL：TWA 1 ppm (1.4 mg/m^3)
OSHA PEL：TWA 1 ppm (1.4 mg/m^3)

IDLH：75 ppm　**浓度换算系数：**1 ppm = 1.39 mg/m^3

理化性质：无色液体，具有轻微刺激气味。[注：纯化合物在 12 ℉以下为晶体。常用水溶液。]

分子量：34.0　沸点：286 ℉
凝固点：12 ℉　溶解度：与水互溶
蒸气压(86 ℉)：5 mmHg　电离电位：10.54 eV
比重：1.39　闪点：不适用
爆炸上限：不适用　爆炸下限：不适用
不可燃液体，但是强氧化剂。
不相容性和反应性：氧化性物质，铁，铜，黄铜，青铜，铬，锌，铅，银，锰。[注：接触可燃物质可自燃。]

测量方法：OSHA ID126SG

个人防护和卫生设施：
- 皮肤：穿戴合适的个人防护服，防止皮肤直接接触。
- 眼睛：佩戴合适的眼部防护用品，防止眼睛直接接触。
- 清洗皮肤：当皮肤受到污染时，应立即清洗污染的皮肤。
- 脱除：如果工作服被弄湿或受到了明显的污染，应该立即脱除并妥善处置。
- 更换：对于班后的衣服的更换需要没有特殊建议。
- 配备：在劳动者可能接触该化学物质的作业场所，无论是否需要使用眼部防护用品，都应配备眼冲洗设备。在紧靠有可能接触该化学物质的工作场所，应配备快速冲淋身体的设备以应急使用。[注：这些设备应能够提供足量水或流动水，以将可能接触的身体任何部位上的该化学物质除去。实际配备适宜的快速冲淋设备取决于工作场所的具体条件。在某些情况下，必须及时进行大流量淋浴，而其他情况下只需要用一个水槽或软管供水就足够了。]

急救：
- 眼睛：如眼睛直接接触了该化学物质，要立即用大量水冲洗(灌洗)眼睛，冲洗时，不时翻开上下眼睑，并立即就医。
- 皮肤：如果该化学物质直接接触皮肤，立即用水冲洗污染的皮肤。如果该化学物质渗透进衣服，要迅速将衣服脱除，用水冲洗污染的皮肤，并迅速就医。
- 呼吸：如果接触者吸入大量该化学物质，立即将接触者移至新鲜空气处。如果呼吸停止，要进行人工呼吸，注意保暖和休息。尽快就医。
- 吞入：如果吞入该化学物质，应立即就医。

对呼吸器选择的建议：NIOSH/OSHA

～10 ppm：
- Sa：任何供气式呼吸器。指定防护因数＝10。*

～25 ppm：
- Sa：Cf：任何连续供气式呼吸器。指定防护因数＝25。*

～50 ppm：
- ScbaF：任何携气式呼吸器，配全面罩。指定防护因数＝50。
- SaF：任何供气式呼吸器，配全面罩。指定防护因数＝50。

～75 ppm：
- SaF：Pd，Pp：任何压力需气式或正压供气式呼吸器，配全面罩。指定防护因数＝2 000。

§：应急抢险，或准备进入浓度未知环境，或进入 IDLH 环境：
- ScbaF：Pd，Pp：任何压力需气式或正压携气式呼吸器，配全面罩。指定防护因数＝10 000。
- SaF：Pd，Pp：AScba：任何压力需气式或正压供气式呼吸器，配全面罩，配压力需气式或正压携气式辅助呼吸器。指定防护因数＝10 000。

逃生：
- GmFS：任何空气过滤式全面罩呼吸器(防毒面具)，配下颌式、前置式或背置式防该化学物质的滤毒罐。指定防护因数＝50。
- ScbaE：任何适合逃生的携气式呼吸器。

有关呼吸器选择的其他重要信息参见相关标准。

接触途径：呼吸道，胃肠道，皮肤和/或眼睛直接接触。

症状：眼睛、鼻、咽喉刺激；角膜溃疡；皮肤红斑，皮肤囊泡化；毛发脱色。

靶器官：眼睛，皮肤，呼吸系统。

硒化氢(Hydrogen selenide)

H_2Se

异名和商品名: Selenium dihydride,Selenium hydride

CAS No.:7783-07-5

RTECS No.:MX1050000

DOT ID 和指南号:2202 117(无水)

H

接触限值:NIOSH REL:TWA 0.05 ppm (0.2 mg/m^3)

OSHA PEL:TWA 0.05 ppm (0.2 mg/m^3)

IDLH:1 ppm　**浓度换算系数:**1 ppm = 3.31 mg/m^3

理化性质:无色气体,具有类似腐烂的辣根气味。

[注:以压缩液化气运输。]

分子量:81.0　沸点:−42 ℉

凝固点:−87 ℉　溶解度(73 ℉):0.9%

蒸气压(70 ℉):9.5 大气压　电离电位:9.88 eV

相对密度:2.80　闪点:不适用(气体)

爆炸上限:未知　爆炸下限:未知

易燃气体。

不相容性和反应性:强氧化剂,酸,水,卤代烃。

测量方法:无。

个人防护和卫生设施:

- 皮肤:压缩气体快速膨胀时可产生低温。泄漏和使用能快速膨胀的压缩气体,可产生冻伤危害。穿戴合适的个人防护服,防止皮肤冻伤。
- 眼睛:佩戴合适的眼部防护用品,防止眼睛直接接触液体后因低温引起灼伤或组织损伤。
- 清洗皮肤:对于清洗皮肤上的污染物没有其他特殊的建议(包括立即清洗和班后清洗)。
- 脱除:如果工作服被可燃性物质(即闪点低于 100 ℉的液体)浸湿,应当立即脱除并妥善处置,以防着火。
- 更换:对于班后的衣服的更换需要没有特殊建议。
- 配备:在紧靠有可能接触极低温液体或迅速蒸发的液体的工作场所,应配备快速冲淋洗浴设备和/或眼冲洗设备,以应急使用。

急救:

- 眼睛:如果眼组织冻伤,要立即就医。如果眼组织没有冻伤,要立即用大量水彻底冲洗至少 15 min,并不时翻开上下眼睑。如果眼睛刺激、疼痛、肿胀、流泪和畏光持续存在,应尽快就医。
- 皮肤:如果发生冻伤,要立即就医,不要揉擦或用水冲洗冻伤部位;为防止组织进一步受损,不要试图将冻结的衣服从冻伤部位脱除。如未发生冻伤,立即用肥皂和水彻底清洗污染的皮肤。
- 呼吸:如果接触者吸入大量该化学物质,立即将接触者移至新鲜空气处。如果呼吸停止,要进行人工呼吸,注意保暖和休息。尽快就医。

对呼吸器选择的建议:NIOSH/OSHA

~0.5 ppm:

- Sa:任何供气式呼吸器。指定防护因数=10。

~1 ppm:

- Sa:Cf:任何连续供气式呼吸器。指定防护因数=25。*
- ScbaF:任何携气式呼吸器,配全面罩。指定防护因数=50。
- SaF:任何供气式呼吸器,配全面罩。指定防护因数=50。

§:应急抢险,或准备进入浓度未知环境,或进入 IDLH 环境:

- ScbaF:Pd,Pp:任何压力需气式或正压携气式呼吸器,配全面罩。指定防护因数=10 000。
- SaF:Pd,Pp:AScba:任何压力需气式或正压供气式呼吸器,配全面罩,配压力需气式或正压携气式辅助呼吸器。指定防护因数=10 000。

逃生:

- GmFS:任何空气过滤式全面罩呼吸器(防毒面具),配下颌式、前置式或背置式防该化学物质的滤毒罐。指定防护因数=50。¿

● ScbaE:任何适合逃生的携气式呼吸器。
有关呼吸器选择的其他重要信息参见相关标准。

接触途径:呼吸道,皮肤和/或眼睛直接接触。

症状:眼睛、鼻、咽喉刺激;恶心,呕吐,腹泻;金属味,蒜味口臭;眩晕,乏力;液体:冻伤;动物:肺炎;肝损害。

靶器官:眼睛,呼吸系统,肝。

H

硫化氢(Hydrogen sulfide)

H_2S

异名和商品名:氢硫酸,下水道气,Hydrosulfuric acid, Sewer gas, Sulfuretted hydrogen

CAS No.:7783-06-4

RTECS No.:MX1225000

DOT ID 和指南号:1053 117

接触限值:NIOSH REL:C 10 ppm (15 mg/m³) [10 min]
OSHA PEL †:C 20 ppm 50 ppm [10 min 最大峰值]

IDLH:100 ppm **浓度换算系数:**1 ppm = 1.40 mg/m³

理化性质:无色气体,具有强烈的臭鸡蛋气味。[注:嗅觉迅速疲劳而感觉不到硫化氢的持续存在。以压缩液化气运输。]

分子量:34.1
沸点:−77 ℉
凝固点:−122 ℉
溶解度:0.4%
蒸气压:17.6 大气压
电离电位:10.46 eV
相对密度:1.19
闪点:不适用(气体)
爆炸上限:44.0%
爆炸下限:4.0%
易燃气体。
不相容性和反应性:强氧化剂,浓硝酸,金属。

测量方法:NIOSH 6013;OSHA ID141

个人防护和卫生设施:

● 皮肤:压缩气体快速膨胀时可产生低温。泄漏和使用能快速膨胀的压缩气体,可产生冻伤危害。穿戴合适的个人防护服,防止皮肤冻伤。
● 眼睛:佩戴合适的眼部防护用品,防止眼睛直接接触液体后因低温引起灼伤或组织损伤。
● 清洗皮肤:对于清洗皮肤上的污染物没有其他特殊的建议(包括立即清洗和班后清洗)。
● 脱除:如果工作服被可燃性物质(即闪点低于 100 ℉的液体)浸湿,应当立即脱除并妥善处置,以防着火。
● 更换:对于班后的衣服的更换需要没有特殊建议。
● 配备:在紧靠有可能接触极低温液体或迅速蒸发的液体的工作场所,应配备快速冲淋洗浴设备和/或眼冲洗设备,以应急使用。

急救:

● 眼睛:如果眼组织冻伤,要立即就医。如果眼组织没有冻伤,要立即用大量水彻底冲洗至少 15 min,并不时翻开上下眼睑,如果眼睛刺激、疼痛、肿胀、流泪和畏光持续存在,应尽快就医。
● 皮肤:如果发生冻伤,要立即就医,不要揉擦或用水冲洗冻伤部位;为防止组织进一步受损,不要试图将冻结的衣服从冻伤部位脱除。如未发生冻伤,立即用肥皂和水彻底清洗污染的皮肤。
● 呼吸:如果接触者吸入大量该化学物质,立即将接触者移至新鲜空气处。如果呼吸停止,要进行人工呼吸,注意保暖和休息。尽快就医。

对呼吸器选择的建议:NIOSH

~100 ppm:

● PaprS:任何动力送风空气过滤式呼吸器,配有防该化学物质的滤毒盒。指定防护因数=25。

- GmFS:任何空气过滤式全面罩呼吸器(防毒面具),配下颌式、前置式或背置式防该化学物质的滤毒罐。指定防护因数=50。
- Sa:任何供气式呼吸器。指定防护因数=10。*
- ScbaF:任何携气式呼吸器,配全面罩。指定防护因数=50。

§:应急抢险,或准备进入浓度未知环境,或进入 IDLH 环境:

- ScbaF:Pd,Pp:任何压力需气式或正压携气式呼吸器,配全面罩。指定防护因数=10 000。
- SaF:Pd,Pp:AScba:任何压力需气式或正压供气式呼吸器,配全面罩,配压力需气式或正压携气式辅助呼吸器。指定防护因数=10 000。

逃生:

- GmFS:任何空气过滤式全面罩呼吸器(防毒面具),配下颌式、前置式或背置式防该化学物质的滤毒罐。指定防护因数=50。
- ScbaE:任何适合逃生的携气式呼吸器。

有关呼吸器选择的其他重要信息参见相关标准。

接触途径:呼吸道,皮肤和/或眼睛直接接触。

症状:眼睛、呼吸系统刺激;呼吸暂停,昏迷,惊厥;结膜炎,眼睛疼痛,流泪,畏光,角膜囊泡化;眩晕,头痛,乏力,应激性,失眠;胃肠道紊乱;液体:冻伤。

靶器官:眼睛,呼吸系统,中枢神经系统。

氢醌(Hydroquinone)

$C_6H_4(OH)_2$

CAS No.:123-31-9

RTECS No.:MX3500000

DOT ID 和指南号:2662 153

异名和商品名:对苯二酚;1,4-苯二酚;二羟基苯;p-Benzenediol;1,4-Benzenediol;Dihydroxybenzene;1,4-Dihydroxybenzene;Quinol

接触限值:NIOSH REL:C 2 mg/m³[15 min]
OSHA PEL:TWA 2 mg/m³

IDLH:50 mg/m³　　**浓度换算系数:**

理化性质:浅褐色、浅灰色或无色晶体。

分子量:110.1	沸点:545 ℉
熔点:338 ℉	溶解度:7%
蒸气压:0.000 01 mmHg	电离电位:7.95 eV
比重:1.33	闪点:329 ℉(熔融物)
爆炸上限:未知	爆炸下限:未知

可燃固体;粉尘云团在封闭空间遇火可爆炸。

不相容性和反应性:强氧化剂,碱。

测量方法:NIOSH 5004;OSHA PV2094

个人防护和卫生设施:

- 皮肤:穿戴合适的个人防护服,防止皮肤直接接触。
- 眼睛:佩戴合适的眼部防护用品,防止眼睛直接接触。
- 清洗皮肤:当皮肤受到污染时,应立即清洗污染的皮肤。
- 脱除:如果工作服被弄湿或受到了明显的污染,应该立即脱除并妥善处置。
- 更换:在离开工作场所前应当将可能受到污染的工作服更换成无污染的衣服。
- 配备:在劳动者可能接触该化学物质的作业场所,无论是否需要使用眼部防护用品,都应配备眼冲洗设备。(>7%)

急救:

- 眼睛:如眼睛直接接触了该化学物质,要立即用大量水冲洗(灌洗)眼睛,冲洗时,不时翻开上下眼睑,并立即就医。
- 皮肤:如果该化学物质直接接触皮肤,用水冲洗污染的皮肤。如存在皮肤刺激症状,应就医。

- 呼吸：如果接触者吸入大量该化学物质，立即将接触者移至新鲜空气处。如果呼吸停止，要进行人工呼吸，注意保暖和休息。尽快就医。
- 吞入：如果吞入该化学物质，应立即就医。

对呼吸器选择的建议：NIOSH/OSHA

~50 mg/m^3：

- PaprHie：任何动力送风空气过滤式呼吸器，配有高效颗粒物过滤元件。指定防护因数=25。£
- 100F：任何空气过滤式全面罩呼吸器，配有 N100、R100 或 P100 过滤元件。指定防护因数=50。选择 N、R 或 P 过滤元件的信息见表 4。
- SaT：Cf：任何连续供气式呼吸器，配密合型面罩。指定防护因数=50。£
- ScbaF：任何携气式呼吸器，配全面罩。指定防护因数=50。
- SaF：任何供气式呼吸器，配全面罩。指定防护因数=50。

§：应急抢险，或准备进入浓度未知环境，或进入 IDLH 环境：

- ScbaF：Pd，Pp：任何压力需气式或正压携气式呼吸器，配全面罩。指定防护因数=10 000。
- SaF：Pd，Pp：AScba：任何压力需气式或正压供气式呼吸器，配全面罩，配压力需气式或正压携气式辅助呼吸器。指定防护因数=10 000。

逃生：

- 100F：任何空气过滤式全面罩呼吸器，配有 N100、R100 或 P100 过滤元件。指定防护因数=50。选择 N、R 或 P 过滤元件的信息见表 4。
- ScbaE：任何适合逃生的携气式呼吸器。

有关呼吸器选择的其他重要信息参见相关标准。

接触途径：呼吸道，胃肠道，皮肤和/或眼睛直接接触。

症状：眼睛刺激；结膜炎；角膜炎；中枢神经系统兴奋；有色尿，恶心，眩晕，窒息，呼吸急促；肌颤搐，谵妄；虚脱；皮肤刺激，过敏性皮炎。

靶器官：眼睛，皮肤，呼吸系统，中枢神经系统。

丙烯酸-2-羟丙酯(2-Hydroxypropyl acrylate)

$CH_2=CHCOOCH_2CHOHCH_3$

CAS No.：999 61 1

RTECS No.：AT1925000

DOT ID 和指南号：

异名和商品名：丙烯酸-β-羟丙酯，HPA，β-Hydroxypropyl acrylate，Propylene glycol monoacrylate

接触限值：NIOSH REL：TWA 0.5 ppm (3 mg/m^3) [皮]
OSHA PEL †：无

IDLH：N. D.　**浓度换算系数：**1 ppm = 5.33 mg/m^3

理化性质：透明至浅黄色液体，具有淡甜的气味。

分子量：130.2	沸点：376 ℉
凝固点：未知	溶解度：未知
蒸气压：未知	电离电位：未知
比重：1.05	闪点：149 ℉
爆炸上限：未知	爆炸下限：1.8%

ⅢA 类可燃液体——闪点等于或高于 140 ℉且低于 200 ℉。

不相容性和反应性：水。[注：高温高压下不稳定或与水反应同时释放能量，但不强烈。]

测量方法：无。

个人防护和卫生设施：

- 皮肤：穿戴合适的个人防护服，防止皮肤直接接触。
- 眼睛：佩戴合适的眼部防护用品，防止眼睛直接接触。

H

● 清洗皮肤:当皮肤受到污染时,应立即清洗污染的皮肤。 ● 脱除:如果工作服被弄湿或受到了明显的污染,应该立即脱除并妥善处置。 ● 更换:对于班后的衣服的更换需要没有特殊建议。 ● 配备:在劳动者可能接触该化学物质的作业场所,无论是否需要使用眼部防护用品,都应配备眼冲洗设备。在紧靠有可能接触该化学物质的工作场所,应配备快速冲淋身体的设备以应急使用。[注:这些设备应能够提供足量水或流动水,以将可能接触的身体任何部位上的该化学物质除去。实际配备适宜的快速冲淋设备取决于工作场所的具体条件。在某些情况下,必须及时进行大流量淋浴,而其他情况下只需要用一个水槽或软管供水就足够了。] **急救:** ● 眼睛:如眼睛直接接触了该化学物质,要立即用大量水冲洗(灌洗)眼睛,冲洗时,不时翻开上下眼睑,并立即就医。	● 皮肤:如果该化学物质直接接触皮肤,要立即用肥皂和水冲洗污染的皮肤。如果该化学物质渗透进衣服,立即将衣服脱除,并用水清洗皮肤。如果清洗后刺激持续存在,应就医。 ● 呼吸:如果接触者吸入大量该化学物质,立即将接触者移至新鲜空气处。如果呼吸停止,要进行人工呼吸,注意保暖和休息。尽快就医。 ● 吞入:如果吞入该化学物质,应立即就医。
	对呼吸器选择的建议:无。 **有关呼吸器选择的其他重要信息参见相关标准。**
	接触途径:呼吸道,皮肤吸收,胃肠道,皮肤和/或眼睛直接接触。
	症状:眼睛、皮肤、呼吸系统刺激;眼睛、皮肤灼伤;咳嗽,呼吸困难。
	靶器官:眼睛,皮肤,呼吸系统。

茚(Indene) CAS No.:95-13-6

C_9H_8 RTECS No.:NK8225000

异名和商品名: Indonaphthene DOT ID 和指南号:

接触限值:NIOSH REL:TWA 10 ppm (45 mg/m^3)
OSHA PEL †:无

IDLH:N.D. **浓度换算系数:**1 ppm = 4.75 mg/m^3

理化性质:无色液体.[注:29 ℉以下为固体。]

分 子 量:116.2 沸 点:359℉
凝 固 点:29 ℉ 溶 解 度:不溶
蒸 气 压:未知 电离电位:8.81 eV
比 重:0.997 闪 点:173 ℉
爆炸上限:未知 爆炸下限:未知
ⅢA 类可燃液体——闪点等于或高于 140 ℉且低于 200 ℉。
不相容性和反应性:未见报道。[注:放置时可聚合和氧化。与(H_2SO_4 + HNO_3)硝化时可爆炸。]

测量方法:无。

个人防护和卫生设施:
- 皮肤:穿戴合适的个人防护服,防止皮肤直接接触。
- 眼睛:佩戴合适的眼部防护用品,防止眼睛直接接触。
- 清洗皮肤:每天工作班结束后,进食、吸烟、喝水前都应该清洗可能受到污染的皮肤。
- 脱除:如果工作服被弄湿或受到了明显的污染,应该立即脱除并妥善处置。
- 更换:对于班后的衣服的更换需要没有特殊建议。

急救:
- 眼睛:如眼睛直接接触了该化学物质,要立即用大量水冲洗(灌洗)眼睛,冲洗时,不时翻开上下眼睑,并立即就医。
- 皮肤:如果该化学物质直接接触皮肤,用肥皂和水冲洗污染的皮肤。
- 呼吸:如果接触者吸入大量该化学物质,立即将接触者移至新鲜空气处。如果呼吸停止,要进行人工呼吸,注意保暖和休息。尽快就医。
- 吞入:如果吞入该化学物质,应立即就医。

对呼吸器选择的建议:无。
有关呼吸器选择的其他重要信息参见相关标准。

接触途径:呼吸道,胃肠道,皮肤和/或眼睛直接接触。

症状:动物:眼睛、皮肤、黏膜刺激;皮炎,皮肤过敏;化学性肺炎(吸入液体);肝、肾、脾损伤。

靶器官:眼睛,皮肤,呼吸系统,肝,肾,脾。

铟(Indium) CAS No.:7440-74-6

In RTECS No.:NL1050000

异名和商品名:铟金属,Indium metal DOT ID 和指南号:

接触限值:NIOSH REL*:TWA 0.1 mg/m^3[*注:REL 也适用于其他铟化物。(按铟计)]
OSHA PEL †:无

IDLH:N.D. **浓度换算系数:**

理化性质:易延展,具光泽的银白色金属,比铅柔软。

分 子 量:114.8 沸 点:3 767 ℉

熔　　点:314 ℉　　溶 解 度:不溶
蒸 气 压:0 mmHg (约)　　电离电位:不适用
比　　重:7.31　　闪　　点:不适用
爆炸上限:不适用　　爆炸下限:不适用
块状为不可燃固体,粉末或尘可引燃。
不相容性和反应性:(四氧化二氮 + 乙腈),溴化汞(Ⅱ)(662 ℉),硫磺(加热时可引燃混合物)。[注:高温下迅速氧化。]

测量方法: NIOSH 7303,P&CAM173 (Ⅱ-5);
OSHA ID121

个人防护和卫生设施:

- 皮肤:对于个体皮肤防护装备的需要没有特殊建议。
- 眼睛:对眼部防护的需要没有特殊建议。
- 清洗皮肤:对于清洗皮肤上的污染物没有其他特殊的建议(包括立即清洗和班后清洗)。
- 脱除:对于脱除被污染或被弄湿的工作服的需要没有特殊建议。
- 更换:对于班后的衣服的更换需要没有特殊建议。

急救:

- 眼睛:如眼睛直接接触了该化学物质,要立即用大量水冲洗(灌洗)眼睛,冲洗时,不时翻开上下眼睑,并立即就医。
- 皮肤:如果该化学物质直接接触皮肤,用肥皂和水冲洗污染的皮肤。
- 呼吸:如果接触者吸入大量该化学物质,立即将接触者移至新鲜空气处。如果呼吸停止,要进行人工呼吸,注意保暖和休息。尽快就医。
- 吞入:如果吞入该化学物质,应立即就医。

对呼吸器选择的建议: 无。
有关呼吸器选择的其他重要信息参见相关标准。

接触途径: 呼吸道,胃肠道,皮肤和/或眼睛直接接触。

症状: 眼睛、皮肤、呼吸系统刺激;可能的肝、肾、心脏、血液影响;肺水肿。

靶器官: 眼睛,皮肤,呼吸系统,肝,肾,心脏,血液。

碘(Iodine)

I_2

异名和商品名: 碘晶体,分子碘,Iodine crystals,Molecular iodine

CAS No.:7553-56-2
RTECS No.:NN1575000
DOT ID 和指南号:

接触限值: NIOSH REL:C 0.1 ppm (1 mg/m³)
OSHA PEL:C 0.1 ppm (1 mg/m³)

IDLH: 2 ppm　　**浓度换算系数:** 1 ppm = 10.38 mg/m³

理化性质: 紫蓝色固体,具有强烈的特异气味。

分 子 量:253.8　　沸　　点:365 ℉
熔　　点:236 ℉　　溶 解 度:0.01%
蒸气压(77 ℉):0.3 mmHg　　电离电位:9.31 eV
比　　重:4.93　　闪　　点:不适用
爆炸上限:不适用　　爆炸下限:不适用

不可燃固体。
不相容性和反应性:氨,乙炔,乙醛,铝粉,活泼金属,液氯。

测量方法: NIOSH 6005;OSHA ID212

个人防护和卫生设施:

- 皮肤:穿戴合适的个人防护服,防止皮肤直接接触。
- 眼睛:佩戴合适的眼部防护用品,防止眼睛直接接触。
- 清洗皮肤:当皮肤受到污染时,应立即清洗污染的皮肤。
- 脱除:如果工作服被弄湿或受到了明显的污染,应该立即脱除并妥善处置。

- 更换：在离开工作场所前应当将可能受到污染的工作服更换成无污染的衣服。
- 配备：在劳动者可能接触该化学物质的作业场所，无论是否需要使用眼部防护用品，都应配备眼冲洗设备。(>7%)在紧靠有可能接触该化学物质的工作场所，应配备快速冲淋身体的设备以应急使用。[注：这些设备应能够提供足量水或流动水，以将可能接触的身体任何部位上的该化学物质除去。实际配备适宜的快速冲淋设备取决于工作场所的具体条件。在某些情况下，必须及时进行大流量淋浴，而其他情况下只需要用一个水槽或软管供水就足够了。](>7%)

急救：

- 眼睛：如眼睛直接接触了该化学物质，要立即用大量水冲洗(灌洗)眼睛，冲洗时，不时翻开上下眼睑，并立即就医。
- 皮肤：如果该化学物质直接接触皮肤，立即用肥皂和水冲洗污染的皮肤。若该化学物质渗透进衣服，要立即将衣服脱除，用肥皂和水清洗皮肤，并迅速就医。
- 呼吸：如果接触者吸入大量该化学物质，立即将接触者移至新鲜空气处。如果呼吸停止，要进行人工呼吸，注意保暖和休息。尽快就医。
- 吞入：如果吞入该化学物质，应立即就医。

对呼吸器选择的建议：NIOSH/OSHA

～1 ppm：

- Sa：任何供气式呼吸器。指定防护因数＝10。*

～2 ppm：

- Sa：Cf：任何连续供气式呼吸器。指定防护因数＝25。*
- ScbaF：任何携气式呼吸器，配全面罩。指定防护因数＝50。
- SaF：任何供气式呼吸器，配全面罩。指定防护因数＝50。

§：应急抢险，或准备进入浓度未知环境，或进入 IDLH 环境：

- ScbaF：Pd，Pp：任何压力需气式或正压携气式呼吸器，配全面罩。指定防护因数＝10 000。
- SaF：Pd，Pp：AScba：任何压力需气式或正压供气式呼吸器，配全面罩，配压力需气式或正压携气式辅助呼吸器。指定防护因数＝10 000。

逃生：

- GmFAg100：任何空气过滤式全面罩呼吸器(防毒面具)，配下颌式、前置式或背置式酸性气体滤毒罐和N100、R100 或 P100 的综合防护过滤元件。指定防护因数＝50。
- ScbaE：任何适合逃生的携气式呼吸器。

有关呼吸器选择的其他重要信息参见相关标准。

接触途径：呼吸道，胃肠道，皮肤和/或眼睛直接接触。

症状：眼睛、皮肤、鼻刺激；流泪；头痛；胸部紧迫感；皮肤灼伤，出疹；皮肤过敏。

靶器官：眼睛，皮肤，呼吸系统，中枢神经系统，心血管系统。

I

碘仿(Iodoform)

CHI_3

异名和商品名：三碘甲烷，Triiodomethane

CAS No.：75-47-8

RTECS No.：PB7000000

DOT ID 和指南号：

接触限值：NIOSH REL：TWA 0.6 ppm (10 mg/m^3)

OSHA PEL †：无

IDLH：N.D.　　**浓度换算系数：**1 ppm ＝ 16.10 mg/m^3

理化性质：黄色至黄绿色粉末或晶体，具有浓烈的难闻气味。[外用消毒剂]

分子量：393.7	沸点：410 ℉ (分解)
熔点：246 ℉	溶解度：0.01%

蒸 气 压:未知　　电离电位:未知
比　重:4.01　　闪　点:不适用
爆炸上限:不适用　　爆炸下限:不适用
不可燃固体。
不相容性和反应性:强氧化剂,锂,金属盐(如氧化汞、硝酸银),强碱,甘汞,单宁酸。

测量方法:无。

个人防护和卫生设施:

- 皮肤:穿戴合适的个人防护服,防止皮肤直接接触。
- 眼睛:佩戴合适的眼部防护用品,防止眼睛直接接触。
- 清洗皮肤:当皮肤受到污染时,应立即清洗污染的皮肤。
- 脱除:如果工作服被弄湿或受到了明显的污染,应该立即脱除并妥善处置。
- 更换:在离开工作场所前应当将可能受到污染的工作服更换成无污染的衣服。

急救:

- 眼睛:如眼睛直接接触了该化学物质,要立即用大量水冲洗(灌洗)眼睛,冲洗时,不时翻开上下眼睑,并立即就医。
- 皮肤:如果该化学物质直接接触皮肤,立即用肥皂和水冲洗污染的皮肤。若该化学物质渗透进衣服,要立即将衣服脱除,用肥皂和水清洗皮肤,并迅速就医。
- 呼吸:如果接触者吸入大量该化学物质,立即将接触者移至新鲜空气处。如果呼吸停止,要进行人工呼吸,注意保暖和休息。尽快就医。
- 吞入:如果吞入该化学物质,应立即就医。

对呼吸器选择的建议:无。

有关呼吸器选择的其他重要信息参见相关标准。

接触途径:呼吸道,皮肤吸收,胃肠道,皮肤和/或眼睛直接接触。

症状:眼睛、皮肤刺激;乏力,眩晕,恶心,共济失调,中枢神经系统抑制;呼吸困难;肝、肾、心脏损害;视觉障碍。

靶器官:眼睛,皮肤,呼吸系统,肝,肾,心脏。

氧化铁尘和烟(按铁计) Iron oxide dust and fume (as Fe)
Fe_2O_3

异名和商品名: Ferric oxide,Iron(Ⅲ) oxide

CAS No.:1309-37-1
RTECS No.:NO7400000
NO7525000 (烟)
DOT ID 和指南号:1376 135

接触限值:NIOSH REL:TWA 5 mg/m³
OSHA PEL:TWA 10 mg/m³

IDLH:2 500 mg/m³(按铁计)　**浓度换算系数:**

理化性质:红棕色固体。[注:焊铁时可接触烟。]

分 子 量:159.7　　沸　点:未知
熔　点:2 664 ℉　　溶 解 度:不溶
蒸 气 压:0 mmHg (约)　　电离电位:不适用
比　重:5.24　　闪　点:不适用
爆炸上限:不适用　　爆炸下限:不适用
不可燃固体。
不相容性和反应性:次氯酸钙。

测量方法:NIOSH 7300,7301,7303,9102;
OSHA ID121,ID125G

个人防护和卫生设施:

- 皮肤:对于个体皮肤防护装备的需要没有特殊建议。
- 眼睛:对眼部防护的需要没有特殊建议。

- 清洗皮肤：对于清洗皮肤上的污染物没有其他特殊的建议（包括立即清洗和班后清洗）。
- 脱除：对于脱除被污染或被弄湿的工作服的需要没有特殊建议。
- 更换：对于班后的衣服的更换需要没有特殊建议。

急救：

- 呼吸：如果接触者吸入大量该化学物质，立即将接触者移至新鲜空气处。如果呼吸停止，要进行人工呼吸，注意保暖和休息。尽快就医。

对呼吸器选择的建议：NIOSH

~50 mg/m^3：

- 95XQ：任何除四分之一面罩之外的防颗粒物呼吸器，配有 N95、R95 或 P95 过滤元件（包括 N95、R95 或 P95 随弃式面罩）。也可使用以下过滤元件：N99、R99、P99、N100、R100、P100。指定防护因数＝10。选择 N、R 或 P 过滤元件的信息见表 4。
- Sa：任何供气式呼吸器。指定防护因数＝10。

~125 mg/m^3：

- Sa：Cf：任何连续供气式呼吸器。指定防护因数＝25。
- PaprHie：任何动力送风空气过滤式呼吸器，配有高效颗粒物过滤元件。指定防护因数＝25。

~250 mg/m^3：

- 100F：任何空气过滤式全面罩呼吸器，配有 N100、R100 或 P100 过滤元件。指定防护因数＝50。选择 N、R 或 P 过滤元件的信息见表 4。
- SaT：Cf：任何连续供气式呼吸器，配密合型面罩。指定防护因数＝50。
- PaprTHie：任何动力送风空气过滤式呼吸器，配密合型面罩和高效颗粒物过滤元件。指定防护因数＝50。
- ScbaF：任何携气式呼吸器，配全面罩。指定防护因数＝50。
- SaF：任何供气式呼吸器，配全面罩。指定防护因数＝50。

~2 500 mg/m^3：

- Sa：Pd，Pp：任何压力需气式或正压供气式呼吸器。指定防护因数＝1 000。

§：应急抢险，或准备进入浓度未知环境，或进入 IDLH 环境：

- ScbaF：Pd，Pp：任何压力需气式或正压携气式呼吸器，配全面罩。指定防护因数＝10 000。
- SaF：Pd，Pp：AScba：任何压力需气式或正压供气式呼吸器，配全面罩，配压力需气式或正压携气式辅助呼吸器。指定防护因数＝10 000。

逃生：

- 100F：任何空气过滤式全面罩呼吸器，配有 N100、R100 或 P100 过滤元件。指定防护因数＝50。选择 N、R 或 P 过滤元件的信息见表 4。
- ScbaE：任何适合逃生的携气式呼吸器。

有关呼吸器选择的其他重要信息参见相关标准。

接触途径：呼吸道。

症状：良性尘肺，且在 X 射线影像下不能与肺纤维化区分（肺铁末沉着病）。

靶器官：呼吸系统。

五羰基铁（按铁计）[Iron pentacarbonyl (as Fe)]

$Fe(CO)_5$

CAS No.：13463-40-6

RTECS No.：NO4900000

DOT ID 和指南号：1994 131

异名和商品名：羰基铁，Iron carbonyl，Pentacarbonyl iron

接触限值：NIOSH REL：TWA 0.1 ppm（0.23 mg/m^3）
ST 0.2 ppm（0.45 mg/m^3）
OSHA PEL †：无

IDLH：N.D.　**浓度换算系数：**1 ppm ＝ 2.28 mg/m^3（按铁计）

理化性质:无色至黄色至深红色,油状液体。

分 子 量:195.9　　沸点(749 mmHg):217 ℉
凝 固 点:−6 ℉　　溶 解 度:不溶
蒸气压(87 ℉):40 mmHg　　电离电位:未知
比 重:1.46～1.52　　闪 点:5 ℉
爆炸上限:未知　　爆炸下限:未知

ⅠB 类易燃液体——闪点低于 73 ℉,沸点等于或高于 100 ℉。

不相容性和反应性:氧化剂,氧化氮,(锌+卤化钴)。[注:在空气中自燃。遇光或空气可分解,释放一氧化碳。]

测量方法:无。

个人防护和卫生设施:

- 皮肤:穿戴合适的个人防护服,防止皮肤直接接触。
- 眼睛:佩戴合适的眼部防护用品,防止眼睛直接接触。
- 清洗皮肤:当皮肤受到污染时,应立即清洗污染的皮肤。
- 脱除:如果工作服被可燃性物质(即闪点低于 100 ℉的液体)浸湿,应当立即脱除并妥善处置,以防着火。
- 更换:对于班后的衣服的更换需要没有特殊建议。
- 配备:在紧靠有可能接触该化学物质的工作场所,应配备快速冲淋身体的设备以应急使用。[注:这些设备应能够提供足量水或流动水,以将可能接触的身体任何部位上的该化学物质除去。实际配备适宜的快速冲淋设备取决于工作场所的具体条件。在某些情况下,必须及时进行大流量淋浴,而其他情况下只需要用一个水槽或软管供水就足够了。]

急救:

- 眼睛:如眼睛直接接触了该化学物质,要立即用大量水冲洗(灌洗)眼睛,冲洗时,不时翻开上下眼睑,并立即就医。
- 皮肤:如果该化学物质直接接触皮肤,要立即用肥皂和水冲洗污染的皮肤。如果该化学物质渗透衣服,立即将衣服脱除,并用水清洗皮肤。如果清洗后刺激持续存在,应就医。
- 呼吸:如果接触者吸入大量该化学物质,立即将接触者移至新鲜空气处。如果呼吸停止,要进行人工呼吸,注意保暖和休息。尽快就医。
- 吞入:如果吞入该化学物质,应立即就医。

对呼吸器选择的建议:无。

有关呼吸器选择的其他重要信息参见相关标准。

接触途径:呼吸道,皮肤吸收,胃肠道,皮肤和/或眼睛直接接触。

症状:眼睛、黏膜、呼吸系统刺激;头痛,眩晕,恶心,呕吐;发热,紫绀,咳嗽,呼吸困难;肝、肾、肺损伤;中枢神经系统退化性改变。

靶器官:眼睛,呼吸系统,中枢神经系统,肝,肾。

铁盐(可溶,按铁计)[Iron salts (soluble,as Fe)]

CAS No.:
RTECS No.:
DOT ID 和指南号:

异名和商品名:硫酸亚铁;氯化亚铁;硝酸铁;硫酸铁;三氯化铁;$FeSO_4$:Ferrous sulfate, Iron(Ⅱ) sulfate;$FeCl_2$:Ferrous chloride,Iron(Ⅱ) chloride;$Fe(NO_3)_3$:Ferric nitrate,Iron(Ⅲ) nitrate;$Fe_2(SO_4)_3$:Ferric sulfate;Iron(Ⅲ) sulfate;$FeCl_3$:Ferric chloride,Iron(III) chloride

接触限值:NIOSH REL:TWA 1 mg/m^3
OSHA PEL †:无

IDLH:N. D.　　**浓度换算系数**:

理化性质:依化合物不同而不同。

不可燃固体。
不相容性和反应性：化合物不同而不同。

测量方法：NIOSH 7300，7301，7303，9102；
OSHA ID121，ID125G

个人防护和卫生设施：
- 皮肤：穿戴合适的个人防护服，防止皮肤直接接触。
- 眼睛：佩戴合适的眼部防护用品，防止眼睛直接接触。
- 清洗皮肤：每天工作班结束后，进食、吸烟、喝水前都应该清洗可能受到污染的皮肤。
- 脱除：对于脱除被污染或被弄湿的工作服的需要没有特殊建议。
- 更换：在离开工作场所前应当将可能受到污染的工作服更换成无污染的衣服。

急救：
- 眼睛：如眼睛直接接触了该化学物质，要立即用大量水冲洗（灌洗）眼睛，冲洗时，不时翻开上下眼睑，并立即就医。
- 皮肤：如果该化学物质直接接触皮肤，用肥皂和水冲洗污染的皮肤。
- 呼吸：如果接触者吸入大量该化学物质，立即将接触者移至新鲜空气处。如果呼吸停止，要进行人工呼吸，注意保暖和休息。尽快就医。
- 吞入：如果吞入该化学物质，应立即就医。

对呼吸器选择的建议：无。
有关呼吸器选择的其他重要信息参见相关标准。

接触途径：呼吸道，胃肠道，皮肤和/或眼睛直接接触。

症状：眼睛、皮肤、黏膜刺激；腹痛，腹泻，呕吐；可能的肝损害。

靶器官：眼睛，皮肤，呼吸系统，肝，胃肠道。

I

乙酸异戊酯（Isoamyl acetate）
$CH_3COOCH_2CH_2CH(CH_3)_2$

CAS No.：123-92-2
RTECS No.：NS9800000
DOT ID 和指南号：1104 129

异名和商品名：香蕉油，Banana oil，Isopentyl acetate，3-Methyl-1-butanol acetate，3-Methylbutyl ester of acetic acid，3-Methylbutyl ethanoate

接触限值：NIOSH REL：TWA 100 ppm（525 mg/m^3）
OSHA PEL：TWA 100 ppm（525 mg/m^3）

IDLH：1 000 ppm　**浓度换算系数**：1 ppm ＝ 5.33 mg/m^3

理化性质：无色液体，具有香蕉样气味。

分子量：130.2　沸点：288 ℉
凝固点：－109 ℉　溶解度：0.3%
蒸气压：4 mmHg　电离电位：未知
比重：0.87　闪点：77 ℉
爆炸上限：7.5%　爆炸下限（212 ℉）：1.0%
ⅠC类易燃液体——闪点等于或高于 73 ℉且低于 100 ℉。
不相容性和反应性：硝酸盐，强氧化剂，强碱和强酸。

测量方法：NIOSH 1450；OSHA 7

个人防护和卫生设施：
- 皮肤：穿戴合适的个人防护服，防止皮肤直接接触。
- 眼睛：佩戴合适的眼部防护用品，防止眼睛直接接触。
- 清洗皮肤：当皮肤受到污染时，应立即清洗污染的皮肤。
- 脱除：如果工作服被可燃性物质（即闪点低于 100 ℉的液体）浸湿，应当立即脱除并妥善处置，以防着火。
- 更换：对于班后的衣服的更换需要没有特殊建议。

急救：
- 眼睛：如眼睛直接接触了该化学物质，要立即用大量水冲洗（灌洗）眼睛，冲洗时，不时翻开上下眼睑，并立即就医。

- 皮肤：如果该化学物质直接接触皮肤，迅速用水冲洗污染的皮肤。如果该化学物质渗透进衣服，要立即将衣服脱除，迅速用水冲洗污染的皮肤，若冲洗后刺激症状持续存在，应就医。
- 呼吸：如果接触者吸入大量该化学物质，立即将接触者移至新鲜空气处。如果呼吸停止，要进行人工呼吸，注意保暖和休息。尽快就医。
- 吞入：如果吞入该化学物质，应立即就医。

对呼吸器选择的建议：NIOSH/OSHA

~1 000 ppm：

- CcrOv：任何空气过滤式半面罩呼吸器，配防有机蒸气的滤毒盒。指定防护因数＝10。
- PaprOv：任何动力送风空气过滤式呼吸器，配有机蒸气滤毒盒。指定防护因数＝25。
- GmFOv：任何空气过滤式全面罩呼吸器（防毒面具），配下颌式、前置式或背置式有机蒸气滤毒罐。指定防护因数＝50。
- Sa：任何供气式呼吸器。指定防护因数＝10。
- ScbaF：任何携气式呼吸器，配全面罩。指定防护因数＝50。

§：应急抢险，或准备进入浓度未知环境，或进入 IDLH 环境：

- ScbaF：Pd，Pp：任何压力需气式或正压携气式呼吸器，配全面罩。指定防护因数＝10 000。
- SaF：Pd，Pp：AScba：任何压力需气式或正压供气式呼吸器，配全面罩，配压力需气式或正压携气式辅助呼吸器。指定防护因数＝10 000。

逃生：

- GmFOv：任何空气过滤式全面罩呼吸器（防毒面具），配下颌式、前置式或背置式有机蒸气滤毒罐。指定防护因数＝50。
- ScbaE：任何适合逃生的携气式呼吸器。

有关呼吸器选择的其他重要信息参见相关标准。

接触途径：呼吸道，胃肠道，皮肤和/或眼睛直接接触。

症状：眼睛、皮肤、鼻、咽喉刺激；皮炎；动物：昏迷。

靶器官：眼睛，皮肤，呼吸系统，中枢神经系统。

异戊醇（伯醇）[Isoamyl alcohol (primary)]

$(CH_3)_2CHCH_2CH_2OH$

CAS No.：123-51-3

RTECS No.：EL5425000

DOT ID 和指南号：1105 129

异名和商品名：发酵戊醇，杂醇油，异丁基甲醇，3-甲基-1-丁醇，Fermentation amyl alcohol，Fusel oil，Isobutyl carbinol，Isopentyl alcohol，3-Methyl-1-butanol，Primary isoamyl alcohol

接触限值：NIOSH REL：TWA 100 ppm (360 mg/m³)
ST 125 ppm (450 mg/m³)
OSHA PEL †：TWA 100 ppm (360 mg/m³)

IDLH：500 ppm **浓度换算系数：**1 ppm ＝ 3.61 mg/m³

理化性质：无色液体，具有难闻的气味。

分子量：88.2　沸点：270 ℉

凝固点：－179 ℉　溶解度(57 ℉)：2%

蒸气压：28 mmHg　电离电位：未知

比重(57 ℉)：0.81　闪点：109 ℉

爆炸上限(212 ℉)：9.0%　爆炸下限：1.2%

Ⅱ类可燃液体——闪点等于或高于 100 ℉且低于140 ℉。

不相容性和反应性：强氧化剂。

测量方法：NIOSH 1402，1405

个人防护和卫生设施：

- 皮肤：穿戴合适的个人防护服，防止皮肤直接接触。
- 眼睛：佩戴合适的眼部防护用品，防止眼睛直接接触。
- 清洗皮肤：当皮肤受到污染时，应立即清洗污染的皮肤。
- 脱除：如果工作服被弄湿或受到了明显的污染，应该立即脱除并妥善处置。
- 更换：对于班后的衣服的更换需要没有特殊建议。

急救：

- 眼睛：如眼睛直接接触了该化学物质，要立即用大量水冲洗（灌洗）眼睛，冲洗时，不时翻开上下眼睑，并立即就医。
- 皮肤：如果该化学物质直接接触皮肤，迅速用水冲洗污染的皮肤。如果该化学物质渗透进衣服，要立即将衣服脱除，迅速用水冲洗污染的皮肤，若冲洗后刺激症状持续存在，应就医。
- 呼吸：如果接触者吸入大量该化学物质，立即将接触者移至新鲜空气处。如果呼吸停止，要进行人工呼吸，注意保暖和休息。尽快就医。
- 吞入：如果吞入该化学物质，应立即就医。

对呼吸器选择的建议：NIOSH/OSHA

～500 ppm：

- Sa：Cf：任何连续供气式呼吸器。指定防护因数＝25。£
- CcrFOv：任何空气过滤式全面罩呼吸器，配有机蒸气滤毒盒。指定防护因数＝50。
- GmFOv：任何空气过滤式全面罩呼吸器（防毒面具），配下颌式、前置式或背置式有机蒸气滤毒罐。指定防护因数＝50。
- PaprOv：任何动力送风空气过滤式呼吸器，配有机蒸气滤毒盒。指定防护因数＝25。£
- ScbaF：任何携气式呼吸器，配全面罩。指定防护因数＝50。
- SaF：任何供气式呼吸器，配全面罩。指定防护因数＝50。

§：应急抢险，或准备进入浓度未知环境，或进入 IDLH 环境：

- ScbaF：Pd，Pp：任何压力需气式或正压携气式呼吸器，配全面罩。指定防护因数＝10 000。
- SaF：Pd，Pp：AScba：任何压力需气式或正压供气式呼吸器，配全面罩，配压力需气式或正压携气式辅助呼吸器。指定防护因数＝10 000。

逃生：

- GmFOv：任何空气过滤式全面罩呼吸器（防毒面具），配下颌式、前置式或背置式有机蒸气滤毒罐。指定防护因数＝50。
- ScbaE：任何适合逃生的携气式呼吸器。

有关呼吸器选择的其他重要信息参见相关标准。

接触途径：呼吸道，胃肠道，皮肤和/或眼睛直接接触。

症状：眼睛、皮肤、鼻、咽喉刺激；头痛，眩晕；咳嗽，呼吸困难，恶心，呕吐，腹泻；皮肤干裂；动物：昏迷。

靶器官：眼睛，皮肤，呼吸系统，中枢神经系统。

异戊醇（仲醇）[Isoamyl alcohol (secondary)]

$(CH_3)_2CHCH(OH)CH_3$

异名和商品名：3-甲基-2-丁醇，3-Methyl-2-butanol，Secondary isoamyl alcohol

CAS No.：6032-29-7

RTECS No.：SA4900000

DOT ID 和指南号：1105 129

接触限值：NIOSH REL：TWA 100 ppm (360 mg/m³)
ST 125 ppm (450 mg/m³)
OSHA PEL †：TWA 100 ppm (360 mg/m³)

IDLH：500 ppm　**浓度换算系数：**1 ppm ＝ 3.61 mg/m³

理化性质：无色液体，具有难闻的气味。

分子量：88.2	沸点：234 °F
凝固点：未知	溶解度：未知
蒸气压：1 mmHg	电离电位：未知
比重：0.82	闪点（开杯）：95 °F

爆炸上限：未知　　　　　爆炸下限：未知

ⅠC类易燃液体——闪点等于或高于73 ℉且低于100 ℉。

不相容性和反应性：强氧化剂。

测量方法：NIOSH 1402

个人防护和卫生设施：

- 皮肤：穿戴合适的个人防护服，防止皮肤直接接触。
- 眼睛：佩戴合适的眼部防护用品，防止眼睛直接接触。
- 清洗皮肤：当皮肤受到污染时，应立即清洗污染的皮肤。
- 脱除：如果工作服被可燃性物质（即闪点低于100 ℉的液体）浸湿，应当立即脱除并妥善处置，以防着火。
- 更换：对于班后的衣服的更换需要没有特殊建议。

急救：

- 眼睛：如眼睛直接接触了该化学物质，要立即用大量水冲洗（灌洗）眼睛，冲洗时，不时翻开上下眼睑，并立即就医。
- 皮肤：如果该化学物质直接接触皮肤，迅速用水冲洗污染的皮肤。如果该化学物质渗透进衣服，要立即将衣服脱除，迅速用水冲洗污染的皮肤，若冲洗后刺激症状持续存在，应就医。
- 呼吸：如果接触者吸入大量该化学物质，立即将接触者移至新鲜空气处。如果呼吸停止，要进行人工呼吸，注意保暖和休息。尽快就医。
- 吞入：如果吞入该化学物质，应立即就医。

对呼吸器选择的建议：NIOSH/OSHA

～500 ppm：

- Sa：Cf：任何连续供气式呼吸器。指定防护因数=25。£
- CcrFOv：任何空气过滤式全面罩呼吸器，配有机蒸气滤毒盒。指定防护因数=50。
- GmFOv：任何空气过滤式全面罩呼吸器（防毒面具），配下颌式、前置式或背置式有机蒸气滤毒罐。指定防护因数=50。
- PaprOv：任何动力送风空气过滤式呼吸器，配有机蒸气滤毒盒。指定防护因数=25。£
- ScbaF：任何携气式呼吸器，配全面罩。指定防护因数=50。
- SaF：任何供气式呼吸器，配全面罩。指定防护因数=50。

§：应急抢险，或准备进入浓度未知环境，或进入IDLH环境：

- ScbaF：Pd，Pp：任何压力需气式或正压携气式呼吸器，配全面罩。指定防护因数=10 000。
- SaF：Pd，Pp：AScba：任何压力需气式或正压供气式呼吸器，配全面罩，配压力需气式或正压携气式辅助呼吸器。指定防护因数=10 000。

逃生：

- GmFOv：任何空气过滤式全面罩呼吸器（防毒面具），配下颌式、前置式或背置式有机蒸气滤毒罐。指定防护因数=50。
- ScbaE：任何适合逃生的携气式呼吸器。

有关呼吸器选择的其他重要信息参见相关标准。

接触途径：呼吸道，胃肠道，皮肤和/或眼睛直接接触。

症状：眼睛、皮肤、鼻、咽喉刺激；头痛，眩晕；咳嗽，呼吸困难，恶心，呕吐，腹泻；皮肤干裂；动物：昏迷。

靶器官：眼睛，皮肤，呼吸系统，中枢神经系统。

异丁烷（Isobutane）

$CH_3CH(CH_3)_2$

异名和商品名：2-甲基丙烷，2-Methylpropane［注：也见正丁烷。］

CAS No.：75-28-5

RTECS No.：TZ4300000

DOT ID和指南号：1075 115；1969 115

接触限值：NIOSH REL：TWA 800 ppm（1 900 mg/m^3）

OSHA PEL †：无

IDLH：N. D.　　**浓度换算系数**：1 ppm = 2.38 mg/m^3

理化性质:无色气体,具有汽油或天然气气味。[注:以压缩液化气运输。11 ℉以下为液体。]

分子量:58.1 沸点:11 ℉
凝固点:−255 ℉ 溶解度:微溶
蒸气压(70 ℉):3.1 大气压 电离电位:10.74 eV
相对密度:2.06 闪点:不适用(气体)
爆炸上限:8.4% 爆炸下限:1.6%
易燃气体。

不相容性和反应性:强氧化剂(如硝酸盐和高氯酸盐),氯,氟,(羰基镍+氧)。

测量方法:无。

个人防护和卫生设施:

- 皮肤:压缩气体快速膨胀时可产生低温。泄漏和使用能快速膨胀的压缩气体,可产生冻伤危害。穿戴合适的个人防护服,防止皮肤冻伤。
- 眼睛:佩戴合适的眼部防护用品,防止眼睛直接接触液体后因低温引起灼伤或组织损伤。
- 清洗皮肤:对于清洗皮肤上的污染物没有其他特殊的建议(包括立即清洗和班后清洗)。
- 脱除:如果工作服被可燃性物质(即闪点低于 100 ℉的液体)浸湿,应当立即脱除并妥善处置,以防着火。
- 更换:对于班后的衣服的更换需要没有特殊建议。
- 配备:在紧靠有可能接触极低温液体或迅速蒸发的液体的工作场所,应配备快速冲淋洗浴设备和/或眼冲洗设备,以应急使用。

急救:

- 眼睛:如果眼组织冻伤,要立即就医。如果眼组织没有冻伤,要立即用大量水彻底冲洗至少 15 min,并不时翻开上下眼睑,如果眼睛刺激、疼痛、肿胀、流泪和畏光持续存在,应尽快就医。
- 皮肤:如果发生冻伤,要立即就医,不要揉擦或用水冲洗冻伤部位;为防止组织进一步受损,不要试图将冻结的衣服从冻伤部位脱除。如未发生冻伤,立即用肥皂和水彻底清洗污染的皮肤。
- 呼吸:如果接触者吸入大量该化学物质,立即将接触者移至新鲜空气处。如果呼吸停止,要进行人工呼吸,注意保暖和休息。尽快就医。

对呼吸器选择的建议:无。

有关呼吸器选择的其他重要信息参见相关标准。

接触途径:呼吸道,皮肤和/或眼睛直接接触(液体)。

症状:嗜睡,麻醉,窒息;液体:冻伤。

靶器官:中枢神经系统。

乙酸异丁酯(Isobutyl acetate)

$CH_3COOCH_2CH(CH_3)_2$

CAS No.:110-19-0
RTECS No.:AI4025000
DOT ID 和指南号:1213 129

异名和商品名:醋酸异丁酯,Isobutyl ester of acetic acid,2-Methylpropyl acetate,2-Methylpropyl ester of acetic acid,β-Methylpropyl ethanoate

接触限值:NIOSH REL:TWA 150 ppm (700 mg/m^3)
OSHA PEL:TWA 150 ppm (700 mg/m^3)

IDLH:1 300 ppm [10%爆炸下限]
浓度换算系数:1 ppm=4.75 mg/m^3

理化性质:无色液体,具有水果香味。

分子量:116.2 沸点:243 ℉
凝固点:−145 ℉ 溶解度(77 ℉):0.6%
蒸气压:13 mmHg 电离电位:9.97 eV
比重:0.87 闪点:64 ℉

I

爆炸上限:10.5% 爆炸下限:1.3%

ⅠB 类易燃液体——闪点低于 73 ℉,沸点等于或高于 100 ℉。

不相容性和反应性:硝酸盐,强氧化剂,强碱和强酸。

测量方法:NIOSH 1450;OSHA 7

个人防护和卫生设施:

- 皮肤:穿戴合适的个人防护服,防止皮肤直接接触。
- 眼睛:佩戴合适的眼部防护用品,防止眼睛直接接触。
- 清洗皮肤:当皮肤受到污染时,应立即清洗污染的皮肤。
- 脱除:如果工作服被可燃性物质(即闪点低于 100 ℉的液体)浸湿,应当立即脱除并妥善处置,以防着火。
- 更换:对于班后的衣服的更换需要没有特殊建议。

急救:

- 眼睛:如眼睛直接接触了该化学物质,要立即用大量水冲洗(灌洗)眼睛,冲洗时,不时翻开上下眼睑,并立即就医。
- 皮肤:如果该化学物质直接接触皮肤,迅速用水冲洗污染的皮肤。如果该化学物质渗透进衣服,要立即将衣服脱除,迅速用水冲洗污染的皮肤,若冲洗后刺激症状持续存在,应就医。
- 呼吸:如果接触者吸入大量该化学物质,立即将接触者移至新鲜空气处。如果呼吸停止,要进行人工呼吸,注意保暖和休息。尽快就医。
- 吞入:如果吞入该化学物质,应立即就医。

对呼吸器选择的建议:NIOSH/OSHA

~1 300 ppm:

- Sa:Cf:任何连续供气式呼吸器。指定防护因数=25。£
- CcrFOv:任何空气过滤式全面罩呼吸器,配有机蒸气滤毒盒。指定防护因数=50。
- GmFOv:任何空气过滤式全面罩呼吸器(防毒面具),配下颌式、前置式或背置式有机蒸气滤毒罐。指定防护因数=50。
- PaprOv:任何动力送风空气过滤式呼吸器,配有机蒸气滤毒盒。指定防护因数=25。£
- ScbaF:任何携气式呼吸器,配全面罩。指定防护因数=50。
- SaF:任何供气式呼吸器,配全面罩。指定防护因数=50。

§:应急抢险,或准备进入浓度未知环境,或进入 IDLH 环境:

- ScbaF:Pd,Pp:任何压力需气式或正压携气式呼吸器,配全面罩。指定防护因数=10 000。
- SaF:Pd,Pp:AScba:任何压力需气式或正压供气式呼吸器,配全面罩,配压力需气式或正压携气式辅助呼吸器。指定防护因数=10 000。

逃生:

- GmFOv:任何空气过滤式全面罩呼吸器(防毒面具),配下颌式、前置式或背置式有机蒸气滤毒罐。指定防护因数=50。
- ScbaE:任何适合逃生的携气式呼吸器。

有关呼吸器选择的其他重要信息参见相关标准。

接触途径:呼吸道,胃肠道,皮肤和/或眼睛直接接触。

症状:眼睛、皮肤、上呼吸道刺激;头痛,嗜睡,感觉缺失;动物:昏迷。

靶器官:眼睛,皮肤,呼吸系统,中枢神经系统。

异丁醇(Isobutyl alcohol)

$(CH_3)_2CHCH_2OH$

CAS No.:78-83-1

RTECS No.:NP9625000

异名和商品名:2-甲基-1-丙醇,IBA,Isobutanol,Isopropylcarbinol,2-Methyl-1-propanol

DOT ID 和指南号:1212 129

接触限值:NIOSH REL:TWA 50 ppm (150 mg/m^3)

OSHA PEL †:TWA 100 ppm (300 mg/m^3)

IDLH:1 600 ppm　　**浓度换算系数**:1 ppm ＝ 3.03 mg/m^3

理化性质:无色油状液体,具有甜的发霉的气味。

分子量:74.1　　沸点:227 ℉
凝固点:－162 ℉　　溶解度:10%
蒸气压:9 mmHg　　电离电位:10.12 eV
比重:0.80　　闪点:82 ℉
爆炸上限(202 ℉):10.6%　　爆炸下限(123 ℉):1.7%
ⅠC类易燃液体——闪点等于或高于73 ℉且低于100 ℉。
不相容性和反应性:强氧化剂。

测量方法:NIOSH 1401,1405;OSHA 7

个人防护和卫生设施:

- 皮肤:穿戴合适的个人防护服,防止皮肤直接接触。
- 眼睛:佩戴合适的眼部防护用品,防止眼睛直接接触。
- 清洗皮肤:当皮肤受到污染时,应立即清洗污染的皮肤。
- 脱除:如果工作服被可燃性物质(即闪点低于100 ℉的液体)浸湿,应当立即脱除并妥善处置,以防着火。
- 更换:对于班后的衣服的更换需要没有特殊建议。

急救:

- 眼睛:如眼睛直接接触了该化学物质,要立即用大量水冲洗(灌洗)眼睛,冲洗时,不时翻开上下眼睑,并立即就医。
- 皮肤:如果该化学物质直接接触皮肤,迅速用水冲洗污染的皮肤。如果该化学物质渗透进衣服,要立即将衣服脱除,迅速用水冲洗污染的皮肤,若冲洗后刺激症状持续存在,应就医。
- 呼吸:如果接触者吸入大量该化学物质,立即将接触者移至新鲜空气处。如果呼吸停止,要进行人工呼吸,注意保暖和休息。尽快就医。
- 吞入:如果吞入该化学物质,应立即就医。

对呼吸器选择的建议:NIOSH

～500 ppm:

- CcrOv:任何空气过滤式半面罩呼吸器,配防有机蒸气的滤毒盒。指定防护因数＝10。*
- Sa:任何供气式呼吸器。指定防护因数＝10。*

～1 250 ppm:

- Sa:Cf:任何连续供气式呼吸器。指定防护因数＝25。*
- PaprOv:任何动力送风空气过滤式呼吸器,配有机蒸气滤毒盒。指定防护因数＝25。*

～1 600 ppm:

- CcrFOv:任何空气过滤式全面罩呼吸器,配有机蒸气滤毒盒。指定防护因数＝50。
- GmFOv:任何空气过滤式全面罩呼吸器(防毒面具),配下颌式、前置式或背置式有机蒸气滤毒罐。指定防护因数＝50。
- PaprTOv:任何动力送风空气过滤式呼吸器,配密合型面罩和有机蒸气滤毒盒。指定防护因数＝50。*
- ScbaF:任何携气式呼吸器,配全面罩。指定防护因数＝50。
- SaF:任何供气式呼吸器,配全面罩。指定防护因数＝50。

§:应急抢险,或准备进入浓度未知环境,或进入IDLH环境:

- ScbaF:Pd,Pp:任何压力需气式或正压携气式呼吸器,配全面罩。指定防护因数＝10 000。
- SaF:Pd,Pp:AScba:任何压力需气式或正压供气式呼吸器,配全面罩,配压力需气式或正压携气式辅助呼吸器。指定防护因数＝10 000。

逃生:

- GmFOv:任何空气过滤式全面罩呼吸器(防毒面具),配下颌式、前置式或背置式有机蒸气滤毒罐。指定防护因数＝50。
- ScbaE:任何适合逃生的携气式呼吸器。

有关呼吸器选择的其他重要信息参见相关标准。

接触途径:呼吸道,胃肠道,皮肤和/或眼睛直接接触。

症状:眼睛、皮肤、咽喉刺激;头痛,嗜睡;皮肤干裂;动物:昏迷。

靶器官:眼睛,皮肤,呼吸系统,中枢神经系统。

异丁腈(Isobutyronitrile)

$(CH_3)_2CHCN$

异名和商品名:异丙基氰,Isopropyl cyanide,2-Methylpropanenitrile,2-Methylpropionitrile

CAS No.:78-82-0

RTECS No.:TZ4900000

DOT ID 和指南号:2284 131

I

接触限值:NIOSH REL:TWA 8 ppm (22 mg/m^3)

OSHA PEL:无

IDLH:N.D.　**浓度换算系数:**1 ppm = 2.83 mg/m^3

理化性质:无色液体,具有苦杏仁味。[注:在体内形成氰化物。]

分子量:69.1　沸点:219 ℉

凝固点:−97 ℉　溶解度:微溶

蒸气压(130 ℉):100 mmHg　电离电位:未知

比重:0.76　闪点:47 ℉

爆炸上限:未知　爆炸下限:未知

ⅠB 类易燃液体——闪点低于 73 ℉,沸点等于或高于 100 ℉。

不相容性和反应性:氧化剂,还原剂,强酸和强碱。

测量方法:NIOSH 1606 (适用)

个人防护和卫生设施:

- 皮肤:穿戴合适的个人防护服,防止皮肤直接接触。
- 眼睛:佩戴合适的眼部防护用品,防止眼睛直接接触。
- 清洗皮肤:当皮肤受到污染时,应立即清洗污染的皮肤。
- 脱除:如果工作服被可燃性物质(即闪点低于 100 ℉的液体)浸湿,应当立即脱除并妥善处置,以防着火。
- 更换:对于班后的衣服的更换需要没有特殊建议。
- 配备:在劳动者可能接触该化学物质的作业场所,无论是否需要使用眼部防护用品,都应配备眼冲洗设备。在紧靠有可能接触该化学物质的工作场所,应配备快速冲淋身体的设备以应急使用。[注:这些设备应能够提供足量水或流动水,以将可能接触的身体任何部位上的化学物质除去。实际配备适宜的快速冲淋设备取决于工作场所的具体条件。在某些情况下,必须及时进行大流量淋浴,而其他情况下只需要用一个水槽或软管供水就足够了。]

急救:

- 眼睛:如眼睛直接接触了该化学物质,要立即用大量水冲洗(灌洗)眼睛,冲洗时,不时翻开上下眼睑,并立即就医。
- 皮肤:如果该化学物质直接接触皮肤,要立即用肥皂和水冲洗污染的皮肤。如果该化学物质渗透衣服,立即将衣服脱除,并用水清洗皮肤。如果清洗后刺激持续存在,应就医。
- 呼吸:如果接触者吸入大量该化学物质,立即将接触者移至新鲜空气处。如果呼吸停止,要进行人工呼吸,注意保暖和休息。尽快就医。
- 吞入:如果吞入该化学物质,应立即就医。

对呼吸器选择的建议:NIOSH

~80 ppm:

- CcrOv:任何空气过滤式半面罩呼吸器,配防有机蒸气的滤毒盒。指定防护因数=10。
- Sa:任何供气式呼吸器。指定防护因数=10。

~200 ppm:

- Sa∶Cf:任何连续供气式呼吸器。指定防护因数=25。
- PaprOv:任何动力送风空气过滤式呼吸器,配有机蒸气滤毒盒。指定防护因数=25。

~400 ppm:

- CcrFOv:任何空气过滤式全面罩呼吸器,配有机蒸气滤毒盒。指定防护因数=50。

- GmFOv:任何空气过滤式全面罩呼吸器(防毒面具),配下颌式、前置式或背置式有机蒸气滤毒罐。指定防护因数=50。
- PaprTOv:任何动力送风空气过滤式呼吸器,配密合型面罩和有机蒸气滤毒盒。指定防护因数=50。
- ScbaF:任何携气式呼吸器,配全面罩。指定防护因数=50。
- SaF:任何供气式呼吸器,配全面罩。指定防护因数=50。

~1 000 ppm:

- SaF:Pd,Pp:任何压力需气式或正压供气式呼吸器,配全面罩。指定防护因数=2 000。

§:应急抢险,或准备进入浓度未知环境,或进入 IDLH 环境:

- ScbaF:Pd,Pp:任何压力需气式或正压携气式呼吸器,配全面罩。指定防护因数=10 000。
- SaF:Pd,Pp:AScba:任何压力需气式或正压供气式呼吸器,配全面罩,配压力需气式或正压携气式辅助呼吸器。指定防护因数=10 000。

逃生:

- GmFOv:任何空气过滤式全面罩呼吸器(防毒面具),配下颌式、前置式或背置式有机蒸气滤毒罐。指定防护因数=50。
- ScbaE:任何适合逃生的携气式呼吸器。

有关呼吸器选择的其他重要信息参见相关标准。

接触途径:呼吸道,皮肤吸收,胃肠道,皮肤和/或眼睛直接接触。

症状:眼睛、皮肤、鼻、咽喉刺激;头痛,眩晕,乏力,意识模糊,惊厥;呼吸困难;腹痛,恶心,呕吐。

靶器官:眼睛,皮肤,呼吸系统,中枢神经系统,心血管系统。

I

异辛醇(Isooctyl alcohol)

$C_7H_{15}CH_2OH$

异名和商品名: Isooctanol,Oxooctyl alcohol [注:是异构体的混合物。]

CAS No.:26952-21-6

RTECS No.:NS7700000

DOT ID 和指南号:

接触限值:NIOSH REL:TWA 50 ppm (270 mg/m³) [皮]
OSHA PEL †:无

IDLH:N.D. **浓度换算系数:**1 ppm = 5.33 mg/m³

理化性质:透明的无色液体。

分子量:130.3	沸点:367 °F
凝固点:<-105 °F	溶解度:不溶
蒸气压:0.4 mmHg	电离电位:未知
比重:0.83	闪点(开杯):180 °F
爆炸上限(估测):5.7%	爆炸下限(计算值):0.9%

ⅢA 类可燃液体——闪点等于或高于 140 °F且低于 200 °F。

不相容性和反应性:未见报道。

测量方法:OSHA PV2033

个人防护和卫生设施:

- 皮肤:穿戴合适的个人防护服,防止皮肤直接接触。
- 眼睛:佩戴合适的眼部防护用品,防止眼睛直接接触。
- 清洗皮肤:当皮肤受到污染时,应立即清洗污染的皮肤。/每天工作班结束后,进食、吸烟、喝水前都应该清洗可能受到污染的皮肤。
- 脱除:如果工作服被弄湿或受到了明显的污染,应该立即脱除并妥善处置。
- 更换:对于班后的衣服的更换需要没有特殊建议。
- 配备:在劳动者可能接触该化学物质的作业场所,无论是否需要使用眼部防护用品,都应配备眼冲洗设备。

急救:

- 眼睛:如眼睛直接接触了该化学物质,要立即用大量水冲洗(灌洗)眼睛,冲洗时,不时翻开上下眼睑,并立即就医。

● 皮肤：如果该化学物质直接接触皮肤，立即用肥皂和水冲洗污染的皮肤。若该化学物质渗透进衣服，要立即将衣服脱除，用肥皂和水清洗皮肤，并迅速就医。
● 呼吸：如果接触者吸入大量该化学物质，立即将接触者移至新鲜空气处。如果呼吸停止，要进行人工呼吸，注意保暖和休息。尽快就医。
● 吞入：如果吞入该化学物质，应立即就医。

对呼吸器选择的建议：无。
有关呼吸器选择的其他重要信息参见相关标准。

接触途径：呼吸道，皮肤吸收，胃肠道，皮肤和/或眼睛直接接触。

症状：眼睛、皮肤、鼻、咽喉刺激；眼睛、皮肤灼伤。

靶器官：眼睛，皮肤，呼吸系统。

异佛尔酮(Isophorone)
$C_9H_{14}O$
异名和商品名：Isoacetophorone；3，5，5-Trimethyl-2-cyclohexenone；3，5，5-Trimethyl-2-cyclo-hexen-1-one

CAS No.：78-59-1
RTECS No.：GW7700000
DOT ID 和指南号：1993 128(可燃液体，未作说明)

接触限值：NIOSH REL：TWA 4 ppm (23 mg/m^3)
OSHA PEL †：TWA 25 ppm (140 mg/m^3)

IDLH：200 ppm **浓度换算系数：**1 ppm ＝ 5.65 mg/m^3

理化性质：无色至白色液体，具有薄荷样气味。

分子量：138.2　沸点：419 ℉
凝固点：17 ℉　溶解度：1%
蒸气压：0.3 mmHg　电离电位：9.07 eV
比重：0.92　闪点：184 ℉
爆炸上限：3.8%　爆炸下限：0.8%
ⅢA类可燃液体——闪点等于或高于140 ℉且低于200 ℉。
不相容性和反应性：氧化剂，强碱，胺。

测量方法：NIOSH 2508，2556；OSHA 7

个人防护和卫生设施：
● 皮肤：穿戴合适的个人防护服，防止皮肤直接接触。
● 眼睛：佩戴合适的眼部防护用品，防止眼睛直接接触。
● 清洗皮肤：当皮肤受到污染时，应立即清洗污染的皮肤。
● 脱除：如果工作服被弄湿或受到了明显的污染，应该立即脱除并妥善处置。
● 更换：对于班后的衣服的更换需要没有特殊建议。
● 配备：在劳动者可能接触该化学物质的作业场所，无论是否需要使用眼部防护用品，都应配备眼冲洗设备。

急救：
● 眼睛：如眼睛直接接触了该化学物质，要立即用大量水冲洗(灌洗)眼睛，冲洗时，不时翻开上下眼睑，并立即就医。
● 皮肤：如果该化学物质直接接触皮肤，迅速用肥皂和水冲洗污染的皮肤。若该化学物质渗透进衣服，要迅速将衣服脱除，用肥皂和水清洗皮肤，并迅速就医。
● 呼吸：如果接触者吸入大量该化学物质，立即将接触者移至新鲜空气处。如果呼吸停止，要进行人工呼吸，注意保暖和休息。尽快就医。
● 吞入：如果吞入该化学物质，应立即就医。

对呼吸器选择的建议：NIOSH
～40 ppm：
● CcrOv：任何空气过滤式半面罩呼吸器，配防有机蒸气的滤毒盒。指定防护因数＝10。*
● Sa：任何供气式呼吸器。指定防护因数＝10。*

～100 ppm：

- Sa：Cf：任何连续供气式呼吸器。指定防护因数＝25。*
- PaprOv：任何动力送风空气过滤式呼吸器，配有机蒸气滤毒盒。指定防护因数＝25。*

～200 ppm：

- CcrFOv：任何空气过滤式全面罩呼吸器，配有机蒸气滤毒盒。指定防护因数＝50。
- GmFOv：任何空气过滤式全面罩呼吸器（防毒面具），配下颌式、前置式或背置式有机蒸气滤毒罐。指定防护因数＝50。
- PaprTOv：任何动力送风空气过滤式呼吸器，配密合型面罩和有机蒸气滤毒盒。指定防护因数＝50。*
- SaT：Cf：任何连续供气式呼吸器，配密合型面罩。指定防护因数＝50。*
- ScbaF：任何携气式呼吸器，配全面罩。指定防护因数＝50。
- SaF：任何供气式呼吸器，配全面罩。指定防护因数＝50。

§：应急抢险，或准备进入浓度未知环境，或进入 IDLH 环境：

- ScbaF：Pd，Pp：任何压力需气式或正压携气式呼吸器，配全面罩。指定防护因数＝10 000。
- SaF：Pd，Pp：AScba：任何压力需气式或正压供气式呼吸器，配全面罩，配压力需气式或正压携气式辅助呼吸器。指定防护因数＝10 000。

逃生：

- GmFOv：任何空气过滤式全面罩呼吸器（防毒面具），配下颌式、前置式或背置式有机蒸气滤毒罐。指定防护因数＝50。
- ScbaE：任何适合逃生的携气式呼吸器。

有关呼吸器选择的其他重要信息参见相关标准。

接触途径：呼吸道，胃肠道，皮肤和/或眼睛直接接触。

症状：眼睛、鼻、咽喉刺激；头痛，恶心，眩晕，乏力，不适，麻醉；皮炎；动物：肾、肝损害。

靶器官：眼睛，皮肤，呼吸系统，中枢神经系统，肝，肾。

异氟尔酮二异氰酸酯（Isophorone diisocyanate）

$C_{12}H_{18}N_2O_2$

异名和商品名：IPDI；Isophorone diamine diisocyanate；3-Isocyanatomethyl-3，5，5-trimethylcyclohexyl-isocyanate

CAS No.：4098-71-9

RTECS No.：NQ9370000

DOT ID 和指南号：2290 156

接触限值：NIOSH REL：TWA 0.005 ppm（0.045 mg/m^3）［皮］
ST 0.02 ppm（0.180 mg/m^3）
OSHA PEL †：无

IDLH：N. D.　　**浓度换算系数：**1 ppm ＝ 9.09 mg/m^3

理化性质：无色至浅黄色液体，具有浓的气味。

分子量：222.3	沸点：未知
凝固点：−76 ℉	溶解度：分解
蒸气压：0.000 3 mmHg	电离电位：未知
比重：1.06	闪点：311 ℉
爆炸上限：未知	爆炸下限：未知

ⅢB 类可燃液体——闪点等于或高于 200 ℉。

不相容性和反应性：水，醇，酚，胺，硫醇，酰胺，氨基甲酸乙酯，尿素。［注：与水反应生成二氧化碳。］

测量方法：NIOSH 5525；OSHA PV2034

个人防护和卫生设施：

- 皮肤：穿戴合适的个人防护服，防止皮肤直接接触。
- 眼睛：佩戴合适的眼部防护用品，防止眼睛直接接触。
- 清洗皮肤：当皮肤受到污染时，应立即清洗污染的皮肤。
- 脱除：如果工作服被弄湿或受到了明显的污染，应该立即脱除并妥善处置。

- 更换：在离开工作场所前应当将可能受到污染的工作服更换成无污染的衣服。
- 配备：在紧靠有可能接触该化学物质的工作场所，应配备快速冲淋身体的设备以应急使用。[注：这些设备应能够提供足量水或流动水，以将可能接触的身体任何部位上的该化学物质除去。实际配备适宜的快速冲淋设备取决于工作场所的具体条件。在某些情况下，必须及时进行大流量淋浴，而其他情况下只需要用一个水槽或软管供水就足够了。]

急救：

- 眼睛：如眼睛直接接触了该化学物质，要立即用大量水冲洗（灌洗）眼睛，冲洗时，不时翻开上下眼睑，并立即就医。
- 皮肤：如果该化学物质直接接触皮肤，立即用水冲洗污染的皮肤。如果该化学物质渗透进衣服，要迅速将衣服脱除，用水冲洗污染的皮肤，并迅速就医。
- 呼吸：如果接触者吸入大量该化学物质，立即将接触者移至新鲜空气处。如果呼吸停止，要进行人工呼吸，注意保暖和休息。尽快就医。
- 吞入：如果吞入该化学物质，应立即就医。

对呼吸器选择的建议：NIOSH

～0.05 ppm：

- Sa：任何供气式呼吸器。指定防护因数＝10。*

～0.125 ppm：

- Sa：Cf：任何连续供气式呼吸器。指定防护因数＝25。*

～0.25 ppm：

- ScbaF：任何携气式呼吸器，配全面罩。指定防护因数＝50。
- SaF：任何供气式呼吸器，配全面罩。指定防护因数＝50。

～1 ppm：

- SaF：Pd，Pp：任何压力需气式或正压供气式呼吸器，配全面罩。指定防护因数＝2 000。

§：应急抢险，或准备进入浓度未知环境，或进入 IDLH 环境：

- ScbaF：Pd，Pp：任何压力需气式或正压携气式呼吸器，配全面罩。指定防护因数＝10 000。
- SaF：Pd，Pp：AScba：任何压力需气式或正压供气式呼吸器，配全面罩，配压力需气式或正压携气式辅助呼吸器。指定防护因数＝10 000。

逃生：

- GmFOv：任何空气过滤式全面罩呼吸器（防毒面具），配下颌式、前置式或背置式有机蒸气滤毒罐。指定防护因数＝50。
- ScbaE：任何适合逃生的携气式呼吸器。

有关呼吸器选择的其他重要信息参见相关标准。

接触途径：呼吸道，皮肤吸收，胃肠道，皮肤和/或眼睛直接接触。

症状：眼睛、皮肤、呼吸系统刺激；胸部紧迫感，呼吸困难，咳嗽，咽喉痛；支气管炎，喘鸣，肺水肿；可能的呼吸致敏，哮喘。

靶器官：眼睛，皮肤，呼吸系统。

2-异丙氧基乙醇（2-Isopropoxyethanol）

$(CH_3)_2CHOCH_2CH_2OH$

CAS No.：109-59-1

RTECS No.：KL5075000

DOT ID 和指南号：

异名和商品名：乙二醇异丙醚，Ethylene glycol isopropyl ether，β-Hydroxyethyl isopropyl ether，Isopropyl Cellosolve®，Isopropyl glycol

接触限值：NIOSH REL：见附录 D

OSHA PEL †：无

IDLH：N. D.

浓度换算系数：

理化性质：无色液体，具有淡淡的乙醚样气味。

分子量:104.2　　沸点:283 ℉
凝固点:未知　　溶解度:与水互溶
蒸气压:3 mmHg　　电离电位:未知
比重:0.90　　闪点(开杯):92 ℉
爆炸上限:未知　　爆炸下限:未知
ⅠC类易燃液体——闪点等于或高于73 ℉且低于100 ℉。
不相容性和反应性:氧化剂。

测量方法:无。

个人防护和卫生设施:

- 皮肤:穿戴合适的个人防护服,防止皮肤直接接触。
- 眼睛:佩戴合适的眼部防护用品,防止眼睛直接接触。
- 清洗皮肤:当皮肤受到污染时,应立即清洗污染的皮肤。
- 脱除:如果工作服被可燃性物质(即闪点低于100 ℉的液体)浸湿,应当立即脱除并妥善处置,以防着火。
- 更换:对于班后的衣服的更换需要没有特殊建议。

急救:

- 眼睛:如眼睛直接接触了该化学物质,要立即用大量水冲洗(灌洗)眼睛,冲洗时,不时翻开上下眼睑,并立即就医。
- 皮肤:如果该化学物质直接接触皮肤,立即用水冲洗污染的皮肤。如果该化学物质渗透进衣服,立即将衣服脱除,用水冲洗皮肤。若清洗后出现症状,要立即就医。
- 呼吸:如果接触者吸入大量该化学物质,立即将接触者移至新鲜空气处。如果呼吸停止,要进行人工呼吸,注意保暖和休息。尽快就医。
- 吞入:如果吞入该化学物质,应立即就医。

对呼吸器选择的建议:无。
有关呼吸器选择的其他重要信息参见相关标准。

接触途径:呼吸道,皮肤吸收,胃肠道,皮肤和/或眼睛直接接触。

症状:动物:眼睛、皮肤刺激;血尿,贫血,肺水肿。

靶器官:眼睛,皮肤,呼吸系统,血液。

I

乙酸异丙酯(Isopropyl acetate)
$CH_3COOCH(CH_3)_2$
异名和商品名:醋酸异丙酯,2-丙基乙酯,Isopropyl ester of acetic acid, 1-Methylethyl ester of acetic acid,2-Propyl acetate

CAS No.:108-21-4
RTECS No.:AI4930000
DOT ID 和指南号:1220 129

接触限值:NIOSH REL:见附录D
OSHA PEL †:TWA 250 ppm (950 mg/m^3)

IDLH:1 800 ppm　**浓度换算系数:**1 ppm = 4.18 mg/m^3

理化性质:无色液体,具有水果样气味。

分子量:102.2　　沸点:194 ℉
凝固点:−92 ℉　　溶解度:3%
蒸气压:42 mmHg　　电离电位:9.95 eV
比重:0.87　　闪点:36 ℉
爆炸上限:8%　　爆炸下限(100 ℉):1.8%

ⅠB类易燃液体——闪点低于73 ℉,沸点等于或高于100 ℉。
不相容性和反应性:硝酸盐,强氧化剂,强碱和强酸。

测量方法:NIOSH 1454,1460;OSHA 7

个人防护和卫生设施:

- 皮肤:穿戴合适的个人防护服,防止皮肤直接接触。
- 眼睛:佩戴合适的眼部防护用品,防止眼睛直接接触。
- 清洗皮肤:当皮肤受到污染时,应立即清洗污染的皮肤。

● 脱除:如果工作服被可燃性物质(即闪点低于 100 ℉的液体)浸湿,应当立即脱除并妥善处置,以防着火。

● 更换:对于班后的衣服的更换需要没有特殊建议。

急救:

● 眼睛:如眼睛直接接触了该化学物质,要立即用大量水冲洗(灌洗)眼睛,冲洗时,不时翻开上下眼睑,并立即就医。

● 皮肤:如果该化学物质直接接触皮肤,迅速用水冲洗污染的皮肤。如果该化学物质渗透进衣服,要立即将衣服脱除,迅速用水冲洗污染的皮肤,若冲洗后刺激症状持续存在,应就医。

● 呼吸:如果接触者吸入大量该化学物质,立即将接触者移至新鲜空气处。如果呼吸停止,要进行人工呼吸,注意保暖和休息。尽快就医。

● 吞入:如果吞入该化学物质,应立即就医。

对呼吸器选择的建议:OSHA

~1 800 ppm:

● Sa:Cf:任何连续供气式呼吸器。指定防护因数=25。£

● ScbaF:任何携气式呼吸器,配全面罩。指定防护因数=50。

● SaF:任何供气式呼吸器,配全面罩。指定防护因数=50。

§:应急抢险,或准备进入浓度未知环境,或进入 IDLH 环境:

● ScbaF:Pd,Pp:任何压力需气式或正压携气式呼吸器,配全面罩。指定防护因数=10 000。

● SaF:Pd,Pp:AScba:任何压力需气式或正压供气式呼吸器,配全面罩,配压力需气式或正压携气式辅助呼吸器。指定防护因数=10 000。

逃生:

● GmFOv:任何空气过滤式全面罩呼吸器(防毒面具),配下颌式、前置式或背置式有机蒸气滤毒罐。指定防护因数=50。

● ScbaE:任何适合逃生的携气式呼吸器。

有关呼吸器选择的其他重要信息参见相关标准。

接触途径:呼吸道,胃肠道,皮肤和/或眼睛直接接触。

症状:眼睛、皮肤、鼻刺激;皮炎;动物:昏迷。

靶器官:眼睛,皮肤,呼吸系统,中枢神经系统。

异丙醇(Isopropyl alcohol)

$(CH_3)_2CHOH$

异名和商品名:2-丙醇,Dimethyl carbinol,IPA,Isopropanol,2-Propanol,sec-Propyl alcohol,Rubbing alcohol

CAS No.:67-63-0

RTECS No.:NT8050000

DOT ID 和指南号:1219 129

接触限值:NIOSH REL:TWA 400 ppm (980 mg/m³)
ST 500 ppm (1 225 mg/m³)
OSHA PEL †:TWA 400 ppm (980 mg/m³)

IDLH:2 000 ppm [10%爆炸下限]

浓度换算系数:1 ppm = 2.46 mg/m³

理化性质:无色液体,具有酒精气味。

分子量:60.1　　沸点:181 ℉

凝固点:-127 ℉　　溶解度:与水互溶

蒸气压:33 mmHg　　电离电位:10.10 eV

比重:0.79　　闪点:53 ℉

爆炸上限(200 ℉):12.7%　　爆炸下限:2.0%

ⅠB 类易燃液体——闪点低于 73 ℉,沸点等于或高于 100 ℉。

不相容性和反应性:强氧化剂,乙醛,氯,环氧乙烷,酸,异氰酸盐。

测量方法:NIOSH 1400;OSHA 109

个人防护和卫生设施：

- 皮肤：穿戴合适的个人防护服，防止皮肤直接接触。
- 眼睛：佩戴合适的眼部防护用品，防止眼睛直接接触。
- 清洗皮肤：当皮肤受到污染时，应立即清洗污染的皮肤。
- 脱除：如果工作服被可燃性物质（即闪点低于 100 ℉的液体）浸湿，应当立即脱除并妥善处置，以防着火。
- 更换：对于班后的衣服的更换需要没有特殊建议。

急救：

- 眼睛：如眼睛直接接触了该化学物质，要立即用大量水冲洗（灌洗）眼睛，冲洗时，不时翻开上下眼睑，并立即就医。
- 皮肤：如果该化学物质直接接触皮肤，用水冲洗污染的皮肤。如存在皮肤刺激症状，应就医。
- 呼吸：如果接触者吸入大量该化学物质，立即将接触者移至新鲜空气处。如果呼吸停止，要进行人工呼吸，注意保暖和休息。尽快就医。
- 吞入：如果吞入该化学物质，应立即就医。

对呼吸器选择的建议：NIOSH/OSHA

～2 000 ppm：

- Sa：Cf：任何连续供气式呼吸器。指定防护因数＝25。£
- CcrFOv：任何空气过滤式全面罩呼吸器，配有机蒸气滤毒盒。指定防护因数＝50。
- GmFOv：任何空气过滤式全面罩呼吸器（防毒面具），配下颌式、前置式或背置式有机蒸气滤毒罐。指定防护因数＝50。
- PaprOv：任何动力送风空气过滤式呼吸器，配有机蒸气滤毒盒。指定防护因数＝25。£
- ScbaF：任何携气式呼吸器，配全面罩。指定防护因数＝50。
- SaF：任何供气式呼吸器，配全面罩。指定防护因数＝50。

§：应急抢险，或准备进入浓度未知环境，或进入 IDLH 环境：

- ScbaF：Pd，Pp：任何压力需气式或正压携气式呼吸器，配全面罩。指定防护因数＝10 000。
- SaF：Pd，Pp：AScba：任何压力需气式或正压供气式呼吸器，配全面罩，配压力需气式或正压携气式辅助呼吸器。指定防护因数＝10 000。

逃生：

- GmFOv：任何空气过滤式全面罩呼吸器（防毒面具），配下颌式、前置式或背置式有机蒸气滤毒罐。指定防护因数＝50。
- ScbaE：任何适合逃生的携气式呼吸器。

有关呼吸器选择的其他重要信息参见相关标准。

接触途径：呼吸道，胃肠道，皮肤和/或眼睛直接接触。

症状：眼睛、鼻、咽喉刺激；嗜睡，眩晕，头痛；皮肤干裂；动物：昏迷。

靶器官：眼睛，皮肤，呼吸系统。

异丙胺（Isopropylamine）

$(CH_3)_2CHNH_2$

异名和商品名：2-氨基丙烷，2-Aminopropane，Monoisopropylamine，2-Propylamine，sec-Propylamine

CAS No.：75-31-0

RTECS No.：NT8400000

DOT ID 和指南号：1221 132

接触限值：NIOSH REL：见附录 D

OSHA PEL †：TWA 5 ppm (12 mg/m³)

IDLH：750 ppm　**浓度换算系数：**1 ppm ＝ 2.42 mg/m³

理化性质：无色液体，具有氨味。[注：91 ℉以上气体。]

分子量：59.1	沸点：91 ℉
凝固点：－150 ℉	溶解度：与水互溶
蒸气压：460 mmHg	电离电位：8.72 eV
比重：0.69	闪点（开杯）：－35 ℉

爆炸上限：未知　　　　　　爆炸下限：未知

ⅠA类易燃液体——闪点低于73 ℉，沸点低于100 ℉。

不相容性和反应性：强酸，强氧化剂，醛，酮，环氧化物。

测量方法：NIOSH S147（Ⅱ－3）

个人防护和卫生设施：

- 皮肤：穿戴合适的个人防护服，防止皮肤直接接触。
- 眼睛：佩戴合适的眼部防护用品，防止眼睛直接接触。
- 清洗皮肤：当皮肤受到污染时，应立即清洗污染的皮肤。
- 脱除：如果工作服被可燃性物质(即闪点低于100 ℉的液体)浸湿，应当立即脱除并妥善处置，以防着火。
- 更换：对于班后的衣服的更换需要没有特殊建议。
- 配备：在劳动者可能接触该化学物质的作业场所，无论是否需要使用眼部防护用品，都应配备眼冲洗设备。在紧靠有可能接触该化学物质的工作场所，应配备快速冲淋身体的设备以应急使用。[注：这些设备应能够提供足量水或流动水，以将可能接触的身体任何部位上的该化学物质除去。实际配备适宜的快速冲淋设备取决于工作场所的具体条件。在某些情况下，必须及时进行大流量淋浴，而其他情况下只需要用一个水槽或软管供水就足够了。]

急救：

- 眼睛：如眼睛直接接触了该化学物质，要立即用大量水冲洗(灌洗)眼睛，冲洗时，不时翻开上下眼睑，并立即就医。
- 皮肤：如果该化学物质直接接触皮肤，立即用水冲洗污染的皮肤。如果该化学物质渗透进衣服，要迅速将衣服脱除，用水冲洗污染的皮肤，并迅速就医。
- 呼吸：如果接触者吸入大量该化学物质，立即将接触者移至新鲜空气处。如果呼吸停止，要进行人工呼吸，注意保暖和休息。尽快就医。
- 吞入：如果吞入该化学物质，应立即就医。

对呼吸器选择的建议：OSHA

～125 ppm：

- Sa：Cf：任何连续供气式呼吸器。指定防护因数＝25。£
- PaprS：任何动力送风空气过滤式呼吸器，配有防该化学物质的滤毒盒。指定防护因数＝25。£

～250 ppm：

- CcrFS：任何空气过滤式全面罩呼吸器，配防该化学物质的滤毒盒。指定防护因数＝50。
- GmFS：任何空气过滤式全面罩呼吸器(防毒面具)，配下颌式、前置式或背置式防该化学物质的滤毒罐。指定防护因数＝50。
- PaprTS：任何动力送风空气过滤式呼吸器，配密合型面罩和防该化学物质的滤毒盒。指定防护因数＝50。£
- ScbaF：任何携气式呼吸器，配全面罩。指定防护因数＝50。
- SaF：任何供气式呼吸器，配全面罩。指定防护因数＝50。

～750 ppm：

- SaF：Pd，Pp：任何压力需气式或正压供气式呼吸器，配全面罩。指定防护因数＝2 000。

§：应急抢险，或准备进入浓度未知环境，或进入IDLH环境：

- ScbaF：Pd，Pp：任何压力需气式或正压携气式呼吸器，配全面罩。指定防护因数＝10 000。
- SaF：Pd，Pp：AScba：任何压力需气式或正压供气式呼吸器，配全面罩，配压力需气式或正压携气式辅助呼吸器。指定防护因数＝10 000。

逃生：

- GmFS：任何空气过滤式全面罩呼吸器(防毒面具)，配下颌式、前置式或背置式防该化学物质的滤毒罐。指定防护因数＝50。
- ScbaE：任何适合逃生的携气式呼吸器。

有关呼吸器选择的其他重要信息参见相关标准。

接触途径：呼吸道，皮肤吸收，胃肠道，皮肤和/或眼睛直接接触。

症状：眼睛、皮肤、鼻、咽喉刺激；肺水肿；视觉障碍；眼睛、皮肤灼伤；皮炎。

靶器官：眼睛，皮肤，呼吸系统。

N-异丙基苯胺(N-Isopropylaniline)

$C_6H_5NHCH(CH_3)_2$

CAS No.:768-52-5

RTECS No.:BY4190000

DOT ID 和指南号:

异名和商品名:异丙基苯胺,N-IPA,Isopropylaniline,N-(1-Methylethyl)-benzenamine,N-Phenylisopropylamine

I

接触限值:NIOSH REL:TWA 2 ppm (10 mg/m^3) [皮]
OSHA PEL †:无

IDLH:N.D.　　**浓度换算系数:**1 ppm = 5.53 mg/m^3

理化性质:透明的淡黄色液体,具有甜的芳香气味。

分子量:135.2	沸点:397 ℉
凝固点:−58 ℉	溶解度:未知
蒸气压(77 ℉):0.03 mmHg	电离电位:未知
比重(60 ℉):0.93	闪点(开杯):190 ℉
爆炸上限:未知	爆炸下限:未知

ⅢB类可燃液体——闪点等于或高于 200 ℉。

不相容性和反应性:未见报道。

测量方法:OSHA 78

个人防护和卫生设施:

- 皮肤:穿戴合适的个人防护服,防止皮肤直接接触。
- 眼睛:佩戴合适的眼部防护用品,防止眼睛直接接触。
- 清洗皮肤:当皮肤受到污染时,应立即清洗污染的皮肤。
- 脱除:如果工作服被弄湿或受到了明显的污染,应该立即脱除并妥善处置。
- 更换:对于班后的衣服的更换需要没有特殊建议。
- 配备:在紧靠有可能接触该化学物质的工作场所,应配备快速冲淋身体的设备以应急使用。[注:这些设备应能够提供足量水或流动水,以将可能接触的身体任何部位上的该化学物质除去。实际配备适宜的快速冲淋设备取决于工作场所的具体条件。在某些情况下,必须及时进行大流量淋浴,而其他情况下只需要用一个水槽或软管供水就足够了。]

急救:

- 眼睛:如眼睛直接接触了该化学物质,要立即用大量水冲洗(灌洗)眼睛,冲洗时,不时翻开上下眼睑,并立即就医。
- 皮肤:如果该化学物质直接接触皮肤,迅速用肥皂和水冲洗污染的皮肤。若该化学物质渗透进衣服,要迅速将衣服脱除,用肥皂和水清洗皮肤,并迅速就医。
- 呼吸:如果接触者吸入大量该化学物质,立即将接触者移至新鲜空气处。如果呼吸停止,要进行人工呼吸,注意保暖和休息。尽快就医。
- 吞入:如果吞入该化学物质,应立即就医。

对呼吸器选择的建议:无。

有关呼吸器选择的其他重要信息参见相关标准。

接触途径:呼吸道,皮肤吸收,胃肠道,皮肤和/或眼睛直接接触。

症状:眼睛、皮肤刺激;头痛,乏力,眩晕;紫绀;共济失调;呼吸困难;心动过速;高铁血红蛋白血症。

靶器官:眼睛,皮肤,呼吸系统,血液,心血管系统,肝,肾。

异丙醚(Isopropyl ether)

$(CH_3)_2CHOCH(CH_3)_2$

异名和商品名:二异丙醚,2-乙丙氧基丙烷,Diisopropyl ether, Diisopropyl oxide,2-Isopropoxy propane

CAS No.:108-20-3

RTECS No.:TZ5425000

DOT ID 和指南号:1159 127

I

接触限值:NIOSH REL:TWA 500 ppm (2 100 mg/m³)

OSHA PEL:TWA 500 ppm (2 100 mg/m³)

IDLH:1 400 ppm [10%爆炸下限]

浓度换算系数:1 ppm = 4.18 mg/m³

理化性质:无色液体,具有浓的乙醚样气味。

分子量:	102.2	沸点:	154 ℉
凝固点:	-76 ℉	溶解度:	0.2%
蒸气压:	119 mmHg	电离电位:	9.20 eV
比重:	0.73	闪点:	-18 ℉
爆炸上限:	7.9%	爆炸下限:	1.4%

IB类易燃液体——闪点低于 73 ℉,沸点等于或高于 100 ℉。

不相容性和反应性:强氧化剂,酸。[注:长期接触空气形成不稳定过氧化物。]

测量方法:NIOSH 1618;OSHA 7

个人防护和卫生设施:

- 皮肤:穿戴合适的个人防护服,防止皮肤直接接触。
- 眼睛:佩戴合适的眼部防护用品,防止眼睛直接接触。
- 清洗皮肤:当皮肤受到污染时,应立即清洗污染的皮肤。
- 脱除:如果工作服被可燃性物质(即闪点低于 100 ℉的液体)浸湿,应当立即脱除并妥善处置,以防着火。
- 更换:对于班后的衣服的更换需要没有特殊建议。

急救:

- 眼睛:如眼睛直接接触了该化学物质,要立即用大量水冲洗(灌洗)眼睛,冲洗时,不时翻开上下眼睑,并立即就医。
- 皮肤:如果该化学物质直接接触皮肤,迅速用肥皂和水冲洗污染的皮肤。若该化学物质渗透进衣服,要迅速将衣服脱除,用肥皂和水清洗皮肤,并迅速就医。
- 呼吸:如果接触者吸入大量该化学物质,立即将接触者移至新鲜空气处。如果呼吸停止,要进行人工呼吸,注意保暖和休息。尽快就医。
- 吞入:如果吞入该化学物质,应立即就医。

对呼吸器选择的建议:NIOSH/OSHA

~1 400 ppm:

- CcrOv:任何空气过滤式半面罩呼吸器,配防有机蒸气的滤毒盒。指定防护因数=10。*
- PaprOv:任何动力送风空气过滤式呼吸器,配有机蒸气滤毒盒。指定防护因数=25。*
- GmFOv:任何空气过滤式全面罩呼吸器(防毒面具),配下颌式、前置式或背置式有机蒸气滤毒罐。指定防护因数=50。
- Sa:任何供气式呼吸器。指定防护因数=10。*
- ScbaF:任何携气式呼吸器,配全面罩。指定防护因数=50。

§:应急抢险,或准备进入浓度未知环境,或进入 IDLH 环境:

- ScbaF:Pd,Pp:任何压力需气式或正压携气式呼吸器,配全面罩。指定防护因数=10 000。
- SaF:Pd,Pp:AScba:任何压力需气式或正压供气式呼吸器,配全面罩,配压力需气式或正压携气式辅助呼吸器。指定防护因数=10 000。

逃生:

- GmFOv:任何空气过滤式全面罩呼吸器(防毒面具),配下颌式、前置式或背置式有机蒸气滤毒罐。指定防护因数=50。
- ScbaE:任何适合逃生的携气式呼吸器。

有关呼吸器选择的其他重要信息参见相关标准。

接触途径:呼吸道,胃肠道,皮肤和/或眼睛直接接触。	晕,意识丧失,麻醉。
症状:眼睛、皮肤、鼻刺激;呼吸不适;皮炎;动物:嗜睡,眩	**靶器官**:眼睛,皮肤,呼吸系统,中枢神经系统。

异丙基缩水甘油醚(Isopropyl glycidyl ether)

$C_6H_{12}O_2$

CAS No.:4016-14-2

RTECS No.:TZ3500000

DOT ID 和指南号:

异名和商品名:1,2-Epoxy-3-isopropoxypropane;IGE;Isopropoxymethyl oxirane

I

接触限值:NIOSH REL:C 50 ppm (240 mg/m^3) [15 min]
OSHA PEL †:TWA 50 ppm (240 mg/m^3)

IDLH:400 ppm　**浓度换算系数**:1 ppm = 4.75 mg/m^3

理化性质:无色液体。

分子量:116.2	沸点:279 ℉
凝固点:未知	溶解度:19%
蒸气压(77 ℉):9 mmHg	电离电位:未知
比重:0.92	闪点:92 ℉
爆炸上限:未知	爆炸下限:未知

ⅠC 类易燃液体——闪点等于或高于 73 ℉且低于 100 ℉。

不相容性和反应性:强氧化剂,强腐蚀剂[注:接触空气或日光可形成爆炸性过氧化物。]

测量方法:NIOSH 1620;OSHA 7

个人防护和卫生设施:

- 皮肤:穿戴合适的个人防护服,防止皮肤直接接触。
- 眼睛:佩戴合适的眼部防护用品,防止眼睛直接接触。
- 清洗皮肤:当皮肤受到污染时,应立即清洗污染的皮肤。
- 脱除:如果工作服被可燃性物质(即闪点低于 100 ℉的液体)浸湿,应当立即脱除并妥善处置,以防着火。
- 更换:对于班后的衣服的更换需要没有特殊建议。

急救:

- 眼睛:如眼睛直接接触了该化学物质,要立即用大量水冲洗(灌洗)眼睛,冲洗时,不时翻开上下眼睑,并立即就医。
- 皮肤:如果该化学物质直接接触皮肤,立即用肥皂和水冲洗污染的皮肤。若该化学物质渗透进衣服,要立即将衣服脱除,用肥皂和水清洗皮肤,并迅速就医。
- 呼吸:如果接触者吸入大量该化学物质,立即将接触者移至新鲜空气处。如果呼吸停止,要进行人工呼吸,注意保暖和休息。尽快就医。
- 吞入:如果吞入该化学物质,应立即就医。

对呼吸器选择的建议:NIOSH/OSHA

~400 ppm:

- Sa:Cf:任何连续供气式呼吸器。指定防护因数=25。£
- ScbaF:任何携气式呼吸器,配全面罩。指定防护因数=50。

§:应急抢险,或准备进入浓度未知环境,或进入 IDLH 环境:

- ScbaF:Pd,Pp:任何压力需气式或正压携气式呼吸器,配全面罩。指定防护因数=10 000。
- SaF:Pd,Pp:AScba:任何压力需气式或正压供气式呼吸器,配全面罩,配压力需气式或正压携气式辅助呼吸器。指定防护因数=10 000。

逃生:

- GmFOv:任何空气过滤式全面罩呼吸器(防毒面具),配下颌式、前置式或背置式有机蒸气滤毒罐。指定防护因数=50。

● ScbaE：任何适合逃生的携气式呼吸器。 **有关呼吸器选择的其他重要信息参见相关标准。**	**症状**：眼睛、皮肤、上呼吸道刺激；皮肤过敏；可能的造血生殖、系统影响。
接触途径：呼吸道，胃肠道，皮肤和/或眼睛直接接触。	**靶器官**：眼睛，皮肤，呼吸系统，血液，生殖系统。

高岭土(Kaolin)

CAS No.:1332-58-7

RTECS No.:GF1670500

DOT ID 和指南号:

异名和商品名:瓷土,水化硅酸铝,China clay,Clay,Hydrated aluminium silicate,Hydrite,Porcelain clay [注:高岭土的主要成分是 $Al_2Si_2O_5(OH)_4$。]

接触限值:NIOSH REL:TWA 10 mg/m³(总颗粒物)
TWA 5 mg/m³(呼吸性颗粒物)
OSHA PEL †:TWA 15 mg/m³(总颗粒物)
TWA 5 mg/m³(呼吸性颗粒物)

IDLH:N. D.　　**浓度换算系数**:

理化性质:白色至淡黄色或浅灰色粉末。[注:受潮时变黑并产生黏土气味。]

分子量	不同	沸点	未知
熔点	未知	溶解度	不溶
蒸气压	0 mmHg(约)	电离电位	不适用
比重	1.8~2.6	闪点	不适用
爆炸上限	不适用	爆炸下限	不适用

不可燃固体。

不相容性和反应性:未见报道。

测量方法:NIOSH 0500,0600

个人防护和卫生设施:

- 皮肤:对于个体皮肤防护装备的需要没有特殊建议。
- 眼睛:对眼部防护的需要没有特殊建议。
- 清洗皮肤:对于清洗皮肤上的污染物没有其他特殊的建议(包括立即清洗和班后清洗)。
- 脱除:对于脱除被污染或被弄湿的工作服的需要没有特殊建议。
- 更换:对于班后的衣服的更换需要没有特殊建议。

急救:

- 眼睛:如眼睛直接接触了该化学物质,要立即用大量水冲洗(灌洗)眼睛,冲洗时,不时翻开上下眼睑,并立即就医。
- 呼吸:如果接触者吸入大量该化学物质,立即将接触者移至新鲜空气处。通常不需要采取其他措施。

对呼吸器选择的建议:无。

有关呼吸器选择的其他重要信息参见相关标准。

接触途径:呼吸道,皮肤和/或眼睛直接接触。

症状:慢性肺组织纤维化,胃内肉芽肿。

靶器官:呼吸系统,胃。

K

十氯酮(Kepone)

$C_{10}Cl_{10}O$

CAS No.:143-50-0

RTECS No.:PC8575000

DOT ID 和指南号:

异名和商品名:开蓬;Chlordecone;Decachlorooctahydro-1,3,4-metheno-2H-cyclobuta(cd)-pentalen-2-one;Decachlorooctahydro-kepone-2-one;Decachlorotetrahydro-4,7-methanoindeneone

接触限值:NIOSH REL:Ca TWA 0.001 mg/m³见附录 A
OSHA PEL:无

IDLH:Ca [N. D.]　　**浓度换算系数**:

理化性质:无色至白色晶状无气味固体。[杀虫剂]

分子量	490.6	沸点	升华
熔点	662 ℉(升华)	溶解度(212 ℉)	0.5%
蒸气压(77 ℉)	3×10^{-7} mmHg	电离电位	未知
比重	未知	闪点	不适用

爆炸上限：不适用　　　爆炸下限：不适用

不可燃固体。

不相容性和反应性：酸，酸性烟。

测量方法：NIOSH 5508

个人防护和卫生设施：

- 皮肤：穿戴合适的个人防护服，防止皮肤直接接触。
- 眼睛：佩戴合适的眼部防护用品，防止眼睛直接接触。
- 清洗皮肤：当皮肤受到污染时，应立即清洗污染的皮肤。/每天工作班结束后，进食、吸烟、喝水前都应该清洗可能受到污染的皮肤。
- 脱除：如果工作服被弄湿或受到了明显的污染，应该立即脱除并妥善处置。
- 更换：在离开工作场所前应当将可能受到污染的工作服更换成无污染的衣服。
- 配备：在劳动者可能接触该化学物质的作业场所，无论是否需要使用眼部防护用品，都应配备眼冲洗设备。在紧靠有可能接触该化学物质的工作场所，应配备快速冲淋身体的设备以应急使用。[注：这些设备应能够提供足量水或流动水，以将可能接触的身体任何部位上的该化学物质除去。实际配备适宜的快速冲淋设备取决于工作场所的具体条件。在某些情况下，必须及时进行大流量淋浴，而其他情况下只需要用一个水槽或软管供水就足够了。]

急救：

- 眼睛：如眼睛直接接触了该化学物质，要立即用大量水冲洗（灌洗）眼睛，冲洗时，不时翻开上下眼睑，并立即就医。
- 皮肤：如果该化学物质直接接触皮肤，立即用肥皂和水冲洗污染的皮肤。若该化学物质渗透进衣服，要立即将衣服脱除，用肥皂和水清洗皮肤，并迅速就医。
- 呼吸：如果接触者吸入大量该化学物质，立即将接触者移至新鲜空气处。如果呼吸停止，要进行人工呼吸，注意保暖和休息。尽快就医。
- 吞入：如果吞入该化学物质，应立即就医。

对呼吸器选择的建议：NIOSH

¥：高于 NIOSH REL 的浓度；或当没有 REL 时，任何可以检测到的浓度：

- ScbaF：Pd，Pp：任何压力需气式或正压携气式呼吸器，配全面罩。指定防护因数＝10 000。
- SaF：Pd，Pp：AScba：任何压力需气式或正压供气式呼吸器，配全面罩，配压力需气式或正压携气式辅助呼吸器。指定防护因数＝10 000。

逃生：

- GmFOv100：任何空气过滤式全面罩呼吸器（防毒面具），配下颌式、前置式或背置式有机蒸气滤毒罐和N100、R100 或 P100 的综合防护过滤元件。指定防护因数＝50。选择 N、R 或 P 过滤元件的信息见表 4。
- ScbaE：任何适合逃生的携气式呼吸器。

有关呼吸器选择的其他重要信息参见相关标准。

接触途径：呼吸道，皮肤吸收，胃肠道，皮肤和/或眼睛直接接触。

症状：头痛，焦虑，震颤；肝、肾损害；视觉障碍；协调能力下降，胸痛，皮肤红斑；睾丸退化，精子数降低；[潜在职业致癌物]。

靶器官：眼睛，皮肤，呼吸系统，中枢神经系统，肝，肾，生殖系统。

致癌部位：[动物：肝癌]。

煤油(Kerosene)

CAS No.:8008-20-6

RTECS No.:OA5500000

DOT ID 和指南号:1223 128

异名和商品名:燃油一号,Fuel Oil No. 1,Range oil [注:精炼的石油溶剂(主要是 C_9~C_{16})常见的是 25%直链烃、11%支链烃、15%单环烃、12%双环烃、1%三环烃、1%单核芳烃和 5%双核芳烃的混合物。]

接触限值:NIOSH REL:TWA 100 mg/m³

OSHA PEL:无

IDLH:N. D.　　**浓度换算系数:**

理化性质:无色至微黄色,油状液体,具有强烈的特异气味。

分子量:170(约)	沸点:347~617 ℉
凝固点:-50 ℉	溶解度:不溶
蒸气压(100 ℉):5 mmHg	电离电位:未知
比重:0.81	闪点:100~162 ℉
爆炸上限:5%	爆炸下限:0.7%

Ⅱ类可燃液体——闪点等于或高于 100 ℉且低于140 ℉。

不相容性和反应性:强氧化剂。

测量方法:NIOSH 1550

个人防护和卫生设施:

- 皮肤:穿戴合适的个人防护服,防止皮肤直接接触。
- 眼睛:佩戴合适的眼部防护用品,防止眼睛直接接触。
- 清洗皮肤:当皮肤受到污染时,应立即清洗污染的皮肤。
- 脱除:如果工作服被弄湿或受到了明显的污染,应该立即脱除并妥善处置。
- 更换:对于班后的衣服的更换需要没有特殊建议。
- 配备:在紧靠有可能接触该化学物质的工作场所,应配备快速冲淋身体的设备以应急使用。[注:这些设备应能够提供足量水或流动水,以将可能接触的身体任何部位上的该化学物质除去。实际配备适宜的快速冲淋设备取决于工作场所的具体条件。在某些情况下,必须及时进行大流量淋浴,而其他情况下只需要用一个水槽或软管供水就足够了。]

急救:

- 眼睛:如眼睛直接接触了该化学物质,要立即用大量水冲洗(灌洗)眼睛,冲洗时,不时翻开上下眼睑,并立即就医。
- 皮肤:如果该化学物质直接接触皮肤,要立即用肥皂和水冲洗污染的皮肤。如果该化学物质渗透进衣服,立即将衣服脱除,并用水清洗皮肤。如果清洗后刺激持续存在,应就医。
- 呼吸:如果接触者吸入大量该化学物质,立即将接触者移至新鲜空气处。如果呼吸停止,要进行人工呼吸,注意保暖和休息。尽快就医。
- 吞入:如果吞入该化学物质,应立即就医。

对呼吸器选择的建议:NIOSH

~1 000 mg/m³:

- CcrOv:任何空气过滤式半面罩呼吸器,配防有机蒸气的滤毒盒。指定防护因数=10。
- Sa:任何供气式呼吸器。指定防护因数=10。

~2 500 mg/m³:

- Sa∶Cf:任何连续供气式呼吸器。指定防护因数=25。
- PaprOv:任何动力送风空气过滤式呼吸器,配有机蒸气滤毒盒。指定防护因数=25。

~5 000 mg/m³:

- CcrFOv:任何空气过滤式全面罩呼吸器,配有机蒸气滤毒盒。指定防护因数=50。
- GmFOv:任何空气过滤式全面罩呼吸器(防毒面具),配下颌式、前置式或背置式有机蒸气滤毒罐。指定防护因数=50。

- PaprTOv：任何动力送风空气过滤式呼吸器，配密合型面罩和有机蒸气滤毒盒。指定防护因数＝50。
- ScbaF：任何携气式呼吸器，配全面罩。指定防护因数＝50。
- SaF：任何供气式呼吸器，配全面罩。指定防护因数＝50。

§：应急抢险，或准备进入浓度未知环境，或进入 IDLH 环境：

- ScbaF：Pd，Pp：任何压力需气式或正压携气式呼吸器，配全面罩。指定防护因数＝10 000。
- SaF：Pd，Pp：AScba：任何压力需气式或正压供气式呼吸器，配全面罩，配压力需气式或正压携气式辅助呼吸器。指定防护因数＝10 000。

逃生：

- GmFOv：任何空气过滤式全面罩呼吸器（防毒面具），配下颌式、前置式或背置式有机蒸气滤毒罐。指定防护因数＝50。
- ScbaE：任何适合逃生的携气式呼吸器。

有关呼吸器选择的其他重要信息参见相关标准。

接触途径：呼吸道，胃肠道，皮肤和/或眼睛直接接触。

症状：眼睛、皮肤、鼻、咽喉刺激；胸部烧灼感；头痛，恶心，乏力，烦躁，共济失调，意识模糊，嗜睡；呕吐，腹泻；皮炎；化学性肺炎（吸入液体）。

靶器官：眼睛，皮肤，呼吸系统，中枢神经系统。

乙烯酮（Ketene）　　CAS No.：463-51-4

$CH_2=CO$　　RTECS No.：OA7700000

异名和商品名：Carbomethene，Ethenone，Keto-ethylene　　**DOT ID 和指南号：**

接触限值：NIOSH REL：TWA 0.5 ppm（0.9 mg/m³）
ST 1.5 ppm（3 mg/m³）
OSHA PEL †：TWA 0.5 ppm（0.9 mg/m³）

IDLH：5 ppm　　**浓度换算系数：**1 ppm ＝ 1.72 mg/m³

理化性质：无色气体，具有刺鼻的气味。

分子量：42.0	沸点：－69 ℉
凝固点：－238 ℉	溶解度：与水反应
蒸气压：＞1 大气压	电离电位：9.61 eV
相对密度：1.45	闪点：不适用（气体）
爆炸上限：未知	爆炸下限：未知

易燃气体。

不相容性和反应性：水，醇，氨。[注：迅速聚合。与水反应生成乙酸。]

测量方法：NIOSH S92（Ⅱ－2）

个人防护和卫生设施：

- 皮肤：对于个体皮肤防护装备的需要没有特殊建议。
- 眼睛：对眼部防护的需要没有特殊建议。
- 清洗皮肤：对于清洗皮肤上的污染物没有其他特殊的建议（包括立即清洗和班后清洗）。
- 脱除：对于脱除被污染或被弄湿的工作服的需要没有特殊建议。
- 更换：对于班后的衣服的更换需要没有特殊建议。

急救：

- 呼吸：如果接触者吸入大量该化学物质，立即将接触者移至新鲜空气处。如果呼吸停止，要进行人工呼吸，注意保暖和休息。尽快就医。

对呼吸器选择的建议：NIOSH/OSHA

～5 ppm：

- Sa：任何供气式呼吸器。指定防护因数＝10。*
- ScbaF：任何携气式呼吸器，配全面罩。指定防护因数＝50。

§:应急抢险,或准备进入浓度未知环境,或进入 IDLH 环境: ● ScbaF:Pd,Pp:任何压力需气式或正压携气式呼吸器,配全面罩。指定防护因数=10 000。 ● SaF:Pd,Pp:AScba:任何压力需气式或正压供气式呼吸器,配全面罩,配压力需气式或正压携气式辅助呼吸器。指定防护因数=10 000。	**逃生:** ● GmFOv:任何空气过滤式全面罩呼吸器(防毒面具),配下颌式、前置式或背置式有机蒸气滤毒罐。指定防护因数=50。 ● ScbaE:任何适合逃生的携气式呼吸器。 **有关呼吸器选择的其他重要信息参见相关标准。**
	接触途径:呼吸道,皮肤和/或眼睛直接接触。
	症状:眼睛、皮肤、鼻、咽喉、呼吸系统刺激;肺水肿。
	靶器官:眼睛,皮肤,呼吸系统。

铅(Lead) CAS No.:7439-92-1

Pb RTECS No.:OF7525000

异名和商品名:铅金属,Lead metal,Plumbum DOT ID 和指南号:

接触限值:NIOSH REL*:TWA 0.050 mg/m³ 见附录 C [*注:REL 也适用于其他铅化合物(按铅计)—— 见附录 C。]

OSHA PEL*:[1910.1025] TWA 0.050 mg/m³ 见附录 C [*注:PEL 也适用于其他铅化合物(按铅计)—— 见附录 C。]

IDLH:100 mg/m³(按铅计) **浓度换算系数:**

理化性质:质重,易延展,柔软,灰色固体。

分子量:207.2	沸点:3 164 ℉
熔点:621 ℉	溶解度:不溶
蒸气压:0 mmHg(约)	电离电位:不适用
比重:11.34	闪点:不适用
爆炸上限:不适用	爆炸下限:不适用

块状为不可燃固体。

不相容性和反应性:强氧化剂,过氧化氢,酸。

测量方法:NIOSH 7082,7105,7300,7301,7303,7700,7701,7702,9102,9105;
OSHA ID121,ID125G,ID206

个人防护和卫生设施:

- 皮肤:穿戴合适的个人防护服,防止皮肤直接接触。
- 眼睛:佩戴合适的眼部防护用品,防止眼睛直接接触。
- 清洗皮肤:每天工作班结束后,进食、吸烟、喝水前都应该清洗可能受到污染的皮肤。
- 脱除:如果工作服被弄湿或受到了明显的污染,应该立即脱除并妥善处置。
- 更换:在离开工作场所前应当将可能受到污染的工作服更换成无污染的衣服。

急救:

- 眼睛:如眼睛直接接触了该化学物质,要立即用大量水冲洗(灌洗)眼睛,冲洗时,不时翻开上下眼睑,并立即就医。
- 皮肤:如果该化学物质直接接触皮肤,要迅速用肥皂和水冲洗污染的皮肤。如果该化学物质渗透进衣服,立即将衣服脱除,并用水清洗皮肤。如果清洗后刺激持续存在,应就医。
- 呼吸:如果接触者吸入大量该化学物质,立即将接触者移至新鲜空气处。如果呼吸停止,要进行人工呼吸,注意保暖和休息。尽快就医。
- 吞入:如果吞入该化学物质,应立即就医。

对呼吸器选择的建议:NIOSH/OSHA

~0.5 mg/m³:

- 100XQ:任何除四分之一面罩之外的防颗粒物呼吸器,配有 N100、R100 或 P100 过滤元件(包括 N100、R100 或 P100 随弃式面罩)。指定防护因数=10。选择 N、R 或 P 过滤元件的信息见表 4。
- Sa:任何供气式呼吸器。指定防护因数=10。

~1.25 mg/m³:

- Sa:Cf:任何连续供气式呼吸器。指定防护因数=25。
- PaprHie:任何动力送风空气过滤式呼吸器,配有高效颗粒物过滤元件。指定防护因数=25。

~2.5 mg/m³:

- 100F:任何空气过滤式全面罩呼吸器,配有 N100、R100 或 P100 过滤元件。指定防护因数=50。选择 N、R 或 P 过滤元件的信息见表 4。
- SaT:Cf:任何连续供气式呼吸器,配密合型面罩。指定防护因数=50。

- PaprTHie：任何动力送风空气过滤式呼吸器，配密合型面罩和高效颗粒物过滤元件。指定防护因数＝50。
- ScbaF：任何携气式呼吸器，配全面罩。指定防护因数＝50。
- SaF：任何供气式呼吸器，配全面罩。指定防护因数＝50。

～50 mg/m³：

- Sa：Pd，Pp：任何压力需气式或正压供气式呼吸器。指定防护因数＝1 000。

～100 mg/m³：

- SaF：Pd，Pp：任何压力需气式或正压供气式呼吸器，配全面罩。指定防护因数＝2 000。

§：应急抢险，或准备进入浓度未知环境，或进入 IDLH 环境：

- ScbaF：Pd，Pp：任何压力需气式或正压携气式呼吸器，配全面罩。指定防护因数＝10 000。
- SaF：Pd，Pp：AScba：任何压力需气式或正压供气式呼吸器，配全面罩，配压力需气式或正压携气式辅助呼吸器。指定防护因数＝10 000。

逃生：

- 100F：任何空气过滤式全面罩呼吸器，配有 N100、R100 或 P100 过滤元件。指定防护因数＝50。选择 N、R 或 P 过滤元件的信息见表 4。
- ScbaE：任何适合逃生的携气式呼吸器。

（见附录 E）

有关呼吸器选择的其他重要信息参见相关标准。

接触途径：呼吸道，胃肠道，皮肤和/或眼睛直接接触。

症状：乏力，失眠；面色苍白；厌食，体重减轻，营养不良；便秘，急腹痛；贫血；牙龈铅线；震颤；腕、踝关节麻痹；脑病；肾病；眼睛刺激；低血压。

靶器官：眼睛，胃肠道，中枢神经系统，肾，血液，牙龈组织。

L

石灰石（Limestone）

$CaCO_3$

CAS No.：1317-65-3

RTECS No.：

DOT ID 和指南号：

异名和商品名：碳酸钙，Calcium carbonate，Natural calcium carbonate

［注：方解石和霰石是最重要的天然碳酸钙商品。］

接触限值：NIOSH REL：TWA 10 mg/m³（总颗粒物）
TWA 5 mg/m³（呼吸性颗粒物）
OSHA PEL：TWA 15 mg/m³（总颗粒物）
TWA 5 mg/m³（呼吸性颗粒物）

IDLH：N. D.　**浓度换算系数：**

理化性质：无气味，白色至褐色粉末。

分子量：100.1　沸点：分解
熔点：1 517～2 442 ℉（分解）　溶解度：0.001%
蒸气压：0 mmHg（约）　电离电位：不适用
比重：2.7～2.9　闪点：不适用
爆炸上限：不适用　爆炸下限：不适用
不可燃固体。
不相容性和反应性：氟，镁，酸，明矾，铵盐。

测量方法：NIOSH 0500，0600

个人防护和卫生设施：

- 皮肤：对于个体皮肤防护装备的需要没有特殊建议。
- 眼睛：对眼部防护的需要没有特殊建议。
- 清洗皮肤：对于清洗皮肤上的污染物没有其他特殊的建议（包括立即清洗和班后清洗）。
- 脱除：对于脱除被污染或被弄湿的工作服的需要没有特殊建议。
- 更换：对于班后的衣服的更换需要没有特殊建议。

急救：

- 眼睛：如眼睛直接接触了该化学物质，要立即用大量水冲洗（灌洗）眼睛，冲洗时，不时翻开上下眼睑，并立即就医。

● 皮肤:如果该化学物质直接接触皮肤,用肥皂和水冲洗污染的皮肤。

● 呼吸:如果接触者吸入大量该化学物质,立即将接触者移至新鲜空气处。通常不需要采取其他措施。

对呼吸器选择的建议:无。

有关呼吸器选择的其他重要信息参见相关标准。

接触途径:呼吸道,皮肤和/或眼睛直接接触。

症状:眼睛、皮肤、黏膜刺激;咳嗽,打喷嚏,鼻漏;流泪。

靶器官:眼睛,皮肤,呼吸系统。

林丹(Lindane) CAS No.:58-89-9

$C_6H_6Cl_6$ RTECS No.:GV4900000

异名和商品名:六氯环己烷;六氯化苯;BHC;HCH;γ-Hexachlorocyclohexane;gamma isomer of 1,2,3,4,5,6-Hexachlorocyclohexane

DOT ID 和指南号:2761 151

接触限值:NIOSH REL:TWA 0.5 mg/m³[皮]

OSHA PEL:TWA 0.5 mg/m³[皮]

IDLH:50 mg/m³ **浓度换算系数**:

理化性质:白色至黄色晶状粉末,具有淡淡的霉味。[农药]

分 子 量:290.8 沸 点:614 ℉

熔 点:235 ℉ 溶 解 度:0.001%

蒸 气 压:0.000 01 mmHg 电离电位:未知

比 重:1.85 闪 点:不适用

爆炸上限:不适用 爆炸下限:不适用

不可燃固体,但可溶于易燃液体。

不相容性和反应性:对金属具有腐蚀性。

测量方法:NIOSH 5502

个人防护和卫生设施:

● 皮肤:穿戴合适的个人防护服,防止皮肤直接接触。

● 眼睛:对眼部防护的需要没有特殊建议。

● 清洗皮肤:当皮肤受到污染时,应立即清洗污染的皮肤。

● 脱除:如果工作服被弄湿或受到了明显的污染,应该立即脱除并妥善处置。

● 更换:在离开工作场所前应当将可能受到污染的工作服更换成无污染的衣服。

● 配备:在紧靠有可能接触该化学物质的工作场所,应配备快速冲淋身体的设备以应急使用。[注:这些设备应能够提供足量水或流动水,以将可能接触的身体任何部位上的该化学物质除去。实际配备适宜的快速冲淋设备取决于工作场所的具体条件。在某些情况下,必须及时进行大流量淋浴,而其他情况下只需要用一个水槽或软管供水就足够了。]

急救:

● 眼睛:如眼睛直接接触了该化学物质,要立即用大量水冲洗(灌洗)眼睛,冲洗时,不时翻开上下眼睑,并立即就医。

● 皮肤:如果该化学物质直接接触皮肤,迅速用肥皂和水冲洗污染的皮肤。若该化学物质渗透进衣服,要迅速将衣服脱除,用肥皂和水清洗皮肤,并迅速就医。

● 呼吸:如果接触者吸入大量该化学物质,立即将接触者移至新鲜空气处。如果呼吸停止,要进行人工呼吸,注意保暖和休息。尽快就医。

● 吞入:如果吞入该化学物质,应立即就医。

对呼吸器选择的建议:NIOSH/OSHA

~5 mg/m³:

● CcrOv95:任何空气过滤式半面罩呼吸器,配有机蒸气滤毒盒和 N95、R95 或 P95 的综合防护过滤元件。也可使用以下过滤元件:N99、R99、P99、N100、R100、P100。

指定防护因数＝10。选择 N、R 或 P 过滤元件的信息见表 4。

- Sa：任何供气式呼吸器。指定防护因数＝10。

～12.5 mg/m^3：

- Sa：Cf：任何连续供气式呼吸器。指定防护因数＝25。*
- PaprOvHie：任何动力送风空气过滤式呼吸器，配有机蒸气和高效颗粒滤毒盒的综合防护过滤元件。指定防护因数＝50。*

～25 mg/m^3：

- CcrFOv100：任何空气过滤式全面罩呼吸器，配有机蒸气滤毒盒和 N100、R100 或 P100 的综合防护过滤元件。指定防护因数＝50。选择 N、R 或 P 过滤元件的信息见表 4。
- GmFOv100：任何空气过滤式全面罩呼吸器（防毒面具），配下颌式、前置式或背置式有机蒸气滤毒罐和 N100、R100 或 P100 的综合防护过滤元件。指定防护因数＝50。选择 N、R 或 P 过滤元件的信息见表 4。
- PaprTOvHie：任何动力送风空气过滤式呼吸器，配密合型面罩和有机蒸气和高效颗粒滤毒盒的综合防护过滤元件。指定防护因数＝50。*
- ScbaF：任何携气式呼吸器，配全面罩。指定防护因数＝50。
- SaF：任何供气式呼吸器，配全面罩。指定防护因数＝50。

～50 mg/m^3：

- SaF：Pd，Pp：任何压力需气式或正压供气式呼吸器，配全面罩。指定防护因数＝2 000。

§：应急抢险，或准备进入浓度未知环境，或进入 IDLH 环境：

- ScbaF：Pd，Pp：任何压力需气式或正压携气式呼吸器，配全面罩。指定防护因数＝10 000。
- SaF：Pd，Pp：AScba：任何压力需气式或正压供气式呼吸器，配全面罩，配压力需气式或正压携气式辅助呼吸器。指定防护因数＝10 000。

逃生：

- GmFOv100：任何空气过滤式全面罩呼吸器（防毒面具），配下颌式、前置式或背置式有机蒸气滤毒罐和 N100、R100 或 P100 的综合防护过滤元件。指定防护因数＝50。选择 N、R 或 P 过滤元件的信息见表 4。
- ScbaE：任何适合逃生的携气式呼吸器。

有关呼吸器选择的其他重要信息参见相关标准。

接触途径：呼吸道，皮肤吸收，胃肠道，皮肤和/或眼睛直接接触。

症状：眼睛、皮肤、鼻、咽喉刺激；头痛；恶心；阵挛性惊厥；呼吸困难；紫绀；再生障碍性贫血；肌肉痉挛；动物：肝、肾损害。

靶器官：眼睛，皮肤，呼吸系统，中枢神经系统，血液，肝，肾。

氢化锂（Lithium hydride）

LiH

异名和商品名：lituium monohydride

CAS No.：7580-67-8

RTECS No.：OJ6300000

DOT ID 和指南号：1414 138；2805 138（熔融，固体）

接触限值：NIOSH REL：TWA 0.025 mg/m^3
OSHA PEL：TWA 0.025 mg/m^3

IDLH：0.5 mg/m^3　　**浓度换算系数：**

理化性质：淡米黄色至灰色，半透明晶体或白色无气味粉末。

分子量：7.95	沸点：分解
熔点：1 256 ℉	溶解度：与水反应
蒸气压：0 mmHg（约）	电离电位：不适用
比重：0.78	闪点：不适用

L

爆炸上限:不适用　　　　爆炸下限:不适用

可燃固体,可形成遇明火、热或氧化剂发生爆炸的气溶胶粉尘云团。

不相容性和反应性:强氧化剂,卤代烃,酸,水。[注:在空气中可自燃,当火熄灭后可再燃。与水反应生成氢和氢氧化锂。]

测量方法:OSHA ID121

个人防护和卫生设施:

- 皮肤:穿戴合适的个人防护服,防止皮肤直接接触。
- 眼睛:佩戴合适的眼部防护用品,防止眼睛直接接触。
- 清洗皮肤:刷去(切勿冲洗)。
- 脱除:如果工作服被弄湿或受到了明显的污染,应该立即脱除并妥善处置。
- 更换:在离开工作场所前应当将可能受到污染的工作服更换成无污染的衣服。
- 配备:在劳动者可能接触该化学物质的作业场所,无论是否需要使用眼部防护用品,都应配备眼冲洗设备。在紧靠有可能接触该化学物质的工作场所,应配备快速冲淋身体的设备以应急使用。[注:这些设备应能够提供足量水或流动水,以将可能接触的身体任何部位上的该化学物质除去。实际配备适宜的快速冲淋设备取决于工作场所的具体条件。在某些情况下,必须及时进行大流量淋浴,而其他情况下只需要用一个水槽或软管供水就足够了。](>0.5 mg/m³)

急救:

- 眼睛:如眼睛直接接触了该化学物质,要立即用大量水冲洗(灌洗)眼睛,冲洗时,不时翻开上下眼睑,并立即就医。
- 皮肤:刷去(切勿冲洗)。
- 呼吸:如果接触者吸入大量该化学物质,立即将接触者移至新鲜空气处。如果呼吸停止,要进行人工呼吸,注意保暖和休息。尽快就医。
- 吞入:如果吞入该化学物质,应立即就医。

对呼吸器选择的建议:NIOSH/OSHA

~0.25 mg/m³:

- 100XQ:任何除四分之一面罩之外的防颗粒物呼吸器,配有N100、R100或P100过滤元件(包括N100、R100或P100随弃式面罩)。指定防护因数=10。选择N、R或P过滤元件的信息见表4。
- Sa:任何供气式呼吸器。指定防护因数=10。

~0.5 mg/m³:

- Sa:Cf:任何连续供气式呼吸器。指定防护因数=25。*
- 100F:任何空气过滤式全面罩呼吸器,配有N100、R100或P100过滤元件。指定防护因数=50。选择N、R或P过滤元件的信息见表4。
- PaprHie:任何动力送风空气过滤式呼吸器,配有高效颗粒物过滤元件。指定防护因数=25。*
- ScbaF:任何携气式呼吸器,配全面罩。指定防护因数=50。
- SaF:任何供气式呼吸器,配全面罩。指定防护因数=50。

§:应急抢险,或准备进入浓度未知环境,或进入IDLH环境:

- ScbaF:Pd,Pp:任何压力需气式或正压携气式呼吸器,配全面罩。指定防护因数=10 000。
- SaF:Pd,Pp:AScba:任何压力需气式或正压供气式呼吸器,配全面罩,配压力需气式或正压携气式辅助呼吸器。指定防护因数=10 000。

逃生:

- 100F:任何空气过滤式全面罩呼吸器,配有N100、R100或P100过滤元件。指定防护因数=50。选择N、R或P过滤元件的信息见表4。
- ScbaE:任何适合逃生的携气式呼吸器。

有关呼吸器选择的其他重要信息参见相关标准。

接触途径:呼吸道,胃肠道,皮肤和/或眼睛直接接触。

症状:眼睛、皮肤刺激;眼睛、皮肤灼伤;口、食道灼伤(摄入时);恶心;肌颤;意识模糊;视物模糊。

靶器官:眼睛,皮肤,呼吸系统,中枢神经系统。

液化石油气(L. P. G.)

$C_3H_8/C_3H_6/C_4H_{10}/C_4H_8$

异名和商品名:瓶装气,液化石油气,Bottled gas,Compressed petroleum gas,Liquefied hydrocarbon gas,Liquefied petroleum gas,LPG [注:是丙烷、丙烯、丁烷和丁烯的燃料混合气]

CAS No.:68476-85-7

RTECS No.:SE7545000

DOT ID 和指南号:1075 115

接触限值:NIOSH REL:TWA 1 000 ppm (1 800 mg/m^3)

OSHA PEL:TWA 1 000 ppm (1 800 mg/m^3)

IDLH:2 000 ppm [10%爆炸下限]

浓度换算系数:1 ppm = 1.72~2.37 mg/m^3

理化性质:纯品为无色,无腐蚀性,无味气体。[注:通常加入有恶臭的气味剂。以压缩液化气运输。]

分子量:42~58

沸点:>-44 ℉

凝固点:未知

溶解度:不溶

蒸气压:>1 大气压

电离电位:10.95 eV

相对密度:1.45~2.00

闪点:不适用 (气体)

爆炸上限:9.5% (丙烷) 8.5% (丁烷)

爆炸下限:2.1% (丙烷) 1.9% (丁烷)

易燃气体。

不相容性和反应性:强氧化剂,二氧化氯。

测量方法:NIOSH S93 (II-2)

个人防护和卫生设施:

- 皮肤:压缩气体快速膨胀时可产生低温。泄漏和使用能快速膨胀的压缩气体,可产生冻伤危害。穿戴合适的个人防护服,防止皮肤冻伤。
- 眼睛:佩戴合适的眼部防护用品,防止眼睛直接接触液体后因低温引起灼伤或组织损伤。
- 清洗皮肤:对于清洗皮肤上的污染物没有其他特殊的建议(包括立即清洗和班后清洗)。
- 脱除:如果工作服被可燃性物质(即闪点低于 100 ℉的液体)浸湿,应当立即脱除并妥善处置,以防着火。
- 更换:对于班后的衣服的更换需要没有特殊建议。
- 配备:在紧靠有可能接触极低温液体或迅速蒸发的液体的工作场所,应配备快速冲淋洗浴设备和/或眼冲洗设备,以应急使用。

急救:

- 眼睛:如眼睛直接接触了该化学物质,要立即用大量水冲洗(灌洗)眼睛,冲洗时,不时翻开上下眼睑,并立即就医。(液体)
- 皮肤:如果该化学物质直接接触皮肤,立即用水冲洗污染的皮肤。如果该化学物质渗透进衣服,要迅速将衣服脱除,用水冲洗污染的皮肤,并迅速就医。(液体)
- 呼吸:如果接触者吸入大量该化学物质,立即将接触者移至新鲜空气处。如果呼吸停止,要进行人工呼吸,注意保暖和休息。尽快就医。

对呼吸器选择的建议:NIOSH/OSHA

~2 000 ppm:

- Sa:任何供气式呼吸器。指定防护因数=10。
- ScbaF:任何携气式呼吸器,配全面罩。指定防护因数=50。

§:应急抢险,或准备进入浓度未知环境,或进入 IDLH 环境:

- ScbaF:Pd,Pp:任何压力需气式或正压携气式呼吸器,配全面罩。指定防护因数=10 000。
- SaF:Pd,Pp:AScba:任何压力需气式或正压供气式呼吸器,配全面罩,配压力需气式或正压携气式辅助呼吸器。指定防护因数=10 000。

逃生:

- ScbaE:任何适合逃生的携气式呼吸器。

有关呼吸器选择的其他重要信息参见相关标准。

接触途径:呼吸道,皮肤和/或眼睛直接接触(液体)。

症状:眩晕,嗜睡,窒息;液体:冻伤。

靶器官:呼吸系统,中枢神经系统。

菱镁矿(Magnesite)

$MgCO_3$

异名和商品名:碳酸镁,水菱镁矿,Carbonate magnesium,Hydromagnesite,magnesium carbonate,magnesium(Ⅱ) carbonate [注:菱镁矿是碳酸镁的天然形式。]

CAS No.:546-93-0

RTECS No.:OM2470000

DOT ID 和指南号:

接触限值:NIOSH REL:TWA 10 mg/m³(总颗粒物)

TWA 5 mg/m³(呼吸性颗粒物)

OSHA PEL:TWA 15 mg/m³(总颗粒物)

TWA 5 mg/m³(呼吸性颗粒物)

IDLH:N. D.　　**浓度换算系数:**

理化性质:白色,无气味,晶状粉末。

分子量:84.3　　沸点:分解

熔点:662 ℉(分解)　　溶解度:0.01%

蒸气压:0 mmHg(约)　　电离电位:不适用

比重:2.96　　闪点:不适用

爆炸上限:不适用　　爆炸下限:不适用

不可燃固体。

不相容性和反应性:酸,甲醛。

测量方法:NIOSH 0500,0600

个人防护和卫生设施:

- 皮肤:对于个体皮肤防护装备的需要没有特殊建议。
- 眼睛:对眼部防护的需要没有特殊建议。
- 清洗皮肤:对于清洗皮肤上的污染物没有其他特殊的建议(包括立即清洗和班后清洗)。
- 脱除:对于脱除被污染或被弄湿的工作服的需要没有特殊建议。
- 更换:对于班后的衣服的更换需要没有特殊建议。

急救:

- 眼睛:如眼睛直接接触了该化学物质,要立即用大量水冲洗(灌洗)眼睛,冲洗时,不时翻开上下眼睑,并立即就医。
- 呼吸:如果接触者吸入大量该化学物质,立即将接触者移至新鲜空气处。通常不需要采取其他措施。

对呼吸器选择的建议:无。

有关呼吸器选择的其他重要信息参见相关标准。

接触途径:呼吸道,皮肤和/或眼睛直接接触。

症状:眼睛、皮肤、呼吸系统刺激;咳嗽。

靶器官:眼睛,皮肤,呼吸系统。

氧化镁烟(Magnesium oxide fume)

MgO

异名和商品名:氧化镁,Magnesia fume

CAS No.:1309-48-4

RTECS No.:OM3850000

DOT ID 和指南号:

接触限值:NIOSH REL:见附录 D

OSHA PEL †:TWA 15 mg/m³

IDLH:750 mg/m³　　**浓度换算系数:**

理化性质:分散在空气中的微小白色颗粒物。[注:当镁燃烧、热切或焊接时,可能发生接触。]

分子量:40.3　　沸点:6 512 ℉

熔点:5 072 ℉　　溶解度(86 ℉):0.009%

蒸气压:0 mmHg(约)　　电离电位:不适用

比重:3.58　　闪点:不适用

爆炸上限:不适用　　　　爆炸下限:不适用
不可燃固体。
不相容性和反应性:三氟化氯,五氯化磷。

测量方法:NIOSH 7300,7301,7303;OSHA ID121

个人防护和卫生设施:

- 皮肤:对于个体皮肤防护装备的需要没有特殊建议。
- 眼睛:对眼部防护的需要没有特殊建议。
- 清洗皮肤:对于清洗皮肤上的污染物没有其他特殊的建议(包括立即清洗和班后清洗)。
- 脱除:对于脱除被污染或被弄湿的工作服的需要没有特殊建议。
- 更换:对于班后的衣服的更换需要没有特殊建议。

急救:

- 呼吸:如果接触者吸入大量该化学物质,立即将接触者移至新鲜空气处。如果呼吸停止,要进行人工呼吸,注意保暖和休息。尽快就医。

对呼吸器选择的建议:OSHA

~ 150 mg/m³:

- 95XQ:任何除四分之一面罩之外的防颗粒物呼吸器,配有 N95、R95 或 P95 过滤元件(包括 N95、R95 或 P95 随弃式面罩)。也可使用以下过滤元件:N99、R99、P99、N100、R100、P100。指定防护因数=10。选择 N、R 或 P 过滤元件的信息见表 4。
- Sa:任何供气式呼吸器。指定防护因数=10。

~ 375 mg/m³:

- Sa:Cf:任何连续供气式呼吸器。指定防护因数=25。
- PaprHie:任何动力送风空气过滤式呼吸器,配有高效颗粒物过滤元件。指定防护因数=25。

~ 750 mg/m³:

- 100F:任何空气过滤式全面罩呼吸器,配有 N100、R100 或 P100 过滤元件。指定防护因数=50。选择 N、R 或 P 过滤元件的信息见表 4。
- PaprTHie:任何动力送风空气过滤式呼吸器,配密合型面罩和高效颗粒物过滤元件。指定防护因数=50。*
- ScbaF:任何携气式呼吸器,配全面罩。指定防护因数=50。
- SaF:任何供气式呼吸器,配全面罩。指定防护因数=50。

§:应急抢险,或准备进入浓度未知环境,或进入 IDLH 环境:

- ScbaF:Pd,Pp:任何压力需气式或正压携气式呼吸器,配全面罩。指定防护因数=10 000。
- SaF:Pd,Pp:AScba:任何压力需气式或正压供气式呼吸器,配全面罩,配压力需气式或正压携气式辅助呼吸器。指定防护因数=10 000。

逃生:

- 100F:任何空气过滤式全面罩呼吸器,配有 N100、R100 或 P100 过滤元件。指定防护因数=50。选择 N、R 或 P 过滤元件的信息见表 4。
- ScbaE:任何适合逃生的携气式呼吸器。

有关呼吸器选择的其他重要信息参见相关标准。

接触途径:呼吸道,皮肤和/或眼睛直接接触。

症状:眼睛、鼻刺激;金属烟热:咳嗽,胸痛,流感样发热。

靶器官:眼睛,皮肤,呼吸系统。

马拉硫磷(Malathion)

$C_{10}H_{19}O_6PS_2$

CAS No.:121-75-5

RTECS No.:WM8400000

DOT ID 和指南号:2783 152

异名和商品名:四O四九;马拉塞昂;O,O-二甲基-S-[1,2-双(乙氧羰基)乙基]二硫代磷酸酯;S-[1,2-bis(ethoxycarbonyl)ethyl]O,O-dimethyl-phosphorodithioate;Diethyl (dimethoxyphosphinothioylthio) succinate

接触限值:NIOSH REL:TWA 10 mg/m³[皮]
OSHA PEL †:TWA 15 mg/m³[皮]

IDLH:250 mg/m³　　**浓度换算系数:**

理化性质:深棕色至黄色液体,具有大蒜味。[杀虫剂][注:37 ℉以下为固体。]

分子量:330.4	沸点:140 ℉(分解)
凝固点:37 ℉	溶解度:0.02%
蒸气压:0.000 04 mmHg	电离电位:未知
比重:1.21	闪点(开杯):>325 ℉
爆炸上限:未知	爆炸下限:未知

ⅢB类可燃液体——闪点等于或高于200℉。但不易点燃。

不相容性和反应性:强氧化剂,镁,碱性农药。[注:对金属具有腐蚀性。]

测量方法:NIOSH 5600;OSHA 62

个人防护和卫生设施:
- 皮肤:穿戴合适的个人防护服,防止皮肤直接接触。
- 眼睛:佩戴合适的眼部防护用品,防止眼睛直接接触。
- 清洗皮肤:当皮肤受到污染时,应立即清洗污染的皮肤。
- 脱除:如果工作服被弄湿或受到了明显的污染,应该立即脱除并妥善处置。
- 更换:在离开工作场所前应当将可能受到污染的工作服更换成无污染的衣服。

急救:
- 眼睛:如眼睛直接接触了该化学物质,要立即用大量水冲洗(灌洗)眼睛,冲洗时,不时翻开上下眼睑,并立即就医。
- 皮肤:如果该化学物质直接接触皮肤,迅速用肥皂和水冲洗污染的皮肤。若该化学物质渗透进衣服,要迅速将衣服脱除,用肥皂和水清洗皮肤,并迅速就医。
- 呼吸:如果接触者吸入大量该化学物质,立即将接触者移至新鲜空气处。如果呼吸停止,要进行人工呼吸,注意保暖和休息。尽快就医。
- 吞入:如果吞入该化学物质,应立即就医。

对呼吸器选择的建议:NIOSH

~ 100 mg/m³:
- CcrOv95:任何空气过滤式半面罩呼吸器,配有机蒸气滤毒盒和N95、R95或P95的综合防护过滤元件。也可使用以下过滤元件:N99、R99、P99、N100、R100、P100。指定防护因数=10。选择N、R或P过滤元件的信息见表4。
- Sa:任何供气式呼吸器。指定防护因数=10。

~ 250 mg/m³:
- Sa:Cf:任何连续供气式呼吸器。指定防护因数=25。*
- CcrFOv100:任何空气过滤式全面罩呼吸器,配有机蒸气滤毒盒和N100、R100或P100的综合防护过滤元件。指定防护因数=50。选择N、R或P过滤元件的信息见表4。
- GmFOv100:任何空气过滤式全面罩呼吸器(防毒面具),配下颌式、前置式或背置式有机蒸气滤毒罐和N100、R100或P100的综合防护过滤元件。指定防护因数=50。选择N、R或P过滤元件的信息见表4。

- PaprOvHie：任何动力送风空气过滤式呼吸器，配有机蒸气和高效颗粒滤毒盒的综合防护过滤元件。指定防护因数＝50。*
- ScbaF：任何携气式呼吸器，配全面罩。指定防护因数＝50。
- SaF：任何供气式呼吸器，配全面罩。指定防护因数＝50。

§：应急抢险，或准备进入浓度未知环境，或进入 IDLH 环境：

- ScbaF：Pd，Pp：任何压力需气式或正压携气式呼吸器，配全面罩。指定防护因数＝10 000。
- SaF：Pd，Pp：AScba：任何压力需气式或正压供气式呼吸器，配全面罩，配压力需气式或正压携气式辅助呼吸器。指定防护因数＝10 000。

逃生：

- GmFOv100：任何空气过滤式全面罩呼吸器（防毒面具），配下颌式、前置式或背置式有机蒸气滤毒罐和 N100、R100 或 P100 的综合防护过滤元件。指定防护因数＝50。选择 N、R 或 P 过滤元件的信息见表 4。
- ScbaE：任何适合逃生的携气式呼吸器。

有关呼吸器选择的其他重要信息参见相关标准。

接触途径：呼吸道，胃肠道，皮肤吸收，皮肤和/或眼睛直接接触。

症状：眼睛、皮肤刺激；瞳孔缩小，眼睛酸痛，视物模糊，流泪；流涎；厌食，恶心，呕吐，腹绞痛，腹泻，眩晕，意识模糊，共济失调；鼻漏，头痛；胸部紧缩感，喘鸣，喉痉挛。

靶器官：眼睛，皮肤，呼吸系统，肝，血胆碱酯酶，中枢神经系统，心血管系统，胃肠道。

M

顺丁烯二酸酐（Maleic anhydride）

$C_4H_2O_3$

CAS No.：108-31-6

RTECS No.：ON3675000

DOT ID 和指南号：2215 156

异名和商品名：马来酐；马林酸酐；cis-Butenedioic anhydride；2，5-Furanedione；Maleic acid anhydride；Toxilic anhydride

接触限值：NIOSH REL：TWA 1 mg/m^3（0.25 ppm）
OSHA PEL：TWA 1 mg/m^3（0.25 ppm）

IDLH：10 mg/m^3　**浓度换算系数：**1 ppm = 4.01 mg/m^3

理化性质：无色针状，白色块状或丸状，具有刺激性窒息性气味。

分子量：98.1	沸点：396 ℉
熔点：127 ℉	溶解度：与水反应
蒸气压：0.2 mmHg	电离电位：9.90 eV
比重：1.48	闪点：218 ℉
爆炸上限：7.1%	爆炸下限：1.4%

可燃固体，但不易点燃。

不相容性和反应性：在 150 ℉以上，强氧化剂，水，碱，金属，腐蚀剂和胺。［注：与水慢慢地反应生成顺丁烯二酸。］

测量方法：NIOSH 3512；OSHA 25，86

个人防护和卫生设施：

- 皮肤：穿戴合适的个人防护服，防止皮肤直接接触。
- 眼睛：佩戴合适的眼部防护用品，防止眼睛直接接触。
- 清洗皮肤：当皮肤受到污染时，应立即清洗污染的皮肤。
- 脱除：如果工作服被弄湿或受到了明显的污染，应该立即脱除并妥善处置。
- 更换：对于班后的衣服的更换需要没有特殊建议。

- 配备：在劳动者可能接触该化学物质的作业场所，无论是否需要使用眼部防护用品，都应配备眼冲洗设备。

急救：

- 眼睛：如眼睛直接接触了该化学物质，要立即用大量水冲洗（灌洗）眼睛，冲洗时，不时翻开上下眼睑，并立即就医。
- 皮肤：如果该化学物质直接接触皮肤，立即用肥皂和水冲洗污染的皮肤。若该化学物质渗透进衣服，要立即将衣服脱除，用肥皂和水清洗皮肤，并迅速就医。
- 呼吸：如果接触者吸入大量该化学物质，立即将接触者移至新鲜空气处。如果呼吸停止，要进行人工呼吸，注意保暖和休息。尽快就医。
- 吞入：如果吞入该化学物质，应立即就医。

§：应急抢险，或准备进入浓度未知环境，或进入 IDLH 环境：

- ScbaF：Pd，Pp：任何压力需气式或正压携气式呼吸器，配全面罩。指定防护因数＝10 000。
- SaF：Pd，Pp：AScba：任何压力需气式或正压供气式呼吸器，配全面罩，配压力需气式或正压携气式辅助呼吸器。指定防护因数＝10 000。

逃生：

- GmFOv100：任何空气过滤式全面罩呼吸器（防毒面具），配下颌式、前置式或背置式有机蒸气滤毒罐和 N100、R100 或 P100 的综合防护过滤元件。指定防护因数＝50。选择 N、R 或 P 过滤元件的信息见表 4。
- ScbaE：任何适合逃生的携气式呼吸器。

有关呼吸器选择的其他重要信息参见相关标准。

对呼吸器选择的建议：NIOSH/OSHA

～ 10 mg/m^3：

- Sa：Cf：任何连续供气式呼吸器。指定防护因数＝25。£
- ScbaF：任何携气式呼吸器，配全面罩。指定防护因数＝50。
- SaF：任何供气式呼吸器，配全面罩。指定防护因数＝50。

接触途径：呼吸道，胃肠道，皮肤和/或眼睛直接接触。

症状：鼻、上呼吸道刺激；结膜炎；畏光，复视；支气管哮喘；皮炎。

靶器官：眼睛，皮肤，呼吸系统。

丙二醛（Malonaldehyde）

CHOCH$_2$CHO

CAS No.：542-78-9

RTECS No.：TX6475000

异名和商品名：1，3-丙二醛；Malonic aldehyde；Malonodialdehyde；Propanedial；1，3-Propanedial［注：纯的丙二醛不稳定，常用其钠盐。］

DOT ID 和指南号：

接触限值：NIOSH REL：Ca 见附录 A、附录 C（醛）
OSHA PEL：无

IDLH：Ca［N. D.］　　**浓度换算系数：**

理化性质：固体（针状）。

分 子 量：72.1　　沸　　点：未知

熔　　点：161 ℉　　溶 解 度：未知

蒸 气 压：未知　　电离电位：未知

比　　重：未知　　闪　　点：未知

爆炸上限：未知　　爆炸下限：未知

不相容性和反应性：蛋白质。［注：纯化合物在中性环境中稳定，但在酸性环境中不稳定。］

测量方法：无。

个人防护和卫生设施：

- 皮肤：穿戴合适的个人防护服，防止皮肤直接接触。
- 眼睛：佩戴合适的眼部防护用品，防止眼睛直接接触。
- 清洗皮肤：当皮肤受到污染时，应立即清洗污染的皮肤。/每天工作班结束后，进食、吸烟、喝水前都应该清洗可能受到污染的皮肤。
- 脱除：如果工作服被弄湿或受到了明显的污染，应该立即脱除并妥善处置。
- 更换：在离开工作场所前应当将可能受到污染的工作服更换成无污染的衣服。
- 配备：在劳动者可能接触该化学物质的作业场所，无论是否需要使用眼部防护用品，都应配备眼冲洗设备。在紧靠有可能接触该化学物质的工作场所，应配备快速冲淋身体的设备以应急使用。[注：这些设备应能够提供足量水或流动水，以将可能接触的身体任何部位上的该化学物质除去。实际配备适宜的快速冲淋设备取决于工作场所的具体条件。在某些情况下，必须及时进行大流量淋浴，而其他情况下只需要用一个水槽或软管供水就足够了。]

急救：

- 眼睛：如眼睛直接接触了该化学物质，要立即用大量水冲洗(灌洗)眼睛，冲洗时，不时翻开上下眼睑，并立即就医。
- 皮肤：如果该化学物质直接接触皮肤，立即用水冲洗污染的皮肤。如果该化学物质渗透进衣服，要迅速将衣服脱除，用水冲洗污染的皮肤，并迅速就医。
- 呼吸：如果接触者吸入大量该化学物质，立即将接触者移至新鲜空气处。如果呼吸停止，要进行人工呼吸，注意保暖和休息。尽快就医。
- 吞入：如果吞入该化学物质，应立即就医。

对呼吸器选择的建议：NIOSH

¥：高于 NIOSH REL 的浓度；或当没有 REL 时，任何可以检测到的浓度：

- ScbaF：Pd，Pp：任何压力需气式或正压携气式呼吸器，配全面罩。指定防护因数＝10 000。
- SaF：Pd，Pp：AScba：任何压力需气式或正压供气式呼吸器，配全面罩，配压力需气式或正压携气式辅助呼吸器。指定防护因数＝10 000。

逃生：

- GmFOv：任何空气过滤式全面罩呼吸器(防毒面具)，配下颌式、前置式或背置式有机蒸气滤毒罐。指定防护因数＝50。
- ScbaE：任何适合逃生的携气式呼吸器。

有关呼吸器选择的其他重要信息参见相关标准。

接触途径：呼吸道，胃肠道，皮肤吸收，皮肤和/或眼睛直接接触。

症状：眼睛、皮肤、呼吸系统刺激；中枢神经系统抑制；[潜在职业性致癌物]。

靶器官：眼睛，皮肤，呼吸系统，中枢神经系统。

致癌部位：[动物：甲状腺肿瘤]。

M

丙二腈(Malononitrile)

$NCCH_2CN$

异名和商品名：二氰甲烷，Cyanoacetonitrile，Dicyanomethane，Malonic dinitrile

CAS No.：109-77-3

RTECS No.：OO3150000

DOT ID 和指南号：2647 153

接触限值：NIOSH REL：TWA 3 ppm (8 mg/m^3)
OSHA PEL：无

理化性质：白色粉末或无色结晶。[注：90 ℉以上融化。在体内形成氰化物。]

IDLH：N. D.　**浓度换算系数：**1 ppm ＝ 2.70 mg/m^3

分子量：66.1　　**沸点：**426 ℉

熔　　点:90 ℉　　溶 解 度:13%
蒸 气 压:未知　　电离电位:12.88 eV
比　　重:1.19　　闪点(开杯):266 ℉
爆炸上限:未知　　爆炸下限:未知

可燃固体。

不相容性和反应性:强碱。[注:在265 ℉持续加热或在较低温度下遇强碱可剧烈聚合。]

测量方法: NIOSH Nitriles Crit. Doc.

个人防护和卫生设施:

- 皮肤:穿戴合适的个人防护服,防止皮肤直接接触。
- 眼睛:佩戴合适的眼部防护用品,防止眼睛直接接触。
- 清洗皮肤:当皮肤受到污染时,应立即清洗污染的皮肤。
- 脱除:如果工作服被弄湿或受到了明显的污染,应该立即脱除并妥善处置。
- 更换:在离开工作场所前应当将可能受到污染的工作服更换成无污染的衣服。
- 配备:在劳动者可能接触该化学物质的作业场所,无论是否需要使用眼部防护用品,都应配备眼冲洗设备。在紧靠有可能接触该化学物质的工作场所,应配备快速冲淋身体的设备以应急使用。[注:这些设备应能够提供足量水或流动水,以将可能接触的身体任何部位上的该化学物质除去。实际配备适宜的快速冲淋设备取决于工作场所的具体条件。在某些情况下,必须及时进行大流量淋浴,而其他情况下只需要用一个水槽或软管供水就足够了。]

急救:

- 眼睛:如眼睛直接接触了该化学物质,要立即用大量水冲洗(灌洗)眼睛,冲洗时,不时翻开上下眼睑,并立即就医。
- 皮肤:如果该化学物质直接接触皮肤,要立即用水冲洗污染的皮肤。如果该化学物质渗透进衣服,要立即将衣服脱除,用水冲洗污染的皮肤。若清洗后出现症状,要立即就医。
- 呼吸:如果接触者吸入大量该化学物质,立即将接触者移至新鲜空气处。如果呼吸停止,要进行人工呼吸,注意保暖和休息。尽快就医。
- 吞入:如果吞入该化学物质,应立即就医。

对呼吸器选择的建议: NIOSH

～80 mg/m³:

- Sa:任何供气式呼吸器。指定防护因数=10。

～200 mg/m³:

- Sa:Cf:任何连续供气式呼吸器。指定防护因数=25。

～400 mg/m³:

- ScbaF:任何携气式呼吸器,配全面罩。指定防护因数=50。
- SaF:任何供气式呼吸器,配全面罩。指定防护因数=50。

～667 mg/m³:

- SaF:Pd,Pp:任何压力需气式或正压供气式呼吸器,配全面罩。指定防护因数=2 000。

§:应急抢险,或准备进入浓度未知环境,或进入IDLH环境:

- ScbaF:Pd,Pp:任何压力需气式或正压携气式呼吸器,配全面罩。指定防护因数=10 000。
- SaF:Pd,Pp:AScba:任何压力需气式或正压供气式呼吸器,配全面罩,配压力需气式或正压携气式辅助呼吸器。指定防护因数=10 000。

逃生:

- GmFOv:任何空气过滤式全面罩呼吸器(防毒面具),配下颌式、前置式或背置式有机蒸气滤毒罐。指定防护因数=50。
- ScbaE:任何适合逃生的携气式呼吸器。

有关呼吸器选择的其他重要信息参见相关标准。

接触途径: 呼吸道,胃肠道,皮肤吸收,皮肤和/或眼睛直接接触。

症状: 眼睛、皮肤、鼻、咽喉刺激;头痛,眩晕,乏力,倦怠,意识模糊,惊厥;呼吸困难;腹痛,恶心,呕吐。

靶器官: 眼睛,皮肤,呼吸系统,中枢神经系统,心血管系统。

锰化合物及其烟(按锰计)[Manganese compounds and fume (as Mn)] Mn (金属)

CAS No.:7439-96-5 (金属)

RTECS No.:OO9275000 (金属)

DOT ID 和指南号:

异名和商品名:锰金属,Manganese mental;Colloidal manganese,Manganese-55 其他名称依不同锰化合物而不同。

接触限值:NIOSH REL*:TWA 1 mg/m³

ST 3 mg/m³[*注:也可参照碳三羰基戊基锰、甲基环戊二烯三羰基锰和四氧化锰的具体列表。]

OSHA PEL*:C 5 mg/m³[*注:也可参照碳三羰基戊基锰和甲基环戊二烯三羰基锰的具体列表。]

IDLH:500 mg/m³(按锰计) **浓度换算系数:**

理化性质:有光泽易碎银色固体。

分子量:54.9	沸点:3 564 ℉
熔点:2 271 ℉	溶解度:不溶
蒸气压:0 mmHg (约)	电离电位:不适用
比重:7.20 (金属)	闪点:不适用
爆炸上限:不适用	爆炸下限:不适用

金属:可燃固体。

不相容性和反应性:氧化剂。[注:与水或水蒸气反应生成氢气。]

测量方法:NIOSH 7300,7301,7303,9102;

OSHA ID121,ID125G

个人防护和卫生设施:

- 皮肤:对于个体皮肤防护装备的需要没有特殊建议。
- 眼睛:对眼部防护的需要没有特殊建议。
- 清洗皮肤:对于清洗皮肤上的污染物没有其他特殊的建议(包括立即清洗和班后清洗)。
- 脱除:对于脱除被污染或被弄湿的工作服的需要没有特殊建议。
- 更换:对于班后的衣服的更换需要没有特殊建议。

急救:

- 呼吸:如果接触者吸入大量该化学物质,立即将接触者移至新鲜空气处。如果呼吸停止,要进行人工呼吸,注意保暖和休息。尽快就医。
- 吞入:如果吞入该化学物质,应立即就医。

对呼吸器选择的建议:NIOSH

~ 10 mg/m³:

- 95XQ:任何除四分之一面罩之外的防颗粒物呼吸器,配有 N95、R95 或 P95 过滤元件(包括 N95、R95 或 P95 随弃式面罩)。也可使用以下过滤元件:N99、R99、P99、N100、R100、P100。指定防护因数=10。选择 N、R 或 P 过滤元件的信息见表 4。
- Sa:任何供气式呼吸器。指定防护因数=10。

~ 25 mg/m³:

- Sa:Cf:任何连续供气式呼吸器。指定防护因数=25。
- PaprHie:任何动力送风空气过滤式呼吸器,配有高效颗粒物过滤元件。指定防护因数=25。

~ 50 mg/m³:

- 100F:任何空气过滤式全面罩呼吸器,配有 N100、R100 或 P100 过滤元件。指定防护因数=50。选择 N、R 或 P 过滤元件的信息见表 4。
- SaT:Cf:任何连续供气式呼吸器,配密合型面罩。指定防护因数=50。
- PaprTHie:任何动力送风空气过滤式呼吸器,配密合型面罩和高效颗粒物过滤元件。指定防护因数=50。
- ScbaF:任何携气式呼吸器,配全面罩。指定防护因数=50。
- SaF:任何供气式呼吸器,配全面罩。指定防护因数=50。

~ 500 mg/m³:

- Sa:Pd,Pp:任何压力需气式或正压供气式呼吸器。指

M

定防护因数＝1 000。

§：应急抢险，或准备进入浓度未知环境，或进入 IDLH 环境：

- ScbaF：Pd，Pp：任何压力需气式或正压携气式呼吸器，配全面罩。指定防护因数＝10 000。
- SaF：Pd，Pp：AScba：任何压力需气式或正压供气式呼吸器，配全面罩，配压力需气式或正压携气式辅助呼吸器。指定防护因数＝10 000。

逃生：

- 100F：任何空气过滤式全面罩呼吸器，配有 N100、R100 或 P100 过滤元件。指定防护因数＝50。选择 N、R 或 P 过滤元件的信息见表 4。
- ScbaE：任何适合逃生的携气式呼吸器。

有关呼吸器选择的其他重要信息参见相关标准。

接触途径：呼吸道，胃肠道。

症状：帕金森氏症；衰弱，失眠，意识模糊；金属烟热：喉咙干燥，咳嗽，胸部紧缩感，呼吸困难，啰音，流感样发热；下背痛；呕吐；不适；乏力，倦怠；肾损伤。

靶器官：呼吸系统，中枢神经系统，血液，肾。

M

三羰基环戊二烯合锰（按锰计）［Manganese cyclopentadienyl tricarbonyl (as Mn)］

$C_5H_5Mn(CO)_3$

CAS No.：12079-65-1

RTECS No.：OO9720000

DOT ID 和指南号：

异名和商品名：Cyclopentadienylmanganese tricarbonyl，Cyclopentadienyl tricarbonyl manganese，MCT

接触限值：NIOSH REL：TWA 0.1 mg/m^3［皮］

OSHA PEL †：C 5 mg/m^3

IDLH：N.D. **浓度换算系数：**

理化性质：黄色晶体，具有特异气味。［注：汽油防爆添加剂。可在油气溶液中发现。］

分子量：204.1	沸点：升华
熔点：167 ℉（升华）	溶解度：微溶
蒸气压：未知	电离电位：未知
比重：未知	闪点：未知
爆炸上限：未知	爆炸下限：未知

可燃固体。

不相容性和反应性：氧气。

测量方法：无。

个人防护和卫生设施：

- 皮肤：穿戴合适的个人防护服，防止皮肤直接接触。
- 眼睛：佩戴合适的眼部防护用品，防止眼睛直接接触。
- 清洗皮肤：当皮肤受到污染时，应立即清洗污染的皮肤。
- 脱除：如果工作服被弄湿或受到了明显的污染，应该立即脱除并妥善处置。
- 更换：在离开工作场所前应当将可能受到污染的工作服更换成无污染的衣服。

急救：

- 眼睛：如眼睛直接接触了该化学物质，要立即用大量水冲洗（灌洗）眼睛，冲洗时，不时翻开上下眼睑，并立即就医。
- 皮肤：如果该化学物质直接接触皮肤，用肥皂和水冲洗污染的皮肤。
- 呼吸：如果接触者吸入大量该化学物质，立即将接触者移至新鲜空气处。如果呼吸停止，要进行人工呼吸，注意保暖和休息。尽快就医。
- 吞入：如果吞入该化学物质，应立即就医。

对呼吸器选择的建议：无。

有关呼吸器选择的其他重要信息参见相关标准。

接触途径:呼吸道,胃肠道,皮肤吸收,皮肤和/或眼睛直接接触。

症状:动物:皮肤刺激;肺水肿;惊厥;中枢神经系统,呼吸系统,肾改变;抵抗力下降。

靶器官:皮肤,呼吸系统,中枢神经系统,肾。

四氧化锰(按锰计)[Manganese tetroxide (as Mn)]

Mn_3O_4

CAS No.:1317-35-7

RTECS No.:OP0895000

异名和商品名:氧化锰,四氧化三锰,Manganese oxide,Manganomanganic oxide,Trimanganese tetraoxide,Trimanganese tetroxide

DOT ID 和指南号:

接触限值:NIOSH REL:见附录 D

OSHA PEL †:C 5 mg/m^3

IDLH:N. D.　　**浓度换算系数:**

理化性质:浅棕黑色粉末。[注:氧化锰在空气中剧烈加热时可产生烟。]

分子量:228.8	沸点:未知
熔点:2 847 ℉	溶解度:不溶
蒸气压:0 mmHg (约)	电离电位:不适用
比重:4.88	闪点:不适用
爆炸上限:不适用	爆炸下限:不适用

不相容性和反应性:溶于盐酸(释放氯气)。

测量方法:NIOSH 7300,7301,7303,9102;

OSHA ID121,ID125G

个人防护和卫生设施:

- 皮肤:对于个体皮肤防护装备的需要没有特殊建议。
- 眼睛:对眼部防护的需要没有特殊建议。
- 清洗皮肤:对于清洗皮肤上的污染物没有其他特殊的建议(包括立即清洗和班后清洗)。
- 脱除:对于脱除被污染或被弄湿的工作服的需要没有特殊建议。
- 更换:在离开工作场所前应当将可能受到污染的工作服更换成无污染的衣服。

急救:

- 眼睛:如眼睛直接接触了该化学物质,要立即用大量水冲洗(灌洗)眼睛,冲洗时,不时翻开上下眼睑,并立即就医。
- 皮肤:如果该化学物质直接接触皮肤,用肥皂和水冲洗污染的皮肤。
- 呼吸:如果接触者吸入大量该化学物质,立即将接触者移至新鲜空气处。如果呼吸停止,要进行人工呼吸,注意保暖和休息。尽快就医。
- 吞入:如果吞入该化学物质,应立即就医。

对呼吸器选择的建议:无。

有关呼吸器选择的其他重要信息参见相关标准。

接触途径:呼吸道,胃肠道,皮肤和/或眼睛直接接触。

症状:衰弱,失眠,意识模糊;下背痛;呕吐;不适,乏力,倦怠;肾损伤;肺炎。

靶器官:呼吸系统,中枢神经系统,血液,肾。

M

大理石(Marble)

$CaCO_3$

异名和商品名:碳酸钙,Calcium carbonate,Natural calcium carbonate

[注:大理石是碳酸钙的一种变态结构。]

CAS No.:1317-65-3

RTECS No.:EV9580000

DOT ID 和指南号:

接触限值:NIOSH REL:TWA 10 mg/m³(总颗粒物)
TWA 5 mg/m³(呼吸性颗粒物)
OSHA PEL:TWA 15 mg/m³(总颗粒物)
TWA 5 mg/m³(呼吸性颗粒物)

IDLH:N. D. **浓度换算系数:**

理化性质:无气味白色粉末。

分子量:100.1 沸点:分解
熔点:1 517～2 442 ℉(分解) 溶解度:0.001%
蒸气压:0 mmHg (约) 电离电位:不适用
比重:2.7～2.9 闪点:不适用
爆炸上限:不适用 爆炸下限:不适用
不可燃固体。
不相容性和反应性:氟,镁,酸,明矾,铵盐。

测量方法:NIOSH 0500,0600

个人防护和卫生设施:

- 皮肤:对于个体皮肤防护装备的需要没有特殊建议。
- 眼睛:对眼部防护的需要没有特殊建议。
- 清洗皮肤:对于清洗皮肤上的污染物没有其他特殊的建议(包括立即清洗和班后清洗)。
- 脱除:对于脱除被污染或被弄湿的工作服的需要没有特殊建议。
- 更换:对于班后的衣服的更换需要没有特殊建议。

急救:

- 眼睛:如眼睛直接接触了该化学物质,要立即用大量水冲洗(灌洗)眼睛,冲洗时,不时翻开上下眼睑,并立即就医。
- 皮肤:如果该化学物质直接接触皮肤,用肥皂和水冲洗污染的皮肤。
- 呼吸:如果接触者吸入大量该化学物质,立即将接触者移至新鲜空气处。通常不需要采取其他措施。

对呼吸器选择的建议:无。

有关呼吸器选择的其他重要信息参见相关标准。

接触途径:呼吸道,皮肤和/或眼睛直接接触。

症状:眼睛、皮肤、黏膜、上呼吸道刺激;咳嗽,打喷嚏,鼻漏;流泪。

靶器官:眼睛,皮肤,呼吸系统。

汞化合物(不包括烷基汞)(按汞计)

{Mercury compounds[except(organo)alkyls](as Hg)}

H(金属)

异名和商品名:汞金属,Mercury metal;Colloidal mercury,Metallic mercury,Quicksilver,其他名称依不同汞化合物而不同。

CAS No.:7439-97-6 (金属)

RTECS No.:OV4550000 (金属)

DOT ID 和指南号:2809 172 (金属)

接触限值:NIOSH REL:汞蒸气:TWA 0.05 mg/m³[皮]
其他:C 0.1 mg/m³[皮]
OSHA PEL †:C 0.1 mg/m³

IDLH:10 mg/m³(按汞计) **浓度换算系数:**

理化性质:金属:银白色,质重,无气味液体。[注:"其他"汞化物包括除烷基汞外的所有无机和芳基汞化物。]

分 子 量:200.6　　沸　点:674 ℉
凝 固 点:−38 ℉　　溶 解 度:不溶
蒸 气 压:0.001 2 mmHg　　电离电位:未知
比　重:13.6 (金属)　　闪　点:不适用
爆炸上限:不适用　　爆炸下限:不适用

金属:不可燃液体。

不相容性和反应性:乙炔,氨,二氧化氯,叠氮化物,钙(形成汞齐),碳化钠,锂,铷,铜。

测量方法:NIOSH 6009;OSHA ID140

个人防护和卫生设施:

- 皮肤:穿戴合适的个人防护服,防止皮肤直接接触。
- 眼睛:对眼部防护的需要没有特殊建议。
- 清洗皮肤:当皮肤受到污染时,应立即清洗污染的皮肤。
- 脱除:如果工作服被弄湿或受到了明显的污染,应该立即脱除并妥善处置。
- 更换:在离开工作场所前应当将可能受到污染的工作服更换成无污染的衣服。

急救:

- 眼睛:如眼睛直接接触了该化学物质,要立即用大量水冲洗(灌洗)眼睛,冲洗时,不时翻开上下眼睑,并立即就医。
- 皮肤:如果该化学物质直接接触皮肤,迅速用肥皂和水冲洗污染的皮肤。若该化学物质渗透进衣服,要迅速将衣服脱除,用肥皂和水清洗皮肤,并迅速就医。
- 呼吸:如果接触者吸入大量该化学物质,立即将接触者移至新鲜空气处。如果呼吸停止,要进行人工呼吸,注意保暖和休息。尽快就医。
- 吞入:如果吞入该化学物质,应立即就医。

对呼吸器选择的建议:

汞蒸气:NIOSH

~ 0.5 mg/m^3:

- CcrS:任何空气过滤式半面罩呼吸器,配防该化学物质的滤毒盒。指定防护因数=10。†
- Sa:任何供气式呼吸器。指定防护因数=10。

~ 1.25 mg/m^3:

- Sa:Cf:任何连续供气式呼吸器。指定防护因数=25。
- PaprS:任何动力送风空气过滤式呼吸器,配有防该化学物质的滤毒盒(或滤毒罐)。指定防护因数=25。†

~ 2.5 mg/m^3:

- CcrFS:任何空气过滤式全面罩呼吸器,配防该化学物质的滤毒盒。指定防护因数=50。†
- GmFS:任何空气过滤式全面罩呼吸器(防毒面具),配下颌式、前置式或背置式防该化学物质的滤毒罐。指定防护因数=50。†
- SaT:Cf:任何连续供气式呼吸器,配密合型面罩。指定防护因数=50。
- PaprTS:任何动力送风空气过滤式呼吸器,配密合型面罩和防该化学物质的滤毒盒(或滤毒罐)。指定防护因数=50。
- ScbaF:任何携气式呼吸器,配全面罩。指定防护因数=50。
- SaF:任何供气式呼吸器,配全面罩。指定防护因数=50。

~ 10 mg/m^3:

- Sa:Pd,Pp:任何压力需气式或正压供气式呼吸器。指定防护因数=1 000。

§:应急抢险,或准备进入浓度未知环境,或进入 IDLH 环境:

- ScbaF:Pd,Pp:任何压力需气式或正压携气式呼吸器,配全面罩。指定防护因数=10 000。
- SaF:Pd,Pp:AScba:任何压力需气式或正压供气式呼吸器,配全面罩,配压力需气式或正压携气式辅助呼吸器。指定防护因数=10 000。

逃生:

- GmFS:任何空气过滤式全面罩呼吸器(防毒面具),配下颌式、前置式或背置式防该化学物质的滤毒罐。指定防护因数=50。
- ScbaE:任何适合逃生的携气式呼吸器。

其他汞化合物:NIOSH/OSHA

~ 1 mg/m^3:

- CcrS：任何空气过滤式半面罩呼吸器，配防该化学物质的滤毒盒。指定防护因数=10。†
- Sa：任何供气式呼吸器。指定防护因数=10。

～ 2.5 mg/m³：
- Sa：Cf：任何连续供气式呼吸器。指定防护因数=25。
- PaprS：任何动力送风空气过滤式呼吸器，配有防该化学物质的滤毒盒（或滤毒罐）。指定防护因数=25。†

～ 5 mg/m³：
- CcrFS：任何空气过滤式全面罩呼吸器，配防该化学物质的滤毒盒。指定防护因数=50。†
- GmFS：任何空气过滤式全面罩呼吸器（防毒面具），配下颌式、前置式或背置式防该化学物质的滤毒罐。指定防护因数=50。†
- SaT：Cf：任何连续供气式呼吸器，配密合型面罩。指定防护因数=50。
- PaprTS：任何动力送风空气过滤式呼吸器，配密合型面罩和防该化学物质的滤毒盒（或滤毒罐）。指定防护因数=50。
- ScbaF：任何携气式呼吸器，配全面罩。指定防护因数=50。
- SaF：任何供气式呼吸器，配全面罩。指定防护因数=50。

～ 10 mg/m³：
- Sa：Pd，Pp：任何压力需气式或正压供气式呼吸器。指定防护因数=1 000。

§：应急抢险，或准备进入浓度未知环境，或进入 IDLH 环境：
- ScbaF：Pd，Pp：任何压力需气式或正压携气式呼吸器，配全面罩。指定防护因数=10 000。
- SaF：Pd，Pp：AScba：任何压力需气式或正压供气式呼吸器，配全面罩，配压力需气式或正压携气式辅助呼吸器。指定防护因数=10 000。

逃生：
- GmFS：任何空气过滤式全面罩呼吸器（防毒面具），配下颌式、前置式或背置式防该化学物质的滤毒罐。指定防护因数=50。
- ScbaE：任何适合逃生的携气式呼吸器。

有关呼吸器选择的其他重要信息参见相关标准。

接触途径：呼吸道，皮肤吸收，胃肠道，皮肤和/或眼睛直接接触。

症状：眼睛、皮肤刺激；咳嗽，胸痛，呼吸困难，支气管炎，肺炎；震颤，失眠，兴奋，无判断力，头痛，乏力，倦怠；口腔炎，流涎；胃肠功能紊乱，厌食，体重降低；蛋白尿。

靶器官：眼睛，皮肤，呼吸系统，中枢神经系统，肾。

烷基汞化合物（按汞计）[Mercury (organo) alkyl compounds (as Hg)]

CAS No.：

RTECS No.：

DOT ID 和指南号：

异名和商品名：随烷基汞化合物的不同而异。

接触限值：NIOSH REL：TWA 0.01 mg/m³
ST 0.03 mg/m³[皮]
OSHA PEL †：TWA 0.01 mg/m³
C 0.04 mg/m³

IDLH：2 mg/m³（按汞计）　**浓度换算系数：**

理化性质：随烷基汞化物不同而不同。

不相容性和反应性：强氧化剂如氯。

测量方法：无。

个人防护和卫生设施：
- 皮肤：穿戴合适的个人防护服，防止皮肤直接接触。
- 眼睛：佩戴合适的眼部防护用品，防止眼睛直接接触。
- 清洗皮肤：当皮肤受到污染时，应立即清洗污染的皮肤。
- 脱除：如果工作服被弄湿或受到了明显的污染，应该立即脱除并妥善处置。

- 更换：在离开工作场所前应当将可能受到污染的工作服更换成无污染的衣服。
- 配备：在劳动者可能接触该化学物质的作业场所，无论是否需要使用眼部防护用品，都应配备眼冲洗设备。在紧靠有可能接触该化学物质的工作场所，应配备快速冲淋身体的设备以应急使用。[注：这些设备应能够提供足量水或流动水，以将可能接触的身体任何部位上的该化学物质除去。实际配备适宜的快速冲淋设备取决于工作场所的具体条件。在某些情况下，必须及时进行大流量淋浴，而其他情况下只需要用一个水槽或软管供水就足够了。]

急救：

- 眼睛：如眼睛直接接触了该化学物质，要立即用大量水冲洗(灌洗)眼睛，冲洗时，不时翻开上下眼睑，并立即就医。
- 皮肤：如果该化学物质直接接触皮肤，立即用肥皂和水冲洗污染的皮肤。若该化学物质渗透进衣服，要立即将衣服脱除，用肥皂和水清洗皮肤，并迅速就医。
- 呼吸：如果接触者吸入大量该化学物质，立即将接触者移至新鲜空气处。如果呼吸停止，要进行人工呼吸，注意保暖和休息。尽快就医。
- 吞入：如果吞入该化学物质，应立即就医。

对呼吸器选择的建议：NIOSH/OSHA

~ 0.1 mg/m³：

- Sa：任何供气式呼吸器。指定防护因数=10。

~ 0.25 mg/m³：

- Sa：Cf：任何连续供气式呼吸器。指定防护因数=25。

~ 0.5 mg/m³：

- SaT：Cf：任何连续供气式呼吸器，配密合型面罩。指定防护因数=50。
- ScbaF：任何携气式呼吸器，配全面罩。指定防护因数=50。
- SaF：任何供气式呼吸器，配全面罩。指定防护因数=50。

~ 2 mg/m³：

- Sa：Pd，Pp：任何压力需气式或正压供气式呼吸器。指定防护因数=1 000。

§：应急抢险，或准备进入浓度未知环境，或进入 IDLH 环境：

- ScbaF：Pd，Pp：任何压力需气式或正压携气式呼吸器，配全面罩。指定防护因数=10 000。
- SaF：Pd，Pp：AScba：任何压力需气式或正压供气式呼吸器，配全面罩，配压力需气式或正压携气式辅助呼吸器。指定防护因数=10 000。

逃生：

- ScbaE：任何适合逃生的携气式呼吸器。

有关呼吸器选择的其他重要信息参见相关标准。

接触途径：呼吸道，皮肤吸收，胃肠道，皮肤和/或眼睛直接接触。

症状：感觉异常；共济失调，发音困难；视觉、听力障碍；痉挛，四肢抽搐；眩晕；流涎；流泪；恶心，呕吐，腹泻，便秘；皮肤灼伤；情感紊乱；肾损伤；可能的致畸效应。

靶器官：眼睛，皮肤，中枢神经系统，外周神经系统，肾。

M

异亚丙基丙酮(Mesityl oxide)

$(CH_3)_2C=CHCOCH_3$

CAS No.：141-79-7

RTECS No.：SB4200000

DOT ID 和指南号：1229 129

异名和商品名：莱基化氧，Isobutenyl methyl ketone，Isopropylideneacetone，Methyl isobutenyl ketone，4-Methyl-3-penten-2-one

接触限值：NIOSH REL：TWA 10 ppm (40 mg/m³)
OSHA PEL †：TWA 25 ppm (100 mg/m³)

IDLH：1 400 ppm [10%爆炸下限]

浓度换算系数：1 ppm = 4.02 mg/m³

理化性质:无色至浅黄色油状液体,具有薄荷或蜂蜜气味。

分 子 量:98.2　　沸　　点:266 ℉
凝 固 点:−52 ℉　　溶 解 度:3%
蒸 气 压:9 mmHg　　电离电位:9.08 eV
比重(59 ℉):0.86　　闪　　点:87 ℉
爆炸上限:7.2%　　爆炸下限:1.4%
IC 类易燃液体——闪点等于或高于 73 ℉且低于 100 ℉。
不相容性和反应性:氧化剂,酸。

M

测量方法:NIOSH 1301,2553;OSHA 7

个人防护和卫生设施:

- 皮肤:穿戴合适的个人防护服,防止皮肤直接接触。
- 眼睛:佩戴合适的眼部防护用品,防止眼睛直接接触。
- 清洗皮肤:当皮肤受到污染时,应立即清洗污染的皮肤。
- 脱除:如果工作服被可燃性物质(即闪点低于 100 ℉的液体)浸湿,应当立即脱除并妥善处置,以防着火。
- 更换:对于班后的衣服的更换需要没有特殊建议。
- 配备:在紧靠有可能接触该化学物质的工作场所,应配备快速冲淋身体的设备以应急使用。[注:这些设备应能够提供足量水或流动水,以将可能接触的身体任何部位上的该化学物质除去。实际配备适宜的快速冲淋设备取决于工作场所的具体条件。在某些情况下,必须及时进行大流量淋浴,而其他情况下只需要用一个水槽或软管供水就足够了。]

急救:

- 眼睛:如眼睛直接接触了该化学物质,要立即用大量水冲洗(灌洗)眼睛,冲洗时,不时翻开上下眼睑,并立即就医。
- 皮肤:如果该化学物质直接接触皮肤,立即用水冲洗污染的皮肤。如果该化学物质渗透进衣服,要迅速将衣服脱除,用水冲洗污染的皮肤,并迅速就医。
- 呼吸:如果接触者吸入大量该化学物质,立即将接触者移至新鲜空气处。如果呼吸停止,要进行人工呼吸,注意保暖和休息。尽快就医。
- 吞入:如果吞入该化学物质,应立即就医。

对呼吸器选择的建议:NIOSH

~ 250 ppm:

- Sa : Cf:任何连续供气式呼吸器。指定防护因数=25。£
- PaprOv:任何动力送风空气过滤式呼吸器,配有机蒸气滤毒盒。指定防护因数=25。£

~ 500 ppm:

- CcrFOv:任何空气过滤式全面罩呼吸器,配有机蒸气滤毒盒。指定防护因数=50。
- GmFOv:任何空气过滤式全面罩呼吸器(防毒面具),配下颌式、前置式或背置式有机蒸气滤毒罐。指定防护因数=50。
- PaprTOv:任何动力送风空气过滤式呼吸器,配密合型面罩和有机蒸气滤毒盒。指定防护因数=50。£
- ScbaF:任何携气式呼吸器,配全面罩。指定防护因数=50。
- SaF:任何供气式呼吸器,配全面罩。指定防护因数=50。

~ 1 400 ppm:

- SaF : Pd,Pp:任何压力需气式或正压供气式呼吸器,配全面罩。指定防护因数=2 000。

§:应急抢险,或准备进入浓度未知环境,或进入 IDLH 环境:

- ScbaF : Pd,Pp:任何压力需气式或正压携气式呼吸器,配全面罩。指定防护因数=10 000。
- SaF : Pd,Pp : AScba:任何压力需气式或正压供气式呼吸器,配全面罩,配压力需气式或正压携气式辅助呼吸器。指定防护因数=10 000。

逃生:

- GmFOv:任何空气过滤式全面罩呼吸器(防毒面具),配下颌式、前置式或背置式有机蒸气滤毒罐。指定防护因数=50。
- ScbaE:任何适合逃生的携气式呼吸器。

有关呼吸器选择的其他重要信息参见相关标准。

接触途径:呼吸道,胃肠道,皮肤和/或眼睛直接接触。

症状:眼睛、皮肤、黏膜刺激;麻醉,昏迷;动物:肝、肾损伤;中枢神经系统效应。

靶器官:眼睛,皮肤,呼吸系统,中枢神经系统,肝,肾。

异丁烯酸(Methacrylic acid)

$CH_2=C(CH_3)COOH$

异名和商品名:甲基丙烯酸,Methacrylic acid (glacial),Methacrylic acid (inhibited),α-Methacrylic acid,2-Methylacrylic acid,2-Methylpropenoic acid

CAS No.:79-41-4

RTECS No.:OZ2975000

DOT ID 和指南号:2531 153P(抗聚合)

接触限值:NIOSH REL:TWA 20 ppm (70 mg/m³)[皮]
OSHA PEL †:无

IDLH:N.D.　**浓度换算系数:**1 ppm = 3.52 mg/m³

理化性质:无色液体或固体(61 ℉以下),具有辛辣的难闻气味。

分子量:86.1	沸点:325 ℉
凝固点:61 ℉	溶解度(77 ℉):9%
蒸气压:0.7 mmHg	电离电位:未知
比重:1.02(液体)	闪点(开杯):171 ℉
爆炸上限:未知	爆炸下限:未知

ⅢA 类可燃液体——闪点等于或高于 140 ℉且低于 200 ℉。

不相容性和反应性:氧化剂,升温剂,盐酸。[注:常含 100ppm 对苯二酚的甲基醚,以防止聚合。]

测量方法:OSHA PV2005

个人防护和卫生设施:

- 皮肤:穿戴合适的个人防护服,防止皮肤直接接触。
- 眼睛:佩戴合适的眼部防护用品,防止眼睛直接接触。
- 清洗皮肤:当皮肤受到污染时,应立即清洗污染的皮肤。
- 脱除:如果工作服被弄湿或受到了明显的污染,应该立即脱除并妥善处置。
- 更换:在离开工作场所前应当将可能受到污染的工作服更换成无污染的衣服。
- 配备:在劳动者可能接触该化学物质的作业场所,无论是否需要使用眼部防护用品,都应配备眼冲洗设备。在紧靠有可能接触该化学物质的工作场所,应配备快速冲淋身体的设备以应急使用。[注:这些设备应能够提供足量水或流动水,以将可能接触的身体任何部位上的该化学物质除去。实际配备适宜的快速冲淋设备取决于工作场所的具体条件。在某些情况下,必须及时进行大流量淋浴,而其他情况下只需要用一个水槽或软管供水就足够了。]

急救:

- 眼睛:如眼睛直接接触了该化学物质,要立即用大量水冲洗(灌洗)眼睛,冲洗时,不时翻开上下眼睑,并立即就医。
- 皮肤:如果该化学物质直接接触皮肤,立即用水冲洗污染的皮肤。如果该化学物质渗透进衣服,要迅速将衣服脱除,用水冲洗污染的皮肤,并迅速就医。
- 呼吸:如果接触者吸入大量该化学物质,立即将接触者移至新鲜空气处。如果呼吸停止,要进行人工呼吸,注意保暖和休息。尽快就医。
- 吞入:如果吞入该化学物质,应立即就医。

对呼吸器选择的建议:无。

有关呼吸器选择的其他重要信息参见相关标准。

接触途径:呼吸道,皮肤吸收,胃肠道,皮肤和/或眼睛直接接触。

症状:眼睛、皮肤、黏膜刺激;眼睛、皮肤灼伤。

靶器官:眼睛,皮肤,呼吸系统。

灭多虫(Methomyl)

$CH_3C(SCH_3)NOC(O)NHCH_3$

异名和商品名:甲胺叉威,灭多威,纳乃得,乙肟威,万灵,Lannate®,Methyl N-((methylamino) carbonyloxy) ethanimidothioate, S-Methyl-N-(methylcarbamoyloxy) thioacetimidate

CAS No.:16752-77-5

RTECS No.:AK2975000

DOT ID 和指南号:2757 151(氨基甲酸盐类农药,固体,有毒)

接触限值:NIOSH REL:TWA 2.5 mg/m^3

OSHA PELG †:无

IDLH:N.D.　　**浓度换算系数**:

理化性质:白色晶体,具有淡淡的硫磺样气味。[杀虫剂]

分子量:162.2	沸点:未知
熔点:172 ℉	溶解度(77 ℉):6%
蒸气压(77 ℉):0.000 05 mmHg	电离电位:未知
比重(75 ℉):1.29	闪点:不适用
爆炸上限:不适用	爆炸下限:不适用

不可燃固体,但可溶于易燃液体。

不相容性和反应性:强碱。

测量方法:NIOSH 5601

个人防护和卫生设施:

- 皮肤:穿戴合适的个人防护服,防止皮肤直接接触。
- 眼睛:佩戴合适的眼部防护用品,防止眼睛直接接触。
- 清洗皮肤:当皮肤受到污染时,应立即清洗污染的皮肤。
- 脱除:如果工作服被弄湿或受到了明显的污染,应该立即脱除并妥善处置。
- 更换:在离开工作场所前应当将可能受到污染的工作服更换成无污染的衣服。
- 配备:在紧靠有可能接触该化学物质的工作场所,应配备快速冲淋身体的设备以应急使用。[注:这些设备应能够提供足量水或流动水,以将可能接触的身体任何部位上的该化学物质除去。实际配备适宜的快速冲淋设备取决于工作场所的具体条件。在某些情况下,必须及时进行大流量淋浴,而其他情况下只需要用一个水槽或软管供水就足够了。]

急救:

- 眼睛:如眼睛直接接触了该化学物质,要立即用大量水冲洗(灌洗)眼睛,冲洗时,不时翻开上下眼睑,并立即就医。
- 皮肤:如果该化学物质直接接触皮肤,立即用水冲洗污染的皮肤。如果该化学物质渗透进衣服,要迅速将衣服脱除,用水冲洗污染的皮肤,并迅速就医。
- 呼吸:如果接触者吸入大量该化学物质,立即将接触者移至新鲜空气处。如果呼吸停止,要进行人工呼吸,注意保暖和休息。尽快就医。
- 吞入:如果吞入该化学物质,应立即就医。

对呼吸器选择的建议:无。

有关呼吸器选择的其他重要信息参见相关标准。

接触途径:呼吸道,胃肠道,皮肤和/或眼睛直接接触。

症状:眼睛刺激;视力模糊,瞳孔缩小;流涎;腹绞痛,恶心,呕吐;呼吸困难;乏力,倦怠,肌颤;肝、肾损伤。

靶器官:眼睛,呼吸系统,中枢神经系统,心血管系统,肝,肾,血胆碱酯酶。

甲氧氯(Methoxychlor)

$(C_6H_4OCH_3)_2CHCCl_3$

异名和商品名:甲氧滴滴涕;p,p′-Dimethoxydiphenyltrichloroethane;DMDT;Methoxy-DDT;2,2-bis(p-Methoxyphenyl)-1,1,1-trichloroethane;1,1,1-Trichloro-2,2-bis-(p-methoxyphenyl)ethane

CAS No.:72-43-5

RTECS No.:KJ3675000

DOT ID 和指南号:2761 151

(有机氯农药,固体,有毒)

接触限值:NIOSH REL:Ca 见附录 A

OSHA PEL †:TWA 15 mg/m³

IDLH: Ca [5 000 mg/m³]　**浓度换算系数:**

理化性质:无色至淡黄色晶体,具有淡淡的水果气味。[杀虫剂]

分子量:	345.7	沸点:	分解
熔点:	171 ℉	溶解度:	0.000 01%
蒸气压:	非常低	电离电位:	未知
比重:	1.41	闪点:	未知
爆炸上限:	未知	爆炸下限:	未知

可燃固体,但很难燃烧。

不相容性和反应性:氧化剂。

测量方法:NIOSH S371 (Ⅱ-4);OSHA PV2038

个人防护和卫生设施:

- 皮肤:穿戴合适的个人防护服,防止皮肤直接接触。
- 眼睛:对眼部防护的需要没有特殊建议。
- 清洗皮肤:当皮肤受到污染时,应立即清洗污染的皮肤。/每天工作班结束后,进食、吸烟、喝水前都应该清洗可能受到污染的皮肤。
- 脱除:如果工作服被弄湿或受到了明显的污染,应该立即脱除并妥善处置。
- 更换:在离开工作场所前应当将可能受到污染的工作服更换成无污染的衣服。

急救:

- 皮肤:如果该化学物质直接接触皮肤,用肥皂和水冲洗污染的皮肤。
- 呼吸:如果接触者吸入大量该化学物质,立即将接触者移至新鲜空气处。通常不需要采取其他措施。
- 吞入:如果吞入该化学物质,应立即就医。

对呼吸器选择的建议:NIOSH

¥:高于 NIOSH REL 的浓度;或当没有 REL 时,任何可以检测到的浓度:

- ScbaF:Pd,Pp:任何压力需气式或正压携气式呼吸器,配全面罩。指定防护因数=10 000。
- SaF:Pd,Pp:AScba:任何压力需气式或正压供气式呼吸器,配全面罩,配压力需气式或正压携气式辅助呼吸器。指定防护因数=10 000。

逃生:

- GmFOv100:任何空气过滤式全面罩呼吸器(防毒面具),配下颌式、前置式或背置式有机蒸气滤毒罐和N100、R100 或 P100 的综合防护过滤元件。指定防护因数=50。选择 N、R 或 P 过滤元件的信息见表 4。
- ScbaE:任何适合逃生的携气式呼吸器。

有关呼吸器选择的其他重要信息参见相关标准。

接触途径:呼吸道,胃肠道。

症状:动物:自发收缩,震颤,惊厥;肾、肝损伤;[潜在职业性致癌物]。

靶器官:中枢神经系统,肝,肾。

致癌部位:[动物:肝及卵巢肿瘤]。

M

M

甲氧氟烷(Methoxyflurane) CAS No.:76-38-0

$CHCl_2CF_2OCH_3$ RTECS No.:KN7820000

异名和商品名:二氟二氯乙基甲醚;2,2-二氯-1,1-二氟乙基甲基醚;2,2-Dichloro-1,1-difluoroethyl methyl ether; 2, 2-Dichloro-1, 1-difluoro-1-methoxyethane; Methoflurane;Methoxyfluorane;Penthrane

DOT ID 和指南号:

接触限值:NIOSH REL * :C 2 ppm (13.5 mg/m³) [60 min] [* 注:REL 用于接触废弃的麻醉性气体。]

OSHA PEL:无

IDLH:N.D. **浓度换算系数**:1 ppm = 6.75 mg/m³

理化性质:无色液体,具有水果气味。[吸入性麻醉剂]

分子量:165.0	沸点:220 ℉
凝固点:-31 ℉	溶解度:微溶
蒸气压:23 mmHg	电离电位:未知
比重(77 ℉):1.42	闪点:未知
爆炸上限:未知	爆炸下限(176 ℉):7%

可燃液体。

不相容性和反应性:未见报道。

测量方法:无。

个人防护和卫生设施:

- 皮肤:对于个体皮肤防护装备的需要没有特殊建议。
- 眼睛:佩戴合适的眼部防护用品,防止眼睛直接接触。
- 清洗皮肤:对于清洗皮肤上的污染物没有其他特殊的建议(包括立即清洗和班后清洗)。
- 脱除:如果工作服被弄湿或受到了明显的污染,应该立即脱除并妥善处置。
- 更换:对于班后的衣服的更换需要没有特殊建议。

急救:

- 眼睛:如眼睛直接接触了该化学物质,要立即用大量水冲洗(灌洗)眼睛,冲洗时,不时翻开上下眼睑,并立即就医。
- 皮肤:如果该化学物质直接接触皮肤,用肥皂和水冲洗污染的皮肤。
- 呼吸:如果接触者吸入大量该化学物质,立即将接触者移至新鲜空气处。如果呼吸停止,要进行人工呼吸,注意保暖和休息。尽快就医。
- 吞入:如果吞入该化学物质,应立即就医。

对呼吸器选择的建议:无。

有关呼吸器选择的其他重要信息参见相关标准。

接触途径:呼吸道,胃肠道,皮肤和/或眼睛直接接触。

症状:眼睛刺激;中枢神经系统抑制,痛觉丧失,麻木,知觉缺失,惊厥,呼吸抑制;肝、肾损伤;动物:生殖、致畸效应。

靶器官:眼睛,中枢神经系统,肝,肾,生殖系统。

4-甲氧基苯酚(4-Methoxyphenol) CAS No.:150-76-5

$CH_3OC_6H_4OH$ RTECS No.:SL7700000

异名和商品名:对-甲氧苯酚,Hydroquinone monomethyl ether,p-Hydroxyanisole,Mequinol,p-Methoxyphenol,Monomethyl ether hydroquinone

DOT ID 和指南号:

接触限值:NIOSH REL:TWA 5 mg/m³

OSHA PEL †:无

IDLH：N. D.　　**浓度换算系数**：

理化性质：无色至白色蜡样固体，具有酚的气味。

分子量：124.2　　沸点：469 ℉
熔点：135 ℉　　溶解度(77 ℉)：4%
蒸气压：<0.01 mmHg　　电离电位：7.50 eV
比重：1.55　　闪点(开杯)：270 ℉
爆炸上限：未知　　爆炸下限：未知
可燃固体；在某些情况下，粉尘云团可能被火花或明火引爆。
不相容性和反应性：强氧化剂，强碱，酰性氯，酸酐。

测量方法：无。

个人防护和卫生设施：

- 皮肤：穿戴合适的个人防护服，防止皮肤直接接触。
- 眼睛：佩戴合适的眼部防护用品，防止眼睛直接接触。
- 清洗皮肤：当皮肤受到污染时，应立即清洗污染的皮肤。
- 脱除：如果工作服被弄湿或受到了明显的污染，应该立即脱除并妥善处置。
- 更换：在离开工作场所前应当将可能受到污染的工作服更换成无污染的衣服。
- 配备：在劳动者可能接触该化学物质的作业场所，无论是否需要使用眼部防护用品，都应配备眼冲洗设备。在紧靠有可能接触该化学物质的工作场所，应配备快速冲淋身体的设备以应急使用。[注：这些设备应能够提供足量水或流动水，以将可能接触的身体任何部位上的该化学物质除去。实际配备适宜的快速冲淋设备取决于工作场所的具体条件。在某些情况下，必须及时进行大流量淋浴，而其他情况下只需要用一个水槽或软管供水就足够了。]

急救：

- 眼睛：如眼睛直接接触了该化学物质，要立即用大量水冲洗(灌洗)眼睛，冲洗时，不时翻开上下眼睑，并立即就医。
- 皮肤：如果该化学物质直接接触皮肤，要立即用肥皂和水冲洗污染的皮肤。如果该化学物质渗透进衣服，立即将衣服脱除，并用水清洗皮肤。如果清洗后刺激持续存在，应就医。
- 呼吸：如果接触者吸入大量该化学物质，立即将接触者移至新鲜空气处。如果呼吸停止，要进行人工呼吸，注意保暖和休息。尽快就医。
- 吞入：如果吞入该化学物质，应立即就医。

对呼吸器选择的建议：无。
有关呼吸器选择的其他重要信息参见相关标准。

接触途径：呼吸道，皮肤吸收，胃肠道，皮肤和/或眼睛直接接触。

症状：眼睛、皮肤、鼻、咽喉、上呼吸道刺激；眼睛，皮肤烧伤；中枢神经系统抑制。

靶器官：眼睛，皮肤，呼吸系统，中枢神经系统。

M

乙酸甲酯(Methyl acetate)

CH_3COOCH_3

异名和商品名：醋酸甲酯，Methyl ester of acetic acid，Methyl ethanoate

CAS No.：79-20-9
RTECS No.：AI9100000
DOT ID 和指南号：1231 129

接触限值：NIOSH REL：TWA 200 ppm (610 mg/m³)
ST 250 ppm (760 mg/m³)
OSHA PEL †：TWA 200 ppm (610 mg/m³)

IDLH：3 100 ppm [10%爆炸下限]
浓度换算系数：1 ppm = 3.03 mg/m³

理化性质:无色液体,具有芳香的水果味。

分子量:74.1　沸点:135 ℉
凝固点:−145 ℉　溶解度:25%
蒸气压:173 mmHg　电离电位:10.27 eV
比重:0.93　闪点:14 ℉
爆炸上限:16%　爆炸下限:3.1%

IB类易燃液体——闪点低于73 ℉,沸点等于或高于100 ℉。
不相容性和反应性:硝酸盐;强氧化剂,强碱和强酸;水。[注:与水慢慢反应生成乙酸和甲醇。]

测量方法:NIOSH 1458;OSHA 7

个人防护和卫生设施:

- 皮肤:穿戴合适的个人防护服,防止皮肤直接接触。
- 眼睛:佩戴合适的眼部防护用品,防止眼睛直接接触。
- 清洗皮肤:当皮肤受到污染时,应立即清洗污染的皮肤。
- 脱除:如果工作服被可燃性物质(即闪点低于100 ℉的液体)浸湿,应当立即脱除并妥善处置,以防着火。
- 更换:对于班后的衣服的更换需要没有特殊建议。

急救:

- 眼睛:如眼睛直接接触了该化学物质,要立即用大量水冲洗(灌洗)眼睛,冲洗时,不时翻开上下眼睑,并立即就医。
- 皮肤:如果该化学物质直接接触皮肤,迅速用水冲洗污染的皮肤。如果该化学物质渗透进衣服,要立即将衣服脱除,迅速用水冲洗污染的皮肤,若冲洗后刺激症状持续存在,应就医。
- 呼吸:如果接触者吸入大量该化学物质,立即将接触者移至新鲜空气处。如果呼吸停止,要进行人工呼吸,注意保暖和休息。尽快就医。
- 吞入:如果吞入该化学物质,应立即就医。

对呼吸器选择的建议:NIOSH/OSHA

~ 2 000 ppm:

- CcrOv:任何空气过滤式半面罩呼吸器,配防有机蒸气的滤毒盒。指定防护因数=10。*
- Sa:任何供气式呼吸器。指定防护因数=10。*

~ 3 100 ppm:

- Sa:Cf:任何连续供气式呼吸器。指定防护因数=25。*
- CcrFOv:任何空气过滤式全面罩呼吸器,配有机蒸气滤毒盒。指定防护因数=50。
- GmFOv:任何空气过滤式全面罩呼吸器(防毒面具),配下颌式、前置式或背置式有机蒸气滤毒罐。指定防护因数=50。
- PaprOv:任何动力送风空气过滤式呼吸器,配有机蒸气滤毒盒。指定防护因数=25。*
- ScbaF:任何携气式呼吸器,配全面罩。指定防护因数=50。
- SaF:任何供气式呼吸器,配全面罩。指定防护因数=50。

§:应急抢险,或准备进入浓度未知环境,或进入IDLH环境:

- ScbaF:Pd,Pp:任何压力需气式或正压携气式呼吸器,配全面罩。指定防护因数=10 000。
- SaF:Pd,Pp:AScba:任何压力需气式或正压供气式呼吸器,配全面罩,配压力需气式或正压携气式辅助呼吸器。指定防护因数=10 000。

逃生:

- GmFOv:任何空气过滤式全面罩呼吸器(防毒面具),配下颌式、前置式或背置式有机蒸气滤毒罐。指定防护因数=50。
- ScbaE:任何适合逃生的携气式呼吸器。

有关呼吸器选择的其他重要信息参见相关标准。

接触途径:呼吸道,胃肠道,皮肤和/或眼睛直接接触。

症状:眼睛、皮肤、鼻、咽喉刺激;头痛,嗜睡;视神经萎缩;胸部紧缩感;动物:昏迷。

靶器官:眼睛,皮肤,呼吸系统,中枢神经系统。

丙炔(Methyl acetylene)

$CH_3C{\equiv}CH$

异名和商品名:甲基乙炔,Allylene,Propine,Propyne,1-Propyne

CAS No.:74-99-7

RTECS No.:UK4250000

DOT ID 和指南号:

接触限值:NIOSH REL:TWA 1 000 ppm (1 650 mg/m³)
OSHA PEL:TWA 1 000 ppm (1 650 mg/m³)

IDLH:1 700 ppm [10%爆炸下限]

浓度换算系数:1 ppm = 1.64 mg/m³

理化性质:无色气体,具有甜味。[注:以压缩液化气运输的燃料。]

分 子 量:40.1	沸 点:-10 ℉
凝 固 点:-153 ℉	溶 解 度:不溶
蒸 气 压:5.2 大气压	电离电位:10.36 eV
相对密度:1.41	闪 点:不适用 (气体)
爆炸上限:未知	爆炸下限:1.7%

易燃气体。

不相容性和反应性:强氧化剂(如氯),铜合金。[注:在4.5~5.6 个大气压下可发生爆炸性分解。]

测量方法:NIOSH S84 (Ⅱ-5)

个人防护和卫生设施:

- 皮肤:压缩气体快速膨胀时可产生低温。泄漏和使用能快速膨胀的压缩气体,可产生冻伤危害。穿戴合适的个人防护服,防止皮肤冻伤。
- 眼睛:佩戴合适的眼部防护用品,防止眼睛直接接触液体后因低温引起灼伤或组织损伤。
- 清洗皮肤:对于清洗皮肤上的污染物没有其他特殊的建议(包括立即清洗和班后清洗)。
- 脱除:如果工作服被可燃性物质(即闪点低于 100 ℉的液体)浸湿,应当立即脱除并妥善处置,以防着火。
- 更换:对于班后的衣服的更换需要没有特殊建议。
- 配备:在紧靠有可能接触极低温液体或迅速蒸发的液体的工作场所,应配备快速冲淋洗浴设备和/或眼冲洗设备,以应急使用。

急救:

- 眼睛:如果眼组织冻伤,要立即就医。如果眼组织没有冻伤,要立即用大量水彻底冲洗至少 15 min,并不时翻开上下眼睑,如果眼睛刺激、疼痛、肿胀、流泪和畏光持续存在,应尽快就医。
- 皮肤:如果发生冻伤,要立即就医,不要揉擦或用水冲洗冻伤部位;为防止组织进一步受损,不要试图将冻结的衣服从冻伤部位脱除。如未发生冻伤,立即用肥皂和水彻底清洗污染的皮肤。
- 呼吸:如果接触者吸入大量该化学物质,立即将接触者移至新鲜空气处。如果呼吸停止,要进行人工呼吸,注意保暖和休息。尽快就医。

对呼吸器选择的建议:NIOSH/OSHA

~ 1 700 ppm:

- Sa:任何供气式呼吸器。指定防护因数=10。
- ScbaF:任何携气式呼吸器,配全面罩。指定防护因数=50。

§:应急抢险,或准备进入浓度未知环境,或进入 IDLH 环境:

- ScbaF:Pd,Pp:任何压力需气式或正压携气式呼吸器,配全面罩。指定防护因数=10 000。
- SaF:Pd,Pp:AScba:任何压力需气式或正压供气式呼吸器,配全面罩,配压力需气式或正压携气式辅助呼吸器。指定防护因数=10 000。

逃生:

- GmFOv:任何空气过滤式全面罩呼吸器(防毒面具),配下颌式、前置式或背置式有机蒸气滤毒罐。指定防护因数=50。
- ScbaE:任何适合逃生的携气式呼吸器。

有关呼吸器选择的其他重要信息参见相关标准。

接触途径:呼吸道,皮肤和/或眼睛直接接触 (液体)。

M

症状：呼吸系统刺激；震颤，兴奋过度，麻木，知觉缺失；液体：冻伤。	靶器官：呼吸系统，中枢神经系统。

丙炔-丙二烯混合物(Methyl acetylene-propadiene mixture)

$CH_3C{\equiv}CH/CH_2{=}C{=}CH_2$

CAS No.：59355-75-8

RTECS No.：UK4920000

DOT ID 和指南号：1060 116P（稳定的）

异名和商品名：甲基乙丙炔-丙二烯混合物，MAPP gas，Methyl acetylene-allene mixture，Methyl acetylene-propadiene mixture (stabilized)，Propadiene-methyl acetylene，Propyne-allene mixture，Propyne-propadiene mixture

M

接触限值：NIOSH REL：TWA 1 000 ppm (1 800 mg/m³)

ST 1 250 ppm (2 250 mg/m³)

OSHA PEL †：TWA 1 000 ppm (1 800 mg/m³)

IDLH：3 400 ppm [10%爆炸下限]

浓度换算系数：1 ppm = 1.64 mg/m³

理化性质：无色气体，具有强烈特有的恶臭气味。

[注：以压缩液化气运输的燃料。]

分子量：40.1	沸点：−36 ～ −4 ℉
凝固点：−213 ℉	溶解度：不溶
蒸气压：>1 大气压	电离电位：未知
相对密度：1.48	闪点：不适用（气体）
爆炸上限：10.8%	爆炸下限：3.4%

易燃气体。

不相容性和反应性：强氧化剂，铜合金。[注：在高压下，接触含铜量>67%的合金时可形成爆炸性化合物。]

测量方法：NIOSH S85 (Ⅱ-6)；OSHA 7

个人防护和卫生设施：

- 皮肤：压缩气体快速膨胀时可产生低温。泄漏和使用能快速膨胀的压缩气体，可产生冻伤危害。穿戴合适的个人防护服，防止皮肤冻伤。
- 眼睛：佩戴合适的眼部防护用品，防止眼睛直接接触液体后因低温引起灼伤或组织损伤。
- 清洗皮肤：对于清洗皮肤上的污染物没有其他特殊的建议（包括立即清洗和班后清洗）。
- 脱除：如果工作服被可燃性物质（即闪点低于 100 ℉的液体）浸湿，应当立即脱除并妥善处置，以防着火。
- 更换：对于班后的衣服的更换需要没有特殊建议。
- 配备：在紧靠有可能接触极低温液体或迅速蒸发的液体的工作场所，应配备快速冲淋洗浴设备和/或眼冲洗设备，以应急使用。

急救：

- 眼睛：如果眼组织冻伤，要立即就医。如果眼组织没有冻伤，要立即用大量水彻底冲洗至少 15 min，并不时翻开上下眼睑，如果眼睛刺激、疼痛、肿胀、流泪和畏光持续存在，应尽快就医。
- 皮肤：如果发生冻伤，要立即就医，不要揉擦或用水冲洗冻伤部位；为防止肌体组织进一步受损，不要试图将冻结的衣服从冻伤部位脱除。如未发生冻伤，立即用肥皂和水彻底清洗污染的皮肤。
- 呼吸：如果接触者吸入大量该化学物质，立即将接触者移至新鲜空气处。如果呼吸停止，要进行人工呼吸，注意保暖和休息。尽快就医。

对呼吸器选择的建议：NIOSH/OSHA

～ 3 400 ppm：

- Sa：任何供气式呼吸器。指定防护因数=10。
- ScbaF：任何携气式呼吸器，配全面罩。指定防护因数=50。

§：应急抢险，或准备进入浓度未知环境，或进入 IDLH 环境：

● ScbaF：Pd,Pp:任何压力需气式或正压携气式呼吸器,配全面罩。指定防护因数=10 000。 ● SaF：Pd,Pp：AScba:任何压力需气式或正压供气式呼吸器,配全面罩,配压力需气式或正压携气式辅助呼吸器。指定防护因数=10 000。 **逃生:** ● GmFS:任何空气过滤式全面罩呼吸器(防毒面具),配下颌式、前置式或背置式防该化学物质的滤毒罐。指定防护因数=50。	● ScbaE:任何适合逃生的携气式呼吸器。 **有关呼吸器选择的其他重要信息参见相关标准。** **接触途径:**呼吸道,皮肤和/或眼睛直接接触(液体)。 **症状:**呼吸系统刺激;兴奋,意识模糊,麻木,知觉缺失;液体:冻伤。 **靶器官:**呼吸系统,中枢神经系统。

M

丙烯酸甲酯(Methyl acrylate)

$CH_2=CHCOOCH_3$

异名和商品名: Methoxycarbonylethylene,Methyl ester of acrylic acid,Methyl propenoate

CAS No.:96-33-3

RTECS No.:AT2800000

DOT ID 和指南号:1919 129P(抗聚合)

接触限值:NIOSH REL:TWA 10 ppm (35 mg/m^3)[皮]
OSHA PEL:TWA 10 ppm (35 mg/m^3)[皮]

IDLH:250 ppm **浓度换算系数:**1 ppm = 3.52 mg/m^3

理化性质:无色液体,具有辛辣气味。

分子量:86.1	沸点:176 ℉
凝固点:−106 ℉	溶解度:6%
蒸气压:65 mmHg	电离电位:9.90 eV
比重:0.96	闪点:27 ℉
爆炸上限:25%	爆炸下限:2.8%

IB类易燃液体——闪点低于 73 ℉,沸点等于或高于 100 ℉。

不相容性和反应性:硝酸盐,氧化剂如过氧化物,强碱。[注:易聚合;常含有抑制剂,如氢醌。]

测量方法:NIOSH 1459,2552;OSHA 92

个人防护和卫生设施:

● 皮肤:穿戴合适的个人防护服,防止皮肤直接接触。
● 眼睛:佩戴合适的眼部防护用品,防止眼睛直接接触。
● 清洗皮肤:当皮肤受到污染时,应立即清洗污染的皮肤。
● 脱除:如果工作服被可燃性物质(即闪点低于 100 ℉的液体)浸湿,应当立即脱除并妥善处置,以防着火。
● 更换:对于班后的衣服的更换需要没有特殊建议。
● 配备:在紧靠有可能接触该化学物质的工作场所,应配备快速冲淋身体的设备以应急使用。[注:这些设备应能够提供足量水或流动水,以将可能接触的身体任何部位上的该化学物质除去。实际配备适宜的快速冲淋设备取决于工作场所的具体条件。在某些情况下,必须及时进行大流量淋浴,而其他情况下只需要用一个水槽或软管供水就足够了。]

急救:

● 眼睛:如眼睛直接接触了该化学物质,要立即用大量水冲洗(灌洗)眼睛,冲洗时,不时翻开上下眼睑,并立即就医。
● 皮肤:如果该化学物质直接接触皮肤,立即用水冲洗污染的皮肤。如果该化学物质渗透进衣服,要迅速将衣服脱除,用水冲洗污染的皮肤,并迅速就医。
● 呼吸:如果接触者吸入大量该化学物质,立即将接触者移至新鲜空气处。如果呼吸停止,要进行人工呼吸,注意保暖和休息。尽快就医。

- 吞入:如果吞入该化学物质,应立即就医。

对呼吸器选择的建议:NIOSH/OSHA

~ 100 ppm:

- Sa:任何供气式呼吸器。指定防护因数=10。*

~ 250 ppm:

- Sa:Cf:任何连续供气式呼吸器。指定防护因数=25。*
- ScbaF:任何携气式呼吸器,配全面罩。指定防护因数=50。
- SaF:任何供气式呼吸器,配全面罩。指定防护因数=50。

§:应急抢险,或准备进入浓度未知环境,或进入 IDLH 环境:

- ScbaF:Pd,Pp:任何压力需气式或正压携气式呼吸器,配全面罩。指定防护因数=10 000。
- SaF:Pd,Pp:AScba:任何压力需气式或正压供气式呼吸器,配全面罩,配压力需气式或正压携气式辅助呼吸器。指定防护因数=10 000。

逃生:

- GmFOv:任何空气过滤式全面罩呼吸器(防毒面具),配下颌式、前置式或背置式有机蒸气滤毒罐。指定防护因数=50。
- ScbaE:任何适合逃生的携气式呼吸器。

有关呼吸器选择的其他重要信息参见相关标准。

接触途径:呼吸道,皮肤吸收,胃肠道,皮肤和/或眼睛直接接触。

症状:眼睛、皮肤、上呼吸道刺激。

靶器官:眼睛,皮肤,呼吸系统。

M

甲基丙烯腈(Methylacrylonitrile)

$CH_2=C(CH_3)CN$

CAS No.:126-98-7

RTECS No.:UD1400000

DOT ID 和指南号:3079 131P(抗聚合)

异名和商品名:2-Cyanopropene-1;2-Cyano-1-propene;Isoprene cyanide;Isopropenylnitrile;Methacrylonitrile;α-Methylacrylonitrile;2-Methylpropenenitrile

接触限值:NIOSH REL:TWA 1 ppm (3 mg/m³)[皮]
OSHA PEL †:无

IDLH:N. D.　　**浓度换算系数**:1 ppm = 2.74 mg/m³

理化性质:无色液体,具有苦杏仁味。

分子量:67.1	沸点:195 ℉
凝固点:−32 ℉	溶解度:3%
蒸气压(77 ℉):71 mmHg	电离电位:未知
比重:0.80	闪点:34 ℉
爆炸上限:6.8%	爆炸下限:2%

ⅠB 类易燃液体——闪点低于 73 ℉,沸点等于或高于 100 ℉。

不相容性和反应性:强酸,强氧化剂,碱,日光。[注:由于温度升高,可见光,或接触浓碱可发生聚合。]

测量方法:无。

个人防护和卫生设施:

- 皮肤:穿戴合适的个人防护服,防止皮肤直接接触。
- 眼睛:佩戴合适的眼部防护用品,防止眼睛直接接触。
- 清洗皮肤:当皮肤受到污染时,应立即清洗污染的皮肤。
- 脱除:如果工作服被可燃性物质(即闪点低于 100 ℉的液体)浸湿,应当立即脱除并妥善处置,以防着火。
- 更换:对于班后的衣服的更换需要没有特殊建议。

急救:

- 眼睛:如眼睛直接接触了该化学物质,要立即用大量水冲洗(灌洗)眼睛,冲洗时,不时翻开上下眼睑,并立即就医。

- 皮肤：如果该化学物质直接接触皮肤，立即用肥皂和水冲洗污染的皮肤。若该化学物质渗透进衣服，要立即将衣服脱除，用肥皂和水清洗皮肤，并迅速就医。
- 呼吸：如果接触者吸入大量该化学物质，立即将接触者移至新鲜空气处。如果呼吸停止，要进行人工呼吸，注意保暖和休息。尽快就医。
- 吞入：如果吞入该化学物质，应立即就医。

对呼吸器选择的建议：无。

有关呼吸器选择的其他重要信息参见相关标准。

接触途径：呼吸道，皮肤吸收，胃肠道，皮肤和/或眼睛直接接触。

症状：眼睛、皮肤刺激；流泪；动物：惊厥，后肢控制能力丧失。

靶器官：眼睛，皮肤，中枢神经系统。

M

二甲氧基甲烷(Methylal)

$CH_3OCH_2OCH_3$

异名和商品名：甲缩醛，甲醛缩二甲醇，Dimethoxymethane，Formal，Formaldehyde dimethylacetal，Methoxymethyl methyl ether，Methylene dimethyl ether

CAS No.：109-87-5

RTECS No.：PA8750000

DOT ID 和指南号：1234 127

接触限值：NIOSH REL：TWA 1 000 ppm (3 100 mg/m³)
OSHA PEL：TWA 1 000 ppm (3 100 mg/m³)

IDLH：2 200 ppm [10%爆炸下限]

浓度换算系数：1 ppm ＝ 3.11 mg/m³

理化性质：无色液体，具有氯仿样气味。

分子量：76.1	沸点：111 ℉
凝固点：−157 ℉	溶解度：33%
蒸气压：330 mmHg	电离电位：10.00 eV
比重：0.86	闪点(开杯)：−26 ℉
爆炸上限：13.8%	爆炸下限：2.2%

ⅠB类易燃液体——闪点低于73 ℉，沸点等于或高于100 ℉

不相容性和反应性：强氧化剂，酸。

测量方法：NIOSH 1611

个人防护和卫生设施：
- 皮肤：穿戴合适的个人防护服，防止皮肤直接接触。
- 眼睛：佩戴合适的眼部防护用品，防止眼睛直接接触。
- 清洗皮肤：当皮肤受到污染时，应立即清洗污染的皮肤。
- 脱除：如果工作服被可燃性物质(即闪点低于100 ℉的液体)浸湿，应当立即脱除并妥善处置，以防着火。
- 更换：对于班后的衣服的更换需要没有特殊建议。

急救：
- 眼睛：如眼睛直接接触了该化学物质，要立即用大量水冲洗(灌洗)眼睛，冲洗时，不时翻开上下眼睑，并立即就医。
- 皮肤：如果该化学物质直接接触皮肤，迅速用水冲洗污染的皮肤。如果该化学物质渗透进衣服，要立即将衣服脱除，迅速用水冲洗污染的皮肤，若冲洗后刺激症状持续存在，应就医。
- 呼吸：如果接触者吸入大量该化学物质，立即将接触者移至新鲜空气处。如果呼吸停止，要进行人工呼吸，注意保暖和休息。尽快就医。
- 吞入：如果吞入该化学物质，应立即就医。

对呼吸器选择的建议：NIOSH/OSHA

～ 2 200 ppm：
- Sa：任何供气式呼吸器。指定防护因数＝10。
- ScbaF：任何携气式呼吸器，配全面罩。指定防护因数＝50。

§:应急抢险,或准备进入浓度未知环境,或进入 IDLH 环境:

- ScbaF:Pd,Pp:任何压力需气式或正压携气式呼吸器,配全面罩。指定防护因数=10 000。
- SaF:Pd,Pp:AScba:任何压力需气式或正压供气式呼吸器,配全面罩,配压力需气式或正压携气式辅助呼吸器。指定防护因数=10 000。

逃生:

- GmFOv:任何空气过滤式全面罩呼吸器(防毒面具),配下颌式、前置式或背置式有机蒸气滤毒罐。指定防护因数=50。
- ScbaE:任何适合逃生的携气式呼吸器。

有关呼吸器选择的其他重要信息参见相关标准。

接触途径:呼吸道,胃肠道,皮肤和/或眼睛直接接触。

症状:眼睛、皮肤、上呼吸道刺激;麻木,知觉缺失。

靶器官:眼睛,皮肤,呼吸系统,中枢神经系统。

M

甲醇(Methyl alcohol)

CH_3OH

CAS No.:67-56-1

RTECS No.:PC1400000

DOT ID 和指南号:1230 131

异名和商品名:木醇,木酒精,Carbinol,Columbian spirits,Methanol,Pyroligneous spirit,Wood alcohol,Wood naphtha,Wood spirit

接触限值:NIOSH REL:TWA 200 ppm (260 mg/m^3)
ST 250 ppm (325 mg/m^3)[皮]
OSHA PEL †:TWA 200 ppm (260 mg/m^3)

IDLH:6 000 ppm　**浓度换算系数**:1 ppm = 1.31 mg/m^3

理化性质:无色液体,具有特有的刺激气味。

分 子 量:32.1　　沸　　点:147 ℉
凝 固 点:-144 ℉　　溶 解 度:与水互溶
蒸 气 压:96 mmHg　　电离电位:10.84 eV
比　　重:0.79　　闪　　点:52 ℉
爆炸上限:36%　　爆炸下限:6.0%

ⅠB 类易燃液体——闪点低于 73 ℉,沸点等于或高于 100 ℉。

不相容性和反应性:强氧化剂。

测量方法:NIOSH 2000,3800;OSHA 91

个人防护和卫生设施:

- 皮肤:穿戴合适的个人防护服,防止皮肤直接接触。
- 眼睛:佩戴合适的眼部防护用品,防止眼睛直接接触。
- 清洗皮肤:当皮肤受到污染时,应立即清洗污染的皮肤。
- 脱除:如果工作服被可燃性物质(即闪点低于 100 ℉的液体)浸湿,应当立即脱除并妥善处置,以防着火。
- 更换:对于班后的衣服的更换需要没有特殊建议。

急救:

- 眼睛:如眼睛直接接触了该化学物质,要立即用大量水冲洗(灌洗)眼睛,冲洗时,不时翻开上下眼睑,并立即就医。
- 皮肤:如果该化学物质直接接触皮肤,迅速用水冲洗污染的皮肤。如果该化学物质渗透进衣服,要立即将衣服脱除,迅速用水冲洗污染的皮肤,若冲洗后刺激症状持续存在,应就医。
- 呼吸:如果接触者吸入大量该化学物质,立即将接触者移至新鲜空气处。如果呼吸停止,要进行人工呼吸,注意保暖和休息。尽快就医。
- 吞入:如果吞入该化学物质,应立即就医。

对呼吸器选择的建议:NIOSH/OSHA

~ 2 000 ppm:

- Sa:任何供气式呼吸器。指定防护因数=10。

~ 5 000 ppm:

- Sa:Cf:任何连续供气式呼吸器。指定防护因数=25。

~ 6 000 ppm:

- SaT:Cf:任何连续供气式呼吸器,配密合型面罩。指定防护因数=50。
- ScbaF:任何携气式呼吸器,配全面罩。指定防护因数=50。
- SaF:任何供气式呼吸器,配全面罩。指定防护因数=50。

§:应急抢险,或准备进入浓度未知环境,或进入 IDLH 环境:

- ScbaF:Pd,Pp:任何压力需气式或正压携气式呼吸器,配全面罩。指定防护因数=10 000。
- SaF:Pd,Pp:AScba:任何压力需气式或正压供气式呼吸器,配全面罩,配压力需气式或正压携气式辅助呼吸器。指定防护因数=10 000。

逃生:

- ScbaE:任何适合逃生的携气式呼吸器。

有关呼吸器选择的其他重要信息参见相关标准。

接触途径:呼吸道,皮肤吸收,消化道,皮肤和/或眼睛直接接触。

症状:眼睛、皮肤、上呼吸道刺激;头痛,嗜睡,眩晕,恶心,呕吐;视觉障碍,视神经损伤(失明);皮炎。

靶器官:眼睛,皮肤,呼吸系统,中枢神经系统,胃肠道。

M

甲胺(Methylamine)

CH_3NH_2

CAS No.:74-89-5

RTECS No.:PF6300000

异名和商品名:氨基甲烷,Aminomethane,Methylamine (anhydrous),Methylamine (aqueous),Monomethylamine

DOT ID 和指南号:1061 118 (无水)
1235 132 (含水)

接触限值:NIOSH REL:TWA 10 ppm (12 mg/m^3)
OSHA PEL:TWA 10 ppm (12 mg/m^3)

IDLH:100 ppm **浓度换算系数:**1 ppm = 1.27 mg/m^3

理化性质:无色气体,具有鱼腥味或氨味。[注:21 ℉以下为液体。以压缩液化气运输。]

分子量:31.1	沸点:21 ℉
凝固点:-136 ℉	溶解度:可溶
蒸气压:3.0 大气压	电离电位:8.97 eV
相对密度:1.08	比重:0.70(13 ℉液体)
闪点:不适用 (气体) 14 ℉ (液体)	爆炸上限:20.7% 爆炸下限:4.9%

易燃气体。

不相容性和反应性:汞,强氧化剂,硝基甲烷。[注:对铜锌合金、铝和电镀膜表面有腐蚀性。]

测量方法:OSHA 40

个人防护和卫生设施:

- 皮肤:穿戴合适的个人防护服,防止皮肤直接接触。(溶液)/压缩气体快速膨胀时可产生低温。泄漏和使用能快速膨胀的压缩气体,可产生冻伤危害。穿戴合适的个人防护服,防止皮肤冻伤。
- 眼睛:佩戴合适的眼部防护用品,防止眼睛直接接触。(溶液)/佩戴合适的眼部防护用品,防止眼睛直接接触液体后因低温引起灼伤或组织损伤。
- 清洗皮肤:当皮肤受到污染时,应立即清洗污染的皮肤。(溶液)
- 脱除:如果工作服被可燃性物质(即闪点低于 100 ℉的液体)浸湿,应当立即脱除并妥善处置,以防着火。
- 更换:对于班后的衣服的更换需要没有特殊建议。

● 配备:在紧靠有可能接触极低温液体或迅速蒸发的液体的工作场所,应配备快速冲淋洗浴设备和/或眼冲洗设备,以应急使用。

急救:

● 眼睛:如眼睛直接接触了该化学物质,要立即用大量水冲洗(灌洗)眼睛,冲洗时,不时翻开上下眼睑。并立即就医。(溶液)/ 如果眼组织冻伤,要立即就医。如果眼组织没有冻伤,要立即用大量水彻底冲洗至少15 min,并不时翻开上下眼睑,如果眼睛刺激、疼痛、肿胀、流泪和畏光持续存在,应尽快就医。

● 皮肤:如果该化学物质直接接触皮肤,立即用水冲洗污染的皮肤。如果该化学物质渗透进衣服,要迅速将衣服脱除,用水冲洗污染的皮肤,并迅速就医。(溶液)/如果发生冻伤,要立即就医,不要揉擦或用水冲洗冻伤部位;为防止组织进一步受损,不要试图将冻结的衣服从冻伤部位脱除。如未发生冻伤,立即用肥皂和水彻底清洗污染的皮肤。

● 呼吸:如果接触者吸入大量该化学物质,立即将接触者移至新鲜空气处。如果呼吸停止,要进行人工呼吸,注意保暖和休息。尽快就医。

● 吞入:如果吞入该化学物质,应立即就医。(溶液)

对呼吸器选择的建议:NIOSH/OSHA

~ 100 ppm:

● CcrFS:任何空气过滤式全面罩呼吸器,配防该化学物质的滤毒盒。指定防护因数=50。

● GmFS:任何空气过滤式全面罩呼吸器(防毒面具),配下颌式、前置式或背置式防该化学物质的滤毒罐。指定防护因数=50。

● PaprS:任何动力送风空气过滤式呼吸器,配有防该化学物质的滤毒盒。指定防护因数=25。£

● ScbaF:任何携气式呼吸器,配全面罩。指定防护因数=50。

● SaF:任何供气式呼吸器,配全面罩。指定防护因数=50。

§:应急抢险,或准备进入浓度未知环境,或进入 IDLH 环境:

● ScbaF:Pd,Pp:任何压力需气式或正压携气式呼吸器,配全面罩。指定防护因数=10 000。

● SaF:Pd,Pp:AScba:任何压力需气式或正压供气式呼吸器,配全面罩,配压力需气式或正压携气式辅助呼吸器。指定防护因数=10 000。

逃生:

● GmFS:任何空气过滤式全面罩呼吸器(防毒面具),配下颌式、前置式或背置式防该化学物质的滤毒罐。指定防护因数=50。

● ScbaE:任何适合逃生的携气式呼吸器。

有关呼吸器选择的其他重要信息参见相关标准。

接触途径:呼吸道,皮肤吸收(溶液),胃肠道(溶液),皮肤和/或眼睛直接接触(溶液/液体)。

症状:眼睛、皮肤、呼吸系统刺激;咳嗽;皮肤、黏膜烧伤;皮炎;结膜炎;液体:冻伤。

靶器官:眼睛,皮肤,呼吸系统。

甲基正戊基甲酮[Methyl (n-amyl) ketone]

$CH_3CO(CH_2)_4CH_3$

CAS No.:110-43-0

RTECS No.:MJ5075000

DOT ID 和指南号:1110 127

异名和商品名:2-庚酮,Amyl methyl ketone,n-Amyl methyl ketone,2-Heptanone

接触限值:NIOSH REL:TWA 100 ppm (465 mg/m^3)
OSHA PEL:TWA 100 ppm (465 mg/m^3)

IDLH:800 ppm **浓度换算系数:**1 ppm = 4.67 mg/m^3

理化性质:无色至白色液体,具有香蕉样的水果味。

分子量:114.2　沸点:305 ℉
凝固点:-32 ℉　溶解度:0.4%
蒸气压:3 mmHg　电离电位:9.33 eV
比重:0.81　闪点:102 ℉
爆炸上限(250 ℉):7.9%　爆炸下限(151 ℉):1.1%
Ⅱ类可燃液体——闪点等于或高于 100 ℉且低于140 ℉。
不相容性和反应性:强酸,强碱,强氧化剂。[注:可以侵蚀某些塑料。]

测量方法:NIOSH 1301,2553

个人防护和卫生设施:

- 皮肤:穿戴合适的个人防护服,防止皮肤直接接触。
- 眼睛:佩戴合适的眼部防护用品,防止眼睛直接接触。
- 清洗皮肤:当皮肤受到污染时,应立即清洗污染的皮肤。
- 脱除:如果工作服被弄湿或受到了明显的污染,应该立即脱除并妥善处置。
- 更换:对于班后的衣服的更换需要没有特殊建议。

急救:

- 眼睛:如眼睛直接接触了该化学物质,要立即用大量水冲洗(灌洗)眼睛,冲洗时,不时翻开上下眼睑,并立即就医。
- 皮肤:如果该化学物质直接接触皮肤,用肥皂和水冲洗污染的皮肤。
- 呼吸:如果接触者吸入大量该化学物质,立即将接触者移至新鲜空气处。通常不需要采取其他措施。
- 吞入:如果吞入该化学物质,应立即就医。

对呼吸器选择的建议:NIOSH/OSHA

~ 800 ppm:

- CcrOv:任何空气过滤式半面罩呼吸器,配防有机蒸气的滤毒盒。指定防护因数=10。*
- PaprOv:任何动力送风空气过滤式呼吸器,配有机蒸气滤毒盒。指定防护因数=25。*
- GmFOv:任何空气过滤式全面罩呼吸器(防毒面具),配下颌式、前置式或背置式有机蒸气滤毒罐。指定防护因数=50。
- Sa:任何供气式呼吸器。指定防护因数=10。*
- ScbaF:任何携气式呼吸器,配全面罩。指定防护因数=50。

§:应急抢险,或准备进入浓度未知环境,或进入 IDLH 环境:

- ScbaF:Pd,Pp:任何压力需气式或正压携气式呼吸器,配全面罩。指定防护因数=10 000。
- SaF:Pd,Pp:AScba:任何压力需气式或正压供气式呼吸器,配全面罩,配压力需气式或正压携气式辅助呼吸器。指定防护因数=10 000。

逃生:

- GmFOv:任何空气过滤式全面罩呼吸器(防毒面具),配下颌式、前置式或背置式有机蒸气滤毒罐。指定防护因数=50。
- ScbaE:任何适合逃生的携气式呼吸器。

有关呼吸器选择的其他重要信息参见相关标准。

接触途径:呼吸道,胃肠道,皮肤和/或眼睛直接接触。

症状:眼睛、皮肤、黏膜刺激;头痛;麻醉,昏迷;皮炎。

靶器官:眼睛,皮肤,呼吸系统,中枢神经系统,周围神经系统。

溴甲烷(Methyl bromide)

CH_3Br

异名和商品名:甲基溴,Bromomethane,Monobromomethane

CAS No.:74-83-9

RTECS No.:PA4900000

DOT ID 和指南号:1062 123

接触限值:NIOSH REL:Ca 见附录 A

OSHA PEL †:C 20 ppm (80 mg/m³)[皮]

IDLH:Ca[250 ppm] **浓度换算系数**:1 ppm = 3.89 mg/m³

理化性质:无色气体,在高浓度下具有氯仿样气味。

[注:38 ℉以下为液体。以压缩液化气运输。]

分子量:95.0	沸点:38 ℉
凝固点:-137 ℉	溶解度:2%
蒸气压:1.9 大气压	电离电位:10.54 eV
相对密度:3.36	比重:1.73(32 ℉液体)
闪点:不适用(气体)	爆炸上限:16.0%
爆炸下限:10%	

易燃气体,但仅遇高能引火源时才燃烧。

不相容性和反应性:铝,镁,强氧化剂。[注:侵蚀铝形成易自燃的三甲基铝。]

测量方法:NIOSH 2520;OSHA PV2040

个人防护和卫生设施:

- 皮肤:穿戴合适的个人防护服,防止皮肤直接接触。(液体)
- 眼睛:佩戴合适的眼部防护用品,防止眼睛直接接触。(液体)
- 清洗皮肤:当皮肤受到污染时,应立即清洗污染的皮肤。(液体)
- 脱除:如果工作服被可燃性物质(即闪点低于 100 ℉的液体)浸湿,应当立即脱除并妥善处置,以防着火。
- 更换:对于班后的衣服的更换需要没有特殊建议。
- 配备:在紧靠有可能接触该化学物质的工作场所,应配备快速冲淋身体的设备以应急使用。[注:这些设备应能够提供足量水或流动水,以将可能接触的身体任何部位上的该化学物质除去。实际配备适宜的快速冲淋设备取决于工作场所的具体条件。在某些情况下,必须及时进行大流量淋浴,而其他情况下只需要用一个水槽或软管供水就足够了。](液体)

急救:

- 眼睛:如眼睛直接接触了该化学物质,要立即用大量水冲洗(灌洗)眼睛,冲洗时,不时翻开上下眼睑,并立即就医。(液体)
- 皮肤:如果该化学物质直接接触皮肤,立即用水冲洗污染的皮肤。如果该化学物质渗透进衣服,要迅速将衣服脱除,用水冲洗污染的皮肤,并迅速就医。(液体)
- 呼吸:如果接触者吸入大量该化学物质,立即将接触者移至新鲜空气处。如果呼吸停止,要进行人工呼吸,注意保暖和休息。尽快就医。

对呼吸器选择的建议:NIOSH

¥:高于 NIOSH REL 的浓度;或当没有 REL 时,任何可以检测到的浓度:

- ScbaF:Pd,Pp:任何压力需气式或正压携气式呼吸器,配全面罩。指定防护因数=10 000。
- SaF:Pd,Pp:AScba:任何压力需气式或正压供气式呼吸器,配全面罩,配压力需气式或正压携气式辅助呼吸器。指定防护因数=10 000。

逃生:

- GmFOv:任何空气过滤式全面罩呼吸器(防毒面具),配下颌式、前置式或背置式有机蒸气滤毒罐。指定防护因数=50。
- ScbaE:任何适合逃生的携气式呼吸器。

有关呼吸器选择的其他重要信息参见相关标准。

接触途径:呼吸道,皮肤吸收(液体),皮肤和/或眼睛直接接触(液体)。

症状：眼睛、皮肤、呼吸系统刺激；肌无力，协调能力下降，视觉障碍，眩晕；恶心，呕吐，头痛；不适；手震颤；惊厥；呼吸困难；皮肤囊泡化；液体：冻伤；[潜在职业性致癌物]。

靶器官：眼睛，皮肤，呼吸系统，中枢神经系统。

致癌部位：[动物：肺、肾及贲门窦肿瘤]。

甲基纤维素溶剂（Methyl Cellosolve®）

$CH_3OCH_2CH_2OH$

异名和商品名：甲基溶纤剂，EGME，Ethylene glycol monomethyl ether，Glycol monomethyl ether，2-Methoxyethanol

CAS No.：109-86-4

RTECS No.：KL5775000

DOT ID 和指南号：1188 127

M

接触限值：NIOSH REL：TWA 0.1 ppm (0.3 mg/m³) [皮]
OSHA PEL：TWA 25 ppm (80 mg/m³) [皮]

IDLH：200 ppm　　**浓度换算系数**：1 ppm ＝ 3.11 mg/m³

理化性质：无色液体 具有淡淡的乙醚味。

分子量：76.1　　沸点：256 ℉
凝固点：－121 ℉　　溶解度：与水互溶
蒸气压：6 mmHg　　电离电位：9.60 eV
比重：0.96　　闪点：102 ℉
爆炸上限：14%　　爆炸下限：1.8%
Ⅱ类可燃液体——闪点等于或高于 100 ℉且低于 140 ℉。
不相容性和反应性：强氧化剂，腐蚀剂。

测量方法：NIOSH 1403；OSHA 53，79

个人防护和卫生设施：

- 皮肤：穿戴合适的个人防护服，防止皮肤直接接触。
- 眼睛：佩戴合适的眼部防护用品，防止眼睛直接接触。
- 清洗皮肤：当皮肤受到污染时，应立即清洗污染的皮肤。
- 脱除：如果工作服被弄湿或受到了明显的污染，应该立即脱除并妥善处置。
- 更换：对于班后的衣服的更换需要没有特殊建议。
- 配备：在紧靠有可能接触该化学物质的工作场所，应配备快速冲淋身体的设备以应急使用。[注：这些设备应能够提供足量水或流动水，以将可能接触的身体任何部位上的该化学物质除去。实际配备适宜的快速冲淋设备取决于工作场所的具体条件。在某些情况下，必须及时进行大流量淋浴，而其他情况下只需要用一个水槽或软管供水就足够了。]

急救：

- 眼睛：如眼睛直接接触了该化学物质，要立即用大量水冲洗（灌洗）眼睛，冲洗时，不时翻开上下眼睑，并立即就医。
- 皮肤：如果该化学物质直接接触皮肤，迅速用水冲洗污染的皮肤。如果该化学物质渗透进衣服，要立即将衣服脱除，迅速用水冲洗污染的皮肤。若冲洗后刺激症状持续存在，应立即就医。
- 呼吸：如果接触者吸入大量该化学物质，立即将接触者移至新鲜空气处。如果呼吸停止，要进行人工呼吸，注意保暖和休息。尽快就医。
- 吞入：如果吞入该化学物质，应立即就医。

对呼吸器选择的建议：NIOSH

～1 ppm：

- Sa：任何供气式呼吸器。指定防护因数＝10。*

～ 2.5 ppm：

- Sa：Cf：任何连续供气式呼吸器。指定防护因数＝25。*

～ 5 ppm：

- ScbaF：任何携气式呼吸器，配全面罩。指定防护因数＝50。
- SaF：任何供气式呼吸器，配全面罩。指定防护因数＝50。

~ 100 ppm:

- Sa:Pd,Pp:任何压力需气式或正压供气式呼吸器。指定防护因数=1 000。*

~ 200 ppm:

- SaF:Pd,Pp:任何压力需气式或正压供气式呼吸器,配全面罩。指定防护因数=2 000。

§:应急抢险,或准备进入浓度未知环境,或进入 IDLH 环境:

- ScbaF:Pd,Pp:任何压力需气式或正压携气式呼吸器,配全面罩。指定防护因数=10 000。
- SaF:Pd,Pp:AScba:任何压力需气式或正压供气式呼吸器,配全面罩,配压力需气式或正压携气式辅助呼吸器。指定防护因数=10 000。

逃生:

- GmFOv:任何空气过滤式全面罩呼吸器(防毒面具),配下颌式、前置式或背置式有机蒸气滤毒罐。指定防护因数=50。
- ScbaE:任何适合逃生的携气式呼吸器。

有关呼吸器选择的其他重要信息参见相关标准。

接触途径:呼吸道,皮肤吸收,胃肠道,皮肤和/或眼睛直接接触。

症状:眼睛、鼻、咽喉刺激;头痛,嗜睡,乏力,倦怠;共济失调,震颤;贫血性苍白;动物:生殖、致畸效应。

靶器官:眼睛,呼吸系统,中枢神经系统,血液,肾,生殖系统,造血系统。

甲基溶纤剂酯(Methyl Cellosolve® acetate)

$CH_3COOCH_2CH_2OCH_3$

异名和商品名:EGMEA,Ethylene glycol monomethyl ether acetate,Glycol monomethyl ether acetate,2-Methoxyethyl acetate

CAS No.:110-49-6

RTECS No.:KL5950000

DOT ID 和指南号:1189 129

接触限值:NIOSH REL:TWA 0.1 ppm (0.5 mg/m³)[皮]

OSHA PEL:TWA 25 ppm (120 mg/m³)[皮]

IDLH:200 ppm **浓度换算系数:**1 ppm = 4.83 mg/m³

理化性质:无色液体,具有淡淡的乙醚味。

分子量:118.1　沸点:293 ℉

凝固点:−85 ℉　溶解度:与水互溶

蒸气压:2 mmHg　电离电位:未知

比重:1.01　闪点:120 ℉

爆炸上限:8.2%　爆炸下限:1.7%

Ⅱ类可燃液体——闪点等于或高于 100 ℉且低于 140 ℉。

不相容性和反应性:硝酸盐;强氧化剂,强碱和强酸。

测量方法:NIOSH 1451;OSHA 53,79

个人防护和卫生设施:

- 皮肤:穿戴合适的个人防护服,防止皮肤直接接触。
- 眼睛:佩戴合适的眼部防护用品,防止眼睛直接接触。
- 清洗皮肤:当皮肤受到污染时,应立即清洗污染的皮肤。
- 脱除:如果工作服被弄湿或受到了明显的污染,应该立即脱除并妥善处置。
- 更换:对于班后的衣服的更换需要没有特殊建议。

急救:

- 眼睛:如眼睛直接接触了该化学物质,要立即用大量水冲洗(灌洗)眼睛,冲洗时,不时翻开上下眼睑,并立即就医。
- 皮肤:如果该化学物质直接接触皮肤,迅速用水冲洗污染的皮肤。如果该化学物质渗透进衣服,要立即将衣服脱除,迅速用水冲洗污染的皮肤。若冲洗后刺激症状持续存在，应立即就医。

- 呼吸：如果接触者吸入大量该化学物质，立即将接触者移至新鲜空气处。如果呼吸停止，要进行人工呼吸，注意保暖和休息。尽快就医。
- 吞入：如果吞入该化学物质，应立即就医。

对呼吸器选择的建议：NIOSH

～1 ppm：

- Sa：任何供气式呼吸器。指定防护因数=10。*

～2.5 ppm：

- Sa：Cf：任何连续供气式呼吸器。指定防护因数=25。*

～5 ppm：

- ScbaF：任何携气式呼吸器，配全面罩。指定防护因数=50。
- SaF：任何供气式呼吸器，配全面罩。指定防护因数=50。

～100 ppm：

- Sa：Pd，Pp：任何压力需气式或正压供气式呼吸器。指定防护因数=1 000。*

～200 ppm：

- SaF：Pd，Pp：任何压力需气式或正压供气式呼吸器，配全面罩。指定防护因数=2 000。

§：应急抢险，或准备进入浓度未知环境，或进入IDLH环境：

- ScbaF：Pd，Pp：任何压力需气式或正压携气式呼吸器，配全面罩。指定防护因数=10 000。
- SaF：Pd，Pp：AScba：任何压力需气式或正压供气式呼吸器，配全面罩，配压力需气式或正压携气式辅助呼吸器。指定防护因数=10 000。

逃生：

- GmFOv：任何空气过滤式全面罩呼吸器（防毒面具），配下颌式、前置式或背置式有机蒸气滤毒罐。指定防护因数=50。
- ScbaE：任何适合逃生的携气式呼吸器。

有关呼吸器选择的其他重要信息参见相关标准。

接触途径：呼吸道，皮肤吸收，胃肠道，皮肤和/或眼睛直接接触。

症状：眼睛、鼻、咽喉刺激；肾、脑损害；动物：昏迷；生殖、致畸效应。

靶器官：眼睛，呼吸系统，肾，中枢神经系统，周围神经系统，生殖系统，造血系统。

M

氯甲烷(Methyl chloride)

CH_3Cl

异名和商品名：一氯甲烷，Chloromethane，Monochloromethane

CAS No.：74-87-3

RTECS No.：PA6300000

DOT ID 和指南号：1063 115

接触限值：NIOSH REL：Ca 见附录 A

OSHA PEL†：TWA 100 ppm

C 200 ppm 300 ppm(任何 3 h 内 5 min 最大峰值)

IDLH：Ca [2 000 ppm]　**浓度换算系数：**1 ppm = 2.07 mg/m^3

理化性质：无色气体，具有在危险浓度下不被察觉的轻微甜味。[注：以压缩液化气运输。]

分子量：50.5	沸点：-12 ℉
凝固点：-144 ℉	溶解度：0.5%
蒸气压：5.0 大气压	电离电位：11.28 eV
相对密度：1.78	闪点：不适用（气体）
爆炸上限：17.4%	爆炸下限：8.1%

易燃气体。

不相容性和反应性：化学性质活泼的金属如钾、铝粉、锌粉和镁粉；水。[注：遇水水解成盐酸。]

测量方法:NIOSH 1001

个人防护和卫生设施:

- 皮肤:压缩气体快速膨胀时可产生低温。泄漏和使用能快速膨胀的压缩气体,可产生冻伤危害。穿戴合适的个人防护服,防止皮肤冻伤。
- 眼睛:佩戴合适的眼部防护用品,防止眼睛直接接触液体后因低温引起灼伤或组织损伤。
- 清洗皮肤:对于清洗皮肤上的污染物没有其他特殊的建议(包括立即清洗和班后清洗)。
- 脱除:如果工作服被可燃性物质(即闪点低于 100 ℉的液体)浸湿,应当立即脱除并妥善处置,以防着火。
- 更换:对于班后的衣服的更换需要没有特殊建议。
- 配备:在紧靠有可能接触极低温液体或迅速蒸发的液体的工作场所,应配备快速冲淋洗浴设备和/或眼冲洗设备,以应急使用。

急救:

- 眼睛:如果眼组织冻伤,要立即就医。如果眼组织没有冻伤,要立即用大量水彻底冲洗至少 15 min,并不时翻开上下眼睑。如果眼睛刺激、疼痛、肿胀、流泪和畏光持续存在,应尽快就医。
- 皮肤:如果发生冻伤,要立即就医,不要揉擦或用水冲洗冻伤部位;为防止组织进一步受损,不要试图将冻结的衣服从冻伤部位脱除。如未发生冻伤,立即用肥皂和水彻底清洗污染的皮肤。
- 呼吸:如果接触者吸入大量该化学物质,立即将接触者移至新鲜空气处。如果呼吸停止,要进行人工呼吸,注意保暖和休息。尽快就医。

对呼吸器选择的建议:NIOSH

¥:高于 NIOSH REL 的浓度;或当没有 REL 时,任何可以检测到的浓度:

- ScbaF:Pd,Pp:任何压力需气式或正压携气式呼吸器,配全面罩。指定防护因数=10 000。
- SaF:Pd,Pp:AScba:任何压力需气式或正压供气式呼吸器,配全面罩,配压力需气式或正压携气式辅助呼吸器。指定防护因数=10 000。

逃生:

- ScbaE:任何适合逃生的携气式呼吸器。

有关呼吸器选择的其他重要信息参见相关标准。

接触途径:呼吸道,皮肤和/或眼睛直接接触(液体)。

症状:眩晕,恶心,呕吐;视觉障碍,(步履)蹒跚,语言模糊,惊厥,昏迷;肝、肾损伤;液体:冻伤;生殖、致畸效应;[潜在职业性致癌物]。

靶器官:中枢神经系统,肝,肾,生殖系统。

致癌部位:[动物:肺、肾及贲门窦肿瘤]。

甲基氯仿(Methyl chloroform)

CH_3CCl_3

异名和商品名:1,1,1-三氯乙烷;Chlorothene;1,1,1-Trichloroethane 1,1,1-Trichloroethane(stabilized)

CAS No.:71-55-6

RTECS No.:KJ2975000

DOT ID 和指南号:2831 160

接触限值:NIOSH REL:C 350 ppm (1 900 mg/m^3) [15 min] 见附录 C (氯乙烷)

OSHA PEL †:TWA 350 ppm (1 900 mg/m^3)

IDLH:700 ppm **浓度换算系数**:1 ppm = 5.46 mg/m^3

理化性质:无色液体,具有轻微的氯仿样气味。

分子量:133.4	沸点:165 ℉
凝固点:−23 ℉	溶解度:0.4%
蒸气压:100 mmHg	电离电位:11.00 eV
比重:1.34	闪点:未知

爆炸上限:12.5%　　爆炸下限:7.5%

可燃液体,但很难燃烧。

不相容性和反应性:强腐蚀剂;强氧化剂;化学性质活泼的金属如锌、铝、镁粉、钠和钾;水。[注:和水缓慢反应生成盐酸。]

测量方法:NIOSH 1003

个人防护和卫生设施:

- 皮肤:穿戴合适的个人防护服,防止皮肤直接接触。
- 眼睛:佩戴合适的眼部防护用品,防止眼睛直接接触。
- 清洗皮肤:当皮肤受到污染时,应立即清洗污染的皮肤。
- 脱除:如果工作服被弄湿或受到了明显的污染,应该立即脱除并妥善处置。
- 更换:对于班后的衣服的更换需要没有特殊建议。

急救:

- 眼睛:如眼睛直接接触了该化学物质,要立即用大量水冲洗(灌洗)眼睛,冲洗时,不时翻开上下眼睑,并立即就医。
- 皮肤:如果该化学物质直接接触皮肤,迅速用肥皂和水冲洗污染的皮肤。若该化学物质渗透进衣服,要迅速将衣服脱除,用肥皂和水清洗皮肤,并迅速就医。
- 呼吸:如果接触者吸入大量该化学物质,立即将接触者移至新鲜空气处。如果呼吸停止,要进行人工呼吸,注意保暖和休息。尽快就医。
- 吞入:如果吞入该化学物质,应立即就医。

对呼吸器选择的建议:NIOSH/OSHA

~ 700 ppm:

- Sa:任何供气式呼吸器。指定防护因数=10。*
- ScbaF:任何携气式呼吸器,配全面罩。指定防护因数=50。

§:应急抢险,或准备进入浓度未知环境,或进入 IDLH 环境:

- ScbaF:Pd,Pp:任何压力需气式或正压携气式呼吸器,配全面罩。指定防护因数=10 000。
- SaF:Pd,Pp:AScba:任何压力需气式或正压供气式呼吸器,配全面罩,配压力需气式或正压携气式辅助呼吸器。指定防护因数=10 000。

逃生:

- GmFOv:任何空气过滤式全面罩呼吸器(防毒面具),配下颌式、前置式或背置式有机蒸气滤毒罐。指定防护因数=50。
- ScbaE:任何适合逃生的携气式呼吸器。

有关呼吸器选择的其他重要信息参见相关标准。

接触途径:呼吸道,胃肠道,皮肤和/或眼睛直接接触。

症状:眼睛、皮肤刺激;头痛,乏力,倦怠,中枢神经系统抑制,平衡差;皮炎;心律不齐;肝损伤。

靶器官:眼睛,皮肤,中枢神经系统,心血管系统,肝。

M

2-氰基丙烯酸甲酯(Methyl-2-cyanoacrylate)

$CH_2=C(CN)COOCH_3$

异名和商品名: Mecrylate,Methyl cyanoacrylate,Methyl α-cyanoacrylate,Methyl ester of 2-cyanoacrylic acid

CAS No.:137-05-3

RTECS No.:AS7000000

DOT ID 和指南号:

接触限值:NIOSH REL:TWA 2 ppm (8 mg/m^3)

ST 4 ppm (16 mg/m^3)

OSHA PEL†:无

IDLH:N.D.　　**浓度换算系数:**1 ppm = 4.54 mg/m^3

理化性质:无色液体,具有特有的气味。

分子量:111.1　　沸点:未知

凝 固 点:未知　　溶 解 度:30%
蒸气压(77 ℉):0.2 mmHg　　电离电位:未知
比重(81 ℉):1.10　　闪　点:174 ℉
爆炸上限:未知　　爆炸下限:未知
ⅢA类可燃液体——闪点等于或高于140 ℉且低于200 ℉。
不相容性和反应性:湿气。[注:接触湿气引起快速聚合。]

测量方法:OSHA 55

个人防护和卫生设施:

- 皮肤:穿戴合适的个人防护服,防止皮肤直接接触。
- 眼睛:佩戴合适的眼部防护用品,防止眼睛直接接触。
- 清洗皮肤:每天工作班结束后,进食、吸烟、喝水前都应该清洗可能受到污染的皮肤。
- 脱除:对于脱除被污染或被弄湿的工作服的需要没有特殊建议。
- 更换:对于班后的衣服的更换需要没有特殊建议。
- 配备:在劳动者可能接触该化学物质的作业场所,无论是否需要使用眼部防护用品,都应配备眼冲洗设备。

急救:

- 眼睛:如眼睛直接接触了该化学物质,要立即用大量水冲洗(灌洗)眼睛,冲洗时,不时翻开上下眼睑,并立即就医。
- 皮肤:如果该化学物质直接接触皮肤,用水冲洗污染的皮肤。
- 呼吸:如果接触者吸入大量该化学物质,立即将接触者移至新鲜空气处。如果呼吸停止,要进行人工呼吸,注意保暖和休息。尽快就医。
- 吞入:如果吞入该化学物质,应立即就医。

对呼吸器选择的建议:无。
有关呼吸器选择的其他重要信息参见相关标准。

接触途径:呼吸道,胃肠道,皮肤和/或眼睛直接接触。

症状:眼睛、皮肤、鼻刺激;视力模糊,流泪;鼻炎。

靶器官:眼睛,皮肤,呼吸系统。

甲基环己烷(Methylcyclohexane)

$CH_3C_6H_{11}$

CAS No.:108-87-2
RTECS No.:GV6125000
DOT ID 和指南号:2296 128

异名和商品名:六氢甲苯,环己基甲烷,Cyclohexylmethane,Hexahydrotoluene

接触限值:NIOSH REL:TWA 400 ppm (1 600 mg/m³)
OSHA PEL †:TWA 500 ppm (2 000 mg/m³)

IDLH:1 200 ppm [爆炸下限]
浓度换算系数:1 ppm = 4.02 mg/m³

理化性质:无色液体,具有淡淡的苯味。

分 子 量:98.2　　沸　点:214 ℉
凝 固 点:−196 ℉　　溶 解 度:不溶
蒸 气 压:37 mmHg　　电离电位:9.85 eV
比　重:0.77　　闪　点:25 ℉
爆炸上限:6.7%　　爆炸下限:1.2%
ⅠB类易燃液体——闪点低于73 ℉,沸点等于或高于100 ℉。
不相容性和反应性:强氧化剂。

测量方法:NIOSH 1500;OSHA 7

个人防护和卫生设施:

- 皮肤:穿戴合适的个人防护服,防止皮肤直接接触。
- 眼睛:佩戴合适的眼部防护用品,防止眼睛直接接触。
- 清洗皮肤:当皮肤受到污染时,应立即清洗污染的皮肤。

- 脱除：如果工作服被可燃性物质(即闪点低于 100 ℉的液体)浸湿，应当立即脱除并妥善处置，以防着火。
- 更换：对于班后的衣服的更换需要没有特殊建议。

急救：

- 眼睛：如眼睛直接接触了该化学物质，要立即用大量水冲洗(灌洗)眼睛，冲洗时，不时翻开上下眼睑，并立即就医。
- 皮肤：如果该化学物质直接接触皮肤，迅速用肥皂和水冲洗污染的皮肤。若该化学物质渗透进衣服，要迅速将衣服脱除，用肥皂和水清洗皮肤，并迅速就医。
- 呼吸：如果接触者吸入大量该化学物质，立即将接触者移至新鲜空气处。如果呼吸停止，要进行人工呼吸，注意保暖和休息。尽快就医。
- 吞入：如果吞入该化学物质，应立即就医。

对呼吸器选择的建议：NIOSH

~ 1 200 ppm：

- Sa：任何供气式呼吸器。指定防护因数=10。
- ScbaF：任何携气式呼吸器，配全面罩。指定防护因数=50。

§：应急抢险，或准备进入浓度未知环境，或进入 IDLH 环境：

- ScbaF：Pd，Pp：任何压力需气式或正压携气式呼吸器，配全面罩。指定防护因数=10 000。
- SaF：Pd，Pp：AScba：任何压力需气式或正压供气式呼吸器，配全面罩，配压力需气式或正压携气式辅助呼吸器。指定防护因数=10 000。

逃生：

- GmFOv：任何空气过滤式全面罩呼吸器(防毒面具)，配下颌式、前置式或背置式有机蒸气滤毒罐。指定防护因数=50。
- ScbaE：任何适合逃生的携气式呼吸器。

有关呼吸器选择的其他重要信息参见相关标准。

接触途径：呼吸道，胃肠道，皮肤和/或眼睛直接接触。

症状：眼睛、皮肤、鼻、咽喉刺激；眩晕，嗜睡；动物：昏迷。

靶器官：眼睛，皮肤，呼吸系统，中枢神经系统。

M

甲基环己醇(Methylcyclohexanol)

$CH_3C_6H_{10}OH$

异名和商品名：六氢甲酚，Hexahydrocresol，Hexahydromethylphenol

CAS No.：25639-42-3

RTECS No.：GW0175000

DOT ID 和指南号：2617 129

接触限值：NIOSH REL：TWA 50 ppm (235 mg/m³)
OSHA PEL †：TWA 100 ppm (470 mg/m³)

IDLH：500 ppm　**浓度换算系数：**1 ppm = 4.67 mg/m³

理化性质：淡黄色液体，具有淡淡的椰子油味。

分子量：114.2	沸点：311～356 ℉
凝固点：-58 ℉	溶解度：4%
蒸气压(86 ℉)：2 mmHg	电离电位：9.80 eV
比重：0.92	闪点：149～158 ℉
爆炸上限：未知	爆炸下限：未知

ⅢA 类可燃液体——闪点等于或高于 140 ℉且低于 200 ℉。

不相容性和反应性：强氧化剂。

测量方法：NIOSH 1404

个人防护和卫生设施：

- 皮肤：穿戴合适的个人防护服，防止皮肤直接接触。
- 眼睛：佩戴合适的眼部防护用品，防止眼睛直接接触。
- 清洗皮肤：当皮肤受到污染时，应立即清洗污染的皮肤。
- 脱除：如果工作服被弄湿或受到了明显的污染，应该立即脱除并妥善处置。
- 更换：对于班后的衣服的更换需要没有特殊建议。

M

急救：

- 眼睛：如眼睛直接接触了该化学物质，要立即用大量水冲洗（灌洗）眼睛，冲洗时，不时翻开上下眼睑，并立即就医。
- 皮肤：如果该化学物质直接接触皮肤，迅速用肥皂和水冲洗污染的皮肤。若该化学物质渗透进衣服，要迅速将衣服脱除，用肥皂和水清洗皮肤，并迅速就医。
- 呼吸：如果接触者吸入大量该化学物质，立即将接触者移至新鲜空气处。如果呼吸停止，要进行人工呼吸，注意保暖和休息。尽快就医。
- 吞入：如果吞入该化学物质，应立即就医。

对呼吸器选择的建议：NIOSH

～ 500 ppm：

- Sa：任何供气式呼吸器。指定防护因数＝10。*
- ScbaF：任何携气式呼吸器，配全面罩。指定防护因数＝50。

§：应急抢险，或准备进入浓度未知环境，或进入 IDLH 环境：

- ScbaF：Pd，Pp：任何压力需气式或正压携气式呼吸器，配全面罩。指定防护因数＝10 000。
- SaF：Pd，Pp：AScba：任何压力需气式或正压供气式呼吸器，配全面罩，配压力需气式或正压携气式辅助呼吸器。指定防护因数＝10 000。

逃生：

- GmFOv：任何空气过滤式全面罩呼吸器（防毒面具），配下颌式、前置式或背置式有机蒸气滤毒罐。指定防护因数＝50。
- ScbaE：任何适合逃生的携气式呼吸器。

有关呼吸器选择的其他重要信息参见相关标准。

接触途径：呼吸道，皮肤吸收，胃肠道，皮肤和/或眼睛直接接触。

症状：眼睛、皮肤、上呼吸道刺激；头痛；动物：昏迷；肝、肾损伤。

靶器官：眼睛，皮肤，呼吸系统，中枢神经系统，肾，肝。

邻甲基环己酮（o-Methylcyclohexanone）

$CH_3C_6H_9O$

异名和商品名：2-甲基环己酮，2-Methylcyclohexanone

CAS No.：583-60-8

RTECS No.：GW1750000

DOT ID 和指南号：2297 128

接触限值：NIOSH REL：TWA 50 ppm（230 mg/m^3）［皮］

ST 75 ppm（345 mg/m^3）

OSHA PEL †：TWA 100 ppm（460 mg/m^3）［皮］

IDLH：600 ppm　**浓度换算系数：**1 ppm ＝ 4.59 mg/m^3

理化性质：无色液体，具有淡淡的薄荷味。

分子量：	112.2	沸点：	325 ℉
凝固点：	7 ℉	溶解度：	不溶
蒸气压：	1 mmHg	电离电位：	未知
比重：	0.93	闪点：	118 ℉
爆炸上限：	未知	爆炸下限：	未知

Ⅱ类可燃液体——闪点等于或高于 100 ℉且低于 140 ℉。

不相容性和反应性：强氧化剂。

测量方法：NIOSH 2521

个人防护和卫生设施：

- 皮肤：穿戴合适的个人防护服，防止皮肤直接接触。
- 眼睛：佩戴合适的眼部防护用品，防止眼睛直接接触。
- 清洗皮肤：当皮肤受到污染时，应立即清洗污染的皮肤。
- 脱除：如果工作服被弄湿或受到了明显的污染，应该立即脱除并妥善处置。
- 更换：对于班后的衣服的更换需要没有特殊建议。

急救：

- 眼睛：如眼睛直接接触了该化学物质，要立即用大量水冲洗（灌洗）眼睛，冲洗时，不时翻开上下眼睑，并立即就医。

- 皮肤：如果该化学物质直接接触皮肤，迅速用肥皂和水冲洗污染的皮肤。若该化学物质渗透进衣服，要迅速将衣服脱除，用肥皂和水清洗皮肤，并迅速就医。
- 呼吸：如果接触者吸入大量该化学物质，立即将接触者移至新鲜空气处。如果呼吸停止，要进行人工呼吸，注意保暖和休息。尽快就医。
- 吞入：如果吞入该化学物质，应立即就医。

对呼吸器选择的建议：NIOSH

~ 500 ppm：

- Sa：任何供气式呼吸器。指定防护因数=10。*

~ 600 ppm：

- Sa：Cf：任何连续供气式呼吸器。指定防护因数=25。*
- ScbaF：任何携气式呼吸器，配全面罩。指定防护因数=50。
- SaF：任何供气式呼吸器，配全面罩。指定防护因数=50。

§：应急抢险，或准备进入浓度未知环境，或进入 IDLH 环境：

- ScbaF：Pd，Pp：任何压力需气式或正压携气式呼吸器，配全面罩。指定防护因数=10 000。
- SaF：Pd，Pp：AScba：任何压力需气式或正压供气式呼吸器，配全面罩，配压力需气式或正压携气式辅助呼吸器。指定防护因数=10 000。

逃生：

- GmFOv：任何空气过滤式全面罩呼吸器(防毒面具)，配下颌式、前置式或背置式有机蒸气滤毒罐。指定防护因数=50。
- ScbaE：任何适合逃生的携气式呼吸器。

有关呼吸器选择的其他重要信息参见相关标准。

接触途径：呼吸道，皮肤吸收，胃肠道，皮肤和/或眼睛直接接触。

症状：动物：眼睛、黏膜刺激；麻醉；皮炎。

靶器官：皮肤，呼吸系统，肝，肾，中枢神经系统。

M

甲基环戊二烯三羰基锰(按锰计)[Methyl cyclopentadienyl manganese tricarbonyl (as Mn)]

$CH_3C_5H_4Mn(CO)_3$

CAS No.：12108-13-3

RTECS No.：OP1450000

DOT ID 和指南号：

异名和商品名：燃烧促进剂 2，CI-2，Combustion Improver-2，Manganese tricarbonylmethylcyclopentadienyl，2-Methylcyclopentadienyl manganese tricarbonyl，MMT

接触限值：NIOSH REL：TWA 0.2 mg/m³[皮]
OSHA PEL †：C 5 mg/m³

IDLH：N. D.　　**浓度换算系数**：

理化性质：黄色至暗橙色液体，具有淡淡的令人愉快的气味。[注：36 ℉以下为固体。]

分子量：218.1	沸点：449 ℉
凝固点：36 ℉	溶解度：不溶
蒸气压(212 ℉)：7 mmHg	电离电位：未知
比重：1.39	闪点：230 ℉
爆炸上限：未知	爆炸下限：未知

ⅢB 类可燃液体——闪点等于或高于 200 ℉。

不相容性和反应性：光(分解)。

测量方法：无。

个人防护和卫生设施：

- 皮肤：穿戴合适的个人防护服，防止皮肤直接接触。
- 眼睛：佩戴合适的眼部防护用品，防止眼睛直接接触。
- 清洗皮肤：当皮肤受到污染时，应立即清洗污染的皮肤。
- 脱除：如果工作服被弄湿或受到了明显的污染，应该立即脱除并妥善处置。
- 更换：对于班后的衣服的更换需要没有特殊建议。

急救：

- 眼睛：如眼睛直接接触了该化学物质，要立即用大量水冲洗（灌洗）眼睛，冲洗时，不时翻开上下眼睑，并立即就医。
- 皮肤：如果该化学物质直接接触皮肤，立即用肥皂和水冲洗污染的皮肤。若该化学物质渗透进衣服，要立即将衣服脱除，用肥皂和水清洗皮肤，并迅速就医。
- 呼吸：如果接触者吸入大量该化学物质，立即将接触者移至新鲜空气处。如果呼吸停止，要进行人工呼吸，注意保暖和休息。尽快就医。
- 吞入：如果吞入该化学物质，应立即就医。

对呼吸器选择的建议：无。

有关呼吸器选择的其他重要信息参见相关标准。

接触途径：呼吸道，皮肤吸收，胃肠道，皮肤和/或眼睛直接接触。

症状：眼睛刺激；眩晕，恶心，头痛；动物：震颤，严重的阵挛性抽搐，乏力，倦怠，呼吸缓慢；肝、肾损伤。

靶器官：眼睛，中枢神经系统，肝，肾。

M

甲基内吸磷(Methyl demeton)

$C_6H_{15}O_3PS_2$

CAS No.：8022-00-2

RTECS No.：TG1760000

DOT ID 和指南号：

异名和商品名：杀蚜剂；Demeton methyl；O，O-Dimethyl-2-ethylmercaptoethyl thiophosphate；Metasystox®；Methyl mercaptophos；Methyl systox®

接触限值：NIOSH REL：TWA 0.5 mg/m^3[皮]
OSHA PEL †：无

IDLH：N. D.　　**浓度换算系数：**

理化性质：无色至浅黄色油状液体，具有难闻的气味。[杀虫剂][注：工业品含有硫羰和硫羟两种异构体。]

分子量：230.3	沸点：分解
凝固点：未知	溶解度：0.03%～0.3%
蒸气压：0.000 4 mmHg	电离电位：未知
比重：1.20	闪点：未知
爆炸上限：未知	爆炸下限：未知

可燃液体。

不相容性和反应性：强氧化剂，碱，水。

测量方法：无。

个人防护和卫生设施：

- 皮肤：穿戴合适的个人防护服，防止皮肤直接接触。
- 眼睛：佩戴合适的眼部防护用品，防止眼睛直接接触。
- 清洗皮肤：当皮肤受到污染时，应立即清洗污染的皮肤。
- 脱除：如果工作服被弄湿或受到了明显的污染，应该立即脱除并妥善处置。
- 更换：在离开工作场所前应当将可能受到污染的工作服更换成无污染的衣服。
- 配备：在劳动者可能接触该化学物质的作业场所，无论是否需要使用眼部防护用品，都应配备眼冲洗设备。在紧靠有可能接触该化学物质的工作场所，应配备快速冲淋身体的设备以应急使用。[注：这些设备应能够提供足量水或流动水，以将可能接触的身体任何部位上的该化学物质除去。实际配备适宜的快速冲淋设备取决于工作场所的具体条件。在某些情况下，必须及时进行大流量淋浴，而其他情况下只需要用一个水槽或软管供水就足够了。]

急救：

- 眼睛：如眼睛直接接触了该化学物质，要立即用大量水冲洗（灌洗）眼睛，冲洗时，不时翻开上下眼睑，并立即就医。

- 皮肤：如果该化学物质直接接触皮肤，立即用肥皂和水冲洗污染的皮肤。若该化学物质渗透进衣服，要立即将衣服脱除，用肥皂和水清洗皮肤，并迅速就医。
- 呼吸：如果接触者吸入大量该化学物质，立即将接触者移至新鲜空气处。如果呼吸停止，要进行人工呼吸，注意保暖和休息。尽快就医。
- 吞入：如果吞入该化学物质，应立即就医。

对呼吸器选择的建议：无。

有关呼吸器选择的其他重要信息参见相关标准。

接触途径：呼吸道，皮肤吸收，胃肠道，皮肤和/或眼睛直接接触。

症状：眼睛、皮肤刺激；眼睛疼痛，鼻漏；恶心，头痛，眩晕，呕吐。

靶器官：眼睛，皮肤，呼吸系统，中枢神经系统，心血管系统，血胆碱酯酶。

M

4,4′-亚甲基双(2-氯苯胺)[4,4′-Methylenebis(2-chloroaniline)]

$CH_2(C_6H_4ClNH_2)_2$

CAS No.：101-14-4

RTECS No.：CY1050000

DOT ID 和指南号：

异名和商品名：DACPM；3,3′-Dichloro-4,4′-diaminodiphenylmethane；MBOCA；4,4′-Methylenebis(o-chloroaniline)；MOCA；4,4′-Methylenebis(2-chlorobenzenamine)

接触限值：NIOSH REL：Ca TWA 0.003 mg/m^3［皮］

见附录 A

OSHA PEL †：无

IDLH：Ca［N.D.］　　**浓度换算系数：**

理化性质：褐色颗粒状或片状，具有淡淡的胺味。

分子量：267.2	沸点：未知
熔点：230 ℉	溶解度：微溶
蒸气压(77 ℉)：0.000 01 mmHg	电离电位：未知
比重：1.44	闪点：未知
爆炸上限：未知	爆炸下限：未知

不相容性和反应性：化学性质活泼的金属(如钾、钠、镁、锌)。

测量方法：OSHA 24,71

个人防护和卫生设施：

- 皮肤：穿戴合适的个人防护服，防止皮肤直接接触。
- 眼睛：佩戴合适的眼部防护用品，防止眼睛直接接触。
- 清洗皮肤：当皮肤受到污染时，应立即清洗污染的皮肤。/每天工作班结束后，进食、吸烟、喝水前都应该清洗可能受到污染的皮肤。
- 脱除：如果工作服被弄湿或受到了明显的污染，应该立即脱除并妥善处置。
- 更换：在离开工作场所前应当将可能受到污染的工作服更换成无污染的衣服。
- 配备：在劳动者可能接触该化学物质的作业场所，无论是否需要使用眼部防护用品，都应配备眼冲洗设备。在紧靠有可能接触该化学物质的工作场所，应配备快速冲淋身体的设备以应急使用。［注：这些设备应能够提供足量水或流动水，以将可能接触的身体任何部位上的该化学物质除去。实际配备适宜的快速冲淋设备取决于工作场所的具体条件。在某些情况下，必须及时进行大流量淋浴，而其他情况下只需要用一个水槽或软管供水就足够了。］

急救：

- 眼睛：如眼睛直接接触了该化学物质，要立即用大量水冲洗(灌洗)眼睛，冲洗时，不时翻开上下眼睑，并立即就医。
- 皮肤：如果该化学物质直接接触皮肤，要立即用肥皂和水冲洗污染的皮肤。如果该化学物质渗透进衣服，立即将衣服脱除，并用水清洗皮肤。如果清洗后刺激持续存在，应立即就医。

● 呼吸：如果接触者吸入大量该化学物质，立即将接触者移至新鲜空气处。如果呼吸停止，要进行人工呼吸，注意保暖和休息。尽快就医。
● 吞入：如果吞入该化学物质，应立即就医。

对呼吸器选择的建议：NIOSH

¥：高于 NIOSH REL 的浓度；或当没有 REL 时，任何可以检测到的浓度：
● ScbaF：Pd，Pp：任何压力需气式或正压携气式呼吸器，配全面罩。指定防护因数=10 000。
● SaF：Pd，Pp：AScba：任何压力需气式或正压供气式呼吸器，配全面罩，配压力需气式或正压携气式辅助呼吸器。指定防护因数=10 000。

逃生：
● GmFOv100：任何空气过滤式全面罩呼吸器（防毒面具），配下颌式、前置式或背置式有机蒸气滤毒罐和N100、R100 或 P100 的综合防护过滤元件。指定防护因数=50。选择 N、R 或 P 过滤元件的信息见表 4。
● ScbaE：任何适合逃生的携气式呼吸器。

有关呼吸器选择的其他重要信息参见相关标准。

接触途径：呼吸道，皮肤吸收，胃肠道，皮肤和/或眼睛直接接触。

症状：血尿，紫绀，恶心，高铁血红蛋白血症，肾刺激；[潜在职业性致癌物]。

靶器官：肝，血液，肾。

致癌部位：[动物：肝、肺及膀胱肿瘤]。

M

亚甲基二(4-环己基异氰酸酯)[Methylene bis(4-cyclohexylisocyanate)]

$CH_2[(C_6H_{10})NCO]_2$

CAS No.：5124-30-1

RTECS No.：NQ9250000

DOT ID 和指南号：

异名和商品名：Dicyclohexylmethane 4，4′-diisocyanate；DMDI；bis(4-Isocyanatocyclohexyl)methane；HMDI；Hydrogenated MDI；Reduced MDI；Saturated MDI

接触限值：NIOSH REL：C 0.01 ppm (0.11 mg/m³)
OSHA PEL †：无

IDLH：N.D. **浓度换算系数**：1 ppm = 10.73 mg/m³

理化性质：透明无色至浅黄色液体。

分子量：262.4 沸点：未知
凝固点：<14 ℉ 溶解度：与水反应
蒸气压(77 ℉)：0.001 mmHg 电离电位：未知
比重(77 ℉)：1.07 闪点：>395 ℉
爆炸上限：未知 爆炸下限：未知
ⅢB 类可燃液体——闪点等于或高于 200 ℉。
不相容性和反应性：水，乙醇，醇，胺，碱，酸，有机锡催化剂。[注：若加热至 122 ℉以上可缓慢聚合。]

测量方法：NIOSH 5525；OSHA PV2092

个人防护和卫生设施：
● 皮肤：穿戴合适的个人防护服，防止皮肤直接接触。
● 眼睛：佩戴合适的眼部防护用品，防止眼睛直接接触。
● 清洗皮肤：当皮肤受到污染时，应立即清洗污染的皮肤。
● 脱除：如果工作服被弄湿或受到了明显的污染，应该立即脱除并妥善处置。
● 更换：对于班后的衣服的更换需要没有特殊建议。
● 配备：在紧靠有可能接触该化学物质的工作场所，应配备快速冲淋身体的设备以应急使用。[注：这些设备应能够提供足量水或流动水，以将可能接触的身体任何部位上的该化学物质除去。实际配备适宜的快速冲淋设备取决于工作场所的具体条件。在某些情况下，必须及时进行大流量淋浴，而其他情况下只需要用一个水槽或软管供水就足够了。]

急救：

- 眼睛：如眼睛直接接触了该化学物质，要立即用大量水冲洗(灌洗)眼睛，冲洗时，不时翻开上下眼睑，并立即就医。
- 皮肤：如果该化学物质直接接触皮肤，立即用水冲洗污染的皮肤。如果该化学物质渗透进衣服，要迅速将衣服脱除，用水冲洗污染的皮肤，并迅速就医。
- 呼吸：如果接触者吸入大量该化学物质，立即将接触者移至新鲜空气处。如果呼吸停止，要进行人工呼吸，注意保暖和休息。尽快就医。
- 吞入：如果吞入该化学物质，应立即就医。

对呼吸器选择的建议：NIOSH

～ 0.1 ppm：

- Sa：任何供气式呼吸器。指定防护因数＝10。*

～ 0.25 ppm：

- Sa：Cf：任何连续供气式呼吸器。指定防护因数＝25。*

～ 0.5 ppm：

- ScbaF：任何携气式呼吸器，配全面罩。指定防护因数＝50。
- SaF：任何供气式呼吸器，配全面罩。指定防护因数＝50。

～ 1 ppm：

- SaF：Pd，Pp：任何压力需气式或正压供气式呼吸器，配全面罩。指定防护因数＝2 000。

§：应急抢险，或准备进入浓度未知环境，或进入 IDLH 环境：

- ScbaF：Pd，Pp：任何压力需气式或正压携气式呼吸器，配全面罩。指定防护因数＝10 000。
- SaF：Pd，Pp：AScba：任何压力需气式或正压供气式呼吸器，配全面罩，配压力需气式或正压携气式辅助呼吸器。指定防护因数＝10 000。

逃生：

- GmFOv：任何空气过滤式全面罩呼吸器(防毒面具)，配下颌式、前置式或背置式有机蒸气滤毒罐。指定防护因数＝50。
- ScbaE：任何适合逃生的携气式呼吸器。

有关呼吸器选择的其他重要信息参见相关标准。

接触途径：呼吸道，胃肠道，皮肤和/或眼睛直接接触。

症状：眼睛、皮肤、呼吸系统刺激；皮肤、呼吸致敏；胸部紧迫感，呼吸困难，咳嗽，咽喉干燥，喘鸣，肺水肿；皮肤水泡。

靶器官：眼睛，皮肤，呼吸系统。

M

二苯甲烷异氰酸酯(Methylene bisphenyl isocyanate)

$CH_2(C_6H_4NCO)_2$

CAS No.：101-68-8

RTECS No.：NQ9350000

异名和商品名：二苯甲撑二异氰酸酯；4，4′-二异氰酸二苯甲烷；4，4′-Diphenylmethane diisocyanate；MDI；Methylene bis(4-phenyl isocyanate)；Methylene di-p-phenylene ester of isocyanic acid

DOT ID 和指南号：

接触限值：NIOSH REL：TWA 0.05 mg/m³(0.005 ppm)
C 0.2 mg/m³(0.020 ppm) [10 min]
OSHA PEL：C 0.2 mg/m³(0.02 ppm)

IDLH：75 mg/m³ **浓度换算系数：**1 ppm ＝ 10.24 mg/m³

理化性质：白色至淡黄色，无气味固体。[注：在 99 ℉以上为液体。]

分子量：250.3
沸点：597 ℉
熔点：99 ℉
溶解度：0.2%
蒸气压(77 ℉)：0.000 005 mmHg
电离电位：未知
比重：1.23 (固体 77 ℉)
1.19(液体 122 ℉)
闪点：390 ℉
爆炸上限：未知
爆炸下限：未知
可燃固体。
不相容性和反应性：强碱，酸，醇。[注：在 450 ℉可聚合。]

测量方法:NIOSH 5521,5522,5525;OSHA 18

个人防护和卫生设施:
- 皮肤:穿戴合适的个人防护服,防止皮肤直接接触。
- 眼睛:佩戴合适的眼部防护用品,防止眼睛直接接触。
- 清洗皮肤:当皮肤受到污染时,应立即清洗污染的皮肤。
- 脱除:如果工作服被弄湿或受到了明显的污染,应该立即脱除并妥善处置。
- 更换:在离开工作场所前应当将可能受到污染的工作服更换成无污染的衣服。

急救:
- 眼睛:如眼睛直接接触了该化学物质,要立即用大量水冲洗(灌洗)眼睛,冲洗时,不时翻开上下眼睑,并立即就医。
- 皮肤:如果该化学物质直接接触皮肤,立即用肥皂和水冲洗污染的皮肤。若该化学物质渗透进衣服,要立即将衣服脱除,用肥皂和水清洗皮肤,并迅速就医。
- 呼吸:如果接触者吸入大量该化学物质,立即将接触者移至新鲜空气处。如果呼吸停止,要进行人工呼吸,注意保暖和休息。尽快就医。
- 吞入:如果吞入该化学物质,应立即就医。

对呼吸器选择的建议:NIOSH

~ 0.5 mg/m³:
- Sa:任何供气式呼吸器。指定防护因数=10。*

~ 1.25 mg/m³:
- Sa∶Cf:任何连续供气式呼吸器。指定防护因数=25。*

~ 2.5 mg/m³:
- ScbaF:任何携气式呼吸器,配全面罩。指定防护因数=50。
- SaF:任何供气式呼吸器,配全面罩。指定防护因数=50。

~ 75 mg/m³:
- SaF∶Pd,Pp:任何压力需气式或正压供气式呼吸器,配全面罩。指定防护因数=2 000。

§:应急抢险,或准备进入浓度未知环境,或进入 IDLH 环境:
- ScbaF∶Pd,Pp:任何压力需气式或正压携气式呼吸器,配全面罩。指定防护因数=10 000。
- SaF∶Pd,Pp∶AScba:任何压力需气式或正压供气式呼吸器,配全面罩,配压力需气式或正压携气式辅助呼吸器。指定防护因数=10 000。

逃生:
- GmFOv100:任何空气过滤式全面罩呼吸器(防毒面具),配下颌式、前置式或背置式有机蒸气滤毒罐和N100、R100 或 P100 的综合防护过滤元件。指定防护因数=50。选择 N、R 或 P 过滤元件的信息见表 4。
- ScbaE:任何适合逃生的携气式呼吸器。

有关呼吸器选择的其他重要信息参见相关标准。

接触途径:呼吸道,胃肠道,皮肤和/或眼睛直接接触。

症状:眼睛、鼻、咽喉刺激;呼吸致敏;咳嗽,肺分泌物多,胸痛,呼吸困难;哮喘。

靶器官:眼睛,呼吸系统。

二氯甲烷(Methylene chloride)

CH_2Cl_2

异名和商品名:甲叉二氯,Dichloromethane,Methylene dichloride

CAS No.:75-09-2

RTECS No.:PA8050000

DOT ID 和指南号:1593 160

接触限值:NIOSH REL:Ca 见附录 A

OSHA PEL:[1910.1052] TWA 25 ppm

ST 125 ppm

IDLH:Ca [2 300 ppm] **浓度换算系数**:1 ppm = 3.47 mg/m³

理化性质：无色液体，具有氯仿样气味。[注：104 ℉以上为气体。]

分子量：84.9	沸点：104 ℉
凝固点：−139 ℉	溶解度：2%
蒸气压：350 mmHg	电离电位：11.32 eV
比重：1.33	闪点：未知
爆炸上限：23%	爆炸下限：13%

可燃液体。

不相容性和反应性：强氧化剂；腐蚀剂；化学性质活泼的金属如铝、镁粉、钾和钠；浓硝酸。

测量方法：NIOSH 1005，3800；OSHA 59，80

个人防护和卫生设施：

- 皮肤：穿戴合适的个人防护服，防止皮肤直接接触。
- 眼睛：佩戴合适的眼部防护用品，防止眼睛直接接触。
- 清洗皮肤：当皮肤受到污染时，应立即清洗污染的皮肤。
- 脱除：如果工作服被弄湿或受到了明显的污染，应该立即脱除并妥善处置。
- 更换：对于班后的衣服的更换需要没有特殊建议。
- 配备：在劳动者可能接触该化学物质的作业场所，无论是否需要使用眼部防护用品，都应配备眼冲洗设备。在紧靠有可能接触该化学物质的工作场所，应配备快速冲淋身体的设备以应急使用。[注：这些设备应能够提供足量水或流动水，以将可能接触的身体任何部位上的该化学物质除去。实际配备适宜的快速冲淋设备取决于工作场所的具体条件。在某些情况下，必须及时进行大流量淋浴，而其他情况下只需要用一个水槽或软管供水就足够了。]

急救：

- 眼睛：如眼睛直接接触了该化学物质，要立即用大量水冲洗(灌洗)眼睛，冲洗时，不时翻开上下眼睑，并立即就医。
- 皮肤：如果该化学物质直接接触皮肤，迅速用肥皂和水冲洗污染的皮肤。若该化学物质渗透进衣服，要迅速将衣服脱除，用肥皂和水清洗皮肤，并迅速就医。
- 呼吸：如果接触者吸入大量该化学物质，立即将接触者移至新鲜空气处。如果呼吸停止，要进行人工呼吸，注意保暖和休息。尽快就医。
- 吞入：如果吞入该化学物质，应立即就医。

M

对呼吸器选择的建议：NIOSH

¥：高于 NIOSH REL 的浓度；或当没有 REL 时，任何可以检测到的浓度：

- ScbaF：Pd，Pp：任何压力需气式或正压携气式呼吸器，配全面罩。指定防护因数＝10 000。
- SaF：Pd，Pp：AScba：任何压力需气式或正压供气式呼吸器，配全面罩，配压力需气式或正压携气式辅助呼吸器。指定防护因数＝10 000。

逃生：

- GmFOv：任何空气过滤式全面罩呼吸器(防毒面具)，配下颌式、前置式或背置式有机蒸气滤毒罐。指定防护因数＝50。
- ScbaE：任何适合逃生的携气式呼吸器。(见附录 E)

有关呼吸器选择的其他重要信息参见相关标准。

接触途径：呼吸道，皮肤吸收，胃肠道，皮肤和/或眼睛直接接触。

症状：眼睛、皮肤刺激；乏力，倦怠，嗜睡，眩晕；四肢麻木、刺痛；恶心；[潜在职业性致癌物]。

靶器官：眼睛，皮肤，心血管系统，中枢神经系统。

致癌部位：[动物：肺、肝、唾液腺及乳腺肿瘤]。

4,4′-二苯氨基甲烷(4,4′-Methylenedianiline)

$CH_2(C_6H_4NH_2)_2$

CAS No.:101-77-9

RTECS No.:BY5425000

DOT ID 和指南号:

异名和商品名: 4, 4′-Diaminodiphenylmethane; para, para′-Diaminodiphenylmethane; Dianilinomethane; 4,4′-Diphenylmethanediamine; MDA

M

接触限值: NIOSH REL:Ca 见附录 A

OSHA PEL:[1910.1050] TWA 0.010 ppm ST 0.100 ppm

IDLH: Ca [N.D.]　　**浓度换算系数:**

理化性质: 浅棕色晶体,具有淡淡的胺味。

分子量:198.3	沸点:748 ℉
熔点:198 ℉	溶解度:0.1%
蒸气压(77 ℉):0.000 000 2 mmHg	电离电位:10.70 eV
比重:1.06(212 ℉液体)	闪点:374 ℉
爆炸上限:未知	爆炸下限:未知

可燃固体。

不相容性和反应性:强氧化剂。

测量方法: NIOSH 5029

个人防护和卫生设施:

- 皮肤:穿戴合适的个人防护服,防止皮肤直接接触。
- 眼睛:佩戴合适的眼部防护用品,防止眼睛直接接触。
- 清洗皮肤:当皮肤受到污染时,应立即清洗污染的皮肤。/每天工作班结束后,进食、吸烟、喝水前都应该清洗可能受到污染的皮肤。
- 脱除:如果工作服被弄湿或受到了明显的污染,应该立即脱除并妥善处置。
- 更换:在离开工作场所前应当将可能受到污染的工作服更换成无污染的衣服。
- 配备:在劳动者可能接触该化学物质的作业场所,无论是否需要使用眼部防护用品,都应配备眼冲洗设备。在紧靠有可能接触该化学物质的工作场所,应配备快速冲淋身体的设备以应急使用。[注:这些设备应能够提供足量水或流动水,以将可能接触的身体任何部位上的化学物质除去。实际配备适宜的快速冲淋设备取决于工作场所的具体条件。在某些情况下,必须及时进行大流量淋浴,而其他情况下只需要用一个水槽或软管供水就足够了。]

急救:

- 眼睛:如眼睛直接接触了该化学物质,要立即用大量水冲洗(灌洗)眼睛,冲洗时,不时翻开上下眼睑,并立即就医。
- 皮肤:如果该化学物质直接接触皮肤,立即用肥皂和水冲洗污染的皮肤。若该化学物质渗透进衣服,要立即将衣服脱除,用肥皂和水清洗皮肤,并迅速就医。
- 呼吸:如果接触者吸入大量该化学物质,立即将接触者移至新鲜空气处。如果呼吸停止,要进行人工呼吸,注意保暖和休息。尽快就医。
- 吞入:如果吞入该化学物质,应立即就医。

对呼吸器选择的建议: NIOSH

¥:高于 NIOSH REL 的浓度;或当没有 REL 时,任何可以检测到的浓度:

- ScbaF:Pd,Pp:任何压力需气式或正压携气式呼吸器,配全面罩。指定防护因数=10 000。
- SaF:Pd,Pp:AScba:任何压力需气式或正压供气式呼吸器,配全面罩,配压力需气式或正压携气式辅助呼吸器。指定防护因数=10 000。

逃生:

- GmFOv100:任何空气过滤式全面罩呼吸器(防毒面具),配下颌式、前置式或背置式有机蒸气滤毒罐和 N100、R100 或 P100 的综合防护过滤元件。指定防护因数=50。选择 N、R 或 P 过滤元件的信息见表 4。

● ScbaE:任何适合逃生的携气式呼吸器。(见附录 E)
有关呼吸器选择的其他重要信息参见相关标准。

接触途径:呼吸道,皮肤吸收,胃肠道,皮肤和/或眼睛直接接触。

症状:眼睛刺激;黄疸,肝炎;心肌损害;动物:心、肝、脾损伤;[潜在职业性致癌物]。

靶器官:眼睛,肝,心血管系统,脾。
致癌部位:[动物:膀胱肿瘤]。

过氧化甲乙酮(Methyl ethyl ketone peroxide)
$C_8H_{16}O_4$
异名和商品名:过氧化丁酮,2-Butanone peroxide,Ethyl methyl ketone peroxide,MEKP,MEK peroxide,Methyl ethyl ketone hydroperoxide

CAS No.:1338-23-4
RTECS No.:EL9450000
DOT ID 和指南号:

M

接触限值:NIOSH REL:C 0.2 ppm (1.5 mg/m^3)
OSHA PEL †:无

IDLH:N.D. **浓度换算系数:**1 ppm = 7.21 mg/m^3

理化性质:无色液体,具有特异气味。[注:230 ℉时发生爆炸性分解。]

分子量:176.2 沸点:244 ℉(分解)
凝固点:未知 溶解度:可溶
蒸气压:未知 电离电位:未知
比重(59 ℉):1.12 闪点(开杯):125~200 ℉(60% MEKP)
爆炸上限:未知 爆炸下限:未知
可燃液体。
不相容性和反应性:有机物,热,明火,日光,痕量污染物。[注:强氧化剂。纯 MEKP 对震动敏感。商品用 40% 的邻苯二甲酸二甲酯、过氧化环己烷或邻苯二甲酸二丙烯酯稀释,以减小对震动的敏感性。]

测量方法:NIOSH 3508;OSHA 77

个人防护和卫生设施:
● 皮肤:穿戴合适的个人防护服,防止皮肤直接接触。
● 眼睛:佩戴合适的眼部防护用品,防止眼睛直接接触。
● 清洗皮肤:当皮肤受到污染时,应立即清洗污染的皮肤。
● 脱除:如果工作服被弄湿或受到了明显的污染,应该立即脱除并妥善处置。
● 更换:对于班后的衣服的更换需要没有特殊建议。
● 配备:在劳动者可能接触该化学物质的作业场所,无论是否需要使用眼部防护用品,都应配备眼冲洗设备。在紧靠有可能接触该化学物质的工作场所,应配备快速冲淋身体的设备以应急使用。[注:这些设备应能够提供足量水或流动水,以将可能接触的身体任何部位上的该化学物质除去。实际配备适宜的快速冲淋设备取决于工作场所的具体条件。在某些情况下,必须及时进行大流量淋浴,而其他情况下只需要用一个水槽或软管供水就足够了。]

急救:
● 眼睛:如眼睛直接接触了该化学物质,要立即用大量水冲洗(灌洗)眼睛,冲洗时,不时翻开上下眼睑,并立即就医。
● 皮肤:如果该化学物质直接接触皮肤,立即用水冲洗污染的皮肤。如果该化学物质渗透进衣服,立即将衣服脱除,用水冲洗皮肤。若清洗后出现症状,要立即就医。
● 呼吸:如果接触者吸入大量该化学物质,立即将接触者移至新鲜空气处。如果呼吸停止,要进行人工呼吸,注意保暖和休息。尽快就医。
● 吞入:如果吞入该化学物质,应立即就医。

对呼吸器选择的建议:无。 有关呼吸器选择的其他重要信息参见相关标准。	症状:眼睛、皮肤、鼻、咽喉刺激;咳嗽,呼吸困难,肺水肿;视力模糊;皮肤水泡、瘢痕;腹痛,呕吐,腹泻;皮炎;动物:肝、肾损伤。
接触途径:呼吸道,胃肠道,皮肤和/或眼睛直接接触。	靶器官:眼睛,皮肤,呼吸系统,肝,肾。

甲酸甲酯(Methyl formate)

$HCOOCH_3$

异名和商品名:蚁酸甲酯,Methyl ester of formic acid,Methyl methanoate

CAS No.:107-31-3

RTECS No.:LQ8925000

DOT ID 和指南号:1243 129

M

接触限值:NIOSH REL:TWA 100 ppm (250 mg/m³)
ST 150 ppm (375 mg/m³)
OSHA PEL †:TWA 100 ppm (250 mg/m³)

IDLH:4 500 ppm　**浓度换算系数:**1 ppm = 2.46 mg/m³

理化性质:无色液体,具有好闻的气味。[注:89 ℉以上为气体。]

分子量:60.1	沸点:89 ℉
凝固点:−148 ℉	溶解度:30%
蒸气压:476 mmHg	电离电位:10.82 eV
比重:0.98	闪点:−2 ℉
爆炸上限:23%	爆炸下限:4.5%

ⅠA类易燃液体——闪点低于 73 ℉,沸点低于 100 ℉。

不相容性和反应性:强氧化剂。[注:与水缓慢反应生成甲醇和甲酸。]

测量方法:NIOSH S291 (Ⅱ-5);OSHA PV2041

个人防护和卫生设施:

- 皮肤:穿戴合适的个人防护服,防止皮肤直接接触。
- 眼睛:佩戴合适的眼部防护用品,防止眼睛直接接触。
- 清洗皮肤:当皮肤受到污染时,应立即清洗污染的皮肤。
- 脱除:如果工作服被可燃性物质(即闪点低于 100 ℉的液体)浸湿,应当立即脱除并妥善处置,以防着火。
- 更换:对于班后的衣服的更换需要没有特殊建议。

急救:

- 眼睛:如眼睛直接接触了该化学物质,要立即用大量水冲洗(灌洗)眼睛,冲洗时,不时翻开上下眼睑,并立即就医。
- 皮肤:如果该化学物质直接接触皮肤,立即用肥皂和水冲洗污染的皮肤。若该化学物质渗透进衣服,要立即将衣服脱除,用肥皂和水清洗皮肤,并迅速就医。
- 呼吸:如果接触者吸入大量该化学物质,立即将接触者移至新鲜空气处。如果呼吸停止,要进行人工呼吸,注意保暖和休息。尽快就医。
- 吞入:如果吞入该化学物质,应立即就医。

对呼吸器选择的建议:NIOSH/OSHA

～ 1 000 ppm:

- Sa:任何供气式呼吸器。指定防护因数=10。*

～ 2 500 ppm:

- Sa:Cf:任何连续供气式呼吸器。指定防护因数=25。*

～ 4 500 ppm:

- ScbaF:任何携气式呼吸器,配全面罩。指定防护因数=50。
- SaF:任何供气式呼吸器,配全面罩。指定防护因数=50。

§:应急抢险,或准备进入浓度未知环境,或进入 IDLH 环境:

- ScbaF:Pd,Pp:任何压力需气式或正压携气式呼吸器,配全面罩。指定防护因数=10 000。
- SaF:Pd,Pp:AScba:任何压力需气式或正压供气式呼吸器,配全面罩,配压力需气式或正压携气式辅助呼吸器。指定防护因数=10 000。

逃生：

- GmFOv：任何空气过滤式全面罩呼吸器（防毒面具），配下颌式、前置式或背置式有机蒸气滤毒罐。指定防护因数=50。
- ScbaE：任何适合逃生的携气式呼吸器。

有关呼吸器选择的其他重要信息参见相关标准。

接触途径：呼吸道，皮肤吸收，胃肠道，皮肤和/或眼睛直接接触。

症状：眼睛、鼻刺激；胸部紧迫感，呼吸困难；视觉障碍；中枢神经系统抑制；动物：肺水肿；麻醉。

靶器官：眼睛，呼吸系统，中枢神经系统。

5-甲基-3-庚酮（5-Methyl-3-heptanone）

$C_2H_5COCH_2CH(CH_3)CH_2CH_3$

异名和商品名：戊基乙基酮，3-甲基-5-庚酮，Amyl ethyl ketone，Ethyl amyl ketone，3-Methyl-5-heptanone

CAS No.：541-85-5

RTECS No.：MJ7350000

DOT ID 和指南号：2271 127

M

接触限值：NIOSH REL：TWA 25 ppm（130 mg/m^3）
OSHA PEL：TWA 25 ppm（130 mg/m^3）

IDLH：100 ppm　**浓度换算系数：**1 ppm = 5.24 mg/m^3

理化性质：无色液体，具有强刺激性气味。

分子量：128.2	沸点：315 ℉
凝固点：−70 ℉	溶解度：不溶
蒸气压：2 mmHg	电离电位：未知
比重：0.82	闪点：138 ℉
爆炸上限：未知	爆炸下限：未知

Ⅱ类可燃液体——闪点等于或高于100 ℉且低于140 ℉。

不相容性和反应性：强氧化剂。

测量方法：NIOSH 1301，2553

个人防护和卫生设施：

- 皮肤：穿戴合适的个人防护服，防止皮肤直接接触。
- 眼睛：佩戴合适的眼部防护用品，防止眼睛直接接触。
- 清洗皮肤：当皮肤受到污染时，应立即清洗污染的皮肤。
- 脱除：如果工作服被弄湿或受到了明显的污染，应该立即脱除并妥善处置。
- 更换：对于班后的衣服的更换需要没有特殊建议。

急救：

- 眼睛：如眼睛直接接触了该化学物质，要立即用大量水冲洗（灌洗）眼睛，冲洗时，不时翻开上下眼睑，并立即就医。
- 皮肤：如果该化学物质直接接触皮肤，用水冲洗污染的皮肤。如存在皮肤刺激症状，应立即就医。
- 呼吸：如果接触者吸入大量该化学物质，立即将接触者移至新鲜空气处。如果呼吸停止，要进行人工呼吸，注意保暖和休息。尽快就医。
- 吞入：如果吞入该化学物质，应立即就医。

对呼吸器选择的建议：NIOSH/OSHA

～ 100 ppm：

- CcrOv：任何空气过滤式半面罩呼吸器，配防有机蒸气的滤毒盒。指定防护因数=10。*
- PaprOv：任何动力送风空气过滤式呼吸器，配有机蒸气滤毒盒。指定防护因数=25。*
- GmFOv：任何空气过滤式全面罩呼吸器（防毒面具），配下颌式、前置式或背置式有机蒸气滤毒罐。指定防护因数=50。
- Sa：任何供气式呼吸器。指定防护因数=10。*

- ScbaF:任何携气式呼吸器,配全面罩。指定防护因数=50。

§:应急抢险,或准备进入浓度未知环境,或进入IDLH环境:

- ScbaF:Pd,Pp:任何压力需气式或正压携气式呼吸器,配全面罩。指定防护因数=10 000。
- SaF:Pd,Pp:AScba:任何压力需气式或正压供气式呼吸器,配全面罩,配压力需气式或正压携气式辅助呼吸器。指定防护因数=10 000。

逃生:

- GmFOv:任何空气过滤式全面罩呼吸器(防毒面具),配下颌式、前置式或背置式有机蒸气滤毒罐。指定防护因数=50。
- ScbaE:任何适合逃生的携气式呼吸器。

有关呼吸器选择的其他重要信息参见相关标准。

接触途径:呼吸道,胃肠道,皮肤和/或眼睛直接接触。

症状:眼睛、皮肤、黏膜刺激;头痛;麻醉,昏迷;皮炎。

靶器官:眼睛,皮肤,呼吸系统,中枢神经系统。

甲基肼(Methyl hydrazine)

CH_3NHNH_2

异名和商品名:甲基联胺,MMH,Monomethylhydrazine

CAS No.:60-34-4

RTECS No.:MV5600000

DOT ID 和指南号:1244 131

接触限值:NIOSH REL:Ca C 0.04 ppm (0.08 mg/m³) [2 h] 见附录A

OSHA PEL:C 0.2 ppm (0.35 mg/m³) [皮]

IDLH: Ca [20 ppm] **浓度换算系数:**1 ppm = 1.89 mg/m³

理化性质:无色发烟液体,具有氨味。

分子量:46.1	沸点:190 ℉
凝固点:−62 ℉	溶解度:与水互溶
蒸气压:38 mmHg	电离电位:8.00 eV
比重(77 ℉):0.87	闪点:17 ℉
爆炸上限:92%	爆炸下限:2.5%

ⅠB类易燃液体——闪点低于73 ℉,沸点等于或高于100 ℉。

不相容性和反应性:铁的氧化物,铜,锰,铅,铜合金,多孔物质如土、石棉、木材和布料,强氧化剂如氟和氯,硝酸,过氧化氢。

测量方法:NIOSH 3510

个人防护和卫生设施:

- 皮肤:穿戴合适的个人防护服,防止皮肤直接接触。
- 眼睛:佩戴合适的眼部防护用品,防止眼睛直接接触。
- 清洗皮肤:当皮肤受到污染时,应立即清洗污染的皮肤。
- 脱除:如果工作服被可燃性物质(即闪点低于100 ℉的液体)浸湿,应当立即脱除并妥善处置,以防着火。
- 更换:对于班后的衣服的更换需要没有特殊建议。
- 配备:在劳动者可能接触该化学物质的作业场所,无论是否需要使用眼部防护用品,都应配备眼冲洗设备。在紧靠有可能接触该化学物质的工作场所,应配备快速冲淋身体的设备以应急使用。[注:这些设备应能够提供足量水或流动水,以将可能接触的身体任何部位上的该化学物质除去。实际配备适宜的快速冲淋设备取决于工作场所的具体条件。在某些情况下,必须及时进行大流量淋浴,而其他情况下只需要用一个水槽或软管供水就足够了。]

急救:

- 眼睛:如眼睛直接接触了该化学物质,要立即用大量水冲洗(灌洗)眼睛,冲洗时,不时翻开上下眼睑,并立即就医。

- 皮肤：如果该化学物质直接接触皮肤，立即用水冲洗污染的皮肤。如果该化学物质渗透进衣服，要迅速将衣服脱除，用水冲洗污染的皮肤，并迅速就医。
- 呼吸：如果接触者吸入大量该化学物质，立即将接触者移至新鲜空气处。如果呼吸停止，要进行人工呼吸，注意保暖和休息。尽快就医。
- 吞入：如果吞入该化学物质，应立即就医。

对呼吸器选择的建议：NIOSH

¥：高于 NIOSH REL 的浓度；或当没有 REL 时，任何可以检测到的浓度：

- ScbaF：Pd，Pp：任何压力需气式或正压携气式呼吸器，配全面罩。指定防护因数＝10 000。
- SaF：Pd，Pp：AScba：任何压力需气式或正压供气式呼吸器，配全面罩，配压力需气式或正压携气式辅助呼吸器。指定防护因数＝10 000。

逃生：

- ScbaE：任何适合逃生的携气式呼吸器。

有关呼吸器选择的其他重要信息参见相关标准。

接触途径：呼吸道，皮肤吸收，胃肠道，皮肤和/或眼睛直接接触。

症状：眼睛、皮肤、呼吸系统刺激；呕吐，腹泻，震颤，共济失调；缺氧，紫绀；惊厥；[潜在职业性致癌物]。

靶器官：眼睛，皮肤，呼吸系统，中枢神经系统，肝，血液，心血管系统。

致癌部位：[动物：肺、肝、血管及肠道肿瘤]。

M

碘甲烷（Methyl iodide）

CH_3I

异名和商品名：甲基碘，Iodomethane，Monoiodomethane

CAS No.：74-88-4

RTECS No.：PA9450000

DOT ID 和指南号：2644 151

接触限值：NIOSH REL：Ca TWA 2 ppm（10 mg/m³）[皮] 见附录 A

OSHA PEL：TWA 5 ppm（28 mg/m³）[皮]

IDLH：Ca [100 ppm]　**浓度换算系数：**1 ppm ＝ 5.80 mg/m³

理化性质：无色液体，具有浓的醚样气味。[注：遇光和湿气变为黄色、红色或棕色]。

分子量：141.9	沸点：109 ℉
凝固点：－88 ℉	溶解度：1%
蒸气压：400 mmHg	电离电位：9.54 eV
比重：2.28	闪点：不适用
爆炸上限：不适用	爆炸下限：不适用

不可燃液体。

不相容性和反应性：强氧化剂。[注：在 518 ℉分解。]

测量方法：NIOSH 1014

个人防护和卫生设施：

- 皮肤：穿戴合适的个人防护服，防止皮肤直接接触。
- 眼睛：佩戴合适的眼部防护用品，防止眼睛直接接触。
- 清洗皮肤：当皮肤受到污染时，应立即清洗污染的皮肤。
- 脱除：如果工作服被弄湿或受到了明显的污染，应该立即脱除并妥善处置。
- 更换：对于班后的衣服的更换需要没有特殊建议。
- 配备：在劳动者可能接触该化学物质的作业场所，无论是否需要使用眼部防护用品，都应配备眼冲洗设备。在紧靠有可能接触该化学物质的工作场所，应配备快速冲淋身体的设备以应急使用。[注：这些设备应能够提供足量水或流动水，以将可能接触的身体任何部位上的该化学物质除去。实际配备适宜的快速冲淋设备取决于工作场所的具体条件。在某些情况下，必须及时进行大流量淋浴，而其他情况下只需要用一个水槽或软管供水就足够了。]

急救:

- 眼睛:如眼睛直接接触了该化学物质,要立即用大量水冲洗(灌洗)眼睛,冲洗时,不时翻开上下眼睑,并立即就医。
- 皮肤:如果该化学物质直接接触皮肤,要立即用肥皂和水冲洗污染的皮肤。如果该化学物质渗透进衣服,立即将衣服脱除,并用水清洗皮肤。如果清洗后刺激持续存在,应立即就医。
- 呼吸:如果接触者吸入大量该化学物质,立即将接触者移至新鲜空气处。如果呼吸停止,要进行人工呼吸,注意保暖和休息。尽快就医。
- 吞入:如果吞入该化学物质,应立即就医。

对呼吸器选择的建议:NIOSH

¥:高于 NIOSH REL 的浓度;或当没有 REL 时,任何可以检测到的浓度:

- ScbaF:Pd,Pp:任何压力需气式或正压携气式呼吸器,配全面罩。指定防护因数=10 000。
- SaF:Pd,Pp:AScba:任何压力需气式或正压供气式呼吸器,配全面罩,配压力需气式或正压携气式辅助呼吸器。指定防护因数=10 000。

逃生:

- GmFOv:任何空气过滤式全面罩呼吸器(防毒面具),配下颌式、前置式或背置式有机蒸气滤毒罐。指定防护因数=50。
- ScbaE:任何适合逃生的携气式呼吸器。

有关呼吸器选择的其他重要信息参见相关标准。

接触途径:呼吸道,皮肤吸收,胃肠道,皮肤和/或眼睛直接接触。

症状:眼睛、皮肤、呼吸系统刺激;恶心,呕吐;眩晕,共济失调;语言模糊,嗜睡;皮炎;[潜在职业性致癌物]。

靶器官:眼睛,皮肤,呼吸系统,中枢神经系统。

致癌部位:[动物:肺、肾及贲门窦肿瘤]。

甲基异戊基甲酮(Methyl isoamyl ketone)

$CH_3COCH_2CH_2CH(CH_3)_2$

异名和商品名:异戊基甲基酮,2-甲基-5-庚酮,5-甲基-2-庚酮,Isoamyl methyl ketone,Isopentyl methyl ketone,2-Methyl-5-hexanone,5-Methyl-2-hexanone,MIAK

CAS No.:110-12-3

RTECS No.:MP3850000

DOT ID 和指南号:2302 127

接触限值:NIOSH REL:TWA 50 ppm (240 mg/m^3)
OSHA PEL †:TWA 100 ppm (475 mg/m^3)

IDLH:N. D.　　**浓度换算系数:**1 ppm = 4.67 mg/m^3

理化性质:无色透明液体,具有令人愉快的水果味。

分子量:114.2	沸点:291 ℉
凝固点:−101 ℉	溶解度:0.5%
蒸气压:5 mmHg	电离电位:9.284 eV
比重:0.81	闪点:97 ℉

爆炸上限(200 ℉):8.2%　　爆炸下限(200 ℉):1.0%

IC 类易燃液体——闪点等于或高于 73 ℉且低于 100 ℉。

不相容性和反应性:氧化剂。

测量方法:OSHA PV2042

个人防护和卫生设施:

- 皮肤:穿戴合适的个人防护服,防止皮肤直接接触。
- 眼睛:佩戴合适的眼部防护用品,防止眼睛直接接触。
- 清洗皮肤:当皮肤受到污染时,应立即清洗污染的皮肤。

M

- 脱除：如果工作服被可燃性物质（即闪点低于 100 ℉的液体）浸湿，应当立即脱除并妥善处置，以防着火。
- 更换：对于班后的衣服的更换需要没有特殊建议。

急救：

- 眼睛：如眼睛直接接触了该化学物质，要立即用大量水冲洗（灌洗）眼睛，冲洗时，不时翻开上下眼睑，并立即就医。
- 皮肤：如果该化学物质直接接触皮肤，要迅速用肥皂和水冲洗污染的皮肤。如果该化学物质渗透进衣服，立即将衣服脱除，并用水清洗皮肤。如果清洗后刺激持续存在，应立即就医。
- 呼吸：如果接触者吸入大量该化学物质，立即将接触者移至新鲜空气处。如果呼吸停止，要进行人工呼吸，注意保暖和休息。尽快就医。
- 吞入：如果吞入该化学物质，应立即就医。

对呼吸器选择的建议：NIOSH

～ 500 ppm：

- CcrOv：任何空气过滤式半面罩呼吸器，配防有机蒸气的滤毒盒。指定防护因数＝10。*
- Sa：任何供气式呼吸器。指定防护因数＝10。*

～ 1 250 ppm：

- Sa∶Cf：任何连续供气式呼吸器。指定防护因数＝25。*
- PaprOv：任何动力送风空气过滤式呼吸器，配有机蒸气滤毒盒。指定防护因数＝25。*

～ 2 500 ppm：

- CcrFOv：任何空气过滤式全面罩呼吸器，配有机蒸气滤毒盒。指定防护因数＝50。
- GmFOv：任何空气过滤式全面罩呼吸器（防毒面具），配下颌式、前置式或背置式有机蒸气滤毒罐。指定防护因数＝50。
- PaprTOv：任何动力送风空气过滤式呼吸器，配密合型面罩和有机蒸气滤毒盒。指定防护因数＝50。*
- SaT∶Cf：任何连续供气式呼吸器，配密合型面罩。指定防护因数＝50。*
- ScbaF：任何携气式呼吸器，配全面罩。指定防护因数＝50。
- SaF：任何供气式呼吸器，配全面罩。指定防护因数＝50。

～ 5 000 ppm：

- SaF∶Pd，Pp：任何压力需气式或正压供气式呼吸器，配全面罩。指定防护因数＝2 000 。

§：应急抢险，或准备进入浓度未知环境，或进入 IDLH 环境

- ScbaF：Pd，Pp：任何压力需气式或正压携气式呼吸器，配全面罩。指定防护因数＝10 000。
- SaF∶Pd，Pp∶AScba：任何压力需气式或正压供气式呼吸器，配全面罩，配压力需气式或正压携气式辅助呼吸器。指定防护因数＝10 000。

逃生：

- GmFOv：任何空气过滤式全面罩呼吸器（防毒面具），配下颌式、前置式或背置式有机蒸气滤毒罐。指定防护因数＝50。
- ScbaE：任何适合逃生的携气式呼吸器。

有关呼吸器选择的其他重要信息参见相关标准。

接触途径：呼吸道，胃肠道，皮肤和/或眼睛直接接触。

症状：眼睛、皮肤、黏膜刺激；头痛，麻醉，昏迷；皮炎；动物：肝、肾损伤。

靶器官：眼睛，皮肤，呼吸系统，中枢神经系统，肝，肾。

M

甲基异丁基甲醇(Methyl isobutyl carbinol)

$(CH_3)_2CHCH_2CH(OH)CH_3$

CAS No.:108-11-2

RTECS No.:SA7350000

异名和商品名:4-甲基-2-戊醇;1,3-二甲基丁醇;Isobutylmethylcarbinol;Methyl amyl alcohol;4-Methyl-2-pentanol;MIBC

DOT ID 和指南号:2053 129

M

接触限值:NIOSH REL:TWA 25 ppm (100 mg/m³)
ST 40 ppm (165 mg/m³)[皮]
OSHA PEL†:TWA 25 ppm (100 mg/m³)[皮]

IDLH:400 ppm **浓度换算系数:**1 ppm = 4.18 mg/m³

理化性质:无色液体,稍具气味。

分子量:102.2 沸点:271 ℉
凝固点:−130 ℉ 溶解度:2%
蒸气压:3 mmHg 电离电位:未知
比重:0.81 闪点:106 ℉
爆炸上限:5.5% 爆炸下限:1.0%
Ⅱ类可燃液体——闪点等于或高于 100 ℉且低于 140 ℉。
不相容性和反应性:强氧化剂。

测量方法:NIOSH 1402,1405;OSHA 7

个人防护和卫生设施:

- 皮肤:穿戴合适的个人防护服,防止皮肤直接接触。
- 眼睛:佩戴合适的眼部防护用品,防止眼睛直接接触。
- 清洗皮肤:当皮肤受到污染时,应立即清洗污染的皮肤。
- 脱除:如果工作服被弄湿或受到了明显的污染,应该立即脱除并妥善处置。
- 更换:对于班后的衣服的更换需要没有特殊建议。

急救:

- 眼睛:如眼睛直接接触了该化学物质,要立即用大量水冲洗(灌洗)眼睛,冲洗时,不时翻开上下眼睑,并立即就医。
- 皮肤:如果该化学物质直接接触皮肤,迅速用水冲洗污染的皮肤。如果该化学物质渗透进衣服,要立即将衣服脱除,迅速用水冲洗污染的皮肤。若冲洗后刺激症状持续存在,应立即就医。
- 呼吸:如果接触者吸入大量该化学物质,立即将接触者移至新鲜空气处。如果呼吸停止,要进行人工呼吸,注意保暖和休息。尽快就医。
- 吞入:如果吞入该化学物质,应立即就医。

对呼吸器选择的建议:NIOSH/OSHA

~ 250 ppm:

- Sa:任何供气式呼吸器。指定防护因数=10。*

~ 400 ppm:

- Sa:Cf:任何连续供气式呼吸器。指定防护因数=25。*
- ScbaF:任何携气式呼吸器,配全面罩。指定防护因数=50。
- SaF:任何供气式呼吸器,配全面罩。指定防护因数=50。

§:应急抢险,或准备进入浓度未知环境,或进入 IDLH 环境:

- ScbaF:Pd,Pp:任何压力需气式或正压携气式呼吸器,配全面罩。指定防护因数=10 000。
- SaF:Pd,Pp:AScba:任何压力需气式或正压供气式呼吸器,配全面罩,配压力需气式或正压携气式辅助呼吸器。指定防护因数=10 000。

逃生:

- GmFOv:任何空气过滤式全面罩呼吸器(防毒面具),配下颌式、前置式或背置式有机蒸气滤毒罐。指定防护因数=50。
- ScbaE:任何适合逃生的携气式呼吸器。

有关呼吸器选择的其他重要信息参见相关标准。

接触途径:呼吸道,皮肤吸收,胃肠道,皮肤和/或眼睛直接接触。

症状:眼睛、皮肤刺激;头痛,嗜睡;皮炎;动物:昏迷。

靶器官:眼睛,皮肤,中枢神经系统。

异氰酸甲酯(Methyl isocyanate) CAS No.:624-83-9

CH_3NCO RTECS No.:NQ9450000

异名和商品名: Methyl ester of isocyanic acid,MIC DOT ID 和指南号:2480 155

接触限值:NIOSH REL:TWA 0.02 ppm (0.05 mg/m³) [皮]
OSHA PEL:TWA 0.02 ppm (0.05 mg/m³) [皮]

IDLH:3 ppm **浓度换算系数:**1 ppm = 2.34 mg/m³

理化性质:无色液体,具有极强的刺激性气味。

分子量:57.1	沸点:102～104 ℉
凝固点:−49 ℉	溶解度(59 ℉):10%
蒸气压:348 mmHg	电离电位:10.67 eV
比重:0.96	闪点:19 ℉
爆炸上限:26%	爆炸下限:5.3%

ⅠB类易燃液体——闪点低于 73 ℉,沸点等于或高于 100 ℉。
不相容性和反应性:水,氧化剂,酸,碱,胺,铁,锡,铜。[注:通常含有抑制剂以防止聚合。]

测量方法:OSHA 54

个人防护和卫生设施:
- 皮肤:穿戴合适的个人防护服,防止皮肤直接接触。
- 眼睛:佩戴合适的眼部防护用品,防止眼睛直接接触。
- 清洗皮肤:当皮肤受到污染时,应立即清洗污染的皮肤。
- 脱除:如果工作服被可燃性物质(即闪点低于 100 ℉的液体)浸湿,应当立即脱除并妥善处置,以防着火。
- 更换:对于班后的衣服的更换需要没有特殊建议。
- 配备:在劳动者可能接触该化学物质的作业场所,无论是否需要使用眼部防护用品,都应配备眼冲洗设备。在紧靠有可能接触该化学物质的工作场所,应配备快速冲淋身体的设备以应急使用。[注:这些设备应能够提供足量水或流动水,以将可能接触的身体任何部位上的该化学物质除去。实际配备适宜的快速冲淋设备取决于工作场所的具体条件。在某些情况下,必须及时进行大流量淋浴,而其他情况下只需要用一个水槽或软管供水就足够了。]

急救:
- 眼睛:如眼睛直接接触了该化学物质,要立即用大量水冲洗(灌洗)眼睛,冲洗时,不时翻开上下眼睑,并立即就医。
- 皮肤:如果该化学物质直接接触皮肤,立即用水冲洗污染的皮肤。如果该化学物质渗透进衣服,要迅速将衣服脱除,用水冲洗污染的皮肤,并迅速就医。
- 呼吸:如果接触者吸入大量该化学物质,立即将接触者移至新鲜空气处。如果呼吸停止,要进行人工呼吸,注意保暖和休息。尽快就医。
- 吞入:如果吞入该化学物质,应立即就医。

对呼吸器选择的建议:NIOSH/OSHA

～0.2 ppm:
- Sa:任何供气式呼吸器。指定防护因数=10。*

～0.5 ppm:
- Sa:Cf:任何连续供气式呼吸器。指定防护因数=25。*

～1 ppm:
- ScbaF:任何携气式呼吸器,配全面罩。指定防护因数=50。
- SaF:任何供气式呼吸器,配全面罩。指定防护因数=50。

～3 ppm:
- SaF:Pd,Pp:任何压力需气式或正压供气式呼吸器,配全面罩。指定防护因数=2 000。

§:应急抢险,或准备进入浓度未知环境,或进入 IDLH 环境:
- ScbaF:Pd,Pp:任何压力需气式或正压携气式呼吸器,配全面罩。指定防护因数=10 000。
- SaF:Pd,Pp:AScba:任何压力需气式或正压供气式呼吸器,配全面罩,配压力需气式或正压携气式辅助呼吸器。指定防护因数=10 000。

M

逃生：	接触途径：呼吸道，皮肤吸收，胃肠道，皮肤和/或眼睛直接接触。
● GmFOv：任何空气过滤式全面罩呼吸器(防毒面具)，配下颌式、前置式或背置式有机蒸气滤毒罐。指定防护因数=50。 ● ScbaE：任何适合逃生的携气式呼吸器。 **有关呼吸器选择的其他重要信息参见相关标准。**	**症状**：眼睛、皮肤、鼻、咽喉刺激；呼吸致敏，咳嗽，肺分泌物多，胸痛，呼吸困难；哮喘；眼睛、皮肤损伤；动物：肺水肿。 **靶器官**：眼睛，皮肤，呼吸系统。

M

甲基异丙基甲酮(Methyl isopropyl ketone)

$CH_3COCH(CH_3)_2$

CAS No.：563-80-4

RTECS No.：EL9100000

DOT ID 和指南号：2397 127

异名和商品名：甲基异丙酮，3-甲基-2-丁酮，2-乙酰基丙烷，2-Acetyl propane，Isopropyl methyl ketone，3-Methyl-2-butanone，3-Methyl butan-2-one，MIPK

接触限值：NIOSH REL：TWA 200 ppm (705 mg/m^3)
OSHA PEL †：无

IDLH：N. D.　　**浓度换算系数**：1 ppm = 3.53 mg/m^3

理化性质：无色液体，具有丙酮味。

分子量：86.2	沸点：199 ℉
凝固点：−134 ℉	溶解度：微溶
蒸气压：42 mmHg	电离电位：9.32 eV
比重：0.81	闪点：未知
爆炸上限：未知	爆炸下限：未知

可燃液体。

不相容性和反应性：氧化剂。

测量方法：无。

个人防护和卫生设施：

- 皮肤：穿戴合适的个人防护服，防止皮肤直接接触。
- 眼睛：佩戴合适的眼部防护用品，防止眼睛直接接触。
- 清洗皮肤：当皮肤受到污染时，应立即清洗污染的皮肤。
- 脱除：如果工作服被弄湿或受到了明显的污染，应该立即脱除并妥善处置。
- 更换：对于班后的衣服的更换需要没有特殊建议。

急救：

- 眼睛：如眼睛直接接触了该化学物质，要立即用大量水冲洗(灌洗)眼睛，冲洗时，不时翻开上下眼睑，并立即就医。
- 皮肤：如果该化学物质直接接触皮肤，立即用肥皂和水冲洗污染的皮肤。若该化学物质渗透进衣服，要立即将衣服脱除，用肥皂和水清洗皮肤，并迅速就医。
- 呼吸：如果接触者吸入大量该化学物质，立即将接触者移至新鲜空气处。如果呼吸停止，要进行人工呼吸，注意保暖和休息。尽快就医。
- 吞入：如果吞入该化学物质，应立即就医。

对呼吸器选择的建议：无。
有关呼吸器选择的其他重要信息参见相关标准。

接触途径：呼吸道，胃肠道，皮肤和/或眼睛直接接触。

症状：眼睛、皮肤、黏膜、呼吸系统刺激；咳嗽。

靶器官：眼睛，皮肤，呼吸系统。

甲(基)硫醇(Methyl mercaptan)

CH_3SH

异名和商品名: Mercaptomethane,Methanethiol,Methyl sulfhydrate

CAS No.:74-93-1

RTECS No.:PB4375000

DOT ID 和指南号:1064 117

接触限值:NIOSH REL:C 0.5 ppm (1 mg/m^3) [15 min]

OSHA PEL †:C 10 ppm (20 mg/m^3)

IDLH:150 ppm **浓度换算系数:**1 ppm = 1.97 mg/m^3

理化性质:无色气体,具有难闻的大蒜味或烂白菜味。[注:43 ℉以下为液体。以压缩液化气运输。]

分子量:48.1　　沸点:43 ℉

凝固点:−186 ℉　　溶解度:2%

蒸气压:1.7 大气压　　电离电位:9.44 eV

相对密度:1.66　　比重:0.90(32 ℉液体)

闪点:不适用(气体)(开杯)0 ℉(液体)　　爆炸上限:21.8%　　爆炸下限:3.9%

易燃气体。

不相容性和反应性:强氧化剂,漂白剂,铜,铝,镍铜合金。

测量方法:NIOSH 2542;OSHA 26

个人防护和卫生设施:

- 皮肤:穿戴合适的个人防护服,防止皮肤直接接触。(液体)/ 压缩气体快速膨胀时可产生低温。泄漏和使用能快速膨胀的压缩气体,可产生冻伤危害。穿戴合适的个人防护服,防止皮肤冻伤。
- 眼睛:佩戴合适的眼部防护用品,防止眼睛直接接触。(液体)/ 佩戴合适的眼部防护用品,防止眼睛直接接触液体后因低温引起灼伤或组织损伤。
- 清洗皮肤:对于清洗皮肤上的污染物没有其他特殊的建议(包括立即清洗和班后清洗)。
- 脱除:如果工作服被可燃性物质(即闪点低于 100 ℉的液体)浸湿,应当立即脱除并妥善处置,以防着火。
- 更换:对于班后的衣服的更换需要没有特殊建议。
- 配备:在劳动者可能接触该化学物质的作业场所,无论是否需要使用眼部防护用品,都应配备眼冲洗设备。(液体)在紧靠有可能接触该化学物质的工作场所,应配备快速冲淋身体的设备以应急使用。[注:这些设备应能够提供足量水或流动水,以将可能接触的身体任何部位上的该化学物质除去。实际配备适宜的快速冲淋设备取决于工作场所的具体条件。在某些情况下,必须及时进行大流量淋浴,而其他情况下只需要用一个水槽或软管供水就足够了。](液体)在紧靠有可能接触极低温液体或迅速蒸发的液体的工作场所,应配备快速冲淋洗浴设备和/或眼冲洗设备,以应急使用。

急救:

- 眼睛:如眼睛直接接触了该化学物质,要立即用大量水冲洗(灌洗)眼睛,冲洗时,不时翻开上下眼睑,并立即就医。(液体)/ 如果眼组织冻伤,要立即就医。如果眼组织没有冻伤,要立即用大量水彻底冲洗至少 15 min,并不时翻开上下眼睑。如果眼睛刺激、疼痛、肿胀、流泪和畏光持续存在,应尽快就医。
- 皮肤:如果该化学物质直接接触皮肤,立即用水冲洗污染的皮肤。如果该化学物质渗透进衣服,要迅速将衣服脱除,用水冲洗污染的皮肤,并迅速就医。(液体)/ 如果发生冻伤,要立即就医,不要揉擦或用水冲洗冻伤部位;为防止组织进一步受损,不要试图将冻结的衣服从冻伤部位脱除。如未发生冻伤,立即用肥皂和水彻底清洗污染的皮肤。
- 呼吸:如果接触者吸入大量该化学物质,立即将接触者移至新鲜空气处。如果呼吸停止,要进行人工呼吸,注意保暖和休息。尽快就医。

对呼吸器选择的建议:NIOSH

~ 5 ppm:

- CcrOv:任何空气过滤式半面罩呼吸器,配防有机蒸气的滤毒盒。指定防护因数=10。

M

- Sa:任何供气式呼吸器。指定防护因数=10。

~ 12.5 ppm:

- Sa:Cf:任何连续供气式呼吸器。指定防护因数=25。
- PaprOv:任何动力送风空气过滤式呼吸器,配有机蒸气滤毒盒。指定防护因数=25。

~ 25 ppm:

- CcrFOv:任何空气过滤式全面罩呼吸器,配有机蒸气滤毒盒。指定防护因数=50。
- GmFOv:任何空气过滤式全面罩呼吸器(防毒面具),配下颌式、前置式或背置式有机蒸气滤毒罐。指定防护因数=50。
- PaprTOv:任何动力送风空气过滤式呼吸器,配密合型面罩和有机蒸气滤毒盒。指定防护因数=50。
- SaT:Cf:任何连续供气式呼吸器,配密合型面罩。指定防护因数=50。
- ScbaF:任何携气式呼吸器,配全面罩。指定防护因数=50。
- SaF:任何供气式呼吸器,配全面罩。指定防护因数=50。

~ 150 ppm:

- Sa:Pd,Pp:任何压力需气式或正压供气式呼吸器。指定防护因数=1 000。

§:应急抢险,或准备进入浓度未知环境,或进入 IDLH 环境:

- ScbaF:Pd,Pp:任何压力需气式或正压携气式呼吸器,配全面罩。指定防护因数=10 000。
- SaF:Pd,Pp:AScba:任何压力需气式或正压供气式呼吸器,配全面罩,配压力需气式或正压携气式辅助呼吸器。指定防护因数=10 000。

逃生:

- GmFOv:任何空气过滤式全面罩呼吸器(防毒面具),配下颌式、前置式或背置式有机蒸气滤毒罐。指定防护因数=50。
- ScbaE:任何适合逃生的携气式呼吸器。

有关呼吸器选择的其他重要信息参见相关标准。

接触途径:呼吸道,皮肤和/或眼睛直接接触(液体)。

症状:眼睛、皮肤、呼吸系统刺激;麻醉;紫绀;惊厥;液体:冻伤。

靶器官:眼睛,皮肤,呼吸系统,中枢神经系统,血液。

异丁烯酸甲酯(Methyl methacrylate)

$CH_2=C(CH_3)COOCH_3$

异名和商品名:甲基丙烯酸甲酯,Methacrylate monomer,Methyl ester of methacrylic acid,Methyl-2-methyl-2-propenoate

CAS No.:80-62-6

RTECS No.:OZ5075000

DOT ID 和指南号:1247 129P(抗聚合)

接触限值:NIOSH REL:TWA 100 ppm (410 mg/m³)
OSHA PEL:TWA 100 ppm (410 mg/m³)

IDLH:1 000 ppm **浓度换算系数:**1 ppm = 4.09 mg/m³

理化性质:无色液体,具有浓的水果味。

分子量:100.1	沸点:214 ℉
凝固点:-54 ℉	溶解度:1.5%
蒸气压:29 mmHg	电离电位:9.70 eV
比重:0.94	闪点(开杯):50 ℉

爆炸上限:8.2% 爆炸下限:1.7%

ⅠB 类易燃液体——闪点低于 73 ℉,沸点等于或高于 100 ℉。

不相容性和反应性:硝酸盐,氧化剂,过氧化物,强碱,湿气。[注:遇热、氧化剂或紫外光可聚合。通常含有抑制剂如氢醌。]

测量方法:NIOSH 2537;OSHA 94

个人防护和卫生设施:

- 皮肤:穿戴合适的个人防护服,防止皮肤直接接触。

- 眼睛：佩戴合适的眼部防护用品，防止眼睛直接接触。
- 清洗皮肤：当皮肤受到污染时，应立即清洗污染的皮肤。
- 脱除：如果工作服被可燃性物质（即闪点低于 100 ℉的液体）浸湿，应当立即脱除并妥善处置，以防着火。
- 更换：对于班后的衣服的更换需要没有特殊建议。

急救：

- 眼睛：如眼睛直接接触了该化学物质，要立即用大量水冲洗（灌洗）眼睛，冲洗时，不时翻开上下眼睑，并立即就医。
- 皮肤：如果该化学物质直接接触皮肤，迅速用水冲洗污染的皮肤。如果该化学物质渗透进衣服，要立即将衣服脱除，迅速用水冲洗污染的皮肤。若冲洗后刺激症状持续存在，应立即就医。
- 呼吸：如果接触者吸入大量该化学物质，立即将接触者移至新鲜空气处。如果呼吸停止，要进行人工呼吸，注意保暖和休息。尽快就医。
- 吞入：如果吞入该化学物质，应立即就医。

对呼吸器选择的建议：NIOSH/OSHA

～ 1 000 ppm：

- Sa：Cf：任何连续供气式呼吸器。指定防护因数＝25。£
- CcrFOv：任何空气过滤式全面罩呼吸器，配有机蒸气滤毒盒。指定防护因数＝50。
- GmFOv：任何空气过滤式全面罩呼吸器（防毒面具），配下颌式、前置式或背置式有机蒸气滤毒罐。指定防护因数＝50。
- PaprOv：任何动力送风空气过滤式呼吸器，配有机蒸气滤毒盒。指定防护因数＝25。£
- ScbaF：任何携气式呼吸器，配全面罩。指定防护因数＝50。
- SaF：任何供气式呼吸器，配全面罩。指定防护因数＝50

§：应急抢险，或准备进入浓度未知环境，或进入 IDLH 环境：。

- ScbaF：Pd，Pp：任何压力需气式或正压携气式呼吸器，配全面罩。指定防护因数＝10 000。
- SaF：Pd，Pp：AScba：任何压力需气式或正压供气式呼吸器，配全面罩，配压力需气式或正压携气式辅助呼吸器。指定防护因数＝10 000。

逃生：

- GmFOv：任何空气过滤式全面罩呼吸器（防毒面具），配下颌式、前置式或背置式有机蒸气滤毒罐。指定防护因数＝50。
- ScbaE：任何适合逃生的携气式呼吸器。

有关呼吸器选择的其他重要信息参见相关标准。

接触途径：呼吸道，胃肠道，皮肤和/或眼睛直接接触。

症状：眼睛、皮肤、鼻、咽喉刺激；皮炎。

靶器官：眼睛，皮肤，呼吸系统。

M

甲基对硫磷（Methyl parathion）

$(CH_3O)_2P(S)OC_6H_4NO_2$

异名和商品名：甲基 1605；O，O-二甲基-O-（4-硝基苯基）硫代磷酸酯；Azophos®；Parathion methyl；O，O-Dimethyl-O-p-nitrophenylphosphorothioate

CAS No.：298-00-0

RTECS No.：TG0175000

DOT ID 和指南号：

2783 152（固体）；3018 152（液体）

接触限值：NIOSH REL：TWA 0.2 mg/m^3［皮］

OSHA PEL †：无

IDLH：N. D.　　**浓度换算系数：**

理化性质：白色至褐色，晶体或粉末，具有强烈的大蒜样气味。［农药］［注：二甲苯中的商品为褐色液体。］

分子量：263.2　　沸点：289 ℉

熔点：99 ℉　　溶解度（77 ℉）：0.006%

蒸 气 压:0.000 01 mmHg　电离电位:未知
比　重:1.36　闪　点:未知
爆炸上限:未知　爆炸下限:未知
可燃固体。
不相容性和反应性:强氧化剂,水。[注:加热至 122 ℉以上有爆炸危险。]

测量方法: NIOSH 5600;OSHA PV2112

个人防护和卫生设施:

- 皮肤:穿戴合适的个人防护服,防止皮肤直接接触。
- 眼睛:佩戴合适的眼部防护用品,防止眼睛直接接触。
- 清洗皮肤:当皮肤受到污染时,应立即清洗污染的皮肤。/每天工作班结束后,进食、吸烟、喝水前都应该清洗可能受到污染的皮肤。
- 脱除:如果工作服被弄湿或受到了明显的污染,应该立即脱除并妥善处置。
- 更换:在离开工作场所前应当将可能受到污染的工作服更换成无污染的衣服。
- 配备:在劳动者可能接触该化学物质的作业场所,无论是否需要使用眼部防护用品,都应配备眼冲洗设备。在紧靠有可能接触该化学物质的工作场所,应配备快速冲淋身体的设备以应急使用。[注:这些设备应能够提供足量水或流动水,以将可能接触的身体任何部位上的该化学物质除去。实际配备适宜的快速冲淋设备取决于工作场所的具体条件。在某些情况下,必须及时进行大流量淋浴,而其他情况下只需要用一个水槽或软管供水就足够了。]

急救:

- 眼睛:如眼睛直接接触了该化学物质,要立即用大量水冲洗(灌洗)眼睛,冲洗时,不时翻开上下眼睑,并立即就医。
- 皮肤:如果该化学物质直接接触皮肤,立即用肥皂和水冲洗污染的皮肤。若该化学物质渗透进衣服,要立即将衣服脱除,用肥皂和水清洗皮肤,并迅速就医。
- 呼吸:如果接触者吸入大量该化学物质,立即将接触者移至新鲜空气处。如果呼吸停止,要进行人工呼吸,注意保暖和休息。尽快就医。
- 吞入:如果吞入该化学物质,应立即就医。

对呼吸器选择的建议: NIOSH

～ 2 mg/m³:

- CcrOv95:任何空气过滤式半面罩呼吸器,配有机蒸气滤毒盒和 N95、R95 或 P95 的综合防护过滤元件。也可使用以下过滤元件:N99、R99、P99、N100、R100、P100。指定防护因数=10。选择 N、R 或 P 过滤元件的信息见表 4。
- Sa:任何供气式呼吸器。指定防护因数=10。

～ 5 mg/m³:

- Sa : Cf:任何连续供气式呼吸器。指定防护因数=25。
- PaprOvHie:任何动力送风空气过滤式呼吸器,配有机蒸气滤毒盒和高效颗粒滤毒盒的综合防护过滤元件。指定防护因数=50。

～ 10 mg/m³:

- CcrFOv100:任何空气过滤式全面罩呼吸器,配有机蒸气滤毒盒和 N100、R100 或 P100 的综合防护过滤元件。指定防护因数=50。选择 N、R 或 P 过滤元件的信息见表 4。
- GmFOv100:任何空气过滤式全面罩呼吸器(防毒面具),配下颌式、前置式或背置式有机蒸气滤毒罐和 N100、R100 或 P100 的综合防护过滤元件。指定防护因数=50。选择 N、R 或 P 过滤元件的信息见表 4。
- PaprTOvHie:任何动力送风空气过滤式呼吸器,配密合型面罩,和有机蒸气滤毒盒和高效颗粒滤毒盒的综合防护过滤元件。指定防护因数=50。
- SaT : Cf:任何连续供气式呼吸器,配密合型面罩。指定防护因数=50。
- ScbaF:任何携气式呼吸器,配全面罩。指定防护因数=50。

- SaF:任何供气式呼吸器,配全面罩。指定防护因数=50。

～200 mg/m³:

- SaF:Pd,Pp:任何压力需气式或正压供气式呼吸器,配全面罩。指定防护因数=2 000。

§:应急抢险,或准备进入浓度未知环境,或进入 IDLH 环境:

- ScbaF:Pd,Pp:任何压力需气式或正压携气式呼吸器,配全面罩。指定防护因数=10 000。
- SaF:Pd,Pp:AScba:任何压力需气式或正压供气式呼吸器,配全面罩,配压力需气式或正压携气式辅助呼吸器。指定防护因数=10 000。

逃生:

- GmFOv100:任何空气过滤式全面罩呼吸器(防毒面具),配下颌式、前置式或背置式有机蒸气滤毒罐和N100、R100或P100的综合防护过滤元件。指定防护因数=50。选择N、R或P过滤元件的信息见表4。
- ScbaE:任何适合逃生的携气式呼吸器。

有关呼吸器选择的其他重要信息参见相关标准。

接触途径:呼吸道,皮肤吸收,胃肠道,皮肤和/或眼睛直接接触。

症状:眼睛、皮肤刺激;恶心,呕吐,腹绞痛,腹泻,流涎;头痛,眩晕,乏力,倦怠;鼻漏,胸部紧迫感;视物模糊,瞳孔缩小;心律不齐;肌颤;呼吸困难。

靶器官:眼睛,皮肤,呼吸系统,中枢神经系统,心血管系统,血胆碱酯酶。

M

硅酸甲酯(Methyl silicate)

$(CH_3O)_4Si$

异名和商品名:四甲氧基硅烷,Methyl orthosilicate,Tetramethoxysilane,Tetramethyl ester of silicic acid,Tetramethyl silicate

CAS No.:681-84-5

RTECS No.:VV9800000

DOT ID 和指南号:2606 155

接触限值:NIOSH REL:TWA 1 ppm (6 mg/m³)

OSHA PEL †:无

IDLH:N.D.　　**浓度换算系数:**1 ppm = 6.23 mg/m³

理化性质:透明无色液体。[注:28 ℉以下为固体。]

分子量:152.3	沸点:250 ℉
凝固点:28 ℉	溶解度:可溶
蒸气压(77 ℉):12 mmHg	电离电位:未知
比重:1.02	闪点:205 ℉
爆炸上限:未知	爆炸下限:未知

ⅢB类可燃液体——闪点等于或高于200 ℉。

不相容性和反应性:氧化剂;铼、钼和钨的六氟化物。

测量方法:无。

个人防护和卫生设施:

- 皮肤:穿戴合适的个人防护服,防止皮肤直接接触。
- 眼睛:佩戴合适的眼部防护用品,防止眼睛直接接触。
- 清洗皮肤:每天工作班结束后,进食、吸烟、喝水前都应该清洗可能受到污染的皮肤。
- 脱除:如果工作服被弄湿或受到了明显的污染,应该立即脱除并妥善处置。
- 更换:对于班后的衣服的更换需要没有特殊建议。
- 配备:在劳动者可能接触该化学物质的作业场所,无论是否需要使用眼部防护用品,都应配备眼冲洗设备。

急救:

- 眼睛:如眼睛直接接触了该化学物质,要立即用大量水冲洗(灌洗)眼睛,冲洗时,不时翻开上下眼睑,并立即就医。

- 皮肤：如果该化学物质直接接触皮肤，用肥皂和水冲洗污染的皮肤。
- 呼吸：如果接触者吸入大量该化学物质，立即将接触者移至新鲜空气处。如果呼吸停止，要进行人工呼吸，注意保暖和休息。尽快就医。
- 吞入：如果吞入该化学物质，应立即就医。

对呼吸器选择的建议：无。

有关呼吸器选择的其他重要信息参见相关标准。

接触途径：呼吸道，胃肠道，皮肤和/或眼睛直接接触。

症状：眼睛刺激，角膜损害（即使短时间接触蒸气后）；肺、肾损伤；肺水肿。

靶器官：眼睛，呼吸系统，肾。

M

α-甲基苯乙烯（α-Methyl styrene）

$C_6H_5C(CH_3)=CH_2$

CAS No.：98-83-9

RTECS No.：WL5075300

DOT ID 和指南号：

异名和商品名：异丙烯苯，2-苯基丙烯，AMS，Isopropenyl benzene，1-Methyl-1-phenylethylene，2-Phenyl propylene

接触限值：NIOSH REL：TWA 50 ppm (240 mg/m³)
ST 100 ppm (485 mg/m³)
OSHA PEL †：C 100 ppm (480 mg/m³)

IDLH：700 ppm　**浓度换算系数**：1 ppm = 4.83 mg/m³

理化性质：无色液体，具有特异气味。

分子量：118.2　沸点：330 ℉
凝固点：−10 ℉　溶解度：不溶
蒸气压：2 mmHg　电离电位：8.35 eV
比重：0.91　闪点：129 ℉
爆炸上限：6.1%　爆炸下限：1.9%

Ⅱ类可燃液体——闪点等于或高于 100 ℉且低于 140 ℉。

不相容性和反应性：氧化剂、过氧化物、卤素、乙烯基或离子聚合体的催化剂、铝、氯化铁、铜。[注：通常含有抑制剂，如叔丁基邻苯二酚。]

测量方法：NIOSH 1501；OSHA 7

个人防护和卫生设施：
- 皮肤：穿戴合适的个人防护服，防止皮肤直接接触。
- 眼睛：佩戴合适的眼部防护用品，防止眼睛直接接触。
- 清洗皮肤：当皮肤受到污染时，应立即清洗污染的皮肤。
- 脱除：如果工作服被弄湿或受到了明显的污染，应该立即脱除并妥善处置。
- 更换：对于班后的衣服的更换需要没有特殊建议。

急救：
- 眼睛：如眼睛直接接触了该化学物质，要立即用大量水冲洗(灌洗)眼睛，冲洗时，不时翻开上下眼睑，并立即就医。
- 皮肤：如果该化学物质直接接触皮肤，迅速用水冲洗污染的皮肤。如果该化学物质渗透进衣服，要立即将衣服脱除，迅速用水冲洗污染的皮肤。若冲洗后刺激症状持续存在，应立即就医。
- 呼吸：如果接触者吸入大量该化学物质，立即将接触者移至新鲜空气处。如果呼吸停止，要进行人工呼吸，注意保暖和休息。尽快就医。
- 吞入：如果吞入该化学物质，应立即就医。

对呼吸器选择的建议：NIOSH

～500 ppm：
- CcrOv：任何空气过滤式半面罩呼吸器，配防有机蒸气的滤毒盒。指定防护因数=10。*
- Sa：任何供气式呼吸器。指定防护因数=10。*

～700 ppm：
- Sa：Cf：任何连续供气式呼吸器。指定防护因数=25。*

- CcrFOv:任何空气过滤式全面罩呼吸器,配有机蒸气滤毒盒。指定防护因数=50。
- GmFOv:任何空气过滤式全面罩呼吸器(防毒面具),配下颌式、前置式或背置式有机蒸气滤毒罐。指定防护因数=50。
- PaprOv:任何动力送风空气过滤式呼吸器,配有机蒸气滤毒盒。指定防护因数=25。*
- ScbaF:任何携气式呼吸器,配全面罩。指定防护因数=50。
- SaF:任何供气式呼吸器,配全面罩。指定防护因数=50。

§:应急抢险,或准备进入浓度未知环境,或进入 IDLH 环境:

- ScbaF:Pd,Pp:任何压力需气式或正压携气式呼吸器,配全面罩。指定防护因数=10 000。
- SaF:Pd,Pp:AScba:任何压力需气式或正压供气式呼吸器,配全面罩,配压力需气式或正压携气式辅助呼吸器。指定防护因数=10 000。

逃生:

- GmFOv:任何空气过滤式全面罩呼吸器(防毒面具),配下颌式、前置式或背置式有机蒸气滤毒罐。指定防护因数=50。
- ScbaE:任何适合逃生的携气式呼吸器。

有关呼吸器选择的其他重要信息参见相关标准。

接触途径:呼吸道,胃肠道,皮肤和/或眼睛直接接触。

症状:眼睛、皮肤、鼻、咽喉刺激;嗜睡;皮炎。

靶器官:眼睛,皮肤,呼吸系统,中枢神经系统。

嗪草酮(Metribuzin)

$C_8H_{14}N_4OS$

CAS No.:21087-64-9

RTECS No.:XZ2990000

DOT ID 和指南号:

异名和商品名:赛克津;特丁嗪;赛克;立克除;甲草嗪;4-氨基-6-特丁基-4,5-二氢-3-甲硫基-1,2,4-三嗪-5-酮;4-Amino-6-(1,1-dimethylethyl)-3-(methylthio)-1,2,4-triazin-5(4H)-one

接触限值:NIOSH REL:TWA 5 mg/m³

OSHA PEL †:无

IDLH:N.D.　　**浓度换算系数:**

理化性质:无色晶体。[除草剂]

分子量:214.3	沸点:未知
熔点:257 ℉	溶解度:0.1%
蒸气压:0.000 000 4 mmHg	电离电位:未知
比重:1.31	闪点:不适用
爆炸上限:不适用	爆炸下限:不适用

不可燃固体。

不相容性和反应性:未见报道。

测量方法:OSHA PV2044

个人防护和卫生设施:

- 皮肤:穿戴合适的个人防护服,防止皮肤直接接触。
- 眼睛:佩戴合适的眼部防护用品,防止眼睛直接接触。
- 清洗皮肤:当皮肤受到污染时,应立即清洗污染的皮肤。/每天工作班结束后,进食、吸烟、喝水前都应该清洗可能受到污染的皮肤。
- 脱除:如果工作服被弄湿或受到了明显的污染,应该立即脱除并妥善处置。
- 更换:在离开工作场所前应当将可能受到污染的工作服更换成无污染的衣服。

急救:

- 眼睛:如眼睛直接接触了该化学物质,要立即用大量水冲洗(灌洗)眼睛,冲洗时,不时翻开上下眼睑,并立即就医。

- 皮肤：如果该化学物质直接接触皮肤，用肥皂和水冲洗污染的皮肤。
- 呼吸：如果接触者吸入大量该化学物质，立即将接触者移至新鲜空气处。通常不需要采取其他措施。
- 吞入：如果吞入该化学物质，应立即就医。

对呼吸器选择的建议：无。
有关呼吸器选择的其他重要信息参见相关标准。

接触途径：呼吸道，胃肠道，皮肤和/或眼睛直接接触。

症状：动物：中枢神经系统抑制；甲状腺、肝酶学改变。

靶器官：中枢神经系统，甲状腺，肝。

M

云母(石英含量小于1%)[Mica (containing less than 1% quartz)]

CAS No.：12001-26-2

RTECS No.：VV8760000

异名和商品名：Biotite，Lepidolite，Margarite，Muscovite，Phlogopite，Roscoelite，Zimmwaldite

DOT ID 和指南号：

接触限值：NIOSH REL：TWA 3 mg/m³(呼吸性颗粒物)
OSHA PEL †：TWA 20 mppcf

IDLH：1 500 mg/m³　　**浓度换算系数：**

理化性质：无色，无气味片状含水硅酸盐。

分子量：797（约）	沸点：未知
熔点：未知	溶解度：不溶
蒸气压：0 mmHg（约）	电离电位：不适用
比重：2.6～3.2	闪点：不适用
爆炸上限：不适用	爆炸下限：不适用

不可燃固体。
不相容性和反应性：未见报道。

测量方法：NIOSH 0600

个人防护和卫生设施：
- 皮肤：对于个体皮肤防护装备的需要没有特殊建议。
- 眼睛：对眼部防护的需要没有特殊建议。
- 清洗皮肤：对于清洗皮肤上的污染物没有其他特殊的建议(包括立即清洗和班后清洗)。
- 脱除：对于脱除被污染或被弄湿的工作服的需要没有特殊建议。
- 更换：对于班后的衣服的更换需要没有特殊建议。

急救：
- 眼睛：如眼睛直接接触了该化学物质，要立即用大量水冲洗(灌洗)眼睛，冲洗时，不时翻开上下眼睑，并立即就医。
- 呼吸：如果接触者吸入大量该化学物质，立即将接触者移至新鲜空气处。通常不需要采取其他措施。

对呼吸器选择的建议：NIOSH

～ 15 mg/m³：
- Qm：任何四分之一面罩呼吸器，选择N、R或P过滤元件的信息见表4。指定防护因数＝5。

～ 30 mg/m³：
- 95XQ：任何除四分之一面罩之外的防颗粒物呼吸器，配有N95、R95或P95过滤元件(包括N95、R95或P95随弃式面罩)。也可使用以下过滤元件：N99、R99、P99、N100、R100、P100。指定防护因数＝10。选择N、R或P过滤元件的信息见表4。
- Sa：任何供气式呼吸器。指定防护因数＝10。

～ 75 mg/m³：
- Sa：Cf：任何连续供气式呼吸器。指定防护因数＝25。

● PaprHie：任何动力送风空气过滤式呼吸器，配有高效颗粒物过滤元件。指定防护因数＝25。

～ 150 mg/m³：

● 100F：任何空气过滤式全面罩呼吸器，配有 N100、R100 或 P100 过滤元件。指定防护因数＝50。选择 N、R 或 P 过滤元件的信息见表 4。

● SaT：Cf：任何连续供气式呼吸器，配密合型面罩。指定防护因数＝50。

● PaprTHie：任何动力送风空气过滤式呼吸器，配密合型面罩和高效颗粒物过滤元件。指定防护因数＝50。

● ScbaF：任何携气式呼吸器，配全面罩。指定防护因数＝50。

● SaF：任何供气式呼吸器，配全面罩。指定防护因数＝50。

～ 1 500 mg/m³：

● Sa：Pd，Pp：任何压力需气式或正压供气式呼吸器。指定防护因数＝1 000。

§：应急抢险，或准备进入浓度未知环境，或进入 IDLH 环境：

● ScbaF：Pd，Pp：任何压力需气式或正压携气式呼吸器，配全面罩。指定防护因数＝10 000。

● SaF：Pd，Pp：AScba：任何压力需气式或正压供气式呼吸器，配全面罩，配压力需气式或正压携气式辅助呼吸器。指定防护因数＝10 000。

逃生：

● 100F：任何空气过滤式全面罩呼吸器，配有 N100、R100 或 P100 过滤元件。指定防护因数＝50。选择 N、R 或 P 过滤元件的信息见表 4。

● ScbaE：任何适合逃生的携气式呼吸器。

有关呼吸器选择的其他重要信息参见相关标准。

接触途径：呼吸道，皮肤和/或眼睛直接接触。

症状：眼睛刺激；尘肺，咳嗽，呼吸困难；乏力，倦怠；体重减轻。

靶器官：呼吸系统。

M

矿棉纤维（Mineral wool fiber）

CAS No.：

RTECS No.：PY8070000

DOT ID 和指南号：

异名和商品名：人造矿物纤维，合成玻璃纤维，Manmade mineral fibers，Rock wool，Slag wool，Synthetic vitreous fibers［注：由熔岩或金属熔炼的副产物生产而得岩棉或矿渣棉。］

接触限值：NIOSH REL：TWA 3 f/cm³（纤维直径≤ 3.5 μm，长度 ≥ 10 μm.）
TWA 5 mg/m³（总颗粒物）
OSHA PEL：TWA 15 mg/m³（总颗粒物）
TWA 5 mg/m³（呼吸性颗粒物）

IDLH：N. D. **浓度换算系数：**

理化性质：典型的矿物“绒毛”，直径＞0.5 μm 且长度＞1.5 μm。

分子量：不同	沸点：不适用
熔点：未知	溶解度：不溶
蒸气压：0 mmHg（约）	电离电位：不适用
比重：未知	闪点：不适用
爆炸上限：不适用	爆炸下限：不适用

不可燃纤维。

不相容性和反应性：未见报道。

测量方法：NIOSH 0500，7400

个人防护和卫生设施：

● 皮肤：穿戴合适的个人防护服，防止皮肤直接接触。

● 眼睛：佩戴合适的眼部防护用品，防止眼睛直接接触。

● 清洗皮肤：每天工作班结束后，进食、吸烟、喝水前都应该清洗可能受到污染的皮肤。

- 脱除:对于脱除被污染或被弄湿的工作服的需要没有特殊建议。
- 更换:在离开工作场所前应当将可能受到污染的工作服更换成无污染的衣服。

急救:

- 眼睛:如眼睛直接接触了该化学物质,要立即用大量水冲洗(灌洗)眼睛,冲洗时,不时翻开上下眼睑,并立即就医。
- 呼吸:如果接触者吸入大量该化学物质,立即将接触者移至新鲜空气处。通常不需要采取其他措施。

M

对呼吸器选择的建议:NIOSH

～5 倍的 REL:

- Qm:任何四分之一面罩呼吸器,选择 N、R 或 P 过滤元件的信息见表 4。指定防护因数=5。

～10 倍的 REL:

- 95XQ:任何除四分之一面罩之外的防颗粒物呼吸器,配有 N95、R95 或 P95 过滤元件(包括 N95、R95 或 P95 随弃式面罩)。也可使用以下过滤元件:N99、R99、P99、N100、R100、P100。指定防护因数=10。选择 N、R 或 P 过滤元件的信息见表 4。
- Sa:任何供气式呼吸器。指定防护因数=10。

～25 倍的 REL:

- Sa:Cf:任何连续供气式呼吸器。指定防护因数=25。
- PaprHie:任何动力送风空气过滤式呼吸器,配有高效颗粒物过滤元件。指定防护因数=25。

～50 倍的 REL:

- 100F:任何空气过滤式全面罩呼吸器,配有 N100、R100 或 P100 过滤元件。指定防护因数=50。选择 N、R 或 P 过滤元件的信息见表 4。
- PaprTHie:任何动力送风空气过滤式呼吸器,配密合型面罩和高效颗粒物过滤元件。指定防护因数=50。
- ScbaF:任何携气式呼吸器,配全面罩。指定防护因数=50。
- SaF:任何供气式呼吸器,配全面罩。指定防护因数=50。

～1 000 倍的 REL:

- SaF:Pd,Pp:任何压力需气式或正压供气式呼吸器,配全面罩。指定防护因数=2 000。

§:应急抢险,或准备进入浓度未知环境,或进入 IDLH 环境:

- ScbaF:Pd,Pp:任何压力需气式或正压携气式呼吸器,配全面罩。指定防护因数=10 000。
- SaF:Pd,Pp:AScba:任何压力需气式或正压供气式呼吸器,配全面罩,配压力需气式或正压携气式辅助呼吸器。指定防护因数=10 000。

逃生:

- 100F:任何空气过滤式全面罩呼吸器,配有 N100、R100 或 P100 过滤元件。指定防护因数=50。选择 N、R 或 P 过滤元件的信息见表 4。
- ScbaE:任何适合逃生的携气式呼吸器。

有关呼吸器选择的其他重要信息参见相关标准。

接触途径:呼吸道,皮肤和/或眼睛直接接触。

症状:眼睛、皮肤、呼吸系统刺激;呼吸困难。

靶器官:眼睛,皮肤,呼吸系统。

钼(Molybdenum)

Mo

异名和商品名:钼金属,Molybdenum metal

CAS No.:7439-98-7

RTECS No.:QA4680000

DOT ID 和指南号:

接触限值:NIOSH REL:见附录 D

OSHA PEL*†:TWA 15 mg/m^3[*注:PEL 也适用于其他不可溶钼化合物(按钼计)。]

IDLH:5 000 mg/m^3(按钼计)　　**浓度换算系数:**

理化性质:暗灰色或黑色粉末,具有金属光泽。

分子量:95.9	沸点:8 717 ℉
熔点:4 752 ℉	溶解度:不溶
蒸气压:0 mmHg(约)	电离电位:不适用
比重:10.28	闪点:不适用
爆炸上限:不适用	爆炸下限:不适用

尘或粉末状的可燃固体。

不相容性和反应性:强氧化剂。

测量方法:NIOSH 7300,7301,7303,9102;
OSHA ID121,ID125G

个人防护和卫生设施:

- 皮肤:对于个体皮肤防护装备的需要没有特殊建议。
- 眼睛:对眼部防护的需要没有特殊建议。
- 清洗皮肤:对于清洗皮肤上的污染物没有其他特殊的建议(包括立即清洗和班后清洗)。
- 脱除:对于脱除被污染或被弄湿的工作服的需要没有特殊建议。
- 更换:对于班后的衣服的更换需要没有特殊建议。

急救:

- 眼睛:如眼睛直接接触了该化学物质,要立即用大量水冲洗(灌洗)眼睛,冲洗时,不时翻开上下眼睑,并立即就医。
- 呼吸:如果接触者吸入大量该化学物质,立即将接触者移至新鲜空气处。如果呼吸停止,要进行人工呼吸,注意保暖和休息。尽快就医。
- 吞入:如果吞入该化学物质,应立即就医。

对呼吸器选择的建议:OSHA

~ 75 mg/m³:

- Qm:任何四分之一面罩呼吸器,选择 N、R 或 P 过滤元件的信息见表 4。指定防护因数=5。

~ 150 mg/m³:

- 95XQ:任何除四分之一面罩之外的防颗粒物呼吸器,配有 N95、R95 或 P95 过滤元件(包括 N95、R95 或 P95 随弃式面罩)。也可使用以下过滤元件:N99、R99、P99、N100、R100、P100。指定防护因数=10。选择 N、R 或 P 过滤元件的信息见表 4。
- Sa:任何供气式呼吸器。指定防护因数=10。

~ 375 mg/m³:

- Sa:Cf:任何连续供气式呼吸器。指定防护因数=25。
- PaprHie:任何动力送风空气过滤式呼吸器,配有高效颗粒物过滤元件。指定防护因数=25。

~ 750 mg/m³:

- 100F:任何空气过滤式全面罩呼吸器,配有 N100、R100 或 P100 过滤元件。指定防护因数一50。选择 N、R 或 P 过滤元件的信息见表 4。
- SaT:Cf:任何连续供气式呼吸器,配密合型面罩。指定防护因数=50。
- PaprTHie:任何动力送风空气过滤式呼吸器,配密合型面罩和高效颗粒物过滤元件。指定防护因数=50。
- ScbaF:任何携气式呼吸器,配全面罩。指定防护因数=50。
- SaF:任何供气式呼吸器,配全面罩。指定防护因数=50。

~ 5 000 mg/m³:

- Sa:Pd,Pp:任何压力需气式或正压供气式呼吸器。指定防护因数=1 000。

§:应急抢险,或准备进入浓度未知环境,或进入 IDLH 环境:

- ScbaF:Pd,Pp:任何压力需气式或正压携气式呼吸器,配全面罩。指定防护因数=10 000。
- SaF:Pd,Pp:AScba:任何压力需气式或正压供气式呼吸器,配全面罩,配压力需气式或正压携气式辅助呼吸器。指定防护因数=10 000。

逃生:

- 100F:任何空气过滤式全面罩呼吸器,配有 N100、R100 或 P100 过滤元件。指定防护因数=50。选择 N、R 或 P 过滤元件的信息见表 4。

● ScbaE:任何适合逃生的携气式呼吸器。 **有关呼吸器选择的其他重要信息参见相关标准。**	**症状:**动物:眼睛、鼻、咽喉刺激;厌食,腹泻,体重减轻;倦怠;肝、肾损伤。
接触途径:呼吸道,胃肠道,皮肤和/或眼睛直接接触。	**靶器官:**眼睛,呼吸系统,肝,肾。

钼(可溶化合物,按钼计)[Molybdenum (soluble compounds, as Mo)]

CAS No.:

RTECS No.:

异名和商品名:其他名称依赖于其特异的钼化合物。

DOT ID 和指南号:

M

接触限值:NIOSH REL:见附录 D

OSHA PEL:TWA 5 mg/m^3

IDLH:1 000 mg/m^3(按钼计)　**浓度换算系数:**

理化性质:钼化合物不同而不同。

不相容性和反应性:不同。

测量方法:NIOSH 7300,7301,7303,9102;

OSHA ID121,ID125G

个人防护和卫生设施:

- 皮肤:穿戴合适的个人防护服,防止皮肤直接接触。
- 眼睛:佩戴合适的眼部防护用品,防止眼睛直接接触。
- 清洗皮肤:当皮肤受到污染时,应立即清洗污染的皮肤。
- 脱除:如果工作服被弄湿或受到了明显的污染,应该立即脱除并妥善处置。
- 更换:对于班后的衣服的更换需要没有特殊建议。

急救:

- 眼睛:如眼睛直接接触了该化学物质,要立即用大量水冲洗(灌洗)眼睛,冲洗时,不时翻开上下眼睑,并立即就医。
- 皮肤:如果该化学物质直接接触皮肤,用水冲洗污染的皮肤。如存在皮肤刺激症状,应就医。
- 呼吸:如果接触者吸入大量该化学物质,立即将接触者移至新鲜空气处。如果呼吸停止,要进行人工呼吸,注意保暖和休息。尽快就医。
- 吞入:如果吞入该化学物质,应立即就医。

对呼吸器选择的建议:OSHA

~ 25 mg/m^3:

- Qm:任何四分之一面罩呼吸器,选择 N、R 或 P 过滤元件的信息见表 4。指定防护因数=5。*

~ 50 mg/m^3:

- 95XQ:任何除四分之一面罩之外的防颗粒物呼吸器,配有 N95、R95 或 P95 过滤元件(包括 N95、R95 或 P95 随弃式面罩)。也可使用以下过滤元件:N99、R99、P99、N100、R100、P100。指定防护因数=10。选择 N、R 或 P 过滤元件的信息见表 4。*
- Sa:任何供气式呼吸器。指定防护因数=10。*

~ 125 mg/m^3:

- Sa:Cf:任何连续供气式呼吸器。指定防护因数=25。*
- PaprHie:任何动力送风空气过滤式呼吸器,配有高效颗粒物过滤元件。指定防护因数=25。*

~ 250 mg/m^3:

- 100F:任何空气过滤式全面罩呼吸器,配有 N100、R100 或 P100 过滤元件。指定防护因数=50。选择 N、R 或 P 过滤元件的信息见表 4。
- SaT:Cf:任何连续供气式呼吸器,配密合型面罩。指定防护因数=50。*
- PaprTHie:任何动力送风空气过滤式呼吸器,配密合型面罩和高效颗粒物过滤元件。指定防护因数=50。*
- ScbaF:任何携气式呼吸器,配全面罩。指定防护因数=50。

- SaF:任何供气式呼吸器,配全面罩。指定防护因数=50。

～ 1 000 mg/m³:

- SaF:Pd,Pp:任何压力需气式或正压供气式呼吸器,配全面罩。指定防护因数=2 000。

§:应急抢险,或准备进入浓度未知环境,或进入 IDLH 环境:

- ScbaF:Pd,Pp:任何压力需气式或正压携气式呼吸器,配全面罩。指定防护因数=10 000。
- SaF:Pd,Pp:AScba:任何压力需气式或正压供气式呼吸器,配全面罩,配压力需气式或正压携气式辅助呼吸器。指定防护因数=10 000。

逃生:

- 100F:任何空气过滤式全面罩呼吸器,配有 N100、R100 或 P100 过滤元件。指定防护因数=50。选择 N、R 或 P 过滤元件的信息见表 4。
- ScbaE:任何适合逃生的携气式呼吸器。

有关呼吸器选择的其他重要信息参见相关标准。

接触途径:呼吸道,胃肠道,皮肤和/或眼睛直接接触。

症状:动物:眼睛、鼻、咽喉刺激;厌食;协调能力下降;呼吸困难;贫血。

靶器官:眼睛,呼吸系统,肾,血液。

久效磷(Monocrotophos)

$C_7H_{14}NO_5P$

CAS No.:6923-22-4

RTECS No.:TC4375000

异名和商品名:3-Hydroxy-N-methylcrotonamide dimethylphosphate,Monocron Azodrin®

DOT ID 和指南号:2783 152(有机磷农药,固体)

接触限值:NIOSH REL:TWA 0.25 mg/m³

OSHA PEL †:无

IDLH:N.D.　　**浓度换算系数:**

理化性质:无色至红色固体,具有淡淡的酯味。[杀虫剂]

分子量:223.2	沸点:257 ℉
熔点:129 ℉	溶解度:与水互溶
蒸气压:0.000 007 mmHg	电离电位:未知
比重:未知	闪点:>200 ℉
爆炸上限:未知	爆炸下限:未知

可燃固体。

不相容性和反应性:金属,低分子量醇和乙二醇。[注:对黑铁板、炼炉钢、304 不锈钢和黄铜有腐蚀性。必须在 70～80 ℉贮存。]

测量方法:NIOSH 5600;OSHA PV2045

个人防护和卫生设施:

- 皮肤:穿戴合适的个人防护服,防止皮肤直接接触。
- 眼睛:佩戴合适的眼部防护用品,防止眼睛直接接触。
- 清洗皮肤:当皮肤受到污染时,应立即清洗污染的皮肤。
- 脱除:如果工作服被弄湿或受到了明显的污染,应该立即脱除并妥善处置。
- 更换:在离开工作场所前应当将可能受到污染的工作服更换成无污染的衣服。

急救:

- 眼睛:如眼睛直接接触了该化学物质,要立即用大量水冲洗(灌洗)眼睛,冲洗时,不时翻开上下眼睑,并立即就医。
- 皮肤:如果该化学物质直接接触皮肤,立即用水冲洗污染的皮肤。如果该化学物质渗透进衣服,要迅速将衣服脱除,用水冲洗污染的皮肤,并迅速就医。
- 呼吸:如果接触者吸入大量该化学物质,立即将接触者移至新鲜空气处。如果呼吸停止,要进行人工呼吸,注意保暖和休息。尽快就医。
- 吞入:如果吞入该化学物质,应立即就医。

对呼吸器选择的建议：无。 有关呼吸器选择的其他重要信息参见相关标准。	症状：眼睛刺激，瞳孔缩小，视物模糊；眩晕，惊厥；呼吸困难；流涎，腹绞痛，恶心，腹泻，呕吐；动物：可能的致畸效应。
接触途径：呼吸道，皮肤吸收，胃肠道，皮肤和/或眼睛直接接触。	靶器官：眼睛，呼吸系统，中枢神经系统，心血管系统，血胆碱酯酶，生殖系统。

甲基苯胺(Monomethyl aniline)

$C_6H_5NHCH_3$

异名和商品名：MA，(Methylamino)benzene，N-Methyl aniline，Methylphenylamine，N-Phenylmethylamine

CAS No.：100-61-8

RTECS No.：BY4550000

DOT ID 和指南号：2294 153

M

接触限值：NIOSH REL：TWA 0.5 ppm (2 mg/m^3)［皮］

OSHA PEL †：TWA 2 ppm (9 mg/m^3)［皮］

IDLH：100 ppm **浓度换算系数**：1 ppm = 4.38 mg/m^3

理化性质：黄色至浅棕色液体，具有轻微的氨味。

分子量：107.2	沸点：384 ℉
凝固点：-71 ℉	溶解度：不溶
蒸气压：0.3 mmHg	电离电位：7.32 eV
比重：0.99	闪点：175 ℉
爆炸上限：未知	爆炸下限：未知

ⅢA 类可燃液体——闪点等于或高于 140 ℉且低于 200 ℉。

不相容性和反应性：强酸，强氧化剂。

测量方法：NIOSH 3511

个人防护和卫生设施：

- 皮肤：穿戴合适的个人防护服，防止皮肤直接接触。
- 眼睛：佩戴合适的眼部防护用品，防止眼睛直接接触。
- 清洗皮肤：当皮肤受到污染时，应立即清洗污染的皮肤。
- 脱除：如果工作服被弄湿或受到了明显的污染，应该立即脱除并妥善处置。
- 更换：对于班后的衣服的更换需要没有特殊建议。

急救：

- 眼睛：如眼睛直接接触了该化学物质，要立即用大量水冲洗(灌洗)眼睛，冲洗时，不时翻开上下眼睑，并立即就医。
- 皮肤：如果该化学物质直接接触皮肤，立即用肥皂和水冲洗污染的皮肤。若该化学物质渗透进衣服，要立即将衣服脱除，用肥皂和水清洗皮肤，并迅速就医。
- 呼吸：如果接触者吸入大量该化学物质，立即将接触者移至新鲜空气处。如果呼吸停止，要进行人工呼吸，注意保暖和休息。尽快就医。
- 吞入：如果吞入该化学物质，应立即就医。

对呼吸器选择的建议：NIOSH

～ 5 ppm：

- Sa：任何供气式呼吸器。指定防护因数＝10。

～ 12.5 ppm：

- Sa：Cf：任何连续供气式呼吸器。指定防护因数＝25。

～ 25 ppm：

- SaT：Cf：任何连续供气式呼吸器，配密合型面罩。指定防护因数＝50。
- ScbaF：任何携气式呼吸器，配全面罩。指定防护因数＝50。
- SaF：任何供气式呼吸器，配全面罩。指定防护因数＝50。

～ 100 ppm：

- SaF：Pd,Pp:任何压力需气式或正压供气式呼吸器,配全面罩。指定防护因数=2 000。

§:应急抢险,或准备进入浓度未知环境,或进入IDLH环境:

- ScbaF：Pd,Pp:任何压力需气式或正压携气式呼吸器,配全面罩。指定防护因数一10 000。
- SaF：Pd,Pp：AScba:任何压力需气式或正压供气式呼吸器,配全面罩,配压力需气式或正压携气式辅助呼吸器。指定防护因数=10 000。

逃生:

- GmFS:任何空气过滤式全面罩呼吸器(防毒面具),配下颌式、前置式或背置式防该化学物质的滤毒罐。指定防护因数=50。
- ScbaE:任何适合逃生的携气式呼吸器。

有关呼吸器选择的其他重要信息参见相关标准。

接触途径:呼吸道,皮肤吸收,胃肠道,皮肤和/或眼睛直接接触。

症状:疲乏,眩晕,头痛;呼吸困难,紫绀;高铁血红蛋白血症;肺水肿;肝、肾损伤。

靶器官:呼吸系统,肝,肾,血液,中枢神经系统。

M

吗啉(Morpholine)

C_4H_9ON

CAS No.:110-91-8

RTECS No.:QD6475000

DOT ID 和指南号:2054 132

异名和商品名:N-乙基对氧氮六环;Diethylene imidoxide;Diethylene oximide;Tetrahydro-1,4-oxazine;Tetrahydro-p-oxazine

接触限值:NIOSH REL:TWA 20 ppm (70 mg/m³)[皮]
ST 30 ppm (105 mg/m³)
OSHA PEL †:TWA 20 ppm (70 mg/m³)[皮]

IDLH:1 400 ppm [10%爆炸下限]

浓度换算系数:1 ppm = 3.56 mg/m³

理化性质:无色液体,具有微弱的氨或鱼腥味。
[注:23 ℉以下为固体。]

分子量:87.1	沸点:264 ℉
凝固点:23 ℉	溶解度:与水互溶
蒸气压:6 mmHg	电离电位:8.88 eV
比重:1.007	闪点(开杯):98 ℉
爆炸上限:11.2%	爆炸下限:1.4%

IC类易燃液体——闪点等于或高于73 ℉且低于100 ℉。

不相容性和反应性:强酸,强氧化剂,金属,硝基化合物。[注:对金属具有腐蚀性。]

测量方法:NIOSH S150 (Ⅱ-3)

个人防护和卫生设施:

- 皮肤:穿戴合适的个人防护服,防止皮肤直接接触。
- 眼睛:佩戴合适的眼部防护用品,防止眼睛直接接触。
- 清洗皮肤:当皮肤受到污染时,应立即清洗污染的皮肤。
- 脱除:如果工作服被可燃性物质(即闪点低于100 ℉的液体)浸湿,应当立即脱除并妥善处置,以防着火。
- 更换:对于班后的衣服的更换需要没有特殊建议。
- 配备:在劳动者可能接触该化学物质的作业场所,无论是否需要使用眼部防护用品,都应配备眼冲洗设备(>15%)。在紧靠有可能接触该化学物质的工作场所,应配备快速冲淋身体的设备以应急使用。[注:这些设备应能够提供足量水或流动水,以将可能接触的身体任何部位上的该化学物质除去。实际配备适宜的快速冲淋设备取决于工作场所的具体条件。在某些情况下,必须及时进行大流量淋浴,而其他情况下只需要用一个水槽或软管供水就足够了。](>25%)

急救：

- 眼睛：如眼睛直接接触了该化学物质，要立即用大量水冲洗（灌洗）眼睛，冲洗时，不时翻开上下眼睑，并立即就医。
- 皮肤：如果该化学物质直接接触皮肤，立即用水冲洗污染的皮肤。若该化学物质渗透进衣服，要迅速将衣服脱除，用水清洗皮肤，并迅速就医。
- 呼吸：如果接触者吸入大量该化学物质，立即将接触者移至新鲜空气处。如果呼吸停止，要进行人工呼吸，注意保暖和休息。尽快就医。
- 吞入：如果吞入该化学物质，应立即就医。

对呼吸器选择的建议：NIOSH/OSHA

～500 ppm：

- Sa：Cf：任何连续供气式呼吸器。指定防护因数＝25。£
- PaprOv：任何动力送风空气过滤式呼吸器，配有机蒸气滤毒盒。指定防护因数＝25。£

～1 000 ppm：

- CcrFOv：任何空气过滤式全面罩呼吸器，配有机蒸气滤毒盒。指定防护因数＝50。
- GmFOv：任何空气过滤式全面罩呼吸器（防毒面具），配下颌式、前置式或背置式有机蒸气滤毒罐。指定防护因数＝50。
- PaprTOv：任何动力送风空气过滤式呼吸器，配密合型面罩和有机蒸气滤毒盒。指定防护因数＝50。£
- ScbaF：任何携气式呼吸器，配全面罩。指定防护因数＝50。
- SaF：任何供气式呼吸器，配全面罩。指定防护因数＝50。

～1 400 ppm：

- SaF：Pd，Pp：任何压力需气式或正压供气式呼吸器，配全面罩。指定防护因数＝2 000。

§：应急抢险，或准备进入浓度未知环境，或进入IDLH环境：

- ScbaF：Pd，Pp：任何压力需气式或正压携气式呼吸器，配全面罩。指定防护因数＝10 000。
- SaF：Pd，Pp：AScba：任何压力需气式或正压供气式呼吸器，配全面罩，配压力需气式或正压携气式辅助呼吸器。指定防护因数＝10 000。

逃生：

- GmFOv：任何空气过滤式全面罩呼吸器（防毒面具），配下颌式、前置式或背置式有机蒸气滤毒罐。指定防护因数＝50。
- ScbaE：任何适合逃生的携气式呼吸器。

有关呼吸器选择的其他重要信息参见相关标准。

接触途径：呼吸道，皮肤吸收，胃肠道，皮肤和/或眼睛直接接触。

症状：眼睛、皮肤、鼻、呼吸系统刺激；视觉障碍；咳嗽；动物：肝、肾损伤。

靶器官：眼睛，皮肤，呼吸系统，肝，肾。

石脑油(煤焦油)[Naphtha (coal tar)]

CAS No.:8030-30-6

RTECS No.:DE3030000

异名和商品名:轻石油,轻油,Crude solvent coal tar naphtha,High solvent naphtha,Naphtha

DOT ID 和指南号:

接触限值:NIOSH REL:TWA 100 ppm (400 mg/m^3)
OSHA PEL:TWA 100 ppm (400 mg/m^3)

IDLH:1 000 ppm [10%爆炸下限]

浓度换算系数:1 ppm = 4.50 mg/m^3(约)

理化性质:赤褐色液体,具有芳香气味。

分子量:110 (约)	沸点:320~428 ℉
凝固点:未知	溶解度:不溶
蒸气压:<5 mmHg	电离电位:未知
比重:0.89~0.97	闪点:100~109 ℉
爆炸上限:未知	爆炸下限:1.0%

Ⅱ类可燃液体——闪点等于或高于 100 ℉且低于 140 ℉。

不相容性和反应性:强氧化剂。

测量方法:NIOSH 1550

个人防护和卫生设施:

- 皮肤:穿戴合适的个人防护服,防止皮肤直接接触。
- 眼睛:佩戴合适的眼部防护用品,防止眼睛直接接触。
- 清洗皮肤:当皮肤受到污染时,应立即清洗污染的皮肤。
- 脱除:如果工作服被弄湿或受到了明显的污染,应该立即脱除并妥善处置。
- 更换:对于班后的衣服的更换需要没有特殊建议。

急救:

- 眼睛:如眼睛直接接触了该化学物质,要立即用大量水冲洗(灌洗)眼睛,冲洗时,不时翻开上下眼睑,并立即就医。
- 皮肤:如果该化学物质直接接触皮肤,迅速用肥皂和水冲洗污染的皮肤。若该化学物质渗透进衣服,要迅速将衣服脱除,用肥皂和水清洗皮肤,并迅速就医。
- 呼吸:如果接触者吸入大量该化学物质,立即将接触者移至新鲜空气处。如果呼吸停止,要进行人工呼吸,注意保暖和休息。尽快就医。
- 吞入:如果吞入该化学物质,应立即就医。

对呼吸器选择的建议:NIOSH/OSHA

~ 1 000 ppm:

- Sa:Cf:任何连续供气式呼吸器。指定防护因数=25。£
- CcrFOv:任何空气过滤式全面罩呼吸器,配有机蒸气滤毒盒。指定防护因数=50。
- GmFOv:任何空气过滤式全面罩呼吸器(防毒面具),配下颌式、前置式或背置式有机蒸气滤毒罐。指定防护因数=50。
- PaprOv:任何动力送风空气过滤式呼吸器,配有机蒸气滤毒盒。指定防护因数=25。£
- ScbaF:任何携气式呼吸器,配全面罩。指定防护因数=50。
- SaF:任何供气式呼吸器,配全面罩。指定防护因数=50。

§:应急抢险,或准备进入浓度未知环境,或进入 IDLH 环境:

- ScbaF:Pd,Pp:任何压力需气式或正压携气式呼吸器,配全面罩。指定防护因数=10 000。
- SaF:Pd,Pp:AScba:任何压力需气式或正压供气式呼吸器,配全面罩,配压力需气式或正压携气式辅助呼吸器。指定防护因数=10 000。

逃生:

- GmFOv:任何空气过滤式全面罩呼吸器(防毒面具),配下颌式、前置式或背置式有机蒸气滤毒罐。指定防护因数=50。
- ScbaE:任何适合逃生的携气式呼吸器。

有关呼吸器选择的其他重要信息参见相关标准。

接触途径:呼吸道,胃肠道,皮肤和/或眼睛直接接触。

症状:眼睛、皮肤、鼻刺激;眩晕,嗜睡;皮炎;动物:肝、肾损伤。

靶器官:眼睛,皮肤,呼吸系统,中枢神经系统,肝,肾。

萘(Naphthalene)

$C_{10}H_8$

异名和商品名:樟脑,白褡,萘饼,Naphthalin,Tar camphor,White tar

CAS No.:91-20-3

RTECS No.:QJ0525000

DOT ID 和指南号:

1334 133(粗制的或精炼的);

2304 133(熔融物)

N

接触限值:NIOSH REL:TWA 10 ppm (50 mg/m³)
ST 15 ppm (75 mg/m³)
OSHA PEL †:TWA 10 ppm (50 mg/m³)

IDLH:250 ppm **浓度换算系数:**1 ppm = 5.24 mg/m³

理化性质:无色至棕色固体,具有樟脑丸气味。[注:以熔融状固体运输。]

分子量:128.2　沸点:424 ℉
熔点:176 ℉　溶解度:0.003%
蒸气压:0.08 mmHg　电离电位:8.12 eV
比重:1.15　闪点:174 ℉
爆炸上限:5.9%　爆炸下限:0.9%
可燃固体,但难以点燃。
不相容性和反应性:强氧化剂,铬酐。

测量方法:NIOSH 1501;OSHA 35

个人防护和卫生设施:

- 皮肤:穿戴合适的个人防护服,防止皮肤直接接触。
- 眼睛:佩戴合适的眼部防护用品,防止眼睛直接接触。
- 清洗皮肤:当皮肤受到污染时,应立即清洗污染的皮肤。
- 脱除:如果工作服被弄湿或受到了明显的污染,应该立即脱除并妥善处置。
- 更换:在离开工作场所前应当将可能受到污染的工作服更换成无污染的衣服。

急救:

- 眼睛:如眼睛直接接触了该化学物质,要立即用大量水冲洗(灌洗)眼睛,冲洗时,不时翻开上下眼睑,并立即就医。
- 皮肤:如果皮肤直接接触了熔融态的该化学物质,要立即用大量水冲洗污染的皮肤,并立即就医。如果皮肤接触该化学物质或含该化学物质的液体,要立即用肥皂和水清洗皮肤。如果该化学物质或含有该化学物质的液体渗透到衣服,要立即脱除污染的衣服,并用肥皂和水清洗污染的皮肤。如果清洗后刺激持续存在,应就医。
- 呼吸:如果接触者吸入大量该化学物质,立即将接触者移至新鲜空气处。如果呼吸停止,要进行人工呼吸,注意保暖和休息。尽快就医。
- 吞入:如果吞入该化学物质,应立即就医。

对呼吸器选择的建议:NIOSH/OSHA

~ 100 ppm:

- CcrOv95:任何空气过滤式半面罩呼吸器,配有机蒸气滤毒盒和 N95、R95 或 P95 的综合防护过滤元件。也可使用以下过滤元件:N99、R99、P99、N100、R100、P100。指定防护因数=10。选择 N、R 或 P 过滤元件的信息见表 4。*
- Sa:任何供气式呼吸器。指定防护因数=10。*

~ 250 ppm:

- Sa:Cf:任何连续供气式呼吸器。指定防护因数=25。*
- CcrFOv100:任何空气过滤式全面罩呼吸器,配有机蒸气滤毒盒和 N100、R100 或 P100 的综合防护过滤元件。指定防护因数=50。选择 N、R 或 P 过滤元件的信息见表 4。
- PaprOvHie:任何动力送风空气过滤式呼吸器,配有机蒸气和高效颗粒滤毒盒的综合防护过滤元件。指定防护因数=50。*
- ScbaF:任何携气式呼吸器,配全面罩。指定防护因数=50。

- SaF:任何供气式呼吸器,配全面罩。指定防护因数=50。

§:应急抢险,或准备进入浓度未知环境,或进入 IDLH 环境:

- ScbaF:Pd,Pp:任何压力需气式或正压携气式呼吸器,配全面罩。指定防护因数=10 000。
- SaF:Pd,Pp:AScba:任何压力需气式或正压供气式呼吸器,配全面罩,配压力需气式或正压携气式辅助呼吸器。指定防护因数=10 000。

逃生:

- GmFOv100:任何空气过滤式全面罩呼吸器(防毒面具),配下颌式、前置式或背置式有机蒸气滤毒罐和 N100、R100 或 P100 的综合防护过滤元件。指定防护因数=50。选择 N、R 或 P 过滤元件的信息见表 4。
- ScbaE:任何适合逃生的携气式呼吸器。

有关呼吸器选择的其他重要信息参见相关标准。

接触途径:呼吸道,皮肤吸收,胃肠道,皮肤和/或眼睛直接接触。

症状:眼睛刺激;头痛,意识模糊,兴奋,不适;恶心,呕吐,腹痛;膀胱刺激;多汗;黄疸;血尿;皮炎,视神经炎,角膜损害。

靶器官:眼睛,皮肤,血液,肝,肾,中枢神经系统。

N

萘二异氰酸酯(Naphthalene diisocyanate)

$C_{10}H_6(NCO)_2$

CAS No.:3173-72-6

RTECS No.:NQ9600000

DOT ID 和指南号:

异名和商品名:1,5-萘二异氰酸酯;1,5-Diisocyanatonaphthalene;1,5-Naphthalene diisocyanate;1,5-Naphthalene ester of isocyanic acid;NDI

接触限值:NIOSH REL:TWA 0.040 mg/m^3(0.005 ppm)
C 0.170 mg/m^3(0.020 ppm)[10min]
OSHA PEL:无

IDLH:N.D.　**浓度换算系数:**1 ppm = 8.60 mg/m^3

理化性质:白色至浅黄色片状晶体。

分子量:210.2　沸点:505 ℉
熔点:261 ℉　溶解度:未知
蒸气压(75 ℉):0.003 mmHg　电离电位:未知
比重:未知　闪点(开杯):311 ℉
爆炸上限:未知　爆炸下限:未知
可燃固体。
不相容性和反应性:未见报道。

测量方法:NIOSH 5525;OSHA PV2046

个人防护和卫生设施:

- 皮肤:穿戴合适的个人防护服,防止皮肤直接接触。
- 眼睛:佩戴合适的眼部防护用品,防止眼睛直接接触。
- 清洗皮肤:当皮肤受到污染时,应立即清洗污染的皮肤。
- 脱除:如果工作服被弄湿或受到了明显的污染,应该立即脱除并妥善处置。
- 更换:在离开工作场所前应当将可能受到污染的工作服更换成无污染的衣服。

急救:

- 眼睛:如眼睛直接接触了该化学物质,要立即用大量水冲洗(灌洗)眼睛,冲洗时,不时翻开上下眼睑,并立即就医。
- 皮肤:如果该化学物质直接接触皮肤,立即用肥皂和水冲洗污染的皮肤。若该化学物质渗透进衣服,要立即将衣服脱除,用肥皂和水清洗皮肤,并迅速就医。

- 呼吸：如果接触者吸入大量该化学物质，立即将接触者移至新鲜空气处。如果呼吸停止，要进行人工呼吸，注意保暖和休息。尽快就医。
- 吞入：如果吞入该化学物质，应立即就医。

对呼吸器选择的建议：NIOSH

～0.05 ppm：

- Sa：任何供气式呼吸器。指定防护因数＝10。*

～0.125 ppm：

- Sa：Cf：任何连续供气式呼吸器。指定防护因数＝25。*

～0.25 ppm：

- ScbaF：任何携气式呼吸器，配全面罩。指定防护因数＝50。
- SaF：任何供气式呼吸器，配全面罩。指定防护因数＝50。

～1 ppm：

- SaF：Pd，Pp：任何压力需气式或正压供气式呼吸器，配全面罩。指定防护因数＝2 000。

§：应急抢险，或准备进入浓度未知环境，或进入 IDLH 环境：

- ScbaF：Pd，Pp：任何压力需气式或正压携气式呼吸器，配全面罩。指定防护因数＝10 000。
- SaF：Pd，Pp：AScba：任何压力需气式或正压供气式呼吸器，配全面罩，配压力需气式或正压携气式辅助呼吸器。指定防护因数＝10 000。

逃生：

- GmFOv：任何空气过滤式全面罩呼吸器（防毒面具），配下颌式、前置式或背置式有机蒸气滤毒罐。指定防护因数＝50。
- ScbaE：任何适合逃生的携气式呼吸器。

有关呼吸器选择的其他重要信息参见相关标准。

接触途径：呼吸道，胃肠道，皮肤和/或眼睛直接接触。

症状：眼睛、鼻、咽喉刺激；呼吸致敏，咳嗽，肺分泌物多，胸痛，呼吸困难；哮喘。

靶器官：眼睛，呼吸系统。

α-萘胺（α-Naphthylamine）

$C_{10}H_7NH_2$

CAS No.：134-32-7

RTECS No.：QM1400000

异名和商品名：1-萘胺，1-氨基萘，1-Aminonaphthalene，1-Naphthylamine

DOT ID 和指南号：2077 153

接触限值：NIOSH REL：Ca 见附录 A

OSHA PEL：[1910.1004] 见附录 B

IDLH：Ca [N.D.]　　**浓度换算系数：**

理化性质：无色结晶，具有氨味。[注：在空气中变深至紫红色。]

分子量：143.2	沸点：573 ℉
熔点：122 ℉	溶解度：0.002%
蒸气压（220 ℉）：1 mmHg	电离电位：7.30 eV
比重：1.12	闪点：315 ℉
爆炸上限：未知	爆炸下限：未知

可燃固体。

不相容性和反应性：空气中氧化。

测量方法：NIOSH 5518；OSHA 93

个人防护和卫生设施：

- 皮肤：穿戴合适的个人防护服，防止皮肤直接接触。
- 眼睛：佩戴合适的眼部防护用品，防止眼睛直接接触。
- 清洗皮肤：当皮肤受到污染时，应立即清洗污染的皮肤。/每天工作班结束后，进食、吸烟、喝水前都应该清洗可能受到污染的皮肤。
- 脱除：如果工作服被弄湿或受到了明显的污染，应该立即脱除并妥善处置。
- 更换：在离开工作场所前应当将可能受到污染的工作服更换成无污染的衣服。

- 配备：在劳动者可能接触该化学物质的作业场所，无论是否需要使用眼部防护用品，都应配备眼冲洗设备。在紧靠有可能接触该化学物质的工作场所，应配备快速冲淋身体的设备以应急使用。[注：这些设备应能够提供足量水或流动水，以将可能接触的身体任何部位上的该化学物质除去。实际配备适宜的快速冲淋设备取决于工作场所的具体条件。在某些情况下，必须及时进行大流量淋浴，而其他情况下只需要用一个水槽或软管供水就足够了。]

急救：

- 眼睛：如眼睛直接接触了该化学物质，要立即用大量水冲洗(灌洗)眼睛，冲洗时，不时翻开上下眼睑，并立即就医。
- 皮肤：如果该化学物质直接接触皮肤，立即用肥皂和水冲洗污染的皮肤。若该化学物质渗透进衣服，要立即将衣服脱除，用肥皂和水清洗皮肤，并迅速就医。
- 呼吸：如果接触者吸入大量该化学物质，立即将接触者移至新鲜空气处。如果呼吸停止，要进行人工呼吸，注意保暖和休息。尽快就医。
- 吞入：如果吞入该化学物质，应立即就医。

对呼吸器选择的建议：NIOSH

¥：高于 NIOSH REL 的浓度；或当没有 REL 时，任何可以检测到的浓度：

- ScbaF：Pd，Pp：任何压力需气式或正压携气式呼吸器，配全面罩。指定防护因数=10 000。
- SaF：Pd，Pp：AScba：任何压力需气式或正压供气式呼吸器，配全面罩，配压力需气式或正压携气式辅助呼吸器。指定防护因数=10 000。

逃生：

- 100F：任何空气过滤式全面罩呼吸器，配有 N100、R100 或 P100 过滤元件。指定防护因数=50。选择 N、R 或 P 过滤元件的信息见表 4。
- ScbaE：任何适合逃生的携气式呼吸器。

(见附录 E)

有关呼吸器选择的其他重要信息参见相关标准。

接触途径：呼吸道，皮肤吸收，胃肠道，皮肤和/或眼睛直接接触。

症状：皮炎；出血性膀胱炎；呼吸困难，共济失调，高铁血红蛋白血症；血尿；排尿困难；[潜在职业性致癌物]。

靶器官：膀胱，皮肤。

致癌部位：[膀胱肿瘤]。

N

β—萘胺(β-Naphthylamine)

$C_{10}H_7NH_2$

异名和商品名：2-萘胺，2-氨基萘，2-Aminonaphthalene，2-Naphthylamine

CAS No.：91-59-8

RTECS No.：QM2100000

DOT ID 和指南号：1650 153

接触限值：NIOSH REL：Ca 见附录 A
OSHA PEL：[1910.1009] 见附录 B

IDLH：Ca [N.D.]　　**浓度换算系数：**

理化性质：无气味，白色至红色结晶，具有淡淡的芳香气味。[注：在空气中变深至紫红色。]

分子量：143.2　　**沸点：**583 ℉

熔点：232 ℉　　溶解度：与热水互溶

蒸气压(226 ℉)：1 mmHg　　电离电位：9.71 eV

比重(208 ℉)：1.06　　闪点：315 ℉

爆炸上限：未知　　爆炸下限：未知

可燃固体。

不相容性和反应性：未见报道。

测量方法：NIOSH 5518；OSHA 93

个人防护和卫生设施:

- 皮肤:穿戴合适的个人防护服,防止皮肤直接接触。
- 眼睛:佩戴合适的眼部防护用品,防止眼睛直接接触。
- 清洗皮肤:当皮肤受到污染时,应立即清洗污染的皮肤。/每天工作班结束后,进食、吸烟、喝水前都应该清洗可能受到污染的皮肤。
- 脱除:如果工作服被弄湿或受到了明显的污染,应该立即脱除并妥善处置。
- 更换:在离开工作场所前应当将可能受到污染的工作服更换成无污染的衣服。
- 配备:在劳动者可能接触该化学物质的作业场所,无论是否需要使用眼部防护用品,都应配备眼冲洗设备。在紧靠有可能接触该化学物质的工作场所,应配备快速冲淋身体的设备以应急使用。[注:这些设备应能够提供足量水或流动水,以将可能接触的身体任何部位上的该化学物质除去。实际配备适宜的快速冲淋设备取决于工作场所的具体条件。在某些情况下,必须及时进行大流量淋浴,而其他情况下只需要用一个水槽或软管供水就足够了。]

急救:

- 眼睛:如眼睛直接接触了该化学物质,要立即用大量水冲洗(灌洗)眼睛,冲洗时,不时翻开上下眼睑,并立即就医。
- 皮肤:如果该化学物质直接接触皮肤,立即用肥皂和水冲洗污染的皮肤。若该化学物质渗透进衣服,要立即将衣服脱除,用肥皂和水清洗皮肤,并迅速就医。
- 呼吸:如果接触者吸入大量该化学物质,立即将接触者移至新鲜空气处。如果呼吸停止,要进行人工呼吸,注意保暖和休息。尽快就医。
- 吞入:如果吞入该化学物质,应立即就医。

对呼吸器选择的建议:NIOSH

¥:高于 NIOSH REL 的浓度;或当没有 REL 时,任何可以检测到的浓度:

- ScbaF:Pd,Pp:任何压力需气式或正压携气式呼吸器,配全面罩。指定防护因数=10 000。
- SaF:Pd,Pp:AScba:任何压力需气式或正压供气式呼吸器,配全面罩,配压力需气式或正压携气式辅助呼吸器。指定防护因数=10 000。

逃生:

- 100F:任何空气过滤式全面罩呼吸器,配有 N100、R100 或 P100 过滤元件。指定防护因数=50。选择 N、R 或 P 过滤元件的信息见表 4。
- ScbaE:任何适合逃生的携气式呼吸器。

(见附录 E)

有关呼吸器选择的其他重要信息参见相关标准。

接触途径:呼吸道,皮肤吸收,胃肠道,皮肤和/或眼睛直接接触。

症状:皮炎;出血性膀胱炎;呼吸困难;共济失调;高铁血红蛋白血症,血尿;排尿困难;[潜在职业性致癌物]。

靶器官:膀胱,皮肤。

致癌部位:[膀胱肿瘤]。

Niax®催化剂 ESN (Niax® Catalyst ESN)

CAS No.:62765-93-9

RTECS No.:QR3900000

异名和商品名:无 [注:95%二甲氨基丙腈和 5%二(2-二甲胺基)乙醚的混合物。]

DOT ID 和指南号:

接触限值:NIOSH REL:见附录 C
OSHA PEL:见附录 C

IDLH:N. D.

浓度换算系数:

理化性质:液体混合物。[注:过去用作生产弹性聚氨酯泡沫塑胶的催化剂。]

分子量:混合　　沸点:未知
凝固点:未知　　溶解度:未知
蒸气压:未知　　电离电位:未知
比重:未知　　闪点:未知
爆炸上限:未知　　爆炸下限:未知
不相容性和反应性:氧化剂。

测量方法:无。

个人防护和卫生设施:

- 皮肤:穿戴合适的个人防护服,防止皮肤直接接触。
- 眼睛:佩戴合适的眼部防护用品,防止眼睛直接接触。
- 清洗皮肤:当皮肤受到污染时,应立即清洗污染的皮肤。
- 脱除:如果工作服被弄湿或受到了明显的污染,应该立即脱除并妥善处置。
- 更换:在离开工作场所前应当将可能受到污染的工作服更换成无污染的衣服。
- 配备:在劳动者可能接触该化学物质的作业场所,无论是否需要使用眼部防护用品,都应配备眼冲洗设备。在紧靠有可能接触该化学物质的工作场所,应配备快速冲淋身体的设备以应急使用。[注:这些设备应能够提供足量水或流动水,以将可能接触的身体任何部位上的该化学物质除去。实际配备适宜的快速冲淋设备取决于工作场所的具体条件。在某些情况下,必须及时进行大流量淋浴,而其他情况下只需要用一个水槽或软管供水就足够了。]

急救:

- 眼睛:如眼睛直接接触了该化学物质,要立即用大量水冲洗(灌洗)眼睛,冲洗时,不时翻开上下眼睑,并立即就医。
- 皮肤:如果该化学物质直接接触皮肤,要立即用肥皂和水冲洗污染的皮肤。如果该化学物质渗透进衣服,立即将衣服脱除,并用水清洗皮肤。如果清洗后刺激持续存在,应就医。
- 呼吸:如果接触者吸入大量该化学物质,立即将接触者移至新鲜空气处。如果呼吸停止,要进行人工呼吸,注意保暖和休息。尽快就医。
- 吞入:如果吞入该化学物质,应立即就医。

N

对呼吸器选择的建议:NIOSH

¥:高于 NIOSH REL 的浓度;或当没有 REL 时,任何可以检测到的浓度:

- ScbaF:Pd,Pp:任何压力需气式或正压携气式呼吸器,配全面罩。指定防护因数=10 000。
- SaF:Pd,Pp:AScba:任何压力需气式或正压供气式呼吸器,配全面罩,配压力需气式或正压携气式辅助呼吸器。指定防护因数=10 000。

逃生:

- GmFOv:任何空气过滤式全面罩呼吸器(防毒面具),配下颌式、前置式或背置式有机蒸气滤毒罐。指定防护因数=50。
- ScbaE:任何适合逃生的携气式呼吸器。

有关呼吸器选择的其他重要信息参见相关标准。

接触途径:呼吸道,皮肤吸收,胃肠道,皮肤和/或眼睛直接接触。

症状:眼睛、皮肤刺激;泌尿系统紊乱;神经系统紊乱;手脚发麻;肌无力,乏力,倦怠,恶心,呕吐;下肢神经传导阻滞。

靶器官:眼睛,皮肤,泌尿道,周围神经系统。

羰基镍(Nickel carbonyl)

$Ni(CO)_4$

异名和商品名:四羰基镍,Nickel tetracarbonyl,Tetracarbonyl nickel

CAS No.:13463-39-3

RTECS No.:QR6300000

DOT ID 和指南号:1259 131

接触限值:NIOSH REL:Ca TWA 0.001 ppm (0.007 mg/m^3)

见附录 A

OSHA PEL:TWA 0.001 ppm (0.007 mg/m^3)

IDLH: Ca [2 ppm] **浓度换算系数:**1 ppm = 6.98 mg/m^3

理化性质:无色至黄色液体,具有霉味。[注:110 ℉以上为气体。]

分子量:170.7 沸点:110 ℉

凝固点:−13 ℉ 溶解度:0.05%

蒸气压:315 mmHg 电离电位:8.28 eV

比重(63 ℉):1.32 闪点:<−4 ℉

爆炸上限:未知 爆炸下限:2%

IB 类易燃液体——闪点低于 73 ℉,沸点等于或高于 100 ℉。

不相容性和反应性:硝酸,溴,氯和其他氧化剂;可燃物。

测量方法:NIOSH 6007

个人防护和卫生设施:

- 皮肤:穿戴合适的个人防护服,防止皮肤直接接触。
- 眼睛:佩戴合适的眼部防护用品,防止眼睛直接接触。
- 清洗皮肤:当皮肤受到污染时,应立即清洗污染的皮肤。
- 脱除:如果工作服被可燃性物质(即闪点低于 100 ℉的液体)浸湿,应当立即脱除并妥善处置,以防着火。
- 更换:对于班后的衣服的更换需要没有特殊建议。
- 配备:在劳动者可能接触该化学物质的作业场所,无论是否需要使用眼部防护用品,都应配备眼冲洗设备。在紧靠有可能接触该化学物质的工作场所,应配备快速冲淋身体的设备以应急使用。[注:这些设备应能够提供足量水或流动水,以将可能接触的身体任何部位上的该化学物质除去。实际配备适宜的快速冲淋设备取决于工作场所的具体条件。在某些情况下,必须及时进行大流量淋浴,而其他情况下只需要用一个水槽或软管供水就足够了。]

急救:

- 眼睛:如眼睛直接接触了该化学物质,要立即用大量水冲洗(灌洗)眼睛,冲洗时,不时翻开上下眼睑,并立即就医。
- 皮肤:如果该化学物质直接接触皮肤,立即用肥皂和水冲洗污染的皮肤。若该化学物质渗透进衣服,要立即将衣服脱除,用肥皂和水清洗皮肤,并迅速就医。
- 呼吸:如果接触者吸入大量该化学物质,立即将接触者移至新鲜空气处。如果呼吸停止,要进行人工呼吸,注意保暖和休息。尽快就医。
- 吞入:如果吞入该化学物质,应立即就医。

对呼吸器选择的建议:NIOSH

¥:高于 NIOSH REL 的浓度;或当没有 REL 时,任何可以检测到的浓度:

- ScbaF:Pd,Pp:任何压力需气式或正压携气式呼吸器,配全面罩。指定防护因数=10 000。
- SaF:Pd,Pp:AScba:任何压力需气式或正压供气式呼吸器,配全面罩,配压力需气式或正压携气式辅助呼吸器。指定防护因数=10 000。

逃生:

- GmFS:任何空气过滤式全面罩呼吸器(防毒面具),配下颌式、前置式或背置式防该化学物质的滤毒罐。指定防护因数=50。
- ScbaE:任何适合逃生的携气式呼吸器。

有关呼吸器选择的其他重要信息参见相关标准。

接触途径:呼吸道,胃肠道,皮肤吸收,皮肤和/或眼睛直接接触。

症状：头痛，眩晕；恶心，呕吐，上腹痛；胸骨下痛；咳嗽，呼吸过度；紫绀；乏力，倦怠；白细胞增多，肺炎；谵妄，惊厥；[潜在职业性致癌物]；动物：生殖、致畸效应。

靶器官：肺，鼻窦，中枢神经系统，生殖系统。

致癌部位：[肺及鼻腔肿瘤]。

金属镍及其化合物（按镍计）[Nickel metal and other compounds (as Ni)]
Ni（金属）

CAS No.：7440-02-0（金属）

RTECS No.：QR5950000（金属）

异名和商品名：镍金属；元素镍，镍催化剂；其他镍化合物的名称各不相同。

DOT ID 和指南号：

接触限值：NIOSH REL＊：Ca TWA 0.015 mg/m^3 见附录 A [＊注：REL 不适用于羰基镍。]

OSHA PEL＊†：TWA 1 mg/m^3 [＊注：PEL 不适用于羰基镍。]

IDLH：Ca [10 mg/m^3（按镍计）]　**浓度换算系数：**

理化性质：金属：有光泽，银色，无气味固体。

分子量：58.7	沸点：5 139 ℉
熔点：2 831 ℉	溶解度：不溶
蒸气压：0 mmHg（约）	电离电位：不适用
比重：8.90（金属）	闪点：不适用
爆炸上限：不适用	爆炸下限：不适用

金属：可燃固体；海绵状镍催化剂在空气中可自燃。

不相容性和反应性：强酸，硫磺，硒，木材和其他可燃物，硝酸镍。

测量方法：NIOSH 7300，7301，7303，9102；
OSHA ID121，ID125G

个人防护和卫生设施：

- 皮肤：穿戴合适的个人防护服，防止皮肤直接接触。
- 眼睛：对眼部防护的需要没有特殊建议。
- 清洗皮肤：当皮肤受到污染时，应立即清洗污染的皮肤。/每天工作班结束后，进食、吸烟、喝水前都应该清洗可能受到污染的皮肤。
- 脱除：如果工作服被弄湿或受到了明显的污染，应该立即脱除并妥善处置。
- 更换：在离开工作场所前应当将可能受到污染的工作服更换成无污染的衣服。

急救：

- 皮肤：如果该化学物质直接接触皮肤，立即用水冲洗污染的皮肤。如果该化学物质渗透进衣服，要迅速将衣服脱除，用水冲洗污染的皮肤，并迅速就医。
- 呼吸：如果接触者吸入大量该化学物质，立即将接触者移至新鲜空气处。如果呼吸停止，要进行人工呼吸，注意保暖和休息。尽快就医。
- 吞入：如果吞入该化学物质，应立即就医。

对呼吸器选择的建议：NIOSH

¥：高于 NIOSH REL 的浓度；或当没有 REL 时，任何可以检测到的浓度：

- ScbaF：Pd，Pp：任何压力需气式或正压携气式呼吸器，配全面罩。指定防护因数＝10 000。
- SaF：Pd，Pp：AScba：任何压力需气式或正压供气式呼吸器，配全面罩，配压力需气式或正压携气式辅助呼吸器。指定防护因数＝10 000。

逃生：

- 100F：任何空气过滤式全面罩呼吸器，配有 N100、R100 或 P100 过滤元件。指定防护因数＝50。选择 N、R 或 P 过滤元件的信息见表 4。
- ScbaE：任何适合逃生的携气式呼吸器。

有关呼吸器选择的其他重要信息参见相关标准。

接触途径:呼吸道,胃肠道,皮肤和/或眼睛直接接触。	靶器官:鼻腔,肺,皮肤。
症状:致敏性皮炎,过敏性哮喘,肺炎;[潜在职业性致癌物]。	致癌部位:[肺和鼻腔肿瘤]。

烟碱(Nicotine)

$C_5H_4NC_4H_7NCH_3$

CAS No.:54-11-5

RTECS No.:QS5250000

DOT ID 和指南号:1654 151

异名和商品名:3-(1-甲基-2-吡咯烷基)吡啶,烟碱,尼古丁,3-(1-Methyl-2-pyrrolidyl) pyridine

接触限值:NIOSH REL:TWA 0.5 mg/m³[皮]
OSHA PEL:TWA 0.5 mg/m³[皮]

IDLH:5 mg/m³ **浓度换算系数:**

理化性质:浅黄色至暗棕色液体,加温具有鱼腥样气味。[杀虫剂]

分子量:162.2	沸点:482 ℉(分解)
凝固点:-110 ℉	溶解度:与水互溶
蒸气压:0.08 mmHg	电离电位:8.01 eV
比重:1.01	闪点:203 ℉
爆炸上限:4.0%	爆炸下限:0.7%

ⅢB类可燃液体——闪点等于或高于200 ℉。

不相容性和反应性:强氧化剂,强酸。

测量方法:NIOSH 2544,2551

个人防护和卫生设施:

- 皮肤:穿戴合适的个人防护服,防止皮肤直接接触。
- 眼睛:佩戴合适的眼部防护用品,防止眼睛直接接触。
- 清洗皮肤:当皮肤受到污染时,应立即清洗污染的皮肤。
- 脱除:如果工作服被弄湿或受到了明显的污染,应该立即脱除并妥善处置。
- 更换:对于班后的衣服的更换需要没有特殊建议。
- 配备:在劳动者可能接触该化学物质的作业场所,无论是否需要使用眼部防护用品,都应配备眼冲洗设备。在紧靠有可能接触该化学物质的工作场所,应配备快速冲淋身体的设备以应急使用。[注:这些设备应能够提供足量水或流动水,以将可能接触的身体任何部位上的该化学物质除去。实际配备适宜的快速冲淋设备取决于工作场所的具体条件。在某些情况下,必须及时进行大流量淋浴,而其他情况下只需要用一个水槽或软管供水就足够了。]

急救:

- 眼睛:如眼睛直接接触了该化学物质,要立即用大量水冲洗(灌洗)眼睛,冲洗时,不时翻开上下眼睑,并立即就医。
- 皮肤:如果该化学物质直接接触皮肤,立即用水冲洗污染的皮肤。如果该化学物质渗透进衣服,要迅速将衣服脱除,用水冲洗污染的皮肤,并迅速就医。
- 呼吸:如果接触者吸入大量该化学物质,立即将接触者移至新鲜空气处。如果呼吸停止,要进行人工呼吸,注意保暖和休息。尽快就医。
- 吞入:如果吞入该化学物质,应立即就医。

对呼吸器选择的建议:NIOSH/OSHA

~5 mg/m³:

- Sa:任何供气式呼吸器。指定防护因数=10。
- ScbaF:任何携气式呼吸器,配全面罩。指定防护因数=50。

§:应急抢险,或准备进入浓度未知环境,或进入IDLH环境:

- ScbaF:Pd,Pp:任何压力需气式或正压携气式呼吸器,配全面罩。指定防护因数=10 000。

- SaF：Pd,Pp：AScba：任何压力需气式或正压供气式呼吸器，配全面罩，配压力需气式或正压携气式辅助呼吸器。指定防护因数=10 000。

逃生：

- GmFOv：任何空气过滤式全面罩呼吸器（防毒面具），配下颌式、前置式或背置式有机蒸气滤毒罐。指定防护因数=50。
- ScbaE：任何适合逃生的携气式呼吸器。

有关呼吸器选择的其他重要信息参见相关标准。

接触途径：呼吸道，皮肤吸收，胃肠道，皮肤和/或眼睛直接接触。

症状：恶心，流涎，腹痛，呕吐，腹泻；头痛，眩晕，听力、视觉障碍；意识模糊，乏力，倦怠，协调能力下降；心律不齐；惊厥，呼吸困难；动物：致畸效应。

靶器官：中枢神经系统，心血管系统，肺，胃肠道，生殖系统。

N

硝酸(Nitric acid)

HNO_3

CAS No.：7697-37-2

RTECS No.：QU5775000

异名和商品名：硝强水，红色发烟硝酸，白色发烟硝酸，Aqua fortis，Engravers acid，Hydrogen nitrate，Red fuming nitric acid (RFNA)，White fuming nitric acid (WFNA)

DOT ID 和指南号：2031 157（除红烟外）；2032 157（发烟）

接触限值：NIOSH REL：TWA 2 ppm (5 mg/m³)
ST 4 ppm (10 mg/m³)
OSHA PEL†：TWA 2 ppm (5 mg/m³)

IDLH：25 ppm　　**浓度换算系数：**1 ppm = 2.58 mg/m³

理化性质：无色、黄色或红色，发烟液体，具有极强的令人窒息的气味。［注：常用水溶液。发烟硝酸是溶有二氧化氮的浓硝酸。］

分子量：63.0	沸点：181 ℉
凝固点：−44 ℉	溶解度：与水互溶
蒸气压：48 mmHg	电离电位：11.95 eV
比重(77 ℉)：1.50	闪点：不适用
爆炸上限：不适用	爆炸下限：不适用

不可燃液体，但增加可燃物质的易燃性。

不相容性和反应性：可燃物质，金属粉末，硫化氢，碳化物，醇。［注：与水反应产热，对金属具有腐蚀性。］

测量方法：NIOSH 7903；OSHA ID165SG

个人防护和卫生设施：

- 皮肤：穿戴合适的个人防护服，防止皮肤直接接触。
- 眼睛：佩戴合适的眼部防护用品，防止眼睛直接接触。
- 清洗皮肤：当皮肤受到污染时，应立即清洗污染的皮肤。
- 脱除：如果工作服被弄湿或受到了明显的污染，应该立即脱除并妥善处置。
- 更换：对于班后的衣服的更换需要没有特殊建议。
- 配备：在劳动者可能接触该化学物质的作业场所，无论是否需要使用眼部防护用品，都应配备眼冲洗设备。(pH<2.5) 在紧靠有可能接触该化学物质的工作场所，应配备快速冲淋身体的设备以应急使用。［注：这些设备应能够提供足量水或流动水，以将可能接触的身体任何部位上的该化学物质除去。实际配备适宜的快速冲淋设备取决于工作场所的具体条件。在某些情况下，必须及时进行大流量淋浴，而其他情况下只需要用一个水槽或软管供水就足够了。］(pH<2.5)

急救：

- 眼睛：如眼睛直接接触了该化学物质，要立即用大量水冲洗(灌洗)眼睛，冲洗时，不时翻开上下眼睑，并立即就医。
- 皮肤：如果该化学物质直接接触皮肤，立即用水冲洗污染的皮肤。如果该化学物质渗透进衣服，要迅速将衣服脱除，用水冲洗污染的皮肤，并迅速就医。
- 呼吸：如果接触者吸入大量该化学物质，立即将接触者移至新鲜空气处。如果呼吸停止，要进行人工呼吸，注意保暖和休息。尽快就医。
- 吞入：如果吞入该化学物质，应立即就医。

对呼吸器选择的建议：NIOSH/OSHA

～ 25 ppm：

- Sa：Cf：任何连续供气式呼吸器。指定防护因数＝25。*
- CcrFS：任何空气过滤式全面罩呼吸器，配防该化学物质的滤毒盒。指定防护因数＝50。¿
- GmFS：任何空气过滤式全面罩呼吸器(防毒面具)，配下颌式、前置式或背置式防该化学物质的滤毒罐。指定防护因数＝50。¿
- ScbaF：任何携气式呼吸器，配全面罩。指定防护因数＝50。
- SaF：任何供气式呼吸器，配全面罩。指定防护因数＝50。

§：应急抢险，或准备进入浓度未知环境，或进入 IDLH 环境：

- ScbaF：Pd，Pp：任何压力需气式或正压携气式呼吸器，配全面罩。指定防护因数＝10 000。
- SaF：Pd，Pp：AScba：任何压力需气式或正压供气式呼吸器，配全面罩，配压力需气式或正压携气式辅助呼吸器。指定防护因数＝10 000。

逃生：

- GmFS：任何空气过滤式全面罩呼吸器(防毒面具)，配下颌式、前置式或背置式防该化学物质的滤毒罐。指定防护因数＝50。¿
- ScbaE：任何适合逃生的携气式呼吸器。

有关呼吸器选择的其他重要信息参见相关标准。

接触途径：呼吸道，胃肠道，皮肤和/或眼睛直接接触。

症状：眼睛、皮肤、黏膜刺激；迟发性肺水肿，肺炎，支气管炎；牙侵蚀。

靶器官：眼睛，皮肤，呼吸系统，牙齿。

氧化氮(Nitric oxide)

NO

异名和商品名：一氧化氮，Mononitogen monoxide，Nitrogen monoxide

CAS No.：10102-43-9

RTECS No.：QX0525000

DOT ID 和指南号：1660 124

接触限值：NIOSH REL：TWA 25 ppm (30 mg/m^3)

OSHA PEL：TWA 25 ppm (30 mg/m^3)

IDLH：100 ppm **浓度换算系数：**1 ppm ＝ 1.23 mg/m^3

理化性质：无色气体。[注：以非液化压缩气运输。]

分子量：30.0	沸点：－241 ℉
凝固点：－263 ℉	溶解度：5%
蒸气压：34.2 大气压	电离电位：9.27 eV

相对密度：1.04	闪点：不适用
爆炸上限：不适用	爆炸下限：不适用

不易燃气体，但可加速可燃物质的燃烧。

不相容性和反应性：氟，可燃物，臭氧，NH_3，氯代烃，金属，二硫化碳。[注：与水反应生成硝酸。在空气中快速变为二氧化氮。]

测量方法：NIOSH 6014；OSHA ID190

个人防护和卫生设施：

- 皮肤：对于个体皮肤防护装备的需要没有特殊建议。
- 眼睛：对眼部防护的需要没有特殊建议。
- 清洗皮肤：对于清洗皮肤上的污染物没有其他特殊的建议(包括立即清洗和班后清洗)。
- 脱除：对于脱除被污染或被弄湿的工作服的需要没有特殊建议。
- 更换：对于班后的衣服的更换需要没有特殊建议。

急救：

- 呼吸：如果接触者吸入大量该化学物质，立即将接触者移至新鲜空气处。如果呼吸停止，要进行人工呼吸，注意保暖和休息。尽快就医。

对呼吸器选择的建议：NIOSH/OSHA

～ 100 ppm：

- Sa ∶ Cf：任何连续供气式呼吸器。指定防护因数＝25。*
- CcrFS：任何空气过滤式全面罩呼吸器，配防该化学物质的滤毒盒。指定防护因数＝50。¿
- PaprS：任何动力送风空气过滤式呼吸器，配有防该化学物质的滤毒盒。指定防护因数＝25。* ¿
- GmFS：任何空气过滤式全面罩呼吸器(防毒面具)，配下颌式、前置式或背置式防该化学物质的滤毒罐。指定防护因数＝50。¿
- Sa：任何供气式呼吸器。指定防护因数＝10。*
- ScbaF：任何携气式呼吸器，配全面罩。指定防护因数＝50。

§：应急抢险，或准备进入浓度未知环境，或进入 IDLH 环境：

- ScbaF ∶ Pd，Pp：任何压力需气式或正压携气式呼吸器，配全面罩。指定防护因数＝10 000。
- SaF ∶ Pd，Pp ∶ AScba：任何压力需气式或正压供气式呼吸器，配全面罩，配压力需气式或正压携气式辅助呼吸器。指定防护因数＝10 000。

逃生：

- GmFS：任何空气过滤式全面罩呼吸器(防毒面具)，配下颌式、前置式或背置式防该化学物质的滤毒罐。指定防护因数＝50。¿
- ScbaE：任何适合逃生的携气式呼吸器。

有关呼吸器选择的其他重要信息参见相关标准。

接触途径：呼吸道。

症状：眼睛、湿润皮肤、鼻、咽喉刺激；嗜睡，意识丧失；高铁血红蛋白血症。

靶器官：眼睛，皮肤，呼吸系统，血液，中枢神经系统。

对硝基苯胺(p-Nitroaniline)　　CAS No.：100-01-6

$NO_2C_6H_4NH_2$　　RTECS No.：BY7000000

异名和商品名：4-硝基苯胺，1-氨基-4-硝基苯，para-Aminonitrobenzene，4-Nitroaniline，4-Nitrobenzenamine，p-Nitrophenylamine，PNA　　DOT ID 和指南号：1661 153

接触限值：NIOSH REL：TWA 3 mg/m^3[皮]

OSHA PEL †：TWA 6 mg/m^3(1 ppm)[皮]

IDLH：300 mg/m^3　　**浓度换算系数：**

理化性质：淡黄色晶状粉末，具有淡淡的氨味。

分 子 量：138.1　　沸　点：630 ℉

熔　点：295 ℉　　溶 解 度：0.08%

蒸 气 压：0.000 02 mmHg　　电离电位：8.85 eV

比　重：1.42　　闪　点：390 ℉

爆炸上限：未知　　爆炸下限：未知

可燃固体。

不相容性和反应性：强氧化剂，强还原剂。[注：在湿气中可引起有机材料的自热。]

N

测量方法:NIOSH 5033

个人防护和卫生设施:

- 皮肤:穿戴合适的个人防护服,防止皮肤直接接触。
- 眼睛:佩戴合适的眼部防护用品,防止眼睛直接接触。
- 清洗皮肤:当皮肤受到污染时,应立即清洗污染的皮肤。/每天工作班结束后,进食、吸烟、喝水前都应该清洗可能受到污染的皮肤。
- 脱除:如果工作服被弄湿或受到了明显的污染,应该立即脱除并妥善处置。
- 更换:在离开工作场所前应当将可能受到污染的工作服更换成无污染的衣服。
- 配备:在紧靠有可能接触该化学物质的工作场所,应配备快速冲淋身体的设备以应急使用。[注:这些设备应能够提供足量水或流动水,以将可能接触的身体任何部位上的该化学物质除去。实际配备适宜的快速冲淋设备取决于工作场所的具体条件。在某些情况下,必须及时进行大流量淋浴,而其他情况下只需要用一个水槽或软管供水就足够了。]

急救:

- 眼睛:如眼睛直接接触了该化学物质,要立即用大量水冲洗(灌洗)眼睛,冲洗时,不时翻开上下眼睑,并立即就医。
- 皮肤:如果该化学物质直接接触皮肤,立即用水冲洗污染的皮肤。如果该化学物质渗透进衣服,要迅速将衣服脱除,用水冲洗污染的皮肤,并迅速就医。
- 呼吸:如果接触者吸入大量该化学物质,立即将接触者移至新鲜空气处。如果呼吸停止,要进行人工呼吸,注意保暖和休息。尽快就医。
- 吞入:如果吞入该化学物质,应立即就医。

对呼吸器选择的建议:NIOSH

~ 30 mg/m^3:

- Sa:任何供气式呼吸器。指定防护因数=10。*

~ 75 mg/m^3:

- Sa:Cf:任何连续供气式呼吸器。指定防护因数=25。*

~ 150 mg/m^3:

- ScbaF:任何携气式呼吸器,配全面罩。指定防护因数=50。
- SaF:任何供气式呼吸器,配全面罩。指定防护因数=50。

~ 300 mg/m^3:

- SaF:Pd,Pp:任何压力需气式或正压供气式呼吸器,配全面罩。指定防护因数=2 000。

§:应急抢险,或准备进入浓度未知环境,或进入 IDLH 环境:

- ScbaF:Pd,Pp:任何压力需气式或正压携气式呼吸器,配全面罩。指定防护因数=10 000。
- SaF:Pd,Pp:AScba:任何压力需气式或正压供气式呼吸器,配全面罩,配压力需气式或正压携气式辅助呼吸器。指定防护因数=10 000。

逃生:

- GmFOv100:任何空气过滤式全面罩呼吸器(防毒面具),配下颌式、前置式或背置式有机蒸气滤毒罐和N100、R100或P100的综合防护过滤元件。指定防护因数=50。选择N、R或P过滤元件的信息见表4。
- ScbaE:任何适合逃生的携气式呼吸器。

有关呼吸器选择的其他重要信息参见相关标准。

接触途径:呼吸道,皮肤吸收,胃肠道,皮肤和/或眼睛直接接触。

症状:鼻、咽喉刺激;紫绀,共济失调;心动过速,呼吸急促;呼吸困难;兴奋;呕吐,腹泻;惊厥;呼吸停止;贫血;高铁血红蛋白血症;黄疸。

靶器官:呼吸系统,血液,心脏,肝。

硝基苯(Nitrobenzene)

$C_6H_5NO_2$

异名和商品名:密斑油,密斑油的主要成分,Essence of mirbane,Nitrobenzol,Oil of mirbane

CAS No.:98-95-3

RTECS No.:DA6475000

DOT ID 和指南号:1662 152

N

接触限值:NIOSH REL:TWA 1 ppm (5 mg/m³)[皮]
OSHA PEL:TWA 1 ppm (5 mg/m³)[皮]

IDLH:200 ppm　　**浓度换算系数:**1 ppm = 5.04 mg/m³

理化性质:黄色油状液体,具有强刺激的鞋蜡味。
[注:42 ℉以下为固体。]

分子量:123.1　　沸点:411 ℉
凝固点:42 ℉　　溶解度:0.2%
蒸气压(77 ℉):0.3 mmHg　　电离电位:9.92 eV
比重:1.20　　闪点:190 ℉
爆炸上限:未知　　爆炸下限(200 ℉):1.8%
ⅢA类可燃液体——闪点等于或高于140 ℉且低于200 ℉。
不相容性和反应性:浓硝酸,四氧化氮,腐蚀剂,五氯化磷,化学性质活泼的金属如锡或锌。

测量方法:NIOSH 2005,2017

个人防护和卫生设施:

- 皮肤:穿戴合适的个人防护服,防止皮肤直接接触。
- 眼睛:佩戴合适的眼部防护用品,防止眼睛直接接触。
- 清洗皮肤:对于清洗皮肤上的污染物没有其他特殊的建议(包括立即清洗和班后清洗)。
- 脱除:如果工作服被弄湿或受到了明显的污染,应该立即脱除并妥善处置。
- 更换:在离开工作场所前应当将可能受到污染的工作服更换成无污染的衣服。
- 配备:在紧靠有可能接触该化学物质的工作场所,应配备快速冲淋身体的设备以应急使用。[注:这些设备应能够提供足量水或流动水,以将可能接触的身体任何部位上的该化学物质除去。实际配备适宜的快速冲淋设备取决于工作场所的具体条件。在某些情况下,必须及时进行大流量淋浴,而其他情况下只需要用一个水槽或软管供水就足够了。]

急救:

- 眼睛:如眼睛直接接触了该化学物质,要立即用大量水冲洗(灌洗)眼睛,冲洗时,不时翻开上下眼睑,并立即就医。
- 皮肤:如果该化学物质直接接触皮肤,立即用肥皂和水冲洗污染的皮肤。若该化学物质渗透进衣服,要立即将衣服脱除,用肥皂和水清洗皮肤,并迅速就医。
- 呼吸:如果接触者吸入大量该化学物质,立即将接触者移至新鲜空气处。如果呼吸停止,要进行人工呼吸,注意保暖和休息。尽快就医。
- 吞入:如果吞入该化学物质,应立即就医。

对呼吸器选择的建议:NIOSH/OSHA

~ 10 ppm:

- CcrOv:任何空气过滤式半面罩呼吸器,配防有机蒸气的滤毒盒。指定防护因数=10。*
- Sa:任何供气式呼吸器。指定防护因数=10。*

~ 25 ppm:

- Sa:Cf:任何连续供气式呼吸器。指定防护因数=25。*
- PaprOv:任何动力送风空气过滤式呼吸器,配有机蒸气滤毒盒。指定防护因数=25。*

~ 50 ppm:

- CcrFOv:任何空气过滤式全面罩呼吸器,配有机蒸气滤毒盒。指定防护因数=50。

- GmFOv:任何空气过滤式全面罩呼吸器(防毒面具),配下颌式、前置式或背置式有机蒸气滤毒罐。指定防护因数=50。
- PaprTOv:任何动力送风空气过滤式呼吸器,配密合型面罩和有机蒸气滤毒盒。指定防护因数=50。*
- ScbaF:任何携气式呼吸器,配全面罩。指定防护因数=50。
- SaF:任何供气式呼吸器,配全面罩。指定防护因数=50。

～200 ppm:

- SaF:Pd,Pp:任何压力需气式或正压供气式呼吸器,配全面罩。指定防护因数=2 000。

§:应急抢险,或准备进入浓度未知环境,或进入 IDLH 环境:

- ScbaF:Pd,Pp:任何压力需气式或正压携气式呼吸器,配全面罩。指定防护因数=10 000。
- SaF:Pd,Pp:AScba:任何压力需气式或正压供气式呼吸器,配全面罩,配压力需气式或正压携气式辅助呼吸器。指定防护因数=10 000。

逃生:

- GmFOv:任何空气过滤式全面罩呼吸器(防毒面具),配下颌式、前置式或背置式有机蒸气滤毒罐。指定防护因数=50。
- ScbaE:任何适合逃生的携气式呼吸器。

有关呼吸器选择的其他重要信息参见相关标准。

接触途径:呼吸道,皮肤吸收,胃肠道,皮肤和/或眼睛直接接触。

症状:眼睛、皮肤刺激;缺氧;皮炎;贫血;高铁血红蛋白血症;动物:肝、肾损伤;睾丸效应。

靶器官:眼睛,皮肤,血液,肝,肾,心血管系统,生殖系统。

4-硝基联苯(4-Nitrobiphenyl)

$C_6H_5C_6H_4NO_2$

CAS No.:92-93-3

RTECS No.:DV5600000

异名和商品名:对硝基联苯,p-Nitrobipheny,p-Nitrodiphenyl,4-Nitrodiphenyl,p-Phenylnitrobenzene,4-Phenylnitrobenzene,PNB

DOT ID 和指南号:

接触限值:NIOSH REL:Ca 见附录 A

OSHA PEL:[1910.1003] 见附录 B

IDLH: Ca [N.D.]　　**浓度换算系数:**

理化性质:白色至黄色针状晶体,具有淡甜味。

分子量:199.2	沸点:644 ℉
熔点:237 ℉	溶解度:不溶
蒸气压:未知	电离电位:未知
比重:未知	闪点:290 ℉
爆炸上限:未知	爆炸下限:未知

可燃固体。

不相容性和反应性:强还原剂。

测量方法:NIOSH P&CAM273(Ⅱ-4);OSHA PV2082

个人防护和卫生设施:

- 皮肤:穿戴合适的个人防护服,防止皮肤直接接触。
- 眼睛:佩戴合适的眼部防护用品,防止眼睛直接接触。
- 清洗皮肤:当皮肤受到污染时,应立即清洗污染的皮肤。/每天工作班结束后,进食、吸烟、喝水前都应该清洗可能受到污染的皮肤。
- 脱除:如果工作服被弄湿或受到了明显的污染,应该立即脱除并妥善处置。
- 更换:在离开工作场所前应当将可能受到污染的工作服更换成无污染的衣服。
- 配备:在劳动者可能接触该化学物质的作业场所,无论是否需要使用眼部防护用品,都应配备眼冲洗设备。在紧靠有可能接触该化学物质的工作场所,应配备快速冲淋身体的设备以应急使用。[注:这些设备应能够提供足量水或流动水,以将可能接触的身体任何部位上的该化学物质除去。实际配备适宜的快速冲淋设备取决于工作场所的具体条件。在某些情况下,必须及时进行大流量淋浴,而其他情况下只需要用一个水槽或软管供水就足够了。]

急救:

- 眼睛:如眼睛直接接触了该化学物质,要立即用大量水冲洗(灌洗)眼睛,冲洗时,不时翻开上下眼睑,并立即就医。
- 皮肤:如果该化学物质直接接触皮肤,立即用肥皂和水冲洗污染的皮肤。若该化学物质渗透进衣服,要立即将衣服脱除,用肥皂和水清洗皮肤,并迅速就医。
- 呼吸:如果接触者吸入大量该化学物质,立即将接触者移至新鲜空气处。如果呼吸停止,要进行人工呼吸,注意保暖和休息。尽快就医。
- 吞入:如果吞入该化学物质,应立即就医。

对呼吸器选择的建议:NIOSH

¥:高于 NIOSH REL 的浓度;或当没有 REL 时,任何可以检测到的浓度:

- ScbaF:Pd,Pp:任何压力需气式或正压携气式呼吸器,配全面罩。指定防护因数=10 000。
- SaF:Pd,Pp:AScba:任何压力需气式或正压供气式呼吸器,配全面罩,配压力需气式或正压携气式辅助呼吸器。指定防护因数=10 000。

逃生:

- 100F:任何空气过滤式全面罩呼吸器,配有 N100、R100 或 P100 过滤元件。指定防护因数=50。选择 N、R 或 P 过滤元件的信息见表 4。
- ScbaE:任何适合逃生的携气式呼吸器。

(见附录 E)

有关呼吸器选择的其他重要信息参见相关标准。

接触途径:呼吸道,皮肤吸收,胃肠道,皮肤和/或眼睛直接接触。

症状:头痛,嗜睡,眩晕;呼吸困难;共济失调,乏力,倦怠;高铁血红蛋白血症;泌尿道灼烧感;急性出血性膀胱炎;[潜在职业性致癌物]。

靶器官:膀胱,血液。

致癌部位:[动物:膀胱肿瘤]。

N

对硝基氯苯(p-Nitrochlorobenzene)

$ClC_6H_4NO_2$

CAS No.:100-00-5

RTECS No.:CZ1050000

DOT ID 和指南号:1578 152

异名和商品名:4-硝基氯苯,对氯硝基苯,p-Chloronitrobenzene,4-Chloronitrobenzene,1-Chloro-4-nitrobenzene,4-Nitrochlorobenzene,PCNB,PNCB

接触限值:NIOSH REL:Ca 见附录 A[皮]
OSHA PEL:TWA 1 mg/m^3[皮]

IDLH: Ca [100 mg/m^3]　　**浓度换算系数:**

理化性质:黄色晶体,具有甜味。

分子量:157.6　　沸点:468 ℉
熔点:182 ℉　　溶解度:微溶
蒸气压(86 ℉):0.2 mmHg　　电离电位:9.96 eV

比重:1.52　　闪点:261 ℉
爆炸上限:未知　　爆炸下限:未知
不燃或难以燃烧的固体。
不相容性和反应性:强氧化剂,碱。

测量方法:NIOSH 2005

个人防护和卫生设施:

- 皮肤:穿戴合适的个人防护服,防止皮肤直接接触。

- 眼睛:佩戴合适的眼部防护用品,防止眼睛直接接触。
- 清洗皮肤:当皮肤受到污染时,应立即清洗污染的皮肤。/每天工作班结束后,进食、吸烟、喝水前都应该清洗可能受到污染的皮肤。
- 脱除:如果工作服被弄湿或受到了明显的污染,应该立即脱除并妥善处置。
- 更换:在离开工作场所前应当将可能受到污染的工作服更换成无污染的衣服。
- 配备:在劳动者可能接触该化学物质的作业场所,无论是否需要使用眼部防护用品,都应配备眼冲洗设备。在紧靠有可能接触该化学物质的工作场所,应配备快速冲淋身体的设备以应急使用。[注:这些设备应能够提供足量水或流动水,以将可能接触的身体任何部位上的该化学物质除去。实际配备适宜的快速冲淋设备取决于工作场所的具体条件。在某些情况下,必须及时进行大流量淋浴,而其他情况下只需要用一个水槽或软管供水就足够了。]

急救:

- 眼睛:如眼睛直接接触了该化学物质,要立即用大量水冲洗(灌洗)眼睛,冲洗时,不时翻开上下眼睑,并立即就医。
- 皮肤:如果该化学物质直接接触皮肤,立即用肥皂和水冲洗污染的皮肤。若该化学物质渗透进衣服,要立即将衣服脱除,用肥皂和水清洗皮肤,并迅速就医。
- 呼吸:如果接触者吸入大量该化学物质,立即将接触者移至新鲜空气处。如果呼吸停止,要进行人工呼吸,注意保暖和休息。尽快就医。
- 吞入:如果吞入该化学物质,应立即就医。

对呼吸器选择的建议:NIOSH

¥:高于 NIOSH REL 的浓度;或当没有 REL 时,任何可以检测到的浓度:

- ScbaF:Pd,Pp:任何压力需气式或正压携气式呼吸器,配全面罩。指定防护因数=10 000。
- SaF:Pd,Pp:AScba:任何压力需气式或正压供气式呼吸器,配全面罩,配压力需气式或正压携气式辅助呼吸器。指定防护因数=10 000。

逃生:

- 100F:任何空气过滤式全面罩呼吸器,配有 N100、R100 或 P100 过滤元件。指定防护因数=50。选择 N、R 或 P 过滤元件的信息见表 4。
- ScbaE:任何适合逃生的携气式呼吸器。

有关呼吸器选择的其他重要信息参见相关标准。

接触途径:呼吸道,皮肤吸收,胃肠道,皮肤和/或眼睛直接接触。

症状:缺氧;贫血;高铁血红蛋白血症;动物:血尿;脾、肾、骨髓改变;生殖效应;[潜在职业性致癌物]。

靶器官:血液,肝,肾,心血管系统,脾,骨髓,生殖系统。

致癌部位:[动物:脉管及肝肿瘤]。

硝基乙烷(Nitroethane)

$CH_3CH_2NO_2$

异名和商品名: Nitroetan

CAS No.:79-24-3

RTECS No.:KI5600000

DOT ID 和指南号:2842 129

接触限值:NIOSH REL:TWA 100 ppm (310 mg/m³)

OSHA PEL:TWA 100 ppm (310 mg/m³)

IDLH:1 000 ppm　**浓度换算系数:**1 ppm = 3.07 mg/m³

理化性质:无色油状液体,具有淡淡的水果味。

分子量:75.1	沸点:237 ℉
凝固点:−130 ℉	溶解度:5%
蒸气压(77 ℉):21 mmHg	电离电位:10.88 eV

比　　重：1.05　　闪　　点：82 ℉

爆炸上限：未知　　爆炸下限：3.4%

ⅠC类易燃液体——闪点等于或高于73 ℉且低于100 ℉。

不相容性和反应性：胺；强酸，强碱和强氧化剂；烃；可燃物；金属氧化物。

测量方法：NIOSH 2526

个人防护和卫生设施：

- 皮肤：穿戴合适的个人防护服，防止皮肤直接接触。
- 眼睛：佩戴合适的眼部防护用品，防止眼睛直接接触。
- 清洗皮肤：当皮肤受到污染时，应立即清洗污染的皮肤。
- 脱除：如果工作服被可燃性物质（即闪点低于100 ℉的液体）浸湿，应当立即脱除并妥善处置，以防着火。
- 更换：对于班后的衣服的更换需要没有特殊建议。

急救：

- 眼睛：如眼睛直接接触了该化学物质，要立即用大量水冲洗（灌洗）眼睛，冲洗时，不时翻开上下眼睑，并立即就医。
- 皮肤：如果该化学物质直接接触皮肤，迅速用肥皂和水冲洗污染的皮肤。若该化学物质渗透进衣服，要迅速将衣服脱除，用肥皂和水清洗皮肤，并迅速就医。
- 呼吸：如果接触者吸入大量该化学物质，立即将接触者移至新鲜空气处。如果呼吸停止，要进行人工呼吸，注意保暖和休息。尽快就医。
- 吞入：如果吞入该化学物质，应立即就医。

对呼吸器选择的建议：NIOSH/OSHA

～ 1 000 ppm：

- ScbaF：任何携气式呼吸器，配全面罩。指定防护因数＝50。
- SaF：任何供气式呼吸器，配全面罩。指定防护因数＝50。

§：应急抢险，或准备进入浓度未知环境，或进入 IDLH 环境：

- ScbaF：Pd，Pp：任何压力需气式或正压携气式呼吸器，配全面罩。指定防护因数＝10 000。
- SaF：Pd，Pp：AScba：任何压力需气式或正压供气式呼吸器，配全面罩，配压力需气式或正压携气式辅助呼吸器。指定防护因数＝10 000。

逃生：

- ScbaE：任何适合逃生的携气式呼吸器。

有关呼吸器选择的其他重要信息参见相关标准。

接触途径：呼吸道，胃肠道，皮肤和/或眼睛直接接触。

症状：皮炎；动物：流泪；呼吸困难，肺啰音，水肿；肝、肾损伤；麻醉。

靶器官：皮肤，呼吸系统，中枢神经系统，肾，肝。

N

二氧化氮（Nitrogen dioxide）

NO_2

CAS No.：10102-44-0

RTECS No.：QW9800000

DOT ID 和指南号：1067 124

异名和商品名：四氧化二氮，Dinitrogen tetroxide（N_2O_4），Nitrogen peroxide

接触限值：NIOSH REL：ST 1 ppm（1.8 mg/m^3）

OSHA PEL †：C 5 ppm（9 mg/m^3）

IDLH：20 ppm　　**浓度换算系数**：1 ppm ＝ 1.88 mg/m^3

理化性质：淡黄棕色液体或红棕色气体（70 ℉以上），具有强烈的气味。［注：结构上作为 N_2O_4 以固态（15 ℉以下）存在。］

分子量：46.0　　沸　　点：70 ℉

凝固点：15 ℉　　溶解度：与水反应

蒸气压：720 mmHg　　电离电位：9.75 eV

相对密度：2.62　　比　　重：1.44（68 ℉液体）

闪　　点：不适用　　爆炸上限：不适用

爆炸下限：不适用

不可燃液体/气体,但可加速可燃物质的燃烧。

不相容性和反应性:可燃材料,水,氯代烃,二硫化碳,氨。[注:与水反应生成硝酸。]

测量方法:NIOSH 6014;OSHA ID182

个人防护和卫生设施:

- 皮肤:穿戴合适的个人防护服,防止皮肤直接接触。
- 眼睛:佩戴合适的眼部防护用品,防止眼睛直接接触。
- 清洗皮肤:当皮肤受到污染时,应立即清洗污染的皮肤。
- 脱除:如果工作服被弄湿或受到了明显的污染,应该立即脱除并妥善处置。
- 更换:对于班后的衣服的更换需要没有特殊建议。
- 配备:在劳动者可能接触该化学物质的作业场所,无论是否需要使用眼部防护用品,都应配备眼冲洗设备。在紧靠有可能接触该化学物质的工作场所,应配备快速冲淋身体的设备以应急使用。[注:这些设备应能够提供足量水或流动水,以将可能接触的身体任何部位上的该化学物质除去。实际配备适宜的快速冲淋设备取决于工作场所的具体条件。在某些情况下,必须及时进行大流量淋浴,而其他情况下只需要用一个水槽或软管供水就足够了。]

急救:

- 眼睛:如眼睛直接接触了该化学物质,要立即用大量水冲洗(灌洗)眼睛,冲洗时,不时翻开上下眼睑,并立即就医。
- 皮肤:如果该化学物质直接接触皮肤,立即用水冲洗污染的皮肤。如果该化学物质渗透进衣服,要迅速将衣服脱除,用水冲洗污染的皮肤,并迅速就医。
- 呼吸:如果接触者吸入大量该化学物质,立即将接触者移至新鲜空气处。如果呼吸停止,要进行人工呼吸,注意保暖和休息。尽快就医。
- 吞入:如果吞入该化学物质,应立即就医。

对呼吸器选择的建议:NIOSH

~ 20 ppm:

- Sa:Cf:任何连续供气式呼吸器。指定防护因数=25。£
- ScbaF:任何携气式呼吸器,配全面罩。指定防护因数=50。
- SaF:任何供气式呼吸器,配全面罩。指定防护因数=50。

§:应急抢险,或准备进入浓度未知环境,或进入 IDLH 环境:

- ScbaF:Pd,Pp:任何压力需气式或正压携气式呼吸器,配全面罩。指定防护因数=10 000。
- SaF:Pd,Pp:AScba:任何压力需气式或正压供气式呼吸器,配全面罩,配压力需气式或正压携气式辅助呼吸器。指定防护因数=10 000。

逃生:

- GmFS:任何空气过滤式全面罩呼吸器(防毒面具),配下颌式、前置式或背置式防该化学物质的滤毒罐。指定防护因数=50。¿
- ScbaE:任何适合逃生的携气式呼吸器。

有关呼吸器选择的其他重要信息参见相关标准。

接触途径:呼吸道,胃肠道,皮肤和/或眼睛直接接触。

症状:眼睛、鼻、咽喉刺激;咳嗽,粘液泡沫痰,肺功能降低,慢性支气管炎,呼吸困难;胸痛;肺水肿,紫绀,呼吸急促,心动过速。

靶器官:眼睛,呼吸系统,心血管系统。

三氟化氮(Nitrogen trifluoride) CAS No.:7783-54-2

NF_3 RTECS No.:QX1925000

异名和商品名:氟化氮,Nitrogen fluoride,Trifluoramine,Trifluorammonia DOT ID 和指南号:2451 122

接触限值:NIOSH REL:TWA 10 ppm (29 mg/m^3)
OSHA PEL:TWA 10 ppm (29 mg/m^3)

IDLH:1 000 ppm **浓度换算系数:**1 ppm = 2.90 mg/m^3

理化性质:无色气体,具有腐臭味。[注:以非液化压缩气运输。]

分子量:71.0 沸点:-200 ℉
凝固点:-340 ℉ 溶解度:微溶
蒸气压:>1 大气压 电离电位:12.97 eV
相对密度:2.46 闪点:不适用
爆炸上限:不适用 爆炸下限:不适用
不易燃气体。
不相容性和反应性:水,油,油脂,氧化性物质,氨,一氧化碳,甲烷,氢,硫化氢,活性炭,二硼烷。

测量方法:无。

个人防护和卫生设施:

- 皮肤:对于个体皮肤防护装备的需要没有特殊建议。
- 眼睛:对眼部防护的需要没有特殊建议。
- 清洗皮肤:对于清洗皮肤上的污染物没有其他特殊的建议(包括立即清洗和班后清洗)。
- 脱除:对于脱除被污染或被弄湿的工作服的需要没有特殊建议。
- 更换:对于班后的衣服的更换需要没有特殊建议。

急救:

- 呼吸:如果接触者吸入大量该化学物质,立即将接触者移至新鲜空气处。如果呼吸停止,要进行人工呼吸,注意保暖和休息。尽快就医。

对呼吸器选择的建议:NIOSH/OSHA

~ 100 ppm:

- CcrS:任何空气过滤式半面罩呼吸器,配防该化学物质的滤毒盒。指定防护因数=10。
- Sa:任何供气式呼吸器。指定防护因数=10。

~ 250 ppm:

- Sa:Cf:任何连续供气式呼吸器。指定防护因数=25。
- PaprS:任何动力送风空气过滤式呼吸器,配有防该化学物质的滤毒盒。指定防护因数=25。

~ 500 ppm:

- CcrFS:任何空气过滤式全面罩呼吸器,配防该化学物质的滤毒盒。指定防护因数=50。
- GmFS:任何空气过滤式全面罩呼吸器(防毒面具),配下颌式、前置式或背置式防该化学物质的滤毒罐。指定防护因数=50。
- PaprTS:任何动力送风空气过滤式呼吸器,配密合型面罩和防该化学物质的滤毒盒。指定防护因数=50。*
- SaT:Cf:任何连续供气式呼吸器,配密合型面罩。指定防护因数=50。*
- ScbaF:任何携气式呼吸器,配全面罩。指定防护因数=50。
- SaF:任何供气式呼吸器,配全面罩。指定防护因数=50。

~ 1 000 ppm:

- SaF:Pd,Pp:任何压力需气式或正压供气式呼吸器,配全面罩。指定防护因数=2 000。

§:应急抢险,或准备进入浓度未知环境,或进入 IDLH 环境:

- ScbaF:Pd,Pp:任何压力需气式或正压携气式呼吸器,配全面罩。指定防护因数=10 000。
- SaF:Pd,Pp:AScba:任何压力需气式或正压供气式呼吸器,配全面罩,配压力需气式或正压携气式辅助呼

N

吸器。指定防护因数＝10 000。

逃生：

- GmFS：任何空气过滤式全面罩呼吸器（防毒面具），配下颌式、前置式或背置式防该化学物质的滤毒罐。指定防护因数＝50。
- ScbaE：任何适合逃生的携气式呼吸器。

有关呼吸器选择的其他重要信息参见相关标准。

接触途径：呼吸道。

症状：动物：缺氧，紫绀；高铁血红蛋白血症；乏力，倦怠，眩晕，头痛；肝、肾损伤。

靶器官：血液，肝，肾。

N

硝化甘油（Nitroglycerine）

$CH_2NO_3CHNO_3CH_2NO_3$

CAS No.：55-63-0

RTECS No.：QX2100000

异名和商品名：硝酸甘油；1，2，3-丙三醇三硝酸酯；Glyceryl trinitrate；NG；1，2，3-Propanetriol trinitrate；Trinitroglycerine

DOT ID 和指南号：1204 127 （≤1% 醇溶液）
3064 127 （1%～5% 醇溶液）

接触限值：NIOSH REL：ST 0.1 mg/m³［皮］
OSHA PEL †：C 0.2 ppm (2 mg/m³)［皮］

IDLH：75 mg/m³ **浓度换算系数：**1 ppm ＝ 9.29 mg/m³

理化性质：无色至浅黄色，黏稠液体或固体（56 ℉以下）。［注：是 20%～40%达纳炸药和 80%～60%乙二醇二硝酸酯的爆炸性配合剂。］

分子量：227.1	沸点：122～140 ℉开始分解
凝固点：56 ℉	溶解度：0.1%
蒸气压：0.000 3 mmHg	电离电位：未知
比重：1.60	闪点：爆炸
爆炸上限：未知	爆炸下限：未知

爆炸性液体。

不相容性和反应性：热，臭氧，震动，酸。［注：OSHA 的 A 类爆炸物(1910.109)。］

测量方法：NIOSH 2507；OSHA 43

个人防护和卫生设施：

- 皮肤：穿戴合适的个人防护服，防止皮肤直接接触。
- 眼睛：佩戴合适的眼部防护用品，防止眼睛直接接触。
- 清洗皮肤：当皮肤受到污染时，应立即清洗污染的皮肤。
- 脱除：如果工作服被可燃性物质（即闪点低于 100 ℉的液体）浸湿，应当立即脱除并妥善处置，以防着火。
- 更换：在离开工作场所前应当将可能受到污染的工作服更换成无污染的衣服。
- 配备：在紧靠有可能接触该化学物质的工作场所，应配备快速冲淋身体的设备以应急使用。［注：这些设备应能够提供足量水或流动水，以将可能接触的身体任何部位上的该化学物质除去。实际配备适宜的快速冲淋设备取决于工作场所的具体条件。在某些情况下，必须及时进行大流量淋浴，而其他情况下只需要用一个水槽或软管供水就足够了。］

急救：

- 眼睛：如眼睛直接接触了该化学物质，要立即用大量水冲洗（灌洗）眼睛，冲洗时，不时翻开上下眼睑，并立即就医。
- 皮肤：如果该化学物质直接接触皮肤，立即用肥皂和水冲洗污染的皮肤。若该化学物质渗透进衣服，要立即将衣服脱除，用肥皂和水清洗皮肤，并迅速就医。
- 呼吸：如果接触者吸入大量该化学物质，立即将接触者移至新鲜空气处。如果呼吸停止，要进行人工呼吸，注意保暖和休息。尽快就医。
- 吞入：如果吞入该化学物质，应立即就医。

对呼吸器选择的建议:NIOSH

～ 1 mg/m^3:

- Sa:任何供气式呼吸器。指定防护因数=10。*

～ 2.5 mg/m^3:

- Sa:Cf:任何连续供气式呼吸器。指定防护因数=25。*

～ 5 mg/m^3:

- SaT:Cf:任何连续供气式呼吸器,配密合型面罩。指定防护因数=50。*
- ScbaF:任何携气式呼吸器,配全面罩。指定防护因数=50。
- SaF:任何供气式呼吸器,配全面罩。指定防护因数=50。

～ 75 mg/m^3:

- SaF:Pd,Pp:任何压力需气式或正压供气式呼吸器,配全面罩。指定防护因数=2 000。

§:应急抢险,或准备进入浓度未知环境,或进入 IDLH 环境:

- ScbaF:Pd,Pp:任何压力需气式或正压携气式呼吸器,配全面罩。指定防护因数=10 000。
- SaF:Pd,Pp:AScba:任何压力需气式或正压供气式呼吸器,配全面罩,配压力需气式或正压携气式辅助呼吸器。指定防护因数=10 000。

逃生:

- GmFOv100:任何空气过滤式全面罩呼吸器(防毒面具),配下颌式、前置式或背置式有机蒸气滤毒罐和 N100、R100 或 P100 的综合防护过滤元件。指定防护因数=50。选择 N、R 或 P 过滤元件的信息见表 4。
- ScbaE:任何适合逃生的携气式呼吸器。

有关呼吸器选择的其他重要信息参见相关标准。

接触途径:呼吸道,皮肤吸收,胃肠道,皮肤和/或眼睛直接接触。

症状:搏动性头痛;眩晕;恶心,呕吐,腹痛;低血压;脸发红;心悸;高铁血红蛋白血症;谵妄,中枢神经系统抑制;咽痛;皮肤刺激。

靶器官:心血管系统,血液,皮肤,中枢神经系统。

N

硝基甲烷(Nitromethane)

CH_3NO_2

异名和商品名: Nitrocarbol

CAS No.:75-52-5

RTECS No.:PA9800000

DOT ID 和指南号:1261 129

接触限值:NIOSH REL:见附录 D

OSHA PEL:TWA 100 ppm (250 mg/m^3)

IDLH:750 ppm **浓度换算系数:**1 ppm = 2.50 mg/m^3

理化性质:无色油状液体,具有难闻的气味。

分子量:61.0	沸点:214 ℉
凝固点:−20 ℉	溶解度:10%
蒸气压:28 mmHg	电离电位:11.08 eV
比重:1.14	闪点:95 ℉
爆炸上限:未知	爆炸下限:7.3%

IC 类易燃液体——闪点等于或高于 73 ℉且低于 100 ℉。

不相容性和反应性:胺,强酸、强碱和强氧化剂,烃和其他可燃物质,金属氧化物。[注:受潮时缓慢腐蚀钢和铜。]

测量方法:NIOSH 2527

个人防护和卫生设施:

- 皮肤:穿戴合适的个人防护服,防止皮肤直接接触。

- 眼睛：佩戴合适的眼部防护用品，防止眼睛直接接触。
- 清洗皮肤：当皮肤受到污染时，应立即清洗污染的皮肤。
- 脱除：如果工作服被可燃性物质（即闪点低于 100 ℉ 的液体）浸湿，应当立即脱除并妥善处置，以防着火。
- 更换：对于班后的衣服的更换需要没有特殊建议。

急救：

- 眼睛：如眼睛直接接触了该化学物质，要立即用大量水冲洗（灌洗）眼睛，冲洗时，不时翻开上下眼睑，并立即就医。
- 皮肤：如果该化学物质直接接触皮肤，迅速用肥皂和水冲洗污染的皮肤。若该化学物质渗透进衣服，要迅速将衣服脱除，用肥皂和水清洗皮肤，并迅速就医。
- 呼吸：如果接触者吸入大量该化学物质，立即将接触者移至新鲜空气处。如果呼吸停止，要进行人工呼吸，注意保暖和休息。尽快就医。
- 吞入：如果吞入该化学物质，应立即就医。

对呼吸器选择的建议：OSHA

~ 750 ppm：

- Sa：Cf：任何连续供气式呼吸器。指定防护因数=25。£
- ScbaF：任何携气式呼吸器，配全面罩。指定防护因数=50。
- SaF：任何供气式呼吸器，配全面罩。指定防护因数=50。

§：应急抢险，或准备进入浓度未知环境，或进入 IDLH 环境：

- ScbaF：Pd，Pp：任何压力需气式或正压携气式呼吸器，配全面罩。指定防护因数=10 000。
- SaF：Pd，Pp：AScba：任何压力需气式或正压供气式呼吸器，配全面罩，配压力需气式或正压携气式辅助呼吸器。指定防护因数=10 000。

逃生：

- ScbaE：任何适合逃生的携气式呼吸器。

有关呼吸器选择的其他重要信息参见相关标准。

接触途径：呼吸道，胃肠道，皮肤和/或眼睛直接接触。

症状：皮炎；动物：眼睛、呼吸系统刺激；惊厥，麻醉；肝损伤。

靶器官：眼睛，皮肤，中枢神经系统，肝。

2-硝基萘（2-Nitronaphthalene）

$C_{10}H_7NO_2$

异名和商品名：β-硝基萘，β-Nitronaphthalene

CAS No.：581-89-5

RTECS No.：QJ9760000

DOT ID 和指南号：2538 133

接触限值：NIOSH REL：Ca* 见附录 A［*注：代谢至 β-萘胺。］

OSHA PEL：无

IDLH：Ca［N. D.］ **浓度换算系数：**

理化性质：无色固体。

分子量：178.2	沸点：未知
熔点：174 ℉	溶解度：不溶
蒸气压：未知	电离电位：8.67 eV
比重：未知	闪点：未知
爆炸上限：未知	爆炸下限：未知

可燃固体。

不相容性和反应性：对一般的“硝酸盐”：铝，氰化物，酯类，磷，氯化锡，硫氰酸盐，次磷酸钠。

测量方法：无。

个人防护和卫生设施：

- 皮肤：穿戴合适的个人防护服，防止皮肤直接接触。

- 眼睛:佩戴合适的眼部防护用品,防止眼睛直接接触。
- 清洗皮肤:当皮肤受到污染时,应立即清洗污染的皮肤。/每天工作班结束后,进食、吸烟、喝水前都应该清洗可能受到污染的皮肤。
- 脱除:如果工作服被弄湿或受到了明显的污染,应该立即脱除并妥善处置。
- 更换:在离开工作场所前应当将可能受到污染的工作服更换成无污染的衣服。
- 配备:在劳动者可能接触该化学物质的作业场所,无论是否需要使用眼部防护用品,都应配备眼冲洗设备。在紧靠有可能接触该化学物质的工作场所,应配备快速冲淋身体的设备以应急使用。[注:这些设备应能够提供足量水或流动水,以将可能接触的身体任何部位上的该化学物质除去。实际配备适宜的快速冲淋设备取决于工作场所的具体条件。在某些情况下,必须及时进行大流量淋浴,而其他情况下只需要用一个水槽或软管供水就足够了。]

急救:

- 眼睛:如眼睛直接接触了该化学物质,要立即用大量水冲洗(灌洗)眼睛,冲洗时,不时翻开上下眼睑,并立即就医。
- 皮肤:如果该化学物质直接接触皮肤,立即用肥皂和水冲洗污染的皮肤。若该化学物质渗透进衣服,要立即将衣服脱除,用肥皂和水清洗皮肤,并迅速就医。
- 呼吸:如果接触者吸入大量该化学物质,立即将接触者移至新鲜空气处。如果呼吸停止,要进行人工呼吸,注意保暖和休息。尽快就医。
- 吞入:如果吞入该化学物质,应立即就医。

对呼吸器选择的建议:NIOSH

¥:高于 NIOSH REL 的浓度;或当没有 REL 时,任何可以检测到的浓度:

- ScbaF:Pd,Pp:任何压力需气式或正压携气式呼吸器,配全面罩。指定防护因数=10 000。
- SaF:Pd,Pp:AScba:任何压力需气式或正压供气式呼吸器,配全面罩,配压力需气式或正压携气式辅助呼吸器。指定防护因数=10 000。

逃生:

- GmFOv100:任何空气过滤式全面罩呼吸器(防毒面具),配下颌式、前置式或背置式有机蒸气滤毒罐和N100、R100 或 P100 的综合防护过滤元件。指定防护因数=50。选择 N、R 或 P 过滤元件的信息见表 4。
- ScbaE:任何适合逃生的携气式呼吸器。

有关呼吸器选择的其他重要信息参见相关标准。

接触途径:呼吸道,皮肤吸收,胃肠道,皮肤和/或眼睛直接接触。

症状:眼睛、呼吸系统刺激;皮炎;[潜在职业性致癌物]。

靶器官:皮肤,呼吸系统。

致癌部位:[膀胱肿瘤]。

N

1-硝基丙烷(1-Nitropropane)

$CH_3CH_2CH_2NO_2$

CAS No.:108-03-2

RTECS No.:TZ5075000

异名和商品名:硝基丙烷,Nitropropane,1-NP

DOT ID 和指南号:2608 129

接触限值:NIOSH REL:TWA 25 ppm (90 mg/m^3)
OSHA PEL:TWA 25 ppm (90 mg/m^3)

IDLH:1 000 ppm **浓度换算系数:**1 ppm = 3.64 mg/m^3

理化性质:无色液体,略带难闻的气味。

分 子 量:89.1　　沸　点:269 ℉
凝 固 点:−162 ℉　　溶 解 度:1%
蒸 气 压:8 mmHg　　电离电位:10.81 eV
比　重:1.00　　闪　点:96 ℉
爆炸上限:未知　　爆炸下限:2.2%
IC 类易燃液体——闪点等于或高于 73 ℉且低于 100 ℉。
不相容性和反应性:胺,强酸、强碱和强氧化剂,烃和其他可燃物,金属氧化物。

N

测量方法:OSHA 46

个人防护和卫生设施:
- 皮肤:对于个体皮肤防护装备的需要没有特殊建议。
- 眼睛:佩戴合适的眼部防护用品,防止眼睛直接接触。
- 清洗皮肤:对于清洗皮肤上的污染物没有其他特殊的建议(包括立即清洗和班后清洗)。
- 脱除:如果工作服被可燃性物质(即闪点低于 100 ℉的液体)浸湿,应当立即脱除并妥善处置,以防着火。
- 更换:对于班后的衣服的更换需要没有特殊建议。

急救:
- 眼睛:如眼睛直接接触了该化学物质,要立即用大量水冲洗(灌洗)眼睛,冲洗时,不时翻开上下眼睑,并立即就医。
- 皮肤:如果该化学物质直接接触皮肤,迅速用肥皂和水冲洗污染的皮肤。若该化学物质渗透进衣服,要迅速将衣服脱除,用肥皂和水清洗皮肤,并迅速就医。
- 呼吸:如果接触者吸入大量该化学物质,立即将接触者移至新鲜空气处。如果呼吸停止,要进行人工呼吸,注意保暖和休息。尽快就医。
- 吞入:如果吞入该化学物质,应立即就医。

对呼吸器选择的建议:NIOSH/OSHA
~ 250 ppm:
- Sa:任何供气式呼吸器。指定防护因数=10。*

~ 625 ppm:
- Sa : Cf:任何连续供气式呼吸器。指定防护因数=25。*

~ 1 000 ppm:
- ScbaF:任何携气式呼吸器,配全面罩。指定防护因数=50。
- SaF:任何供气式呼吸器,配全面罩。指定防护因数=50。

§:应急抢险,或准备进入浓度未知环境,或进入 IDLH 环境:
- ScbaF : Pd,Pp:任何压力需气式或正压携气式呼吸器,配全面罩。指定防护因数=10 000。
- SaF : Pd,Pp : AScba:任何压力需气式或正压供气式呼吸器,配全面罩,配压力需气式或正压携气式辅助呼吸器。指定防护因数=10 000。

逃生:
- ScbaE:任何适合逃生的携气式呼吸器。

有关呼吸器选择的其他重要信息参见相关标准。

接触途径:呼吸道,胃肠道,皮肤和/或眼睛直接接触。

症状:眼睛刺激;头痛,恶心,呕吐,腹泻;动物:肝、肾损伤。

靶器官:眼睛,中枢神经系统,肝,肾。

2-硝基丙烷(2-Nitropropane)
$(CH_3)_2CH(NO_2)$
异名和商品名:丙基硝,Dimethylnitromethane,iso-Nitropropane,2-NP

CAS No.:79-46-9
RTECS No.:TZ5250000
DOT ID 和指南号:2608 129

接触限值:NIOSH REL:Ca 见附录 A
OSHA PEL †:TWA 25 ppm (90 mg/m³)

IDLH:Ca [100 ppm]　**浓度换算系数**:1 ppm = 3.64 mg/m³

理化性质:无色液体,具有令人愉快的水果气味。

分 子 量:89.1　　沸　　点:249 ℉
凝 固 点:−135 ℉　　溶 解 度:2%
蒸 气 压:13 mmHg　　电离电位:10.71 eV
比　　重:0.99　　闪　　点:75 ℉
爆炸上限:11.0%　　爆炸下限:2.6%
ⅠC 类易燃液体——闪点等于或高于 73 ℉且低于 100 ℉。
不相容性和反应性:胺,强酸、强碱和强氧化剂,金属氧化物,可燃物质。

测量方法:NIOSH 2528;OSHA 15,46

个人防护和卫生设施:

- 皮肤:穿戴合适的个人防护服,防止皮肤直接接触。
- 眼睛:佩戴合适的眼部防护用品,防止眼睛直接接触。
- 清洗皮肤:当皮肤受到污染时,应立即清洗污染的皮肤。
- 脱除:如果工作服被可燃性物质(即闪点低于 100 ℉的液体)浸湿,应当立即脱除并妥善处置,以防着火。
- 更换:对于班后的衣服的更换需要没有特殊建议。

急救:

- 眼睛:如眼睛直接接触了该化学物质,要立即用大量水冲洗(灌洗)眼睛,冲洗时,不时翻开上下眼睑,并立即就医。
- 皮肤:如果该化学物质直接接触皮肤,迅速用肥皂和水冲洗污染的皮肤。若该化学物质渗透进衣服,要迅速将衣服脱除,用肥皂和水清洗皮肤,并迅速就医。
- 呼吸:如果接触者吸入大量该化学物质,立即将接触者移至新鲜空气处。如果呼吸停止,要进行人工呼吸,注意保暖和休息。尽快就医。
- 吞入:如果吞入该化学物质,应立即就医。

对呼吸器选择的建议:NIOSH

¥:高于 NIOSH REL 的浓度;或当没有 REL 时,任何可以检测到的浓度:

- ScbaF:Pd,Pp:任何压力需气式或正压携气式呼吸器,配全面罩。指定防护因数=10 000。
- SaF:Pd,Pp:AScba:任何压力需气式或正压供气式呼吸器,配全面罩,配压力需气式或正压携气式辅助呼吸器。指定防护因数=10 000。

逃生:

- ScbaE:任何适合逃生的携气式呼吸器。

有关呼吸器选择的其他重要信息参见相关标准。

接触途径:呼吸道,胃肠道,皮肤和/或眼睛直接接触。

症状:眼睛、皮肤、鼻、呼吸系统刺激;头痛,厌食,恶心,呕吐,腹泻;肾、肝损伤;[潜在职业性致癌物]。

靶器官:眼睛,皮肤,呼吸系统,中枢神经系统,肾,肝。
致癌部位:[动物:肝肿瘤]。

N

N-二甲基亚硝胺(N-Nitrosodimethylamine)
$(CH_3)_2N_2O$

CAS No.:62-75-9
RTECS No.:IQ0525000
DOT ID 和指南号:

异名和商品名:二甲基亚硝胺;N-亚硝基二甲胺;Dimethylnitrosamine;N,N-Dimethylnitrosamine;DMNA;N-Methyl-N-nitroso-methanamine;NDMA;N-Nitroso-N,N-dimethylamine

接触限值:NIOSH REL:Ca 见附录 A
OSHA PEL:[1910.1016] 见附录 B

IDLH:Ca [N.D.]　　**浓度换算系数**:

理化性质:黄色油状液体,具有淡淡的特异的气味。

分 子 量:74.1　　沸　　点:306 ℉
凝 固 点:未知　　溶 解 度:可溶

蒸 气 压:3 mmHg　　电离电位:8.69 eV
比　　重:1.005　　闪　　点:未知
爆炸上限:未知　　爆炸下限:未知
可燃液体。
不相容性和反应性:强氧化剂。[注:必须储存在棕色瓶中。]

测量方法: NIOSH 2522;OSHA 38

个人防护和卫生设施:

- 皮肤:穿戴合适的个人防护服,防止皮肤直接接触。
- 眼睛:佩戴合适的眼部防护用品,防止眼睛直接接触。
- 清洗皮肤:当皮肤受到污染时,应立即清洗污染的皮肤。/每天工作班结束后,进食、吸烟、喝水前都应该清洗可能受到污染的皮肤。
- 脱除:如果工作服被弄湿或受到了明显的污染,应该立即脱除并妥善处置。
- 更换:在离开工作场所前应当将可能受到污染的工作服更换成无污染的衣服。
- 配备:在劳动者可能接触该化学物质的作业场所,无论是否需要使用眼部防护用品,都应配备眼冲洗设备。在紧靠有可能接触该化学物质的工作场所,应配备快速冲淋身体的设备以应急使用。[注:这些设备应能够提供足量水或流动水,以将可能接触的身体任何部位上的该化学物质除去。实际配备适宜的快速冲淋设备取决于工作场所的具体条件。在某些情况下,必须及时进行大流量淋浴,而其他情况下只需要用一个水槽或软管供水就足够了。]

急救:

- 眼睛:如眼睛直接接触了该化学物质,要立即用大量水冲洗(灌洗)眼睛,冲洗时,不时翻开上下眼睑,并立即就医。
- 皮肤:如果该化学物质直接接触皮肤,立即用肥皂和水冲洗污染的皮肤。若该化学物质渗透进衣服,要立即将衣服脱除,用肥皂和水清洗皮肤,并迅速就医。
- 呼吸:如果接触者吸入大量该化学物质,立即将接触者移至新鲜空气处。如果呼吸停止,要进行人工呼吸,注意保暖和休息。尽快就医。
- 吞入:如果吞入该化学物质,应立即就医。

对呼吸器选择的建议: NIOSH

¥:高于 NIOSH REL 的浓度;或当没有 REL 时,任何可以检测到的浓度:

- ScbaF:Pd,Pp:任何压力需气式或正压携气式呼吸器,配全面罩。指定防护因数=10 000。
- SaF:Pd,Pp:AScba:任何压力需气式或正压供气式呼吸器,配全面罩,配压力需气式或正压携气式辅助呼吸器。指定防护因数=10 000。

逃生:

- 100F:任何空气过滤式全面罩呼吸器,配有 N100、R100 或 P100 过滤元件。指定防护因数=50。选择 N、R 或 P 过滤元件的信息见表 4。
- ScbaE:任何适合逃生的携气式呼吸器。

(见附录 E)

有关呼吸器选择的其他重要信息参见相关标准。

接触途径: 呼吸道,皮肤吸收,胃肠道,皮肤和/或眼睛直接接触。

症状: 恶心,呕吐,腹泻,腹绞痛;头痛;发热;肝大,黄疸;肝、肾、肺功能下降;[潜在职业性致癌物]。

靶器官: 肝,肾,肺。

致癌部位: [动物:肺、肾、肝及鼻腔肿瘤]。

间硝基甲苯(m-Nitrotoluene) CAS No.:99-08-1

$NO_2C_6H_4CH_3$ RTECS No.:XT2975000

异名和商品名:3-硝基甲苯,m-Methylnitrobenzene,3-Methylnitrobenzene,meta-Nitrotoluene,3-Nitrotoluene

DOT ID 和指南号:1664 152

接触限值:NIOSH REL:TWA 2 ppm (11 mg/m^3)[皮]
OSHA PEL †:TWA 5 ppm (30 mg/m^3)[皮]

IDLH:200 ppm **浓度换算系数:**1 ppm = 5.61 mg/m^3

理化性质:黄色液体,具有微弱的芳香气味。[注:59 ℉以下为固体。]

分子量:137.1	沸点:450 ℉
凝固点:59 ℉	溶解度:0.05%
蒸气压:0.1 mmHg	电离电位:9.48 eV
比重:1.16	闪点:223 ℉
爆炸上限:未知	爆炸下限:1.6%

ⅢB类可燃液体——闪点等于或高于 200 ℉。

不相容性和反应性:强氧化剂,硫酸。

测量方法:NIOSH 2005

个人防护和卫生设施:

- 皮肤:穿戴合适的个人防护服,防止皮肤直接接触。
- 眼睛:佩戴合适的眼部防护用品,防止眼睛直接接触。
- 清洗皮肤:当皮肤受到污染时,应立即清洗污染的皮肤。
- 脱除:如果工作服被弄湿或受到了明显的污染,应该立即脱除并妥善处置。
- 更换:对于班后的衣服的更换需要没有特殊建议。

急救:

- 眼睛:如眼睛直接接触了该化学物质,要立即用大量水冲洗(灌洗)眼睛,冲洗时,不时翻开上下眼睑,并立即就医。
- 皮肤:如果该化学物质直接接触皮肤,立即用肥皂和水冲洗污染的皮肤。若该化学物质渗透进衣服,要立即将衣服脱除,用肥皂和水清洗皮肤,并迅速就医。
- 呼吸:如果接触者吸入大量该化学物质,立即将接触者移至新鲜空气处。如果呼吸停止,要进行人工呼吸,注意保暖和休息。尽快就医。
- 吞入:如果吞入该化学物质,应立即就医。

对呼吸器选择的建议:NIOSH

~20 ppm:

- Sa:任何供气式呼吸器。指定防护因数=10。*

~50 ppm:

- Sa:Cf:任何连续供气式呼吸器。指定防护因数=25。*

~100 ppm:

- SaT:Cf:任何连续供气式呼吸器,配密合型面罩。指定防护因数=50。*
- ScbaF:任何携气式呼吸器,配全面罩。指定防护因数=50。
- SaF:任何供气式呼吸器,配全面罩。指定防护因数=50。

~200 ppm:

- SaF:Pd,Pp:任何压力需气式或正压供气式呼吸器,配全面罩。指定防护因数=2 000。

§:应急抢险,或准备进入浓度未知环境,或进入 IDLH 环境:

- ScbaF:Pd,Pp:任何压力需气式或正压携气式呼吸器,配全面罩。指定防护因数=10 000。
- SaF:Pd,Pp:AScba:任何压力需气式或正压供气式呼吸器,配全面罩,配压力需气式或正压携气式辅助呼吸器。指定防护因数=10 000。

逃生:

- GmFOv100:任何空气过滤式全面罩呼吸器(防毒面具),配下颌式、前置式或背置式有机蒸气滤毒罐和 N100、R100 或 P100 的综合防护过滤元件。指定防护因数=50。选择 N、R 或 P 过滤元件的信息见表 4。

N

- ScbaE:任何适合逃生的携气式呼吸器。

有关呼吸器选择的其他重要信息参见相关标准。

症状: 缺氧,紫绀;头痛,乏力,倦怠,眩晕;共济失调;呼吸困难;心动过速;恶心,呕吐。

接触途径: 呼吸道,皮肤吸收,胃肠道,皮肤和/或眼睛直接接触。

靶器官: 血液,中枢神经系统,心血管系统,皮肤,胃肠道。

邻硝基甲苯(o-Nitrotoluene)

$NO_2C_6H_4CH_3$

异名和商品名: 2-硝基甲苯,o-Methylnitrobenzene,2-Methylnitrobenzene,ortho-Nitrotoluene,2-Nitrotoluene

CAS No.: 88-72-2

RTECS No.: XT3150000

DOT ID 和指南号: 1664 152

N

接触限值: NIOSH REL:TWA 2 ppm (11 mg/m³)[皮]

OSHA PEL †:TWA 5 ppm (30 mg/m³)[皮]

IDLH: 200 ppm **浓度换算系数:** 1 ppm = 5.61 mg/m³

理化性质: 黄色液体,具有微弱的芳香气味。[注:25 ℉以下为固体。]

分子量:137.1	沸点:432 ℉
凝固点:25 ℉	溶解度:0.07%
蒸气压:0.1 mmHg	电离电位:9.43 eV
比重:1.16	闪点:223 ℉
爆炸上限:未知	爆炸下限:2.2%

ⅢB类可燃液体——闪点等于或高于 200 ℉。

不相容性和反应性:强氧化剂,硫酸。

测量方法: NIOSH 2005

个人防护和卫生设施:

- 皮肤:穿戴合适的个人防护服,防止皮肤直接接触。
- 眼睛:佩戴合适的眼部防护用品,防止眼睛直接接触。
- 皮肤:当皮肤受到污染时,应立即清洗污染的皮肤。
- 脱除:如果工作服被弄湿或受到了明显的污染,应该立即脱除并妥善处置。
- 更换:对于班后的衣服的更换需要没有特殊建议。

急救:

- 眼睛:如眼睛直接接触了该化学物质,要立即用大量水冲洗(灌洗)眼睛,冲洗时,不时翻开上下眼睑,并立即就医。
- 皮肤:如果该化学物质直接接触皮肤,立即用肥皂和水冲洗污染的皮肤。若该化学物质渗透进衣服,要立即将衣服脱除,用肥皂和水清洗皮肤,并迅速就医。
- 呼吸:如果接触者吸入大量该化学物质,立即将接触者移至新鲜空气处。如果呼吸停止,要进行人工呼吸,注意保暖和休息。尽快就医。
- 吞入:如果吞入该化学物质,应立即就医。

对呼吸器选择的建议: NIOSH

~ 20 ppm:

- Sa:任何供气式呼吸器。指定防护因数=10。*

~ 50 ppm:

- Sa:Cf:任何连续供气式呼吸器。指定防护因数=25。*

~ 100 ppm:

- SaT:Cf:任何连续供气式呼吸器,配密合型面罩。指定防护因数=50。*
- ScbaF:任何携气式呼吸器,配全面罩。指定防护因数=50。
- SaF:任何供气式呼吸器,配全面罩。指定防护因数=50。

~ 200 ppm:

- SaF:Pd,Pp:任何压力需气式或正压供气式呼吸器,配全面罩。指定防护因数=2 000。

§:应急抢险,或准备进入浓度未知环境,或进入 IDLH 环境:

- ScbaF：Pd，Pp：任何压力需气式或正压携气式呼吸器，配全面罩。指定防护因数=10 000。
- SaF：Pd，Pp：AScba：任何压力需气式或正压供气式呼吸器，配全面罩，配压力需气式或正压携气式辅助呼吸器。指定防护因数=10 000。

逃生：

- GmFOv100：任何空气过滤式全面罩呼吸器（防毒面具），配下颌式、前置式或背置式有机蒸气滤毒罐和N100、R100或P100的综合防护过滤元件。指定防护因数=50。选择N、R或P过滤元件的信息见表4。
- ScbaE：任何适合逃生的携气式呼吸器。

有关呼吸器选择的其他重要信息参见相关标准。

接触途径：呼吸道，皮肤吸收，胃肠道，皮肤和/或眼睛直接接触。

症状：缺氧，紫绀；头痛，乏力，倦怠，眩晕；共济失调；呼吸困难；心动过速；恶心，呕吐。

靶器官：血液，中枢神经系统，心血管系统，皮肤，胃肠道。

N

对硝基甲苯（p-Nitrotoluene）

$NO_2C_6H_4CH_3$

CAS No.：99-99-0

RTECS No.：XT3325000

DOT ID 和指南号：1664 152

异名和商品名：4-硝基甲苯，p-Methylnitrobenzene，4-Methylnitrobenzene，para-Nitrotoluene，4-Nitrotoluene

接触限值：NIOSH REL：TWA 2 ppm（11 mg/m^3）［皮］
OSHA PEL †：TWA 5 ppm（30 mg/m^3）［皮］

IDLH：200 ppm　**浓度换算系数：**1 ppm = 5.61 mg/m^3

理化性质：晶体，具有微弱的芳香气味。

分子量：137.1	沸点：460 ℉
熔点：126 ℉	溶解度：0.04%
蒸气压：0.1 mmHg	电离电位：9.50 eV
比重：1.12	闪点：223 ℉
爆炸上限：未知	爆炸下限：1.6%

可燃固体。

不相容性和反应性：强氧化剂，硫酸。

测量方法：NIOSH 2005

个人防护和卫生设施：

- 皮肤：穿戴合适的个人防护服，防止皮肤直接接触。
- 眼睛：佩戴合适的眼部防护用品，防止眼睛直接接触。
- 清洗皮肤：当皮肤受到污染时，应立即清洗污染的皮肤。
- 脱除：如果工作服被弄湿或受到了明显的污染，应该立即脱除并妥善处置。
- 更换：在离开工作场所前应当将可能受到污染的工作服更换成无污染的衣服。

急救：

- 眼睛：如眼睛直接接触了该化学物质，要立即用大量水冲洗（灌洗）眼睛，冲洗时，不时翻开上下眼睑，并立即就医。
- 皮肤：如果该化学物质直接接触皮肤，立即用肥皂和水冲洗污染的皮肤。若该化学物质渗透进衣服，要立即将衣服脱除，用肥皂和水清洗皮肤，并迅速就医。
- 呼吸：如果接触者吸入大量该化学物质，立即将接触者移至新鲜空气处。如果呼吸停止，要进行人工呼吸，注意保暖和休息。尽快就医。
- 吞入：如果吞入该化学物质，应立即就医。

对呼吸器选择的建议:NIOSH

～ 20 ppm:

● Sa:任何供气式呼吸器。指定防护因数=10。*

～ 50 ppm:

● Sa:Cf:任何连续供气式呼吸器。指定防护因数=25。*

～ 100 ppm:

● SaT:Cf:任何连续供气式呼吸器,配密合型面罩。指定防护因数=50。*

● ScbaF:任何携气式呼吸器,配全面罩。指定防护因数=50。

● SaF:任何供气式呼吸器,配全面罩。指定防护因数=50。

～ 200 ppm:

● SaF:Pd,Pp:任何压力需气式或正压供气式呼吸器,配全面罩。指定防护因数=2 000。

§:应急抢险,或准备进入浓度未知环境,或进入 IDLH 环境:

● ScbaF:Pd,Pp:任何压力需气式或正压携气式呼吸器,配全面罩。指定防护因数=10 000。

● SaF:Pd,Pp:AScba:任何压力需气式或正压供气式呼吸器,配全面罩,配压力需气式或正压携气式辅助呼吸器。指定防护因数=10 000。

逃生:

● GmFOv100:任何空气过滤式全面罩呼吸器(防毒面具),配下颌式、前置式或背置式有机蒸气滤毒罐和 N100、R100 或 P100 的综合防护过滤元件。指定防护因数=50。选择 N、R 或 P 过滤元件的信息见表 4。

● ScbaE:任何适合逃生的携气式呼吸器。

有关呼吸器选择的其他重要信息参见相关标准。

接触途径:呼吸道,皮肤吸收,胃肠道,皮肤和/或眼睛直接接触。

症状:缺氧,紫绀;头痛,乏力,倦怠,眩晕;共济失调;呼吸困难;心动过速;恶心,呕吐。

靶器官:血液,中枢神经系统,心血管系统,皮肤,胃肠道。

氧化亚氮(Nitrous oxide)

N_2O

异名和商品名:笑气,一氧化二氮,Dinitrogen monoxide,Hyponitrous acid anhydride,Laughing gas

CAS No.:10024-97-2

RTECS No.:QX1350000

DOT ID 和指南号:1070 122;2201 122(制冷液)

接触限值:NIOSH REL*:TWA 25 ppm (46 mg/m³)(接触期间 TWA)[*注:REL 用于接触废弃的麻醉性气体。]

OSHA PEL:无

IDLH:N. D. **浓度换算系数:**1 ppm = 1.80 mg/m³

理化性质:无色气体,具有淡淡的甜味。[吸入性麻醉剂][注:以压缩液化气运输。]

分 子 量:	44.0	沸 点:	−127 ℉
凝 固 点:	−132 ℉	溶解度(77 ℉):	0.1%
蒸 气 压:	51.3 大气压	电离电位:	12.89 eV
相对密度:	1.53	闪 点:	不适用
爆炸上限:	不适用	爆炸下限:	不适用

不易燃气体,但升高温度可助燃。

不相容性和反应性:铝,硼,肼,氢化锂,磷化氢,钠。

测量方法:NIOSH 3800,6600;OSHA ID166

N

个人防护和卫生设施：

- 皮肤：压缩气体快速膨胀时可产生低温。泄漏和使用能快速膨胀的压缩气体，可产生冻伤危害。穿戴合适的个人防护服，防止皮肤冻伤。
- 眼睛：佩戴合适的眼部防护用品，防止眼睛直接接触液体后因低温引起灼伤或组织损伤。
- 清洗皮肤：对于清洗皮肤上的污染物没有其他特殊的建议(包括立即清洗和班后清洗)。
- 脱除：对于脱除被污染或被弄湿的工作服的需要没有特殊建议。
- 更换：对于班后的衣服的更换需要没有特殊建议。
- 配备：在紧靠有可能接触极低温液体或迅速蒸发的液体的工作场所，应配备快速冲淋洗浴设备和/或眼冲洗设备，以应急使用。

急救：

- 眼睛：如果眼组织冻伤，要立即就医。如果眼组织没有冻伤，要立即用大量水彻底冲洗至少 15 min，并不时翻开上下眼睑，如果眼睛刺激、疼痛、肿胀、流泪和畏光持续存在，应尽快就医。
- 皮肤：如果发生冻伤，要立即就医，不要揉擦或用水冲洗冻伤部位；为防止组织进一步受损，不要试图将冻结的衣服从冻伤部位脱除。如未发生冻伤，立即用肥皂和水彻底清洗污染的皮肤。
- 呼吸：如果接触者吸入大量该化学物质，立即将接触者移至新鲜空气处。通常不需要采取其他措施。

对呼吸器选择的建议：无。

有关呼吸器选择的其他重要信息参见相关标准。

接触途径：呼吸道，皮肤和/或眼睛直接接触（液体）。

症状：呼吸困难；嗜睡，头痛；窒息；生殖效应；液体：冻伤。

靶器官：呼吸系统，中枢神经系统，生殖系统。

N

壬烷(Nonane)

$CH_3(CH_2)_7CH_3$

异名和商品名：正壬烷，n-Nonane，Nonyl hydride

CAS No.：111-84-2

RTECS No.：RA6115000

DOT ID 和指南号：1920 128

接触限值：NIOSH REL：TWA 200 ppm (1 050 mg/m^3)

OSHA PEL †：无

IDLH：N. D.　　**浓度换算系数：**1 ppm ＝ 5.25 mg/m^3

理化性质：无色液体，具有汽油味。

分子量：128.3	沸点：303 ℉
凝固点：－60 ℉	溶解度：不溶
蒸气压：3 mmHg	电离电位：10.21 eV
比重：0.72	闪点：88 ℉
爆炸上限：2.9％	爆炸下限：0.8％

ⅠC 类易燃液体——闪点等于或高于 73 ℉且低于 100 ℉。

不相容性和反应性：强氧化剂(如过氧化物、硝酸盐、高氯酸盐)。

测量方法：无。

个人防护和卫生设施：

- 皮肤：对于个体皮肤防护装备的需要没有特殊建议。
- 眼睛：佩戴合适的眼部防护用品，防止眼睛直接接触。
- 清洗皮肤：每天工作班结束后，进食、吸烟、喝水前都应该清洗可能受到污染的皮肤。
- 脱除：如果工作服被可燃性物质(即闪点低于 100 ℉的液体)浸湿，应当立即脱除并妥善处置，以防着火。
- 更换：对于班后的衣服的更换需要没有特殊建议。
- 配备：在劳动者可能接触该化学物质的作业物所，无论是否需要使用眼部防护用品，都应配备眼冲洗设备。

急救：

- 眼睛：如眼睛直接接触了该化学物质，要立即用大量水冲洗（灌洗）眼睛，冲洗时，不时翻开上下眼睑，并立即就医。
- 皮肤：如果该化学物质直接接触皮肤，立即用肥皂和水冲洗污染的皮肤。若该化学物质渗透进衣服，要立即将衣服脱除，用肥皂和水清洗皮肤，并迅速就医。
- 呼吸：如果接触者吸入大量该化学物质，立即将接触者移至新鲜空气处。如果呼吸停止，要进行人工呼吸，注意保暖和休息。尽快就医。
- 吞入：如果吞入该化学物质，应立即就医。

对呼吸器选择的建议：无。

有关呼吸器选择的其他重要信息参见相关标准。

接触途径：呼吸道，胃肠道，皮肤和/或眼睛直接接触。

症状：眼睛、皮肤、鼻、咽喉刺激；头痛，嗜睡，眩晕，意识模糊，恶心，震颤，协调能力下降；化学性肺炎（吸入液体）。

靶器官：眼睛，皮肤，呼吸系统，中枢神经系统。

N

1-壬硫醇（1-Nonanethiol）

$CH_3(CH_2)_8SH$

异名和商品名：1-Mercaptononane，n-Nonyl mercaptan，Nonylthiol

CAS No.：1455-21-6

RTECS No.：

DOT ID 和指南号：1228 131

接触限值：NIOSH REL：C 0.5 ppm (3.3 mg/m³)[15 min]
OSHA PEL：无

IDLH：N. D.　**浓度换算系数：**1 ppm ＝ 6.56 mg/m³

理化性质：液体。

分子量：160.3	沸点：未知
凝固点：未知	溶解度：不溶
蒸气压：未知	电离电位：未知
比重：未知	闪点：未知
爆炸上限：未知	爆炸下限：未知

可燃液体。

不相容性和反应性：氧化剂，还原剂，强酸和强碱，碱金属。

测量方法：无。

个人防护和卫生设施：

- 皮肤：穿戴合适的个人防护服，防止皮肤直接接触。
- 眼睛：佩戴合适的眼部防护用品，防止眼睛直接接触。
- 清洗皮肤：当皮肤受到污染时，应立即清洗污染的皮肤。
- 脱除：如果工作服被弄湿或受到了明显的污染，应该立即脱除并妥善处置。
- 更换：对于班后的衣服的更换需要没有特殊建议。

急救：

- 眼睛：如眼睛直接接触了该化学物质，要立即用大量水冲洗（灌洗）眼睛，冲洗时，不时翻开上下眼睑，并立即就医。
- 皮肤：如果该化学物质直接接触皮肤，用肥皂和水冲洗污染的皮肤。
- 呼吸：如果接触者吸入大量该化学物质，立即将接触者移至新鲜空气处。如果呼吸停止，要进行人工呼吸，注意保暖和休息。尽快就医。
- 吞入：如果吞入该化学物质，应立即就医。

对呼吸器选择的建议：NIOSH

～ 5 ppm：

- CcrOv：任何空气过滤式半面罩呼吸器，配防有机蒸气的滤毒盒。指定防护因数＝10。

- Sa:任何供气式呼吸器。指定防护因数=10。

～ 12.5 ppm:

- Sa：Cf:任何连续供气式呼吸器。指定防护因数=25。
- PaprOv:任何动力送风空气过滤式呼吸器,配有机蒸气滤毒盒。指定防护因数=25。

～ 25 ppm:

- CcrFOv:任何空气过滤式全面罩呼吸器,配有机蒸气滤毒盒。指定防护因数=50。
- GmFOv:任何空气过滤式全面罩呼吸器(防毒面具),配下颌式、前置式或背置式有机蒸气滤毒罐。指定防护因数=50。
- PaprTOv:任何动力送风空气过滤式呼吸器,配密合型面罩和有机蒸气滤毒盒。指定防护因数=50。
- ScbaF:任何携气式呼吸器,配全面罩。指定防护因数=50。
- SaF:任何供气式呼吸器,配全面罩。指定防护因数=50。

§:应急抢险,或准备进入浓度未知环境,或进入 IDLH 环境:

- ScbaF：Pd,Pp:任何压力需气式或正压携气式呼吸器,配全面罩。指定防护因数=10 000。
- SaF：Pd,Pp：AScba:任何压力需气式或正压供气式呼吸器,配全面罩,配压力需气式或正压携气式辅助呼吸器。指定防护因数=10 000。

逃生:

- GmFOv:任何空气过滤式全面罩呼吸器(防毒面具),配下颌式、前置式或背置式有机蒸气滤毒罐。指定防护因数=50。
- ScbaE:任何适合逃生的携气式呼吸器。

有关呼吸器选择的其他重要信息参见相关标准。

接触途径:呼吸道,胃肠道,皮肤和/或眼睛直接接触。

症状:眼睛、皮肤、鼻、咽喉刺激;乏力,倦怠,紫绀,呼吸加快,恶心,嗜睡,头痛,呕吐。

靶器官:眼睛,皮肤,呼吸系统,血液,中枢神经系统。

N

八氯萘(Octachloronaphthalene)

$C_{10}Cl_8$

异名和商品名:1,2,3,4,5,6,7,8-八氯萘;Halowax® 1051;1,2,3,4,5,6,7,8-Octachloronaphthalene;Perchloronaphthalene

CAS No.:2234-13-1

RTECS No.:QK0250000

DOT ID 和指南号:

O

接触限值:NIOSH REL:TWA 0.1 mg/m³

ST 0.3 mg/m³[皮]

OSHA PEL †:TWA 0.1 mg/m³[皮]

IDLH:见附录 F

浓度换算系数:

理化性质:浅黄色蜡样固体,具有芳香气味。

分子量:403.7

沸点:770 ℉

熔点:365 ℉

溶解度:不溶

蒸气压:<1 mmHg

电离电位:未知

比重:2.00

闪点:不适用

爆炸上限:不适用

爆炸下限:不适用

不可燃固体。

不相容性和反应性:强氧化剂。

测量方法:NIOSH S97 (II-2)

个人防护和卫生设施:

- 皮肤:穿戴合适的个人防护服,防止皮肤直接接触。
- 眼睛:佩戴合适的眼部防护用品,防止眼睛直接接触。
- 清洗皮肤:当皮肤受到污染时,应立即清洗污染的皮肤。/每天工作班结束后,进食、吸烟、喝水前都应该清洗可能受到污染的皮肤。
- 脱除:如果工作服被弄湿或受到了明显的污染,应该立即脱除并妥善处置。
- 更换:在离开工作场所前应当将可能受到污染的工作服更换成无污染的衣服。

急救:

- 眼睛:如眼睛直接接触了该化学物质,要立即用大量水冲洗(灌洗)眼睛,冲洗时,不时翻开上下眼睑,并立即就医。
- 皮肤:如果该化学物质直接接触皮肤,立即用水冲洗污染的皮肤。如果该化学物质渗透进衣服,要迅速将衣服脱除,用水冲洗污染的皮肤,并迅速就医。
- 呼吸:如果接触者吸入大量该化学物质,立即将接触者移至新鲜空气处。如果呼吸停止,要进行人工呼吸,注意保暖和休息。尽快就医。
- 吞入:如果吞入该化学物质,应立即就医。

对呼吸器选择的建议:NIOSH/OSHA

~1 mg/m³:

- Sa:任何供气式呼吸器。指定防护因数=10。
- ScbaF:任何携气式呼吸器,配全面罩。指定防护因数=50。

§:应急抢险,或准备进入浓度未知环境,或进入 IDLH 环境:

- ScbaF:Pd,Pp:任何压力需气式或正压携气式呼吸器,配全面罩。指定防护因数=10 000。
- SaF:Pd,Pp:AScba:任何压力需气式或正压供气式呼吸器,配全面罩,配压力需气式或正压携气式辅助呼吸器。指定防护因数=10 000。

逃生:

- GmFOv100:任何空气过滤式全面罩呼吸器(防毒面具),配下颌式、前置式或背置式有机蒸气滤毒罐和 N100、R100 或 P100 的综合防护过滤元件。指定防护因数=50。选择 N、R 或 P 过滤元件的信息见表 4。
- ScbaE:任何适合逃生的携气式呼吸器。

(见附录 F)

有关呼吸器选择的其他重要信息参见相关标准。

接触途径:呼吸道,皮肤吸收,胃肠道,皮肤和/或眼睛直接接触。	症状:痤疮性皮炎;肝损害,黄疸。 靶器官:皮肤,肝。

十八硫醇(1-Octadecanethiol)

$CH_3(CH_2)_{17}SH$

CAS No.:2885-00-9

RTECS No.:

异名和商品名:硬脂酰基硫醇,1-Mercaptooctadecane,Octadecyl mercaptan,Stearyl mercaptan

DOT ID 和指南号:1228 131(液体)

接触限值:NIOSH REL:C 0.5 ppm (5.9 mg/m³) [15 min]
OSHA PEL:无

IDLH:N.D. **浓度换算系数:**1 ppm = 11.72 mg/m³

理化性质:固体或液体(77 ℉以上)。

分子量:	286.6	沸点:	未知
熔点:	77 ℉	溶解度:	不溶
蒸气压:	未知	电离电位:	未知
比重:	0.85	闪点:	未知
爆炸上限:	未知	爆炸下限:	未知

可燃固体,可燃液体。

不相容性和反应性:氧化剂,还原剂,强酸和强碱,碱金属。

测量方法:无。

个人防护和卫生设施:
- 皮肤:穿戴合适的个人防护服,防止皮肤直接接触。
- 眼睛:佩戴合适的眼部防护用品,防止眼睛直接接触。
- 清洗皮肤:当皮肤受到污染时,应立即清洗污染的皮肤。
- 脱除:如果工作服被弄湿或受到了明显的污染,应该立即脱除并妥善处置。
- 更换:在离开工作场所前应当将可能受到污染的工作服更换成无污染的衣服。

急救:
- 眼睛:如眼睛直接接触了该化学物质,要立即用大量水冲洗(灌洗)眼睛,冲洗时,不时翻开上下眼睑,并立即就医。
- 皮肤:如果该化学物质直接接触皮肤,立即用肥皂和水冲洗污染的皮肤。若该化学物质渗透进衣服,要立即将衣服脱除,用肥皂和水清洗污染的皮肤,并迅速就医。
- 呼吸:如果接触者吸入大量该化学物质,立即将接触者移至新鲜空气处。如果呼吸停止,要进行人工呼吸,注意保暖和休息。尽快就医。
- 吞入:如果吞入该化学物质,应立即就医。

对呼吸器选择的建议:NIOSH

~5 ppm:
- CcrOv:任何空气过滤式半面罩呼吸器,配防有机蒸气的滤毒盒。指定防护因数=10。
- Sa:任何供气式呼吸器。指定防护因数=10。

~12.5 ppm:
- Sa:Cf:任何连续供气式呼吸器。指定防护因数=25。
- PaprOv:任何动力送风空气过滤式呼吸器,配有机蒸气滤毒盒。指定防护因数=25。

~25 ppm:
- CcrFOv:任何空气过滤式全面罩呼吸器,配有机蒸气滤毒盒。指定防护因数=50。
- GmFOv:任何空气过滤式全面罩呼吸器(防毒面具),配下颌式、前置式或背置式有机蒸气滤毒罐。指定防护因数=50。

- PaprTOv:任何动力送风空气过滤式呼吸器,配密合型面罩和有机蒸气滤毒盒。指定防护因数=50。
- ScbaF:任何携气式呼吸器,配全面罩。指定防护因数=50。
- SaF:任何供气式呼吸器,配全面罩。指定防护因数=50。

§:应急抢险,或准备进入浓度未知环境,或进入 IDLH 环境:

- ScbaF∶Pd,Pp:任何压力需气式或正压携气式呼吸器,配全面罩。指定防护因数=10 000。
- SaF∶Pd,Pp∶AScba:任何压力需气式或正压供气式呼吸器,配全面罩,配压力需气式或正压携气式辅助呼吸器。指定防护因数=10 000。

逃生:

- GmFOv:任何空气过滤式全面罩呼吸器(防毒面具),配下颌式、前置式或背置式有机蒸气滤毒罐。指定防护因数=50。
- ScbaE:任何适合逃生的携气式呼吸器。

有关呼吸器选择的其他重要信息参见相关标准。

接触途径:呼吸道,皮肤吸收,胃肠道,皮肤和/或眼睛直接接触。

症状:眼睛、皮肤、呼吸系统刺激;头痛,眩晕,乏力,紫绀,恶心,惊厥。

靶器官:眼睛,皮肤,呼吸系统,中枢神经系统,血液。

O

辛烷(Octane)

$CH_3(CH_2)_6CH_3$

异名和商品名:正辛烷,n-Octane,normal-Octane

CAS No.:111-65-9

RTECS No.:RG8400000

DOT ID 和指南号:1262 128

接触限值:NIOSH REL:TWA 75 ppm ($350 mg/m^3$)
C 385 ppm ($1 800 mg/m^3$) [15 min]
OSHA PEL †:TWA 500 ppm ($2 350 mg/m^3$)

IDLH:1 000 ppm [10%爆炸下限]

浓度换算系数:1 ppm = $4.67 mg/m^3$

理化性质:无色液体,具有汽油味。

分子量:114.2	沸点:258 ℉
凝固点:-70 ℉	溶解度(77 ℉):0.000 07%
蒸气压:10 mmHg	电离电位:9.82 eV
比重:0.70	闪点:56 ℉
爆炸上限:6.5%	爆炸下限:1.0%

ⅠB类易燃液体——闪点低于 73 ℉,沸点等于或高于 100 ℉。

不相容性和反应性:强氧化剂。

测量方法:NIOSH 1500;OSHA 7

个人防护和卫生设施:

- 皮肤:穿戴合适的个人防护服,防止皮肤直接接触。
- 眼睛:佩戴合适的眼部防护用品,防止眼睛直接接触。
- 清洗皮肤:当皮肤受到污染时,应立即清洗污染的皮肤。
- 脱除:如果工作服被可燃性物质(即闪点低于 100 ℉的液体)浸湿,应当立即脱除并妥善处置,以防着火。
- 更换:对于班后的衣服的更换需要没有特殊建议。

急救:

- 眼睛:如眼睛直接接触了该化学物质,要立即用大量水冲洗(灌洗)眼睛,冲洗时,不时翻开上下眼睑,并立即就医。
- 皮肤:如果该化学物质直接接触皮肤,迅速用肥皂和水冲洗污染的皮肤。若该化学物质渗透进衣服,要迅速将衣服脱除,用肥皂和水清洗污染的皮肤,并迅速就医。
- 呼吸:如果接触者吸入大量该化学物质,立即将接触者移至新鲜空气处。如果呼吸停止,要进行人工呼吸,注意保暖和休息。尽快就医。
- 吞入:如果吞入该化学物质,应立即就医。

对呼吸器选择的建议:NIOSH

～750 ppm:

- Sa:任何供气式呼吸器。指定防护因数＝10。*

～1 000 ppm:

- Sa:Cf:任何连续供气式呼吸器。指定防护因数＝25。*
- ScbaF:任何携气式呼吸器,配全面罩。指定防护因数＝50。
- SaF:任何供气式呼吸器,配全面罩。指定防护因数＝50。

§:应急抢险,或准备进入浓度未知环境,或进入 IDLH 环境:

- ScbaF:Pd,Pp:任何压力需气式或正压携气式呼吸器,配全面罩。指定防护因数＝10 000。
- SaF:Pd,Pp:AScba:任何压力需气式或正压供气式呼吸器,配全面罩,配压力需气式或正压携气式辅助呼吸器。指定防护因数＝10 000。

逃生:

- GmFOv:任何空气过滤式全面罩呼吸器(防毒面具),配下颌式、前置式或背置式有机蒸气滤毒罐。指定防护因数＝50。
- ScbaE:任何适合逃生的携气式呼吸器。

有关呼吸器选择的其他重要信息参见相关标准。

接触途径:呼吸道,胃肠道,皮肤和/或眼睛直接接触。

症状:眼睛、鼻刺激;嗜睡;皮炎;化学性肺炎(吸入液体);动物:昏迷。

靶器官:眼睛,皮肤,呼吸系统,中枢神经系统。

O

1-辛硫醇(1-Octanethiol)

$CH_3(CH_2)_7SH$

异名和商品名:正辛硫醇,1-Mercaptooctane,n-Octyl mercaptan,Octylthiol,1-Octylthiol

CAS No.:111-88-6

RTECS No.:

DOT ID 和指南号:1228 131

接触限值:NIOSH REL:C 0.5 ppm (3.0 mg/m^3) [15min]

OSHA PEL:无

IDLH:N.D. **浓度换算系数:**1 ppm ＝ 5.98 mg/m^3

理化性质:水白色液体,稍具气味。

分子量:146.3	沸点:390 ℉
凝固点:－57 ℉	溶解度:不溶
蒸气压(212 ℉):3 mmHg	电离电位:未知
比重:0.84	闪点(开杯):115 ℉
爆炸上限:未知	爆炸下限:未知

Ⅱ类可燃液体——闪点等于或高于 100 ℉,且低于 140 ℉。

不相容性和反应性:氧化剂,还原剂,强酸和强碱,碱金属。

测量方法:NIOSH 2510

个人防护和卫生设施:

- 皮肤:穿戴合适的个人防护服,防止皮肤直接接触。
- 眼睛:佩戴合适的眼部防护用品,防止眼睛直接接触。
- 清洗皮肤:当皮肤受到污染时,应立即清洗污染的皮肤。
- 脱除:如果工作服被弄湿或受到了明显的污染,应该立即脱除并妥善处置。
- 更换:对于班后的衣服的更换需要没有特殊建议。

急救:

- 眼睛:如眼睛直接接触了该化学物质,要立即用大量水冲洗(灌洗)眼睛,冲洗时,不时翻开上下眼睑,并立即就医。
- 皮肤:如果该化学物质直接接触皮肤,立即用肥皂和水冲洗污染的皮肤。若该化学物质渗透进衣服,要立即将衣服脱除,用肥皂和水清洗污染的皮肤,并迅速就医。

● 呼吸:如果接触者吸入大量该化学物质,立即将接触者移至新鲜空气处。如果呼吸停止,要进行人工呼吸,注意保暖和休息。尽快就医。

● 吞入:如果吞入该化学物质,应立即就医。

对呼吸器选择的建议:NIOSH

~5 ppm:

● CcrOv:任何空气过滤式半面罩呼吸器,配防有机蒸气的滤毒盒。指定防护因数=10。

● Sa:任何供气式呼吸器。指定防护因数=10。

~12.5 ppm:

● Sa∶Cf:任何连续供气式呼吸器。指定防护因数=25。

● PaprOv:任何动力送风空气过滤式呼吸器,配有机蒸气滤毒盒。指定防护因数=25。

~25 ppm:

● CcrFOv:任何空气过滤式全面罩呼吸器,配有机蒸气滤毒盒。指定防护因数=50。

● GmFOv:任何空气过滤式全面罩呼吸器(防毒面具),配下颌式、前置式或背置式有机蒸气滤毒罐。指定防护因数=50。

● PaprTOv:任何动力送风空气过滤式呼吸器,配密合型面罩和有机蒸气滤毒盒。指定防护因数=50。

● ScbaF:任何携气式呼吸器,配全面罩。指定防护因数=50。

● SaF:任何供气式呼吸器,配全面罩。指定防护因数=50。

§:应急抢险,或准备进入浓度未知环境,或进入 IDLH 环境:

● ScbaF∶Pd,Pp:任何压力需气式或正压携气式呼吸器,配全面罩。指定防护因数=10 000。

● SaF∶Pd,Pp∶AScba:任何压力需气式或正压供气式呼吸器,配全面罩,配压力需气式或正压携气式辅助呼吸器。指定防护因数=10 000。

逃生:

● GmFOv:任何空气过滤式全面罩呼吸器(防毒面具),配下颌式、前置式或背置式有机蒸气滤毒罐。指定防护因数=50。

● ScbaE:任何适合逃生的携气式呼吸器。

有关呼吸器选择的其他重要信息参见相关标准。

接触途径:呼吸道,胃肠道,皮肤和/或眼睛直接接触。

症状:眼睛、皮肤、鼻、咽喉刺激;乏力,紫绀,呼吸加快,恶心,嗜睡,头痛,呕吐。

靶器官:眼睛,皮肤,呼吸系统,血液,中枢神经系统。

矿物油雾[Oil mist (mineral)]

CAS No.:8012-95-1

RTECS No.:PY8030000

异名和商品名: Heavy mineral oil mist,Paraffin oil mist,White mineral oil mist

DOT ID 和指南号:

接触限值:NIOSH REL:TWA 5 mg/m^3　ST 10 mg/m^3

OSHA PEL:TWA 5 mg/m^3

IDLH:2 500 mg/m^3　　**浓度换算系数:**

理化性质:无色,分散在空气中的油状气溶胶。[注:具有类似烧焦的润滑油的气味。]

分子量:不同　　沸点:680 ℉

凝固点:0 ℉　　溶解度:不溶

蒸气压:<0.5 mmHg　　电离电位:未知

比重:0.90　　闪点(开杯):380 ℉

爆炸上限:未知　　爆炸下限:未知

ⅢB 类可燃液体——闪点等于或高于 200 ℉。

不相容性和反应性:未见报道。

测量方法:NIOSH 5026,5524

个人防护和卫生设施：

- 皮肤：穿戴合适的个人防护服，防止皮肤直接接触。
- 眼睛：对眼部防护的需要没有特殊建议。
- 清洗皮肤：当皮肤受到污染时，应立即清洗污染的皮肤。
- 脱除：如果工作服被弄湿或受到了明显的污染，应该立即脱除并妥善处置。
- 更换：在离开工作场所前应当将可能受到污染的工作服更换成无污染的衣服。

急救：

- 皮肤：如果该化学物质直接接触皮肤，用肥皂和水冲洗污染的皮肤。
- 呼吸：如果接触者吸入大量该化学物质，立即将接触者移至新鲜空气处。通常不需要采取其他措施。

对呼吸器选择的建议：NIOSH/OSHA

~50 mg/m³：

- 100XQ：任何除四分之一面罩之外的防颗粒物呼吸器，配有N100、R100或P100过滤元件（包括N100、R100或P100随弃式面罩）。指定防护因数=10。选择N、R或P过滤元件的信息见表4。
- Sa：任何供气式呼吸器。指定防护因数=10。

~125 mg/m³：

- Sa：Cf：任何连续供气式呼吸器。指定防护因数=25。
- PaprHie：任何动力送风空气过滤式呼吸器，配有高效颗粒物过滤元件。指定防护因数=25。

~250 mg/m³：

- 100F：任何空气过滤式全面罩呼吸器，配有N100、R100或P100过滤元件。指定防护因数=50。选择N、R或P过滤元件的信息见表4。
- SaT：Cf：任何连续供气式呼吸器，配密合型面罩。指定防护因数=50。
- PaprTHie：任何动力送风空气过滤式呼吸器，配密合型面罩和高效颗粒物过滤元件。指定防护因数=50。
- ScbaF：任何携气式呼吸器，配全面罩。指定防护因数=50。
- SaF：任何供气式呼吸器，配全面罩。指定防护因数=50。

~2 500 mg/m³：

- Sa：Pd，Pp：任何压力需气式或正压供气式呼吸器。指定防护因数=1 000。

§：应急抢险，或准备进入浓度未知环境，或进入IDLH环境：

- ScbaF：Pd，Pp：任何压力需气式或正压携气式呼吸器，配全面罩。指定防护因数=10 000。
- SaF：Pd，Pp：AScba：任何压力需气式或正压供气式呼吸器，配全面罩，配压力需气式或正压携气式辅助呼吸器。指定防护因数=10 000。

逃生：

- 100F：任何空气过滤式全面罩呼吸器，配有N100、R100或P100过滤元件。指定防护因数=50。选择N、R或P过滤元件的信息见表4。
- ScbaE：任何适合逃生的携气式呼吸器。

有关呼吸器选择的其他重要信息参见相关标准。

接触途径：呼吸道，皮肤和/或眼睛直接接触。

症状：眼睛、皮肤、呼吸系统刺激。

靶器官：眼睛，皮肤，呼吸系统。

四氧化锇(Osmium tetroxide) CAS No.:20816-12-0

OsO_4 RTECS No.:RN1140000

异名和商品名:氧化锇,锇酸酐,Osmic acid anhydride,Osmium oxide **DOT ID 和指南号:**2471 154

接触限值:NIOSH REL:TWA 0.002 mg/m³(0.000 2 ppm)

ST 0.006 mg/m³(0.000 6 ppm)

OSHA PEL †:TWA 0.002 mg/m³

IDLH:1 mg/m³ **浓度换算系数:**1 ppm = 10.40 mg/m³

理化性质:无色晶体或浅黄色固体,具有难闻的极强烈的氯味。[注:105 ℉以上为液体。]

分子量:254.2	沸点:266 ℉
熔点:105 ℉	溶解度(77 ℉):6%
蒸气压:7 mmHg	电离电位:12.60 eV
比重:5.10	闪点:不适用
爆炸上限:不适用	爆炸下限:不适用

不可燃固体。

不相容性和反应性:盐酸,易被氧化的有机物。[注:在沸点下升华。接触其他物质可发生火灾。]

测量方法:无。

个人防护和卫生设施:

- 皮肤:穿戴合适的个人防护服,防止皮肤直接接触。
- 眼睛:佩戴合适的眼部防护用品,防止眼睛直接接触。
- 清洗皮肤:当皮肤受到污染时,应立即清洗污染的皮肤。
- 脱除:如果工作服被弄湿或受到了明显的污染,应该立即脱除并妥善处置。
- 更换:在离开工作场所前应当将可能受到污染的工作服更换成无污染的衣服。
- 配备:在劳动者可能接触该化学物质的作业场所,无论是否需要使用眼部防护用品,都应配备眼冲洗设备。

急救:

- 眼睛:如眼睛直接接触了该化学物质,要立即用大量水冲洗(灌洗)眼睛,冲洗时,不时翻开上下眼睑,并立即就医。
- 皮肤:如果该化学物质直接接触皮肤,立即用肥皂和水冲洗污染的皮肤。若该化学物质渗透进衣服,要立即将衣服脱除,用肥皂和水清洗污染的皮肤,并迅速就医。
- 呼吸:如果接触者吸入大量该化学物质,立即将接触者移至新鲜空气处。如果呼吸停止,要进行人工呼吸,注意保暖和休息。尽快就医。
- 吞入:如果吞入该化学物质,应立即就医。

对呼吸器选择的建议:NIOSH/OSHA

~0.1 mg/m³:

- CcrFS100:任何空气过滤式全面罩呼吸器,配防该化学物质的滤毒盒及 N100、R100 或 P100 的过滤元件。指定防护因数=50。选择 N、R 或 P 过滤元件的信息见表 4。
- GmFS100:任何空气过滤式全面罩呼吸器(防毒面具),配下颌式、前置式或背置式防该化学物质的滤毒罐和 N100、R100 或 P100 的综合防护过滤元件。指定防护因数=50。选择 N、R 或 P 过滤元件的信息见表 4。
- ScbaF:任何携气式呼吸器,配全面罩。指定防护因数=50。
- SaF:任何供气式呼吸器,配全面罩。指定防护因数=50。

~1 mg/m³:

- SaF:Pd,Pp:任何压力需气式或正压供气式呼吸器,配全面罩。指定防护因数=2 000。

§:应急抢险,或准备进入浓度未知环境,或进入 IDLH 环境:

- ScbaF:Pd,Pp:任何压力需气式或正压携气式呼吸器,配全面罩。指定防护因数=10 000。
- SaF:Pd,Pp:AScba:任何压力需气式或正压供气式呼吸器,配全面罩,配压力需气式或正压携气式辅助呼吸器。指定防护因数=10 000。

逃生：

- GmFS100：任何空气过滤式全面罩呼吸器(防毒面具)，配下颌式、前置式或背置式防该化学物质的滤毒罐和N100、R100或P100的综合防护过滤元件。指定防护因数=50。选择N、R或P过滤元件的信息见表4。
- ScbaE：任何适合逃生的携气式呼吸器。

有关呼吸器选择的其他重要信息参见相关标准。

接触途径：呼吸道，胃肠道，皮肤和/或眼睛直接接触。

症状：眼睛、呼吸系统刺激；流泪，视觉障碍；结膜炎；头痛；咳嗽，呼吸困难；皮炎。

靶器官：眼睛，皮肤，呼吸系统。

草酸(Oxalic acid)

$HOOCCOOH \cdot 2H_2O$

异名和商品名：乙二酸，Ethanedioic acid，Oxalic acid (aqueous)，Oxalic acid dihydrate

CAS No.：144-62-7

RTECS No.：RO2450000

DOT ID 和指南号：

O

接触限值：NIOSH REL：TWA 1 mg/m^3 ST 2 mg/m^3

OSHA PEL †：TWA 1 mg/m^3

IDLH：500 mg/m^3 **浓度换算系数：**

理化性质：无色无气味粉末状或颗粒状固体。[注：无水草酸是无气味的白色固体。]

分子量：126.1	沸点：升华
熔点：215 ℉ (升华)	溶解度：14%
蒸气压：<0.001 mmHg	电离电位：未知
比重：1.90	闪点：未知
爆炸上限：未知	爆炸下限：未知

可燃固体。

不相容性和反应性：强氧化剂，银化合物，强碱，次氯酸盐。[注：215 ℉ 时失去结晶水并开始升华。]

测量方法：无。

个人防护和卫生设施：

- 皮肤：穿戴合适的个人防护服，防止皮肤直接接触。
- 眼睛：佩戴合适的眼部防护用品，防止眼睛直接接触。
- 清洗皮肤：当皮肤受到污染时，应立即清洗污染的皮肤。
- 脱除：如果工作服被弄湿或受到了明显的污染，应该立即脱除并妥善处置。
- 更换：在离开工作场所前应当将可能受到污染的工作服更换成无污染的衣服。
- 配备：在劳动者可能接触该化学物质的作业场所，无论是否需要使用眼部防护用品，都应配备眼冲洗设备。

急救：

- 眼睛：如眼睛直接接触了该化学物质，要立即用大量水冲洗(灌洗)眼睛，冲洗时，不时翻开上下眼睑，并立即就医。
- 皮肤：如果该化学物质直接接触皮肤，迅速用水冲洗污染的皮肤。如果该化学物质渗透进衣服，要立即将衣服脱除，迅速用水冲洗污染的皮肤，若冲洗后刺激症状持续存在，应就医。
- 呼吸：如果接触者吸入大量该化学物质，立即将接触者移至新鲜空气处。如果呼吸停止，要进行人工呼吸，注意保暖和休息。尽快就医。
- 吞入：如果吞入该化学物质，应立即就医。

对呼吸器选择的建议：NIOSH/OSHA

~25 mg/m^3：

- Sa：Cf：任何连续供气式呼吸器。指定防护因数=25。£
- PaprHie：任何动力送风空气过滤式呼吸器，配有高效颗粒物过滤元件。指定防护因数=25。£

~50 mg/m³：

- 100F：任何空气过滤式全面罩呼吸器，配有 N100、R100 或 P100 过滤元件。指定防护因数＝50。选择 N、R 或 P 过滤元件的信息见表 4。
- ScbaF：任何携气式呼吸器，配全面罩。指定防护因数＝50。
- SaF：任何供气式呼吸器，配全面罩。指定防护因数＝50。

~500 mg/m³：

- SaF：Pd，Pp：任何压力需气式或正压供气式呼吸器，配全面罩。指定防护因数＝2 000。

§：应急抢险，或准备进入浓度未知环境，或进入 IDLH 环境：

- ScbaF：Pd，Pp：任何压力需气式或正压携气式呼吸器，配全面罩。指定防护因数＝10 000。
- SaF：Pd，Pp：AScba：任何压力需气式或正压供气式呼吸器，配全面罩，配压力需气式或正压携气式辅助呼吸器。指定防护因数＝10 000。

逃生：

- 100F：任何空气过滤式全面罩呼吸器，配有 N100、R100 或 P100 过滤元件。指定防护因数＝50。选择 N、R 或 P 过滤元件的信息见表 4。
- ScbaE：任何适合逃生的携气式呼吸器。

有关呼吸器选择的其他重要信息参见相关标准。

接触途径：呼吸道，胃肠道，皮肤和/或眼睛直接接触。

症状：眼睛、皮肤、黏膜刺激；眼睛灼伤；局部疼痛，紫绀；休克，虚脱，惊厥；肾损害。

靶器官：眼睛，皮肤，呼吸系统，肾。

二氟化氧（Oxygen difluoride）

OF_2

CAS No.：7783-41-7

RTECS No.：RS2100000

DOT ID 和指南号：2190 124

异名和商品名：一氧化二氟，Difluorine monoxide，Fluorine monoxide，Oxygen fluoride

接触限值：NIOSH REL：C 0.05 ppm (0.1 mg/m³)

OSHA PEL †：TWA 0.05 ppm (0.1 mg/m³)

IDLH：0.5 ppm　**浓度换算系数：**1 ppm ＝ 2.21 mg/m³

理化性质：无色气体，具有奇特的恶臭味。［注：以非液化压缩气运输。］

分子量：54.0	沸点：－230 ℉
凝固点：－371 ℉	溶解度：0.02％
蒸气压：＞1 大气压	电离电位：13.11 eV
相对密度：1.88	闪点：不适用
爆炸上限：不适用	爆炸下限：不适用

不易燃气体，但是强氧化剂。

不相容性和反应性：可燃物质，氯，溴，碘，铂，金属氧化物，湿气，硫化氢，烃，水。［注：与水非常缓慢反应生成氢氟酸。］

测量方法：无。

个人防护和卫生设施：

- 皮肤：对于个体皮肤防护装备的需要没有特殊建议。
- 眼睛：对眼部防护的需要没有特殊建议。
- 清洗皮肤：对于清洗皮肤上的污染物没有其他特殊的建议（包括立即清洗和班后清洗）。
- 脱除：对于脱除被污染或被弄湿的工作服的需要没有特殊建议。
- 更换：对于班后的衣服的更换需要没有特殊建议。

急救：

- 眼睛：如眼睛直接接触了该化学物质，要立即用大量水冲洗（灌洗）眼睛，冲洗时，不时翻开上下眼睑，并立即就医。
- 皮肤：如果该化学物质直接接触皮肤，立即用水冲洗污染的皮肤。如果该化学物质渗透进衣服，要迅速将衣服脱除，用水冲洗污染的皮肤，并迅速就医。

- 呼吸:如果接触者吸入大量该化学物质,立即将接触者移至新鲜空气处。如果呼吸停止,要进行人工呼吸,注意保暖和休息。尽快就医。

对呼吸器选择的建议:NIOSH/OSHA

~0.5 ppm:

- Sa:任何供气式呼吸器。指定防护因数=10。
- ScbaF:任何携气式呼吸器,配全面罩。指定防护因数=50。

§:应急抢险,或准备进入浓度未知环境,或进入 IDLH 环境:

- ScbaF:Pd,Pp:任何压力需气式或正压携气式呼吸器,配全面罩。指定防护因数=10 000。
- SaF:Pd,Pp:AScba:任何压力需气式或正压供气式呼吸器,配全面罩,配压力需气式或正压携气式辅助呼吸器。指定防护因数=10 000。

逃生:

- GmFS:任何空气过滤式全面罩呼吸器(防毒面具),配下颌式、前置式或背置式防该化学物质的滤毒罐。指定防护因数=50。¿
- ScbaE:任何适合逃生的携气式呼吸器。

有关呼吸器选择的其他重要信息参见相关标准。

接触途径:呼吸道,皮肤和/或眼睛直接接触。

症状:眼睛、皮肤、呼吸系统刺激;头痛;肺水肿;眼睛、皮肤灼伤(压力下接触该气体)。

靶器官:眼睛,皮肤,呼吸系统。

O

臭氧(Ozone)

O_3

异名和商品名: Triatomic oxygen

CAS No.:10028-15-6

RTECS No.:RS8225000

DOT ID 和指南号:

接触限值:NIOSH REL:C 0.1 ppm (0.2 mg/m³)

OSHA PEL †:TWA 0.1 ppm (0.2 mg/m³)

IDLH: 5 ppm　　**浓度换算系数:**1 ppm = 1.96 mg/m³

理化性质:无色至蓝色气体,具有强烈的刺激性气味。

分子量:48.0	沸点:-169 ℉
凝固点:-315 ℉	溶解度(32 ℉):0.001%
蒸气压:>1 大气压	电离电位:12.52 eV
相对密度:1.66	闪点:不适用
爆炸上限:不适用	爆炸下限:不适用

不易燃气体,是一种强氧化剂。

不相容性和反应性:全部可氧化的物质(包括有机物和无机物)。

测量方法:OSHA ID214

个人防护和卫生设施:

- 皮肤:对于个体皮肤防护装备的需要没有特殊建议。
- 眼睛:对眼部防护的需要没有特殊建议。
- 清洗皮肤:对于清洗皮肤上的污染物没有其他特殊的建议(包括立即清洗和班后清洗)。
- 脱除:对于脱除被污染或被弄湿的工作服的需要没有特殊建议。
- 更换:对于班后的衣服的更换需要没有特殊建议。

急救:

- 眼睛:就医。
- 呼吸:如果接触者吸入大量该化学物质,立即将接触者移至新鲜空气处。如果呼吸停止,要进行人工呼吸。如果呼吸困难,由训练有素人员帮助接触者吸入 100% 氧气。注意保暖和休息,尽快就医。

对呼吸器选择的建议:NIOSH/OSHA

~1 ppm:

- CcrS:任何空气过滤式半面罩呼吸器,配防该化学物质的滤毒盒。指定防护因数=10。¿

- Sa:任何供气式呼吸器。指定防护因数=10。

~2.5 ppm:

- Sa:Cf:任何连续供气式呼吸器。指定防护因数=25。
- PaprS:任何动力送风空气过滤式呼吸器,配有防该化学物质的滤毒盒。指定防护因数=25。¿

~5 ppm:

- CcrFS:任何空气过滤式全面罩呼吸器,配防该化学物质的滤毒盒。指定防护因数=50。¿
- GmFS:任何空气过滤式全面罩呼吸器(防毒面具),配下颌式、前置式或背置式防该化学物质的滤毒罐。指定防护因数=50。¿
- SaT:Cf:任何连续供气式呼吸器,配密合型面罩。指定防护因数=50。
- ScbaF:任何携气式呼吸器,配全面罩。指定防护因数=50。
- SaF:任何供气式呼吸器,配全面罩。指定防护因数=50。

§:应急抢险,或准备进入浓度未知环境,或进入 IDLH 环境:

- ScbaF:Pd,Pp:任何压力需气式或正压携气式呼吸器,配全面罩。指定防护因数=10 000。
- SaF:Pd,Pp:AScba:任何压力需气式或正压供气式呼吸器,配全面罩,配压力需气式或正压携气式辅助呼吸器。指定防护因数=10 000。

逃生:

- GmFS:任何空气过滤式全面罩呼吸器(防毒面具),配下颌式、前置式或背置式防该化学物质的滤毒罐。指定防护因数=50。¿
- ScbaE:任何适合逃生的携气式呼吸器。

有关呼吸器选择的其他重要信息参见相关标准。

接触途径:呼吸道,皮肤和/或眼睛直接接触。

症状:眼睛、黏膜刺激;肺水肿;慢性肺病。

靶器官:眼睛,呼吸系统。

石蜡烟(Paraffin wax fume)

C_nH_{2n+2}

异名和商品名: Paraffin fume, Paraffin scale fume

CAS No.:8002-74-2

RTECS No.:RV0350000

DOT ID 和指南号:

接触限值:NIOSH REL:TWA 2 mg/m^3

OSHA PEL †:无

IDLH: N.D. **浓度换算系数:**

理化性质:石蜡是一种白色至淡黄色无气味固体。[注:是高分子量烃混合物(如 $C_{36}H_{74}$)。]

分子量:350~420　沸点:未知

熔点:115~154 ℉　溶解度:不溶

蒸气压:未知　电离电位:未知

比重:0.88~0.92　闪点:390 ℉

爆炸上限:未知　爆炸下限:未知

可燃固体。

不相容性和反应性:未见报道。

测量方法:OSHA PV2047

个人防护和卫生设施:

- 皮肤:对于个体皮肤防护装备的需要没有特殊建议。
- 眼睛:佩戴合适的眼部防护用品,防止眼睛直接接触。
- 清洗皮肤:对于清洗皮肤上的污染物没有其他特殊的建议(包括立即清洗和班后清洗)。
- 脱除:对于脱除被污染或被弄湿的工作服的需要没有特殊建议。
- 更换:对于班后的衣服的更换需要没有特殊建议。

急救:

- 眼睛:如眼睛直接接触了该化学物质,要立即用大量水冲洗(灌洗)眼睛,冲洗时,不时翻开上下眼睑,并立即就医。
- 呼吸:如果接触者吸入大量该化学物质,立即将接触者移至新鲜空气处。如果呼吸停止,要进行人工呼吸,注意保暖和休息。尽快就医。

对呼吸器选择的建议:无。

有关呼吸器选择的其他重要信息参见相关标准。

接触途径:呼吸道,皮肤和/或眼睛直接接触。

症状:眼睛、皮肤、呼吸系统刺激;不适,恶心。

靶器官:眼睛,皮肤,呼吸系统。

P

百草枯[Paraquat (Paraquat dichloride)]

$CH_3(C_5H_4N)_2CH_3 \cdot 2Cl$

异名和商品名:对草快;1,1-二甲基-4,4-联吡啶二氯化物;N,N-二甲基-4,4-联吡啶二氯化物;1,1′-Dimethyl-4,4′-bipyridinium dichloride; N,N′-Dimethyl-4,4′-bipyridinium dichloride; Paraquat chloride; Paraquat dichloride [注:百草枯是阳离子($C_{12}H_{14}N_2^{2+}$),商品是百草枯的二氯盐。]

CAS No.:1910-42-5

RTECS No.:DW2275000

DOT ID 和指南号:

接触限值:NIOSH REL:TWA 0.1 mg/m^3(呼吸性颗粒物)[皮]

OSHA PEL †:TWA 0.5 mg/m^3(呼吸性颗粒物)[皮]

IDLH: 1 mg/m^3 **浓度换算系数:**

理化性质:黄色固体,具有淡淡的氨味。[除草剂][注:商品百草枯也有甲基硫酸盐 $C_{12}H_{14}N_2 \cdot 2CH_3SO_4$。]

分子量:257.2　沸点:分解

熔点:572 ℉(分解)　溶解度:与水互溶

蒸气压:<0.000 000 1 mmHg　电离电位:未知

比　　重:1.24　　闪　　点:不适用

爆炸上限:不适用　　爆炸下限:不适用

不可燃固体。

不相容性和反应性:强氧化剂,烷基芬醛磺酸酯湿剂。[注:腐蚀金属。在紫外光下分解。]

测量方法:NIOSH 5003

个人防护和卫生设施:

- 皮肤:穿戴合适的个人防护服,防止皮肤直接接触。
- 眼睛:佩戴合适的眼部防护用品,防止眼睛直接接触。
- 清洗皮肤:当皮肤受到污染时,应立即清洗污染的皮肤。
- 脱除:如果工作服被弄湿或受到了明显的污染,应该立即脱除并妥善处置。
- 更换:对于班后的衣服的更换需要没有特殊建议。
- 配备:在紧靠有可能接触该化学物质的工作场所,应配备快速冲淋身体的设备以应急使用。[注:这些设备应能够提供足量水或流动水,以将可能接触的身体任何部位上的该化学物质除去。实际配备适宜的快速冲淋设备取决于工作场所的具体条件。在某些情况下,必须及时进行大流量淋浴,而其他情况下只需要用一个水槽或软管供水就足够了。]

急救:

- 眼睛:如眼睛直接接触了该化学物质,要立即用大量水冲洗(灌洗)眼睛,冲洗时,不时翻开上下眼睑,并立即就医。
- 皮肤:如果该化学物质直接接触皮肤,立即用水冲洗污染的皮肤。如果该化学物质渗透进衣服,要迅速将衣服脱除,用水冲洗污染的皮肤,并迅速就医。
- 呼吸:如果接触者吸入大量该化学物质,立即将接触者移至新鲜空气处。如果呼吸停止,要进行人工呼吸,注意保暖和休息。尽快就医。
- 吞入:如果吞入该化学物质,应立即就医。

对呼吸器选择的建议:NIOSH

～1 mg/m³:

- CcrOv95:任何空气过滤式半面罩呼吸器,配有机蒸气滤毒盒和N95、R95或P95的综合防护过滤元件。也可使用以下过滤元件:N99、R99、P99、N100、R100、P100。指定防护因数=10。选择N、R或P过滤元件的信息见表4。*
- PaprOvHie:任何动力送风空气过滤式呼吸器,配有机蒸气和高效颗粒滤毒盒的综合防护过滤元件。指定防护因数=50。*
- Sa:任何供气式呼吸器。指定防护因数=10。*
- ScbaF:任何携气式呼吸器,配全面罩。指定防护因数=50。

§:应急抢险,或准备进入浓度未知环境,或进入IDLH环境:

- ScbaF:Pd,Pp:任何压力需气式或正压携气式呼吸器,配全面罩。指定防护因数=10 000。
- SaF:Pd,Pp:AScba:任何压力需气式或正压供气式呼吸器,配全面罩,配压力需气式或正压携气式辅助呼吸器。指定防护因数=10 000。

逃生:

- GmFOv100:任何空气过滤式全面罩呼吸器(防毒面具),配下颌式、前置式或背置式有机蒸气滤毒罐和N100、R100或P100的综合防护过滤元件。指定防护因数=50。选择N、R或P过滤元件的信息见表4。
- ScbaE:任何适合逃生的携气式呼吸器。

有关呼吸器选择的其他重要信息参见相关标准。

接触途径:呼吸道,皮肤吸收,胃肠道,皮肤和/或眼睛直接接触。

症状:眼睛、皮肤、鼻、咽喉、呼吸系统刺激;鼻出血;皮炎;指甲损害;胃肠道刺激;心、肝、肾损害。

靶器官:眼睛,皮肤,呼吸系统,心脏,肝,肾,胃肠道。

对硫磷(Parathion)　　CAS No.:56-38-2

$(C_2H_5O)_2P(S)OC_6H_4NO_2$　　RTECS No.:TF4550000

异名和商品名:1605;O,O-二乙基-O-(4-硝基苯基)硫代磷酸酯;O,O-Diethyl-O(p-nitrophenyl) phosphorothioate;Diethyl parathion;Ethyl parathion;Parathion-ethyl　　**DOT ID 和指南号**:2783 152

接触限值:NIOSH REL:TWA 0.05 mg/m^3[皮]
OSHA PEL:TWA 0.1 mg/m^3[皮]

IDLH:10 mg/m^3　　**浓度换算系数**:

理化性质:浅黄色至暗棕色液体,具有大蒜味。[注:43 ℉以下为固体。该农药可吸收在干燥载体上。]

分子量:291.3	沸点:707 ℉
凝固点:43 ℉	溶解度:0.001%
蒸气压:0.000 04 mmHg	电离电位:未知
比重:1.27	闪点(开杯):392 ℉
爆炸上限:未知	爆炸下限:未知

ⅢB类可燃液体——闪点等于或高于 200 ℉。

不相容性和反应性:强氧化剂,碱性物质。

测量方法:NIOSH 5600;OSHA 62

个人防护和卫生设施:

- 皮肤:穿戴合适的个人防护服,防止皮肤直接接触。
- 眼睛:佩戴合适的眼部防护用品,防止眼睛直接接触。
- 清洗皮肤:当皮肤受到污染时,应立即清洗污染的皮肤。
- 脱除:如果工作服被弄湿或受到了明显的污染,应该立即脱除并妥善处置。
- 更换:在离开工作场所前应当将可能受到污染的工作服更换成无污染的衣服。
- 配备:在劳动者可能接触该化学物质的作业场所,无论是否需要使用眼部防护用品,都应配备眼冲洗设备。在紧靠有可能接触该化学物质的工作场所,应配备快速冲淋身体的设备以应急使用。[注:这些设备应能够提供足量水或流动水,以将可能接触的身体任何部位上的该化学物质除去。实际配备适宜的快速冲淋设备取决于工作场所的具体条件。在某些情况下,必须及时进行大流量淋浴,而其他情况下只需要用一个水槽或软管供水就足够了。]

急救:

- 眼睛:如眼睛直接接触了该化学物质,要立即用大量水冲洗(灌洗)眼睛,冲洗时,不时翻开上下眼睑,并立即就医。
- 皮肤:如果该化学物质直接接触皮肤,立即用肥皂和水冲洗污染的皮肤。若该化学物质渗透进衣服,要立即将衣服脱除,用肥皂和水清洗污染的皮肤,并迅速就医。
- 呼吸:如果接触者吸入大量该化学物质,立即将接触者移至新鲜空气处。如果呼吸停止,要进行人工呼吸,注意保暖和休息。尽快就医。
- 吞入:如果吞入该化学物质,应立即就医。

对呼吸器选择的建议:NIOSH

~0.5 mg/m^3:

- CcrOv95:任何空气过滤式半面罩呼吸器,配有机蒸气滤毒盒和 N95、R95 或 P95 的综合防护过滤元件。也可使用以下过滤元件:N99、R99、P99、N100、R100、P100。指定防护因数=10。选择 N、R 或 P 过滤元件的信息见表 4。
- Sa:任何供气式呼吸器。指定防护因数=10。

~1.25 mg/m^3:

- Sa:Cf:任何连续供气式呼吸器。指定防护因数=25。
- PaprOvHie:任何动力送风空气过滤式呼吸器,配有机蒸气和高效颗粒滤毒盒的综合防护过滤元件。指定防护因数=50。

~2.5 mg/m^3:

- CcrFOv100:任何空气过滤式全面罩呼吸器,配有机蒸气滤毒盒和 N100、R100 或 P100 的综合防护过滤元件。指定防护因数=50。选择 N、R 或 P 过滤元件的信息见表 4。

P

- SaT：Cf:任何连续供气式呼吸器,配密合型面罩。指定防护因数=50。
- PaprTOvHie:任何动力送风空气过滤式呼吸器,配密合型面罩和有机蒸气和高效颗粒滤毒盒的综合防护过滤元件。指定防护因数=50。
- ScbaF:任何携气式呼吸器,配全面罩。指定防护因数=50。
- SaF:任何供气式呼吸器,配全面罩。指定防护因数=50。

~10 mg/m³:

- Sa:Pd,Pp:任何压力需气式或正压供气式呼吸器。指定防护因数=1 000。

§:应急抢险,或准备进入浓度未知环境,或进入 IDLH 环境:

- ScbaF：Pd,Pp:任何压力需气式或正压携气式呼吸器,配全面罩。指定防护因数=10 000。
- SaF：Pd,Pp：AScba:任何压力需气式或正压供气式呼吸器,配全面罩,配压力需气式或正压携气式辅助呼吸器。指定防护因数=10 000。

逃生:

- GmFOv100:任何空气过滤式全面罩呼吸器(防毒面具),配下颌式、前置式或背置式有机蒸气滤毒罐和N100、R100或P100的综合防护过滤元件。指定防护因数=50。选择N、R或P过滤元件的信息见表4。
- ScbaE:任何适合逃生的携气式呼吸器。

有关呼吸器选择的其他重要信息参见相关标准。

接触途径:呼吸道,皮肤吸收,胃肠道,皮肤和/或眼睛直接接触。

症状:眼睛、皮肤、呼吸系统刺激;瞳孔缩小;鼻漏;头痛;胸部紧迫感,喘鸣,喉痉挛,流涎,紫绀;厌食,恶心,呕吐,腹绞痛,腹泻;出汗;肌颤,乏力,瘫痪;眩晕,意识模糊,共济失调;惊厥,昏迷;血压下降;心律不齐。

靶器官:眼睛,皮肤,呼吸系统,中枢神经系统,心血管系统,血胆碱酯酶。

未作其他规定的颗粒物(Particulates not otherwise regulated)

CAS No.:

RTECS No.:

DOT ID 和指南号:

异名和商品名:惰性粉尘,公害尘,"Inert" dusts,Nuisance dusts,PNOR

[注:包括所有未在1910.1000中列出的矿物质,无机的惰性尘和公害尘。]

接触限值:NIOSH REL:见附录D

OSHA PEL:TWA 15 mg/m³(总颗粒物)

TWA 5 mg/m³(呼吸性颗粒物)

IDLH:N.D.　　**浓度换算系数:**

理化性质:来自固体物质的粉尘,没有职业接触标准。理化性质依粉尘不同而不同。

不相容性和反应性:不同。

测量方法:NIOSH 0500,0600

个人防护和卫生设施:

- 皮肤:对于个体皮肤防护装备的需要没有特殊建议。
- 眼睛:对眼部防护的需要没有特殊建议。
- 清洗皮肤:对于清洗皮肤上的污染物没有其他特殊的建议(包括立即清洗和班后清洗)。
- 脱除:对于脱除被污染或被弄湿的工作服的需要没有特殊建议。
- 更换:对于班后的衣服的更换需要没有特殊建议。

急救:

- 眼睛:如眼睛直接接触了该化学物质,要立即用大量水冲洗(灌洗)眼睛,冲洗时,不时翻开上下眼睑,并立即就医。

● 呼吸:如果接触者吸入大量该化学物质,立即将接触者移至新鲜空气处。通常不需要采取其他措施。

对呼吸器选择的建议:无。

有关呼吸器选择的其他重要信息参见相关标准。

接触途径:呼吸道,皮肤和/或眼睛直接接触。

症状:眼睛、皮肤、咽喉、上呼吸道刺激。

靶器官:眼睛,皮肤,呼吸系统。

戊硼烷(Pentaborane)　　CAS No.:19624-22-7

B_5H_9　　RTECS No.:RY8925000

异名和商品名:五硼烷,Pentaboron nonahydride　　DOT ID 和指南号:1380 135

接触限制:NIOSH REL: TWA 0.005 ppm (0.01 mg/m^3)
ST 0.015 ppm (0.03 mg/m^3)
OSHA PEL †:TWA 0.005 ppm (0.01 mg/m^3)

IDLH:1 ppm　　**浓度换算系数:**1 ppm = 2.58 mg/m^3

理化性质:无色液体,具有浓烈的酸牛奶样气味。

分子量:63.1	沸点:140 ℉
凝固点:−52 ℉	溶解度:与水反应
蒸气压:171 mmHg	电离电位:9.90 eV
比重:0.62	闪点:86 ℉
爆炸上限:未知	爆炸下限:0.42%

ⅠC 类易燃液体——闪点等于或高于 73 ℉,且低于 100 ℉。

不相容性和反应性:氧化剂,卤素,水,卤代烃。[注:在湿气中可自燃。腐蚀天然橡胶。在水中加热缓慢水解生成硼酸。]

测量方法:无。

个人防护和卫生设施:

● 皮肤:穿戴合适的个人防护服,防止皮肤直接接触。
● 眼睛:佩戴合适的眼部防护用品,防止眼睛直接接触。
● 清洗皮肤:当皮肤受到污染时,应立即清洗污染的皮肤。
● 脱除:如果工作服被可燃性物质(即闪点低于 100 ℉的液体)浸湿,应当立即脱除并妥善处置,以防着火。
● 更换:对于班后的衣服的更换需要没有特殊建议。
● 配备:在劳动者可能接触该化学物质的作业场所,无论是否需要使用眼部防护用品,都应配备眼冲洗设备。在紧靠有可能接触该化学物质的工作场所,应配备快速冲淋身体的设备以应急使用。[注:这些设备应能够提供足量水或流动水,以将可能接触的身体任何部位上的该化学物质除去。实际配备适宜的快速冲淋设备取决于工作场所的具体条件。在某些情况下,必须及时进行大流量淋浴,而其他情况下只需要用一个水槽或软管供水就足够了。]

急救:

● 眼睛:如眼睛直接接触了该化学物质,要立即用大量水冲洗(灌洗)眼睛,冲洗时,不时翻开上下眼睑,并立即就医。
● 皮肤:如果该化学物质直接接触皮肤,立即用肥皂和水冲洗污染的皮肤。若该化学物质渗透进衣服,要立即将衣服脱除,用肥皂和水清洗污染的皮肤,并迅速就医。
● 呼吸:如果接触者吸入大量该化学物质,立即将接触者移至新鲜空气处。如果呼吸停止,要进行人工呼吸,注意保暖和休息。尽快就医。
● 吞入:如果吞入该化学物质,应立即就医。

对呼吸器选择的建议:NIOSH/OSHA

~0.05 ppm:

● Sa:任何供气式呼吸器。指定防护因数=10。

P

~0.125 ppm：

- Sa：Cf：任何连续供气式呼吸器。指定防护因数=25。

~0.25 ppm：

- SaT：Cf：任何连续供气式呼吸器，配密合型面罩。指定防护因数=50。
- ScbaF：任何携气式呼吸器，配全面罩。指定防护因数=50。
- SaF：任何供气式呼吸器，配全面罩。指定防护因数=50。

~1 ppm：

- Sa：Pd，Pp：任何压力需气式或正压供气式呼吸器。指定防护因数=1 000。

§：应急抢险，或准备进入浓度未知环境，或进入IDLH环境：

- ScbaF：Pd，Pp：任何压力需气式或正压携气式呼吸器，配全面罩。指定防护因数=10 000。
- SaF：Pd，Pp：AScba：任何压力需气式或正压供气式呼吸器，配全面罩，配压力需气式或正压携气式辅助呼吸器。指定防护因数=10 000。

逃生：

- GmFS：任何空气过滤式全面罩呼吸器（防毒面具），配下颌式、前置式或背置式防该化学物质的滤毒罐。指定防护因数=50。
- ScbaE：任何适合逃生的携气式呼吸器。

有关呼吸器选择的其他重要信息参见相关标准。

接触途径：呼吸道，皮肤吸收，胃肠道，皮肤和/或眼睛直接接触。

症状：眼睛、皮肤刺激；眩晕，头痛，嗜睡，协调能力下降，震颤，惊厥，行为改变；面、颈、腹部、四肢强直性痉挛。

靶器官：眼睛，皮肤，中枢神经系统。

P

五氯乙烷（Pentachloroethane）　　CAS No.：76-01-7

$CHCl_2CCl_3$　　RTECS No.：KI6300000

异名和商品名：Ethane pentachloride，Pentalin　　DOT ID和指南号：1669 151

接触限值：NIOSH REL：在工作场所小心处理。
见附录C（氯乙烷）
OSHA PEL：无

IDLH：N.D.　　**浓度换算系数：**

理化性质：无色液体，具有略甜的氯仿样气味。

分子量：202.3	沸点：322 ℉
凝固点：−20 ℉	溶解度：0.05%
蒸气压：3 mmHg	电离电位：11.28 eV
比重：1.68	闪点：未知
爆炸上限：未知	爆炸下限：未知

可燃液体。

不相容性和反应性：（钠-钾合金+溴仿），碱，金属，水。[注：水解生成二氯乙酸，与碱和金属反应生成自发性爆炸物氯乙炔。]

测量方法：NIOSH 2517

个人防护和卫生设施：

- 皮肤：穿戴合适的个人防护服，防止皮肤直接接触。
- 眼睛：佩戴合适的眼部防护用品，防止眼睛直接接触。
- 清洗皮肤：当皮肤受到污染时，应立即清洗污染的皮肤。
- 脱除：如果工作服被弄湿或受到了明显的污染，应该立即脱除并妥善处置。
- 更换：对于班后的衣服的更换需要没有特殊建议。
- 配备：在劳动者可能接触该化学物质的作业场所，无论是否需要使用眼部防护用品，都应配备眼冲洗设备。在紧靠有可能接触该化学物质的工作场所，应配备快速冲淋身体的设备以应急使用。[注：这些设备应能够提供足量水或流动水，以将可能接触的身体任何部位上的该化学物质除去。实际配备适宜的快速冲淋设备取决于工作场所的具体条件。在某些情况下，必须及时进行大流量淋浴，而其他情况下只需要用一个水槽或软管供水就足够了。]

急救：

- 眼睛：如眼睛直接接触了该化学物质，要立即用大量水冲洗(灌洗)眼睛，冲洗时，不时翻开上下眼睑，并立即就医。
- 皮肤：如果该化学物质直接接触皮肤，用肥皂和水冲洗污染的皮肤。
- 呼吸：如果接触者吸入大量该化学物质，立即将接触者移至新鲜空气处。如果呼吸停止，要进行人工呼吸，注意保暖和休息。尽快就医。
- 吞入：如果吞入该化学物质，应立即就医。

对呼吸器选择的建议：无。
有关呼吸器选择的其他重要信息参见相关标准。

接触途径：呼吸道，胃肠道，皮肤和/或眼睛直接接触。

症状：动物：眼睛、皮肤刺激；乏力，坐立不安，呼吸不规则，肌肉运动失调；肝、肾、肺改变。

靶器官：眼睛，皮肤，呼吸系统，中枢神经系统，肝，肾。

五氯(化)萘(Pentachloronaphthalene)

$C_{10}H_3Cl_5$

CAS No.：1321-64-8
RTECS No.：QK0300000

异名和商品名：1,2,3,4,5-五氯萘；1,2,3,4,5-Pentachloronaphthalene；Halowax® 1013

DOT ID 和指南号：

接触限值：NIOSH REL：TWA 0.5 mg/m³[皮]
OSHA PEL：TWA 0.5 mg/m³[皮]

IDLH：见附录 F　　**浓度换算系数：**

理化性质：浅黄色或白色固体或粉末，具有芳香气味。

分子量：300.4	沸点：636 ℉
熔点：248 ℉	溶解度：不溶
蒸气压：<1 mmHg	电离电位：未知
比重：1.67	闪点：不适用
爆炸上限：不适用	爆炸下限：不适用

不可燃固体。

不相容性和反应性：强氧化剂。

测量方法：NIOSH S96 (Ⅱ-2)

个人防护和卫生设施：

- 皮肤：穿戴合适的个人防护服，防止皮肤直接接触。
- 眼睛：佩戴合适的眼部防护用品，防止眼睛直接接触。
- 清洗皮肤：当皮肤受到污染时，应立即清洗污染的皮肤。
- 脱除：如果工作服被弄湿或受到了明显的污染，应该立即脱除并妥善处置。
- 更换：在离开工作场所前应当将可能受到污染的工作服更换成无污染的衣服。

急救：

- 眼睛：如眼睛直接接触了该化学物质，要立即用大量水冲洗(灌洗)眼睛，冲洗时，不时翻开上下眼睑，并立即就医。
- 皮肤：如果固体化学物质或含有该化学物质的溶液直接接触皮肤，迅速用肥皂和水清洗污染的皮肤。如清洗后刺激持续存在，应就医。若该熔融状态的化学物质直接接触皮肤或不透水的衣服，应立即用大量水冲洗受影响的部位以降温。并立即就医。
- 呼吸：如果接触者吸入大量该化学物质，立即将接触者移至新鲜空气处。如果呼吸停止，要进行人工呼吸，注意保暖和休息。尽快就医。
- 吞入：如果吞入该化学物质，应立即就医。

对呼吸器选择的建议：NIOSH/OSHA

~5 mg/m³：

- Sa：任何供气式呼吸器。指定防护因数=10。*
- ScbaF：任何携气式呼吸器，配全面罩。指定防护因数=50。

§:应急抢险,或准备进入浓度未知环境,或进入 IDLH 环境:

- ScbaF:Pd,Pp:任何压力需气式或正压携气式呼吸器,配全面罩。指定防护因数=10 000。
- SaF:Pd,Pp:AScba:任何压力需气式或正压供气式呼吸器,配全面罩,配压力需气式或正压携气式辅助呼吸器。指定防护因数=10 000。

逃生:

- GmFOv100:任何空气过滤式全面罩呼吸器(防毒面具),配下颌式、前置式或背置式有机蒸气滤毒罐和 N100、R100 或 P100 的综合防护过滤元件。指定防护因数=50。选择 N、R 或 P 过滤元件的信息见表 4。
- ScbaE:任何适合逃生的携气式呼吸器。

(见附录 F)

有关呼吸器选择的其他重要信息参见相关标准。

接触途径:呼吸道,皮肤吸收,胃肠道,皮肤和/或眼睛直接接触。

症状:头痛,乏力,眩晕,厌食;瘙痒症,痤疮性皮疹;黄疸,肝坏死。

靶器官:皮肤,肝,中枢神经系统。

P

五氯酚(Pentachlorophenol) CAS No.:87-86-5

C_6Cl_5OH RTECS No.:SM6300000

异名和商品名:2,3,4,5,6-五氯苯酚;PCP;Penta;2,3,4,5,6-Pentachlorophenol DOT ID 和指南号:3155 154

接触限值:NIOSH REL:TWA 0.5 mg/m³[皮]

OSHA PEL:TWA 0.5 mg/m³[皮]

IDLH: 2.5 mg/m³ **浓度换算系数:**

理化性质:无色至白色晶体,具有苯样气味。[杀真菌剂]

分子量:266.4	沸点:588 ℉(分解)
熔点:374 ℉	溶解度:0.001%
蒸气压(77 ℉):0.000 1mmHg	电离电位:不适用
比重:1.98	闪点:不适用
爆炸上限:不适用	爆炸下限:不适用

不可燃固体。

不相容性和反应性:强氧化剂,酸,碱。

测量方法:NIOSH 5512

个人防护和卫生设施:

- 皮肤:穿戴合适的个人防护服,防止皮肤直接接触。
- 眼睛:佩戴合适的眼部防护用品,防止眼睛直接接触。
- 清洗皮肤:当皮肤受到污染时,应立即清洗污染的皮肤。
- 脱除:如果工作服被弄湿或受到了明显的污染,应该立即脱除并妥善处置。
- 更换:在离开工作场所前应当将可能受到污染的工作服更换成无污染的衣服。
- 配备:在劳动者可能接触该化学物质的作业场所,无论是否需要使用眼部防护用品,都应配备眼冲洗设备。在紧靠有可能接触该化学物质的工作场所,应配备快速冲淋身体的设备以应急使用。[注:这些设备应能够提供足量水或流动水,以将可能接触的身体任何部位上的该化学物质除去。实际配备适宜的快速冲淋设备取决于工作场所的具体条件。在某些情况下,必须及时进行大流量淋浴,而其他情况下只需要用一个水槽或软管供水就足够了。]

急救:

- 眼睛:如眼睛直接接触了该化学物质,要立即用大量水冲洗(灌洗)眼睛,冲洗时,不时翻开上下眼睑,并立即就医。

- 皮肤：如果该化学物质直接接触皮肤，立即用肥皂和水冲洗污染的皮肤。若该化学物质渗透进衣服，要立即将衣服脱除，用肥皂和水清洗污染的皮肤，并迅速就医。
- 呼吸：如果接触者吸入大量该化学物质，立即将接触者移至新鲜空气处。如果呼吸停止，要进行人工呼吸，注意保暖和休息。尽快就医。
- 吞入：如果吞入该化学物质，应立即就医。

对呼吸器选择的建议：NIOSH/OSHA

~2.5 mg/m^3：

- CcrOv95：任何空气过滤式半面罩呼吸器，配有机蒸气滤毒盒和N95、R95或P95的综合防护过滤元件。也可使用以下过滤元件：N99、R99、P99、N100、R100、P100。指定防护因数＝10。选择N、R或P过滤元件的信息见表4。*
- PaprOvHie：任何动力送风空气过滤式呼吸器，配有机蒸气和高效颗粒滤毒盒的综合防护过滤元件。指定防护因数＝50。*
- Sa：任何供气式呼吸器。指定防护因数＝10。*
- ScbaF：任何携气式呼吸器，配全面罩。指定防护因数＝50。

§：应急抢险，或准备进入浓度未知环境，或进入IDLH环境：

- ScbaF：Pd，Pp：任何压力需气式或正压携气式呼吸器，配全面罩。指定防护因数＝10 000。
- SaF：Pd，Pp：AScba：任何压力需气式或正压供气式呼吸器，配全面罩，配压力需气式或正压携气式辅助呼吸器。指定防护因数＝10 000。

逃生：

- GmFOv100：任何空气过滤式全面罩呼吸器（防毒面具），配下颌式、前置式或背置式有机蒸气滤毒罐和N100、R100或P100的综合防护过滤元件。指定防护因数＝50。选择N、R或P过滤元件的信息见表4。
- ScbaE：任何适合逃生的携气式呼吸器。

有关呼吸器选择的其他重要信息参见相关标准。

接触途径：呼吸道，皮肤吸收，胃肠道，皮肤和/或眼睛直接接触。

症状：眼睛、鼻、咽喉刺激；打喷嚏，咳嗽；乏力，厌食，体重降低；出汗；头痛，眩晕；恶心，呕吐；呼吸困难，胸痛；高烧；皮炎。

靶器官：眼睛，皮肤，呼吸系统，心血管系统，肝，肾，中枢神经系统。

P

季戊四醇（Pentaerythritol）

$C(CH_2OH)_4$

CAS No.：115-77-5

RTECS No.：RZ2490000

DOT ID和指南号：

异名和商品名：2，2-bis（Hydroxymethyl）-1，3-propanediol；Methane tetramethylol；Monopentaerythritol；PE；Tetrahydroxymethylolmethane；Tetramethylolmethane

接触限值：NIOSH REL：TWA 10 mg/m^3（总颗粒物）
TWA 5 mg/m^3（呼吸性颗粒物）
OSHA PEL †：TWA 15 mg/m^3（总颗粒物）
TWA 5 mg/m^3（呼吸性颗粒物）

IDLH：N.D.　　**浓度换算系数：**

理化性质：无色至白色结晶，无气味粉末。［注：工业品为88%单季戊四醇和12%二季戊四醇。］

分子量：136.2	沸点：升华
熔点：500 ℉（升华）	溶解度（59 ℉）：6%
蒸气压：0.000 000 08 mmHg	电离电位：未知
比重：1.38	闪点：未知

P

爆炸上限:未知　　爆炸下限:未知

可燃固体。

不相容性和反应性:有机酸,氧化剂。[注:当加热季戊四醇和氯化硫代磷酰混合物时可生成爆炸性化合物。]

测量方法:NIOSH 0500,0600

个人防护和卫生设施:

- 皮肤:对于个体皮肤防护装备的需要没有特殊建议。
- 眼睛:对眼部防护的需要没有特殊建议。
- 清洗皮肤:对于清洗皮肤上的污染物没有其他特殊的建议(包括立即清洗和班后清洗)。
- 脱除:对于脱除被污染或被弄湿的工作服的需要没有特殊建议。
- 更换:对于班后的衣服的更换需要没有特殊建议。

急救:

- 眼睛:如眼睛直接接触了该化学物质,要立即用大量水冲洗(灌洗)眼睛,冲洗时,不时翻开上下眼睑,并立即就医。
- 皮肤:如果该化学物质直接接触皮肤,用水冲洗污染的皮肤。
- 呼吸:如果接触者吸入大量该化学物质,立即将接触者移至新鲜空气处。通常不需要采取其他措施。
- 吞入:如果吞入该化学物质,应立即就医。

对呼吸器选择的建议:无。

有关呼吸器选择的其他重要信息参见相关标准。

接触途径:呼吸道,胃肠道,皮肤和/或眼睛直接接触。

症状:眼睛、呼吸系统刺激。

靶器官:眼睛,呼吸系统。

正戊烷(n-Pentane)

$CH_3(CH_2)_3CH_3$

CAS No.:109-66-0

RTECS No.:RZ9450000

DOT ID 和指南号:1265 128

异名和商品名:戊烷,Pentane,normal-Pentane

接触限值:NIOSH REL:TWA 120 ppm (350 mg/m³)
C 610 ppm (1 800 mg/m³) [15 min]
OSHA PEL †:TWA 1 000 ppm (2 950 mg/m³)

IDLH: 1 500 ppm [10%爆炸下限]

浓度换算系数:1 ppm = 2.95 mg/m³

理化性质:无色液体,具有汽油味。[注:97 ℉以上为气体。可作燃料。]

分子量:72.2　　沸点:97 ℉

凝固点:−202 ℉　　溶解度:0.04%

蒸气压:420 mmHg　　电离电位:10.34 eV

比重:0.63　　闪点:−57 ℉

爆炸上限:7.8%　　爆炸下限:1.5%

ⅠA 类易燃液体——闪点低于 73 ℉,沸点低于 100 ℉。

不相容性和反应性:强氧化剂。

测量方法:NIOSH 1500;OSHA 7

个人防护和卫生设施:

- 皮肤:穿戴合适的个人防护服,防止皮肤直接接触。
- 眼睛:佩戴合适的眼部防护用品,防止眼睛直接接触。
- 清洗皮肤:当皮肤受到污染时,应立即清洗污染的皮肤。
- 脱除:如果工作服被可燃性物质(即闪点低于 100 ℉的液体)浸湿,应当立即脱除并妥善处置,以防着火。
- 更换:对于班后的衣服的更换需要没有特殊建议。

急救:

- 眼睛:如眼睛直接接触了该化学物质,要立即用大量水冲洗(灌洗)眼睛,冲洗时,不时翻开上下眼睑,并立即就医。
- 皮肤:如果该化学物质直接接触皮肤,立即用水冲洗污染的皮肤。如果该化学物质渗透进衣服,迅速将衣服脱除,用水冲洗污染的皮肤。若清洗后症状持续存在,应就医。

- 呼吸:如果接触者吸入大量该化学物质,立即将接触者移至新鲜空气处。如果呼吸停止,要进行人工呼吸,注意保暖和休息。尽快就医。
- 吞入:如果吞入该化学物质,应立即就医。

对呼吸器选择的建议:NIOSH

~1 200 ppm:

- Sa:任何供气式呼吸器。指定防护因数=10。

~1 500 ppm:

- Sa:Cf:任何连续供气式呼吸器。指定防护因数=25。
- ScbaF:任何携气式呼吸器,配全面罩。指定防护因数=50。
- SaF:任何供气式呼吸器,配全面罩。指定防护因数=50。

§:应急抢险,或准备进入浓度未知环境,或进入 IDLH 环境:

- ScbaF:Pd,Pp:任何压力需气式或正压携气式呼吸器,配全面罩。指定防护因数=10 000。
- SaF:Pd,Pp:AScba:任何压力需气式或正压供气式呼吸器,配全面罩,配压力需气式或正压携气式辅助呼吸器。指定防护因数=10 000。

逃生:

- GmFOv:任何空气过滤式全面罩呼吸器(防毒面具),配下颌式、前置式或背置式有机蒸气滤毒罐。指定防护因数=50。
- ScbaE:任何适合逃生的携气式呼吸器。

有关呼吸器选择的其他重要信息参见相关标准。

接触途径:呼吸道,胃肠道,皮肤和/或眼睛直接接触。

症状:眼睛、皮肤、鼻刺激;皮炎;化学性肺炎(吸入液体);嗜睡;动物:昏迷。

靶器官:眼睛,皮肤,呼吸系统,中枢神经系统。

P

1-戊硫醇(1-Pentanethiol)

$CH_3(CH_2)_4SH$

CAS No.:110-66-7

RTECS No.:SA3150000

DOT ID 和指南号:1111 130

异名和商品名:戊硫醇,Amyl hydrosulfide,Amyl mercaptan,Amyl sulfhydrate,Pentyl mercaptan

接触限值:NIOSH REL:C 0.5 ppm (2.1 mg/m³) [15 min]
OSHA PEL:无

IDLH:N.D. **浓度换算系数:**1 ppm = 4.26 mg/m³

理化性质:水白色至淡黄色液体,具有强烈的大蒜味。

分子量:104.2	沸点:260 ℉
凝固点:-104 ℉	溶解度:不溶
蒸气压(77 ℉):14 mmHg	电离电位:未知
比重:0.84	闪点(开杯):65 ℉
爆炸上限:未知	爆炸下限:未知

ⅠB类易燃液体——闪点低于 73 ℉,沸点等于或高于 100 ℉。

不相容性和反应性:氧化剂,还原剂,碱金属,次氯酸钙,浓硝酸。

测量方法:无。

个人防护和卫生设施:

- 皮肤:穿戴合适的个人防护服,防止皮肤直接接触。
- 眼睛:佩戴合适的眼部防护用品,防止眼睛直接接触。
- 清洗皮肤:当皮肤受到污染时,应立即清洗污染的皮肤。
- 脱除:如果工作服被可燃性物质(即闪点低于 100 ℉的液体)浸湿,应当立即脱除并妥善处置,以防着火。
- 更换:对于班后的衣服的更换需要没有特殊建议。

急救:

- 眼睛:如眼睛直接接触了该化学物质,要立即用大量水冲洗(灌洗)眼睛,冲洗时,不时翻开上下眼睑,并立即就医。

- 皮肤：如果该化学物质直接接触皮肤，立即用肥皂和水冲洗污染的皮肤。若该化学物质渗透进衣服，要立即将衣服脱除，用肥皂和水清洗污染的皮肤，并迅速就医。
- 呼吸：如果接触者吸入大量该化学物质，立即将接触者移至新鲜空气处。如果呼吸停止，要进行人工呼吸，注意保暖和休息。尽快就医。
- 吞入：如果吞入该化学物质，应立即就医。

对呼吸器选择的建议：NIOSH

~5 ppm：

- CcrOv：任何空气过滤式半面罩呼吸器，配防有机蒸气的滤毒盒。指定防护因数＝10。
- Sa：任何供气式呼吸器。指定防护因数＝10。

~12.5 ppm：

- Sa：Cf：任何连续供气式呼吸器。指定防护因数＝25。
- PaprOv：任何动力送风空气过滤式呼吸器，配有机蒸气滤毒盒。指定防护因数＝25。

~25 ppm：

- CcrFOv：任何空气过滤式全面罩呼吸器，配有机蒸气滤毒盒。指定防护因数＝50。
- GmFOv：任何空气过滤式全面罩呼吸器（防毒面具），配下颌式、前置式或背置式有机蒸气滤毒罐。指定防护因数＝50。
- PaprTOv：任何动力送风空气过滤式呼吸器，配密合型面罩和有机蒸气滤毒盒。指定防护因数＝50。
- ScbaF：任何携气式呼吸器，配全面罩。指定防护因数＝50。
- SaF：任何供气式呼吸器，配全面罩。指定防护因数＝50。

§：应急抢险，或准备进入浓度未知环境，或进入 IDLH 环境：

- ScbaF：Pd，Pp：任何压力需气式或正压携气式呼吸器，配全面罩。指定防护因数＝10 000。
- SaF：Pd，Pp：AScba：任何压力需气式或正压供气式呼吸器，配全面罩，配压力需气式或正压携气式辅助呼吸器。指定防护因数＝10 000。

逃生：

- GmFOv：任何空气过滤式全面罩呼吸器（防毒面具），配下颌式、前置式或背置式有机蒸气滤毒罐。指定防护因数＝50。
- ScbaE：任何适合逃生的携气式呼吸器。

有关呼吸器选择的其他重要信息参见相关标准。

接触途径：呼吸道，胃肠道，皮肤和/或眼睛直接接触。

症状：眼睛、皮肤、鼻、咽喉、呼吸系统刺激；头痛，恶心，眩晕；呕吐，腹泻；皮炎，皮肤致敏。

靶器官：眼睛，皮肤，呼吸系统，中枢神经系统。

2-戊酮（2-Pentanone）

$CH_3COCH_2CH_2CH_3$

异名和商品名：甲基丙基甲酮，乙基丙酮，Ethyl acetone，Methyl propyl ketone，MPK

CAS No.：107-87-9

RTECS No.：SA7875000

DOT ID 和指南号：1249 127

接触限值：NIOSH REL：TWA 150 ppm（530 mg/m^3）

OSHA PEL †：TWA 200 ppm（700 mg/m^3）

IDLH：1 500 ppm　**浓度换算系数：**1 ppm ＝ 3.52 mg/m^3

理化性质：无色至水白色液体，具有丙酮味。

分子量	86.1	沸点	215 ℉
凝固点	－108 ℉	溶解度	6％
蒸气压	27 mmHg	电离电位	9.39 eV
比重	0.81	闪点	45 ℉
爆炸上限	8.2％	爆炸下限	1.5％

ⅠB类易燃液体——闪点低于 73 ℉,沸点等于或高于 100 ℉。不相容性和反应性:氧化剂,三氟化溴。

测量方法:NIOSH 1300,2555

个人防护和卫生设施:

- 皮肤:穿戴合适的个人防护服,防止皮肤直接接触。
- 眼睛:佩戴合适的眼部防护用品,防止眼睛直接接触。
- 清洗皮肤:当皮肤受到污染时,应立即清洗污染的皮肤。
- 脱除:如果工作服被可燃性物质(即闪点低于 100 ℉的液体)浸湿,应当立即脱除并妥善处置,以防着火。
- 更换:对于班后的衣服的更换需要没有特殊建议。

急救:

- 眼睛:如眼睛直接接触了该化学物质,要立即用大量水冲洗(灌洗)眼睛,冲洗时,不时翻开上下眼睑,并立即就医。
- 皮肤:如果该化学物质直接接触皮肤,用水冲洗污染的皮肤。如存在皮肤刺激症状,应就医。
- 呼吸:如果接触者吸入大量该化学物质,立即将接触者移至新鲜空气处。如果呼吸停止,要进行人工呼吸,注意保暖和休息。尽快就医。
- 吞入:如果吞入该化学物质,应立即就医。

对呼吸器选择的建议:NIOSH

~1 500 ppm:

- CcrOv:任何空气过滤式半面罩呼吸器,配防有机蒸气的滤毒盒。指定防护因数=10。*
- PaprOv:任何动力送风空气过滤式呼吸器,配有机蒸气滤毒盒。指定防护因数=25。*
- GmFOv:任何空气过滤式全面罩呼吸器(防毒面具),配下颌式、前置式或背置式有机蒸气滤毒罐。指定防护因数=50。
- Sa:任何供气式呼吸器。指定防护因数=10。*
- ScbaF:任何携气式呼吸器,配全面罩。指定防护因数=50。

§:应急抢险,或准备进入浓度未知环境,或进入 IDLH 环境:

- ScbaF:Pd,Pp:任何压力需气式或正压携气式呼吸器,配全面罩。指定防护因数=10 000。
- SaF:Pd,Pp:AScba:任何压力需气式或正压供气式呼吸器,配全面罩,配压力需气式或正压携气式辅助呼吸器。指定防护因数=10 000。

逃生:

- GmFOv:任何空气过滤式全面罩呼吸器(防毒面具),配下颌式、前置式或背置式有机蒸气滤毒罐。指定防护因数=50。
- ScbaE:任何适合逃生的携气式呼吸器。

有关呼吸器选择的其他重要信息参见相关标准。

接触途径:呼吸道,胃肠道,皮肤和/或眼睛直接接触。

症状:眼睛、皮肤、黏膜刺激;头痛;皮炎;麻醉,昏迷。

靶器官:眼睛,皮肤,呼吸系统,中枢神经系统。

P

全氯甲硫醇(Perchloromethyl mercaptan)

Cl_3CSCl

CAS No.:594-42-3

RTECS No.:PB0370000

DOT ID 和指南号:1670 157

异名和商品名:过氯甲硫醇,三氯硫氯甲烷,四氯硫代碳酰,PCM,PMM,Trichloromethane sulfenyl chloride,Trichloromethyl sulfur chloride

接触限值:NIOSH REL:TWA 0.1 ppm (0.8 mg/m³)
OSHA PEL:TWA 0.1 ppm (0.8 mg/m³)

IDLH:10 ppm　**浓度换算系数:**1 ppm = 7.60 mg/m³

理化性质:浅黄色油状液体,具有难闻的刺激气味。

分子量:185.9　沸点:297 ℉(分解)
凝固点:未知　溶解度:不溶
蒸气压:3 mmHg　电离电位:未知
比重:1.69　闪点:不适用
爆炸上限:不适用　爆炸下限:不适用
不可燃液体,但助燃。
不相容性和反应性:碱,胺,热铁,水。[注:对大多数金属具有腐蚀性。遇水形成盐酸、硫和二氧化碳。]

测量方法:无。

个人防护和卫生设施:

- 皮肤:穿戴合适的个人防护服,防止皮肤直接接触。
- 眼睛:佩戴合适的眼部防护用品,防止眼睛直接接触。
- 清洗皮肤:当皮肤受到污染时,应立即清洗污染的皮肤。
- 脱除:如果工作服被弄湿或受到了明显的污染,应该立即脱除并妥善处置。
- 更换:对于班后的衣服的更换需要没有特殊建议。

急救:

- 眼睛:如眼睛直接接触了该化学物质,要立即用大量水冲洗(灌洗)眼睛,冲洗时,不时翻开上下眼睑,并立即就医。
- 皮肤:如果该化学物质直接接触皮肤,立即用肥皂和水冲洗污染的皮肤。若该化学物质渗透进衣服,要立即将衣服脱除,用肥皂和水清洗污染的皮肤,并迅速就医。
- 呼吸:如果接触者吸入大量该化学物质,立即将接触者移至新鲜空气处。如果呼吸停止,要进行人工呼吸,注意保暖和休息。尽快就医。
- 吞入:如果吞入该化学物质,应立即就医。

对呼吸器选择的建议:NIOSH/OSHA

~1 ppm:

- CcrOv:任何空气过滤式半面罩呼吸器,配防有机蒸气的滤毒盒。指定防护因数=10。*
- Sa:任何供气式呼吸器。指定防护因数=10。*

~2.5 ppm:

- Sa∶Cf:任何连续供气式呼吸器。指定防护因数=25。*
- PaprOv:任何动力送风空气过滤式呼吸器,配有机蒸气滤毒盒。指定防护因数=25。*

~5 ppm:

- CcrFOv:任何空气过滤式全面罩呼吸器,配有机蒸气滤毒盒。指定防护因数=50。
- GmFOv:任何空气过滤式全面罩呼吸器(防毒面具),配下颌式、前置式或背置式有机蒸气滤毒罐。指定防护因数=50。
- PaprTOv:任何动力送风空气过滤式呼吸器,配密合型面罩和有机蒸气滤毒盒。指定防护因数=50。*
- SaT∶Cf:任何连续供气式呼吸器,配密合型面罩。指定防护因数=50。*
- ScbaF:任何携气式呼吸器,配全面罩。指定防护因数=50。
- SaF:任何供气式呼吸器,配全面罩。指定防护因数=50。

~10 ppm:

- SaF∶Pd,Pp:任何压力需气式或正压供气式呼吸器,配全面罩。指定防护因数=2 000。

§:应急抢险,或准备进入浓度未知环境,或进入 IDLH 环境:

- ScbaF∶Pd,Pp:任何压力需气式或正压携气式呼吸器,配全面罩。指定防护因数=10 000。
- SaF∶Pd,Pp∶AScba:任何压力需气式或正压供气式呼吸器,配全面罩,配压力需气式或正压携气式辅助呼吸器。指定防护因数=10 000。

逃生:

- GmFOv:任何空气过滤式全面罩呼吸器(防毒面具),配下颌式、前置式或背置式有机蒸气滤毒罐。指定防护因数=50。
- ScbaE:任何适合逃生的携气式呼吸器。

有关呼吸器选择的其他重要信息参见相关标准。

接触途径:呼吸道,皮肤吸收,胃肠道,皮肤和/或眼睛直接接触。

症状:眼睛、皮肤、鼻、咽喉刺激;流泪;咳嗽,呼吸困难,深呼吸疼痛,粗啰音;呕吐;面色苍白,心动过速;酸中毒;无尿;肝、肾损害。

靶器官:眼睛,皮肤,呼吸系统,肝,肾。

氟化过氯氧(Perchloryl fluoride)

ClO_3F

异名和商品名:氟化过氯酰,Chlorine fluoride oxide,Chlorine oxyfluoride,Trioxychlorofluoride

CAS No.:7616-94-6

RTECS No.:SD1925000

DOT ID 和指南号:3083 124

接触限值:NIOSH REL:TWA 3 ppm (14 mg/m³)
ST 6 ppm (28 mg/m³)
OSHA PEL †:TWA 3 ppm (13.5 mg/m³)

IDLH:100 ppm **浓度换算系数:**1 ppm = 4.19 mg/m³

理化性质:无色气体,具有特异的甜味。[注:以压缩液化气运输。]

分子量:102.5 沸点:-52 ℉
凝固点:-234 ℉ 溶解度:0.06%
蒸气压:10.5 大气压 电离电位:13.60 eV
相对密度:3.64 闪点:不适用
爆炸上限:不适用 爆炸下限:不适用
不易燃气体,但助燃。
不相容性和反应性:可燃物,强碱,胺,金属粉,还原剂,醇。

测量方法:无。

个人防护和卫生设施:

- 皮肤:压缩气体快速膨胀时可产生低温。泄漏和使用能快速膨胀的压缩气体,可产生冻伤危害。穿戴合适的个人防护服,防止皮肤冻伤。
- 眼睛:佩戴合适的眼部防护用品,防止眼睛直接接触液体后因低温引起灼伤或组织损伤。
- 清洗皮肤:对于清洗皮肤上的污染物没有其他特殊的建议(包括立即清洗和班后清洗)。
- 脱除:对于脱除被污染或被弄湿的工作服的需要没有特殊建议。
- 更换:对于班后的衣服的更换需要没有特殊建议。
- 配备:在紧靠有可能接触极低温液体或迅速蒸发的液体的工作场所,应配备快速冲淋洗浴设备和/或眼冲洗设备,以应急使用。

急救:

- 眼睛:如果眼组织冻伤,要立即就医。如果眼组织没有冻伤,要立即用大量水彻底冲洗至少 15 min,并不时翻开上下眼睑,如果眼睛刺激、疼痛、肿胀、流泪和畏光持续存在,应尽快就医。
- 皮肤:如果发生冻伤,要立即就医,不要揉擦或用水冲洗冻伤部位;为防止组织进一步受损,不要试图将冻结的衣服从冻伤部位脱除。如未发生冻伤,立即用肥皂和水彻底清洗污染的皮肤。
- 呼吸:如果接触者吸入大量该化学物质,立即将接触者移至新鲜空气处。如果呼吸停止,要进行人工呼吸,注意保暖和休息。尽快就医。

对呼吸器选择的建议:NIOSH/OSHA

~30 ppm:

- Sa:任何供气式呼吸器。指定防护因数=10。

~75 ppm:

- Sa:Cf:任何连续供气式呼吸器。指定防护因数=25。*

P

~100 ppm：
- ScbaF：任何携气式呼吸器，配全面罩。指定防护因数=50。
- SaF：任何供气式呼吸器，配全面罩。指定防护因数=50。

§：应急抢险，或准备进入浓度未知环境，或进入 IDLH 环境：
- ScbaF：Pd，Pp：任何压力需气式或正压携气式呼吸器，配全面罩。指定防护因数=10 000。
- SaF：Pd，Pp：AScba：任何压力需气式或正压供气式呼吸器，配全面罩，配压力需气式或正压携气式辅助呼吸器。指定防护因数=10 000。

逃生：
- GmFS：任何空气过滤式全面罩呼吸器（防毒面具），配下颌式、前置式或背置式防该化学物质的滤毒罐。指定防护因数=50。¿
- ScbaE：任何适合逃生的携气式呼吸器。

有关呼吸器选择的其他重要信息参见相关标准。

接触途径：呼吸道，皮肤和/或眼睛直接接触（液体）。

症状：呼吸系统刺激；液体：冻伤；动物：高铁血红蛋白血症；紫绀；乏力，眩晕，头痛；肺水肿；肺炎；缺氧。

靶器官：皮肤，呼吸系统，血液。

P

珍珠岩（Perlite）

CAS No.：93763-70-3
RTECS No.：SD5254000
DOT ID 和指南号：

异名和商品名：膨胀珍珠岩，Expanded perlite [注：由硅酸钠、硅酸钾、硅酸铝构成的无定型物质。]

接触限值：NIOSH REL：TWA 10 mg/m³（总颗粒物）
TWA 5 mg/m³（呼吸性颗粒物）
OSHA PEL：TWA 15 mg/m³（总颗粒物）
TWA 5 mg/m³（呼吸性颗粒物）

IDLH：N.D.　　**浓度换算系数：**

理化性质：无气味，浅灰色至玻璃黑色固体。[注：延展的珍珠岩是一种绒毛状白色颗粒物。]

分子量：不同	沸点：未知
熔点：>2 000 ℉	溶解度：<1%
蒸气压：0 mmHg（约）	电离电位：不适用
比重：2.2～2.4（粗糙的） 0.05～0.3（延展的）	闪点：不适用
爆炸上限：不适用	爆炸下限：不适用

不可燃固体。

不相容性和反应性：未见报道。

测量方法：NIOSH 0500，0600

个人防护和卫生设施：
- 皮肤：对于个体皮肤防护装备的需要没有特殊建议。
- 眼睛：对眼部防护的需要没有特殊建议。
- 清洗皮肤：对于清洗皮肤上的污染物没有其他特殊的建议（包括立即清洗和班后清洗）。
- 脱除：对于脱除被污染或被弄湿的工作服的需要没有特殊建议。
- 更换：对于班后的衣服的更换需要没有特殊建议。

急救：
- 眼睛：如眼睛直接接触了该化学物质，要立即用大量水冲洗（灌洗）眼睛，冲洗时，不时翻开上下眼睑，并立即就医。
- 呼吸：如果接触者吸入大量该化学物质，立即将接触者移至新鲜空气处。通常不需要采取其他措施。

对呼吸器选择的建议：无。

有关呼吸器选择的其他重要信息参见相关标准。

接触途径：呼吸道，皮肤和/或眼睛直接接触。

症状:眼睛、皮肤、咽喉、上呼吸道刺激。	**靶器官**:眼睛,皮肤,呼吸系统。

石油馏出物(石脑油)[Petroleum distillates (naphtha)]

CAS No.:8002-05-9

RTECS No.:SE7449000

异名和商品名:橡胶溶剂,Aliphatic petroleum naphtha,Petroleum naphtha,Rubber solvent

DOT ID 和指南号:

接触限值:NIOSH REL:TWA 350 mg/m^3

C 1 800 mg/m^3[15 min]

OSHA PEL †:TWA 500 ppm (2 000 mg/m^3)

IDLH:1 100 ppm [10%爆炸下限]

浓度换算系数:1 ppm = 4.05 mg/m^3

理化性质:无色液体,具有汽油或煤油味。[注:是可能含有少量芳香烃脂肪烃(C_5~C_{13})的混合物。]

分子量:99(约)	沸点:86~460 ℉
凝固点:-99 ℉	溶解度:不溶
蒸气压:40 mmHg(约)	电离电位:未知
比重:0.63~0.66	闪点:-40~-86 ℉
爆炸上限:5.9%	爆炸下限:1.1%

易燃液体。

不相容性和反应性:强氧化剂。

测量方法:NIOSH 1550

个人防护和卫生设施:

- 皮肤:穿戴合适的个人防护服,防止皮肤直接接触。
- 眼睛:佩戴合适的眼部防护用品,防止眼睛直接接触。
- 清洗皮肤:当皮肤受到污染时,应立即清洗污染的皮肤。
- 脱除:如果工作服被可燃性物质(即闪点低于 100 ℉的液体)浸湿,应当立即脱除并妥善处置,以防着火。
- 更换:对于班后的衣服的更换需要没有特殊建议。

急救:

- 眼睛:如眼睛直接接触了该化学物质,要立即用大量水冲洗(灌洗)眼睛,冲洗时,不时翻开上下眼睑,并立即就医。
- 皮肤:如果该化学物质直接接触皮肤,迅速用肥皂和水冲洗污染的皮肤。若该化学物质渗透进衣服,要迅速将衣服脱除,用肥皂和水清洗污染的皮肤,并迅速就医。
- 呼吸:如果接触者吸入大量该化学物质,立即将接触者移至新鲜空气处。如果呼吸停止,要进行人工呼吸,注意保暖和休息。尽快就医。
- 吞入:如果吞入该化学物质,应立即就医。

对呼吸器选择的建议:NIOSH

~850 ppm:

- Sa:任何供气式呼吸器。指定防护因数=10。

~1 100 ppm:

- Sa:Cf:任何连续供气式呼吸器。指定防护因数=25。*
- ScbaF:任何携气式呼吸器,配全面罩。指定防护因数=50。
- SaF:任何供气式呼吸器,配全面罩。指定防护因数=50。

§:应急抢险,或准备进入浓度未知环境,或进入 IDLH 环境:

- ScbaF:Pd,Pp:任何压力需气式或正压携气式呼吸器,配全面罩。指定防护因数=10 000。
- SaF:Pd,Pp:AScba:任何压力需气式或正压供气式呼吸器,配全面罩,配压力需气式或正压携气式辅助呼吸器。指定防护因数=10 000。

逃生:

- GmFOv:任何空气过滤式全面罩呼吸器(防毒面具),配下颌式、前置式或背置式有机蒸气滤毒罐。指定防护因数=50。
- ScbaE:任何适合逃生的携气式呼吸器。

有关呼吸器选择的其他重要信息参见相关标准。

P

接触途径:呼吸道,胃肠道,皮肤和/或眼睛直接接触。

症状:眼睛、鼻、咽喉刺激;眩晕,嗜睡,头痛,恶心;皮肤干裂;化学性肺炎(吸入液体)。

靶器官:眼睛,皮肤,呼吸系统,中枢神经系统。

P

苯酚(Phenol)

C_6H_5OH

异名和商品名:石炭酸,Carbolic acid,Hydroxybenzene,Monohydroxybenzene,Phenyl alcohol,Phenyl hydroxide

CAS No.:108-95-2

RTECS No.:SJ3325000

DOT ID 和指南号:1671 153(固体);

2312 153(熔融物);

2821 153(溶液)

接触限值: NIOSH REL:TWA 5 ppm (19 mg/m³)[皮]

C 15.6 ppm (60 mg/m³)[15 min]

OSHA PEL:TWA 5 ppm (19 mg/m³) [皮]

IDLH: 250 ppm　**浓度换算系数**:1 ppm = 3.85 mg/m³

理化性质:无色至淡粉红色晶体,具有甜的刺激气味。[注:苯酚液化剂用约8%水混合。]

分子量:94.1	沸点:359 ℉
熔点:109 ℉	溶解度(77 ℉):9%
蒸气压:0.4 mmHg	电离电位:8.50 eV
比重:1.06	闪点:175 ℉
爆炸上限:8.6%	爆炸下限:1.8%

可燃固体。

不相容性和反应性:强氧化剂,次氯酸钙,氯化铝,酸。

测量方法:NIOSH 2546;OSHA 32

个人防护和卫生设施:

- 皮肤:穿戴合适的个人防护服,防止皮肤直接接触。
- 眼睛:佩戴合适的眼部防护用品,防止眼睛直接接触。
- 清洗皮肤:当皮肤受到污染时,应立即清洗污染的皮肤。
- 脱除:如果工作服被弄湿或受到了明显的污染,应该立即脱除并妥善处置。
- 更换:在离开工作场所前应当将可能受到污染的工作服更换成无污染的衣服。
- 配备:在劳动者可能接触该化学物质的作业场所,无论是否需要使用眼部防护用品,都应配备眼冲洗设备。在紧靠有可能接触该化学物质的工作场所,应配备快速冲淋身体的设备以应急使用。[注:这些设备应能够提供足量水或流动水,以将可能接触的身体任何部位上的该化学物质除去。实际配备适宜的快速冲淋设备取决于工作场所的具体条件。在某些情况下,必须及时进行大流量淋浴,而其他情况下只需要用一个水槽或软管供水就足够了。]

急救:

- 眼睛:如眼睛直接接触了该化学物质,要立即用大量水冲洗(灌洗)眼睛,冲洗时,不时翻开上下眼睑,并立即就医。
- 皮肤:如果该化学物质直接接触皮肤,立即用肥皂和水冲洗污染的皮肤。若该化学物质渗透进衣服,要立即将衣服脱除,用肥皂和水清洗污染的皮肤,并迅速就医。
- 呼吸:如果接触者吸入大量该化学物质,立即将接触者移至新鲜空气处。如果呼吸停止,要进行人工呼吸,注意保暖和休息。尽快就医。
- 吞入:如果吞入该化学物质,应立即就医。

对呼吸器选择的建议:NIOSH/OSHA

～50 ppm：

- CcrOv95：任何空气过滤式半面罩呼吸器，配有机蒸气滤毒盒和 N95、R95 或 P95 的综合防护过滤元件。也可使用以下过滤元件：N99、R99、P99、N100、R100、P100。指定防护因数＝10。选择 N、R 或 P 过滤元件的信息见表 4。
- Sa：任何供气式呼吸器。指定防护因数＝10。

～125 ppm：

- Sa：Cf：任何连续供气式呼吸器。指定防护因数＝25。
- PaprOvHie：任何动力送风空气过滤式呼吸器，配有机蒸气和高效颗粒滤毒盒的综合防护过滤元件。指定防护因数＝50。

～250 ppm：

- CcrFOv100：任何空气过滤式全面罩呼吸器，配有机蒸气滤毒盒和 N100、R100 或 P100 的综合防护过滤元件。指定防护因数＝50。选择 N、R 或 P 过滤元件的信息见表 4。
- GmFOv100：任何空气过滤式全面罩呼吸器（防毒面具），配下颌式、前置式或背置式有机蒸气滤毒罐和 N100、R100 或 P100 的综合防护过滤元件。指定防护因数＝50。选择 N、R 或 P 过滤元件的信息见表 4。
- PaprTOvHie：任何动力送风空气过滤式呼吸器，配密合型面罩和有机蒸气和高效颗粒滤毒盒的综合防护过滤元件。指定防护因数＝50。
- ScbaF：任何携气式呼吸器，配全面罩。指定防护因数＝50。
- SaF：任何供气式呼吸器，配全面罩。指定防护因数＝50。

§：应急抢险，或准备进入浓度未知环境，或进入 IDLH 环境：

- ScbaF：Pd，Pp：任何压力需气式或正压携气式呼吸器，配全面罩。指定防护因数＝10 000。
- SaF：Pd，Pp：AScba：任何压力需气式或正压供气式呼吸器，配全面罩，配压力需气式或正压携气式辅助呼吸器。指定防护因数＝10 000。

逃生：

- GmFOv100：任何空气过滤式全面罩呼吸器（防毒面具），配下颌式、前置式或背置式有机蒸气滤毒罐和 N100、R100 或 P100 的综合防护过滤元件。指定防护因数＝50。选择 N、R 或 P 过滤元件的信息见表 4。
- ScbaE：任何适合逃生的携气式呼吸器。

有关呼吸器选择的其他重要信息参见相关标准。

接触途径：呼吸道，皮肤吸收，胃肠道，皮肤和/或眼睛直接接触。

症状：眼睛、鼻、咽喉刺激；厌食，体重下降；乏力，肌肉疼痛；黑尿；紫绀；肝、肾损害；皮肤灼伤；皮炎；褐黄症；震颤，惊厥，颤搐。

靶器官：眼睛，皮肤，呼吸系统，肝，肾。

P

吩噻嗪（Phenothiazine）　　CAS No.：92-84-2

$S(C_6H_4)_2NH$　　RTECS No.：SN5075000

异名和商品名：硫氮杂蒽，硫代二苯胺，Dibenzothiazine，Fenothiazine，Thiodiphenylamine　　DOT ID 和指南号：

接触限值：NIOSH REL：TWA 5 mg/m^3［皮］
OSHA PEL †：无

IDLH：N. D.　　**浓度换算系数：**

理化性质:浅灰绿色至浅黄绿色固体。[杀虫剂]

分 子 量:199.3　　沸　点:700 ℉
熔　点:365 ℉　　溶 解 度:不溶
蒸 气 压:0 mmHg (约)　　电离电位:未知
比　重:未知　　闪　点:未知
爆炸上限:未知　　爆炸下限:未知
可燃固体,但没有火灾的高度危险。
不相容性和反应性:未见报道。

测量方法:OSHA PV2048

个人防护和卫生设施:

- 皮肤:穿戴合适的个人防护服,防止皮肤直接接触。
- 眼睛:对眼部防护的需要没有特殊建议。
- 清洗皮肤:当皮肤受到污染时,应立即清洗污染的皮肤。/每天工作班结束后,进食、吸烟、喝水前都应该清洗可能受到污染的皮肤。
- 脱除:如果工作服被弄湿或受到了明显的污染,应该立即脱除并妥善处置。
- 更换:在离开工作场所前应当将可能受到污染的工作服更换成无污染的衣服。

急救:

- 眼睛:如眼睛直接接触了该化学物质,要立即用大量水冲洗(灌洗)眼睛,冲洗时,不时翻开上下眼睑,并立即就医。
- 皮肤:如果该化学物质直接接触皮肤,迅速用肥皂和水冲洗污染的皮肤。若该化学物质渗透进衣服,要迅速将衣服脱除,用肥皂和水清洗污染的皮肤,并迅速就医。
- 呼吸:如果接触者吸入大量该化学物质,立即将接触者移至新鲜空气处。如果呼吸停止,要进行人工呼吸,注意保暖和休息。尽快就医。
- 吞入:如果吞入该化学物质,应立即就医。

对呼吸器选择的建议:无。
有关呼吸器选择的其他重要信息参见相关标准。

接触途径:呼吸道,皮肤吸收,胃肠道,皮肤和/或眼睛直接接触。

症状:皮肤瘙痒、刺激、变红;肝炎,溶血性贫血,腹绞痛,心动过速;肾损害;皮肤光过敏。

靶器官:皮肤,心血管系统,肝,肾。

对苯二胺(p-Phenylene diamine)

$C_6H_4(NH_2)_2$

CAS No.:106-50-3
RTECS No.:SS8050000
DOT ID 和指南号:1673 153

异名和商品名:4-氨基苯胺;1,4-苯二胺;4-Aminoaniline;1,4-Benzenediamine;p-Diaminobenzene;1,4-Diaminobenzene;1,4-Phenylene diamine

接触限值:NIOSH REL:TWA 0.1 mg/m^3[皮]
OSHA PEL:TWA 0.1 mg/m^3[皮]

IDLH: 25 mg/m^3　　**浓度换算系数:**

理化性质:白色至淡红色晶体。

分 子 量:108.2　　沸　点:513 ℉
熔　点:295 ℉　　溶解度(75 ℉):4%
蒸 气 压:<1 mmHg　　电离电位:6.89 eV
比　重:未知　　闪　点:312 ℉
爆炸上限:未知　　爆炸下限:未知
可燃固体。
不相容性和反应性:强氧化剂。

测量方法:OSHA 87

个人防护和卫生设施:

- 皮肤:穿戴合适的个人防护服,防止皮肤直接接触。
- 眼睛:佩戴合适的眼部防护用品,防止眼睛直接接触。
- 清洗皮肤:当皮肤受到污染时,应立即清洗污染的皮肤。/每天工作班结束后,进食、吸烟、喝水前都应该清洗可能受到污染的皮肤。
- 脱除:如果工作服被弄湿或受到了明显的污染,应该立即脱除并妥善处置。
- 更换:在离开工作场所前应当将可能受到污染的工作服更换成无污染的衣服。

急救:

- 眼睛:如眼睛直接接触了该化学物质,要立即用大量水冲洗(灌洗)眼睛,冲洗时,不时翻开上下眼睑,并立即就医。
- 皮肤:如果该化学物质直接接触皮肤,迅速用肥皂和水冲洗污染的皮肤。若该化学物质渗透进衣服,要迅速将衣服脱除,用肥皂和水清洗污染的皮肤,并迅速就医。
- 呼吸:如果接触者吸入大量该化学物质,立即将接触者移至新鲜空气处。如果呼吸停止,要进行人工呼吸,注意保暖和休息。尽快就医。
- 吞入:如果吞入该化学物质,应立即就医。

对呼吸器选择的建议:NIOSH/OSHA

~2.5 mg/m^3:

- Sa:Cf:任何连续供气式呼吸器。指定防护因数=25。£

~5 mg/m^3:

- ScbaF:任何携气式呼吸器,配全面罩。指定防护因数=50。
- SaF:任何供气式呼吸器,配全面罩。指定防护因数=50。

~25 mg/m^3:

- SaF:Pd,Pp:任何压力需气式或正压供气式呼吸器,配全面罩。指定防护因数=2 000。

§:应急抢险,或准备进入浓度未知环境,或进入 IDLH 环境:

- ScbaF:Pd,Pp:任何压力需气式或正压携气式呼吸器,配全面罩。指定防护因数=10 000。
- SaF:Pd,Pp:AScba:任何压力需气式或正压供气式呼吸器,配全面罩,配压力需气式或正压携气式辅助呼吸器。指定防护因数=10 000。

逃生:

- GmFS100:任何空气过滤式全面罩呼吸器(防毒面具),配下颌式、前置式或背置式防该化学物质的滤毒罐和N100、R100 或 P100 的综合防护过滤元件。指定防护因数=50。选择 N、R 或 P 过滤元件的信息见表 4。
- ScbaE:任何适合逃生的携气式呼吸器。

有关呼吸器选择的其他重要信息参见相关标准。

接触途径:呼吸道,皮肤吸收,胃肠道,皮肤和/或眼睛直接接触。

症状:咽、喉刺激;支气管哮喘;致敏性皮炎。

靶器官:呼吸系统,皮肤。

P

苯基醚(蒸气)[Phenyl ether (vapor)]　　CAS No.:101-84-8

$C_6H_5OC_6H_5$　　RTECS No.:KN8970000

异名和商品名:二苯醚,Diphenyl ether,Diphenyl oxide,Phenoxy benzene,Phenyl oxide　　**DOT ID 和指南号:**

接触限值:NIOSH REL:TWA 1 ppm (7 mg/m^3)
OSHA PEL:TWA 1 ppm (7 mg/m^3)

IDLH: 100 ppm　　**浓度换算系数:**1 ppm = 6.96 mg/m^3

理化性质:无色晶体或液体(82 ℉以上),具有天竺葵样气味。

分子量:170.2　　沸点:498 ℉
熔点:82 ℉　　溶解度:不溶
蒸气压(77 ℉):0.02 mmHg　　电离电位:8.09 eV

比　　重：1.08　　闪　　点：239 ℉

爆炸上限：6.0%　　爆炸下限：0.7%

可燃固体。

ⅢB类可燃液体——闪点等于或高于200℉。

不相容性和反应性：强氧化剂。

测量方法：NIOSH 1617；OSHA PV2022

个人防护和卫生设施：

- 皮肤：穿戴合适的个人防护服，防止皮肤直接接触。
- 眼睛：佩戴合适的眼部防护用品，防止眼睛直接接触。
- 清洗皮肤：当皮肤受到污染时，应立即清洗污染的皮肤。
- 脱除：如果工作服被弄湿或受到了明显的污染，应该立即脱除并妥善处置。
- 更换：对于班后的衣服的更换需要没有特殊建议。

急救：

- 眼睛：如眼睛直接接触了该化学物质，要立即用大量水冲洗（灌洗）眼睛，冲洗时，不时翻开上下眼睑，并立即就医。
- 皮肤：如果该化学物质直接接触皮肤，迅速用肥皂和水冲洗污染的皮肤。若该化学物质渗透进衣服，要迅速将衣服脱除，用肥皂和水清洗污染的皮肤，并迅速就医。
- 呼吸：如果接触者吸入大量该化学物质，立即将接触者移至新鲜空气处。如果呼吸停止，要进行人工呼吸，注意保暖和休息。尽快就医。

对呼吸器选择的建议：NIOSH/OSHA

～25 ppm：

- Sa：Cf：任何连续供气式呼吸器。指定防护因数＝25。£
- PaprOvHie：任何动力送风空气过滤式呼吸器，配有机蒸气和高效颗粒滤毒盒的综合防护过滤元件。指定防护因数＝50。£

～50 ppm：

- CcrFOv100：任何空气过滤式全面罩呼吸器，配有机蒸气滤毒盒和N100、R100或P100的综合防护过滤元件。指定防护因数＝50。选择N、R或P过滤元件的信息见表4。
- GmFOv100：任何空气过滤式全面罩呼吸器（防毒面具），配下颌式、前置式或背置式有机蒸气滤毒罐和N100、R100或P100的综合防护过滤元件。指定防护因数＝50。选择N、R或P过滤元件的信息见表4。
- ScbaF：任何携气式呼吸器，配全面罩。指定防护因数＝50。
- SaF：任何供气式呼吸器，配全面罩。指定防护因数＝50。

～100 ppm：

- SaF：Pd，Pp：任何压力需气式或正压供气式呼吸器，配全面罩。指定防护因数＝2 000。

§：应急抢险，或准备进入浓度未知环境，或进入IDLH环境：

- ScbaF：Pd，Pp：任何压力需气式或正压携气式呼吸器，配全面罩。指定防护因数＝10 000。
- SaF：Pd，Pp：AScba：任何压力需气式或正压供气式呼吸器，配全面罩，配压力需气式或正压携气式辅助呼吸器。指定防护因数＝10 000。

逃生：

- GmFOv100：任何空气过滤式全面罩呼吸器（防毒面具），配下颌式、前置式或背置式有机蒸气滤毒罐和N100、R100或P100的综合防护过滤元件。指定防护因数＝50。选择N、R或P过滤元件的信息见表4。
- ScbaE：任何适合逃生的携气式呼吸器。

有关呼吸器选择的其他重要信息参见相关标准。

接触途径：呼吸道，皮肤和/或眼睛直接接触。

症状：眼睛、鼻、皮肤刺激；恶心。

靶器官：眼睛，皮肤，呼吸系统。

苯基醚-联苯混合物(蒸气)[Phenyl ether-biphenyl mixture (vapor)]

$C_6H_5OC_6H_5/C_6H_5C_6H_5$

异名和商品名: 二苯醚-联苯混合物,Diphenyl oxide-diphenyl mixture,Dowtherm® A

CAS No.: 8004-13-5
RTECS No.: DV1500000
DOT ID 和指南号:

接触限值: NIOSH REL:TWA 1 ppm (7 mg/m³)
OSHA PEL:TWA 1 ppm (7 mg/m³)

IDLH: 10 ppm　**浓度换算系数:** 1 ppm = 6.79 mg/m³(约)

理化性质: 无色至淡黄色液体或固体(54 ℉以下),具有令人不快的芳香气味。[注:常见是 75% 苯基醚和 25% 联苯混合物。]

分子量:166(约)	沸点:495 ℉
凝固点:54 ℉	溶解度:不溶
蒸气压(77 ℉):0.08 mmHg	电离电位:未知
比重(77 ℉):1.06	闪点:239 ℉
爆炸上限:未知	爆炸下限:未知

ⅢB 类可燃液体——闪点等于或高于 200 ℉。

不相容性和反应性:强氧化剂。

测量方法: NIOSH 2013

个人防护和卫生设施:

- 皮肤:穿戴合适的个人防护服,防止皮肤直接接触。
- 眼睛:佩戴合适的眼部防护用品,防止眼睛直接接触。
- 清洗皮肤:当皮肤受到污染时,应立即清洗污染的皮肤。
- 脱除:如果工作服被弄湿或受到了明显的污染,应该立即脱除并妥善处置。
- 更换:对于班后的衣服的更换需要没有特殊建议。

急救:

- 眼睛:如眼睛直接接触了该化学物质,要立即用大量水冲洗(灌洗)眼睛,冲洗时,不时翻开上下眼睑,并立即就医。
- 皮肤:如果该化学物质直接接触皮肤,迅速用肥皂和水冲洗污染的皮肤。若该化学物质渗透进衣服,要迅速将衣服脱除,用肥皂和水清洗污染的皮肤,并迅速就医。
- 呼吸:如果接触者吸入大量该化学物质,立即将接触者移至新鲜空气处。如果呼吸停止,要进行人工呼吸,注意保暖和休息。尽快就医。

对呼吸器选择的建议: NIOSH/OSHA

~10 ppm:

- Sa:Cf:任何连续供气式呼吸器。指定防护因数=25。£
- CcrFOv100:任何空气过滤式全面罩呼吸器,配有机蒸气滤毒盒和 N100、R100 或 P100 的综合防护过滤元件。指定防护因数=50。选择 N、R 或 P 过滤元件的信息见表 4。
- GmFOv100:任何空气过滤式全面罩呼吸器(防毒面具),配下颌式、前置式或背置式有机蒸气滤毒罐和 N100、R100 或 P100 的综合防护过滤元件。指定防护因数=50。选择 N、R 或 P 过滤元件的信息见表 4。
- PaprOvHie:任何动力送风空气过滤式呼吸器,配有机蒸气和高效颗粒滤毒盒的综合防护过滤元件。指定防护因数=50。£
- ScbaF:任何携气式呼吸器,配全面罩。指定防护因数=50。
- SaF:任何供气式呼吸器,配全面罩。指定防护因数=50。

§:应急抢险,或准备进入浓度未知环境,或进入 IDLH 环境:

- ScbaF:Pd,Pp:任何压力需气式或正压携气式呼吸器,配全面罩。指定防护因数=10 000。
- SaF:Pd,Pp:AScba:任何压力需气式或正压供气式呼吸器,配全面罩,配压力需气式或正压携气式辅助呼吸器。指定防护因数=10 000。

逃生:

- GmFOv100:任何空气过滤式全面罩呼吸器(防毒面具),

P

配下颌式、前置式或背置式有机蒸气滤毒罐和 N100、R100 或 P100 的综合防护过滤元件。指定防护因数=50。选择 N、R 或 P 过滤元件的信息见表 4。

- ScbaE：任何适合逃生的携气式呼吸器。

有关呼吸器选择的其他重要信息参见相关标准。

接触途径：呼吸道，皮肤和/或眼睛直接接触。

症状：眼睛、鼻、皮肤刺激；恶心。

靶器官：眼睛，皮肤，呼吸系统。

苯基缩水甘油醚(Phenyl glycidyl ether)

$C_9H_{10}O_2$

CAS No.：122-60-1

RTECS No.：TZ3675000

异名和商品名：1,2-环氧-3-苯氧丙烷；双环氧丙烷苯基醚；1,2-Epoxy-3-phenoxy propane；Glycidyl phenyl ether；PGE；Phenyl 2,3-epoxypropyl ether

DOT ID 和指南号：

P

接触限值：NIOSH REL：Ca C 1 ppm (6 mg/m^3) [15min]

见附录 A

OSHA PEL †：TWA 10 ppm (60 mg/m^3)

IDLH：Ca [100 ppm]　**浓度换算系数：**1 ppm = 6.14 mg/m^3

理化性质：无色液体。[注：38 ℉以下为固体。]

分子量：	150.1	沸点：	473 ℉
凝固点：	38 ℉	溶解度：	0.2%
蒸气压：	0.01 mmHg	电离电位：	未知
比重：	1.11	闪点：	248 ℉
爆炸上限：	未知	爆炸下限：	未知

ⅢB 类可燃液体——闪点等于或高于 200 ℉。

不相容性和反应性：强氧化剂，胺，强酸，强碱。

测量方法：NIOSH 1619；OSHA 7

个人防护和卫生设施：

- 皮肤：穿戴合适的个人防护服，防止皮肤直接接触。
- 眼睛：佩戴合适的眼部防护用品，防止眼睛直接接触。
- 清洗皮肤：当皮肤受到污染时，应立即清洗污染的皮肤。
- 脱除：如果工作服被弄湿或受到了明显的污染，应该立即脱除并妥善处置。
- 更换：对于班后的衣服的更换需要没有特殊建议。
- 配备：在劳动者可能接触该化学物质的作业场所，无论是否需要使用眼部防护用品，都应配备眼冲洗设备。在紧靠有可能接触该化学物质的工作场所，应配备快速冲淋身体的设备以应急使用。[注：这些设备应能够提供足量水或流动水，以将可能接触的身体任何部位上的该化学物质除去。实际配备适宜的快速冲淋设备取决于工作场所的具体条件。在某些情况下，必须及时进行大流量淋浴，而其他情况下只需要用一个水槽或软管供水就足够了。]

急救：

- 眼睛：如眼睛直接接触了该化学物质，要立即用大量水冲洗(灌洗)眼睛，冲洗时，不时翻开上下眼睑，并立即就医。
- 皮肤：如果该化学物质直接接触皮肤，迅速用肥皂和水冲洗污染的皮肤。若该化学物质渗透进衣服，要迅速将衣服脱除，用肥皂和水清洗污染的皮肤，并迅速就医。
- 呼吸：如果接触者吸入大量该化学物质，立即将接触者移至新鲜空气处。如果呼吸停止，要进行人工呼吸，注意保暖和休息。尽快就医。
- 吞入：如果吞入该化学物质，应立即就医。

对呼吸器选择的建议：NIOSH

¥:高于 NIOSH REL 的浓度;或当没有 REL 时,任何可以检测到的浓度:

- ScbaF:Pd,Pp:任何压力需气式或正压携气式呼吸器,配全面罩。指定防护因数=10 000。
- SaF:Pd,Pp:AScba:任何压力需气式或正压供气式呼吸器,配全面罩,配压力需气式或正压携气式辅助呼吸器。指定防护因数=10 000。

逃生:

- GmFOv:任何空气过滤式全面罩呼吸器(防毒面具),配下颌式、前置式或背置式有机蒸气滤毒罐。指定防护因数=50。
- ScbaE:任何适合逃生的携气式呼吸器。

有关呼吸器选择的其他重要信息参见相关标准。

接触途径:呼吸道,皮肤吸收,胃肠道,皮肤和/或眼睛直接接触。

症状:眼睛、皮肤、上呼吸道刺激;皮肤致敏;麻醉;可能的造血、生殖效应;[潜在职业性致癌物]。

靶器官:眼睛,皮肤,中枢神经系统,造血系统,生殖系统。

致癌部位:[动物:鼻癌]。

P

苯肼(Phenylhydrazine)

$C_6H_5NHNH_2$

异名和商品名:苯基联胺,Hydrazinobenzene,Monophenylhydrazine

CAS No.:100-63-0

RTECS No.:MV8925000

DOT ID 和指南号:2572 153

接触限值:NIOSH REL:Ca C 0.14 ppm (0.6 mg/m³) [2 h] [皮] 见附录 A

OSHA PEL †:TWA 5 ppm (22 mg/m³) [皮]

IDLH: Ca [15 ppm]　**浓度换算系数:**1 ppm = 4.42 mg/m³

理化性质:无色至浅黄色液体或固体 (67 ℉以下),具有淡淡的芳香气味。

分子量:108.1	沸点:470 ℉ (分解)
凝固点:67 ℉	溶解度:微溶
蒸气压(77 ℉):0.04 mmHg	电离电位:7.64 eV
比重:1.10	闪点:190 ℉
爆炸上限:未知	爆炸下限:未知

ⅢA 类可燃液体——闪点等于或高于 140℉且低于 200℉。

可燃固体。

不相容性和反应性:强氧化剂,二氧化铅。

测量方法:NIOSH 3518

个人防护和卫生设施:

- 皮肤:穿戴合适的个人防护服,防止皮肤直接接触。
- 眼睛:佩戴合适的眼部防护用品,防止眼睛直接接触。
- 清洗皮肤:当皮肤受到污染时,应立即清洗污染的皮肤。/每天工作班结束后,进食、吸烟、喝水前都应该清洗可能受到污染的皮肤。
- 脱除:如果工作服被弄湿或受到了明显的污染,应该立即脱除并妥善处置。
- 更换:在离开工作场所前应当将可能受到污染的工作服更换成无污染的衣服。
- 配备:在劳动者可能接触该化学物质的作业场所,无论是否需要使用眼部防护用品,都应配备眼冲洗设备。在紧靠有可能接触该化学物质的工作场所,应配备快速冲淋身体的设备以应急使用。[注:这些设备应能够提供足量水或流动水,以将可能接触的身体任何部位

上的化学物质除去。实际配备适宜的快速冲淋设备取决于工作场所的具体条件。在某些情况下,必须及时进行大流量淋浴,而其他情况下只需要用一个水槽或软管供水就足够了。]

急救:

- 眼睛:如眼睛直接接触了该化学物质,要立即用大量水冲洗(灌洗)眼睛,冲洗时,不时翻开上下眼睑,并立即就医。
- 皮肤:如果该化学物质直接接触皮肤,立即用肥皂和水冲洗污染的皮肤。若该化学物质渗透进衣服,要立即将衣服脱除,用肥皂和水清洗污染的皮肤,并迅速就医。
- 呼吸:如果接触者吸入大量该化学物质,立即将接触者移至新鲜空气处。如果呼吸停止,要进行人工呼吸,注意保暖和休息。尽快就医。
- 吞入:如果吞入该化学物质,应立即就医。

对呼吸器选择的建议:NIOSH

¥:高于 NIOSH REL 的浓度;或当没有 REL 时,任何可以检测到的浓度:

- ScbaF:Pd,Pp:任何压力需气式或正压携气式呼吸器,配全面罩。指定防护因数=10 000。
- SaF:Pd,Pp:AScba:任何压力需气式或正压供气式呼吸器,配全面罩,配压力需气式或正压携气式辅助呼吸器。指定防护因数=10 000。

逃生:

- ScbaE:任何适合逃生的携气式呼吸器。

有关呼吸器选择的其他重要信息参见相关标准。

接触途径:呼吸道,皮肤吸收,胃肠道,皮肤和/或眼睛直接接触。

症状:皮肤致敏,溶血性贫血,呼吸困难,紫绀;黄疸;肾损害;血管栓塞;[潜在职业性致癌物]。

靶器官:血液,呼吸系统,肝,肾,皮肤。

致癌部位:[动物:肺、肝、血管及肠肿瘤]。

P

N-苯基-β-萘胺(N-Phenyl-β-naphthylamine)

$C_{10}H_7NHC_6H_5$

CAS No.:135-88-6

RTECS No.:QM4550000

DOT ID 和指南号:

异名和商品名:N-苯基-2-萘胺,2-Anilinonaphthalene,β-Naphthylphenylamine,PBNA,2-Phenylaminonaphthalene,Phenyl-β-naphthylamine

接触限值:NIOSH REL:Ca* 见附录 A [* 注:因为可代谢为 β-萘胺。]

OSHA PEL:无

IDLH: Ca [N. D.]　　**浓度换算系数:**

理化性质:白色至黄色晶体,或灰色至褐色片状或粉状固体。[注:商品含有 20~30 ppm β-萘胺。]

分子量:219.3	沸点:743 ℉
熔点:226 ℉	溶解度:不溶
蒸气压:未知	电离电位:未知
比重:1.24	闪点:未知

爆炸上限:未知　　爆炸下限:未知

可燃固体。

不相容性和反应性:氧化剂。

测量方法:OSHA 96

个人防护和卫生设施:

- 皮肤:穿戴合适的个人防护服,防止皮肤直接接触。
- 眼睛:佩戴合适的眼部防护用品,防止眼睛直接接触。
- 清洗皮肤:当皮肤受到污染时,应立即清洗污染的皮肤。/每天工作班结束后,进食、吸烟、喝水前都应该清洗可能受到污染的皮肤。

- 脱除：如果工作服被弄湿或受到了明显的污染，应该立即脱除并妥善处置。
- 更换：在离开工作场所前应当将可能受到污染的工作服更换成无污染的衣服。
- 配备：在劳动者可能接触该化学物质的作业场所，无论是否需要使用眼部防护用品，都应配备眼冲洗设备。在紧靠有可能接触该化学物质的工作场所，应配备快速冲淋身体的设备以应急使用。[注：这些设备应能够提供足量水或流动水，以将可能接触的身体任何部位上的该化学物质除去。实际配备适宜的快速冲淋设备取决于工作场所的具体条件。在某些情况下，必须及时进行大流量淋浴，而其他情况下只需要用一个水槽或软管供水就足够了。]

急救：

- 眼睛：如眼睛直接接触了该化学物质，要立即用大量水冲洗(灌洗)眼睛，冲洗时，不时翻开上下眼睑，并立即就医。
- 皮肤：如果该化学物质直接接触皮肤，立即用肥皂和水冲洗污染的皮肤。若该化学物质渗透进衣服，要立即将衣服脱除，用肥皂和水清洗污染的皮肤，并迅速就医。
- 呼吸：如果接触者吸入大量该化学物质，立即将接触者移至新鲜空气处。如果呼吸停止，要进行人工呼吸，注意保暖和休息。尽快就医。
- 吞入：如果吞入该化学物质，应立即就医。

对呼吸器选择的建议：NIOSH

¥：高于 NIOSH REL 的浓度；或当没有 REL 时，任何可以检测到的浓度：

- ScbaF：Pd，Pp：任何压力需气式或正压携气式呼吸器，配全面罩。指定防护因数＝10 000。
- SaF：Pd，Pp：AScba：任何压力需气式或正压供气式呼吸器，配全面罩，配压力需气式或正压携气式辅助呼吸器。指定防护因数＝10 000。

逃生：

- GmFOv100：任何空气过滤式全面罩呼吸器(防毒面具)，配下颌式、前置式或背置式有机蒸气滤毒罐和 N100、R100 或 P100 的综合防护过滤元件。指定防护因数＝50。选择 N、R 或 P 过滤元件的信息见表 4。
- ScbaE：任何适合逃生的携气式呼吸器。

有关呼吸器选择的其他重要信息参见相关标准。

接触途径：呼吸道，皮肤吸收，胃肠道，皮肤和/或眼睛直接接触。

症状：刺激；白斑；痤疮，光敏；[潜在职业性致癌物]。

靶器官：眼睛，皮肤，膀胱。

致癌部位：[膀胱癌]。

P

苯膦(Phenylphosphine)

$C_6H_5PH_2$

异名和商品名：Fenylfosfin，PF，Phosphaniline

CAS No.：638-21-1

RTECS No.：SZ2100000

DOT ID 和指南号：

接触限值：NIOSH REL：C 0.05 ppm (0.25 mg/m^3)

OSHA PEL †：无

IDLH：N.D.　　**浓度换算系数：**1 ppm ＝ 4.50 mg/m^3

理化性质：透明的无色液体，具有恶臭气味。

分子量：110.1	沸点：320 ℉
凝固点：未知	溶解度：不溶
蒸气压：未知	电离电位：未知
比重(59 ℉)：1.001	闪点：未知
爆炸上限：未知	爆炸下限：未知

可燃液体。
不相容性和反应性：未见报道。[注：在空气中高浓度可自燃。当在 392 ℉加热多膦酸盐时，可能接触气态苯膦。]

测量方法：无。

个人防护和卫生设施：
- 皮肤：穿戴合适的个人防护服，防止皮肤直接接触。
- 眼睛：佩戴合适的眼部防护用品，防止眼睛直接接触。
- 清洗皮肤：每天工作班结束后，进食、吸烟、喝水前都应该清洗可能受到污染的皮肤。
- 脱除：如果工作服被弄湿或受到了明显的污染，应该立即脱除并妥善处置。
- 更换：对于班后的衣服的更换需要没有特殊建议。

急救：
- 眼睛：如眼睛直接接触了该化学物质，要立即用大量水冲洗（灌洗）眼睛，冲洗时，不时翻开上下眼睑，并立即就医。
- 皮肤：如果该化学物质直接接触皮肤，用肥皂和水冲洗污染的皮肤。
- 呼吸：如果接触者吸入大量该化学物质，立即将接触者移至新鲜空气处。如果呼吸停止，要进行人工呼吸，注意保暖和休息。尽快就医。
- 吞入：如果吞入该化学物质，应立即就医。

对呼吸器选择的建议：无。
有关呼吸器选择的其他重要信息参见相关标准。

接触途径：呼吸道，胃肠道，皮肤和/或眼睛直接接触。

症状：动物：血液改变，贫血，睾丸退化；食欲下降，腹泻，流泪，后肢震颤；皮炎。

靶器官：血液，中枢神经系统，皮肤，生殖系统。

甲拌磷(Phorate)

$(C_2H_5O)_2P(S)SCH_2SC_2H_5$

异名和商品名：3911；福瑞松；西梅脱；O,O-二乙基-S-(乙硫基甲基)二硫代磷酸酯；O,O-Diethyl-S-(ethylthio) methylphosphorodithioate；O,O-Diethyl-S-ethylthiomethylthiothionophosphate；Thimet；Timet

CAS No.：298-02-2
RTECS No.：TD9450000
DOT ID 和指南号：3018 152
（有机磷农药，液体，有毒）

接触限值：NIOSH REL：TWA 0.05 mg/m³
ST 0.2 mg/m³[皮]
OSHA PEL †：无

IDLH：N.D.　　**浓度换算系数：**

理化性质：透明液体，具有臭鼬样气味。[杀虫剂]

分子量：260.4	沸点：未知
凝固点：−45 ℉	溶解度：0.005%
蒸气压：0.000 8 mmHg	电离电位：未知
比重(77 ℉)：1.16	闪点(开杯)：320 ℉

爆炸上限：未知　　爆炸下限：未知
ⅢB 类可燃液体——闪点等于或高于 200℉；但不易点燃。
不相容性和反应性：水，碱。[注：遇湿气或碱可水解。]

测量方法：NIOSH 5600

个人防护和卫生设施：
- 皮肤：穿戴合适的个人防护服，防止皮肤直接接触。
- 眼睛：佩戴合适的眼部防护用品，防止眼睛直接接触。
- 清洗皮肤：当皮肤受到污染时，应立即清洗污染的皮肤。
- 脱除：如果工作服被弄湿或受到了明显的污染，应该立即脱除并妥善处置。

- 更换：对于班后的衣服的更换需要没有特殊建议。
- 配备：在劳动者可能接触该化学物质的作业场所，无论是否需要使用眼部防护用品，都应配备眼冲洗设备。在紧靠有可能接触该化学物质的工作场所，应配备快速冲淋身体的设备以应急使用。[注：这些设备应能够提供足量水或流动水，以将可能接触的身体任何部位上的该化学物质除去。实际配备适宜的快速冲淋设备取决于工作场所的具体条件。在某些情况下，必须及时进行大流量淋浴，而其他情况下只需要用一个水槽或软管供水就足够了。]

急救：

- 眼睛：如眼睛直接接触了该化学物质，要立即用大量水冲洗(灌洗)眼睛，冲洗时，不时翻开上下眼睑，并立即就医。
- 皮肤：如果该化学物质直接接触皮肤，要立即用肥皂和水冲洗污染的皮肤。如果该化学物质渗透进衣服，立即将衣服脱除，并用水清洗皮肤。如果清洗后刺激持续存在，应就医。
- 呼吸：如果接触者吸入大量该化学物质，立即将接触者移至新鲜空气处。如果呼吸停止，要进行人工呼吸，注意保暖和休息。尽快就医。
- 吞入：如果吞入该化学物质，应立即就医。

对呼吸器选择的建议：无。

有关呼吸器选择的其他重要信息参见相关标准。

接触途径：呼吸道，皮肤吸收，胃肠道，皮肤和/或眼睛直接接触。

症状：眼睛、皮肤、呼吸系统刺激；瞳孔缩小；鼻漏；头痛；胸部紧迫感，喘鸣，喉痉挛，流涎，紫绀；厌食，恶心，呕吐，腹绞痛，腹泻；出汗；肌颤，乏力，瘫痪；眩晕，意识模糊，共济失调；惊厥，昏迷；血压下降；心律不齐。

靶器官：眼睛，皮肤，呼吸系统，中枢神经系统，心血管系统，血胆碱酯酶。

P

速灭磷(Phosdrin)

$C_7H_{13}PO_6$

异名和商品名：自克威，磷君，2-Carbomethoxy-1-methylvinyl dimethyl phosphate，Mevinphos [注：商品是顺式和反式异构体的混合物。]

CAS No.：7786-34-7

RTECS No.：GQ5250000

DOT ID 和指南号：2783 152

接触限值：NIOSH REL：TWA 0.01 ppm (0.1 mg/m^3) [皮]
ST 0.03 ppm (0.3 mg/m^3)
OSHA PEL †：TWA 0.1 mg/m^3[皮]

IDLH：4 ppm　　**浓度换算系数**：1 ppm = 9.17 mg/m^3

理化性质：浅黄色至橙色液体，稍具气味。[注：杀虫剂可吸收在干燥载体上。]

分子量：224.2	沸点：分解
凝固点：44 ℉ (反式) 70 ℉ (顺式)	溶解度：与水互溶
蒸气压：0.003 mmHg	电离电位：未知
比重：1.25	闪点(开杯)：347 ℉
爆炸下限：未知	爆炸上限：未知

ⅢB 类可燃液体——闪点等于或高于 200 ℉。

不相容性和反应性：强氧化剂。[注：对铸铁、某些不锈钢和黄铜有腐蚀性。]

测量方法：NIOSH 5600

个人防护和卫生设施：

- 皮肤：穿戴合适的个人防护服，防止皮肤直接接触。
- 眼睛：佩戴合适的眼部防护用品，防止眼睛直接接触。
- 清洗皮肤：当皮肤受到污染时，应立即清洗污染的皮肤。
- 脱除：如果工作服被弄湿或受到了明显的污染，应该立即脱除并妥善处置。
- 更换：对于班后的衣服的更换需要没有特殊建议。

● 配备:在劳动者可能接触该化学物质的作业场所,无论是否需要使用眼部防护用品,都应配备眼冲洗设备。在紧靠有可能接触该化学物质的工作场所,应配备快速冲淋身体的设备以应急使用。[注:这些设备应能够提供足量水或流动水,以将可能接触的身体任何部位上的该化学物质除去。实际配备适宜的快速冲淋设备取决于工作场所的具体条件。在某些情况下,必须及时进行大流量淋浴,而其他情况下只需要用一个水槽或软管供水就足够了。]

急救:

● 眼睛:如眼睛直接接触了该化学物质,要立即用大量水冲洗(灌洗)眼睛,冲洗时,不时翻开上下眼睑,并立即就医。

● 皮肤:如果该化学物质直接接触皮肤,立即用肥皂和水冲洗污染的皮肤。若该化学物质渗透进衣服,要立即将衣服脱除,用肥皂和水清洗污染的皮肤,并迅速就医。

● 呼吸:如果接触者吸入大量该化学物质,立即将接触者移至新鲜空气处。如果呼吸停止,要进行人工呼吸,注意保暖和休息。尽快就医。

● 吞入:如果吞入该化学物质,应立即就医。

对呼吸器选择的建议:NIOSH/OSHA

~0.1 ppm:

● Sa:任何供气式呼吸器。指定防护因数=10。

~0.25 ppm:

● Sa:Cf:任何连续供气式呼吸器。指定防护因数=25。

~0.5 ppm:

● SaT:Cf:任何连续供气式呼吸器,配密合型面罩。指定防护因数=50。

● ScbaF:任何携气式呼吸器,配全面罩。指定防护因数=50。

● SaF:任何供气式呼吸器,配全面罩。指定防护因数=50。

~4 ppm:

● Sa:Pd,Pp:任何压力需气式或正压供气式呼吸器。指定防护因数=1 000。

§:应急抢险,或准备进入浓度未知环境,或进入 IDLH 环境:

● ScbaF:Pd,Pp:任何压力需气式或正压携气式呼吸器,配全面罩。指定防护因数=10 000。

● SaF:Pd,Pp:AScba:任何压力需气式或正压供气式呼吸器,配全面罩,配压力需气式或正压携气式辅助呼吸器。指定防护因数=10 000。

逃生:

● GmFOv100:任何空气过滤式全面罩呼吸器(防毒面具),配下颌式、前置式或背置式有机蒸气滤毒罐和 N100、R100 或 P100 的综合防护过滤元件。指定防护因数=50。选择 N、R 或 P 过滤元件的信息见表 4。

● ScbaE:任何适合逃生的携气式呼吸器。

有关呼吸器选择的其他重要信息参见相关标准。

接触途径:呼吸道,皮肤吸收,胃肠道,皮肤和/或眼睛直接接触。

症状:眼睛、皮肤、呼吸系统刺激;瞳孔缩小;鼻漏;头痛;胸部紧迫感,喘鸣,喉痉挛,流涎,紫绀;厌食,恶心,呕吐,腹绞痛,腹泻;瘫痪;共济失调,惊厥;血压下降,心律不齐。

靶器官:眼睛,皮肤,呼吸系统,中枢神经系统,心血管系统,血胆碱酯酶。

碳酰氯(Phosgene)

$COCl_2$

异名和商品名:光气,Carbon oxychloride,Carbonyl chloride,Carbonyl dichloride,Chloroformyl chloride

CAS No.:75-44-5]

RTECS No.:SY5600000

DOT ID 和指南号:1076 125

接触限值:NIOSH REL:TWA 0.1 ppm (0.4 mg/m^3) C 0.2 ppm (0.8 mg/m^3) [15 min]

OSHA PEL:TWA 0.1 ppm (0.4 mg/m^3)

IDLH: 2 ppm　**浓度换算系数:**1 ppm = 4.05 mg/m^3

理化性质:无色气体,具有令人窒息的霉干草气味。[注:47 ℉以下为发烟液体。以压缩液化气运输。]

分子量:98.9　沸点:47 ℉
凝固点:－198 ℉　溶解度:微溶
蒸气压:1.6 大气压　电离电位:11.55 eV
相对密度:3.48　比重:1.43(32 ℉液体)
闪点:不适用　爆炸上限:不适用
爆炸下限:不适用
不易燃气体。
不相容性和反应性:湿气,碱,氨水,醇,铜。[注:与水缓慢反应生成盐酸和二氧化碳。]

测量方法:OSHA 61

个人防护和卫生设施:

- 皮肤:穿戴合适的个人防护服,防止皮肤直接接触。(液体)
- 眼睛:佩戴合适的眼部防护用品,防止眼睛直接接触。(液体)
- 清洗皮肤:当皮肤受到污染时,应立即清洗污染的皮肤。(液体)
- 脱除:如果工作服被弄湿或受到了明显的污染,应该立即脱除并妥善处置。(液体)
- 更换:对于班后的衣服的更换需要没有特殊建议。
- 配备:在紧靠有可能接触该化学物质的工作场所,应配备快速冲淋身体的设备以应急使用。[注:这些设备应能够提供足量水或流动水,以将可能接触的身体任何部位上的该化学物质除去。实际配备适宜的快速冲淋设备取决于工作场所的具体条件。在某些情况下,必须及时进行大流量淋浴,而其他情况下只需要用一个水槽或软管供水就足够了。](液体)

急救:

- 眼睛:如眼睛直接接触了该化学物质,要立即用大量水冲洗(灌洗)眼睛,冲洗时,不时翻开上下眼睑,并立即就医。(液体)
- 皮肤:如果该化学物质直接接触皮肤,立即用水冲洗污染的皮肤。如果该化学物质渗透进衣服,要迅速将衣服脱除,用水冲洗污染的皮肤,并迅速就医。(液体)
- 呼吸:如果接触者吸入大量该化学物质,立即将接触者移至新鲜空气处。如果呼吸停止,要进行人工呼吸,注意保暖和休息。尽快就医。

对呼吸器选择的建议:NIOSH/OSHA

～1 ppm:

- Sa:任何供气式呼吸器。指定防护因数＝10。*

～2 ppm:

- ScbaF:任何携气式呼吸器,配全面罩。指定防护因数＝50。
- SaF:任何供气式呼吸器,配全面罩。指定防护因数＝50。

§:应急抢险,或准备进入浓度未知环境,或进入 IDLH 环境:

- ScbaF:Pd,Pp:任何压力需气式或正压携气式呼吸器,配全面罩。指定防护因数＝10 000。
- SaF:Pd,Pp:AScba:任何压力需气式或正压供气式呼吸器,配全面罩,配压力需气式或正压携气式辅助呼吸器。指定防护因数＝10 000。

逃生:

- GmFS:任何空气过滤式全面罩呼吸器(防毒面具),配下颌式、前置式或背置式防该化学物质的滤毒罐。指定防护因数＝50。
- ScbaE:任何适合逃生的携气式呼吸器。

有关呼吸器选择的其他重要信息参见相关标准。

接触途径:呼吸道,皮肤和/或眼睛直接接触(液体)。

症状:眼睛刺激;咽喉干灼;呕吐;咳嗽,泡沫痰,呼吸困难,胸痛,紫绀;液体:冻伤。

靶器官:眼睛,皮肤,呼吸系统。

磷化氢(Phosphine)

PH_3

CAS No.:7803-51-2

RTECS No.:SY7525000

DOT ID 和指南号:2199 119

异名和商品名:三氢化磷,膦,Hydrogen phosphide,Phosphorated hydrogen,Phosphorus hydride,Phosphorus trihydride

接触限值:NIOSH REL:TWA 0.3 ppm (0.4 mg/m³)
ST 1 ppm (1 mg/m³)
OSHA PEL †:TWA 0.3 ppm (0.4 mg/m³)

IDLH:50 ppm　**浓度换算系数:**1 ppm = 1.39 mg/m³

理化性质:无色气体,具有鱼腥味或大蒜味。[农药]
[注:以压缩液化气运输。纯品无气味。]

分 子 量:34.0　沸　点:−126 ℉
凝 固 点:−209 ℉　溶 解 度:微溶
蒸 气 压:41.3 大气压　电离电位:9.96 eV
相对密度:1.18　闪　点:不适用(气体)
爆炸上限:未知　爆炸下限:1.79%
易燃气体。

不相容性和反应性:空气,氧化剂,氯,酸,湿气,卤代烃,铜。[注:遇空气可自燃。]

测量方法:OSHA 1003,ID180

个人防护和卫生设施:

- 皮肤:压缩气体快速膨胀时可产生低温。泄漏和使用能快速膨胀的压缩气体,可产生冻伤危害。穿戴合适的个人防护服,防止皮肤冻伤。
- 眼睛:佩戴合适的眼部防护用品,防止眼睛直接接触液体后因低温引起灼伤或组织损伤。
- 清洗皮肤:对于清洗皮肤上的污染物没有其他特殊的建议(包括立即清洗和班后清洗)。
- 脱除:如果工作服被可燃性物质(即闪点低于 100 ℉的液体)浸湿,应当立即脱除并妥善处置,以防着火。
- 更换:对于班后的衣服的更换需要没有特殊建议。
- 配备:在紧靠有可能接触极低温液体或迅速蒸发的液体的工作场所,应配备快速冲淋洗浴设备和/或眼冲洗设备,以应急使用。

急救:

- 眼睛:如果眼组织冻伤,要立即就医。如果眼组织没有冻伤,要立即用大量水彻底冲洗至少 15 min,并不时翻开上下眼睑。如果眼睛刺激、疼痛、肿胀、流泪和畏光持续存在,应尽快就医。
- 皮肤:如果发生冻伤,要立即就医,不要揉擦或用水冲洗冻伤部位;为防止组织进一步受损,不要试图将冻结的衣服从冻伤部位脱除。如未发生冻伤,立即用肥皂和水彻底清洗污染的皮肤。
- 呼吸:如果接触者吸入大量该化学物质,立即将接触者移至新鲜空气处。如果呼吸停止,要进行人工呼吸,注意保暖和休息。尽快就医。

对呼吸器选择的建议:NIOSH/OSHA

~3 ppm:
- Sa:任何供气式呼吸器。指定防护因数=10。

~7.5 ppm:
- Sa:Cf:任何连续供气式呼吸器。指定防护因数=25。

~15 ppm:
- GmFS:任何空气过滤式全面罩呼吸器(防毒面具),配下颌式、前置式或背置式防该化学物质的滤毒罐。指定防护因数=50。
- ScbaF:任何携气式呼吸器,配全面罩。指定防护因数=50。
- SaF:任何供气式呼吸器,配全面罩。指定防护因数=50。

~50 ppm:
- Sa:Pd,Pp:任何压力需气式或正压供气式呼吸器。指定防护因数=1 000。

§:应急抢险,或准备进入浓度未知环境,或进入 IDLH 环境:

- ScbaF:Pd,Pp:任何压力需气式或正压携气式呼吸器,配全面罩。指定防护因数=10 000。
- SaF:Pd,Pp:AScba:任何压力需气式或正压供气式呼吸器,配全面罩,配压力需气式或正压携气式辅助呼吸器。指定防护因数=10 000。

逃生:

- GmFS:任何空气过滤式全面罩呼吸器(防毒面具),配下颌式、前置式或背置式防该化学物质的滤毒罐。指定防护因数=50。
- ScbaE:任何适合逃生的携气式呼吸器。

有关呼吸器选择的其他重要信息参见相关标准。

接触途径:呼吸道,皮肤和/或眼睛直接接触(液体)。

症状:恶心,呕吐,腹痛,腹泻;口渴;胸部紧迫感,呼吸困难;肌肉疼痛,寒战;木僵或者晕厥;肺水肿;液体:冻伤。

靶器官:呼吸系统。

P

磷酸(Phosphoric acid)

H_3PO_4

CAS No.:7664-38-2

RTECS No.:TB6300000

异名和商品名:正磷酸,白磷酸,Orthophosphoric acid,Phosphoric acid (aqueous),White phosphoric acid

DOT ID 和指南号:1805 154(液体或溶液);3453 154(固体)

接触限值:NIOSH REL:TWA 1 mg/m^3 ST 3 mg/m^3
OSHA PEL †:TWA 1 mg/m^3

IDLH: 1 000 mg/m^3 **浓度换算系数:**

理化性质:无色无气味晶体。[注:常用水溶液。]

分子量:98.0　沸点:415 ℉
熔点:108 ℉　溶解度:与水互溶
蒸气压:0.03 mmHg　电离电位:未知
比重(77 ℉):1.87(纯)
1.33 (50% 溶液)　闪点:不适用
爆炸上限:不适用　爆炸下限:不适用
不可燃固体。

不相容性和反应性:强腐蚀性物质,大多数金属。[注:可与金属反应生成可燃的氢气。切勿与含有漂白剂或氨的溶液混合。]

测量方法:NIOSH 7903;OSHA ID165SG

个人防护和卫生设施:

- 皮肤:穿戴合适的个人防护服,防止皮肤直接接触。
- 眼睛:佩戴合适的眼部防护用品,防止眼睛直接接触。
- 清洗皮肤:当皮肤受到污染时,应立即清洗污染的皮肤。
- 脱除:如果工作服被弄湿或受到了明显的污染,应该立即脱除并妥善处置。
- 更换:在离开工作场所前应当将可能受到污染的工作服更换成无污染的衣服。
- 配备:在劳动者可能接触该化学物质的作业场所,无论是否需要使用眼部防护用品,都应配备眼冲洗设备。(>1.6%)在紧靠有可能接触该化学物质的工作场所,应配备快速冲淋身体的设备以应急使用。[注:这些设备应能够提供足量水或流动水,以将可能接触的身体任何部位上的该化学物质除去。实际配备适宜的快速冲淋设备取决于工作场所的具体条件。在某些情况下,必须及时进行大流量淋浴,而其他情况下只需要用一个水槽或软管供水就足够了。](>1.6%)

急救：

- 眼睛：如眼睛直接接触了该化学物质，要立即用大量水冲洗(灌洗)眼睛，冲洗时，不时翻开上下眼睑，并立即就医。
- 皮肤：如果该化学物质直接接触皮肤，立即用水冲洗污染的皮肤。如果该化学物质渗透进衣服，要迅速将衣服脱除，用水冲洗污染的皮肤，并迅速就医。
- 呼吸：如果接触者吸入大量该化学物质，立即将接触者移至新鲜空气处。如果呼吸停止，要进行人工呼吸，注意保暖和休息。尽快就医。
- 吞入：如果吞入该化学物质，应立即就医。

P

对呼吸器选择的建议：NIOSH/OSHA

～25 mg/m³：

- Sa：Cf：任何连续供气式呼吸器。指定防护因数＝25。*

～50 mg/m³：

- 100F：任何空气过滤式全面罩呼吸器，配有 N100、R100 或 P100 过滤元件。指定防护因数＝50。选择 N、R 或 P 过滤元件的信息见表 4。
- ScbaF：任何携气式呼吸器，配全面罩。指定防护因数＝50。
- SaF：任何供气式呼吸器，配全面罩。指定防护因数＝50。

～1 000 mg/m³：

- SaF：Pd，Pp：任何压力需气式或正压供气式呼吸器，配全面罩。指定防护因数＝2 000。

§：应急抢险，或准备进入浓度未知环境，或进入 IDLH 环境：

- ScbaF：Pd，Pp：任何压力需气式或正压携气式呼吸器，配全面罩。指定防护因数＝10 000。
- SaF：Pd，Pp：AScba：任何压力需气式或正压供气式呼吸器，配全面罩，配压力需气式或正压携气式辅助呼吸器。指定防护因数＝10 000。

逃生：

- 100F：任何空气过滤式全面罩呼吸器，配有 N100、R100 或 P100 过滤元件。指定防护因数＝50。选择 N、R 或 P 过滤元件的信息见表 4。
- ScbaE：任何适合逃生的携气式呼吸器。

有关呼吸器选择的其他重要信息参见相关标准。

接触途径：呼吸道，胃肠道，皮肤和/或眼睛直接接触。

症状：眼睛、皮肤、上呼吸道刺激；眼睛、皮肤灼伤；皮炎。

靶器官：眼睛，皮肤，呼吸系统。

黄磷[Phosphorus (yellow)]　　CAS No.：7723-14-0

P_4　　RTECS No.：TH3500000

异名和商品名：磷元素，白磷，Elemental phosphorus，White phosphorus　　DOT ID 和指南号：1381 136

接触限值：NIOSH REL：TWA 0.1 mg/m³

OSHA PEL：TWA 0.1 mg/m³

IDLH：5 mg/m³　　**浓度换算系数：**

理化性质：白色至黄色，柔软的蜡状固体，在空气中有浓烟。[注：通常在水中运输和储存。]

分子量：124.0	沸点：536 ℉
熔点：111 ℉	溶解度：0.000 3%
蒸气压：0.03 mmHg	电离电位：未知
比重：1.82	闪点：未知

爆炸上限：未知　　爆炸下限：未知

易燃固体。

不相容性和反应性：空气，氧化剂(包括硫元素和强腐蚀性物质)，卤素。[注：遇潮湿空气可自燃。]

测量方法：NIOSH 7905

个人防护和卫生设施：

- 皮肤：穿戴合适的个人防护服，防止皮肤直接接触。*[*注：必须提供阻燃的个人防护用品。]

- 眼睛:佩戴合适的眼部防护用品,防止眼睛直接接触。
- 清洗皮肤:当皮肤受到污染时,应立即清洗污染的皮肤。
- 脱除:如果工作服被弄湿或受到了明显的污染,应该立即脱除并妥善处置。
- 更换:在离开工作场所前应当将可能受到污染的工作服更换成无污染的衣服。
- 配备:在劳动者可能接触该化学物质的作业场所,无论是否需要使用眼部防护用品,都应配备眼冲洗设备。在紧靠有可能接触该化学物质的工作场所,应配备快速冲淋身体的设备以应急使用。[注:这些设备应能够提供足量水或流动水,以将可能接触的身体任何部位上的该化学物质除去。实际配备适宜的快速冲淋设备取决于工作场所的具体条件。在某些情况下,必须及时进行大流量淋浴,而其他情况下只需要用一个水槽或软管供水就足够了。]

急救:

- 眼睛:如眼睛直接接触了该化学物质,要立即用大量水冲洗(灌洗)眼睛,冲洗时,不时翻开上下眼睑,并立即就医。
- 皮肤:如果该化学物质直接接触皮肤,立即用水冲洗污染的皮肤。如果该化学物质渗透进衣服,要迅速将衣服脱除,用水冲洗污染的皮肤,并迅速就医。
- 呼吸:如果接触者吸入大量该化学物质,立即将接触者移至新鲜空气处。如果呼吸停止,要进行人工呼吸,注意保暖和休息。尽快就医。
- 吞入:如果吞入该化学物质,应立即就医。

对呼吸器选择的建议:NIOSH/OSHA

~1 mg/m³:

- Sa:任何供气式呼吸器。指定防护因数=10。

~2.5 mg/m³:

- Sa∶Cf:任何连续供气式呼吸器。指定防护因数=25。£

~5 mg/m³:

- ScbaF:任何携气式呼吸器,配全面罩。指定防护因数=50。
- SaF:任何供气式呼吸器,配全面罩。指定防护因数=50。

§:应急抢险,或准备进入浓度未知环境,或进入 IDLH 环境:

- ScbaF∶Pd,Pp:任何压力需气式或正压携气式呼吸器,配全面罩。指定防护因数=10 000。
- SaF∶Pd,Pp∶AScba:任何压力需气式或正压供气式呼吸器,配全面罩,配压力需气式或正压携气式辅助呼吸器。指定防护因数=10 000。

逃生:

- ScbaE:任何适合逃生的携气式呼吸器。

有关呼吸器选择的其他重要信息参见相关标准。

接触途径:呼吸道,胃肠道,皮肤和/或眼睛直接接触。

症状:眼睛、呼吸道刺激;眼睛、皮肤灼伤;腹痛,恶心,黄疸;贫血;恶病质;牙痛,流涎,颌疼痛,肿胀。

靶器官:眼睛,皮肤,呼吸系统,肝,肾,颌,牙齿,血液。

P

三氯氧磷(Phosphorus oxychloride)

$POCl_3$

异名和商品名:氯化磷,三氯氧化磷,Phosphorus chloride,Phosphorus oxytrichloride,Phosphoryl chloride

CAS No.:10025-87-3

RTECS No.:TH4897000

DOT ID 和指南号:1810 137

接触限值:NIOSH REL:TWA 0.1 ppm (0.6 mg/m³)	ST 0.5 ppm (3 mg/m³)

OSHA PEL †:无

IDLH: N.D. **浓度换算系数**:1 ppm = 6.27 mg/m^3

理化性质:透明无色至黄色,油状液体,具有浓烈的霉味。[注:34 ℉以下为固体。]

分子量:153.3　沸点:222 ℉
凝固点:34 ℉　溶解度:分解
蒸气压(81 ℉):40 mmHg　电离电位:未知
比重(77 ℉):1.65　闪点:不适用
爆炸上限:不适用　爆炸下限:不适用

不可燃液体,但可点燃可燃物质。

不相容性和反应性:水,可燃物,二硫化碳,二甲基甲酰胺,金属(除镍和铅)。[注:在水中分解为盐酸和磷酸。]

测量方法:无。

个人防护和卫生设施:

- 皮肤:穿戴合适的个人防护服,防止皮肤直接接触。
- 眼睛:佩戴合适的眼部防护用品,防止眼睛直接接触。
- 清洗皮肤:当皮肤受到污染时,应立即清洗污染的皮肤。
- 脱除:如果工作服被弄湿或受到了明显的污染,应该立即脱除并妥善处置。
- 更换:对于班后的衣服的更换需要没有特殊建议。
- 配备:在劳动者可能接触该化学物质的作业场所,无论是否需要使用眼部防护用品,都应配备眼冲洗设备。在紧靠有可能接触该化学物质的工作场所,应配备快速冲淋身体的设备以应急使用。[注:这些设备应能够提供足量水或流动水,以将可能接触的身体任何部位上的该化学物质除去。实际配备适宜的快速冲淋设备取决于工作场所的具体条件。在某些情况下,必须及时进行大流量淋浴,而其他情况下只需要用一个水槽或软管供水就足够了。]

急救:

- 眼睛:如眼睛直接接触了该化学物质,要立即用大量水冲洗(灌洗)眼睛,冲洗时,不时翻开上下眼睑,并立即就医。
- 皮肤:如果该化学物质直接接触皮肤,立即用水冲洗污染的皮肤。如果该化学物质渗透进衣服,要迅速将衣服脱除,用水冲洗污染的皮肤,并迅速就医。
- 呼吸:如果接触者吸入大量该化学物质,立即将接触者移至新鲜空气处。如果呼吸停止,要进行人工呼吸,注意保暖和休息。尽快就医。
- 吞入:如果吞入该化学物质,应立即就医。

对呼吸器选择的建议:无。
有关呼吸器选择的其他重要信息参见相关标准。

接触途径:呼吸道,胃肠道,皮肤和/或眼睛直接接触。

症状:眼睛、皮肤、呼吸系统刺激;眼睛、皮肤灼伤;呼吸困难,咳嗽,肺水肿;眩晕,头痛,乏力;腹痛,恶心,呕吐;肾炎。

靶器官:眼睛,皮肤,呼吸系统,中枢神经系统,肾。

五氯化磷(Phosphorus pentachloride)
PCl_5

异名和商品名:氯化磷,Pentachlorophosphorus,Phosphoric chloride,Phosphorus perchloride

CAS No.:10026-13-8
RTECS No.:TB6125000
DOT ID 和指南号:1806 137

接触限值:NIOSH REL:TWA 1 mg/m^3
OSHA PEL:TWA 1 mg/m^3

IDLH: 70 mg/m^3 **浓度换算系数**:

理化性质:白色至浅黄色晶体,具有强烈的难闻气味。

分 子 量:208.3	沸 点:升华
熔 点:324 ℉(升华)	溶 解 度:与水反应
蒸气压(132 ℉):1 mmHg	电离电位:未知
比 重:3.60	闪 点:不适用
爆炸上限:不适用	爆炸下限:不适用

不可燃固体。

不相容性和反应性:水,氧化镁,化学性质活泼的金属(如钠和钾),碱,胺。[注:在水中(即使在湿气中)水解生成盐酸和磷酸。对金属具有腐蚀性。]

测量方法:NIOSH S257(Ⅱ-5)

个人防护和卫生设施:

- 皮肤:穿戴合适的个人防护服,防止皮肤直接接触。
- 眼睛:佩戴合适的眼部防护用品,防止眼睛直接接触。
- 清洗皮肤:当皮肤受到污染时,应立即清洗污染的皮肤。
- 脱除:如果工作服被弄湿或受到了明显的污染,应该立即脱除并妥善处置。
- 更换:在离开工作场所前应当将可能受到污染的工作服更换成无污染的衣服。
- 配备:在劳动者可能接触该化学物质的作业场所,无论是否需要使用眼部防护用品,都应配备眼冲洗设备。在紧靠有可能接触该化学物质的工作场所,应配备快速冲淋身体的设备以应急使用。[注:这些设备应能够提供足量水或流动水,以将可能接触的身体任何部位上的该化学物质除去。实际配备适宜的快速冲淋设备取决于工作场所的具体条件。在某些情况下,必须及时进行大流量淋浴,而其他情况下只需要用一个水槽或软管供水就足够了。]

急救:

- 眼睛:如眼睛直接接触了该化学物质,要立即用大量水冲洗(灌洗)眼睛,冲洗时,不时翻开上下眼睑,并立即就医。
- 皮肤:如果该化学物质直接接触皮肤,立即用水冲洗污染的皮肤。如果该化学物质渗透进衣服,要迅速将衣服脱除,用水冲洗污染的皮肤,并迅速就医。
- 呼吸:如果接触者吸入大量该化学物质,立即将接触者移至新鲜空气处。如果呼吸停止,要进行人工呼吸,注意保暖和休息。尽快就医。
- 吞入:如果吞入该化学物质,应立即就医。

对呼吸器选择的建议:NIOSH/OSHA

~10 mg/m³:

- Sa:任何供气式呼吸器。指定防护因数=10。*

~25 mg/m³:

- Sa:Cf:任何连续供气式呼吸器。指定防护因数=25。*

~50 mg/m³:

- ScbaF:任何携气式呼吸器,配全面罩。指定防护因数=50。
- SaF:任何供气式呼吸器,配全面罩。指定防护因数=50。

~70 mg/m³:

- SaF:Pd,Pp:任何压力需气式或正压供气式呼吸器,配全面罩。指定防护因数=2 000。

§:应急抢险,或准备进入浓度未知环境,或进入 IDLH 环境:

- ScbaF:Pd,Pp:任何压力需气式或正压携气式呼吸器,配全面罩。指定防护因数=10 000。
- SaF:Pd,Pp:AScba:任何压力需气式或正压供气式呼吸器,配全面罩,配压力需气式或正压携气式辅助呼吸器。指定防护因数=10 000。

逃生:

- GmFOv100:任何空气过滤式全面罩呼吸器(防毒面具),配下颌式、前置式或背置式有机蒸气滤毒罐和 N100、R100 或 P100 的综合防护过滤元件。指定防护因数=50。选择 N、R 或 P 过滤元件的信息见表 4。

P

● ScbaE：任何适合逃生的携气式呼吸器。
有关呼吸器选择的其他重要信息参见相关标准。

接触途径：呼吸道，胃肠道，皮肤和/或眼睛直接接触。

症状：眼睛、皮肤、呼吸系统刺激；支气管炎；皮炎。

靶器官：眼睛，皮肤，呼吸系统。

五硫化二磷（Phosphorus pentasulfide）
P_2S_5/P_4S_{10}

CAS No.：1314-80-3
RTECS No.：TH4375000
DOT ID 和指南号：1340 139

异名和商品名：硫化磷，Phosphorus persulfide，Phosphorus sulfide，Sulfur phosphide

P

接触限值：NIOSH REL：TWA 1 mg/m³
ST 3 mg/m³
OSHA PEL †：TWA 1 mg/m³

IDLH：250 mg/m³ **浓度换算系数：**

理化性质：浅灰绿色至黄色晶体，具有臭鸡蛋的气味。

分子量：222.3（P_2S_5） 444.6（P_4S_{10}）
沸点：957 ℉
溶解度：与水反应
熔点：550 ℉
电离电位：未知
蒸气压（572 ℉）：1 mmHg
闪点：未知
比重：2.09
爆炸下限：未知
爆炸上限：未知
易燃固体，遇湿气可自燃。
不相容性和反应性：水，醇，强氧化剂，酸，碱。[注：与水反应生成硫化氢、二氧化硫和磷酸。]

测量方法：无。

个人防护和卫生设施：
● 皮肤：穿戴合适的个人防护服，防止皮肤直接接触。
● 眼睛：佩戴合适的眼部防护用品，防止眼睛直接接触。
● 清洗皮肤：当皮肤受到污染时，应立即清洗污染的皮肤。
● 脱除：如果工作服被弄湿或受到了明显的污染，应该立即脱除并妥善处置。
● 更换：在离开工作场所前应当将可能受到污染的工作服更换成无污染的衣服。

急救：
● 眼睛：如眼睛直接接触了该化学物质，要立即用大量水冲洗（灌洗）眼睛，冲洗时，不时翻开上下眼睑，并立即就医。
● 皮肤：如果该固态化学物质直接接触皮肤，要立即清除，并用水冲洗污染的皮肤。如果该化学物质或含该化学物质的液体浸透进衣服，尽快脱掉衣服，用水冲洗污染的皮肤。并立即就医。
● 呼吸：如果接触者吸入大量该化学物质，立即将接触者移至新鲜空气处。如果呼吸停止，要进行人工呼吸，注意保暖和休息。尽快就医。
● 吞入：如果吞入该化学物质，应立即就医。

对呼吸器选择的建议：NIOSH/OSHA
~10 mg/m³：
● Sa：任何供气式呼吸器。指定防护因数＝10。*
~25 mg/m³：
● Sa：Cf：任何连续供气式呼吸器。指定防护因数＝25。*
~50 mg/m³：
● ScbaF：任何携气式呼吸器，配全面罩。指定防护因数＝50。
● SaF：任何供气式呼吸器，配全面罩。指定防护因数＝50。
~250 mg/m³：
● SaF：Pd，Pp：任何压力需气式或正压供气式呼吸器，配全面罩。指定防护因数＝2 000。

§:应急抢险,或准备进入浓度未知环境,或进入 IDLH 环境:

- ScbaF:Pd,Pp:任何压力需气式或正压携气式呼吸器,配全面罩。指定防护因数=10 000。
- SaF:Pd,Pp:AScba:任何压力需气式或正压供气式呼吸器,配全面罩,配压力需气式或正压携气式辅助呼吸器。指定防护因数=10 000。

逃生:

- GmFS100:任何空气过滤式全面罩呼吸器(防毒面具),配下颌式、前置式或背置式防该化学物质的滤毒罐和N100、R100 或 P100 的综合防护过滤元件。指定防护因数=50。选择 N、R 或 P 过滤元件的信息见表 4。
- ScbaE:任何适合逃生的携气式呼吸器。

有关呼吸器选择的其他重要信息参见相关标准。

接触途径:呼吸道,胃肠道,皮肤和/或眼睛直接接触。

症状:眼睛、皮肤、呼吸系统刺激;呼吸暂停,昏迷,惊厥;结膜炎,疼痛,流泪,畏光(视觉异常、光适应差),角结膜炎,角膜囊泡化;眩晕;头痛;乏力;应激性;失眠;胃肠道功能紊乱。

靶器官:眼睛,皮肤,呼吸系统,中枢神经系统。

P

三氯化磷(Phosphorus trichloride) CAS No.:7719-12-2

PCl_3 RTECS No.:TH3675000

异名和商品名:氯化磷,Phosphorus chloride DOT ID 和指南号:1809 137

接触限值:NIOSH REL:TWA 0.2 ppm (1.5 mg/m^3)

ST 0.5 ppm (3 mg/m^3)

OSHA PEL †:TWA 0.5 ppm (3 mg/m^3)

IDLH:25 ppm **浓度换算系数:**1 ppm — 5.62 mg/m^3

理化性质:无色至黄色发烟液体,具有盐酸样气味。

分子量:137.4	沸点:169 ℉
凝固点:−170 ℉	溶解度:与水反应
蒸气压:100 mmHg	电离电位:9.91 eV
比重:1.58	闪点:不适用
爆炸上限:不适用	爆炸下限:不适用

不可燃液体;是强氧化剂,与它接触可引燃。

不相容性和反应性:水,化学性质活泼的金属(如钠和钾),铝,浓硝酸,乙酸,有机物。[注:在水中水解生成盐酸和磷酸。]

测量方法:NIOSH 6402

个人防护和卫生设施:

- 皮肤:穿戴合适的个人防护服,防止皮肤直接接触。
- 眼睛:佩戴合适的眼部防护用品,防止眼睛直接接触。
- 清洗皮肤:当皮肤受到污染时,应立即清洗污染的皮肤。
- 脱除:如果工作服被弄湿或受到了明显的污染,应该立即脱除并妥善处置。
- 更换:对于班后的衣服的更换需要没有特殊建议。
- 配备:在劳动者可能接触该化学物质的作业场所,无论是否需要使用眼部防护用品,都应配备眼冲洗设备。在紧靠有可能接触该化学物质的工作场所,应配备快速冲淋身体的设备以应急使用。[注:这些设备应能够提供足量水或流动水,以将可能接触的身体任何部位上的该化学物质除去。实际配备适宜的快速冲淋设备取决于工作场所的具体条件。在某些情况下,必须及时进行大流量淋浴,而其他情况下只需要用一个水槽或软管供水就足够了。]

急救:

- 眼睛:如眼睛直接接触了该化学物质,要立即用大量水冲洗(灌洗)眼睛,冲洗时,不时翻开上下眼睑,并立即就医。

- 皮肤：如果该化学物质直接接触皮肤，立即用水冲洗污染的皮肤。如果该化学物质渗透进衣服，要迅速将衣服脱除，用水冲洗污染的皮肤，并迅速就医。
- 呼吸：如果接触者吸入大量该化学物质，立即将接触者移至新鲜空气处。如果呼吸停止，要进行人工呼吸，注意保暖和休息。尽快就医。
- 吞入：如果吞入该化学物质，应立即就医。

对呼吸器选择的建议：NIOSH

~10 ppm：
- ScbaF：任何携气式呼吸器，配全面罩。指定防护因数=50。
- SaF：任何供气式呼吸器，配全面罩。指定防护因数=50。

~25 ppm：
- SaF：Pd，Pp：任何压力需气式或正压供气式呼吸器，配全面罩。指定防护因数=2 000。

§：应急抢险，或准备进入浓度未知环境，或进入 IDLH 环境：
- ScbaF：Pd，Pp：任何压力需气式或正压携气式呼吸器，配全面罩。指定防护因数=10 000。
- SaF：Pd，Pp：AScba：任何压力需气式或正压供气式呼吸器，配全面罩，配压力需气式或正压携气式辅助呼吸器。指定防护因数=10 000。

逃生：
- GmFS：任何空气过滤式全面罩呼吸器（防毒面具），配下颌式、前置式或背置式防该化学物质的滤毒罐。指定防护因数=50。¿
- ScbaE：任何适合逃生的携气式呼吸器。

有关呼吸器选择的其他重要信息参见相关标准。

接触途径：呼吸道，胃肠道，皮肤和/或眼睛直接接触。

症状：眼睛、皮肤、鼻、咽喉刺激；肺水肿；眼睛、皮肤灼伤。

靶器官：眼睛，皮肤，呼吸系统。

邻苯二甲酸酐(Phthalic anhydride)

$C_6H_4(CO)_2O$

CAS No.：85-44-9

RTECS No.：TI3150000

异名和商品名：苯酐；1,2-Benzenedicarboxylic anhydride；PAN；Phthalic acid anhydride

DOT ID 和指南号：2214 156

接触限值：NIOSH REL：TWA 6 mg/m³(1 ppm)
OSHA PEL †：TWA 12 mg/m³(2 ppm)

IDLH：60 mg/m³ **浓度换算系数**：1 ppm = 6.06 mg/m³

理化性质：白色片状固体或透明的无色液体（熔融物），具有特异的强刺激气味。

分子量：148.1	沸点：563 ℉
熔点：267 ℉	溶解度：0.6%
蒸气压：0.001 5 mmHg	电离电位：10.00 eV
比重：1.53(薄片) 1.20(熔融物)	闪点：305 ℉
爆炸上限：10.5%	爆炸下限：1.7%

可燃固体。

不相容性和反应性：强氧化剂，水。[注：在热水中可生成邻苯二甲酸。]

测量方法：NIOSH S179（Ⅱ-3）；OSHA 90

个人防护和卫生设施：
- 皮肤：穿戴合适的个人防护服，防止皮肤直接接触。
- 眼睛：佩戴合适的眼部防护用品，防止眼睛直接接触。
- 清洗皮肤：当皮肤受到污染时，应立即清洗污染的皮肤。
- 脱除：如果工作服被弄湿或受到了明显的污染，应该立即脱除并妥善处置。
- 更换：在离开工作场所前应当将可能受到污染的工作服更换成无污染的衣服。

急救：
- 眼睛：如眼睛直接接触了该化学物质，要立即用大量水冲洗(灌洗)眼睛，冲洗时，不时翻开上下眼睑，并立即就医。

- 皮肤：如果该化学物质直接接触皮肤，迅速用肥皂和水冲洗污染的皮肤。若该化学物质渗透进衣服，要迅速将衣服脱除，用肥皂和水清洗污染的皮肤，并迅速就医。
- 呼吸：如果接触者吸入大量该化学物质，立即将接触者移至新鲜空气处。如果呼吸停止，要进行人工呼吸，注意保暖和休息。尽快就医。
- 吞入：如果吞入该化学物质，应立即就医。

对呼吸器选择的建议：NIOSH

～30 mg/m³：

- Qm：任何四分之一面罩呼吸器，选择 N、R 或 P 过滤元件的信息见表 4。指定防护因数＝5。*

～60 mg/m³：

- 95XQ：任何除四分之一面罩之外的防颗粒物呼吸器，配有 N95、R95 或 P95 过滤元件（包括 N95、R95 或 P95 随弃式面罩）。也可使用以下过滤元件：N99、R99、P99、N100、R100、P100。指定防护因数＝10。选择 N、R 或 P 过滤元件的信息见表 4。*
- 95F：任何空气过滤式全面罩呼吸器，配有 N95、R95 或 P95 过滤元件。也可使用以下过滤元件：N99、R99、P99、N100、R100、P100。指定防护因数＝10。选择 N、R 或 P 过滤元件的信息见表 4。
- PaprHie：任何动力送风空气过滤式呼吸器，配有高效颗粒物过滤元件。指定防护因数＝25。*
- Sa：任何供气式呼吸器。指定防护因数＝10。*
- ScbaF：任何携气式呼吸器，配全面罩。指定防护因数＝50。

§：应急抢险，或准备进入浓度未知环境，或进入 IDLH 环境：

- ScbaF：Pd，Pp：任何压力需气式或正压携气式呼吸器，配全面罩。指定防护因数＝10 000。
- SaF：Pd，Pp：AScba：任何压力需气式或正压供气式呼吸器，配全面罩，配压力需气式或正压携气式辅助呼吸器。指定防护因数＝10 000。

逃生：

- 100F：任何空气过滤式全面罩呼吸器，配有 N100、R100 或 P100 过滤元件。指定防护因数＝50。选择 N、R 或 P 过滤元件的信息见表 4。
- ScbaE：任何适合逃生的携气式呼吸器。

有关呼吸器选择的其他重要信息参见相关标准。

接触途径：呼吸道，胃肠道，皮肤和/或眼睛直接接触。

症状：眼睛、皮肤、上呼吸道刺激；结膜炎；鼻溃疡出血；支气管炎，支气管哮喘；皮炎；动物：肝、肾损害。

靶器官：眼睛，皮肤，呼吸系统，肝，肾。

P

间苯二甲腈（m-Phthalodinitrile）

$C_6H_4(CN)_2$

CAS No.：626-17-5

RTECS No.：CZ1900000

DOT ID 和指南号：

异名和商品名：1,3-苯二甲腈；1,3-二氰基苯；1,3-Benzenedicarbonitrile；m-Dicyanobenzene；1,3-Dicyanobenzene；Isophthalodinitrile；m-PDN

接触限值：NIOSH REL：TWA 5 mg/m³

OSHA PEL †：无

IDLH：N. D.　　**浓度换算系数：**

理化性质：无色至白色针状结晶或片状固体，具有苦杏仁味。

分子量：128.1　　沸点：升华

熔点：324 ℉（升华）　　溶解度：微溶

蒸气压：0.01 mmHg　　电离电位：未知

比重：4.42　　闪点：未知

爆炸上限：未知　　爆炸下限：未知

可燃固体，且具严重的爆炸危险。

不相容性和反应性：强氧化剂（如氯、溴、氟）。

测量方法:无。

个人防护和卫生设施:

- 皮肤:穿戴合适的个人防护服,防止皮肤直接接触。
- 眼睛:佩戴合适的眼部防护用品,防止眼睛直接接触。
- 清洗皮肤:每天工作班结束后,进食、吸烟、喝水前都应该清洗可能受到污染的皮肤。
- 脱除:如果工作服被弄湿或受到了明显的污染,应该立即脱除并妥善处置。
- 更换:在离开工作场所前应当将可能受到污染的工作服更换成无污染的衣服。

急救:

- 眼睛:如眼睛直接接触了该化学物质,要立即用大量水冲洗(灌洗)眼睛,冲洗时,不时翻开上下眼睑,并立即就医。
- 皮肤:如果该化学物质直接接触皮肤,立即用肥皂和水冲洗污染的皮肤。若该化学物质渗透进衣服,要立即将衣服脱除,用肥皂和水清洗污染的皮肤,并迅速就医。
- 呼吸:如果接触者吸入大量该化学物质,立即将接触者移至新鲜空气处。如果呼吸停止,要进行人工呼吸,注意保暖和休息。尽快就医。
- 吞入:如果吞入该化学物质,应立即就医。

对呼吸器选择的建议:无。

有关呼吸器选择的其他重要信息参见相关标准。

接触途径:呼吸道,皮肤吸收,胃肠道,皮肤和/或眼睛直接接触。

症状:头痛,恶心,意识模糊;动物:眼睛、皮肤刺激。

靶器官:眼睛,皮肤,中枢神经系统。

P

毒莠定(Picloram)

$C_6H_3Cl_3O_2N_2$

CAS No.:1918-02-1

RTECS No.:TJ7525000

DOT ID 和指南号:

异名和商品名:4-氨基-3,5,6-三氯吡啶甲酸;4-Amino-3,5,6-trichloropicolinic acid;4-Amino-3,5,6-trichloro-2-picolinic acid;ATCP;Tordon®

接触限值:NIOSH REL:见附录 D

OSHA PEL †:TWA 15 mg/m³(总颗粒物)

TWA 5 mg/m³(呼吸性颗粒物)

IDLH: N.D. **浓度换算系数:**

理化性质:无色至白色晶体,具有氯样气味。[除草剂]

分子量:241.5	沸点:分解
熔点:424 ℉(分解)	溶解度:0.04%
蒸气压(95 ℉):0.000 000 6 mmHg	电离电位:未知
比重:未知	闪点:未知
爆炸上限:未知	爆炸下限:未知

可燃固体。

不相容性和反应性:热浓碱(水解)。

测量方法:NIOSH 0500,0600

个人防护和卫生设施:

- 皮肤:穿戴合适的个人防护服,防止皮肤直接接触。
- 眼睛:佩戴合适的眼部防护用品,防止眼睛直接接触。
- 清洗皮肤:当皮肤受到污染时,应立即清洗污染的皮肤。
- 脱除:对于脱除被污染或被弄湿的工作服的需要没有特殊建议。
- 更换:在离开工作场所前应当将可能受到污染的工作服更换成无污染的衣服。

急救:

- 眼睛:如眼睛直接接触了该化学物质,要立即用大量水冲洗(灌洗)眼睛,冲洗时,不时翻开上下眼睑,并立即就医。
- 皮肤:如果该化学物质直接接触皮肤,用肥皂和水冲洗污染的皮肤。

● 呼吸：如果接触者吸入大量该化学物质，立即将接触者移至新鲜空气处。通常不需要采取其他措施。
● 吞入：如果吞入该化学物质，应立即就医。

对呼吸器选择的建议：无。
有关呼吸器选择的其他重要信息参见相关标准。

接触途径：呼吸道，胃肠道，皮肤和/或眼睛直接接触。

症状：眼睛、皮肤、呼吸系统刺激；恶心；动物：肝、肾改变。

靶器官：眼睛，皮肤，呼吸系统，肝，肾。

苦味酸(Picric acid)
$(NO_2)_3C_6H_2OH$
异名和商品名：三硝基苯酚；2,4,6-三硝基苯酚；Phenol trinitrate；2,4,6-Trinitrophenol［注：OSHA A 类爆炸物(1910.109)。］

CAS No.：88-89-1
RTECS No.：TJ7875000
DOT ID 和指南号：1344 113(湿的，≥10% 水)
3364 113 (湿的，≥10% 水)

P

接触限值：NIOSH REL：TWA 0.1 mg/m³
ST 0.3 mg/m³［皮］
OSHA PEL：TWA 0.1 mg/m³［皮］

IDLH：75 mg/m³　**浓度换算系数**：1 ppm ＝ 9.37 mg/m³

理化性质：黄色无气味固体。［注：常用水溶液。］

分子量：229.1	沸点：572 ℉以上爆炸
熔点：252 ℉	溶解度：1%
蒸气压(383 ℉)：1 mmHg	电离电位：未知
比重：1.76	闪点：302 ℉
爆炸上限：未知	爆炸下限：未知

可燃固体。
不相容性和反应性：铜、铅、锌和其他金属，盐，石膏，混凝土，氨。［注：对金属具有腐蚀性。当水溶液结晶时，产生爆炸性混合物。］

测量方法：NIOSH S228 (Ⅱ-4)

个人防护和卫生设施：
● 皮肤：穿戴合适的个人防护服，防止皮肤直接接触。
● 眼睛：佩戴合适的眼部防护用品，防止眼睛直接接触。
● 清洗皮肤：当皮肤受到污染时，应立即清洗污染的皮肤。/每天工作班结束后，进食、吸烟、喝水前都应该清洗可能受到污染的皮肤。
● 脱除：如果工作服被弄湿或受到了明显的污染，应该立即脱除并妥善处置。
● 更换：在离开工作场所前应当将可能受到污染的工作服更换成无污染的衣服。

急救：
● 眼睛：如眼睛直接接触了该化学物质，要立即用大量水冲洗(灌洗)眼睛，冲洗时，不时翻开上下眼睑，并立即就医。
● 皮肤：如果该化学物质直接接触皮肤，迅速用肥皂和水冲洗污染的皮肤。若该化学物质渗透进衣服，要迅速将衣服脱除，用肥皂和水清洗污染的皮肤，并迅速就医。
● 呼吸：如果接触者吸入大量该化学物质，立即将接触者移至新鲜空气处。如果呼吸停止，要进行人工呼吸，注意保暖和休息。尽快就医。
● 吞入：如果吞入该化学物质，应立即就医。

对呼吸器选择的建议：NIOSH/OSHA
～0.5 mg/m³：
● Qm：任何四分之一面罩呼吸器，选择 N、R 或 P 过滤元件的信息见表 4。指定防护因数＝5。

~1 mg/m^3：

- 95XQ：任何除四分之一面罩之外的防颗粒物呼吸器，配有 N95、R95 或 P95 过滤元件（包括 N95、R95 或 P95 随弃式面罩）。也可使用以下过滤元件：N99、R99、P99、N100、R100、P100。指定防护因数＝10。选择 N、R 或 P 过滤元件的信息见表 4。
- Sa：任何供气式呼吸器。指定防护因数＝10。

~2.5 mg/m^3：

- Sa：Cf：任何连续供气式呼吸器。指定防护因数＝25。
- PaprHie：任何动力送风空气过滤式呼吸器，配有高效颗粒物过滤元件。指定防护因数＝25。

~5 mg/m^3：

- 100F：任何空气过滤式全面罩呼吸器，配有 N100、R100 或 P100 过滤元件。指定防护因数＝50。选择 N、R 或 P 过滤元件的信息见表 4。
- SaT：Cf：任何连续供气式呼吸器，配密合型面罩。指定防护因数＝50。
- PaprTHie：任何动力送风空气过滤式呼吸器，配密合型面罩和高效颗粒物过滤元件。指定防护因数＝50。
- ScbaF：任何携气式呼吸器，配全面罩。指定防护因数＝50。
- SaF：任何供气式呼吸器，配全面罩。指定防护因数＝50。

~75 mg/m^3：

- SaF：Pd，Pp：任何压力需气式或正压供气式呼吸器，配全面罩。指定防护因数＝2 000。

§：应急抢险，或准备进入浓度未知环境，或进入 IDLH 环境：

- ScbaF：Pd，Pp：任何压力需气式或正压携气式呼吸器，配全面罩。指定防护因数＝10 000。
- SaF：Pd，Pp：AScba：任何压力需气式或正压供气式呼吸器，配全面罩，配压力需气式或正压携气式辅助呼吸器。指定防护因数＝10 000。

逃生：

- 100F：任何空气过滤式全面罩呼吸器，配有 N100、R100 或 P100 过滤元件。指定防护因数＝50。选择 N、R 或 P 过滤元件的信息见表 4。
- ScbaE：任何适合逃生的携气式呼吸器。

有关呼吸器选择的其他重要信息参见相关标准。

接触途径：呼吸道，皮肤吸收，胃肠道，皮肤和/或眼睛直接接触。

症状：眼睛、皮肤刺激；过敏性皮炎；皮肤、毛发黄染；乏力，肌痛，无尿，多尿；口中有苦味，胃肠道功能紊乱；肝炎，血尿，蛋白尿，肾炎。

靶器官：眼睛，皮肤，肾，肝，血液。

杀鼠酮（Pindone）　　CAS No.：83-26-1

$C_9H_5O_2C(O)C(CH_3)_3$　　RTECS No.：NK6300000

异名和商品名：鼠完；2-特戊酰-1，3-茚满二酮；tert-Butyl valone；1，3-Dioxo-2-pivaloy-lindane；Pival®；Pivalyl；2-Pivalyl-1，3-indandione　　**DOT ID 和指南号：**

接触限值：NIOSH REL：TWA 0.1 mg/m^3
OSHA PEL：TWA 0.1 mg/m^3

IDLH：100 mg/m^3　　**浓度换算系数：**

理化性质：亮黄色粉末，几乎没有气味。[灭鼠剂]

分子量：230.3　　沸点：分解

熔点：230 ℉　　溶解度（77 ℉）：0.002%
蒸气压：非常低　　电离电位：未知
比重：1.06　　闪点：未知
爆炸上限：未知　　爆炸下限：未知
不相容性和反应性：未见报道。

测量方法:无。

个人防护和卫生设施:

- 皮肤:对于个体皮肤防护装备的需要没有特殊建议。
- 眼睛:对眼部防护的需要没有特殊建议。
- 清洗皮肤:对于清洗皮肤上的污染物没有其他特殊的建议(包括立即清洗和班后清洗)。
- 脱除:对于脱除被污染或被弄湿的工作服的需要没有特殊建议。
- 更换:在离开工作场所前应当将可能受到污染的工作服更换成无污染的衣服。

急救:

- 眼睛:如眼睛直接接触了该化学物质,要立即用大量水冲洗(灌洗)眼睛,冲洗时,不时翻开上下眼睑,并立即就医。
- 呼吸:如果接触者吸入大量该化学物质,立即将接触者移至新鲜空气处。如果呼吸停止,要进行人工呼吸,注意保暖和休息。尽快就医。
- 吞入:如果吞入该化学物质,应立即就医。

对呼吸器选择的建议:NIOSH/OSHA

~0.5 mg/m^3:

- Qm:任何四分之一面罩呼吸器,选择 N、R 或 P 过滤元件的信息见表 4。指定防护因数=5。

~1 mg/m^3:

- 95XQ:任何除四分之一面罩之外的防颗粒物呼吸器,配有 N95、R95 或 P95 过滤元件(包括 N95、R95 或 P95 随弃式面罩)。也可使用以下过滤元件:N99、R99、P99、N100、R100、P100。指定防护因数=10。选择 N、R 或 P 过滤元件的信息见表 4。
- Sa:任何供气式呼吸器。指定防护因数=10。

~2.5 mg/m^3:

- Sa:Cf:任何连续供气式呼吸器。指定防护因数=25。
- PaprHie:任何动力送风空气过滤式呼吸器,配有高效颗粒物过滤元件。指定防护因数=25。

~5 mg/m^3:

- 100F:任何空气过滤式全面罩呼吸器,配有 N100、R100 或 P100 过滤元件。指定防护因数=50。选择 N、R 或 P 过滤元件的信息见表 4。
- SaT:Cf:任何连续供气式呼吸器,配密合型面罩。指定防护因数=50。
- PaprTHie:任何动力送风空气过滤式呼吸器,配密合型面罩和高效颗粒物过滤元件。指定防护因数=50。
- ScbaF:任何携气式呼吸器,配全面罩。指定防护因数=50。
- SaF:任何供气式呼吸器,配全面罩。指定防护因数=50。

~100 mg/m^3:

- SaF:Pd,Pp:任何压力需气式或正压供气式呼吸器,配全面罩。指定防护因数=2 000。

§:应急抢险,或准备进入浓度未知环境,或进入 IDLH 环境:

- ScbaF:Pd,Pp:任何压力需气式或正压携气式呼吸器,配全面罩。指定防护因数=10 000。
- SaF:Pd,Pp:AScba:任何压力需气式或正压供气式呼吸器,配全面罩,配压力需气式或正压携气式辅助呼吸器。指定防护因数=10 000。

逃生:

- 100F:任何空气过滤式全面罩呼吸器,配有 N100、R100 或 P100 过滤元件。指定防护因数=50。选择 N、R 或 P 过滤元件的信息见表 4。
- ScbaE:任何适合逃生的携气式呼吸器。

有关呼吸器选择的其他重要信息参见相关标准。

接触途径:呼吸道,胃肠道。

症状:鼻出血,由于轻微切割伤、创伤而过度出血;烟色尿,黑柏油便;腹背痛。

靶器官:凝血酶原。

哌嗪二盐酸盐(Piperazine dihydrochloride)

$C_4H_{10}N_2 \cdot 2HCl$

异名和商品名:盐酸哌嗪,Piperazine hydrochloride [注:哌嗪盐酸盐也作为商品。]

CAS No.:142-64-3

RTECS No.:TL4025000

DOT ID 和指南号:

P

接触限值:NIOSH REL:TWA 5 mg/m^3
OSHA PEL †:无

IDLH:N.D.　　**浓度换算系数:**

理化性质:白色至淡黄色针状或粉末。

分子量:159.1　　沸点:未知
熔点:635 ℉　　溶解度:41%
蒸气压:未知　　电离电位:未知
比重:未知　　闪点:未知
爆炸上限:未知　　爆炸下限:未知
可燃固体,但不易点燃。
不相容性和反应性:水。[注:轻微吸湿。]

测量方法:无。

个人防护和卫生设施:

- 皮肤:穿戴合适的个人防护服,防止皮肤直接接触。
- 眼睛:佩戴合适的眼部防护用品,防止眼睛直接接触。
- 清洗皮肤:当皮肤受到污染时,应立即清洗污染的皮肤。
- 脱除:如果工作服被弄湿或受到了明显的污染,应该立即脱除并妥善处置。
- 更换:在离开工作场所前应当将可能受到污染的工作服更换成无污染的衣服。
- 配备:在劳动者可能接触该化学物质的作业场所,无论是否需要使用眼部防护用品,都应配备眼冲洗设备。在紧靠有可能接触该化学物质的工作场所,应配备快速冲淋身体的设备以应急使用。[注:这些设备应能够提供足量水或流动水,以将可能接触的身体任何部位上的该化学物质除去。实际配备适宜的快速冲淋设备取决于工作场所的具体条件。在某些情况下,必须及时进行大流量淋浴,而其他情况下只需要用一个水槽或软管供水就足够了。]

急救:

- 眼睛:如眼睛直接接触了该化学物质,要立即用大量水冲洗(灌洗)眼睛,冲洗时,不时翻开上下眼睑,并立即就医。
- 皮肤:如果该化学物质直接接触皮肤,立即用水冲洗污染的皮肤。如果该化学物质渗透进衣服,要迅速将衣服脱除,用水冲洗污染的皮肤,并迅速就医。
- 呼吸:如果接触者吸入大量该化学物质,立即将接触者移至新鲜空气处。如果呼吸停止,要进行人工呼吸,注意保暖和休息。尽快就医。
- 吞入:如果吞入该化学物质,应立即就医。

对呼吸器选择的建议:无。
有关呼吸器选择的其他重要信息参见相关标准。

接触途径:呼吸道,皮肤吸收,胃肠道,皮肤和/或眼睛直接接触。

症状:眼睛、皮肤、呼吸系统刺激;皮肤灼伤,致敏;哮喘;胃肠不适,头痛,恶心,呕吐,协调能力下降,肌无力。

靶器官:眼睛,皮肤,呼吸系统,中枢神经系统。

烧石膏(Plaster of Paris)

$CaSO_4 \cdot 0.5H_2O$

CAS No.:26499-65-0

RTECS No.:TP0700000

DOT ID 和指南号:

异名和商品名:熟石膏,半水硫酸钙,半水石膏,Calcium sulfate hemihydrate,Dried calcium sulfate,Gypsum hemihydrate,Hemihydrate gypsum[注:熟石膏是半水硫酸钙,石膏是二水硫酸钙。]

接触限值:NIOSH REL:TWA 10 mg/m³(总颗粒物)
TWA 5 mg/m³(呼吸性颗粒物)
OSHA PEL:TWA 15 mg/m³(总颗粒物)
TWA 5 mg/m³(呼吸性颗粒物)

IDLH:N.D. **浓度换算系数:**

理化性质:白色或淡黄色,弥散的无气味细粉末。

分子量:145.2	沸点:未知
熔点:325 ℉(失水)	溶解度(77 ℉):0.3%
蒸气压:0 mmHg(约)	电离电位:不适用
比重:2.5	闪点:不适用
爆炸上限:不适用	爆炸下限:不适用

不可燃固体。

不相容性和反应性:湿气,水。[注:有吸湿性(即在空气中吸收湿气),与水反应生成石膏。]

测量方法:NIOSH 0500,0600

个人防护和卫生设施:

- 皮肤:对于个体皮肤防护装备的需要没有特殊建议。
- 眼睛:对眼部防护的需要没有特殊建议。
- 清洗皮肤:对于清洗皮肤上的污染物没有其他特殊的建议(包括立即清洗和班后清洗)。
- 脱除:对于脱除被污染或被弄湿的工作服的需要没有特殊建议。
- 更换:对于班后的衣服的更换需要没有特殊建议。

急救:

- 眼睛:如眼睛直接接触了该化学物质,要立即用大量水冲洗(灌洗)眼睛,冲洗时,不时翻开上下眼睑,并立即就医。
- 呼吸:如果接触者吸入大量该化学物质,立即将接触者移至新鲜空气处。如果呼吸停止,要进行人工呼吸,注意保暖和休息。尽快就医。
- 吞入:如果吞入该化学物质,应立即就医。

对呼吸器选择的建议:无。

有关呼吸器选择的其他重要信息参见相关标准。

接触途径:呼吸道,胃肠道,皮肤和/或眼睛直接接触。

症状:眼睛、皮肤、黏膜、呼吸系统刺激;咳嗽。

靶器官:眼睛,皮肤,呼吸系统。

P

铂(Platinum)

Pt

CAS No.:7440-06-4

RTECS No.:TP2160000

DOT ID 和指南号:

异名和商品名:铂金属,白金,Platinum black,Platinum metal,Platinum sponge

接触限值:NIOSH REL:TWA 1 mg/m³
OSHA PEL†:无

IDLH:N.D. **浓度换算系数:**

理化性质:银色、灰白色可锻造易延展的金属。

分子量:195.1	沸点:6 921 ℉
熔点:3 222 ℉	溶解度:不溶
蒸气压:0 mmHg(约)	电离电位:不适用

比　　重:21.45　　闪　　点:不适用

爆炸上限:不适用　　爆炸下限:不适用

块状为不可燃固体,但处理细粉末时可能有危险。

不相容性和反应性:铝,丙酮,砷,乙烷,肼,过氧化氢,锂,磷,硒,碲,各种氟化物。

测量方法:NIOSH 7300,7303;OSHA ID121,ID130SG

个人防护和卫生设施:

- 皮肤:对于个体皮肤防护装备的需要没有特殊建议。
- 眼睛:对眼部防护的需要没有特殊建议。
- 清洗皮肤:对于清洗皮肤上的污染物没有其他特殊的建议(包括立即清洗和班后清洗)。
- 脱除:对于脱除被污染或被弄湿的工作服的需要没有特殊建议。
- 更换:在离开工作场所前应当将可能受到污染的工作服更换成无污染的衣服。

急救:

- 眼睛:如眼睛直接接触了该化学物质,要立即用大量水冲洗(灌洗)眼睛,冲洗时,不时翻开上下眼睑,并立即就医。
- 皮肤:如果该化学物质直接接触皮肤,用肥皂和水冲洗污染的皮肤。
- 呼吸:如果接触者吸入大量该化学物质,立即将接触者移至新鲜空气处。如果呼吸停止,要进行人工呼吸,注意保暖和休息。尽快就医。
- 吞入:如果吞入该化学物质,应立即就医。

对呼吸器选择的建议:无。

有关呼吸器选择的其他重要信息参见相关标准。

接触途径:呼吸道,胃肠道,皮肤和/或眼睛直接接触。

症状:皮肤、呼吸系统刺激;皮炎。

靶器官:眼睛,皮肤,呼吸系统。

P

铂(可溶盐,按铂计)[Platinum (soluble salts,as Pt)]

CAS No.:

RTECS No.:

异名和商品名:不同的可溶性铂盐而不同。

DOT ID 和指南号:

接触限值:NIOSH REL:TWA 0.002 mg/m^3

OSHA PEL:TWA 0.002 mg/m^3

IDLH: 4 mg/m^3(按铂计)　　**浓度换算系数:**

理化性质:依可溶性铂盐的不同而不同。

不相容性和反应性:不同。

测量方法:NIOSH 7300,7303,S191(Ⅱ-7)

个人防护和卫生设施:

- 皮肤:穿戴合适的个人防护服,防止皮肤直接接触。
- 眼睛:佩戴合适的眼部防护用品,防止眼睛直接接触。
- 清洗皮肤:当皮肤受到污染时,应立即清洗污染的皮肤。
- 脱除:如果工作服被弄湿或受到了明显的污染,应该立即脱除并妥善处置。
- 更换:在离开工作场所前应当将可能受到污染的工作服更换成无污染的衣服。

急救:

- 眼睛:如眼睛直接接触了该化学物质,要立即用大量水冲洗(灌洗)眼睛,冲洗时,不时翻开上下眼睑,并立即就医。
- 皮肤:如果该化学物质直接接触皮肤,立即用水冲洗污染的皮肤。如果该化学物质渗透进衣服,要迅速将衣服脱除,用水冲洗污染的皮肤,并迅速就医。
- 呼吸:如果接触者吸入大量该化学物质,立即将接触者移至新鲜空气处。如果呼吸停止,要进行人工呼吸,注意保暖和休息。尽快就医。
- 吞入:如果吞入该化学物质,应立即就医。

对呼吸器选择的建议:NIOSH/OSHA

~0.05 mg/m³:

- Sa:Cf:任何连续供气式呼吸器。指定防护因数=25。£

~0.1 mg/m³:

- 100F:任何空气过滤式全面罩呼吸器,配有 N100、R100 或 P100 过滤元件。指定防护因数=50。选择 N、R 或 P 过滤元件的信息见表 4。
- ScbaF:任何携气式呼吸器,配全面罩。指定防护因数=50。
- SaF:任何供气式呼吸器,配全面罩。指定防护因数=50。

~4 mg/m³:

- SaF:Pd,Pp:任何压力需气式或正压供气式呼吸器,配全面罩。指定防护因数=2 000。

§:应急抢险,或准备进入浓度未知环境,或进入 IDLH 环境:

- ScbaF:Pd,Pp:任何压力需气式或正压携气式呼吸器,配全面罩。指定防护因数=10 000。
- SaF:Pd,Pp:AScba:任何压力需气式或正压供气式呼吸器,配全面罩,配压力需气式或正压携气式辅助呼吸器。指定防护因数=10 000。

逃生:

- 100F:任何空气过滤式全面罩呼吸器,配有 N100、R100 或 P100 过滤元件。指定防护因数=50。选择 N、R 或 P 过滤元件的信息见表 4。
- ScbaE:任何适合逃生的携气式呼吸器。

有关呼吸器选择的其他重要信息参见相关标准。

接触途径:呼吸道,胃肠道,皮肤和/或眼睛直接接触。

症状:眼睛、鼻刺激;咳嗽,呼吸困难,喘鸣,紫绀;皮炎,皮肤致敏;淋巴细胞增多。

靶器官:眼睛,皮肤,呼吸系统。

P

硅酸盐水泥(Portland cement)

CAS No.:65997-15-1

RTECS No.:VV8770000

异名和商品名:水泥,Cement,Hydraulic cement,Portland cement silicate

DOT ID 和指南号:

[注:是一种含有硅酸二钙和硅酸三钙以及氧化铝、铝酸三钙和氧化铁的水硬水泥。]

接触限值:NIOSH REL:TWA 10 mg/m³(总颗粒物)
TWA 5 mg/m³(呼吸性颗粒物)
OSHA PEL †:TWA 50 mppcf

IDLH:5 000 mg/m³　　**浓度换算系数**:

理化性质:灰色无气味粉末。

分子量:未知	沸点:不适用
熔点:不适用	溶解度:不溶
蒸气压:0 mmHg(约)	电离电位:不适用
比重:未知	闪点:不适用
爆炸上限:不适用	爆炸下限:不适用

不可燃固体。

不相容性和反应性:未见报道。

测量方法:NIOSH 0500;OSHA ID207

个人防护和卫生设施:

- 皮肤:穿戴合适的个人防护服,防止皮肤直接接触。
- 眼睛:佩戴合适的眼部防护用品,防止眼睛直接接触。
- 清洗皮肤:当皮肤受到污染时,应立即清洗污染的皮肤。
- 脱除:如果工作服被弄湿或受到了明显的污染,应该立即脱除并妥善处置。
- 更换:对于班后的衣服的更换需要没有特殊建议。

急救：

- 眼睛：如眼睛直接接触了该化学物质，要立即用大量水冲洗(灌洗)眼睛，冲洗时，不时翻开上下眼睑，并立即就医。
- 皮肤：如果该化学物质直接接触皮肤，迅速用肥皂和水冲洗污染的皮肤。若该化学物质渗透进衣服，要迅速将衣服脱除，用肥皂和水清洗污染的皮肤，并迅速就医。
- 呼吸：如果接触者吸入大量该化学物质，立即将接触者移至新鲜空气处。通常不需要采取其他措施。
- 吞入：如果吞入该化学物质，应立即就医。

P

对呼吸器选择的建议：NIOSH

～50 mg/m³：

- Qm：任何四分之一面罩呼吸器，选择 N、R 或 P 过滤元件的信息见表 4。指定防护因数＝5。

～100 mg/m³：

- 95XQ：任何除四分之一面罩之外的防颗粒物呼吸器，配有 N95、R95 或 P95 过滤元件(包括 N95、R95 或 P95 随弃式面罩)。也可使用以下过滤元件：N99、R99、P99、N100、R100、P100。指定防护因数＝10。选择 N、R 或 P 过滤元件的信息见表 4。
- Sa：任何供气式呼吸器。指定防护因数＝10。

～250 mg/m³：

- Sa∶Cf：任何连续供气式呼吸器。指定防护因数＝25。
- PaprHie：任何动力送风空气过滤式呼吸器，配有高效颗粒物过滤元件。指定防护因数＝25。

～500 mg/m³：

- 100F：任何空气过滤式全面罩呼吸器，配有 N100、R100 或 P100 过滤元件。指定防护因数＝50。选择 N、R 或 P 过滤元件的信息见表 4。
- SaT∶Cf：任何连续供气式呼吸器，配密合型面罩。指定防护因数＝50。
- PaprTHie：任何动力送风空气过滤式呼吸器，配密合型面罩和高效颗粒物过滤元件。指定防护因数＝50。
- ScbaF：任何携气式呼吸器，配全面罩。指定防护因数＝50。
- SaF：任何供气式呼吸器，配全面罩。指定防护因数＝50。

～5 000 mg/m³：

- Sa：Pd，Pp：任何压力需气式或正压供气式呼吸器。指定防护因数＝1 000。

§：应急抢险，或准备进入浓度未知环境，或进入 IDLH 环境：

- ScbaF∶Pd，Pp：任何压力需气式或正压携气式呼吸器，配全面罩。指定防护因数＝10 000。
- SaF∶Pd，Pp∶AScba：任何压力需气式或正压供气式呼吸器，配全面罩，配压力需气式或正压携气式辅助呼吸器。指定防护因数＝10 000。

逃生：

- 100F：任何空气过滤式全面罩呼吸器，配有 N100、R100 或 P100 过滤元件。指定防护因数＝50。选择 N、R 或 P 过滤元件的信息见表 4。
- ScbaE：任何适合逃生的携气式呼吸器。

有关呼吸器选择的其他重要信息参见相关标准。

接触途径：呼吸道，胃肠道，皮肤和/或眼睛直接接触。

症状：眼睛、皮肤、鼻刺激；咳嗽，咳痰；劳累性呼吸困难，喘鸣，慢性支气管炎；皮炎。

靶器官：眼睛，皮肤，呼吸系统。

氰化钾(按氰计)[Potassium cyanide (as CN)]
KCN
异名和商品名: Potassium salt of hydrocyanic acid

CAS No.:151-50-8
RTECS No.:TS8750000
DOT ID 和指南号:1680 157(固体);3413 157(溶液)

接触限值: NIOSH REL*: C 5 mg/m^3 (4.7 ppm) [10 min] [* 注:REL 也适用于除氰化氢外的其他氰化物(按氰计)]
OSHA PEL*: TWA 5 mg/m^3 [* 注:PEL 也适用于除氰化氢外的其他氰化物(按氰计)]

IDLH: 25 mg/m^3(按氰计)　**浓度换算系数:**

理化性质:白色粒状或晶体,具有淡淡的苦杏仁味。

分子量:65.1　沸点:2 957 ℉
熔点:1 173 ℉　溶解度(77 ℉):72%
蒸气压:0 mmHg (约)　电离电位:不适用
比重:1.55　闪点:不适用
爆炸上限:不适用　爆炸下限:不适用
不可燃固体,但遇酸释放易燃的氰化氢。
不相容性和反应性:强氧化剂(如酸、酸性盐、氯酸盐和硝酸盐)。[注:从空气中吸收湿气成浆状。]

测量方法:NIOSH 6010,7904

个人防护和卫生设施:
- 皮肤:穿戴合适的个人防护服,防止皮肤直接接触。
- 眼睛:佩戴合适的眼部防护用品,防止眼睛直接接触。
- 清洗皮肤:当皮肤受到污染时,应立即清洗污染的皮肤。
- 脱除:如果工作服被弄湿或受到了明显的污染,应该立即脱除并妥善处置。
- 更换:在离开工作场所前应当将可能受到污染的工作服更换成无污染的衣服。
- 配备:在劳动者可能接触该化学物质的作业场所,无论是否需要使用眼部防护用品,都应配备眼冲洗设备。在紧靠有可能接触该化学物质的工作场所,应配备快速冲淋身体的设备以应急使用。[注:这些设备应能够提供足量水或流动水,以将可能接触的身体任何部位上的该化学物质除去。实际配备适宜的快速冲淋设备取决于工作场所的具体条件。在某些情况下,必须及时进行大流量淋浴,而其他情况下只需要用一个水槽或软管供水就足够了。]

急救:
- 眼睛:如眼睛直接接触了该化学物质,要立即用大量水冲洗(灌洗)眼睛,冲洗时,不时翻开上下眼睑,并立即就医。
- 皮肤:如果该化学物质直接接触皮肤,立即用肥皂和水冲洗污染的皮肤。若该化学物质渗透进衣服,要立即将衣服脱除,用肥皂和水清洗污染的皮肤,并迅速就医。
- 呼吸:如果接触者吸入大量该化学物质,立即将接触者移至新鲜空气处。如果呼吸停止,要进行人工呼吸,注意保暖和休息。尽快就医。
- 吞入:如果吞入该化学物质,应立即就医。

对呼吸器选择的建议:NIOSH/OSHA
~25 mg/m^3:
- Sa:任何供气式呼吸器。指定防护因数=10。
- ScbaF:任何携气式呼吸器,配全面罩。指定防护因数=50。

§:应急抢险,或准备进入浓度未知环境,或进入 IDLH 环境:
- ScbaF:Pd,Pp:任何压力需气式或正压携气式呼吸器,配全面罩。指定防护因数=10 000。

P

- SaF：Pd,Pp：AScba:任何压力需气式或正压供气式呼吸器,配全面罩,配压力需气式或正压携气式辅助呼吸器。指定防护因数=10 000。

逃生:

- GmFS100:任何空气过滤式全面罩呼吸器(防毒面具),配下颌式、前置式或背置式防该化学物质的滤毒罐和N100、R100或P100的综合防护过滤元件。指定防护因数=50。选择N、R或P过滤元件的信息见表4。
- ScbaE:任何适合逃生的携气式呼吸器。

有关呼吸器选择的其他重要信息参见相关标准。

接触途径:呼吸道,皮肤吸收,胃肠道,皮肤和/或眼睛直接接触。

症状:眼睛、皮肤、上呼吸道刺激;窒息;乏力,头痛,意识模糊;恶心,呕吐;呼吸频率增加;甲状腺、血液改变。

靶器官:眼睛,皮肤,呼吸系统,心血管系统,中枢神经系统,甲状腺,血液。

P

氢氧化钾(Potassium hydroxide)

KOH

异名和商品名:苛性碱,钾碱,Caustic potash,Lye,Potassium hydrate

CAS No.:1310-58-3

RTECS No.:TT2100000

DOT ID 和指南号:1813 154(干燥固体);1814 154(溶液)

接触限值:NIOSH REL:C 2 mg/m^3

OSHA PEL †:无

IDLH: N.D. **浓度换算系数:**

理化性质:无气味的白色或淡黄色块状、片状、棒状或颗粒状。[注:可用水溶液。]

分子量:56.1	沸点:2 415 ℉
熔点:716 ℉	溶解度(59 ℉):107%
蒸气压(1 317 ℉):1 mmHg	电离电位:未知
比重:2.04	闪点:不适用
爆炸上限:不适用	爆炸下限:不适用

不可燃固体;但可与水和其他物质反应,并产生足够热量点燃可燃物质。

不相容性和反应性:酸,水,金属(湿的),卤代烃,马来酐。[注:若氢氧化钾与空气中的水和二氧化碳反应可产热。]

测量方法:NIOSH 7401

个人防护和卫生设施:

- 皮肤:穿戴合适的个人防护服,防止皮肤直接接触。
- 眼睛:佩戴合适的眼部防护用品,防止眼睛直接接触。
- 清洗皮肤:当皮肤受到污染时,应立即清洗污染的皮肤。
- 脱除:如果工作服被弄湿或受到了明显的污染,应该立即脱除并妥善处置。
- 更换:在离开工作场所前应当将可能受到污染的工作服更换成无污染的衣服。
- 配备:在劳动者可能接触该化学物质的作业场所,无论是否需要使用眼部防护用品,都应配备眼冲洗设备。在紧靠有可能接触该化学物质的工作场所,应配备快速冲淋身体的设备以应急使用。[注:这些设备应能够提供足量水或流动水,以将可能接触的身体任何部位上的该化学物质除去。实际配备适宜的快速冲淋设备取决于工作场所的具体条件。在某些情况下,必须及时进行大流量淋浴,而其他情况下只需要用一个水槽或软管供水就足够了。]

急救:

- 眼睛:如眼睛直接接触了该化学物质,要立即用大量水冲洗(灌洗)眼睛,冲洗时,不时翻开上下眼睑,并立即就医。

- 皮肤：如果该化学物质直接接触皮肤，立即用水冲洗污染的皮肤。如果该化学物质渗透进衣服，要迅速将衣服脱除，用水冲洗污染的皮肤，并迅速就医。
- 呼吸：如果接触者吸入大量该化学物质，立即将接触者移至新鲜空气处。如果呼吸停止，要进行人工呼吸，注意保暖和休息。尽快就医。
- 吞入：如果吞入该化学物质，应立即就医。

对呼吸器选择的建议：无。

有关呼吸器选择的其他重要信息参见相关标准。

接触途径：呼吸道，胃肠道，皮肤和/或眼睛直接接触。

症状：眼睛、皮肤、呼吸系统刺激；咳嗽，打喷嚏；眼睛、皮肤灼伤；呕吐，腹泻。

靶器官：眼睛，皮肤，呼吸系统。

丙烷(Propane)　　CAS No.：74-98-6

$CH_3CH_2CH_3$　　RTECS No.：TX2275000

异名和商品名：二甲甲烷，正丙烷，Bottled gas，Dimethyl methane，n-Propane，Propyl hydride

DOT ID 和指南号：1075 115；1978 115

P

接触限值：NIOSH REL：TWA 1 000 ppm (1 800 mg/m^3)
OSHA PEL：TWA 1 000 ppm (1 800 mg/m^3)

IDLH：2 100 ppm [10%爆炸下限]

浓度换算系数：1 ppm = 1.80 mg/m^3

理化性质：无色无味气体。[注：当用作燃料时常会加入臭味剂。以压缩液化气运输。]

分子量：44.1	沸点：44 ℉
凝固点：−306 ℉	溶解度：0.01%
蒸气压(70 ℉)：8.4 大气压	电离电位：11.07 eV
相对密度：1.55	闪点：不适用(气体)
爆炸上限：9.5%	爆炸下限：2.1%

易燃气体。

不相容性和反应性：强氧化剂。

测量方法：NIOSH S87 (Ⅱ-2)；OSHA PV2077

个人防护和卫生设施：

- 皮肤：压缩气体快速膨胀时可产生低温。泄漏和使用能快速膨胀的压缩气体，可产生冻伤危害。穿戴合适的个人防护服，防止皮肤冻伤。
- 眼睛：佩戴合适的眼部防护用品，防止眼睛直接接触液体后因低温引起灼伤或组织损伤。
- 清洗皮肤：对于清洗皮肤上的污染物没有其他特殊的建议(包括立即清洗和班后清洗)。
- 脱除：如果工作服被可燃性物质(即闪点低于 100 ℉的液体)浸湿，应当立即脱除并妥善处置，以防着火。
- 更换：对于班后的衣服的更换需要没有特殊建议。
- 配备：在紧靠有可能接触极低温液体或迅速蒸发的液体的工作场所，应配备快速冲淋洗浴设备和/或眼冲洗设备，以应急使用。

急救：

- 眼睛：如果眼组织冻伤，要立即就医。如果眼组织没有冻伤，要立即用大量水彻底冲洗至少 15 min，并不时翻开上下眼睑，如果眼睛刺激、疼痛、肿胀、流泪和畏光持续存在，应尽快就医。
- 皮肤：如果发生冻伤，要立即就医，不要揉擦或用水冲洗冻伤部位；为防止组织进一步受损，不要试图将冻结的衣服从冻伤部位脱除。如未发生冻伤，立即用肥皂和水彻底清洗污染的皮肤。
- 呼吸：如果接触者吸入大量该化学物质，立即将接触者移至新鲜空气处。如果呼吸停止，要进行人工呼吸，注意保暖和休息。尽快就医。

对呼吸器选择的建议:NIOSH/OSHA

~2 100 ppm:

- Sa:任何供气式呼吸器。指定防护因数=10。
- ScbaF:任何携气式呼吸器,配全面罩。指定防护因数=50。

§:应急抢险,或准备进入浓度未知环境,或进入 IDLH 环境:

- ScbaF:Pd,Pp:任何压力需气式或正压携气式呼吸器,配全面罩。指定防护因数=10 000。
- SaF:Pd,Pp:AScba:任何压力需气式或正压供气式呼吸器,配全面罩,配压力需气式或正压携气式辅助呼吸器。指定防护因数=10 000。

逃生:

- ScbaE:任何适合逃生的携气式呼吸器。

有关呼吸器选择的其他重要信息参见相关标准。

接触途径:呼吸道,皮肤和/或眼睛直接接触(液体)。

症状:眩晕,意识模糊,兴奋,窒息;冻伤(液体)。

靶器官:中枢神经系统。

P

丙烷磺内酯(Propane sultone)

$C_3H_6O_3S$

CAS No.:1120-71-4

RTECS No.:RP5425000

异名和商品名:1,3-丙烷磺内酯;3-Hydroxy-1-propanesulphonic acid sultone;1,3-Propane sultone

DOT ID 和指南号:

接触限值:NIOSH REL:Ca 见附录 A

OSHA PEL:无

IDLH:Ca [N. D.]　　**浓度换算系数:**

理化性质:白色晶体或无色液体(86 ℉以上)。[注:熔化时释放恶臭味。]

分子量:122.2	沸点:未知
熔点:86 ℉	溶解度:10%
蒸气压:未知	电离电位:未知
比重:1.39	闪点:>235 ℉
爆炸上限:未知	爆炸下限:未知

可燃固体。

不相容性和反应性:未见报道。

测量方法:无。

个人防护和卫生设施:

- 皮肤:穿戴合适的个人防护服,防止皮肤直接接触。
- 眼睛:佩戴合适的眼部防护用品,防止眼睛直接接触。
- 清洗皮肤:当皮肤受到污染时,应立即清洗污染的皮肤。/每天工作班结束后,进食、吸烟、喝水前都应该清洗可能受到污染的皮肤。
- 脱除:如果工作服被弄湿或受到了明显的污染,应该立即脱除并妥善处置。
- 更换:在离开工作场所前应当将可能受到污染的工作服更换成无污染的衣服。
- 配备:在劳动者可能接触该化学物质的作业场所,无论是否需要使用眼部防护用品,都应配备眼冲洗设备。在紧靠有可能接触该化学物质的工作场所,应配备快速冲淋身体的设备以应急使用。[注:这些设备应能够提供足量水或流动水,以将可能接触的身体任何部位上的该化学物质除去。实际配备适宜的快速冲淋设备取决于工作场所的具体条件。在某些情况下,必须及时进行大流量淋浴,而其他情况下只需要用一个水槽或软管供水就足够了。]

急救:

- 眼睛:如眼睛直接接触了该化学物质,要立即用大量水冲洗(灌洗)眼睛,冲洗时,不时翻开上下眼睑,并立即就医。

● 皮肤：如果该化学物质直接接触皮肤，立即用水冲洗污染的皮肤。如果该化学物质渗透进衣服，要迅速将衣服脱除，用水冲洗污染的皮肤，并迅速就医。 ● 呼吸：如果接触者吸入大量该化学物质，立即将接触者移至新鲜空气处。如果呼吸停止，要进行人工呼吸，注意保暖和休息。尽快就医。 ● 吞入：如果吞入该化学物质，应立即就医。	**逃生：** ● GmFOv100：任何空气过滤式全面罩呼吸器（防毒面具），配下颌式、前置式或背置式有机蒸气滤毒罐和N100、R100或P100的综合防护过滤元件。指定防护因数=50。选择N、R或P过滤元件的信息见表4。 ● ScbaE：任何适合逃生的携气式呼吸器。 **有关呼吸器选择的其他重要信息参见相关标准。**
对呼吸器选择的建议：NIOSH **¥：高于NIOSH REL的浓度；或当没有REL时，任何可以检测到的浓度：** ● ScbaF：Pd，Pp：任何压力需气式或正压携气式呼吸器，配全面罩。指定防护因数=10 000。 ● SaF：Pd，Pp：AScba：任何压力需气式或正压供气式呼吸器，配全面罩，配压力需气式或正压携气式辅助呼吸器。指定防护因数=10 000。	**接触途径：**呼吸道，皮肤吸收，胃肠道，皮肤和/或眼睛直接接触。 **症状：**眼睛、皮肤、呼吸系统刺激；[潜在职业性致癌物]。 **靶器官：**眼睛，皮肤，呼吸系统。 **致癌部位：**[动物：皮肤肿瘤，白血病，神经胶质瘤]。

1-丙硫醇（1-Propanethiol）

$CH_3CH_2CH_2SH$

CAS No.：107-03-9

RTECS No.：TZ7300000

DOT ID 和指南号：2402 130

异名和商品名：硫代正丙醇，硫氢丙烷，正丙硫醇，3-Mercaptopropane，Propane-1-thiol，Propyl mercaptan，n-Propyl mercaptan

接触限值：NIOSH REL：C 0.5 ppm (1.6 mg/m³)[15 min] OSHA PEL：无	不相容性和反应性：氧化剂，还原剂，强酸和强碱，碱金属，次氯酸钙。
IDLH：N.D.　**浓度换算系数：**1 ppm = 3.12 mg/m³	**测量方法：**无。
理化性质：无色液体，具有令人作呕的烂白菜样气味。	**个人防护和卫生设施：**
分子量：76.2　沸点：153 ℉ 凝固点：−172 ℉　溶解度：微溶 蒸气压(77 ℉)：155 mmHg　电离电位：9.195 eV 比重：0.84　闪点：−5 ℉ 爆炸上限：未知　爆炸下限：未知 ⅠB类易燃液体——闪点低于73 ℉，沸点等于或高于100 ℉。	● 皮肤：对于个体皮肤防护装备的需要没有特殊建议。 ● 眼睛：佩戴合适的眼部防护用品，防止眼睛直接接触。 ● 清洗皮肤：对于清洗皮肤上的污染物没有其他特殊的建议（包括立即清洗和班后清洗）。 ● 脱除：如果工作服被可燃性物质（即闪点低于100 ℉的液体）浸湿，应当立即脱除并妥善处置，以防着火。 ● 更换：对于班后的衣服的更换需要没有特殊建议。

P

- 配备：在劳动者可能接触该化学物质的作业场所，无论是否需要使用眼部防护用品，都应配备眼冲洗设备。

急救：

- 眼睛：如眼睛直接接触了该化学物质，要立即用大量水冲洗（灌洗）眼睛，冲洗时，不时翻开上下眼睑，并立即就医。
- 皮肤：如果该化学物质直接接触皮肤，用肥皂和水冲洗污染的皮肤。
- 呼吸：如果接触者吸入大量该化学物质，立即将接触者移至新鲜空气处。如果呼吸停止，要进行人工呼吸，注意保暖和休息。尽快就医。
- 吞入：如果吞入该化学物质，应立即就医。

P

对呼吸器选择的建议：NIOSH

～5 ppm：

- CcrOv：任何空气过滤式半面罩呼吸器，配防有机蒸气的滤毒盒。指定防护因数＝10。
- Sa：任何供气式呼吸器。指定防护因数＝10。

～12.5 ppm：

- Sa∶Cf：任何连续供气式呼吸器。指定防护因数＝25。
- PaprOv：任何动力送风空气过滤式呼吸器，配有机蒸气滤毒盒。指定防护因数＝25。

～25 ppm：

- CcrFOv：任何空气过滤式全面罩呼吸器，配有机蒸气滤毒盒。指定防护因数＝50。
- GmFOv：任何空气过滤式全面罩呼吸器（防毒面具），配下颌式、前置式或背置式有机蒸气滤毒罐。指定防护因数＝50。
- PaprTOv：任何动力送风空气过滤式呼吸器，配密合型面罩和有机蒸气滤毒盒。指定防护因数＝50。
- ScbaF：任何携气式呼吸器，配全面罩。指定防护因数＝50。
- SaF：任何供气式呼吸器，配全面罩。指定防护因数＝50。

§：应急抢险，或准备进入浓度未知环境，或进入 IDLH 环境：

- ScbaF∶Pd，Pp：任何压力需气式或正压携气式呼吸器，配全面罩。指定防护因数＝10 000。
- SaF∶Pd，Pp∶AScba：任何压力需气式或正压供气式呼吸器，配全面罩，配压力需气式或正压携气式辅助呼吸器。指定防护因数＝10 000。

逃生：

- GmFOv：任何空气过滤式全面罩呼吸器（防毒面具），配下颌式、前置式或背置式有机蒸气滤毒罐。指定防护因数＝50。
- ScbaE：任何适合逃生的携气式呼吸器。

有关呼吸器选择的其他重要信息参见相关标准。

接触途径：呼吸道，胃肠道，皮肤和/或眼睛直接接触。

症状：眼睛、皮肤、鼻、咽喉、呼吸系统刺激；头痛，恶心，眩晕，紫绀；动物：肝、肾损害。

靶器官：眼睛，皮肤，呼吸系统，中枢神经系统，血液，肝，肾。

炔丙醇（Propargyl alcohol）

C_3H_3OH

CAS No.：107-19-7

RTECS No.：UK5075000

异名和商品名：2-丙炔-1-醇；丙炔醇；1-Propyn-3-ol；2-Propyn-1-ol；2-Propynyl alcohol

DOT ID 和指南号：1986 131

接触限值：NIOSH REL：TWA 1 ppm (2 mg/m^3)［皮］

OSHA PEL †：无

IDLH：N. D.　　**浓度换算系数：**1 ppm ＝ 2.29 mg/m^3

理化性质：无色至淡黄色液体，具有淡淡的天竺葵气味。

分子量	56.1	沸点	237 ℉
凝固点	－62 ℉	溶解度	与水互溶
蒸气压	12 mmHg	电离电位	10.51 eV

比　　重:0.97　　闪点(开杯):97 ℉

爆炸上限:未知　　爆炸下限:未知

ⅠC类易燃液体——闪点等于或高于73 ℉且低于100 ℉。

不相容性和反应性:五氧化磷,氧化剂。

测量方法:OSHA 97

个人防护和卫生设施:

- 皮肤:穿戴合适的个人防护服,防止皮肤直接接触。
- 眼睛:佩戴合适的眼部防护用品,防止眼睛直接接触。
- 清洗皮肤:当皮肤受到污染时,应立即清洗污染的皮肤。
- 脱除:如果工作服被弄湿或受到了明显的污染,应该立即脱除并妥善处置。
- 更换:对于班后的衣服的更换需要没有特殊建议。
- 配备:在劳动者可能接触该化学物质的作业场所,无论是否需要使用眼部防护用品,都应配备眼冲洗设备。在紧靠有可能接触该化学物质的工作场所,应配备快速冲淋身体的设备以应急使用。[注:这些设备应能够提供足量水或流动水,以将可能接触的身体任何部位上的该化学物质除去。实际配备适宜的快速冲淋设备取决于工作场所的具体条件。在某些情况下,必须及时进行大流量淋浴,而其他情况下只需要用一个水槽或软管供水就足够了。]

急救:

- 眼睛:如眼睛直接接触了该化学物质,要立即用大量水冲洗(灌洗)眼睛,冲洗时,不时翻开上下眼睑,并立即就医。
- 皮肤:如果该化学物质直接接触皮肤,要迅速用水冲洗污染的皮肤。如果该化学物质渗透进衣服,要立即将衣服脱除,迅速用水冲洗污染的皮肤,若冲洗后刺激症状持续存在,应就医。
- 呼吸:如果接触者吸入大量该化学物质,立即将接触者移至新鲜空气处。如果呼吸停止,要进行人工呼吸,注意保暖和休息。尽快就医。
- 吞入:如果吞入该化学物质,应立即就医。

对呼吸器选择的建议:无。

有关呼吸器选择的其他重要信息参见相关标准。

接触途径:呼吸道,皮肤吸收,胃肠道,皮肤和/或眼睛直接接触。

症状:皮肤、黏膜刺激;中枢神经系统抑制;动物:肝、肾损害。

靶器官:皮肤,呼吸系统,中枢神经系统,肝,肾。

P

β-丙醇酸内酯(β-Propiolactone)

$C_3H_4O_2$

CAS No.:57-57-8

RTECS No.:RQ7350000

DOT ID和指南号:

异名和商品名:3-羟基丙酸内酯;BPL;Hydroacrylic acid;β-lactone;3-Hydroxy-β-lactone;3-Hydroxy-propionic acid;β-Lactone;2-Oxetanone;3-Propiolactone

接触限值:NIOSH REL:Ca 见附录A

OSHA PEL:[1910.1013] 见附录B

IDLH: Ca [N.D]　　**浓度换算系数:**

理化性质:无色液体,稍具甜味。

分 子 量:72.1　　沸　　点:323 ℉(分解)

凝 固 点:−28 ℉　　溶 解 度:37%

蒸气压(77 ℉):3 mmHg　　电离电位:未知

比　　重:1.15　　闪　　点:165 ℉

爆炸上限:未知　　爆炸下限:2.9%

ⅢA类可燃液体——闪点等于或高于140 ℉且低于200 ℉。

不相容性和反应性:乙酸盐,卤素,硫氰酸盐,硫代硫酸盐。[注:储存时可聚合。]

测量方法:无。

个人防护和卫生设施:

- 皮肤:穿戴合适的个人防护服,防止皮肤直接接触。
- 眼睛:佩戴合适的眼部防护用品,防止眼睛直接接触。
- 清洗皮肤:当皮肤受到污染时,应立即清洗污染的皮肤。/每天工作班结束后,进食、吸烟、喝水前都应该清洗可能受到污染的皮肤。
- 脱除:如果工作服被弄湿或受到了明显的污染,应该立即脱除并妥善处置。
- 更换:在离开工作场所前应当将可能受到污染的工作服更换成无污染的衣服。
- 配备:在劳动者可能接触该化学物质的作业场所,无论是否需要使用眼部防护用品,都应配备眼冲洗设备。在紧靠有可能接触该化学物质的工作场所,应配备快速冲淋身体的设备以应急使用。[注:这些设备应能够提供足量水或流动水,以将可能接触的身体任何部位上的该化学物质除去。实际配备适宜的快速冲淋设备取决于工作场所的具体条件。在某些情况下,必须及时进行大流量淋浴,而其他情况下只需要用一个水槽或软管供水就足够了。]

急救:

- 眼睛:如眼睛直接接触了该化学物质,要立即用大量水冲洗(灌洗)眼睛,冲洗时,不时翻开上下眼睑,并立即就医。
- 皮肤:如果该化学物质直接接触皮肤,应立即用肥皂和水冲洗污染的皮肤。若该化学物质渗透进衣服,要立即将衣服脱除,用肥皂和水清洗污染的皮肤,并迅速就医。
- 呼吸:如果接触者吸入大量该化学物质,应立即将接触者移至新鲜空气处。如果呼吸停止,要进行人工呼吸,注意保暖和休息。尽快就医。
- 吞入:如果吞入该化学物质,应立即就医。

对呼吸器选择的建议:NIOSH

¥:高于 NIOSH REL 的浓度;或当没有 REL 时,任何可以检测到的浓度:

- ScbaF:Pd,Pp:任何压力需气式或正压携气式呼吸器,配全面罩。指定防护因数=10 000。
- SaF:Pd,Pp:AScba:任何压力需气式或正压供气式呼吸器,配全面罩,配压力需气式或正压携气式辅助呼吸器。指定防护因数=10 000。

逃生:

- GmFOv:任何空气过滤式全面罩呼吸器(防毒面具),配下颌式、前置式或背置式有机蒸气滤毒罐。指定防护因数=50。
- ScbaE:任何适合逃生的携气式呼吸器。

(见附录 E)

有关呼吸器选择的其他重要信息参见相关标准。

接触途径:呼吸道,皮肤吸收,胃肠道,皮肤和/或眼睛直接接触。

症状:皮肤刺激、灼伤;角膜混浊;尿频;排尿困难;血尿;[潜在职业性致癌物]。

靶器官:肾,皮肤,肺,眼睛。

致癌部位:[动物:肝、皮肤及胃肿瘤]。

P

丙酸(Propionic acid)

CH_3CH_2COOH

异名和商品名: 初油酸,甲基乙酸,Carboxyethane,Ethanecarboxylic acid,Ethylformic acid,Metacetonic acid,Methyl acetic acid,Propanoic acid

CAS No.:79-09-4

RTECS No.:UE5950000

DOT ID 和指南号:1848 132

接触限值: NIOSH REL:TWA 10 ppm (30 mg/m³)

ST 15 ppm (45 mg/m³)

OSHA PEL †:无

IDLH: N. D.　　**浓度换算系数:** 1 ppm = 3.03 mg/m³

理化性质: 无色油状液体,具有刺激的难闻的油脂酸败的气味。[注:5 ℉以下为固体。]

分子量:74.1　　沸点:286 ℉

凝固点:5 ℉　　溶解度:与水互溶

蒸气压:3 mmHg　　电离电位:10.24 eV

比重:0.99　　闪点:126 ℉

爆炸上限:12.1%　　爆炸下限:2.9%

Ⅱ类可燃液体——闪点等于或高于 100 ℉且低于140 ℉。

不相容性和反应性:碱,强氧化剂(如三氧化铬)。[注:对钢铁具有腐蚀性。]

测量方法: 无。

个人防护和卫生设施:

- 皮肤:穿戴合适的个人防护服,防止皮肤直接接触。
- 眼睛:佩戴合适的眼部防护用品,防止眼睛直接接触。
- 清洗皮肤:当皮肤受到污染时,应立即清洗污染的皮肤。
- 脱除:如果工作服被弄湿或受到了明显的污染,应该立即脱除并妥善处置。
- 更换:对于班后的衣服的更换需要没有特殊建议。
- 配备:在劳动者可能接触该化学物质的作业场所,无论是否需要使用眼部防护用品,都应配备眼冲洗设备。在紧靠有可能接触该化学物质的工作场所,应配备快速冲淋身体的设备以应急使用。[注:这些设备应能够提供足量水或流动水,以将可能接触的身体任何部位上的该化学物质除去。实际配备适宜的快速冲淋设备取决于工作场所的具体条件。在某些情况下,必须及时进行大流量淋浴,而其他情况下只需要用一个水槽或软管供水就足够了。]

急救:

- 眼睛:如眼睛直接接触了该化学物质,要立即用大量水冲洗(灌洗)眼睛,冲洗时,不时翻开上下眼睑,并立即就医。
- 皮肤:如果该化学物质直接接触皮肤,立即用水冲洗污染的皮肤。如果该化学物质渗透进衣服,要迅速将衣服脱除,用水冲洗污染的皮肤,并迅速就医。
- 呼吸:如果接触者吸入大量该化学物质,立即将接触者移至新鲜空气处。如果呼吸停止,要进行人工呼吸,注意保暖和休息。尽快就医。
- 吞入:如果吞入该化学物质,应立即就医。

对呼吸器选择的建议: 无。

有关呼吸器选择的其他重要信息参见相关标准。

接触途径: 呼吸道,皮肤吸收,胃肠道,皮肤和/或眼睛直接接触。

症状: 眼睛、皮肤、鼻、咽喉刺激;视物模糊,角膜灼伤;皮肤灼伤;腹痛,恶心,呕吐。

靶器官: 眼睛,皮肤,呼吸系统。

丙腈(Propionitrile)

CH_3CH_2CN

异名和商品名:乙基氰,Cyanoethane,Ethyl cyanide,Propanenitrile,Propionic nitrile,Propiononitrile

CAS No.:107-12-0

RTECS No.:UF9625000

DOT ID 和指南号:2404 131

接触限值:NIOSH REL:TWA 6 ppm (14 mg/m³)
OSHA PEL:无

IDLH: N.D. **浓度换算系数:**1 ppm = 2.25 mg/m³

理化性质:无色液体,具有愉悦的淡甜的醚样气味。[注:在体内形成氰化物。]

分子量:55.1	沸点:207 ℉
凝固点:−133 ℉	溶解度:11.9%
蒸气压:35 mmHg	电离电位:11.84 eV
比重:0.78	闪点:36 ℉
爆炸上限:未知	爆炸下限:3.1%

ⅠB类易燃液体——闪点低于 73 ℉,沸点等于或高于 100 ℉。

不相容性和反应性:强氧化剂和强还原剂,强酸和强碱。[注:当加热分解时可产生氰化物。]

测量方法:NIOSH 1606 (适用)

个人防护和卫生设施:

- 皮肤:穿戴合适的个人防护服,防止皮肤直接接触。
- 眼睛:佩戴合适的眼部防护用品,防止眼睛直接接触。
- 清洗皮肤:当皮肤受到污染时,应立即清洗污染的皮肤。
- 脱除:如果工作服被弄湿或受到了明显的污染,应该立即脱除并妥善处置。
- 更换:对于班后的衣服的更换需要没有特殊建议。
- 配备:在紧靠有可能接触该化学物质的工作场所,应配备快速冲淋身体的设备以应急使用。[注:这些设备应能够提供足量水或流动水,以将可能接触的身体任何部位上的该化学物质除去。实际配备适宜的快速冲淋设备取决于工作场所的具体条件。在某些情况下,必须及时进行大流量淋浴,而其他情况下只需要用一个水槽或软管供水就足够了。]

急救:

- 眼睛:如眼睛直接接触了该化学物质,要立即用大量水冲洗(灌洗)眼睛,冲洗时,不时翻开上下眼睑,并立即就医。
- 皮肤:如果该化学物质直接接触皮肤,立即用水冲洗污染的皮肤。如果该化学物质渗透进衣服,要迅速将衣服脱除,用水冲洗污染的皮肤,并迅速就医。
- 呼吸:如果接触者吸入大量该化学物质,立即将接触者移至新鲜空气处。如果呼吸停止,要进行人工呼吸,注意保暖和休息。尽快就医。
- 吞入:如果吞入该化学物质,应立即就医。

对呼吸器选择的建议:NIOSH

~60 ppm:

- CcrOv:任何空气过滤式半面罩呼吸器,配防有机蒸气的滤毒盒。指定防护因数=10。
- Sa:任何供气式呼吸器。指定防护因数=10。

~150 ppm:

- Sa:Cf:任何连续供气式呼吸器。指定防护因数=25。
- PaprOv:任何动力送风空气过滤式呼吸器,配有机蒸气滤毒盒。指定防护因数=25。

~300 ppm:

- CcrFOv:任何空气过滤式全面罩呼吸器,配有机蒸气滤毒盒。指定防护因数=50。
- GmFOv:任何空气过滤式全面罩呼吸器(防毒面具),配下颌式、前置式或背置式有机蒸气滤毒罐。指定防护因数=50。
- PaprTOv:任何动力送风空气过滤式呼吸器,配密合型面罩和有机蒸气滤毒盒。指定防护因数=50。

- ScbaF:任何携气式呼吸器,配全面罩。指定防护因数=50。
- SaF:任何供气式呼吸器,配全面罩。指定防护因数=50。

~1 000 ppm:

- SaF:Pd,Pp:任何压力需气式或正压供气式呼吸器,配全面罩。指定防护因数=2 000。

§:应急抢险,或准备进入浓度未知环境,或进入 IDLH 环境:

- ScbaF:Pd,Pp:任何压力需气式或正压携气式呼吸器,配全面罩。指定防护因数=10 000。
- SaF:Pd,Pp:AScba:任何压力需气式或正压供气式呼吸器,配全面罩,配压力需气式或正压携气式辅助呼吸器。指定防护因数=10 000。

逃生:

- GmFOv:任何空气过滤式全面罩呼吸器(防毒面具),配下颌式、前置式或背置式有机蒸气滤毒罐。指定防护因数=50。
- ScbaE:任何适合逃生的携气式呼吸器。

有关呼吸器选择的其他重要信息参见相关标准。

接触途径:呼吸道,皮肤吸收,胃肠道,皮肤和/或眼睛直接接触。

症状:眼睛、皮肤、呼吸系统刺激;恶心,呕吐;胸痛;乏力;木僵,惊厥;动物:肝、肾损害。

靶器官:眼睛,皮肤,呼吸系统,心血管系统,中枢神经系统,肝,肾。

P

残杀威(Propoxur)　　CAS No.:114-26-1

$CH_3NHCOOC_6H_4OCH(CH_3)_2$　　RTECS No.:FC3150000

异名和商品名:残虫畏;2-(1-甲基乙氧基)苯基氨基甲酸酯;o-Isopropoxyphenyl-N-methylcarbamate;Aprocarb®;N-Methyl-2-isopropoxyphenyl-carbamate

DOT ID 和指南号:

接触限值:NIOSH REL:TWA 0.5 mg/m^3

OSHA PEL †:无

IDLH:N.D.　　**浓度换算系数:**

理化性质:白色至褐色晶状粉末,具有淡淡的特异气味。[杀虫剂]

分子量:209.3	沸点:分解
熔点:187~197 ℉	溶解度:0.2%
蒸气压:0.000 007 mmHg	电离电位:未知
比重:未知	闪点:>300 ℉
爆炸上限:未知	爆炸下限:未知

ⅢB 类可燃液体——闪点等于或高于 200 ℉。

不相容性和反应性:强氧化剂,碱。[注:当加热分解时释放高毒的甲基异氰酸酯烟。]

测量方法:NIOSH 5601;OSHA PV2007

个人防护和卫生设施:

- 皮肤:穿戴合适的个人防护服,防止皮肤直接接触。
- 眼睛:佩戴合适的眼部防护用品,防止眼睛直接接触。
- 清洗皮肤:每天工作班结束后,进食、吸烟、喝水前都应该清洗可能受到污染的皮肤。
- 脱除:如果工作服被弄湿或受到了明显的污染,应该立即脱除并妥善处置。
- 更换:在离开工作场所前应当将可能受到污染的工作服更换成无污染的衣服。

急救:

- 眼睛:如眼睛直接接触了该化学物质,要立即用大量水冲洗(灌洗)眼睛,冲洗时,不时翻开上下眼睑,并立即就医。
- 皮肤:如果该化学物质直接接触皮肤,立即用肥皂和水冲洗污染的皮肤。若该化学物质渗透进衣服,要立即将衣服脱除,用肥皂和水清洗污染的皮肤,并迅速就医。

- 呼吸：如果接触者吸入大量该化学物质，立即将接触者移至新鲜空气处。如果呼吸停止，要进行人工呼吸，注意保暖和休息。尽快就医。
- 吞入：如果吞入该化学物质，应立即就医。

对呼吸器选择的建议：无。

有关呼吸器选择的其他重要信息参见相关标准。

接触途径：呼吸道，皮肤吸收，胃肠道，皮肤和/或眼睛直接接触。

症状：瞳孔缩小，视物模糊；出汗，流涎；腹绞痛，恶心，腹泻，呕吐；头痛，乏力，肌颤搐。

靶器官：中枢神经系统，肝，肾，胃肠道，血胆碱酯酶。

乙酸正丙酯(n-Propyl acetate)　　**CAS No.**：109-60-4

$CH_3COOCH_2CH_2CH_3$　　**RTECS No.**：AJ3675000

异名和商品名：醋酸正丙酸，乙酸丙酯，Propylacetate，n-Propyl ester of acetic acid　　**DOT ID 和指南号**：1276 129

P

接触限值：NIOSH REL：TWA 200 ppm (840 mg/m^3)
ST 250 ppm (1 050 mg/m^3)
OSHA PEL †：TWA 200 ppm (840 mg/m^3)

IDLH：1 700 ppm　**浓度换算系数**：1 ppm = 4.18 mg/m^3

理化性质：无色液体，具有淡淡的水果气味。

分子量：102.2	沸点：215 ℉
凝固点：−134 ℉	溶解度：2%
蒸气压：25 mmHg	电离电位：10.04 eV
比重：0.84	闪点：55 ℉
爆炸上限：8%	爆炸下限(100 ℉)：1.7%

ⅠB 类易燃液体——闪点低于 73 ℉，沸点等于或高于 100 ℉。

不相容性和反应性：硝酸盐；强氧化剂，强碱和强酸。

测量方法：NIOSH 1450；OSHA 7

个人防护和卫生设施：
- 皮肤：穿戴合适的个人防护服，防止皮肤直接接触。
- 眼睛：佩戴合适的眼部防护用品，防止眼睛直接接触。
- 清洗皮肤：当皮肤受到污染时，应立即清洗污染的皮肤。
- 脱除：如果工作服被可燃性物质(即闪点低于 100 ℉的液体)浸湿，应当立即脱除并妥善处置，以防着火。
- 更换：对于班后的衣服的更换需要没有特殊建议。

急救：
- 眼睛：如眼睛直接接触了该化学物质，要立即用大量水冲洗(灌洗)眼睛，冲洗时，不时翻开上下眼睑，并立即就医。
- 皮肤：如果该化学物质直接接触皮肤，迅速用水冲洗污染的皮肤。如果该化学物质渗透进衣服，要立即将衣服脱除，迅速用水冲洗污染的皮肤，若冲洗后刺激症状持续存在，应就医。
- 呼吸：如果接触者吸入大量该化学物质，立即将接触者移至新鲜空气处。如果呼吸停止，要进行人工呼吸，注意保暖和休息。尽快就医。
- 吞入：如果吞入该化学物质，应立即就医。

对呼吸器选择的建议：NIOSH/OSHA

～1 700 ppm：
- Sa：Cf：任何连续供气式呼吸器。指定防护因数=25。£
- CcrFOv：任何空气过滤式全面罩呼吸器，配有机蒸气滤毒盒。指定防护因数=50。
- GmFOv：任何空气过滤式全面罩呼吸器(防毒面具)，配下颌式、前置式或背置式有机蒸气滤毒罐。指定防护因数=50。
- PaprOv：任何动力送风空气过滤式呼吸器，配有机蒸气滤毒盒。指定防护因数=25。£

- ScbaF：任何携气式呼吸器，配全面罩。指定防护因数=50。
- SaF：任何供气式呼吸器，配全面罩。指定防护因数=50。

§：应急抢险，或准备进入浓度未知环境，或进入 IDLH 环境：

- ScbaF：Pd，Pp：任何压力需气式或正压携气式呼吸器，配全面罩。指定防护因数=10 000。
- SaF：Pd，Pp：AScba：任何压力需气式或正压供气式呼吸器，配全面罩，配压力需气式或正压携气式辅助呼吸器。指定防护因数=10 000。

逃生：

- GmFOv：任何空气过滤式全面罩呼吸器（防毒面具），配下颌式、前置式或背置式有机蒸气滤毒罐。指定防护因数=50。
- ScbaE：任何适合逃生的携气式呼吸器。

有关呼吸器选择的其他重要信息参见相关标准。

接触途径：呼吸道，胃肠道，皮肤和/或眼睛直接接触。

症状：动物：眼睛、鼻、咽喉刺激；麻醉；皮炎。

靶器官：眼睛，皮肤，呼吸系统，中枢神经系统。

P

正丙醇（n-Propyl alcohol）

$CH_3CH_2CH_2OH$

异名和商品名：1-丙醇，Ethyl carbinol，1-Propanol，n-Propanol，Propyl alcohol

CAS No.：71-23-8

RTECS No.：UH8225000

DOT ID 和指南号：1274 129

接触限值：NIOSH REL：TWA 200 ppm（500 mg/m^3）[皮]
ST 250 ppm（625 mg/m^3）
OSHA PEL †：TWA 200 ppm（500 mg/m^3）

IDLH：800 ppm　**浓度换算系数：**1 ppm = 2.46 mg/m^3

理化性质：无色液体，具有淡淡的醇样气味。

分子量：60.1	沸点：207 ℉
凝固点：−196 ℉	溶解度：与水互溶
蒸气压：15 mmHg	电离电位：10.15 eV
比重：0.81	闪点：72 ℉
爆炸上限：13.7%	爆炸下限：2.2%

ⅠB 类易燃液体——闪点低于 73 ℉，沸点等于或高于 100 ℉。

不相容性和反应性：强氧化剂。

测量方法：NIOSH 1401，1405；OSHA 7

个人防护和卫生设施：

- 皮肤：穿戴合适的个人防护服，防止皮肤直接接触。
- 眼睛：佩戴合适的眼部防护用品，防止眼睛直接接触。
- 清洗皮肤：当皮肤受到污染时，应立即清洗污染的皮肤。
- 脱除：如果工作服被可燃性物质（即闪点低于 100 ℉的液体）浸湿，应当立即脱除并妥善处置，以防着火。
- 更换：对于班后的衣服的更换需要没有特殊建议。

急救：

- 眼睛：如眼睛直接接触了该化学物质，要立即用大量水冲洗（灌洗）眼睛，冲洗时，不时翻开上下眼睑，并立即就医。
- 皮肤：如果该化学物质直接接触皮肤，用水冲洗污染的皮肤。如存在皮肤刺激症状，应就医。
- 呼吸：如果接触者吸入大量该化学物质，立即将接触者移至新鲜空气处。如果呼吸停止，要进行人工呼吸，注意保暖和休息。尽快就医。
- 吞入：如果吞入该化学物质，应立即就医。

对呼吸器选择的建议：NIOSH/OSHA

~800 ppm：

- CcrOv：任何空气过滤式半面罩呼吸器，配防有机蒸气的滤毒盒。指定防护因数=10。*

- PaprOv:任何动力送风空气过滤式呼吸器,配有机蒸气滤毒盒。指定防护因数=25。*
- GmFOv:任何空气过滤式全面罩呼吸器(防毒面具),配下颌式、前置式或背置式有机蒸气滤毒罐。指定防护因数=50。
- Sa:任何供气式呼吸器。指定防护因数=10。*
- ScbaF:任何携气式呼吸器,配全面罩。指定防护因数=50。

§:应急抢险,或准备进入浓度未知环境,或进入 IDLH 环境:

- ScbaF:Pd,Pp:任何压力需气式或正压携气式呼吸器,配全面罩。指定防护因数=10 000。
- SaF:Pd,Pp:AScba:任何压力需气式或正压供气式呼吸器,配全面罩,配压力需气式或正压携气式辅助呼吸器。指定防护因数=10 000。

逃生:

- GmFOv:任何空气过滤式全面罩呼吸器(防毒面具),配下颌式、前置式或背置式有机蒸气滤毒罐。指定防护因数=50。
- ScbaE:任何适合逃生的携气式呼吸器。

有关呼吸器选择的其他重要信息参见相关标准。

接触途径:呼吸道,皮肤吸收,胃肠道,皮肤和/或眼睛直接接触。

症状:眼睛、鼻、咽喉刺激;皮肤干裂;嗜睡,头痛;共济失调,胃肠疼痛;腹绞痛,恶心,呕吐,腹泻;动物:昏迷。

靶器官:眼睛,皮肤,呼吸系统,胃肠道,中枢神经系统。

二氯丙烷(Propylene dichloride)

$CH_3CHClCH_2Cl$

异名和商品名:二氯化丙烯;1,2-二氯丙烷;Dichloro-1,2-propane;1,2-Dichloropropane

CAS No.:78-87-5

RTECS No.:TX9625000

DOT ID 和指南号:1279 130

接触限值:NIOSH REL:Ca 见附录 A

OSHA PEL †:TWA 75 ppm (350 mg/m^3)

IDLH: Ca [400 ppm] **浓度换算系数:**1 ppm = 4.62 mg/m^3

理化性质:无色液体,具有氯仿样气味。[农药]

分子量:113.0	沸点:206 ℉
凝固点:-149 ℉	溶解度:0.3%
蒸气压:40 mmHg	电离电位:10.87 eV
比重:1.16	闪点:60 ℉
爆炸上限:14.5%	爆炸下限:3.4%

ⅠB 类易燃液体——闪点低于 73 ℉,沸点等于或高于 100 ℉。

不相容性和反应性:强氧化剂,强酸,活泼金属。

测量方法:NIOSH 1013;OSHA 7

个人防护和卫生设施:

- 皮肤:穿戴合适的个人防护服,防止皮肤直接接触。
- 眼睛:佩戴合适的眼部防护用品,防止眼睛直接接触。
- 清洗皮肤:当皮肤受到污染时,应立即清洗污染的皮肤。
- 脱除:如果工作服被可燃性物质(即闪点低于 100 ℉的液体)浸湿,应当立即脱除并妥善处置,以防着火。
- 更换:对于班后的衣服的更换需要没有特殊建议。
- 配备:在劳动者可能接触该化学物质的作业场所,无论是否需要使用眼部防护用品,都应配备眼冲洗设备。在紧靠有可能接触该化学物质的工作场所,应配备快速冲淋身体的设备以应急使用。[注:这些设备应能够提供足量水或流动水,以将可能接触的身体任何部位上的该化学物质除去。实际配备适宜的快速冲淋设备取决于工作场所的具体条件。在某些情况下,必须及时进行大流量淋浴,而其他情况下只需要用一个水槽或软管供水就足够了。]

急救：

- 眼睛：如眼睛直接接触了该化学物质，要立即用大量水冲洗（灌洗）眼睛，冲洗时，不时翻开上下眼睑，并立即就医。
- 皮肤：如果该化学物质直接接触皮肤，迅速用肥皂和水冲洗污染的皮肤。若该化学物质渗透进衣服，要迅速将衣服脱除，用肥皂和水清洗污染的皮肤，并迅速就医。
- 呼吸：如果接触者吸入大量该化学物质，立即将接触者移至新鲜空气处。如果呼吸停止，要进行人工呼吸，注意保暖和休息。尽快就医。
- 吞入：如果吞入该化学物质，应立即就医。

对呼吸器选择的建议：NIOSH

¥：高于 NIOSH REL 的浓度；或当没有 REL 时，任何可以检测到的浓度：

- ScbaF：Pd，Pp：任何压力需气式或正压携气式呼吸器，配全面罩。指定防护因数＝10 000。
- SaF：Pd，Pp：AScba：任何压力需气式或正压供气式呼吸器，配全面罩，配压力需气式或正压携气式辅助呼吸器。指定防护因数＝10 000。

逃生：

- GmFOv：任何空气过滤式全面罩呼吸器（防毒面具），配下颌式、前置式或背置式有机蒸气滤毒罐。指定防护因数＝50。
- ScbaE：任何适合逃生的携气式呼吸器。

有关呼吸器选择的其他重要信息参见相关标准。

接触途径：呼吸道，皮肤吸收，胃肠道，皮肤和/或眼睛直接接触。

症状：眼睛、皮肤、呼吸系统刺激；嗜睡，眩晕；肝、肾损害；动物：中枢神经系统抑制；[潜在职业性致癌物]。

靶器官：眼睛，皮肤，呼吸系统，肝，肾，中枢神经系统。

致癌部位：[动物：肝及乳腺肿瘤]。

P

二硝酸丙二酯(Propylene glycol dinitrate)

$CH_3CNO_2OHCHNO_2OH$

异名和商品名：1，2-丙二醇二硝酸酯；PGDN；Propylene glycol-1，2-dinitrate；1，2-Propylene glycol dinitrate

CAS No.：6423-43-4

RTECS No.：TY6300000

DOT ID 和指南号：

接触限值：NIOSH REL：TWA 0.05 ppm (0.3 mg/m^3)[皮]
OSHA PEL †：无

IDLH：N. D.　**浓度换算系数：**1 ppm ＝ 6.79 mg/m^3

理化性质：无色液体，具有难闻的气味。[注：18 ℉以下为固体。]

分子量：166.1　沸点：未知
凝固点：18 ℉　溶解度：0.1%
蒸气压(72 ℉)：0.07 mmHg　电离电位：未知
比重(77 ℉)：1.23　闪点：未知

爆炸上限：未知　爆炸下限：未知
可燃液体。

不相容性和反应性：氨化合物，胺，氧化剂，还原剂，可燃物质。[注：类似于乙二醇二硝酸酯的爆炸危险。]

测量方法：无。

个人防护和卫生设施：

- 皮肤：穿戴合适的个人防护服，防止皮肤直接接触。
- 眼睛：佩戴合适的眼部防护用品，防止眼睛直接接触。
- 清洗皮肤：对于清洗皮肤上的污染物没有其他特殊的建议（包括立即清洗和班后清洗）。

● 脱除:对于脱除被污染或被弄湿的工作服的需要没有特殊建议。

● 更换:对于班后的衣服的更换需要没有特殊建议。

急救:

● 眼睛:如眼睛直接接触了该化学物质,要立即用大量水冲洗(灌洗)眼睛,冲洗时,不时翻开上下眼睑,并立即就医。

● 皮肤:如果该化学物质直接接触皮肤,用肥皂和水冲洗污染的皮肤。

● 呼吸:如果接触者吸入大量该化学物质,立即将接触者移至新鲜空气处。如果呼吸停止,要进行人工呼吸,注意保暖和休息。尽快就医。

● 吞入:如果吞入该化学物质,应立即就医。

对呼吸器选择的建议:无。

有关呼吸器选择的其他重要信息参见相关标准。

接触途径:呼吸道,皮肤吸收,胃肠道,皮肤和/或眼睛直接接触。

症状:眼睛刺激;结膜炎;高铁血红蛋白血症;头痛,平衡受损,视觉障碍;动物:肝、肾损害。

靶器官:眼睛,中枢神经系统,血液,肝,肾。

P

丙二醇甲醚(Propylene glycol monomethyl ether)

$CH_3OCH_2CHOHCH_3$

CAS No.:107-98-2

RTECS No.:UB7700000

异名和商品名:丙二醇单甲醚,1-甲氧基-2-丙醇,Dowtherm®209,1-Methoxy-2-hydroxypropane,1-Methoxy-2-propanol,2-Methoxy-1-methylethanol,Propylene glycol methyl ether

DOT ID 和指南号:

接触限值:NIOSH REL:TWA 100 ppm (360 mg/m^3)
ST 150 ppm (540 mg/m^3)
OSHA PEL †:无

IDLH:N.D.　**浓度换算系数:**1 ppm = 3.69 mg/m^3

理化性质:透明无色液体,具有淡淡的醚样气味。

分子量:90.1　沸点:248 ℉
凝固点:−139 ℉(开始呈破玻璃状)　溶解度:与水互溶
电离电位:未知
蒸气压(77 ℉):12 mmHg　闪点:97 ℉
比重:0.96　爆炸下限(计算值):1.6%
爆炸上限(计算值):13.8%
IC 类易燃液体——闪点等于或高于 73 ℉且低于 100 ℉。

不相容性和反应性:氧化剂,强酸。[注:吸湿。长期储存时可缓慢形成反应性过氧化物。]

测量方法:NIOSH 2554;OSHA 99

个人防护和卫生设施:

● 皮肤:对于个体皮肤防护装备的需要没有特殊建议。

● 眼睛:佩戴合适的眼部防护用品,防止眼睛直接接触。

● 清洗皮肤:对于清洗皮肤上的污染物没有其他特殊的建议(包括立即清洗和班后清洗)。

● 脱除:如果工作服被可燃性物质(即闪点低于 100 ℉的液体)浸湿,应当立即脱除并妥善处置,以防着火。

● 更换:对于班后的衣服的更换需要没有特殊建议。

急救:

● 眼睛:如眼睛直接接触了该化学物质,要立即用大量水冲洗(灌洗)眼睛,冲洗时,不时翻开上下眼睑,并立即就医。

● 皮肤:如果该化学物质直接接触皮肤,用水冲洗污染的皮肤。

● 呼吸:如果接触者吸入大量该化学物质,立即将接触者移至新鲜空气处。如果呼吸停止,要进行人工呼吸,注意保暖和休息。尽快就医。

- 吞入:如果吞入该化学物质,应立即就医。

对呼吸器选择的建议:无。
有关呼吸器选择的其他重要信息参见相关标准。

接触途径:呼吸道,胃肠道,皮肤和/或眼睛直接接触。

症状:眼睛、皮肤、鼻、咽喉刺激;头痛,恶心,眩晕,嗜睡,协调能力下降;呕吐,腹泻。

靶器官:眼睛,皮肤,呼吸系统,中枢神经系统。

丙烯亚胺(Propylene imine)
C_3H_7N

CAS No.:75-55-8
RTECS No.:CM8050000
DOT ID 和指南号:1921 131P(抗聚合)

异名和商品名:2-甲基氮丙啶,2-甲基乙撑亚胺,2-Methylaziridine,2-Methylethyleneimine,Propyleneimine,Propylene imine (inhibited),Propylenimine

接触限值:NIOSH REL:Ca TWA 2 ppm (5 mg/m^3) [皮]
见附录 A
OSHA PEL:TWA 2 ppm (5 mg/m^3) [皮]

IDLH: Ca [100 ppm]　**浓度换算系数:**1 ppm = 2.34 mg/m^3

理化性质:无色油状液体,具有氨味。

分子量:57.1　沸点:152 ℉
凝固点:−85 ℉　溶解度:与水互溶
蒸气压:112 mmHg　电离电位:9.00 eV
比重:0.80　闪点:25 ℉
爆炸上限:未知　爆炸下限:未知
ⅠB 类易燃液体——闪点低于 73 ℉,沸点等于或高于 100 ℉。
不相容性和反应性:酸,强氧化剂,水,羰基化合物,醌,磺酰卤化物。[注:遇酸剧烈聚合。在水中水解成甲基乙醇胺。]

测量方法:无。

个人防护和卫生设施:
- 皮肤:穿戴合适的个人防护服,防止皮肤直接接触。
- 眼睛:佩戴合适的眼部防护用品,防止眼睛直接接触。
- 清洗皮肤:当皮肤受到污染时,应立即清洗污染的皮肤。
- 脱除:如果工作服被可燃性物质(即闪点低于 100 ℉的液体)浸湿,应当立即脱除并妥善处置,以防着火。
- 更换:对于班后的衣服的更换需要没有特殊建议。
- 配备:在劳动者可能接触该化学物质的作业场所,无论是否需要使用眼部防护用品,都应配备眼冲洗设备。在紧靠有可能接触该化学物质的工作场所,应配备快速冲淋身体的设备以应急使用。[注:这些设备应能够提供足量水或流动水,以将可能接触的身体任何部位上的该化学物质除去。实际配备适宜的快速冲淋设备取决于工作场所的具体条件。在某些情况下,必须及时进行大流量淋浴,而其他情况下只需要用一个水槽或软管供水就足够了。]

急救:
- 眼睛:如眼睛直接接触了该化学物质,要立即用大量水冲洗(灌洗)眼睛,冲洗时,不时翻开上下眼睑,并立即就医。
- 皮肤:如果该化学物质直接接触皮肤,立即用水冲洗污染的皮肤。如果该化学物质渗透进衣服,要迅速将衣服脱除,用水冲洗污染的皮肤,并迅速就医。
- 呼吸:如果接触者吸入大量该化学物质,立即将接触者移至新鲜空气处。如果呼吸停止,要进行人工呼吸,注意保暖和休息。尽快就医。
- 吞入:如果吞入该化学物质,应立即就医。

对呼吸器选择的建议:NIOSH

¥:高于 NIOSH REL 的浓度;或当没有 REL 时,任何可以检测到的浓度

- ScbaF:Pd,Pp:任何压力需气式或正压携气式呼吸器,配全面罩。指定防护因数=10 000。
- SaF:Pd,Pp:AScba:任何压力需气式或正压供气式呼吸器,配全面罩,配压力需气式或正压携气式辅助呼吸器。指定防护因数=10 000。

逃生:

- GmFS:任何空气过滤式全面罩呼吸器(防毒面具),配下颌式、前置式或背置式防该化学物质的滤毒罐。指定防护因数=50。
- ScbaE:任何适合逃生的携气式呼吸器。

有关呼吸器选择的其他重要信息参见相关标准。

接触途径:呼吸道,皮肤吸收,胃肠道,皮肤和/或眼睛直接接触。

症状:眼睛、皮肤灼伤;[潜在职业性致癌物]。

靶器官:眼睛,皮肤。

致癌部位:[动物:鼻肿瘤]。

P

环氧丙烷(Propylene oxide) CAS No.:75-56-9

C_3H_6O RTECS No.:TZ2975000

异名和商品名:氧化丙烯;甲基环氧乙烷;1,2-Epoxy propane;Methyl ethylene oxide;Methyloxirane;Propene oxide;1,2-Propylene oxide

DOT ID 和指南号:1280 127P

接触限值:NIOSH REL:Ca 见附录 A

OSHA PEL †:TWA 100 ppm (240 mg/m^3)

IDLH:Ca [400 ppm] **浓度换算系数**:1 ppm = 2.38 mg/m^3

理化性质:无色液体,具有苯样气味。[注:94 ℉以上为气体。]

分子量	58.1	沸点	94 ℉
凝固点	−170 ℉	溶解度	41%
蒸气压	445 mmHg	电离电位	9.81 eV
比重	0.83	闪点	−35 ℉
爆炸上限	36%	爆炸下限	2.3%

ⅠA 类易燃液体——闪点低于 73 ℉,沸点低于 100 ℉。

不相容性和反应性:无水金属氯化物,铁,强酸、强腐蚀剂和强过氧化物。[注:由于高温或遇碱、酸水溶液、胺、酸性醇可发生聚合。]

测量方法:NIOSH 1612;OSHA 88

个人防护和卫生设施:

- 皮肤:穿戴合适的个人防护服,防止皮肤直接接触。
- 眼睛:佩戴合适的眼部防护用品,防止眼睛直接接触。
- 清洗皮肤:当皮肤受到污染时,应立即清洗污染的皮肤。
- 脱除:如果工作服被可燃性物质(即闪点低于 100 ℉的液体)浸湿,应当立即脱除并妥善处置,以防着火。
- 更换:对于班后的衣服的更换需要没有特殊建议。
- 配备:在紧靠有可能接触该化学物质的工作场所,应配备快速冲淋身体的设备以应急使用。[注:这些设备应能够提供足量水或流动水,以将可能接触的身体任何部位上的该化学物质除去。实际配备适宜的快速冲淋设备取决于工作场所的具体条件。在某些情况下,必须及时进行大流量淋浴,而其他情况下只需要用一个水槽或软管供水就足够了。]

急救:

- 眼睛:如眼睛直接接触了该化学物质,要立即用大量水冲洗(灌洗)眼睛,冲洗时,不时翻开上下眼睑,并立即就医。
- 皮肤:如果该化学物质直接接触皮肤,立即用水冲洗污染的皮肤。如果该化学物质渗透进衣服,要迅速将衣服脱除,用水冲洗污染的皮肤,并迅速就医。
- 呼吸:如果接触者吸入大量该化学物质,立即将接触者移至新鲜空气处。如果呼吸停止,要进行人工呼吸,注意保暖和休息。尽快就医。
- 吞入:如果吞入该化学物质,应立即就医。

对呼吸器选择的建议:NIOSH

¥:高于 NIOSH REL 的浓度;或当没有 REL 时,任何可以检测到的浓度:

- ScbaF:Pd,Pp:任何压力需气式或正压携气式呼吸器,配全面罩。指定防护因数=10 000。
- SaF:Pd,Pp:AScba:任何压力需气式或正压供气式呼吸器,配全面罩,配压力需气式或正压携气式辅助呼吸器。指定防护因数=10 000。

逃生:

- GmFS:任何空气过滤式全面罩呼吸器(防毒面具),配下颌式、前置式或背置式防该化学物质的滤毒罐。指定防护因数=50。
- ScbaE:任何适合逃生的携气式呼吸器。

有关呼吸器选择的其他重要信息参见相关标准。

接触途径:呼吸道,胃肠道,皮肤和/或眼睛直接接触。

症状:眼睛、皮肤、呼吸系统刺激;皮肤水泡、灼伤;[潜在职业性致癌物]。

靶器官:眼睛,皮肤,呼吸系统。

致癌部位:[动物:鼻肿瘤]。

P

硝酸正丙酯(n-Propyl nitrate)

$CH_3CH_2CH_2ONO_2$

异名和商品名:硝酸丙酯,Propyl ester of nitric acid

CAS No.:627-13-4

RTECS No.:UK0350000

DOT ID 和指南号:1865 131

接触限值:NIOSH REL:TWA 25 ppm (105 mg/m^3)

ST 40 ppm (170 mg/m^3)

OSHA PEL †:TWA 25 ppm (110 mg/m^3)

IDLH:500 ppm **浓度换算系数:**1 ppm = 4.30 mg/m^3

理化性质:无色至淡黄色液体,具有醚样气味。

分子量:105.1	沸点:231 ℉
凝固点:−148 ℉	溶解度:微溶
蒸气压:18 mmHg	电离电位:11.07 eV
比重:1.07	闪点:68 ℉
爆炸上限:100%	爆炸下限:2%

IB类易燃液体——闪点低于 73 ℉,沸点等于或高于 100 ℉。

不相容性和反应性:强氧化剂,可燃物质。[注:与可燃物质形成爆炸性混合物。]

测量方法:NIOSH S227 (Ⅱ-3);OSHA 7

个人防护和卫生设施:

- 皮肤:穿戴合适的个人防护服,防止皮肤直接接触。
- 眼睛:佩戴合适的眼部防护用品,防止眼睛直接接触。
- 清洗皮肤:当皮肤受到污染时,应立即清洗污染的皮肤。
- 脱除:如果工作服被可燃性物质(即闪点低于 100 ℉的液体)浸湿,应当立即脱除并妥善处置,以防着火。
- 更换:对于班后的衣服的更换需要没有特殊建议。

急救：

- 眼睛：如眼睛直接接触了该化学物质，要立即用大量水冲洗(灌洗)眼睛，冲洗时，不时翻开上下眼睑，并立即就医。
- 皮肤：如果该化学物质直接接触皮肤，迅速用肥皂和水冲洗污染的皮肤。若该化学物质渗透进衣服，要迅速将衣服脱除，用肥皂和水清洗污染的皮肤，并迅速就医。
- 呼吸：如果接触者吸入大量该化学物质，立即将接触者移至新鲜空气处。如果呼吸停止，要进行人工呼吸，注意保暖和休息。尽快就医。
- 吞入：如果吞入该化学物质，应立即就医。

P

对呼吸器选择的建议：NIOSH/OSHA

～250 ppm：

- Sa：任何供气式呼吸器。指定防护因数＝10。

～500 ppm：

- Sa∶Cf：任何连续供气式呼吸器。指定防护因数＝25。
- ScbaF：任何携气式呼吸器，配全面罩。指定防护因数＝50。
- SaF：任何供气式呼吸器，配全面罩。指定防护因数＝50。

§：应急抢险，或准备进入浓度未知环境，或进入 IDLH 环境：

- ScbaF∶Pd，Pp：任何压力需气式或正压携气式呼吸器，配全面罩。指定防护因数＝10 000。
- SaF∶Pd，Pp∶AScba：任何压力需气式或正压供气式呼吸器，配全面罩，配压力需气式或正压携气式辅助呼吸器。指定防护因数＝10 000。

逃生：

- GmFS：任何空气过滤式全面罩呼吸器(防毒面具)，配下颌式、前置式或背置式防该化学物质的滤毒罐。指定防护因数＝50。¿
- ScbaE：任何适合逃生的携气式呼吸器。

有关呼吸器选择的其他重要信息参见相关标准。

接触途径：呼吸道，胃肠道，皮肤和/或眼睛直接接触。

症状：动物：眼睛、皮肤刺激；高铁血红蛋白血症，缺氧，紫绀；呼吸困难，乏力，眩晕，头痛。

靶器官：眼睛，皮肤，血液。

除虫菊(Pyrethrum)

$C_{20}H_{28}O_3$/ $C_{21}H_{28}O_5$/ $C_{21}H_{30}O_3$/ $C_{22}H_{30}O_5$/ $C_{21}H_{28}O_3$/ $C_{22}H_{28}O_5$

异名和商品名：除虫菊酯Ⅰ或Ⅱ，茉酮菊素Ⅰ或Ⅱ，除虫菊Ⅰ或Ⅱ，瓜菊酯Ⅰ或Ⅱ，Cinerin Ⅰ orⅡ，Jasmolin Ⅰ or Ⅱ，Pyrethrin Ⅰ or Ⅱ，Pyrethrum Ⅰ or Ⅱ［注：除虫菊是瓜菊酯、茉酮菊素和除虫菊酯的不同混合物。］

CAS No.：8003-34-7

RTECS No.：UR4200000

DOT ID 和指南号：

接触限值：NIOSH REL：TWA 5 mg/m³

OSHA PEL：TWA 5 mg/m³

IDLH：5 000 mg/m³　　**浓度换算系数：**

理化性质：棕色黏稠油液或固体。［杀虫剂］

分子量：316～374	沸点：未知
熔点：未知	溶解度：不溶
蒸气压：低	电离电位：未知
比重：1 (约)	闪点：180～190 ℉

爆炸上限：未知　　爆炸下限：未知

ⅢA 类可燃液体——闪点等于或高于 140 ℉且低于 200 ℉。

不相容性和反应性：强氧化剂。

测量方法：NIOSH 5008；OSHA 70

个人防护和卫生设施：

- 皮肤：穿戴合适的个人防护服，防止皮肤直接接触。
- 眼睛：佩戴合适的眼部防护用品，防止眼睛直接接触。

- 清洗皮肤:当皮肤受到污染时,应立即清洗污染的皮肤。
- 脱除:如果工作服被弄湿或受到了明显的污染,应该立即脱除并妥善处置。
- 更换:在离开工作场所前应当将可能受到污染的工作服更换成无污染的衣服。

急救:

- 眼睛:如眼睛直接接触了该化学物质,要立即用大量水冲洗(灌洗)眼睛,冲洗时,不时翻开上下眼睑,并立即就医。
- 皮肤:如果该化学物质直接接触皮肤,立即用肥皂和水冲洗污染的皮肤。若该化学物质渗透进衣服,要立即将衣服脱除,用肥皂和水清洗污染的皮肤,并迅速就医。
- 呼吸:如果接触者吸入大量该化学物质,立即将接触者移至新鲜空气处。如果呼吸停止,要进行人工呼吸,注意保暖和休息。尽快就医。
- 吞入:如果吞入该化学物质,应立即就医。

对呼吸器选择的建议:NIOSH/OSHA

~50 mg/m³:

- CcrOv95:任何空气过滤式半面罩呼吸器,配有机蒸气滤毒盒和N95、R95或P95的综合防护过滤元件。也可使用以下过滤元件:N99、R99、P99、N100、R100、P100。指定防护因数=10。选择N、R或P过滤元件的信息见表4。*
- Sa:任何供气式呼吸器。指定防护因数=10。*

~125 mg/m³:

- Sa:Cf:任何连续供气式呼吸器。指定防护因数=25。*
- PaprOvHie:任何动力送风空气过滤式呼吸器,配有机蒸气和高效颗粒滤毒盒的综合防护过滤元件。指定防护因数=50。*

~250 mg/m³:

- CcrFOv100:任何空气过滤式全面罩呼吸器,配有机蒸气滤毒盒和N100、R100或P100的综合防护过滤元件。指定防护因数=50。选择N、R或P过滤元件的信息见表4。
- PaprTOvHie:任何动力送风空气过滤式呼吸器,配密合型面罩和有机蒸气和高效颗粒滤毒盒的综合防护过滤元件。指定防护因数=50。*
- ScbaF:任何携气式呼吸器,配全面罩。指定防护因数=50。
- SaF:任何供气式呼吸器,配全面罩。指定防护因数=50。

~5 000 mg/m³:

- SaF:Pd,Pp:任何压力需气式或正压供气式呼吸器,配全面罩。指定防护因数=2 000。

§:应急抢险,或准备进入浓度未知环境,或进入IDLH环境:

- ScbaF:Pd,Pp:任何压力需气式或正压携气式呼吸器,配全面罩。指定防护因数=10 000。
- SaF:Pd,Pp:AScba:任何压力需气式或正压供气式呼吸器,配全面罩,配压力需气式或正压携气式辅助呼吸器。指定防护因数=10 000。

逃生:

- GmFOv100:任何空气过滤式全面罩呼吸器(防毒面具),配下颌式、前置式或背置式有机蒸气滤毒罐和N100、R100或P100的综合防护过滤元件。指定防护因数=50。选择N、R或P过滤元件的信息见表4。
- ScbaE:任何适合逃生的携气式呼吸器。

有关呼吸器选择的其他重要信息参见相关标准。

接触途径:呼吸道,胃肠道,皮肤和/或眼睛直接接触。

症状:红斑,皮炎,丘疹,瘙痒症,鼻漏;打喷嚏;哮喘。

靶器官:呼吸系统,皮肤,中枢神经系统。

P

P

吡啶(Pyridine)

C_5H_5N

异名和商品名:氮杂苯,嗪啶,吖嗪,Azabenzene,Azine

CAS No.:110-86-1

RTECS No.:UR8400000

DOT ID 和指南号:1282 129

接触限值:NIOSH REL:TWA 5 ppm (15 mg/m^3)

OSHA PEL:TWA 5 ppm (15 mg/m^3)

IDLH: 1 000 ppm **浓度换算系数:**1 ppm = 3.24 mg/m^3

理化性质:无色至黄色液体,具有令人恶心的鱼腥样气味。

分子量:79.1	沸点:240 ℉
凝固点:−44 ℉	溶解度:与水互溶
蒸气压:16 mmHg	电离电位:9.27 eV
比重:0.98	闪点:68 ℉
爆炸上限:12.4%	爆炸下限:1.8%

IB类易燃液体——闪点低于 73 ℉,沸点等于或高于 100 ℉。

不相容性和反应性:强氧化剂,强酸。

测量方法:NIOSH 1613;OSHA 7

个人防护和卫生设施:

- 皮肤:穿戴合适的个人防护服,防止皮肤直接接触。
- 眼睛:佩戴合适的眼部防护用品,防止眼睛直接接触。
- 清洗皮肤:当皮肤受到污染时,应立即清洗污染的皮肤。
- 脱除:如果工作服被可燃性物质(即闪点低于 100 ℉的液体)浸湿,应当立即脱除并妥善处置,以防着火。
- 更换:对于班后的衣服的更换需要没有特殊建议。
- 配备:在劳动者可能接触该化学物质的作业场所,无论是否需要使用眼部防护用品,都应配备眼冲洗设备。在紧靠有可能接触该化学物质的工作场所,应配备快速冲淋身体的设备以应急使用。[注:这些设备应能够提供足量水或流动水,以将可能接触的身体任何部位上的该化学物质除去。实际配备适宜的快速冲淋设备取决于工作场所的具体条件。在某些情况下,必须及时进行大流量淋浴,而其他情况下只需要用一个水槽或软管供水就足够了。]

急救:

- 眼睛:如眼睛直接接触了该化学物质,要立即用大量水冲洗(灌洗)眼睛,冲洗时,不时翻开上下眼睑,并立即就医。
- 皮肤:如果该化学物质直接接触皮肤,立即用水冲洗污染的皮肤。如果该化学物质渗透进衣服,要迅速将衣服脱除,用水冲洗污染的皮肤,并迅速就医。
- 呼吸:如果接触者吸入大量该化学物质,立即将接触者移至新鲜空气处。如果呼吸停止,要进行人工呼吸,注意保暖和休息。尽快就医。
- 吞入:如果吞入该化学物质,应立即就医。

对呼吸器选择的建议:NIOSH/OSHA

～125 ppm:

- Sa:Cf:任何连续供气式呼吸器。指定防护因数=25。£
- PaprOv:任何动力送风空气过滤式呼吸器,配有机蒸气滤毒盒。指定防护因数=25。£

～50 ppm:

- CcrFOv:任何空气过滤式全面罩呼吸器,配有机蒸气滤毒盒。指定防护因数=50。
- GmFOv:任何空气过滤式全面罩呼吸器(防毒面具),配下颌式、前置式或背置式有机蒸气滤毒罐。指定防护因数=50。
- PaprTOv:任何动力送风空气过滤式呼吸器,配密合型面罩和有机蒸气滤毒盒。指定防护因数=50。£
- ScbaF:任何携气式呼吸器,配全面罩。指定防护因数=50。
- SaF:任何供气式呼吸器,配全面罩。指定防护因数=50。

～1 000 ppm:

- SaF:Pd,Pp:任何压力需气式或正压供气式呼吸器,配全面罩。指定防护因数=2 000。

§:应急抢险,或准备进入浓度未知环境,或进入 IDLH 环境: ● ScbaF:Pd,Pp:任何压力需气式或正压携气式呼吸器,配全面罩。指定防护因数=10 000。 ● SaF:Pd,Pp:AScba:任何压力需气式或正压供气式呼吸器,配全面罩,配压力需气式或正压携气式辅助呼吸器。指定防护因数=10 000。 **逃生:** ● GmFOv:任何空气过滤式全面罩呼吸器(防毒面具),配下颌式、前置式或背置式有机蒸气滤毒罐。指定防护因数=50。	● ScbaE:任何适合逃生的携气式呼吸器。 **有关呼吸器选择的其他重要信息参见相关标准。**
	接触途径: 呼吸道,皮肤吸收,胃肠道,皮肤和/或眼睛直接接触。
	症状: 眼睛刺激;头痛,焦虑,眩晕,失眠;恶心,厌食;皮炎;肝、肾损害。
	靶器官: 眼睛,皮肤,中枢神经系统,肝,肾,胃肠道。

P

苯醌(Quinone)

OC_6H_4O

异名和商品名:醌;1,4-苯醌;对苯醌;1,4-Benzoquinone;p-Benzoquinone;1,4-Cyclohexadiene dioxide;p-Quinone

CAS No:106-51-4

RTECS No:DK2625000

DOT ID 和指南号:2587 153

Q

接触限值:NIOSH REL:TWA 0.4 mg/m³(0.1 ppm)

OSHA PEL:TWA 0.4 mg/m³(0.1 ppm)

IDLH: 100 mg/m³ **浓度换算系数:** 1 ppm = 4.42 mg/m³

理化性质:黄白色固体,具有氯气样刺激性气味。

分子量:108.1　　沸点:升华

熔点:240 ℉　　溶解度:微溶

蒸气压(77 ℉):0.1 mmHg　　电离电位:9.68 eV

比重:1.32　　闪点:100～200 ℉

爆炸上限:未知　　爆炸下限:未知

可燃固体。

不相容性和反应性:强氧化剂。

测量方法:NIOSH S181 (Ⅱ-4)

个人防护和卫生设施:

- 皮肤:穿戴合适的个人防护服,防止皮肤直接接触。
- 眼睛:佩戴合适的眼部防护用品,防止眼睛直接接触。
- 清洗皮肤:当皮肤受到污染时,应立即清洗污染的皮肤。
- 脱除:如果工作服被弄湿或受到了明显的污染,应该立即脱除并妥善处置。
- 更换:在离开工作场所前应当将可能受到污染的工作服更换成无污染的衣服。
- 配备:在劳动者可能接触该化学物质的作业场所,无论是否需要使用眼部防护用品,都应配备眼冲洗设备。在紧靠有可能接触该化学物质的工作场所,应配备快速冲淋身体的设备以应急使用。[注:这些设备应能够提供足量水或流动水,以将可能接触的身体任何部位上的该化学物质除去。实际配备适宜的快速冲淋设备取决于工作场所的具体条件。在某些情况下,必须及时进行大流量淋浴,而其他情况下只需要用一个水槽或软管供水就足够了。]

急救:

- 眼睛:如眼睛直接接触了该化学物质,要立即用大量水冲洗(灌洗)眼睛,冲洗时,不时翻开上下眼睑,并立即就医。
- 皮肤:如果该化学物质直接接触皮肤,立即用肥皂和水冲洗污染的皮肤。若该化学物质渗透进衣服,要立即将衣服脱除,用肥皂和水清洗皮肤,并迅速就医。
- 呼吸:如果接触者吸入大量该化学物质,立即将接触者移至新鲜空气处。如果呼吸停止,要进行人工呼吸,注意保暖和休息。尽快就医。
- 吞入:如果吞入该化学物质,应立即就医。

对呼吸器选择的建议:NIOSH/OSHA

～10 mg/m³:

- Sa:Cf:任何连续供气式呼吸器。指定防护因数=25。£

～20 mg/m³:

- ScbaF:任何携气式呼吸器,配全面罩。指定防护因数=50。
- SaF:任何供气式呼吸器,配全面罩。指定防护因数=50。

～100 mg/m³:

- SaF:Pd,Pp:任何压力需气式或正压供气式呼吸器,配全面罩。指定防护因数=2 000。

§:应急抢险,或准备进入浓度未知环境,或进入 IDLH 环境:

- ScbaF:Pd,Pp:任何压力需气式或正压携气式呼吸器,配全面罩。指定防护因数=10 000。
- SaF:Pd,Pp:AScba:任何压力需气式或正压供气式呼吸器,配全面罩,配压力需气式或正压携气式辅助呼吸器。指定防护因数=10 000。

逃生:

● GmFOv100:任何空气过滤式全面罩呼吸器(防毒面具),配下颌式、前置式或背置式有机蒸气滤毒罐和N100、R100或P100的综合防护过滤元件。指定防护因数=50。选择N、R或P过滤元件的信息见表4。

● ScbaE:任何适合逃生的携气式呼吸器。

有关呼吸器选择的其他重要信息参见相关标准。

接触途径:呼吸道,胃肠道,皮肤和/或眼睛直接接触。

症状:眼睛刺激,结膜炎;角膜炎(角质层发炎);皮肤刺激。

靶器官:眼睛,皮肤。

Q

间苯二酚(Resorcinol)

$C_6H_4(OH)_2$

CAS No.:108-46-3

RTECS No.:VG9625000

DOT ID 和指南号:2876 153

异名和商品名:雷琐辛;1,3-苯二酚;1,3-二羟基苯;1,3-Benzenediol;m-Benzenediol;1,3-Dihydroxybenzene;m-Dihydroxybenzene;3-Hydroxyphenol;m-Hydroxyphenol

接触限值:NIOSH REL:TWA 10 ppm(45 mg/m³)
ST 20 ppm(90 mg/m³)
OSHA PEL †:无

IDLH:N.D.　　**浓度换算系数**:1 ppm=4.50 mg/m³

理化性质:白色针状、块状、晶状、片状或粉末,稍具气味。[注:遇空气和光或铁变为粉色。]

分子量:110.1　　沸点:531 ℉
熔点:228 ℉　　溶解度:110%
蒸气压(77 ℉):0.000 2 mmHg　　电离电位:8.63eV
比重:1.27　　闪点:261 ℉
爆炸上限:未知　　爆炸下限(392 ℉):1.4%
ⅢB类可燃液体——闪点等于或高于200℉,但难点燃。
不相容性和反应性:乙酰苯胺,白蛋白,碱,安替比林,樟脑,铁盐,薄荷醇,亚硝酸酯酒精溶液,强氧化剂和强碱。[注:吸湿。]

测量方法:NIOSH 5701;OSHA PV2053

个人防护和卫生设施:
- 皮肤:穿戴合适的个人防护服,防止皮肤直接接触。
- 眼睛:佩戴合适的眼部防护用品,防止眼睛直接接触。
- 清洗皮肤:当皮肤受到污染时,应立即清洗污染的皮肤。
- 脱除:如果工作服被弄湿或受到了明显的污染,应该立即脱除并妥善处置。
- 更换:在离开工作场所前应当将可能受到污染的工作服更换成无污染的衣服。
- 配备:在劳动者可能接触该化学物质的作业场所,无论是否需要使用眼部防护用品,都应配备眼冲洗设备。

急救:
- 眼睛:如眼睛直接接触了该化学物质,要立即用大量水冲洗(灌洗)眼睛,冲洗时,不时翻开上下眼睑,并立即就医。
- 皮肤:如果该化学物质直接接触皮肤,立即用水冲洗污染的皮肤。如果该化学物质渗透进衣服,立即将衣服脱除,用水冲洗皮肤。若清洗后出现症状,要立即就医。
- 呼吸:如果接触者吸入大量该化学物质,立即将接触者移至新鲜空气处。如果呼吸停止,要进行人工呼吸,注意保暖和休息。尽快就医。
- 吞入:如果吞入该化学物质,应立即就医。

对呼吸器选择的建议:无。
有关呼吸器选择的其他重要信息参见相关标准。

接触途径:呼吸道,胃肠道,皮肤和/或眼睛直接接触。

症状:眼睛、皮肤、鼻、咽喉、上呼吸道刺激;高铁血红蛋白血症;紫绀,抽搐;烦躁,紫绀,心律加快,呼吸困难;头晕,嗜睡,体温降低,血尿;脾、肾、肝改变;皮炎。

靶器官:眼睛,皮肤,呼吸系统,心血管系统,中枢神经系统,血液,脾,肝,肾。

铑(金属烟及其不溶化合物,按铑计)[Rhodium(metal fume and insoluble compounds,as Rh)]
Rh(金属)

CAS No.:7440-16-6(金属)
RTECS No.:VI9069000(金属)
DOT ID 和指南号:

异名和商品名:铑金属,元素铑,Elemental rhodium
其他名称依不同铑化合物而异。

接触限值:NIOSH REL:TWA 0.1mg/m^3
OSHA PEL:TWA 0.1mg/m^3

IDLH:100mg/m^3(按铑计)　**浓度换算系数**:

理化性质:金属为白色、质硬、易延展、可锻造的固体,具有蓝灰色光泽。

分子量	102.9	沸点	6 741 ℉
熔点	3 571 ℉	溶解度	不溶
蒸气压	0mmHg(约)	电离电位	不适用
比重	12.41(金属)	闪点	不适用
爆炸上限	不适用	爆炸下限	不适用

块状金属为不可燃固体,但尘或粉末易燃。
不相容性和反应性:三氟化氯,二氟化氧。

测量方法:NIOSH S188(Ⅱ-3)

个人防护和卫生设施:
- 皮肤:对于个体皮肤防护装备的需要没有特殊建议。
- 眼睛:对眼部防护的需要没有特殊建议。
- 清洗皮肤:对于清洗皮肤上的污染物没有其他特殊的建议(包括立即清洗和班后清洗)。
- 脱除:对于脱除被污染或被弄湿的工作服的需要没有特殊建议。
- 更换:对于班后的衣服的更换需要没有特殊建议。

急救:
- 呼吸:如果接触者吸入大量该化学物质,立即将接触者移至新鲜空气处。如果呼吸停止,要进行人工呼吸,注意保暖和休息。尽快就医。
- 吞入:如果吞入该化学物质,应立即就医。

对呼吸器选择的建议:NIOSH/OSHA

~0.5 mg/m^3:
- Qm:任何四分之一面罩呼吸器,选择 N、R 或 P 过滤元件的信息见表 4。指定防护因数=5。

~1 mg/m^3:
- 95XQ:任何除四分之一面罩之外的防颗粒物呼吸器,配有 N95、R95 或 P95 过滤元件(包括 N95、R95 或 P95 随弃式面罩)。也可使用以下过滤元件:N99、R99、P99、N100、R100、P100。指定防护因数=10。选择 N、R 或 P 过滤元件的信息见表 4。
- Sa:任何供气式呼吸器。指定防护因数=10。

~2.5 mg/m^3:
- Sa:Cf:任何连续供气式呼吸器。指定防护因数=25。
- PaprHie:任何动力送风空气过滤式呼吸器,配有高效颗粒物过滤元件。指定防护因数=25。

~5 mg/m^3:
- 100F:任何空气过滤式全面罩呼吸器,配有 N100、R100 或 P100 过滤元件。指定防护因数=50。选择 N、R 或 P 过滤元件的信息见表 4。
- SaT:Cf:任何连续供气式呼吸器,配密合型面罩。指定防护因数=50。
- PaprTHie:任何动力送风空气过滤式呼吸器,配密合型面罩和高效颗粒物过滤元件。指定防护因数=50。
- ScbaF:任何携气式呼吸器,配全面罩。指定防护因数=50。
- SaF:任何供气式呼吸器,配全面罩。指定防护因数=50。

~100 mg/m^3:
- Sa:Pd,Pp:任何压力需气式或正压供气式呼吸器。指定防护因数=1 000。

§:应急抢险,或准备进入浓度未知环境,或进入 IDLH 环境:

- ScbaF:Pd,Pp:任何压力需气式或正压携气式呼吸器,配全面罩。指定防护因数=10 000。
- SaF:Pd,Pp:AScba:任何压力需气式或正压供气式呼吸器,配全面罩,配压力需气式或正压携气式辅助呼吸器。指定防护因数=10 000。

逃生:

- 100F:任何空气过滤式全面罩呼吸器,配有 N100、R100 或 P100 过滤元件。指定防护因数=50。选择 N、R 或 P 过滤元件的信息见表 4。
- ScbaE:任何适合逃生的携气式呼吸器。

有关呼吸器选择的其他重要信息参见相关标准。

接触途径:呼吸道。

症状:可能的呼吸致敏。

靶器官:呼吸系统。

R

铑(可溶化合物,按铑计)Rhodium(soluble compounds,as Rh)

CAS No.:

RTECS No.:

异名和商品名:依不同铑化合物而异。

DOT ID 和指南号:

接触限值:NIOSH REL:TWA 0.001mg/m^3

OSHA PEL:TWA 0.001mg/m^3

IDLH: 2 mg/m^3(按铑计)　　**浓度换算系数:**

理化性质:依铑化合物的不同而不同。

不相容性和反应性:不同。

测量方法:NIOSH S189(Ⅱ-3)

个人防护和卫生设施:

- 皮肤:穿戴合适的个人防护服,防止皮肤直接接触。
- 眼睛:佩戴合适的眼部防护用品,防止眼睛直接接触。
- 清洗皮肤:当皮肤受到污染时,应立即清洗污染的皮肤。
- 脱除:如果工作服被弄湿或受到了明显的污染,应该立即脱除并妥善处置。
- 更换:对于班后的衣服的更换需要没有特殊建议。

急救:

- 眼睛:如眼睛直接接触了该化学物质,要立即用大量水冲洗(灌洗)眼睛,冲洗时,不时翻开上下眼睑,并立即就医。
- 皮肤:如果该化学物质直接接触皮肤,用水冲洗污染的皮肤。如存在皮肤刺激症状,应就医。
- 呼吸:如果接触者吸入大量该化学物质,立即将接触者移至新鲜空气处。如果呼吸停止,要进行人工呼吸,注意保暖和休息。尽快就医。
- 吞入:如果吞入该化学物质,应立即就医。

对呼吸器选择的建议:NIOSH/OSHA

~0.01 mg/m^3:

- 100XQ:任何除四分之一面罩之外的防颗粒物呼吸器,配有 N100、R100 或 P100 过滤元件(包括 N100、R100 或 P100 随弃式面罩)。指定防护因数=10。选择 N、R 或 P 过滤元件的信息见表 4。*
- Sa:任何供气式呼吸器。指定防护因数=10。*

~0.025 mg/m^3:

- Sa:Cf:任何连续供气式呼吸器。指定防护因数=25。*
- PaprHie:任何动力送风空气过滤式呼吸器,配有高效颗粒物过滤元件。指定防护因数=25。*

~0.05 mg/m^3:

- 100F：任何空气过滤式全面罩呼吸器，配有 N100、R100 或 P100 过滤元件。指定防护因数＝50。选择 N、R 或 P 过滤元件的信息见表 4。
- PaprTHie：任何动力送风空气过滤式呼吸器，配密合型面罩和高效颗粒物过滤元件。指定防护因数＝50。*
- ScbaF：任何携气式呼吸器，配全面罩。指定防护因数＝50。
- SaF：任何供气式呼吸器，配全面罩。指定防护因数＝50。

～2 mg/m^3：

- SaF：Pd，Pp：任何压力需气式或正压供气式呼吸器，配全面罩。指定防护因数＝2 000。

§：应急抢险，或准备进入浓度未知环境，或进入 IDLH 环境：

- ScbaF：Pd，Pp：任何压力需气式或正压携气式呼吸器，配全面罩。指定防护因数＝10 000。
- SaF：Pd，Pp：AScba：任何压力需气式或正压供气式呼吸器，配全面罩，配压力需气式或正压携气式辅助呼吸器。指定防护因数＝10 000。

逃生：

- 100F：任何空气过滤式全面罩呼吸器，配有 N100、R100 或 P100 过滤元件。指定防护因数＝50。选择 N、R 或 P 过滤元件的信息见表 4。
- ScbaE：任何适合逃生的携气式呼吸器。

有关呼吸器选择的其他重要信息参见相关标准。

接触途径：呼吸道，胃肠道，皮肤和/或眼睛直接接触。

症状：动物：眼睛刺激；中枢神经系统损害。

靶器官：眼睛，中枢神经系统。

R

皮蝇磷(Ronnel)

$(CH_3O)_2P(S)OC_6H_2Cl_3$

CAS No.：299-84-3

RTECS No.：TG0525000

异名和商品名：乐乃松；O，O-Dimethyl O-(2，4，5-trichlorophenyl)phosphorothioate；Fenchlorophos

DOT ID 和指南号：

接触限值：NIOSH REL：TWA 10 mg/m^3
OSHA PEL †：TWA 15 mg/m^3

IDLH：300 mg/m^3　　**浓度换算系数：**

理化性质：白色至浅褐色晶体。[杀虫剂][注：106 ℉以上为液体。]

分 子 量：321.6　　沸　点：分解
熔　点：106 ℉　　溶解度(77 ℉)：0.004%
蒸气压(77 ℉)：0.000 8mmHg　　电离电位：未知
比重(77 ℉)：1.49　　闪　点：不适用
爆炸上限：不适用　　爆炸下限：不适用
不可燃固体。
不相容性和反应性：强氧化剂。

测量方法：NIOSH 5600；OSHA PV2054

个人防护和卫生设施：

- 皮肤：穿戴合适的个人防护服，防止皮肤直接接触。
- 眼睛：佩戴合适的眼部防护用品，防止眼睛直接接触。
- 清洗皮肤：当皮肤受到污染时，应立即清洗污染的皮肤。
- 脱除：如果工作服被弄湿或受到了明显的污染，应该立即脱除并妥善处置。
- 更换：在离开工作场所前应当将可能受到污染的工作服更换成无污染的衣服。

急救：

- 眼睛：如眼睛直接接触了该化学物质，要立即用大量水冲洗(灌洗)眼睛，冲洗时，不时翻开上下眼睑，并立即就医。
- 皮肤：如果该化学物质直接接触皮肤，迅速用肥皂和水冲洗污染的皮肤。若该化学物质渗透进衣服，要迅速将衣服脱除，用肥皂和水清洗皮肤，并迅速就医。

- 呼吸：如果接触者吸入大量该化学物质，立即将接触者移至新鲜空气处。如果呼吸停止，要进行人工呼吸，注意保暖和休息。尽快就医。
- 吞入：如果吞入该化学物质，应立即就医。

对呼吸器选择的建议：NIOSH

~100 mg/m³：

- CcrOv95：任何空气过滤式半面罩呼吸器，配有机蒸气滤毒盒和N95、R95或P95的综合防护过滤元件。也可使用以下过滤元件：N99、R99、P99、N100、R100、P100。指定防护因数=10。选择N、R或P过滤元件的信息见表4。
- Sa：任何供气式呼吸器。指定防护因数=10。

~250 mg/m³：

- Sa∶Cf：任何连续供气式呼吸器。指定防护因数=25。
- PaprOvHie：任何动力送风空气过滤式呼吸器，配有机蒸气和高效颗粒滤毒盒的综合防护过滤元件。指定防护因数=50。

~300 mg/m³：

- CcrFOv100：任何空气过滤式全面罩呼吸器，配有机蒸气滤毒盒和N100、R100或P100的综合防护过滤元件。指定防护因数=50。选择N、R或P过滤元件的信息见表4。
- GmFOv100：任何空气过滤式全面罩呼吸器（防毒面具），配下颌式、前置式或背置式有机蒸气滤毒罐和N100、R100或P100的综合防护过滤元件。指定防护因数=50。选择N、R或P过滤元件的信息见表4。
- PaprTOvHie：任何动力送风空气过滤式呼吸器，配密合型面罩和有机蒸气和高效颗粒滤毒盒的综合防护过滤元件。指定防护因数=50。*
- ScbaF：任何携气式呼吸器，配全面罩。指定防护因数=50。
- SaF：任何供气式呼吸器，配全面罩。指定防护因数=50。

§：应急抢险，或准备进入浓度未知环境，或进入IDLH环境：

- ScbaF∶Pd，Pp：任何压力需气式或正压携气式呼吸器，配全面罩。指定防护因数=10 000。
- SaF∶Pd，Pp∶AScba：任何压力需气式或正压供气式呼吸器，配全面罩，配压力需气式或正压携气式辅助呼吸器。指定防护因数=10 000。

逃生：

- GmFOv100：任何空气过滤式全面罩呼吸器（防毒面具），配下颌式、前置式或背置式有机蒸气滤毒罐和N100、R100或P100的综合防护过滤元件。指定防护因数=50。选择N、R或P过滤元件的信息见表4。
- ScbaE：任何适合逃生的携气式呼吸器。

有关呼吸器选择的其他重要信息参见相关标准。

接触途径：呼吸道，胃肠道，皮肤和/或眼睛直接接触。

症状：动物：眼睛刺激；胆碱酯酶抑制；肝、肾损害。

靶器官：眼睛，肝，肾，血浆。

R

松香焊接剂,高温分解产物(按甲醛计)

[Rosin core solder,pyrolysis products(as formaldehyde)]

异名和商品名: Rosin flux pyrolysis products,Rosin core soldering flux pyrolysis products

CAS No.:

RTECS No.:

DOT ID 和指南号:

接触限值:NIOSH REL * :TWA 0.1 mg/m^3[* 注:“Ca”存在于甲醛、乙醛或丙二醛。见附录 A 及附录 C(醛)。]

OSHA PEL †:无

IDLH:N.D.　　**浓度换算系数:**

理化性质:松香焊接剂。高温分解产物包括丙酮、脂肪醛、甲醇、甲烷、乙烷、各种松香酸(松香的主要成分)、一氧化碳和二氧化碳。

性质依使用的松香焊接剂的不同而不同。

不相容性和反应性:不同。

测量方法:NIOSH 2541,3500

个人防护和卫生设施:

- 皮肤:对于个体皮肤防护装备的需要没有特殊建议。
- 眼睛:对眼部防护的需要没有特殊建议。
- 清洗皮肤:对于清洗皮肤上的污染物没有其他特殊的建议(包括立即清洗和班后清洗)。
- 脱除:对于脱除被污染或被弄湿的工作服的需要没有特殊建议。
- 更换:对于班后的衣服的更换需要没有特殊建议。

急救:

- 眼睛:如眼睛直接接触了该化学物质,要立即用大量水冲洗(灌洗)眼睛,冲洗时,不时翻开上下眼睑,并立即就医。
- 呼吸:如果接触者吸入大量该化学物质,立即将接触者移至新鲜空气处。如果呼吸停止,要进行人工呼吸,注意保暖和休息。尽快就医。

对呼吸器选择的建议:无。

福尔马林、乙醛或丙二醛存在时:NIOSH

¥:高于 NIOSH REL 的浓度;或当没有 REL 时,任何可以检测到的浓度:

- ScbaF:Pd,Pp:任何压力需气式或正压携气式呼吸器,配全面罩。指定防护因数=10 000。
- SaF:Pd,Pp:AScba:任何压力需气式或正压供气式呼吸器,配全面罩,配压力需气式或正压携气式辅助呼吸器。指定防护因数=10 000。

逃生:

- GmFOv100:任何空气过滤式全面罩呼吸器(防毒面具),配下颌式、前置式或背置式有机蒸气滤毒罐和N100、R100 或 P100 的综合防护过滤元件。指定防护因数=50。选择 N、R 或 P 过滤元件的信息见表 4。
- ScbaE:任何适合逃生的携气式呼吸器。

有关呼吸器选择的其他重要信息参见相关标准。

接触途径:呼吸道。

症状:眼睛、鼻、咽喉、上呼吸道刺激;[潜在职业性致癌物(甲醛、乙醛或丙二醛存在时)]。

靶器官:眼睛,呼吸系统。

致癌部位:[鼻癌;动物:甲状腺瘤(甲醛、乙醛或丙二醛存在时)]。

R

鱼藤酮(Rotenone)

$C_{23}H_{22}O_6$

异名和商品名:1,2,12,12a-Tetrahydro-8,9-dimethoxy-2-(1-methylethenyl)-[1]benzopyrano[3,4-b]furo[2,3-h][1]benzopyran-6(6aH)-one

CAS No.:83-79-4

RTECS No.:DJ2800000

DOT ID 和指南号:

接触限值:NIOSH REL:TWA 5 mg/m³

OSHA PEL:TWA 5 mg/m³

IDLH: 2 500 mg/m³ **浓度换算系数:**

理化性质:无色至红色,无气味晶体。[杀虫剂]

分子量:394.4	沸点:分解
熔点:330 ℉	溶解度:不溶
蒸气压:<0.000 04 mmHg	电离电位:未知
比重:1.27	闪点:未知
爆炸上限:未知	爆炸下限:未知

可燃固体。

不相容性和反应性:强氧化剂,碱。

测量方法:NIOSH 5007

个人防护和卫生设施:

- 皮肤:穿戴合适的个人防护服,防止皮肤直接接触。
- 眼睛:佩戴合适的眼部防护用品,防止眼睛直接接触。
- 清洗皮肤:当皮肤受到污染时,应立即清洗污染的皮肤。
- 脱除:如果工作服被弄湿或受到了明显的污染,应该立即脱除并妥善处置。
- 更换:在离开工作场所前应当将可能受到污染的工作服更换成无污染的衣服。

急救:

- 眼睛:如眼睛直接接触了该化学物质,要立即用大量水冲洗(灌洗)眼睛,冲洗时,不时翻开上下眼睑,并立即就医。
- 皮肤:如果该化学物质直接接触皮肤,迅速用肥皂和水冲洗污染的皮肤。若该化学物质渗透进衣服,要迅速将衣服脱除,用肥皂和水清洗皮肤,并迅速就医。
- 呼吸:如果接触者吸入大量该化学物质,立即将接触者移至新鲜空气处。如果呼吸停止,要进行人工呼吸,注意保暖和休息。尽快就医。
- 吞入:如果吞入该化学物质,应立即就医。

对呼吸器选择的建议:NIOSH/OSHA

~5 mg/m³:

- CcrOv95:任何空气过滤式半面罩呼吸器,配有机蒸气滤毒盒和N95、R95或P95的综合防护过滤元件。也可使用以下过滤元件:N99、R99、P99、N100、R100、P100。指定防护因数=10。选择N、R或P过滤元件的信息见表4。
- Sa:任何供气式呼吸器。指定防护因数=10。

~125 mg/m³:

- Sa : Cf:任何连续供气式呼吸器。指定防护因数=25。
- PaprOvHie:任何动力送风空气过滤式呼吸器,配有机蒸气和高效颗粒滤毒盒的综合防护过滤元件。指定防护因数=50。

~250 mg/m³:

- CcrFOv100:任何空气过滤式全面罩呼吸器,配有机蒸气滤毒盒和N100、R100或P100的综合防护过滤元件。指定防护因数=50。选择N、R或P过滤元件的信息见表4。
- GmFOv100:任何空气过滤式全面罩呼吸器(防毒面具),配下颌式、前置式或背置式有机蒸气滤毒罐和N100、R100或P100的综合防护过滤元件。指定防护因数=50。选择N、R或P过滤元件的信息见表4。

- PaprTOvHie：任何动力送风空气过滤式呼吸器，配密合型面罩和有机蒸气和高效颗粒滤毒盒的综合防护过滤元件。指定防护因数＝50。
- SaT：Cf：任何连续供气式呼吸器，配密合型面罩。指定防护因数＝50。
- ScbaF：任何携气式呼吸器，配全面罩。指定防护因数＝50。
- SaF：任何供气式呼吸器，配全面罩。指定防护因数＝50。

～2 500 mg/m^3：

- Sa：Pd，Pp：任何压力需气式或正压供气式呼吸器。指定防护因数＝1 000。

§：应急抢险，或准备进入浓度未知环境，或进入IDLH环境：

- ScbaF：Pd，Pp：任何压力需气式或正压携气式呼吸器，配全面罩。指定防护因数＝10 000。
- SaF：Pd，Pp：AScba：任何压力需气式或正压供气式呼吸器，配全面罩，配压力需气式或正压携气式辅助呼吸器。指定防护因数＝10 000。

逃生：

- GmFOv100：任何空气过滤式全面罩呼吸器（防毒面具），配下颌式、前置式或背置式有机蒸气滤毒罐和N100、R100或P100的综合防护过滤元件。指定防护因数＝50。选择N、R或P过滤元件的信息见表4。
- ScbaE：任何适合逃生的携气式呼吸器。

有关呼吸器选择的其他重要信息参见相关标准。

接触途径：呼吸道，胃肠道，皮肤和/或眼睛直接接触。

症状：眼睛、皮肤、呼吸系统、黏膜刺激；恶心，呕吐，腹痛；肌颤，协调能力下降，阵挛性抽搐，昏迷。

靶器官：眼睛，皮肤，呼吸系统，中枢神经系统。

R

三氧化二铁（Rouge）

Fe_2O_3

CAS No.：1309-37-1

RTECS No.：NO7400000

异名和商品名：铁丹，红铁粉，Iron(Ⅲ)oxide，Iron oxide red，Red iron oxide，Red oxide

DOT ID 和指南号：

接触限值：NIOSH REL：见附录D

OSHA PEL†：TWA 15 mg/m^3（总颗粒物）

TWA 5 mg/m^3（呼吸性颗粒物）

IDLH：N. D.　　**浓度换算系数：**

理化性质：氧化铁的红色粉末。[注：常用于蛋糕的制作和浸制纸或布。]

分子量：159.7　　沸点：未知

熔点：2849 ℉　　溶解度：不溶

蒸气压：0mmHg（约）　　电离电位：不适用

比重：5.24　　闪点：不适用

爆炸上限：不适用　　爆炸下限：不适用

不可燃固体。

不相容性和反应性：次氯酸钙，一氧化碳，过氧化氢。

测量方法：NIOSH 0500，0600

个人防护和卫生设施：

- 皮肤：对于个体皮肤防护装备的需要没有特殊建议。
- 眼睛：对眼部防护的需要没有特殊建议。
- 清洗皮肤：对于清洗皮肤上的污染物没有其他特殊的建议（包括立即清洗和班后清洗）。
- 脱除：对于脱除被污染或被弄湿的工作服的需要没有特殊建议。
- 更换：对于班后的衣服的更换需要没有特殊建议。

急救：

- 眼睛：如眼睛直接接触了该化学物质，要立即用大量水冲洗（灌洗）眼睛，冲洗时，不时翻开上下眼睑，并立即就医。

<table>
<tr><td>● 呼吸:如果接触者吸入大量该化学物质,立即将接触者移至新鲜空气处。通常不需要采取其他措施。</td><td>接触途径:呼吸道,皮肤和/或眼睛直接接触。

症状:眼睛、皮肤、呼吸系统刺激。</td></tr>
<tr><td>对呼吸器选择的建议:无。
有关呼吸器选择的其他重要信息参见相关标准。</td><td>靶器官:眼睛,皮肤,呼吸系统。</td></tr>
</table>

R

硒(Selenium)
Se
异名和商品名:元素硒,硒合金,Elemental selenium,Selenium alloy

CAS No.:7782-49-2
RTECS No.:VS7700000
DOT ID 和指南号:2658 152(粉末)

接触限值:NIOSH REL*:TWA 0.2 mg/m^3[*注:REL 也适用于除六氟化硒外的其他硒化合物(按硒计)。]
OSHA PEL*:TWA 0.2 mg/m^3[*注:PEL 也适用于除六氟化硒外的其他硒化合物(按硒计)。]

IDLH:1 mg/m^3(按硒计) **浓度换算系数:**

理化性质:无定型或结晶型,红色至灰色固体。[注:作为杂质存在于多数硫矿石中。]

分子量:79.0	沸点:1 265 ℉
熔点:392 ℉	溶解度:不溶
蒸气压:0 mmHg(约)	电离电位:不适用
比重:4.28	闪点:不适用
爆炸上限:不适用	爆炸下限:不适用

可燃固体。
不相容性和反应性:酸,强氧化剂,三氧化铬,溴酸钾,镉。

测量方法:NIOSH 7300,7301,7303,9102,S190(Ⅱ-7);OSHA ID121

个人防护和卫生设施:
- 皮肤:穿戴合适的个人防护服,防止皮肤直接接触。
- 眼睛:对眼部防护的需要没有特殊建议。
- 清洗皮肤:当皮肤受到污染时,应立即清洗污染的皮肤。
- 脱除:如果工作服被弄湿或受到了明显的污染,应该立即脱除并妥善处置。
- 更换:对于班后的衣服的更换需要没有特殊建议。
- 配备:在紧靠有可能接触该化学物质的工作场所,应配备快速冲淋身体的设备以应急使用。[注:这些设备应能够提供足量水或流动水,以将可能接触的身体任何部位上的该化学物质除去。实际配备适宜的快速冲淋设备取决于工作场所的具体条件。在某些情况下,必须及时进行大流量淋浴,而其他情况下只需要用一个水槽或软管供水就足够了。]

急救:
- 眼睛:如眼睛直接接触了该化学物质,要立即用大量水冲洗(灌洗)眼睛,冲洗时,不时翻开上下眼睑,并立即就医。
- 皮肤:如果该化学物质直接接触皮肤,立即用肥皂和水冲洗污染的皮肤。若该化学物质渗透进衣服,要立即将衣服脱除,用肥皂和水清洗皮肤,并迅速就医。
- 呼吸:如果接触者吸入大量该化学物质,立即将接触者移至新鲜空气处。如果呼吸停止,要进行人工呼吸,注意保暖和休息。尽快就医。
- 吞入:如果吞入该化学物质,应立即就医。

对呼吸器选择的建议:NIOSH/OSHA
~1mg/m^3:
- Qm:任何四分之一面罩呼吸器,选择 N、R 或 P 过滤元件的信息见表 4。指定防护因数=5。*
- 95XQ:任何除四分之一面罩之外的防颗粒物呼吸器,配有 N95、R95 或 P95 过滤元件(包括 N95、R95 或 P95 随弃式面罩)。也可使用以下过滤元件:N99、R99、P99、N100、R100、P100。指定防护因数=10。选择 N、R 或 P 过滤元件的信息见表 4。*
- 100F:任何空气过滤式全面罩呼吸器,配有 N100、R100 或 P100 过滤元件。指定防护因数=50。选择 N、R 或 P 过滤元件的信息见表 4。
- PaprHie:任何动力送风空气过滤式呼吸器,配有高效颗粒物过滤元件。指定防护因数=25。*
- Sa:任何供气式呼吸器。指定防护因数=10。*
- ScbaF:任何携气式呼吸器,配全面罩。指定防护因数=50。

S

§:应急抢险,或准备进入浓度未知环境,或进入 IDLH 环境:

- ScbaF:Pd,Pp:任何压力需气式或正压携气式呼吸器,配全面罩。指定防护因数=10 000。
- SaF:Pd,Pp:AScba:任何压力需气式或正压供气式呼吸器,配全面罩,配压力需气式或正压携气式辅助呼吸器。指定防护因数=10 000。

逃生:

- 100F:任何空气过滤式全面罩呼吸器,配有 N100、R100 或 P100 过滤元件。指定防护因数=50。选择 N、R 或 P 过滤元件的信息见表 4。
- ScbaE:任何适合逃生的携气式呼吸器。

有关呼吸器选择的其他重要信息参见相关标准。

接触途径:呼吸道,胃肠道,皮肤和/或眼睛直接接触。

症状:眼睛、皮肤、鼻、咽喉刺激;视物模糊;头痛;寒冷,发热;呼吸困难,支气管炎;金属味道,大蒜味口臭,胃肠功能紊乱;皮炎,眼睛、皮肤灼伤;动物:贫血;肝坏死,肝硬化;肾、脾损害。

靶器官:眼睛,皮肤,呼吸系统,肝,肾,血液,脾。

S

六氟化硒(Selenium hexafluoride)

SeF_6

异名和商品名:氟化硒,Selenium fluoride

CAS No.:7783-79-1

RTECS No.:VS9450000

DOT ID 和指南号:2194 125

接触限值:NIOSH REL:TWA 0.05 ppm

OSHA PEL:TWA 0.05 ppm(0.4 mg/m^3)

IDLH:2 ppm　**浓度换算系数:**1 ppm=7.89 mg/m^3

理化性质:无色气体。

分子量:193.0	沸点:−30 ℉
凝固点:−59 ℉	溶解度:不溶
蒸气压:>1 大气压	电离电位:未知
相对密度:6.66	闪点:不适用
爆炸上限:不适用	爆炸下限:不适用

不可燃气体。

不相容性和反应性:水。[注:在冷水中非常缓慢地水解。]

测量方法:无。

个人防护和卫生设施:

- 皮肤:对于个体皮肤防护装备的需要没有特殊建议。
- 眼睛:对眼部防护的需要没有特殊建议。
- 清洗皮肤:对于清洗皮肤上的污染物没有其他特殊的建议(包括立即清洗和班后清洗)。
- 脱除:对于脱除被污染或被弄湿的工作服的需要没有特殊建议。
- 更换:对于班后的衣服的更换需要没有特殊建议。

急救:

- 呼吸:如果接触者吸入大量该化学物质,立即将接触者移至新鲜空气处。如果呼吸停止,要进行人工呼吸,注意保暖和休息。尽快就医。

对呼吸器选择的建议:NIOSH/OSHA

~0.5 ppm:

- Sa:任何供气式呼吸器。指定防护因数=10。

~1.25 ppm:

- Sa:Cf:任何连续供气式呼吸器。指定防护因数=25。

~2 ppm:

- SaT:Cf:任何连续供气式呼吸器,配密合型面罩。指定防护因数=50。
- ScbaF:任何携气式呼吸器,配全面罩。指定防护因数=50。
- SaF:任何供气式呼吸器,配全面罩。指定防护因数=50。

§:应急抢险,或准备进入浓度未知环境,或进入 IDLH 环境:

- ScbaF : Pd,Pp:任何压力需气式或正压携气式呼吸器,配全面罩。指定防护因数=10 000。
- SaF : Pd,Pp : AScba:任何压力需气式或正压供气式呼吸器,配全面罩,配压力需气式或正压携气式辅助呼吸器。指定防护因数=10 000。

逃生:

- GmFS:任何空气过滤式全面罩呼吸器(防毒面具),配下颌式、前置式或背置式防该化学物质的滤毒罐。指定防护因数=50。
- ScbaE:任何适合逃生的携气式呼吸器。

有关呼吸器选择的其他重要信息参见相关标准。

接触途径:呼吸道。

症状:动物:肺刺激,水肿。

靶器官:呼吸系统。

无定形二氧化硅(Silica,amorphous)

SiO_2

CAS No.:7631-86-9

RTECS No.:VV7310000

DOT ID 和指南号:

异名和商品名:二氧化硅(无定形),硅藻土,无定形硅沉淀,Diatomaceous earth,Diatomaceous silica,Diatomite,Precipitated amorphous silica,Silica gel,Silicon dioxide (amorphous)

S

接触限值:NIOSH REL:TWA 6 mg/m³

OSHA PEL †:TWA 20mppcf[(80 mg/m³)/%SiO_2]

IDLH:3 000 mg/m³ **浓度换算系数:**

理化性质:透明至灰色无气味粉末。[注:无定形二氧化硅是二氧化硅的非结晶型。]

分子量:	60.1	沸点:	4 046 ℉
熔点:	3 110 ℉	溶解度:	不溶
蒸气压:	0 mmHg(约)	电离电位:	不适用
比重:	2.20	闪点:	不适用
爆炸上限:	不适用	爆炸下限:	不适用

不可燃固体。

不相容性和反应性:氟,二氟化氧,三氟化氯。

测量方法:NIOSH 7501

个人防护和卫生设施:

- 皮肤:对于个体皮肤防护装备的需要没有特殊建议。
- 眼睛:对眼部防护的需要没有特殊建议。
- 清洗皮肤:对于清洗皮肤上的污染物没有其他特殊的建议(包括立即清洗和班后清洗)。
- 脱除:对于脱除被污染或被弄湿的工作服的需要没有特殊建议。
- 更换:对于班后的衣服的更换需要没有特殊建议。

急救:

- 眼睛:如眼睛直接接触了该化学物质,要立即用大量水冲洗(灌洗)眼睛,冲洗时,不时翻开上下眼睑,并立即就医。
- 呼吸:如果接触者吸入大量该化学物质,立即将接触者移至新鲜空气处。通常不需要采取其他措施。

对呼吸器选择的建议:NIOSH

~30 mg/m³:

- Qm:任何四分之一面罩呼吸器,选择 N、R 或 P 过滤元件的信息见表 4。指定防护因数=5。

~60 mg/m³:

- 95XQ:任何除四分之一面罩之外的防颗粒物呼吸器,

配有 N95、R95 或 P95 过滤元件(包括 N95、R95 或 P95 随弃式面罩)。也可使用以下过滤元件:N99、R99、P99、N100、R100、P100。指定防护因数=10。选择 N、R 或 P 过滤元件的信息见表 4。

- Sa:任何供气式呼吸器。指定防护因数=10。

~150 mg/m^3:

- Sa:Cf:任何连续供气式呼吸器。指定防护因数=25。
- PaprHie:任何动力送风空气过滤式呼吸器,配有高效颗粒物过滤元件。指定防护因数=25。

~300 mg/m^3:

- 100F:任何空气过滤式全面罩呼吸器,配有 N100、R100 或 P100 过滤元件。指定防护因数=50。选择 N、R 或 P 过滤元件的信息见表 4。
- SaT:Cf:任何连续供气式呼吸器,配密合型面罩。指定防护因数=50。
- PaprTHie:任何动力送风空气过滤式呼吸器,配密合型面罩和高效颗粒物过滤元件。指定防护因数=50。
- ScbaF:任何携气式呼吸器,配全面罩。指定防护因数=50。
- SaF:任何供气式呼吸器,配全面罩。指定防护因数=50。

~3 000 mg/m^3:

- Sa:Pd,Pp:任何压力需气式或正压供气式呼吸器。指定防护因数=1 000。

§:应急抢险,或准备进入浓度未知环境,或进入 IDLH 环境:

- ScbaF:Pd,Pp:任何压力需气式或正压携气式呼吸器,配全面罩。指定防护因数=10 000。
- SaF:Pd,Pp:AScba:任何压力需气式或正压供气式呼吸器,配全面罩,配压力需气式或正压携气式辅助呼吸器。指定防护因数=10 000。

逃生:

- 100F:任何空气过滤式全面罩呼吸器,配有 N100、R100 或 P100 过滤元件。指定防护因数=50。选择 N、R 或 P 过滤元件的信息见表 4。
- ScbaE:任何适合逃生的携气式呼吸器。

有关呼吸器选择的其他重要信息参见相关标准。

接触途径:呼吸道,皮肤和/或眼睛直接接触。

症状:眼睛刺激,尘肺病。

靶器官:眼睛,呼吸系统。

S

结晶型二氧化硅(按呼吸性颗粒物计)[Silica,crystalline (as respirable dust)]

SiO_2

CAS No.:14808-60-7

RTECS No.:VV7330000

异名和商品名:方石英,石英,磷石英,Cristobalite,Quartz,Tridymite,Tripoli

DOT ID 和指南号:

接触限值:NIOSH REL:Ca TWA 0.05 mg/m^3 见附录 A
OSHA PEL:见附录 C(矿物尘)

IDLH: Ca [25 mg/m^3(方石英、磷石英);50 mg/m^3(石英、硅藻土)]

浓度换算系数:

理化性质:无色无气味固体。[注:很多矿尘的一种组分。]

分子量:60.1　沸点:4 046 ℉
熔点:3 110 ℉　溶解度:不溶

蒸气压:0 mmHg(约)　电离电位:不适用
比重:2.66　闪点:不适用
爆炸上限:不适用　爆炸下限:不适用
不可燃固体。
不相容性和反应性:强氧化剂:氟、三氟化氯、三氧化锰、二氟化氧、过氧化氢等,乙炔,氨。

测量方法:NIOSH 7500,7601,7602;OSHA ID142

个人防护和卫生设施：

- 皮肤：对于个体皮肤防护装备的需要没有特殊建议。
- 眼睛：对眼部防护的需要没有特殊建议。
- 清洗皮肤：对于清洗皮肤上的污染物没有其他特殊的建议（包括立即清洗和班后清洗）。
- 脱除：对于脱除被污染或被弄湿的工作服的需要没有特殊建议。
- 更换：对于班后的衣服的更换需要没有特殊建议。

急救：

- 眼睛：如眼睛直接接触了该化学物质，要立即用大量水冲洗（灌洗）眼睛，冲洗时，不时翻开上下眼睑，并立即就医。
- 呼吸：如果接触者吸入大量该化学物质，立即将接触者移至新鲜空气处。通常不需要采取其他措施。

对呼吸器选择的建议：NIOSH

～0.5 mg/m³：

- 95XQ：任何除四分之一面罩之外的防颗粒物呼吸器，配有 N95、R95 或 P95 过滤元件（包括 N95、R95 或 P95 随弃式面罩）。也可使用以下过滤元件：N99、R99、P99、N100、R100、P100。指定防护因数＝10。选择 N、R 或 P 过滤元件的信息见表 4。

～1.25 mg/m³：

- PaprHie：任何动力送风空气过滤式呼吸器，配有高效颗粒物过滤元件。指定防护因数＝25。
- Sa：Cf：任何连续供气式呼吸器。指定防护因数＝25。

～2.5 mg/m³：

- 100F：任何空气过滤式全面罩呼吸器，配有 N100、R100 或 P100 过滤元件。指定防护因数＝50。选择 N、R 或 P 过滤元件的信息见表 4。
- PaprTHie：任何动力送风空气过滤式呼吸器，配密合型面罩和高效颗粒物过滤元件。指定防护因数＝50。

～25 mg/m³：

- Sa：Pd，Pp：任何压力需气式或正压供气式呼吸器。指定防护因数＝1 000。

§：应急抢险，或准备进入浓度未知环境，或进入 IDLH 环境：

- ScbaF：Pd，Pp：任何压力需气式或正压携气式呼吸器，配全面罩。指定防护因数＝10 000。
- SaF：Pd，Pp：AScba：任何压力需气式或正压供气式呼吸器，配全面罩，配压力需气式或正压携气式辅助呼吸器。指定防护因数＝10 000。

逃生：

- 100F：任何空气过滤式全面罩呼吸器，配有 N100、R100 或 P100 过滤元件。指定防护因数＝50。选择 N、R 或 P 过滤元件的信息见表 4。
- ScbaE：任何适合逃生的携气式呼吸器。

有关呼吸器选择的其他重要信息参见相关标准。

接触途径：呼吸道，皮肤和/或眼睛直接接触。

症状：咳嗽，呼吸困难，喘鸣；肺功能降低，进行性呼吸系统症状（矽肺）；眼睛刺激；[潜在职业性致癌物]。

靶器官：眼睛，呼吸系统。

致癌部位：[动物：肺癌]。

S

硅（Silicon）

Si

CAS No.：7440-21-3

RTECS No.：VW0400000

DOT ID 和指南号：1346 170（无定型粉末）

异名和商品名：元素硅，Elemental silicon [注：没有天然游离状态的硅，通常是以二氧化硅和硅酸盐的形式存在。]

接触限值：NIOSH REL：TWA 10 mg/m³（总颗粒物）
TWA 5 mg/m³（呼吸性颗粒物）

OSHA PEL †：TWA 15 mg/m³（总颗粒物）
TWA 5 mg/m³（呼吸性颗粒物）

IDLH：N. D. **浓度换算系数：**	● 脱除：对于脱除被污染或被弄湿的工作服的需要没有特殊建议。 ● 更换：对于班后的衣服的更换需要没有特殊建议。 **急救：** ● 眼睛：如眼睛直接接触了该化学物质，要立即用大量水冲洗（灌洗）眼睛，冲洗时，不时翻开上下眼睑，并立即就医。 ● 呼吸：如果接触者吸入大量该化学物质，立即将接触者移至新鲜空气处。通常不需要采取其他措施。 ● 吞入：如果吞入该化学物质，应立即就医。
理化性质：黑色至灰色，有光泽，针状结晶。［注：无定型状态是棕黑色粉末。］	
分子量：28.1　沸点：4 271 ℉ 熔点：2 570 ℉　溶解度：不溶 蒸气压：0 mmHg（约）　电离电位：不适用 比重（77 ℉）：2.33　闪点：不适用 爆炸上限：不适用　爆炸下限：不适用 最低爆炸浓度：160 g/m³ 粉末状是可燃固体。 不相容性和反应性：氯，氟，氧化剂，钙，碳化铯，碳酸碱。	
测量方法：NIOSH 0500，0600	**对呼吸器选择的建议：**无。 **有关呼吸器选择的其他重要信息参见相关标准。**
个人防护和卫生设施： ● 皮肤：对于个体皮肤防护装备的需要没有特殊建议。 ● 眼睛：佩戴合适的眼部防护用品，防止眼睛直接接触。 ● 清洗皮肤：对于清洗皮肤上的污染物没有其他特殊的建议（包括立即清洗和班后清洗）。	**接触途径：**呼吸道，胃肠道，皮肤和/或眼睛直接接触。 **症状：**眼睛、皮肤、上呼吸道刺激；咳嗽。 **靶器官：**眼睛，皮肤，呼吸系统。

S

碳化硅（Silicon carbide） SiC **异名和商品名：**金刚砂，Carbon silicide，Carborundum®，Silicon monocarbide	CAS No.：409-21-2 RTECS No.：VW0450000 **DOT ID 和指南号：**
接触限值：NIOSH REL：TWA 10 mg/m³（总颗粒物） TWA 5 mg/m³（呼吸性颗粒物） OSHA PEL †：TWA 15 mg/m³（总颗粒物） TWA 5 mg/m³（呼吸性颗粒物）	爆炸上限：不适用　爆炸下限：不适用 不可燃固体。 不相容性和反应性：未见报道。［注：在 4 892 ℉下分解升华。］
IDLH：N. D. **浓度换算系数：**	**测量方法：**NIOSH 0500，0600
理化性质：黄色至绿色至蓝黑色，彩虹色晶体。	**个人防护和卫生设施：** ● 皮肤：对于个体皮肤防护装备的需要没有特殊建议。 ● 眼睛：对眼部防护的需要没有特殊建议。 ● 清洗皮肤：对于清洗皮肤上的污染物没有其他特殊的建议（包括立即清洗和班后清洗）。
分子量：40.1　沸点：升华 熔点：4 892 ℉（升华）　溶解度：不溶 蒸气压：0 mmHg（约）　电离电位：9.30 eV 比重：3.23　闪点：不适用	

- 脱除：对于脱除被污染或被弄湿的工作服的需要没有特殊建议。
- 更换：对于班后的衣服的更换需要没有特殊建议。

急救：

- 眼睛：如眼睛直接接触了该化学物质，要立即用大量水冲洗(灌洗)眼睛，冲洗时，不时翻开上下眼睑，并立即就医。
- 呼吸：如果接触者吸入大量该化学物质，立即将接触者移至新鲜空气处。通常不需要采取其他措施。
- 吞入：如果吞入该化学物质，应立即就医。

对呼吸器选择的建议：无。

有关呼吸器选择的其他重要信息参见相关标准。

接触途径：呼吸道，胃肠道，皮肤和/或眼睛直接接触。

症状：眼睛、皮肤、上呼吸道刺激；咳嗽。

靶器官：眼睛，皮肤，呼吸系统。

四氢化硅(Silicon tetrahydride)

SiH_4

异名和商品名：硅烷，Monosilane，Silane，Silicane

CAS No.：7803-62-5

RTECS No.：VV1400000

DOT ID 和指南号：2203 116

S

接触限值：NIOSH REL：TWA 5 ppm(7 mg/m^3)

OSHA PEL †：无

IDLH：N. D.　　**浓度换算系数：**1 ppm＝1.31 mg/m^3

理化性质：无色气体，具有令人不快的气味。

分子量：32.1	沸点：－169 ℉
凝固点：－301 ℉	溶解度：分解
蒸气压：>1 大气压	电离电位：未知
相对密度：1.11	闪点：不适用(气体)
爆炸上限：未知	爆炸下限：未知

易燃气体(在空气中可自燃)。

不相容性和反应性：卤素(溴、氯、羰基氯、五氯化锑、氯化锡(Ⅳ)，水。

测量方法：无。

个人防护和卫生设施：

- 皮肤：对于个体皮肤防护装备的需要没有特殊建议。
- 眼睛：对眼部防护的需要没有特殊建议。
- 清洗皮肤：对于清洗皮肤上的污染物没有其他特殊的建议(包括立即清洗和班后清洗)。
- 脱除：对于脱除被污染或被弄湿的工作服的需要没有特殊建议。
- 更换：对于班后的衣服的更换需要没有特殊建议。

急救：

- 呼吸：如果接触者吸入大量该化学物质，立即将接触者移至新鲜空气处。如果呼吸停止，要进行人工呼吸，注意保暖和休息。尽快就医。

对呼吸器选择的建议：无。

有关呼吸器选择的其他重要信息参见相关标准。

接触途径：呼吸道。

症状：眼睛、皮肤、黏膜刺激；恶心，头痛。

靶器官：眼睛，皮肤，呼吸系统，中枢神经系统。

银(金属粉尘和可溶性化合物,按银计)[Silver (metal dust and soluble compounds,as Ag)]

Ag (金属)

异名和商品名:金属银,Silver metal;Argentum

其他名称依不同的银化合物而异,如硝酸银。

CAS No.:7440-22-4(金属)

RTECS No.:VW3500000(金属)

DOT ID 和指南号:

S

接触限值:NIOSH REL:TWA 0.01 mg/m³

OSHA PEL:TWA 0.01 mg/m³

IDLH: 10 mg/m³(按银计) **浓度换算系数:**

理化性质:银为白色有光泽固体。

分子量:107.9	沸点:3 632 ℉
熔点:1 761 ℉	溶解度:不溶
蒸气压:0 mmHg(约)	电离电位:不适用
比重:10.49(金属)	闪点:不适用
爆炸上限:不适用	爆炸下限:不适用

金属:不可燃固体,但是尘或粉末状易燃。

不相容性和反应性:乙炔,氨,过氧化氢,溴代叠氮化物,三氟化氯,乙烯亚胺,草酸,酒石酸。

测量方法:NIOSH 7300,7301,9102;OSHA ID121

个人防护和卫生设施:

- 皮肤:穿戴合适的个人防护服,防止皮肤直接接触。
- 眼睛:佩戴合适的眼部防护用品,防止眼睛直接接触。
- 清洗皮肤:当皮肤受到污染时,应立即清洗污染的皮肤。
- 脱除:如果工作服被弄湿或受到了明显的污染,应该立即脱除并妥善处置。($AgNO_3$)
- 更换:在离开工作场所前应当将可能受到污染的工作服更换成无污染的衣服。
- 配备:在劳动者可能接触该化学物质的作业场所,无论是否需要使用眼部防护用品,都应配备眼冲洗设备。

急救:

- 眼睛:如眼睛直接接触了该化学物质,要立即用大量水冲洗(灌洗)眼睛,冲洗时,不时翻开上下眼睑,并立即就医。
- 皮肤:如果该化学物质直接接触皮肤,用水冲洗污染的皮肤。如存在皮肤刺激症状,应就医。
- 呼吸:如果接触者吸入大量该化学物质,立即将接触者移至新鲜空气处。如果呼吸停止,要进行人工呼吸,注意保暖和休息。尽快就医。
- 吞入:如果吞入该化学物质,应立即就医。

对呼吸器选择的建议:NIOSH/OSHA

~0.25 mg/m³:

- Sa:Cf:任何连续供气式呼吸器.指定防护因数=25。£
- PaprHie:任何动力送风空气过滤式呼吸器,配有高效颗粒物过滤元件。指定防护因数=25。£

~0.5 mg/m³:

- 100F:任何空气过滤式全面罩呼吸器,配有 N100、R100 或 P100 过滤元件。指定防护因数=50。选择 N、R 或 P 过滤元件的信息见表 4。
- ScbaF:任何携气式呼吸器,配全面罩。指定防护因数=50。
- SaF:任何供气式呼吸器,配全面罩。指定防护因数=50。

~10 mg/m³:

- SaF:Pd,Pp:任何压力需气式或正压供气式呼吸器,配全面罩。指定防护因数=2 000。

§:应急抢险,或准备进入浓度未知环境,或进入 IDLH 环境:

- ScbaF:Pd,Pp:任何压力需气式或正压携气式呼吸器,配全面罩。指定防护因数=10 000。
- SaF:Pd,Pp:AScba:任何压力需气式或正压供气式呼吸器,配全面罩,配压力需气式或正压携气式辅助呼吸器。指定防护因数=10 000。

逃生:

- 100F:任何空气过滤式全面罩呼吸器,配有 N100、R100 或 P100 过滤元件。指定防护因数=50。选择 N、R 或 P 过滤元件的信息见表 4。
- ScbaE:任何适合逃生的携气式呼吸器。

有关呼吸器选择的其他重要信息参见相关标准。

接触途径: 呼吸道,胃肠道,皮肤和/或眼睛直接接触。

症状: 蓝灰色的眼睛、鼻中隔、咽喉、皮肤;皮肤刺激、溃疡;胃肠功能紊乱。

靶器官: 鼻中隔,皮肤,眼睛。

皂石(石英含量小于 1%)[Soapstone (containing less than 1% quartz)]

$3MgO\text{-}4SiO_2\text{-}H_2O$

异名和商品名: 大块滑石,硅酸皂石,Massive talc,Soapstone silicate,Steatite

CAS No.:

RTECS No.: VV8780000

DOT ID 和指南号:

接触限值: NIOSH REL:TWA 6 mg/m³(总颗粒物)

TWA 3 mg/m³(呼吸性颗粒物)

OSHA PEL †:TWA 20mppcf

IDLH: 3 000 mg/m³　　**浓度换算系数:**

理化性质: 灰白色无气味粉末。

分子量:379.3	沸点:未知
熔点:未知	溶解度:不溶
蒸气压:0 mmHg(约)	电离电位:不适用
比重:2.7～2.8	闪点:不适用
爆炸上限:不适用	爆炸下限:不适用

不可燃固体。

不相容性和反应性:未见报道。

测量方法: NIOSH 0500

个人防护和卫生设施:

- 皮肤:对于个体皮肤防护装备的需要没有特殊建议。
- 眼睛:对眼部防护的需要没有特殊建议。
- 清洗皮肤:对于清洗皮肤上的污染物没有其他特殊的建议(包括立即清洗和班后清洗)。
- 脱除:对于脱除被污染或被弄湿的工作服的需要没有特殊建议。
- 更换:对于班后的衣服的更换需要没有特殊建议。

急救:

- 眼睛:如眼睛直接接触了该化学物质,要立即用大量水冲洗(灌洗)眼睛,冲洗时,不时翻开上下眼睑,并立即就医。
- 呼吸:如果接触者吸入大量该化学物质,立即将接触者移至新鲜空气处。如果呼吸停止,要进行人工呼吸,注意保暖和休息。尽快就医。

对呼吸器选择的建议: NIOSH

～30 mg/m³:

- Qm:任何四分之一面罩呼吸器,选择 N、R 或 P 过滤元件的信息见表 4。指定防护因数=5。

～60 mg/m³:

- 95XQ:任何除四分之一面罩之外的防颗粒物呼吸器,配有 N95、R95 或 P95 过滤元件(包括 N95、R95 或 P95 随弃式面罩)。也可使用以下过滤元件:N99、R99、P99、N100、R100、P100。指定防护因数=10。选择 N、R 或 P 过滤元件的信息见表 4。
- Sa:任何供气式呼吸器。指定防护因数=10。

～150 mg/m³:

- PaprHie:任何动力送风空气过滤式呼吸器,配有高效颗粒物过滤元件。指定防护因数=25。

～300 mg/m³:

S

- 100F:任何空气过滤式全面罩呼吸器,配有 N100、R100 或 P100 过滤元件。指定防护因数=50。选择 N、R 或 P 过滤元件的信息见表 4。
- SaT:Cf:任何连续供气式呼吸器,配密合型面罩。指定防护因数=50。*
- PaprTHie:任何动力送风空气过滤式呼吸器,配密合型面罩和高效颗粒物过滤元件。指定防护因数=50。*
- ScbaF:任何携气式呼吸器,配全面罩。指定防护因数=50。
- SaF:任何供气式呼吸器,配全面罩。指定防护因数=50。

~3 000 mg/m^3:

- SaF:Pd,Pp:任何压力需气式或正压供气式呼吸器,配全面罩。指定防护因数=2 000。

§:应急抢险,或准备进入浓度未知环境,或进入 IDLH 环境:

- ScbaF:Pd,Pp:任何压力需气式或正压携气式呼吸器,配全面罩。指定防护因数=10 000。
- SaF:Pd,Pp:AScba:任何压力需气式或正压供气式呼吸器,配全面罩,配压力需气式或正压携气式辅助呼吸器。指定防护因数=10 000。

逃生:

- 100F:任何空气过滤式全面罩呼吸器,配有 N100、R100 或 P100 过滤元件。指定防护因数=50。选择 N、R 或 P 过滤元件的信息见表 4。
- ScbaE:任何适合逃生的携气式呼吸器。

有关呼吸器选择的其他重要信息参见相关标准。

接触途径:呼吸道,皮肤和/或眼睛直接接触。

症状:尘肺病:咳嗽,呼吸困难;杵状指;紫绀;基底部湿啰音,肺心病。

靶器官:呼吸系统,心血管系统。

氟化铝钠(按氟计)[Sodium alumium fluoride (as F)]

Na_3AlF_6

CAS No.:15096-52-3

RTECS No.:WA9625000

异名和商品名: Cryocide,Cryodust,Cryolite,sodium hexafluoroaluminate

DOT ID 和指南号:

接触限值:NIOSH REL*:TWA 2.5 mg/m^3[*注:REL也适用于其他无机的固态氟化物(按氟计)。]

OSHA PEL*:TWA 2.5 mg/m^3[*注:PEL也适用于其他无机的固态氟化物(按氟计)。]

IDLH:250 mg/m^3(按氟计)　**浓度换算系数:**

理化性质:无色至暗色无气味固体。[农药][注:加热退色。]

分子量:209.9		沸点:分解	
熔点:1 832 °F		溶解度:0.04%	
蒸气压:0 mmHg(约)		电离电位:不适用	
比重:2.90		闪点:不适用	
爆炸上限:不适用		爆炸下限:不适用	

不可燃固体。

不相容性和反应性:强氧化剂。

测量方法:NIOSH 7902;OSHA ID110

个人防护和卫生设施:

- 皮肤:穿戴合适的个人防护服,防止皮肤直接接触。
- 眼睛:佩戴合适的眼部防护用品,防止眼睛直接接触。
- 清洗皮肤:当皮肤受到污染时,应立即清洗污染的皮肤。
- 脱除:如果工作服被弄湿或受到了明显的污染,应该立即脱除并妥善处置。
- 更换:在离开工作场所前应当将可能受到污染的工作服更换成无污染的衣服。

急救:

- 眼睛:如眼睛直接接触了该化学物质,要立即用大量水冲洗(灌洗)眼睛,冲洗时,不时翻开上下眼睑,并立即就医。
- 皮肤:如果该化学物质直接接触皮肤,迅速用肥皂和水冲洗污染的皮肤。若该化学物质渗透进衣服,要迅速将衣服脱除,用肥皂和水清洗皮肤,并迅速就医。
- 呼吸:如果接触者吸入大量该化学物质,立即将接触者移至新鲜空气处。通常不需要采取其他措施。
- 吞入:如果吞入该化学物质,应立即就医。

对呼吸器选择的建议:NIOSH/OSHA

~12.5 mg/m³:

- Qm:任何四分之一面罩呼吸器,选择 N、R 或 P 过滤元件的信息见表 4。指定防护因数=5。

~25 mg/m³:

- 95XQ:任何除四分之一面罩之外的防颗粒物呼吸器,配有 N95、R95 或 P95 过滤元件(包括 N95、R95 或 P95 随弃式面罩)。也可使用以下过滤元件:N99、R99、P99、N100、R100、P100。指定防护因数=10。选择 N、R 或 P 过滤元件的信息见表 4。*
- Sa:任何供气式呼吸器。指定防护因数=10。*

~62.5 mg/m³:

- Sa:Cf:任何连续供气式呼吸器。指定防护因数=25。*
- PaprHie:任何动力送风空气过滤式呼吸器,配有高效颗粒物过滤元件。指定防护因数=25。* +

~125 mg/m³:

- 100F:任何空气过滤式全面罩呼吸器,配有 N100、R100 或 P100 过滤元件。指定防护因数=50。选择 N、R 或 P 过滤元件的信息见表 4。+
- ScbaF:任何携气式呼吸器,配全面罩。指定防护因数=50。
- SaF:任何供气式呼吸器,配全面罩。指定防护因数=50。

~250 mg/m³:

- SaF:Pd,Pp:任何压力需气式或正压供气式呼吸器,配全面罩。指定防护因数=2 000。

§:应急抢险,或准备进入浓度未知环境,或进入 IDLH 环境:

- ScbaF:Pd,Pp:任何压力需气式或正压携气式呼吸器,配全面罩。指定防护因数=10 000。
- SaF:Pd,Pp:AScba:任何压力需气式或正压供气式呼吸器,配全面罩,配压力需气式或正压携气式辅助呼吸器。指定防护因数=10 000。

逃生:

- 100F:任何空气过滤式全面罩呼吸器,配有 N100、R100 或 P100 过滤元件。指定防护因数=50。选择 N、R 或 P 过滤元件的信息见表 4。+
- ScbaE:任何适合逃生的携气式呼吸器。

+注:需要酸性气体吸附剂。

有关呼吸器选择的其他重要信息参见相关标准。

接触途径:呼吸道,胃肠道,皮肤和/或眼睛直接接触。

症状:眼睛、呼吸系统刺激;恶心,腹痛,腹泻;流涎,干渴,发汗;脊痛;皮炎;肋骨、骨盆韧带钙化。

靶器官:眼睛,皮肤,呼吸系统,中枢神经系统,骨骼,肾。

S

叠氮化钠(Sodium azide)

NaN_3

异名和商品名: Azide,Azium,sodium salt of hydrazoic acid

CAS No.:26628-22-8

RTECS No.:VY8050000

DOT ID 和指南号:1687 153

接触限值:NIOSH REL:C 0.1 ppm(按 HN_3 计)[皮]
C 0.3 mg/m³(按 NaN_3 计)[皮]
OSHA PEL †:无

IDLH:N.D.　　**浓度换算系数:**

理化性质:无色至白色无气味晶体。[农药][注:在水中形成叠氮酸(HN_3)。]

分子量:65.0　沸点:分解
熔点:527 ℉(分解)　溶解度(63 ℉):42%
蒸气压:未知　电离电位:11.70eV
比重:1.85　闪点:未知
爆炸上限:未知　爆炸下限:未知
可燃固体(若在 572 ℉以上加热)。
不相容性和反应性:酸,金属,水。[注:叠氮化钠与铜、铅、黄铜或焊料长时间反应可积聚成高爆炸性的叠氮化铅和叠氮化铜。]

测量方法:OSHA ID121,ID211

个人防护和卫生设施:

- 皮肤:穿戴合适的个人防护服,防止皮肤直接接触。
- 眼睛:佩戴合适的眼部防护用品,防止眼睛直接接触。
- 清洗皮肤:当皮肤受到污染时,应立即清洗污染的皮肤。
- 脱除:如果工作服被弄湿或受到了明显的污染,应该立即脱除并妥善处置。
- 更换:在离开工作场所前应当将可能受到污染的工作服更换成无污染的衣服。
- 配备:在劳动者可能接触该化学物质的作业场所,无论是否需要使用眼部防护用品,都应配备眼冲洗设备。在紧靠有可能接触该化学物质的工作场所,应配备快速冲淋身体的设备以应急使用。[注:这些设备应能够提供足量水或流动水,以将可能接触的身体任何部位上的该化学物质除去。实际配备适宜的快速冲淋设备取决于工作场所的具体条件。在某些情况下,必须及时进行大流量淋浴,而其他情况下只需要用一个水槽或软管供水就足够了。]

急救:

- 眼睛:如眼睛直接接触了该化学物质,要立即用大量水冲洗(灌洗)眼睛,冲洗时,不时翻开上下眼睑,并立即就医。
- 皮肤:如果该化学物质直接接触皮肤,立即用水冲洗污染的皮肤。如果该化学物质渗透进衣服,要迅速将衣服脱除,用水冲洗污染的皮肤,并迅速就医。
- 呼吸:如果接触者吸入大量该化学物质,立即将接触者移至新鲜空气处。如果呼吸停止,要进行人工呼吸,注意保暖和休息。尽快就医。
- 吞入:如果吞入该化学物质,应立即就医。

对呼吸器选择的建议:无。
有关呼吸器选择的其他重要信息参见相关标准。

接触途径:呼吸道,皮肤吸收,胃肠道,皮肤和/或眼睛直接接触。

症状:眼睛、皮肤刺激;头痛,头晕,乏力,视物模糊;低血压,心搏徐缓;肾改变。

靶器官:眼睛,皮肤,中枢神经系统,心血管系统,肾。

S

亚硫酸氢钠(Sodium bisulfite)

$NaHSO_3$

CAS No.:7631-90-5
RTECS No.:VZ2000000
DOT ID 和指南号:2693 154(溶液)

异名和商品名: Monosodium salt of sulfurous acid, sodium acid bisulfite, sodium bisulphite, sodium hydrogen sulfite

接触限值:NIOSH REL:TWA 5 mg/m^3
OSHA PEL †:无

IDLH:N. D.　**浓度换算系数:**

理化性质:白色结晶或粉末,具有淡淡的二氧化硫的气味。

分子量:104.1　沸点:分解
熔点:分解　溶解度:29%
蒸气压:未知　电离电位:不适用

比　　重:1.48　　闪　　点:不适用
爆炸上限:不适用　　爆炸下限:不适用
不可燃固体。
不相容性和反应性:热(分解)。[注:在空气中缓慢氧化成硫酸盐。]

测量方法:NIOSH 0500

个人防护和卫生设施:

- 皮肤:对于个体皮肤防护装备的需要没有特殊建议。
- 眼睛:对眼部防护的需要没有特殊建议。
- 清洗皮肤:对于清洗皮肤上的污染物没有其他特殊的建议(包括立即清洗和班后清洗)。
- 脱除:对于脱除被污染或被弄湿的工作服的需要没有特殊建议。
- 更换:对于班后的衣服的更换需要没有特殊建议。

急救:

- 眼睛:如眼睛直接接触了该化学物质,要立即用大量水冲洗(灌洗)眼睛,冲洗时,不时翻开上下眼睑,并立即就医。
- 呼吸:如果接触者吸入大量该化学物质,立即将接触者移至新鲜空气处。通常不需要采取其他措施。
- 吞入:如果吞入该化学物质,应立即就医。

对呼吸器选择的建议:无。
有关呼吸器选择的其他重要信息参见相关标准。

接触途径:呼吸道,胃肠道,皮肤和/或眼睛直接接触。

症状:眼睛、皮肤、黏膜刺激。

靶器官:眼睛,皮肤,呼吸系统。

S

氰化钠(按氰计)[Sodium cyanide (as CN)]
NaCN
异名和商品名:氢氰酸钠,Sodium salt of hydrocyanic acid

CAS No.:143-33-9
RTECS No.:VZ7525000
DOT ID 和指南号:1689 157(固体);3414 157(溶液)

接触限值:NIOSH REL*:C 5 mg/m³(4.7 ppm)[10min][*注:REL 也适用于除氰化氢外的其他氰化物。]
OSHA PEL*:TWA 5 mg/m³[*注:PEL 也适用于除氰化氢外的其他氰化物。]

IDLH:25 mg/m³(按氰计)　　**浓度换算系数:**

理化性质:白色颗粒状或晶状固体,具有淡淡的苦杏仁气味。

分 子 量:49.0　　沸　　点:2 725 ℉
熔　　点:1 047 ℉　　溶解度(77 ℉):58%
蒸 气 压:0 mmHg(约)　　电离电位:不适用
比　　重:1.60　　闪　　点:不适用
爆炸上限:不适用　　爆炸下限:不适用
不可燃固体,但遇酸释放高度易燃的氰化氢。
不相容性和反应性:强氧化剂(如酸,酸性盐,氯酸盐和硝酸盐)。[注:从空气中吸收湿气形成浆状物。]

测量方法:NIOSH 6010,7904

个人防护和卫生设施:

- 皮肤:穿戴合适的个人防护服,防止皮肤直接接触。
- 眼睛:佩戴合适的眼部防护用品,防止眼睛直接接触。
- 清洗皮肤:当皮肤受到污染时,应立即清洗污染的皮肤。
- 脱除:如果工作服被弄湿或受到了明显的污染,应该立即脱除并妥善处置。
- 更换:在离开工作场所前应当将可能受到污染的工作服更换成无污染的衣服。
- 配备:在劳动者可能接触该化学物质的作业场所,无论是否需要使用眼部防护用品,都应配备眼冲洗设备。在紧靠有可能接触该化学物质的工作场所,应配备快速冲淋身体的设备以应急使用。[注:这些设备应能够提供足量水或流动水,以将可能接触的身体任何部位

上的化学物质除去。实际配备适宜的快速冲淋设备取决于工作场所的具体条件。在某些情况下,必须及时进行大流量淋浴,而其他情况下只需要用一个水槽或软管供水就足够了。]

急救:

- 眼睛:如眼睛直接接触了该化学物质,要立即用大量水冲洗(灌洗)眼睛,冲洗时,不时翻开上下眼睑,并立即就医。
- 皮肤:如果该化学物质直接接触皮肤,立即用肥皂和水冲洗污染的皮肤。若该化学物质渗透进衣服,要立即将衣服脱除,用肥皂和水清洗皮肤,并迅速就医。
- 呼吸:如果接触者吸入大量该化学物质,立即将接触者移至新鲜空气处。如果呼吸停止,要进行人工呼吸,注意保暖和休息。尽快就医。
- 吞入:如果吞入该化学物质,应立即就医。

对呼吸器选择的建议:NIOSH/OSHA

~25 mg/m^3:

- Sa:任何供气式呼吸器。指定防护因数=10。
- ScbaF:任何携气式呼吸器,配全面罩。指定防护因数=50。

§:应急抢险,或准备进入浓度未知环境,或进入IDLH环境:

- ScbaF:Pd,Pp:任何压力需气式或正压携气式呼吸器,配全面罩。指定防护因数=10 000。
- SaF:Pd,Pp:AScba:任何压力需气式或正压供气式呼吸器,配全面罩,配压力需气式或正压携气式辅助呼吸器。指定防护因数=10 000。

逃生:

- GmFS100:任何空气过滤式全面罩呼吸器(防毒面具),配下颌式、前置式或背置式防该化学物质的滤毒罐和N100、R100或P100的综合防护过滤元件。指定防护因数=50。选择N、R或P过滤元件的信息见表4。
- ScbaE:任何适合逃生的携气式呼吸器。

有关呼吸器选择的其他重要信息参见相关标准。

接触途径:呼吸道,皮肤吸收,胃肠道,皮肤和/或眼睛直接接触。

症状:眼睛、皮肤刺激;晕厥;乏力,头痛,意识模糊;恶心,呕吐;呼吸加速;缓慢喘息;甲状腺、血液改变。

靶器官:眼睛,皮肤,心血管系统,中枢神经系统,甲状腺,血液。

氟化钠(按氟计)[Sodium fluoride (as F)]

NaF

异名和商品名: Floridine,Sodium monofluoride

CAS No.:7681-49-4

RTECS No.:WB0350000

DOT ID和指南号:1690 154

接触限值:NIOSH REL*:TWA 2.5 mg/m^3[*注:REL也适用于其他有机的固态氟化物(按氟计)。]

OSHA PEL*:TWA 2.5 mg/m^3[*注:PEL也适用于其他有机的固态氟化物(按氟计)。]

IDLH:250 mg/m^3(按氟计)　**浓度换算系数:**

理化性质:无气味,白色粉末或无色结晶。[注:农药级经常染蓝色。]

分子量:42.0　沸点:3 099 ℉

熔点:1 819 ℉　溶解度:4%

蒸气压:0 mmHg(约)　电离电位:不适用

比重:2.78　闪点:不适用

爆炸上限:不适用　爆炸下限:不适用

不可燃固体。

不相容性和反应性:强氧化剂。

测量方法:NIOSH 7902,7906;OSHA ID110

个人防护和卫生设施:

- 皮肤:穿戴合适的个人防护服,防止皮肤直接接触。
- 眼睛:佩戴合适的眼部防护用品,防止眼睛直接接触。

- 清洗皮肤：当皮肤受到污染时，应立即清洗污染的皮肤。
- 脱除：如果工作服被弄湿或受到了明显的污染，应该立即脱除并妥善处置。
- 更换：在离开工作场所前应当将可能受到污染的工作服更换成无污染的衣服。

急救：

- 眼睛：如眼睛直接接触了该化学物质，要立即用大量水冲洗（灌洗）眼睛，冲洗时，不时翻开上下眼睑，并立即就医。
- 皮肤：如果该化学物质直接接触皮肤，迅速用肥皂和水冲洗污染的皮肤。若该化学物质渗透进衣服，要迅速将衣服脱除，用肥皂和水清洗皮肤，并迅速就医。
- 呼吸：如果接触者吸入大量该化学物质，立即将接触者移至新鲜空气处。通常不需要采取其他措施。
- 吞入：如果吞入该化学物质，应立即就医。

对呼吸器选择的建议：NIOSH/OSHA

～12.5 mg/m^3：

- Qm：任何四分之一面罩呼吸器，选择 N、R 或 P 过滤元件的信息见表 4。指定防护因数＝5。

～25 mg/m^3：

- 95XQ：任何除四分之一面罩之外的防颗粒物呼吸器，配有 N95、R95 或 P95 过滤元件（包括 N95、R95 或 P95 随弃式面罩）。也可使用以下过滤元件：N99、R99、P99、N100、R100、P100。指定防护因数＝10。选择 N、R 或 P 过滤元件的信息见表 4。*
- Sa：任何供气式呼吸器。指定防护因数＝10。*

～62.5 mg/m^3：

- Sa：Cf：任何连续供气式呼吸器。指定防护因数＝25。*
- PaprHie：任何动力送风空气过滤式呼吸器，配有高效颗粒物过滤元件。指定防护因数＝25。* ＋

～125 mg/m^3：

- 100F：任何空气过滤式全面罩呼吸器，配有 N100、R100 或 P100 过滤元件。指定防护因数＝50。选择 N、R 或 P 过滤元件的信息见表 4。＋
- ScbaF：任何携气式呼吸器，配全面罩。指定防护因数＝50。
- SaF：任何供气式呼吸器，配全面罩。指定防护因数＝50。

～250 mg/m^3：

- SaF：Pd，Pp：任何压力需气式或正压供气式呼吸器，配全面罩。指定防护因数＝2 000。

§：应急抢险，或准备进入浓度未知环境，或进入 IDLH 环境：

- ScbaF：Pd，Pp：任何压力需气式或正压携气式呼吸器，配全面罩。指定防护因数＝10 000。
- SaF：Pd，Pp：AScba：任何压力需气式或正压供气式呼吸器，配全面罩，配压力需气式或正压携气式辅助呼吸器。指定防护因数＝10 000。

逃生：

- 100F：任何空气过滤式全面罩呼吸器，配有 N100、R100 或 P100 过滤元件。指定防护因数＝50。选择 N、R 或 P 过滤元件的信息见表 4。＋
- ScbaE：任何适合逃生的携气式呼吸器。

＋注：需要酸性气体吸附剂。

有关呼吸器选择的其他重要信息参见相关标准。

接触途径：呼吸道，胃肠道，皮肤和/或眼睛直接接触。

症状：眼睛、呼吸系统刺激；恶心，腹痛，腹泻；流涎，干渴，发汗；脊痛；皮炎；肋骨、骨盆韧带钙化。

靶器官：眼睛，皮肤，呼吸系统，中枢神经系统，骨骼，肾。

氟乙酸钠(Sodium fluoroacetate)　　CAS No.:62-74-8

FCH_2COONa　　RTECS No.:AH9100000

异名和商品名:氟乙酸钠,SFA,Sodium monofluoroacetate　　DOT ID 和指南号:2629 151

接触限值:NIOSH REL:TWA 0.05 mg/m³

ST 0.15 mg/m³[皮]

OSHA PEL †:TWA 0.05 mg/m³[皮]

IDLH: 2.5 mg/m³　　**浓度换算系数:**

理化性质:绒毛状无色至白色(有时染有黑色)无气味粉末。[注:95 ℉以上为液体。][灭鼠剂]

分子量:100.0　　沸点:分解

熔点:392 ℉　　溶解度:与水互溶

蒸气压:低　　电离电位:未知

比重:未知　　闪点:不适用

爆炸上限:不适用　　爆炸下限:不适用

不可燃固体。

不相容性和反应性:未见报道。

测量方法:NIOSH S301(Ⅱ-5)

个人防护和卫生设施:

- 皮肤:穿戴合适的个人防护服,防止皮肤直接接触。
- 眼睛:佩戴合适的眼部防护用品,防止眼睛直接接触。
- 清洗皮肤:当皮肤受到污染时,应立即清洗污染的皮肤。
- 脱除:如果工作服被弄湿或受到了明显的污染,应该立即脱除并妥善处置。
- 更换:在离开工作场所前应当将可能受到污染的工作服更换成无污染的衣服。
- 配备:在紧靠有可能接触该化学物质的工作场所,应配备快速冲淋身体的设备以应急使用。[注:这些设备应能够提供足量水或流动水,以将可能接触的身体任何部位上的该化学物质除去。实际配备适宜的快速冲淋设备取决于工作场所的具体条件。在某些情况下,必须及时进行大流量淋浴,而其他情况下只需要用一个水槽或软管供水就足够了。]

急救:

- 眼睛:如眼睛直接接触了该化学物质,要立即用大量水冲洗(灌洗)眼睛,冲洗时,不时翻开上下眼睑,并立即就医。
- 皮肤:如果该化学物质直接接触皮肤,立即用水冲洗污染的皮肤。如果该化学物质渗透进衣服,要迅速将衣服脱除,用水冲洗污染的皮肤,并迅速就医。
- 呼吸:如果接触者吸入大量该化学物质,立即将接触者移至新鲜空气处。如果呼吸停止,要进行人工呼吸,注意保暖和休息。尽快就医。
- 吞入:如果吞入该化学物质,应立即就医。

对呼吸器选择的建议:NIOSH/OSHA

~0.25 mg/m³:

- Qm:任何四分之一面罩呼吸器,选择 N、R 或 P 过滤元件的信息见表 4。指定防护因数=5。

~0.5 mg/m³:

- 95XQ:任何除四分之一面罩之外的防颗粒物呼吸器,配有 N95、R95 或 P95 过滤元件(包括 N95、R95 或 P95 随弃式面罩)。也可使用以下过滤元件:N99、R99、P99、N100、R100、P100。指定防护因数=10。选择 N、R 或 P 过滤元件的信息见表 4。
- Sa:任何供气式呼吸器。指定防护因数=10。

~1.25 mg/m³:

- Sa:Cf:任何连续供气式呼吸器。指定防护因数=25。
- PaprHie:任何动力送风空气过滤式呼吸器,配有高效颗粒物过滤元件。指定防护因数=25。

~2.5 mg/m³:

- 100F:任何空气过滤式全面罩呼吸器,配有 N100、R100 或 P100 过滤元件。指定防护因数=50。选择 N、R 或 P 过滤元件的信息见表 4。

S

- SaT：Cf：任何连续供气式呼吸器，配密合型面罩。指定防护因数=50。
- PaprTHie：任何动力送风空气过滤式呼吸器，配密合型面罩和高效颗粒物过滤元件。指定防护因数=50。
- ScbaF：任何携气式呼吸器，配全面罩。指定防护因数=50。
- SaF：任何供气式呼吸器，配全面罩。指定防护因数=50。

§：应急抢险，或准备进入浓度未知环境，或进入 IDLH 环境：

- ScbaF：Pd，Pp：任何压力需气式或正压携气式呼吸器，配全面罩。指定防护因数=10 000。
- SaF：Pd，Pp：AScba：任何压力需气式或正压供气式呼吸器，配全面罩，配压力需气式或正压携气式辅助呼吸器。指定防护因数=10 000。

逃生：

- 100F：任何空气过滤式全面罩呼吸器，配有 N100、R100 或 P100 过滤元件。指定防护因数=50。选择 N、R 或 P 过滤元件的信息见表 4。
- ScbaE：任何适合逃生的携气式呼吸器。

有关呼吸器选择的其他重要信息参见相关标准。

接触途径：呼吸道，皮肤吸收，胃肠道，皮肤和/或眼睛直接接触。

症状：恶心；焦虑，幻听；听觉异常；面部肌肉颤搐；交替脉，异位心脏搏动，心动过速，心律失常；肺水肿；眼球震颤；抽搐；肝、肾损害。

靶器官：呼吸系统，心血管系统，肝，肾，中枢神经系统。

S

氢氧化钠（Sodium hydroxide）

NaOH

异名和商品名：烧碱，苛性碱，Caustic soda，Lye，Soda lye，Sodium hydrate

CAS No.：1310-73-2

RTECS No.：WB4900000

DOT ID 和指南号：1823 154（干，固体）；1824 154（溶液）

接触限值：NIOSH REL：C 2 mg/m³

OSHA PEL †：TWA 2 mg/m³

IDLH：10 mg/m³　　**浓度换算系数：**

理化性质：无色至白色无气味固体（片状、珠状、颗粒状）。

分子量：40.0	沸点：2 534 ℉
熔点：605 ℉	溶解度：111%
蒸气压：0 mmHg（约）	电离电位：不适用
比重：2.13	闪点：不适用
爆炸上限：不适用	爆炸下限：不适用

不可燃固体，但是遇水可产生足够热点燃可燃物质。

不相容性和反应性：水，酸，可燃液体，有机卤素，金属（如铝、锡和锌），硝基甲烷。[注：对金属具有腐蚀性。]

测量方法：NIOSH 7401

个人防护和卫生设施：

- 皮肤：穿戴合适的个人防护服，防止皮肤直接接触。
- 眼睛：佩戴合适的眼部防护用品，防止眼睛直接接触。
- 清洗皮肤：当皮肤受到污染时，应立即清洗污染的皮肤。
- 脱除：如果工作服被弄湿或受到了明显的污染，应该立即脱除并妥善处置。
- 更换：在离开工作场所前应当将可能受到污染的工作服更换成无污染的衣服。
- 配备：在劳动者可能接触该化学物质的作业场所，无论是否需要使用眼部防护用品，都应配备眼冲洗设备。在紧靠有可能接触该化学物质的工作场所，应配备快速冲淋身体的设备以应急使用。[注：这些设备应能够提供足量水或流动水，以将可能接触的身体任何部位上的该化学物质除去。实际配备适宜的快速冲淋设备取决于工作场所的具体条件。在某些情况下,必须及时进行大流量淋浴,而其他情况下只需要用一个水槽或软管供水就足够了。]

急救:

- 眼睛:如眼睛直接接触了该化学物质,要立即用大量水冲洗(灌洗)眼睛,冲洗时,不时翻开上下眼睑,并立即就医。
- 皮肤:如果该化学物质直接接触皮肤,立即用水冲洗污染的皮肤。如果该化学物质渗透进衣服,要迅速将衣服脱除,用水冲洗污染的皮肤,并迅速就医。
- 呼吸:如果接触者吸入大量该化学物质,立即将接触者移至新鲜空气处。如果呼吸停止,要进行人工呼吸,注意保暖和休息。尽快就医。
- 吞入:如果吞入该化学物质,应立即就医。

对呼吸器选择的建议:NIOSH/OSHA

~10 mg/m³:

- Sa:Cf:任何连续供气式呼吸器。指定防护因数=25。£
- 100F:任何空气过滤式全面罩呼吸器,配有 N100、R100 或 P100 过滤元件。指定防护因数=50。选择 N、R 或 P 过滤元件的信息见表 4。
- PaprHie:任何动力送风空气过滤式呼吸器,配有高效颗粒物过滤元件。指定防护因数=25。£
- ScbaF:任何携气式呼吸器,配全面罩。指定防护因数=50。
- SaF:任何供气式呼吸器,配全面罩。指定防护因数=50。

§:应急抢险,或准备进入浓度未知环境,或进入 IDLH 环境:

- ScbaF:Pd,Pp:任何压力需气式或正压携气式呼吸器,配全面罩。指定防护因数=10 000。
- SaF:Pd,Pp:AScba:任何压力需气式或正压供气式呼吸器,配全面罩,配压力需气式或正压携气式辅助呼吸器。指定防护因数=10 000。

逃生:

- 100F:任何空气过滤式全面罩呼吸器,配有 N100、R100 或 P100 过滤元件。指定防护因数=50。选择 N、R 或 P 过滤元件的信息见表 4。
- ScbaE:任何适合逃生的携气式呼吸器。

有关呼吸器选择的其他重要信息参见相关标准。

接触途径:呼吸道,胃肠道,皮肤和/或眼睛直接接触。

症状:眼睛、皮肤、黏膜刺激;肺炎;眼睛、皮肤灼伤;头发暂时性脱落。

靶器官:眼睛,皮肤,呼吸系统。

焦亚硫酸钠(Sodium metabisulfite)

$Na_2S_2O_5$

异名和商品名: Disodium pyrosulfite,Sodium metabisulphite,Sodium pyrosulfite

CAS No.:7681-57-4

RTECS No.:UX8225000

DOT ID 和指南号:

接触限值:NIOSH REL:TWA 5 mg/m³

OSHA PEL †:无

IDLH:N.D.　　**浓度换算系数:**

理化性质:白色至淡黄色结晶或粉末,具有二氧化硫气味。

分子量:190.1	沸点:分解	比重:1.4	闪点:不适用
熔点:>302 ℉(分解)	溶解度:54%	爆炸上限:不适用	爆炸下限:不适用
蒸气压:未知	电离电位:不适用		

不可燃固体。

不相容性和反应性:热(分解)。[注:遇空气和湿气缓慢氧化成硫酸盐。]

测量方法:NIOSH 0500

洗(灌洗)眼睛,冲洗时,不时翻开上下眼睑,并立即就医。

个人防护和卫生设施:

- 皮肤:对于个体皮肤防护装备的需要没有特殊建议。
- 眼睛:对眼部防护的需要没有特殊建议。
- 清洗皮肤:对于清洗皮肤上的污染物没有其他特殊的建议(包括立即清洗和班后清洗)。
- 脱除:对于脱除被污染或被弄湿的工作服的需要没有特殊建议。
- 更换:对于班后的衣服的更换需要没有特殊建议。

急救:

- 眼睛:如眼睛直接接触了该化学物质,要立即用大量水冲洗(灌洗)眼睛,冲洗时,不时翻开上下眼睑,并立即就医。
- 呼吸:如果接触者吸入大量该化学物质,立即将接触者移至新鲜空气处。通常不需要采取其他措施。
- 吞入:如果吞入该化学物质,应立即就医。

对呼吸器选择的建议:无。

有关呼吸器选择的其他重要信息参见相关标准。

接触途径:呼吸道,胃肠道,皮肤和/或眼睛直接接触。

症状:眼睛、皮肤、黏膜刺激。

靶器官:眼睛,皮肤,呼吸系统。

淀粉(Starch)

$(C_6H_{10}O_5)n$

CAS No.:9005-25-8

RTECS No.:GM5090000

DOT ID 和指南号:

异名和商品名:玉米淀粉,大米淀粉,高粱胶,α-淀粉,淀粉胶,木薯淀粉,Corn starch,Rice starch,Sorghum gum,α-Starch,Starch gum,Tapioca starch

接触限值:NIOSH REL:TWA 10 mg/m^3(总颗粒物)
TWA 5 mg/m^3(呼吸性颗粒物)
OSHA PEL:TWA 15 mg/m^3(总颗粒物)
TWA 5 mg/m^3(呼吸性颗粒物)

IDLH:N. D.　　**浓度换算系数:**

理化性质:白色无气味粉末。[注:由 25%的直链淀粉和 75%的支链淀粉组成的碳水化合物聚合体。]

分子量:不同	沸点:分解
熔点:分解	溶解度:不溶
蒸气压:0 mmHg(约)	电离电位:不适用
比重:1.45	闪点:不适用
爆炸上限:不适用	爆炸下限:不适用

最低爆炸浓度:50 g/m^3

不可燃固体,但与空气形成爆炸性混合物。

不相容性和反应性:氧化剂,酸,碘,碱。

测量方法:NIOSH 0500,0600

个人防护和卫生设施:

- 皮肤:穿戴合适的个人防护服,防止皮肤直接接触。
- 眼睛:佩戴合适的眼部防护用品,防止眼睛直接接触。
- 清洗皮肤:每天工作班结束后,进食、吸烟、喝水前都应该清洗可能受到污染的皮肤。
- 脱除:如果工作服被弄湿或受到了明显的污染,应该立即脱除并妥善处置。
- 更换:在离开工作场所前应当将可能受到污染的工作服更换成无污染的衣服。

急救:

- 眼睛:如眼睛直接接触了该化学物质,要立即用大量水冲洗(灌洗)眼睛,冲洗时,不时翻开上下眼睑,并立即就医。
- 皮肤:如果该化学物质直接接触皮肤,用肥皂和水冲洗污染的皮肤。
- 呼吸:如果接触者吸入大量该化学物质,立即将接触者移至新鲜空气处。通常不需要采取其他措施。
- 吞入:如果吞入该化学物质,应立即就医。

对呼吸器选择的建议:无。

有关呼吸器选择的其他重要信息参见相关标准。

接触途径:呼吸道,胃肠道,皮肤和/或眼睛直接接触。

症状:眼睛、皮肤、黏膜刺激;咳嗽,胸痛;皮炎;流涕。

靶器官:眼睛,皮肤,呼吸系统。

锑化氢(Stibine)

SbH_3

异名和商品名:锑化三氢,Antimony hydride,Antimony trihydride,Hydrogen antimonide

CAS No.:7803-52-3

RTECS No.:WJ0700000

DOT ID 和指南号:2676 119

接触限值:NIOSH REL:TWA 0.1 ppm(0.5 mg/m^3)

OSHA PEL:TWA 0.1 ppm(0.5 mg/m^3)

IDLH: 5 ppm　**浓度换算系数:**1 ppm=5.10 mg/m^3

理化性质:无色气体,具有难闻的类似硫化氢的气味。

分 子 量:124.8　沸 点:-1 ℉

凝 固 点:-126 ℉　溶 解 度:微溶

蒸 气 压:>1 大气压　电离电位:9.51 eV

相对密度:4.31　闪 点:不适用(气体)

爆炸上限:未知　爆炸下限:未知

易燃气体。

不相容性和反应性:酸,卤代烃,氧化剂,湿气,氯,臭氧,氨。

测量方法:NIOSH 6008

个人防护和卫生设施:

- 皮肤:对于个体皮肤防护装备的需要没有特殊建议。
- 眼睛:对眼部防护的需要没有特殊建议。
- 清洗皮肤:对于清洗皮肤上的污染物没有其他特殊的建议(包括立即清洗和班后清洗)。
- 脱除:对于脱除被污染或被弄湿的工作服的需要没有特殊建议。
- 更换:对于班后的衣服的更换需要没有特殊建议。

急救:

- 呼吸:如果接触者吸入大量该化学物质,立即将接触者移至新鲜空气处。如果呼吸停止,要进行人工呼吸,注意保暖和休息。尽快就医。

对呼吸器选择的建议:NIOSH/OSHA

~1 ppm:

- Sa:任何供气式呼吸器。指定防护因数=10。

~2.5 ppm:

- Sa:Cf:任何连续供气式呼吸器。指定防护因数=25。

~5 ppm:

- SaT:Cf:任何连续供气式呼吸器,配密合型面罩。指定防护因数=50。
- ScbaF:任何携气式呼吸器,配全面罩。指定防护因数=50。
- SaF:任何供气式呼吸器,配全面罩。指定防护因数=50。

§:应急抢险,或准备进入浓度未知环境,或进入 IDLH 环境:

- ScbaF:Pd,Pp:任何压力需气式或正压携气式呼吸器,配全面罩。指定防护因数=10 000。
- SaF:Pd,Pp:AScba:任何压力需气式或正压供气式呼吸器,配全面罩,配压力需气式或正压携气式辅助呼吸器。指定防护因数=10 000。

逃生:

- GmFS:任何空气过滤式全面罩呼吸器(防毒面具),配下颌式、前置式或背置式防该化学物质的滤毒罐。指定防护因数=50。
- ScbaE:任何适合逃生的携气式呼吸器。

有关呼吸器选择的其他重要信息参见相关标准。

接触途径:呼吸道。

症状：头痛，乏力；恶心，腹痛，腰痛；血尿，溶血性贫血；黄疸；肺刺激。	靶器官：血液，肝，肾，呼吸系统。

史图达溶剂(Stoddard solvent)

异名和商品名：干洗溶剂，Dry cleaning safety solvent，Mineral spirits，Petroleum solvent，Spotting naphtha [注：精炼石油溶剂的闪点 102～110 ℉，沸点 309～396 ℉，C_{10}以上的烃 65%。]

CAS No.：8052-41-3

RTECS No.：WJ8925000

DOT ID 和指南号：1268 128（石油馏出液，未作说明）

接触限值：NIOSH REL：TWA 350 mg/m^3

C 1 800 mg/m^3[15min]

OSHA PEL †：TWA 500 ppm(2 900 mg/m^3)

IDLH：20 000 mg/m^3　　**浓度换算系数**：

理化性质：无色液体，具有煤油味。

分子量：不同	沸点：309～396 ℉
凝固点：未知	溶解度：不溶
蒸气压：未知	电离电位：未知
比重：0.78	闪点：102～110 ℉
爆炸上限：未知	爆炸下限：未知

Ⅱ类可燃液体——闪点等于或高于 100 ℉且低于 140 ℉。

不相容性和反应性：强氧化剂。

测量方法：NIOSH 1550

个人防护和卫生设施：

- 皮肤：穿戴合适的个人防护服，防止皮肤直接接触。
- 眼睛：佩戴合适的眼部防护用品，防止眼睛直接接触。
- 清洗皮肤：当皮肤受到污染时，应立即清洗污染的皮肤。
- 脱除：如果工作服被弄湿或受到了明显的污染，应该立即脱除并妥善处置。
- 更换：对于班后的衣服的更换需要没有特殊建议。

急救：

- 眼睛：如眼睛直接接触了该化学物质，要立即用大量水冲洗(灌洗)眼睛，冲洗时，不时翻开上下眼睑，并立即就医。
- 皮肤：如果该化学物质直接接触皮肤，迅速用肥皂和水冲洗污染的皮肤。若该化学物质渗透进衣服，要迅速将衣服脱除，用肥皂和水清洗皮肤，并迅速就医。
- 呼吸：如果接触者吸入大量该化学物质，立即将接触者移至新鲜空气处。如果呼吸停止，要进行人工呼吸，注意保暖和休息。尽快就医。
- 吞入：如果吞入该化学物质，应立即就医。

对呼吸器选择的建议：NIOSH

～3 500 mg/m^3：

- CcrOv：任何空气过滤式半面罩呼吸器，配防有机蒸气的滤毒盒。指定防护因数＝10。*
- Sa：任何供气式呼吸器。指定防护因数＝10。*

～8 750 mg/m^3：

- Sa：Cf：任何连续供气式呼吸器。指定防护因数＝25。*
- PaprOv：任何动力送风空气过滤式呼吸器，配有机蒸气滤毒盒。指定防护因数＝25。*

～17 500 mg/m^3：

- CcrFOv：任何空气过滤式全面罩呼吸器，配有机蒸气滤毒盒。指定防护因数＝50。
- GmFOv：任何空气过滤式全面罩呼吸器(防毒面具)，配下颌式、前置式或背置式有机蒸气滤毒罐。指定防护因数＝50。
- PaprTOv：任何动力送风空气过滤式呼吸器，配密合型面罩和有机蒸气滤毒盒。指定防护因数＝50。*
- ScbaF：任何携气式呼吸器，配全面罩。指定防护因数＝50。

- SaF:任何供气式呼吸器,配全面罩。指定防护因数=50。

~20 000 mg/m³:

- SaF:Pd,Pp:任何压力需气式或正压供气式呼吸器,配全面罩。指定防护因数=2 000。

§:应急抢险,或准备进入浓度未知环境,或进入 IDLH 环境:

- ScbaF:Pd,Pp:任何压力需气式或正压携气式呼吸器,配全面罩。指定防护因数=10 000。
- SaF:Pd,Pp:AScba:任何压力需气式或正压供气式呼吸器,配全面罩,配压力需气式或正压携气式辅助呼吸器。指定防护因数=10 000。

逃生:

- GmFOv:任何空气过滤式全面罩呼吸器(防毒面具),配下颌式、前置式或背置式有机蒸气滤毒罐。指定防护因数=50。
- ScbaE:任何适合逃生的携气式呼吸器。

有关呼吸器选择的其他重要信息参见相关标准。

接触途径:呼吸道,胃肠道,皮肤和/或眼睛直接接触。

症状:眼睛、鼻、咽喉刺激;头晕;皮炎;化学性肺炎(吸入液体);动物:肾损害。

靶器官:眼睛,皮肤,呼吸系统,中枢神经系统,肾。

S

士的宁(Strychnine)

$C_{21}H_{22}N_2O_2$

异名和商品名:番木鳖碱,Nuxvomica,Strynchnos

CAS No.:57-24-9

RTECS No.:WL2275000

DOT ID 和指南号:1692 151

接触限值:NIOSH REL:TWA 0.15 mg/m³

OSHA PEL:TWA 0.15 mg/m³

IDLH: 3 mg/m³ **浓度换算系数:**

理化性质:无色至白色无气味晶体。[农药]

分子量:334.4	沸点:分解
熔点:514 ℉	溶解度:0.02%
蒸气压:低	电离电位:未知
比重:1.36	闪点:未知
爆炸上限:未知	爆炸下限:未知

可燃固体,但点燃困难。

不相容性和反应性:强氧化剂。

测量方法:NIOSH 5016

个人防护和卫生设施:

- 皮肤:穿戴合适的个人防护服,防止皮肤直接接触。
- 眼睛:对眼部防护的需要没有特殊建议。
- 清洗皮肤:当皮肤受到污染时,应立即清洗污染的皮肤。
- 脱除:对于脱除被污染或被弄湿的工作服的需要没有特殊建议。
- 更换:在离开工作场所前应当将可能受到污染的工作服更换成无污染的衣服。

急救:

- 眼睛:如眼睛直接接触了该化学物质,要立即用大量水冲洗(灌洗)眼睛,冲洗时,不时翻开上下眼睑,并立即就医。
- 皮肤:如果该化学物质直接接触皮肤,迅速用肥皂和水冲洗污染的皮肤。若该化学物质渗透进衣服,要迅速将衣服脱除,用肥皂和水清洗皮肤,并迅速就医。
- 呼吸:如果接触者吸入大量该化学物质,立即将接触者移至新鲜空气处。如果呼吸停止,要进行人工呼吸,注意保暖和休息。尽快就医。
- 吞入:如果吞入该化学物质,应立即就医。

对呼吸器选择的建议:NIOSH/OSHA

~0.75 mg/m³:

- Qm:任何四分之一面罩呼吸器,选择 N、R 或 P 过滤元件的信息见表 4。指定防护因数=5。

~1.5 mg/m³:

- 95XQ：任何除四分之一面罩之外的防颗粒物呼吸器，配有 N95、R95 或 P95 过滤元件（包括 N95、R95 或 P95 随弃式面罩）。也可使用以下过滤元件：N99、R99、P99、N100、R100、P100。指定防护因数=10。选择 N、R 或 P 过滤元件的信息见表 4。
- Sa：任何供气式呼吸器。指定防护因数=10。

～3 mg/m^3：

- Sa：Cf：任何连续供气式呼吸器。指定防护因数=25。
- PaprHie：任何动力送风空气过滤式呼吸器，配有高效颗粒物过滤元件。指定防护因数=25。
- 100F：任何空气过滤式全面罩呼吸器，配有 N100、R100 或 P100 过滤元件。指定防护因数=50。选择 N、R 或 P 过滤元件的信息见表 4。
- ScbaF：任何携气式呼吸器，配全面罩。指定防护因数=50。
- SaF：任何供气式呼吸器，配全面罩。指定防护因数=50。

§：应急抢险，或准备进入浓度未知环境，或进入 IDLH 环境：

- ScbaF：Pd，Pp：任何压力需气式或正压携气式呼吸器，配全面罩。指定防护因数=10 000。
- SaF：Pd，Pp：AScba：任何压力需气式或正压供气式呼吸器，配全面罩，配压力需气式或正压携气式辅助呼吸器。指定防护因数=10 000。

逃生：

- 100F：任何空气过滤式全面罩呼吸器，配有 N100、R100 或 P100 过滤元件。指定防护因数=50。选择 N、R 或 P 过滤元件的信息见表 4。
- ScbaE：任何适合逃生的携气式呼吸器。

有关呼吸器选择的其他重要信息参见相关标准。

接触途径：呼吸道，胃肠道，皮肤和/或眼睛直接接触。

症状：颈、面部僵硬；焦虑不安，感觉敏感度增加；反射兴奋性增加；紫绀；强直性抽搐，角弓反张。

靶器官：中枢神经系统。

S

苯乙烯（Styrene）　　CAS No.：100-42-5

$C_6H_5CH=CH_2$　　RTECS No.：WL3675000

异名和商品名：乙烯基苯，Ethenyl benzene，Phenylethylene，Styrene monomer，Styrol，Vinyl benzene

DOT ID 和指南号：2055 128P（抗聚合）

接触限值：NIOSH REL：TWA 50 ppm（215 mg/m^3）
ST 100 ppm（425 mg/m^3）
OSHA PEL †：TWA 100 ppm
C 200 ppm 600 ppm（任何 3 h 内 5 min 最大峰值）

IDLH：700 ppm　**浓度换算系数：**1 ppm=4.26 mg/m^3

理化性质：无色至黄色油状液体，具有甜的似花的气味。

分子量：104.2	沸点：293 ℉
凝固点：−23 ℉	溶解度：0.03%

蒸气压：5 mmHg	电离电位：8.40 eV
比重：0.91	闪点：88 ℉
爆炸上限：6.8%	爆炸下限：0.9%

ⅠC 类易燃液体——闪点等于或高于 73 ℉且低于 100 ℉。

不相容性和反应性：氧化剂，乙烯聚合物的催化剂，过氧化物，强酸，氯化铝。［注：受热可聚合。通常包含抑制剂如叔丁基邻苯二酚。］

测量方法：NIOSH 1501，3800；OSHA 9，89

个人防护和卫生设施：

- 皮肤：穿戴合适的个人防护服，防止皮肤直接接触。
- 眼睛：佩戴合适的眼部防护用品，防止眼睛直接接触。
- 清洗皮肤：当皮肤受到污染时，应立即清洗污染的皮肤。
- 脱除：如果工作服被可燃性物质（即闪点低于 100 ℉的液体）浸湿，应当立即脱除并妥善处置，以防着火。
- 更换：对于班后的衣服的更换需要没有特殊建议。

急救：

- 眼睛：如眼睛直接接触了该化学物质，要立即用大量水冲洗（灌洗）眼睛，冲洗时，不时翻开上下眼睑，并立即就医。
- 皮肤：如果该化学物质直接接触皮肤，用水冲洗污染的皮肤。如存在皮肤刺激症状，应就医。
- 呼吸：如果接触者吸入大量该化学物质，立即将接触者移至新鲜空气处。如果呼吸停止，要进行人工呼吸，注意保暖和休息。尽快就医。
- 吞入：如果吞入该化学物质，应立即就医。

对呼吸器选择的建议：NIOSH

～500 ppm：

- CcrOv：任何空气过滤式半面罩呼吸器，配防有机蒸气的滤毒盒。指定防护因数＝10。*
- Sa：任何供气式呼吸器。指定防护因数＝10。*

～700 ppm：

- Sa：Cf：任何连续供气式呼吸器。指定防护因数＝25。*
- CcrFOv：任何空气过滤式全面罩呼吸器，配有机蒸气滤毒盒。指定防护因数＝50。
- GmFOv：任何空气过滤式全面罩呼吸器（防毒面具），配下颌式、前置式或背置式有机蒸气滤毒罐。指定防护因数＝50。
- PaprOv：任何动力送风空气过滤式呼吸器，配有机蒸气滤毒盒。指定防护因数＝25。*
- ScbaF：任何携气式呼吸器，配全面罩。指定防护因数＝50。
- SaF：任何供气式呼吸器，配全面罩。指定防护因数＝50。

§：应急抢险，或准备进入浓度未知环境，或进入 IDLH 环境：

- ScbaF：Pd，Pp：任何压力需气式或正压携气式呼吸器，配全面罩。指定防护因数＝10 000。
- SaF：Pd，Pp：AScba：任何压力需气式或正压供气式呼吸器，配全面罩，配压力需气式或正压携气式辅助呼吸器。指定防护因数＝10 000。

逃生：

- GmFOv：任何空气过滤式全面罩呼吸器（防毒面具），配下颌式、前置式或背置式有机蒸气滤毒罐。指定防护因数＝50。
- ScbaE：任何适合逃生的携气式呼吸器。

有关呼吸器选择的其他重要信息参见相关标准。

接触途径：呼吸道，皮肤吸收，胃肠道，皮肤和/或眼睛直接接触。

症状：眼睛、鼻、呼吸系统刺激；头痛，乏力，头晕，意识模糊，不适，嗜睡，步态不稳；昏迷；脱脂性皮炎，可能的肝损伤；生殖效应。

靶器官：眼睛，皮肤，呼吸系统，中枢神经系统，肝，生殖系统。

枯草杆菌蛋白酶(Subtilisins)

CAS No.:1395-21-7(BPN);
9014-01-1(Carlsberg)

RTECS No.:CO9450000(BPN);
CO9550000(Carlsberg)

DOT ID 和指南号:

异名和商品名: Bacillus subtilis,Bacillus subtilis BPN,Bacillus subtilis Carlsburg,Proteolytic enzymes,Subtilisin BPN,Subtilisin Carlsburg
[注:商用蛋白水解酶用作干洗店洗涤剂。]

接触限值:NIOSH REL:ST 0.000 06 mg/m^3[60min]
OSHA PEL †:无

IDLH:N.D. **浓度换算系数:**

理化性质:淡色的自由流体状粉末。[注:包含多种氨基酸的蛋白。]

分子量:28 000(约) 沸点:未知
熔点:未知 溶解度:未知
蒸气压:0 mmHg(约) 电离电位:不适用
比重:未知 闪点:不适用
爆炸上限:不适用 爆炸下限:不适用
不相容性和反应性:未见报道。

测量方法:无。

个人防护和卫生设施:
- 皮肤:穿戴合适的个人防护服,防止皮肤直接接触。
- 眼睛:佩戴合适的眼部防护用品,防止眼睛直接接触。
- 清洗皮肤:当皮肤受到污染时,应立即清洗污染的皮肤。
- 脱除:如果工作服被弄湿或受到了明显的污染,应该立即脱除并妥善处置。
- 更换:在离开工作场所前应当将可能受到污染的工作服更换成无污染的衣服。

急救:
- 眼睛:如眼睛直接接触了该化学物质,要立即用大量水冲洗(灌洗)眼睛,冲洗时,不时翻开上下眼睑,并立即就医。
- 皮肤:如果该化学物质直接接触皮肤,用肥皂和水冲洗污染的皮肤。
- 呼吸:如果接触者吸入大量该化学物质,立即将接触者移至新鲜空气处。如果呼吸停止,要进行人工呼吸,注意保暖和休息。尽快就医。
- 吞入:如果吞入该化学物质,应立即就医。

对呼吸器选择的建议:无。
有关呼吸器选择的其他重要信息参见相关标准。

接触途径:呼吸道,胃肠道,皮肤和/或眼睛直接接触。

症状:眼睛、皮肤、呼吸系统刺激;呼吸致敏(酶性哮喘);发汗,头痛,胸痛,流感样症状,咳嗽,气短,喘鸣。

靶器官:眼睛,皮肤,呼吸系统。

S

丁二腈(Succinonitrile)
$NCCH_2CH_2CN$

CAS No.:110-61-2

RTECS No.:WN3850000

DOT ID 和指南号:

异名和商品名:琥珀腈;1,2-二氰基乙烷;Butanedinitrile;1,2-Dicyanoethane;Dinile;Ethylene cyanide;Ethylene dicyanide;Succinic dinitrile

接触限值:NIOSH REL:TWA 6 ppm(20 mg/m^3)
OSHA PEL:无

IDLH：N. D.　　**浓度换算系数**：1 ppm＝3.28 mg/m^3

理化性质：无色无气味蜡样固体。［注：在体内形成氰化物。］

分子量：80.1　　沸点：509 ℉
熔点：134 ℉　　溶解度：13％
蒸气压(212 ℉)：2 mmHg　　电离电位：未知
比重：0.99　　闪点：270 ℉
爆炸上限：未知　　爆炸下限：未知
可燃固体。
不相容性和反应性：氧化剂。

S

测量方法：NIOSH Nitriles Crit. Doc.

个人防护和卫生设施：
- 皮肤：穿戴合适的个人防护服，防止皮肤直接接触。
- 眼睛：佩戴合适的眼部防护用品，防止眼睛直接接触。
- 清洗皮肤：当皮肤受到污染时，应立即清洗污染的皮肤。
- 脱除：如果工作服被弄湿或受到了明显的污染，应该立即脱除并妥善处置。
- 更换：在离开工作场所前应当将可能受到污染的工作服更换成无污染的衣服。
- 配备：在劳动者可能接触该化学物质的作业场所，无论是否需要使用眼部防护用品，都应配备眼冲洗设备。

急救：
- 眼睛：如眼睛直接接触了该化学物质，要立即用大量水冲洗(灌洗)眼睛，冲洗时，不时翻开上下眼睑，并立即就医。
- 皮肤：如果该化学物质直接接触皮肤，立即用水冲洗污染的皮肤。如果该化学物质渗透进衣服，立即将衣服脱除，用水冲洗皮肤。若清洗后出现症状，要立即就医。
- 呼吸：如果接触者吸入大量该化学物质，立即将接触者移至新鲜空气处。如果呼吸停止，要进行人工呼吸，注意保暖和休息。尽快就医。
- 吞入：如果吞入该化学物质，应立即就医。

对呼吸器选择的建议：NIOSH

～60 ppm：
- Sa：任何供气式呼吸器。指定防护因数＝10。

～150 ppm：
- Sa：Cf：任何连续供气式呼吸器。指定防护因数＝25。

～250 ppm：
- ScbaF：任何携气式呼吸器，配全面罩。指定防护因数＝50。
- SaF：任何供气式呼吸器，配全面罩。指定防护因数＝50。

§：应急抢险，或准备进入浓度未知环境，或进入 IDLH 环境：
- ScbaF：Pd，Pp：任何压力需气式或正压携气式呼吸器，配全面罩。指定防护因数＝10 000。
- SaF：Pd，Pp：AScba：任何压力需气式或正压供气式呼吸器，配全面罩，配压力需气式或正压携气式辅助呼吸器。指定防护因数＝10 000。

逃生：
- GmFOv：任何空气过滤式全面罩呼吸器(防毒面具)，配下颌式、前置式或背置式有机蒸气滤毒罐。指定防护因数＝50。
- ScbaE：任何适合逃生的携气式呼吸器。

有关呼吸器选择的其他重要信息参见相关标准。

接触途径：呼吸道，皮肤吸收，胃肠道，皮肤和/或眼睛直接接触。

症状：眼睛、皮肤、呼吸系统刺激；头痛，头晕，乏力，意识模糊，抽搐；视物模糊；呼吸困难；腹痛，恶心，呕吐。

靶器官：眼睛，皮肤，呼吸系统，中枢神经系统，心血管系统。

蔗糖(Sucrose)

$C_{12}H_{22}O_{11}$

CAS No.:57-50-1

RTECS No.:WN6500000

DOT ID 和指南号:

异名和商品名: Beet sugar,Cane sugar,Confectioner's sugar,Granulated sugar,Rock candy,Saccarose,Sugar,Table sugar

接触限值:NIOSH REL:TWA 10 mg/m³(总颗粒物)
TWA 5 mg/m³(呼吸性颗粒物)
OSHA PEL:TWA 15 mg/m³(总颗粒物)
TWA 5 mg/m³(呼吸性颗粒物)

IDLH:N.D.　**浓度换算系数:**

理化性质:白色无气味质硬结晶、块状或粉末。[注:加热时有特异的焦糖气味。]

分子量:342.3　沸点:分解
熔点:320～367 ℉(分解)　溶解度:200%
蒸气压:0 mmHg(约)　电离电位:不适用
比重:1.59　闪点:不适用
爆炸上限:不适用　爆炸下限:不适用
最低爆炸浓度:45g/m³
不可燃固体,但气溶胶细小粉尘可爆炸。
不相容性和反应性:氧化剂,硫酸,硝酸。

测量方法:NIOSH 0500,0600

个人防护和卫生设施:
- 皮肤:对于个体皮肤防护装备的需要没有特殊建议。
- 眼睛:对眼部防护的需要没有特殊建议。
- 清洗皮肤:对于清洗皮肤上的污染物没有其他特殊的建议(包括立即清洗和班后清洗)。
- 脱除:对于脱除被污染或被弄湿的工作服的需要没有特殊建议。
- 更换:对于班后的衣服的更换需要没有特殊建议。

急救:
- 眼睛:如眼睛直接接触了该化学物质,要立即用大量水冲洗(灌洗)眼睛,冲洗时,不时翻开上下眼睑,并立即就医。
- 呼吸:如果接触者吸入大量该化学物质,立即将接触者移至新鲜空气处。通常不需要采取其他措施。

对呼吸器选择的建议:无。
有关呼吸器选择的其他重要信息参见相关标准。

接触途径:呼吸道,皮肤和/或眼睛直接接触。

症状:眼睛、皮肤、上呼吸道刺激;咳嗽。

靶器官:眼睛,呼吸系统。

S

二氧化硫(Sulfur dioxide)

SO_2

CAS No.:7446-09-5

RTECS No.:WS4550000

DOT ID 和指南号:1079 125

异名和商品名:亚硫酸酐,Sulfurous acid anhydride,Sulfurous oxide,Sulfur oxide

接触限值:NIOSH REL:TWA 2 ppm(5 mg/m³)
ST 5 ppm(13 mg/m³)
OSHA PEL†:TWA 5 ppm(13 mg/m³)

IDLH:100 ppm　**浓度换算系数:**1 ppm=2.62 mg/m³

理化性质:无色气体,具有特异的强烈刺激性气味。[注:14 ℉以下为液体。以压缩液化气运输。]

分子量:64.1　沸点:14 ℉
凝固点:-104 ℉　溶解度:10%
蒸气压:3.2 大气压　电离电位:12.30 eV
相对密度:2.26　闪点:不适用

爆炸上限：不适用　　　　　爆炸下限：不适用

不易燃气体。

不相容性和反应性：粉末状碱金属（如钠和钾），水，氨，锌，铝，黄铜，铜。[注：与水反应生成亚硫酸（H_2SO_3）。]

测量方法：NIOSH 3800，6004；OSHA ID104，ID200

个人防护和卫生设施：

- 皮肤：压缩气体快速膨胀时可产生低温。泄漏和使用能快速膨胀的压缩气体，可产生冻伤危害。穿戴合适的个人防护服，防止皮肤冻伤。
- 眼睛：佩戴合适的眼部防护用品，防止眼睛直接接触液体后因低温引起灼伤或组织损伤。
- 清洗皮肤：对于清洗皮肤上的污染物没有其他特殊的建议（包括立即清洗和班后清洗）。
- 脱除：如果工作服被弄湿或受到了明显的污染，应该立即脱除并妥善处置。（液体）
- 更换：对于班后的衣服的更换需要没有特殊建议。
- 配备：在紧靠有可能接触极低温液体或迅速蒸发的液体的工作场所，应配备快速冲淋洗浴设备和/或眼冲洗设备，以应急使用。

急救：

- 眼睛：如果眼组织冻伤，要立即就医。如果眼组织没有冻伤，要立即用大量水彻底冲洗至少 15 min，并不时翻开上下眼睑。如果眼睛刺激、疼痛、肿胀、流泪和畏光持续存在，应尽快就医。
- 皮肤：如果发生冻伤，要立即就医，不要揉擦或用水冲洗冻伤部位；为防止组织进一步受损，不要试图将冻结的衣服从冻伤部位脱除。如未发生冻伤，立即用肥皂和水彻底清洗污染的皮肤。
- 呼吸：如果接触者吸入大量该化学物质，立即将接触者移至新鲜空气处。如果呼吸停止，要进行人工呼吸，注意保暖和休息。尽快就医。

对呼吸器选择的建议：NIOSH

～20 ppm：

- CcrS：任何空气过滤式半面罩呼吸器，配防该化学物质的滤毒盒。指定防护因数＝10。*
- Sa：任何供气式呼吸器。指定防护因数＝10。*

～50 ppm：

- Sa：Cf：任何连续供气式呼吸器。指定防护因数＝25。*
- PaprS：任何动力送风空气过滤式呼吸器，配有防该化学物质的滤毒盒。指定防护因数＝25。*

～100 ppm：

- CcrFS：任何空气过滤式全面罩呼吸器，配防该化学物质的滤毒盒。指定防护因数＝50。
- GmFS：任何空气过滤式全面罩呼吸器（防毒面具），配下颌式、前置式或背置式防该化学物质的滤毒罐。指定防护因数＝50。
- PaprTS：任何动力送风空气过滤式呼吸器，配密合型面罩和防该化学物质的滤毒盒。指定防护因数＝50。*
- SaT：Cf：任何连续供气式呼吸器，配密合型面罩。指定防护因数＝50。*
- ScbaF：任何携气式呼吸器，配全面罩。指定防护因数＝50。
- SaF：任何供气式呼吸器，配全面罩。指定防护因数＝50。

§：应急抢险，或准备进入浓度未知环境，或进入 IDLH 环境：

- ScbaF：Pd，Pp：任何压力需气式或正压携气式呼吸器，配全面罩。指定防护因数＝10 000。
- SaF：Pd，Pp：AScba：任何压力需气式或正压供气式呼吸器，配全面罩，配压力需气式或正压携气式辅助呼吸器。指定防护因数＝10 000。

逃生：

- GmFS：任何空气过滤式全面罩呼吸器（防毒面具），配下颌式、前置式或背置式防该化学物质的滤毒罐。指定防护因数＝50。
- ScbaE：任何适合逃生的携气式呼吸器。

有关呼吸器选择的其他重要信息参见相关标准。

接触途径:呼吸道,皮肤和/或眼睛直接接触。	收缩;液体:冻伤。
症状:眼睛、鼻、咽喉刺激;流涕;憋闷,咳嗽;支气管反射性	**靶器官**:眼睛,皮肤,呼吸系统。

六氟化硫(Sulfur hexafluoride)

SF_6

异名和商品名:Sulfur fluoride [注:可能含有高毒的五氟化硫杂质。]

CAS No.:2551-62-4

RTECS No.:WS4900000

DOT ID 和指南号:1080 126

接触限值:NIOSH REL:TWA 1 000 ppm(6 000 mg/m^3)

OSHA PEL:TWA 1 000 ppm(6 000 mg/m^3)

IDLH:N. D. **浓度换算系数**:1 ppm=5.98 mg/m^3

理化性质:无色无味气体。[注:以压缩液化气运输。冷却时直接凝结为固态。]

分子量:146.1	沸点:升华
凝固点:-83 ℉(升华)	溶解度(77 ℉):0.003%
蒸气压:21.5 大气压	电离电位:19.30 eV
相对密度:5.11	闪点:不适用
爆炸上限:不适用	爆炸下限:不适用

不易燃气体。

不相容性和反应性:乙硅烷。

测量方法:NIOSH 6602

个人防护和卫生设施:

- 皮肤:压缩气体快速膨胀时可产生低温。泄漏和使用能快速膨胀的压缩气体,可产生冻伤危害。穿戴合适的个人防护服,防止皮肤冻伤。
- 眼睛:佩戴合适的眼部防护用品,防止眼睛直接接触液体后因低温引起灼伤或组织损伤。
- 清洗皮肤:对于清洗皮肤上的污染物没有其他特殊的建议(包括立即清洗和班后清洗)。
- 脱除:对于脱除被污染或被弄湿的工作服的需要没有特殊建议。
- 更换:对于班后的衣服的更换需要没有特殊建议。
- 配备:在紧靠有可能接触极低温液体或迅速蒸发的液体的工作场所,应配备快速冲淋洗浴设备和/或眼冲洗设备,以应急使用。

急救:

- 眼睛:如果眼组织冻伤,要立即就医。如果眼组织没有冻伤,要立即用大量水彻底冲洗至少 15 min,并不时翻开上下眼睑。如果眼睛刺激、疼痛、肿胀、流泪和畏光持续存在,应尽快就医。
- 皮肤:如果发生冻伤,要立即就医,不要揉擦或用水冲洗冻伤部位;为防止组织进一步受损,不要试图将冻结的衣服从冻伤部位脱除。如未发生冻伤,立即用肥皂和水彻底清洗污染的皮肤。
- 呼吸:如果接触者吸入大量该化学物质,立即将接触者移至新鲜空气处。如果呼吸停止,要进行人工呼吸,注意保暖和休息。尽快就医。

对呼吸器选择的建议:无。

有关呼吸器选择的其他重要信息参见相关标准。

接触途径:呼吸道。

症状:晕厥;呼吸、脉搏加速;轻微的肌肉协调能力下降,沮丧;乏力,恶心,呕吐,抽搐;液体:冻伤。

靶器官:呼吸系统。

S

硫酸(Sulfuric acid)

H_2SO_4

异名和商品名: Battery acid, Hydrogen sulfate, Oil of vitriol, Sulfuric acid (aqueous)

CAS No.: 7664-93-9

RTECS No.: WS5600000

DOT ID 和指南号: 1830 137; 1831 137(发烟); 1832 137(spent)

接触限值: NIOSH REL: TWA 1 mg/m^3
OSHA PEL: TWA 1 mg/m^3

IDLH: 15 mg/m^3　　**浓度换算系数:**

理化性质: 无色至暗棕色无气味油状液体。[注:纯化合物在 51 ℉以下为固体。常用水溶液。]

分子量:98.1	沸点:554 ℉
凝固点:51 ℉	溶解度:与水互溶
蒸气压:0.001 mmHg	电离电位:未知
比重:1.84(96~98%酸)	闪点:不适用
爆炸上限:不适用	爆炸下限:不适用

不可燃液体,但能点燃粉状可燃物。

不相容性和反应性:有机物,氯酸盐,碳化物,雷汞,水,金属粉。[注:与水剧烈反应放热。对金属具有腐蚀性。]

测量方法: NIOSH 7903; OSHA ID113, ID165SG

个人防护和卫生设施:

- 皮肤:穿戴合适的个人防护服,防止皮肤直接接触。
- 眼睛:佩戴合适的眼部防护用品,防止眼睛直接接触。
- 清洗皮肤:当皮肤受到污染时,应立即清洗污染的皮肤。
- 脱除:如果工作服被弄湿或受到了明显的污染,应该立即脱除并妥善处置。
- 更换:对于班后的衣服的更换需要没有特殊建议。
- 配备:在劳动者可能接触该化学物质的作业场所,无论是否需要使用眼部防护用品,都应配备眼冲洗设备。(>1%)在紧靠有可能接触该化学物质的工作场所,应配备快速冲淋身体的设备以应急使用。[注:这些设备应能够提供足量水或流动水,以将可能接触的身体任何部位上的该化学物质除去。实际配备适宜的快速冲淋设备取决于工作场所的具体条件。在某些情况下,必须及时进行大流量淋浴,而其他情况下只需要用一个水槽或软管供水就足够了。](>1%)

急救:

- 眼睛:如眼睛直接接触了该化学物质,要立即用大量水冲洗(灌洗)眼睛,冲洗时,不时翻开上下眼睑,并立即就医。
- 皮肤:如果该化学物质直接接触皮肤,立即用水冲洗污染的皮肤。如果该化学物质渗透进衣服,要迅速将衣服脱除,用水冲洗污染的皮肤,并迅速就医。
- 呼吸:如果接触者吸入大量该化学物质,立即将接触者移至新鲜空气处。如果呼吸停止,要进行人工呼吸,注意保暖和休息。尽快就医。
- 吞入:如果吞入该化学物质,应立即就医。

对呼吸器选择的建议: NIOSH/OSHA

~15 mg/m^3:

- Sa:Cf:任何连续供气式呼吸器。指定防护因数=25。£
- PaprAgHie:任何动力送风空气过滤式呼吸器,配酸性气体滤毒盒和高效颗粒物过滤元件。指定防护因数=25。£
- CcrFAg100:任何全面罩的防毒呼吸器,配酸性气体滤毒盒和 N100、R100 或 P100 的综合防护过滤元件。指定防护因数=50。选择 N、R 或 P 过滤元件的信息见表 4。
- GmFAg100:任何空气过滤式全面罩呼吸器(防毒面具),配下颌式、前置式或背置式酸性气体滤毒罐和 N100、R100 或 P100 的综合防护过滤元件。指定防护因数=50。

- ScbaF：任何携气式呼吸器，配全面罩。指定防护因数＝50。
- SaF：任何供气式呼吸器，配全面罩。指定防护因数＝50。

§：应急抢险，或准备进入浓度未知环境，或进入 IDLH 环境：

- ScbaF：Pd，Pp：任何压力需气式或正压携气式呼吸器，配全面罩。指定防护因数＝10 000。
- SaF：Pd，Pp：AScba：任何压力需气式或正压供气式呼吸器，配全面罩，配压力需气式或正压携气式辅助呼吸器。指定防护因数＝10 000。

逃生：

- GmFAg100：任何空气过滤式全面罩呼吸器（防毒面具），配下颌式、前置式或背置式酸性气体滤毒罐和 N100、R100 或 P100 的综合防护过滤元件。指定防护因数＝50。
- ScbaE：任何适合逃生的携气式呼吸器。

有关呼吸器选择的其他重要信息参见相关标准。

接触途径：呼吸道，胃肠道，皮肤和/或眼睛直接接触。

症状：眼睛、皮肤、鼻、咽喉刺激；肺水肿，支气管炎；肺气肿；结膜炎；口腔炎；牙侵蚀；眼睛、皮肤灼伤；皮炎。

靶器官：眼睛，皮肤，呼吸系统，牙齿。

S

一氯化硫（Sulfur monochloride）

S_2Cl_2

CAS No.：10025-67-9

RTECS No.：WS4300000

DOT ID 和指南号：1828 137

异名和商品名：氯化硫，Sulfur chloride，Sulfur subchloride，Thiosulfurous dichloride

接触限值：NIOSH REL：C 1 ppm（6 mg/m^3）
OSHA PEL †：TWA 1 ppm（6 mg/m^3）

IDLH：5 ppm　　**浓度换算系数：**1 ppm＝5.52 mg/m^3

理化性质：淡琥珀色至红黄色，油状液体，具有强烈刺激的恶心气味。

分子量：135.0　　沸点：280 ℉
凝固点：－107 ℉　　溶解度：分解
蒸气压：7 mmHg　　电离电位：9.40 eV
比重：1.68　　闪点：245 ℉
爆炸上限：未知　　爆炸下限：未知
ⅢB 类可燃液体——闪点等于或高于 200 ℉。
不相容性和反应性：过氧化物，磷的氧化物，有机物，水。[注：遇水剧烈分解形成盐酸，二氧化硫，硫，亚硫酸盐，硫代硫酸盐和硫化氢。对金属具有腐蚀性。]

测量方法：无。

个人防护和卫生设施：

- 皮肤：穿戴合适的个人防护服，防止皮肤直接接触。
- 眼睛：佩戴合适的眼部防护用品，防止眼睛直接接触。
- 清洗皮肤：当皮肤受到污染时，应立即清洗污染的皮肤。
- 脱除：如果工作服被弄湿或受到了明显的污染，应该立即脱除并妥善处置。
- 更换：对于班后的衣服的更换需要没有特殊建议。
- 配备：在劳动者可能接触该化学物质的作业场所，无论是否需要使用眼部防护用品，都应配备眼冲洗设备。在紧靠有可能接触该化学物质的工作场所，应配备快速冲淋身体的设备以应急使用。[注：这些设备应能够提供足量水或流动水，以将可能接触的身体任何部位上的该化学物质除去。实际配备适宜的快速冲淋设备取决于工作场所的具体条件。在某些情况下，必须及时进行大流量淋浴，而其他情况下只需要用一个水槽或软管供水就足够了。]

急救：

- 眼睛：如眼睛直接接触了该化学物质，要立即用大量水冲洗(灌洗)眼睛，冲洗时，不时翻开上下眼睑，并立即就医。
- 皮肤：如果该化学物质直接接触皮肤，立即用水冲洗污染的皮肤。如果该化学物质渗透进衣服，要迅速将衣服脱除，用水冲洗污染的皮肤，并迅速就医。
- 呼吸：如果接触者吸入大量该化学物质，立即将接触者移至新鲜空气处。如果呼吸停止，要进行人工呼吸，注意保暖和休息。尽快就医。
- 吞入：如果吞入该化学物质，应立即就医。

对呼吸器选择的建议：NIOSH/OSHA

~5 ppm：

- CcrFS：任何空气过滤式全面罩呼吸器，配防该化学物质的滤毒盒。指定防护因数=50。
- GmFS：任何空气过滤式全面罩呼吸器(防毒面具)，配下颌式、前置式或背置式防该化学物质的滤毒罐。指定防护因数=50。
- PaprS：任何动力送风空气过滤式呼吸器，配有防该化学物质的滤毒盒。指定防护因数=25。£
- ScbaF：任何携气式呼吸器，配全面罩。指定防护因数=50。
- SaF：任何供气式呼吸器，配全面罩。指定防护因数=50。

§：应急抢险，或准备进入浓度未知环境，或进入 IDLH 环境：

- ScbaF：Pd，Pp：任何压力需气式或正压携气式呼吸器，配全面罩。指定防护因数=10 000。
- SaF：Pd，Pp：AScba：任何压力需气式或正压供气式呼吸器，配全面罩，配压力需气式或正压携气式辅助呼吸器。指定防护因数=10 000。

逃生：

- GmFS：任何空气过滤式全面罩呼吸器(防毒面具)，配下颌式、前置式或背置式防该化学物质的滤毒罐。指定防护因数=50。
- ScbaE：任何适合逃生的携气式呼吸器。

有关呼吸器选择的其他重要信息参见相关标准。

接触途径：呼吸道，胃肠道，皮肤和/或眼睛直接接触。

症状：眼睛、皮肤、黏膜刺激；流泪；咳嗽；眼睛、皮肤灼伤；肺水肿。

靶器官：眼睛，皮肤，呼吸系统。

五氟化硫(Sulfur pentafluoride)

S_2F_{10}

异名和商品名：十氟化二硫，Disulfur decafluoride，Sulfur decafluoride

CAS No.：5714-22-7

RTECS No.：WS4480000

DOT ID 和指南号：

接触限值：NIOSH REL：C 0.01 ppm(0.1 mg/m³)

OSHA PEL †：TWA 0.025 ppm(0.25 mg/m³)

IDLH：1 ppm　　**浓度换算系数：**1 ppm=10.39 mg/m³

理化性质：无色液体或气体(84 ℉以上)，具有二氧化硫样的气味。

分子量：254.1　　沸点：84 ℉

凝固点：-134 ℉　　溶解度：不溶

蒸气压：561 mmHg　　电离电位：未知

相对密度：8.77　　比重(32 ℉)：2.08

闪点：不适用　　爆炸上限：不适用

爆炸下限：不适用

不可燃液体。

不易燃气体。

不相容性和反应性：未见报道。

测量方法：无。

个人防护和卫生设施：

- 皮肤：穿戴合适的个人防护服，防止皮肤直接接触。
- 眼睛：佩戴合适的眼部防护用品，防止眼睛直接接触。
- 清洗皮肤：对于清洗皮肤上的污染物没有其他特殊的建议（包括立即清洗和班后清洗）。
- 脱除：如果工作服被弄湿或受到了明显的污染，应该立即脱除并妥善处置。
- 更换：对于班后的衣服的更换需要没有特殊建议。
- 配备：在劳动者可能接触该化学物质的作业场所，无论是否需要使用眼部防护用品，都应配备眼冲洗设备。在紧靠有可能接触该化学物质的工作场所，应配备快速冲淋身体的设备以应急使用。[注：这些设备应能够提供足量水或流动水，以将可能接触的身体任何部位上的该化学物质除去。实际配备适宜的快速冲淋设备取决于工作场所的具体条件。在某些情况下，必须及时进行大流量淋浴，而其他情况下只需要用一个水槽或软管供水就足够了。]

急救：

- 眼睛：如眼睛直接接触了该化学物质，要立即用大量水冲洗（灌洗）眼睛，冲洗时，不时翻开上下眼睑，并立即就医。
- 皮肤：如果该化学物质直接接触皮肤，立即用肥皂和水冲洗污染的皮肤。若该化学物质渗透进衣服，要立即将衣服脱除，用肥皂和水清洗皮肤，并迅速就医。
- 呼吸：如果接触者吸入大量该化学物质，立即将接触者移至新鲜空气处。如果呼吸停止，要进行人工呼吸，注意保暖和休息。尽快就医。
- 吞入：如果吞入该化学物质，应立即就医。

对呼吸器选择的建议：NIOSH

~0.1 ppm：

- Sa：任何供气式呼吸器。指定防护因数=10。

~0.25 ppm：

- Sa：Cf：任何连续供气式呼吸器。指定防护因数=25。

~0.5 ppm：

- SaT：Cf：任何连续供气式呼吸器，配密合型面罩。指定防护因数=50。
- ScbaF：任何携气式呼吸器，配全面罩。指定防护因数=50。
- SaF：任何供气式呼吸器，配全面罩。指定防护因数=50。

~1 ppm：

- Sa：Pd，Pp：任何压力需气式或正压供气式呼吸器。指定防护因数=1 000。

§：应急抢险，或准备进入浓度未知环境，或进入 IDLH 环境：

- ScbaF：Pd，Pp：任何压力需气式或正压携气式呼吸器，配全面罩。指定防护因数=10 000。
- SaF：Pd，Pp：AScba：任何压力需气式或正压供气式呼吸器，配全面罩，配压力需气式或正压携气式辅助呼吸器。指定防护因数=10 000。

逃生：

- GmFAg：任何空气过滤式全面罩呼吸器（防毒面具），配下颌式、前置式或背置式酸性气体滤毒罐。指定防护因数=50。
- ScbaE：任何适合逃生的携气式呼吸器。

有关呼吸器选择的其他重要信息参见相关标准。

接触途径：呼吸道，胃肠道，皮肤和/或眼睛直接接触。

症状：眼睛、皮肤、呼吸系统刺激；动物：肺水肿，出血。

靶器官：眼睛，皮肤，呼吸系统，中枢神经系统。

S

四氟化硫（Sulfur tetrafluoride） SF_4

CAS No.：7783-60-0

RTECS No.：WT4800000

异名和商品名：Tetrafluorosulfurane

DOT ID 和指南号：2418 125

接触限值：NIOSH REL：C 0.1 ppm（0.4 mg/m³）	OSHA PEL †：无

IDLH: N. D.　　**浓度换算系数**:1 ppm=4.42 mg/m^3

理化性质:无色气体,具有类似二氧化硫的气味。
[注:以压缩液化气运输。]

分子量:108.1　　沸点:−41 ℉
凝固点:−185 ℉　　溶解度:与水反应
蒸气压(70 ℉):10.5 大气压　　电离电位:12.63 eV
相对密度:3.78　　闪点:不适用
爆炸上限:不适用　　爆炸下限:不适用
不易燃气体。
不相容性和反应性:湿气,浓硫酸,二氟化二氧。
[注:遇湿气可水解,形成氢氟酸和亚硫酰氟。]

测量方法:OSHA ID110

个人防护和卫生设施:

- 皮肤:压缩气体快速膨胀时可产生低温。泄漏和使用能快速膨胀的压缩气体,可产生冻伤危害。穿戴合适的个人防护服,防止皮肤冻伤。
- 眼睛:佩戴合适的眼部防护用品,防止眼睛直接接触液体后因低温引起灼伤或组织损伤。
- 清洗皮肤:对于清洗皮肤上的污染物没有其他特殊的建议(包括立即清洗和班后清洗)。
- 脱除:对于脱除被污染或被弄湿的工作服的需要没有特殊建议。
- 更换:对于班后的衣服的更换需要没有特殊建议。
- 配备:在紧靠有可能接触极低温液体或迅速蒸发的液体的工作场所,应配备快速冲淋洗浴设备和/或眼冲洗设备,以应急使用。

急救:

- 眼睛:如果眼组织冻伤,要立即就医。如果眼组织没有冻伤,要立即用大量水彻底冲洗至少 15 min,并不时翻开上下眼睑。如果眼睛刺激、疼痛、肿胀、流泪和畏光持续存在,应尽快就医。
- 皮肤:如果发生冻伤,要立即就医,不要揉擦或用水冲洗冻伤部位;为防止组织进一步受损,不要试图将冻结的衣服从冻伤部位脱除。如未发生冻伤,立即用肥皂和水彻底清洗污染的皮肤。
- 呼吸:如果接触者吸入大量该化学物质,立即将接触者移至新鲜空气处。如果呼吸停止,要进行人工呼吸,注意保暖和休息。尽快就医。

对呼吸器选择的建议:无。

有关呼吸器选择的其他重要信息参见相关标准。

接触途径:呼吸道,皮肤和/或眼睛直接接触。

症状:眼睛、皮肤、黏膜刺激;眼睛、皮肤灼伤(遇湿气从 SF_4 中释放氢氟酸);液体:冻伤;动物:呼吸困难,乏力,流涕。

靶器官:眼睛,皮肤,呼吸系统。

硫酰氟(Sulfuryl fluoride)　　**CAS No.**:2699-79-8
SO_2F_2　　**RTECS No.**:WT5075000
异名和商品名:氟化硫酰,熏灭净,Sulfur difluoride dioxide,Vikane®　　**DOT ID 和指南号**:2191 123

接触限值:NIOSH REL:TWA 5 ppm(20 mg/m^3)
ST10 ppm(40 mg/m^3)
OSHA PEL †:TWA 5 ppm(20 mg/m^3)

IDLH: 200 ppm　　**浓度换算系数**:1 ppm=4.18 mg/m^3

理化性质:无色无味气体。[杀虫剂/熏剂][注:以压缩液化气运输。]

分子量:102.1　　沸点:−68 ℉
凝固点:−212 ℉　　溶解度(32 ℉):0.2%
蒸气压(70 ℉):15.8 大气压　　电离电位:13.04 eV

相对密度:3.72　　闪　点:不适用

爆炸上限:不适用　　爆炸下限:不适用

不易燃气体。

不相容性和反应性:未见报道。

测量方法:NIOSH 6012

个人防护和卫生设施:

- 皮肤:压缩气体快速膨胀时可产生低温。泄漏和使用能快速膨胀的压缩气体,可产生冻伤危害。穿戴合适的个人防护服,防止皮肤冻伤。
- 眼睛:佩戴合适的眼部防护用品,防止眼睛直接接触液体后因低温引起灼伤或组织损伤。
- 清洗皮肤:对于清洗皮肤上的污染物没有其他特殊的建议(包括立即清洗和班后清洗)。
- 脱除:对于脱除被污染或被弄湿的工作服的需要没有特殊建议。
- 更换:对于班后的衣服的更换需要没有特殊建议。
- 配备:在紧靠有可能接触极低温液体或迅速蒸发的液体的工作场所,应配备快速冲淋洗浴设备和/或眼冲洗设备,以应急使用。

急救:

- 眼睛:如果眼组织冻伤,要立即就医。如果眼组织没有冻伤,要立即用大量水彻底冲洗至少 15 min,并不时翻开上下眼睑,如果眼睛刺激、疼痛、肿胀、流泪和畏光持续存在,应尽快就医。
- 皮肤:如果发生冻伤,要立即就医,不要揉擦或用水冲洗冻伤部位;为防止组织进一步受损,不要试图将冻结的衣服从冻伤部位脱除。如未发生冻伤,立即用肥皂和水彻底清洗污染的皮肤。
- 呼吸:如果接触者吸入大量该化学物质,立即将接触者移至新鲜空气处。如果呼吸停止,要进行人工呼吸,注意保暖和休息。尽快就医。

对呼吸器选择的建议:NIOSH/OSHA

~50 ppm:

- Sa:任何供气式呼吸器。指定防护因数=10。*

~125 ppm:

- Sa:Cf:任何连续供气式呼吸器。指定防护因数=25。*

~200 ppm:

- ScbaF:任何携气式呼吸器,配全面罩。指定防护因数=50。
- SaF:任何供气式呼吸器,配全面罩。指定防护因数=50。

§:应急抢险,或准备进入浓度未知环境,或进入 IDLH 环境:

- ScbaF:Pd,Pp:任何压力需气式或正压携气式呼吸器,配全面罩。指定防护因数=10 000。
- SaF:Pd,Pp:AScba:任何压力需气式或正压供气式呼吸器,配全面罩,配压力需气式或正压携气式辅助呼吸器。指定防护因数=10 000。

逃生:

- GmFS:任何空气过滤式全面罩呼吸器(防毒面具),配下颌式、前置式或背置式防该化学物质的滤毒罐。指定防护因数=50。
- ScbaE:任何适合逃生的携气式呼吸器。

有关呼吸器选择的其他重要信息参见相关标准。

接触途径:呼吸道,皮肤和/或眼睛直接接触(液体)。

症状:结膜炎,鼻炎,咽炎,感觉异常;冻伤(液体)。动物:昏迷,震颤,抽搐;肺水肿;肾损伤。

靶器官:眼睛,皮肤,呼吸系统,中枢神经系统,肾。

硫丙磷(Sulprofos)

$C_{12}H_{19}O_2PS_3$

异名和商品名:O-乙基-O-(4-甲硫基)苯基-S-丙基二硫代磷酸酯,
Bolstar®,O-Ethyl O-(4-methylthio)phenyl S-propylphosphorodithioate

CAS No.:35400-43-2
RTECS No.:TE4165000
DOT ID 和指南号:

接触限值:NIOSH REL:TWA 1 mg/m³
OSHA PEL †:无

IDLH: N. D.　**浓度换算系数:**1 ppm=13.19 mg/m³

理化性质:褐色液体,具有硫化物气味。

分子量:322.5　沸点:未知
凝固点:未知　溶解度:低
蒸气压:<8 mmHg　电离电位:未知
比重:1.20　闪点:未知
爆炸上限:未知　爆炸下限:未知
不相容性和反应性:未见报道。

测量方法:NIOSH 5600;OSHA PV2037

个人防护和卫生设施:
- 皮肤:穿戴合适的个人防护服,防止皮肤直接接触。
- 眼睛:对眼部防护的需要没有特殊建议。
- 清洗皮肤:当皮肤受到污染时,应立即清洗污染的皮肤。
- 脱除:如果工作服被弄湿或受到了明显的污染,应该立即脱除并妥善处置。
- 更换:对于班后的衣服的更换需要没有特殊建议。

急救:
- 眼睛:如眼睛直接接触了该化学物质,要立即用大量水冲洗(灌洗)眼睛,冲洗时,不时翻开上下眼睑,并立即就医。
- 皮肤:如果该化学物质直接接触皮肤,立即用肥皂和水冲洗污染的皮肤。若该化学物质渗透进衣服,要立即将衣服脱除,用肥皂和水清洗皮肤,并迅速就医。
- 呼吸:如果接触者吸入大量该化学物质,立即将接触者移至新鲜空气处。如果呼吸停止,要进行人工呼吸,注意保暖和休息。尽快就医。
- 吞入:如果吞入该化学物质,应立即就医。

对呼吸器选择的建议:无。
有关呼吸器选择的其他重要信息参见相关标准。

接触途径:呼吸道,消化道。

症状:恶心,呕吐,腹绞痛,腹泻,流涎;头痛,头晕,乏力;流涕,胸闷;视物模糊,瞳孔缩小;心律不齐;肌颤;呼吸困难。

靶器官:呼吸系统,中枢神经系统,心血管系统,血胆碱酯酶。

2,4,5-涕 (2,4,5-T)

$Cl_3C_6H_2OCH_2COOH$

异名和商品名：三氯苯氧基乙酸；2,4,5-三氯苯氧基乙酸；2,4,5-Trichlorophenoxyacetic acid

CAS No.：93-76-5

RTECS No.：AJ8400000

DOT ID 和指南号：2765 152

接触限值：NIOSH REL：TWA 10 mg/m^3

OSHA PEL：TWA 10 mg/m^3

IDLH：250 mg/m^3 **浓度换算系数：**

理化性质：无色至褐色无气味晶体。[除草剂]

分子量：255.5	沸点：分解
熔点：307 ℉	溶解度(77 ℉)：0.03%
蒸气压：1×10^{-7} mmHg	电离电位：未知
比重：1.80	闪点：未知
爆炸上限：未知	爆炸下限：未知

可燃固体，但燃烧困难。

不相容性和反应性：未见报道。

测量方法：NIOSH 5001

个人防护和卫生设施：

- 皮肤：对于个体皮肤防护装备的需要没有特殊建议。
- 眼睛：对眼部防护的需要没有特殊建议。
- 清洗皮肤：对于清洗皮肤上的污染物没有其他特殊的建议(包括立即清洗和班后清洗)。
- 脱除：对于脱除被污染或被弄湿的工作服的需要没有特殊建议。
- 更换：对于班后的衣服的更换需要没有特殊建议。

急救：

- 眼睛：如眼睛直接接触了该化学物质，要立即用大量水冲洗(灌洗)眼睛，冲洗时，不时翻开上下眼睑，并立即就医。
- 皮肤：如果该化学物质直接接触皮肤，用肥皂和水冲洗污染的皮肤。
- 呼吸：如果接触者吸入大量该化学物质，立即将接触者移至新鲜空气处。如果呼吸停止，要进行人工呼吸，注意保暖和休息。尽快就医。
- 吞入：如果吞入该化学物质，应立即就医。

对呼吸器选择的建议：NIOSH/OSHA

~50 mg/m^3：

- Qm：任何四分之一面罩呼吸器，选择 N、R 或 P 过滤元件的信息见表 4。指定防护因数=5。

~100 mg/m^3：

- 95XQ：任何除四分之一面罩之外的防颗粒物呼吸器，配有 N95、R95 或 P95 过滤元件(包括 N95、R95 或 P95 随弃式面罩)。也可使用以下过滤元件：N99、R99、P99、N100、R100、P100。指定防护因数=10。选择 N、R 或 P 过滤元件的信息见表 4。
- Sa：任何供气式呼吸器。指定防护因数=10。

~250 mg/m^3：

- Sa：Cf：任何连续供气式呼吸器。指定防护因数=25。
- 100F：任何空气过滤式全面罩呼吸器，配有 N100、R100 或 P100 过滤元件。指定防护因数=50。选择 N、R 或 P 过滤元件的信息见表 4。
- PaprHie：任何动力送风空气过滤式呼吸器，配有高效颗粒物过滤元件。指定防护因数=25。
- ScbaF：任何携气式呼吸器，配全面罩。指定防护因数=50。
- SaF：任何供气式呼吸器，配全面罩。指定防护因数=50。

§：应急抢险，或准备进入浓度未知环境，或进入 IDLH 环境：

- ScbaF：Pd，Pp：任何压力需气式或正压携气式呼吸器，配全面罩。指定防护因数=10 000。
- SaF：Pd，Pp：AScba：任何压力需气式或正压供气式呼吸器，配全面罩，配压力需气式或正压携气式辅助呼吸器。指定防护因数=10 000。

T

逃生：

- 100F：任何空气过滤式全面罩呼吸器，配有 N100、R100 或 P100 过滤元件。指定防护因数＝50。选择 N、R 或 P 过滤元件的信息见表 4。
- ScbaE：任何适合逃生的携气式呼吸器。

有关呼吸器选择的其他重要信息参见相关标准。

接触途径：呼吸道，胃肠道，皮肤和/或眼睛直接接触。

症状：动物：共济失调；皮肤刺激，痤疮样皮疹；肝损害。

靶器官：皮肤，肝，胃肠道。

滑石(不含石棉，石英含量小于 1%)[Talc (containing no asbestos and less than 1% quartz)]

$Mg_3Si_4O_{10}(OH)_2$

CAS No.：14807-96-6

RTECS No.：WW2710000

DOT ID 和指南号：

异名和商品名：Hydrous magnesium silicate，Steatite talc

接触限值：NIOSH REL：TWA 2 mg/m³(呼吸性颗粒物)
OSHA PEL †：TWA 20mppcf 见附录 C（矿物尘）

IDLH：1000 mg/m³　　**浓度换算系数：**

理化性质：无气味白色粉末。

分子量：不同　　沸点：未知
熔点：1652～1832 ℉　　溶解度：不溶
蒸气压：0 mmHg(约)　　电离电位：不适用
比重：2.70～2.80　　闪点：不适用
爆炸上限：不适用　　爆炸下限：不适用
不可燃固体。
不相容性和反应性：未见报道。

测量方法：NIOSH P&CAM355(Ⅲ)

个人防护和卫生设施：

- 皮肤：对于个体皮肤防护装备的需要没有特殊建议。
- 眼睛：对眼部防护的需要没有特殊建议。
- 清洗皮肤：对于清洗皮肤上的污染物没有其他特殊的建议(包括立即清洗和班后清洗)。
- 脱除：对于脱除被污染或被弄湿的工作服的需要没有特殊建议。
- 更换：对于班后的衣服的更换需要没有特殊建议。

急救：

- 眼睛：如眼睛直接接触了该化学物质，要立即用大量水冲洗(灌洗)眼睛，冲洗时，不时翻开上下眼睑，并立即就医。
- 呼吸：如果接触者吸入大量该化学物质，立即将接触者移至新鲜空气处。通常不需要采取其他措施。

对呼吸器选择的建议：NIOSH

～10 mg/m³：

- Qm：任何四分之一面罩呼吸器，选择 N、R 或 P 过滤元件的信息见表 4。指定防护因数＝5。

～20 mg/m³：

- 95XQ：任何除四分之一面罩之外的防颗粒物呼吸器，配有 N95、R95 或 P95 过滤元件(包括 N95、R95 或 P95 随弃式面罩)。也可使用以下过滤元件：N99、R99、P99、N100、R100、P100。指定防护因数＝10。选择 N、R 或 P 过滤元件的信息见表 4。
- Sa：任何供气式呼吸器。指定防护因数＝10。

～50 mg/m³：

- PaprHie：任何动力送风空气过滤式呼吸器，配有高效颗粒物过滤元件。指定防护因数＝25。
- Sa：Cf：任何连续供气式呼吸器。指定防护因数＝25。

～100 mg/m³：

- 100F:任何空气过滤式全面罩呼吸器,配有 N100、R100 或 P100 过滤元件。指定防护因数=50。选择 N、R 或 P 过滤元件的信息见表 4。
- SaT:Cf:任何连续供气式呼吸器,配密合型面罩。指定防护因数=50。
- PaprTHie:任何动力送风空气过滤式呼吸器,配密合型面罩和高效颗粒物过滤元件。指定防护因数=50。
- ScbaF:任何携气式呼吸器,配全面罩。指定防护因数=50。
- SaF:任何供气式呼吸器,配全面罩。指定防护因数=50。

~1000 mg/m³:
- Sa:Pd,Pp:任何压力需气式或正压供气式呼吸器。指定防护因数=1 000。

§:应急抢险,或准备进入浓度未知环境,或进入 IDLH 环境:
- ScbaF:Pd,Pp:任何压力需气式或正压携气式呼吸器,配全面罩。指定防护因数=10 000。
- SaF:Pd,Pp:AScba:任何压力需气式或正压供气式呼吸器,配全面罩,配压力需气式或正压携气式辅助呼吸器。指定防护因数=10 000。

逃生:
- 100F:任何空气过滤式全面罩呼吸器,配有 N100、R100 或 P100 过滤元件。指定防护因数=50。选择 N、R 或 P 过滤元件的信息见表 4。
- ScbaE:任何适合逃生的携气式呼吸器。

有关呼吸器选择的其他重要信息参见相关标准。

接触途径:呼吸道,皮肤和/或眼睛直接接触。

症状:肺纤维化;皮肤刺激。

靶器官:眼睛,呼吸系统,心血管系统。

T

钽(金属及氧化物尘,按钽计)[Tantalum (metal and oxide dust,as Ta)]

Ta (金属)

CAS No.:7440-25-7(金属)

RTECS No.:WW5505000(金属)

DOT ID 和指南号:

异名和商品名:钽金属,钽-181,Tantalum metal:Tantalum-181

钽尘的其他名称(包括氧化物尘)因化合物的不同而异。

接触限值:NIOSH REL:TWA 5 mg/m³

ST10 mg/m³

OSHA PEL:TWA 5 mg/m³

IDLH: 2 500 mg/m³(按钽计)　**浓度换算系数:**

理化性质:金属为银蓝色至灰色固体或黑色无气味粉末。

分子量:180.9	沸点:9 797 ℉
熔点:5425 ℉	溶解度:不溶
蒸气压:0 mmHg(约)	电离电位:不适用
比重:16.65(金属)14.40(粉末)	闪点:不适用
爆炸上限:不适用	爆炸下限:不适用

最低爆炸浓度:<200 g/m³

金属:可燃固体,粉末在空气中自燃。

不相容性和反应性:强氧化剂,三氟化溴,氟。

测量方法:NIOSH 0500

个人防护和卫生设施:
- 皮肤:对于个体皮肤防护装备的需要没有特殊建议。
- 眼睛:对眼部防护的需要没有特殊建议。
- 清洗皮肤:对于清洗皮肤上的污染物没有其他特殊的建议(包括立即清洗和班后清洗)。
- 脱除:对于脱除被污染或被弄湿的工作服的需要没有特殊建议。
- 更换:对于班后的衣服的更换需要没有特殊建议。

急救:
- 眼睛:如眼睛直接接触了该化学物质,要立即用大量水冲洗(灌洗)眼睛,冲洗时,不时翻开上下眼睑,并立即就医。

- 呼吸:如果接触者吸入大量该化学物质,立即将接触者移至新鲜空气处。如果呼吸停止,要进行人工呼吸,注意保暖和休息。尽快就医。

对呼吸器选择的建议:NIOSH/OSHA

~25 mg/m³:

- Qm:任何四分之一面罩呼吸器,选择 N、R 或 P 过滤元件的信息见表 4。指定防护因数=5。

~50 mg/m³:

- 95XQ:任何除四分之一面罩之外的防颗粒物呼吸器,配有 N95、R95 或 P95 过滤元件(包括 N95、R95 或 P95 随弃式面罩)。也可使用以下过滤元件:N99、R99、P99、N100、R100、P100。指定防护因数=10。选择 N、R 或 P 过滤元件的信息见表 4。
- Sa:任何供气式呼吸器。指定防护因数=10。

~125 mg/m³:

- Sa:Cf:任何连续供气式呼吸器。指定防护因数=25。
- PaprHie:任何动力送风空气过滤式呼吸器,配有高效颗粒物过滤元件。指定防护因数=25。

~250 mg/m³:

- 100F:任何空气过滤式全面罩呼吸器,配有 N100、R100 或 P100 过滤元件。指定防护因数=50。选择 N、R 或 P 过滤元件的信息见表 4。
- SaT:Cf:任何连续供气式呼吸器,配密合型面罩。指定防护因数=50。
- PaprTHie:任何动力送风空气过滤式呼吸器,配密合型面罩和高效颗粒物过滤元件。指定防护因数=50。
- ScbaF:任何携气式呼吸器,配全面罩。指定防护因数=50。
- SaF:任何供气式呼吸器,配全面罩。指定防护因数=50。

~2 500 mg/m³:

- Sa:Pd,Pp:任何压力需气式或正压供气式呼吸器。指定防护因数=1 000。

§:应急抢险,或准备进入浓度未知环境,或进入 IDLH 环境:

- ScbaF:Pd,Pp:任何压力需气式或正压携气式呼吸器,配全面罩。指定防护因数=10 000。
- SaF:Pd,Pp:AScba:任何压力需气式或正压供气式呼吸器,配全面罩,配压力需气式或正压携气式辅助呼吸器。指定防护因数=10 000。

逃生:

- 100F:任何空气过滤式全面罩呼吸器,配有 N100、R100 或 P100 过滤元件。指定防护因数=50。选择 N、R 或 P 过滤元件的信息见表 4。
- ScbaE:任何适合逃生的携气式呼吸器。

有关呼吸器选择的其他重要信息参见相关标准。

接触途径:呼吸道,皮肤和/或眼睛直接接触。

症状:眼睛、皮肤刺激;动物:肺刺激。

靶器官:眼睛,皮肤,呼吸系统。

治螟磷(TEDP)

$[(CH_3CH_2O)_2PS]_2O$

异名和商品名:硫特普;畜虫磷;苏化 203;O,O,O,O-四乙基二硫代焦磷酸酯;Bladafum®;Dithion®;Sulfotep;Tetraethyl dithionopyrophosphate;Tetraethyl dithiopyrophosphate;Thiotepp®

CAS No.:3689-24-5

RTECS No.:XN4375000

DOT ID 和指南号:1704 153

接触限值:NIOSH REL:TWA 0.2 mg/m³[皮]

OSHA PEL:TWA 0.2 mg/m³[皮]

IDLH:10 mg/m³ **浓度换算系数**:1 ppm=13.18 mg/m³

理化性质:浅黄色液体,具大蒜样气味。[注:吸附在载体上或与易燃液体相混合的农药。]

分 子 量:322.3　　沸　　点:分解
凝 固 点:未知　　溶 解 度:0.000 7%
蒸 气 压:0.000 2 mmHg　　电离电位:未知
比重(77 ℉):1.20　　闪　　点:未知
爆炸上限:未知　　爆炸下限:未知
可燃液体。
不相容性和反应性:强氧化剂,铁。[注:对铁有腐蚀性。]

测量方法:无。

个人防护和卫生设施:

- 皮肤:穿戴合适的个人防护服,防止皮肤直接接触。
- 眼睛:佩戴合适的眼部防护用品,防止眼睛直接接触。
- 清洗皮肤:当皮肤受到污染时,应立即清洗污染的皮肤。
- 脱除:如果工作服被弄湿或受到了明显的污染,应该立即脱除并妥善处置。
- 更换:对于班后的衣服的更换需要没有特殊建议。
- 配备:在劳动者可能接触该化学物质的作业场所,无论是否需要使用眼部防护用品,都应配备眼冲洗设备。在紧靠有可能接触该化学物质的工作场所,应配备快速冲淋身体的设备以应急使用。[注:这些设备应能够提供足量水或流动水,以将可能接触的身体任何部位上的该化学物质除去。实际配备适宜的快速冲淋设备取决于工作场所的具体条件。在某些情况下,必须及时进行大流量淋浴,而其他情况下只需要用一个水槽或软管供水就足够了。]

急救:

- 眼睛:如眼睛直接接触了该化学物质,要立即用大量水冲洗(灌洗)眼睛,冲洗时,不时翻开上下眼睑,并立即就医。
- 皮肤:如果该化学物质直接接触皮肤,立即用肥皂和水冲洗污染的皮肤。若该化学物质渗透进衣服,要立即将衣服脱除,用肥皂和水清洗皮肤,并迅速就医。
- 呼吸:如果接触者吸入大量该化学物质,立即将接触者移至新鲜空气处。如果呼吸停止,要进行人工呼吸,注意保暖和休息。尽快就医。
- 吞入:如果吞入该化学物质,应立即就医。

对呼吸器选择的建议:NIOSH/OSHA

~2 mg/m³:
- Sa:任何供气式呼吸器。指定防护因数=10。

~5 mg/m³:
- Sa:Cf:任何连续供气式呼吸器。指定防护因数=25。

~10 mg/m³:
- ScbaF:任何携气式呼吸器,配全面罩。指定防护因数=50。
- SaF:任何供气式呼吸器,配全面罩。指定防护因数=50。

§:应急抢险,或准备进入浓度未知环境,或进入 IDLH 环境:
- ScbaF:Pd,Pp:任何压力需气式或正压携气式呼吸器,配全面罩。指定防护因数=10 000。
- SaF:Pd,Pp:AScba:任何压力需气式或正压供气式呼吸器,配全面罩,配压力需气式或正压携气式辅助呼吸器。指定防护因数=10 000。

逃生:
- GmFOv100:任何空气过滤式全面罩呼吸器(防毒面具),配下颌式、前置式或背置式有机蒸气滤毒罐和N100、R100 或 P100 的综合防护过滤元件。指定防护因数=50。选择 N、R 或 P 过滤元件的信息见表 4。
- ScbaE:任何适合逃生的携气式呼吸器。

有关呼吸器选择的其他重要信息参见相关标准。

接触途径:呼吸道,皮肤吸收,胃肠道,皮肤和/或眼睛直接接触。

症状:眼睛、皮肤刺激;眼痛,视物模糊,流泪;流涕;头痛;紫绀;厌食,恶心,呕吐,腹泻;局部发汗,乏力,颤搐,麻痹,Cheyne-Stokes 呼吸,抽搐,低血压,心律不齐。

靶器官:眼睛,皮肤,呼吸系统,中枢神经系统,心血管系统,血胆碱酯酶。

T

碲(Tellurium)
Te
异名和商品名: Aurum paradoxum,Metallum problematum

CAS No.:13494-80-9
RTECS No.:WY2625000
DOT ID 和指南号:

接触限值:NIOSH REL*:TWA 0.1 mg/m³[*注:REL也适用于其他碲化合物(按碲计),除六氟化碲和碲化铋。]
OSHA PEL*:TWA 0.1 mg/m³[*注:PEL也适用于其他碲化合物(按碲计),除六氟化碲和碲化铋。

IDLH:25 mg/m³(按碲计) **浓度换算系数:**

理化性质:无气味,暗灰色至棕色无定型粉末或浅灰白色易碎固体。

分子量:127.6 沸点:1 814 ℉
熔点:842 ℉ 溶解度:不溶
蒸气压:0 mmHg(约) 电离电位:不适用
比重:6.24 闪点:不适用
爆炸上限:不适用 爆炸下限:不适用
可燃固体。
不相容性和反应性:氧化剂,氯,镉。

测量方法:NIOSH 7300,7301,7303,9102;OSHA ID121

个人防护和卫生设施:
- 皮肤:对于个体皮肤防护装备的需要没有特殊建议。
- 眼睛:对眼部防护的需要没有特殊建议。
- 清洗皮肤:对于清洗皮肤上的污染物没有其他特殊的建议(包括立即清洗和班后清洗)。
- 脱除:对于脱除被污染或被弄湿的工作服的需要没有特殊建议。
- 更换:对于班后的衣服的更换需要没有特殊建议。

急救:
- 眼睛:如眼睛直接接触了该化学物质,要立即用大量水冲洗(灌洗)眼睛,冲洗时,不时翻开上下眼睑,并立即就医。
- 皮肤:如果该化学物质直接接触皮肤,迅速用肥皂和水冲洗污染的皮肤。若该化学物质渗透进衣服,要迅速将衣服脱除,用肥皂和水清洗皮肤,并迅速就医。
- 呼吸:如果接触者吸入大量该化学物质,立即将接触者移至新鲜空气处。如果呼吸停止,要进行人工呼吸,注意保暖和休息。尽快就医。
- 吞入:如果吞入该化学物质,应立即就医。

对呼吸器选择的建议:NIOSH/OSHA
~0.5 mg/m³:
- Qm:任何四分之一面罩呼吸器,选择N、R或P过滤元件的信息见表4。指定防护因数=5。

~1 mg/m³:
- 95XQ:任何除四分之一面罩之外的防颗粒物呼吸器,配有N95、R95或P95过滤元件(包括N95、R95或P95随弃式面罩)。也可使用以下过滤元件:N99、R99、P99、N100、R100、P100。指定防护因数=10。选择N、R或P过滤元件的信息见表4。
- Sa:任何供气式呼吸器。指定防护因数=10。

~2.5 mg/m³:
- Sa:Cf:任何连续供气式呼吸器。指定防护因数=25。
- PaprHie:任何动力送风空气过滤式呼吸器,配有高效颗粒物过滤元件。指定防护因数=25。

~5 mg/m³:
- 100F:任何空气过滤式全面罩呼吸器,配有N100、R100或P100过滤元件。指定防护因数=50。选择N、R或P过滤元件的信息见表4。
- SaT:Cf:任何连续供气式呼吸器,配密合型面罩。指定防护因数=50。

- PaprTHie:任何动力送风空气过滤式呼吸器,配密合型面罩和高效颗粒物过滤元件。指定防护因数=50。
- ScbaF:任何携气式呼吸器,配全面罩。指定防护因数=50。
- SaF:任何供气式呼吸器,配全面罩。指定防护因数=50。

～25 mg/m³:

- Sa:Pd,Pp:任何压力需气式或正压供气式呼吸器。指定防护因数=1 000。

§:应急抢险,或准备进入浓度未知环境,或进入 IDLH 环境:

- ScbaF:Pd,Pp:任何压力需气式或正压携气式呼吸器,配全面罩。指定防护因数=10 000。
- SaF:Pd,Pp:AScba:任何压力需气式或正压供气式呼吸器,配全面罩,配压力需气式或正压携气式辅助呼吸器。指定防护因数=10 000。

逃生:

- 100F:任何空气过滤式全面罩呼吸器,配有 N100、R100 或 P100 过滤元件。指定防护因数=50。选择 N、R 或 P 过滤元件的信息见表 4。
- ScbaE:任何适合逃生的携气式呼吸器。

有关呼吸器选择的其他重要信息参见相关标准。

接触途径:呼吸道,胃肠道,皮肤和/或眼睛直接接触。

症状:大蒜味口臭,发汗;口干燥,金属味道;嗜睡;厌食,恶心,无汗;皮炎;动物:中枢神经系统、血红细胞改变。

靶器官:皮肤,中枢神经系统,血液。

T

六氟化碲(Tellurium hexafluoride)

TeF_6

异名和商品名: Tellurium fluoride

CAS No.:7783-80-4

RTECS No.:WY2800000

DOT ID 和指南号:2195 125

接触限值:NIOSH REL:TWA 0.02 ppm(0.2 mg/m³)
OSHA PEL:TWA 0.02 ppm(0.2 mg/m³)

IDLH:1ppm　**浓度换算系数:**1 ppm=9.88 mg/m³

理化性质:无色气体,具有难闻气味。

分子量:241.6	沸点:升华
凝固点:−36 ℉(升华)	溶解度:分解
蒸气压:>1 大气压	电离电位:未知
相对密度:8.34	闪点:不适用
爆炸上限:不适用	爆炸下限:不适用

不易燃气体。

不相容性和反应性:水。[注:遇水缓慢水解生成碲酸。]

测量方法:NIOSH S187(Ⅱ-3)

个人防护和卫生设施:

- 皮肤:对于个体皮肤防护装备的需要没有特殊建议。
- 眼睛:对眼部防护的需要没有特殊建议。
- 清洗皮肤:对于清洗皮肤上的污染物没有其他特殊的建议(包括立即清洗和班后清洗)。
- 脱除:对于脱除被污染或被弄湿的工作服的需要没有特殊建议。
- 更换:对于班后的衣服的更换需要没有特殊建议。

急救:

- 呼吸:如果接触者吸入大量该化学物质,立即将接触者移至新鲜空气处。如果呼吸停止,要进行人工呼吸,注意保暖和休息。尽快就医。

对呼吸器选择的建议:NIOSH/OSHA

～0.2 ppm:

- Sa:任何供气式呼吸器。指定防护因数=10。

～0.5 ppm:

- Sa：Cf:任何连续供气式呼吸器。指定防护因数＝25。

～1 ppm:

- SaT：Cf:任何连续供气式呼吸器,配密合型面罩。指定防护因数＝50。
- ScbaF:任何携气式呼吸器,配全面罩。指定防护因数＝50。
- SaF:任何供气式呼吸器,配全面罩。指定防护因数＝50。

§:应急抢险,或准备进入浓度未知环境,或进入 IDLH 环境:

- ScbaF：Pd,Pp:任何压力需气式或正压携气式呼吸器,配全面罩。指定防护因数＝10 000。
- SaF：Pd,Pp：AScba:任何压力需气式或正压供气式呼吸器,配全面罩,配压力需气式或正压携气式辅助呼吸器。指定防护因数＝10 000。

逃生:

- GmFS:任何空气过滤式全面罩呼吸器(防毒面具),配下颌式、前置式或背置式防该化学物质的滤毒罐。指定防护因数＝50。
- ScbaE:任何适合逃生的携气式呼吸器。

有关呼吸器选择的其他重要信息参见相关标准。

接触途径:呼吸道。

症状:头痛;呼吸困难;大蒜样呼吸气味;动物:肺水肿。

靶器官:呼吸系统。

T

双硫磷(Temephos)

$S[C_6H_4OP(S)(OCH_3)_2]_2$

CAS No.:3383-96-8

RTECS No.:TF6890000

异名和商品名:O,O,O′,O′-四甲基-O,O′-硫代二对亚苯基双硫代磷酸酯;Abate®;Temefos;O,O,O′O′-Tetramethyl O,O′-thiodi-p-phenylene phosphorothioat

DOT ID 和指南号:

接触限值:NIOSH REL:TWA 10 mg/m³(总颗粒物)
TWA 5 mg/m³(呼吸性颗粒物)
OSHA PEL †:TWA 15 mg/m³(总颗粒物)
TWA 5 mg/m³(呼吸性颗粒物)

IDLH: N.D. **浓度换算系数:**

理化性质:白色晶体或液体(87 ℉以上)。[杀虫剂]
[注:技术级为棕色黏稠的液体。]

分子量:466.5
沸点:248～257 ℉(分解)
熔点:87 ℉
蒸气压(77 ℉):0.000 000 07 mmHg
溶解度:不溶
比重:1.32
电离电位:未知
爆炸上限:未知
闪点:未知
可燃固体。
爆炸下限:未知

不相容性和反应性:未见报道。

测量方法:NIOSH 0500,0600;OSHA PV2056

个人防护和卫生设施:

- 皮肤:穿戴合适的个人防护服,防止皮肤直接接触。
- 眼睛:佩戴合适的眼部防护用品,防止眼睛直接接触。
- 清洗皮肤:当皮肤受到污染时,应立即清洗污染的皮肤。
- 脱除:如果工作服被弄湿或受到了明显的污染,应该立即脱除并妥善处置。
- 更换:在离开工作场所前应当将可能受到污染的工作服更换成无污染的衣服。

急救:

- 眼睛:如眼睛直接接触了该化学物质,要立即用大量水冲洗(灌洗)眼睛,冲洗时,不时翻开上下眼睑,并立即就医。

- 皮肤：如果该化学物质直接接触皮肤，立即用肥皂和水冲洗污染的皮肤。若该化学物质渗透进衣服，要立即将衣服脱除，用肥皂和水清洗皮肤，并迅速就医。
- 呼吸：如果接触者吸入大量该化学物质，立即将接触者移至新鲜空气处。如果呼吸停止，要进行人工呼吸，注意保暖和休息。尽快就医。
- 吞入：如果吞入该化学物质，应立即就医。

对呼吸器选择的建议：无。

有关呼吸器选择的其他重要信息参见相关标准。

接触途径：呼吸道，皮肤吸收，胃肠道，皮肤和/或眼睛直接接触。

症状：眼睛刺激，视物模糊；头晕；呼吸困难；流涎；腹绞痛，恶心，腹泻，呕吐。

靶器官：眼睛，呼吸系统，中枢神经系统，心血管系统，血胆碱酯酶。

特普硫磷(TEPP)

$[(CH_3CH_2O)_2PO]_2O$

异名和商品名：特普，四乙基焦磷酸酯，Ethylpyrophosphate，Tetraethyl pyrophosphate，Tetron®

CAS No.：107-49-3

RTECS No.：UX6825000

DOT ID 和指南号：2783 152(固体)；3018 152(液体)

T

接触限值：NIOSH REL：TWA 0.05 mg/m³[皮]

OSHA PEL：TWA 0.05 mg/m³[皮]

IDLH：5 mg/m³ **浓度换算系数：**1 ppm=11.87 mg/m³

理化性质：无色至琥珀色液体，具有淡淡的水果气味。[杀虫剂][注：32 ℉以下为固体。]

分子量：290.2	沸点：分解
凝固点：32 ℉	溶解度：与水互溶
蒸气压：0.000 2 mmHg	电离电位：未知
比重：1.19	闪点：不适用
爆炸上限：不适用	爆炸下限：不适用

不可燃液体。

不相容性和反应性：强氧化剂，碱，水。[注：遇水快速水解生成焦磷酸。]

测量方法：NIOSH 2504

个人防护和卫生设施：

- 皮肤：穿戴合适的个人防护服，防止皮肤直接接触。
- 眼睛：佩戴合适的眼部防护用品，防止眼睛直接接触。
- 清洗皮肤：当皮肤受到污染时，应立即清洗污染的皮肤。
- 脱除：如果工作服被弄湿或受到了明显的污染，应该立即脱除并妥善处置。
- 更换：对于班后的衣服的更换需要没有特殊建议。
- 配备：在劳动者可能接触该化学物质的作业场所，无论是否需要使用眼部防护用品，都应配备眼冲洗设备。在紧靠有可能接触该化学物质的工作场所，应配备快速冲淋身体的设备以应急使用。[注：这些设备应能够提供足量水或流动水，以将可能接触的身体任何部位上的该化学物质除去。实际配备适宜的快速冲淋设备取决于工作场所的具体条件。在某些情况下，必须及时进行大流量淋浴，而其他情况下只需要用一个水槽或软管供水就足够了。]

急救：

- 眼睛：如眼睛直接接触了该化学物质，要立即用大量水冲洗(灌洗)眼睛，冲洗时，不时翻开上下眼睑，并立即就医。
- 皮肤：如果该化学物质直接接触皮肤，立即用水冲洗污染的皮肤。如果该化学物质渗透进衣服，要迅速将衣服脱除，用水冲洗污染的皮肤，并迅速就医。
- 呼吸：如果接触者吸入大量该化学物质，立即将接触者移至新鲜空气处。如果呼吸停止，要进行人工呼吸，注意保暖和休息。尽快就医。

- 吞入：如果吞入该化学物质，应立即就医。

对呼吸器选择的建议：NIOSH/OSHA

～0.5 mg/m³：

- Sa：任何供气式呼吸器。指定防护因数＝10。

～1.25 mg/m³：

- Sa：Cf：任何连续供气式呼吸器。指定防护因数＝25。

～2.5 mg/m³：

- SaT：Cf：任何连续供气式呼吸器，配密合型面罩。指定防护因数＝50。
- ScbaF：任何携气式呼吸器，配全面罩。指定防护因数＝50。
- SaF：任何供气式呼吸器，配全面罩。指定防护因数＝50。

～5 mg/m³：

- Sa：Pd，Pp：任何压力需气式或正压供气式呼吸器。指定防护因数＝1 000。

§：应急抢险，或准备进入浓度未知环境，或进入 IDLH 环境：

- ScbaF：Pd，Pp：任何压力需气式或正压携气式呼吸器，配全面罩。指定防护因数＝10 000。
- SaF：Pd，Pp：AScba：任何压力需气式或正压供气式呼吸器，配全面罩，配压力需气式或正压携气式辅助呼吸器。指定防护因数＝10 000。

逃生：

- GmFOv100：任何空气过滤式全面罩呼吸器（防毒面具），配下颌式、前置式或背置式有机蒸气滤毒罐和 N100、R100 或 P100 的综合防护过滤元件。指定防护因数＝50。选择 N、R 或 P 过滤元件的信息见表 4。
- ScbaE：任何适合逃生的携气式呼吸器。

有关呼吸器选择的其他重要信息参见相关标准。

接触途径：呼吸道，皮肤吸收，胃肠道，皮肤和/或眼睛直接接触。

症状：眼睛痛，视物模糊，流泪；流涕；头痛，胸闷，紫绀；厌食，恶心，呕吐，腹泻；乏力，颤搐，麻痹，Cheyne-Stokes 呼吸，抽搐；低血压，心律不齐；发汗。

靶器官：眼睛，呼吸系统，中枢神经系统，心血管系统，胃肠道，血胆碱酯酶。

间三联苯（m-Terphenyl）

$C_6H_5C_6H_4C_6H_5$

CAS No.：92-06-8

RTECS No.：WZ6470000

DOT ID 和指南号：

异名和商品名：间二苯基苯；1,3-二苯基苯；m-Diphenylbenzene；1,3-Diphenylbenzene；Isodiphenylbenzene；3-Phenylbiphenyl；1,3-Terphenyl；meta-Terphenyl；m-Triphenyl

接触限值：NIOSH REL：C 5 mg/m³（0.5 ppm）
OSHA PEL †：C 9 mg/m³（1 ppm）

IDLH：500 mg/m³ **浓度换算系数：**1 ppm＝9.57 mg/m³

理化性质：黄色固体（针状）。

分子量：230.3 沸点：689 ℉
熔点：192 ℉ 溶解度：不溶

蒸气压（200 ℉）：0.01 mmHg 电离电位：8.01
比重：1.23 闪点（开杯）：375 ℉
爆炸上限：未知 爆炸下限：未知
可燃固体。
不相容性和反应性：未见报道。

测量方法：NIOSH 5021

个人防护和卫生设施：

- 皮肤:穿戴合适的个人防护服,防止皮肤直接接触。
- 眼睛:佩戴合适的眼部防护用品,防止眼睛直接接触。
- 清洗皮肤:当皮肤受到污染时,应立即清洗污染的皮肤。
- 脱除:如果工作服被弄湿或受到了明显的污染,应该立即脱除并妥善处置。
- 更换:在离开工作场所前应当将可能受到污染的工作服更换成无污染的衣服。
- 配备:在劳动者可能接触该化学物质的作业场所,无论是否需要使用眼部防护用品,都应配备眼冲洗设备。在紧靠有可能接触该化学物质的工作场所,应配备快速冲淋身体的设备以应急使用。[注:这些设备应能够提供足量水或流动水,以将可能接触的身体任何部位上的该化学物质除去。实际配备适宜的快速冲淋设备取决于工作场所的具体条件。在某些情况下,必须及时进行大流量淋浴,而其他情况下只需要用一个水槽或软管供水就足够了。]

急救:

- 眼睛:如眼睛直接接触了该化学物质,要立即用大量水冲洗(灌洗)眼睛,冲洗时,不时翻开上下眼睑,并立即就医。
- 皮肤:如果该化学物质直接接触皮肤,立即用水冲洗污染的皮肤。如果该化学物质渗透进衣服,要迅速将衣服脱除,用水冲洗污染的皮肤,并迅速就医。
- 呼吸:如果接触者吸入大量该化学物质,立即将接触者移至新鲜空气处。如果呼吸停止,要进行人工呼吸,注意保暖和休息。尽快就医。
- 吞入:如果吞入该化学物质,应立即就医。

对呼吸器选择的建议:NIOSH

~25 mg/m³:

- Qm:任何四分之一面罩呼吸器,选择 N、R 或 P 过滤元件的信息见表 4。指定防护因数=5。£

~50 mg/m³:

- 95XQ:任何除四分之一面罩之外的防颗粒物呼吸器,配有 N95、R95 或 P95 过滤元件(包括 N95、R95 或 P95随弃式面罩)。也可使用以下过滤元件:N99、R99、P99、N100、R100、P100。指定防护因数=10。选择 N、R 或 P 过滤元件的信息见表 4。£
- Sa:任何供气式呼吸器。指定防护因数=10。£

~125 mg/m³:

- Sa:Cf:任何连续供气式呼吸器。指定防护因数=25。£
- PaprHie:任何动力送风空气过滤式呼吸器,配有高效颗粒物过滤元件。指定防护因数=25。£

~250 mg/m³:

- 100F:任何空气过滤式全面罩呼吸器,配有 N100、R100 或 P100 过滤元件。指定防护因数=50。选择 N、R 或 P 过滤元件的信息见表 4。
- ScbaF:任何携气式呼吸器,配全面罩。指定防护因数=50。
- SaF:任何供气式呼吸器,配全面罩。指定防护因数=50。

~500 mg/m³:

- SaF:Pd,Pp:任何压力需气式或正压供气式呼吸器,配全面罩。指定防护因数=2 000。

§:应急抢险,或准备进入浓度未知环境,或进入 IDLH 环境:

- ScbaF:Pd,Pp:任何压力需气式或正压携气式呼吸器,配全面罩。指定防护因数=10 000。
- SaF:Pd,Pp:AScba:任何压力需气式或正压供气式呼吸器,配全面罩,配压力需气式或正压携气式辅助呼吸器。指定防护因数=10 000。

逃生:

- 100F:任何空气过滤式全面罩呼吸器,配有 N100、R100 或 P100 过滤元件。指定防护因数=50。选择 N、R 或 P 过滤元件的信息见表 4。
- ScbaE:任何适合逃生的携气式呼吸器。

有关呼吸器选择的其他重要信息参见相关标准。

接触途径:呼吸道,胃肠道,皮肤和/或眼睛直接接触。

症状:眼睛、皮肤、黏膜刺激;皮肤热灼伤;头痛;咽痛;动物:肝、肾损害。

靶器官:眼睛,皮肤,呼吸系统,肝,肾。

邻三联苯(o-Terphenyl)

$C_6H_5C_6H_4C_6H_5$

异名和商品名:邻二苯基苯;1,2-二苯基苯;o-Diphenylbenzene;1,2-Diphenylbenzene;2-Phenylbiphenyl;1,2-Terphenyl;ortho-Terphenyl;o-Triphenyl

CAS No.:84-15-1

RTECS No.:WZ6472000

DOT ID 和指南号:

接触限值:NIOSH REL:C 5 mg/m³(0.5 ppm)

OSHA PEL †:C 9 mg/m³(1 ppm)

IDLH: 500 mg/m³ **浓度换算系数:**1 ppm=9.42 mg/m³

理化性质:无色或淡黄色固体。

分子量:230.3	沸点:630 ℉
熔点:136 ℉	溶解度:不溶
蒸气压(200 ℉):0.09 mmHg	电离电位:7.99 eV
比重:1.1	闪点(开杯):325 ℉
爆炸上限:未知	爆炸下限:未知

可燃固体。

不相容性和反应性:未见报道。

测量方法:NIOSH 5021

个人防护和卫生设施:

- 皮肤:穿戴合适的个人防护服,防止皮肤直接接触。
- 眼睛:佩戴合适的眼部防护用品,防止眼睛直接接触。
- 清洗皮肤:当皮肤受到污染时,应立即清洗污染的皮肤。
- 脱除:如果工作服被弄湿或受到了明显的污染,应该立即脱除并妥善处置。
- 更换:在离开工作场所前应当将可能受到污染的工作服更换成无污染的衣服。
- 配备:在劳动者可能接触该化学物质的作业场所,无论是否需要使用眼部防护用品,都应配备眼冲洗设备。在紧靠有可能接触该化学物质的工作场所,应配备快速冲淋身体的设备以应急使用。[注:这些设备应能够提供足量水或流动水,以将可能接触的身体任何部位上的该化学物质除去。实际配备适宜的快速冲淋设备取决于工作场所的具体条件。在某些情况下,必须及时进行大流量淋浴,而其他情况下只需要用一个水槽或软管供水就足够了。]

急救:

- 眼睛:如眼睛直接接触了该化学物质,要立即用大量水冲洗(灌洗)眼睛,冲洗时,不时翻开上下眼睑,并立即就医。
- 皮肤:如果该化学物质直接接触皮肤,立即用水冲洗污染的皮肤。如果该化学物质渗透进衣服,要迅速将衣服脱除,用水冲洗污染的皮肤,并迅速就医。
- 呼吸:如果接触者吸入大量该化学物质,立即将接触者移至新鲜空气处。如果呼吸停止,要进行人工呼吸,注意保暖和休息。尽快就医。
- 吞入:如果吞入该化学物质,应立即就医。

对呼吸器选择的建议:NIOSH

~25 mg/m³:

- Qm:任何四分之一面罩呼吸器,选择 N、R 或 P 过滤元件的信息见表 4。指定防护因数=5。£

~50 mg/m³:

- 95XQ:任何除四分之一面罩之外的防颗粒物呼吸器,配有 N95、R95 或 P95 过滤元件(包括 N95、R95 或 P95 随弃式面罩)。也可使用以下过滤元件:N99、R99、P99、N100、R100、P100。指定防护因数=10。选择 N、R 或 P 过滤元件的信息见表 4。£
- Sa:任何供气式呼吸器。指定防护因数=10。£

~125 mg/m³:

- Sa:Cf:任何连续供气式呼吸器。指定防护因数=25。£
- PaprHie:任何动力送风空气过滤式呼吸器,配有高效颗粒物过滤元件。指定防护因数=25。£

~250 mg/m³:

T

- 100F：任何空气过滤式全面罩呼吸器，配有 N100、R100 或 P100 过滤元件。指定防护因数＝50。选择 N、R 或 P 过滤元件的信息见表 4。
- ScbaF：任何携气式呼吸器，配全面罩。指定防护因数＝50。
- SaF：任何供气式呼吸器，配全面罩。指定防护因数＝50。

～500 mg/m³：

- SaF：Pd，Pp：任何压力需气式或正压供气式呼吸器，配全面罩。指定防护因数＝2 000。

§：应急抢险，或准备进入浓度未知环境，或进入 IDLH 环境：

- ScbaF：Pd，Pp：任何压力需气式或正压携气式呼吸器，配全面罩。指定防护因数＝10 000。
- SaF：Pd，Pp：AScba：任何压力需气式或正压供气式呼吸器，配全面罩，配压力需气式或正压携气式辅助呼吸器。指定防护因数＝10 000。

逃生：

- 100F：任何空气过滤式全面罩呼吸器，配有 N100、R100 或 P100 过滤元件。指定防护因数＝50。选择 N、R 或 P 过滤元件的信息见表 4。
- ScbaE：任何适合逃生的携气式呼吸器。

有关呼吸器选择的其他重要信息参见相关标准。

接触途径：呼吸道，胃肠道，皮肤和/或眼睛直接接触。

症状：眼睛、皮肤、黏膜刺激；皮肤热灼伤；头痛；咽痛；动物：肝、肾损害。

靶器官：眼睛，皮肤，呼吸系统，肝，肾。

T

对三联苯(p-Terphenyl)　　CAS No.：92-94-4

$C_6H_5C_6H_4C_6H_5$　　RTECS No.：WZ6475000

异名和商品名：对二苯基苯；1，4-二苯基苯；p-Diphenylbenzene；1，4-Diphenylbenzene；4-Phenylbiphenyl；1，4-Terphenyl；para-Terphenyl；p-Triphenyl

DOT ID 和指南号：

接触限值：NIOSH REL：C 5 mg/m³(0.5 ppm)
OSHA PEL †：C 9 mg/m³(1 ppm)

IDLH：500 mg/m³　**浓度换算系数：**1 ppm＝9.57 mg/m³

理化性质：白色或淡黄色固体。

分子量：230.3	沸点：761 ℉
熔点：415 ℉	溶解度：不溶
蒸气压：非常低	电离电位：7.78
比重：1.23	闪点：405 ℉
爆炸上限：未知	爆炸下限：未知

可燃固体。

不相容性和反应性：未见报道。

测量方法：NIOSH 5021

个人防护和卫生设施：

- 皮肤：穿戴合适的个人防护服，防止皮肤直接接触。
- 眼睛：佩戴合适的眼部防护用品，防止眼睛直接接触。
- 清洗皮肤：当皮肤受到污染时，应立即清洗污染的皮肤。
- 脱除：如果工作服被弄湿或受到了明显的污染，应该立即脱除并妥善处置。
- 更换：在离开工作场所前应当将可能受到污染的工作服更换成无污染的衣服。
- 配备：在劳动者可能接触该化学物质的作业场所，无论是否需要使用眼部防护用品，都应配备眼冲洗设备。在紧靠有可能接触该化学物质的工作场所，应配备快速冲淋身体的设备以应急使用。［注：这些设备应能够提供足量水或流动水，以将可能接触的身体任何部位上的化学物质除去。实际配备适宜的快速冲淋设备取决于工作场所的具体条件。在某些情况下，必须及时进行大流量淋浴，而其他情况下只需要用一个水槽或软管供水就足够了。]

急救：

- 眼睛：如眼睛直接接触了该化学物质，要立即用大量水冲洗（灌洗）眼睛，冲洗时，不时翻开上下眼睑，并立即就医。
- 皮肤：如果该化学物质直接接触皮肤，立即用水冲洗污染的皮肤。如果该化学物质渗透进衣服，要迅速将衣服脱除，用水冲洗污染的皮肤，并迅速就医。
- 呼吸：如果接触者吸入大量该化学物质，立即将接触者移至新鲜空气处。如果呼吸停止，要进行人工呼吸，注意保暖和休息。尽快就医。
- 吞入：如果吞入该化学物质，应立即就医。

T

对呼吸器选择的建议：NIOSH

～25 mg/m^3：

- Qm：任何四分之一面罩呼吸器，选择 N、R 或 P 过滤元件的信息见表 4。指定防护因数＝5。£

～50 mg/m^3：

- 95XQ：任何除四分之一面罩之外的防颗粒物呼吸器，配有 N95、R95 或 P95 过滤元件（包括 N95、R95 或 P95 随弃式面罩）。也可使用以下过滤元件：N99、R99、P99、N100、R100、P100。指定防护因数＝10。选择 N、R 或 P 过滤元件的信息见表 4。£
- Sa：任何供气式呼吸器。指定防护因数＝10。£

～125 mg/m^3：

- Sa：Cf：任何连续供气式呼吸器。指定防护因数＝25。£
- PaprHie：任何动力送风空气过滤式呼吸器，配有高效颗粒物过滤元件。指定防护因数＝25。£

～250 mg/m^3：

- 100F：任何空气过滤式全面罩呼吸器，配有 N100、R100 或 P100 过滤元件。指定防护因数＝50。选择 N、R 或 P 过滤元件的信息见表 4。
- ScbaF：任何携气式呼吸器，配全面罩。指定防护因数＝50。
- SaF：任何供气式呼吸器，配全面罩。指定防护因数＝50。

～500 mg/m^3：

- SaF：Pd，Pp：任何压力需气式或正压供气式呼吸器，配全面罩。指定防护因数＝2 000。

§：应急抢险，或准备进入浓度未知环境，或进入 IDLH 环境：

- ScbaF：Pd，Pp：任何压力需气式或正压携气式呼吸器，配全面罩。指定防护因数＝10 000。
- SaF：Pd，Pp：AScba：任何压力需气式或正压供气式呼吸器，配全面罩，配压力需气式或正压携气式辅助呼吸器。指定防护因数＝10 000。

逃生：

- 100F：任何空气过滤式全面罩呼吸器，配有 N100、R100 或 P100 过滤元件。指定防护因数＝50。选择 N、R 或 P 过滤元件的信息见表 4。
- ScbaE：任何适合逃生的携气式呼吸器。

有关呼吸器选择的其他重要信息参见相关标准。

接触途径：呼吸道，胃肠道，皮肤和/或眼睛直接接触。

症状：眼睛、皮肤、黏膜刺激；皮肤热灼伤；头痛；咽痛；动物：肝、肾损害。

靶器官：眼睛，皮肤，呼吸系统，肝，肾。

2,3,7,8-四氯二苯并二噁英(2,3,7,8-Tetrachloro-dibenzo-p-dioxin)
$C_{12}H_4Cl_4O_2$

CAS No.:1746-01-6
RTECS No.:HP3500000
DOT ID 和指南号:

异名和商品名:四氯二苯并二噁英;Dioxin;Dioxine;TCDBD;TCDD;2,3,7,8-TCDD
[注:过去在生产 2,3,5-三氯苯酚;2,4,5-T 和 2(2,4,5-三氯苯氧)丙酸时生成。]

接触限值:NIOSH REL:Ca 见附录 A
OSHA PEL:无

IDLH: Ca[N.D.] **浓度换算系数:**

理化性质:无色至白色晶体。[注:可在污染过的工作场所接触此物质。]

分子量:322.0	沸点:分解
熔点:581 ℉	溶解度:0.000 000 02%
蒸气压(77 ℉):0.000 002 mmHg	电离电位:未知
比重:未知	闪点:未知
爆炸上限:未知	爆炸下限:未知

不相容性和反应性:紫外光(分解)。

测量方法:无。

个人防护和卫生设施:

- 皮肤:穿戴合适的个人防护服,防止皮肤直接接触。
- 眼睛:佩戴合适的眼部防护用品,防止眼睛直接接触。
- 清洗皮肤:当皮肤受到污染时,应立即清洗污染的皮肤。/每天工作班结束后,进食、吸烟、喝水前都应该清洗可能受到污染的皮肤。
- 脱除:如果工作服被弄湿或受到了明显的污染,应该立即脱除并妥善处置。
- 更换:在离开工作场所前应当将可能受到污染的工作服更换成无污染的衣服。
- 配备:在劳动者可能接触该化学物质的作业场所,无论是否需要使用眼部防护用品,都应配备眼冲洗设备。在紧靠有可能接触该化学物质的工作场所,应配备快速冲淋身体的设备以应急使用。[注:这些设备应能够提供足量水或流动水,以将可能接触的身体任何部位上的化学物质除去。实际配备适宜的快速冲淋设备取决于工作场所的具体条件。在某些情况下,必须及时进行大流量淋浴,而其他情况下只需要用一个水槽或软管供水就足够了。]

急救:

- 眼睛:如眼睛直接接触了该化学物质,要立即用大量水冲洗(灌洗)眼睛,冲洗时,不时翻开上下眼睑,并立即就医。
- 皮肤:如果该化学物质直接接触皮肤,要立即用肥皂和水冲洗污染的皮肤。如果该化学物质渗透进衣服,立即将衣服脱除,并用水清洗皮肤。如果清洗后刺激持续存在,应就医。
- 呼吸:如果接触者吸入大量该化学物质,立即将接触者移至新鲜空气处。如果呼吸停止,要进行人工呼吸,注意保暖和休息。尽快就医。
- 吞入:如果吞入该化学物质,应立即就医。

对呼吸器选择的建议:NIOSH

¥:高于 NIOSH REL 的浓度;或当没有 REL 时,任何可以检测到的浓度:

- ScbaF:Pd,Pp:任何压力需气式或正压携气式呼吸器,配全面罩。指定防护因数=10 000。
- SaF:Pd,Pp:AScba:任何压力需气式或正压供气式呼吸器,配全面罩,配压力需气式或正压携气式辅助呼吸器。指定防护因数=10 000。

逃生:

- GmFOv100:任何空气过滤式全面罩呼吸器(防毒面具),配下颌式、前置式或背置式有机蒸气滤毒罐和 N100、R100 或 P100 的综合防护过滤元件。指定防护因数=50。选择 N、R 或 P 过滤元件的信息见表 4。

T

- ScbaE:任何适合逃生的携气式呼吸器。

有关呼吸器选择的其他重要信息参见相关标准。

接触途径:呼吸道,皮肤吸收,胃肠道,皮肤和/或眼睛直接接触。

症状:眼睛刺激;皮肤过敏,氯痤疮;卟啉症;胃肠功能紊乱;可能的生殖、致畸效应;动物:肝、肾损害;出血;[潜在职业性致癌物]。

靶器官:眼睛,皮肤,肝,肾,生殖系统。

致癌部位:[动物:多部位肿瘤]。

1,1,1,2-四氯-2,2-二氟乙烷(1,1,1,2-Tetrachloro-2,2-difluoroethane)

CCl_3CClF_2

异名和商品名:2,2-二氟-1,1,1,2-四氯乙烷;氟利昂 112a;制冷剂 112a;2,2-Difluoro-1,1,1,2-tetrachloroethane;Freon® 112a;Halocarbon 112a;Refrigerant 112a

CAS No.:76-11-9

RTECS No.:KI1425000

DOT ID 和指南号:

T

接触限值:NIOSH REL:TWA 500 ppm(4 170 mg/m^3)
OSHA PEL:TWA 500 ppm(4 170 mg/m^3)

IDLH:2 000 ppm **浓度换算系数:**1 ppm=8.34 mg/m^3

理化性质:无色固体,具有淡淡的醚样气味。[注:105 ℉以上为液体。]

分子量:203.8	沸点:197 ℉
熔点:105 ℉	溶解度:0.01%
蒸气压:40 mmHg	电离电位:未知
比重:1.65	闪点:不适用
爆炸上限:不适用	爆炸下限:不适用

不可燃固体。

不相容性和反应性:化学性质活泼的金属(如钾、铍、粉状铝、锌、钙、镁和钠),酸。

测量方法:NIOSH 1016;OSHA 7

个人防护和卫生设施:

- 皮肤:穿戴合适的个人防护服,防止皮肤直接接触。
- 眼睛:佩戴合适的眼部防护用品,防止眼睛直接接触。
- 清洗皮肤:当皮肤受到污染时,应立即清洗污染的皮肤。
- 脱除:如果工作服被弄湿或受到了明显的污染,应该立即脱除并妥善处置。
- 更换:对于班后的衣服的更换需要没有特殊建议。

急救:

- 眼睛:如眼睛直接接触了该化学物质,要立即用大量水冲洗(灌洗)眼睛,冲洗时,不时翻开上下眼睑,并立即就医。
- 皮肤:如果该化学物质直接接触皮肤,迅速用肥皂和水冲洗污染的皮肤。若该化学物质渗透进衣服,要迅速将衣服脱除,用肥皂和水清洗皮肤,并迅速就医。
- 呼吸:如果接触者吸入大量该化学物质,立即将接触者移至新鲜空气处。如果呼吸停止,要进行人工呼吸,注意保暖和休息。尽快就医。
- 吞入:如果吞入该化学物质,应立即就医。

对呼吸器选择的建议:NIOSH/OSHA

~2 000 ppm:

- Sa:任何供气式呼吸器。指定防护因数=10。
- ScbaF:任何携气式呼吸器,配全面罩。指定防护因数=50。

§:应急抢险,或准备进入浓度未知环境,或进入 IDLH 环境:

- ScbaF:Pd,Pp:任何压力需气式或正压携气式呼吸器,配全面罩。指定防护因数=10 000。
- SaF:Pd,Pp:AScba:任何压力需气式或正压供气式呼吸器,配全面罩,配压力需气式或正压携气式辅助呼吸器。指定防护因数=10 000。

逃生：

- GmFOv：任何空气过滤式全面罩呼吸器(防毒面具)，配下颌式、前置式或背置式有机蒸气滤毒罐。指定防护因数＝50。
- ScbaE：任何适合逃生的携气式呼吸器。

有关呼吸器选择的其他重要信息参见相关标准。

接触途径：呼吸道，胃肠道，皮肤和/或眼睛直接接触。

症状：眼睛、皮肤刺激；中枢神经系统抑制；肺水肿；嗜睡；呼吸困难。

靶器官：眼睛，皮肤，呼吸系统，中枢神经系统。

1,1,2,2-四氯-1,2-二氟乙烷 (1,1,2,2-Tetrachloro-1,2-difluoroethane)

CCl_2FCCl_2F

CAS No.：76-12-0

RTECS No.：KI1420000

DOT ID 和指南号：

异名和商品名：1,2-二氟-1,1,2,2-四氯乙烷；氟利昂 112；制冷剂 112；1,2-Difluoro-1,1,2,2-tetrachloroethane；Freon® 112；Halocarbon 112；Refrigerant 112

接触限值：NIOSH REL：TWA 500 ppm(4 170 mg/m^3)
OSHA PEL：TWA 500 ppm(4 170 mg/m^3)

IDLH：2 000 ppm **浓度换算系数：**1 ppm＝8.34 mg/m^3

理化性质：无色固体或液体(77 ℉以上)，具有淡淡的醚样气味。

分子量：203.8	沸点：199 ℉
熔点：77 ℉	溶解度(77 ℉)：0.01%
蒸气压：40 mmHg	电离电位：11.30 eV
比重：1.65	闪点：不适用
爆炸上限：不适用	爆炸下限：不适用

不可燃固体。

不相容性和反应性：化学性质活泼的金属(如钾、铍、粉状铝、锌、钙、镁和钠)，酸。

测量方法：NIOSH 1016；OSHA 7

个人防护和卫生设施：

- 皮肤：穿戴合适的个人防护服，防止皮肤直接接触。
- 眼睛：佩戴合适的眼部防护用品，防止眼睛直接接触。
- 清洗皮肤：当皮肤受到污染时，应立即清洗污染的皮肤。
- 脱除：如果工作服被弄湿或受到了明显的污染，应该立即脱除并妥善处置。
- 更换：对于班后的衣服的更换需要没有特殊建议。

急救：

- 眼睛：如眼睛直接接触了该化学物质，要立即用大量水冲洗(灌洗)眼睛，冲洗时，不时翻开上下眼睑，并立即就医。
- 皮肤：如果该化学物质直接接触皮肤，迅速用肥皂和水冲洗污染的皮肤。若该化学物质渗透进衣服，要迅速将衣服脱除，用肥皂和水清洗皮肤，并迅速就医。
- 呼吸：如果接触者吸入大量该化学物质，立即将接触者移至新鲜空气处。如果呼吸停止，要进行人工呼吸，注意保暖和休息。尽快就医。
- 吞入：如果吞入该化学物质，应立即就医。

对呼吸器选择的建议：NIOSH/OSHA

～2 000 ppm：

- Sa：任何供气式呼吸器。指定防护因数＝10。
- ScbaF：任何携气式呼吸器，配全面罩。指定防护因数＝50。

§：应急抢险，或准备进入浓度未知环境，或进入 IDLH 环境：

- ScbaF：Pd，Pp：任何压力需气式或正压携气式呼吸器，配全面罩。指定防护因数＝10 000。
- SaF：Pd，Pp：AScba：任何压力需气式或正压供气式呼吸器，配全面罩，配压力需气式或正压携气式辅助呼吸器。指定防护因数＝10 000。

T

逃生：

- GmFOv：任何空气过滤式全面罩呼吸器（防毒面具），配下颌式、前置式或背置式有机蒸气滤毒罐。指定防护因数=50。
- ScbaE：任何适合逃生的携气式呼吸器。

有关呼吸器选择的其他重要信息参见相关标准。

接触途径：呼吸道，胃肠道，皮肤和/或眼睛直接接触。

症状：动物：眼睛、皮肤刺激；结膜炎；肺水肿；昏迷。

靶器官：眼睛，皮肤，呼吸系统，中枢神经系统。

1,1,1,2-四氯乙烷(1,1,1,2-Tetrachloroethane)

CCl_3CH_2Cl

异名和商品名：无

CAS No.：630-20-6

RTECS No.：KI8450000

DOT ID 和指南号：1702 151

接触限值：NIOSH REL：工作场所小心处理。见附录 C（氯乙烷）

OSHA PEL：无

IDLH：N. D. **浓度换算系数：**

理化性质：淡黄红色液体。

分子量：167.9	沸点：267 ℉
凝固点：−94 ℉	溶解度：0.1%
蒸气压(77 ℉)：14 mmHg	电离电位：未知
比重：1.54	闪点：未知
爆炸上限：未知	爆炸下限：未知

不相容性和反应性：钾，钠，四氧化二氮，氢氧化钾，四氧化氮，钠钾合金，2,4-二硝基苯二硫化物。

测量方法：无。

个人防护和卫生设施：

- 皮肤：穿戴合适的个人防护服，防止皮肤直接接触。
- 眼睛：佩戴合适的眼部防护用品，防止眼睛直接接触。
- 清洗皮肤：当皮肤受到污染时，应立即清洗污染的皮肤。
- 脱除：如果工作服被弄湿或受到了明显的污染，应该立即脱除并妥善处置。
- 更换：对于班后的衣服的更换需要没有特殊建议。
- 配备：在劳动者可能接触该化学物质的作业场所，无论是否需要使用眼部防护用品，都应配备眼冲洗设备。在紧靠有可能接触该化学物质的工作场所，应配备快速冲淋身体的设备以应急使用。[注：这些设备应能够提供足量水或流动水，以将可能接触的身体任何部位上的该化学物质除去。实际配备适宜的快速冲淋设备取决于工作场所的具体条件。在某些情况下，必须及时进行大流量淋浴，而其他情况下只需要用一个水槽或软管供水就足够了。]

急救：

- 眼睛：如眼睛直接接触了该化学物质，要立即用大量水冲洗(灌洗)眼睛，冲洗时，不时翻开上下眼睑，并立即就医。
- 皮肤：如果该化学物质直接接触皮肤，立即用肥皂和水冲洗污染的皮肤。若该化学物质渗透进衣服，要立即将衣服脱除，用肥皂和水清洗皮肤，并迅速就医。
- 呼吸：如果接触者吸入大量该化学物质，立即将接触者移至新鲜空气处。如果呼吸停止，要进行人工呼吸，注意保暖和休息。尽快就医。
- 吞入：如果吞入该化学物质，应立即就医。

对呼吸器选择的建议：无。

有关呼吸器选择的其他重要信息参见相关标准。

接触途径：呼吸道，胃肠道，皮肤和/或眼睛直接接触。

症状：眼睛、皮肤刺激；乏力，烦躁；呼吸不规则；肌肉协调能力下降；动物：肝改变。

靶器官：眼睛，皮肤，中枢神经系统，肝。

1,1,2,2-四氯乙烷(1,1,2,2-Tetrachloroethane)

$CHCl_2CHCl_2$

CAS No.:79-34-5

RTECS No.:KI8575000

DOT ID 和指南号:1702 151

异名和商品名:四氯化乙炔,对称四氯乙烷,Acetylene tetrachloride,Symmetrical tetrachloroethane

接触限值:NIOSH REL:Ca TWA 1 ppm(7 mg/m³)[皮]
见附录 A 附录 C(氯乙烷)
OSHA PEL †:TWA 5 ppm(35 mg/m³)[皮]

IDLH: Ca[100 ppm]　**浓度换算系数:**1 ppm=6.87 mg/m³

理化性质:无色至淡黄色液体,具有刺激的氯仿样气味。

分子量:167.9	沸点:296 ℉
凝固点:-33 ℉	溶解度:0.3%
蒸气压:5 mmHg	电离电位:11.10 eV
比重(77 ℉):1.59	闪点:不适用
爆炸上限:不适用	爆炸下限:不适用

不可燃液体。

不相容性和反应性:化学性质活泼的金属,强腐蚀剂,发烟硫酸。[注:遇空气缓慢裂解。]

测量方法:NIOSH1019,2562;OSHA7

个人防护和卫生设施:

- 皮肤:穿戴合适的个人防护服,防止皮肤直接接触。
- 眼睛:佩戴合适的眼部防护用品,防止眼睛直接接触。
- 清洗皮肤:当皮肤受到污染时,应立即清洗污染的皮肤。
- 脱除:如果工作服被弄湿或受到了明显的污染,应该立即脱除并妥善处置。
- 更换:对于班后的衣服的更换需要没有特殊建议。
- 配备:在劳动者可能接触该化学物质的作业场所,无论是否需要使用眼部防护用品,都应配备眼冲洗设备。在紧靠有可能接触该化学物质的工作场所,应配备快速冲淋身体的设备以应急使用。[注:这些设备应能够提供足量水或流动水,以将可能接触的身体任何部位上的该化学物质除去。实际配备适宜的快速冲淋设备取决于工作场所的具体条件。在某些情况下,必须及时进行大流量淋浴,而其他情况下只需要用一个水槽或软管供水就足够了。]

急救:

- 眼睛:如眼睛直接接触了该化学物质,要立即用大量水冲洗(灌洗)眼睛,冲洗时,不时翻开上下眼睑,并立即就医。
- 皮肤:如果该化学物质直接接触皮肤,迅速用肥皂和水冲洗污染的皮肤。若该化学物质渗透进衣服,要迅速将衣服脱除,用肥皂和水清洗皮肤,并迅速就医。
- 呼吸:如果接触者吸入大量该化学物质,立即将接触者移至新鲜空气处。如果呼吸停止,要进行人工呼吸,注意保暖和休息。尽快就医。
- 吞入:如果吞入该化学物质,应立即就医。

对呼吸器选择的建议:NIOSH

¥:高于 NIOSH REL 的浓度;或当没有 REL 时,任何可以检测到的浓度:

- ScbaF:Pd,Pp:任何压力需气式或正压携气式呼吸器,配全面罩。指定防护因数=10 000。
- SaF:Pd,Pp:AScba:任何压力需气式或正压供气式呼吸器,配全面罩,配压力需气式或正压携气式辅助呼吸器。指定防护因数=10 000。

逃生:

- GmFOv:任何空气过滤式全面罩呼吸器(防毒面具),配下颌式、前置式或背置式有机蒸气滤毒罐。指定防护因数=50。
- ScbaE:任何适合逃生的携气式呼吸器。

有关呼吸器选择的其他重要信息参见相关标准。

接触途径:呼吸道,皮肤吸收,胃肠道,皮肤和/或眼睛直接接触。

T

症状:恶心,呕吐,腹痛;手指震颤;黄疸,肝炎,肝触痛;皮炎;白细胞增多;肾损害;[潜在职业性致癌物]。

靶器官:皮肤,肝,肾,中枢神经系统,胃肠道。

致癌部位:[动物:肝肿瘤]。

四氯乙烯(Tetrachloroethylene)

$Cl_2C{=}CCl_2$

异名和商品名:全氯乙烯,Perchlorethylene,Perchloroethylene,Perk,Tetrachlorethylene

CAS No.:127-18-4

RTECS No.:KX3850000

DOT ID 和指南号:1897 160

接触限值:NIOSH REL:Ca 工作场所最小接触浓度。见附录 A

OSHA PEL †:TWA100 ppm

C200 ppm 300 ppm(任何 3 h 内 5min 最大峰值)

IDLH:Ca [150 ppm] **浓度换算系数**:1 ppm=6.78 mg/m^3

理化性质:无色液体,具有淡淡的氯仿样气味。

分子量:	165.8	沸点:	250 ℉
凝固点:	-2 ℉	溶解度:	0.02%
蒸气压:	14 mmHg	电离电位:	9.32 eV
比重:	1.62	闪点:	不适用
爆炸上限:	不适用	爆炸下限:	不适用

不可燃液体,但遇火分解为氯化氢和光气。

不相容性和反应性:强氧化剂,化学性质活泼的金属(如锂、铍和钡),苛性苏打,氢氧化钠,苛性钾。

测量方法:NIOSH 1003;OSHA 1001

个人防护和卫生设施:

- 皮肤:穿戴合适的个人防护服,防止皮肤直接接触。
- 眼睛:佩戴合适的眼部防护用品,防止眼睛直接接触。
- 清洗皮肤:当皮肤受到污染时,应立即清洗污染的皮肤。
- 脱除:如果工作服被弄湿或受到了明显的污染,应该立即脱除并妥善处置。
- 更换:对于班后的衣服的更换需要没有特殊建议。
- 配备:在劳动者可能接触该化学物质的作业场所,无论是否需要使用眼部防护用品,都应配备眼冲洗设备。在紧靠有可能接触该化学物质的工作场所,应配备快速冲淋身体的设备以应急使用。[注:这些设备应能够提供足量水或流动水,以将可能接触的身体任何部位上的该化学物质除去。实际配备适宜的快速冲淋设备取决于工作场所的具体条件。在某些情况下,必须及时进行大流量淋浴,而其他情况下只需要用一个水槽或软管供水就足够了。]

急救:

- 眼睛:如眼睛直接接触了该化学物质,要立即用大量水冲洗(灌洗)眼睛,冲洗时,不时翻开上下眼睑,并立即就医。
- 皮肤:如果该化学物质直接接触皮肤,迅速用肥皂和水冲洗污染的皮肤。若该化学物质渗透进衣服,要迅速将衣服脱除,用肥皂和水清洗皮肤,并迅速就医。
- 呼吸:如果接触者吸入大量该化学物质,立即将接触者移至新鲜空气处。如果呼吸停止,要进行人工呼吸,注意保暖和休息。尽快就医。
- 吞入:如果吞入该化学物质,应立即就医。

对呼吸器选择的建议:NIOSH

¥:高于 NIOSH REL 的浓度;或当没有 REL 时,任何可以检测到的浓度:

- ScbaF:Pd,Pp:任何压力需气式或正压携气式呼吸器,配全面罩。指定防护因数=10 000。
- SaF:Pd,Pp:AScba:任何压力需气式或正压供气式呼吸器，配全面罩，配压力需气式或正压携气式辅助呼吸器。指定防护因数=10 000。

逃生：

- GmFOv：任何空气过滤式全面罩呼吸器（防毒面具），配下颌式、前置式或背置式有机蒸气滤毒罐。指定防护因数=50。
- ScbaE：任何适合逃生的携气式呼吸器。

有关呼吸器选择的其他重要信息参见相关标准。

接触途径：呼吸道，皮肤吸收，胃肠道，皮肤和/或眼睛直接接触。

症状：眼睛、皮肤、鼻、咽喉、呼吸系统刺激；恶心；面部、脖子发红；头晕，协调能力下降；头痛，嗜睡；皮肤红斑；肝损害；[潜在职业性致癌物]。

靶器官：眼睛，皮肤，呼吸系统，肝，肾，中枢神经系统。

致癌部位：[动物：肝肿瘤]。

四氯（化）萘（Tetrachloronaphthalene）

$C_{10}H_4Cl_4$

异名和商品名：光蜡，Halowax®，Nibren wax，seekay wax

CAS No.：1335-88-2

RTECS No.：QK3700000

DOT ID 和指南号：

接触限值：NIOSH REL：TWA 2 mg/m³[皮]

OSHA PEL：TWA 2 mg/m³[皮]

IDLH：见附录 F　　**浓度换算系数：**

理化性质：无色至浅黄色固体，具有芳香气味。

分子量：265.9	沸点：599～680 ℉
熔点：360 ℉	溶解度：不溶
蒸气压：<1 mmHg	电离电位：未知
比重：1.59～1.65	闪点（开杯）：410 ℉
爆炸上限：未知	爆炸下限：未知

可燃固体。

不相容性和反应性：强氧化剂。

测量方法：NIOSH S130（II-2）

个人防护和卫生设施：

- 皮肤：穿戴合适的个人防护服，防止皮肤直接接触。
- 眼睛：佩戴合适的眼部防护用品，防止眼睛直接接触。
- 清洗皮肤：当皮肤受到污染时，应立即清洗污染的皮肤。
- 脱除：如果工作服被弄湿或受到了明显的污染，应该立即脱除并妥善处置。
- 更换：在离开工作场所前应当将可能受到污染的工作服更换成无污染的衣服。

急救：

- 眼睛：如眼睛直接接触了该化学物质，要立即用大量水冲洗（灌洗）眼睛，冲洗时，不时翻开上下眼睑，并立即就医。
- 皮肤：如果该化学物质直接接触皮肤，立即用肥皂和水冲洗污染的皮肤。若该化学物质渗透进衣服，要立即将衣服脱除，用肥皂和水清洗皮肤，并迅速就医。
- 呼吸：如果接触者吸入大量该化学物质，立即将接触者移至新鲜空气处。如果呼吸停止，要进行人工呼吸，注意保暖和休息。尽快就医。
- 吞入：如果吞入该化学物质，应立即就医。

对呼吸器选择的建议：NIOSH/OSHA

～20 mg/m³：

- ScbaF：任何携气式呼吸器，配全面罩。指定防护因数=50。
- SaF：任何供气式呼吸器，配全面罩。指定防护因数=50。

§：应急抢险，或准备进入浓度未知环境，或进入 IDLH 环境：

- ScbaF：Pd，Pp：任何压力需气式或正压携气式呼吸器，配全面罩。指定防护因数=10 000。
- SaF：Pd，Pp：AScba：任何压力需气式或正压供气式呼吸器，配全面罩，配压力需气式或正压携气式辅助呼吸器。指定防护因数=10 000。

T

逃生：

- GmFOv100：任何空气过滤式全面罩呼吸器(防毒面具)，配下颌式、前置式或背置式有机蒸气滤毒罐和N100、R100或P100的综合防护过滤元件。指定防护因数=50。选择N、R或P过滤元件的信息见表4。
- ScbaE：任何适合逃生的携气式呼吸器。

(见附录F)

有关呼吸器选择的其他重要信息参见相关标准。

接触途径：呼吸道，皮肤吸收，胃肠道，皮肤和/或眼睛直接接触。

症状：痤疮性皮炎；头痛，乏力，厌食，头晕；黄疸，肝损伤。

靶器官：肝，皮肤，中枢神经系统。

T

四乙基铅(按铅计)［Tetraethyl lead (as Pb)］

$Pb(C_2H_5)_4$

异名和商品名：Lead tetraethyl，TEL，Tetraethylplumbane

CAS No.：78-00-2

RTECS No.：TP4550000

DOT ID 和指南号：1649 131

接触限值：NIOSH REL：TWA 0.075 mg/m^3［皮］

OSHA PEL：TWA 0.075 mg/m^3［皮］

IDLH：40 mg/m^3(按铅计)　　**浓度换算系数：**

理化性质：无色液体(可被染为红色、橙色或蓝色)，具令人愉快的甜味。［注：主要用途是汽油抗爆剂。］

分子量：	323.5	沸点：	228 ℉(分解)
凝固点：	-202 ℉	溶解度：	0.000 02%
蒸气压：	0.2 mmHg	电离电位：	11.10 eV
比重：	1.65	闪点：	200 ℉
爆炸上限：	未知	爆炸下限：	1.8%

ⅢB类可燃液体——闪点等于或高于200 ℉。

不相容性和反应性：强氧化剂，硫酰氯，铁锈，高锰酸钾。［注：在室温下缓慢分解且在较高温度下迅速分解。］

测量方法：NIOSH 2533

个人防护和卫生设施：

- 皮肤：穿戴合适的个人防护服，防止皮肤直接接触。(>0.1%)
- 眼睛：佩戴合适的眼部防护用品，防止眼睛直接接触。
- 清洗皮肤：当皮肤受到污染时，应立即清洗污染的皮肤。(>0.1%)
- 脱除：如果工作服被弄湿或受到了明显的污染，应该立即脱除并妥善处置。(>0.1%)
- 更换：在离开工作场所前应当将可能受到污染的工作服更换成无污染的衣服。
- 配备：在紧靠有可能接触该化学物质的工作场所，应配备快速冲淋身体的设备以应急使用。［注：这些设备应能够提供足量水或流动水，以将可能接触的身体任何部位上的该化学物质除去。实际配备适宜的快速冲淋设备取决于工作场所的具体条件。在某些情况下，必须及时进行大流量淋浴，而其他情况下只需要用一个水槽或软管供水就足够了。］(>0.1%)

急救：

- 眼睛：如眼睛直接接触了该化学物质，要立即用大量水冲洗(灌洗)眼睛，冲洗时，不时翻开上下眼睑，并立即就医。
- 皮肤：如果该化学物质直接接触皮肤，立即用肥皂和水冲洗污染的皮肤。若该化学物质渗透进衣服，要立即将衣服脱除，用肥皂和水清洗皮肤，并迅速就医。
- 呼吸：如果接触者吸入大量该化学物质，立即将接触者移至新鲜空气处。如果呼吸停止，要进行人工呼吸，注意保暖和休息。尽快就医。
- 吞入：如果吞入该化学物质，应立即就医。

对呼吸器选择的建议:NIOSH/OSHA

~0.75 mg/m³:

- Sa:任何供气式呼吸器。指定防护因数=10。

~1.875 mg/m³:

- Sa:Cf:任何连续供气式呼吸器。指定防护因数=25。

~3.75 mg/m³:

- SaT:Cf:任何连续供气式呼吸器,配密合型面罩。指定防护因数=50。
- ScbaF:任何携气式呼吸器,配全面罩。指定防护因数=50。
- SaF:任何供气式呼吸器,配全面罩。指定防护因数=50。

~40 mg/m³:

- Sa:Pd,Pp:任何压力需气式或正压供气式呼吸器。指定防护因数=1 000。

§:应急抢险,或准备进入浓度未知环境,或进入 IDLH 环境:

- ScbaF:Pd,Pp:任何压力需气式或正压携气式呼吸器,配全面罩。指定防护因数=10 000。
- SaF:Pd,Pp:AScba:任何压力需气式或正压供气式呼吸器,配全面罩,配压力需气式或正压携气式辅助呼吸器。指定防护因数=10 000。

逃生:

- GmFOv:任何空气过滤式全面罩呼吸器(防毒面具),配下颌式、前置式或背置式有机蒸气滤毒罐。指定防护因数=50。
- ScbaE:任何适合逃生的携气式呼吸器。

有关呼吸器选择的其他重要信息参见相关标准。

接触途径:呼吸道,皮肤吸收,胃肠道,皮肤和/或眼睛直接接触。

症状:失眠,乏力,焦虑;震颤,反射亢进,痉挛;心搏徐缓,低血压,体温降低,苍白,恶心,厌食,体重减轻;意识模糊,幻觉,精神不正常,狂躁症,抽搐,昏迷;眼睛刺激。

靶器官:中枢神经系统,心血管系统,肾,眼睛。

T

四氢呋喃(Tetrahydrofuran)

C_4H_8O

异名和商品名:氧杂环戊烷;Diethylene oxide;1,4-Epoxybutane;Tetramethylene oxide;THF

CAS No.:109-99-9

RTECS No.:LU5950000

DOT ID 和指南号:2056 127

接触限值:NIOSH REL:TWA 200 ppm(590 mg/m³)
ST 250 ppm(735 mg/m³)
OSHA PEL †:TWA 200 ppm(590 mg/m³)

IDLH:2 000 ppm[10%爆炸下限]

浓度换算系数:1 ppm=2.95 mg/m³

理化性质:无色液体,具有乙醚样气味。

分子量	72.1	沸点	151 ℉
凝固点	-163 ℉	溶解度	与水互溶
蒸气压	132 mmHg	电离电位	9.45 eV
比重	0.89	闪点	6 ℉

爆炸上限:11.8%　　　爆炸下限:2%

ⅠB 类易燃液体——闪点低于 73 ℉,沸点等于或高于 100 ℉。

不相容性和反应性:强氧化剂,锂铝合金。[注:在空气中长期储存可聚积过氧化物。]

测量方法:NIOSH 1609,3800;OSHA 7

个人防护和卫生设施:

- 皮肤:穿戴合适的个人防护服,防止皮肤直接接触。
- 眼睛:佩戴合适的眼部防护用品,防止眼睛直接接触。
- 清洗皮肤:当皮肤受到污染时,应立即清洗污染的皮肤。

- 脱除：如果工作服被可燃性物质（即闪点低于 100 ℉的液体）浸湿，应当立即脱除并妥善处置，以防着火。
- 更换：对于班后的衣服的更换需要没有特殊建议。

急救：

- 眼睛：如眼睛直接接触了该化学物质，要立即用大量水冲洗（灌洗）眼睛，冲洗时，不时翻开上下眼睑，并立即就医。
- 皮肤：如果该化学物质直接接触皮肤，迅速用水冲洗污染的皮肤。如果该化学物质渗透进衣服，要立即将衣服脱除，迅速用水冲洗污染的皮肤，若冲洗后刺激症状持续存在，应就医。
- 呼吸：如果接触者吸入大量该化学物质，立即将接触者移至新鲜空气处。如果呼吸停止，要进行人工呼吸，注意保暖和休息。尽快就医。
- 吞入：如果吞入该化学物质，应立即就医。

T

对呼吸器选择的建议：NIOSH/OSHA

～2 000 ppm：

- Sa：Cf：任何连续供气式呼吸器。指定防护因数＝25。£
- CcrFOv：任何空气过滤式全面罩呼吸器，配有机蒸气滤毒盒。指定防护因数＝50。
- GmFOv：任何空气过滤式全面罩呼吸器（防毒面具），配下颌式、前置式或背置式有机蒸气滤毒罐。指定防护因数＝50。
- PaprOv：任何动力送风空气过滤式呼吸器，配有机蒸气滤毒盒。指定防护因数＝25。£
- ScbaF：任何携气式呼吸器，配全面罩。指定防护因数＝50。
- SaF：任何供气式呼吸器，配全面罩。指定防护因数＝50。

§：应急抢险，或准备进入浓度未知环境，或进入 IDLH 环境：

- ScbaF：Pd，Pp：任何压力需气式或正压携气式呼吸器，配全面罩。指定防护因数＝10 000。
- SaF：Pd，Pp：AScba：任何压力需气式或正压供气式呼吸器，配全面罩，配压力需气式或正压携气式辅助呼吸器。指定防护因数＝10 000。

逃生：

- GmFOv：任何空气过滤式全面罩呼吸器（防毒面具），配下颌式、前置式或背置式有机蒸气滤毒罐。指定防护因数＝50。
- ScbaE：任何适合逃生的携气式呼吸器。

有关呼吸器选择的其他重要信息参见相关标准。

接触途径：呼吸道，胃肠道，皮肤和/或眼睛直接接触。

症状：眼睛、上呼吸道刺激；恶心，头晕，头痛，中枢神经系统抑制。

靶器官：眼睛，呼吸系统，中枢神经系统。

四甲基铅（按铅计）［Tetramethyl lead (as Pb)］ $Pb(CH_3)_4$

CAS No.：75-74-1

RTECS No.：TP4725000

异名和商品名：四甲铅，Lead tetramethyl，Tetramethylplumbane，TML

DOT ID 和指南号：

接触限值：NIOSH REL：TWA 0.075 mg/m^3［皮］
OSHA PEL：TWA 0.075 mg/m^3［皮］

IDLH：40 mg/m^3（按铅计）　　**浓度换算系数：**

理化性质：无色液体（可被染成红色、橙色或蓝色），具有淡淡的水果气味。［注：主要用途是汽油防爆剂。］

分子量：267.3	沸点：212 ℉（分解）
凝固点：－15 ℉	溶解度：0.002％
蒸气压：23 mmHg	电离电位：8.50 eV

比　　重：2.00　　闪　　点：100 ℉

爆炸上限：未知　　爆炸下限：未知

Ⅱ类可燃液体——闪点等于或高于100 ℉且低于140 ℉。

不相容性和反应性：强氧化剂，如硫酰氯或高锰酸钾。

测量方法：NIOSH 2534

个人防护和卫生设施：

- 皮肤：穿戴合适的个人防护服，防止皮肤直接接触。（>0.1%）
- 眼睛：佩戴合适的眼部防护用品，防止眼睛直接接触。
- 清洗皮肤：当皮肤受到污染时，应立即清洗污染的皮肤。（>0.1%）
- 脱除：如果工作服被弄湿或受到了明显的污染，应该立即脱除并妥善处置。（>0.1%）
- 更换：在离开工作场所前应当将可能受到污染的工作服更换成无污染的衣服。
- 配备：在紧靠有可能接触该化学物质的工作场所，应配备快速冲淋身体的设备以应急使用。[注：这些设备应能够提供足量水或流动水，以将可能接触的身体任何部位上的该化学物质除去。实际配备适宜的快速冲淋设备取决于工作场所的具体条件。在某些情况下，必须及时进行大流量淋浴，而其他情况下只需要用一个水槽或软管供水就足够了。]（>0.1%）

急救：

- 眼睛：如眼睛直接接触了该化学物质，要立即用大量水冲洗（灌洗）眼睛，冲洗时，不时翻开上下眼睑，并立即就医。
- 皮肤：如果该化学物质直接接触皮肤，立即用肥皂和水冲洗污染的皮肤。若该化学物质渗透进衣服，要立即将衣服脱除，用肥皂和水清洗皮肤，并迅速就医。
- 呼吸：如果接触者吸入大量该化学物质，立即将接触者移至新鲜空气处。如果呼吸停止，要进行人工呼吸，注意保暖和休息。尽快就医。
- 吞入：如果吞入该化学物质，应立即就医。

对呼吸器选择的建议：NIOSH/OSHA

~0.75 mg/m^3：

- Sa：任何供气式呼吸器。指定防护因数=10。

~1.875 mg/m^3：

- Sa：Cf：任何连续供气式呼吸器。指定防护因数=25。

~3.75 mg/m^3：

- SaT：Cf：任何连续供气式呼吸器，配密合型面罩。指定防护因数=50。
- ScbaF：任何携气式呼吸器，配全面罩。指定防护因数=50。
- SaF：任何供气式呼吸器，配全面罩。指定防护因数=50。

~40 mg/m^3：

- Sa：Pd，Pp：任何压力需气式或正压供气式呼吸器。指定防护因数=1 000。

§：应急抢险，或准备进入浓度未知环境，或进入IDLH环境：

- ScbaF：Pd，Pp：任何压力需气式或正压携气式呼吸器，配全面罩。指定防护因数=10 000。
- SaF：Pd，Pp：AScba：任何压力需气式或正压供气式呼吸器，配全面罩，配压力需气式或正压携气式辅助呼吸器。指定防护因数=10 000。

逃生：

- GmFOv：任何空气过滤式全面罩呼吸器（防毒面具），配下颌式、前置式或背置式有机蒸气滤毒罐。指定防护因数=50。
- ScbaE：任何适合逃生的携气式呼吸器。

有关呼吸器选择的其他重要信息参见相关标准。

接触途径：呼吸道，皮肤吸收，胃肠道，皮肤和/或眼睛直接接触。

症状：失眠，多梦，烦躁，焦虑；低血压；恶心，厌食；谵妄，狂躁症，抽搐；昏迷。

靶器官：中枢神经系统，心血管系统，肾。

T

四甲基琥珀腈(Tetramethyl succinonitrile)

$(CH_3)_2C(CN)C(CN)(CH_3)_2$

异名和商品名:Tetramethyl succinodinitrile,TMSN

CAS No.:3333-52-6

RTECS No.:WN4025000

DOT ID 和指南号:

接触限值:NIOSH REL:TWA 3 mg/m³(0.5 ppm)[皮]

OSHA PEL:TWA 3 mg/m³(0.5 ppm)[皮]

IDLH:5 ppm　　**浓度换算系数**:1 ppm=5.57 mg/m³

理化性质:无色无气味固体。[注:在体内形成氰化物。]

分 子 量:136.2　　沸　　点:升华

熔　　点:338 ℉(升华)　　溶 解 度:不溶

蒸 气 压:未知　　电离电位:未知

比　　重:1.07　　闪　　点:未知

爆炸上限:未知　　爆炸下限:未知

可燃固体。

不相容性和反应性:强氧化剂。

测量方法:NIOSH S155(Ⅱ-3);OSHA 7

个人防护和卫生设施:

- 皮肤:穿戴合适的个人防护服,防止皮肤直接接触。
- 眼睛:佩戴合适的眼部防护用品,防止眼睛直接接触。
- 清洗皮肤:当皮肤受到污染时,应立即清洗污染的皮肤。
- 脱除:如果工作服被弄湿或受到了明显的污染,应该立即脱除并妥善处置。
- 更换:在离开工作场所前应当将可能受到污染的工作服更换成无污染的衣服。

急救:

- 眼睛:如眼睛直接接触了该化学物质,要立即用大量水冲洗(灌洗)眼睛,冲洗时,不时翻开上下眼睑,并立即就医。
- 皮肤:如果该化学物质直接接触皮肤,迅速用肥皂和水冲洗污染的皮肤。若该化学物质渗透进衣服,要迅速将衣服脱除,用肥皂和水清洗皮肤,并迅速就医。
- 呼吸:如果接触者吸入大量该化学物质,立即将接触者移至新鲜空气处。如果呼吸停止,要进行人工呼吸,注意保暖和休息。尽快就医。
- 吞入:如果吞入该化学物质,应立即就医。

对呼吸器选择的建议:NIOSH/OSHA

~28 mg/m³:

- Sa:任何供气式呼吸器。指定防护因数=10。
- ScbaF:任何携气式呼吸器,配全面罩。指定防护因数=50。

§:应急抢险,或准备进入浓度未知环境,或进入 IDLH 环境:

- ScbaF:Pd,Pp:任何压力需气式或正压携气式呼吸器,配全面罩。指定防护因数=10 000。
- SaF:Pd,Pp:AScba:任何压力需气式或正压供气式呼吸器,配全面罩,配压力需气式或正压携气式辅助呼吸器。指定防护因数=10 000。

逃生:

- GmFOv100:任何空气过滤式全面罩呼吸器(防毒面具),配下颌式、前置式或背置式有机蒸气滤毒罐和N100、R100 或 P100 的综合防护过滤元件。指定防护因数=50。选择 N、R 或 P 过滤元件的信息见表 4。
- ScbaE:任何适合逃生的携气式呼吸器。

有关呼吸器选择的其他重要信息参见相关标准。

接触途径:呼吸道,皮肤吸收,胃肠道,皮肤和/或眼睛直接接触。

症状:头痛,恶心;抽搐,昏迷;肝、肾、胃肠道效应。

靶器官:中枢神经系统,肝,肾,胃肠道。

四硝基甲烷(Tetranitromethane)　　CAS No.:509-14-8

$C(NO_2)_4$　　RTECS No.:PB4025000

异名和商品名: Tetan,TNM　　DOT ID 和指南号:1510 143

接触限值:NIOSH REL:TWA 1 ppm(8 mg/m^3)
OSHA PEL:TWA 1 ppm(8 mg/m^3)

IDLH:4 ppm　　**浓度换算系数:**1 ppm=8.02 mg/m^3

理化性质:无色至浅黄色液体或固体(57 ℉以下),具有刺激性气味。

分子量:196.0　　沸点:259 ℉
凝固点:57 ℉　　溶解度:不溶
蒸气压:8 mmHg　　电离电位:未知
比重:1.62　　闪点:未知
爆炸上限:未知　　爆炸下限:未知

可燃液体,但点燃困难。
不相容性和反应性:烃,碱,金属,氧化剂,铝,甲苯,棉。[注:遇有四硝基甲烷的可燃物质具高爆炸性。]

测量方法:NIOSH 3513

个人防护和卫生设施:
- 皮肤:穿戴合适的个人防护服,防止皮肤直接接触。
- 眼睛:佩戴合适的眼部防护用品,防止眼睛直接接触。
- 清洗皮肤:当皮肤受到污染时,应立即清洗污染的皮肤。
- 脱除:如果工作服被可燃性物质(即闪点低于 100 ℉的液体)浸湿,应当立即脱除并妥善处置,以防着火。
- 更换:在离开工作场所前应当将可能受到污染的工作服更换成无污染的衣服。
- 配备:在劳动者可能接触该化学物质的作业场所,无论是否需要使用眼部防护用品,都应配备眼冲洗设备。

急救:
- 眼睛:如眼睛直接接触了该化学物质,要立即用大量水冲洗(灌洗)眼睛,冲洗时,不时翻开上下眼睑,并立即就医。
- 皮肤:如果该化学物质直接接触皮肤,迅速用肥皂和水冲洗污染的皮肤。若该化学物质渗透进衣服,要迅速将衣服脱除,用肥皂和水清洗皮肤,并迅速就医。
- 呼吸:如果接触者吸入大量该化学物质,立即将接触者移至新鲜空气处。如果呼吸停止,要进行人工呼吸,注意保暖和休息。尽快就医。
- 吞入:如果吞入该化学物质,应立即就医。

对呼吸器选择的建议:NIOSH/OSHA

~4 ppm:
- Sa:Cf:任何连续供气式呼吸器。指定防护因数=25。£
- CcrFS:任何空气过滤式全面罩呼吸器,配防该化学物质的滤毒盒。指定防护因数=50。¿
- GmFS:任何空气过滤式全面罩呼吸器(防毒面具),配下颌式、前置式或背置式防该化学物质的滤毒罐。指定防护因数=50。¿
- PaprS:任何动力送风空气过滤式呼吸器,配有防该化学物质的滤毒盒。指定防护因数=25。¿ £
- ScbaF:任何携气式呼吸器,配全面罩。指定防护因数=50。
- SaF:任何供气式呼吸器,配全面罩。指定防护因数=50。

§:应急抢险,或准备进入浓度未知环境,或进入 IDLH 环境:
- ScbaF:Pd,Pp:任何压力需气式或正压携气式呼吸器,配全面罩。指定防护因数=10 000。
- SaF:Pd,Pp:AScba:任何压力需气式或正压供气式呼吸器,配全面罩,配压力需气式或正压携气式辅助呼吸器。指定防护因数=10 000。

逃生:
- GmFS:任何空气过滤式全面罩呼吸器(防毒面具),配下颌式、前置式或背置式防该化学物质的滤毒罐。指定防护因数=50。¿
- ScbaE:任何适合逃生的携气式呼吸器。

有关呼吸器选择的其他重要信息参见相关标准。

T

接触途径:呼吸道,胃肠道,皮肤和/或眼睛直接接触。	难;高蛋白血症,紫绀;皮肤灼伤。
症状:眼睛、皮肤、鼻、咽喉刺激;头晕,头痛;胸痛,呼吸困	靶器官:眼睛,皮肤,呼吸系统,血液,中枢神经系统。

焦磷酸四钠(Tetrasodium pyrophosphate)
$Na_4P_2O_7$

CAS No.:7722-88-5
RTECS No.:UX7350000
DOT ID 和指南号:

异名和商品名:焦磷酸钠,Pyrophosphate,Sodium pyrophosphate,Tetrasodium diphosphate,Tetrasodium pyrophosphate (anhydrous),TSPP

接触限值:NIOSH REL:TWA 5 mg/m^3
OSHA PEL †:无

IDLH:N. D.　　**浓度换算系数:**

理化性质:白色无气味粉末或颗粒。[注:十水化合物($Na_4P_2O_7 \cdot 10H_2O$)是无色透明晶体。]

分子量:265.9	沸点:分解
熔点:1 810 ℉	溶解度(77 ℉):7%
蒸气压:0 mmHg(约)	电离电位:不适用
比重:2.45	闪点:不适用
爆炸上限:不适用	爆炸下限:不适用

不可燃固体。
不相容性和反应性:强酸。

测量方法:NIOSH 0500

个人防护和卫生设施:
- 皮肤:穿戴合适的个人防护服,防止皮肤直接接触。
- 眼睛:佩戴合适的眼部防护用品,防止眼睛直接接触。
- 清洗皮肤:当皮肤受到污染时,应立即清洗污染的皮肤。
- 脱除:如果工作服被弄湿或受到了明显的污染,应该立即脱除并妥善处置。
- 更换:在离开工作场所前应当将可能受到污染的工作服更换成无污染的衣服。
- 配备:在劳动者可能接触该化学物质的作业场所,无论是否需要使用眼部防护用品,都应配备眼冲洗设备。(溶液)

急救:
- 眼睛:如眼睛直接接触了该化学物质,要立即用大量水冲洗(灌洗)眼睛,冲洗时,不时翻开上下眼睑,并立即就医。
- 皮肤:如果该化学物质直接接触皮肤,立即用水冲洗污染的皮肤。如果该化学物质渗透进衣服,迅速将衣服脱除,用水冲洗皮肤。若清洗后症状持续存在,应就医。
- 呼吸:如果接触者吸入大量该化学物质,立即将接触者移至新鲜空气处。如果呼吸停止,要进行人工呼吸,注意保暖和休息。尽快就医。
- 吞入:如果吞入该化学物质,应立即就医。

对呼吸器选择的建议:无。
有关呼吸器选择的其他重要信息参见相关标准。

接触途径:呼吸道,消化道,皮肤和/或眼睛直接接触。

症状:眼睛、皮肤、鼻、咽喉刺激;皮炎。

靶器官:眼睛,皮肤,呼吸系统。

三硝基苯甲硝胺(Tetryl)

$(NO_2)_3C_6H_2N(NO_2)CH_3$

CAS No.:479-45-8

RTECS No.:BY6300000

DOT ID 和指南号:

异名和商品名:特屈儿;N-甲基-N,2,4,6-四硝基苯胺;2,4,6-Tetryl;N-Methyl-N,2,4,6-tetranitroaniline;2,4,6-Trinitrophenyl-N-methylnitramine;Nitramine

接触限值:NIOSH REL:TWA 1.5 mg/m³[皮]
OSHA PEL:TWA 1.5 mg/m³[皮]

IDLH:750 mg/m³ **浓度换算系数**:

理化性质:无色至黄色无气味晶体。

分子量:287.2 沸点:356～374 ℉(爆炸)
熔点:268 ℉ 溶解度:0.02%
蒸气压:<1 mmHg 电离电位:未知
比重:1.57 闪点:爆炸
爆炸上限:未知 爆炸下限:未知
可燃固体(A类爆炸物)。
不相容性和反应性:可被氧化的物质,肼。

测量方法:NIOSH S225(Ⅱ-3)

个人防护和卫生设施:

- 皮肤:穿戴合适的个人防护服,防止皮肤直接接触。
- 眼睛:佩戴合适的眼部防护用品,防止眼睛直接接触。
- 清洗皮肤:当皮肤受到污染时,应立即清洗污染的皮肤。/每天工作班结束后,进食、吸烟、喝水前都应该清洗可能受到污染的皮肤。
- 脱除:如果工作服被弄湿或受到了明显的污染,应该立即脱除并妥善处置。
- 更换:在离开工作场所前应当将可能受到污染的工作服更换成无污染的衣服。

急救:

- 眼睛:如眼睛直接接触了该化学物质,要立即用大量水冲洗(灌洗)眼睛,冲洗时,不时翻开上下眼睑,并立即就医。
- 皮肤:如果该化学物质直接接触皮肤,迅速用肥皂和水冲洗污染的皮肤。若该化学物质渗透进衣服,要迅速将衣服脱除,用肥皂和水清洗皮肤,并迅速就医。
- 呼吸:如果接触者吸入大量该化学物质,立即将接触者移至新鲜空气处。如果呼吸停止,要进行人工呼吸,注意保暖和休息。尽快就医。
- 吞入:如果吞入该化学物质,应立即就医。

对呼吸器选择的建议:NIOSH/OSHA

～7.5 mg/m³:

- Qm:任何四分之一面罩呼吸器,选择N、R或P过滤元件的信息见表4。指定防护因数=5。

～15 mg/m³:

- 95XQ:任何除四分之一面罩之外的防颗粒物呼吸器,配有N95、R95或P95过滤元件(包括N95、R95或P95随弃式面罩)。也可使用以下过滤元件:N99、R99、P99、N100、R100、P100。指定防护因数=10。选择N、R或P过滤元件的信息见表4。*
- Sa:任何供气式呼吸器。指定防护因数=10。*

～37.5 mg/m³:

- Sa:Cf:任何连续供气式呼吸器。指定防护因数=25。*
- PaprHie:任何动力送风空气过滤式呼吸器,配有高效颗粒物过滤元件。指定防护因数=25。*

～75 mg/m³:

- 100F:任何空气过滤式全面罩呼吸器,配有N100、R100或P100过滤元件。指定防护因数=50。选择N、R或P过滤元件的信息见表4。
- ScbaF:任何携气式呼吸器,配全面罩。指定防护因数=50。

- SaF:任何供气式呼吸器,配全面罩。指定防护因数=50。

~750 mg/m³:

- SaF:Pd,Pp:任何压力需气式或正压供气式呼吸器,配全面罩。指定防护因数=2 000。

§:应急抢险,或准备进入浓度未知环境,或进入 IDLH 环境:

- ScbaF:Pd,Pp:任何压力需气式或正压携气式呼吸器,配全面罩。指定防护因数=10 000。
- SaF:Pd,Pp:AScba:任何压力需气式或正压供气式呼吸器,配全面罩,配压力需气式或正压携气式辅助呼吸器。指定防护因数=10 000。

逃生:

- 100F:任何空气过滤式全面罩呼吸器,配有 N100、R100 或 P100 过滤元件。指定防护因数=50。选择 N、R 或 P 过滤元件的信息见表 4。
- ScbaE:任何适合逃生的携气式呼吸器。

有关呼吸器选择的其他重要信息参见相关标准。

接触途径:呼吸道,皮肤吸收,胃肠道,皮肤和/或眼睛直接接触。

症状:光敏性皮炎,疥疮,红斑;鼻襞、面颊、脖子水肿;角膜炎;喷嚏;贫血;咳嗽,鼻炎;易怒;不适,头痛,乏力,失眠;恶心,呕吐,肝、肾损害。

靶器官:眼睛,皮肤,呼吸系统,中枢神经系统,肝,肾。

T

铊(可溶性化合物,按铊计)[Thallium (soluble compounds, as Tl)]

CAS No.:

RTECS No.:

异名和商品名:依不同可溶性铊化合物而异。

DOT ID 和指南号:1707 151(化合物,未作说明)

接触限值:NIOSH REL:TWA 0.1 mg/m³[皮]
OSHA PEL:TWA 0.1 mg/m³[皮]

IDLH: 15 mg/m³(按铊计)　　**浓度换算系数:**

理化性质:依可溶性铊化合物的不同而不同。

不相容性和反应性:不同。

测量方法:NIOSH 7300,7301,7303,9102;OSHA ID121

个人防护和卫生设施:

- 皮肤:穿戴合适的个人防护服,防止皮肤直接接触。
- 眼睛:佩戴合适的眼部防护用品,防止眼睛直接接触。
- 清洗皮肤:当皮肤受到污染时,应立即清洗污染的皮肤。
- 脱除:如果工作服被弄湿或受到了明显的污染,应该立即脱除并妥善处置。
- 更换:在离开工作场所前应当将可能受到污染的工作服更换成无污染的衣服。

急救:

- 眼睛:如眼睛直接接触了该化学物质,要立即用大量水冲洗(灌洗)眼睛,冲洗时,不时翻开上下眼睑,并立即就医。
- 皮肤:如果该化学物质直接接触皮肤,迅速用水冲洗污染的皮肤。如果该化学物质渗透进衣服,要立即将衣服脱除,迅速用水冲洗污染的皮肤,若冲洗后刺激症状持续存在,应就医。
- 呼吸:如果接触者吸入大量该化学物质,立即将接触者移至新鲜空气处。如果呼吸停止,要进行人工呼吸,注意保暖和休息。尽快就医。
- 吞入:如果吞入该化学物质,应立即就医。

对呼吸器选择的建议:NIOSH/OSHA

~0.5 mg/m³:

- Qm:任何四分之一面罩呼吸器,选择 N、R 或 P 过滤元件的信息见表 4。指定防护因数=5。

~1 mg/m³:

- 95XQ:任何除四分之一面罩之外的防颗粒物呼吸器,配有 N95、R95 或 P95 过滤元件(包括 N95、R95 或 P95 随弃式面罩)。也可使用以下过滤元件:N99、R99、P99、N100、R100、P100。指定防护因数=10。选择 N、R 或 P 过滤元件的信息见表 4。
- Sa:任何供气式呼吸器。指定防护因数=10。

~2.5 mg/m^3:

- Sa:Cf:任何连续供气式呼吸器。指定防护因数=25。
- PaprHie:任何动力送风空气过滤式呼吸器,配有高效颗粒物过滤元件。指定防护因数=25。

~5 mg/m^3:

- 100F:任何空气过滤式全面罩呼吸器,配有 N100、R100 或 P100 过滤元件。指定防护因数=50。选择 N、R 或 P 过滤元件的信息见表 4。
- SaT:Cf:任何连续供气式呼吸器,配密合型面罩。指定防护因数=50。
- PaprTHie:任何动力送风空气过滤式呼吸器,配密合型面罩和高效颗粒物过滤元件。指定防护因数=50。
- ScbaF:任何携气式呼吸器,配全面罩。指定防护因数=50。
- SaF:任何供气式呼吸器,配全面罩。指定防护因数=50。

~15 mg/m^3:

- SaF:Pd,Pp:任何压力需气式或正压供气式呼吸器,配全面罩。指定防护因数=2 000。

§:应急抢险,或准备进入浓度未知环境,或进入 IDLH 环境:

- ScbaF:Pd,Pp:任何压力需气式或正压携气式呼吸器,配全面罩。指定防护因数=10 000。
- SaF:Pd,Pp:AScba:任何压力需气式或正压供气式呼吸器,配全面罩,配压力需气式或正压携气式辅助呼吸器。指定防护因数=10 000。

逃生:

- 100F:任何空气过滤式全面罩呼吸器,配有 N100、R100 或 P100 过滤元件。指定防护因数=50。选择 N、R 或 P 过滤元件的信息见表 4。
- ScbaE:任何适合逃生的携气式呼吸器。

有关呼吸器选择的其他重要信息参见相关标准。

接触途径:呼吸道,皮肤吸收,胃肠道,皮肤和/或眼睛直接接触。

症状:恶心,腹泻,腹痛,呕吐;上睑下垂,斜视;神经束膜炎,震颤;胸骨后紧缩感,胸痛,肺水肿;抽搐,舞蹈病,精神不正常;肝、肾损害;脱发;腿感觉异常。

靶器官:眼睛,呼吸系统,中枢神经系统,肝,肾,胃肠道,毛发。

T

4,4′-硫代双(6-叔丁基-间-甲酚)[4,4′-Thiobis(6-tert-butyl-m-cresol)]

$[CH_3(OH)C_6H_2C(CH_3)_3]_2S$

CAS No.:96-69-5

RTECS No.:GP3150000

DOT ID 和指南号:

异名和商品名:4,4′-Thiobis(3-methyl-6-tert-butylphenol);1,1′-Thiobis(2-methyl-4-hydroxy-5-tert-butylbenzene)

接触限值:NIOSH REL:TWA 10 mg/m^3(总颗粒物)

TWA 5 mg/m^3(呼吸性颗粒物)

OSHA PEL†:TWA 15 mg/m^3(总颗粒物)

TWA 5 mg/m^3(呼吸性颗粒物)

IDLH:N.D.　**浓度换算系数:**

理化性质:浅灰色至褐色粉末,具有淡淡的芳香气味。

分子量:358.6　沸点:未知

熔点:302 ℉　溶解度:0.08%

蒸气压:0.000 000 6 mmHg　电离电位:未知

比重:1.10　闪点:420 ℉

爆炸上限:不适用　爆炸下限:不适用

可燃固体。

不相容性和反应性：未见报道。

测量方法：NIOSH 0500，0600

个人防护和卫生设施：

- 皮肤：对于个体皮肤防护装备的需要没有特殊建议。
- 眼睛：对眼部防护的需要没有特殊建议。
- 清洗皮肤：对于清洗皮肤上的污染物没有其他特殊的建议(包括立即清洗和班后清洗)。
- 脱除：对于脱除被污染或被弄湿的工作服的需要没有特殊建议。
- 更换：对于班后的衣服的更换需要没有特殊建议。

急救：

- 眼睛：如眼睛直接接触了该化学物质，要立即用大量水冲洗(灌洗)眼睛，冲洗时，不时翻开上下眼睑，并立即就医。
- 呼吸：如果接触者吸入大量该化学物质，立即将接触者移至新鲜空气处。通常不需要采取其他措施。
- 吞入：如果吞入该化学物质，应立即就医。

对呼吸器选择的建议：无。

有关呼吸器选择的其他重要信息参见相关标准。

接触途径：呼吸道，胃肠道，皮肤和/或眼睛直接接触。

症状：眼睛、皮肤、呼吸系统刺激。

靶器官：眼睛，皮肤，呼吸系统。

T

巯基乙酸(Thioglycolic acid)

$HSCH_2COOH$

CAS No.：68-11-1

RTECS No.：AI5950000

DOT ID 和指南号：1940 153

异名和商品名：氢硫基乙酸，硫代乙醇酸，Acetyl mercaptan，Mercaptoacetate，Mercaptoacetic acid，2-Mercaptoacetic acid，2-Thioglycolic acid，Thiovanic acid

接触限值：NIOSH REL：TWA 1 ppm(4 mg/m³)[皮]
OSHA PEL †：无

IDLH：N.D.　　**浓度换算系数**：1 ppm＝3.77 mg/m³

理化性质：无色液体，具有强烈的难闻的特有的硫醇气味。[注：短时间接触嗅觉疲劳。]

分子量：92.1	沸点：未知
凝固点：2 ℉	溶解度：与水互溶
蒸气压(64 ℉)：10 mmHg	电离电位：未知
比重：1.32	闪点：>230 ℉
爆炸上限：未知	爆炸下限：5.9%

ⅢB类可燃液体——闪点等于或高于 200 ℉。

不相容性和反应性：空气，强氧化剂，碱，活泼金属(如钠、钾、镁、钙)。[注：在空气中被氧化。]

测量方法：无。

个人防护和卫生设施：

- 皮肤：穿戴合适的个人防护服，防止皮肤直接接触。
- 眼睛：佩戴合适的眼部防护用品，防止眼睛直接接触。
- 清洗皮肤：当皮肤受到污染时，应立即清洗污染的皮肤。
- 脱除：如果工作服被弄湿或受到了明显的污染，应该立即脱除并妥善处置。
- 更换：对于班后的衣服的更换需要没有特殊建议。
- 配备：在劳动者可能接触该化学物质的作业场所，无论是否需要使用眼部防护用品，都应配备眼冲洗设备。在紧靠有可能接触该化学物质的工作场所，应配备快速冲淋身体的设备以应急使用。[注：这些设备应能够提供足量水或流动水，以将可能接触的身体任何部位上的该化学物质除去。实际配备适宜的快速冲淋设备取决于工作场所的具体条件。在某些情况下，必须及时进行大流量淋浴，而其他情况下只需要用一个水槽或软管供水就足够了。]

急救：

- 眼睛：如眼睛直接接触了该化学物质，要立即用大量水冲洗(灌洗)眼睛，冲洗时，不时翻开上下眼睑，并立即就医。
- 皮肤：如果该化学物质直接接触皮肤，立即用水冲洗污染的皮肤。如果该化学物质渗透进衣服，要迅速将衣服脱除，用水冲洗污染的皮肤，并迅速就医。
- 呼吸：如果接触者吸入大量该化学物质，立即将接触者移至新鲜空气处。如果呼吸停止，要进行人工呼吸，注意保暖和休息。尽快就医。
- 吞入：如果吞入该化学物质，应立即就医。

对呼吸器选择的建议：无。

有关呼吸器选择的其他重要信息参见相关标准。

接触途径：呼吸道，皮肤吸收，胃肠道，皮肤和/或眼睛直接接触。

症状：眼睛、皮肤、鼻、咽喉刺激；流泪，角膜损害；皮肤灼伤，大水疱；动物：乏力；气喘；抽搐。

靶器官：眼睛，皮肤，呼吸系统。

亚硫酰氯(Thionyl chloride)

$SOCl_2$

CAS No.：7719-09-7

RTECS No.：XM5150000

DOT ID 和指南号：1836 137

异名和商品名：氧氯化硫，二氯亚砜，二氯氧化硫，氯化亚砜，Sulfinyl chloride，Sulfur chloride oxide，Sulfurous dichloride，Sulfurous oxychloride，Thionyl dichloride

接触限值：NIOSH REL：C 1 ppm(5 mg/m^3)
OSHA PEL †：无

IDLH：N.D.　**浓度换算系数：**1 ppm＝4.87 mg/m^3

理化性质：无色至黄色至浅红色液体，具有强烈的似二氧化硫的气味。[注：遇湿气形成烟。]

分子量：119.0	沸点：169 ℉
凝固点：－156 ℉	溶解度：与水反应
蒸气压(70 ℉)：100 mmHg	电离电位：未知
比重：1.64	闪点：不适用
爆炸上限：不适用	爆炸下限：不适用

不可燃液体。

不相容性和反应性：水，酸，碱，氨，高氯酸氯氧酯。

[注：与水剧烈反应生成二氧化硫和氯化氢。]

测量方法：无。

个人防护和卫生设施：

- 皮肤：穿戴合适的个人防护服，防止皮肤直接接触。
- 眼睛：佩戴合适的眼部防护用品，防止眼睛直接接触。
- 清洗皮肤：当皮肤受到污染时，应立即清洗污染的皮肤。
- 脱除：如果工作服被弄湿或受到了明显的污染，应该立即脱除并妥善处置。
- 更换：对于班后的衣服的更换需要没有特殊建议。
- 配备：在劳动者可能接触该化学物质的作业场所，无论是否需要使用眼部防护用品，都应配备眼冲洗设备。在紧靠有可能接触该化学物质的工作场所，应配备快速冲淋身体的设备以应急使用。[注：这些设备应能够提供足量水或流动水，以将可能接触的身体任何部位上的该化学物质除去。实际配备适宜的快速冲淋设备取决于工作场所的具体条件。在某些情况下，必须及时进行大流量淋浴，而其他情况下只需要用一个水槽或软管供水就足够了。]

急救：

- 眼睛：如眼睛直接接触了该化学物质，要立即用大量水冲洗(灌洗)眼睛，冲洗时，不时翻开上下眼睑，并立即就医。

T

● 皮肤：如果该化学物质直接接触皮肤，立即用水冲洗污染的皮肤。如果该化学物质渗透进衣服，要迅速将衣服脱除，用水冲洗污染的皮肤，并迅速就医。 ● 呼吸：如果接触者吸入大量该化学物质，立即将接触者移至新鲜空气处。如果呼吸停止，要进行人工呼吸，注意保暖和休息。尽快就医。 ● 吞入：如果吞入该化学物质，应立即就医。	**对呼吸器选择的建议：**无。 **有关呼吸器选择的其他重要信息参见相关标准。** **接触途径：**呼吸道，胃肠道，皮肤和/或眼睛直接接触。 **症状：**眼睛、皮肤、黏膜刺激；眼睛、皮肤灼伤。 **靶器官：**眼睛，皮肤，呼吸系统。

二硫化四甲基秋兰姆(Thiram)　　CAS No.：137-26-8

$C_6H_{12}N_2S_4$　　RTECS No.：JO1400000

异名和商品名：福美双，bis(Dimethylthiocarbamoyl) disulfide，Tetramethylthiuram disulfide　　**DOT ID 和指南号：**2771 151

T

接触限值：NIOSH REL：TWA 5 mg/m^3
OSHA PEL：TWA 5 mg/m^3

IDLH：100 mg/m^3　　**浓度换算系数：**

理化性质：无色至黄色晶体，具有特异气味。[注：农药商品染成蓝色。]

分子量：240.4	沸点：分解
熔点：312 ℉	溶解度：0.003%
蒸气压：0.000 008 mmHg	电离电位：未知
比重：1.29	闪点：未知
爆炸上限：未知	爆炸下限：未知

可燃固体。

不相容性和反应性：强氧化剂，强酸，可被氧化的物质。

测量方法：NIOSH 5005

个人防护和卫生设施：

● 皮肤：穿戴合适的个人防护服，防止皮肤直接接触。
● 眼睛：佩戴合适的眼部防护用品，防止眼睛直接接触。
● 清洗皮肤：当皮肤受到污染时，应立即清洗污染的皮肤。
● 脱除：如果工作服被弄湿或受到了明显的污染，应该立即脱除并妥善处置。
● 更换：在离开工作场所前应当将可能受到污染的工作服更换成无污染的衣服。

急救：

● 眼睛：如眼睛直接接触了该化学物质，要立即用大量水冲洗(灌洗)眼睛，冲洗时，不时翻开上下眼睑。并立即就医。
● 皮肤：如果该化学物质直接接触皮肤，迅速用肥皂和水冲洗污染的皮肤。若该化学物质渗透进衣服，要迅速将衣服脱除，用肥皂和水清洗皮肤，并迅速就医。
● 呼吸：如果接触者吸入大量该化学物质，立即将接触者移至新鲜空气处。如果呼吸停止，要进行人工呼吸，注意保暖和休息。尽快就医。
● 吞入：如果吞入该化学物质，应立即就医。

对呼吸器选择的建议：NIOSH/OSHA

~50 mg/m^3：

● CcrOv95：任何空气过滤式半面罩呼吸器，配有机蒸气滤毒盒和 N95、R95 或 P95 的综合防护过滤元件。也可使用以下过滤元件：N99、R99、P99、N100、R100、P100。指定防护因数=10。选择 N、R 或 P 过滤元件的信息见表 4。*
● Sa：任何供气式呼吸器。指定防护因数=10。*

～100 mg/m³：

- Sa：Cf:任何连续供气式呼吸器。指定防护因数＝25。*
- CcrFOv100:任何空气过滤式全面罩呼吸器,配有机蒸气滤毒盒和 N100、R100 或 P100 的综合防护过滤元件。指定防护因数＝50。选择 N、R 或 P 过滤元件的信息见表 4。
- GmFOv100:任何空气过滤式全面罩呼吸器(防毒面具),配下颌式、前置式或背置式有机蒸气滤毒罐和 N100、R100 或 P100 的综合防护过滤元件。指定防护因数＝50。选择 N、R 或 P 过滤元件的信息见表 4。
- PaprOvHie:任何动力送风空气过滤式呼吸器,配有机蒸气和高效颗粒滤毒盒的综合防护过滤元件。指定防护因数＝50。*
- ScbaF:任何携气式呼吸器,配全面罩。指定防护因数＝50。
- SaF:任何供气式呼吸器,配全面罩。指定防护因数＝50。

§:应急抢险,或准备进入浓度未知环境,或进入 IDLH 环境:

- ScbaF：Pd,Pp:任何压力需气式或正压携气式呼吸器,配全面罩。指定防护因数＝10 000。
- SaF：Pd,Pp：AScba:任何压力需气式或正压供气式呼吸器,配全面罩,配压力需气式或正压携气式辅助呼吸器。指定防护因数－10 000。

逃生:

- GmFOv100:任何空气过滤式全面罩呼吸器(防毒面具),配下颌式、前置式或背置式有机蒸气滤毒罐和 N100、R100 或 P100 的综合防护过滤元件。指定防护因数＝50。选择 N、R 或 P 过滤元件的信息见表 4。.
- ScbaE:任何适合逃生的携气式呼吸器。

有关呼吸器选择的其他重要信息参见相关标准。

接触途径:呼吸道,胃肠道,皮肤和/或眼睛直接接触。

症状:眼睛、皮肤、黏膜刺激;皮炎;安塔布司样效应。

靶器官:眼睛,皮肤,呼吸系统,中枢神经系统。

T

锡(Tin)

Sn

CAS No.:7440-31-5

RTECS No.:XP7320000

异名和商品名:金属锡,锡粉,Metallic tin,Tin flake,Tin metal,Tin powder

DOT ID 和指南号:

接触限值:NIOSH REL*:TWA 2 mg/m³[*注:REL 也适用于除氧化锡外的其他无机锡化合物。]

OSHA PEL*:TWA 2 mg/m³[*注:PEL 也适用于除氧化锡外的其他无机锡化合物。]

IDLH:100 mg/m³(按锡计)　**浓度换算系数:**

理化性质:灰色至银白色易延展的光泽固体。

分子量:118.7　沸点:4 545 ℉

熔点:449 ℉　溶解度:不溶

蒸气压:0 mmHg(约)　电离电位:不适用

比重:7.28　闪点:不适用

爆炸上限:不适用　爆炸下限:不适用

不可燃固体,但粉末状可点燃。

不相容性和反应性:氯,松脂,酸,碱。

测量方法:NIOSH 7300,7301,7303;
OSHA ID121,ID206

个人防护和卫生设施:

- 皮肤:对于个体皮肤防护装备没有特殊建议。
- 眼睛:对眼部防护的需要没有特殊建议。

- 清洗皮肤:对于清洗皮肤上的污染物没有其他特殊的建议(包括立即清洗和班后清洗)。
- 脱除:对于脱除被污染或被弄湿的工作服没有特殊建议。
- 更换:对于班后的衣服的更换需要没有特殊建议。

急救:

- 眼睛:如眼睛直接接触了该化学物质,要立即用大量水冲洗(灌洗)眼睛,冲洗时,不时翻开上下眼睑。并立即就医。
- 皮肤:如果该化学物质直接接触皮肤,立即用肥皂和水冲洗污染的皮肤。若该化学物质渗透进衣服,要立即将衣服脱除,用肥皂和水清洗皮肤,并迅速就医。
- 呼吸:如果接触者吸入大量该化学物质,立即将接触者移至新鲜空气处。如果呼吸停止,要进行人工呼吸,注意保暖和休息。尽快就医。
- 吞入:如果吞入该化学物质,应立即就医。

对呼吸器选择的建议:NIOSH/OSHA

~10 mg/m³:

- Qm:任何四分之一面罩呼吸器,选择N、R或P过滤元件的信息见表4。指定防护因数=5。*

~20 mg/m³:

- 95XQ:任何除四分之一面罩之外的防颗粒物呼吸器,配有N95、R95或P95过滤元件(包括N95、R95或P95随弃式面罩)。也可使用以下过滤元件:N99、R99、P99、N100、R100、P100。指定防护因数=10。选择N、R或P过滤元件的信息见表4。*
- Sa:任何供气式呼吸器。指定防护因数=10。*

~50 mg/m³:

- Sa:Cf:任何连续供气式呼吸器。指定防护因数=25。*
- PaprHie:任何动力送风空气过滤式呼吸器,配有高效颗粒物过滤元件。指定防护因数=25。*

~100 mg/m³:

- 100F:任何空气过滤式全面罩呼吸器,配有N100、R100或P100过滤元件。指定防护因数=50。选择N、R或P过滤元件的信息见表4。
- ScbaF:任何携气式呼吸器,配全面罩。指定防护因数=50。
- SaF:任何供气式呼吸器,配全面罩。指定防护因数=50。

§:应急抢险,或准备进入浓度未知环境,或进入IDLH环境:

- ScbaF:Pd,Pp:任何压力需气式或正压携气式呼吸器,配全面罩。指定防护因数=10 000。
- SaF:Pd,Pp:AScba:任何压力需气式或正压供气式呼吸器,配全面罩,配压力需气式或正压携气式辅助呼吸器。指定防护因数=10 000。

逃生:

- 100F:任何空气过滤式全面罩呼吸器,配有N100、R100或P100过滤元件。指定防护因数=50。选择N、R或P过滤元件的信息见表4。
- ScbaE:任何适合逃生的携气式呼吸器。

有关呼吸器选择的其他重要信息参见相关标准。

接触途径:呼吸道,皮肤和/或眼睛直接接触。

症状:眼睛、皮肤、呼吸系统刺激;动物:呕吐,腹泻,肌颤性麻痹。

靶器官:眼睛,皮肤,呼吸系统。

锡(有机化合物,按锡计)[Tin (organic compounds, as Sn)]

CAS No.:

RTECS No.:

DOT ID 和指南号:

异名和商品名:依不同有机锡化合物而异。[注:参考环己锡。]

接触限值:NIOSH REL*:TWA 0.1 mg/m³[皮][*注:REL适用于除环己锡外的所有有机锡化合物。]

OSHA PEL*:TWA 0.1 mg/m³[*注:PEL适用于所有有机锡化合物。]

IDLH：25 mg/m³(按锡计)　　**浓度换算系数：**

理化性质：依有机锡化合物的不同而不同。

不相容性和反应性：不同。

测量方法：NIOSH 5504

个人防护和卫生设施：

- 防护服的建议依具体化合物而定。

急救：

- 眼睛：如眼睛直接接触了该化学物质，要立即用大量水冲洗(灌洗)眼睛，冲洗时，不时翻开上下眼睑。并立即就医。
- 皮肤：如果该化学物质直接接触皮肤，立即用水冲洗污染的皮肤。如果该化学物质渗透进衣服，要迅速将衣服脱除，用水冲洗污染的皮肤，并迅速就医。
- 呼吸：如果接触者吸入大量该化学物质，立即将接触者移至新鲜空气处。如果呼吸停止，要进行人工呼吸，注意保暖和休息。尽快就医。
- 吞入：如果吞入该化学物质，应立即就医。

对呼吸器选择的建议：NIOSH/OSHA

～1 mg/m³：

- CcrOv95：任何空气过滤式半面罩呼吸器，配有机蒸气滤毒盒和N95、R95或P95的综合防护过滤元件。也可使用以下过滤元件：N99、R99、P99、N100、R100、P100。指定防护因数＝10。选择N、R或P过滤元件的信息见表4。
- Sa：任何供气式呼吸器。指定防护因数＝10。

～2.5 mg/m³：

- Sa：Cf：任何连续供气式呼吸器。指定防护因数＝25。
- PaprOvHie：任何动力送风空气过滤式呼吸器，配有机蒸气和高效颗粒滤毒盒的综合防护过滤元件。指定防护因数＝50。

～5 mg/m³：

- CcrFOv100：任何空气过滤式全面罩呼吸器，配有机蒸气滤毒盒和N100、R100或P100的综合防护过滤元件。指定防护因数＝50。选择N、R或P过滤元件的信息见表4。
- GmFOv100：任何空气过滤式全面罩呼吸器(防毒面具)，配下颌式、前置式或背置式有机蒸气滤毒罐和N100、R100或P100的综合防护过滤元件。指定防护因数＝50。选择N、R或P过滤元件的信息见表4。
- PaprTOvHie：任何动力送风空气过滤式呼吸器，配密合型面罩和有机蒸气和高效颗粒滤毒盒的综合防护过滤元件。指定防护因数＝50。
- SaT：Cf：任何连续供气式呼吸器，配密合型面罩。指定防护因数＝50。
- ScbaF：任何携气式呼吸器，配全面罩。指定防护因数＝50。
- SaF：任何供气式呼吸器，配全面罩。指定防护因数＝50。

～25 mg/m³：

- SaF：Pd，Pp：任何压力需气式或正压供气式呼吸器，配全面罩。指定防护因数＝2 000。

§：应急抢险，或准备进入浓度未知环境，或进入IDLH环境：

- ScbaF：Pd，Pp：任何压力需气式或正压携气式呼吸器，配全面罩。指定防护因数＝10 000。
- SaF：Pd，Pp：AScba：任何压力需气式或正压供气式呼吸器，配全面罩，配压力需气式或正压携气式辅助呼吸器。指定防护因数＝10 000。

逃生：

- GmFOv100：任何空气过滤式全面罩呼吸器(防毒面具)，配下颌式、前置式或背置式有机蒸气滤毒罐和N100、R100或P100的综合防护过滤元件。指定防护因数＝50。选择N、R或P过滤元件的信息见表4。
- ScbaE：任何适合逃生的携气式呼吸器。

有关呼吸器选择的其他重要信息参见相关标准。

接触途径: 呼吸道,皮肤吸收,胃肠道,皮肤和/或眼睛直接接触。

症状: 眼睛、皮肤、呼吸系统刺激;头痛,头晕;精神-神经紊乱;咽痛,咳嗽;腹痛,呕吐;尿潴留;轻瘫,局部麻痹;皮肤灼伤,瘙痒症;动物:溶血;肝坏死;肾损害。

靶器官: 眼睛,皮肤,呼吸系统,中枢神经系统,肝,肾,尿道,血液。

一氧化锡(Ⅱ价,按锡计) [Tin(Ⅱ) oxide (as Sn)]

SnO

异名和商品名: Stannous oxide, Tin protoxide [注:参考二氧化锡。]

CAS No.:21651-19-4

RTECS No.:XQ3700000

DOT ID 和指南号:

接触限值: NIOSH REL:TWA 2 mg/m^3

OSHA PEL †:无

IDLH: N. D.　　**浓度换算系数:**

理化性质: 淡棕黑色粉末。

分子量:134.7　　沸点:分解

熔点(600 mmHg):1 976 ℉(分解)　　溶解度:不溶

蒸气压:0 mmHg(约)　　电离电位:不适用

比重:6.3　　闪点:不适用

爆炸上限:不适用　　爆炸下限:不适用

不相容性和反应性:未见报道。

测量方法: NIOSH 7300,7301,7303

个人防护和卫生设施:

- 皮肤:对于个体皮肤防护装备的需要没有特殊建议。
- 眼睛:对眼部防护的需要没有特殊建议。
- 清洗皮肤:对于清洗皮肤上的污染物没有其他特殊的建议(包括立即清洗和班后清洗)。
- 脱除:对于脱除被污染或被弄湿的工作服的需要没有特殊建议。
- 更换:对于班后的衣服的更换需要没有特殊建议。

急救:

- 眼睛:如眼睛直接接触了该化学物质,要立即用大量水冲洗(灌洗)眼睛,冲洗时,不时翻开上下眼睑。并立即就医。
- 呼吸:如果接触者吸入大量该化学物质,立即将接触者移至新鲜空气处。通常不需要采取其他措施。

对呼吸器选择的建议: 无。

有关呼吸器选择的其他重要信息参见相关标准。

接触途径: 呼吸道,皮肤和/或眼睛直接接触。

症状: 锡尘病(良性尘肺病);呼吸困难,肺功能下降。

靶器官: 呼吸系统。

二氧化锡(Ⅳ价,按锡计) [Tin(Ⅳ) oxide (as Sn)]

SnO_2

异名和商品名: Stannic dioxide, Stannic oxide, white tin oxide [注:参考一氧化锡。]

CAS No.:18282-10-5

RTECS No.:XQ4000000

DOT ID 和指南号:

接触限值: NIOSH REL:TWA 2 mg/m^3

OSHA PEL †:无

IDLH: N. D.　　**浓度换算系数:**

理化性质: 白色或淡灰色粉末。

分子量：150.7　沸点：分解
熔点：2 966 ℉(分解)　溶解度：不溶
蒸气压：0 mmHg(约)　电离电位：不适用
比重：6.95　闪点：不适用
爆炸上限：不适用　爆炸下限：不适用
不相容性和反应性：三氟化氯。

测量方法：NIOSH 7300，7301，7303

个人防护和卫生设施：

- 皮肤：对于个体皮肤防护装备的需要没有特殊建议。
- 眼睛：对眼部防护的需要没有特殊建议。
- 清洗皮肤：对于清洗皮肤上的污染物没有其他特殊的建议(包括立即清洗和班后清洗)。
- 脱除：对于脱除被污染或被弄湿的工作服的需要没有特殊建议。
- 更换：对于班后的衣服的更换需要没有特殊建议。

急救：

- 眼睛：如眼睛直接接触了该化学物质，要立即用大量水冲洗(灌洗)眼睛，冲洗时，不时翻开上下眼睑。并立即就医。
- 呼吸：如果接触者吸入大量该化学物质，立即将接触者移至新鲜空气处。通常不需要采取其他措施。

对呼吸器选择的建议：无。

有关呼吸器选择的其他重要信息参见相关标准。

接触途径：呼吸道，皮肤和/或眼睛直接接触。

症状：锡尘病(良性尘肺病)；呼吸困难，肺功能下降。

靶器官：呼吸系统。

T

二氧化钛(Titanium dioxide)　CAS No.：13463-67-7

TiO_2　RTECS No.：XR2275000

异名和商品名：金红石，过氧化钛，Rutile，Titanium oxide，Titanium peroxide　**DOT ID 和指南号：**

接触限值：NIOSH REL：Ca 见附录 A
OSHA PEL † TWA 15 mg/m^3

IDLH：Ca [5000 mg/m^3]　**浓度换算系数：**

理化性质：白色无气味粉末。

分子量：79.9　沸点：4 532～5 432 ℉
熔点：3 326～3 362 ℉　溶解度：不溶
蒸气压：0 mmHg(约)　电离电位：不适用
比重：4.26　闪点：不适用
爆炸上限：不适用　爆炸下限：不适用
不可燃固体。
不相容性和反应性：未见报道。

测量方法：NIOSH S385(Ⅱ-3)

个人防护和卫生设施：

- 皮肤：对于个体皮肤防护装备的需要没有特殊建议。
- 眼睛：对眼部防护的需要没有特殊建议。
- 清洗皮肤：对于清洗皮肤上的污染物没有其他特殊的建议(包括立即清洗和班后清洗)。
- 脱除：对于脱除被污染或被弄湿的工作服的需要没有特殊建议。
- 更换：在离开工作场所前应当将可能受到污染的工作服更换成无污染的衣服。

急救：

- 呼吸：如果接触者吸入大量该化学物质，立即将接触者移至新鲜空气处。如果呼吸停止，要进行人工呼吸，注意保暖和休息。尽快就医。

对呼吸器选择的建议：NIOSH

¥：高于 NIOSH REL 的浓度；或当没有 REL 时，任何可以检测到的浓度：

- ScbaF：Pd，Pp：任何压力需气式或正压携气式呼吸器，配全面罩。指定防护因数＝10 000。

- SaF：Pd,Pp：AScba:任何压力需气式或正压供气式呼吸器,配全面罩,配压力需气式或正压携气式辅助呼吸器。指定防护因数＝10 000。

逃生:

- 100F:任何空气过滤式全面罩呼吸器,配有 N100、R100 或 P100 过滤元件。指定防护因数＝50。选择 N、R 或 P 过滤元件的信息见表 4。
- ScbaE:任何适合逃生的携气式呼吸器。

有关呼吸器选择的其他重要信息参见相关标准。

接触途径:呼吸道。

症状:肺纤维化;[潜在职业性致癌物]。

靶器官:呼吸系统。

致癌部位:[动物:肺肿瘤]。

邻联甲苯胺(o-Tolidine)

$C_{14}H_{16}N_2$

CAS No.:119-93-7

RTECS No.:DD1225000

DOT ID 和指南号:

异名和商品名:二甲基二氨基联苯;4,4′-Diamino-3,3′-dimethylbiphenyl;Diaminoditolyl;3,3′-Dimethyl-4,4′-diphenyldiamine;3,3′-Tolidin;3,3′-Dimethylbenzidine

T

接触限值:NIOSH REL:Ca C 0.02 mg/m³[60min][皮]
见附录 A、附录 C
OSHA PEL:见附录 C

IDLH: Ca[N.D.]　**浓度换算系数:**

理化性质:白色至淡红色晶体或粉末。[注:遇空气变黑。常为糊状或湿块状应用。作为许多染料的原料。]

分子量:212.3	沸点:572 ℉
熔点:264 ℉	溶解度:0.1%
蒸气压:未知	电离电位:未知
比重:未知	闪点:未知
爆炸上限:未知	爆炸下限:未知

可燃固体。

不相容性和反应性:强氧化剂。

测量方法:NIOSH 5013;OSHA 71

个人防护和卫生设施:

- 皮肤:穿戴合适的个人防护服,防止皮肤直接接触。
- 眼睛:佩戴合适的眼部防护用品,防止眼睛直接接触。
- 清洗皮肤:当皮肤受到污染时,应立即清洗污染的皮肤。/每天工作班结束后,进食、吸烟、喝水前都应该清洗可能受到污染的皮肤。
- 脱除:如果工作服被弄湿或受到了明显的污染,应该立即脱除并妥善处置。
- 更换:在离开工作场所前应当将可能受到污染的工作服更换成无污染的衣服。
- 配备:在劳动者可能接触该化学物质的作业场所,无论是否需要使用眼部防护用品,都应配备眼冲洗设备。在紧靠有可能接触该化学物质的工作场所,应配备快速冲淋身体的设备以应急使用。[注:这些设备应能够提供足量水或流动水,以将可能接触的身体任何部位上的该化学物质除去。实际配备适宜的快速冲淋设备取决于工作场所的具体条件。在某些情况下,必须及时进行大流量淋浴,而其他情况下只需要用一个水槽或软管供水就足够了。]

急救:

- 眼睛:如眼睛直接接触了该化学物质,要立即用大量水冲洗(灌洗)眼睛,冲洗时,不时翻开上下眼睑。并立即就医。
- 皮肤:如果该化学物质直接接触皮肤,要立即用肥皂和水冲洗污染的皮肤。如果该化学物质渗透进衣服,立即将衣服脱除,并用水清洗皮肤。如果清洗后刺激持续存在,应就医。

- 呼吸：如果接触者吸入大量该化学物质，立即将接触者移至新鲜空气处。如果呼吸停止，要进行人工呼吸，注意保暖和休息。尽快就医。
- 吞入：如果吞入该化学物质，应立即就医。

对呼吸器选择的建议：NIOSH

¥：高于 NIOSH REL 的浓度；或当没有 REL 时，任何可以检测到的浓度：

- ScbaF：Pd，Pp：任何压力需气式或正压携气式呼吸器，配全面罩。指定防护因数＝10 000。
- SaF：Pd，Pp：AScba：任何压力需气式或正压供气式呼吸器，配全面罩，配压力需气式或正压携气式辅助呼吸器。指定防护因数＝10 000。

逃生：

- GmFOv100：任何空气过滤式全面罩呼吸器（防毒面具），配下颌式、前置式或背置式有机蒸气滤毒罐和 N100、R100 或 P100 的综合防护过滤元件。指定防护因数＝50。选择 N、R 或 P 过滤元件的信息见表 4。
- ScbaE：任何适合逃生的携气式呼吸器。

有关呼吸器选择的其他重要信息参见相关标准。

接触途径：呼吸道，皮肤吸收，胃肠道，皮肤和/或眼睛直接接触。

症状：眼睛、鼻刺激；动物：肝、肾损害；[潜在职业性致癌物]。

靶器官：眼睛，呼吸系统，肝，肾。

致癌部位：[动物：肝、膀胱及乳腺肿瘤]。

T

甲苯（Toluene）

$C_6H_5CH_3$

CAS No.：108-88-3

RTECS No.：XS5250000

DOT ID 和指南号：1294 130

异名和商品名：Methyl benzene，Methyl benzol，Phenyl methane，Toluol

接触限值：NIOSH REL：TWA 100 ppm（375 mg/m^3）
ST 150 ppm（560 mg/m^3）
OSHA PEL †：TWA 200 ppm
C 300 ppm
500 ppm（10 min 最大峰值）

IDLH：500 ppm　**浓度换算系数：**1 ppm＝3.77 mg/m^3

理化性质：无色液体，具有甜的刺激性的苯样气味。

分子量：92.1	沸点：232 ℉
凝固点：－139 ℉	溶解度（74 ℉）：0.07%
蒸气压：21 mmHg	电离电位：8.82 eV
比重：0.87	闪点：40 ℉
爆炸上限：7.1%	爆炸下限：1.1%

ⅠB 类易燃液体——闪点低于 73 ℉，沸点等于或高于 100 ℉。

不相容性和反应性：强氧化剂。

测量方法：NIOSH 1500，1501，3800，4000；OSHA 111

个人防护和卫生设施：

- 皮肤：穿戴合适的个人防护服，防止皮肤直接接触。
- 眼睛：佩戴合适的眼部防护用品，防止眼睛直接接触。
- 清洗皮肤：当皮肤受到污染时，应立即清洗污染的皮肤。
- 脱除：如果工作服被可燃性物质（即闪点低于 100 ℉的液体）浸湿，应当立即脱除并妥善处置，以防着火。
- 更换：对于班后的衣服的更换需要没有特殊建议。

急救：

- 眼睛：如眼睛直接接触了该化学物质，要立即用大量水冲洗（灌洗）眼睛，冲洗时，不时翻开上下眼睑。并立即就医。
- 皮肤：如果该化学物质直接接触皮肤，迅速用肥皂和水冲洗污染的皮肤。若该化学物质渗透进衣服，要迅速将衣服脱除，用肥皂和水清洗皮肤，并迅速就医。

- 呼吸：如果接触者吸入大量该化学物质，立即将接触者移至新鲜空气处。如果呼吸停止，要进行人工呼吸，注意保暖和休息。尽快就医。
- 吞入：如果吞入该化学物质，应立即就医。

对呼吸器选择的建议：NIOSH

～500 ppm：

- CcrOv：任何空气过滤式半面罩呼吸器，配防有机蒸气的滤毒盒。指定防护因数＝10。*
- PaprOv：任何动力送风空气过滤式呼吸器，配有机蒸气滤毒盒。指定防护因数＝25。*
- GmFOv：任何空气过滤式全面罩呼吸器（防毒面具），配下颌式、前置式或背置式有机蒸气滤毒罐。指定防护因数＝50。
- Sa：任何供气式呼吸器。指定防护因数＝10。*
- ScbaF：任何携气式呼吸器，配全面罩。指定防护因数＝50。

§：应急抢险，或准备进入浓度未知环境，或进入 IDLH 环境：

- ScbaF：Pd，Pp：任何压力需气式或正压携气式呼吸器，配全面罩。指定防护因数＝10 000。
- SaF：Pd，Pp：AScba：任何压力需气式或正压供气式呼吸器，配全面罩，配压力需气式或正压携气式辅助呼吸器。指定防护因数＝10 000。

逃生：

- GmFOv：任何空气过滤式全面罩呼吸器（防毒面具），配下颌式、前置式或背置式有机蒸气滤毒罐。指定防护因数＝50。
- ScbaE：任何适合逃生的携气式呼吸器。

有关呼吸器选择的其他重要信息参见相关标准。

接触途径：呼吸道，皮肤吸收，胃肠道，皮肤和/或眼睛直接接触。

症状：眼睛、鼻刺激；乏力，意识模糊，欣快，头晕，头痛；瞳孔散大，流泪；焦虑，肌肉疲劳，失眠；感觉异常；皮炎；肝、肾损害。

靶器官：眼睛，皮肤，呼吸系统，中枢神经系统，肝，肾。

甲苯二胺（Toluenediamine）

$CH_3C_6H_3(NH_2)_2$

异名和商品名：二氨基甲苯，Diaminotoluene，Methylphenylene diamine，TDA，Toluenediamine isomers，Tolylenediamine ［注：TDA 有多种异构体存在。］

CAS No.：25376-45-8；
95-80-7（2，4-TDA）

RTECS No.：XS9445000；
XS9625000（2，4-TDA）

DOT ID 和指南号：1709 151（2，4-甲苯二胺）

接触限值：NIOSH REL：Ca（所有异构体）见附录 A
OSHA PEL：无

IDLH：Ca ［N. D.］ **浓度换算系数**：

理化性质：无色至棕色针状晶体或粉末。［注：储存和暴露于空气中变黑。以下为 2，4-TDA 的性质。］

分子量：122.2　沸点：558 ℉
熔点：210 ℉　溶解度：可溶
蒸气压（224 ℉）：1 mmHg　电离电位：未知
比重：1.05（212 ℉液体）　闪点：300 ℉
爆炸上限：未知　爆炸下限：未知
可燃固体。
不相容性和反应性：未见报道。

测量方法：NIOSH 5516；OSHA 65

个人防护和卫生设施：

- 皮肤：穿戴合适的个人防护服，防止皮肤直接接触。
- 眼睛：佩戴合适的眼部防护用品，防止眼睛直接接触。
- 清洗皮肤：当皮肤受到污染时，应立即清洗污染的皮肤。/每天工作班结束后，进食、吸烟、喝水前都应该清洗可能受到污染的皮肤。
- 脱除：如果工作服被弄湿或受到了明显的污染，应该立即脱除并妥善处置。
- 更换：在离开工作场所前应当将可能受到污染的工作服更换成无污染的衣服。
- 配备：在劳动者可能接触该化学物质的作业场所，无论是否需要使用眼部防护用品，都应配备眼冲洗设备。在紧靠有可能接触该化学物质的工作场所，应配备快速冲淋身体的设备以应急使用。[注：这些设备应能够提供足量水或流动水，以将可能接触的身体任何部位上的该化学物质除去。实际配备适宜的快速冲淋设备取决于工作场所的具体条件。在某些情况下，必须及时进行大流量淋浴，而其他情况下只需要用一个水槽或软管供水就足够了。]

急救：

- 眼睛：如眼睛直接接触了该化学物质，要立即用大量水冲洗（灌洗）眼睛，冲洗时，不时翻开上下眼睑。并立即就医。
- 皮肤：如果该化学物质直接接触皮肤，立即用水冲洗污染的皮肤。如果该化学物质渗透进衣服，要迅速将衣服脱除，用水冲洗污染的皮肤，并迅速就医。
- 呼吸：如果接触者吸入大量该化学物质，立即将接触者移至新鲜空气处。如果呼吸停止，要进行人工呼吸，注意保暖和休息。尽快就医。
- 吞入：如果吞入该化学物质，应立即就医。

对呼吸器选择的建议：NIOSH

¥：高于 NIOSH REL 的浓度；或当没有 REL 时，任何可以检测到的浓度：

- ScbaF：Pd，Pp：任何压力需气式或正压携气式呼吸器，配全面罩。指定防护因数＝10 000。
- SaF：Pd，Pp：AScba：任何压力需气式或正压供气式呼吸器，配全面罩，配压力需气式或正压携气式辅助呼吸器。指定防护因数＝10 000。

逃生：

- GmFOv：任何空气过滤式全面罩呼吸器（防毒面具），配下颌式、前置式或背置式有机蒸气滤毒罐。指定防护因数＝50。
- ScbaE：任何适合逃生的携气式呼吸器。

有关呼吸器选择的其他重要信息参见相关标准。

接触途径：呼吸道，皮肤吸收，胃肠道，皮肤和/或眼睛直接接触。

症状：眼睛、皮肤、鼻、咽喉刺激；皮炎；共济失调，心动过速，恶心，呕吐，抽搐，呼吸抑制；高蛋白血症，紫绀，头痛，乏力，头晕，紫绀；肝损伤；[潜在职业性致癌物]。

靶器官：眼睛，皮肤，呼吸系统，血液，心血管系统，肝。

致癌部位：[动物：肝、皮肤及乳腺肿瘤]。

T

甲苯-2，4-二异氰酸酯（Toluene-2，4-diisocyanate）

$CH_3C_6H_3(NCO)_2$

异名和商品名：2，4-二异氰酸甲苯酯；TDI；2，4-TDI；2，4-Toluene diisocyanate

CAS No.：584-84-9

RTECS No.：CZ6300000

DOT ID 和指南号：2078 156

接触限值：NIOSH REL：Ca 见附录 A

OSHA PEL †：C 0.02 ppm（0.14 mg/m^3）

IDLH：Ca [2.5 ppm]　**浓度换算系数：**1 ppm＝7.13 mg/m^3

理化性质：无色至浅黄色固体或液体（71 ℉以上），具有强烈的刺激性气味。

分子量：174.2	沸点：484 ℉
熔点：71 ℉	溶解度：不溶

蒸气压(77 ℉):0.01 mmHg　　电离电位:未知
比　重:1.22　　闪　点:260 ℉
爆炸上限:9.5%　　爆炸下限:0.9%
ⅢB类可燃液体——闪点等于或高于200 ℉。
不相容性和反应性:强氧化剂,水,酸,碱和胺(可引起泡沫和飞溅);醇。[注:与水缓慢反应生成二氧化碳和聚脲。]

测量方法:NIOSH 2535,5521,5522,5525;OSHA 18,33,42

个人防护和卫生设施:

- 皮肤:穿戴合适的个人防护服,防止皮肤直接接触。
- 眼睛:佩戴合适的眼部防护用品,防止眼睛直接接触。
- 清洗皮肤:当皮肤受到污染时,应立即清洗污染的皮肤。/每天工作班结束后,进食、吸烟、喝水前都应该清洗可能受到污染的皮肤。
- 脱除:如果工作服被弄湿或受到了明显的污染,应该立即脱除并妥善处置。
- 更换:在离开工作场所前应当将可能受到污染的工作服更换成无污染的衣服。
- 配备:在劳动者可能接触该化学物质的作业场所,无论是否需要使用眼部防护用品,都应配备眼冲洗设备。在紧靠有可能接触该化学物质的工作场所,应配备快速冲淋身体的设备以应急使用。[注:这些设备应能够提供足量水或流动水,以将可能接触的身体任何部位上的该化学物质除去。实际配备适宜的快速冲淋设备取决于工作场所的具体条件。在某些情况下,必须及时进行大流量淋浴,而其他情况下只需要用一个水槽或软管供水就足够了。]

急救:

- 眼睛:如眼睛直接接触了该化学物质,要立即用大量水冲洗(灌洗)眼睛,冲洗时,不时翻开上下眼睑。并立即就医。
- 皮肤:如果该化学物质直接接触皮肤,立即用肥皂和水冲洗污染的皮肤。若该化学物质渗透进衣服,要立即将衣服脱除,用肥皂和水清洗皮肤,并迅速就医。
- 呼吸:如果接触者吸入大量该化学物质,立即将接触者移至新鲜空气处。如果呼吸停止,要进行人工呼吸,注意保暖和休息。尽快就医。
- 吞入:如果吞入该化学物质,应立即就医。

对呼吸器选择的建议:NIOSH

¥:高于NIOSH REL的浓度;或当没有REL时,任何可以检测到的浓度:

- ScbaF:Pd,Pp:任何压力需气式或正压携气式呼吸器,配全面罩。指定防护因数=10 000。
- SaF:Pd,Pp:AScba:任何压力需气式或正压供气式呼吸器,配全面罩,配压力需气式或正压携气式辅助呼吸器。指定防护因数=10 000。

逃生:

- GmFOv:任何空气过滤式全面罩呼吸器(防毒面具),配下颌式、前置式或背置式有机蒸气滤毒罐。指定防护因数=50。
- ScbaE:任何适合逃生的携气式呼吸器。

有关呼吸器选择的其他重要信息参见相关标准。

接触途径:呼吸道,胃肠道,皮肤和/或眼睛直接接触。

症状:眼睛、皮肤、鼻、咽喉刺激;窒息,阵发性咳嗽;胸痛,胸骨后疼痛;恶心,呕吐,腹痛;支气管炎,支气管痉挛,肺水肿;呼吸困难,哮喘;结膜炎,流泪;皮炎,皮肤致敏;[潜在职业性致癌物]。

靶器官:眼睛,皮肤,呼吸系统。

致癌部位:[动物:胰脏、肝、乳腺、循环系统及皮肤肿瘤]。

间甲苯胺(m-Toluidine)

$CH_3C_6H_4NH_2$

异名和商品名:3-甲基苯胺,3-氨基甲苯,间氨基甲苯,3-Amino-1-methylbenzene,1-Aminophenylmethane,m-Aminotoluene,3-Methylaniline,3-Methylbenzenamine,3-Toluidine,meta-Toluidine,m-Tolylamine

CAS No.:108-44-1

RTECS No.:XU2800000

DOT ID 和指南号:1708 153

接触限值:NIOSH REL:见附录 D

OSHA PEL†:无

IDLH:N. D.　　**浓度换算系数:**

理化性质:无色至浅黄色液体,具有芳香的胺样气味。[注:为许多染料的原料。]

分子量:107.2	沸点:397 ℉
凝固点:−23 ℉	溶解度:2%
蒸气压(106 ℉):1 mmHg	电离电位:7.50eV
比重:0.999	闪点:187 ℉
爆炸上限:未知	爆炸下限:未知

ⅢA 类可燃液体——闪点等于或高于 140 ℉且低于 200 ℉。

不相容性和反应性:氧化剂,酸。

测量方法:NIOSH 2002;OSHA 73

个人防护和卫生设施:

- 皮肤:穿戴合适的个人防护服,防止皮肤直接接触。
- 眼睛:佩戴合适的眼部防护用品,防止眼睛直接接触。
- 清洗皮肤:当皮肤受到污染时,应立即清洗污染的皮肤。
- 脱除:如果工作服被弄湿或受到了明显的污染,应该立即脱除并妥善处置。
- 更换:对于班后的衣服的更换需要没有特殊建议。

急救:

- 眼睛:如眼睛直接接触了该化学物质,要立即用大量水冲洗(灌洗)眼睛,冲洗时,不时翻开上下眼睑。并立即就医。
- 皮肤:如果该化学物质直接接触皮肤,立即用肥皂和水冲洗污染的皮肤。若该化学物质渗透进衣服,要立即将衣服脱除,用肥皂和水清洗皮肤,并迅速就医。
- 呼吸:如果接触者吸入大量该化学物质,立即将接触者移至新鲜空气处。如果呼吸停止,要进行人工呼吸,注意保暖和休息。尽快就医。
- 吞入:如果吞入该化学物质,应立即就医。

对呼吸器选择的建议:无。

有关呼吸器选择的其他重要信息参见相关标准。

接触途径:呼吸道,皮肤吸收,胃肠道,皮肤和/或眼睛直接接触。

症状:眼睛、皮肤刺激;皮炎;血尿,高蛋白血症;紫绀,恶心,呕吐,低血压,抽搐;贫血,乏力。

靶器官:眼睛,皮肤,血液,心血管系统。

T

邻甲苯胺(o-Toluidine)

$CH_3C_6H_4NH_2$

异名和商品名:2-甲基苯胺,2-氨基甲苯,邻氨基甲苯,o-Aminotoluene,2-Aminotoluene,1-Methyl-2-aminobenzene,o-Methylaniline,2-Methylaniline,ortho-Toluidine,o-Tolylamine

CAS No.:95-53-4

RTECS No.:XU2975000

DOT ID 和指南号:1708 153

接触限值:NIOSH REL:Ca[皮]见附录 A　　OSHA PEL:TWA 5 ppm(22 mg/m^3)[皮]

IDLH: Ca [50 ppm] **浓度换算系数:** 1 ppm=4.38 mg/m³

理化性质: 无色至浅黄色液体,具有芳香的苯胺样气味。

分子量:107.2	沸点:392 ℉
凝固点:6 ℉	溶解度:2%
蒸气压:0.3 mmHg	电离电位:7.44eV
比重:1.01	闪点:185 ℉
爆炸上限:未知	爆炸下限:未知

ⅢA 类可燃液体——闪点等于或高于 140 ℉且低于 200 ℉。

不相容性和反应性:强氧化剂,硝酸,碱。

测量方法: NIOSH 2002,2017,8317;OSHA 73

T

个人防护和卫生设施:

- 皮肤:穿戴合适的个人防护服,防止皮肤直接接触。
- 眼睛:佩戴合适的眼部防护用品,防止眼睛直接接触。
- 清洗皮肤:当皮肤受到污染时,应立即清洗污染的皮肤。
- 脱除:如果工作服被弄湿或受到了明显的污染,应该立即脱除并妥善处置。
- 更换:对于班后的衣服的更换需要没有特殊建议。
- 配备:在劳动者可能接触该化学物质的作业场所,无论是否需要使用眼部防护用品,都应配备眼冲洗设备。在紧靠有可能接触该化学物质的工作场所,应配备快速冲淋身体的设备以应急使用。[注:这些设备应能够提供足量水或流动水,以将可能接触的身体任何部位上的该化学物质除去。实际配备适宜的快速冲淋设备取决于工作场所的具体条件。在某些情况下,必须及时进行大流量淋浴,而其他情况下只需要用一个水槽或软管供水就足够了。]

急救:

- 眼睛:如眼睛直接接触了该化学物质,要立即用大量水冲洗(灌洗)眼睛,冲洗时,不时翻开上下眼睑。并立即就医。
- 皮肤:如果该化学物质直接接触皮肤,立即用肥皂和水冲洗污染的皮肤。若该化学物质渗透进衣服,要立即将衣服脱除,用肥皂和水清洗皮肤,并迅速就医。
- 呼吸:如果接触者吸入大量该化学物质,立即将接触者移至新鲜空气处。如果呼吸停止,要进行人工呼吸,注意保暖和休息。尽快就医。
- 吞入:如果吞入该化学物质,应立即就医。

对呼吸器选择的建议: NIOSH

¥:高于 NIOSH REL 的浓度;或当没有 REL 时,任何可以检测到的浓度:

- ScbaF:Pd,Pp:任何压力需气式或正压携气式呼吸器,配全面罩。指定防护因数=10 000。
- SaF:Pd,Pp:AScba:任何压力需气式或正压供气式呼吸器,配全面罩,配压力需气式或正压携气式辅助呼吸器。指定防护因数=10 000。

逃生:

- GmFOv:任何空气过滤式全面罩呼吸器(防毒面具),配下颌式、前置式或背置式有机蒸气滤毒罐。指定防护因数=50。
- ScbaE:任何适合逃生的携气式呼吸器。

有关呼吸器选择的其他重要信息参见相关标准。

接触途径: 呼吸道,皮肤吸收,胃肠道,皮肤和/或眼睛直接接触。

症状: 眼睛刺激;缺氧,头痛,紫绀;乏力,头晕,嗜睡;轻微血尿;眼睛灼伤;皮炎;[潜在职业性致癌物]。

靶器官: 眼睛,皮肤,血液,肾,肝,心血管系统。

致癌部位: [膀胱癌]。

对甲苯胺(p-Toluidine)

$CH_3C_6H_4NH_2$

异名和商品名:4-甲基苯胺,4-氨基甲苯,对氨基甲苯,4-Aminotoluene,4-Methylaniline,4-Methylbenzenamine,4-Toluidine,para-Toluidine,p-Tolylamine

CAS No.:106-49-0

RTECS No.:XU3150000

DOT ID 和指南号:1708 153

接触限值:NIOSH REL:Ca 见附录 A

OSHA PEL †:无

IDLH: Ca [N.D.]　　**浓度换算系数:**

理化性质:白色固体,具有芳香气味。[注:为许多染料的原料。]

分子量:107.2	沸点:393 ℉
熔点:111 ℉	溶解度:0.7%
蒸气压(108 ℉):1 mmHg	电离电位:7.50 eV
比重:1.05	闪点:188 ℉
爆炸上限:未知	爆炸下限:未知

可燃固体。

不相容性和反应性:氧化剂,酸。

测量方法:NIOSH 2002;OSHA 73

个人防护和卫生设施:

- 皮肤:穿戴合适的个人防护服,防止皮肤直接接触。
- 眼睛:佩戴合适的眼部防护用品,防止眼睛直接接触。
- 清洗皮肤:当皮肤受到污染时,应立即清洗污染的皮肤。/每天工作班结束后,进食、吸烟、喝水前都应该清洗可能受到污染的皮肤。
- 脱除:如果工作服被弄湿或受到了明显的污染,应该立即脱除并妥善处置。
- 更换:在离开工作场所前应当将可能受到污染的工作服更换成无污染的衣服。
- 配备:在劳动者可能接触该化学物质的作业场所,无论是否需要使用眼部防护用品,都应配备眼冲洗设备。在紧靠有可能接触该化学物质的工作场所,应配备快速冲淋身体的设备以应急使用。[注:这些设备应能够提供足量水或流动水,以将可能接触的身体任何部位上的该化学物质除去。实际配备适宜的快速冲淋设备取决于工作场所的具体条件。在某些情况下,必须及时进行大流量淋浴,而其他情况下只需要用一个水槽或软管供水就足够了。]

急救:

- 眼睛:如眼睛直接接触了该化学物质,要立即用大量水冲洗(灌洗)眼睛,冲洗时,不时翻开上下眼睑。并立即就医。
- 皮肤:如果该化学物质直接接触皮肤,立即用肥皂和水冲洗污染的皮肤。若该化学物质渗透进衣服,要立即将衣服脱除,用肥皂和水清洗皮肤,并迅速就医。
- 呼吸:如果接触者吸入大量该化学物质,立即将接触者移至新鲜空气处。如果呼吸停止,要进行人工呼吸,注意保暖和休息。尽快就医。
- 吞入:如果吞入该化学物质,应立即就医。

对呼吸器选择的建议:NIOSH

¥:高于 NIOSH REL 的浓度;或当没有 REL 时,任何可以检测到的浓度:

- ScbaF:Pd,Pp:任何压力需气式或正压携气式呼吸器,配全面罩。指定防护因数=10 000。
- SaF:Pd,Pp:AScba:任何压力需气式或正压供气式呼吸器,配全面罩,配压力需气式或正压携气式辅助呼吸器。指定防护因数=10 000。

逃生:

- GmFOv100:任何空气过滤式全面罩呼吸器(防毒面具),配下颌式、前置式或背置式有机蒸气滤毒罐和 N100、R100 或 P100 的综合防护过滤元件。指定防护因数=50。选择 N、R 或 P 过滤元件的信息见表 4。

T

● ScbaE：任何适合逃生的携气式呼吸器。 **有关呼吸器选择的其他重要信息参见相关标准。**	**症状：**眼睛、皮肤刺激；皮炎；血尿，高蛋白血症；紫绀，恶心，呕吐，低血压，抽搐；贫血，乏力；[潜在职业性致癌物]。
接触途径：呼吸道，皮肤吸收，胃肠道，皮肤和/或眼睛直接接触。	**靶器官：**眼睛，皮肤，血液，心血管系统。 **致癌部位：**[动物：肝肿瘤]。

磷酸三丁酯(Tributyl phosphate)

$(CH_3[CH_2]_3O)_3PO$

异名和商品名：磷酸三正丁酯，Butyl phosphate，TBP，Tributyl ester of phosphoric acid，Tri-n-butyl phosphate

CAS No.：126-73-8

RTECS No.：TC7700000

DOT ID 和指南号：

接触限值：NIOSH REL：TWA 0.2 ppm(2.5 mg/m^3)

OSHA PEL †：TWA 5 mg/m^3

IDLH：30 ppm　**浓度换算系数：**1 ppm＝10.89 mg/m^3

理化性质：无色至浅黄色无气味液体。

分子量：266.3	沸点：552 ℉(分解)
凝固点：－112 ℉	溶解度：0.6％
蒸气压(77 ℉)：0.004 mmHg	电离电位：未知
比重：0.98	闪点(开杯)：295 ℉
爆炸上限：未知	爆炸下限：未知

ⅢB类可燃液体——闪点等于或高于 200 ℉。

不相容性和反应性：碱，氧化剂，水，湿气。

测量方法：NIOSH 5034

个人防护和卫生设施：

- 皮肤：穿戴合适的个人防护服，防止皮肤直接接触。
- 眼睛：佩戴合适的眼部防护用品，防止眼睛直接接触。
- 清洗皮肤：当皮肤受到污染时，应立即清洗污染的皮肤。
- 脱除：如果工作服被弄湿或受到了明显的污染，应该立即脱除并妥善处置。
- 更换：对于班后的衣服的更换需要没有特殊建议。

急救：

- 眼睛：如眼睛直接接触了该化学物质，要立即用大量水冲洗(灌洗)眼睛，冲洗时，不时翻开上下眼睑。并立即就医。
- 皮肤：如果该化学物质直接接触皮肤，迅速用肥皂和水冲洗污染的皮肤。若该化学物质渗透进衣服，要迅速将衣服脱除，用肥皂和水清洗皮肤，并迅速就医。
- 呼吸：如果接触者吸入大量该化学物质，立即将接触者移至新鲜空气处。如果呼吸停止，要进行人工呼吸，注意保暖和休息。尽快就医。
- 吞入：如果吞入该化学物质，应立即就医。

对呼吸器选择的建议：NIOSH

～2 ppm：

- Sa：任何供气式呼吸器。指定防护因数＝10。

～5 ppm：

- Sa：Cf：任何连续供气式呼吸器。指定防护因数＝25。

～10 ppm：

- ScbaF：任何携气式呼吸器，配全面罩。指定防护因数＝50。
- SaF：任何供气式呼吸器，配全面罩。指定防护因数＝50。

～30 ppm：

- SaF：Pd，Pp：任何压力需气式或正压供气式呼吸器，配全面罩。指定防护因数＝2 000。

§：应急抢险，或准备进入浓度未知环境，或进入 IDLH 环境：

- ScbaF：Pd，Pp：任何压力需气式或正压携气式呼吸器，配全面罩。指定防护因数＝10 000。
- SaF：Pd，Pp：AScba：任何压力需气式或正压供气式呼吸器，配全面罩，配压力需气式或正压携气式辅助呼吸器。指定防护因数＝10 000。

逃生：

- GmFOv100：任何空气过滤式全面罩呼吸器(防毒面具)，配下颌式、前置式或背置式有机蒸气滤毒罐和 N100、R100 或 P100 的综合防护过滤元件。指定防护因数＝50。选择 N、R 或 P 过滤元件的信息见表 4。
- ScbaE：任何适合逃生的携气式呼吸器。

有关呼吸器选择的其他重要信息参见相关标准。

接触途径：呼吸道，胃肠道，皮肤和/或眼睛直接接触。

症状：眼睛、皮肤、呼吸系统刺激，头痛；恶心。

靶器官：眼睛，皮肤，呼吸系统。

三氯乙酸(Trichloroacetic acid)

CCl_3COOH

异名和商品名：三氯醋酸，TCA，Trichloroethanoic acid

CAS No.：76-03-9

RTECS No.：AJ7875000

DOT ID 和指南号：1839 153(固体)；2564 153(溶液)

接触限值：NIOSH REL：TWA 1 ppm(7 mg/m³)

OSHA PEL †：无

IDLH：N. D.　**浓度换算系数：**1 ppm＝6.68 mg/m³

理化性质：无色至白色晶体，具有强烈的刺激性气味。

分子量：163.4	沸点：388 ℉
熔点：136 ℉	溶解度：与水互溶
蒸气压(124 ℉)：1 mmHg	电离电位：未知
比重：1.62	闪点：不适用
爆炸上限：不适用	爆炸下限：不适用

不可燃固体。

不相容性和反应性：湿气，铁，锌，铝，强氧化剂。

[注：加热分解生成光气和氯化氢。对金属具有腐蚀性。]

测量方法：OSHA PV2017

个人防护和卫生设施：

- 皮肤：穿戴合适的个人防护服，防止皮肤直接接触。
- 眼睛：佩戴合适的眼部防护用品，防止眼睛直接接触。
- 清洗皮肤：当皮肤受到污染时，应立即清洗污染的皮肤。
- 脱除：如果工作服被弄湿或受到了明显的污染，应该立即脱除并妥善处置。
- 更换：在离开工作场所前应当将可能受到污染的工作服更换成无污染的衣服。
- 配备：在劳动者可能接触该化学物质的作业场所，无论是否需要使用眼部防护用品，都应配备眼冲洗设备。在紧靠有可能接触该化学物质的工作场所，应配备快速冲淋身体的设备以应急使用。[注：这些设备应能够提供足量水或流动水，以将可能接触的身体任何部位上的该化学物质除去。实际配备适宜的快速冲淋设备取决于工作场所的具体条件。在某些情况下，必须及时进行大流量淋浴，而其他情况下只需要用一个水槽或软管供水就足够了。]

急救：

- 眼睛：如眼睛直接接触了该化学物质，要立即用大量水冲洗(灌洗)眼睛，冲洗时，不时翻开上下眼睑。并立即就医。
- 皮肤：如果该化学物质直接接触皮肤，立即用水冲洗污染的皮肤。如果该化学物质渗透进衣服，要迅速将衣服脱除，用水冲洗污染的皮肤，并迅速就医。
- 呼吸：如果接触者吸入大量该化学物质，立即将接触者移至新鲜空气处。如果呼吸停止，要进行人工呼吸，注意保暖和休息。尽快就医。
- 吞入：如果吞入该化学物质，应立即就医。

对呼吸器选择的建议:无。

有关呼吸器选择的其他重要信息参见相关标准。

接触途径:呼吸道,胃肠道,皮肤和/或眼睛直接接触。

症状:眼睛、皮肤、鼻、咽喉、呼吸系统刺激;咳嗽,呼吸困难,迟发性肺水肿;眼睛、皮肤灼伤;皮炎,流涎,呕吐,腹泻。

靶器官:眼睛,皮肤,呼吸系统,胃肠道。

1,2,4-三氯苯(1,2,4-Trichlorobenzene)

$C_6H_3Cl_3$

异名和商品名:不对称三氯苯;unsym-Trichlorobenzene;1,2,4-Trichlorobenzol

CAS No.:120-82-1

RTECS No.:DC2100000

DOT ID 和指南号:2321 153(液体)

接触限值:NIOSH REL:C 5 ppm(40 mg/m³)

OSHA PEL †:无

IDLH: N.D.　**浓度换算系数:**1 ppm=7.42 mg/m³

理化性质:无色液体或晶体(63 ℉以下),具有芳香气味。

分子量:181.4　沸点:416 ℉

凝固点:63 ℉　溶解度:0.003%

蒸气压:1 mmHg　电离电位:未知

比重:1.45　闪点:222 ℉

爆炸上限(302 ℉):6.6%　爆炸下限(302 ℉):2.5%

ⅢB类可燃液体——闪点等于或高于200℉。

可燃固体。

不相容性和反应性:酸,酸性烟,氧化剂,蒸气。

测量方法:NIOSH 5517

个人防护和卫生设施:

- 皮肤:穿戴合适的个人防护服,防止皮肤直接接触。
- 眼睛:佩戴合适的眼部防护用品,防止眼睛直接接触。
- 清洗皮肤:当皮肤受到污染时,应立即清洗污染的皮肤。
- 脱除:如果工作服被弄湿或受到了明显的污染,应该立即脱除并妥善处置。
- 更换:对于班后的衣服的更换需要没有特殊建议。

急救:

- 眼睛:如眼睛直接接触了该化学物质,要立即用大量水冲洗(灌洗)眼睛,冲洗时,不时翻开上下眼睑。并立即就医。
- 皮肤:如果该化学物质直接接触皮肤,用肥皂和水冲洗污染的皮肤。
- 呼吸:如果接触者吸入大量该化学物质,立即将接触者移至新鲜空气处。如果呼吸停止,要进行人工呼吸,注意保暖和休息。尽快就医。
- 吞入:如果吞入该化学物质,应立即就医。

对呼吸器选择的建议:无。

有关呼吸器选择的其他重要信息参见相关标准。

接触途径:呼吸道,皮肤吸收,胃肠道,皮肤和/或眼睛直接接触。

症状:眼睛、皮肤、黏膜刺激;动物:肝、肾损害;可能的致畸效应。

靶器官:眼睛,皮肤,呼吸系统,肝,生殖系统。

1,1,2-三氯乙烷(1,1,2-Trichloroethane)

$CHCl_2CH_2Cl$

CAS No.:79-00-5

RTECS No.:KJ3150000

异名和商品名: β-三氯乙烷,Ethane trichloride,β-Trichloroethane,Vinyl trichloride

DOT ID 和指南号:

接触限值: NIOSH REL:Ca TWA 10 ppm(45 mg/m³)[皮]
见附录A、附录C(氯乙烷)
OSHA PEL:TWA 10 ppm(45 mg/m³)[皮]

IDLH: Ca[100 ppm]　**浓度换算系数:** 1 ppm=5.46 mg/m³

理化性质: 无色液体,具有甜的氯仿样气味。

分子量:133.4　沸点:237 ℉
凝固点:-34 ℉　溶解度:0.4%
蒸气压:19 mmHg　电离电位:11.00 eV
比重:1.44　闪点:未知
爆炸上限:15.5%　爆炸下限:6%

可燃液体,形成浓烟。

不相容性和反应性:强氧化剂和腐蚀剂;化学性质活泼的金属(如铝粉,镁粉,钠和钾)。

测量方法: NIOSH 1003;OSHA 11

个人防护和卫生设施:

- 皮肤:穿戴合适的个人防护服,防止皮肤直接接触。
- 眼睛:佩戴合适的眼部防护用品,防止眼睛直接接触。
- 清洗皮肤:当皮肤受到污染时,应立即清洗污染的皮肤。
- 脱除:如果工作服被弄湿或受到了明显的污染,应该立即脱除并妥善处置。
- 更换:对于班后的衣服的更换需要没有特殊建议。
- 配备:在劳动者可能接触该化学物质的作业场所,无论是否需要使用眼部防护用品,都应配备眼冲洗设备。在紧靠有可能接触该化学物质的工作场所,应配备快速冲淋身体的设备以应急使用。[注:这些设备应能够提供足量水或流动水,以将可能接触的身体任何部位上的化学物质除去。实际配备适宜的快速冲淋设备取决于工作场所的具体条件。在某些情况下,必须及时进行大流量淋浴,而其他情况下只需要用一个水槽或软管供水就足够了。]

急救:

- 眼睛:如眼睛直接接触了该化学物质,要立即用大量水冲洗(灌洗)眼睛,冲洗时,不时翻开上下眼睑。并立即就医。
- 皮肤:如果该化学物质直接接触皮肤,迅速用肥皂和水冲洗污染的皮肤。若该化学物质渗透进衣服,要迅速将衣服脱除,用肥皂和水清洗皮肤,并迅速就医。
- 呼吸:如果接触者吸入大量该化学物质,立即将接触者移至新鲜空气处。如果呼吸停止,要进行人工呼吸,注意保暖和休息。尽快就医。
- 吞入:如果吞入该化学物质,应立即就医。

对呼吸器选择的建议: NIOSH

¥:高于 NIOSH REL 的浓度;或当没有 REL 时,任何可以检测到的浓度:

- ScbaF:Pd,Pp:任何压力需气式或正压携气式呼吸器,配全面罩。指定防护因数=10 000。
- SaF:Pd,Pp:AScba:任何压力需气式或正压供气式呼吸器,配全面罩,配压力需气式或正压携气式辅助呼吸器。指定防护因数=10 000。

逃生:

- GmFOv:任何空气过滤式全面罩呼吸器(防毒面具),配下颌式、前置式或背置式有机蒸气滤毒罐。指定防护因数=50。
- ScbaE:任何适合逃生的携气式呼吸器。

有关呼吸器选择的其他重要信息参见相关标准。

接触途径: 呼吸道,皮肤吸收,胃肠道,皮肤和/或眼睛直接接触。

T

症状:眼睛、鼻刺激;中枢神经系统抑制;肝、肾损害;皮炎;[潜在职业性致癌物]。	靶器官:眼睛,呼吸系统,中枢神经系统,肝,肾。 致癌部位:[动物:肝癌]。

三氯乙烯(Trichloroethylene)　　CAS No.:79-01-6

$ClCH{=}CCl_2$　　RTECS No.:KX4550000

异名和商品名:乙炔化三氯,Ethylene trichloride,TCE,Trichloroethene,Trilene　　DOT ID 和指南号:1710 160

接触限值:NIOSH REL:Ca 见附录 A 、附录 C
OSHA PEL †:TWA 100 ppm
C 200 ppm 300 ppm
(任何 2h 内 5min 最大峰值)

IDLH: Ca [1 000 ppm]　**浓度换算系数:**1 ppm=5.37 mg/m^3

理化性质:无色液体(可染成绿色),具有氯仿样气味。

分子量:131.4	沸点:189 ℉
凝固点:−99 ℉	溶解度(77 ℉):0.1%
蒸气压:58 mmHg	电离电位:9.45 eV
比重:1.46	闪点:未知
爆炸上限(77 ℉):10.5%	爆炸下限(77 ℉):8%

可燃液体,但燃烧困难。

不相容性和反应性:强腐蚀剂和碱;化学性质活泼的金属(如钡、锂、钠、镁、钛和铍)。

测量方法:NIOSH 1022,3800;OSHA 1001

个人防护和卫生设施:

- 皮肤:穿戴合适的个人防护服,防止皮肤直接接触。
- 眼睛:佩戴合适的眼部防护用品,防止眼睛直接接触。
- 清洗皮肤:当皮肤受到污染时,应立即清洗污染的皮肤。
- 脱除:如果工作服被弄湿或受到了明显的污染,应该立即脱除并妥善处置。
- 更换:对于班后的衣服的更换需要没有特殊建议。
- 配备:在劳动者可能接触该化学物质的作业场所,无论是否需要使用眼部防护用品,都应配备眼冲洗设备。在紧靠有可能接触该化学物质的工作场所,应配备快速冲淋身体的设备以应急使用。[注:这些设备应能够提供足量水或流动水,以将可能接触的身体任何部位上的该化学物质除去。实际配备适宜的快速冲淋设备取决于工作场所的具体条件。在某些情况下,必须及时进行大流量淋浴,而其他情况下只需要用一个水槽或软管供水就足够了。]

急救:

- 眼睛:如眼睛直接接触了该化学物质,要立即用大量水冲洗(灌洗)眼睛,冲洗时,不时翻开上下眼睑。并立即就医。
- 皮肤:如果该化学物质直接接触皮肤,迅速用肥皂和水冲洗污染的皮肤。若该化学物质渗透进衣服,要迅速将衣服脱除,用肥皂和水清洗皮肤,并迅速就医。
- 呼吸:如果接触者吸入大量该化学物质,立即将接触者移至新鲜空气处。如果呼吸停止,要进行人工呼吸,注意保暖和休息。尽快就医。
- 吞入:如果吞入该化学物质,应立即就医。

对呼吸器选择的建议:NIOSH

¥:高于 NIOSH REL 的浓度;或当没有 REL 时,任何可以检测到的浓度:

- ScbaF:Pd,Pp:任何压力需气式或正压携气式呼吸器,配全面罩。指定防护因数=10 000。
- SaF:Pd,Pp:AScba:任何压力需气式或正压供气式呼吸器,配全面罩,配压力需气式或正压携气式辅助呼吸器。指定防护因数=10 000。

逃生:

- GmFOv:任何空气过滤式全面罩呼吸器(防毒面具),配下颌式、前置式或背置式有机蒸气滤毒罐。指定防护因数=50。
- ScbaE:任何适合逃生的携气式呼吸器。

有关呼吸器选择的其他重要信息参见相关标准。

接触途径:呼吸道,皮肤吸收,胃肠道,皮肤和/或眼睛直接接触。

症状:眼睛、皮肤刺激;头痛,视物模糊,乏力,头晕,震颤,嗜睡,恶心,呕吐;皮炎;心律失常,感觉异常;肝损伤;[潜在职业性致癌物]。

靶器官:眼睛,皮肤,呼吸系统,心脏,肝,肾,中枢神经系统。

致癌部位:[动物:肝癌及肾癌]。

三氯(化)萘(Trichloronaphthalene)　　CAS NO.:1321-65-9

$C_{10}H_5Cl_3$　　RTECS No.:QK4025000

异名和商品名:光蜡,Halowax®,Nibren wax,Seekay wax　　**DOT ID 和指南号:**

接触限值:NIOSH REL:TWA 5 mg/m³[皮]
OSHA PEL:TWA 5 mg/m³[皮]

IDLH:见附录 F　　**浓度换算系数:**

理化性质:无色至浅黄色固体,具有芳香气味。

分子量:231.5	沸点:579～669 ℉
熔点:199 ℉	溶解度:不溶
蒸气压:<1 mmHg	电离电位:未知
比重:1.58	闪点(开杯):392 ℉
爆炸上限:未知	爆炸下限:未知

可燃固体。

不相容性和反应性:强氧化剂。

测量方法:NIOSH S128(II-2)

个人防护和卫生设施:

- 皮肤:穿戴合适的个人防护服,防止皮肤直接接触。
- 眼睛:佩戴合适的眼部防护用品,防止眼睛直接接触。
- 清洗皮肤:当皮肤受到污染时,应立即清洗污染的皮肤。
- 脱除:如果工作服被弄湿或受到了明显的污染,应该立即脱除并妥善处置。
- 更换:在离开工作场所前应当将可能受到污染的工作服更换成无污染的衣服。

急救:

- 眼睛:如眼睛直接接触了该化学物质,要立即用大量水冲洗(灌洗)眼睛,冲洗时,不时翻开上下眼睑。并立即就医。
- 皮肤:如果该化学物质直接接触皮肤,用肥皂和水冲洗污染的皮肤。
- 呼吸:如果接触者吸入大量该化学物质,立即将接触者移至新鲜空气处。如果呼吸停止,要进行人工呼吸,注意保暖和休息。尽快就医。
- 吞入:如果吞入该化学物质,应立即就医。

对呼吸器选择的建议:NIOSH/OSHA

～50 mg/m³:

- ScbaF:任何携气式呼吸器,配全面罩。指定防护因数=50。
- SaF:任何供气式呼吸器,配全面罩。指定防护因数=50。

§:应急抢险,或准备进入浓度未知环境,或进入 IDLH 环境:

- ScbaF:Pd,Pp:任何压力需气式或正压携气式呼吸器,配全面罩。指定防护因数=10 000。
- SaF:Pd,Pp:AScba:任何压力需气式或正压供气式呼吸器,配全面罩,配压力需气式或正压携气式辅助呼吸器。指定防护因数=10 000。

逃生:

- GmFOv100:任何空气过滤式全面罩呼吸器(防毒面

T

具)，配下颌式、前置式或背置式有机蒸气滤毒罐和N100、R100或P100的综合防护过滤元件。指定防护因数=50。选择N、R或P过滤元件的信息见表4。

- ScbaE:任何适合逃生的携气式呼吸器。

(见附录F)

有关呼吸器选择的其他重要信息参见相关标准。

接触途径:呼吸道，皮肤吸收，胃肠道，皮肤和/或眼睛直接接触。

症状:厌食，恶心;头晕;黄疸，肝损伤。

靶器官:肝。

1,2,3-三氯丙烷(1,2,3-Trichloropropane)

$CH_2ClCHClCH_2Cl$

CAS No.:96-18-4

RTECS No.:TZ9275000

DOT ID 和指南号:

异名和商品名:Allyl trichloride, Glycerol trichlorohydrin, Glyceryl trichlorohydrin, Trichlorohydrin

T

接触限值:NIOSH REL:Ca TWA 10 ppm(60 mg/m^3) [皮] 见附录A

OSHA PEL †:TWA 50 ppm(300 mg/m^3)

IDLH:Ca [100 ppm]　**浓度换算系数**:1 ppm=6.03 mg/m^3

理化性质:无色液体，具有氯仿样气味。

分子量:147.4	沸点:314 ℉
凝固点:6 ℉	溶解度:0.1%
蒸气压:3 mmHg	电离电位:未知
比重:1.39	闪点:160 ℉
爆炸上限(302 ℉):12.6%	爆炸下限(248 ℉):3.2%

ⅢA类可燃液体——闪点等于或高于140 ℉且低于200 ℉。

不相容性和反应性:化学性质活泼的金属，强腐蚀剂和强氧化剂。

测量方法:NIOSH 1003;OSHA 7

个人防护和卫生设施:

- 皮肤:穿戴合适的个人防护服，防止皮肤直接接触。
- 眼睛:佩戴合适的眼部防护用品，防止眼睛直接接触。
- 清洗皮肤:当皮肤受到污染时，应立即清洗污染的皮肤。
- 脱除:如果工作服被弄湿或受到了明显的污染，应该立即脱除并妥善处置。
- 更换:对于班后的衣服的更换需要没有特殊建议。
- 配备:在劳动者可能接触该化学物质的作业场所，无论是否需要使用眼部防护用品，都应配备眼冲洗设备。在紧靠有可能接触该化学物质的工作场所，应配备快速冲淋身体的设备以应急使用。[注:这些设备应能够提供足量水或流动水，以将可能接触的身体任何部位上的该化学物质除去。实际配备适宜的快速冲淋设备取决于工作场所的具体条件。在某些情况下，必须及时进行大流量淋浴，而其他情况下只需要用一个水槽或软管供水就足够了。]

急救:

- 眼睛:如眼睛直接接触了该化学物质，要立即用大量水冲洗(灌洗)眼睛，冲洗时，不时翻开上下眼睑。并立即就医。
- 皮肤:如果该化学物质直接接触皮肤，用肥皂和水冲洗污染的皮肤。
- 呼吸:如果接触者吸入大量该化学物质，立即将接触者移至新鲜空气处。如果呼吸停止，要进行人工呼吸，注意保暖和休息。尽快就医。
- 吞入:如果吞入该化学物质，应立即就医。

对呼吸器选择的建议:NIOSH

¥:高于 NIOSH REL 的浓度;或当没有 REL 时,任何可以检测到的浓度:

- ScbaF:Pd,Pp:任何压力需气式或正压携气式呼吸器,配全面罩。指定防护因数=10 000。
- SaF:Pd,Pp:AScba:任何压力需气式或正压供气式呼吸器,配全面罩,配压力需气式或正压携气式辅助呼吸器。指定防护因数=10 000。

逃生:

- GmFOv:任何空气过滤式全面罩呼吸器(防毒面具),配下颌式、前置式或背置式有机蒸气滤毒罐。指定防护因数=50。
- ScbaE:任何适合逃生的携气式呼吸器。

有关呼吸器选择的其他重要信息参见相关标准。

接触途径:呼吸道,皮肤吸收,胃肠道,皮肤和/或眼睛直接接触。

症状:眼睛、鼻、咽喉刺激;中枢神经系统抑制;动物:肝、肾损伤;[潜在职业性致癌物]。

靶器官:眼睛,皮肤,呼吸系统,中枢神经系统,肝,肾。

致癌部位:[动物:贲门窦癌、肝癌及乳腺癌]。

T

1,1,2-三氯-1,2,2-三氟乙烷(1,1,2-Trichloro-1,2,2-trifluoroethane)

CCl_2FCClF_2

CAS No.:76-13-1

RTECS No.:KJ4000000

DOT ID 和指南号:

异名和商品名:氟利昂 113,制冷剂 113,Chlorofluorocarbon-113,CFC-113,Freon® 113,Genetron® 113,Halocarbon113,Refrigerant113,TTE

接触限值:NIOSH REL:TWA 1 000 ppm(7 600 mg/m^3)
ST 1 250 ppm(9 500 mg/m^3)
OSHA PEL†:TWA 1 000 ppm(7 600 mg/m^3)

IDLH:2 000 ppm　**浓度换算系数:**1 ppm=7.67 mg/m^3

理化性质:无色至水白色液体,高浓度下具有四氯化碳样气味。[注:118 ℉以上为气味。]

分子量:187.4	沸点:118 ℉
凝固点:−31 ℉	溶解度(77 ℉):0.02%
蒸气压:285 mmHg	电离电位:11.99 eV
比重(77 ℉):1.56	闪点:未知
爆炸上限:未知	爆炸下限:未知

常温下为不可燃液体,但 1 256 ℉下气体可点燃并微弱燃烧。

不相容性和反应性:化学性质活泼的金属如钙、铝粉、锌粉、镁粉和铍粉。[注:若遇含镁>2%的合金时可分解。]

测量方法:NIOSH 1020;OSHA 113

个人防护和卫生设施:

- 皮肤:穿戴合适的个人防护服,防止皮肤直接接触。
- 眼睛:佩戴合适的眼部防护用品,防止眼睛直接接触。
- 清洗皮肤:当皮肤受到污染时,应立即清洗污染的皮肤。
- 脱除:如果工作服被弄湿或受到了明显的污染,应该立即脱除并妥善处置。
- 更换:对于班后的衣服的更换需要没有特殊建议。

急救:

- 眼睛:如眼睛直接接触了该化学物质,要立即用大量水冲洗(灌洗)眼睛,冲洗时,不时翻开上下眼睑。并立即就医。
- 皮肤:如果该化学物质直接接触皮肤,迅速用肥皂和水冲洗污染的皮肤。若该化学物质渗透进衣服,要迅速将衣服脱除,用肥皂和水清洗皮肤,并迅速就医。
- 呼吸:如果接触者吸入大量该化学物质,立即将接触者移至新鲜空气处。如果呼吸停止,要进行人工呼吸,注意保暖和休息。尽快就医。

- 吞入:如果吞入该化学物质,应立即就医。

对呼吸器选择的建议:NIOSH/OSHA

~2 000 ppm:

- Sa:任何供气式呼吸器。指定防护因数=10。
- ScbaF:任何携气式呼吸器,配全面罩。指定防护因数=50。

§:应急抢险,或准备进入浓度未知环境,或进入 IDLH 环境:

- ScbaF : Pd,Pp:任何压力需气式或正压携气式呼吸器,配全面罩。指定防护因数=10 000。
- SaF : Pd,Pp : AScba:任何压力需气式或正压供气式呼吸器,配全面罩,配压力需气式或正压携气式辅助呼吸器。指定防护因数=10 000。

逃生:

- GmFOv:任何空气过滤式全面罩呼吸器(防毒面具),配下颌式、前置式或背置式有机蒸气滤毒罐。指定防护因数=50。
- ScbaE:任何适合逃生的携气式呼吸器。

有关呼吸器选择的其他重要信息参见相关标准。

接触途径:呼吸道,胃肠道,皮肤和/或眼睛直接接触。

症状:咽喉、皮肤刺激;嗜睡,皮炎;中枢神经系统抑制;动物:心律失常,昏迷。

靶器官:皮肤,心脏,中枢神经系统,心血管系统。

T

三乙胺(Triethylamine)

$(C_2H_5)_3N$

异名和商品名:TEA

CAS No.:121-44-8

RTECS No.:YE0175000

DOT ID 和指南号:1296 132

接触限值:NIOSH REL:见附录 D

OSHA PEL †:TWA 25 ppm(100 mg/m^3)

IDLH: 200 ppm　　**浓度换算系数:**1 ppm=4.14 mg/m^3

理化性质:无色液体,具有强烈的氨样气味。

分子量:	101.2	沸点:	193 ℉
凝固点:	−175 ℉	溶解度:	2%
蒸气压:	54 mmHg	电离电位:	7.50eV
比重:	0.73	闪点:	20 ℉
爆炸上限:	8.0%	爆炸下限:	1.2%

ⅠB 类易燃液体——闪点低于 73 ℉,沸点等于或高于 100 ℉。

不相容性和反应性:强氧化剂,强酸,氯,次氯酸盐,卤代化合物。

测量方法:NIOSH S152(Ⅱ-3);OSHA PV2060

个人防护和卫生设施:

- 皮肤:穿戴合适的个人防护服,防止皮肤直接接触。
- 眼睛:佩戴合适的眼部防护用品,防止眼睛直接接触。
- 清洗皮肤:当皮肤受到污染时,应立即清洗污染的皮肤。
- 脱除:如果工作服被可燃性物质(即闪点低于 100 ℉的液体)浸湿,应当立即脱除并妥善处置,以防着火。
- 更换:对于班后的衣服的更换需要没有特殊建议。
- 配备:在劳动者可能接触该化学物质的作业场所,无论是否需要使用眼部防护用品,都应配备眼冲洗设备。(>0.1%)在紧靠有可能接触该化学物质的工作场所,应配备快速冲淋身体的设备以应急使用。[注:这些设备应能够提供足量水或流动水,以将可能接触的身体任何部位上的该化学物质除去。实际配备适宜的快速冲淋设备取决于工作场所的具体条件。在某些情况下,必须及时进行大流量淋浴,而其他情况下只需要用一个水槽或软管供水就足够了。](>0.1%)

急救：

- 眼睛：如眼睛直接接触了该化学物质，要立即用大量水冲洗（灌洗）眼睛，冲洗时，不时翻开上下眼睑。并立即就医。
- 皮肤：如果该化学物质直接接触皮肤，立即用肥皂和水冲洗污染的皮肤。若该化学物质渗透进衣服，要立即将衣服脱除，用肥皂和水清洗皮肤，并迅速就医。
- 呼吸：如果接触者吸入大量该化学物质，立即将接触者移至新鲜空气处。如果呼吸停止，要进行人工呼吸，注意保暖和休息。尽快就医。
- 吞入：如果吞入该化学物质，应立即就医。

对呼吸器选择的建议：OSHA

~200 ppm：

- Sa：Cf：任何连续供气式呼吸器。指定防护因数=25。£
- ScbaF：任何携气式呼吸器，配全面罩。指定防护因数=50。
- SaF：任何供气式呼吸器，配全面罩。指定防护因数=50。

§：应急抢险，或准备进入浓度未知环境，或进入 IDLH 环境：

- ScbaF：Pd，Pp：任何压力需气式或正压携气式呼吸器，配全面罩。指定防护因数=10 000。
- SaF：Pd，Pp：AScba：任何压力需气式或正压供气式呼吸器，配全面罩，配压力需气式或正压携气式辅助呼吸器。指定防护因数=10 000。

逃生：

- GmFS：任何空气过滤式全面罩呼吸器（防毒面具），配下颌式、前置式或背置式防该化学物质的滤毒罐。指定防护因数=50。
- ScbaE：任何适合逃生的携气式呼吸器。

有关呼吸器选择的其他重要信息参见相关标准。

接触途径：呼吸道，皮肤吸收，胃肠道，皮肤和/或眼睛直接接触。

症状：眼睛、皮肤、呼吸系统刺激；动物：心肌、肾、肝损害。

靶器官：眼睛，皮肤，呼吸系统，心血管系统，肝，肾。

T

三氟溴甲烷（Trifluorobromomethane）

$CBrF_3$

CAS No.：75-63-8

RTECS No.：PA5425000

DOT ID 和指南号：1009 126

异名和商品名：溴三氟甲烷，氟利昂 13B1，制冷剂 13B1，Bromotrifluoromethane，Fluorocarbon 1301，Freon ® 13B1，Halocarbon 13B1，Halon ® 1301，Monobromotrifluoromethane，Refrigerant 13B1，Trifluoromonobromomethane

接触限值：NIOSH REL：TWA 1 000 ppm（6100 mg/m^3）
OSHA PEL：TWA 1 000 ppm（6100 mg/m^3）

IDLH：40 000 ppm　　**浓度换算系数：**1 ppm=6.09 mg/m^3

理化性质：无色无味气体。［注：以压缩液化气运输。］

分子量：148.9	沸点：−72 ℉
凝固点：−267 ℉	溶解度：0.03%
蒸气压：>1 大气压	电离电位：11.78eV
相对密度：5.14	闪点：不适用
爆炸上限：不适用	爆炸下限：不适用

不易燃气体。

不相容性和反应性：化学性质活泼的金属（如钙、粉状铝、锌和镁）。

测量方法：NIOSH 1017

个人防护和卫生设施：

- 皮肤：压缩气体快速膨胀时可产生低温。泄漏和使用能快速膨胀的压缩气体，可产生冻伤危害。穿戴合适的个人防护服，防止皮肤冻伤。
- 眼睛：佩戴合适的眼部防护用品，防止眼睛直接接触液体后因低温引起冻伤或组织损伤。

- 清洗皮肤：对于清洗皮肤上的污染物没有其他特殊的建议(包括立即清洗和班后清洗)。
- 脱除：对于脱除被污染或被弄湿的工作服的需要没有特殊建议。
- 更换：对于班后衣服的更换需要没有特殊建议。
- 配备：在紧靠有可能接触极低温液体或迅速蒸发的液体的工作场所，应配备快速冲淋洗浴设备和/或眼冲洗设备，以应急使用。

急救：

- 眼睛：如果眼组织冻伤，要立即就医。如果眼组织没有冻伤，要立即用大量水彻底冲洗至少 15 min，并不时翻开上下眼睑。如果眼睛刺激、疼痛、肿胀、流泪和畏光持续存在，应尽快就医。
- 皮肤：如果发生冻伤，要立即就医，不要揉擦或用水冲洗冻伤部位；为防止组织进一步受损，不要试图将冻结的衣服从冻伤部位脱除。如未发生冻伤，立即用肥皂和水彻底清洗污染的皮肤。
- 呼吸：如果接触者吸入大量该化学物质，立即将接触者移至新鲜空气处。如果呼吸停止，要进行人工呼吸，注意保暖和休息。尽快就医。

对呼吸器选择的建议：NIOSH/OSHA

～10 000 ppm：

- Sa：任何供气式呼吸器。指定防护因数＝10。

～25 000 ppm：

- Sa：Cf：任何连续供气式呼吸器。指定防护因数＝25。

～40 000 ppm：

- SaT：Cf：任何连续供气式呼吸器，配密合型面罩。指定防护因数＝50。
- ScbaF：任何携气式呼吸器，配全面罩。指定防护因数＝50。
- SaF：任何供气式呼吸器，配全面罩。指定防护因数＝50。

§：应急抢险，或准备进入浓度未知环境，或进入 IDLH 环境：

- ScbaF：Pd，Pp：任何压力需气式或正压携气式呼吸器，配全面罩。指定防护因数＝10 000。
- SaF：Pd，Pp：AScba：任何压力需气式或正压供气式呼吸器，配全面罩，配压力需气式或正压携气式辅助呼吸器。指定防护因数＝10 000。

逃生：

- GmFOv：任何空气过滤式全面罩呼吸器(防毒面具)，配下颌式、前置式或背置式有机蒸气滤毒罐。指定防护因数＝50。
- ScbaE：任何适合逃生的携气式呼吸器。

有关呼吸器选择的其他重要信息参见相关标准。

接触途径：呼吸道，皮肤和/或眼睛直接接触(液体)。

症状：头晕；心律失常；液体：冻伤。

靶器官：中枢神经系统，心脏。

偏苯三甲酸酐(Trimellitic anhydride)

$C_9H_4O_5$

CAS No.：552-30-7

RTECS No.：DC2050000

DOT ID 和指南号：

异名和商品名：1，2，4，-苯三酸酐；1，2，4-Benzenetricarboxylic anhydride；4-Carboxyphthalic anhydride；TMA；TMAN；Trimellic acid anhydride

[注：TMA 也是三甲胺的别名。]

接触限值：NIOSH REL：TWA 0.005 ppm(0.04 mg/m^3)
在工作场所以高毒物质处理。

OSHA PEL †：无

IDLH：N. D.　　**浓度换算系数**：1 ppm=7.86 mg/m^3

理化性质：无色固体。

分 子 量：192.1　　沸　点：未知
熔　点：322 ℉　　溶 解 度：未知
蒸 气 压：0.000 004 mmHg　　电离电位：未知
比　重：未知　　闪　点：不适用
爆炸上限：不适用　　爆炸下限：不适用
可燃固体。
不相容性和反应性：未见报道。

测量方法：NIOSH 5036；OSHA 98

个人防护和卫生设施：
- 皮肤：穿戴合适的个人防护服，防止皮肤直接接触。
- 眼睛：佩戴合适的眼部防护用品，防止眼睛直接接触。
- 清洗皮肤：当皮肤受到污染时，应立即清洗污染的皮肤。
- 脱除：如果工作服被弄湿或受到了明显的污染，应该立即脱除并妥善处置。
- 更换：在离开工作场所前应当将可能受到污染的工作服更换成无污染的衣服。

急救：
- 眼睛：如眼睛直接接触了该化学物质，要立即用大量水冲洗（灌洗）眼睛，冲洗时，不时翻开上下眼睑。并立即就医。
- 皮肤：如果该化学物质直接接触皮肤，用肥皂和水冲洗污染的皮肤。
- 呼吸：如果接触者吸入大量该化学物质，立即将接触者移至新鲜空气处。如果呼吸停止，要进行人工呼吸，注意保暖和休息。尽快就医。
- 吞入：如果吞入该化学物质，应立即就医。

对呼吸器选择的建议：无。
有关呼吸器选择的其他重要信息参见相关标准。

接触途径：呼吸道，胃肠道，皮肤和/或眼睛直接接触。

症状：眼睛、皮肤、鼻、呼吸系统刺激；肺水肿，呼吸致敏；鼻炎，哮喘，咳嗽，喘鸣，呼吸困难，不适，发热，肌痛，打喷嚏。

靶器官：眼睛，皮肤，呼吸系统。

T

三甲胺（Trimethylamine）
$(CH_3)_3N$
异名和商品名：N，N-二甲基甲胺；N，N-Dimethylmethanamine；TMA
［注：常用（25%、30%或 40%）水溶液。］

CAS No.：75-50-3
RTECS No.：PA0350000
DOT ID 和指南号：1083 118（无水）；1297 132（水溶液）

接触限值：NIOSH REL：TWA 10 ppm（24 mg/m^3）
ST 15 ppm（36 mg/m^3）
OSHA PEL †：无

IDLH：N. D.　　**浓度换算系数**：1 ppm=2.42 mg/m^3

理化性质：无色气体，具有鱼腥胺味。［注：37 ℉以下为液体。以压缩液化气运输。］

分 子 量：59.1　　沸　点：37 ℉
凝 固 点：-179 ℉　　溶解度（86 ℉）：48%
蒸气压（70 ℉）：1454 mmHg　　电离电位：7.82eV
相对密度：2.09　　闪　点：不适用（气体）20 ℉（液体）
爆炸上限：11.6%
爆炸下限：2.0%
易燃气体。
不相容性和反应性：强氧化剂（包括溴），环氧乙烷，亚硝基化剂（如亚硝酸钠），汞，强酸。［注：对多数金属具有腐蚀性（如锌、黄铜、铝、铜）。］

测量方法:OSHA PV2060

个人防护和卫生设施:

- 皮肤:穿戴合适的个人防护服,防止皮肤直接接触。(液体/溶液)/压缩气体快速膨胀时可产生低温。泄漏和使用能快速膨胀的压缩气体,可产生冻伤危害。穿戴合适的个人防护服,防止皮肤冻伤。
- 眼睛:佩戴合适的眼部防护用品,防止眼睛直接接触。(液体/溶液)/佩戴合适的眼部防护用品,防止眼睛直接接触液体后因低温引起冻伤或组织损伤。
- 清洗皮肤:当皮肤受到污染时,应立即清洗污染的皮肤。(溶液)
- 脱除:如果工作服被可燃性物质(即闪点低于 100 ℉的液体)浸湿,应当立即脱除并妥善处置,以防着火。
- 更换:对于班后的衣服的更换需要没有特殊建议。
- 配备:在劳动者可能接触该化学物质的作业场所,无论是否需要使用眼部防护用品,都应配备眼冲洗设备。(液体/溶液)在紧靠有可能接触该化学物质的工作场所,应配备快速冲淋身体的设备以应急使用。[注:这些设备应能够提供足量水或流动水,以将可能接触的身体任何部位上的该化学物质除去。实际配备适宜的快速冲淋设备取决于工作场所的具体条件。在某些情况下,必须及时进行大流量淋浴,而其他情况下只需要用一个水槽或软管供水就足够了。](液体/溶液)在紧靠有可能接触极低温液体或迅速蒸发的液体的工作场所,应配备快速冲淋洗浴设备和/或眼冲洗设备,以应急使用。

急救:

- 眼睛:如眼睛直接接触了该化学物质,要立即用大量水冲洗(灌洗)眼睛,冲洗时,不时翻开上下眼睑。并立即就医。(液体/溶液)/如果眼组织冻伤,要立即就医。如果眼组织没有冻伤,要立即用大量水彻底冲洗至少15 min,并不时翻开上下眼睑。如果眼睛刺激、疼痛、肿胀、流泪和畏光持续存在,应尽快就医。
- 皮肤:如果该化学物质直接接触皮肤,立即用水冲洗污染的皮肤。如果该化学物质渗透进衣服,要迅速将衣服脱除,用水冲洗污染的皮肤,并迅速就医。(液体/溶液)如果发生冻伤,要立即就医,不要揉擦或用水冲洗冻伤部位;为防止组织进一步受损,不要试图将冻结的衣服从冻伤部位脱除。如未发生冻伤,立即用肥皂和水彻底清洗污染的皮肤。
- 呼吸:如果接触者吸入大量该化学物质,立即将接触者移至新鲜空气处。如果呼吸停止,要进行人工呼吸,注意保暖和休息。尽快就医。
- 吞入:如果吞入该化学物质,应立即就医。(溶液)

对呼吸器选择的建议:无。

有关呼吸器选择的其他重要信息参见相关标准。

接触途径:呼吸道,胃肠道(液体),皮肤和/或眼睛直接接触。

症状:眼睛、皮肤、鼻、咽喉、呼吸系统刺激;咳嗽,呼吸困难,迟发性肺水肿;视物模糊,角膜坏死;皮肤灼伤;液体:冻伤。

靶器官:眼睛,皮肤,呼吸系统。

1,2,3-三甲基苯(1,2,3-Trimethylbenzene)

$C_6H_3(CH_3)_3$

异名和商品名:连三甲苯,Hemellitol [注:连三甲苯是 1,2,3-异构体和其他相关的 10%的三甲苯如 1,2,4-异构体的混合物。]

CAS No.:526-73-8

RTECS No.:DC3300000

DOT ID 和指南号:

接触限值:NIOSH REL:TWA 25 ppm(125 mg/m³)

OSHA PEL †:无

IDLH：N. D.　**浓度换算系数**：1 ppm＝4.92 mg/m³	**急救**： ● 眼睛：如眼睛直接接触了该化学物质，要立即用大量水冲洗（灌洗）眼睛，冲洗时，不时翻开上下眼睑。并立即就医。 ● 皮肤：如果该化学物质直接接触皮肤，用肥皂和水冲洗污染的皮肤。 ● 呼吸：如果接触者吸入大量该化学物质，立即将接触者移至新鲜空气处。如果呼吸停止，要进行人工呼吸，注意保暖和休息。尽快就医。 ● 吞入：如果吞入该化学物质，应立即就医。
理化性质：透明无色液体，具有特异的芳香气味。	
分子量：120.2　沸点：349 ℉ 凝固点：－14 ℉　溶解度：低 蒸气压（62 ℉）：1 mmHg　电离电位：8.48 eV 比重：0.89　闪点：未知 爆炸上限：6.6%　爆炸下限：0.8% 易燃液体。 不相容性和反应性：氧化剂，硝酸。	
测量方法：OSHA PV2091	**对呼吸器选择的建议**：无。 **有关呼吸器选择的其他重要信息参见相关标准。**
个人防护和卫生设施： ● 皮肤：穿戴合适的个人防护服，防止皮肤直接接触。 ● 眼睛：佩戴合适的眼部防护用品，防止眼睛直接接触。 ● 清洗皮肤：当皮肤受到污染时，应立即清洗污染的皮肤。 ● 脱除：如果工作服被弄湿或受到了明显的污染，应该立即脱除并妥善处置。 ● 更换：对于班后衣服的更换需要没有特殊建议。	**接触途径**：呼吸道，胃肠道，皮肤和/或眼睛直接接触。 **症状**：眼睛、皮肤、鼻、咽喉、呼吸系统刺激；支气管炎；低色素性贫血；头痛，嗜睡，乏力，头晕，恶心，协调能力下降；呕吐，意识模糊；化学性肺炎（吸入液体）。 **靶器官**：眼睛，皮肤，呼吸系统，中枢神经系统，血液。

1,2,4-三甲基苯（1,2,4-Trimethylbenzene） $C_6H_3(CH_3)_3$ **异名和商品名**：不对称三甲基苯，Asymmetrical trimethylbenzene，psi-Cumene，Pseudocumene [注：连三甲苯是1,2,3-异构体和10%其他三甲苯如1,2,4-异构体的混合物。]	**CAS No.**：95-63-6 **RTECS No.**：DC3325000 **DOT ID 和指南号**：
接触限值：NIOSH REL：TWA 25 ppm（125 mg/m³） OSHA PEL †：无	蒸气压（56 ℉）：1 mmHg　电离电位：8.27 eV 比重：0.88　闪点：112 ℉ 爆炸上限：6.4%　爆炸下限：0.9% Ⅱ类可燃液体——闪点等于或高于100 ℉且低于140 ℉。 不相容性和反应性：氧化剂，硝酸。
IDLH：N. D.　**浓度换算系数**：1 ppm＝4.92 mg/m³	
理化性质：透明无色液体，具有特异的芳香气味。	
分子量：120.2　沸点：337 ℉ 凝固点：－77 ℉　溶解度：0.006%	**测量方法**：OSHA PV2091

T

个人防护和卫生设施：

- 皮肤：穿戴合适的个人防护服，防止皮肤直接接触。
- 眼睛：佩戴合适的眼部防护用品，防止眼睛直接接触。
- 清洗皮肤：当皮肤受到污染时，应立即清洗污染的皮肤。
- 脱除：如果工作服被弄湿或受到了明显的污染，应该立即脱除并妥善处置。
- 更换：对于班后衣服的更换需要没有特殊建议。

急救：

- 眼睛：如眼睛直接接触了该化学物质，要立即用大量水冲洗（灌洗）眼睛，冲洗时，不时翻开上下眼睑。并立即就医。
- 皮肤：如果该化学物质直接接触皮肤，用肥皂和水冲洗污染的皮肤。
- 呼吸：如果接触者吸入大量该化学物质，立即将接触者移至新鲜空气处。如果呼吸停止，要进行人工呼吸，注意保暖和休息。尽快就医。
- 吞入：如果吞入该化学物质，应立即就医。

对呼吸器选择的建议：无。

有关呼吸器选择的其他重要信息参见相关标准。

接触途径：呼吸道，胃肠道，皮肤和/或眼睛直接接触。

症状：眼睛、皮肤、鼻、咽喉、呼吸系统刺激；支气管炎；低色素性贫血；头痛，嗜睡，疲劳，头晕，恶心，协调能力下降；呕吐，意识模糊；化学性肺炎（吸入液体）。

靶器官：眼睛，皮肤，呼吸系统，中枢神经系统，血液。

T

1,3,5-三甲基苯（1,3,5-Trimethylbenzene）

$C_6H_3(CH_3)_3$

CAS No.：108-67-8

RTECS No.：OX6825000

DOT ID 和指南号：2325 129

异名和商品名：均三甲苯，对称三甲苯，莱，Mesitylene，Symmetrical trimethylbenzene，sym-Trimethylbenzene

接触限值：NIOSH REL：TWA 25 ppm（125 mg/m³）
OSHA PEL †：无

IDLH：N. D.　　**浓度换算系数：**1 ppm＝4.92 mg/m³

理化性质：透明无色液体，具有特异的芳香气味。

分子量：120.2	沸点：329 ℉
凝固点：－49 ℉	溶解度：0.002％
蒸气压：2 mmHg	电离电位：8.39 eV
比重：0.86	闪点：122 ℉
爆炸上限：未知	爆炸下限：未知

Ⅱ类可燃液体——闪点等于或高于 100 ℉且低于 140 ℉。

不相容性和反应性：氧化剂，硝酸。

测量方法：OSHA PV2091

个人防护和卫生设施：

- 皮肤：穿戴合适的个人防护服，防止皮肤直接接触。
- 眼睛：佩戴合适的眼部防护用品，防止眼睛直接接触。
- 清洗皮肤：当皮肤受到污染时，应立即清洗污染的皮肤。
- 脱除：如果工作服被弄湿或受到了明显的污染，应该立即脱除并妥善处置。
- 更换：对于班后的衣服的更换需要没有特殊建议。

急救：

- 眼睛：如眼睛直接接触了该化学物质，要立即用大量水冲洗（灌洗）眼睛，冲洗时，不时翻开上下眼睑。并立即就医。
- 皮肤：如果该化学物质直接接触皮肤，用肥皂水冲洗污染的皮肤。
- 呼吸：如果接触者吸入大量该化学物质，立即将接触者移至新鲜空气处。如果呼吸停止，要进行人工呼吸，注意保暖和休息。尽快就医。

● 吞入:如果吞入该化学物质,应立即就医。

对呼吸器选择的建议:无。
有关呼吸器选择的其他重要信息参见相关标准。

接触途径:呼吸道,胃肠道,皮肤和/或眼睛直接接触。

症状:眼睛、皮肤、鼻、咽喉、呼吸系统刺激;支气管炎;低色素性贫血;头痛,嗜睡,乏力,头晕,恶心,协调能力下降;呕吐,意识模糊;化学性肺炎(吸入液体)。

靶器官:眼睛,皮肤,呼吸系统,中枢神经系统,血液。

亚磷酸三甲酯(Trimethyl phosphite)
$(CH_3O)_3P$

异名和商品名: Methyl phosphite, Trimethoxyphosphine, Trimethyl ester of phosphorous acid

CAS No.:121-45-9
RTECS No.:TH1400000
DOT ID 和指南号:2329 129

接触限值:NIOSH REL:TWA 2 ppm(10 mg/m³)
OSHA PEL †:无

IDLH:N. D.　　**浓度换算系数:**1 ppm=5.08 mg/m³

理化性质:无色液体,具有特异的刺激性气味。

分 子 量:124.1　　沸　点:232 ℉
凝 固 点:−108 ℉　　溶 解 度:与水反应
蒸气压(77 ℉):24 mmHg　　电离电位:未知
比　重:1.05　　闪　点:82 ℉
爆炸上限:未知　　爆炸下限:未知
ⅠC 类易燃液体——闪点等于或高于 73 ℉且低于 100 ℉。
不相容性和反应性:高氯酸镁,水。[注:与水反应(水解)。]

测量方法:无。

个人防护和卫生设施:
● 皮肤:穿戴合适的个人防护服,防止皮肤直接接触。
● 眼睛:佩戴合适的眼部防护用品,防止眼睛直接接触。
● 清洗皮肤:当皮肤受到污染时,应立即清洗污染的皮肤。
● 脱除:如果工作服被可燃性物质(即闪点低于 100 ℉的液体)浸湿,应当立即脱除并妥善处置,以防着火。
● 更换:对于班后衣服的更换需要没有特殊建议。
● 配备:在紧靠有可能接触该化学物质的工作场所,应配备快速冲淋身体的设备以应急使用。[注:这些设备应能够提供足量水或流动水,以将可能接触的身体任何部位上的该化学物质除去。实际配备适宜的快速冲淋设备取决于工作场所的具体条件。在某些情况下,必须及时进行大流量淋浴,而其他情况下只需要用一个水槽或软管供水就足够了。]

急救:
● 眼睛:如眼睛直接接触了该化学物质,要立即用大量水冲洗(灌洗)眼睛,冲洗时,不时翻开上下眼睑。并立即就医。
● 皮肤:如果该化学物质直接接触皮肤,要立即用肥皂和水冲洗污染的皮肤。如果该化学物质渗透进衣服,立即将衣服脱除,并用水清洗皮肤。如果清洗后刺激持续存在,应就医。
● 呼吸:如果接触者吸入大量该化学物质,立即将接触者移至新鲜空气处。如果呼吸停止,要进行人工呼吸,注意保暖和休息。尽快就医。
● 吞入:如果吞入该化学物质,应立即就医。

对呼吸器选择的建议:无。
有关呼吸器选择的其他重要信息参见相关标准。

接触途径：呼吸道，胃肠道，皮肤和/或眼睛直接接触。	靶器官：眼睛，皮肤，呼吸系统，生殖系统。
症状：眼睛、皮肤、上呼吸道刺激；皮炎；动物：致畸效应。	

2,4,6-三硝基甲苯(2,4,6-Trinitrotoluene)

$CH_3C_6H_2(NO_2)_3$

异名和商品名：梯恩梯；茶褐炸药；对称三硝基甲苯；1-Methyl-2,4,6-trinitrobenzene；TNT；Trinitrotoluene；sym-Trinitrotoluene；Trinitrotoluol

CAS No.：118-96-7

RTECS No.：XU0175000

DOT ID 和指南号：1356 113(湿)

接触限值：NIOSH REL：TWA 0.5 mg/m³[皮]
OSHA PEL †：TWA 1.5 mg/m³[皮]

IDLH：500 mg/m³ **浓度换算系数：**

理化性质：无色至浅黄色无气味固体。

分子量：227.1	沸点：464 ℉(爆炸)
熔点：176 ℉	溶解度(77 ℉)：0.01%
蒸气压：0.000 2 mmHg	电离电位：10.59 eV
比重：1.65	闪点：未知(爆炸)
爆炸上限：未知	爆炸下限：未知

可燃固体(A 类爆炸物)。

不相容性和反应性：强氧化剂，氨，强碱，可燃物，热。[注：快速加热会导致爆炸。]

测量方法：OSHA 44

个人防护和卫生设施：

- 皮肤：穿戴合适的个人防护服，防止皮肤直接接触。
- 眼睛：佩戴合适的眼部防护用品，防止眼睛直接接触。
- 清洗皮肤：当皮肤受到污染时，应立即清洗污染的皮肤。/每天工作班结束后，进食、吸烟、喝水前都应该清洗可能受到污染的皮肤。
- 脱除：如果工作服被弄湿或受到了明显的污染，应该立即脱除并妥善处置。
- 更换：在离开工作场所前应当将可能受到污染的工作服更换成无污染的衣服。

急救：

- 眼睛：如眼睛直接接触了该化学物质，要立即用大量水冲洗(灌洗)眼睛，冲洗时，不时翻开上下眼睑。并立即就医。
- 皮肤：如果该化学物质直接接触皮肤，迅速用肥皂和水冲洗污染的皮肤。若该化学物质渗透进衣服，要迅速将衣服脱除，用肥皂和水清洗皮肤，并迅速就医。
- 呼吸：如果接触者吸入大量该化学物质，立即将接触者移至新鲜空气处。如果呼吸停止，要进行人工呼吸，注意保暖和休息。尽快就医。
- 吞入：如果吞入该化学物质，应立即就医。

对呼吸器选择的建议：NIOSH

～5 mg/m³：

- Sa：任何供气式呼吸器。指定防护因数＝10。*

～12.5 mg/m³：

- Sa：Cf：任何连续供气式呼吸器。指定防护因数＝25。*

～25 mg/m³：

- ScbaF：任何携气式呼吸器，配全面罩。指定防护因数＝50。
- SaF：任何供气式呼吸器，配全面罩。指定防护因数＝50。

～500 mg/m³：

- SaF：Pd，Pp：任何压力需气式或正压供气式呼吸器，配全面罩。指定防护因数＝2 000。

§：应急抢险，或准备进入浓度未知环境，或进入 IDLH 环境：

- ScbaF：Pd，Pp：任何压力需气式或正压携气式呼吸器，配全面罩。指定防护因数＝10 000。

- SaF：Pd，Pp：AScba：任何压力需气式或正压供气式呼吸器，配全面罩，配压力需气式或正压携气式辅助呼吸器。指定防护因数=10 000。

逃生：

- GmFOv100：任何空气过滤式全面罩呼吸器（防毒面具），配下颌式、前置式或背置式有机蒸气滤毒罐和N100、R100或P100的综合防护过滤元件。指定防护因数=50。选择N、R或P过滤元件的信息见表4。
- ScbaE：任何适合逃生的携气式呼吸器。

有关呼吸器选择的其他重要信息参见相关标准。

接触途径：呼吸道，皮肤吸收，胃肠道，皮肤和/或眼睛直接接触。

症状：皮肤、黏膜刺激；肝损害，黄疸；紫绀；打喷嚏；咳嗽，咽痛；周围神经病，肌痛；肾损害；白内障；过敏性皮炎；白细胞增多；贫血；心律不齐。

靶器官：眼睛，皮肤，呼吸系统，血液，肝，心血管系统，中枢神经系统，肾。

磷酸三邻甲苯酯(Triorthocresyl phosphate)

$(CH_3C_6H_4O)_3PO$

异名和商品名：TCP，TOCP，Tri-o-cresyl ester of phosphoric acid，Tri-o-cresyl phosphate

CAS No.：78-30-8

RTECS No.：TD0350000

DOT ID和指南号：2574 151

接触限值：NIOSH REL：TWA 0.1 mg/m³［皮］
OSHA PEL †：TWA 0.1 mg/m³

IDLH：40 mg/m³　　**浓度换算系数：**

理化性质：无色至浅黄色无气味液体或固体（52 ℉以下）。

分子量：368.4	沸点：770 ℉（分解）
凝固点：52 ℉	溶解度：微溶
蒸气压（77 ℉）：0.000 02 mmHg	电离电位：未知
比重：1.20	闪点：437 ℉
爆炸上限：未知	爆炸下限：未知

ⅢB类可燃液体——闪点等于或高于200 ℉。

不相容性和反应性：氧化剂。

测量方法：NIOSH 5037

个人防护和卫生设施：

- 皮肤：穿戴合适的个人防护服，防止皮肤直接接触。
- 眼睛：对眼部防护的需要没有特殊建议。
- 清洗皮肤：当皮肤受到污染时，应立即清洗污染的皮肤。
- 脱除：如果工作服被弄湿或受到了明显的污染，应该立即脱除并妥善处置。
- 更换：对于班后的衣服的更换需要没有特殊建议。

急救：

- 眼睛：如眼睛直接接触了该化学物质，要立即用大量水冲洗（灌洗）眼睛，冲洗时，不时翻开上下眼睑。并立即就医。
- 皮肤：如果该化学物质直接接触皮肤，立即用肥皂和水冲洗污染的皮肤。若该化学物质渗透进衣服，要立即将衣服脱除，用肥皂和水清洗皮肤，并迅速就医。
- 呼吸：如果接触者吸入大量该化学物质，立即将接触者移至新鲜空气处。如果呼吸停止，要进行人工呼吸，注意保暖和休息。尽快就医。
- 吞入：如果吞入该化学物质，应立即就医。

对呼吸器选择的建议：NIOSH/OSHA

～0.5 mg/m³：

- Qm：任何四分之一面罩呼吸器，选择N、R或P过滤元件的信息见表4。指定防护因数=5。

~1 mg/m^3：

- 95XQ：任何除四分之一面罩之外的防颗粒物呼吸器，配有 N95、R95 或 P95 过滤元件（包括 N95、R95 或 P95 随弃式面罩）。也可使用以下过滤元件：N99、R99、P99、N100、R100、P100。指定防护因数＝10。选择 N、R 或 P 过滤元件的信息见表 4。
- Sa：任何供气式呼吸器。指定防护因数＝10。

~2.5 mg/m^3：

- Sa：Cf：任何连续供气式呼吸器。指定防护因数＝25。
- PaprHie：任何动力送风空气过滤式呼吸器，配有高效颗粒物过滤元件。指定防护因数＝25。

~5 mg/m^3：

- 100F：任何空气过滤式全面罩呼吸器，配有 N100、R100 或 P100 过滤元件。指定防护因数＝50。选择 N、R 或 P 过滤元件的信息见表 4。
- SaT：Cf：任何连续供气式呼吸器，配密合型面罩。指定防护因数＝50。
- PaprTHie：任何动力送风空气过滤式呼吸器，配密合型面罩和高效颗粒物过滤元件。指定防护因数＝50。
- ScbaF：任何携气式呼吸器，配全面罩。指定防护因数＝50。
- SaF：任何供气式呼吸器，配全面罩。指定防护因数＝50。

~40 mg/m^3：

- Sa：Pd，Pp：任何压力需气式或正压供气式呼吸器。指定防护因数＝1 000。

§：应急抢险，或准备进入浓度未知环境，或进入 IDLH 环境：

- ScbaF：Pd，Pp：任何压力需气式或正压携气式呼吸器，配全面罩。指定防护因数＝10 000。
- SaF：Pd，Pp：AScba：任何压力需气式或正压供气式呼吸器，配全面罩，配压力需气式或正压携气式辅助呼吸器。指定防护因数＝10 000。

逃生：

- 100F：任何空气过滤式全面罩呼吸器，配有 N100、R100 或 P100 过滤元件。指定防护因数＝50。选择 N、R 或 P 过滤元件的信息见表 4。
- ScbaE：任何适合逃生的携气式呼吸器。

有关呼吸器选择的其他重要信息参见相关标准。

接触途径：呼吸道，皮肤吸收，胃肠道，皮肤和/或眼睛直接接触。

症状：胃肠紊乱；周围神经病；腓肠肌痛性痉挛，手脚感觉异常；足无力，垂腕症，麻痹。

靶器官：周围神经系统，中枢神经系统。

三苯胺（Triphenylamine）

$(C_6H_5)_3N$

异名和商品名：N，N-Diphenylaniline；N，N-Diphenylbenzenamine

CAS No.：603-34-9

RTECS No.：YK2680000

DOT ID 和指南号：

接触限值：NIOSH REL：TWA 5 mg/m^3

OSHA PEL †：无

IDLH：N. D.　　**浓度换算系数：**

理化性质：无色固体。

分子量：245.3　　沸点：689 ℉

熔点：261 ℉　　溶解度：不溶

蒸气压：未知　　电离电位：7.60 eV

比重：0.77　　闪点：未知

爆炸上限：未知　　爆炸下限：未知

不相容性和反应性：未见报道。

测量方法：无。

个人防护和卫生设施：

- 皮肤：穿戴合适的个人防护服，防止皮肤直接接触。

- 眼睛:佩戴合适的眼部防护用品,防止眼睛直接接触。
- 清洗皮肤:每天工作班结束后,进食、吸烟、喝水前都应该清洗可能受到污染的皮肤。
- 脱除:对于脱除被污染或被弄湿的工作服的需要没有特殊建议。
- 更换:在离开工作场所前应当将可能受到污染的工作服更换成无污染的衣服。

急救:

- 眼睛:如眼睛直接接触了该化学物质,要立即用大量水冲洗(灌洗)眼睛,冲洗时,不时翻开上下眼睑。并立即就医。
- 皮肤:如果该化学物质直接接触皮肤,用肥皂和水冲洗污染的皮肤。
- 呼吸:如果接触者吸入大量该化学物质,立即将接触者移至新鲜空气处。如果呼吸停止,要进行人工呼吸,注意保暖和休息。尽快就医。
- 吞入:如果吞入该化学物质,应立即就医。

对呼吸器选择的建议:无。

有关呼吸器选择的其他重要信息参见相关标准。

接触途径:呼吸道,胃肠道,皮肤和/或眼睛直接接触。

症状:动物:皮肤刺激。

靶器官:皮肤。

磷酸三苯酯(Triphenyl phosphate)

$(C_6H_5O)_3PO$

CAS No.:115-86-6

RTECS No.:TC8400000

异名和商品名: Phenyl phosphate,TPP,Triphenyl ester of phosphoric acid

DOT ID 和指南号:

T

接触限值:NIOSH REL:TWA 3 mg/m^3

OSHA PEL:TWA 3 mg/m^3

IDLH:1 000 mg/m^3　　**浓度换算系数:**

理化性质:无色晶状粉末,具有苯酚样气味。

分子量:326.3	沸点:776 ℉
熔点:120 ℉	溶解度(129 ℉):0.002%
蒸气压(380 ℉):1 mmHg	电离电位:未知
比重:1.29	闪点:428 ℉
爆炸上限:未知	爆炸下限:未知

可燃固体。

不相容性和反应性:未见报道。

测量方法:NIOSH 5038

个人防护和卫生设施:

- 皮肤:对于个体皮肤防护装备的需要没有特殊建议。
- 眼睛:对眼部防护的需要没有特殊建议。
- 清洗皮肤:对于清洗皮肤上的污染物没有其他特殊的建议(包括立即清洗和班后清洗)。
- 脱除:对于脱除被污染或被弄湿的工作服的需要没有特殊建议。
- 更换:对于班后的衣服的更换需要没有特殊建议。

急救:

- 呼吸:如果接触者吸入大量该化学物质,立即将接触者移至新鲜空气处。如果呼吸停止,要进行人工呼吸,注意保暖和休息。尽快就医。
- 吞入:如果吞入该化学物质,应立即就医。

对呼吸器选择的建议:NIOSH/OSHA

~15 mg/m^3:

- Qm:任何四分之一面罩呼吸器,选择 N、R 或 P 过滤元件的信息见表 4。指定防护因数=5。

~30 mg/m^3:

- 95XQ:任何除四分之一面罩之外的防颗粒物呼吸器,配有 N95、R95 或 P95 过滤元件(包括 N95、R95 或 P95 随弃式面罩)。也可使用以下过滤元件:N99、R99、P99、N100、R100、P100。指定防护因数=10。选择 N、R 或 P 过滤元件的信息见表 4。

- Sa:任何供气式呼吸器。指定防护因数=10。

~75 mg/m³:

- Sa:Cf:任何连续供气式呼吸器。指定防护因数=25。
- PaprHie:任何动力送风空气过滤式呼吸器,配有高效颗粒物过滤元件。指定防护因数=25。

~150 mg/m³:

- 100F:任何空气过滤式全面罩呼吸器,配有 N100、R100 或 P100 过滤元件。指定防护因数=50。选择 N、R 或 P 过滤元件的信息见表 4。
- SaT:Cf:任何连续供气式呼吸器,配密合型面罩。指定防护因数=50。
- PaprTHie:任何动力送风空气过滤式呼吸器,配密合型面罩和高效颗粒物过滤元件。指定防护因数=50。
- ScbaF:任何携气式呼吸器,配全面罩。指定防护因数=50。
- SaF:任何供气式呼吸器,配全面罩。指定防护因数=50。

~1 000 mg/m³:

- Sa:Pd,Pp:任何压力需气式或正压供气式呼吸器。指定防护因数=1 000。

§:应急抢险,或准备进入浓度未知环境,或进入 IDLH 环境:

- ScbaF:Pd,Pp:任何压力需气式或正压携气式呼吸器,配全面罩。指定防护因数=10 000。
- SaF:Pd,Pp:AScba:任何压力需气式或正压供气式呼吸器,配全面罩,配压力需气式或正压携气式辅助呼吸器。指定防护因数=10 000。

逃生:

- 100F:任何空气过滤式全面罩呼吸器,配有 N100、R100 或 P100 过滤元件。指定防护因数=50。选择 N、R 或 P 过滤元件的信息见表 4。
- ScbaE:任何适合逃生的携气式呼吸器。

有关呼吸器选择的其他重要信息参见相关标准。

接触途径:呼吸道,胃肠道。

症状:血中酶轻微改变;动物:肌无力,麻痹。

靶器官:血液,周围神经系统。

钨(Tungsten)

W

异名和商品名:钨金属,Tungsten metal,Wolfram

CAS No.:7440-33-7

RTECS No.:YO7175000

DOT ID 和指南号:

接触限值:NIOSH REL*:TWA 5 mg/m³ ST 10 mg/m³

[*注:REL 也适用其他不可溶的钨化合物(按钨计)。]

OSHA PEL†:无

IDLH:N. D. **浓度换算系数:**

理化性质:质硬易碎青灰色至锡白色固体。

分子量:183.9	沸点:10 701 ℉
熔点:6 170 ℉	溶解度:不溶
蒸气压:0 mmHg(约)	电离电位:不适用
比重:19.3	闪点:不适用

爆炸上限:不适用 爆炸下限:不适用

粉状可燃,可自燃。

不相容性和反应性:三氟化溴,三氟化氯,氟,五氟化碘。

测量方法:NIOSH 7074,7300,7301;OSHA ID213

个人防护和卫生设施:

- 皮肤:对于个体皮肤防护装备的需要没有特殊建议。
- 眼睛:对眼部防护的需要没有特殊建议。
- 清洗皮肤:对于清洗皮肤上的污染物没有其他特殊的建议(包括立即清洗和班后清洗)。

- 脱除：对于脱除被污染或被弄湿的工作服的需要没有特殊建议。
- 更换：对于班后的衣服的更换需要没有特殊建议。

急救：

- 眼睛：如眼睛直接接触了该化学物质，要立即用大量水冲洗(灌洗)眼睛，冲洗时，不时翻开上下眼睑。并立即就医。
- 皮肤：如果该化学物质直接接触皮肤，用肥皂和水冲洗污染的皮肤。
- 呼吸：如果接触者吸入大量该化学物质，立即将接触者移至新鲜空气处。通常不需要采取其他措施。
- 吞入：如果吞入该化学物质，应立即就医。

对呼吸器选择的建议：NIOSH

~50 mg/m³：

- 100XQ：任何除四分之一面罩之外的防颗粒物呼吸器，配有 N100、R100 或 P100 过滤元件（包括 N100、R100 或 P100 随弃式面罩）。指定防护因数＝10。选择 N、R 或 P 过滤元件的信息见表 4。
- Sa：任何供气式呼吸器。指定防护因数＝10。
- ScbaF：任何携气式呼吸器，配全面罩。指定防护因数＝50。

§：应急抢险，或准备进入浓度未知环境，或进入 IDLH 环境：

- ScbaF：Pd，Pp：任何压力需气式或正压携气式呼吸器，配全面罩。指定防护因数＝10 000。
- SaF：Pd，Pp：AScba：任何压力需气式或正压供气式呼吸器，配全面罩，配压力需气式或正压携气式辅助呼吸器。指定防护因数＝10 000。

逃生：

- 100XQ：任何除四分之一面罩之外的防颗粒物呼吸器，配有 N100、R100 或 P100 过滤元件（包括 N100、R100 或 P100 随弃式面罩）。指定防护因数＝10。选择 N、R 或 P 过滤元件的信息见表 4。
- ScbaE：任何适合逃生的携气式呼吸器。

有关呼吸器选择的其他重要信息参见相关标准。

接触途径：呼吸道，胃肠道，皮肤和/或眼睛直接接触。

症状：眼睛、皮肤、呼吸系统刺激；弥漫性肺组织纤维化；食欲不振，恶心，咳嗽；血液改变。

靶器官：眼睛，皮肤，呼吸系统，血液。

钨(可溶性化合物，按钨计)[Tungsten (soluble compounds，as W)]

CAS No.：

RTECS No.：

异名和商品名：依不同可溶性钨化合物而异。

DOT ID 和指南号：

接触限值：NIOSH REL：TWA 1 mg/m³ ST 3 mg/m³
OSHA PEL †：无

IDLH：N. D.　　**浓度换算系数：**

理化性质：依可溶性钨化合物的不同而不同。

不相容性和反应性：不同。

测量方法：NIOSH 7074，7300，7301；OSHA ID213

个人防护和卫生设施：

- 防护服的建议依具体化合物而定。

急救：

- 眼睛：如眼睛直接接触了该化学物质，要立即用大量水冲洗(灌洗)眼睛，冲洗时，不时翻开上下眼睑。并立即就医。
- 皮肤：如果该化学物质直接接触皮肤，用水冲洗污染的皮肤。
- 呼吸：如果接触者吸入大量该化学物质，立即将接触者移至新鲜空气处。如果呼吸停止,要进行人工呼吸,注意保暖和休息。尽快就医。

- 吞入:如果吞入该化学物质,应立即就医。

对呼吸器选择的建议:NIOSH

~10 mg/m^3:

- 100XQ:任何除四分之一面罩之外的防颗粒物呼吸器,配有 N100、R100 或 P100 过滤元件(包括 N100、R100 或 P100 随弃式面罩)。指定防护因数=10。选择 N、R 或 P 过滤元件的信息见表 4。
- Sa:任何供气式呼吸器。指定防护因数=10。

~25 mg/m^3:

- Sa:Cf:任何连续供气式呼吸器。指定防护因数=25。

~50 mg/m^3:

- 100F:任何空气过滤式全面罩呼吸器,配有 N100、R100 或 P100 过滤元件。指定防护因数=50。选择 N、R 或 P 过滤元件的信息见表 4。
- ScbaF:任何携气式呼吸器,配全面罩。指定防护因数=50。
- SaF:任何供气式呼吸器,配全面罩。指定防护因数=50。

§:应急抢险,或准备进入浓度未知环境,或进入 IDLH 环境:

- ScbaF:Pd,Pp:任何压力需气式或正压携气式呼吸器,配全面罩。指定防护因数=10 000。
- SaF:Pd,Pp:AScba:任何压力需气式或正压供气式呼吸器,配全面罩,配压力需气式或正压携气式辅助呼吸器。指定防护因数=10 000。

逃生:

- 100F:任何空气过滤式全面罩呼吸器,配有 N100、R100 或 P100 过滤元件。指定防护因数=50。选择 N、R 或 P 过滤元件的信息见表 4。
- ScbaE:任何适合逃生的携气式呼吸器。

有关呼吸器选择的其他重要信息参见相关标准。

接触途径:呼吸道,胃肠道,皮肤和/或眼睛直接接触。

症状:眼睛、皮肤、呼吸系统刺激;动物:中枢神经系统紊乱;腹泻;呼吸衰竭;行为、体重、血液改变。

靶器官:眼睛,皮肤,呼吸系统,中枢神经系统,胃肠道。

碳化钨(烧结的)[Tungsten carbide(cemented)]

WC/Co/Ni/Ti

异名和商品名: Cemented tungsten carbide, Cemented WC, Hard metal [注:碳化钨的含量一般是 85%~95%,钴的含量一般是 5%~15%] [1:85% WC,15% Co;2:92% WC,8% Co;3:78% WC,14% Co,8% Ti]

CAS No.:1:11107-01-0;
2:12718-69-3;
3:37329-49-0

RTECS No.:1:YO 7350000;
2:YO 7525000;
3:YO 7700000

DOT ID 和指南号:

接触限值:NIOSH REL:见附录 C
OSHA PEL †:见附录 C

IDLH: N. D.　　**浓度换算系数:**

理化性质:是碳化钨、钴和其他金属及其氧化物或碳化物的混合物。

性质依混合物的不同而不同。

不相容性和反应性:碳化钨:氟,三氟化氯,氮氧化物,二氧化铅。

测量方法:无。

个人防护和卫生设施:

- 皮肤:穿戴合适的个人防护服,防止皮肤直接接触。

- 眼睛:佩戴合适的眼部防护用品,防止眼睛直接接触。
- 清洗皮肤:当皮肤受到污染时,应立即清洗污染的皮肤。/每天工作班结束后,进食、吸烟、喝水前都应该清洗可能受到污染的皮肤。(Ni)
- 脱除:如果工作服被弄湿或受到了明显的污染,应该立即脱除并妥善处置。
- 更换:在离开工作场所前应当将可能受到污染的工作服更换成无污染的衣服。

急救:

- 眼睛:如眼睛直接接触了该化学物质,要立即用大量水冲洗(灌洗)眼睛,冲洗时,不时翻开上下眼睑。并立即就医。
- 皮肤:如果该化学物质直接接触皮肤,用肥皂和水冲洗污染的皮肤。
- 呼吸:如果接触者吸入大量该化学物质,立即将接触者移至新鲜空气处。通常不需要采取其他措施。
- 吞入:如果吞入该化学物质,应立即就医。

对呼吸器选择的建议:NIOSH

~0.25mg Co/m^3:

- Qm:任何四分之一面罩呼吸器,选择 N、R 或 P 过滤元件的信息见表 4。指定防护因数=5。

~0.5mg Co/m^3:

- 95XQ:任何除四分之一面罩之外的防颗粒物呼吸器,配有 N95、R95 或 P95 过滤元件(包括 N95、R95 或 P95 随弃式面罩)。也可使用以下过滤元件:N99、R99、P99、N100、R100、P100。指定防护因数=10。选择 N、R 或 P 过滤元件的信息见表 4。*
- Sa:任何供气式呼吸器。指定防护因数=10。*

~1.25mg Co/m^3:

- Sa∶Cf:任何连续供气式呼吸器。指定防护因数=25。*
- PaprHie:任何动力送风空气过滤式呼吸器,配有高效颗粒物过滤元件。指定防护因数=25。*

~2.5mg Co/m^3:

- 100F:任何空气过滤式全面罩呼吸器,配有 N100、R100 或 P100 过滤元件。指定防护因数=50。选择 N、R 或 P 过滤元件的信息见表 4。
- ScbaF:任何携气式呼吸器,配全面罩。指定防护因数=50。
- SaF:任何供气式呼吸器,配全面罩。指定防护因数=50。

~20mg Co/m^3:

- SaF∶Pd,Pp:任何压力需气式或正压供气式呼吸器,配全面罩。指定防护因数=2 000。

§:应急抢险,或准备进入浓度未知环境,或进入 IDLH 环境:

- ScbaF∶Pd,Pp:任何压力需气式或正压携气式呼吸器,配全面罩。指定防护因数=10 000。
- SaF∶Pd,Pp∶AScba:任何压力需气式或正压供气式呼吸器,配全面罩,配压力需气式或正压携气式辅助呼吸器。指定防护因数=10 000。

逃生:

- 100F:任何空气过滤式全面罩呼吸器,配有 N100、R100 或 P100 过滤元件。指定防护因数=50。选择 N、R 或 P 过滤元件的信息见表 4。
- ScbaE:任何适合逃生的携气式呼吸器。

用于烧结的含镍碳化钨的呼吸器:NIOSH

¥:高于 NIOSH REL 的浓度;或当没有 REL 时,任何可以检测到的浓度:

- ScbaF∶Pd,Pp:任何压力需气式或正压携气式呼吸器,配全面罩。指定防护因数=10 000。
- SaF∶Pd,Pp∶AScba:任何压力需气式或正压供气式呼吸器,配全面罩,配压力需气式或正压携气式辅助呼吸器。指定防护因数=10 000。

逃生:

- 100F:任何空气过滤式全面罩呼吸器,配有 N100、R100 或 P100 过滤元件。指定防护因数=50。选择 N、R 或 P 过滤元件的信息见表 4。
- ScbaE:任何适合逃生的携气式呼吸器。

T

有关呼吸器选择的其他重要信息参见相关标准。

接触途径:呼吸道,胃肠道,皮肤和/或眼睛直接接触。

症状:眼睛、皮肤、呼吸系统刺激;可能的钴、镍导致的皮肤过敏;弥漫性肺组织纤维化;食欲不振,恶心,咳嗽;血液改变。

靶器官:眼睛,皮肤,呼吸系统,血液。

松节油(Turpentine)

$C_{10}H_{16}$(约)

异名和商品名:松脂,Gumspirits,Gum turpentine,Spirits of turpentine,Steam distilled turpentine,Sulfate wood turpentine,Turps,Wood turpentine

CAS No.:8006-64-2

RTECS No.:YO8400000

DOT ID 和指南号:1299 128

接触限值:NIOSH REL:TWA 100 ppm(560 mg/m^3)

OSHA PEL:TWA 100 ppm(560 mg/m^3)

IDLH:800 ppm **浓度换算系数**:1 ppm=5.56 mg/m^3(约)

理化性质:无色液体,具有特异气味。

分子量:136(约)	沸点:309～338 ℉
凝固点:－58～－76 ℉	溶解度:不溶
蒸气压:4 mmHg	电离电位:未知
比重:0.86	闪点:95 ℉
爆炸上限:未知	爆炸下限:0.8%

ⅠC 类易燃液体——闪点等于或高于 73 ℉且低于 100 ℉。

不相容性和反应性:强氧化剂,氯,铬酐,氯化锡,酰氯。

测量方法:NIOSH 1551

个人防护和卫生设施:

- 皮肤:穿戴合适的个人防护服,防止皮肤直接接触。
- 眼睛:佩戴合适的眼部防护用品,防止眼睛直接接触。
- 清洗皮肤:当皮肤受到污染时,应立即清洗污染的皮肤。
- 脱除:如果工作服被可燃性物质(即闪点低于 100 ℉的液体)浸湿,应当立即脱除并妥善处置,以防着火。
- 更换:对于班后衣服的更换需要没有特殊建议。

急救:

- 眼睛:如眼睛直接接触了该化学物质,要立即用大量水冲洗(灌洗)眼睛,冲洗时,不时翻开上下眼睑。并立即就医。
- 皮肤:如果该化学物质直接接触皮肤,迅速用肥皂和水冲洗污染的皮肤。若该化学物质渗透进衣服,要迅速将衣服脱除,用肥皂和水清洗皮肤,并迅速就医。
- 呼吸:如果接触者吸入大量该化学物质,立即将接触者移至新鲜空气处。如果呼吸停止,要进行人工呼吸,注意保暖和休息。尽快就医。
- 吞入:如果吞入该化学物质,应立即就医。

对呼吸器选择的建议:NIOSH/OSHA

～800 ppm:

- Sa:Cf:任何连续供气式呼吸器。指定防护因数=25。£
- PaprOv:任何动力送风空气过滤式呼吸器,配有机蒸气滤毒盒。指定防护因数=25。£
- CcrFOv:任何空气过滤式全面罩呼吸器,配有机蒸气滤毒盒。指定防护因数=50。
- GmFOv:任何空气过滤式全面罩呼吸器(防毒面具),配下颌式、前置式或背置式有机蒸气滤毒罐。指定防护因数=50。
- ScbaF:任何携气式呼吸器,配全面罩。指定防护因数=50。
- SaF:任何供气式呼吸器,配全面罩。指定防护因数=50。

§:应急抢险,或准备进入浓度未知环境,或进入 IDLH 环境:

● ScbaF：Pd,Pp:任何压力需气式或正压携气式呼吸器,配全面罩。指定防护因数=10 000。 ● SaF：Pd,Pp：AScba:任何压力需气式或正压供气式呼吸器,配全面罩,配压力需气式或正压携气式辅助呼吸器。指定防护因数=10 000。 **逃生:** ● GmFOv:任何空气过滤式全面罩呼吸器(防毒面具),配下颌式、前置式或背置式有机蒸气滤毒罐。指定防护因数=50。	● ScbaE:任何适合逃生的携气式呼吸器。 **有关呼吸器选择的其他重要信息参见相关标准。** **接触途径:**呼吸道,皮肤吸收,胃肠道,皮肤和/或眼睛直接接触。 **症状:**眼睛、皮肤、鼻、咽喉刺激;头痛,头晕,抽搐;皮肤致敏;血尿,蛋白尿;肾损害;腹痛,恶心,呕吐,腹泻,化学性肺炎(吸入液体)。 **靶器官:**眼睛,皮肤,呼吸系统,中枢神经系统,肾。

T

1-十一硫醇(1-Undecanethiol)

$CH_3(CH_2)_{10}SH$

异名和商品名:十一硫醇,Undecyl mercaptan

CAS No.:5332-52-5

RTECS No.:

DOT ID 和指南号:1228 131

接触限值:NIOSH REL:C 0.5 ppm (3.9 mg/m³)[15min]

OSHA PEL:无

IDLH: N.D. **浓度换算系数:**1 ppm = 7.71 mg/m³

理化性质:液体。

分子量:188.4	沸点:495 ℉
凝固点:27 ℉	溶解度:不溶
蒸气压:未知	电离电位:未知
比重:0.84	闪点:未知
爆炸上限:未知	爆炸下限:未知

可燃液体。

不相容性和反应性:氧化剂,还原剂,强酸和强碱,碱金属。

测量方法:无。

个人防护和卫生设施:

- 皮肤:穿戴合适的个人防护服,防止皮肤直接接触。
- 眼睛:佩戴合适的眼部防护用品,防止眼睛直接接触。
- 清洗皮肤:当皮肤受到污染时,应立即清洗污染的皮肤。
- 脱除:如果工作服被可燃性物质(即闪点低于 100 ℉的液体)浸湿,应当立即脱除并妥善处置,以防着火。
- 更换:对于班后的衣服的更换需要没有特殊建议。

急救:

- 眼睛:如眼睛直接接触了该化学物质,要立即用大量水冲洗(灌洗)眼睛,冲洗时,不时翻开上下眼睑,并立即就医。
- 皮肤:如果该化学物质直接接触皮肤,用肥皂和水冲洗污染的皮肤。
- 呼吸:如果接触者吸入大量该化学物质,立即将接触者移至新鲜空气处。如果呼吸停止,要进行人工呼吸,注意保暖和休息。尽快就医。
- 吞入:如果吞入该化学物质,应立即就医。

对呼吸器选择的建议:NIOSH

~5 ppm:

- CcrOv:任何空气过滤式半面罩呼吸器,配防有机蒸气的滤毒盒。指定防护因数=10。
- Sa:任何供气式呼吸器。指定防护因数=10。

~12.5 ppm:

- Sa:Cf:任何连续供气式呼吸器。指定防护因数=25。
- PaprOv:任何动力送风空气过滤式呼吸器,配有机蒸气滤毒盒。指定防护因数=25。

~25 ppm:

- CcrFOv:任何空气过滤式全面罩呼吸器,配有机蒸气滤毒盒。指定防护因数=50。
- GmFOv:任何空气过滤式全面罩呼吸器(防毒面具),配下颌式、前置式或背置式有机蒸气滤毒罐。指定防护因数=50。
- PaprTOv:任何动力送风空气过滤式呼吸器,配密合型面罩和有机蒸气滤毒盒。指定防护因数=50。
- ScbaF:任何携气式呼吸器,配全面罩。指定防护因数=50。
- SaF:任何供气式呼吸器,配全面罩。指定防护因数=50。

§:应急抢险,或准备进入浓度未知环境,或进入 IDLH 环境:

- ScbaF:Pd,Pp:任何压力需气式或正压携气式呼吸器,配全面罩。指定防护因数=10 000。
- SaF:Pd,Pp:AScba:任何压力需气式或正压供气式呼吸器,配全面罩,配压力需气式或正压携气式辅助呼吸器。指定防护因数=10 000。

U

逃生：	接触途径：呼吸道，皮肤吸收，胃肠道，皮肤和/或眼睛直接接触。
● GmFOv：任何空气过滤式全面罩呼吸器(防毒面具)，配下颌式、前置式或背置式有机蒸气滤毒罐。指定防护因数=50。 ● ScbaE：任何适合逃生的携气式呼吸器。 **有关呼吸器选择的其他重要信息参见相关标准。**	症状：眼睛、皮肤、呼吸系统刺激；意识模糊，眩晕，头痛，嗜睡，恶心，呕吐，乏力，惊厥。 靶器官：眼睛，皮肤，呼吸系统，中枢神经系统。

铀(不溶化合物，按铀计)[Uranium (insoluble compounds, as U)]
U (金属)

CAS No.：7440-61-1 (金属)

RTECS No.：YR3490000 (金属)

DOT ID 和指南号：2979 162 (金属，自燃的)

异名和商品名：铀金属；Uranium metal；Uranium I
依不同铀化合物而异。

接触限值：NIOSH REL：Ca TWA 0.2 mg/m^3
ST 0.6 mg/m^3 见附录 A
OSHA PEL †：TWA 0.25 mg/m^3

IDLH：Ca [10 mg/m^3(按铀计)]　**浓度换算系数：**

理化性质：金属为银白色可锻造易延展有光泽的固体。[注：弱放射性。]

分子量：238.0		沸点：6 895 ℉	
熔点：2 097 ℉		溶解度：不溶	
蒸气压：0 mmHg (约)		电离电位：不适用	
比重：19.05 (金属)		闪点：不适用	
爆炸上限：不适用		爆炸下限：不适用	

最低爆炸浓度：60 g/m^3
金属：可燃固体，特别是转化物和粉末。
不相容性和反应性：二氧化碳，四氯化碳，硝酸，氟。
[注：用油完全覆盖铀金属碎片对于防火是非常重要的。]

测量方法：无。

个人防护和卫生设施：
- 皮肤：穿戴合适的个人防护服，防止皮肤直接接触。
- 眼睛：佩戴合适的眼部防护用品，防止眼睛直接接触。
- 清洗皮肤：当皮肤受到污染时，应立即清洗污染的皮肤。/每天工作班结束后，进食、吸烟、喝水前都应该清洗可能受到污染的皮肤。
- 脱除：如果工作服被弄湿或受到了明显的污染，应该立即脱除并妥善处置。
- 更换：在离开工作场所前应当将可能受到污染的工作服更换成无污染的衣服。
- 配备：在劳动者可能接触该化学物质的作业场所，无论是否需要使用眼部防护用品，都应配备眼冲洗设备。

急救：
- 眼睛：如眼睛直接接触了该化学物质，要立即用大量水冲洗(灌洗)眼睛，冲洗时，不时翻开上下眼睑，并立即就医。
- 皮肤：如果该化学物质直接接触皮肤，迅速用肥皂和水冲洗污染的皮肤。若该化学物质渗透进衣服，要迅速将衣服脱除，用肥皂和水清洗皮肤，并迅速就医。
- 呼吸：如果接触者吸入大量该化学物质，立即将接触者移至新鲜空气处。如果呼吸停止，要进行人工呼吸，注意保暖和休息。尽快就医。
- 吞入：如果吞入该化学物质，应立即就医。

对呼吸器选择的建议：NIOSH
¥：高于 NIOSH REL 的浓度；或当没有 REL 时，任何可以检测到的浓度：
- ScbaF：Pd，Pp：任何压力需气式或正压携气式呼吸器，配全面罩。指定防护因数=10 000。

U

- SaF：Pd,Pp：AScba:任何压力需气式或正压供气式呼吸器,配全面罩,配压力需气式或正压携气式辅助呼吸器。指定防护因数=10 000。

逃生:

- 100F:任何空气过滤式全面罩呼吸器,配有 N100、R100 或 P100 过滤元件。指定防护因数=50。选择 N、R 或 P 过滤元件的信息见表 4。
- ScbaE:任何适合逃生的携气式呼吸器。

有关呼吸器选择的其他重要信息参见相关标准。

接触途径:呼吸道,胃肠道,皮肤和/或眼睛直接接触。

症状:皮炎;肾损害;血液改变;[潜在职业性致癌物];动物:肺,淋巴结损害。[潜在致癌性是 α-辐射的性质和放射性衰变产物(如氡)的结果。]

靶器官:皮肤,肾,骨髓,淋巴系统。

致癌部位:[肺癌]。

铀(可溶化合物,按铀计)[Uranium (soluble compounds,as U)]

CAS No.:

RTECS No.:

异名和商品名:依不同铀化合物而不同。

DOT ID 和指南号:

U

接触限值:NIOSH REL:Ca TWA 0.05 mg/m^3 见附录 A

OSHA PEL:TWA 0.05 mg/m^3

IDLH: Ca [10 mg/m^3(按铀计)]　　**浓度换算系数:**

理化性质:依可溶性铀化合物的不同而不同。

不相容性和反应性:硝酸双氧铀:可燃物;六氟化铀:水。

测量方法:无。

个人防护和卫生设施:

- 皮肤:穿戴合适的个人防护服,防止皮肤直接接触。
- 眼睛:佩戴合适的眼部防护用品,防止眼睛直接接触。
- 清洗皮肤:当皮肤受到污染时,应立即清洗污染的皮肤。/每天工作班结束后,进食、吸烟、喝水前都应该清洗可能受到污染的皮肤。
- 脱除:如果工作服被弄湿或受到了明显的污染,应该立即脱除并妥善处置。
- 更换:在离开工作场所前应当将可能受到污染的工作服更换成无污染的衣服。
- 配备:在劳动者可能接触该化学物质的作业场所,无论是否需要使用眼部防护用品,都应配备眼冲洗设备。(UF_6)在紧靠有可能接触该化学物质的工作场所,应配备快速冲淋身体的设备以应急使用。[注:这些设备应能够提供足量水或流动水,以将可能接触的身体任何部位上的该化学物质除去。实际配备适宜的快速冲淋设备取决于工作场所的具体条件。在某些情况下,必须及时进行大流量淋浴,而其他情况下只需要用一个水槽或软管供水就足够了。]

急救:

- 眼睛:如眼睛直接接触了该化学物质,要立即用大量水冲洗(灌洗)眼睛,冲洗时,不时翻开上下眼睑,并立即就医。
- 皮肤:如果该化学物质直接接触皮肤,立即用水冲洗污染的皮肤。如果该化学物质渗透进衣服,要迅速将衣服脱除,用水冲洗污染的皮肤,并迅速就医。
- 呼吸:如果接触者吸入大量该化学物质,立即将接触者移至新鲜空气处。如果呼吸停止,要进行人工呼吸,注意保暖和休息。尽快就医。
- 吞入:如果吞入该化学物质,应立即就医。

对呼吸器选择的建议:NIOSH

¥:高于 NIOSH REL 的浓度;或当没有 REL 时,任何可以检测到的浓度:

- ScbaF：Pd,Pp:任何压力需气式或正压携气式呼吸器,配全面罩。指定防护因数=10 000。
- SaF：Pd,Pp：AScba：任何压力需气式或正压供气式呼吸器，配全面罩，配压力需气式或正压携气式辅助呼吸器。指定防护因数=10 000。

逃生（卤化物）：
- GmFAg100：任何空气过滤式全面罩呼吸器（防毒面具），配下颌式、前置式或背置式酸性气体滤毒罐和N100、R100或P100的综合防护过滤元件。指定防护因数=50。
- ScbaE：任何适合逃生的携气式呼吸器。

逃生（非卤化物）：
- 100F：任何空气过滤式全面罩呼吸器，配有N100、R100或P100过滤元件。指定防护因数=50。选择N、R或P过滤元件的信息见表4。
- ScbaE：任何适合逃生的携气式呼吸器。

有关呼吸器选择的其他重要信息参见相关标准。

接触途径：呼吸道，胃肠道，皮肤和/或眼睛直接接触。

症状：流泪，结膜炎；呼吸短促，咳嗽，胸啰音；恶心，呕吐；皮肤灼伤；尿中出现红细胞和管型；蛋白尿；高血尿素氮；[潜在职业性致癌物][潜在致癌性是α-辐射的性质和放射性衰变产物（如氡）的结果]。

靶器官：呼吸系统，血液，肝，肾，淋巴系统，皮肤，骨髓。

致癌部位：[肺癌]。

U

正戊醛(n-Valeraldehyde)

$CH_3(CH_2)_3CHO$

异名和商品名:戊醛,Amyl aldehyde,Pentanal,Valeral,Valeraldehyde,Valeric aldehyde

CAS No.:110-62-3

RTECS No.:YV3600000

DOT ID 和指南号:2058 129

接触限值:NIOSH REL:TWA 50 ppm(175 mg/m^3)

见附录 C (醛)

OSHA PEL †:无

IDLH: N. D. **浓度换算系数:**1 ppm = 3.53 mg/m^3

理化性质:无色液体,具有强烈的刺激性气味。

分子量:86.2

沸点:217 ℉

凝固点:-133 ℉

溶解度:微溶

蒸气压:26 mmHg

电离电位:9.82 eV

比重:0.81

闪点:54 ℉

爆炸上限:未知

爆炸下限:未知

ⅠB 类易燃液体——闪点低于 73 ℉,沸点等于或高于 100 ℉。

不相容性和反应性:未见报道。

测量方法:NIOSH 2018,2536;OSHA 85

个人防护和卫生设施:

- 皮肤:穿戴合适的个人防护服,防止皮肤直接接触。
- 眼睛:佩戴合适的眼部防护用品,防止眼睛直接接触。
- 清洗皮肤:当皮肤受到污染时,应立即清洗污染的皮肤。
- 脱除:如果工作服被可燃性物质(即闪点低于 100 ℉的液体)浸湿,应当立即脱除并妥善处置,以防着火。
- 更换:对于班后的衣服的更换需要没有特殊建议。
- 配备:在劳动者可能接触该化学物质的作业场所,无论是否需要使用眼部防护用品,都应配备眼冲洗设备。在紧靠有可能接触该化学物质的工作场所,应配备快速冲淋身体的设备以应急使用。[注:这些设备应能够提供足量水或流动水,以将可能接触的身体任何部位上的该化学物质除去。实际配备适宜的快速冲淋设备取决于工作场所的具体条件。在某些情况下,必须及时进行大流量淋浴,而其他情况下只需要用一个水槽或软管供水就足够了。]

急救:

- 眼睛:如眼睛直接接触了该化学物质,要立即用大量水冲洗(灌洗)眼睛,冲洗时,不时翻开上下眼睑,并立即就医。
- 皮肤:如果该化学物质直接接触皮肤,要立即用肥皂和水冲洗污染的皮肤。如果该化学物质渗透进衣服,立即将衣服脱除,并用水清洗皮肤。如果清洗后刺激持续存在,应立即就医。
- 呼吸:如果接触者吸入大量该化学物质,立即将接触者移至新鲜空气处。如果呼吸停止,要进行人工呼吸,注意保暖和休息。尽快就医。
- 吞入:如果吞入该化学物质,应立即就医。

对呼吸器选择的建议:无。

有关呼吸器选择的其他重要信息参见相关标准。

接触途径:呼吸道,胃肠道,皮肤和/或眼睛直接接触。

症状:眼睛、皮肤、鼻、咽喉刺激。

靶器官:眼睛,皮肤,呼吸系统。

钒尘(Vanadium dust)

V_2O_5

CAS No.:1314-62-1

RTECS No.:YW2450000

DOT ID 和指南号:2862 151

异名和商品名:五氧化二钒尘,钒(酸)酐尘,Divanadium pentoxide dust, Vanadic anhydride dust, Vanadium oxide dust, Vanadium pentaoxide dust

钒尘依不同钒化合物而异。

接触限值:NIOSH REL*:C 0.05 mg V/m^3[15min]

[*注:REL适用于除钒金属和碳化钒外的所有钒化合物。(见铁钒合金尘)]

OSHA PEL †:C 0.5 mg V_2O_5/m^3(呼吸性颗粒物)

IDLH:35 mg/m^3(按钒计)　　**浓度换算系数:**

理化性质:分散在空气中的橙黄色粉末或暗灰色无气味片状颗粒。

分子量:	181.9	沸点:	3 182 ℉(分解)
熔点:	1 274 ℉	溶解度:	0.8%
蒸气压:	0 mmHg(约)	电离电位:	不适用
比重:	3.36	闪点:	不适用
爆炸上限:	不适用	爆炸下限:	不适用

不可燃固体,遇可燃物质时可增加火的强度。

不相容性和反应性:锂,三氟化氯。

测量方法:NIOSH 7300,7301,7303,7504,9102;OSHA ID185

个人防护和卫生设施:

- 皮肤:穿戴合适的个人防护服,防止皮肤直接接触。
- 眼睛:佩戴合适的眼部防护用品,防止眼睛直接接触。
- 清洗皮肤:当皮肤受到污染时,应立即清洗污染的皮肤。
- 脱除:如果工作服被弄湿或受到了明显的污染,应该立即脱除并妥善处置。
- 更换:对于班后的衣服的更换需要没有特殊建议。

急救:

- 眼睛:如眼睛直接接触了该化学物质,要立即用大量水冲洗(灌洗)眼睛,冲洗时,不时翻开上下眼睑,并立即就医。
- 皮肤:如果该化学物质直接接触皮肤,迅速用肥皂和水冲洗污染的皮肤。若该化学物质渗透进衣服,要迅速将衣服脱除,用肥皂和水清洗皮肤,并迅速就医。
- 呼吸:如果接触者吸入大量该化学物质,立即将接触者移至新鲜空气处。如果呼吸停止,要进行人工呼吸,注意保暖和休息。尽快就医。
- 吞入:如果吞入该化学物质,应立即就医。

对呼吸器选择的建议:NIOSH(按钒计)

~0.5 mg/m^3:

- 100XQ:任何除四分之一面罩之外的防颗粒物呼吸器,配有N100、R100或P100过滤元件(包括N100、R100或P100随弃式面罩)。指定防护因数=10。选择N、R或P过滤元件的信息见表4。*
- Sa:任何供气式呼吸器。指定防护因数=10。*

~1.25 mg/m^3:

- Sa:Cf:任何连续供气式呼吸器。指定防护因数=25。*
- PaprHie:任何动力送风空气过滤式呼吸器,配有高效颗粒物过滤元件。指定防护因数=25。*

~2.5 mg/m^3:

- 100F:任何空气过滤式全面罩呼吸器,配有N100、R100或P100过滤元件。指定防护因数=50。选择N、R或P过滤元件的信息见表4。
- PaprTHie:任何动力送风空气过滤式呼吸器,配密合型面罩和高效颗粒物过滤元件。指定防护因数=50。*
- ScbaF:任何携气式呼吸器,配全面罩。指定防护因数=50。

V

- SaF：任何供气式呼吸器，配全面罩。指定防护因数=50。

～35 mg/m³：

- SaF：Pd，Pp：任何压力需气式或正压供气式呼吸器，配全面罩。指定防护因数=2 000。

§：应急抢险，或准备进入浓度未知环境，或进入 IDLH 环境：

- ScbaF：Pd，Pp：任何压力需气式或正压携气式呼吸器，配全面罩。指定防护因数=10 000。
- SaF：Pd，Pp：AScba：任何压力需气式或正压供气式呼吸器，配全面罩，配压力需气式或正压携气式辅助呼吸器。指定防护因数=10 000。

逃生：

- 100F：任何空气过滤式全面罩呼吸器，配有 N100、R100 或 P100 过滤元件。指定防护因数=50。选择 N、R 或 P 过滤元件的信息见表 4。
- ScbaE：任何适合逃生的携气式呼吸器。

有关呼吸器选择的其他重要信息参见相关标准。

接触途径：呼吸道，胃肠道，皮肤和/或眼睛直接接触。

症状：眼睛、皮肤、咽喉刺激；舌苔发青或金属味，湿疹；咳嗽；喘鸣，支气管炎，呼吸困难。

靶器官：眼睛，皮肤，呼吸系统。

V

钒烟(Vanadium fume)

V_2O_5

CAS No.：1314-62-1

RTECS No.：YW2460000

DOT ID 和指南号：2862 151

异名和商品名：五氧化二钒烟，钒(酸)酐烟，Divanadium pentoxide fume，Vanadic anhydride fume，Vanadium oxide fume，Vanadium pentaoxide fume

钒烟依不同钒化合物而异。

接触限值：NIOSH REL：C 0.05 mg V/m³[15 min]

OSHA PEL †：C 0.1 mg V_2O_5/m³

IDLH：35 mg/m³(按钒计)　　**浓度换算系数：**

理化性质：空气中分散的微小颗粒物。

分子量：181.9	沸点：3 182 ℉(分解)
熔点：1 274 ℉	溶解度：0.8%
蒸气压：0 mmHg(约)	电离电位：不适用
比重：3.36	闪点：不适用
爆炸上限：不适用	爆炸下限：不适用

不可燃固体。

不相容性和反应性：锂，三氟化氯。

测量方法：NIOSH 7300，7301，7303，7504；OSHA ID185

个人防护和卫生设施：

- 皮肤：对于个体皮肤防护装备的需要没有特殊建议。
- 眼睛：对眼部防护的需要没有特殊建议。
- 清洗皮肤：对于清洗皮肤上的污染物没有其他特殊的建议(包括立即清洗和班后清洗)。
- 脱除：对于脱除被污染或被弄湿的工作服的需要没有特殊建议。
- 更换：对于班后的衣服的更换需要没有特殊建议。

急救：

- 呼吸：如果接触者吸入大量该化学物质，立即将接触者移至新鲜空气处。如果呼吸停止，要进行人工呼吸，注意保暖和休息。尽快就医。

对呼吸器选择的建议：NIOSH(按钒计)

～0.5 mg/m³：

- 100XQ:任何除四分之一面罩之外的防颗粒物呼吸器,配有 N100、R100 或 P100 过滤元件(包括 N100、R100 或 P100 随弃式面罩)。指定防护因数=10。选择 N、R 或 P 过滤元件的信息见表 4。*
- Sa:任何供气式呼吸器。指定防护因数=10。*

~1.25 mg/m³:

- Sa:Cf:任何连续供气式呼吸器。指定防护因数=25。*
- PaprHie:任何动力送风空气过滤式呼吸器,配有高效颗粒物过滤元件。指定防护因数=25。*

~2.5 mg/m³:

- 100F:任何空气过滤式全面罩呼吸器,配有 N100、R100 或 P100 过滤元件。指定防护因数=50。选择 N、R 或 P 过滤元件的信息见表 4。
- PaprTHie:任何动力送风空气过滤式呼吸器,配密合型面罩和高效颗粒物过滤元件。指定防护因数=50。*
- ScbaF:任何携气式呼吸器,配全面罩。指定防护因数=50。
- SaF:任何供气式呼吸器,配全面罩。指定防护因数=50。

~35 mg/m³:

- SaF:Pd,Pp:任何压力需气式或正压供气式呼吸器,配全面罩。指定防护因数=2 000。

§:应急抢险,或准备进入浓度未知环境,或进入 IDLH 环境:

- ScbaF:Pd,Pp:任何压力需气式或正压携气式呼吸器,配全面罩。指定防护因数=10 000。
- SaF:Pd,Pp:AScba:任何压力需气式或正压供气式呼吸器,配全面罩,配压力需气式或正压携气式辅助呼吸器。指定防护因数=10 000。

逃生:

- 100F:任何空气过滤式全面罩呼吸器,配有 N100、R100 或 P100 过滤元件。指定防护因数=50。选择 N、R 或 P 过滤元件的信息见表 4。
- ScbaE:任何适合逃生的携气式呼吸器。

有关呼吸器选择的其他重要信息参见相关标准。

接触途径:呼吸道,皮肤和/或眼睛直接接触。

症状:眼睛、咽喉刺激;舌苔发青或金属味;咳嗽,喘鸣,支气管炎,呼吸困难;湿疹。

靶器官:眼睛,皮肤,呼吸系统。

V

蔬菜油雾(Vegetable oil mist)

CAS No.:68956-68-3
RTECS No.:YX1850000

异名和商品名: Vegetable mist

DOT ID 和指南号:

接触限值:NIOSH REL:TWA 10 mg/m³(总颗粒物)
TWA 5 mg/m³(呼吸性颗粒物)
OSHA PEL:TWA 15 mg/m³(总颗粒物)
TWA 5 mg/m³(呼吸性颗粒物)

IDLH:N.D. **浓度换算系数:**

理化性质:由植物的种子或果仁中提取的油。

分子量:不同	沸点:未知		
凝固点:未知	溶解度:不溶		
蒸气压:未知	电离电位:未知		

比重:0.91~0.95	闪点:323~540 ℉
爆炸上限:未知	爆炸下限:未知

可燃液体。

不相容性和反应性:未见报道。

测量方法:NIOSH 0500,0600

个人防护和卫生设施:

- 皮肤:对于个体皮肤防护装备的需要没有特殊建议。
- 眼睛:对眼部防护的需要没有特殊建议。

- 清洗皮肤：对于清洗皮肤上的污染物没有其他特殊的建议（包括立即清洗和班后清洗）。
- 脱除：对于脱除被污染或被弄湿的工作服的需要没有特殊建议。
- 更换：对于班后的衣服的更换需要没有特殊建议。

急救：

- 眼睛：如眼睛直接接触了该化学物质，要立即用大量水冲洗（灌洗）眼睛，冲洗时，不时翻开上下眼睑，并立即就医。
- 呼吸：如果接触者吸入大量该化学物质，立即将接触者移至新鲜空气处。通常不需要采取其他措施。

对呼吸器选择的建议：无。

有关呼吸器选择的其他重要信息参见相关标准。

接触途径：呼吸道，皮肤和/或眼睛直接接触。

症状：眼睛、皮肤、呼吸系统刺激；流泪。

靶器官：眼睛，皮肤，呼吸系统。

乙酸乙烯酯（Vinyl acetate）

$CH_2=CHOOCCH_3$

CAS No.：108-05-4

RTECS No.：AK0875000

DOT ID 和指南号：1301 129P

异名和商品名：乙烯基乙酸酯，醋酸乙烯酯，1-Acetoxyethylene，Ethenyl acetate，Ethenyl ethanoate，VAC，Vinyl acetate monomer，Vinyl ethanoate

V

接触限值：NIOSH REL：C 4 ppm（15 mg/m^3）［15min］

OSHA PEL †：无

IDLH：N. D.　　**浓度换算系数：**1 ppm = 3.52 mg/m^3

理化性质：无色液体，具有令人愉快的水果气味。［注：多种聚乙烯树脂的原料。］

分子量：86.1	沸点：162 ℉
凝固点：－136 ℉	溶解度：2％
蒸气压：83 mmHg	电离电位：9.19 eV
比重：0.93	闪点：18 ℉
爆炸上限：13.4％	爆炸下限：2.6％

ⅠB类易燃液体——闪点低于73 ℉，沸点等于或高于100 ℉。

不相容性和反应性：酸，碱，硅胶，氧化铝，氧化剂，含氮化合物，臭氧。［注：通常含有稳定剂（如氢醌或二苯胺）以防止聚合。］

测量方法：NIOSH 1453；OSHA 51

个人防护和卫生设施：

- 皮肤：穿戴合适的个人防护服，防止皮肤直接接触。
- 眼睛：佩戴合适的眼部防护用品，防止眼睛直接接触。
- 清洗皮肤：当皮肤受到污染时，应立即清洗污染的皮肤。
- 脱除：如果工作服被弄湿或受到了明显的污染，应该立即脱除并妥善处置。
- 更换：对于班后的衣服的更换需要没有特殊建议。
- 配备：在劳动者可能接触该化学物质的作业场所，无论是否需要使用眼部防护用品，都应配备眼冲洗设备。在紧靠有可能接触该化学物质的工作场所，应配备快速冲淋身体的设备以应急使用。［注：这些设备应能够提供足量水或流动水，以将可能接触的身体任何部位上的该化学物质除去。实际配备适宜的快速冲淋设备取决于工作场所的具体条件。在某些情况下，必须及时进行大流量淋浴，而其他情况下只需要用一个水槽或软管供水就足够了。］

急救：

- 眼睛：如眼睛直接接触了该化学物质，要立即用大量水冲洗（灌洗）眼睛，冲洗时，不时翻开上下眼睑，并立即就医。

- 皮肤：如果该化学物质直接接触皮肤，要立即用肥皂和水冲洗污染的皮肤。如果该化学物质渗透进衣服，立即将衣服脱除，并用水清洗皮肤。如果清洗后刺激持续存在，应立即就医。
- 呼吸：如果接触者吸入大量该化学物质，立即将接触者移至新鲜空气处。如果呼吸停止，要进行人工呼吸，注意保暖和休息。尽快就医。
- 吞入：如果吞入该化学物质，应立即就医。

对呼吸器选择的建议：NIOSH

～40 ppm：

- CcrOv：任何空气过滤式半面罩呼吸器，配防有机蒸气的滤毒盒。指定防护因数＝10。*
- Sa：任何供气式呼吸器。指定防护因数＝10。*

～100 ppm：

- Sa：Cf：任何连续供气式呼吸器。指定防护因数＝25。*
- PaprOv：任何动力送风空气过滤式呼吸器，配有机蒸气滤毒盒。指定防护因数＝25。*

～200 ppm：

- CcrFOv：任何空气过滤式全面罩呼吸器，配有机蒸气滤毒盒。指定防护因数＝50。
- GmFOv：任何空气过滤式全面罩呼吸器（防毒面具），配下颌式、前置式或背置式有机蒸气滤毒罐。指定防护因数＝50。
- PaprTOv：任何动力送风空气过滤式呼吸器，配密合型面罩和有机蒸气滤毒盒。指定防护因数＝50。*
- ScbaF：任何携气式呼吸器，配全面罩。指定防护因数＝50。
- SaF：任何供气式呼吸器，配全面罩。指定防护因数＝50。

～4 000 ppm：

- Sa：Pd，Pp：任何压力需气式或正压供气式呼吸器。指定防护因数＝1 000。*

§：应急抢险，或准备进入浓度未知环境，或进入 IDLH 环境：

- ScbaF：Pd，Pp：任何压力需气式或正压携气式呼吸器，配全面罩。指定防护因数＝10 000。
- SaF：Pd，Pp：AScba：任何压力需气式或正压供气式呼吸器，配全面罩，配压力需气式或正压携气式辅助呼吸器。指定防护因数－10 000。

逃生：

- GmFOv：任何空气过滤式全面罩呼吸器（防毒面具），配下颌式、前置式或背置式有机蒸气滤毒罐。指定防护因数＝50。
- ScbaE：任何适合逃生的携气式呼吸器。

有关呼吸器选择的其他重要信息参见相关标准。

接触途径：呼吸道，胃肠道，皮肤和/或眼睛直接接触。

症状：眼睛、皮肤、鼻、咽喉刺激；嘶哑，咳嗽；嗅觉丧失；眼睛灼伤，皮肤水泡。

靶器官：眼睛，皮肤，呼吸系统。

V

溴乙烯（Vinyl bromide）

$CH_2=CHBr$

异名和商品名：乙烯基溴，Bromoethene，Bromoethylene，Monobromoethylene

CAS No.：593-60-2

RTECS No.：KU8400000

DOT ID 和指南号：1085 116P（抗聚合）

接触限值：NIOSH REL：Ca 见附录 A

OSHA PEL †：无

IDLH：Ca［N. D.］

浓度换算系数：1 ppm ＝ 4.38 mg/m^3

理化性质:无色气体或液体(60 ℉以下),具有难闻的气味。[注:以压缩液化气运输,掺入0.1%苯酚防止聚合。]

分子量:107.0　　沸点:60 ℉
凝固点:−219 ℉　　溶解度:不溶
蒸气压:1.4 大气压　　电离电位:9.80 eV
相对密度:3.79　　比重:1.49(60 ℉液体)
闪点:不适用(气体)　　爆炸上限:15%
爆炸下限:9%
易燃气体。
不相容性和反应性:强氧化剂(如高氯酸盐、过氧化物、氯酸盐、高锰酸盐和硝酸盐)。[注:遇光聚合。]

测量方法:NIOSH 1009;OSHA 8

个人防护和卫生设施:

- 皮肤:穿戴合适的个人防护服,防止皮肤直接接触。(液体)
- 眼睛:佩戴合适的眼部防护用品,防止眼睛直接接触。(液体)
- 清洗皮肤:当皮肤受到污染时,应立即清洗污染的皮肤。(液体)
- 脱除:如果工作服被可燃性物质(即闪点低于100 ℉的液体)浸湿,应当立即脱除并妥善处置,以防着火。
- 更换:对于班后的衣服的更换需要没有特殊建议。

急救:

- 眼睛:如眼睛直接接触了该化学物质,要立即用大量水冲洗(灌洗)眼睛,冲洗时,不时翻开上下眼睑,并立即就医。(液体)
- 皮肤:如果该化学物质直接接触皮肤,立即用水冲洗污染的皮肤。如果该化学物质渗透进衣服,要迅速将衣服脱除,用水冲洗污染的皮肤,并迅速就医。(液体)
- 呼吸:如果接触者吸入大量该化学物质,立即将接触者移至新鲜空气处。如果呼吸停止,要进行人工呼吸,注意保暖和休息。尽快就医。
- 吞入:如果吞入该化学物质,应立即就医。(液体)

对呼吸器选择的建议:NIOSH

¥:高于 NIOSH REL 的浓度;或当没有 REL 时,任何可以检测到的浓度:

- ScbaF:Pd,Pp:任何压力需气式或正压携气式呼吸器,配全面罩。指定防护因数=10 000。
- SaF:Pd,Pp:AScba:任何压力需气式或正压供气式呼吸器,配全面罩,配压力需气式或正压携气式辅助呼吸器。指定防护因数=10 000。

逃生:

- GmFOv:任何空气过滤式全面罩呼吸器(防毒面具),配下颌式、前置式或背置式有机蒸气滤毒罐。指定防护因数=50。
- ScbaE:任何适合逃生的携气式呼吸器。

有关呼吸器选择的其他重要信息参见相关标准。

接触途径:呼吸道,胃肠道(液体),皮肤和/或眼睛直接接触。

症状:眼睛、皮肤刺激;眩晕,意识模糊,协调能力下降,麻醉,恶心,呕吐;冻伤(液体);[潜在职业性致癌物]。

靶器官:眼睛,皮肤,中枢神经系统,肝。
致癌部位:[动物:肝及淋巴结肿瘤]。

氯乙烯(Vinyl chloride)

$CH_2=CHCl$

CAS No.:75-01-4
RTECS No.:KU9625000
DOT ID 和指南号:1086 116P(抗聚合)

异名和商品名:乙烯基氯,Chloroethene,Chloroethylene,Ethylene monochloride,Monochloroethene,Monochloroethylene,VC,Vinyl chloride monomer (VCM)

接触限值:NIOSH REL:Ca 见附录 A

OSHA PEL:[1910.1017] TWA 1 ppm C 5 ppm [15min]

IDLH: Ca [N. D.]　**浓度换算系数**:1 ppm = 2.56 mg/m³

理化性质:无色气体或液体(7 ℉以下),高浓度下具有令人愉快的气味。[注:以压缩液化气运输。]

分子量:62.5　沸点:7 ℉
凝固点:−256 ℉　溶解度(77 ℉):0.1%
蒸气压:3.3 大气压　电离电位:9.99 eV
相对密度:2.21　闪点:不适用(气体)
爆炸上限:33.0%　爆炸下限:3.6%
易燃气体。
不相容性和反应性:铜,氧化剂,铝,过氧化物,铁,钢。[注:遇空气、光或热会聚合,常加入抑制剂如苯酚。在湿气中可腐蚀铁和钢。]

测量方法:NIOSH 1007;OSHA 4,75

个人防护和卫生设施:

- 皮肤:压缩气体快速膨胀时可产生低温。泄漏和使用能快速膨胀的压缩气体,可产生冻伤危害。穿戴合适的个人防护服,防止皮肤冻伤。
- 眼睛:佩戴合适的眼部防护用品,防止眼睛直接接触液体后因低温引起灼伤或组织损伤。
- 清洗皮肤:对于清洗皮肤上的污染物没有其他特殊的建议(包括立即清洗和班后清洗)。
- 脱除:如果工作服被可燃性物质(即闪点低于 100 ℉的液体)浸湿,应当立即脱除并妥善处置,以防着火。
- 更换:对于班后的衣服的更换需要没有特殊建议。
- 配备:在紧靠有可能接触极低温液体或迅速蒸发的液体的工作场所,应配备快速冲淋洗浴设备和/或眼冲洗设备,以应急使用。

急救:

- 眼睛:如果眼组织冻伤,要立即就医。如果眼组织没有冻伤,要立即用大量水彻底冲洗至少 15 min,并不时翻开上下眼睑。如果眼睛刺激、疼痛、肿胀、流泪和畏光持续存在,应尽快就医。
- 皮肤:如果发生冻伤,要立即就医,不要揉擦或用水冲洗冻伤部位;为防止组织进一步受损,不要试图将冻结的衣服从冻伤部位脱除。如未发生冻伤,立即用肥皂和水彻底清洗污染的皮肤。
- 呼吸:如果接触者吸入大量该化学物质,立即将接触者移至新鲜空气处。如果呼吸停止,要进行人工呼吸,注意保暖和休息。尽快就医。

对呼吸器选择的建议:NIOSH

¥:高于 NIOSH REL 的浓度;或当没有 REL 时,任何可以检测到的浓度:

- ScbaF:Pd,Pp:任何压力需气式或正压携气式呼吸器,配全面罩。指定防护因数=10 000。
- SaF:Pd,Pp:AScba:任何压力需气式或正压供气式呼吸器,配全面罩,配压力需气式或正压携气式辅助呼吸器。指定防护因数=10 000。

逃生:

- GmFS:任何空气过滤式全面罩呼吸器(防毒面具),配下颌式、前置式或背置式防该化学物质的滤毒罐。指定防护因数=50。
- ScbaE:任何适合逃生的携气式呼吸器。

(见附录 E)

有关呼吸器选择的其他重要信息参见相关标准。

接触途径:呼吸道,皮肤和/或眼睛直接接触(液体)。

症状:乏力;腹痛,胃肠道出血;肝大;四肢末端苍白或紫绀;冻伤(液体);[潜在职业性致癌物。]

靶器官:肝,中枢神经系统,血液,呼吸系统,淋巴系统。
致癌部位:[肝癌]。

V

二氧化环己烯乙烯(Vinyl cyclohexene dioxide)

$C_8H_{12}O_2$

CAS No.:106-87-6

RTECS No.:RN8640000

DOT ID 和指南号:

异名和商品名:1-环氧乙基-3,4-环氧-环己烷;1-Epoxyethyl-3,4-epoxy-cyclohexane;4-Vinylcyclohexene diepoxide;4-Vinyl-1-cyclohexene dioxide

接触限值:NIOSH REL:Ca TWA 10 ppm (60 mg/m³) [皮]

见附录 A

OSHA PEL †:无

IDLH: Ca [N. D.]

浓度换算系数:1 ppm = 5.73 mg/m³

理化性质:无色液体。

分子量:140.2　　沸点:441 ℉

凝固点:−164 ℉　　溶解度:高

蒸气压:0.1 mmHg　　电离电位:未知

比重:1.10　　闪点(开杯):230 ℉

爆炸上限:未知　　爆炸下限:未知

ⅢB 类可燃液体——闪点等于或高于 200 ℉。

不相容性和反应性:醇,胺,水。[注:在水中缓慢水解。]

测量方法:OSHA PV2083

个人防护和卫生设施:

- 皮肤:穿戴合适的个人防护服,防止皮肤直接接触。
- 眼睛:佩戴合适的眼部防护用品,防止眼睛直接接触。
- 清洗皮肤:当皮肤受到污染时,应立即清洗污染的皮肤。
- 脱除:如果工作服被弄湿或受到了明显的污染,应该立即脱除并妥善处置。
- 更换:对于班后的衣服的更换需要没有特殊建议。
- 配备:在劳动者可能接触该化学物质的作业场所,无论是否需要使用眼部防护用品,都应配备眼冲洗设备。在紧靠有可能接触该化学物质的工作场所,应配备快速冲淋身体的设备以应急使用。[注:这些设备应能够提供足量水或流动水,以将可能接触的身体任何部位上的化学物质除去。实际配备适宜的快速冲淋设备取决于工作场所的具体条件。在某些情况下,必须及时进行大流量淋浴,而其他情况下只需要用一个水槽或软管供水就足够了。]

急救:

- 眼睛:如眼睛直接接触了该化学物质,要立即用大量水冲洗(灌洗)眼睛,冲洗时,不时翻开上下眼睑,并立即就医。
- 皮肤:如果该化学物质直接接触皮肤,立即用水冲洗污染的皮肤。如果该化学物质渗透进衣服,立即将衣服脱除,用水冲洗皮肤。若清洗后出现症状,要立即就医。
- 呼吸:如果接触者吸入大量该化学物质,立即将接触者移至新鲜空气处。如果呼吸停止,要进行人工呼吸,注意保暖和休息。尽快就医。
- 吞入:如果吞入该化学物质,应立即就医。

对呼吸器选择的建议:NIOSH

¥:高于 NIOSH REL 的浓度;或当没有 REL 时,任何可以检测到的浓度:

- ScbaF:Pd,Pp:任何压力需气式或正压携气式呼吸器,配全面罩。指定防护因数=10 000。
- SaF:Pd,Pp:AScba:任何压力需气式或正压供气式呼吸器,配全面罩,配压力需气式或正压携气式辅助呼吸器。指定防护因数=10 000。

逃生:

- GmFOv:任何空气过滤式全面罩呼吸器(防毒面具),配下颌式、前置式或背置式有机蒸气滤毒罐。指定防护因数=50。
- ScbaE:任何适合逃生的携气式呼吸器。

有关呼吸器选择的其他重要信息参见相关标准。

接触途径：呼吸道，皮肤吸收，胃肠道，皮肤和/或眼睛直接接触。

症状：动物：眼睛、皮肤、呼吸系统刺激；睾丸萎缩；白细胞减少，胸腺坏死；皮肤致敏；[潜在职业性致癌物]。

靶器官：眼睛，皮肤，呼吸系统，血液，胸腺，生殖系统。

致癌部位：[动物：皮肤肿瘤]。

氟乙烯(Vinyl fluoride)

$CH_2=CHF$

异名和商品名：乙烯基氟，Fluoroethene，Fluoroethylene，Monofluoroethylene，Vinyl fluoride monomer

CAS No.：75-02-5

RTECS No.：YZ7351000

DOT ID 和指南号：1860 116P（抗聚合）

接触限值：NIOSH REL：TWA 1 ppm

C 5 ppm [使用 1910.1017]

OSHA PEL：无

IDLH：N.D.　**浓度换算系数**：1 ppm = 1.89 mg/m^3

理化性质：无色气体，具有淡淡的乙醚样气味。[注：以压缩液化气运输。]

分子量：46.1	沸点：−98 ℉
凝固点：−257 ℉	溶解度：不溶
蒸气压：25.2 大气压	电离电位：10.37 eV
相对密度：1.60	闪点：不适用（气体）
爆炸上限：21.7%	爆炸下限：2.6%

易燃气体。

不相容性和反应性：未见报道。[注：加 0.2%萜烯防止聚合。]

测量方法：无。

个人防护和卫生设施：

- 皮肤：压缩气体快速膨胀时可产生低温。泄漏和使用能快速膨胀的压缩气体，可产生冻伤危害。穿戴合适的个人防护服，防止皮肤冻伤。
- 眼睛：佩戴合适的眼部防护用品，防止眼睛直接接触液体后因低温引起灼伤或组织损伤。
- 清洗皮肤：对于清洗皮肤上的污染物没有其他特殊的建议(包括立即清洗和班后清洗)。
- 脱除：如果工作服被可燃性物质(即闪点低于 100 ℉的液体)浸湿，应当立即脱除并妥善处置，以防着火。
- 更换：对于班后的衣服的更换需要没有特殊建议。
- 配备：在紧靠有可能接触极低温液体或迅速蒸发的液体的工作场所，应配备快速冲淋洗浴设备和/或眼冲洗设备，以应急使用。

急救：

- 眼睛：如果眼组织冻伤，要立即就医。如果眼组织没有冻伤，要立即用大量水彻底冲洗至少 15 min，并不时翻开上下眼睑。如果眼睛刺激、疼痛、肿胀、流泪和畏光持续存在，应尽快就医。
- 皮肤：如果发生冻伤，要立即就医，不要揉擦或用水冲洗冻伤部位；为防止组织进一步受损，不要试图将冻结的衣服从冻伤部位脱除。如未发生冻伤，立即用肥皂和水彻底清洗污染的皮肤。
- 呼吸：如果接触者吸入大量该化学物质，立即将接触者移至新鲜空气处。如果呼吸停止，要进行人工呼吸，注意保暖和休息。尽快就医。

对呼吸器选择的建议：NIOSH

~10 ppm：

- CcrOv：任何空气过滤式半面罩呼吸器，配防有机蒸气的滤毒盒。指定防护因数=10。
- Sa：任何供气式呼吸器。指定防护因数=10。

~25 ppm：
- Sa：Cf：任何连续供气式呼吸器。指定防护因数=25。
- PaprOv：任何动力送风空气过滤式呼吸器，配有机蒸气滤毒盒。指定防护因数=25。

~50 ppm：
- CcrFOv：任何空气过滤式全面罩呼吸器，配有机蒸气滤毒盒。指定防护因数=50。
- GmFOv：任何空气过滤式全面罩呼吸器（防毒面具），配下颌式、前置式或背置式有机蒸气滤毒罐。指定防护因数=50。
- PaprTOv：任何动力送风空气过滤式呼吸器，配密合型面罩和有机蒸气滤毒盒。指定防护因数=50。
- ScbaF：任何携气式呼吸器，配全面罩。指定防护因数=50。
- SaF：任何供气式呼吸器，配全面罩。指定防护因数=50。

~200 ppm：
- SaF：Pd，Pp：任何压力需气式或正压供气式呼吸器，配全面罩。指定防护因数=2 000。

§：应急抢险，或准备进入浓度未知环境，或进入 IDLH 环境：
- ScbaF：Pd，Pp：任何压力需气式或正压携气式呼吸器，配全面罩。指定防护因数=10 000。
- SaF：Pd，Pp：AScba：任何压力需气式或正压供气式呼吸器，配全面罩，配压力需气式或正压携气式辅助呼吸器。指定防护因数=10 000。

逃生：
- GmFOv：任何空气过滤式全面罩呼吸器（防毒面具），配下颌式、前置式或背置式有机蒸气滤毒罐。指定防护因数=50。
- ScbaE：任何适合逃生的携气式呼吸器。

有关呼吸器选择的其他重要信息参见相关标准。

接触途径：呼吸道，皮肤和/或眼睛直接接触（液体）。

症状：头痛，眩晕，意识模糊，协调能力下降，麻醉，恶心，呕吐；冻伤（液体）。

靶器官：中枢神经系统。

1,1-二氯乙烯（Vinylidene chloride）

$CH_2=CCl_2$

异名和商品名：偏二氯乙烯；亚乙烯基二氯；1,1-DCE；1,1-Dichloroethene；1,1-Dichloroethylene；VDC；Vinylidene chloride monomer；Vinylidene dichloride

CAS No.：75-35-4

RTECS No.：KV9275000

DOT ID 和指南号：1303 130P（抗聚合）

接触限值：NIOSH REL：Ca 见附录 A

OSHA PEL †：无

IDLH：Ca [N.D.]　　**浓度换算系数：**

理化性质：无色液体或气体（89 ℉以上），具有轻微的氯仿样气味。

分子量：	96.9	沸点：	89 ℉
凝固点：	−189 ℉	溶解度：	0.04%
蒸气压：	500 mmHg	电离电位：	10.00 eV
比重：	1.21	闪点：	−2 ℉

爆炸上限：15.5%　　爆炸下限：6.5%

ⅠA 类易燃液体——闪点低于 73 ℉，沸点低于 100 ℉。

不相容性和反应性：铝，日光，空气，铜，热。[注：遇氧化剂、氯磺酸、硝酸或发烟硫酸可聚合。加入抑制剂如对苯二酚的单甲基醚，以防止聚合。]

测量方法：NIOSH 1015；OSHA 19

个人防护和卫生设施：
- 皮肤：穿戴合适的个人防护服，防止皮肤直接接触。
- 眼睛：佩戴合适的眼部防护用品，防止眼睛直接接触。

- 清洗皮肤：当皮肤受到污染时，应立即清洗污染的皮肤。
- 脱除：如果工作服被可燃性物质（即闪点低于 100 ℉的液体）浸湿，应当立即脱除并妥善处置，以防着火。
- 更换：对于班后的衣服的更换需要没有特殊建议。
- 配备：在劳动者可能接触该化学物质的作业场所，无论是否需要使用眼部防护用品，都应配备眼冲洗设备。在紧靠有可能接触该化学物质的工作场所，应配备快速冲淋身体的设备以应急使用。[注：这些设备应能够提供足量水或流动水，以将可能接触的身体任何部位上的该化学物质除去。实际配备适宜的快速冲淋设备取决于工作场所的具体条件。在某些情况下，必须及时进行大流量淋浴，而其他情况下只需要用一个水槽或软管供水就足够了。]

急救：

- 眼睛：如眼睛直接接触了该化学物质，要立即用大量水冲洗（灌洗）眼睛，冲洗时，不时翻开上下眼睑，并立即就医。
- 皮肤：如果该化学物质直接接触皮肤，要立即用肥皂和水冲洗污染的皮肤。如果该化学物质渗透进衣服，立即将衣服脱除，并用水清洗皮肤。如果清洗后刺激持续存在，应就医。
- 呼吸：如果接触者吸入大量该化学物质，立即将接触者移至新鲜空气处。如果呼吸停止，要进行人工呼吸，注意保暖和休息。尽快就医。
- 吞入：如果吞入该化学物质，应立即就医。

对呼吸器选择的建议：NIOSH

¥：高于 NIOSH REL 的浓度；或当没有 REL 时，任何可以检测到的浓度：

- ScbaF：Pd，Pp：任何压力需气式或正压携气式呼吸器，配全面罩。指定防护因数＝10 000。
- SaF：Pd，Pp：AScba：任何压力需气式或正压供气式呼吸器，配全面罩，配压力需气式或正压携气式辅助呼吸器。指定防护因数＝10 000。

逃生：

- GmFOv：任何空气过滤式全面罩呼吸器（防毒面具），配下颌式、前置式或背置式有机蒸气滤毒罐。指定防护因数＝50。
- ScbaE：任何适合逃生的携气式呼吸器。

有关呼吸器选择的其他重要信息参见相关标准。

接触途径：呼吸道，皮肤吸收，胃肠道，皮肤和/或眼睛直接接触。

症状：眼睛、皮肤、咽喉刺激；眩晕，头痛，恶心，呼吸困难；肝、肾功能紊乱；肺炎；[潜在职业性致癌物]。

靶器官：眼睛，皮肤，呼吸系统，中枢神经系统，肝，肾。

致癌部位：[动物：肝及肾肿瘤]。

V

1,1-二氟乙烯（Vinylidene fluoride）

$CH_2=CF_2$

异名和商品名：偏二氟乙烯；Difluoro-1,1-ethylene；1,1-Difluoroethene；1,1-Difluoroethylene；Halocarbon 1132A；VDF；Vinylidene difluoride

CAS No.：75-38-7

RTECS No.：KW0560000

DOT ID 和指南号：1959 116P

接触限值：NIOSH REL：TWA 1 ppm

C 5 ppm [使用 1910.1017]

OSHA PEL：无

IDLH：N.D.　**浓度换算系数：**1 ppm ＝ 2.62 mg/m^3

理化性质：无色气体，具有淡淡的乙醚样气味。[注：以压缩液化气运输。]

分子量：64.0　　沸点：−122 ℉

凝固点：−227 ℉　　溶解度：不溶

蒸气压：35.2 大气压　　电离电位：10.29 eV

相对密度：2.21　　闪点：不适用（气体）

爆炸上限：21.3%　　爆炸下限：5.5%

易燃气体。

不相容性和反应性：氧化剂，氯化铝。[注：加压加热时与氯化氢剧烈反应。]

测量方法：NIOSH 3800

个人防护和卫生设施：

- 皮肤：压缩气体快速膨胀时可产生低温。泄漏和使用能快速膨胀的压缩气体，可产生冻伤危害。穿戴合适的个人防护服，防止皮肤冻伤。
- 眼睛：佩戴合适的眼部防护用品，防止眼睛直接接触液体后因低温引起灼伤或组织损伤。
- 清洗皮肤：对于清洗皮肤上的污染物没有其他特殊的建议（包括立即清洗和班后清洗）。
- 脱除：如果工作服被可燃性物质（即闪点低于 100 ℉的液体）浸湿，应当立即脱除并妥善处置，以防着火。
- 更换：对于班后的衣服的更换需要没有特殊建议。
- 配备：在紧靠有可能接触极低温液体或迅速蒸发的液体的工作场所，应配备快速冲淋洗浴设备和/或眼冲洗设备，以应急使用。

急救：

- 眼睛：如果眼组织冻伤，要立即就医。如果眼组织没有冻伤，要立即用大量水彻底冲洗至少 15 min，并不时翻开上下眼睑。如果眼睛刺激、疼痛、肿胀、流泪和畏光持续存在，应尽快就医。
- 皮肤：如果发生冻伤，要立即就医，不要揉擦或用水冲洗冻伤部位；为防止组织进一步受损，不要试图将冻结的衣服从冻伤部位脱除。如未发生冻伤，立即用肥皂和水彻底清洗污染的皮肤。
- 呼吸：如果接触者吸入大量该化学物质，立即将接触者移至新鲜空气处。如果呼吸停止，要进行人工呼吸，注意保暖和休息。尽快就医。

对呼吸器选择的建议：NIOSH

～10 ppm：

- CcrOv：任何空气过滤式半面罩呼吸器，配防有机蒸气的滤毒盒。指定防护因数＝10。
- Sa：任何供气式呼吸器。指定防护因数＝10。

～25 ppm：

- Sa：Cf：任何连续供气式呼吸器。指定防护因数＝25。
- PaprOv：任何动力送风空气过滤式呼吸器，配有机蒸气滤毒盒。指定防护因数＝25。

～50 ppm：

- CcrFOv：任何空气过滤式全面罩呼吸器，配有机蒸气滤毒盒。指定防护因数＝50。
- GmFOv：任何空气过滤式全面罩呼吸器（防毒面具），配下颌式、前置式或背置式有机蒸气滤毒罐。指定防护因数＝50。
- PaprTOv：任何动力送风空气过滤式呼吸器，配密合型面罩和有机蒸气滤毒盒。指定防护因数＝50。
- ScbaF：任何携气式呼吸器，配全面罩。指定防护因数＝50。
- SaF：任何供气式呼吸器，配全面罩。指定防护因数＝50。

～200 ppm：

- SaF：Pd，Pp：任何压力需气式或正压供气式呼吸器，配全面罩。指定防护因数＝2 000。

§：应急抢险，或准备进入浓度未知环境，或进入 IDLH 环境：

- ScbaF：Pd，Pp：任何压力需气式或正压携气式呼吸器，配全面罩。指定防护因数＝10 000。
- SaF：Pd，Pp：AScba：任何压力需气式或正压供气式呼吸器，配全面罩，配压力需气式或正压携气式辅助呼吸器。指定防护因数＝10 000。

逃生：

- GmFOv：任何空气过滤式全面罩呼吸器（防毒面具），配下颌式、前置式或背置式有机蒸气滤毒罐。指定防护因数＝50。
- ScbaE：任何适合逃生的携气式呼吸器。

有关呼吸器选择的其他重要信息参见相关标准。

接触途径：呼吸道，皮肤和/或眼睛直接接触（液体）。

症状：眩晕，头痛，恶心；冻伤（液体）。

靶器官：中枢神经系统。

乙烯基甲苯（Vinyl toluene）

$CH_2=CHC_6H_4CH_3$

异名和商品名：甲基苯乙烯，Ethenylmethylbenzene，Methylstyrene，Tolyethylene

CAS No.：25013-15-4（抗聚合）

RTECS No.：WL5075000

DOT ID 和指南号：2618 130P（抗聚合）

接触限值：NIOSH REL：TWA 100 ppm（480 mg/m³）
OSHA PEL：TWA 100 ppm（480 mg/m³）

IDLH：400 ppm　**浓度换算系数：**1 ppm ＝ 4.83 mg/m³

理化性质：无色液体，具有强烈的难闻的气味。

分子量：118.2	沸点：339 ℉
凝固点：－106 ℉	溶解度：0.009％
蒸气压：1 mmHg	电离电位：8.20 eV
比重：0.89	闪点：127 ℉
爆炸上限：11.0％	爆炸下限：0.8％

Ⅱ类可燃液体——闪点等于或高于 100 ℉且低于 140 ℉。

不相容性和反应性：氧化剂，过氧化物，强酸，铁或铝盐。[注：通常用叔丁基邻苯二酚来抑制聚合。]

测量方法：NIOSH 1501，OSHA 7

个人防护和卫生设施：

- 皮肤：穿戴合适的个人防护服，防止皮肤直接接触。
- 眼睛：佩戴合适的眼部防护用品，防止眼睛直接接触。
- 清洗皮肤：当皮肤受到污染时，应立即清洗污染的皮肤。
- 脱除：如果工作服被弄湿或受到了明显的污染，应该立即脱除并妥善处置。
- 更换：对于班后的衣服的更换需要没有特殊建议。

急救：

- 眼睛：如眼睛直接接触了该化学物质，要立即用大量水冲洗（灌洗）眼睛，冲洗时，不时翻开上下眼睑，并立即就医。
- 皮肤：如果该化学物质直接接触皮肤，要迅速用肥皂和水冲洗污染的皮肤。如果该化学物质渗透进衣服，立即将衣服脱除，并用水清洗皮肤。如果清洗后刺激持续存在，应就医。
- 呼吸：如果接触者吸入大量该化学物质，立即将接触者移至新鲜空气处。如果呼吸停止，要进行人工呼吸，注意保暖和休息。尽快就医。
- 吞入：如果吞入该化学物质，应立即就医。

对呼吸器选择的建议：NIOSH/OSHA

～400 ppm：

- CcrOv：任何空气过滤式半面罩呼吸器，配防有机蒸气的滤毒盒。指定防护因数＝10。*
- PaprOv：任何动力送风空气过滤式呼吸器，配有机蒸气滤毒盒。指定防护因数＝25。*
- GmFOv：任何空气过滤式全面罩呼吸器（防毒面具），配下颌式、前置式或背置式有机蒸气滤毒罐。指定防护因数＝50。
- Sa：任何供气式呼吸器。指定防护因数＝10。*

Ⅴ

- ScbaF:任何携气式呼吸器,配全面罩。指定防护因数=50。

§:应急抢险,或准备进入浓度未知环境,或进入 IDLH 环境:

- ScbaF : Pd,Pp:任何压力需气式或正压携气式呼吸器,配全面罩。指定防护因数=10 000。
- SaF : Pd,Pp : AScba:任何压力需气式或正压供气式呼吸器,配全面罩,配压力需气式或正压携气式辅助呼吸器。指定防护因数=10 000。

逃生:

- GmFOv:任何空气过滤式全面罩呼吸器(防毒面具),配下颌式、前置式或背置式有机蒸气滤毒罐。指定防护因数=50。
- ScbaE:任何适合逃生的携气式呼吸器。

有关呼吸器选择的其他重要信息参见相关标准。

接触途径:呼吸道,胃肠道,皮肤和/或眼睛直接接触。

症状:眼睛、皮肤、上呼吸道刺激;嗜睡;动物:昏迷。

靶器官:眼睛,皮肤,呼吸系统,中枢神经系统。

V

VM & P石脑油(VM & P Naphtha)

CAS No.:8032-32-4

RTECS No.:OI6180000

DOT ID 和指南号:1268 128(石油蒸馏物,未作说明)

异名和商品名:轻石油,石油醚,油漆用石脑油,Ligroin,painters naphtha,Petroleum ether,Petroleum spirit,Refined solvent naphtha,Varnish makers' & painters' naphtha

接触限值:NIOSH REL:TWA 350 mg/m^3

C 1 800 mg/m^3[15min]

OSHA PEL †:无

IDLH: N. D. **浓度换算系数:**

理化性质:透明至淡黄色液体,具有令人愉快的芳香气味。

分子量:87~114 (约)	沸点:203~320 ℉
凝固点:未知	溶解度:不溶
蒸气压:2~20 mmHg	电离电位:未知
比重(60 ℉):0.73~0.76	闪点:20~55 ℉
爆炸上限:6.0%	爆炸下限:1.2%

ⅠB 类易燃液体——闪点低于 73 ℉,沸点等于或高于 100 ℉。

不相容性和反应性:未见报道。[注:VM&P 石脑油是精炼的石油溶剂,主要成分为 C_7~C_{11},常见的是 55%脂肪烃、30%单环烃 、2%双环烃和 12%烷基苯。]

测量方法:NIOSH 1550;OSHA 48

个人防护和卫生设施:

- 皮肤:穿戴合适的个人防护服,防止皮肤直接接触。
- 眼睛:佩戴合适的眼部防护用品,防止眼睛直接接触。
- 清洗皮肤:当皮肤受到污染时,应立即清洗污染的皮肤。
- 脱除:如果工作服被可燃性物质(即闪点低于 100 ℉的液体)浸湿,应当立即脱除并妥善处置,以防着火。
- 更换:对于班后的衣服的更换需要没有特殊建议。

急救:

- 眼睛:如眼睛直接接触了该化学物质,要立即用大量水冲洗(灌洗)眼睛,冲洗时,不时翻开上下眼睑,并立即就医。
- 皮肤:如果该化学物质直接接触皮肤,迅速用肥皂和水冲洗污染的皮肤。若该化学物质渗透进衣服,要迅速将衣服脱除,用肥皂和水清洗皮肤,并迅速就医。
- 呼吸:如果接触者吸入大量该化学物质,立即将接触者移至新鲜空气处。如果呼吸停止,要进行人工呼吸,注意保暖和休息。尽快就医。

● 吞入：如果吞入该化学物质，应立即就医。

对呼吸器选择的建议：NIOSH

～3 500 mg/m^3：

● CcrOv：任何空气过滤式半面罩呼吸器，配防有机蒸气的滤毒盒。指定防护因数＝10。

● Sa：任何供气式呼吸器。指定防护因数＝10。

～8 750 mg/m^3：

● Sa：Cf：任何连续供气式呼吸器。指定防护因数＝25。

● PaprOv：任何动力送风空气过滤式呼吸器，配有机蒸气滤毒盒。指定防护因数＝25。

～17 500 mg/m^3：

● CcrFOv：任何空气过滤式全面罩呼吸器，配有机蒸气滤毒盒。指定防护因数＝50。

● GmFOv：任何空气过滤式全面罩呼吸器(防毒面具)，配下颌式、前置式或背置式有机蒸气滤毒罐。指定防护因数＝50。

● PaprTOv：任何动力送风空气过滤式呼吸器，配密合型面罩和有机蒸气滤毒盒。指定防护因数＝50。

● ScbaF：任何携气式呼吸器，配全面罩。指定防护因数＝50。

● SaF：任何供气式呼吸器，配全面罩。指定防护因数＝50。

§：应急抢险，或准备进入浓度未知环境，或进入 IDLH 环境：

● ScbaF：Pd，Pp：任何压力需气式或正压携气式呼吸器，配全面罩。指定防护因数＝10 000。

● SaF：Pd，Pp：AScba：任何压力需气式或正压供气式呼吸器，配全面罩，配压力需气式或正压携气式辅助呼吸器。指定防护因数＝10 000。

逃生：

● GmFOv：任何空气过滤式全面罩呼吸器(防毒面具)，配下颌式、前置式或背置式有机蒸气滤毒罐。指定防护因数＝50。

● ScbaE：任何适合逃生的携气式呼吸器。

有关呼吸器选择的其他重要信息参见相关标准。

接触途径：呼吸道，胃肠道，皮肤和/或眼睛直接接触。

症状：眼睛、上呼吸道刺激；皮炎；中枢神经系统抑制；化学性肺炎(吸入液体)。

靶器官：眼睛，皮肤，呼吸系统，中枢神经系统。

V

华法林(Warfarin) CAS No.:81-81-2

$C_{19}H_{16}O_4$ RTECS No.:GN4550000

异名和商品名:杀鼠灵;苄丙酮香豆素;3-(3-氧代-1-苯基丁基)-4-羟基-2H-1-苯并吡喃二酮钠盐与异丙醇;3-(α-Acetonyl)-benzyl-4-hydroxycoumarin;4-Hydroxy-3-(3-oxo-1-phenyl butyl)-2H-1-benzopyran-2-one;WARF

DOT ID 和指南号:

接触限值:NIOSH REL:TWA 0.1 mg/m³

OSHA PEL:TWA 0.1 mg/m³

IDLH:100 mg/m³ **浓度换算系数**:

理化性质:无色无气味晶状粉末。[灭鼠剂]

分子量:308.3 沸点:分解

熔点:322 ℉ 溶解度:0.002%

蒸气压(71 ℉):0.09 mmHg 电离电位:未知

比重:未知 闪点:未知

爆炸上限:未知 爆炸下限:未知

可燃固体。

不相容性和反应性:强氧化剂。

测量方法:NIOSH 5002

个人防护和卫生设施:

- 皮肤:穿戴合适的个人防护服,防止皮肤直接接触。
- 眼睛:对眼部防护的需要没有特殊建议。
- 清洗皮肤:当皮肤受到污染时,应立即清洗污染的皮肤。
- 脱除:如果工作服被弄湿或受到了明显的污染,应该立即脱除并妥善处置。
- 更换:在离开工作场所前应当将可能受到污染的工作服更换成无污染的衣服。

急救:

- 眼睛:如眼睛直接接触了该化学物质,要立即用大量水冲洗(灌洗)眼睛,冲洗时,不时翻开上下眼睑,并立即就医。
- 皮肤:如果该化学物质直接接触皮肤,迅速用肥皂和水冲洗污染的皮肤。若该化学物质渗透进衣服,要迅速将衣服脱除,用肥皂和水清洗皮肤,并迅速就医。
- 呼吸:如果接触者吸入大量该化学物质,立即将接触者移至新鲜空气处。如果呼吸停止,要进行人工呼吸,注意保暖和休息。尽快就医。
- 吞入:如果吞入该化学物质,应立即就医。

对呼吸器选择的建议:NIOSH/OSHA

~0.5 mg/m³:

- Qm:任何四分之一面罩呼吸器,选择 N、R 或 P 过滤元件的信息见表 4。指定防护因数=5。

~1 mg/m³:

- 95XQ:任何除四分之一面罩之外的防颗粒物呼吸器,配有 N95、R95 或 P95 过滤元件(包括 N95、R95 或 P95 随弃式面罩)。也可使用以下过滤元件:N99、R99、P99、N100、R100、P100。指定防护因数=10。选择 N、R 或 P 过滤元件的信息见表 4。
- Sa:任何供气式呼吸器。指定防护因数=10。

~2.5 mg/m³:

- Sa:Cf:任何连续供气式呼吸器。指定防护因数=25。
- PaprHie:任何动力送风空气过滤式呼吸器,配有高效颗粒物过滤元件。指定防护因数=25。

~5 mg/m³:

- 100F:任何空气过滤式全面罩呼吸器,配有 N100、R100 或 P100 过滤元件。指定防护因数=50。选择 N、R 或 P 过滤元件的信息见表 4。
- SaT:Cf:任何连续供气式呼吸器,配密合型面罩。指定防护因数=50。
- PaprTHie:任何动力送风空气过滤式呼吸器,配密合型面罩和高效颗粒物过滤元件。指定防护因数=50。

- ScbaF:任何携气式呼吸器,配全面罩。指定防护因数=50。
- SaF:任何供气式呼吸器,配全面罩。指定防护因数=50。

~100 mg/m³:

- Sa:Pd,Pp:任何压力需气式或正压供气式呼吸器。指定防护因数=1 000。

§:应急抢险,或准备进入浓度未知环境,或进入 IDLH 环境:

- ScbaF:Pd,Pp:任何压力需气式或正压携气式呼吸器,配全面罩。指定防护因数=10 000。
- SaF:Pd,Pp:AScba:任何压力需气式或正压供气式呼吸器,配全面罩,配压力需气式或正压携气式辅助呼吸器。指定防护因数=10 000。

逃生:

- 100F:任何空气过滤式全面罩呼吸器,配有 N100、R100 或 P100 过滤元件。指定防护因数=50。选择 N、R 或 P 过滤元件的信息见表 4。
- ScbaE:任何适合逃生的携气式呼吸器。

有关呼吸器选择的其他重要信息参见相关标准。

接触途径:呼吸道,皮肤吸收,胃肠道,皮肤和/或眼睛直接接触。

症状:血尿,背痛;手臂、腿血肿;鼻、口唇、黏膜出血;腹痛,呕吐,便血;瘀斑;血液学指标异常。

靶器官:血液,心血管系统。

焊接烟(Welding fumes)

异名和商品名:依焊接烟不同而不同。

CAS No.:

RTECS No.:ZC2550000

DOT ID 和指南号:

接触限值:NIOSH REL:Ca 见附录 A

OSHA PEL †:无

IDLH: Ca [N. D.]　　**浓度换算系数:**

理化性质:金属焊接或切割过程中可产生烟。

性质依焊接烟不同而不同。

不相容性和反应性:不同。

测量方法:NIOSH 7300,7301,7303

个人防护和卫生设施:

- 皮肤:对于个体皮肤防护装备的需要没有特殊建议。
- 眼睛:对眼部防护的需要没有特殊建议。
- 清洗皮肤:对于清洗皮肤上的污染物没有其他特殊的建议(包括立即清洗和班后清洗)。
- 脱除:对于脱除被污染或被弄湿的工作服的需要没有特殊建议。
- 更换:对于班后的衣服的更换需要没有特殊建议。

急救:

- 眼睛:如眼睛直接接触了该化学物质,要立即用大量水冲洗(灌洗)眼睛,冲洗时,不时翻开上下眼睑,并立即就医。
- 皮肤:如果该化学物质直接接触皮肤,用肥皂和水冲洗污染的皮肤。
- 呼吸:如果接触者吸入大量该化学物质,立即将接触者移至新鲜空气处。如果呼吸停止,要进行人工呼吸,注意保暖和休息。尽快就医。

对呼吸器选择的建议:NIOSH

¥:高于 NIOSH REL 的浓度;或当没有 REL 时,任何可以检测到的浓度:

- ScbaF:Pd,Pp:任何压力需气式或正压携气式呼吸器,配全面罩。指定防护因数=10 000。
- SaF:Pd,Pp:AScba:任何压力需气式或正压供气式呼吸器,配全面罩,配压力需气式或正压携气式辅助呼吸器。指定防护因数=10 000。

逃生：

- GmFOv100：任何空气过滤式全面罩呼吸器（防毒面具），配下颌式、前置式或背置式有机蒸气滤毒罐和N100、R100或P100的综合防护过滤元件。指定防护因数=50。选择N、R或P过滤元件的信息见表4。
- ScbaE：任何适合逃生的携气式呼吸器。

有关呼吸器选择的其他重要信息参见相关标准。

接触途径：呼吸道，皮肤和/或眼睛直接接触。

症状：依焊接烟的特殊成分而不同；金属烟热：流感样症状，呼吸困难，咳嗽，肌肉疼痛，发热，寒战；间质性肺炎；[潜在职业性致癌物]。

靶器官：眼睛，皮肤，呼吸系统，中枢神经系统。

致癌部位：[肺癌]。

木尘（Wood dust）

异名和商品名：硬木尘，软木尘，西方红雪松木尘，Hard wood dust，Soft wood dust，Western red cedar dust

CAS No.：

RTECS No.：ZC9850000

DOT ID 和指南号：

接触限值：NIOSH REL：Ca TWA 1 mg/m^3 见附录A

OSHA PEL †：TWA 15 mg/m^3（总颗粒物）

TWA 5 mg/m^3（呼吸性颗粒物）

IDLH：Ca [N.D.]　　**浓度换算系数：**

理化性质：来自不同种类木材的粉尘。

分子量：不同	沸点：不适用
熔点：不适用	溶解度：未知
蒸气压：0 mmHg（约）	电离电位：不适用
比重：未知	闪点：不适用
爆炸上限：不适用	爆炸下限：不适用

可燃固体。

不相容性和反应性：未见报道。

测量方法：NIOSH 0500

个人防护和卫生设施：

- 皮肤：对于个体皮肤防护装备的需要没有特殊建议。
- 眼睛：对眼部防护的需要没有特殊建议。
- 清洗皮肤：对于清洗皮肤上的污染物没有其他特殊的建议（包括立即清洗和班后清洗）。
- 脱除：对于脱除被污染或被弄湿的工作服的需要没有特殊建议。
- 更换：对于班后的衣服的更换需要没有特殊建议。

急救：

- 眼睛：如眼睛直接接触了该化学物质，要立即用大量水冲洗（灌洗）眼睛，冲洗时，不时翻开上下眼睑，并立即就医。
- 皮肤：如果该化学物质直接接触皮肤，用肥皂和水冲洗污染的皮肤。
- 呼吸：如果接触者吸入大量该化学物质，立即将接触者移至新鲜空气处。通常不需要采取其他措施。

对呼吸器选择的建议：NIOSH

¥：高于NIOSH REL的浓度；或当没有REL时，任何可以检测到的浓度：

- ScbaF：Pd，Pp：任何压力需气式或正压携气式呼吸器，配全面罩。指定防护因数=10 000。
- SaF：Pd，Pp：AScba：任何压力需气式或正压供气式呼吸器，配全面罩，配压力需气式或正压携气式辅助呼吸器。指定防护因数=10 000。

逃生：

- 100F：任何空气过滤式全面罩呼吸器，配有N100、R100或P100过滤元件。指定防护因数=50。选择N、R或P过滤元件的信息见表4。

● ScbaE：任何适合逃生的携气式呼吸器。 **有关呼吸器选择的其他重要信息参见相关标准。**	**症状：**眼睛刺激；鼻出血；皮炎；呼吸器官超敏反应；肉芽肿肺炎；哮喘，咳嗽，喘鸣，鼻窦炎；持续感冒；[潜在职业性致癌物]。
接触途径：呼吸道，皮肤和/或眼睛直接接触。	**靶器官：**眼睛，皮肤，呼吸系统。 **致癌部位：**[鼻癌]。

W

间二甲苯(m-Xylene)

$C_6H_4(CH_3)_2$

异名和商品名: 1,3-二甲苯;1,3-Dimethylbenzene;meta-Xylene;m-Xylol

CAS No.:108-38-3

RTECS No.:ZE2275000

DOT ID 和指南号:1307 130

接触限值: NIOSH REL:TWA 100 ppm (435 mg/m³)
ST 150 ppm (655 mg/m³)
OSHA PEL †:TWA 100 ppm (435 mg/m³)

IDLH: 900 ppm　**浓度换算系数:** 1 ppm = 4.34 mg/m³

理化性质: 无色液体,具有芳香气味。

分子量:	106.2	沸点:	282 ℉
凝固点:	−54 ℉	溶解度:	微溶
蒸气压:	9 mmHg	电离电位:	8.56 eV
比重:	0.86	闪点:	82 ℉
爆炸上限:	7.0%	爆炸下限:	1.1%

IC 类易燃液体——闪点等于或高于 73 ℉且低于100 ℉。

不相容性和反应性:强氧化剂,强酸。

测量方法: NIOSH 1501,3800;OSHA 1002

个人防护和卫生设施:

- 皮肤:穿戴合适的个人防护服,防止皮肤直接接触。
- 眼睛:佩戴合适的眼部防护用品,防止眼睛直接接触。
- 清洗皮肤:当皮肤受到污染时,应立即清洗污染的皮肤。
- 脱除:如果工作服被可燃性物质(即闪点低于 100 ℉的液体)浸湿,应当立即脱除并妥善处置,以防着火。
- 更换:对于班后的衣服的更换需要没有特殊建议。

急救:

- 眼睛:如眼睛直接接触了该化学物质,要立即用大量水冲洗(灌洗)眼睛,冲洗时,不时翻开上下眼睑,并立即就医。
- 皮肤:如果该化学物质直接接触皮肤,迅速用肥皂和水冲洗污染的皮肤。若该化学物质渗透进衣服,要迅速将衣服脱除,用肥皂和水清洗皮肤,并迅速就医。
- 呼吸:如果接触者吸入大量该化学物质,立即将接触者移至新鲜空气处。如果呼吸停止,要进行人工呼吸,注意保暖和休息。尽快就医。
- 吞入:如果吞入该化学物质,应立即就医。

对呼吸器选择的建议: NIOSH/OSHA

~900 ppm:

- CcrOv:任何空气过滤式半面罩呼吸器,配防有机蒸气的滤毒盒。指定防护因数=10。*
- PaprOv:任何动力送风空气过滤式呼吸器,配有机蒸气滤毒盒。指定防护因数=25。*
- Sa:任何供气式呼吸器。指定防护因数=10。*
- ScbaF:任何携气式呼吸器,配全面罩。指定防护因数=50。

§:应急抢险,或准备进入浓度未知环境,或进入 IDLH 环境:

- ScbaF:Pd,Pp:任何压力需气式或正压携气式呼吸器,配全面罩。指定防护因数=10 000。
- SaF:Pd,Pp:AScba:任何压力需气式或正压供气式呼吸器,配全面罩,配压力需气式或正压携气式辅助呼吸器。指定防护因数=10 000。

逃生:

- GmFOv:任何空气过滤式全面罩呼吸器(防毒面具),配下颌式、前置式或背置式有机蒸气滤毒罐。指定防护因数=50。
- ScbaE:任何适合逃生的携气式呼吸器。

有关呼吸器选择的其他重要信息参见相关标准。

接触途径: 呼吸道,皮肤吸收,胃肠道,皮肤和/或眼睛直接接触。

症状: 眼睛、皮肤、鼻、咽喉刺激;眩晕,兴奋,嗜睡,协调能力下降,步履蹒跚;角膜空泡化;厌食,恶心,呕吐,腹痛;皮炎。

靶器官: 眼睛,皮肤,呼吸系统,中枢神经系统,胃肠道,血液,肝,肾。

邻二甲苯(o-Xylene)

$C_6H_4(CH_3)_2$

CAS No.:95-47-6

RTECS No.:ZE2450000

异名和商品名:1,2-二甲基苯;1,2-Dimethylbenzene;ortho-Xylene;o-Xylol

DOT ID 和指南号:1307 130

接触限值:NIOSH REL:TWA 100 ppm (435 mg/m³)
ST 150 ppm (655 mg/m³)
OSHA PEL †:TWA 100 ppm (435 mg/m³)

IDLH:900 ppm　**浓度换算系数:**1 ppm = 4.34 mg/m³

理化性质:无色液体,具有芳香气味。

分子量:106.2	沸点:292 ℉
凝固点:-13 ℉	溶解度:0.02%
蒸气压:7 mmHg	电离电位:8.56 eV
比重:0.88	闪点:90 ℉
爆炸上限:6.7%	爆炸下限:0.9%

ⅠC 类易燃液体——闪点等于或高于 73 ℉且低于 100 ℉。

不相容性和反应性:强氧化剂,强酸。

测量方法:NIOSH 1501,3800;OSHA 1002

个人防护和卫生设施:

- 皮肤:穿戴合适的个人防护服,防止皮肤直接接触。
- 眼睛:佩戴合适的眼部防护用品,防止眼睛直接接触。
- 清洗皮肤:当皮肤受到污染时,应立即清洗污染的皮肤。
- 脱除:如果工作服被可燃性物质(即闪点低于 100 ℉的液体)浸湿,应当立即脱除并妥善处置,以防着火。
- 更换:对于班后的衣服的更换需要没有特殊建议。

急救:

- 眼睛:如眼睛直接接触了该化学物质,要立即用大量水冲洗(灌洗)眼睛,冲洗时,不时翻开上下眼睑,并立即就医。
- 皮肤:如果该化学物质直接接触皮肤,迅速用肥皂和水冲洗污染的皮肤。若该化学物质渗透进衣服,要迅速将衣服脱除,用肥皂和水清洗皮肤,并迅速就医。
- 呼吸:如果接触者吸入大量该化学物质,立即将接触者移至新鲜空气处。如果呼吸停止,要进行人工呼吸,注意保暖和休息。尽快就医。
- 吞入:如果吞入该化学物质,应立即就医。

对呼吸器选择的建议:NIOSH/OSHA

~900 ppm:

- CcrOv:任何空气过滤式半面罩呼吸器,配防有机蒸气的滤毒盒。指定防护因数=10。*
- PaprOv:任何动力送风空气过滤式呼吸器,配有机蒸气滤毒盒。指定防护因数=25。*
- Sa:任何供气式呼吸器。指定防护因数=10。*
- ScbaF:任何携气式呼吸器,配全面罩。指定防护因数=50。

§:应急抢险,或准备进入浓度未知环境,或进入 IDLH 环境:

- ScbaF:Pd,Pp:任何压力需气式或正压携气式呼吸器,配全面罩。指定防护因数=10 000。
- SaF:Pd,Pp:AScba:任何压力需气式或正压供气式呼吸器,配全面罩,配压力需气式或正压携气式辅助呼吸器。指定防护因数=10 000。

逃生:

- GmFOv:任何空气过滤式全面罩呼吸器(防毒面具),配下颌式、前置式或背置式有机蒸气滤毒罐。指定防护因数=50。
- ScbaE:任何适合逃生的携气式呼吸器。

有关呼吸器选择的其他重要信息参见相关标准。

接触途径:呼吸道,皮肤吸收,胃肠道,皮肤和/或眼睛直接接触。

症状:眼睛、皮肤、鼻、咽喉刺激;眩晕,兴奋,嗜睡,协调能力下降,步履蹒跚;角膜空泡化;厌食,恶心,呕吐,腹痛;皮炎。

靶器官:眼睛,皮肤,呼吸系统,中枢神经系统,胃肠道,血液,肝,肾。

对二甲苯(p-Xylene)

$C_6H_4(CH_3)_2$

异名和商品名:1,4-二甲苯;1,4-Dimethylbenzene;para-Xylene;p-Xylol

CAS No.:106-42-3

RTECS No.:ZE2625000

DOT ID 和指南号:1307 130

接触限值:NIOSH REL:TWA 100 ppm (435 mg/m³)
ST 150 ppm (655 mg/m³)
OSHA PEL †:TWA 100 ppm (435 mg/m³)

IDLH: 900 ppm **浓度换算系数:**1 ppm = 4.41 mg/m³

理化性质:无色液体,具有芳香气味。[注:56 ℉以下为固体。]

分子量:106.2	沸点:281 ℉
凝固点:56 ℉	溶解度:0.02%
蒸气压:9 mmHg	电离电位:8.44 eV
比重:0.86	闪点:81 ℉
爆炸上限:7.0%	爆炸下限:1.1%

ⅠC 类易燃液体——闪点等于或高于 73 ℉且低于 100 ℉。

不相容性和反应性:强氧化剂,强酸。

测量方法:NIOSH 1501,3800;OSHA 1002

个人防护和卫生设施:

- 皮肤:穿戴合适的个人防护服,防止皮肤直接接触。
- 眼睛:佩戴合适的眼部防护用品,防止眼睛直接接触。
- 清洗皮肤:当皮肤受到污染时,应立即清洗污染的皮肤。
- 脱除:如果工作服被可燃性物质(即闪点低于 100 ℉的液体)浸湿,应当立即脱除并妥善处置,以防着火。
- 更换:对于班后的衣服的更换需要没有特殊建议。

急救:

- 眼睛:如眼睛直接接触了该化学物质,要立即用大量水冲洗(灌洗)眼睛,冲洗时,不时翻开上下眼睑,并立即就医。
- 皮肤:如果该化学物质直接接触皮肤,迅速用肥皂和水冲洗污染的皮肤。若该化学物质渗透进衣服,要迅速将衣服脱除,用肥皂和水清洗皮肤,并迅速就医。
- 呼吸:如果接触者吸入大量该化学物质,立即将接触者移至新鲜空气处。如果呼吸停止,要进行人工呼吸,注意保暖和休息。尽快就医。
- 吞入:如果吞入该化学物质,应立即就医。

对呼吸器选择的建议:NIOSH/OSHA

~900 ppm:

- CcrOv:任何空气过滤式半面罩呼吸器,配防有机蒸气的滤毒盒。指定防护因数=10。*
- PaprOv:任何动力送风空气过滤式呼吸器,配有机蒸气滤毒盒。指定防护因数=25。*
- Sa:任何供气式呼吸器。指定防护因数=10。*
- ScbaF:任何携气式呼吸器,配全面罩。指定防护因数=50。

§:应急抢险,或准备进入浓度未知环境,或进入 IDLH 环境:

- ScbaF:Pd,Pp:任何压力需气式或正压携气式呼吸器,配全面罩。指定防护因数=10 000。
- SaF:Pd,Pp:AScba:任何压力需气式或正压供气式呼吸器,配全面罩,配压力需气式或正压携气式辅助呼吸器。指定防护因数=10 000。

逃生:

- GmFOv:任何空气过滤式全面罩呼吸器(防毒面具),配下颌式、前置式或背置式有机蒸气滤毒罐。指定防护因数=50。
- ScbaE:任何适合逃生的携气式呼吸器。

有关呼吸器选择的其他重要信息参见相关标准。

接触途径:呼吸道,皮肤吸收,胃肠道,皮肤和/或眼睛直接接触。

症状:眼睛、皮肤、鼻、咽喉刺激;眩晕,兴奋,嗜睡,协调能力下降,步履蹒跚;角膜空泡化;厌食,恶心,呕吐,腹痛;皮炎。

靶器官:眼睛,皮肤,呼吸系统,中枢神经系统,胃肠道,血液,肝,肾。

间-二甲苯-α,α′-二胺(m-Xylene-α,α′-diamine)　　CAS No.:1477-55-0

$C_6H_4(CH_2NH_2)_2$　　RTECS No.:PF8970000

异名和商品名:间苯二甲胺;1,3-二(胺甲基)苯;1,3-bis(Aminomethyl)benzene;1,3-Benzenedimethanamine;MXDA;m-Phenylenebis(methylamine);m-Xylylenediamine

DOT ID 和指南号:

接触限值:NIOSH REL:C 0.1 mg/m³[皮]
OSHA PEL †:无

IDLH:N.D.　　**浓度换算系数:**

理化性质:无色液体。

分子量:136.2　　沸点:477 ℉
凝固点:58 ℉　　溶解度:与水互溶
蒸气压(77 ℉):0.03 mmHg　　电离电位:未知
比重:1.032　　闪点:243 ℉
爆炸上限:未知　　爆炸下限:未知
ⅢB类可燃液体——闪点等于或高于 200 ℉。
不相容性和反应性:未见报道。

测量方法:OSHA 105

个人防护和卫生设施:

- 皮肤:穿戴合适的个人防护服,防止皮肤直接接触。
- 眼睛:佩戴合适的眼部防护用品,防止眼睛直接接触。
- 清洗皮肤:当皮肤受到污染时,应立即清洗污染的皮肤。
- 脱除:如果工作服被弄湿或受到了明显的污染,应该立即脱除并妥善处置。
- 更换:对于班后的衣服的更换需要没有特殊建议。
- 配备:在劳动者可能接触该化学物质的作业场所,无论是否需要使用眼部防护用品,都应配备眼冲洗设备。在紧靠有可能接触该化学物质的工作场所,应配备快速冲淋身体的设备以应急使用。[注:这些设备应能够提供足量水或流动水,以将可能接触的身体任何部位上的该化学物质除去。实际配备适宜的快速冲淋设备取决于工作场所的具体条件。在某些情况下,必须及时进行大流量淋浴,而其他情况下只需要用一个水槽或软管供水就足够了。]

急救:

- 眼睛:如眼睛直接接触了该化学物质,要立即用大量水冲洗(灌洗)眼睛,冲洗时,不时翻开上下眼睑,并立即就医。
- 皮肤:如果该化学物质直接接触皮肤,立即用水冲洗污染的皮肤。如果该化学物质渗透进衣服,要迅速将衣服脱除,用水冲洗污染的皮肤,并迅速就医。
- 呼吸:如果接触者吸入大量该化学物质,立即将接触者移至新鲜空气处。如果呼吸停止,要进行人工呼吸,注意保暖和休息。尽快就医。
- 吞入:如果吞入该化学物质,应立即就医。

对呼吸器选择的建议:无。
有关呼吸器选择的其他重要信息参见相关标准。

接触途径:呼吸道,皮肤吸收,胃肠道,皮肤和/或眼睛直接接触。

症状:动物:眼睛、皮肤刺激;肝、肾、肺损害。

靶器官:眼睛,皮肤,呼吸系统,肝,肾。

二甲苯胺(Xylidine)

$(CH_3)_2C_6H_3NH_2$

异名和商品名:氨基二甲苯,二甲氨基苯,二甲基苯胺单体(如 2,4-二甲基苯胺),Aminodimethylbenzene,Aminoxylene,Dimethylaminobenzene,Dimethylaniline,Xylidine isomers (e. g. ,2,4-Dimethylaniline) [注:二甲基苯胺也是 N,N-二甲基苯胺的异名。]

CAS No.:1300-73-8

RTECS No.:ZE8575000

DOT ID 和指南号:1711 153

接触限值:NIOSH REL:TWA 2 ppm(10 mg/m^3) [皮]

OSHA PEL †:TWA 5 ppm (25 mg/m^3) [皮]

IDLH: 50 ppm **浓度换算系数:**1 ppm = 4.96 mg/m^3

理化性质:浅黄色至棕色液体,具有弱的芳香氨味。

分子量:121.2　　沸点:415～439 ℉

凝固点:−33 ℉　　溶解度:微溶

蒸气压:<1 mmHg　　电离电位:7.65 eV (2,4-)

比重:0.98　　7.30 eV (2,6-)

爆炸上限:未知　　闪点:206 ℉ (2,3-)

爆炸下限:1.0% (邻异构体)

ⅢB类可燃液体 (2,3-) ——闪点等于或高于 200 ℉。

不相容性和反应性:强氧化剂,次氯酸盐。

测量方法:NIOSH 2002

个人防护和卫生设施:

- 皮肤:穿戴合适的个人防护服,防止皮肤直接接触。
- 眼睛:佩戴合适的眼部防护用品,防止眼睛直接接触。
- 清洗皮肤:当皮肤受到污染时,应立即清洗污染的皮肤。
- 脱除:如果工作服被弄湿或受到了明显的污染,应该立即脱除并妥善处置。
- 更换:对于班后的衣服的更换需要没有特殊建议。
- 配备:在劳动者可能接触该化学物质的作业场所,无论是否需要使用眼部防护用品,都应配备眼冲洗设备。在紧靠有可能接触该化学物质的工作场所,应配备快速冲淋身体的设备以应急使用。[注:这些设备应能够提供足量水或流动水,用以将可能接触的身体任何部位上的化学物质除去。实际配备适宜的快速冲淋设备取决于工作场所的具体条件。在某些情况下,必须及时进行大流量淋浴,而其他情况下只需要用一个水槽或软管供水就足够了。]

急救:

- 眼睛:如眼睛直接接触了该化学物质,要立即用大量水冲洗(灌洗)眼睛,冲洗时,不时翻开上下眼睑,并立即就医。
- 皮肤:如果该化学物质直接接触皮肤,立即用肥皂和水冲洗污染的皮肤。若该化学物质渗透进衣服,要立即将衣服脱除,用肥皂和水清洗皮肤,并迅速就医。
- 呼吸:如果接触者吸入大量该化学物质,立即将接触者移至新鲜空气处。如果呼吸停止,要进行人工呼吸,注意保暖和休息。尽快就医。
- 吞入:如果吞入该化学物质,应立即就医。

对呼吸器选择的建议:NIOSH

～20 ppm:

- CcrOv:任何空气过滤式半面罩呼吸器,配防有机蒸气的滤毒盒。指定防护因数=10。
- Sa:任何供气式呼吸器。指定防护因数=10。

～50 ppm:

- Sa∶Cf:任何连续供气式呼吸器。指定防护因数=25。
- CcrFOv:任何空气过滤式全面罩呼吸器,配有机蒸气滤毒盒。指定防护因数=50。
- GmFOv:任何空气过滤式全面罩呼吸器(防毒面具),配下颌式、前置式或背置式有机蒸气滤毒罐。指定防护因数=50。

● PaprOv:任何动力送风空气过滤式呼吸器,配有机蒸气滤毒盒。指定防护因数=25。 ● ScbaF:任何携气式呼吸器,配全面罩。指定防护因数=50。 ● SaF:任何供气式呼吸器,配全面罩。指定防护因数=50。 **§:应急抢险,或准备进入浓度未知环境,或进入 IDLH 环境:** ● ScbaF:Pd,Pp:任何压力需气式或正压携气式呼吸器,配全面罩。指定防护因数=10 000。 ● SaF:Pd,Pp:AScba:任何压力需气式或正压供气式呼吸器,配全面罩,配压力需气式或正压携气式辅助呼吸器。指定防护因数=10 000。	**逃生:** ● GmFOv:任何空气过滤式全面罩呼吸器(防毒面具),配下颌式、前置式或背置式有机蒸气滤毒罐。指定防护因数=50。 ● ScbaE:任何适合逃生的携气式呼吸器。 **有关呼吸器选择的其他重要信息参见相关标准。** **接触途径:** 呼吸道,皮肤吸收,胃肠道,皮肤和/或眼睛直接接触。 **症状:** 缺氧,紫绀,高铁血红蛋白血症;肺、肝、肾损害。 **靶器官:** 呼吸系统,血液,肝,肾,心血管系统。

X

钇(Yttrium)

Y

异名和商品名: 钇金属,Yttrium metal

CAS No.:7440-65-5

RTECS No.:ZG2980000

DOT ID 和指南号:

接触限值: NIOSH REL * :TWA 1 mg/m³[* 注:REL 也适用于其他钇化物(按钇计)。]

OSHA PEL * :TWA 1 mg/m³[* 注:PEL 也适用于其他 钇化物 (按钇计)。]

IDLH: 500 mg/m³(按钇计) **浓度换算系数:**

理化性质: 暗灰色至黑色无气味固体。

分 子 量:88.9	沸 点:5 301 ℉
熔 点:2 732 ℉	溶 解 度:溶于热水
蒸 气 压:0 mmHg (约)	电离电位:不适用
比 重:4.47	闪 点:不适用
爆炸上限:不适用	爆炸下限:不适用

块状为不可燃固体。

不相容性和反应性:氧化剂。

测量方法: NIOSH 7300,7301,7303,9102;OSHA ID121

个人防护和卫生设施:

- 皮肤:对于个体皮肤防护装备的需要没有特殊建议。
- 眼睛:对眼部防护的需要没有特殊建议。
- 清洗皮肤:对于清洗皮肤上的污染物没有其他特殊的建议(包括立即清洗和班后清洗)。
- 脱除:对于脱除被污染或被弄湿的工作服的需要没有特殊建议。
- 更换:对于班后的衣服的更换需要没有特殊建议。

急救:

- 眼睛:如眼睛直接接触了该化学物质,要立即用大量水冲洗(灌洗)眼睛,冲洗时,不时翻开上下眼睑,并立即就医。
- 皮肤:如果该化学物质直接接触皮肤,迅速用肥皂和水冲洗污染的皮肤。若该化学物质渗透进衣服,要迅速将衣服脱除,用肥皂和水清洗皮肤,并迅速就医。
- 呼吸:如果接触者吸入大量该化学物质,立即将接触者移至新鲜空气处。如果呼吸停止,要进行人工呼吸,注意保暖和休息。尽快就医。
- 吞入:如果吞入该化学物质,应立即就医。

对呼吸器选择的建议: NIOSH/OSHA

~5 mg/m³:

- Qm:任何四分之一面罩呼吸器,选择 N、R 或 P 过滤元件的信息见表 4。指定防护因数=5。

~10 mg/m³:

- 95XQ:任何除四分之一面罩之外的防颗粒物呼吸器,配有 N95、R95 或 P95 过滤元件(包括 N95、R95 或 P95 随弃式面罩)。也可使用以下过滤元件:N99、R99、P99、N100、R100、P100。指定防护因数=10。选择 N、R 或 P 过滤元件的信息见表 4。
- Sa:任何供气式呼吸器。指定防护因数=10。

~25 mg/m³:

- Sa:Cf:任何连续供气式呼吸器。指定防护因数=25。
- PaprHie:任何动力送风空气过滤式呼吸器,配有高效颗粒物过滤元件。指定防护因数=25。

~50 mg/m³:

- 100F:任何空气过滤式全面罩呼吸器,配有 N100、R100 或 P100 过滤元件。指定防护因数=50。选择 N、R 或 P 过滤元件的信息见表 4。
- SaT:Cf:任何连续供气式呼吸器,配密合型面罩。指定防护因数=50。
- PaprTHie:任何动力送风空气过滤式呼吸器,配密合型面罩和高效颗粒物过滤元件。指定防护因数=50。
- ScbaF:任何携气式呼吸器,配全面罩。指定防护因数=50。
- SaF:任何供气式呼吸器,配全面罩。指定防护因数=50。

～500 mg/m³： ● Sa：Pd，Pp：任何压力需气式或正压供气式呼吸器。指定防护因数＝1 000。 **§：应急抢险，或准备进入浓度未知环境，或进入 IDLH 环境：** ● ScbaF：Pd，Pp：任何压力需气式或正压携气式呼吸器，配全面罩。指定防护因数＝10 000。 ● SaF：Pd，Pp：AScba：任何压力需气式或正压供气式呼吸器，配全面罩，配压力需气式或正压携气式辅助呼吸器。指定防护因数＝10 000。	**逃生：** ● 100F：任何空气过滤式全面罩呼吸器，配有 N100、R100 或 P100 过滤元件。指定防护因数＝50。选择 N、R 或 P 过滤元件的信息见表 4。 ● ScbaE：任何适合逃生的携气式呼吸器。 **有关呼吸器选择的其他重要信息参见相关标准。**
	接触途径：呼吸道，胃肠道，皮肤和/或眼睛直接接触。
	症状：眼睛刺激；动物：肺刺激；眼睛损伤；可能的肝损害。
	靶器官：眼睛，呼吸系统，肝。

Y

氯化锌烟(Zinc chloride fume)

$ZnCl_2$

异名和商品名: Zinc dichloride fume

CAS No.:7646-85-7

RTECS No.:ZH1400000

DOT ID 和指南号:2331 154

接触限值:NIOSH REL:TWA 1 mg/m³
ST 2 mg/m³
OSHA PEL †:TWA 1 mg/m³

IDLH: 50 mg/m³ **浓度换算系数:**

理化性质:分散在空气中的白色颗粒物。

分 子 量:136.3　沸　点:1 350 ℉
熔　点:554 ℉　溶解度(70 ℉):435%
蒸 气 压:0 mmHg (约)　电离电位:不适用
比重(77 ℉):2.91　闪　点:不适用
爆炸上限:不适用　爆炸下限:不适用
不可燃固体。
不相容性和反应性:钾。

Z

测量方法:OSHA ID121

个人防护和卫生设施:

- 皮肤:对于个体皮肤防护装备的需要没有特殊建议。
- 眼睛:对眼部防护的需要没有特殊建议。
- 清洗皮肤:对于清洗皮肤上的污染物没有其他特殊的建议(包括立即清洗和班后清洗)。
- 脱除:对于脱除被污染或被弄湿的工作服的需要没有特殊建议。
- 更换:对于班后的衣服的更换需要没有特殊建议。

急救:

- 呼吸:如果接触者吸入大量该化学物质,立即将接触者移至新鲜空气处。如果呼吸停止,要进行人工呼吸,注意保暖和休息。尽快就医。

对呼吸器选择的建议:NIOSH/OSHA

~10 mg/m³:

- 95XQ:任何除四分之一面罩之外的防颗粒物呼吸器,配有 N95、R95 或 P95 过滤元件(包括 N95、R95 或 P95 随弃式面罩)。也可使用以下过滤元件:N99、R99、P99、N100、R100、P100。指定防护因数=10。选择 N、R 或 P 过滤元件的信息见表 4。*
- Sa:任何供气式呼吸器。指定防护因数=10。*

~25 mg/m³:

- Sa:Cf:任何连续供气式呼吸器。指定防护因数=25。*
- PaprHie:任何动力送风空气过滤式呼吸器,配有高效颗粒物过滤元件。指定防护因数=25。*

~50 mg/m³:

- 100F:任何空气过滤式全面罩呼吸器,配有 N100、R100 或 P100 过滤元件。指定防护因数=50。选择 N、R 或 P 过滤元件的信息见表 4。
- PaprTHie:任何动力送风空气过滤式呼吸器,配密合型面罩和高效颗粒物过滤元件。指定防护因数=50。*
- ScbaF:任何携气式呼吸器,配全面罩。指定防护因数=50。
- SaF:任何供气式呼吸器,配全面罩。指定防护因数=50。

§:应急抢险,或准备进入浓度未知环境,或进入 IDLH 环境:

- ScbaF:Pd,Pp:任何压力需气式或正压携气式呼吸器,配全面罩。指定防护因数=10 000。
- SaF:Pd,Pp:AScba:任何压力需气式或正压供气式呼吸器,配全面罩,配压力需气式或正压携气式辅助呼吸器。指定防护因数=10 000。

逃生:

- 100F:任何空气过滤式全面罩呼吸器,配有 N100、R100 或 P100 过滤元件。指定防护因数=50。选择 N、R 或 P 过滤元件的信息见表 4。
- ScbaE:任何适合逃生的携气式呼吸器。

有关呼吸器选择的其他重要信息参见相关标准。

接触途径：呼吸道，皮肤和/或眼睛直接接触。

症状：眼睛、皮肤、鼻、咽喉刺激；结膜炎；咳嗽，多痰；呼吸困难，胸痛，肺水肿，肺炎；肺纤维化，肺心病；发热；紫绀；呼吸急迫；皮肤灼伤。

靶器官：眼睛，皮肤，呼吸系统，心血管系统。

氧化锌(Zinc oxide)

ZnO

异名和商品名：过氧化锌；Zinc peroxide

CAS No.：1314-13-2

RTECS No.：ZH4810000

DOT ID 和指南号：1516 143

接触限值：NIOSH REL：粉尘：TWA 5 mg/m³ C 15 mg/m³

烟：TWA 5 mg/m³ ST 10 mg/m³

OSHA PEL †：TWA 5 mg/m³(烟)

TWA 15 mg/m³(总颗粒物)

TWA 5 mg/m³(呼吸性颗粒物)

IDLH：500 mg/m³　　**浓度换算系数：**

理化性质：白色无气味固体。

分子量：81.4	沸点：未知
熔点：3 587 ℉	溶解度(64 ℉)：0.000 4%
蒸气压：0 mmHg(约)	电离电位：不适用
比重：5.61	闪点：不适用
爆炸上限：不适用	爆炸下限：不适用

不可燃固体。

不相容性和反应性：氯化橡胶(419 ℉)，水。[注：被水缓慢分解。]

测量方法：NIOSH 7303，7502；OSHA ID121，ID143

个人防护和卫生设施：

- 皮肤：对于个体皮肤防护装备的需要没有特殊建议。
- 眼睛：对眼部防护的需要没有特殊建议。
- 清洗皮肤：对于清洗皮肤上的污染物没有其他特殊的建议(包括立即清洗和班后清洗)。
- 脱除：对于脱除被污染或被弄湿的工作服的需要没有特殊建议。
- 更换：对于班后的衣服的更换需要没有特殊建议。

急救：

- 呼吸：如果接触者吸入大量该化学物质，立即将接触者移至新鲜空气处。如果呼吸停止，要进行人工呼吸，注意保暖和休息。尽快就医。

对呼吸器选择的建议：NIOSH/OSHA

～50 mg/m³：

- 95XQ：任何除四分之一面罩之外的防颗粒物呼吸器，配有 N95、R95 或 P95 过滤元件(包括 N95、R95 或 P95 随弃式面罩)。也可使用以下过滤元件：N99、R99、P99、N100、R100、P100。指定防护因数＝10。选择 N、R 或 P 过滤元件的信息见表 4。
- Sa：任何供气式呼吸器。指定防护因数＝10。

～125 mg/m³：

- Sa：Cf：任何连续供气式呼吸器。指定防护因数＝25。
- PaprHie：任何动力送风空气过滤式呼吸器，配有高效颗粒物过滤元件。指定防护因数＝25。

～250 mg/m³：

- 100F：任何空气过滤式全面罩呼吸器，配有 N100、R100 或 P100 过滤元件。指定防护因数＝50。选择 N、R 或 P 过滤元件的信息见表 4。
- SaT：Cf：任何连续供气式呼吸器，配密合型面罩。指定防护因数＝50。
- PaprTHie：任何动力送风空气过滤式呼吸器，配密合型面罩和高效颗粒物过滤元件。指定防护因数＝50。

Z

● ScbaF:任何携气式呼吸器,配全面罩。指定防护因数=50。
● SaF:任何供气式呼吸器,配全面罩。指定防护因数=50。

~500 mg/m³:

● Sa:Pd,Pp:任何压力需气式或正压供气式呼吸器。指定防护因数=1 000。

§:应急抢险,或准备进入浓度未知环境,或进入 IDLH 环境:

● ScbaF:Pd,Pp:任何压力需气式或正压携气式呼吸器,配全面罩。指定防护因数=10 000。
● SaF:Pd,Pp:AScba:任何压力需气式或正压供气式呼吸器,配全面罩,配压力需气式或正压携气式辅助呼吸器。指定防护因数=10 000。

逃生:

● 100F:任何空气过滤式全面罩呼吸器,配有 N100、R100 或 P100 过滤元件。指定防护因数=50。选择 N、R 或 P 过滤元件的信息见表 4。
● ScbaE:任何适合逃生的携气式呼吸器。

有关呼吸器选择的其他重要信息参见相关标准。

接触途径:呼吸道。

症状:金属烟热:寒战,肌肉疼痛,恶心,发热,咽喉干燥,咳嗽;乏力;金属味;头痛;视物模糊;下背痛;呕吐;不适;胸部紧迫感;呼吸困难,啰音,肺功能降低。

靶器官:呼吸系统。

硬脂酸锌(Zinc stearate)

$Zn(C_{18}H_{35}O_2)_2$

异名和商品名:十八酸锌,Dibasic zincstearate,zinc salt of stearic acid,zinc distearate

CAS No.:557-05-1

RTECS No.:ZH5200000

DOT ID 和指南号:

Z

接触限值:NIOSH REL:TWA 10 mg/m³(总颗粒物)
TWA 5 mg/m³(呼吸性颗粒物)
OSHA PEL †:TWA 15 mg/m³(总颗粒物)
TWA 5 mg/m³(呼吸性颗粒物)

IDLH:N. D.　　**浓度换算系数:**

理化性质:柔软白色粉末,略带特异气味。

分子量:632.4	沸点:未知
熔点:266 ℉	溶解度:不溶
蒸气压:0 mmHg (约)	电离电位:不适用
比重:1.10	闪点(开杯):530 ℉
爆炸上限:未知	爆炸下限:未知

最低爆炸浓度:20 g/m³

可燃固体。

不相容性和反应性:氧化剂,稀酸。[注:疏水。]

测量方法:NIOSH 0500,0600

个人防护和卫生设施:

● 皮肤:对于个体皮肤防护装备的需要没有特殊建议。
● 眼睛:对眼部防护的需要没有特殊建议。
● 清洗皮肤:对于清洗皮肤上的污染物没有其他特殊的建议(包括立即清洗和班后清洗)。
● 脱除:对于脱除被污染或被弄湿的工作服的需要没有特殊建议。
● 更换:对于班后的衣服的更换需要没有特殊建议。

急救:

● 眼睛:如眼睛直接接触了该化学物质,要立即用大量水冲洗(灌洗)眼睛,冲洗时,不时翻开上下眼睑,并立即就医。
● 皮肤:如果该化学物质直接接触皮肤,用肥皂和水冲洗污染的皮肤。
● 呼吸:如果接触者吸入大量该化学物质,立即将接触者移至新鲜空气处。通常不需要采取其他措施。
● 吞入:如果吞入该化学物质,应立即就医。

对呼吸器选择的建议：无。 有关呼吸器选择的其他重要信息参见相关标准。	症状：眼睛、皮肤、上呼吸道刺激；咳嗽。
接触途径：呼吸道，胃肠道，皮肤和/或眼睛直接接触。	靶器官：眼睛，皮肤，呼吸系统。

锆化合物(按锆计)[Zirconium compounds (as Zr)]

Zr (金属)

异名和商品名：锆金属，Zirconium metal：Zirconium 依锆化合物不同而异。

CAS No.：7440-67-7 (金属)

RTECS No.：ZH7070000 (金属)

DOT ID 和指南号：1358 170 (粉末、潮)；1932 135 (碎渣)；2008 135 (粉末、干)

接触限值：NIOSH REL＊：TWA 5 mg/m³ ST 10 mg/m³

[＊注：REL 适用于除四氯化锆外的所有锆化合物(按锆计)。]

OSHA PEL †：TWA 5 mg/m³

IDLH：50 mg/m³(按锆计) **浓度换算系数：**

理化性质：金属为柔软可锻的易延展的固体或灰色至金色无定型粉末。

分子量：91.2	沸点：6 471 ℉
熔点：3 375 ℉	溶解度：不溶
蒸气压：0 mmHg (约)	电离电位：不适用
比重：6.51 (金属)	闪点：不适用
爆炸上限：不适用	爆炸下限：不适用

金属：可燃，但块状点燃困难；粉末状可自燃并能在水中持续燃烧。

不相容性和反应性：硝酸钾，氧化剂。[注：细粉末可完全浸入水中保存。]

测量方法：NIOSH 7300，7301，9102；OSHA ID121

个人防护和卫生设施：

- 防护服的建议依具体化合物而定。

急救：

- 眼睛：如眼睛直接接触了该化学物质，要立即用大量水冲洗(灌洗)眼睛，冲洗时，不时翻开上下眼睑，并立即就医。
- 皮肤：如果该化学物质直接接触皮肤，用肥皂和水冲洗污染的皮肤。
- 呼吸：如果接触者吸入大量该化学物质，立即将接触者移至新鲜空气处。如果呼吸停止，要进行人工呼吸，注意保暖和休息。尽快就医。
- 吞入：如果吞入该化学物质，应立即就医。

对呼吸器选择的建议：NIOSH/OSHA

～25 mg/m³：

- Qm：任何四分之一面罩呼吸器，选择 N、R 或 P 过滤元件的信息见表 4。指定防护因数＝5。

～50 mg/m³：

- 95XQ：任何除四分之一面罩之外的防颗粒物呼吸器，配有 N95、R95 或 P95 过滤元件(包括 N95、R95 或 P95 随弃式面罩)。也可使用以下过滤元件：N99、R99、P99、N100、R100、P100。指定防护因数＝10。选择 N、R 或 P 过滤元件的信息见表 4。
- PaprHie：任何动力送风空气过滤式呼吸器，配有高效颗粒物过滤元件。指定防护因数＝25。
- 100F：任何空气过滤式全面罩呼吸器，配有 N100、R100 或 P100 过滤元件。指定防护因数＝50。选择 N、R 或 P 过滤元件的信息见表 4。
- Sa：任何供气式呼吸器。指定防护因数＝10。
- ScbaF：任何携气式呼吸器，配全面罩。指定防护因数＝50。

§：应急抢险，或准备进入浓度未知环境，或进入 IDLH 环境：

Z

● ScbaF：Pd,Pp:任何压力需气式或正压携气式呼吸器,配全面罩。指定防护因数=10 000。 ● SaF：Pd,Pp：AScba:任何压力需气式或正压供气式呼吸器,配全面罩,配压力需气式或正压携气式辅助呼吸器。指定防护因数=10 000。 **逃生:** ● 100F:任何空气过滤式全面罩呼吸器,配有 N100、R100 或 P100 过滤元件。指定防护因数=50。选择 N、R 或 P 过滤元件的信息见表 4。	● ScbaE:任何适合逃生的携气式呼吸器。 **有关呼吸器选择的其他重要信息参见相关标准。** **接触途径:**呼吸道,皮肤和/或眼睛直接接触。 **症状:**皮肤、肺肉芽肿;动物:皮肤、黏膜刺激;X 射线显示肺潴留。 **靶器官:**皮肤,呼吸系统。

Z

附录 A　NIOSH 认定的潜在职业性致癌物

新政策(1995 年通过)

1976 年,NIOSH Cincinnati 行动计划副主任 Edward J. Fairchild. Ⅱ在 *Annals of the New York Academy of Science* (271: 200—207, 1976)上发表了一篇有关致癌物的文章,主张“对确定致癌物没有可检测的接触限值”,NIOSH 接受了这一观点并制定了一项致癌物政策。这是针对 OSHA 有关致癌物法规制定通则所做出的回应。由于科学的发展和危险度评估及危险度管理方法的进展,NIOSH 采纳了更全面的政策。NIOSH 制定的推荐性接触限值(RELs)是根据对人和动物的健康效应数据所作的危险度评估以及工程控制技术和分析检测技术所能达到的水平提出的。在可行的范围内,NIOSH 不仅强调无效应接触(no-effect exposure)水平,还考虑可能存在残留风险(residual risk)的接触水平。这一政策适用于包括职业性致癌物在内的所有工作场所的职业有害因素,也符合 1970 职业安全与卫生法(Occupational Safety and Health Act)20(a)(3)节中对 NIOSH 的职责规定,即要求 NIOSH 找出“对不同工龄的劳动者的安全接触水平,在此水平下,劳动者不因工作接触造成健康损害、功能损害或预期寿命缩短,但不仅限于此。

这一新政策的作用是尽可能根据人和/或动物资料,以及考虑在工程技术上将作业场所接触水平控制到该 REL 的可行性,来制定定量的 RELs。在旧政策中,大多数致癌物没有定量的 REL,而是标以“可行的最低浓度(lowest feasible concentration, LFC)”[注:少数致癌物的 LFC RELs 是有例外的,如石棉、甲醛、苯和环氧乙烷的 RELs,主要是依据检测方法的检出限或检测技术的可行性来制定的。1989 年,NIOSH 也采用 OSHA 更新的容许接触限值(permissible exposure limit, PEL)制定了几个致癌物的定量 RELs 值。]

根据新政策,NIOSH 还将根据 NIOSH 的呼吸器选择规则(Respirator Decision Logic),为有定量 RELs 的致癌物推荐种类齐全的呼吸器。这样,无论是致癌物还是非致癌物,都将有推荐的呼吸器。

旧政策

在过去,NIOSH 认定了许多 OSHA 尚未认定的潜在职业性致癌物。在判定致癌性时,NIOSH 引用了 OSHA 在 29 CFR 1990.103 中列出的分类,即:

潜在职业性致癌物是指经口、呼吸道、皮肤接触以及在非直接接触部位诱发肿瘤的其他接触,接触后使人类或一种以上哺乳类实验动物的良性和/或恶性肿瘤发生率增加、肿瘤的潜伏期明显缩短的任何物质或物质的化合物或混合物。本定义也包含那些能被哺乳动物代谢成一种或多种潜在职业性致癌物的任何物质。

在对致癌物还无法制定保护 100%的接触人群的阈值水平时,NIOSH 通常建议接触职业性致癌物要限制在可行的最低浓度。为了确保通过呼吸器的使用最大限度地保护劳动者免受致癌物的影响,NIOSH 建议只能选用最可靠和最具保护性的呼吸器，包括：①正压携气式全面罩呼吸器(self-contained breathing apparatus，SCBA)；②压力需气式或正压供气式全面罩呼吸器，配压力需气式或正压携气式辅助呼吸器。

拟修订的建议

本手册中对所列致癌物的 RELs 和呼吸器选择的建议中所反映的仍然是旧政策，在以后的版本中，RELs 和呼吸器选择的建议将反映这一新政策。

附录 B　OSHA 依法管理的 13 种致癌物

1974 年 OSHA 颁布标准，对工业中使用的确认为潜在职业性致癌物的下列 13 种没有 PELs 的化学物质依法进行管理：

- 2-乙酰氨基芴(2-Acetylaminofluorene)
- 4-氨基联苯(4-Aminodiphenyl)
- 联苯胺(Benzidine)
- 二氯甲基醚(bis-Chloromethyl ether)
- 3,3′-二氯联苯胺(3,3′-Dichlorobenzidine)
- 4-二甲氨基偶氮苯(4-Dimethylaminoazobenzene)
- 氮杂环丙烷(Ethyleneimine)
- 甲基氯甲醚(Methyl chloromethyl ether)
- α-萘胺(α-Naphthylamine)
- β-萘胺(β-Naphthylamine)
- 4-硝基联苯(4-Nitrobiphenyl)
- N-亚硝基二甲基胺(N-Nitrosodimethylamine)
- β-丙醇酸内酯(β-Propiolactone)

劳动者接触这 13 种化学物质要通过使用工程控制、操作规程和包括佩戴呼吸器在内的个人防护用品来加以控制。OSHA 对呼吸器的要求见附录 E。关于这些要求的更详细信息查阅 29 CFR 1910.1003～1910.1016。

附录C 补充接触限值

醛类(低分子量)[Aldehydes(Low-Molecular-Weight)]

大鼠接触乙醛可以引发鼻肿瘤,仓鼠接触乙醛可以引发喉肿瘤;大鼠接触丙二醛可以引发甲状腺肿瘤和胰岛细胞的肿瘤。因此,根据OSHA关于确定致癌物的政策,NIOSH把乙醛(acetaldehyde)和丙二醛(malonaldehyde)认定为潜在职业性致癌物。下列9种低分子量醛类的致癌性试验尚未完成:

- 丙烯醛(acrolein)(CAS No.:107-02-8)
- 丁醛(butyraldehyde)(CAS No.:123-72-8)
- 巴豆醛(crotonaldehyde)(CAS No.:4170-30-3)
- 戊二醛(glutaraldehyde)(CAS No.:111-30-8)
- 乙二醛(glyoxal)(CAS No.:107-22-2)
- 多聚甲醛(paraformaldehyde)(CAS No.:30525-89-4)
- 丙炔醛(propiolaldehyde)(CAS No.:624-67-9)
- 丙醛(propionaldehyde)(CAS No.:123-38-6)
- 正戊醛(n-valeraldehyde)(CAS No.:110-62-3)

然而,迄今有限的研究表明这些低分子量醛类的化学反应性和致突变作用与乙醛和丙二醛相似。因此,NIOSH建议在使用这9种化学物质时应该慎重考虑减少接触。详细信息见《NIOSH的当前信息通报55:乙醛和丙二醛的致癌性及其相关的低分子量醛类的致突变作用》[DHHS(NIOSH)出版号:91-112](http://www.cdc.gov/niosh/91112_55.html)。

石棉(Asbestos)

NIOSH认为石棉是潜在职业性致癌物,因此建议减少至可行的最低浓度(LFC)。对于长度>5 μm的石棉纤维,NIOSH建议的RELs为100 000 f/m³,即0.1 f/cm³。其采样方法按照NIOSH分析方法#7400的要求,即100 min收集400 L空气样品。空气中石棉纤维的定义为:①颗粒的长∶宽≥3∶1;②颗粒具有石棉矿石及其非石棉状矿石类似物的矿物学特性(即元素组成和晶体结构)。石棉矿石是指温石棉(chrysotile)、青石棉(crocidolite)、闪石棉(amosite)[镁铁闪石—铁闪石(cummingtonite—grunerite)]、直闪石(anthophyllite)、透闪石(tremolite)和阳起石(actinolite)。此外,蛇纹石(serpentine minerals)中由叶蛇纹石(antigorite)和利蛇纹石(lizardite)产生的非石棉状矿石的碎屑和含有一系列镁铁闪石(cummingtonite—grunerite)、透闪石—铁阳闪石(tremolite—ferroactinolite)和蓝闪石—钠闪石(glaucophane—riebeckite)的闪石矿物(amphibole minerals)中的非石棉状矿石类产生的碎屑,如果在显微镜下符合纤维的标准,也应视为纤维。

如在29 CFR 1910.1001所规定的那样,使用滤膜采样法,采用约400倍相差显微镜,OSHA制定的空气中石棉纤维[阳起石石棉(actinolite asbestos)、闪石棉(amosite)、直闪石石棉(anthophyllite asbestos)、温石棉(chrysotile)、青石棉(crocidolite)和透闪石石棉(tremolite asbestos)]的PEL为8 h TWA浓度为0.1 f/cm³(纤维长>5μm,长∶宽≥3∶1)。在

30 min 采样期间，劳动者的平均接触浓度不能超过 1 f/cm³（超限值）。

联苯胺、邻联甲苯胺和邻联茴香胺类染料（Benzidine-，o-Tolidine-，and o-Dianisidine-based Dyes）

1980 年 12 月，OSHA 和 NIOSH 针对联苯胺、邻联甲苯胺和邻联茴香胺类染料的健康危害联合发出了警示。在此警示中，OSHA 和 NIOSH 认定联苯胺和联苯胺类染料是潜在职业性致癌物，并建议劳动者的接触水平应降至可行的最低浓度（LFC）。OSHA 和 NIOSH 还进一步认定邻联甲苯胺和邻联茴香胺及其染料可能对劳动者有致癌的危险，使用时应当采取预防控制措施并将接触减至最低程度。

炭黑（Carbon Black）

NIOSH 所指的炭黑是由 80％以上碳元素组成的物质，是由碳氧化物不完全燃烧或热解形成的煤黑色的颗粒胶浆聚集物。NIOSH 制定的炭黑的 REL（10 h TWA）为 3.5 mg/m³。NIOSH 通常把来源于石油的多环芳烃（polycyclic aromatic hydrocarbons，PAHs）、颗粒状多环有机物（particulate polycyclic organic material，PPOM）和多核芳烃（polynuclear aromatic hydrocarbons，PNAs）列为潜在职业性致癌物。因为在炭黑生产过程中可能生成上述芳香烃类物质，并吸附于炭黑上，因此，NIOSH 对存在 PAHs 的炭黑所制定的 REL（10 h TWA）也是 0.1 PAHs/m³（按环己烷提取物计）。OSHA 制定的炭黑的 PEL（8 h TWA）为 3.5 mg/m³。

氯乙烷类（Chloroethanes）

NIOSH 认为下列 4 种化学物质是潜在职业性致癌物：

- 二氯乙烷（ethylene dichloride）
- 六氯乙烷（hexachloroethane）
- 1，1，2，2-四氯乙烷（1，1，2，2-tetrachloroethane）
- 1，1，2-三氯乙烷（1，1，2-trichloroethane）

此外，NIOSH 还建议在工作场所处理下列 5 种氯乙烷类化学物质时要谨慎，因其化学结构与上述 4 种具有动物致癌性的氯乙烷类化学物质类似。

- 1，1-二氯乙烷（1，1-Dichloroethane）
- 氯乙烷（ethyl chloride）
- 甲基氯仿（methyl chloroform）
- 五氯乙烷（pentachloroethane）
- 1，1，1，2-四氯乙烷（1，1，1，2-tetrachloroethane）

铬酸(Chromic Acid)和铬酸盐(Chromates)(以三氧化铬计),二价和三价铬化合物[Chromium(Ⅱ) and Chromium(Ⅲ) Compounds](以铬计)和金属铬(Chromium Metal)(以铬计)

六价铬化合物的 NIOSH REL(10 h TWA)为 0.001 mg Cr^{6+}/m^3。NIOSH 认为所有六价铬化合物[包括铬酸(chromic acid)、铬酸叔丁酯(tert-butyl chromate)、铬酸锌(zinc chromate)和铬酰氯(chromyl chloride)]均是潜在职业性致癌物。金属铬以及二价和三价铬化合物 NIOSH REL(8 h TWA)为 0.5 mg Cr/m^3。

铬酸和铬酸盐[包括铬酸叔丁酯(皮)和铬酸锌]的 OSHA PEL 为 0.1 mg CrO_3/m^3(上限值);二价和三价铬化合物的 OSHA PEL 为 0.5 mg Cr/m^3(8 h TWA);金属铬和不溶性铬盐的 OSHA PEL 为 1 mg Cr/m^3(8 h TWA)。

煤焦油沥青挥发物(Coal Tar Pitch Volatiles)

NIOSH 认为煤焦油产物(即煤焦油、煤焦油沥青和杂酚油)为潜在职业性致癌物,煤焦油产物的 NIOSH REL(10 h TWA)为 0.1 mg/m^3[以环己烷提取物比例(cyclohexane-extractable fraction)计]。

煤焦油沥青挥发物的 OSHA PEL(8 h TWA)为 0.2 mg/m^3(以苯溶物比例计)。OSHA 在 29 CFR 1910.1002 中将"煤焦油沥青挥发物"规定为从煤、石油(除石油沥青外)、木材和其他有机物的蒸馏残渣中挥发出来的稠合多环芳烃类,包括蒽(anthracene)、苯并(a)芘[BaP, benzo(a)pyrene]、菲(phenanthrene),吖啶(acridine)、䓛(chrysene)、芘(pyrene)等物质。

焦炉逸散物 (Coke Oven Emissions)

在烟煤碳化法生产焦炭的过程中,从焦炉中释出化学结构复杂的逸散物,包括各种化学成分的气体和颗粒物。逸散物包括煤焦油沥青挥发物[如颗粒状多环有机物(PPOM)、多环芳烃(PAHs)和多核芳烃(PNAs)],芳香族化合物(如苯和 β-萘胺),痕量的金属(如砷、铍、镉、铬、铅和镍)和气体(如氮氧化物和二氧化硫)。

棉尘(原棉)[Cotton Dust (raw)]

NIOSH 建议将棉尘减少到可行的最低浓度,以降低棉尘肺的发病率和严重程度,其 REL< 0.200 mg/m^3[以不含绒的棉尘(lint-free cotton dust)计]。

在 OSHA 的表 Z-1(29 CFR 1910.1000)中,对于原棉废料回收加工的各个工序(分类、混合、清洁和梳理)及蓬松工序,原棉棉尘的 PEL 为 1 mg/m^3。29 CFR 1910.1043 还规定,纺纱和棉花清洗车间的 PEL 为0.200 mg/m^3;织纱厂的废料间的操作工序和在纺纱时接触"低等清洗棉"的工序,棉尘的 PEL 为 0.500 mg/m^3;抽丝(slashing)和织布工序，PEL 为 0.750 mg/m^3。在 OSHA 的 29 CFR 1910.1043 的标准，不适用棉花的采摘、轧棉或编织/针织物和水洗棉的处理和加工。棉尘的所有 PEL 均指不含绒的呼吸性棉尘的平均浓度，是采用垂直淘析器(vertical elutriator)或相应的方法采集所测得的 8 h 的平均浓度。

铅(Lead)

NISOH 所指的"铅"包括金属铅、铅氧化物和铅盐[包括脂肪酸铅(lead soaps)等有机铅化合物，但砷酸铅(lead arsenate)除外]。铅的 NIOSH REL(10 h TWA)为 0.050 mg/m^3；空气中铅烟的浓度应当能保证劳动者的全血铅水平低于 0.060 mg/100g。

OSHA 所指的"铅"包括金属铅、所有无机铅化合物(铅氧化物和铅盐)和称为脂肪酸铅的有机化合物，不包括所有其他的铅化合物。铅的 OSHA PEL(8 h TWA)为 0.050 mg/m^3；OSHA 对铅的其他要求见 29 CFR 1910.1025。对于劳动者少于 20 名的有色金属铸造厂，铅的 OSHA PEL(8 h TWA)为 0.075 mg/m^3。

矿物尘(Mineral Dusts)

下列矿物尘 OSHA PELs 均列在 29 CFR 1910.1000 的表 Z-3 中。结晶型二氧化硅(呼吸性石英)的 OSHA PEL(8 h TWA)为 250 mppcf 除以"%SiO_2+5"或 10 mg/m^3 除以"%SiO_2+2"；总石英尘为 30 mg/m^3 除以"%SiO_2+2"。方石英和磷石英粉尘的 OSHA PEL(8 h TWA)是用上述石英的计数或质量公式计算值的 1/2。

非结晶二氧化硅(包括硅藻土)的 OSHA PEL(8 h TWA)为 80 mg/m^3 除以"%SiO_2"或 20 mppcf。

滑石(不含石棉)、云母和皂石的 OSHA PEL(8 h TWA)为 20 mppcf。硅酸盐水泥(波特兰水泥)的 OSHA PEL(8 h TWA)为 50 mppcf。石墨(天然)的 OSHA PEL(8 h TWA)为 15 mppcf。滑石(不含石棉)、云母、皂石和硅酸盐水泥的晶体 SiO_2 的含量小于 1%时，上述 PEL 也适用。

SiO_2 含量<5%呼吸性煤尘的 OSHA PEL(8 h TWA)为 2.4 mg/m^3 除以"%SiO_2+2"；SiO_2 含量≥5%的呼吸性煤尘的 OSHA PEL(8 h TWA)为 10 mg/m^3 除以"%SiO_2+2"。

NIAX® 催化剂(Catalyst) ESN

1978 年 5 月，OSHA 和 NIOSH 联合出版了 CIB 26：*NIAX®Catalyst ESN*。在该期当前信息通报中，OSHA 和 NIOSH 建议对 NIAX® 催化剂 ESN 及其组分二甲胺丙腈(dimethylaminopropionitrile)和双[2-(二甲胺)乙基]乙醚[bis(2-(dimethylamino)ethyl)ether]，以及含有其中任何一种成分的化学制品的职业接触减少到最低程度。在工作场所，应通过有效的操作规程和工程控制使接触降到最低浓度，并使接触限制在尽可能少的劳动者。要仔细监测接触劳动者神经系统和泌尿生殖系统的潜在危害。虽然毒物替代是一种可能的控制措施，但是 NIAX®催化剂 ESN 或其成分的替代物可能产生的不良健康影响需经过仔细的评价。

三氯乙烯(TCE, trichloroethylene)

NIOSH 认为三氯乙烯是潜在职业性致癌物。并建议在使用三氯乙烯作为麻醉剂时，其 REL(60 min 上限值)为 2 ppm(12 mg/m^3)，用作其他用途时，REL(10 h TWA)为 25 ppm(147 mg/m^3)。

碳化钨(烧结的)[Tungsten Carbide (Cemented)]

“烧结碳化钨”或“硬质金属”是指碳化钨、钴，有时还有金属氧化物或碳化物，以及其他金属(包括镍)的混合物。当钴的含量超过 2%时，钴的潜在危害就超过了碳化钨。因此，钴含量>2%的烧结碳化钨的 NIOSH REL(10 h TWA)为 0.05 mg Co/m^3；而 OSHA PEL(8 h TWA)为 0.1 mg Co/m^3。因为碳化钨有时使用镍取代钴作为黏合剂，因此 NIOSH 认为含镍的碳化钨是潜在职业性致癌物，建议的 REL(10 h TWA)为 0.015 mg Ni/m^3。不溶性镍的 OSHA PEL 为 1 mg Ni/m^3(8 h TWA)适用于碳化钨和镍的混合物。

附录 D 未制定 PELs 的物质

在综述了已发表的文献后，NIOSH 对 OSHA 的 1988 年 8 月 1 日有关《空气污染物建议管理规定》(Proposed Rule on Air Contaminants)(29 CFR 1910，文号 H－020)进行了评论。在评论中，NIOSH 对本手册中下列物质所建议的 PELs 是否能保护劳动者免受那些已知的健康危害提出了质疑：

- 四溴化乙炔(Acetylene tetrabromide)〔TWA 1 ppm，5 mg/m^3〕
- 氯苯(Chlorobenzene)〔TWA 75 ppm，5 mg/m^3〕
- 煤尘(Coal dust)(<5%SiO_2)〔2 mg/m^3(呼吸性颗粒物)〕
- 煤尘(Coal dust)(≥5%SiO_2)〔0.1 mg/m^3(呼吸性石英尘)〕
- 溴乙烷(Ethyl bromide)〔TWA 200 ppm，973 mg/m^3；STEL 250 ppm，1216 mg/m^3〕
- 乙二醇(Ethylene glycol)〔上限值 50 ppm，264 mg/m^3〕
- 乙醚(Ethyl ether)〔TWA 400 ppm，1 200 mg/m^3；STEL 500 ppm，1 500 mg/m^3〕
- 倍硫磷(Fenthion)〔TWA 0.2 mg/m^3[皮]〕
- 糠醛(Furfural)〔TWA 2 ppm，9 mg/m^3[皮]〕
- 2-异丙氧乙醇(2-Isopropoxyethanol)〔TWA 25 ppm，105 mg/m^3〕
- 乙酸异丙酯(Isopropyl acetate)〔TWA 250 ppm，950 mg/m^3；STEL 310 ppm，1 185 mg/ m^3〕
- 异丙胺(Isopropylamine)〔TWA 5 ppm，12 mg/m^3；STEL 10 ppm，24 mg/m^3〕
- 四氧化锰(Manganese tetroxide)(按锰计)〔TWA 1 mg/m^3〕
- 钼(Molybdenum)(可溶性化合物，按钼计)〔TWA 5 mg/m^3〕
- 硝基甲烷(Nitromethane)〔TWA 100 ppm，272 mg/m^3〕
- 间甲苯胺(m-Toluidine)〔TWA 2 ppm[皮]，9 mg/m^3〕
- 三乙胺(Triethylamine)〔TWA 10 ppm，40 mg/m^3；STEL 15 ppm，60 mg/m^3〕

那时，NIOSH 还对 OSHA 的文献进行了有限的评估，并认为 OSHA 所引用的文献对支持下列化合物建议的 10 mg/m^3的 PEL(8 h TWA)依据不足：

- α－氧化铝(α－Alumina)
- 苯菌灵(Benomyl)
- 金刚砂(Emery)
- 甘油雾[Glycerine(mist)]
- 合成石墨[Graphite(synthetic)]

- 氧化镁烟(Magnesium oxide fume)
- 钼(Molybdenum)(不溶性化合物,按钼计)
- 其他没有被管理的颗粒物(Particulates not otherwise regulated)
- 毒莠定(Picloram)
- 氧丹(Rouge)

附录E　OSHA对一些化学物质的呼吸器选择要求

OSHA呼吸保护标准修订版(29 CFR 1910.134)于1998年4月8日生效。本手册前言中包括了OSHA对几种化学物质和其他物质的规章进行的修改，这些修改列在本附录子标题中。这些子标题后面的括号里标有标准号和OSHA的呼吸器选择要求，这些子标题是在29 CFR 1910和29 CFR 1926中修改的标准的名称。OSHA规定所有气密性滤过式呼吸器应进行适合性检验。欲知详细内容，请查阅29 CFR 1910.134。对所有列在本附录中的化学物质，允许在较高环境浓度下使用的呼吸器也可以在较低浓度中使用。

13种致癌物(4—硝基联苯，等)(1910.1003)

必须对从事下述所列致癌物操作的劳动者提供并要求他们穿戴和使用粉尘、雾和烟过滤式半面罩呼吸器。较高保护水平的呼吸器可以替代本呼吸器。

- 2-乙酰氨基芴
- 4-二甲氨基偶氮苯
- β-萘胺
- 4-氨基联苯
- 乙撑亚胺
- 4-硝基联苯
- 联苯胺
- 甲基氯甲醚
- *N*-二甲基亚硝胺
- 二氯甲醚
- α-萘胺
- β-丙醇酸内酯
- 3,3′-二氯联苯胺(及其盐)

丙烯腈(Acrylonitrile)(1910.1045)

使用的空气浓度或条件	呼吸器类型
≤20 ppm	(1)化学滤毒盒呼吸器，配有有机蒸气滤毒盒和半面罩；或者 (2)供气式呼吸器，配有半面罩
≤100 ppm或者在滤毒盒或滤毒罐的最大使用浓度之下	(1)全面罩呼吸器，Ⓐ配有有机蒸气滤毒盒；Ⓑ配有下颌式有机蒸气防毒面具；Ⓒ配有前置式或背置式有机蒸气滤毒罐防毒面具；或者 (2)供气式全面罩呼吸器；或者 (3)携气式全面罩呼吸器

续表

使用的空气浓度或条件	呼 吸 器 类 型
≤4 000 ppm	正压供气式呼吸器,配有全面罩、头盔、防护服或防护帽
> 4 000 ppm 或未知浓度	(1)正压供气式和辅助携气式呼吸器,配有全面罩;或者 (2)正压携气式全面罩呼吸器
救火	正压携气式全面罩呼吸器
逃生	(1)任何防有机蒸气呼吸器;或者 (2)任何携气式呼吸器

无机砷(Arsenic, inorganic)(1910.1018)

除那些具有明显蒸气压外的无机砷颗粒物的呼吸保护要求	
使用的空气浓度 (以砷计)或条件	要求的呼吸器
≤0.1 mg/m^3	(1)空气过滤式半面罩呼吸器,配有高效过滤元件*;或者 (2)任何供气式半面罩呼吸器
≤0.5 mg/m^3	(1)空气过滤式全面罩呼吸器,配有高效过滤元件*;或者 (2)任何供气式全面罩呼吸器;或者 (3)任何携气式全面罩呼吸器
≤10 mg/m^3	(1)动力送风空气过滤式呼吸器,配有全密封入口面罩的高效过滤元件*;或者 (2)正压供气式半面罩呼吸器
≤20 mg/m^3	正压供气式呼吸器,配有全面罩、防护帽、头盔或防护服
> 20 mg/m^3,未知浓度或救火	任何正压携气式全面罩呼吸器

注:* 高效过滤元件是指对直径在 0.3 μm 或以上的单分散相颗粒物有 99.97%以上过滤作用的元件

对具有明显蒸气压的无机砷剂的呼吸保护要求	
使用的空气浓度（以砷计）或条件	要求的呼吸器
≤0.1 mg/m^3	(1)空气过滤式半面罩*呼吸器，配有高效过滤元件**和酸性气体滤毒盒；或者 (2)任何供气式半面罩*呼吸器
≤0.5 mg/m^3	(1)前置式或背置式防毒面具，配有高效过滤元件**和酸性气体滤毒罐；或者 (2)任何供气式全面罩呼吸器；或者 (3)任何携气式全面罩呼吸器
≤10 mg/m^3	正压供气式半面罩*呼吸器
≤20 mg/m^3	正压供气式呼吸器，配有全面罩、防护帽、头盔或防护服
>20 mg/m^3，未知浓度或救火	任何正压携气式全面罩呼吸器

注：* 半面罩呼吸器不能用于三氯化砷的防护，因为它可以迅速地通过皮肤吸收

** 高效过滤元件是指对直径在 0.3 μm 或以上的单扩散相颗粒物有 99.97%以上过滤作用的元件

石棉(Asbestos) (1910.1001 & 1926.1101)

使用的空气浓度或条件	要求的呼吸器
≤1 f/cm^3(10 倍的 PEL)	空气过滤式半面罩呼吸器，而不是随弃式呼吸器，配有高效过滤元件*
≤5 f/cm^3(50 倍的 PEL)	空气过滤式全面罩呼吸器，配有高效过滤元件*
≤10 f/cm^3(100 倍的 PEL)	任何动力送风空气过滤式呼吸器，配有高效过滤元件*或任何连续供气式呼吸器
≤100 f/cm^3 (1 000 倍的 PEL)	压力需气供气式全面罩呼吸器
>100 f/cm^3 (1 000 倍的 PEL)，或未知浓度	压力需气供气式全面罩呼吸器，配有辅助正压携气式呼吸器

注：* 高效过滤元件是指对直径在 0.3 μm 或以上的单分散相颗粒物有 99.97%以上过滤作用的元件

苯(Benzene)(1910.1028)

使用的空气浓度或条件	要求的呼吸器
≤10 ppm	空气过滤式半面罩呼吸器,配有有机蒸气滤毒盒
≤50 ppm	(1)全面罩呼吸器,配有有机蒸气滤毒盒;或者 (2)全面罩防毒面具,配有下颌式滤毒罐*
≤100 ppm	动力送风空气过滤式全面罩呼吸器,配有有机蒸气滤毒罐*
≤1 000 ppm	正压供气式全面罩呼吸器
>1 000 ppm 或未知浓度	(1)正压携气式全面罩呼吸器;或者 (2)正压供气式全面罩呼吸器,配有携气式辅助呼吸器
逃生	(1)任何有机蒸气防毒面具;或者 (2)任何携气式全面罩呼吸器
救火	正压携气式全面罩呼吸器

注:* 在 25 ℃,相对湿度 85%,苯浓度 150 ppm,流速 64 L/min(LPM),无动力送风空气过滤式呼吸器条件下测试时,滤毒罐的使用期最少有 4 h。对于密合型和宽松型动力送风空气过滤式呼吸器,流速分别为 115 L/min 和 170 L/min

1,3-丁二烯(1,3-Butadiene)(1910.1051)

使用的空气浓度或条件	要求的呼吸器
≤5 ppm	空气过滤式半面罩或全面罩呼吸器,配有有效滤过丁二烯或有机蒸气的滤毒盒或滤毒罐。滤毒盒或滤毒罐需每 4 h 更换一次
≤10 ppm	空气过滤式半面罩或全面罩呼吸器,配有有效滤过丁二烯或有机蒸气的滤毒盒或滤毒罐。滤毒盒或滤毒罐需每 3 h 更换一次
≤25 ppm	(1)空气过滤式半面罩或全面罩呼吸器,配有有效滤过丁二烯或有机蒸气的滤毒盒或滤毒罐。滤毒盒或滤毒罐需每 2 h 更换一次;或者 (2)任何动力送风空气过滤式呼吸器,配有有效滤过丁二烯或有机蒸气的滤毒盒或滤毒罐。滤毒盒或滤毒罐需每 1 h 更换一次;或者 (3)连续供气式呼吸器,配有防护帽或头盔

续表

使用的空气浓度或条件	要求的呼吸器
≤50 ppm	(1)空气过滤式全面罩呼吸器，配有有效滤过丁二烯或有机蒸气滤毒盒或滤毒罐。滤毒盒或滤毒罐需每 1 h 更换一次；或者 (2)动力送风空气过滤式呼吸器，配有密合型面罩和有效滤过丁二烯或有机蒸气的滤毒盒。滤毒盒需每 1h 更换一次
≤1 000 ppm	压力需气式或正压供气式呼吸器，配有半面罩或全面罩
>1 000 ppm，未知浓度或救火	(1)压力需气式或正压携气式全面罩呼吸器；或者 (2)任何压力需气式或正压供气式呼吸器，配全面罩，配压力需气式或正压携气式辅助呼吸器
从 IDLH 条件下逃生(IDLH＝2 000 ppm)	(1)任何正压携气式呼吸器，有适当的使用期；或者 (2)任何空气过滤式全面罩呼吸器，配前置式、背置式丁二烯或有机蒸气滤毒罐

镉(Cadmium)(1910.1027 & 1926.1127)

使用的空气浓度或条件	要求的呼吸器
≤0.05 mg/m^3	空气过滤式半面罩呼吸器，配有高效过滤元件*
≤0.125 mg/m^3	(1)具有宽松型防护帽或头盔的动力送风空气过滤式呼吸器，配有高效过滤元件*；或者 (2) 具有宽松型防护帽或头盔的连续供气式呼吸器
≤0.25 mg/m^3	(1)空气过滤式全面罩呼吸器，配有高效过滤元件*；或者 (2)动力送风空气过滤式呼吸器，配有密合型半面罩和高效过滤元件*；或者 (3)连续供气式呼吸器，配有密合型半面罩
≤1.25 mg/m^3	(1)动力送风空气过滤式呼吸器，配有密合型全面罩和高效过滤元件*；或者 (2)连续供气式呼吸器，配有密合型全面罩
≤ 5 mg/m^3	压力需气式或正压供气式呼吸器，配有半面罩或全面罩
> 5 mg/m^3或未知浓度	(1)压力需气式或正压携气式全面罩呼吸器；或者 (2)压力需气式或正压供气式全面罩呼吸器，配有压力需气式逃生携气式辅助呼吸器

续表

使用的空气浓度或条件	要求的呼吸器
救火	压力需气式或正压携气式全面罩呼吸器

注：定量适合性检测要求所有密合型空气过滤式呼吸器在空气中镉浓度超过 10 倍的 TWA PEL(10 倍的 0.005 mg/m³ = 0.05 mg/m³)的场所进行。如预料有眼睛刺激时，需要全面罩呼吸器

* 高效过滤元件是指对直径在 0.3 μm 或以上的单分散相颗粒物有 99.97%以上过滤作用的元件

焦炉逸散物(Coke oven emissions)(1910.1029)

空气浓度	要求的呼吸器
≤1.5 mg/m³	(1)任何除随弃式外的粉尘和烟雾的防颗粒物过滤式呼吸器；或者 (2)任何防颗粒物过滤式呼吸器或防焦炉逸散物的化学滤毒盒和颗粒过滤元件的综合呼吸器
任何浓度	(1)压力需气式或连续供气式 C 型呼吸器； (2)动力送风空气过滤式用于尘和烟的防颗粒物呼吸器；或者 (3)动力送风空气过滤式防颗粒物呼吸器或防焦炉逸散物的化学滤毒盒和颗粒的过滤元件综合呼吸器

棉尘(Cotton dust)(1910.1043)

空气浓度	要求的呼吸器
≤5 倍的 PEL	随弃式呼吸器*，配有颗粒物过滤元件。
≤10 倍的 PEL	四分之一或半面罩呼吸器，而不是随弃式呼吸器，配有颗粒物过滤元件
≤100 倍的 PEL	全面罩呼吸器，配有高效颗粒物过滤元件**
> 100 倍的 PEL	动力送风空气过滤式呼吸器，配有高效颗粒物过滤元件

注：* 随弃式呼吸器指过滤元件是呼吸器不可分割的一部分；

** 高效过滤元件是指对直径在 0.3 μm 或以上的单分散相颗粒物有 99.97%以上过滤作用的元件；

携气式呼吸器不需要，但允许使用；

供气式呼吸器不需要，但在下述情况下允许使用：棉尘浓度≤10 倍的 PEL：任何供气式呼吸器；≤100 倍的 PEL：任何供气式呼吸器，配有全面罩、头盔或防护帽；≥100 倍的 PEL：正压供气式呼吸器

1,2-二溴-3-氯丙烷(1,2-Dibromo -3-chloropropane)(1910.1044)

使用的空气浓度或条件	要求的呼吸器
≤10 ppb	(1)任何供气式呼吸器;或者 (2)任何携气式呼吸器
≤50 ppb	(1)任何供气式呼吸器,配有全面罩、防护帽或头盔;或者 (2)任何携气式全面罩呼吸器
≤1 000 ppb	压力需气式、正压式或连续供气式 C 型呼吸器
≤2 000 ppb	压力需气式或正压供气式全面罩 C 型呼吸器;或连续供气式呼吸器,配有全面罩、防护帽或头盔
> 2 000 ppb 或进入及从未知浓度中逃生	(1)组合型呼吸器,包括压力需气式、正压式或连续供气式全面罩 C 型呼吸器和配有压力需气式或正压携气式辅助呼吸器;或者 (2)压力需气式或正压携气式全面罩呼吸器
救火	压力需气式或正压携气式全面罩呼吸器

环氧乙烷(Ethylene oxide)(1910.1047)

使用的空气浓度或条件	要求的呼吸器
≤50 ppm	全面罩呼吸器,配有前置式或背置式有效滤过环氧乙烷的滤毒罐
≤2 000 ppm	(1)正压供气式呼吸器,配有全面罩、防护帽或头盔;或者 (2)连续供气式呼吸器(正压),配有防护帽、头盔或防护服
> 2 000 ppm 或未知浓度	(1)正压携气式全面罩呼吸器;或者 (2)正压供气式全面罩呼吸器,配有正压携气式辅助呼吸器
救火	正压携气式全面罩呼吸器
逃生	以上任何呼吸器

甲醛(Formaldehyde) (1910.1048)

使用的空气浓度或条件	要求的呼吸器
≤7.5 ppm(10 倍的 PEL)	全面罩呼吸器,配有对甲醛有特别防护作用的滤毒盒或滤毒罐 *
≤75 ppm (100 倍的 PEL)	(1)全面罩呼吸器,配有下颌式、前置式或背置式特殊批准的用于防甲醛的工业上用的滤毒罐;或者 (2)需气式或连续供气式 C 型呼吸器,配有全面罩、防护帽、头盔
>75 ppm(100 倍的 PEL)或未知浓度(紧急情况)	(1)正压携气式全面罩呼吸器;或者 (2)正压供气式全面罩综合呼吸器,配有携气式辅助呼吸器
救火	正压携气式全面罩呼吸器
逃生	(1)需气式或压力需气携气式呼吸器;或者 (2)全面罩呼吸器,配有下颌式、前置式或背置式特殊批准的用于防甲醛的工业上用的滤毒罐

* 注:若同时提供并使用有效的防蒸气护器镜,可使用半面罩,呼吸器,配对甲醛有特别防护作用的滤毒盒代替全面罩呼吸器。

铅(Lead) (1910.1025 & 1926.62)

铅工业通用标准呼吸器要求(1910.1025)	
使用的空气浓度或条件	要求的呼吸器
≤0.5 mg/m³(10 倍的 PEL)	空气过滤式半面罩 * 呼吸器,配有高效过滤元件 * *
≤2.5 mg/m³(50 倍的 PEL)	空气过滤式全面罩呼吸器,配有高效过滤元件 * *
≤50 mg/m³(1 000 倍的 PEL)	(1)任何动力送风空气过滤式呼吸器,配有高效过滤元件 * * ;或者 (2)正压供气式半面罩 * 呼吸器
≤100 mg/m³(2 000 倍的 PEL)	正压供气式呼吸器,配有全面罩、防护帽、头盔或防护服
>100 mg/m³,未知浓度或救火	正压携气式全面罩呼吸器

注:* 若在使用的浓度下铅气溶胶引起眼睛或皮肤刺激,则需使用全面罩

* * 高效过滤元件是指对直径在 0.3 μm 或以上的单分散相颗粒物有 99.97%以上过滤作用的元件

建筑业铅标准呼吸器要求(1926.62)	
使用的空气浓度或条件	要求的呼吸器
≤0.5 mg/m^3	(1)空气过滤式半面罩* 呼吸器,配有高效过滤元件**;或者 (2)需气(负压)供气式半面罩* 呼吸器
≤1.25 mg/m^3	(1) 具有宽松型防护帽或头盔的动力送风空气过滤式呼吸器,配有高效过滤元件**;或者 (2)具有防护帽或头盔的连续供气式呼吸器(连续研磨爆破 CE 型呼吸器)
≤2.5 mg/m^3	(1)空气过滤式全面罩呼吸器,配有高效过滤元件**;或者 (2)密合型动力送风空气过滤式呼吸器,配有高效过滤元件**;或者 (3)需气供气式全面罩呼吸器;或者 (4)连续供气式半面罩* 或全面罩呼吸器;或者 (5)需气携气式全面罩呼吸器
≤50 mg/m^3	压力需气式或正压供气式半面罩* 呼吸器
≤100 mg/m^3	压力需气式或正压供气式全面罩呼吸器(连续研磨爆破 CE 型呼吸器)
>100 mg/m^3,未知浓度或救火	压力需气式或正压携气式全面罩呼吸器

注:* 若在使用的浓度下铅气溶胶引起眼睛或皮肤刺激,则需使用全面罩

** 高效过滤元件是指对直径在 0.3 μm 或以上的单分散相颗粒物有 99.97%以上过滤作用的元件

二氯甲烷(Methylene chloride) (1910.1052)

使用的空气浓度或条件	要求的呼吸器
≤625 ppm (25 倍的 PEL)	连续供气式呼吸器,配有防护帽或头盔
≤1 250 ppm (50 倍的 PEL)	(1)负压(需气)供气式全面罩呼吸器;或者 (2)负压(需气)携气式全面罩呼吸器
≤5 000 ppm(200 倍的 PEL)	(1)连续供气式全面罩呼吸器;或者 (2)压力需气供气式全面罩呼吸器;或者 (3)正压携气式全面罩呼吸器
>5 000 ppm 或未知浓度	(1)正压携气式全面罩呼吸器;或者 (2)压力需气供气式全面罩呼吸器,配有携气式辅助呼吸器
救火	正压携气式全面罩呼吸器
紧急逃生	(1)任何连续式或压力需气携气式呼吸器;或者 (2)防毒面具,配有有机蒸气滤毒罐

4,4′-二苯氨基甲烷（4,4′-Methylenedianiline）（1910.1050 & 1926.60）

使用的空气浓度或条件	要求的呼吸器
≤10 倍的 PEL	半面罩呼吸器，配有高效* 滤毒盒**
≤50 倍的 PEL	全面罩呼吸器，配有高效* 滤毒盒或滤毒罐**
≤1 000 倍的 PEL	动力送风空气过滤式全面罩呼吸器，配有高效* 滤毒盒**
>1 000 倍的 PEL 或未知浓度	(1)正压携气式全面罩呼吸器；或者 (2)正压需气供气式全面罩呼吸器，配有携气式辅助呼吸器
逃生	(1)任何空气过滤式全面罩呼吸器，配有高效* 滤毒盒**；或者 (2)任何正压式或连续携气式呼吸器，配有全面罩或头盔
救火	正压需气携气式全面罩呼吸器

注：* 高效过滤元件是指对直径在 0.3 μm 或以上的单分散相颗粒物有 99.97%以上过滤作用的元件

** 当二苯氨基甲烷为液态或加热时，应使用高效或有机蒸气综合滤毒盒

氯乙烯（Vinyl Chloride）（1910.1017）

使用的空气浓度或条件	要求的呼吸器
≤10 ppm	(1)需气供气式 C 型综合呼吸器，配有半面罩和携气式辅助呼吸器 (2)需气供气式 C 型呼吸器，配有半面罩；或者 (3)任何化学滤毒盒呼吸器，配有有机蒸气滤毒盒，当氯乙烯浓度达到 10 ppm 时，滤毒盒的使用期至少有 1h
≤25 ppm	(1)动力送风空气过滤式呼吸器，配有防护帽、头盔、半面罩或全面罩和当氯乙烯浓度达到 25ppm 时，使用期至少有 4 h 的滤毒罐；或者 (2)防毒面具，配有前置式或背置式滤毒罐，当氯乙烯浓度达到 25 ppm 时，滤毒罐的使用期至少有 4 h

续表

使用的空气浓度或条件	要求的呼吸器
≤100 ppm	(1)需气供气式 C 型综合呼吸器,配有全面罩和携气式辅助呼吸器;或者 (2)开放式需气携气式全面罩呼吸器;或者 (3)需气供气式全面罩 C 型呼吸器
≤1 000 ppm	连续供气式 C 型呼吸器,配有全面罩或半面罩、防护帽或头盔
≤3 600 ppm	(1)压力需气供气式 C 型综合呼吸器,配有全面罩或半面罩和携气式辅助呼吸器 (2)综合连续供气式呼吸器,配有全面罩或半面罩和携气式辅助呼吸器
>3 600 ppm 或未知浓度	开放式压力需气携气式全面罩呼吸器

附录F 其他注释

苯

OSHA在1910.1028中关于苯的最终标准适用于所有职业性苯接触，除接触水平总是低于行动水平(action level)的企业中的某些工段(subsegments)外(即燃料销售、密封容器和管道、焦炭生产、石油钻井生产、天然气加工以及液态混合物的萃取回收)。对于这些除外的工段，表Z－2中的苯接触限值是适用的[即，8 h TWA为10 ppm(35 mg/m³)，容许上限浓度为25 ppm(87 mg/m³)，在接触时间最长不超过10 min的情况下，最大峰值浓度为50 ppm(174 mg/m³)。]

十氯萘(Octachloronaphthalene)

五氯萘(Pentachloronaphthalene)

四氯萘(Tetrachloronaphthalene)

三氯萘(Trichloronaphthalene)

这四种氯萘化合物的IDLH值未知。《立即威胁生命或健康浓度的文本》(NTIS出版号：PB-94-195047)中所确定的"有效的"IDLH值是根据与其他氯萘类物质的相似性和当时有效的《NIOSH呼吸器选择规则》(DHHS[NIOSH]出版号：87-108；网址：http://www.cdc.gov/niosh/docs/87-108)所做出的。这些呼吸器的IDLH值是根据NIOSH REL或OSHA PEL乘以APF为10得到的积。当标准完善项目确定何时对这四种化学物质使用最具有保护性的呼吸器时使用指定防护因数。下表所列的"有效的"IDLH值是用每种化学物质的REL或PEL的10倍值确定的。欲知详情请登录NIOSH网站(http://www.cdc.gov/niosh/idlh/idlh－1.html)中的IDLH文本。

化学名	NIOSH REL/OSHA PEL	"有效的" IDLH(10倍的REL/PEL)
十氯萘	TWA 0.1 mg/m³ *	1 mg/m³
五氯萘	TWA 0.5 mg/m³	5 mg/m³
四氯萘	TWA 5 mg/m³	50 mg/m³
三氯萘	TWA 2 mg/m³	20 mg/m³

* NIOSH还建议十氯萘的STEL为0.3 mg/m³，"有效的"IDLH 1 mg/m³是用TWA 0.1 mg/m³计算得到的。

注：在OSHA CFR1910.1028中规定了有关苯的职业接触限值浓度、工作场所监测要求、防护要求及呼吸器选择方法等。其中"action level"通常是低于职业接触限值的一个浓度指标。当现场浓度达到该水平时，说明管理者必须采取控制措施(包括监测、告知劳动者等)。一般"action level"是职业接触限值的一半水平。

附录 G　1989 年废止的 OSHA PELs

英文名称	中文名称	限　值
Acetaldehyde	乙醛	TWA 100 ppm (180 mg/m^3) ST 150 ppm (270 mg/m^3)
Acetic anhydride	乙酸酐	C 5 ppm (20 mg/m^3)
Acetone	丙酮	TWA 750 ppm (1 800 mg/m^3) ST 1 000 ppm (2 400 mg/m^3)
Acetonitrile	乙腈	TWA 40 ppm (70 mg/m^3) ST 60 ppm (105 mg/m^3)
Acetylsalicyclic acid	乙酰水杨酸	TWA 5 mg/m^3
Acrolein	丙烯醛	TWA 0.1 ppm (0.25 mg/m^3) ST 0.3 ppm (0.8 mg/m^3)
Acrylamide	丙烯酰胺	TWA 0.03 mg/m^3[皮]
Acrylic acid	丙烯酸	TWA 10 ppm (30 mg/m^3)[皮]
Allyl alcohol	烯丙醇	TWA 2 ppm (5 mg/m^3) ST 4 ppm (10 mg/m^3)[皮]
Allyl chloride	烯丙基氯	TWA 1 ppm (3 mg/m^3) ST 2 ppm (6 mg/m^3)
Allyl glycidyl ether	烯丙基缩水甘油醚	TWA 5 ppm (22 mg/m^3) ST 10 ppm (44 mg/m^3)
Allyl propyl disulfide	烯丙基丙基二硫化物	TWA 2 ppm (12 mg/m^3) ST 3 ppm (18 mg/m^3)
α-Alumina	α-氧化铝	TWA 10 mg/m^3(总颗粒物) TWA 5 mg/m^3(呼吸性颗粒物)
Aluminum (pyro powders & welding fumes, as Al)	铝(热解铝粉和焊接烟,按铝计)	TWA 5 mg/m^3
Aluminum (soluble salts & alkyls, as Al)	铝(可溶性盐及烷基铝合物,按铝计)	TWA 2 mg/m^3
Amitrole	氨基三唑	TWA 0.2 mg/m^3

英文名称	中文名称	限　值
Ammonia	氨	ST 35 ppm (27 mg/m^3)
Ammonium chloride fume	氯化铵烟	TWA 10 mg/m^3 ST 20 mg/m^3
Ammonium sulfamate	氨基磺酸铵	TWA 10 mg/m^3(总颗粒物) TWA 5 mg/m^3(呼吸性颗粒物)
Aniline (and homologs)	苯胺及其同系物	TWA 2 ppm (8 mg/m^3)[皮]
Atrazine	阿特拉津	TWA 5 mg/m^3
Barium sulfate	硫酸钡	TWA 10 mg/m^3(总颗粒物) TWA 5 mg/m^3(呼吸性颗粒物)
Benomyl	苯菌灵	TWA 10 mg/m^3(总颗粒物) TWA 5 mg/m^3(呼吸性颗粒物)
Benzenethiol	苯(基)硫醇	TWA 0.5 ppm (2 mg/m^3)
Bismuth telluride (doped with selenium sulfide, as Bi_2Te_3)	碲化铋(混有硫化硒,按 Bi_2Te_3 计)	TWA 5 mg/m^3
Borates, tetra, sodium salts (Anhydrous)	四硼酸钠(无水)	TWA 10 mg/m^3
Borates, tetra, sodium salts (Decahydrate)	十水四硼酸钠	TWA 10 mg/m^3
Borates, tetra, sodium salts (Pentahydrate)	五水四硼酸钠	TWA 10 mg/m^3
Boron oxide	氧化硼	TWA 10 mg/m^3
Boron tribromide	三溴化硼	C 1 ppm (10 mg/m^3)
Bromacil	除草定	TWA 1 ppm (10 mg/m^3)
Bromine	溴	TWA 0.1 ppm (0.7 mg/m^3) ST 0.3 ppm (2 mg/m^3)
Bromine pentafluoride	五氟化溴	TWA 0.1 ppm (0.7 mg/m^3)
n-Butane	正丁烷	TWA 800 ppm (1 900 mg/m^3)

英文名称	中文名称		限　值
2-Butanone	2-丁酮		TWA 200 ppm (590 mg/m^3) ST 300 ppm (885 mg/m^3)
2-Butoxyethanol	2-丁氧乙醇		TWA 25 ppm (120 mg/m^3)[皮]
n-Butyl acetate	乙酸正丁酯		TWA 150 ppm (710 mg/m^3) ST 200 ppm (950 mg/m^3)
Butyl acrylate	丙烯酸丁酯		TWA 10 ppm (55 mg/m^3)
n-Butyl alcohol	正丁醇		C 50 ppm (150 mg/m^3)[皮]
sec-Butyl alcohol	仲丁醇		TWA 100 ppm (305 mg/m^3)
tert-Butyl alcohol	叔丁醇		TWA 100 ppm (300 mg/m^3) ST 150 ppm (450 mg/m^3)
n-Butyl glycidyl ether	正丁基缩水甘油醚		TWA 25 ppm (135 mg/m^3)
n-Butyl lactate	乳酸正丁酯		TWA 5 ppm (25 mg/m^3)
n-Butyl mercaptan	正丁基硫醇		TWA 0.5 ppm (1.5 mg/m^3)
o-sec-Butylphenol	邻仲丁基苯酚		TWA 5 ppm (30 mg/m^3)[皮]
p-tert-Butyltoluene	对叔丁基甲苯		TWA 10 ppm (60 mg/m^3) ST 20 ppm (120 mg/m^3)
Calcium cyanamide	氰氨化钙		TWA 0.5 mg/m^3
Caprolactam	己内酰胺	尘	TWA 1 mg/m^3 ST 3 mg/m^3
		蒸气	TWA 5 ppm (20 mg/m^3) ST 10 ppm (40 mg/m^3)
Captafol	敌菌丹		TWA 0.1 mg/m^3
Captan	克菌丹		TWA 5 mg/m^3
Carbofuran	克百威		TWA 0.1 mg/m^3
Carbon dioxide	二氧化碳		TWA 10 000 ppm (18 000 mg/m^3) ST 30 000 ppm (54 000 mg/m^3)

英文名称	中文名称	限　值
Carbon disulfide	二硫化碳	TWA 4 ppm (12 mg/m^3) ST 12 ppm (36 mg/m^3)[皮]
Carbon monoxide	一氧化碳	TWA 35 ppm (40 mg/m^3) C 200 ppm (229 mg/m^3)
Carbon tetrabromide	四溴化碳	TWA 0.1 ppm (1.4 mg/m^3) ST 0.3 ppm (4 mg/m^3)
Carbon tetrachloride	四氯化碳	TWA 2 ppm (12.6 mg/m^3)
Carbonyl fluoride	羰基氟	TWA 2 ppm (5 mg/m^3) ST 5 ppm (15 mg/m^3)
Catechol	儿茶酚	TWA 5 ppm (20 mg/m^3)[皮]
Cesium hydroxide	氢氧化铯	TWA 2 mg/m^3
Chlorinated camphene	氯化莰	TWA 0.5 mg/m^3 ST 1 mg/m^3[皮]
Chlorine	氯	TWA 0.5 ppm (1.5 mg/m^3) ST 1 ppm (3 mg/m^3)
Chlorine dioxide	二氧化氯	TWA 0.1 ppm (0.3 mg/m^3) ST 0.3 ppm (0.9 mg/m^3)
Chloroacetyl chloride	氯乙酰氯	TWA 0.05 ppm (0.2 mg/m^3)
o-Chlorobenzylidene malononitrile	邻氯苄叉丙二腈	C 0.05 ppm (0.4 mg/m^3)[皮]
Chlorodifluoromethane	一氯二氟甲烷	TWA 1000 ppm (3500 mg/m^3)
Chloroform	氯仿	TWA 2 ppm (9.78 mg/m^3)
1-Chloro-1-nitropropane	1-氯-1-硝基丙烷	TWA 2 ppm (10 mg/m^3)
Chloropentafluoroethane	一氯五氟乙烷	TWA 1 000 ppm (6 320 mg/m^3)
β-Chloroprene	*β*-氯丁二烯	TWA 10 ppm (35 mg/m^3)[皮]
o-Chlorostyrene	邻氯苯乙烯	TWA 50 ppm (285 mg/m^3) ST 75 ppm (428 mg/m^3)
o-Chlorotoluene	邻氯甲苯	TWA 50 ppm (250 mg/m^3)

英文名称	中文名称	限　值
Chlorpyrifos	毒死蜱	TWA 0.2 mg/m³[皮]
Coal dust	煤尘	TWA 2 mg/m³(<5% SiO_2)(呼吸性尘) TWA 0.1 mg/m³(≥5% SiO_2)(呼吸性石英)
Cobalt metal dust & fume(as Co)	钴金属烟和尘(按钴计)	TWA 0.05 mg/m³
Cobalt carbonyl (as Co)	羰基钴(按钴计)	TWA 0.1 mg/m³
Cobalt hydrocarbonyl (as Co)	羰基氢钴(按钴计)	TWA 0.1 mg/m³
Crag®herbicide	Crag®除草剂	TWA 10 mg/m³(总颗粒物) TWA 5 mg/m³(呼吸性颗粒物)
Crufomate	育畜磷	TWA 5 mg/m³
Cyanamide	氨基腈	TWA 2 mg/m³
Cyanogen	氰	TWA 10 ppm (20 mg/m³)
Cyanogen chloride	氯化氰	C 0.3 ppm (0.6 mg/m³)
Cyclohexanol	环己醇	TWA 50 ppm (200 mg/m³)[皮]
Cyclohexanone	环己酮	TWA 25 ppm (100 mg/m³)[皮]
Cyclohexylamine	环己胺	TWA 10 ppm (40 mg/m³)
Cyclonite	三次甲基三硝基胺	TWA 1.5 mg/m³[皮]
Cyclopentane	环戊烷	TWA 600 ppm (1 720 mg/m³)
Cyhexatin	环己锡	TWA 5 mg/m³
Decaborane	十硼烷	TWA 0.3 mg/m³(0.05 ppm) ST 0.9 mg/m³(0.15 ppm)[皮]
Diazinon®	二嗪农®	TWA 0.1 mg/m³[皮]
2-*N*-Dibutylaminoethanol	2-*N*-二丁氨基乙醇	TWA 2 ppm (14 mg/m³)
Dibutyl phosphate	磷酸二丁酯	TWA 1 ppm (5 mg/m³) ST 2 ppm (10 mg/m³)
Dichloroacetylene	二氯代乙炔	C 0.1 ppm (0.4 mg/m³)

英文名称	中文名称	限 值
p-Dichlorobenzene	对二氯苯	TWA 75 ppm (450 mg/m^3) ST 110 ppm (675 mg/m^3)
1,3-Dichloro-5,5-dimethylhydantoin	1,3-二氯-5,5-二甲基乙内酰脲	TWA 0.2 mg/m^3 ST 0.4 mg/m^3
Dichloroethyl ether	二氯乙醚	TWA 5 ppm (30 mg/m^3) ST 10 ppm (60 mg/m^3)[皮]
Dichloromonofluoromethane	二氯一氟甲烷	TWA 10 ppm (40 mg/m^3)
1,1-Dichloro-1-nitroethane	1,1-二氯-1-硝基乙烷	TWA 2 ppm (10 mg/m^3)
1,3-Dichloropropene	1,3-二氯丙烯	TWA 1 ppm (5 mg/m^3)[皮]
2,2-Dichloropropionic acid	2,2-二氯丙酸	TWA 1 ppm (6 mg/m^3)
Dicrotophos	百治磷	TWA 0.25 mg/m^3[皮]
Dicyclopentadiene	二环戊二烯	TWA 5 ppm (30 mg/m^3)
Dicyclopentadienyl iron	二茂铁	TWA 10 mg/m^3(总颗粒物) TWA 5 mg/m^3(呼吸性颗粒物)
Diethanolamine	二乙醇胺	TWA 3 ppm (15 mg/m^3)
Diethylamine	二乙胺	TWA 10 ppm (30 mg/m^3) ST 25 ppm (75 mg/m^3)
Diethylenetriamine	二乙烯三胺	TWA 1 ppm (4 mg/m^3)
Diethyl ketone	二乙基甲酮	TWA 200 ppm (705 mg/m^3)
Diethyl phthalate	邻苯二甲酸二乙酯	TWA 5 mg/m^3
Diglycidyl ether	二缩水甘油醚	TWA 0.1 ppm (0.5 mg/m^3)
Diisobutyl ketone	二异丁基甲酮	TWA 25 ppm (150 mg/m^3)
N,*N*-Dimethylaniline	*N*,*N*-二甲基苯胺	TWA 5 ppm (25 mg/m^3) ST 10 ppm (50 mg/m^3)[皮]
Dimethyl-1, 2-dibromo-2, 2-dichlorethyl phosphate	二甲基-1,2-二溴-2,2-二氯乙基磷酸酯	TWA 3 mg/m^3[皮]

英文名称	中文名称	限值
Dimethyl sulfate	硫酸二甲酯	TWA 0.1 ppm (0.5 mg/m^3)[皮]
Dinitolmide	二硝托胺	TWA 5 mg/m^3
Di-sec octyl phthalate	邻苯二甲酸二仲辛酯	TWA 5 mg/m^3 ST 10 mg/m^3
Dioxane	二噁烷	TWA 25 ppm (90 mg/m^3)[皮]
Dioxathion	敌杀磷	TWA 0.2 mg/m^3[皮]
Diphenylamine	二苯胺	TWA 10 mg/m^3
Dipropylene glycol methyl ether	二丙二醇甲醚	TWA 100 ppm (600 mg/m^3) ST 150 ppm (900 mg/m^3)[皮]
Dipropyl ketone	二丙基甲酮	TWA 50 ppm (235 mg/m^3)
Diquat (Diquat dibromide)	敌草快	TWA 0.5 mg/m^3
Disulfiram	戒酒硫	TWA 2 mg/m^3
Disulfoton	乙拌磷	TWA 0.1 mg/m^3[皮]
2,6-Di-tert-butyl-p-cresol	2,6-二叔丁基对甲酚	TWA 10 mg/m^3
Diuron	敌草隆	TWA 10 mg/m^3
Divinyl benzene	二乙烯(基)苯	TWA 10 ppm (50 mg/m^3)
Emery	金刚砂	TWA 10 mg/m^3(总颗粒物) TWA 5 mg/m^3(呼吸性颗粒物)
Endosulfan	硫丹	TWA 0.1 mg/m^3[皮]
Epichlorohydrin	环氧氯丙烷	TWA 2 ppm (8 mg/m^3)[皮]
Ethanolamine	乙醇胺	TWA 3 ppm (8 mg/m^3) ST 6 ppm (15 mg/m^3)
Ethion	乙硫磷	TWA 0.4 mg/m^3[皮]
Ethyl acrylate	丙烯酸乙酯	TWA 5 ppm (20 mg/m^3) ST 25 ppm (100 mg/m^3)[皮]

英文名称	中文名称	限　值
Ethyl benzene	乙苯	TWA 100 ppm (435 mg/m^3) ST 125 ppm (545 mg/m^3)
Ethyl bromide	溴乙烷	TWA 200 ppm (890 mg/m^3) ST 250 ppm (1110 mg/m^3)
Ethylene chlorohydrin	氯乙醇	C 1 ppm (3 mg/m^3)[皮]
Ethylene dichloride	二氯乙烷	TWA 1 ppm (4 mg/m^3) ST 2 ppm (8 mg/m^3)
Ethylene glycol	乙二醇	C 50 ppm (125 mg/m^3)
Ethylene glycol dinitrate	乙二醇二硝酸酯	ST 0.1 mg/m^3[皮]
Ethyl ether	乙醚	TWA 400 ppm (1200 mg/m^3) ST 500 ppm (1500 mg/m^3)
Ethylidene norbornene	亚乙基降冰片烯	C 5 ppm (25 mg/m^3)
Ethyl mercaptan	乙硫醇	TWA 0.5 ppm (1 mg/m^3)
N-Ethylmorpholine	*N*-乙基吗啡啉	TWA 5 ppm (23 mg/m^3)[皮]
Ethyl silicate	硅酸乙酯	TWA 10 ppm (85 mg/m^3)
Fenamiphos	苯线磷	TWA 0.1 mg/m^3[皮]
Fensulfothion	辛索磷	TWA 0.1 mg/m^3
Fenthion	倍硫磷	TWA 0.2 mg/m^3[皮]
Ferbam	福美铁	TWA 10 mg/m^3
Ferrovanadium dust	钒铁尘	TWA 1 mg/m^3 ST 3 mg/m^3
Fluorotrichloromethane	氟三氯甲烷	C 1000 ppm (5600 mg/m^3)
Fonofos	地虫磷	TWA 0.1 mg/m^3[皮]
Formamide	甲酰胺	TWA 20 ppm (30 mg/m^3) ST 30 ppm (45 mg/m^3)
Furfural	糠醛	TWA 2 ppm (8 mg/m^3)[皮]

英文名称	中文名称	限　值
Furfuryl alcohol	糠醇	TWA 10 ppm (40 mg/m^3) ST 15 ppm (60 mg/m^3)[皮]
Gasoline	汽油	TWA 300 ppm (900 mg/m^3) ST 500 ppm (1500 mg/m^3)
Germanium tetrahydride	四氢化锗	TWA 0.2 ppm (0.6 mg/m^3)
Glutaraldehyde	戊二醛	C 0.2 ppm (0.8 mg/m^3)
Glycerin (mist)	丙三醇(雾)	TWA 10 mg/m^3(总颗粒物) TWA 5 mg/m^3(呼吸性颗粒物)
Glycidol	缩水甘油	TWA 25 ppm (75 mg/m^3)
Graphite (natural)	石墨(天然)	TWA 2.5 mg/m^3(呼吸性颗粒物)
Graphite (synthetic)	石墨(合成)	TWA 10 mg/m^3(总颗粒物) TWA 5 mg/m^3(呼吸性颗粒物)
n-Heptane	正庚烷	TWA 400 ppm (1600 mg/m^3) ST 500 ppm (2000 mg/m^3)
Hexachlorobutadiene	六氯丁二烯	TWA 0.02 ppm (0.24 mg/m^3)
Hexachlorocyclopentadiene	六氯环戊二烯	TWA 0.01 ppm (0.1 mg/m^3)
Hexafluoroacetone	六氟丙酮	TWA 0.1 ppm (0.7 mg/m^3)[皮]
n-Hexane	正己烷	TWA 50 ppm (180 mg/m^3)
Hexane isomers (except *n*-Hexane)	己烷异构体(除正己烷外)	TWA 500 ppm (1800 mg/m^3) ST 1000 ppm (3600 mg/m^3)
2-Hexanone	2-己酮	TWA 5 ppm (20 mg/m^3)
Hexone	异己酮	TWA 50 ppm (205 mg/m^3) ST 75 ppm (300 mg/m^3)
Hexylene glycol	己二醇	C 25 ppm (125 mg/m^3)
Hydrazine	肼	TWA 0.1 ppm (0.1 mg/m^3)[皮]
Hydrogenated terphenyls	氢化三联苯	TWA 0.5 ppm (5 mg/m^3)
Hydrogen bromide	溴化氢	C 3 ppm (10 mg/m^3)

英文名称	中文名称	限　值
Hydrogen cyanide	氰化氢	ST 4.7 ppm (5 mg/m^3)[皮]
Hydrogen fluoride (as F)	氟化氢(按氟计)	TWA 3 ppm ST 6 ppm
Hydrogen sulfide	硫化氢	TWA 10 ppm (14 mg/m^3) ST 15 ppm (21 mg/m^3)
2-Hydroxypropyl acrylate	丙烯酸-2-羟丙酯	TWA 0.5 ppm (3 mg/m^3)[皮]
Indene	茚	TWA 10 ppm (45 mg/m^3)
Indium	铟	TWA 0.1 mg/m^3
Iodoform	碘仿	TWA 0.6 ppm (10 mg/m^3)
Iron pentacarbonyl (as Fe)	五羰基铁(按铁计)	TWA 0.1 ppm (0.8 mg/m^3) ST 0.2 ppm (1.6 mg/m^3)
Iron salts (soluble, as Fe)	铁盐(可溶,按铁计)	TWA 1 mg/m^3
Isoamyl alcohol (primary & secondary)	异戊醇(伯醇和仲醇)	TWA 100 ppm (360 mg/m^3) ST 125 ppm (450 mg/m^3)
Isobutane	异丁烷	TWA 800 ppm (1900 mg/m^3)
Isobutyl alcohol	异丁醇	TWA 50 ppm (150 mg/m^3)
Isooctyl alcohol	异辛醇	TWA 50 ppm (270 mg/m^3)[皮]
Isophorone	异佛尔酮	TWA 4 ppm (23 mg/m^3)
Isophorone diisocyanate	异佛尔酮二异氰酸酯	TWA 0.005 ppm ST 0.02 ppm[皮]
2-Isopropoxyethanol	2-异丙氧基乙醇	TWA 25 ppm (105 mg/m^3)
Isopropyl acetate	乙酸异丙酯	TWA 250 ppm (950 mg/m^3) ST 310 ppm (1185 mg/m^3)
Isopropyl alcohol	异丙醇	TWA 400 ppm (980 mg/m^3) ST 500 ppm (1225 mg/m^3)
Isopropylamine	异丙胺	TWA 5 ppm (12 mg/m^3) ST 10 ppm (24 mg/m^3)

<table>
<tr><th>英文名称</th><th colspan="2">中文名称</th><th>限 值</th></tr>
<tr><td>N-Isopropylaniline</td><td colspan="2">N-异丙基苯胺</td><td>TWA 2 ppm (10 mg/m^3)[皮]</td></tr>
<tr><td>Isopropyl glycidyl ether</td><td colspan="2">异丙基缩水甘油醚</td><td>TWA 50 ppm (240 mg/m^3)
ST 75 ppm (360 mg/m^3)</td></tr>
<tr><td>Kaolin</td><td colspan="2">高岭土</td><td>TWA 10 mg/m^3(总颗粒物)
TWA 5 mg/m^3(呼吸性颗粒物)</td></tr>
<tr><td>Ketene</td><td colspan="2">乙烯酮</td><td>TWA 0.5 ppm (0.9 mg/m^3)
ST 1.5 ppm (3 mg/m^3)</td></tr>
<tr><td>Magnesium oxide fume</td><td colspan="2">氧化镁烟</td><td>TWA 10 mg/m^3</td></tr>
<tr><td>Malathion</td><td colspan="2">马拉硫磷</td><td>TWA 10 mg/m^3[皮]</td></tr>
<tr><td rowspan="2">Manganese compounds and fume (as Mn)</td><td rowspan="2">锰化合物及其烟(按锰计)</td><td>化合物</td><td>C 5 mg/m^3</td></tr>
<tr><td>烟</td><td>TWA 1 mg/m^3
ST 3 mg/m^3</td></tr>
<tr><td>Manganese cyclopentadienyl tricarbonyl (as Mn)</td><td colspan="2">三羰基环戊二烯合锰(按锰计)</td><td>TWA 0.1 mg/m^3[皮]</td></tr>
<tr><td>Manganese tetroxide (as Mn)</td><td colspan="2">四氧化锰(按锰计)</td><td>TWA 1 mg/m^3</td></tr>
<tr><td rowspan="2">Mercury compounds, as Hg [except (organo) alkyls]</td><td rowspan="2">汞化合物(不包括烷基汞)(按汞计)</td><td>汞蒸气</td><td>TWA 0.05 mg/m^3[皮]</td></tr>
<tr><td>非烷基化合物</td><td>C 0.1 mg/m^3[皮]</td></tr>
<tr><td>Mercury (organo) alkyls compounds (as Hg)</td><td colspan="2">烷基汞化合物(按汞计)</td><td>TWA 0.01mg/m^3
C 0.03 mg/m^3[皮]</td></tr>
<tr><td>Mesityl oxide</td><td colspan="2">异亚丙基丙酮</td><td>TWA 15 ppm (60 mg/m^3)
ST 25 ppm (100 mg/m^3)</td></tr>
<tr><td>Methacrylic acid</td><td colspan="2">甲基丙烯酸</td><td>TWA 20 ppm (70 mg/m^3)[皮]</td></tr>
<tr><td>Methomyl</td><td colspan="2">灭多虫</td><td>TWA 2.5 mg/m^3</td></tr>
<tr><td>Methoxychlor</td><td colspan="2">甲氧氯</td><td>TWA 10 mg/m^3</td></tr>
<tr><td>4-Methoxyphenol</td><td colspan="2">4-甲氧基苯酚</td><td>TWA 5 mg/m^3</td></tr>
<tr><td>Methyl acetate</td><td colspan="2">乙酸甲酯</td><td>TWA 200 ppm (610 mg/m^3)
ST 250 ppm (760 mg/m^3)</td></tr>
</table>

英文名称	中文名称	限 值
Methyl acetylene-propadiene mixture	丙炔-丙二烯混合物	TWA 1000 ppm (1800 mg/m^3) ST 1250 ppm (2250 mg/m^3)
Methylacrylonitrile	甲基丙烯腈	TWA 1 ppm (3 mg/m^3)[皮]
Methyl alcohol	甲醇	TWA 200 ppm (260 mg/m^3) ST 250 ppm (325 mg/m^3)[皮]
Methyl bromide	溴甲烷	TWA 5 ppm (20 mg/m^3)[皮]
Methyl chloride	氯甲烷	TWA 50 ppm (105 mg/m^3) ST 100 ppm (210 mg/m^3)
Methyl chloroform	甲基氯仿	TWA 350 ppm (1900 mg/m^3) ST 450 ppm (2450 mg/m^3)
Methyl-2-cyanoacrylate	2-氰基丙烯酸甲酯	TWA 2 ppm (8 mg/m^3) ST 4 ppm (16 mg/m^3)
Methylcyclohexane	甲基环己烷	TWA 400 ppm (1600 mg/m^3)
Methylcyclohexanol	甲基环己醇	TWA 50 ppm (235 mg/m^3)
o-Methylcyclohexanone	邻甲基环己酮	TWA 50 ppm (230 mg/m^3) ST 75 ppm (345 mg/m^3)[皮]
Methyl cyclopentadienyl manganese tricarbonyl (as Mn)	甲基环戊二烯三羰基锰(按锰计)	TWA 0.2 mg/m^3[皮]
Methyl demeton	甲基内吸磷	TWA 0.5 mg/m^3[皮]
4,4'-Methylenebis(2-chloroaniline)	4,4′-亚甲基双(2-氯苯胺)	TWA 0.02 ppm (0.22 mg/m^3)[皮]
Methylene bis (4-cyclohexylisocyanate)	亚甲基二(4-环己基异氰酸酯)	C 0.01 ppm (0.11 mg/m^3)[皮]
Methyl ethyl ketone peroxide	过氧化甲乙酮	C 0.7 ppm (5 mg/m^3)
Methyl formate	甲酸甲酯	TWA 100 ppm (250 mg/m^3) ST 150 ppm (375 mg/m^3)
Methyl iodide	碘甲烷	TWA 2 ppm (10 mg/m^3)[皮]
Methyl isoamyl ketone	甲基异戊基甲酮	TWA 50 ppm (240 mg/m^3)

续附录 G 表

<table>
<tr><th>英文名称</th><th colspan="2">中文名称</th><th>限　值</th></tr>
<tr><td>Methyl isobutyl carbinol</td><td colspan="2">甲基异丁基甲醇</td><td>TWA 25 ppm (100 mg/m^3)
ST 40 ppm (165 mg/m^3)[皮]</td></tr>
<tr><td>Methyl isopropyl ketone</td><td colspan="2">甲基异丙基甲酮</td><td>TWA 200 ppm (705 mg/m^3)</td></tr>
<tr><td>Methyl mercaptan</td><td colspan="2">甲(基)硫醇</td><td>TWA 0.5 ppm (1 mg/m^3)</td></tr>
<tr><td>Methyl parathion</td><td colspan="2">甲基对硫磷</td><td>TWA 0.2 mg/m^3[皮]</td></tr>
<tr><td>Methyl silicate</td><td colspan="2">硅酸甲酯</td><td>TWA 1 ppm (6 mg/m^3)</td></tr>
<tr><td>α-Methyl styrene</td><td colspan="2">α-甲基苯乙烯</td><td>TWA 50 ppm (240 mg/m^3)
ST 100 ppm (485 mg/m^3)</td></tr>
<tr><td>Metribuzin</td><td colspan="2">嗪草酮</td><td>TWA 5 mg/m^3</td></tr>
<tr><td>Mica</td><td colspan="2">云母</td><td>TWA 3 mg/m^3(呼吸性颗粒物)</td></tr>
<tr><td>Molybdenum (insoluble compounds, as Mo)</td><td colspan="2">钼(不溶性化合物,按钼计)</td><td>TWA 10 mg/m^3</td></tr>
<tr><td>Monocrotophos</td><td colspan="2">久效磷</td><td>TWA 0.25 mg/m^3</td></tr>
<tr><td>Monomethyl aniline</td><td colspan="2">甲基苯胺</td><td>TWA 0.5 ppm (2 mg/m^3)[皮]</td></tr>
<tr><td>Morpholine</td><td colspan="2">吗啉</td><td>TWA 20 ppm (70 mg/m^3)
ST 30 ppm (105 mg/m^3)[皮]</td></tr>
<tr><td>Naphthalene</td><td colspan="2">萘</td><td>TWA 10 ppm (50 mg/m^3)
ST 15 ppm (75 mg/m^3)</td></tr>
<tr><td rowspan="2">Nickel metal & other compounds (as Ni)</td><td rowspan="2">金属镍及其化合物(按镍计)</td><td>金属镍及其不溶性化合物</td><td>TWA 1 mg/m^3</td></tr>
<tr><td>可溶性化合物</td><td>TWA 0.1 mg/m^3</td></tr>
<tr><td>Nitric acid</td><td colspan="2">硝酸</td><td>TWA 2 ppm (5 mg/m^3)
ST 4 ppm (10 mg/m^3)</td></tr>
<tr><td>*p*-Nitroaniline</td><td colspan="2">对硝基苯胺</td><td>TWA 3 mg/m^3[皮]</td></tr>
<tr><td>Nitrogen dioxide</td><td colspan="2">二氧化氮</td><td>ST 1 ppm (1.8 mg/m^3)</td></tr>
<tr><td>Nitroglycerine</td><td colspan="2">硝化甘油</td><td>ST 0.1 mg/m^3[皮]</td></tr>
</table>

英文名称	中文名称	限　值
2-Nitropropane	2-硝基丙烷	TWA 10 ppm (35 mg/m^3)
Nitrotoluene (o-，m-，p-isomers)	硝基甲苯(邻、间、对异构体)	TWA 2 ppm (11 mg/m^3)[皮]
Nonane	壬烷	TWA 200 ppm (1050 mg/m^3)
Octachloronaphthalene	八氯萘	TWA 0.1 mg/m^3 ST 0.3 mg/m^3[皮]
Octane	辛烷	TWA 300 ppm (1450 mg/m^3) ST 375 ppm (1800 mg/m^3)
Osmium tetroxide (as Os)	四氧化锇(按锇计)	TWA 0.002 mg/m^3(0.0002 ppm) ST 0.006 mg/m^3(0.0006 ppm)
Oxalic acid	草酸	TWA 1 mg/m^3 ST 2 mg/m^3
Oxygen difluoride	二氟化氧	C 0.05 ppm (0.1 mg/m^3)
Ozone	臭氧	TWA 0.1 ppm (0.2 mg/m^3) ST 0.3 ppm (0.6 mg/m^3)
Paraffin wax fume	石蜡烟	TWA 2 mg/m^3
Paraquat	百草枯	TWA 0.1 mg/m^3(呼吸性颗粒物)[皮]
Pentaborane	戊硼烷	TWA 0.005 ppm (0.01 mg/m^3) ST 0.015 ppm (0.03 mg/m^3)
Pentaerythritol	季戊四醇	TWA 10 mg/m^3(总颗粒物) TWA 5 mg/m^3(呼吸性颗粒物)
n-Pentane	正戊烷	TWA 600 ppm (1800 mg/m^3) ST 750 ppm (2250 mg/m^3)
2-Pentanone	2-戊酮	TWA 200 ppm (700 mg/m^3) ST 250 ppm (875 mg/m^3)
Perchloryl fluoride	氟化过氯氧	TWA 3 ppm (14 mg/m^3) ST 6 ppm (28 mg/m^3)
Petroleum distillates (naphtha)	石油馏出物(石脑油)	TWA 400 ppm (1600 mg/m^3)
Phenothiazine	吩噻嗪	TWA 5 mg/m^3[皮]

英文名称	中文名称	限　值
Phenyl glycidyl ether	苯基缩水甘油醚	TWA 1 ppm (6 mg/m^3)
Phenylhydrazine	苯肼	TWA 5 ppm (20 mg/m^3) ST 10 ppm (45 mg/m^3)[皮]
Phenylphosphine	苯膦	C 0.05 ppm (0.25 mg/m^3)
Phorate	甲拌磷	TWA 0.05 mg/m^3 ST 0.2 mg/m^3[皮]
Phosdrin	速灭磷	TWA 0.01 ppm (0.1 mg/m^3) ST 0.03 ppm (0.3 mg/m^3)[皮]
Phosphine	磷化氢	TWA 0.3 ppm (0.4 mg/m^3) ST 1 ppm (1 mg/m^3)
Phosphoric acid	磷酸	TWA 1 mg/m^3 ST 3 mg/m^3
Phosphorus oxychloride	三氯氧磷	TWA 0.1 ppm (0.6 mg/m^3)
Phosphorus pentasulfide	五硫化二磷	TWA 1 mg/m^3 ST 3 mg/m^3
Phosphorus trichloride	三氯化磷	TWA 0.2 ppm (1.5 mg/m^3) ST 0.5 ppm (3 mg/m^3)
Phthalic anhydride	邻苯二甲酸酐	TWA 6 mg/m^3(1 ppm)
m-Phthalodinitrile	间酞二甲腈	TWA 5 mg/m^3
Picloram	毒莠定	TWA 10 mg/m^3(总颗粒物) TWA 5 mg/m^3(呼吸性颗粒物)
Piperazine dihydrochloride	哌嗪二盐酸盐	TWA 5 mg/m^3
Platinum metal (as Pt)	铂金属(按铂计)	TWA 1 mg/m^3
Portland cement	硅酸盐水泥	TWA 10 mg/m^3(总颗粒物) TWA 5 mg/m^3(呼吸性颗粒物)
Potassium hydroxide	氢氧化钾	TWA 2 mg/m^3
Propargyl alcohol	炔丙醇	TWA 1 ppm (2 mg/m^3)[皮]
Propionic acid	丙酸	TWA 10 ppm (30 mg/m^3)

英文名称	中文名称	限　值
Propoxur	残杀威	TWA 0.5 mg/m^3
n-Propyl acetate	乙酸正丙酯	TWA 200 ppm (840 mg/m^3) ST 250 ppm (1050 mg/m^3)
n-Propyl alcohol	正丙醇	TWA 200 ppm (500 mg/m^3) ST 250 ppm (625 mg/m^3)
Propylene dichloride	二氯丙烷	TWA 75 ppm (350 mg/m^3) ST 110 ppm (510 mg/m^3)
Propylene glycol dinitrate	二硝酸丙二酯	TWA 0.05 ppm (0.3 mg/m^3)
Propylene glycol monomethyl ether	丙二醇甲醚	TWA 100 ppm (360 mg/m^3) ST 150 ppm (540 mg/m^3)
Propylene oxide	环氧丙烷	TWA 20 ppm (50 mg/m^3)
n-Propyl nitrate	硝酸正丙酯	TWA 25 ppm (105 mg/m^3) ST 40 ppm (170 mg/m^3)
Resorcinol	间苯二酚	TWA 10 ppm (45 mg/m^3) ST 20 ppm (90 mg/m^3)
Ronnel	皮蝇磷	TWA 10 mg/m^3
Rosin core solder, pyrolysis products (as formaldehyde)	松香焊接剂,高温分解产物(按甲醛计)	TWA 0.1 mg/m^3
Rouge	三氧化二铁	TWA 10 mg/m^3(总颗粒物) TWA 5 mg/m^3(呼吸性颗粒物)
Silica, amorphous	无定型二氧化硅	TWA 6 mg/m^3 TWA 0.1 mg/m^3(熔融的)
Silica, crystalline (as respirable dust)	结晶型二氧化硅(按呼尘计)	TWA 0.05 mg/m^3(方石英) TWA 0.05 mg/m^3(磷石英) TWA 0.1 mg/m^3(石英) TWA 0.1 mg/m^3(硅藻土)
Silicon	硅	TWA 10 mg/m^3(总颗粒物) TWA 5 mg/m^3(呼吸性颗粒物)
Silicon carbide	碳化硅	TWA 10 mg/m^3(总颗粒物) TWA 5 mg/m^3(呼吸性颗粒物)

英文名称	中文名称	限　值
Silicon tetrahydride	四氢化硅	TWA 5 ppm (7 mg/m^3)
Soapstone	皂石	TWA 6 mg/m^3(总颗粒物) TWA 3 mg/m^3(呼吸性颗粒物)
Sodium azide	叠氮化钠	C 0.1 ppm (按 HN_3 计)[皮] C 0.3 mg/m^3(按 NaN_3 计)[皮]
Sodium bisulfite	亚硫酸氢钠	TWA 5 mg/m^3
Sodium fluoroacetate	氟乙酸钠	TWA 0.05 mg/m^3 ST 0.15 mg/m^3[皮]
Sodium hydroxide	氢氧化钠	C 2 mg/m^3
Sodium metabisulfite	焦亚硫酸钠	TWA 5 mg/m^3
Stoddard solvent	史图达溶剂	TWA 525 mg/m^3(100 ppm)
Styrene	苯乙烯	TWA 50 ppm (215 mg/m^3) ST 100 ppm (425 mg/m^3)
Subtilisins	枯草杆菌蛋白酶	ST 0.00006 mg/m^3(60 min)
Sulfur dioxide	二氧化硫	TWA 2 ppm (5 g/m^3) ST 5 ppm (13 mg/m^3)
Sulfur monochloride	一氯化硫	C 1 ppm (6 mg/m^3)
Sulfur tetrafluoride	四氟化硫	C 0.1 ppm (0.4 mg/m^3)
Sulfuryl fluoride	硫酰氟	TWA 5 ppm (20 mg/m^3) ST 10 ppm (40 mg/m^3)
Sulprofos	硫丙磷	TWA 1 mg/m^3
Talc	滑石	TWA 2 mg/m^3(呼吸性颗粒物)
Temephos	双硫磷	TWA 10 mg/m^3(总颗粒物) TWA 5 mg/m^3(呼吸性颗粒物)
Terphenyl (o-, m-, p-isomers)	三联苯(邻、间、对异构体)	C 5 mg/m^3(0.5 ppm)
1,1,2,2-Tetrachloroethane	1,1,2,2-四氯乙烷	TWA 1 ppm (7 mg/m^3)[皮]

英文名称	中文名称	限　值
Tetrachloroethylene	四氯乙烯	TWA 25 ppm (170 mg/m^3)
Tetrahydrofuran	四氢呋喃	TWA 200 ppm (590 mg/m^3) ST 250 ppm (735 mg/m^3)
Tetrasodium pyrophosphate	焦磷酸四钠	TWA 5 mg/m^3
4,4′-Thiobis(6-tert-butyl-m-cresol)	4,4′-硫代双(6-叔丁基间甲酚)	TWA 10 mg/m^3(总颗粒物) TWA 5 mg/m^3(呼吸性颗粒物)
Thioglycolic acid	巯基乙酸	TWA 1 ppm (4 mg/m^3)[皮]
Thionyl chloride	亚硫酰氯	C 1 ppm (5 mg/m^3)
Tin (organic compounds, as Sn)	锡(有机化合物,按锡计)	TWA 0.1 mg/m^3[皮]
Tin(Ⅱ) oxide (as Sn)	一氧化锡(Ⅱ价,按锡计)	TWA 2 mg/m^3
Tin(Ⅳ) oxide (as Sn)	二氧化锡(Ⅳ价,按锡计)	TWA 2 mg/m^3
Titanium dioxide	二氧化钛	TWA 10 mg/m^3
Toluene	甲苯	TWA 100 ppm (375 mg/m^3) ST 150 ppm (560 mg/m^3)
Toluene-2,4-diisocyanate	甲苯-2,4-二异氰酸酯	TWA 0.005 ppm (0.04 mg/m^3) ST 0.02 ppm (0.15 mg/m^3)
m-Toluidine	间甲苯胺	TWA 2 ppm (9 mg/m^3)[皮]
p-Toluidine	对甲苯胺	TWA 2 ppm (9 mg/m^3)[皮]
Tributyl phosphate	磷酸三丁酯	TWA 0.2 ppm (2.5 mg/m^3)
Trichloroacetic acid	三氯乙酸	TWA 1 ppm (7 mg/m^3)
1,2,4-Trichlorobenzene	1,2,4-三氯苯	C 5 ppm (40 mg/m^3)
Trichloroethylene	三氯乙烯	TWA 50 ppm (270 mg/m^3) ST 200 ppm (1080 mg/m^3)
1,2,3-Trichloropropane	1,2,3-三氯丙烷	TWA 10 ppm (60 mg/m^3)
1,1,2-Trichloro-1,2,2-trifluoroethane	1,1,2-三氯-1,2,2-三氟乙烷	TWA 1000 ppm (7600 mg/m^3) ST 1250 ppm (9500 mg/m^3)

英文名称	中文名称	限　值
Triethylamine	三乙胺	TWA 10 ppm (40 mg/m^3) ST 15 ppm (60 mg/m^3)
Trimellitic anhydride	偏苯三甲酸酐	TWA 0.005 ppm (0.04 mg/m^3)
Trimethylamine	三甲胺	TWA 10 ppm (24 mg/m^3) ST 15 ppm (36 mg/m^3)
1,2,3-Trimethylbenzene	1,2,3-三甲基苯	TWA 25 ppm (125 mg/m^3)
1,2,4-Trimethylbenzene	1,2,4-三甲基苯	TWA 25 ppm (125 mg/m^3)
1,3,5-Trimethylbenzene	1,3,5-三甲基苯	TWA 25 ppm (125 mg/m^3)
Trimethyl phosphate	亚磷酸三甲酯	TWA 2 ppm (10 mg/m^3)
2,4,6-Trinitrotoluene	2,4,6-三硝基甲苯	TWA 0.5 mg/m^3[皮]
Triorthocresyl phosphate	磷酸三邻甲苯酯	TWA 0.1 mg/m^3[皮]
Triphenylamine	三苯胺	TWA 5 mg/m^3
Tungsten (insoluble compounds, as W)	钨(不溶性化合物,按钨计)	TWA 5 mg/m^3 ST 10 mg/m^3
Tungsten (soluble compounds, as W)	钨(可溶性化合物,按钨计)	TWA 1 mg/m^3 ST 3 mg/m^3
Tungsten carbide (cemented)	碳化钨(烧结的)	TWA 5 mg/m^3(按钨计) ST 10 mg/m^3(按钨计) TWA 0.05 mg/m^3(按钴计) TWA 1 mg/m^3(按镍计)
Uranium (insoluble compounds, as U)	铀(不溶性化合物,按铀计)	TWA 0.2 mg/m^3 ST 0.6 mg/m^3
n-Valeraldehyde	正戊醛	TWA 50 ppm (175 mg/m^3)
Vanadium dust	钒尘	TWA 0.05 mg /m^3(按 V_2O_5 计)(呼吸性颗粒物)
Vanadium fume	钒烟	C 0.05 mg /m^3(按 V_2O_5 计)
Vinyl acetate	乙酸乙烯酯	TWA 10 ppm (30 mg/m^3) ST 20 ppm (60 mg/m^3)

续附录G表

英文名称	中文名称	限　值
Vinyl bromide	溴乙烯	TWA 5 ppm (20 mg/m^3)
Vinyl cyclohexene dioxide	二氧化环己烯乙烯	TWA 10 ppm (60 mg/m^3)[皮]
Vinylidene chloride	1,1-二氯乙烯	TWA 1 ppm (4 mg/m^3)
VM & P Naphtha	VM & P石脑油	TWA 1350 mg/m^3(300 ppm) ST 1800 mg/m^3(400 ppm)
Welding fumes	焊接烟	TWA 5 mg/m^3
Wood dust (all wood dusts except Western red cedar)	木尘(除西方红雪松外的所有木尘)	TWA 5 mg/m^3 ST 10 mg/m^3
Wood dust (Western red cedar)	木尘(西方红雪松)	TWA 2.5 mg/m^3
Xylene (o-, m-, p-isomers)	二甲苯(邻、间、对异构体)	TWA 100 ppm (435 mg/m^3) ST 150 ppm (655 mg/m^3)
m-Xylene α, α′-diamine	间二甲苯 α,α′-二胺	C 0.1 mg/m^3[皮]
Xylidine	二甲苯胺	TWA 2 ppm (10 mg/m^3)[皮]
Zinc chloride fume	氯化锌烟	TWA 1 mg/m^3 ST 2 mg/m^3
Zinc oxide	氧化锌	TWA 5 mg/m^3(烟) ST 10 mg/m^3(烟) TWA 10 mg/m^3(总颗粒物) TWA 5 mg/m^3(呼吸性颗粒物)
Zinc stearate	硬脂酸锌	TWA 10 mg/m^3(总颗粒物) TWA 5 mg/m^3(呼吸性颗粒物)
Zirconium compounds (as Zr)	锆化合物(按锆计)	TWA 5 mg/m^3 ST 10 mg/m^3

索　引

化学物质中文名(异名、商品名)索引

化学物质中文名(异名、商品名)索引

化学物质中文名(异名、商品名)索引

化学物质中文名(异名、商品名)索引

化学物质中文名(异名、商品名)索引

化学物质中文名(异名、商品名)索引

化学物质中文名(异名、商品名)索引

化学物质中文名(异名、商品名)索引

化学物质中文名(异名、商品名)索引

化学物质中文名(异名、商品名)索引

化学物质中文名(异名、商品名)索引

化学物质中文名(异名、商品名)索引

化学物质中文名(异名、商品名)索引

化学物质中文名(异名、商品名)索引

化学物质中文名(异名、商品名)索引

化学物质中文名(异名、商品名)索引

化学物质中文名(异名、商品名)索引

化学物质中文名(异名、商品名)索引

化学物质中文名(异名、商品名)索引

化学物质中文名(异名、商品名)索引

化学物质中文名(异名、商品名)索引

化学物质中文名(异名、商品名)索引

CAS No. 索引

CAS No. 索引

CAS No. 索引

CAS No. 索引

CAS No. 索引

DOT ID 索引

DOT ID 索引

DOT ID 索引

DOT ID 索引

化学物质英文名(异名、商品名)索引

化学物质英文名(异名、商品名)索引

化学物质英文名(异名、商品名)索引

化学物质英文名(异名、商品名)索引

化学物质英文名(异名、商品名)索引

化学物质英文名(异名、商品名)索引

化学物质英文名(异名、商品名)索引

化学物质英文名(异名、商品名)索引

化学物质英文名(异名、商品名)索引

化学物质英文名(异名、商品名)索引

化学物质英文名(异名、商品名)索引

化学物质英文名(异名、商品名)索引

化学物质英文名(异名、商品名)索引

化学物质英文名(异名、商品名)索引

化学物质英文名(异名、商品名)索引

化学物质英文名(异名、商品名)索引

化学物质英文名(异名、商品名)索引

化学物质英文名(异名、商品名)索引

化学物质英文名(异名、商品名)索引

化学物质英文名(异名、商品名)索引

化学物质英文名(异名、商品名)索引

化学物质英文名(异名、商品名)索引

化学物质英文名(异名、商品名)索引

化学物质英文名(异名、商品名)索引

化学物质英文名(异名、商品名)索引

化学物质英文名(异名、商品名)索引

化学物质英文名(异名、商品名)索引

化学物质英文名(异名、商品名)索引

化学物质英文名(异名、商品名)索引

化学物质英文名(异名、商品名)索引

化学物质英文名(异名、商品名)索引

化学物质英文名(异名、商品名)索引

化学物质英文名(异名、商品名)索引

化学物质英文名(异名、商品名)索引

化学物质英文名(异名、商品名)索引

化学物质英文名(异名、商品名)索引

化学物质英文名(异名、商品名)索引

化学物质英文名(异名、商品名)索引

化学物质英文名(异名、商品名)索引

化学物质英文名(异名、商品名)索引

化学物质英文名(异名、商品名)索引